现代兽医基础研究经典著作
世界兽医经典著作译丛

兽医抗菌药物治疗学

第5版

[美]斯蒂夫·吉格尔（Steeve Giguère）
[加]约翰·F. 普雷斯科特（John F. Prescott）　编著
[加]帕特里夏·M. 道林（Patricia M. Dowling）

徐士新　主译

中国农业出版社
北　京

图书在版编目（CIP）数据

兽医抗菌药物治疗学：第5版/（美）斯蒂夫·吉格尔（Steeve Giguère），（加）约翰·F. 普雷斯科特（John F. Prescott），（加）帕特里夏·M. 道林（Patricia M. Dowling）编著；徐士新主译. —北京：中国农业出版社，2020. 1
（现代兽医基础研究经典著作）
国家出版基金项目
ISBN 978-7-109-23748-3

Ⅰ. ①兽… Ⅱ. ①斯… ②约… ③帕… ④徐… Ⅲ. ①兽用药—抗菌素—药物疗法 Ⅳ. ①S859.79

中国版本图书馆CIP数据核字（2017）第316319号

Antimicrobial Therapy in Veterinary Medicine，fifth edition
By Steeve Giguère，John F. Prescott and Patricia M. Dowling
ISBN 978-0-4709-6302-9

合同登记号：图字01-2020-0724号

兽医抗菌药物治疗学
SHOUYI KANGJUN YAOWU ZHILIAOXUE

中国农业出版社出版
地址：北京市朝阳区麦子店街18号楼
邮编：100125
责任编辑：刘　伟　弓建芳
版式设计：王　晨　　责任校对：刘丽香
印刷：北京通州皇家印刷厂
版次：2020年1月第1版
印次：2020年1月北京第1次印刷
发行：新华书店北京发行所
开本：880mm×1230mm　1/16
印张：36.5
字数：850千字
定价：350.00元

本书译者

主　　译　徐士新

副 主 译　王鹤佳　吴聪明　黄显会

译　　者　（按姓名笔画排序）

丁焕中　王亦琳　王鹤佳　尹　晖

白玉惠　毕言锋　刘健华　孙　雷

李　丹　肖田安　吴聪明　汪　洋

张玉洁　徐士新　黄显会　黄耀凌

曹兴元

致　谢

本书的出版得到国内相关领域众多译校人员和中国农业出版社的共同努力和支持。中国农业出版社还将本书列为世界兽医经典著作译丛系列出版，是对本书的极大认可和推崇。本书译校过程中得到高等院校和科研机构从事兽医药理学人员的大力支持，特别得到南京农业大学陆承平先生的大力帮助，中国水产科学院长江水产研究所艾晓辉研究员也给予了积极帮助。他们的支持和帮助对保障译校水平和质量极为珍贵！

天津瑞普生物技术股份有限公司、天津中升生物制药有限公司、齐鲁动物保健品有限公司、温氏股份大华农生物技术股份有限公司对本书的出版给予了大力支持，特此表示感谢！

对本书所有译校和编辑人员，支持、帮助本书出版的有关单位和各界人士表示诚挚的感谢！

徐士新

2019年6月14日

译　者　序

在动物养殖中，抗菌药物在预防、治疗动物疾病，促进动物生长和提高饲料转化率等方面发挥着重要作用。随着科学技术的进步和人们认知水平的提高，抗菌药物耐药性问题成为一个敏感的话题。消费者对动物产品中抗生素残留和耐药性问题非常关注，要求无抗养殖的呼声日益高涨。世界卫生组织和世界动物卫生组织都提倡养殖过程中应谨慎使用抗菌药物，以减少和控制细菌耐药性的产生和蔓延。近年来许多国家禁止将抗菌药物作饲料添加剂使用，只允许作治疗药。

一直以来，在我国缺乏一份较为全面的抗菌药物使用管理和具体应用的参考资料，不能为养殖者和临床兽医提供指导，养殖中抗菌药物的滥用现象亟待改变。美国佐治亚大学兽医学院 Steeve Giguère 教授和加拿大圭尔夫大学 John F. Prescott 教授和加拿大萨斯卡彻温大学 Patricia M. Dowling 教授等世界知名专家编著的《兽医抗菌药物治疗学》一书，自 1988 年第一版出版以来得到业界的热烈推崇。书中内容不断更新和丰富，现已出版了第 5 版。本书介绍的许多知识非常适合兽医从业人员，动物养殖人员，兽药生产企业、管理机构和科研单位人员阅读，也适合相关大专院校学生、研究生深入学习参考。

在我国兽药领域众多专家、学者的共同努力下，完成了本书的翻译工作。翻译过程中，我们几经易稿，力求使文意明了、词意顺达，以便读者真正了解原文内容。尽管所有译者为本书的完成不遗余力，但限于水平有限、经验不足，书中难免存在瑕疵，敬请读者不吝批评指正。相信本书中文版的出版能够在规范兽医抗菌药物的使用、加强兽医抗菌药物使用监管、强化兽医抗菌药物残留和动物源细菌耐药性监测等方面发挥重要作用，为保障养殖业健康稳定发展提供技术支持。

中国兽医药品监察所
国家兽药残留基准实验室　徐士新

2019 年 3 月 11 日

前　言

自1988年《兽医抗菌药物治疗学》出版以来，抗感染治疗领域取得了巨大成就。第5版进行了全面更新，目的同样是为兽医临床提供全面的抗菌药物治疗信息。任何使用抗菌药物的人都知道，耐药性威胁始终存在，我们在维持这些药物的药效作用中扮演着重要的角色。

本书分为四篇。第一篇介绍了抗菌药物治疗的一般原则，并新设了一章介绍动物用抗菌药物的管理。第二篇阐述各类抗菌药物，本书修订后不仅包括了兽医抗菌药物的最新信息，还介绍了尚未在兽医临床使用的最新研制的新药。第三篇叙述抗菌药物治疗中的特别注意事项，包括抗菌药物用于预防和治疗时的注意事项、中性粒细胞减少时的抗菌药物化学治疗方法，以及针对特定病原体和系统的治疗方法等。抗生素用于动物的法规、抗菌药物的性能用途以及动物源性食品中抗菌药物残留章节，根据许多国家关于抗菌药物在动物作生长促进剂或预防使用的新法规而做了全面修订。第四篇阐述了抗菌药物在特定动物上的具体应用原则。本版增加了抗菌药物在动物园动物上的使用，归因于这些动物越来越普遍存在。

上一版的两位作者（J. D. Baggot和R. D. Walker）已经退休。他们多年来为本书所做出的突出贡献，我们深表感谢，并祝他们诸事顺遂。第5版新加入13位供稿作者。对所有作者为其相关章节所做出的努力，我们心存感激。感谢Wiley Blackwell出版社全体员工，特别是Susan Engelken和Erica Judisch，对本书出版给予的支持、关心和帮助。敬请读者提出宝贵的意见或建议，以便下一版更加完善。

Steeve Giguère，John F. Prescott和Patricia M. Dowling

重 要 声 明

本书中所有药物的适应证和使用剂量仅为作者的建议，可能与不同国家制药企业配备的包装标签上的规定有出入。针对特定疾病建议的使用剂量、用药方式，也不一定获得了国家管理机构包括美国食品与药品管理局的批准。此外，虽然付诸各种努力，但书中仍可能出现遗漏和错误。因此，敬请读者依照本国管理机构批准的产品标签，查阅相关使用、给药途径、使用剂量以及休药期（食品动物）的规定。

缩　略　语

本书采用的缩略语包括如下：

MIC	最小抑菌浓度
MBC	最小杀菌浓度
PO	经口，口服给药
IM	肌内注射给药
IV	静脉注射给药
SC	皮下注射给药
SID	每日 1 次给药
BID	每日 2 次给药（每隔 12h）
TID	每日 3 次给药（每隔 8h）
QID	每日 4 次给药（每隔 6h）
q6h，q8h，q12h，etc.	每隔 6h、8h、12h 等

例如，给药方案“10mg/kg TID IM”系指每千克体重 10mg，每隔 8h 肌内注射给药。

目 录

第二篇　抗菌药物各论

第三篇　抗菌药物特论

第四篇　抗菌药物在特定动物的应用

第一篇

抗菌药物治疗的一般原则

第一章　抗菌药物作用和相互作用概述

Steeve Giguère

抗菌药物发挥作用是利用了宿主和寄生物之间在结构或功能上的差异。现代化学治疗要追溯到 Paul Ehrlich，他作为 Robert Koch 的学生，一生都致力于发现具有选择性毒性的物质，以达到用来治疗传染性疾病的目的，并形象地称之为“魔术子弹”。现代抗菌药物的显著疗效仍然存在神奇感。磺胺类药物作为第一类应用到临床的广谱抗菌药物，是 1935 年由德国生产的。

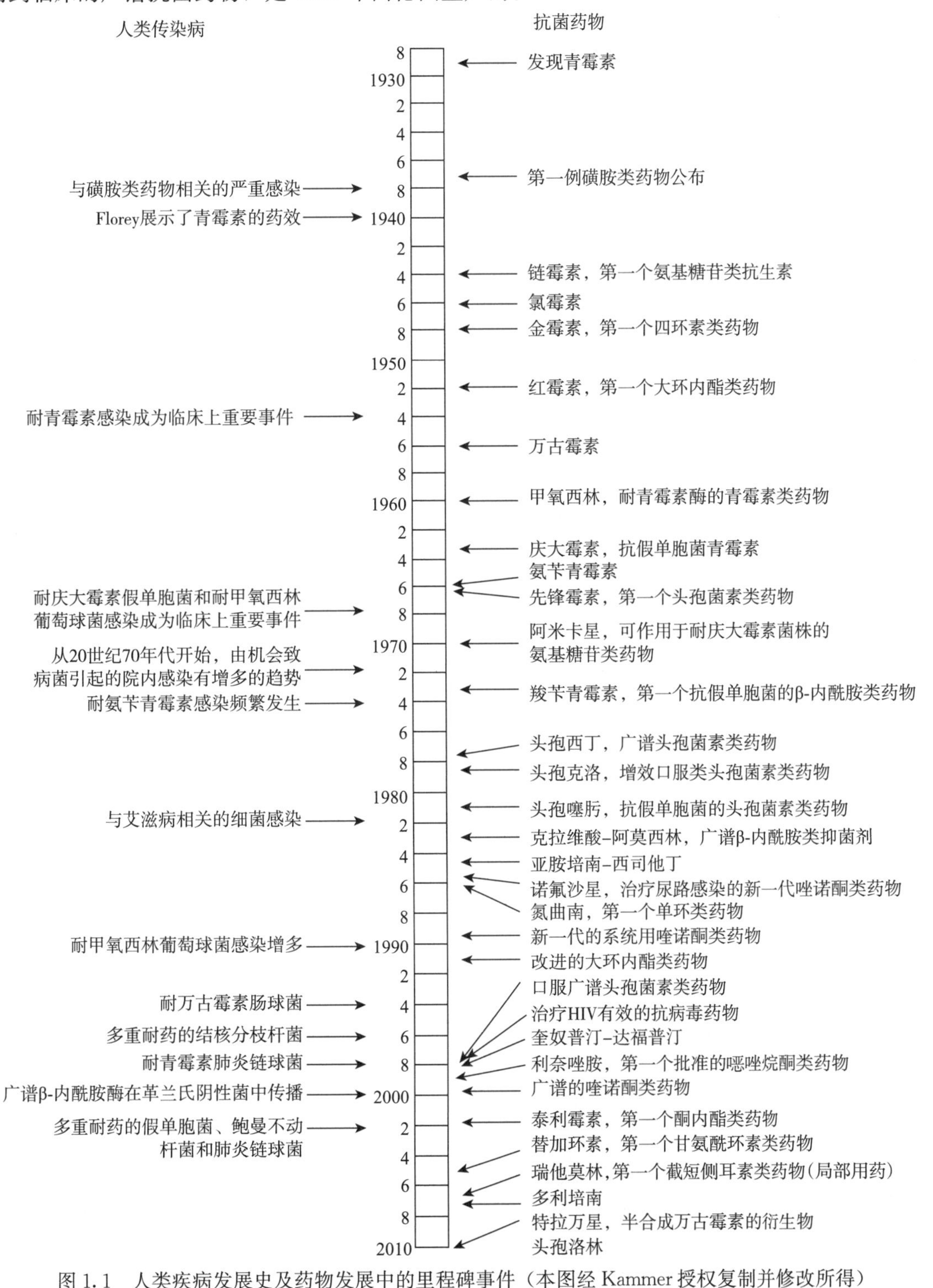

图 1.1　人类疾病发展史及药物发展中的里程碑事件（本图经 Kammer 授权复制并修改所得）

青霉素的发现引起了抗生素的革命。青霉素是一种真菌代谢产物，由 Fleming 于 1929 年发现，随后在二战期间 Chain 和 Florey 对其进行了开发和利用，从而引起了这场抗生素的革命。在青霉素引入后仅几年之内就有很多种其他的抗生素被相继发现。随后人们研究出了很多半合成和合成的抗菌药物（如磺胺类和氟喹诺酮类等），这些化合物成为对治疗传染性疾病具有显著疗效的强力储库。与之相适应，抗生素（antibiotic）一词被提出，并定义为一种由微生物产生、分子质量较小、在低浓度下可以杀灭或抑制其他微生物的物质。与此相反，抗菌药物（antimicrobial）比抗生素有一个更广的定义。抗菌药物系指能杀灭微生物或者抑制其生长，但对宿主有较小甚至没有危害的所有天然的、半合成的或合成的物质。在很多情况下，人们常将抗菌药物与抗生素同义使用。

原核细胞与真核细胞在结构和生化上存在着显著的差异，这使抗菌药物发挥选择性毒性作用，其对抗细菌作用强于对真菌和病毒等其他微生物，真菌的细胞结构与哺乳动物很类似，而病毒只能借助其宿主的遗传物质才能完成复制。但是，近年来越来越多的有效抗真菌药和抗病毒药被引入临床实践。

抗菌药物发展过程中的重要里程碑事件详见图 1.1。因为需要巨大的研发经费，所以抗菌药物在兽医诊疗中的应用一般是跟随人类临床医学的发展的。但是，人们也研制出了一些专门用于动物健康和生产的药物（如泰乐菌素、泰妙菌素、替米考星、头孢噻呋、泰拉霉素、加米霉素、泰地罗新等)。图 1.1 还强调了抗生素的使用和微生物耐药性之间的关系。

第一节　抗菌药物的抗菌活性

基于抗菌药物以下 4 个基本特性，可以多种方式进行分类。

1. 根据作用的微生物种类分类　抗病毒和抗真菌药物一般只对相应的病毒和真菌发挥作用，但是一些咪唑类的抗真菌药物也对葡萄球菌和诺卡氏菌有效。因此，如果只能抑制细菌的被称为窄谱抗菌药物，如果还能抑制支原体、立克次体和衣原体的则被称为广谱抗菌药物。表 1.1 列出了常见抗菌药物的抗菌谱。

表 1.1　常用抗菌药物的抗菌谱

药　物	微生物种类					
	细菌	真菌	支原体	立克次体	衣原体	原生生物
氨基糖苷类	+	−	+	−	−	−
β-内酰胺类	+	−	−	−	−	−
氯霉素	+	−	+	+	+	−
氟喹诺酮类	+	−	+	+	+	−
甘氨酰环类	+		+	+	+	+/−
林可胺类	+	−	+	−	−	+/−
大环内酯类	+	−	+	−	+	+/−
噁唑烷酮类	+	−	+	−	−	−
截短侧耳素类	+	−	+	−	+	−
四环素类	+	−	+	+	+	+/−
链阳菌素类	+	−	+	−	+	+/−
磺胺类	+	−	+	−	+	+
甲氧苄啶	+	−	−	−	−	+

2. 根据抗菌活性分类　有些抗菌药物被称为窄谱抗菌药，因为它们只能抑制革兰氏阳性菌或者革兰氏阴性菌，而广谱抗菌药既能抑制革兰氏阳性菌也能抑制革兰氏阴性菌。但这种区别并不是绝对的。例如，有的药物主要针对革兰氏阳性菌，但是它也能抑制一些革兰氏阴性菌（表 1.2）。

表 1.2　选定抗生素的抗菌活性

抗菌谱	需氧细菌		厌氧细菌		药物举例
	G^+	G^-	G^+	G^-	
广谱	+	+	+	+	碳青霉烯类；氯霉素；第 3 代氟喹诺酮类；甘氨酰环类
中谱	+	+	+	(+)	第 3 和第 4 代头孢菌素类
	+	(+)	+	(+)	第 2 代头孢菌素类
	(+)	(+)	(+)	(+)	四环素类
窄谱	+	+/−	+	(+)	氨苄西林；阿莫西林；第 1 代头孢菌素类
	+	−	+	(+)	青霉素；林可胺类；糖肽类；链阳菌素类；噁唑烷酮类
	+	+/−	+	(+)	大环内酯类
	+/−	+	−	−	单环 β-内酰胺类；氨基糖苷类
	(+)	+	−	−	第 2 代氟喹诺酮类
	(+)	(+)	−	−	甲氧苄啶-磺胺类
	−	−	+	+	硝基咪唑类
	+	−	(+)	(+)	利福平

3. 根据抑菌和杀菌活性分类　最小抑菌浓度（MIC）是抗菌药物能抑制病原菌生长所需的最低浓度。相比而言，最小杀菌浓度是抗菌药物能杀灭病原菌所需的最低浓度。如果一种抗菌药物的最低杀菌浓度不大于其最低抑菌浓度的 4 倍，那么就可以认为是杀菌药。在特定的临床条件下这种区别比较重要，但不是绝对的。换句话说，有些药物通常属于杀菌药（如β-内酰胺类、氨基糖苷类等），而另一些药物通常属于抑菌药（如氯霉素、四环素类等），但是这两种区别是大致的，取决于感染部位的药物浓度和参与致病的微生物两个因素。例如，苄青霉素在常用治疗浓度下是杀菌药，但是在低浓度下则是抑菌药。

4. 时间或者浓度依赖活性　根据其药效动力学属性，抗菌药物通常又被分为时间依赖型药物或者浓度依赖型药物。药物的药效动力学属性着重阐明药物浓度和其抗菌活性之间的关系；而药代动力学特性，如血药浓度-时间曲线下面积（AUC），当与药物的 MIC 值相结合时，可以很好地预测药物的细菌根除和临床治疗成功的概率。而且药代动力学和药效动力学的这些关系对于防止耐药菌株的选择和传播也非常重要。对于β-内酰胺类、部分大环内酯类、四环素类、甲氧苄啶-磺胺类药物复方和氯霉素等抗生素来讲，决定其药效的重要因素是血药浓度大于特定病原菌 MIC 值所维持的时间。提高药物浓度至大于 MIC 值的数倍并不能明显增加杀菌率。相反，这类抗菌药物的杀菌率是由细菌暴露高于 MIC 浓度的时间长短决定的。因此这类抗菌药物的最佳给药方式是频繁给药。其他一些抗菌药物，如氨基糖苷类、氟喹诺酮类、甲硝唑表现浓度依赖性杀菌特性。其杀菌率随着药物浓度（高于 MIC 值）的增大而增大，而且在两次给药间隔内将药物浓度始终维持在 MIC 值之上没有必要甚至无益。所以氨基糖苷类和氟喹诺酮类药物的最佳给药方案是在较长间隔内高剂量给药。还有一些抗菌药物的活性具有时间依赖性和浓度依赖性双重特性，这类药物的最佳药效评估指标是 24h 血药浓度-时间曲线下面积与 MIC 值的比值。糖肽类、利福平就属于这类药物，一定程度上氟喹诺酮类药物也可算作此类药物。

第二节　抗菌药物的作用机制

一、抗细菌药物

图 1.2 总结了抗细菌药物的各种作用位点。抗细菌药物的作用机制分为 4 种：抑制细胞壁的合成、损伤细胞膜的功能、抑制核酸的合成或功能、抑制蛋白质的合成。

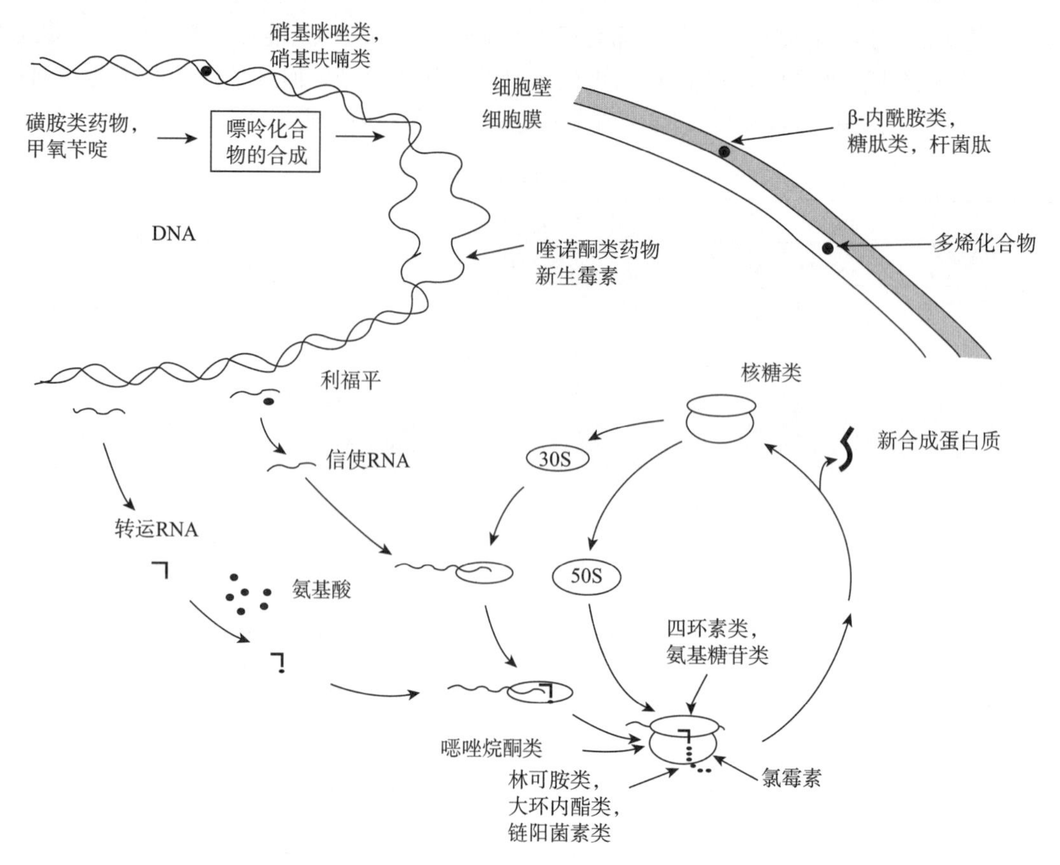

图 1.2　常用抗菌药物的作用位点几乎影响到细菌细胞内的所有重要过程
（经 Aharonowitz 和 Cohen 许可修改和复制，1981）

影响细胞壁合成（β-内酰胺类、杆菌肽、糖肽类）或者抑制蛋白质合成（氨基糖苷类、氯霉素、林可胺类、甘氨酰环类、大环内酯类、噁唑烷酮类、链阳菌素类、截短侧耳素类、四环素类）的抗细菌药物数量还是要远远多于损坏细胞膜功能（多黏菌素类）或损坏核酸功能（氟喹诺酮类、硝基咪唑类、硝基呋喃类、利福平）的药物，虽然氟喹诺酮类药物的发展在抗菌治疗中是一个巨大的进步，但那些作用于中间代谢过程的药物（磺胺类药物、甲氧苄啶）比影响核酸合成的药物有更大的选择性毒性。

二、研发新型抗菌药物

在过去 10 年里，由耐药性细菌引发的感染越来越多地引起人们的关注。一些细菌产生耐药性的速度远远大于新型抗菌药的缓慢研发速度。自 1980 年以来，在美国被批准用于人类临床的抗菌药物数量一直在稳步下降（图 1.3）。推动制药公司淡出抗菌药物市场的几个主要因素有：复杂的监管要求；发现新药的挑战；与慢性疾病治疗用药相比，研发新抗菌药物的投资高，回报低。面对耐甲氧西林葡萄球菌和耐万古霉素肠球菌引起的感染，我们只能选择有限的治疗方案。有一些革兰氏阴性菌，如铜绿假单胞菌，鲍曼不动杆菌，以及超广谱β-内酰胺酶（ESBL）的耐药性大肠杆菌、克雷伯菌属和肠杆菌属的细菌等，有时对市场上销售的所有抗菌药均有耐药性，治疗由这类细菌引起的感染非常令人沮丧。科学使用现有的抗生素和更好地控制感染规范都有助于延长目前可用抗生素的有效性。然而，即使我们改进这些规范，细菌耐药性仍会不断发展，新的药物需求仍迫在眉睫。

新型抗生素的研发途径主要有以下几种：研发现有药物的类似物或其衍生物；利用细菌的基因组测序和基因克隆等生物技术方法发现细菌上新的药物作用靶点；从土壤之外的特殊生态的植物或者微生物中筛选天然抗菌产物；从许多物种的吞噬细胞中分离抗菌肽分子；利用组合化学库筛选新型抗菌药物；开发合成具有新的抗菌活性药物，如噁唑烷酮类药物；重新研发那些在抗生素革命初期因与现有药物功能相似而被抛弃的抗生素；通过实验室重组研究由基因编码的新型合成抗生素；针对细菌的铁吸收机制研究与铁化合物结合的抗菌药物。

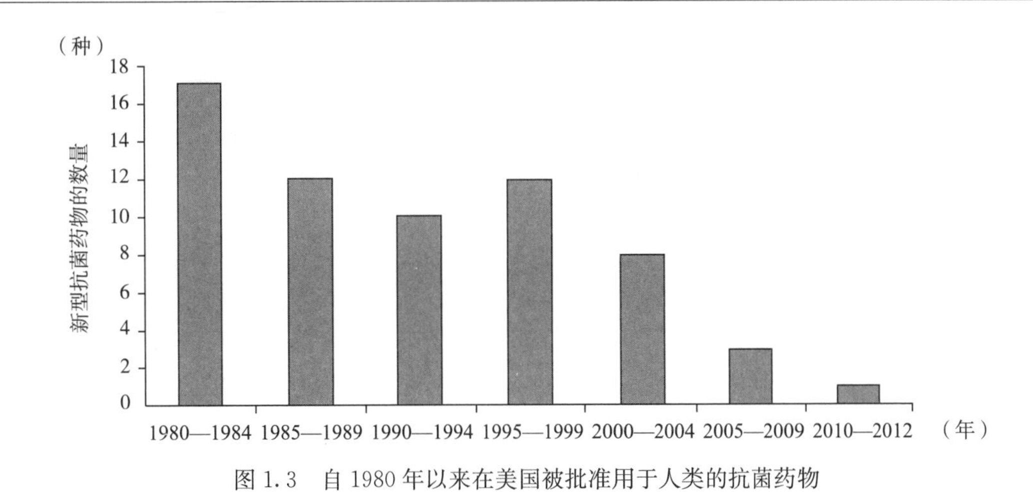

图 1.3　自 1980 年以来在美国被批准用于人类的抗菌药物

三、抗真菌药物

大多数现有的全身性抗真菌药物通过与真菌细胞膜上特有的麦角固醇结合，起到损坏细胞膜的独特作用。HIV 感染者和器官、骨髓移植者人群数量的增多，导致许多群体中免疫抑制的个体数量也越来越多。这些人群对真菌的易感性，重新引发了人们开发和研究新型抗真菌药物的热情。抗真菌药的研究焦点已经转移到真菌独特的细胞壁结构上（1，3－β－D－葡萄糖合成酶抑制剂，几丁质合成酶抑制剂，甘露糖蛋白黏合剂）。

第三节　抗菌药物的相互作用

对抗菌药物作用机制的了解让我们有能力去推测抗菌药物联合应用时他们之间的相互作用关系。人们早期就清楚，抗菌药物的联合应用可能起到的是拮抗作用，而不是相加或者协同作用。联合应用的关注点包括：在界定拮抗和协同作用上的困难，特别是利用体外测定的方法；预测针对一个特定的生物体联合用药的效果也很困难；体外测定结果与临床相关的不确定性。关于临床上抗菌药物的联合应用在第六章阐述。抗菌药物的联合应用最常使用是在一些重症患者的治疗中提供经验性广谱覆盖，但是由于广谱抗菌药物的可得性问题，所以除非特殊情况，这些药物一般不会联合应用。

如果药物联合作用的效果与它们分别作用测得的效果相等，则属于相加或者无关；如果联合作用的效果明显高于独立作用的效果则属于协同；如果药物联合作用的效果明显低于它们分别作用的效果则属于拮抗。药物的协同和拮抗作用不是绝对的，因为这种相互作用往往很难预测，有时会随着细菌的种类和菌株而变化，有时这种相互作用甚至只在某一狭窄的浓度范围或某一药物成分占特定比例时才会发生，而且由于抗菌药物之间可能以多种不同的方式相互影响。很显然，单一的体外测定方法不能测得所有药物的相互作用。虽然检测和测量到这种相互作用的技术手段比较粗略，但是这些作用有的是可以在临床上观察到的。

棋盘法和杀菌曲线法这两种方法，常被用来测定药物的相互作用，它们主要是通过测定两种灭菌效果（抑菌和杀菌）来实现的，但是这两种方法有时候并没有临床和实验室的相关性。在没有比较简单的方法来测定药物的协同和拮抗作用情况下，可用下面的一般指导原则来判定。

一、抗菌药物联合的协同作用

抗菌药物的协同作用主要见于以下几种情况：①两种药物相继抑制两个连续的代谢步骤（如甲氧苄啶-磺胺类药物）；②相继抑制细胞壁的合成（如美西林-氨苄西林）；③一种抗生素促进另一种药物进入作用位点（如β-内酰胺类-氨基糖苷类）；④抑制灭活酶（如阿莫西林-克拉维酸）；⑤防止耐药菌群的出现（如大环内酯类-利福平）。

二、抗菌药物联合的拮抗作用

在某种程度上关于抗菌药物的拮抗作用的定义反映的只是实验室中的操作，但是仍有几个保存很完善的临床病例，这些情况对临床治疗具有重要的意义。抗菌药物联合的拮抗作用可见于以下几种情况：①一种抑菌药抑制另一种抗菌药的杀菌活性，如在治疗脑膜炎时；②竞争性的结合药物作用靶点，如大环内酯类药物和氯霉素联合使用（不确定的临床意义）；③抑制细胞渗透性机制，如氯霉素和氨基糖苷类联合使用（不确定的临床意义）；④由β-内酰胺类药物诱导β-内酰胺酶的产生，如亚胺培南和头孢西丁与对β-内酰胺酶不稳定的老β-内酰胺药物联合应用。

抗生素之间的相互作用复杂性令人印象非常深刻，而且药物联合使用时的作用效果因细菌种类不同而有差异，同时体外的发现与应用于临床的效果还不一定一致，所有这些都使得预测抗菌药物联合应用的效果有一定的风险性。例如，同一种药物组合在同种细菌的不同菌株间可能是协同作用，也可能是拮抗作用。在预测联合作用效果时实验室测量手段确实是必须的，但是有时可能因为测试的方法不同而得到相互冲突的结论。所以，在没有其他的方法时利用药物抗菌作用机制来预测其相互作用结果反而是最有效的方法。

总之，抗生素的联合使用应该尽量避免，因为这也可能会引起抗生素毒性作用的累加或者协同，而且现成的广谱杀菌药容易获得，也使得联合用药没有必要，因为联合用药更有可能导致细菌的重复感染。但是，确实会有一些在如第六章中讨论的比较完善的联合用药情况，它们比单独用药时疗效更高，且毒性更小。

参考文献

Aharonowitz Y，Cohen G. 1981. The microbiological production of pharmaceuticals. Sci Am 245：141.

Boucher HW，et al. 2009. Bad bugs，no drugs：no ESKAPE! An update from the Infectious Diseases Society of America. Clin Infect Dis 48：1.

Bryskier A. 2005. In pursuit of new antibiotics. In：Bryskier A（ed）. Antimicrobial Agents：Antibacterials and Antifungals. Washington，DC：ASM Press.

Cantón R，et al. 2011. Emergence and spread of antibiotic resistance following exposure to antibiotics. FEMS Microbiol Rev 35：977.

Kammer RB. 1982. Milestones in antimicrobial therapy. In：Morin RB，Gorman M（eds）. Chemistry and Biology of Beta-Lactam Antibiotics，vol. 3. Orlando：Academic Press.

Pillai SK，et al. 2005. Antimicrobial combinations. In：Lorian V（ed）. Antibiotics in Laboratory Medicine，5th ed. Philadelphia：Lippincott Williams and Wilkins.

第二章　抗菌药物敏感性试验的方法和结果解释

Joseph E. Rubin

兽医微生物诊断实验室通过为从业者提供细菌培养和敏感性方面的信息，在循证抗菌治疗方面扮演着重要的角色。在抗菌药物引入以前，我们对侵袭性感染的治疗多数都是无能为力。1928 年，Alexander Fleming 发现青霉素这个众人皆知的故事开启了抗菌药物时代。到 20 世纪 40 年代早期，人们已经成功地将点青霉菌（*Penicillium notatum*）提取物用来治疗由金黄色葡萄球菌到淋病奈瑟氏球菌微生物所引起的感染（Aronson，1992；Bryskier，2005）。不幸的是，细菌的进化能力导致耐药菌快速出现。因此，敏感性试验是现在有效治疗方案决策的关键所在。

虽然兽医实验室使用许多与人类疾病诊断实验室相同的微生物学基本技术，但他们仍面临一些独特的挑战，包括兽医特异性苛养微生物快速培养的困难、敏感性试验时菌属特异性抗菌药物的选择、停药时间和食品安全。

在临床工作中，抗菌药物敏感性试验的目的是帮助临床医生选择最优的抗菌治疗方案。是否进行细菌培养和敏感性试验取决于感染的部位、病患的身体状态（健康或者病危）、感染史和抗菌药物用药史、多种病原共同致病和原发疾病、最可能病原菌的敏感模式的可预测性。例如，针对马腺疫，药敏试验就没有必要，因为马链球菌只对青霉素敏感（Erol 等，2012）；同样地，在犬发生单一性尿路感染时，第一次治疗也没有必要进行病原菌培养和药敏试验，因为按照经验用阿莫西林治疗就可以。

早期用于评估微生物对抗菌药敏感性的方法是由个别实验室建立的，缺乏标准化，第一个药敏试验标准于 1971 年发布（Ericsson 等，1971）。一些负责制定药敏试验操作和解释药敏试验结果指南的国家相关组织相继成立。在美国，20 世纪 60 年代末成立了临床和实验室标准协会（CLSI），作为国家临床实验室标准化委员会（NCCLS），并负责承担建立纸片扩散法药敏试验的标准（Barry，2007）。虽然标准化的试验方法可以在实验室之间得到可比数据，但是仍然存在解释标准方面的差异（表 2. 1）。1997 年，欧洲抗菌药物敏感性试验委员会（EUCAST）成立，并负责协调统一整个欧洲的药敏试验方法和解释标准。在北美，CLSI 方法被用于人医和兽医诊断室。CLSI 标准可在他们的网站上购买（www. clsi. org），而 EUCAST 则把它们的指南免费在网站（www. eucast. org）公布。

表 2. 1　导致虚假试验结果的试验因素

试验因素	人为导致的耐药	人为导致的敏感
试剂过期	在以扩散为基础的试验中 M－H 琼脂已干燥，其密度不能保证药物充分扩散，从而不能出现较大的抑菌圈	药物被降解
接种液的密度	接种密度过大	接种密度过小
培养时间	培养时间过长	培养时间不足
培养温度		在高于 35℃时耐甲氧西林金黄色葡萄球菌的耐性不表达
媒介	pH 过高或过低会减少二价阳离子化合物	pH 过高或过低会增加二价阳离子化合物
细菌培养时的气压	依赖于不同的药物，二氧化碳的气压可能会增加或减少抑菌圈的直径大小及 MIC 值	
终点判定	对于磺胺类药物终点定义为：与对照组相比细菌的生长下降了 80％	
未能鉴定	在对药敏试验结果进行解释时，需要对微生物准确鉴定	
混合培养	耐药性更大的微生物的表型可能占优势地位	

第一节　抗菌药物敏感性试验方法

抗菌药物敏感性试验获得分类（敏感、中度敏感、耐药）或者定量［最低抑菌浓度（MIC值）］数据，它们可以用作分类解释。试验方法可以分为两种不同的类型，即扩散法和稀释法。

一、扩散法

有两种扩散试验可以获得分型（纸片扩散法）或定量（浓度梯度法）的敏感性数据。这类试验的基础是纸片或者条带上的药物在固体介质中扩散，进而抑制细菌的生长。抑菌区域的大小与药物扩散速率、介质厚度、纸片中药物浓度和微生物敏感性都有一定的函数关系，这就要求方法标准化，以提供统一的试验解释（图2.1、图2.2）。

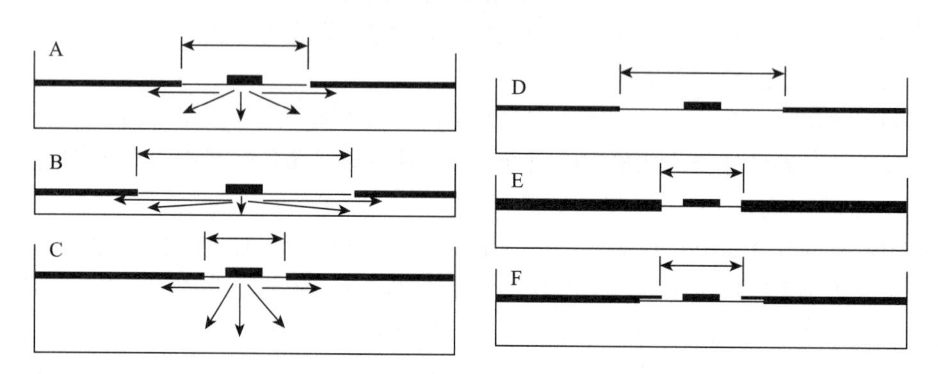

图2.1　纸片扩散法：试验结果受介质深度和接种物质量的影响

A和B. 增加了抑菌区域　C. 介质深，减小了抑菌区域　D. 假性接种，增加抑菌区域　E. 假性接种，减少抑菌区域　F. 混合接种也减少了抑菌区域

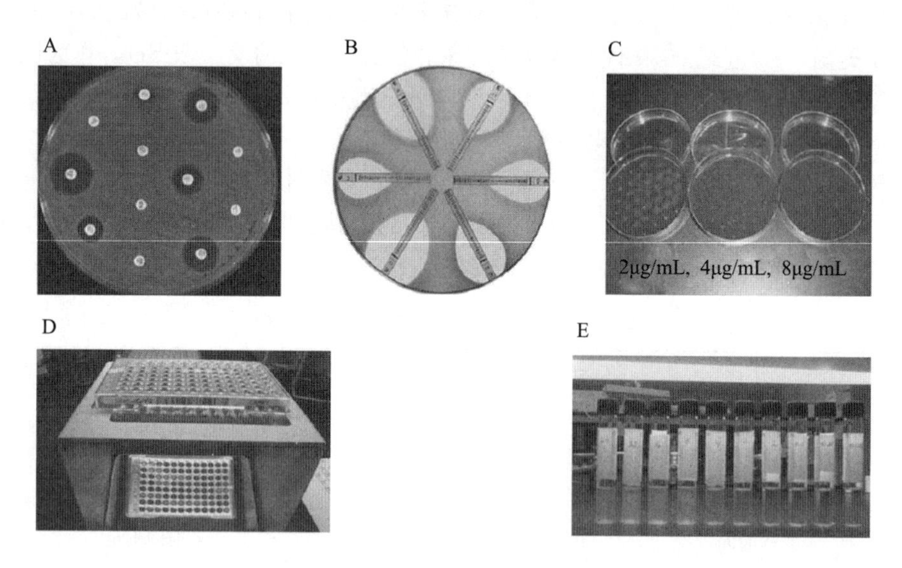

图2.2　抗菌药物敏感性试验方法

A. 纸片扩散法（Bauer-Kirby步骤）　B. 抗菌药物浓度梯度法®　C. 琼脂扩散法　D. 肉汤微量稀释法　E. 肉汤大量稀释法

纸片扩散法用的是浸透过抗菌药物的圆形滤纸片和4mm厚的M－H琼脂平板（CLSI，2006a，b）。待琼脂平板冷却到室温后，用无菌接种棒蘸取0.5麦氏悬浮菌液（浓度大约为10^8CFU/mL）均匀涂布到琼脂平板上。静置15min，待菌液均吸收后，贴上药片。在35℃，1个大气压条件下，培养24h，然后测量抑菌圈的直径大小（图2.2A）。由于抗菌药扩散速率、纸片的含药量、药效的相互作用等这些因素的差异，抑菌圈（相应的耐药性折点）的大小对于每一对药物和微生物的组合都具有特异性。但是临床选择不同抗菌药的适用性并不能简单地通过比较抑菌圈的直径来决定。

梯度试验的操作方法与纸片试验相同。不同的条带上含有不同的药物浓度，从低浓度到高浓度梯度增加，在条带后面都印有该药物的 MIC 值。经过培养之后，泪滴状抑菌区域的最高点对应的浓度就是该药物对这种微生物的 MIC 值（图 2.2B）。

以扩散为基础的药敏试验技术操作简单，应用广泛。可用于定制测试菌板、不同患病动物、不同种类的感染等多种药敏试验。虽然纸片扩散试验比梯度带扩散试验成本低，但是它也只能得到定性的试验结果（敏感、中度敏感、耐药）。

二、稀释法

稀释法是以肉汤或者琼脂作介质，药物做 2 倍倍比稀释，如…0.12μg/mL、0.25μg/mL、0.5μg/mL、1μg/mL、2μg/mL…得到的是定量的数据（MIC 值）。试验必须设置对照组，即用不加抗菌药的琼脂平板或者肉汤作对照。经过培养后没有细菌生长的最低药物浓度就是该药物的最低抑菌浓度（MIC 值），但是甲氧苄啶和磺胺类药物的抑菌率达到 80%对应的药物浓度可看作其 MIC 值。

琼脂稀释法是将 2 倍倍比稀释的抗菌药物加入到 M－H 琼脂平板中。用 CLSI 推荐的稀释剂和溶剂制备抗菌药物的储备液，测试浓度作 10 倍稀释（CLSI，2006a，b）。所需的抗菌药物质量用以下公式计算：

药物质量＝［体积（mL）×所需浓度（mg/mL）］/药物有效成分比例

为制备介质，药物储备液与在 50℃下融解的 M－H 琼脂按 1∶9 的比例混合，配制完成后倒入无菌培养皿中，每个浓度的测试药物分别倒入一个平板。配制后的平板最多放置不超过 7d，一些特殊的药物，如亚胺培南等必须现配现用（CLSI，2006a，b）。待琼脂平板冷却到室温，用多点复制器或者移液管将浓度约为 10^4CFU/mL 的菌液接种到琼脂平板上。为防止琼脂板上散在的菌样点相混合，接种完后要将平板放在工作台上静置 30min，待样品完全吸收后，置于 35℃、1 个标准大气压下培养，16～20h 后观察菌落生长状况（图 2.2C）。这个试验技术比较费力，所以此技术主要用于科学研究。

肉汤稀释法是将 2 倍倍比稀释的抗菌药物与 M－H 肉汤相混合。与琼脂稀释法相同，药物储备液浓度是最终试验浓度的 10 倍，并按 1∶9 的比例混合加入媒介物质（M－H 肉汤），每一个药物浓度对应一个药瓶。用无菌水或者生理盐水制备 0.5 麦氏标准菌液，加入 M－H 肉汤后计算最终浓度。菌液接种完后，使菌液浓度达到 5×10^5CFU/mL。将培养后的菌液通过浊度确定是否有细菌生长，没有细菌生长的最低药物浓度便是该药物的 MIC 值。

商用的微量稀释板（图 2.2D）可同时有效地检测不同的菌株，而且不用在实验室内制备、储存和培养大量的媒介。肉汤大量稀释法的效果比较好，同时试验耗材的成本也比较高（图 2.2E）。

三、药敏试验结果的解释

对药敏试验结果进行分类解释，需要建立临床耐药折点。耐药折点的提出是为了预测临床治疗效果，“敏感”说明治疗成功的可能性高，而“耐药”说明治疗成功的可能性低。要使抗菌药物达到有效的临床效果，必须保证药物在感染部位达到抑制或者杀灭病原菌所需的足够高浓度。因此，耐药折点与药物在作用靶点可达到的浓度有关。因为药物浓度随着机体的不同部位、不同体液而变化，因此要进行药代动力学研究以测定药物在靶组织是否达到治疗浓度。耐药折点对动物种类、给药方案（剂量、用药途径、频率）、疾病和病原菌也具有特异性。其中任一因素发生改变（如注射改为口服），依据耐药折点所做的临床治疗效果的预测不具有说服力。美国 CLSI 已发布兽医专用的耐药折点，在有些特异性标准不可用时，美国 CLSI 人类标准、EUCAST 标准和英国抗菌疗法委员会标准都会成为有用的资源库。但是未经批准的折点在应用的时候要特别谨慎。因此，经批准的兽医专用的折点的缺乏是一个限制兽医实施循证医学的重要因素。例如，现在还没有引起肠道疾病的任何病原菌的已批准兽医专用耐药折点（表 2.2）。

表 2.2　具有兽医专用的 CLSI 耐药折点的药物

药物	动物种类（病原菌）
庆大霉素	犬（肠杆菌科，铜绿假单胞菌） 马（肠杆菌科，铜绿假单胞菌，放线杆菌属）
大观霉素	牛（呼吸系统疾病：溶血曼氏杆菌、多杀性巴氏杆菌、睡眠嗜组织菌）

（续）

药物	动物种类（病原菌）
氨苄西林	犬（皮肤和软组织感染：伪中间型金黄色葡萄球菌、犬链球菌；其他感染：大肠杆菌） 马（呼吸系统感染：链球菌兽疫亚种）
青霉素-新生霉素	牛（乳腺炎：金黄色葡萄球菌、无乳链球菌、停乳链球菌、乳房链球菌）
头孢泊肟	犬（创伤和脓肿：金黄色葡萄球菌、伪中间型金黄色葡萄球菌、犬链球菌、大肠杆菌、多杀性巴氏杆菌、变形杆菌）
头孢噻呋	牛（呼吸系统疾病：溶血性曼氏杆菌、多杀性巴氏杆菌、睡眠嗜组织菌；乳腺炎：金黄色葡萄球菌、无乳链球菌、停乳链球菌、乳房链球菌、大肠杆菌） 猪（呼吸系统疾病：胸膜肺炎放线杆菌、多杀性巴氏杆菌、猪霍乱沙门氏菌、猪链球菌） 马（呼吸系统疾病：链球菌兽疫亚种）
达氟沙星	牛（呼吸系统疾病：溶血性曼氏杆菌、多杀性巴氏杆菌）
恩诺沙星	猫（皮肤病） 犬（皮肤、呼吸系统和泌尿道感染：肠杆菌科，葡萄球菌属） 鸡和火鸡（多杀性巴氏杆菌、大肠杆菌） 牛（呼吸系统疾病：溶血性曼氏杆菌、多杀性巴氏杆菌、睡眠嗜组织菌）
二氟沙星	犬（皮肤和泌尿道感染：肠杆菌科，葡萄球菌属）
马波沙星	猫（皮肤病） 犬（皮肤和泌尿道感染：肠杆菌科，葡萄球菌属）
奥比沙星	猫（皮肤病） 犬（皮肤和沁尿道感染：肠杆菌科，葡萄球菌属）
克林霉素	犬（皮肤和软组织感染：葡萄球菌属）
吡利霉素	牛（乳腺炎：金黄色葡萄球菌、无乳链球菌、停乳链球菌、乳房链球菌）
替米考星	牛（呼吸系统疾病：溶血性曼氏杆菌） 猪（呼吸系统疾病：胸膜肺炎放线杆菌、多杀性巴氏杆菌）
泰拉霉素	牛（呼吸系统疾病：溶血性曼氏杆菌、多杀性巴氏杆菌、睡眠嗜组织菌）
氟苯尼考	牛（呼呼系统疾病：溶血性曼氏杆菌、多杀性巴氏杆菌、睡眠嗜组织菌） 猪（呼吸系统疾病：胸膜肺炎放线杆菌、支气管败血波氏杆菌、多杀性巴氏杆菌、猪链球菌、猪霍乱沙门氏菌）
泰妙菌素	猪（呼吸系统疾病：胸膜肺炎放线杆菌）
土霉素	牛（呼吸系统疾病：溶血性曼氏杆菌、多杀性巴氏杆菌、睡眠嗜组织菌） 猪（呼吸系统疾病：胸膜肺炎放线杆菌、多杀性巴氏杆菌、猪链球菌）

此外，当抗菌药物用于食品动物的时候，处方兽医要负责防止违反药物残留的规定。关于确定停药期的有关专家建议可以从食品动物避免药物残留数据库中查询。在美国，从业者可在网站（www. farad. org）查询，加拿大相关网站是 www. cgfarad. usask. ca。

因为从概念上可以简单地界定一个分离菌的敏感度（即敏感、中度敏感、耐药），即使没有已验证的耐药折点也可以很容易区别一个菌为耐药菌或敏感菌。重要的是，耐药折点是为了预测临床效果而提出的，它是从病人的角度出发并结合了药代动力学的相关信息来看待抗菌药物的敏感性。而流行病学上的临界值则是从微生物的角度来描述抗菌药物的敏感性。获得耐药机制的分离株的 MIC 值大于其流行病学临界值，与同种野生型菌比，它对抗菌药的敏感性更低。流行病学临界值是通过评价大量细菌的 MIC 值分布得到的，有时某一微生物对某一药物的 MIC 值小于其流行病学临界值，但是临床上却表现为耐药。而有的微生物，其 MIC 值虽然大于其流行病学临界值，但临床上却仍保持敏感（图 2.3）。虽然流行病学临界值是一个非常重要的研究工具，但是它并未结合药动学数据，所以它不能用于病人治疗的指导。

临床实践中，应用药敏试验的结果时并不是对敏感性作详细的概述，只是简单地认为："敏感"就是好的治疗选择；"耐药"就是选择较差的治疗方案。解说阅读是一种更具有生物学的方法，它同时结合了固有的耐药性、指示药物、异常的耐药表型等各方面知识，并考虑到了抗菌药物的选择压力。例如，在诊断试

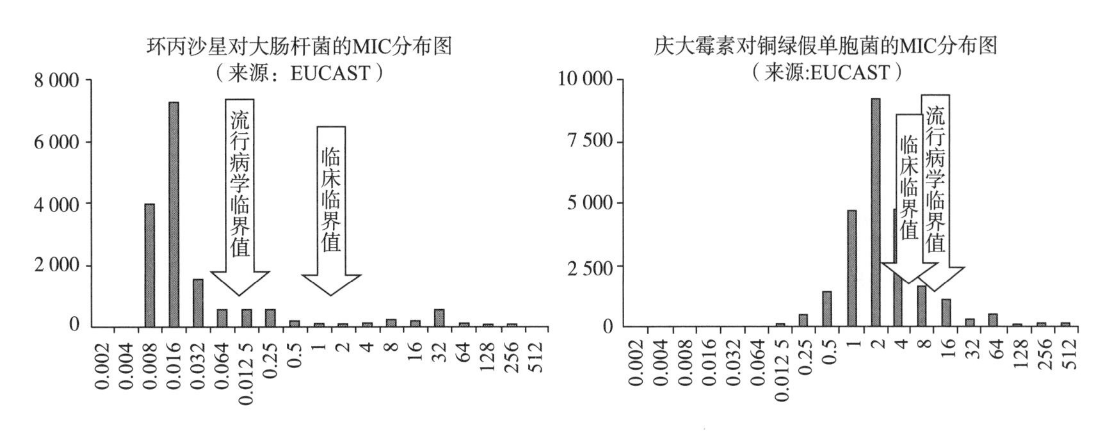

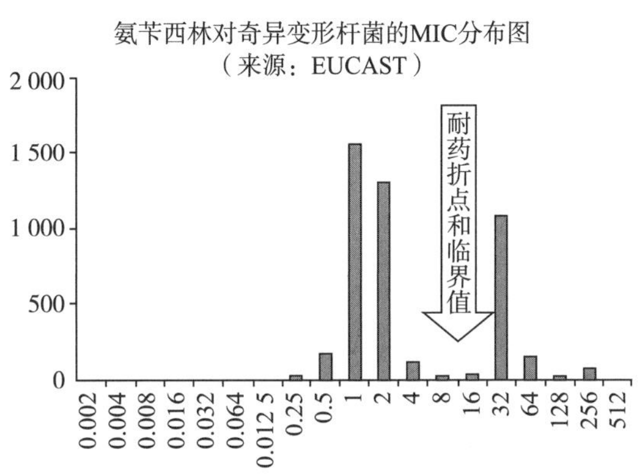

图 2.3　EUCAST 数据库中临床耐药折点和流行病学临界值的对照

柱状图代表每个 MIC 值（横轴）对应的菌群数（纵轴）。流行病学临界值可能小于（大肠杆菌和环丙沙星）、大于（铜绿假单胞菌和庆大霉素）或者等于（奇异变形杆菌和氨苄西林）临床耐药折点。

验室中常有“肠球菌”的报道，但是在解说阅读中必须在物种水平上对他们加以区别和鉴定（如屎肠球菌和粪肠球菌的区别）。对解说阅读的最优综述文章，请见 Livermore（2001）。解说阅读被用来检测特定的耐药表型，例如，耐甲氧西林，或耐超广谱 β-内酰胺酶（ESBLs）。一些药敏试验具有物种特异性，若用的是跨种或属的微生物，就不会产生可靠的试验结果。例如，CLSI 推荐用头孢西丁或苯唑西林作为金黄色葡萄球菌中 *mecA* 基因介导的甲氧西林耐药性的指示药物，但是只有苯唑西林的耐药性可靠地预测了伪中间型葡萄球菌携带的 *mecA* 基因（CLSI，2008a，b；Papich，2010）。在肠杆菌科，常用头孢他啶和头孢噻肟联合克拉维酸共同检测 ESBLs 是否存在，若加入克拉维酸，敏感性增加至大于或者等于 8 倍（MIC 值变小），试验中克拉维酸加强了头孢菌素类的抗菌作用，从而表明该菌内有 ESBL（超广谱 β-内酰胺酶）的存在，因此这类菌株在临床上对所有的青霉素类、头孢菌素类和氨曲南均有耐药性（CLSI，2008a，b；表 2.3）。

表 2.3　用体外试验预测体内疗效时失败的案例

因素		阳性结果	阴性结果
患畜/疾病因素	药代动力学	尿液中的药物浓度较高	药物不能渗透到一些较隐蔽的位点，如中枢神经系统或前列腺中药物间的相互作用减少了药物的吸收或者增加了药物的消除
	药效动力学		氨基糖苷类药物在酸性或者厌氧环境中失效，在化脓情况下叶酸合成抑制剂失效（环境中有过量的对氨基苯甲酸）
	疾病/病理学	无感染	诱发疾病或病理的原因，如遗传性过敏症、糖尿病或肿瘤的形成
		自限性感染	体内留置的医学装置
	治疗学	应用局部治疗，用较高的药物浓度来对抗低水平耐药现象	与说明书不同的给药剂量、频率和途径
		与说明书不同的给药剂量、频率和途径	用药人员不按规定用药

（续）

<table>
<tr><th colspan="2">因素</th><th>阳性结果</th><th>阴性结果</th></tr>
<tr><td rowspan="7">微生物/试验因素</td><td>耐药性</td><td></td><td>体内耐药性的产生</td></tr>
<tr><td rowspan="2">微生物生活方式</td><td rowspan="2"></td><td>形成生物膜</td></tr>
<tr><td>细胞内感染</td></tr>
<tr><td rowspan="2">微生物的鉴定</td><td>微生物鉴定错误</td><td>微生物鉴定错误</td></tr>
<tr><td>假阳性结果</td><td>混合感染</td></tr>
<tr><td rowspan="2">抗菌药物敏感性试验</td><td>试验过程中操作失误或结果报告错误</td><td>试验过程中操作失误或结果报告错误</td></tr>
<tr><td></td><td>诱导耐药</td></tr>
</table>

在解释敏感性报告时，对固有耐药性的了解是非常重要的。耐药性应以特定的药物和微生物的组合形式出现（如头孢菌素类和肠球菌）。因为体外耐药性的表达并不能反映机体内微生物和药物之间的相互作用，所以在进行体外试验前要确认菌株的固有耐药性，并且要保证此耐药性与试验结果是无关的。EUCAST 详细地描述了固有的耐药表型，相关内容在网站 www. eucast. org/expert _ rules/上也可以查询到。表 2.4 列出了一些常见微生物对抗生素的固有耐药表型。

表 2.4　兽医上重要的固有耐药表型

微生物	固有耐药表型
肠杆菌科	青霉素 G、大环内酯类、林可胺类、链阳菌素类和利福平
克雷伯菌属	氨苄西林和替卡西林
奇异变形杆菌	四环素和呋喃妥因
普通变形杆菌	氨苄西林、头孢唑啉、四环素和呋喃妥因
鲍曼不动杆菌	氨苄西林、阿莫西林＋克拉维酸、头孢唑啉和甲氧苄啶
铜绿假单胞菌	氨苄西林、阿莫西林＋克拉维酸、哌拉西林、头孢唑啉、氯霉素、甲氧苄啶＋磺胺类和四环素
粪肠球菌	头孢菌素类、氨基糖苷类（低水平耐药）、红霉素、克林霉素、磺胺类
屎肠球菌	头孢菌素类、氨基糖苷类（低水平耐药）、红霉素、磺胺类
鹑鸡肠球菌	头孢菌素类、氨基糖苷类（低水平耐药）、红霉素、克林霉素、磺胺类和万古霉素

出现一些异常的（意想不到的）耐药表型时，需要把这种不寻常的细菌或监测结果做进一步的鉴定和研究，例如，耐万古霉素的葡萄球菌，耐青霉素的 A 型链球菌，耐甲硝唑的厌氧菌均属于特殊的耐药表型，在对这些微生物用药之前须先确认其耐药表型。虽然这些特殊的耐药表型可能是因耐药性的出现导致的，但是更有可能是报告、检测、菌株鉴定和用分离菌混合培养检测出现的错误导致的。CLSI 的 M100 文件和 EUCAST 中的专家规程都对特殊的耐药表型做了描述（CLSI，2008b；Leclerq 等，2008）。

根据细菌的耐药机制我们常可以预测细菌对多种药物的耐药性，即对一种药物耐药可指示对另一药物的耐药性。通过对指示药物的测试，药敏试验结果可以外推到多种实际测试之外的抗菌药，例如，葡萄球菌对苯唑西林耐药，那么它对甲氧西林也耐药，因此，无需对其他 β-内酰胺再试验即可判定其对所有的 β-内酰胺均有耐药性。对肠杆菌科细菌，头孢噻吩的试验结果可用于预测头孢氨苄和头孢拉定的敏感性，但是不可用于头孢噻呋或头孢维星。对 β-溶血性链球菌，青霉素的试验结果可用于预测氨苄西林、阿莫西林、阿莫西林/克拉维酸和多种头孢菌素类药物的敏感性。CLSI 指南上还有很多其他的例子。

在选择抗菌药物治疗时，应最大限度地减小抗菌药耐药性的选择压力。虽然抗菌药的耐药性是在使用后产生的，但一些特定的细菌-药物组合比其他组合更容易选择耐药性或促进耐药突变的产生，因此一定要尽可能避免这种情况的发生。例如，葡萄球菌比较容易对利福平产生耐药性，而氟喹诺酮类和头孢菌素类药物已知可选择产生耐甲氧西林的菌株（Dancer，2008；Livermore 等，2001）。在革兰氏阴性菌中，有证据表明，与氨基糖苷类药物相比，氟喹诺酮和广谱头孢菌素类药物是更有潜力的耐药性选择器；第3代头孢菌素类药物比与β-内酰胺酶抑制剂联合的青霉素类更容易产生耐药性（Peterson，2005）。相关知识详见第三章关于抗菌药耐药性的流行病学讨论。

第二节　其他药敏试验方法

诱导型耐药表型带来特有的诊断挑战，标准扩散和稀释法可能都检测不出这种耐药表型。但解说阅读在鉴别那些表型中能起到重要的作用。例如，若葡萄球菌和链球菌表现只对红霉素耐药，但对克林霉素敏感，我们就应怀疑这些菌株具有诱导型克林霉素耐药。这种诱导型的耐药表型可以用“D-试验”方法来检测，这是另一种标准纸片扩散法，即双纸片试验法，在试验中将红霉素和克林霉素两个纸片贴在相邻位置上。如果在红霉素存在的情况下，克林霉素纸片周围的抑菌圈明显钝化（即抑菌圈呈现D形），则表明诱导型耐药的出现（图2.4）。因此，当葡萄球菌或链球菌对克林霉素表现敏感，却对红霉素表现耐药时，我们应该用D-试验法检测是否产生诱导型克林霉素耐药性。诱导型克林霉素耐药菌株应总是被视为具有耐药性，因为若用克林霉素治疗体内产生的这种诱导耐药会导致治疗失败（Levin等，2005）。最近研究试验已从动物体内分离到金黄色葡萄球菌和伪中间型葡萄球菌诱导型克林霉素耐药菌（Rubin等，2011a，b）。

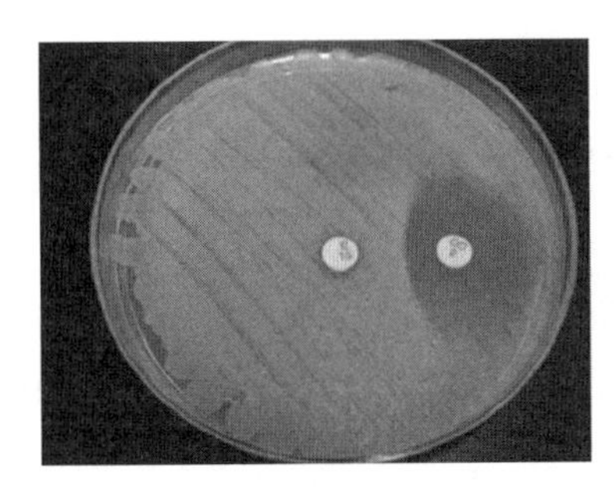
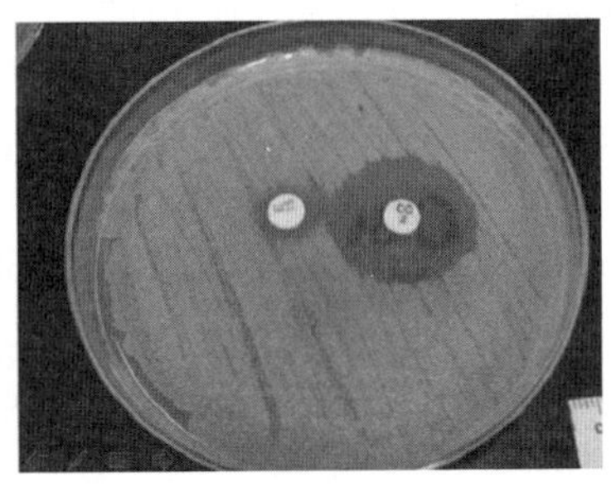

图2.4　具有诱导型克林霉素耐药性的金黄色葡萄球菌的抑菌圈呈现典型的D形（左图），对红霉素耐药的同时对克林霉素敏感（右图）

为快速鉴定临床样品中的特定抗菌药物耐药菌株，我们设计了选择性培养基。CLSI公布了一些特定耐药菌的选择性培养基，并对其做了详细描述，主要有肠杆菌科超广谱β-内酰胺酶，葡萄球菌耐甲氧西林（苯唑西林），肠球菌高水平耐氨基糖苷类和万古霉素（CLSI，2008a，b）。

抗菌药物的耐药性也可以通过耐药基因的产物来鉴定。例如，头孢硝噻试验就是利用这一原理，当头孢菌素（头孢硝噻）被β-内酰胺酶水解后会由黄色变为红色。但是头孢硝噻水解的敏感性只是表明窄谱或广谱的β-内酰胺酶均能产生这种阳性试验结果，此试验是非特异性的。另外，β-内酰胺酶的存在与否并不能排除其他耐药机制，因此在药敏试验的基础上解释这些试验结果是很重要的。

现在有一种针对青霉素结合蛋白（PBP2a）的乳胶凝集试验可用，青霉素结合蛋白可产生甲氧西林耐药性。这一试验可在初级培养的基础上进行，在完整的药敏试验之前就可以确定甲氧西林的耐药性，从而在诊断过程中节省1d的时间。

有些试验中MIC值并不足以描述药效动力学中的相互作用。时间-杀菌曲线描述的是抗菌药物的杀菌效果随着时间的变化，而MIC值试验描述的是单个终点值。时间-杀菌曲线是将细菌接种到含有已知浓度的抗菌药物的肉汤里，通过菌落计数来估计肉汤内的活性微生物随时间的变化（CFU/mL）。时间点的选择主要依赖于具体的研究问题，但0h、4h、8h、12h、24h和48h是一个比较好的基础模型。在0h，肉汤内接种已知浓度的微生物（如10^5CFU/mL）。对系列10倍稀释的100μL肉汤进行菌落计数：第一个稀释浓度（10^{-1}）通过直接取出100μL肉汤制得；第二个稀释浓度（10^{-2}）是将100μL的肉汤加到900μL的生理盐水中制得；第三个稀释浓度（10^{-3}）是将100μL的第二个浓度的溶液加入到900μL的生理盐水中制得；依次类推，倍比稀释。根据测试的微生物和预期的细菌浓度，稀释梯度从10^{-1}至10^{-8}就足够。接种完稀释菌液后平板过夜培养，菌落数在20～200的平板予以计数并记录，高于或低于这一区间的，计数均不可靠。

初步分析包括菌落眼观计数，并以菌落数的 $\log_{10}$ 值为纵坐标，时间为横坐标绘图。如果在培养 24h 后细菌数目减少了 $3\log_{10}$ 值，那么就表明药物具有杀菌活性（CLSI，1999）。关于抗菌治疗的选择和药代动力学的讨论见第四章和第五章。

第三节 总　结

抗菌药物是兽医最常用的药物，促进了食品动物和伴侣动物的健康。当合理地进行和小心地分析时，抗菌药物敏感性试验是循证治疗感染性疾病时一个很重要的组成部分。在临床工作中，试验结果的分析要充分考虑到患病动物的实际情况。所以，如果充分考虑药物的药代动力学和药效动力学特性，并结合药敏试验结果的解说阅读，临床治疗成功的可能性才会最大化。

虽然敏感性定性数据可以为临床兽医提供非常重要的信息，但 MIC 值才可为药代动力学原理的直接应用提供更胜一筹的依据。例如，尽管敏感性报告指示当抗菌药物浓度在尿中达到最高时血浆浓度可能与耐药性有关，但是临床上仍然认为这是合理的。有关药代动力学和抗菌药的选择原则的讨论，详见第五章和第六章。

参考文献

Aronson JK. 1992. Penicillin. Eur J Clin Pharmacol 42：1.

Barry AL. 2007. An overview of the Clinical and Laboratory Standards Institute (CLSI) and its impact on antimicrobial susceptibility tests. In：Schwalbe R，Steele-Moore L，Goodwin AC（eds）. Antimicrobial Susceptibility Testing Protocols. Boca Raton，FL：CRC Press.

Bryskier A. 2005. Penicillins. In：Bryskier A（ed）. Antimicrobial Agents：Antibacterials and Antifungals. Washington，DC：ASM Press，p. 113.

CLSI. 1999. Methods for Determining Bactericidal Activity of Antimicrobial Agents. M26-A. Wayne，PA：Clinical and Laboratory Standard Institute.

CLSI. 2006a. Methods for Dilution Antimicrobial Susceptibility Tests for Bacteria That Grow Aerobically；Approved Standard. M7-A7. Wayne，PA：Clinical and Laboratory Standard Institute.

CLSI. 2006b. Performance Standards for Antimicrobial Disk Susceptibility Tests；Approved Standard M2-A9. Wayne，PA：Clinical and Laboratory Standards Institute.

CLSI. 2008a. Performance Standards for Antimicrobial Disk and Dilution Susceptibility Tests for Bacteria Isolated from Animals. M31-A3. Wayne，PA：Clinical and Laboratory Standards Institute.

CLSI. 2008b. Performance Standards for Antimicrobial Susceptibility Testing. M100-S18. Wayne，PA：Clinical and Laboratory Standards Institute.

Dancer SJ. 2008. The effect of antibiotics on methicillin-resistant *Staphylococcus aureus*. J Antimicrob Chemother 61：246.

Ericsson HM，et al. 1971. Antibiotic sensitivity testing. Report of an international collaborative study. Acta Pathol. Microbiol Scand B Microbiol Immunol 217 Suppl 217：1.

Erol E，et al. 2012. Beta-hemolytic *Streptococcus* spp. from horses：a retrospective study（2000-2010）. J Vet Diagn Invest 24：142.

Leclerq R，et al. 2008. Expert rules in antimicrobial susceptibility testing. European Committee on Antimicrobial Susceptibility Testing.

Levin TP，et al. 2005. Potential clindamycin resistance in clindamycin-susceptible，erythromycin-resistant *Staphylococcus aureus*：report of a clinical failure. Antimicrob Agents Chemother 49：1222.

Livermore DM，et al. 2001. Interpretative reading：recognizing the unusual and inferring resistance mechanisms from resistance phenotypes. J Antimicrob Chemother 48 Suppl 1：87.

Papich MG. 2010. Proposed changes to Clinical Laboratory Standards Institute interpretive criteria for methicillinresistant *Staphylococcus pseudintermedius* isolated from dogs. J Vet Diagn Invest 22：160.

Peterson LR. 2005. Squeezing the antibiotic balloon：the impact of antimicrobial classes on emerging resistance. Clin Microbiol Infect 11 Suppl 5：4.

Pressler B，et al. 2010. Urinary Tract Infections. In：Ettinger SJ，Feldman EC（eds）. Textbook of Veterinary Internal

Medicine. St. Louis：Saunders Elsevier.

Rubin JE，et al. 2011a. Antimicrobial susceptibility of *Staphylococcus aureus* and *Staphylococcus pseudintermedius* isolated from various veterinary species. Can Vet J 52：153.

Rubin JE，et al. 2011b. Antimicrobial susceptibility of canine and human *Staphylococcus aureus* collected in Saskatoon，Canada. Zoonoses Public Health 58：454.

第三章 抗菌药物耐药性及其流行病学

Patrick Boerlin 和 David G. White

自 20 世纪 20 年代末青霉素被发现以来，数以百计的抗菌药物被研发出来并用于抗感染治疗。抗菌药物已经成为降低多种感染性疾病发病率和死亡率必不可少的药物，而且自抗菌药物引入兽医界后，显著地提高了动物的健康状况和生长率（国家研究委员会，医学科学院，1998）。细菌对抗菌药物耐药性的出现并不意外，并被 Alexander Fleming 所预测过，他在 1945 年获诺贝尔奖的演讲中就警告过，反对将青霉素滥用。但是，随着细菌耐药性（指微生物获得抵抗正常活性浓度的抗菌药物的能力）在许多病原菌上的出现、传播和持久存在，抗菌药物的疗效降低，这已成为一个普遍的难题，严重威胁人医临床和兽医临床上对感染性疾病的治疗（Salyers 和 Amiable Cuevas，1997；Witte，1998；Marshall 和 Levy，2011）。

由耐药菌导致的感染会比敏感菌导致的感染更频繁地引起高发病率和死亡率（Helms 等，2002；Travers 和 Barza，2002；Varma 等，2005）。在集中用药地区，如医院，耐药菌的存在已导致住院时间延长和治疗费用增加，特殊情况下可能会导致无法治愈的感染（Maragakis 等，2008；Shorr，2009）。造成这一困境的主要原因是，尽管在过去 70 年里不断有新型或者旧药的改进型药物被研发出来，但同时也缓慢而确切地系统出现了新型耐药机制。目前应用于人医和兽医临床的所有抗生素的耐药机制都有报道。因此，做好对现有抗菌药物的可持续管理（Prescott，2008；Doron 和 Davidson，2011；Ewers 等，2011）以及新抗菌药物和抗菌药物替代品的持续研发，是保护人类和动物的健康、抵御传染性病原微生物的感染的关键。

第一节 耐药机制

我们已经发现和确定了在细菌中的多种耐药机制，而且在一些特定细菌中几种耐药机制会共同介导对某一抗菌药物的耐药性。人工查询的耐药基因数据库（ARDB）列出了超过 23 000 种可能存在的耐药基因，这些基因均来自现有细菌的基因序列（Liu 和 Pop，2009）。细菌的耐药机制主要可以分为四类（图 3.1）：①通过减少药物渗透到细菌内而阻止抗菌药物到达作用靶点；②药物被特异或普通的外排泵驱出细胞外；③在细胞外或药物进入细胞后，通过降解或者修饰作用改变药物结构，使其失去活性；④抗菌药物的作用位点被改变或者被其他小分子所保护，从而阻止抗菌药物与作用靶点的结合，抗菌药物因此不能发挥作用，或者抗菌药物的作用位点被微生物以其他方式捕获和激活。表 3.1 分别列出了这些耐药机制的几种代表细菌和药物，关于这方面的系统的知识可见本书的其他章节。

表 3.1 耐药机制的举例

抗菌药物	耐药机制	基因决定簇举例
四环素类	（2）四环素类在大肠杆菌和其他肠杆菌科内诱导外排 （4）革兰氏阳性菌的核糖体保护	*Tet*（*A*）、*tet*（*B*）、*tet*（*C*） *Tet*（*O*）、*tet*（*M*）
氯霉素	（2）肠杆菌科细菌中外排 （3）肠杆菌科细菌中乙酰化	*cmlA*、*floR* *catA*
β-内酰胺类	（3）肠杆菌科细菌和金黄色葡萄球菌中产 β-内酰胺酶	bla_{TEM}、bla_{CTX-M}、bla_{CMY}、bla_{NDM}、bla_{Z}
苯唑西林、甲氧西林	（4）金黄色葡萄球菌中替代青霉素-结合蛋白	*mecA*
亚胺培南	（1）产气肠杆菌和克雷伯氏菌属中膜孔蛋白形成减少	突变
氨基糖苷类	（3）革兰氏阴性和阳性细菌中氨基糖苷类磷酸化、腺苷酰化和乙酰化	多种基因具有各种广阔的特异性
链霉素	（4）分枝杆菌中 16s rRNA 或核糖体蛋白的修饰	突变

（续）

抗菌药物	耐药机制	基因决定簇举例
大环内酯类、林可胺类、链阳菌素类	（4）革兰氏阳性菌中核糖体 RNA 的甲基化	*ermA*、*ermB*、*ermC*
大环内酯类、链阳菌素类	（2）葡萄球菌属	*vga*（*A*）、*msr*（*A*）
氟喹诺酮类	（2）主动外排 （4）DNA 拓扑异构酶与喹诺酮类药物的亲和力低 （4）作用靶点受到保护	*gyrA*、*gyrB*、*qepA*、*parC*、*parE* 多种 *qnr* 基因
磺胺类	（4）革兰氏阴性菌中通过附加的耐药性二氢叶酸合成酶开通受阻通路的旁路	*sul1*、*sul2*、*sul3*
甲氧苄啶	（4）通过附加的耐药性二氢叶酸合成酶开通受阻通路的旁路	各种 *dfr* 基因

注：这是迄今为止已知的对各类抗菌药物的耐药机制所做的一个不全面的表。

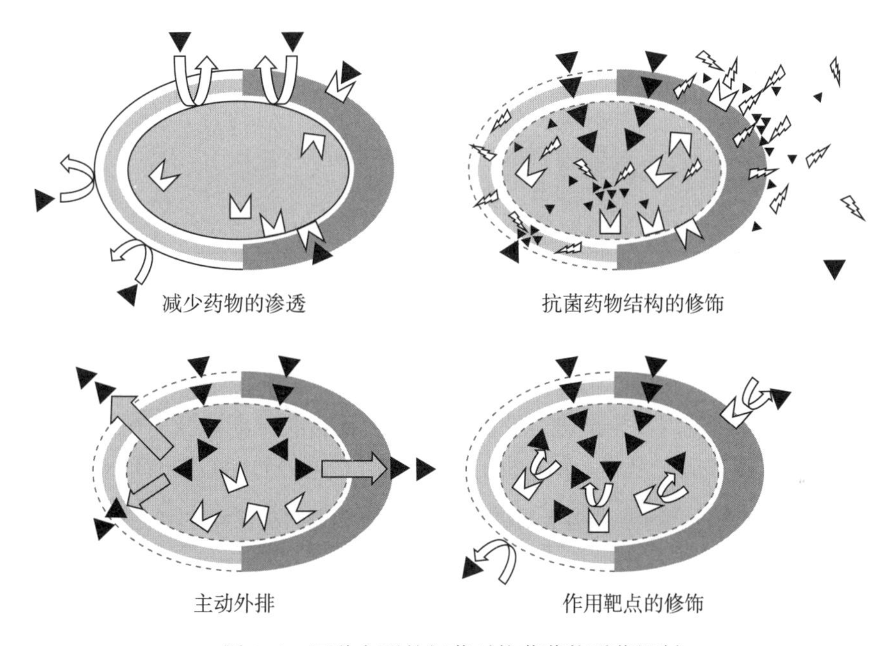

图 3.1　四种主要的细菌对抗菌药物耐药机制

药物的渗透率降低主要是因为细菌外膜（如革兰氏阴性菌膜孔蛋白的表达下调）或细胞膜（如在无氧环境中缺乏对氨基糖苷类的主动运输）缺乏渗透性。主动外排系统可以将抗菌药物泵出至外周质（如肠杆菌科细菌主动外排四环素类药物）或者细胞外环境中（如 RND 多药主动外排系统）。细菌的酶对药物的修饰作用通常在药物位于细菌表面还未到达作用位点时发生，可以在药物渗透入细胞后（如 CAT 酶对氯霉素的乙酰化作用）、在外周质环境中（如肠杆菌科细菌中 β-内酰胺酶对 β-内酰胺类的裂解）或者在细胞外界环境中（如葡萄球菌属产生 β-内酰胺酶）。对作用位点的修饰作用包括细胞表面（如万古霉素耐药肠球菌科的肽聚糖改变）和细胞内位点（如革兰氏阳性菌通过核糖体的甲基化作用获得对大环内酯类药物的耐药）两种类型。

第二节　抗菌药物的耐药性类型

细菌对抗生素的耐药性主要有三个基本类型：敏感型、固有耐药型和获得性耐药型。

固有耐药表型对于一个特定细菌分类组（如属、种、亚种）内的所有成员来说都是天然形成的，其主要通过细菌固有的结构或者生化特征来发挥耐药作用。例如，革兰氏阴性菌对大环内酯类药物具有天然耐药性，因为大环内酯类药物太大，不能穿过细胞壁到达细胞质内的作用位点；厌氧菌对氨基糖苷类有固有耐药性是因为在厌氧环境下氨基糖苷类不能渗透到细胞内；革兰氏阳性菌的细胞膜中缺乏磷脂酰乙醇胺，从而对多黏菌素类药物具有固有耐药性。表 3.2 中列出了几种主要细菌群的固有耐药表型。临床医生和其他抗菌药物应用者应熟知这类耐药性，才能避免一些不恰当和无效的治疗。欧洲抗菌药物敏感性试验委员会（EUCAST）在其网站（http：//mic. eucast. org/Eucast2/）上公布了非常有用的关于微生物对特定抗菌药物敏感性的交互列表。

表 3.2　固有耐药表型的例子

微生物	固有耐药表型
大多数革兰氏阴性菌（肠杆菌科、假单胞菌属或弯曲杆菌属）	青霉素G、苯唑西林、大环内酯类、林可胺类、链阳菌素类、糖肽类杆菌肽
克雷伯菌属	氨苄西林
普通变形杆菌	氨苄西林、第1代头孢菌素类、多黏菌素类
奇异变形杆菌	四环素、多黏菌素类
黏质沙雷氏菌	氨苄西林、阿莫西林+克拉维酸、第1代头孢菌素类、多黏菌素类
肠杆菌属	氨苄西林、阿莫西林+克拉维酸、第1代头孢菌素类、头孢西丁
铜绿假单胞菌	氨苄西林、第1代和第2代头孢菌素类、头孢曲松、卡那霉素、四环素、氯霉素、甲氧苄啶、喹诺酮类
嗜血杆菌属	（链霉素、卡那霉素）大环内酯类
空肠弯曲杆菌和大肠弯曲杆菌	第1代头孢菌素类、甲氧苄啶
大多数革兰氏阳性菌	多黏菌素、喹诺酮类
链球菌属	氨基糖苷类（低水平）
肠球菌	苯唑西林、头孢菌素类、氨基糖苷类（低水平）、磺胺类（体内）、甲氧苄啶（体内）
单核细胞增生性李斯特菌	苯唑西林、头孢菌素类、林可胺类
炭疽杆菌	头孢菌素类、磺胺类、甲氧苄啶
厌氧菌（包括梭状芽孢杆菌）	氨基糖苷类

对抗菌药物的耐药性也可以后天获得，如一个正常敏感的微生物通过基因修饰产生耐药性。获得性耐药通常使药物对某一微生物的MIC值呈现离散的跳跃，因而出现MIC值的双峰或多峰分布模式（图3.2）。但在有些情况下，如氟喹诺酮类药物，获得性耐药（MIC值升高）可能是渐进性的，它是通过连续的多个基因修饰累积而成，特定的拓扑异构酶基因发生渐进性突变时，细菌就会获得渐进性的耐药能力，这个过程中MIC值的改变也是逐渐发生的（表3.3），呈现一种平滑的连续性MIC值分布曲线图（Hopkins等，2005）。

表 3.3　禽源致病性大肠杆菌喹诺酮药物耐药特征（共56株）[a]

菌株数	突变位置[b]			MIC范围（μg/mL）[c]			
	GyrA	*GyrB*	*ParC*	Nal	Orb	Enr	Cip
40	Ser83 - Leu	None	None	64～>256	0.5～8	0.25～2	0.12～1
7	Asp87 - Tyr	None	None	128	0.5～1	0.25～0.5	0.12～0.25
1	Asp87 - Tyr	None	Ser80 - Ile	>256	>16	16	8
1	Ser83 - Leu Asp87 - Gly	None	None	128	1	0.5	0.25
1	Ser83 - Leu Asp87 - Ala	None	None	>256	2	1	0.5
1	Ser83 - Leu Asp87 - Gly	None	Ser80 - Arg	>256	8	4	2
2	Ser83 - Leu	Asp426 - Thr	None	256	2	0.5	0.25～0.5
1	Ser83 - Leu	Glu466 - Asp	None	>256	8	2	1
1	Ser83 - Leu	Glu466 - Asp	Ser80 - Ile	>256	>16	8	4
1	Ser83 - Leu	Glu466 - Asp	Ser80 - Ile	>256	>16	8	4

注：a 参考文献：Zhao S，et al.，2005. Antimicrobial susceptibility and molecular characterization of avian pathogenic *Escherichia coli* isolates. Vet. Microbiol.，107：215.

b 取代氨基酸和取代位点：如Ser83 - Leu代表在83位点丝氨酸被亮氨酸取代。

氨基酸种类：Ser，丝氨酸；Asp，天冬氨酸；Leu，亮氨酸；Tyr，酪氨酸；Glu，谷氨酸；Gly，甘氨酸；Ile，异亮氨酸；Arg，精氨酸；Ala，丙氨酸；Thr，苏氨酸。

None代表野生型，即在特定序列 *parE* 未检测到基因突变。

c Nal，萘啶酸；Orb，奥比沙星；Enr，恩诺沙星；Cip，环丙沙星。

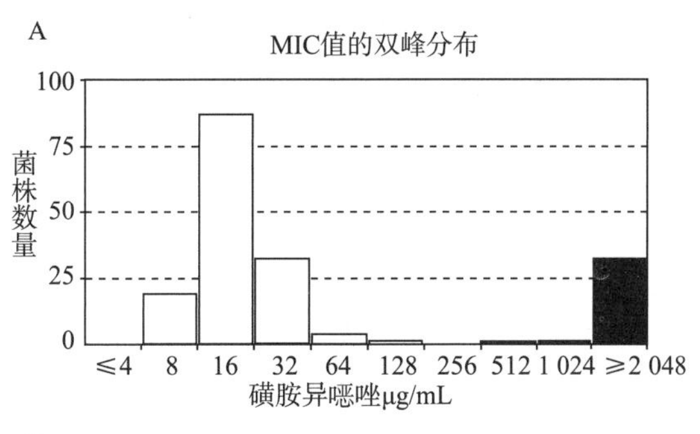

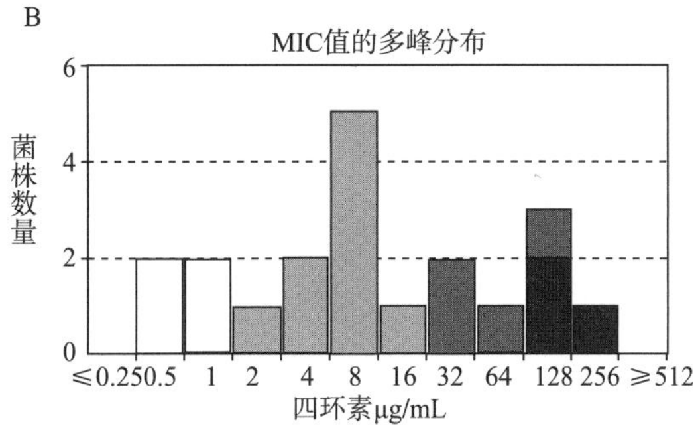

图 3.2　MIC 值的双峰和多峰分布图

A 图是在猪源和牛源大肠杆菌中磺胺类药物的双峰 MIC 值分布图。白色代表敏感菌株，黑色代表含有耐药决定簇的菌株，二者之间具有明确的分界。B 图是多种来源的大肠杆菌中四环素药物的多峰 MIC 值分布图。白色代表不含有任何耐药决定簇的菌株，三种渐进变黑的灰色图形依次代表含有 *tet*（C）、*tet*（A）和 *tet*（B）耐药决定簇的菌株。注意：每种类别四环素耐药决定簇的相应频率在图中可能看出也可能看不出。

获得性耐药可以显示从只针对某一种药物、对一类药物中的几种但不是全部药物、对同类的全部药物，到甚至对多种不同类别药物的耐药。大多数情况下，单一的耐药决定簇只编码对一类药物中的一种或者几种药物的耐药性（如氨基糖苷类、β-内酰胺类、氟喹诺酮类药物）或者编码几类相关药物的耐药性（如大环内酯类-林可胺类-链阳菌素类这一组药物）。但是一些耐药决定簇会编码对应多类药物的耐药。近几年发现的相关例子有：Cfr 核糖体 RNA 甲基转移酶（Long 等，2006）；氨基糖苷乙酰基转移酶的变构体- Aac（6′)- Ib - cr（Robiczek 等，2006）；AcrAB - TolC 主动外排系统介导的多药外排上调（Randall 和 Woodward，2002）。因此，多重耐药性的出现多是因为同一转座子上含有多种无相关性的耐药决定簇。

从上面的讨论中我们可以明确，耐药基因决定簇的获得会使 MIC 值发生改变，但是并不总能导致临床相关的耐药性水平，因此，相比于将细菌划分为敏感和耐药等类别，我们更鼓励采用药物的 MIC 值，从而有效避免临床医生、微生物学家及流行病学家在设置敏感和耐药性折点时产生矛盾。因此，基于细菌获得耐药机制的存在，导致对抗菌药物的敏感性和临床疗效的降低，我们应及时确定流行病学上临界值和临床折点（Kahlmeter 等，2003；Bywater 等，2006）。

第三节　耐药性的获得

细菌对抗生素产生耐药性主要来源于以下三种方式：与生理过程和细胞结构相关的基因发生突变；外源耐药基因的获得；以及这两种方式相结合共同作用。细菌内在以低频率持续发生突变，由此导致偶然的耐药性突变。但是当微生物受到压力（如病原微生物受到宿主免疫防御和抗菌药物的威胁）时，细菌群体突变的频率就会增大（Couce 和 Blázquez，2009）。这些所谓的突变被认为是在用特定药物如喹诺酮类治疗期间细菌体内快速产生耐药性的原因（Komp Lindgren 等，2003）。然而，大多数临床分离菌株的耐药性都是非染色体基因介导的。

细菌可以通过三种不同的方式获得外源 DNA（图 3.3）。①转化作用：天然的感受态细胞摄取外界环境中的游离的 DNA 片段；②转导作用：通过噬菌体将遗传物质从一个细菌转移到另一个细菌中；③接合作用：像交配一样通过质粒实现细菌间遗传物质的转移。近日，术语“mobilome”用来描述可以在细胞内或细胞间的基因组内转移的遗传原件，可以分为四类：质粒、转座子、噬菌体和可自我剪接的小分子寄生虫。尽管由噬菌体介导的耐药性转移是存在的（Colomer - Lluch 等，2011），但是在各种细菌宿主内发现的大量耐药质粒表明：质粒和接合作用是造成细菌耐药性在全球传播的重要因素。

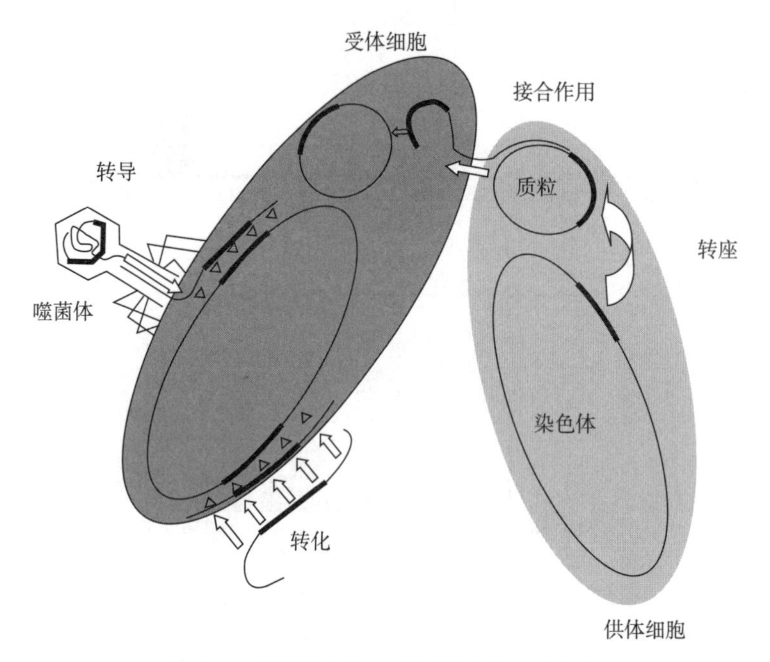

图 3.3　细菌遗传物质水平转移的三种机制

白色的箭头代表遗传物质的转移和重组；黑色的粗线代表耐药基因或者耐药基因簇。转导作用是指噬菌体将其DNA 注入细菌细胞内，在溶原性阶段受体细胞将外源 DNA 整合到自身染色体中。转化作用是感受态细胞摄取外界环境中游离的 DNA 片段，并整合到受体基因组的同源序列上。接合作用是质粒从供体细胞转移到受体细胞，在受体细胞内质粒能正常复制，且在转移前质粒在供体细胞内先复制，并保留一份相同的遗传物质；在宿主细胞内时质粒还可以获得携带耐药基因的转座子。

质粒是染色体外能自我复制的一种遗传元件，它的存在对细菌的生存不是必需的，但它可赋予宿主细菌一些选择性的优势，如抗菌药物耐药基因。虽然这些基因转移机制有很明显的功效，但是宿主细菌仍然有多种防止被外源 DNA 干扰的方法，因此要想在新的宿主细胞内稳定和表达，转移基因需要克服重重阻碍（Thomas 和 Nielsen，2005）。另外，利用同一复制系统的不同质粒不能在同一宿主细胞内共同存在：当两种质粒在同一细胞内时，它们在复制及随后分配到子细胞的过程中会彼此竞争。我们可以利用这种“不相容性”将质粒归为不相容的一类，在对耐药质粒分类和研究其流行病学特征的时候常用到这一分类系统（Carattoli，2011）。多项研究表明，耐药质粒在多种条件下都可以发生转移；例如，在温度较高的鸟类的肠道内和温度较低的外界环境中均可发生耐药质粒的转移。有些质粒还可在多种细菌之间相互转移，如果动物体内的耐药质粒在共生菌和病原菌之间相互转移，几天内就会有大量的新型耐药菌株出现（Poppe 等，2005）。

除了在细菌之间转移，耐药基因还可以在单个细菌的基因组内发生转移：从染色体上转移到质粒上，或在质粒之间转移，或者从质粒上再转移回染色体上，随着时间的推移，这些会促进耐药基因的相互联合和集合成簇。转座子和整合子在这类基因组内的基因转移过程中起到主要作用。转座子（又称跳跃基因）是一种可移动的遗传元件，可以从染色体的一个位置“跳跃”到另一个位置；转座子内含有转座所需的转座酶基因。最简单的转座子是插入序列（IS 序列），只含有自身转座所需要的基因；在插入序列的基础上可形成稍复杂的转座子即复合型转座子。复合型转座子的中心区域是与转座无关的基因（是其承载的基因，如抗生素的抗性基因），两侧是序列完全相同或者相似的 IS 序列。已知的各种细菌内的抗生素抗性基因中，很多是在复合型转座子内（Salyers 和 Amiable-Cuevas，1997）。

同一基因组内的类似转座子之间的同源重组在促进载体基因如耐药基因在同一移动元件上的聚集上起着重要的作用。另一组与传统插入序列作用机制不同的被称为插入序列共同区的移动元件也有助于移动相邻的遗传物质，这种移动元件已被大量发现，与整合子和耐药基因有关（Toleman 等，2006）。一些厌氧菌和革兰氏阳性菌内常携带有所谓的接合型转座子，这类转座子可以整合到宿主染色体上，也可以被切割下来，然后像可转移质粒一样转运到新的宿主细胞内并与其染色体结合。整合子（尤其是Ⅰ类整合子）的广泛存在可以合理地解释耐药性快速发展的现象（Hall 等，1999；Cambray 等，2010）。这些 DNA 元件由两端的保守序列组成，之间的中心区域可以插入耐药性“基因盒”。多种基因盒可以串联式插入，迄今已知与抗生素耐药性有关的基因盒有 140 多种，可对多种抗菌药物以及季铵盐类化合物产生抗性（Partridge 等，2009）。此外，作为复合型转座子中的一部分，整合子增加了抗性决定簇的流动性。

耐药基因的来源及其在细菌间的转移

在抗菌药物用于医学治疗之前，抗性基因和 DNA 转移机制可能就已存在。例如，在北极冰床上发现了耐药细菌及其体内的耐药决定簇，估测这种细菌几千年前就已出现（D’Costa 等，2011）。最近，从墨西哥的 Lechuguilla 洞穴（已存在 400 多万年）中采集细菌并分离培养，通过研究其分子特征发现这种细菌对多种不同结构的抗菌药物均有耐药性（Bhullar 等，2012）。在抗菌药物时代到来之前，在保藏的历史分离菌中以及生活在偏僻地区的人及野生动物中都发现了耐药菌（Smith 等，1967；Bartoloni 等，2004）。

人们普遍认为，在产抗生素的细菌内也存在耐药机制，这些细菌利用这种方式来抵抗自身分泌抗生素的作用；一些耐药基因就来源于这类微生物。研究表明，从产氨基糖苷类抗生素的细菌内分离到的氨基糖苷修饰酶与从耐氨基糖苷类细菌分离的氨基糖苷修饰酶明显具有同源性，由此可以证明有些耐药基因来自于产同种抗生素的细菌。已经证明很多用于人类和动物的抗菌药物制品被这些产抗生素微生物的染色体 DNA 所污染，其中包括已鉴定为抗生素耐药的基因序列（Webb 和 Davies，1993）。然而，对于一些合成的抗菌药物如甲氧苄啶及磺胺类药物，细菌内部并不含有相关的耐药基因，但是这些基因可以通过适应性的变异和重组进化产生相应的抗性基因。事实上，有人认为这些耐药基因在原始宿主内可以对抗生素外的其他成分起解毒作用，还参与耐药性无关的新陈代谢过程（Martinez，2008）。所以自然环境中的微生物是一个耐药基因的储存库（D’Costa 等，2007；Bhullar 等，2012），可以通过基因交换使医学上的常见细菌也产生耐药性（Wright，2010）。

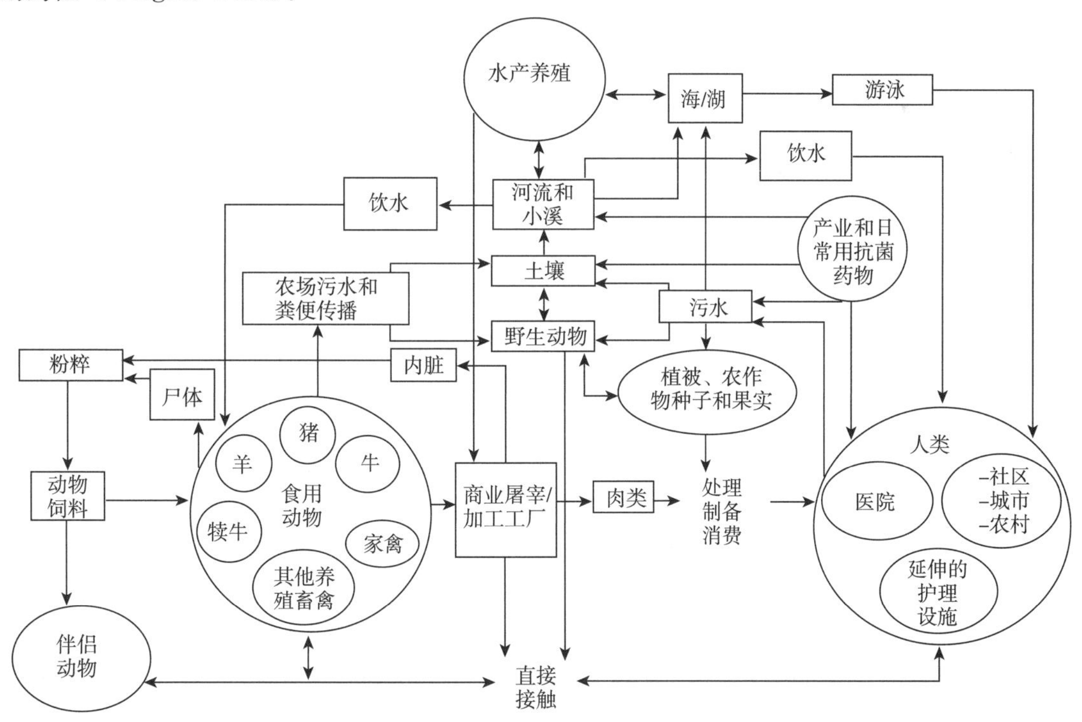

图 3.4 细菌对抗菌药物的耐药性及耐药基因传播的生态学［此图改自 Linton 在 1977 年所做的图（Irwin 等，2008），并获得修改权限］

此原理图展示了耐药菌和耐药基因在多种生态组成成分中的传递途径。

耐药基因经常位于移动遗传元件上，使这些基因能在致病菌之间或非致病性共生菌与致病菌之间相互转移，因此，细菌耐药性问题必须超出兽医和特定病原体的范围之外来考虑。确实有越来越多的证据表明，人类致病菌中发现的耐药基因是通过基因的水平交换从环境中的非致病菌中所得来（Martinez 等，2011；

Davies 和 Davies，2010）。耐药基因在细菌中可以快速传播，有时甚至可以转移到不相关的种属上。一个细菌基因被摄入后即使在肠道内短暂停留，都能将其耐药基因转移到肠道菌群中，反过来由此成为病原菌耐药基因的储存库。由于基因交换的存在，人们对耐药基因决定簇从人与动物的共生菌转移到人类致病菌的可能性更加关注（Witte，1998；Van den Bogaard 和 Stobberingh，2000），因此，抗生素耐药性的流行病学研究已经超出了兽医和医学的范围。微生物的相互转移和涉及全球耐药性流行过程的基因水平转移（HGT）是非常复杂和难以理解的。这一复杂的相互作用见图 3.4，是至今为止所做的最大的尝试。

从长期的进化过程来看，耐药基因的流行是耐药基因在一个巨大的细菌基因库中随机或者无规律运动所形成的。但是从短期和局部地区来看，这种自由组合的方式太简单而且与病原菌的耐药性关系不大。因为耐药问题的复杂性，从科学和医疗角度，提出了不同水平的多种控制耐药性的策略。与其他全球性面临的复杂问题一样，采取单独的干预政策是不会起决定作用的，而是需要采取各种干预方法，不断累加起来，才能维持现有或未来抗菌药物的疗效（Prescott 等，2012）。

第四节　抗生素的使用对耐药性的传播和稳定性的影响

根据达尔文“适者生存”的进化论，我们认为耐药性的流行和传播是自然选择的结果。在大量细菌中，具有抵抗有毒物质特性的少量细菌才能存活；而那些不含有这一优势特征的敏感菌株会被淘汰，留下来的都是耐药性群体。在一个特定环境中，随着抗菌药物的长期使用，细菌的生态平衡会发生剧烈的变化，不太敏感的菌株会成为主体（Salyers 和 Amabile-Cuevas，1997；Levy，1998）。当上述情况发生的时候，在多种宿主体内，耐药性共生菌和条件致病菌会快速替代原有敏感菌群定植成为正常菌群的优势菌群。当新的抗菌药物上市或对现有抗菌药物使用实施限制时，细菌的耐药性发生频率出现改变，这就证实了进化论的相关理论。细菌耐药性随着选择压力的变化而升降的例子本章后面部分予以陈述。

多重耐药基因在质粒、转座子和整合子的不断聚集，使抗生素耐药性问题面临更大的挑战。当细菌暴露于一种抗生素时，会共同选择产生对其他不相关的药物也产生耐药性（Cantón 和 RuizGarbajosa，2011）。推测在细菌对抗生素产生耐药性的过程中可能还会存在非抗生素的选择压力，尽管这方面很多还只是推测（Meyer 和 Cookson，2010），但是越来越多的证据表明，消毒剂和杀虫剂也可以促进细菌耐药性的产生（Yazdankhah，2006；Hegsta 等，2010）。上述条件不仅可以导致细菌对多种抗生素的耐药决定簇的聚集，还可能形成对重金属及消毒剂等非抗生素物质的抗性基因丛（Baker-Austin 等，2006；Salyers 和 Amabile-Cuevas，1997；Hall 等，1999），甚至还会产生毒力基因（Boerlin 等，2005；Da Silva 和 Mendonça，2012；Johnson 等，2010）。

携带的抗生素耐药基因当它们不需要时，对于细菌而言就是一种负担，所以人们认为当细菌菌群不面对抗生素选择压力时，无耐药基因的敏感菌会成为优势菌群，那么整个菌群就会慢慢地逆转回到一个对抗生素敏感的状态。对这种逆转情况过去有过几个例子报道（Aarestrup 等，2001；Dutil 等，2010）。但是也有其他研究表明，在缺少特定选择压力的情况下细菌也会产生对抗生素的耐药性，如氯霉素、糖肽类和链丝菌素耐药性的产生（Werner 等，2001；Bischoff 等，2005；Johnsen 等，2005）。引起上述现象的原因是多方面的，但是具体的机制并不清楚：可能是由耐药基因通过一种尚不明确的机制引起的代谢负荷的代偿（Zhang 等，2006）；可能是抗生素存在（或缺失）下的基因表达调控引起；也有可能是质粒依赖系统造成的。但是这些机制的确切作用仍然不清楚，例如，在非健康状态下，代偿作用在染色体介导的耐药性产生过程中发挥一定的作用，但是对于保持移动遗传元件上耐药性的作用并没有被证实；虽然质粒依赖系统可以防止载体质粒回复敏感性，但是仍然不确定这些对于宿主细菌是否是一个优势（Mochizuki 等，2006）。当耐药基因彼此串联排列或者与其他有利选择基因相连时，基因的共同选择作用会保持耐药基因簇的稳定性，如在使用大环内酯类药物时，猪的肠球菌同时会保持对糖肽类的耐药性；毒力基因和耐药基因的共同选择会增加耐药基因的出现频率和稳定性（Martinez 和 Baquero，2002）。

总而言之，给药方案（给药途径、间隔和剂量）对敏感和耐药菌株的转移与稳定性及对耐药基因在全球和个体水平上的传播的影响是极为复杂且鲜为人知的（MacLean，2010）。所以，在确定治疗方案时应尽量努力避免或者减少耐药选择窗的产生。同时，还要特别关注体内低水平耐药机制通过突变选择变异为高水平的耐药，如细菌对喹诺酮类药物的耐药性（Drlica 和 Zhao，2007；Cantón 和 Morosini，2011）。

第五节　抗生素耐药性和公共卫生

尽管医学临床上观察到的细菌耐药性多数是因为患者使用抗生素，但是也有人坚持认为在兽医临床和食品动物生产过程中使用抗生素是造成食源性致病菌耐药性的原因。这些关注并不为迟，早在 20 世纪 60 年代英国发布 Swann 报告中就提出了上述观点（Anonymous，1969），由此改变了农业生产中抗生素的使用方法。尽管做了很大的努力，但至今仍然没有对抗生素在动物中的使用对人类健康产生的影响达成协议。在农业生产中，抗生素的使用可能会帮助筛选耐药菌株，这些耐药菌株可以通过直接接触或摄入被耐药菌污染的食物及水传播给人类（图 3.4），这些都会引起人们对耐药性的担忧。有许多关于耐药菌在动物和处于风险之中的人（如农民、屠宰工人和兽医）之间传播的例子发生，对耐药性都会有促进，这些也都证实了以上的担忧（Hunter 等，1994；Van den Bogaard 等，2002；Garcia-Graells 等，2012）。在一些欧洲国家随着阿伏霉素以及其他抗菌促生长药物的许用和之后的禁用，动物和人体内的肠球菌对糖肽类的耐药性发生平行的上升或者下调，这再次证实了以上的担心。从动物或者它们生存的环境中分离到耐喹诺酮类的弯曲杆菌和耐奎奴普丁/达福普丁的肠球菌，使上述问题的争论更加激烈（Piddock，1996；Witte，1998）。最近，人们甚至认为动物性食品是具有耐药性的人类肠外致病性大肠杆菌和肾盂肾炎大肠杆菌的储存库（Manges 和 Johnson，2012）。耐甲氧西林金黄色葡萄球菌（MRSA）是另一个具有耐药性的动物传染源。除了养殖场的动物，还有人类与其密切接触的宠物，也会成为耐药菌及耐药基因传播的重要来源，与公共卫生直接相关（Ewers 等，2010；Platell 等，2011）。关于农业生产上使用抗菌药物对人类健康影响的历史综述已有发表（Prescott，2006）。

总的来说，那些确切的数据足以说明动物上使用抗生素会对人类病原菌耐药性产生负面影响。尽管还需要深入的研究才能确定动物上使用抗生素对人类致病菌耐药性的风险，但是人们仍然需要谨慎对待上述情况并制定出相应的预防措施。

一、兽医中对公共卫生有重要影响的耐药菌实例

（一）沙门氏菌的耐药性

尽管对沙门氏菌耐药性的流行情况及相应的耐药机制做了大量的科学研究，但是关于这些病原菌耐药性产生、保持和传播的很多知识还有很多不清楚的地方。

沙门氏菌可以感染并导致多种食品和非食品动物患病。虽然所有的血清型都有感染人类的潜力，但是大多数感染只是由少数血清型引起。如今，非伤寒沙门氏菌的耐药性已经成为一个全球性的问题（Threlfall，2000；Poppe 等，2001；Williams，2001）。沙门氏菌的耐药水平和范围会受到人医和兽医临床上抗菌药物使用的影响，也会随着流行地区的变化而变化。细菌的耐药表型与食品动物使用抗生素有关（Piddock，1996；Wiuff 等，2000；Molbak，2004；Alcaine，2005），而且耐药性的特征可以反映用药时间的长短。无论何种来源（食品动物、食品或人源）的菌株，耐药性频率最大的就是对那些较早应用的抗生素，如氨苄西林、氯霉素、链霉素、磺胺甲噁唑和四环素类（Anderson，1968；Chiappini 等，2002；Molbak，2004；Sun 等，2005）。但是，在世界各地有越来越多的报告显示沙门氏菌对广谱头孢菌素类和氟喹诺酮类的敏感性降低或者产生耐药性（Threlfall 等，2000；Zhao 等，2001；Gupta 等，2003；Alcaine 等，2005；Johnson 等，2005；Su 等，2008）；上述药物分别是治疗小孩和成人沙门氏菌感染的常用药物，耐药性的产生使沙门氏菌感染的治疗面临很大的挑战（Angulo 等，2004；Alcaine 等，2005）。最近在沙门氏菌中发现了链青霉烯酶，这就使得沙门氏菌感染的治疗更加困难（Savard 等，2011）。

鼠伤寒沙门氏菌仍是世界各国食品动物中分离率最高的血清型（Zhao，2005）。在美国，鼠伤寒沙门氏菌是最常见的四种血清型之一，分布于牛、猪、鸡和火鸡体内。由于宿主范围比较广，因此鼠伤寒沙门氏菌也是人类沙门氏菌病中最常见的血清型。历史上此血清型常与 DT104 型噬菌体联合产生多重耐药性，但这种血清型逐渐在减少；现在一种新型的单项多重耐药鼠伤寒沙门氏菌正在全球范围内流行（Butaye 等，2006；Hauser 等，2010）。

2000年国家疾病防控中心对纽波特沙门氏菌的感染报告逐渐增多。这些菌株多数都具有多重耐药性表型（通常称为纽波特MDR-AmpC），对包括阿莫西林-克拉维酸和头孢噻呋在内的9种特定药物均有耐药性。除此之外，还发现这些菌株对头孢曲松的敏感性也降低了（MIC值增大到16～32 μg/mL；Zhao等，2003）。这些菌株在医学临床受到特别关注，它们含有由质粒或染色体基因（如 bla_{CMY} 基因）编码的β-内酰胺酶，使对包括头孢曲松在内的β-内酰胺类的敏感性会降低（Gupta等，2003），而头孢曲松常用于治疗儿童复杂的沙门氏菌病。随后，因为在家禽中使用第3代头孢菌素类药物，在加拿大分离出了对这一类药物具有耐药性的海德堡沙门氏菌，这一耐药性与质粒上的 bla_{CMY} 基因有关（Dutil等，2010）。在这两种情况下，含有MDR-Ampc的多重耐药菌株进入食物链并引起食源性感染（Gupta等，2003；Zhao等，2003；Dutil等，2010）。多重耐药的沙门氏菌也与在马和伴侣动物的诊所中动物和人的疾病有关（Wright等，2005）。后来也有研究表明，这些疾病的发生主要是因为工作人员洗手不干净、在工作场所吃饭以及人和动物的用药史。

（二）金黄色葡萄球菌对甲氧西林的耐药性

耐甲氧西林金黄色葡萄球菌（MRSA）已经成为人类医院中重要的致病菌。这一细菌以前只在医院中出现，如今在社区也出现了这种耐药菌株。最近几年这一耐药菌在动物中也迅速出现，具体的原因并不清楚，但这个现象说明了耐甲氧西林金黄色葡萄球菌的传播，而且这一耐药性在人医和兽医中也有一定的联系。

有越来越多的报告显示，耐甲氧西林金黄色葡萄球菌也可以感染动物并导致患病（Weese，2010），这就说明了这一耐药菌已经传入动物群体内。早期关于动物体内的MRSA的报告，主要有马、犬和猫，虽然在牛的乳腺炎治疗中经常用到氯唑西林，但是牛体内很少有耐甲氧西林金黄色葡萄球菌。但是最近比利时的一项报告显示这一现象可能会发生改变（Vanderhaegen等，2010）。MRSA开始大多是从马身上分离到的，人们认为最开始可能是从马的外科手术中感染到人身上所致（Seguin等，1999）。马的MRSA通常是一种特殊的细菌，它们似乎只在马群中传播（Weese等，2005a，b），但是偶尔也会在人体内（特别是养马人员）发现，不过在人群中这不是主要的MRSA。调查显示，耐甲氧西林金黄色葡萄球菌可以在人和马群中双向交互传播，在临床上均会导致这两者患病。

从犬和猫身上分离到的MRSA有时会在动物之间发生转移，正如那些经常在人类医院和社区发现的菌株一样，所以犬和猫携带的MRSA的流行病学特征并不相同。另外，有报告显示从临床感染者或健康携带者身上分离到的MRSA，在与之有过密切接触的人和宠物身上也可分离到（Van Duijkeren等，2004a，b；Rankin等，2005）。最近几年，ST398型MRSA在家畜中大量出现（Smith和Pearson，2011），尤其是在猪和小犊牛身上最为常见（Voss等，2005），在家禽、奶牛和其他动物及肉产品内也发现了此类细菌。ST398型葡萄球菌在家畜中流行的原因还不是很清楚。尽管农场工人和兽医等与畜牧业有关的人群携带ST398 MRSA的风险比较高，但是这一菌群在人群中的传播并不像其他类型的MRSA那样活跃。

二、饲料中的抗生素及与对人类健康有重要意义的耐药菌的关系

众所周知，在过去的几十年里使用低浓度的抗菌药物可以有效地提高饲料转化率，促进体重增长，而且还减少了食品动物在运输过程中的应激（Butaye等，2003；Dibner和Richards，2005）。过去的研究表明上述措施是促进食品动物中也可能会感染人类的细菌出现耐药性的一个潜在力量（Wegener，2003；Kelly等，2004；Dibner和Richards，2005）。关于促进动物生长的抗生素应用的具体讨论详见第二十二章。

大多数用于动物的抗菌药物在人类医学上都有相应的类似物，并能为人医抗生素选择耐药性。但离子载体类（如拉沙洛西、莫能菌素、甲基盐霉素、盐霉素）、喹啉类药物（如喹乙醇）、班贝霉素类（如黄霉素）和阿维拉霉素等药物（Turnidge，2004）例外。上述所说的药物中，有两种药物受到了科学界的关注，它们分别是链阳菌素类（奎奴普汀/达福普汀、维吉尼亚霉素）和糖肽类（阿伏霉素、万古霉素）。

自从1975年，维吉尼亚霉素就获得批准添加到饲料中，用于促进食品动物的生长或防控火鸡、猪、牛或鸡的特定的疾病（Kelly等，2004）。人用维吉尼亚霉素的类似物达福普汀，奎奴普汀和达福普汀两种抗生素的复合物，1999年9月被美国FDA批准用于人类菌血症的治疗，特别是针对耐万古霉素的屎肠球菌

（VREF），以及由金黄色葡萄球菌和化脓性链球菌引起的皮肤和软组织的感染。而且在由 VREF 引起的致命性血液疾病的治疗中达福普汀是最后一剂良药。达福普汀的应用引起了人们对在动物养殖中使用万古霉素的关注，特别是因为农场使用万古霉素导致细菌对链阳菌素类的耐药性是否会减弱人医中达福普汀的治疗效果（Wegener，2003；Kelly 等，2004）。在家禽的养殖环境中，包括生产垃圾及运输工具内，常见有耐达福普汀屎肠球菌（SREF）（McDermott 等，2005）；同时在禽肉产品零售地也有 SREF 的发现，从而认为这类肉产品是耐药菌株或者耐药基因的资源库（McDermott 等，2005）。这些食源性菌株可能会将质粒上的耐药基因转移到人体内的天然肠球菌内（Jacobsen，1999），它们又可能将这些基因转移到其他细菌内，然后感染人类。食品安全问题促使美国 FDA 及其他组织提出了关于检测使用万古霉素对公共卫生影响的风险评估模型（http：//www. fda. gov/downloads/AnimalVeterinary/NewsEvents/CVMUpdates/UCM054722. pdf）。因为宿主和转移基因的特异性及二者之间复杂的关系，很难确定耐链阳菌素基因是否从食源性细菌转移到人类致病菌中（Hammerum 等，2010）。最近的研究表明，革兰氏阳性菌株中出现了一些新的耐药基因及其突变体（Witte 和 Cuny，2011），肠球菌中有相当一部分的耐链阳菌素基因是不为人知的。因此，关于动物饲养中维吉尼亚霉素的使用对人类健康的风险评估需要进一步的研究。

20 世纪 90 年代的研究证明，在欧洲，农场 VREF 的产生是因为阿伏霉素的使用（Bager，1999；Aarestrup 等，2000），这就表明在 VREF 感染人类的过程中食品动物扮演的是这种耐药性细菌储存库的角色（Wegener，2003）。阿伏霉素、杆菌肽、维吉尼亚霉素、螺旋霉素及泰乐菌素等抗生素在动物饲养过程中常被用作促生长剂，但是这些抗生素能帮助选择对人类重要的抗生素的耐药性，因此在北欧一些国家已经禁止使用此类药物；为了应对抗药性带来的持续压力，欧盟也采取了这一预防措施（Turnidge，2004；详见第二十六章）。自抗菌促生长剂被禁用后，动物源肠球菌对万古霉素和其他抗菌促生长剂的耐药性频率逐渐下降（Aarestrup 等，2001；Sorum 等，2004）。有趣的是，当糖肽类和大环内酯类的耐药基因在质粒上相连接的时候，随着阿伏霉素的禁用，猪源 VREF 下降的频率很缓慢，直到泰乐菌素也被禁止用作抗菌促生长剂后，猪群中 VREF 的下降频率才加快（Aarestrup 等，2001）。一些研究还表明，随着抗菌促生长剂的禁用，在食物和人类内 VREF 的下降是平行的，由此证明以上禁令是有效的（Klare 等，1999；Pantosti 等，1999）。但是，动物体内仍然有 VREF（耐万古霉素屎肠球菌）的存在（Heuer 等，2002），在阿伏霉素被禁用多年后，那些类似于动物的 VREF 仍然可从人体中获得（Hammerum 等，2004；Hammerum，2012）。由于抗菌促生长剂引起的对抗生素的耐药性，不会像前面所说的研究显示的那样很快就消失（Johnsen 等，2011）。此外，全球性禁止抗菌促生长剂的使用可能会对动物的健康产生不良后果，具体的后果还需精确地评估（Casewell 等，2003）；至少在开始还增加了治疗性抗菌药物的使用（Grave 等，2006）。作为控制抗生素耐药性的联邦措施的一部分，2012 年美国 FDA 颁布了 209 号制药工业指南，即《医疗重要的抗生素在食品动物的谨慎使用》，该文件主要集中于以下两个方面原则：①限制医学上重要的抗生素在食品动物使用，除非保证食品动物健康有必要；②抗生素在食品动物中的限制使用还需要兽医的监督和指导（http://www. fda. gov/downloads/AnimalVeterinary/GuidanceComplianceEnforcement/GuidanceforIndustry/UCM216936. pdf）。代表 FDA 对这一问题的看法的指南在这一领域是一个很大的进步。

三、耐药性监测计划及诊断实验室的作用

耐药性威胁的严重性促使很多国家开始采取包括对动物源细菌的耐药性监测计划。这些监测计划为按时间发展从全球范围评估耐药性问题的严重程度及评价控制措施的有效性等方面的研究提供了方法。这一监测系统包括美国的国家抗生素耐药性监测系统（NARMS）、加拿大抗生素耐药性监测综合计划（CIPARS）、丹麦耐药性综合监测和研究项目（DANMAP）。在兽医方面，大多数国家监测计划只包括常见耐药的指示菌（即大肠杆菌和肠球菌）及动物疫源性传染病的致病菌（肠道沙门氏菌和弯曲杆菌）。只有少数监控计划从动物致病菌获得抗菌药物敏感性数据，其中最瞩目的是德国的 BfTGermVet 监测计划（Schwarz 等，2007）。有些监控计划还很值得关注，例如，丹麦计划中需要搜集抗生素的使用数据，并且把耐药性的演化与之联系起来。过去因为没有统一的药敏试验标准，值得庆幸的是在这些国家监测计划中，用的都是相似的试验方法，这就增加了数据的可比性。

虽然有很多关于动物致病菌耐药性流行的相关信息（Aarestrup，2006），但是因为这些研究在地理位

置及时间上的限制性，以及研究过程中抽样方法和药敏试验方法也不尽相同，所以据此很难总结得出兽医耐药菌在全球流行状况。为了得到一个统一的药敏试验标准，临床和实验室标准协会（CLSI，过去的 NCCLS）做了很多的努力（详见第二章），但是经调查发现很多兽医实验室并没有严格地执行此标准。为了得到可靠的以及能被临床医生及其他应用者可重复出来的数据，诊断实验室必须坚持使用标准的试验方法。值得注意的是，大多数关于兽医耐药菌的研究，并不是致病菌的代表性样品，而是直接根据诊断实验室的意愿采样，因此对耐药性在目标菌群中的流行程度的报告结果可能会比实际偏高，还需要设计更准确的方法来研究不同水平下（从农场到各个国家再到全球）兽医致病菌耐药性的真实流行情况。

对临床分离菌株进行药敏试验是谨慎使用抗生素和管理临床病例的基石（详见第二章和第七章）。但是不幸的是，只有在经验性抗菌治疗无效的时候，微生物学分析和药敏试验才会被频繁使用。

第六节　医院感染和动物医院的细菌耐药性

医院中大量使用抗生素带来的耐药性选择压力，使导致医院感染的细菌耐药性第一次成为一个重要的难题。动物医院及重症监护房的规模逐渐增大，同时宠物医院的发展也越来越完善，正如人类医院一样，宠物医院临床中也出现了类似的细菌耐药现象。虽然与人医相比，很少有关于动物医院中多重耐药致病菌的报道，但是，人医和兽医医院的致病菌还是有很明显的相似之处的。细菌耐药性不断的增加（Ogeer-Gyles 等，2006a），多重耐药菌在兽医临床和医院环境（Murphy 等，2010）广泛传播，留置装置以及外科手术过程也成为了导致医院感染的热点（Ogeer 等，2006b；Bubenik 等，2007；Marsh-Ng 等，2007；Jones 等，2009），以上所有的难题都与重症监护病房内抗菌药物的大量使用有关。

除前面提到的耐甲氧西林金黄色葡萄球菌（MRSA）主要在马（Anderson 等，2009）和宠物上（Wieler 等，2011）发现，近来在兽医临床上频繁暴发（Van Duijkeren 等，2010）的耐甲氧西林伪中间型葡萄球菌（MRSP）现在成为了包括医院在内的兽医界的主要致病菌（Van Duijkeren 等，2011；第八章）。MRSP 对其他许多种抗生素也具有耐药性，这就使得对 MPSP 的治疗比对 MRSA 的治疗更有挑战性（Steen，2011）。值得注意的是，MRSP 与几个主要的克隆谱系密切相关（Perreten 等，2010），由此提示我们加强抗菌药物的管理是控制细菌感染的一个重要的方法。

其他已经报道在动物医院和重症监护病房存在的多重耐药致病菌有：沙门氏菌、大肠杆菌、鲍曼不动杆菌及肠球菌等，但偶尔也有报道在人医医院存在的其他耐药菌。

多重耐药性沙门氏菌是动物医院中引起医院感染的最常见的细菌。马的诊所最易出现此类细菌（Dargatz 和 Traub-Dargatz，2004），而且耐药情形也越来越成为一个难题（Dallap Schaer 等，2010）。然而，在伴侣动物诊所内也有多重耐药沙门氏菌的暴发（Wright 等，2005）。正如在人类医院中，在兽医医院感染中有越来越多的关于耐广谱头孢菌素类多重耐药的肠杆菌科的报道。而且在沙门氏菌属、大肠杆菌（Sanchez 等，2002）和克雷伯氏菌属（Haenni 等，2011）中均发现 AmpC 和 ESBL 两种 β-内酰胺酶的存在，这可能是这些细菌中会出现碳青霉烯酶的预兆。

鲍曼不动杆菌是另一种环境来源的多重耐药的革兰氏阴性菌，常会引起人类医院的感染。最近的报道显示这类细菌也可能在兽医临床上出现（Endimianial 等，2011；Zordan 等，2011）。在医院中面对抗菌药物的压力时，多重耐药的鲍曼不动杆菌比敏感菌株存在的时间长。同样地，在动物医院鲍曼不动杆菌感染中存在时间比较长的是具有多重耐药特性的菌株，零星分布的菌株只有较低的耐药性。通过卫生学措施将第一个多重耐药菌株消灭后，接下来同样的一个耐药菌株又会出现（Boerlin 等，2001）。关于抗菌药物的管理和临床应用指导的讨论详见第七章。

致病菌中耐药性的积累和持续

耐药基因的连锁和共同选择效应是菌群中耐药性积累和持续的一个原因（Bischoff 等，2005；Johnsen 等，2005），但是这个本身并不能解释耐药菌株比正常菌株更能抵抗抗菌药物的现象。对于二者的差异最常被引用的解释是因为反复治疗给致病菌带来的较高的选择压力造成的；质粒上耐药基因与毒力基因的连接是另一个解释致病菌中耐药性高发的原因。这种联系在过去偶尔有报道（Martinez 和 Baquero，2002），但是分子流行病学收集的证据表明至少在大肠杆菌等一些微生物内这种现象是非常普遍的，例如，在肠毒素大肠杆菌内四环素抗性基因常与肠毒素基因相连接，这也就是肠毒素大肠杆菌对四环素的耐药性比体内共生的大肠杆菌更常见的原因（Boerlin 等，2005）。同样地，虽然氯霉素已经被禁用将近 20 年，但是猪的产肠毒素大肠杆菌对氯霉素的耐药性还普遍存在，而在共生大肠杆菌中却很少发现，很大一部分原因是耐氯霉素基因与肠毒素基因相连。

最近关于不同宿主体内来源于不同种类细菌的质粒特征的研究，揭示了基因之间可能存在的关联性。例如，在肯塔基沙门氏菌中介导多重耐药质粒的 DNA 序列保守区与禽类致病性大肠杆菌（APEC）的毒力质粒相同（Fricke 等，2009），尤其在禽类致病性大肠杆菌中发现了同时携带链霉素和四环素类耐药基因及重要的毒力基因的最大质粒。考虑到两种细菌都可以在肠内生存，所以可能是鸡肠道中肯塔基沙门氏菌从肠道共生大肠杆菌或禽类致病性大肠杆菌中获得上述耐药质粒。这些结果表明，在禽致病性大肠杆菌中，对禽类或者人类有致病危害的毒力因子及耐药性决定簇可能是由同一质粒编码。所以在抗生素的选择下，随着毒力因子在菌群中的传播，可能会导致动物和人的共生微生物丛中新的毒力菌株的出现。

细菌菌群中毒力基因的累积与毒力基因、耐药基因的连锁效应及抗菌药物的选择作用有关吗？基因连锁效应的范围及耐药和毒力的相关程度，是抗生素风险评估中需要考虑的重要因素。

第七节　抗生素耐药性的控制

人们怀疑在未来几年里兽医界是否会有可以利用的新型抗菌药物。因为新型的抗菌药物在人医上的应用是受限制的，而从经济角度考虑可能会限制动物专用新型抗菌药物的研发，因此未来几年里可用于兽医治疗的抗菌药物可能与现在的相同。所以为了保持抗菌药物的疗效，人们做了很多努力，很多专业协会、全世界的政府机构和国际委员会提出或制订了在兽医治疗及农业生产中谨慎负责地使用抗生素的指导原则。此外，经济利益刺激及新的细分市场产品，如有机食品和“无抗生素”动物的生产等，都会减少动物中抗生素的使用。另外，抗菌药物的替代品——疫苗和益生菌的作用还需要全面的评估和判定。总之，伴侣动物的治疗及食品动物的养殖中加强和规范药物管理是减少抗菌药物使用及控制抗生素耐药性的基础。

总之，由于几乎对每一个正在使用的抗菌治疗都有耐药的菌株出现，冲淡了早期发现抗生素时人们的乐观情绪。过去几十年里抗生素的大量使用和滥用使得现在临床上很多重要的致病菌具有多重耐药表型。细菌中普遍存在的耐药性已经成为了一个现代难题，让人们觉得抗菌药物的益处将会消失，除非找到一种全面而又正确的行动来应对目前的困境，并使其向预期的方向发展。耐药性的产生是一个不可避免的现象，对我们的挑战就是如何阻止耐药性的进一步发展和持续存在，并防止它成为现代医学发展的障碍。

参考文献

Aarestrup FM (ed). 2006. Antimicrobial Resistance in Bacteria of Animal Origin. Washington, DC: ASM Press.

Aarestrup FM, et al. 2000. Associations between the use of antimicrobial agents for growth promotion and the occurrence of resistance among *Enterococcus faecium* from broilers and pigs in Denmark, Finland, and Norway. Microb Drug Resist 6: 63.

Aarestrup FM, et al. 2001. Effect of abolishment of the use of antimicrobial agents for growth promotion on occurrence of antimicrobial resistance in fecal enterococci from food animals in Denmark. Antimicrob Agents Chemother 45: 2054.

Alcaine SD, et al. 2005. Ceftiofur-resistant *Salmonella* strains isolated from dairy farms represent multiple widely distributed subtypes that evolved by independent horizontal gene transfer. Antimicrob Agents Chemother 49: 4061.

Anderson ES. 1968. Drug resistance in *Salmonella typhimurium* and its implications. Brit Med J 3: 333.

Anderson ME, et al. 2009. Retrospective multicentre study of methicillin-resistant *Staphylococcus aureus* infections in 115 horses. Equine Vet J 41: 401.

Angulo FJ, et al. 2004. Evidence of an association between use of antimicrobial agents in food animals and antimicrobial resistance among bacteria isolated from humans and the human health consequences of such resistance. J Vet Med B Infect Dis Vet Pub Health 51: 374.

Anonymous. 1969. Joint Committee on the Use of Antimicrobial Drugs in Animal Husbandry and Veterinary Medicine. London: HMSO.

Bager F. 1999. Glycopeptide resistance in *Enterococcus faecium* from broilers and pigs following discontinued use of avoparcin. Microb Drug Res 5：53.

Baker-Austin C，et al. 2006. Co-selection of antibiotic and metal resistance. Trends Microbiol 14：176.

Bartoloni A，et al. 2004. High prevalence of acquired resistance unrelated to heavy antimicrobial consumption. J Infect Dis 189：1291.

Bhullar K，et al. 2012. Antibiotic resistance is prevalent in an isolated cave microbiome. PLoS One 7：e34953.

Bischoff KM，et al. 2005. The chloramphenicol resistance gene *cmlA* is disseminated on transferable plasmids that confer multiple-drug resistance in swine *Escherichia coli*. FEMS Microbiol Lett 243：285.

Boerlin P，et al. 2001. Transmission of opportunistic pathogens in a veterinary teaching hospital. Vet Microbiol 82：347.

Boerlin P，et al. 2005. Antimicrobial resistance and virulence genes of *Escherichia coli* isolates from swine in Ontario. Appl Environ Microbiol 71：6753.

Bubenik LJ，et al. 2007. Frequency of urinary tract infection in catheterized dogs and comparison of bacterial culture and susceptibility testing results for catheterized and noncatheterized dogs with urinary tract infections. J Am Vet Med Assoc 231：893.

Butaye P，et al. 2003. Antimicrobial growth promoters used in animal feed：effects of less well known antibiotics on grampositive bacteria. Clin Microbiol Rev 16：175.

Butaye P，et al. 2006. The clonal spread of multidrug-resistant non-typhi *Salmonella* serotypes. Microbes Infect 8：1891.

Bywater R，et al. 2006. Antimicrobial breakpoints—definitions and conflicting requirements. Vet Microbiol 118：158.

Cambray G，et al. 2010. Integrons. Annu Rev Genet 44：141.

Cantón R，Morosini MI. 2011. Emergence and spread of antibiotic resistance following exposure to antibiotics. FEMS Microbiol Rev 35：977.

Cantón R，Ruiz-Garbajosa P. 2011. Co-resistance：an opportunity for the bacteria and resistance genes. Curr Opin Pharmacol 11：477.

Carattoli A. 2011. Plasmids in Gram-negatives：molecular typing of resistance plasmids. Int J Med Microbiol 301：654.

Casewell M，et al. 2003. The European ban on growth-promoting antibiotics and emerging consequences for human and animal health. J Antimicrob Chemother 52：159.

Chiappini E，et al. 2002. Results of a 5-year prospective surveillance study of antibiotic resistance among *Salmonella enterica* isolates and ceftriaxone therapy among children hospitalized for acute diarrhea. Clin Ther 24：1585.

Colomer-Lluch M，et al. 2011. Bacteriophages carrying antibiotic resistance genes in fecal waste from cattle，pigs and poultry. Antimicrob Agents Chemother 55：4908.

Couce A，Blázquez J. 2009. Side effects of antibiotics on genetic variability. FEMS Microbiol Rev 33：531.

Cox LA，Popken DA. 2004. Quantifying human health risks from virginiamycin used in chickens. Risk Anal 24：271.

Da Silva GJ，Mendonça N. 2012. Association between antimicrobial resistance and virulence in *Escherichia coli*. Virulence 3：18.

Dallap Schaer BL，et al. 2010. Outbreak of salmonellosis caused by *Salmonella enterica* serovar Newport MDRAmpC in a large animal veterinary teaching hospital. J Vet Intern Med 24：1138.

Dargatz DA，Traub-Dargatz JL. 2004. Multidrug-resistant *Salmonella* and nosocomial infections . Veterinary Clinics of North America. Equine Pract 20：587.

Davies J，Davies D. 2010. Origins and evolution of antibiotic resistance. Microbiol Mol Biol 74：417.

D' Costa VM，et al. 2007. Expanding the soil antibiotic resistome：exploring environmental diversity. Curr Opin Microbiol 10：481.

D' Costa VM，et al. 2011. Antibiotic resistance is ancient. Nature 477：457.

Dibner JJ，Richards JD. 2005. Antibiotic growth promoters in agriculture：history and mode of action. Poult Sci 84：634.

Doron S，Davidson LE. 2011. Antimicrobial stewardship. Mayo Clin Proc 86：1113.

Drlica K，Zhao X. 2007. Mutant selection window hypothesis updated. Clin Infect Dis 44：681.

Dutil L，et al. 2010. Ceftiofur resistance in *Salmonella enterica* serovar Heidelberg from chicken meat and humans，Canada. Emerg Infect Dis 16：48.

Endimiani A，et al. 2011. *Acinetobacter baumannii* isolates from pets and horses in Switzerland：molecular characterization and clinical data. J Antimicrob Chemother 66：2248.

Ewers C，et al. 2010. Emergence of human pandemic O25：H4-ST131 CTX-M-15 extended-spectrum-beta-lactamase-producing *Escherichia coli* among companion animals. J Antimicrob Chemother 65：651.

Ewers C，et al. 2011. Extended-spectrum beta-lactamasesproducing Gram-negative bacteria in companion animals：action is clearly warranted! Berl Munch Tierarztl Wochenschr 124：94.

Fricke WF, et al. 2009. Antimicrobial resistance-conferring plasmids with similarity to virulence plasmids from avian pathogenic *Escherichia coli* strains in *Salmonella enterica* serovar Kentucky isolates from poultry. Appl Environ Microbiol 75: 5963.

Garcia-Graells C, et al. 2012. Livestock veterinarians at high risk of acquiring methicillin-resistant *Staphylococcus aureus* ST398. Epidemiol Infect 140: 383.

Grave K, et al. 2006. Usage of veterinary therapeutic antimicrobials in Denmark, Norway and Sweden following termination of antimicrobial growth promoter use. Prev Vet Med 75: 123.

Gupta A, et al. 2003. Emergence of multidrug-resistant *Salmonella enterica* serotype Newport infections resistant to expanded-spectrum cephalosporins in the United States. J Infect Dis 188: 1707.

Haenni M, et al. 2012. Veterinary hospital-acquired infections in pets with a ciprofloxacin-resistant CTX-M-15-producing *Klebsiella pneumoniae* ST15 clone. J Antimicrob Chemother 67: 770.

Hall RM, et al. 1999. Mobile gene cassettes and integrons in evolution. Ann NY Acad Sci 870: 68.

Hammerum AM. 2012. Enterococci of animal origin and their significance for public health. Clin Microbiol Infect 18: 619.

Hammerum AM, et al. 2004. A vancomycin-resistant *Enterococcus faecium* isolate from a Danish healthy volunteer, detected 7 years after the ban of avoparcin, is possibly related to pig isolates. J Antimicrob Chemother 53: 547.

Hammerum AM, et al. 2010. Antimicrobial-resistant enterococci in animals and meat: a human health hazard? Foodborne Pathog Dis 7: 1137.

Hauser E, et al. 2010. Pork contaminated with *Salmonella enterica* serovar 4, [5], 12: i: -, an emerging health risk for humans. Appl Environ Microbiol 76: 4601.

Hegstad K, et al. 2010. Does the wide use of quaternary ammonium compounds enhance the selection and spread of antimicrobial resistance and thus threaten our health? Microb Drug Resist 16: 91.

Helms M, et al. 2002. Excess mortality associated with antimicrobial drug-resistant *Salmonella* Typhimurium. Emerg Infect Dis 8: 490.

Heuer OE, et al. 2002. Vancomycin-resistant enterococci (VRE) in broiler flocks 5 years after the avoparcin ban. Microb Drug Res 8: 133.

Hopkins KL, et al. 2005. Mechanisms of quinolone resistance in *Escherichia coli* and *Salmonella*: recent developments. Int J Antimicrob Agents 25: 358.

Hunter JE, et al. 1994. Apramycin-resistant *Escherichia coli* isolated from pigs and a stockman. Epidem Infect 112: 473.

Irwin R, et al. 2008. *Salmonella* Heidelberg: ceftiofur-related resistance in human and retail chicken isolates in Canada. Proc ASM Conference: Antimicrobial Resistance in Zoonotic Bacteria and Foodborne Pathogens, 15-18 June 2008, Copenhagen, Denmark.

Jacobsen BL, et al. 1999. Horizontal transfer of the *satA* gene encoding streptogramin A resistance between isogenic *Enterococcus faecium* strains in the gastrointestinal tract of gnotobiotic rats. Microb Ecol Health Dis 11: 241.

Johnsen PJ, et al. 2005. Persistence of animal and human glycopeptide-resistant enterococci on two Norwegian poultry farms formerly exposed to avoparcin is associated with a widespread plasmid-mediated *vanA* element within a polyclonal enterococcus faecium population. Appl Environ Microbiol 71: 159.

Johnsen PJ, et al. 2011. Retrospective evidence for a biological cost of vancomycin resistance determinants in the absence of glycopeptide selective pressures. J Antimicrob Chemother 66: 608.

Johnson JM, et al. 2005. Antimicrobial resistance of selected *Salmonella* isolates from food animals and food in Alberta. Can Vet J 46: 141.

Johnson TJ, et al. 2010. Sequence analysis and characterization of a transferable hybrid plasmid encoding multidrug resistance and enabling zoonotic potential for extraintestinal *Escherichia coli*. Infect Immun 78: 1931.

Jones ID, et al. 2009. Factors contributing to the contamination of peripheral intravenous catheters in dogs and cats. Vet Rec 164: 616.

Kahlmeter G, et al. 2003. European harmonization of MIC breakpoints for antimicrobial susceptibility testing of bacteria. J Antimicrob Chemother 52: 145.

Kelly L, et al. 2004. Animal growth promoters: to ban or not to ban? A risk assessment approach. Int J Antimicrob Agents 24: 7.

Klare I et al. 1999. Decreased incidence of VanA-type vancomycin-resistant enterococci isolated from poultry meat and from fecal samples of humans in the community after discontinuation of avoparcin usage in animal husbandry. Microb Drug Res 5: 45.

Komp Lindgren P, et al. 2003. Mutation rate and evolution of fluoroquinolone resistance in *Escherichia coli* isolates from patients with urinary tract infections. Antimicrob Agents Chemother 47：3222.

Levy SB. 1998. Multidrug resistance，a sign of the times. New Engl J Med 338：1376.

Linton AH. 1977. Antibiotic resistance：the present situation reviewed. Veterinary Record 100：354.

Liu B，Pop M. 2009. ARDB-Antibiotic resistance genes database. Nucleic Acids Res 37：D443.

Long KS，et al. 2006. The Cfr rRNA methyltransferase confers resistance to Phenicols，Lincosamides，Oxazolidinones，Pleuromutilins，and Streptogramin A antibiotics. Antimicrob Agents Chemother 50：2500.

MacLean RC，et al. 2010. The population genetics of antibiotic resistance：integrating molecular mechanisms and treatment contexts. Nat Rev Genet 11：405.

Manges AR，Johnson JR. 2012. Food-borne origins of *Escherichia coli* causing extraintestinal infections. Clin Infect Dis 55：712.

Maragakis LL，et al. 2008. Clinical and economic burden of antimicrobial resistance. Expert Rev Anti Infect Ther 6：751.

Marshall BM，Levy SB. 2011. Food animals and antimicrobials：impacts on human health. Clin Microbiol Rev 24：718.

Marsh-Ng ML，et al. 2007. Surveillance of infections associated with intravenous catheters in dogs and cats in an intensive care unit. J Am Anim Hosp Assoc 43：13.

Martinez JL. 2008. Antibiotics and antibiotic resistance genes in natural environments. Science 321：365.

Martinez JL. 2010. Bottlenecks in the transferability of antibiotic resistance from natural ecosystems to human bacterial pathogens. Front Microbiol 2：265.

Martinez JL，Baquero F. 2002. Interactions among strategies associated with bacterial infection：pathogenicity，epidemicity，and antibiotic resistance. Clin Microbiol Rev 15：647.

McDermott PF，et al. 2005. Changes in antimicrobial susceptibility of native *Enterococcus faecium* in chickens fed virginiamycin. Appl Environ Microbiol 71：4986.

Meyer B，Cookson B. 2010. Does microbial resistance or adaptation to biocides create a hazard in infection prevention and control? J Hosp Infect 76：200.

Mochizuki A，et al. 2006. Genetic addiction：selfish gene's strategy for symbiosis in the genome. Genetics 172：1309.

Molbak K. 2004. Spread of resistant bacteria and resistance genes from animals to humans—the public health consequences. J Vet Med B Infect Dis Vet Pub Health 51：364.

Murphy CP，et al. 2010. *Escherichia coli* and selected veterinary and zoonotic pathogens isolated from environmental sites in companion animal veterinary hospitals in southern Ontario. Can Vet J 51：963.

National Research Council，Institute of Medicine. 1998. The Use of Drugs in Food Animals：Benefits and Risks. Washington，DC：National Academy Press.

Ogeer-Gyles J，et al. 2006a. Evaluation of catheter-associated urinary tract infections and multi-drug-resistant *Escherichia coli* isolates from the urine of dogs with indwelling urinary catheters. J Am Vet Med Assoc 229：1584.

Ogeer-Gyles J，et al. 2006b. Development of antimicrobial drug resistance in rectal *Escherichia coli* isolates from dogs hospitalized in an intensive care unit. J Am Vet Med Assoc 229：694.

Pallechi L，et al. 2008. Antibiotic resistance in the absence of antimicrobial use：mechanisms and implications. Expert Rev Anti Infect Ther 6：725.

Pantosti A，et al. 1999. Decrease of vancomycin-resistant enterococci in poultry meat after avoparcin ban. Lancet 354：741.

Partridge SR，et al. 2009. Gene cassettes and cassette arrays in mobile resistance integrons. FEMS Microbiol Rev 33：757.

Perreten V，et al. 2010. Clonal spread of methicillin-resistant *Staphylococcus pseudintermedius* in Europe and North America：an international multicentre study. J Antimicrob Chemother 65：1145.

Piddock LJ. 1996. Does the use of antimicrobial agents in veterinary medicine and animal husbandry select antibioticresistant bacteria that infect man and compromise antimicrobial chemotherapy? J Antimicrob Chemother 38：1.

Platell JL，et al. 2011. Commonality among fluoroquinolone resistant sequence type ST131 extraintestinal *Escherichia coli* isolates from humans and companion animals in Australia. Antimicrob Agents Chemother 55：3782.

Poppe C，et al. 2001. Trends in antimicrobial resistance of *Salmonella* isolated from animals，foods of animal origin，and the environment of animal production in Canada，1994-1997. Microb Drug Res 7：197.

Poppe C，et al. 2005. Acquisition of resistance to extended spectrum cephalosporins by *Salmonella enterica* subsp. *enterica* serovar Newport and *Escherichia coli* in the turkey poult intestinal tract. Appl Environ Microbiol 71：1184.

Prescott JF. 2006. History of antimicrobial usage in agriculture. In：Aarestrup FM（ed）. Antimicrobial Resistance in Bacteria of Animal Origin. Washington，DC：ASM Press，pp. 19-28.

Prescott JF. 2008. Antimicrobial use in food and companion animals. Anim Health Res Rev 9：127.

Prescott JF，et al. 2012. Conference report：antimicrobial stewardship in Canadian agriculture and veterinary medicine. How is Canada doing and what still needs to be done? Can Vet J 53：402.

Randall LP，Woodward MJ. 2002. The multiple antibiotic resistance (mar) locus and its significance. Res Vet Sci 72：87.

Rankin S，et al. 2005. Panton-Valentine leukocidin (PVL) toxin positive MRSA strains isolated from companion animals. Vet Microbiol 108：145.

Robicsek A，et al. 2006. Fluoroquinolone-modifying enzyme：a new adaptation of a common aminoglycoside acetyltransferase. Nat Med 12：83.

Salyers AA，Amiable-Cuevas CF. 1997. Why are antibiotic resistance genes so resistant to elimination? Antimicrob Agents Chemother 41：2321.

Sanchez S，et al. 2002. Characterization of multidrug-resistant *Escherichia coli* isolates associated with nosocomial infections in dogs. J Clin Microbiol 40：3586.

Savard P，et al. 2011. First NDM-positive *Salmonella* spp. strain identified in the United States. Antimicrob Agents Chemother 55：5957.

Schwarz S，et al. 2007. The BfT-GermVet monitoring program-aims and basics. Berl Munch Tieraztl Wochenschr 120：357.

Seguin JC，et al. 1999. Methicillin-resistant *Staphylococcus aureus* outbreak in a veterinary teaching hospital：potential human-to-animal transmission. J Clin Microbiol 37：1459.

Shorr AF. 2009. Review of studies of the impact on Gramnegative bacterial resistance on outcomes in the intensive care unit. Crit Care Med 37：1463.

Siefert JL. 2009. Defining the mobilome. Methods Mol Biol 532：13.

Smith DH. 1967. R factor infection of *Escherichia coli* lyophylized in 1946. J Bacteriol 94：2071.

Smith TC，Pearson N. 2011. The emergence of *Staphylococcus aureus* ST398. Vector Borne Zoonotic Dis 11：327.

Sorum M，et al. 2004. Prevalence of vancomycin resistant enterococci on poultry farms established after the ban of avoparcin. Avian Dis 48：823.

Steen S. 2011. Methicillin-resistant strains of *Staphylococcus pseudintermediusin* companion animals. Vet Rec 169：53.

Su LH，et al. 2008. An epidemic of plasmids? Dissemination of extended-spectrum cephalosporinases among *Salmonella* and other Enterobacteriaceae. FEMS Immunol Med Microbiol 52：155.

Sun HY，et al. 2005. Occurrence of ceftriaxone resistance in ciprofloxacin-resistant *Salmonella enterica* serotype Choleraesuis isolates causing recurrent infection. Clin Infect Dis 40：208.

Thomas CM，Nielsen KM. 2005. Mechanisms of，and barriers to，horizontal gene transfer between bacteria. Nature Rev Microbiol 3：711.

Threlfall EJ. 2000. Epidemic *Salmonella typhimurium* DT 104-a truly international multiresistant clone. J Antimicrob Chemother 46：7.

Threlfall EJ，et al. (2000). Spread of resistance from food animals to man—the UK experience. Acta Vet Scand S93：63.

Toleman MA，et al. 2006. ISCR elements：novel gene- capturing systems of the 21st century? Microbiol Mol Biol Rev 70：296.

Travers K，Barza M. 2002. Morbidity of infections caused by antimicrobial-resistant bacteria. Clin Infect Dis 34 S3：S131.

Turnidge J. 2004. Antibiotic use in animals—predjudices，perceptions and realities. J Antimicrob Chemother 53：26.

Van den Bogaard AE，Stobberingh EE. 2000. Epidemiology of resistance to antibiotics. Links between animals and humans. Int J Antimicrob Agents 14：327.

Van den Bogaard AE，et al. 2002. Antibiotic resistance of faecal enterococci in poultry，poultry farmers and poultry slaughterers. J Antimicrob Chemother 49：497.

Van Duijkeren E，et al. 2004a. Methicillin-resistant staphylococci isolated from animals. Vet Microbiol 103：91.

Van Duijkeren E，et al. 2004b. Human-to-dog transmission of methicillin-resistant *Staphylococcus aureus*. Emerg Infect Dis 10：2235.

Van Duijkeren E，et al. 2010. Methicillin-resistant *Staphylococcus aureus* in horses and horse personnel：an investigation of several outbreaks. Vet Microbiol 141：96.

Van Duijkeren E，et al. 2011. Review on methicillin-resistant *Staphylococcus pseudintermedius*. J Antimicrob Chemother 66：2705.

Vanderhaeghen W，et al. 2010. Methicillin-resistant *Staphylococcus aureus* (MRSA) ST398 associated with clinical and subclinical mastitis in Belgian cows. Vet Microbiol 144：166.

Varma JK，et al. 2005. Antimicrobial-resistant nontyphoidal *Salmonella* is associated with excess bloodstream infections and hospitalizations. J Infect Dis 191：554.

Voss A，et al. 2005. Methicillin-resistant *Staphylococcus aureus* in pig farming. Emerg Infect Dis 11：1965.

Webb V，Davies J. 1993. Antibiotic preparations contain DNA：a source of drug resistance genes? Antimicrob Agents Chemother 37：2379.

Weese J，et al. 2005a. Methicillin-resistant *Staphylococcus aureus* in horses and horse personnel，2000-2002. Emerg Infect Dis 11：430.

Weese J，et al. 2005b. Community-associated methicillin resistant *Staphylococcus aureus* in horses and humans who work with horses. J Am Vet Med Assoc 226：580.

Weese JS. 2010. Methicillin-resistant *Staphylococcus aureus* in animals. ILAR J 51：233.

Wegener HC. 2003. Antibiotics in animal feed and their role in resistance development. Curr Opin Microbiol 6：439.

Werner G，et al. 2001. Aminoglycoside-streptothricin resistance gene cluster aadE-sat4-aphA-3 disseminated among multiresistant isolates of *Enterococcus faecium*. Antimicrob Agents Chemother 45：3267.

Wieler LH，et al. 2011. Methicillin-resistant staphylococci（MRS）and extended-spectrum beta-lactamases（ESBL）-producing Enterobacteriaceae in companion animals：nosocomial infections as one reason for the rising prevalence of these potential zoonotic pathogens in clinical samples. Int J Med Microbiol 301：635.

Williams RJ. 2001. Globalization of antimicrobial resistance：epidemiological challenges. Clin Infect Dis 33 S3：S116.

Witte W. 1998. Medical consequences of antibiotic use in agriculture. Science 279：996.

Witte W，Cuny C. 2011. Emergence and spread of cfr- mediated multiresistance in staphylococci：an interdisciplinary challenge. Future Microbiol 6：925.

Wiuff C，et al. 2000. Quinolone resistance among *Salmonella enterica* from cattle，broilers，and swine in Denmark. Microbial Drug Res 6：11.

Wright GD. 2010. Antibiotic resistance in the environment：a link to the clinic? Curr Opin Microbiol 13：589.

Wright JG，et al. 2005. Multidrug-resistant *Salmonella Typhimurium* outbreak. Emerg Infect Dis 11：1235.

Yazdankhah SP，et al. 2006. Triclosan and antimicrobial resistance in bacteria：an overview. Microb Drug Resist 12：83.

Zhang Q，et al. 2006. Fitness of antimicrobial-resistant *Campylobacter* and *Salmonella*. Microbes Infect 8：1972.

Zhao S，et al. 2001. Identification and expression of cephamycinase bla（CMY）genes in *Escherichia coli* and *Salmonella* isolates from food animals and ground meat. Antimicrob Agents Chemother 45：3647.

Zhao S，et al. 2003. Characterization of *Salmonella enterica* serotype Newport isolated from humans and food animals. J Clin Microbiol 41：5366.

Zhao S，et al. 2005. Characterization of *Salmonella Typhimurium* of animal origin obtained from the National Antimicrobial Resistance Monitoring System（NARMS）. Foodborne Path Dis 2：169.

Zordan S，et al. 2011. Multidrug-resistant *Acinetobacter baumannii* in veterinary clinics，Germany. Emerg Infect Dis 17：1751.

第四章 抗菌药物生物利用度和处置原理

J. Desmond Baggot 和 Steeve Giguère

治疗微生物感染时很重要的一点是抗菌药物在感染部位要迅速达到有效浓度，并能维持足够的时间。达到合适浓度则取决于药物的全身利用度，随剂型（药物制剂）、给药途径、给药速率以及药物到达感染部位能力的不同而不同。药物的化学性质和理化特性（特别是脂溶性和电离度）影响吸收的程度（全身利用度）、分布的形式以及消除的速率（药代动力学特性）。感染部位对药物达到作用所需的浓度具有主要影响，因为一些部位（如中枢神经系统）受到细胞屏障的保护而阻止药物的渗透，而另一些部位（如乳腺），局部 pH 可能有利于药物的蓄积（全身性应用的脂溶性有机碱），从而可能改变抗菌药物的活性。泌尿道的独特之处在于药物在尿液中可以达到很高的浓度，特别是由肾脏排泄的抗菌药物。微生物对感染部位药物浓度的敏感性是决定临床治疗效果的关键。因此，有效的抗菌药物治疗取决于细菌对药物的敏感性、药物的药代动力学特性和剂量方案等三方面。此外，宿主的防御能力也影响治疗的效果。

第一节 给药途径

药物应按照预定的剂型给药，如注射用的非肠道给药制剂，口服给药用的片剂、胶囊、混悬剂或糊剂。药物制剂应该依据给药途径以及制剂研制时所针对的动物种类来给予，这一点非常重要，相关信息会在批准的药物产品说明书中标明。当一种抗菌药物还没有兽用制剂时，可将人用制剂用于伴侣动物。由于药物的用量一定要与动物种类相适应，因此了解药代动力学的知识十分重要。

非肠道给药只用于治疗严重感染，而在马和反刍动物，通常优先选用口服给药。长效注射制剂通常经肌内注射或皮下注射给药。对于轻度至中度感染，犬和猫可优先选用口服给药，尤其是对于从胃肠道易吸收的抗菌药以及肌内注射时对注射部位具有较大刺激性的药物。治疗由敏感的革兰氏阴性需氧菌引起的全身感染时，使用氨基糖苷类抗生素（如庆大霉素、丁胺卡那霉素）必须非肠道给药（一般为肌内或皮下注射给药）。非肠道用头孢菌素类药物，除头孢噻呋和头孢喹肟之外，都采用肌内注射给药，静脉注射时给药应缓慢。某些抗菌药物被批准添加到猪或家禽的饲料或者饮水中，以方便给药。

一、静脉给药

非肠道用药物经静脉注射给药可确保药物总剂量进入全身循环。随着药物分布到身体的其他组织，包括在器官中的消除（肝脏和肾脏），最初在血液中产生的较高的药物浓度会迅速下降。由于多数药物分子通过被动扩散进入细胞并穿过细胞屏障，因此药物的化学特性、脂溶性、弱有机酸或有机碱的电离程度，以及浓度梯度是决定在细胞、细胞外液（如脑脊液、滑膜和眼）和腺体分泌物（如乳汁、唾液、前列腺液）中药物浓度的因素。实现药物的分布平衡后，血浆药物浓度以较慢的速率下降，这与药物的消除（即代谢和排泄）密切相关。正是在药物处置中的药物消除阶段决定了药物的半衰期（图 4.1）。

静脉注射非肠道给药溶液确保了药物的全身利用度。静脉注射提供了更高的血浆浓度，可以提高组织分布效果，但有效血浆浓度一般比血管外给药持续时间要短。为了维持足够时间的有效浓度，必须缩短用药间隔，而且浓度将会达到更高的水平。注射液中的药物以盐的形式溶解在溶媒中，而一些溶液的酸碱反应远超出了机体的生理范围。为了避免全身循环中药物初始浓度过高以及药物本身和配方成分产生的不良反应，应该缓慢进行静脉注射。当注射液（只有常规制剂）在肌内注射部位产生组织刺激时也可采用静脉注射，但必须小心，以避免对血管周围的损坏。描述药物处置的药代动力学参数是在静脉单剂量注射给药后得到的血浆浓度-时间数据的基础上获得的。

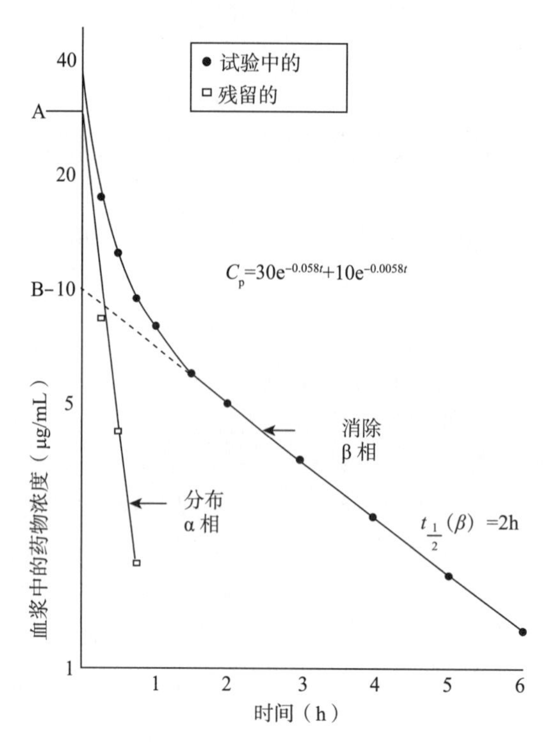

图 4.1　静脉注射大剂量药物后的血药浓度-时间曲线（经允许引自 Baggot，1997）

浓度-时间曲线是一个双指数曲线，它描述的是药物处置过程中的分布和消除两个阶段。药物的半衰期是从消除相的指数中获得的（β=0.0058/min；$t_{1/2}$=0.693/0.0058=120min）。

静脉输注含有固定药物浓度的非肠道给药溶液，是唯一一种可以精准控制药物进入体循环速率的给药方法，并最终达到合适的血浆浓度。假定已知某种药物的全身消除率，这种给药方式可以实现和维持一种理想的稳态浓度，并且避免浓度的波动，这是多次给药的一个特征。然而输注的速度决定了可获得的稳态浓度，而达到稳态浓度的时间又完全取决于药物的清除速率（半衰期）。临床实践中，可以预见的是药物以相应 4 倍半衰期的恒定速率输注之后，血浆浓度将会达到稳态浓度的 90%以内。由此可知，半衰期较短的药物（<2h）最适合连续输注。从一个稳态浓度变化到另一个稳态浓度时要慎重，须以不同的输液速度在相同时间内（即 4 个半衰期）达到稳态浓度变更的目的。

二、肌内注射和皮下注射

一般而言，大多数抗菌药物（溶液和混悬液）均可以通过肌内注射和皮下注射给药。配方组成、制剂中药物的浓度以及用药总量将决定药物剂型是否适用于某一特定动物。对于不同的动物种类，由于药物浓度和所需的药物总量共同决定待用药物的体积，因此必须特别关注制剂中药物的浓度。在任何单个部位进行肌内注射给药，体积不可超过 20mL。对于大型动物而言，颈侧部常作为肌内注射的最佳位点。虽然猫通常通过皮下注射给予无刺激性注射液，但是这种给药途径很少用于马。大多数抗菌制剂经无刺激给药后可以迅速和完全地吸收，并且血浆浓度可以在注射后 1h 内到达峰值。尽管通常假定肌内注射位点的药物吸收是一级过程，但该假设的有效性值得商榷。油性制剂和非缓冲水性溶液或混悬液可在肌内注射位点引起刺激和产生组织损伤，常发生缓慢而不稳定的吸收，并且药物的全身利用往往并不完整。

药物在肌内和皮下注射位点的吸收是由非肠道给药用制剂的配方、注射部位的血管分布决定的，并且部分程度上也受药物化学特性和理化性质的影响。当分别以三种不同的浓度（50mg/mL、100mg/mL 和 250mg/mL）给犬皮下单剂量（10mg/kg）注射阿米卡星时，溶液的浓度不影响药物的吸收和消除动力学。庆大霉素（50mg/mL）的生物利用度不受注射部位的位置影响（Gilman 等，1987；Wilson 等，1989）。比较 5 种不同氨苄西林注射制剂以相似剂量［（7.7±1.0）mg/kg］对犊牛肌内注射后得到的血浆浓度-时间曲线，结果表明制剂配方对氨苄西林的吸收具有显著影响（Nouws 等，1982）（图 4.2）。药物制剂只有在靶动物具有生物等效性时，才能期望获得相同的临床疗效。

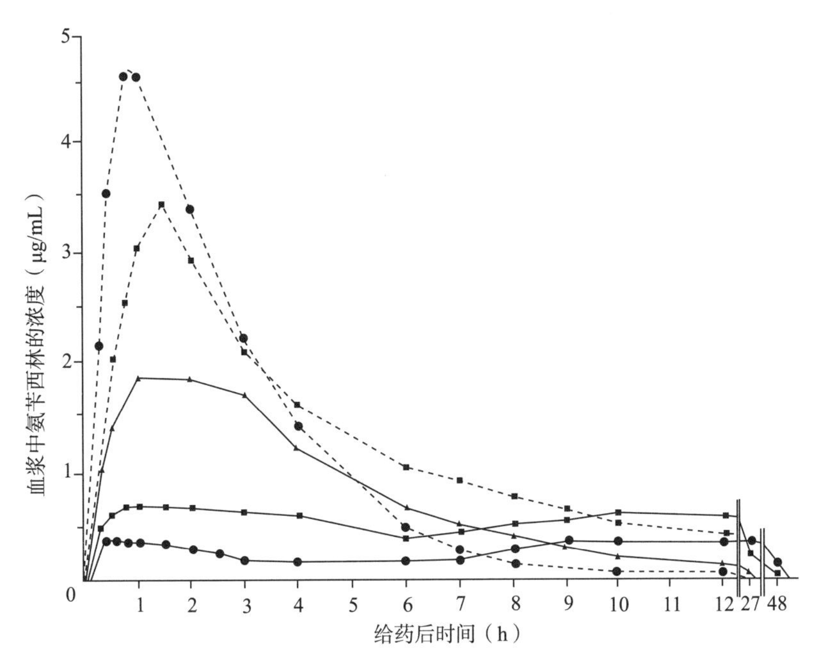

图 4.2　将 5 种不同的氨苄西林注射用制剂分别以相似的剂量［（7.7 ±1.0）mg/kg］肌内注射给 5 只犊牛，氨苄西林平均血药浓度-时间曲线（经允许引自 Nouws 等，1982）

非肠道给药用混悬液的药物浓度会影响血浆浓度分布曲线。例如，当阿莫西林三水合物的水混悬液以相同剂量水平（10mg/kg），但以不同的浓度（100mg/mL 和 200mg/mL）对马给药时，低浓度的药物可以更好地吸收，并产生更为一致的血浆浓度分布。虽然阿莫西林三水合物的市售水混悬液可以给牛肌内注射，但由于在注射部位会引起组织刺激，并不适合临床用于马。注射部位可能也会影响缓释药物制剂的全身利用度及血浆浓度峰值。一项研究发现，青霉素 G 以普鲁卡因青霉素 G 的形式用于马的过程中，注射部位对血浆浓度-时间曲线产生影响（Firth 等，1986）（图 4.3）。

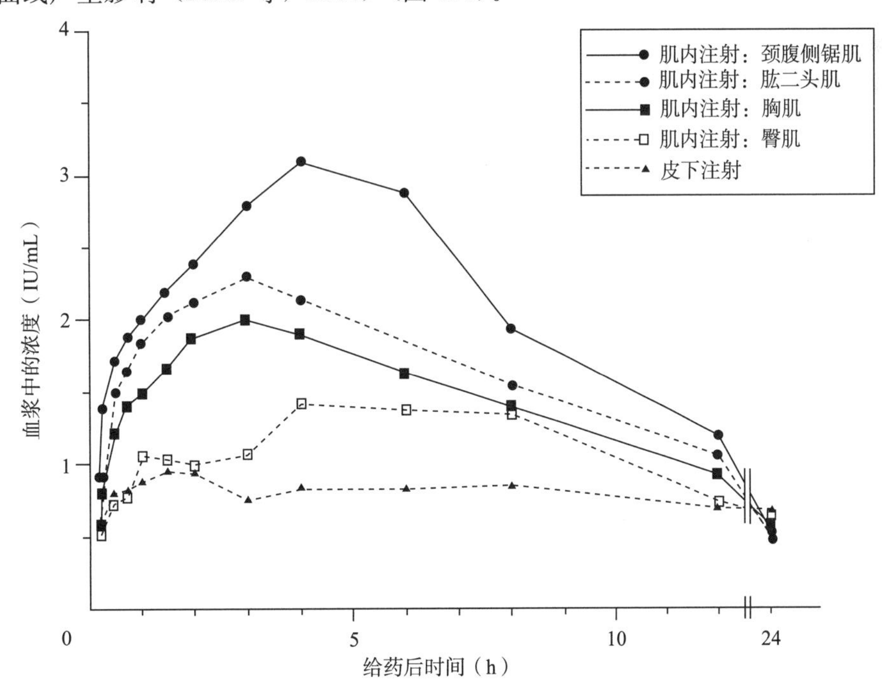

图 4.3　普鲁卡因青霉素 G 以 20 000IU/kg 的剂量分别在 5 个不同部位注射给 5 匹马得到的青霉素 G 平均血药浓度-时间曲线（经允许引自 Firth 等，1986）

青霉素 G 经肌内注射给药后，得到全身利用度和血浆浓度峰值最高的是颈部（颈腹侧锯肌），这个部位之后以降序排列，依次为肱二头肌、胸肌、臀肌或胸肌区的颅部皮下部位。一些非肠道给药制剂经皮下注射引起的组织刺激比肌内注射的后果更严重（Nouws 和 Vree，1983；Korsrud 等，1993）。给予 20%阿莫西林三水合物水混悬液后，阿莫西林在奶牛体内的全身分布随肌内注射位点之间的差异而变化如肌内注射与皮下注射位点之间的变化一样（Rutgers 等，1980）。基于此项研究，以及土霉素常规制剂在不同位点进行的肌内注射研究，可以得出以下结论：在牛肩部和颈部进行肌内注射优于臀部肌内注射和皮下注射（Nouws 和 Vree，1983）。牛肩部和颈部给药后，抗菌药物的吸收更好可以归因于药物更大程度地接触更大的吸收表面积，这或许是因为更大的血液流动。根据肌内注射 10%阿莫西林三水合物水混悬液（7mg/kg）后曲线下面积的比较，犊牛的年龄和体重会影响相对全身利用度（Marshall 和 Palmer，1980；图 4.4）。当同一制剂经肌内注射到不同动物时，小型动物（宠物猪、犬、猫）的变化趋势为峰浓度出现早，而后迅速下降，而大型动物（牛、马）至少在 8h 内呈现较低且相对恒定的阿莫西林血浆浓度。

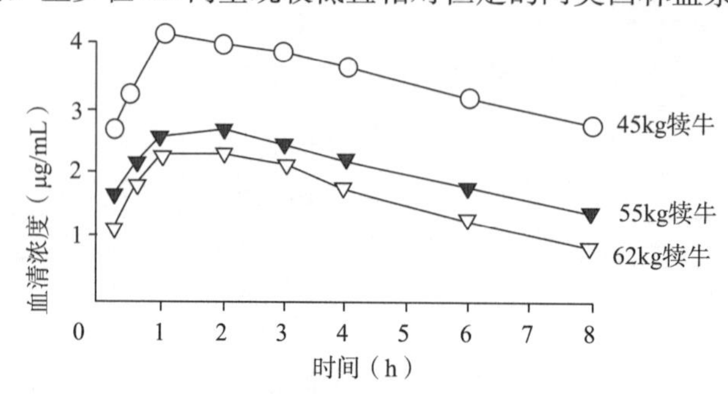

图 4.4　按每千克体重 7mg 的剂量对犊牛肌内注射阿莫西林三水合物的水混悬液（100mg/mL）后，年龄和体重对阿莫西林全身利用度的影响（经允许引自 Marshall 和 Palmer，1980）

评估组织刺激程度和肌内注射位点溶出速率的有效方法包括超声扫描（Banting 和 Tranquart，1991）和测定血浆肌酐激酶（CK）活性的动力学（Aktas 等，1995；Toutain 等，1995）。食品动物使用可导致组织损伤的药物制剂必定需要一个相当长的休药期。一个药物的休药期因其剂型不同以及所用动物种类的差异可能有所不同。非肠道给药应该保证肌内注射后，注射部位的药物残留不引起组织损伤。刺激性制剂和油基性药物绝对不能用于马，除了普鲁卡因青霉素 G（水混悬液）和以聚乙二醇配制的土霉素长效注射制剂。

由于禽类和爬行动物有发达的肾门系统，首过肾排泄可能会降低药物的全身利用度，特别是那些经近端肾小管分泌的药物，如β-内酰胺类抗生素在家禽腿部肌内注射或在爬行动物身体的后半部肌内注射时。

长效制剂

抗菌药物的长效制剂可在感染部位持续提供合适的药物浓度。尽管长效抗菌药物因其单次注射的便利性已广泛用于猪和牛，但目前标签说明书标明也可用于马、犬和猫。长效制剂可以是具有特别长半衰期的药物，也可以是通过延迟吸收制备的药物，或者浓缩并由吞噬细胞缓慢释放的药物。

1. 消除半衰期长的药物　极少的抗微生物药具有足够长的消除半衰期，以提供持续的血浆治疗浓度。如头孢维星是一种用于犬和猫的头孢菌素类药物。头孢维星钠在犬静脉或皮下注射后的消除半衰期约为 133h（Stegemann 等，2006）。其结果是，单次皮下注射足以提供 7～14d 的有效治疗。

2. 缓释制剂　消除半衰期短的药物静脉注射时可配制成缓释制剂。将缓释制剂（长效）设计成延迟吸收，从而在较长时期内维持有效的药物浓度，达到药物消除半衰期的数倍。普鲁卡因青霉素 G（30 万 IU/mL）的水混悬液通过降低吸收速率有效地用于延长青霉素 G 的给药间隔就是一个实例。该制剂单剂量（25 000 IU/kg）给药，对易感菌的有效浓度至少可以维持 12h，且通常为 24h。缓释制剂的一个重要特征是药物释放的速率足以在给药间隔期内维持有效的血药浓度。

以 2-吡咯烷酮为基质的长效土霉素对犊牛、牛、山羊、红鹿和小鹿单剂量（20mg/kg）肌内注射后，维持血浆中土霉素浓度大于 0.5μg/mL 的有效时间达 48h。该长效制剂对猪肌内注射后 1 周和 2 周时屠宰并检查切下的肌肉组织，发现注射部位有明显的组织损伤，但是给予相同剂量水平（20mg/kg）的传统制剂只产生了轻微的组织刺激（Xia 等，1983）。比较三种土霉素制剂对猪颈侧注射（20mg/kg）后的药代动力学结果，表明长效制剂的给药间隔为 48h，传统制剂的给药间隔为 24h（Banting 和 Baggot，1996；表 4.1）。土霉素的聚乙二醇制剂已经用于马的肌内注射（Dowling 和 Russell，2000）。

最近，头孢噻呋缓释制剂越来越受欢迎，因为注射方便（只需1次或2次注射），还可以改善动物的依从性。头孢噻呋晶体游离酸用于牛、猪和马。以辛酸/癸酸甘油三酯和棉籽油配成的混悬液可以让药物从注射部位缓慢释放（图4.5A）。

表4.1　三种不同配方的土霉素制剂经肌内注射（颈侧）给猪后描述药物吸收和处置情况的药代动力学参数

药代动力学参数	配方A	配方B	配方C
C_{max}（μg/mL）	6.27±1.47	5.77±1.0	4.68±0.61
t_{max}（h）	3.0（2.0～4.0）	0.5（0.083～2.0）	0.5（0.083～2.0）
AUC（μg·h/mL）	79.22±25.02	91.53±20.84	86.64±14.21
MRT（h）	11.48±2.01	25.27±9.22	37.66±15.62
$C_{p(24h)}$（μg/mL）	0.81±0.34	1.01±0.26	0.97±0.29
$C_{p(48h)}$（μg/mL）	<LOQ	0.40±0.17	0.50±0.09

注：n=8；剂量为每千克体重20mg。结果均表示为均值±SD。LOQ=定量限（0.1μg/mL）。

配方A：engemycine（10%），聚乙烯吡咯烷酮为溶剂。

配方B：Oxyter LA（20%），二甲基乙酰胺为溶剂。

配方C：terramycin LA（20%），2-吡咯烷酮和聚乙烯吡咯烷酮为溶剂。

来源：Banting和Baggot，1996，经允许。

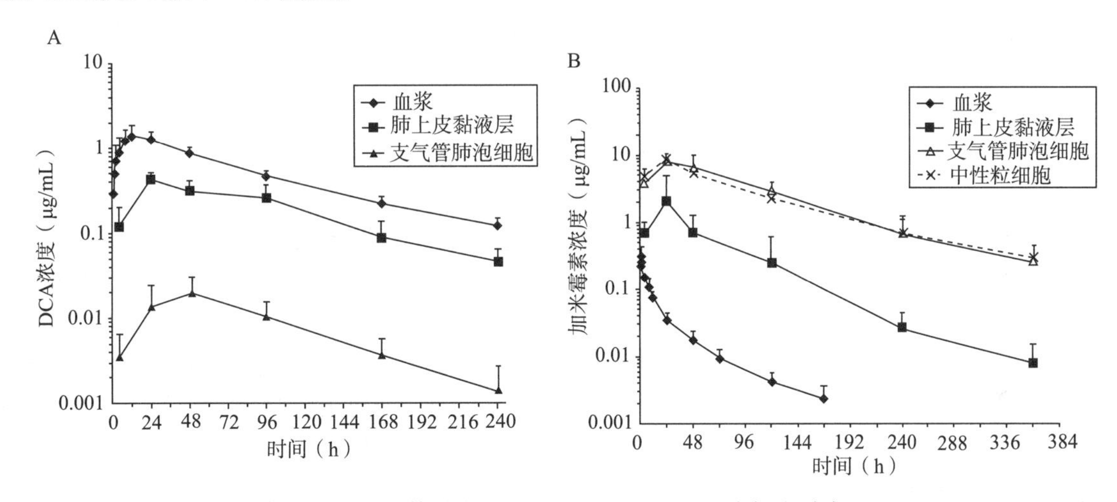

图4.5　单剂量肌内注射头孢噻呋晶体游离酸（6.6mg/kg；n=6）或加米霉素（6.0mg/kg；n=6）后，去呋喃甲酰基头孢噻呋及其相关代谢物（A）和加米霉素（B）在健康马驹的血浆、支气管肺泡（BAL）细胞、中性粒细胞（仅加米霉素）和肺上皮黏液层（PELF）中的平均（±标准差）浓度（经允许引自Credille等和Berghaus等，2012）

A图表示头孢噻呋晶体游离酸从注射部位缓慢吸收，产生持续的血浆浓度。在PELF和BAL细胞中的浓度低于血浆中的浓度，但药物在所有位点的分布和消除模式是一致的。B图表示加米霉素在中性粒细胞、BAL细胞和PELF中的浓度高于血浆中的浓度。PELF中的药物浓度比细胞内浓度低，但二者的消除模式是一样的，这表明细胞作为PELF中药物释放的传递系统。

3. 药物浓缩于吞噬细胞并被缓慢释放　其他长效制剂从血浆中吸收并从血浆中迅速消除。然而，吞噬细胞在感染部位充当药物的缓释传递系统（图4.5B）。这些药物中多数是大环内酯类和氮杂内酯类，它们均为弱碱性，在酸性胞内组分如溶酶体和吞噬体被离子捕获。在兽医临床，这些药物最常用于治疗和控制牛呼吸道疾病。这类药物包括泰拉菌素、加米霉素和泰地罗新（Cox等，2010；Giguère等，2011年；Menge等，2012）。这些药物的血浆浓度远远低于各自对引起牛呼吸道疾病病原体的最小抑菌浓度（MICs）。尽管如此，多项研究证实这些药物在治疗牛呼吸道疾病的有效性表明，与仅仅依赖于血浆药物浓度相比，感染部位药物浓度提供了更多临床方面的信息。尽管这些药物采用单剂量注射，并且从血浆中迅速消除，但它们在细胞内的高浓度以及在肺上皮黏液层中（PELF）缓慢而持续的释放可能有助于治疗。犊牛单剂量注射加米霉素后第5天和第10天，至少能部分保护动物不受溶血性曼氏杆菌的感染，此时血浆浓度大大低于治疗浓度，但PELF和支气管内的细胞浓度仍然在治疗范围内（Forbes等，2011），这一实验结果有力地证实了上述说法。

三、口服给药

有多种口服剂型可用于动物。包括口服溶液、混悬液、糊剂、胶囊剂、各种类型的片剂和粉剂。药物的吸收速率与剂型有关，口服溶液吸收快。固体剂型的溶出必须先于吸收，而且其溶出度经常会控制药物吸收的速度。口服混悬液和糊剂的吸收速度通常介于液体剂型和固体剂型之间。网胃沟槽的闭合可以使药物溶液绕过瘤胃，而混悬液大部分都沉积在瘤胃。这种区别对于某些驱虫药的临床疗效很有意义。虽然瘤胃具有良好的吸收能力，但由于瘤胃液体积大，且向皱胃传送的速度慢，药物从瘤胃液（pH5.5～6.5）中的吸收十分缓慢。对于单胃动物，胃排空是影响药物吸收速率的主要生理因素。对于猪和禽类，向饲料或饮水中添加药物是一种方便的给药方法。相比之下，向饲料中加入抗菌药物用于马则是不可靠的给药方法，应不予考虑。

全身利用度是口服药物剂量到达体循环而不发生改变的部分，它比抗菌药物的吸收速率具有更重要的临床意义。药物的全身利用度受抗菌药物在高度酸性（pH3～4）胃内容物中的稳定性、对瘤胃微生物灭活作用（通过水解或还原作用）的敏感性以及药物本身的化学特征和理化性质的影响。由于吸收是通过被动扩散透过黏膜上皮屏障发生的，因此脂肪中的高度溶解性是一个重要的特征。通过黏膜屏障后，药物分子在进入全身循环之前，经肝门静脉血液转运到肝脏，肝脏是药物代谢的主要器官。全身前代谢，称为首过效应，可发生于肠腔或黏膜上皮，最重要的是在肝脏中。首过效应经过广泛的肝代谢作用使药物的全身利用度降低。全身前代谢激活成氨苄西林的前体药物，如匹氨西林和巴氨西林，通过在肠黏膜的酯水解作用激活。在一定程度上，恩诺沙星可代谢转化（N-脱烷基）为环丙沙星，以及二氟沙星可转化为沙拉沙星，但这些新形成的产物具有高的抗菌活性，可作为单独的一种药物存在。

氨基糖苷类抗生素是一种极性有机碱，口服给药后全身利用度非常低，而肌内注射或者皮下注射给药时则被迅速吸收并到达全身。正是其吸收过程使胃肠给药和非肠道给药得以区分。跨过黏膜屏障要求药物至少具有适度脂溶性，而由注射位点吸收主要受吸收表面毛细血管血流量的控制。

食物在胃中的存在或药物与饲料成分结合会降低大多数青霉素的全身利用度，但阿莫西林和氨苄西林前体药物、口服头孢菌素类以及四环素类（除多西环素外）除外。有些药物（如多西环素、依托红霉素、酮康唑）喂犬后可增加其全身利用度。一些药物可能会干扰其他药物的口服吸收。例如，众所周知的抗酸剂可降低许多氟喹诺酮类药物的吸收，那些能增加胃 pH 的药物，如奥美拉唑则能降低伊曲康唑的吸收。同时应用利福平可大大降低克拉霉素和潜在的其他大环内酯类在马驹体内的吸收，这可能是由一个未知的肠道吸收转运工具受到抑制所致（Venner 等，2010；Peters 等，2011，2012）。

给予马驹、犊牛某些抗菌药物口服制剂也许是可行的，但是这些药物不适于年龄稍大的和成年草食动物口服使用。这不仅是由于更好的吸收，而且因为幼龄动物的胃肠道内专司发酵的微生物菌群和肝脏的微粒体氧化反应尚未发育完善。

第二节　应用临床药代动力学

药物本身的化学性质和相关的理化特性在很大程度上控制药物的吸收、分布和消除，这即是指抗菌药物的生物转化（代谢）和排泄。大多数抗菌药物是弱有机电解质，弱酸或弱碱，而氟喹诺酮类药物、四环素类药物和利福平则是两性化合物。脂溶性和电离度由药物的 pK_a 和相关生物流体的 pH（血液 pH7.4）所决定，这会影响抗菌药物的吸收程度、分布形式以及消除过程。脂溶性是药物经被动扩散穿过细胞膜的必需条件，弱有机酸和有机碱的非电离形式是脂溶性的。

由于抗菌药物和其他药物一样，都可制成不同的剂型、类型和制剂剂型（药物制剂），这决定了药物的给药途径、生物利用度和整体消除速率。因为会影响药代动力学过程，药物制剂会影响不同动物类型的给药方案和食品动物的休药期。

一、分布和消除

抗菌药物进入全身循环后，游离（未结合）部分可分布到血管外组织或者被消除器官（肝脏和肾脏）

清除。由于化学性质的差异，不同种类抗菌药物的分布程度和分布形式也不同。药物的分布是由血液流向组织和药物穿透细胞屏障的能力（主要是被动扩散）决定的。分布速率很大程度上受充盈（亲脂性药物）或扩散（电解质和极性化合物）的影响。与血浆蛋白的广泛结合（>80%）限制了药物向血管外的分布。药物在组织中的蓄积（pH 分配效应）会影响其分布程度。与组织成分的选择性结合（如氨基糖苷类药物结合到内耳和肾脏皮质中富磷脂组织）可能只占药物在体内含量的小部分，但可能产生不良反应，甚至具有毒性，或者由于存在药物残留问题而限制药物在食品动物中的使用。关于药物分布情况的确切信息只能通过测定药物在机体各种器官和组织，如肾脏、肝脏、骨骼肌、脂肪组织和皮肤中的含量水平而获悉。当在组织产生特定的损害或终末消除延长时，可合理地怀疑为选择性结合，并应做进一步的调查。

一些抗菌药物（氨基糖苷类、大多数β-内酰胺类）几乎完全经肾脏排泄而消除，而其他药物则由肝脏代谢，部分程度上也由肾脏或胆汁排泄。肝脏损伤到何种程度才会导致药物消除速度降低是难以估算的。然而，某些抗菌药物（氯霉素、红霉素、泰妙菌素、酮康唑）会抑制肝微粒体酶的活性，而利福平和灰黄霉素则能通过增加合成而诱导肝微粒体酶。几个治疗性药物与其中一种抗菌药物同时使用时，它们的消除率会受到改变的微粒体介导的氧化反应的影响。甲硝唑可抑制乙醛脱氢酶，从而使人产生双硫仑样反应。肾功能降低的患畜使用氨基糖苷类药物时，需要调整药物用量。虽然药物代谢产物形成于肝脏或在其他部位经生物转化产生，但是肾损伤仍可导致药物代谢产物的蓄积。

亲脂性抗菌药物容易穿透细胞屏障，血脑屏障除外。因此，这些药物都很容易从胃肠道吸收，广泛分布到体液和组织中，并在感染部位达到有效浓度。亲脂性抗菌药物包括氟喹诺酮类、大环内酯类和林可胺类、米诺环素和多西环素、甲氧苄啶、利福平、甲硝唑和氯霉素。其中一些药物（红霉素、克林霉素、多西环素）与血浆蛋白广泛结合，限制了其在血管外的分布。但是，克林霉素可在骨组织中达到有效浓度。在亲脂性抗菌药物中，只有个别药物可穿透血脑屏障和血液-脑脊液屏障，在脑脊液中达到有效浓度（如甲氧苄啶、甲硝唑、氯霉素）。发生脑膜炎时，静脉注射第 3 代头孢菌素（除头孢哌酮外）大多可穿透血液-脑脊液屏障。氟康唑可能是唯一能穿透血脑屏障的氮杂茂类抗真菌药物。不同的四环素类药物，由于脂溶性不同会影响组织中的药物浓度及临床效果。亲脂性抗菌药物主要由肝脏消除（代谢和胆汁排泄），而大多数这些药物中的小部分（除多西环素外）以原型（和代谢物）经尿排泄。药物代谢越快，以原型排泄的部分就越少，如甲氧苄啶（表 4.2）。药物的代谢途径，如各种肝微粒氧化反应和葡萄糖苷酸结合反应，是由存在于药物分子上的官能基团决定的。除一些氟喹诺酮类药物、利福平和甲硝唑外，亲脂性抗菌药物的代谢产物无活性。恩诺沙星转化为环丙沙星，二氟沙星转化为沙拉沙星，培氟沙星转化为诺氟沙星都是通过N-脱烷基化（氧化反应）实现的。一些亲脂性抗菌药物的半衰期在不同动物之间和同一种动物之间而有差异。例如，不同氟喹诺酮类药物在犬体内的半衰期分别为：环丙沙星 2.2h，恩诺沙星 3.4h，诺氟沙星 3.6h，二氟沙星 8.2h 和马波沙星 12.4h。甲硝唑在不同动物体内的半衰期分别为：牛 2.8h，马 3.9h，犬 4.5h，鸡 4.2h；氯霉素在不同动物体内的半衰期分别为：马 0.9h，犬 4.2h，猫 5.1h，鸡 5.2h。

表 4.2　甲氧苄啶的半衰期和尿排泄

物种	半衰期（h）	排出的药物中成分未改变的比例（%）
羊	0.7	2
牛	1.25	3
猪	2.0	16
马	3.2	10
犬	4.6	20
人	10.6	69±17

不同种类的抗菌药物及其成员以及影响其药代动力学特性的因素将在具体药物介绍中进行详细阐释。

二、药代动力学参数

药物处置是用来描述药物分布和消除的术语，即发生在药物吸收进入体循环后的过程。描述药物处置的主要药代动力学参数是全身消除率（Cl_B），用于衡量机体消除药物的能力；还有药物表观分布容积

(V_d)，表示体内可以容纳药物的表观空间。半衰期（$t_{1/2}$）表示药物消除的整体速度，药物只有经静脉注射给药时，才可以确定其“真实的”（消除）半衰期。当药物制剂通过口服或非血管注射（如肌内注射或皮下注射）给药时，其全身利用度（F），即到达体循环的药物原型部分，也是一个重要的参数。由于吸收过程影响药物消除的速率，而获得的半衰期数值是“表观的”，它将随给药途径和配方剂型（药物制剂）的不同而有所不同。生物利用度是指药物吸收的速度和程度，对吸收过程提供了一个更完整的描述。当药物作为缓释制剂（长效制剂）给药时，其吸收速率和形式就显得非常重要。

（一）生物利用度

生物利用度是指药物原型进入全身循环的速度和程度。它不仅受决定药物吸收因素的影响，而且也受剂型和给药途径的影响。只有当药物通过静脉注射给药时，才能假设完整的全身利用度（吸收的程度）。

药物吸收速度可以由血浆浓度峰值（C_{max}）和达到峰值浓度的时间（t_{max}）进行估算，这是根据所测定的（观察到的）血浆浓度-时间数据得出的。然而，血样采集时间决定浓度峰值的高低，t_{max}通常位于测定的血浆浓度之间。C_{max}和t_{max}都受药物消除速率的影响，同时C_{max}还受吸收程度的影响。通过计算得到并以时间倒数（h^{-1}）作为单位的C_{max}/AUC参数，是用来表示药物吸收速率的另一名词。虽然可以计算得到吸收速率常数（和半衰期），但一般是小数，会使药物的吸收率的测定不准确。估计全身利用度和吸收程度时，通常采用相对面积的方法：

$$F=\frac{AUC_{PO}}{AUV_{IV}}\times\frac{Dose_{IV}}{Dose_{PO}}$$

AUC是与用药途径（静脉注射、口服、肌内注射、皮下注射）相关的血浆浓度-时间曲线下的总面积。这种方法的应用涉及一个假设，即药物的消除不因给药途径的不同而改变。通过任何给药途径单剂量给药后，曲线下的总面积可以用线性梯形法估计出来，从时间零点到最后测定血浆药物浓度的时间点，推至时间无穷远处，假设呈对数性下降（图 4.6）。该方法估算曲线下总面积（AUC）的准确性取决于从开始给药（时间零点）到最后测量的血浆浓度时间点的血浆浓度-时间数据点的数量，以及外推曲线下的相对面积，外推面积应小于总面积的 10%。将口服剂型与静脉注射剂型的AUC进行比较，就得到绝对生物利用度（全身利用度）；而比较两种口服剂型（受试剂型和参照剂型）的AUC，则得到相对生物利用度。后者常用于评价生物等效性。在交叉设计的生物利用度试验时，任何可能的情况下都要在两个试验阶段之间设置适当的清除期。

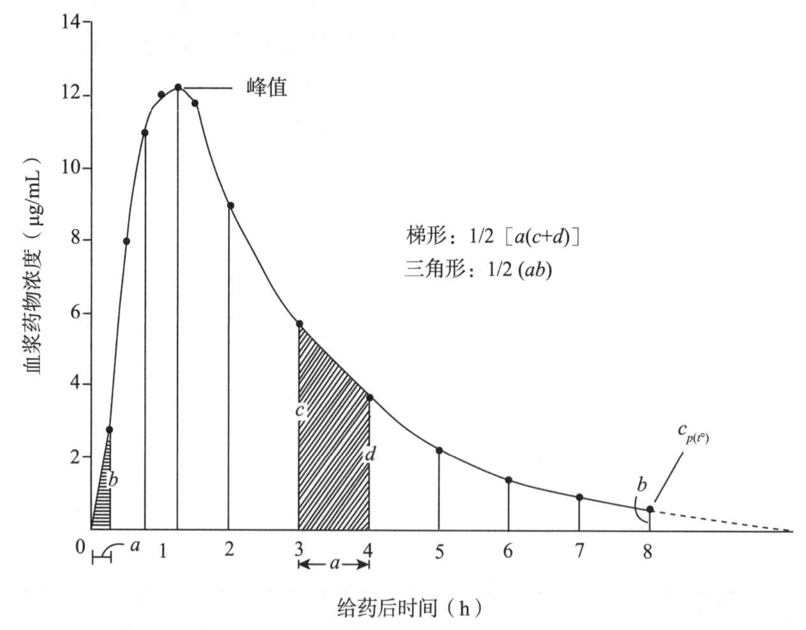

图 4.6 口服或血管外注射（肌内注射、皮下注射）药物常规制剂后典型的血浆药物浓度。按照梯形法可计算得到 AUC（经允许引自 Baggot，1977）

口服抗菌药物的全身利用度往往是不完整的（<100%）。这可能是由于药物吸收不良、在胃或瘤胃发生降解或全身前代谢（首过效应）导致的。不完整的全身利用度通常可以采用加大口服剂量的方法得到补

偿。如上所述，与口服给药相关的饲喂时间会影响抗菌药物的全身利用度（口服生物利用度）。例如，恩诺沙星、甲氧苄啶和磺胺嘧啶在猪体内的口服生物利用度很高（>80%），且不受进食的影响。相反，胃肠道中的饲料则明显导致螺旋霉素（24%～60%）和林可霉素的口服生物利用度降低（41%～73%，Nielsen，1997）。马进食 1h 后给予利福平（5mg/kg）的全身利用度为 26%，而进食前 1h 给药时全身利用度为 68%（图 4.7）。由于不同动物在消化生理和胃肠道解剖方面存在差异，口服药物的吸收速度和全身利用度在反刍动物和单胃动物之间差别很大。

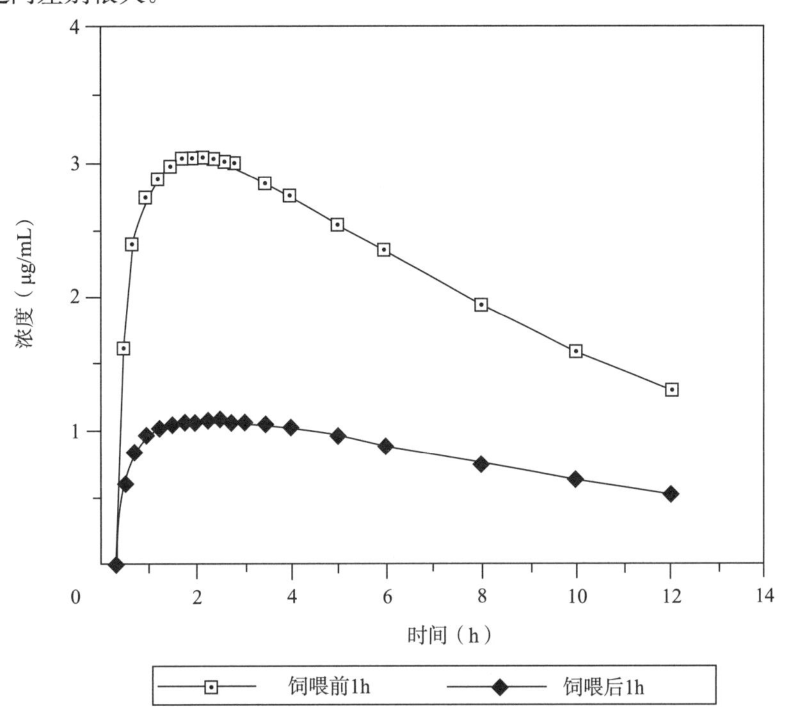

图 4.7　饲喂前 1h 和饲喂后 1h 马口服利福平（5mg/kg）后的平均血浆药物浓度

通过肌内注射给药的注射制剂的全身利用度通常差异很大，而传统制剂（速释）和长效制剂（缓释）的吸收速率差别也很大。注射制剂全身利用度的不完全性可能是由部分药物沉淀在注射部位，或药物本身或者药物载体或者制剂的 pH 导致组织刺激而引起的。通过降低药物吸收速率，长效制剂可提供长期有效的血浆浓度并且允许较长的用药间隔。例如，普鲁卡因青霉素 G 的用药间隔：马为 12h，猪和牛为 24h；土霉素长效注射制剂在猪、牛和山羊上的用药间隔均为 48h。同常规制剂相比，长效缓释制剂多次用药产生的血浆浓度波动比较小。通常通过比较经相同给药途径、相同动物分别给予常规制剂和长效制剂（交叉给药设计）的曲线下面积，来确定长效缓释制剂的相对生物利用度。同时应比较二者的平均滞留时间。在算术坐标中绘制血浆浓度-时间曲线，反映了药物吸收的方式和有效血浆浓度的持续时间。给药间隔应基于有效的血药浓度，而不是半衰期。

药物的全身利用度可通过比较血管外注射给药和静脉注射给药后药物原型（母体化合物）的尿液累积排泄量进行估计。用该方法可以得出土霉素传统制剂（OTC-C）和长效制剂（OTC-LA）以单剂量（20mg/kg）给猪进行肌内注射（肱二头肌）后的全身利用度（图 4.8）。两种制剂的全身利用度均大于 95%（Xia 等，1983）。尿液累积排泄也用于比较 1 岁牛给予三种磺胺二甲嘧啶口服制剂后的全身利用度（Bevill 等，1977）。结果（表 4.3）表明，口服溶液（107mg/kg）和口服速释丸剂（27.8g 磺胺二甲嘧啶，与口服溶液剂量水平相当）从瘤胃吸收可获得相对有效的利用度，而缓释丸剂（67.5g 磺胺二甲嘧啶）的结果则不太令人满意。这是一种比较血浆浓度-时间曲线下面积的替代方法，但由于需要测量药物排泄期间（至少 4 个半衰期）尿液的总体积，使用起来比较繁杂。此外，收集尿液和保存样品时，必须保证尿液中药物的稳定性。采用尿液累积排泄的数据比较药物以不同剂型、相同血管外途径给药（口服或者肌内注射）的全身利用度，是相对生物利用度，其假设是药物原型的排泄总量和吸收总量的比例维持不变。通常更倾向于采用血浆浓度数据而不是尿液排泄数据来估算药物的吸收速率。

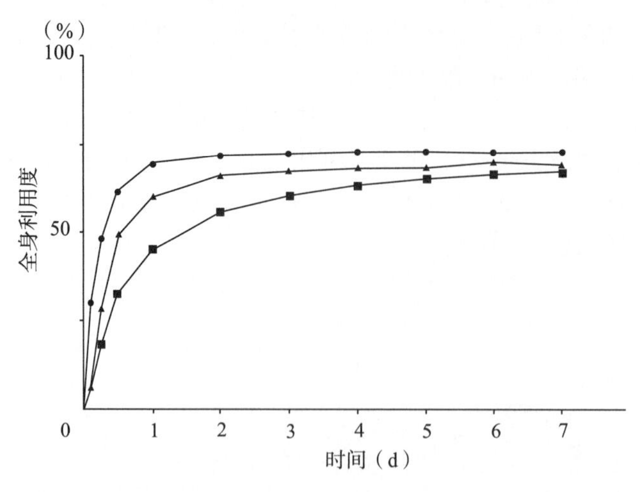

图 4.8 给猪分别经静脉注射土霉素常规制剂(圆形,$n=3$)、肌内注射土霉素常规制剂(三角形,$n=4$)以及肌内注射土霉素长效制剂(方形,$n=6$)后累积尿液排泄(经允许引自 Xia 等,1983)

表 4.3 磺胺甲嘧啶的三种口服制剂在牛体内的全身利用度

剂型	全身利用度(%)
溶剂	80.8
速释丸剂	63.2
缓释丸剂	32.0

(二)消除率

消除率是指每单位时间内清除掉血液或者血浆中药物(或消除过程中的标志物质)的体积。为了方便比较,消除率的单位表示为 mL/(min·kg)。当基于血浆药物浓度时,消除率不足以反映客观的“生理”值,可将血浆消除率转换成血液消除率。

药物的系统(全身)消除率表示为参与药物消除的各器官(肝脏、肾脏、“其他”器官或组织)消除率的总和。可以通过全身可利用剂量除以血浆浓度-时间曲线的总面积(时间从零到无穷大)计算得到:

$$Cl_B=\frac{F\times 剂量}{AUC}$$

其中 F 是进入体循环的原型药物的剂量,AUC 是曲线下总面积。根据定义,药物的全身消除率是分布容积的产物,是由面积法计算出的:

$$Cl_B=V_{d(area)}\times\beta$$

当药物的静脉注射剂型不可用时,F 值无法确定,这种情况下要用到 Cl_B/F。

消除率的概念在临床药物动力学中极为有用,因为大多数药物(包括抗菌药物)的全身消除率在临床上所用到的血浆浓度范围内是恒定不变的。这是因为大多数药物的整体消除遵循一级动力学,即单位时间内消除分数是恒定的(如每个半衰期消除 50%)。在制定药物剂量方案时,全身消除率可能是最重要的药代动力学参数,在消除器官出现功能性损伤需要调整剂量时,全身消除率对于计算剂量的调整率时也是必需的。当以恒定剂量间隔重复给药时,全身消除率将平均稳态血浆浓度和药物的剂量率联系起来了。药物消除过程的全身或单个器官的消除率,是应用类比技术确定药物的种间扩展消除时必选的药代动力学参数。以犬为例描述在同一动物种类中不同药物的药代动力学参数值所反映的抗菌药物的处置情况(表 4.4)。

表 4.4 药物在犬体内的动力学参数

药物	半衰期(h)	$V_{d(area)}$ (mL/kg)	Cl_B [mL/(min·kg)]
青霉素 G	0.50	156	3.60
氨苄西林	0.80	270	3.90
替卡西林	0.95	340	4.30

（续）

药物	半衰期（h）	$V_{d(area)}$（mL/kg）	Cl_B［mL/（min·kg）］
头孢氨苄	1.71	402	2.70
头孢唑林	0.80	700	10.40
头孢噻肟	0.73	480	7.50
头孢唑肟	1.07	300	3.25
头孢他啶	0.82	220	3.15
头孢曲松	0.85	240	3.26
庆大霉素	1.25	335	3.10
阿米卡星	1.10	245	2.61
卡那霉素	0.97	255	3.05
诺氟沙星	3.56	1 770	5.53
恩诺沙星	3.35	2 454	8.56
马波沙星	12.40	1 900	1.66
二氟沙星	8.20	3 640	5.10
甲氧苄啶	4.63	1 849	4.77
磺胺嘧啶	5.63	422	0.92
磺胺二甲氧嘧啶	13.20	410	0.36
磺胺异噁唑	4.50	300	0.77
氯霉素	4.20	1 770	4.87
甲砜霉素	1.75	765	5.20
甲硝唑	4.50	948	2.50
红霉素	1.72	2 700	18.2
克林霉素	3.25	1 400	5.25
土霉素	6.02	2 096	4.03
多西环素	6.99	1 010	1.72
米诺环素	6.93	1 952	3.55

（三）分布容积

分布容积与药物在体内的量和血浆中的浓度相关，为估计药物在体内的分布情况提供了依据。它可以量化药物在体循环和机体组织内的表观分布，这只对含有的药物适用，不能真实反映分布模式。只有测定了药物在多种器官和组织中的浓度水平（数量），才能确定药物的分布模式。

分布容积可以采用面积法，通过下面的公式计算得到：

$$V_{d(area)}=\frac{剂量}{AUC\times\beta}$$

其中，AUC 是血浆浓度-时间曲线下总面积，β 是整体消除速率常数，是以对数值绘制的消除曲线中线性部分的斜率（图 4.1）。这是药物静脉注射给药。如果是口服或通过非胃肠道外血管（肌内注射、皮下注射）给药，必须对全身利用度（F）进行校正，用表观一级消除速率常数（k_d）代替方程中的 β。

主要在血浆中电离的药物或者相对极性的药物（青霉素类、头孢菌素类和氨基糖苷类药物）的分布容积范围为 150～300mg/kg；该估计值并没有超过药物分布范围的限定值。亲脂性抗菌药物（大环内酯类、林可胺类、氯霉素、甲氧苄啶和氟喹诺酮类药物）的容积分布范围多为 1～3L/kg。中度脂溶性药物（如甲硝唑、利福平、磺胺类药物）的分布容积为 400～800mL/kg。四环素类药物由于脂溶性不同，其分布容积也会有所变化。

药物分布容积的种属差异在很大程度上是因为机体组成不同（表 4.5），特别是胃肠道功能不同，以及血浆蛋白结合能力的差异等。差异最大的是亲脂性有机碱在反刍动物和单胃动物体内的分布。

分布容积作为一个比例因子，将药物在体内的量与血浆浓度关联，所以为了计算达到期望的血浆浓度所需要的药物剂量，必须了解药物的分布容积：

$$静脉注射的剂量_{iv}=C_{p(ther)}\times V_{d(area)}$$

通过口服或非血管肠道外途径给予的药物可能需要加大剂量，以补偿系统对药物的利用不完全。对药物吸收速度的变化未能做出规定。

表 4.5　药物分布容积在不同物种体内不同器官组织中的差异（%，活重）

器官/组织	马[a]	犬[b]	羊[b]	牛[c]	人[d]
血液	8.6	7.2	8.0	7.7	7.9
脑	0.21	0.51	0.29	0.06	2.0
心脏	0.66	0.82	0.48	0.37	0.47
肺脏	0.89	0.89	0.88	0.71	1.4
肝脏	1.3	2.32	1.95	1.22	2.6
脾脏	1.11	0.26	0.25	0.16	0.26
肾脏	0.36	0.61	0.35	0.24	0.44
胃肠道	5.8	3.9	6.4	3.8	1.7
胃肠道内容物	12.7	0.72	13.9	18.4	1.4
皮肤	7.4	9.3	9.2	8.3	3.7
肌肉	40.1	54.5	45.5	38.5	40.0
骨	14.6	8.7	6.3	12.7	14.0
肌腱	1.7	—	—	—	2.0
脂肪	5.1	—	—	18.9	18.1
体重（kg）	308	16	39	620	70

数据来源：a：Webb 和 Weaver，1979；b：Neff-Davis 等，1975；c：Matthews 等，1975；d：International Commission on Radiological Protection，1975。

分布容积有非常重要的应用，它是一个重要的量化参数，需要正确地解释。虽然 $V_{d(area)}$ 是由给药途径决定的，而且即使分布空间上没有明显变化，但是它会随着药物消除速率常数的变化而变化。稳态时的分布容积 $V_{d(ss)}$ 不具有上述特性，但是只有通过静脉注射给药时才能确定这一特性。稳态下的分布容积可以通过面积法来计算（Benet 和 Galeazzi，1979）：

$$V_{d(ss)}=\frac{剂量_{iv}\times AUMC}{(AUC)^2}$$

其中 AUC 为药时浓度曲线下（零阶矩）的总面积；$AUMC$ 是一阶矩药时曲线下面积，即血药浓度与采样时间从零时到无限大时间的曲线下面积（$t\times C_p$）。这种非房室计算 V_d 剂量的方法不需要房室药代动力学模型或处置曲线的数学描述。稳态体内分布容积是指药物在整个体积内与血浆浓度相等时，药物在稳态期分布的容积。

稳态分布容积比由面积法计算得到的分布容积要小一些。在犬体内甲氧苄啶的分布容积，$V_{d(ss)}$ 为 1 675mL/kg，$V_{d(area)}$ 为 1 849 mL/kg；磺胺嘧啶在犬体内的 $V_{d(ss)}$ 为 392 mL/kg，$V_{d(area)}$ 为 422 mL/kg。在解释疾病或生理状态对药物处置动力学的影响时，应该用全身消除率（Cl_B）和稳态的分布容积作为药代动力学参数，而非 $V_{d(area)}$。分布容积既不能用来预测组织中达到的药物浓度，也不能用来预测感染部位的浓度。

（四）半衰期

药物的半衰期是指在药物的消除阶段，药物浓度在血液或体内下降 50%所需要的时间。半衰期测定的是在药物消除曲线的消除相，药物血浆浓度下降的速率，可以用以下公式计算：

$$t_{(1/2)}=0.693/\beta$$

其中，β 是药物的整体消除速率常数，0.693 是 ln2。抗菌药物的半衰期与给药剂量（至少在推荐剂量范围内）无关，因为药物的消除遵循一级动力学消除特点。一级动力学消除的特点是对一给定的浓度以一个比例（如每个半衰期均下降50%）下降所需要的时间通常不依赖于浓度变化。

半衰期是一个药代动力学参数，可以用来比较药物在不同物种体内的消除速度（表4.6）。尽管肝脏代谢和肾排泄功能对抗菌药物的消除作用在不同物种体内表现不同，但是这并不影响这一比较的效果。抗菌药物和药理学其他药物的半衰期主要由肝脏代谢所决定，在不同物种之间有很大变化。除了土霉素可经过肝肠循环外，由肾脏排泄消除的抗菌药物在哺乳动物之间的半衰期差异并没有临床意义。庆大霉素的半衰期主要由肾小球滤过决定，其在豚鼠和兔体内的半衰期均为1h，在犬和猫体内为1.1～1.4h，在牛、绵羊和山羊体内为1.4～1.8h，在猪体内为1.9h，在人和马体内为2～3h，在美洲驼和骆驼体内大约为3h，在鸡和火鸡体内为2.5～3.5h，在（22±2）℃温度条件下斑点叉尾鮰体内为12h，在爬行动物体内平均为51h。

表4.6　不同动物体内抗菌药的平均半衰期

药物	药物消除过程	半衰期（h）			
		牛	马	犬	人
甲氧苄啶	M+E（r）	1.25	3.2	4.6	10.6
磺胺嘧啶	M+E（r）	2.5	3.6	5.6	9.9
磺胺甲噁唑	M+E（r）	2.3	4.8	—	10.1
磺胺甲嘧啶	M+E（r）	8.2	9.8	16.8	—
磺胺二甲氧嘧啶	M+E（r）	12.5	11.3	13.2	40
磺胺多辛	M+E（r）	10.8	14.2	—	150
诺氟沙星	M+E（r）	2.4	6.4	3.6	5.0
恩诺沙星	M+E（r）	1.7	5.0	3.4	—
氯霉素	M+E（r）	3.6	0.9	4.2	4.6
甲硝唑	M+E（r）	2.8	3.9	4.5	8.5
替硝唑	M+E（r）	2.4	5.2	4.4	14.0
红霉素	E（h）+M	3.2	1.0	1.7	1.6
土霉素	E（r±h）	4.0	9.6	6.0	9.2
青霉素G	E（r）	0.7	0.9	0.5	1.0
氨苄西林	E（r）	0.95	1.2	0.8	1.3
头孢唑林	E（r）	—	0.65	0.8	1.8
头孢曲松	E（r）	—	1.62	0.85	7.3[a]
庆大霉素	E（r）	1.8	2.2～2.8	1.25	2.75
阿米卡星	E（r）	—	1.7	1.1	2.3

注：a在人体内主要是通过肝脏代谢（胆汁排泄）消除。M. 代谢；E. 排泄；r. 肾脏；h. 肝脏。

与哺乳动物（和鸟类）等物种相比，抗菌药物在冷血动物（如鱼类和爬行动物）体内的半衰期延长，因为爬行类动物代谢速率比较低（Calder，1984；见第三十七和第三十九章）。抗菌药物在鱼类体内的半衰期受环境水温影响（表4.7）：当水温升高时，药物在鱼体内的消除速率也会加快，即半衰期会缩短。当甲氧苄啶和磺胺嘧啶联合静脉给药时，在鲤鱼体内的半衰期10℃时为40.7h，24℃时为24h（Nouws等，1993）；相比之下，牛的半衰期为1.25h，马为3.2h，犬为4.6h，人为10.6h。磺胺嘧啶半衰期也出现相似的较大差异：鲤10℃时半衰期为47h，24℃时为33h；牛为2.5h；马为3.6h；犬为5.6h；人为9.9h。脂溶性抗菌药物在鱼体内半衰期的延长多与肝肠循环有关。25℃时土霉素在非洲鲶体内的半衰期为80.3h，12℃时在虹鳟体内的半衰期为89.5h（Grondel等，1989）；相比之下，土霉素在家畜体内的半衰期为3.4～9.6h。所以当研发用于鱼类养殖的抗菌药物时，需要研究药代动力学与其周围环境（即水）温度的关系。此外，从变温动物体内分离的菌株MIC值可能会随着温度变化而变化。

表 4.7 各种抗菌药在鱼类体内的半衰期

抗菌药物	物种	能适应的温度（℃）	$t_{1/2}$（h）
甲氧苄啶	鲤	10	40.7
	（鲤属）	24	20.0
磺胺嘧啶	鲤	10	47.0
	（鲤属）	24	33.0
土霉素	虹鳟	12	89.5
	（斑鳟属）		
	非洲鲶	25	80.3
	（胡鲶属）		
氟苯尼考	大西洋鲑	10.8±1.5	12.2
		海水	
恩诺沙星	虹鳟	15	27.4
	（银钩虹鳟）		
恩诺沙星	淡水白鲳	25	28.9
（5mg/kg，肌内注射）			
庆大霉素	斑点叉尾鮰	22	12.0
磺胺二甲嘧啶	鲤	10	50.3
	（鲤属）	20	25.6
	虹鳟	10	20.6
	（斑鳟属）	20	14.7

半衰期是确定给药间隔所依据的参数。一种药物是通过恒定注射给药或是以固定给药间隔（大约等于半衰期）多次给药来达到一个稳定的药物浓度，仅仅由药物的半衰期来决定；需要用半衰期的 4 倍时间来达到在给药间隔内最终稳态药物浓度的 90%内。如果一种药物可以与体内的某种组织选择性结合或者进入机体的某个房室内，那么药物在这一物种内可能会停留超过一个半衰期的时间。半衰期的选择依赖于药物的应用方式。半衰期与临床意义上血浆药物浓度的下降密切相关，可用于确定药物的给药间隔。对于抗菌药物来讲，血浆中亚抑菌浓度在不断下降，从这方面考虑，半衰期也可用来预测食品动物的休药期。基于临床相关消除阶段（β 相），静脉注射庆大霉素（10mg/kg）后在羊体内的半衰期为 1.75h，而基于终端延长阶段（γ 相）的半衰期则为 88.9h（Brown 等，1986）。对于表现为线性动力学行为的抗菌药物，单独给药和平均稳态血浆浓度（重复给药）得到不同的消除率，为“深”周边室的存在提供了确切的证据（Browne 等，1990）。研究设计要求采集血样时间延长，分析方法的灵敏度足够分析体内“深”周边室的药物；血药浓度分析要按三室开放房室模型进行。

（五）药物平均滞留时间

药物平均滞留时间（*MRT*）表示的是单独给药后，药物分子在体内滞留的平均时间；这个参数是一个类似半衰期的统计矩数据，而且随着给药途径的变化而变化。*MRT* 的计算根据血药浓度曲线下的总面积，通过梯形法对收集的数值（从零时到最后一次测定血浆浓度的时间）进行估算，并且把时间无限外推就可以算得。

$$MRT=AUMC/AUC$$

其中 *AUC* 指药时曲线下面积（零时）；*AUMC* 是一阶矩血药浓度-时间曲线下面积，即血药浓度与时间乘积对取样时间作图所得零到无限大时间内曲线下面积。对外推部分曲线下面积的计算公式是：

$$\text{对 } AUC \text{ 是：} C_{p(last)}/\beta\text{；对 } AUMC \text{ 是：}[(t^{*}\ C_{p(last)})/\beta]+[C_{p(last)}/\beta]$$

其中 β 是药物总体消除速率常数；t^{*} 是最后测量血药浓度时间；$C_{p(last)}$ 是最后测得的血药浓度。β 是通过最小二乘法对最后的 4～6 个数据点进行回归分析测得。合适的是外推部分的曲线下面积不到总 *AUC* 的

10%，不到总 $AUMC$ 的 20%。

对马给予甲硝唑后得到的平均滞留时间和其他药动学参数列于表 4.8。

表 4.8　对夸特母马单次静脉注射或口服给予甲硝唑后吸收和处置动力学参数及生物利用度

药代动力学参数	数和单位	平均值±标准差
静脉注射		
$V_{d(area)}$	(mL/kg)	661±44
$V_{d(ss)}$	(mL/kg)	651±45
Cl_B	[mL/(kg·h)]	115±10.8
$t_{1/2}$	(h)	4.04±0.45
MRT_{IV}	(h)	6.02±0.91
口服		
滞留时间	(h)	0.3 (0～0.88)[a]
t_{max}	(h)	1.5 (0.75～4.0)[a]
C_{max}	(μg/mL)	21.2±3.1
$t_{1/2(d)}$	(h)	6.0±2.94
$MRTPO$	(h)	9.4±4.32
F	(%)	74.5±13.0
		72.7 (58.4～91.5)[a]

注：a 中位数 F 的范围，注意个体差异较大。

n=6；静脉注射剂量是 10mg/kg；口服剂量是 20mg/kg。

数据来源于 Baggot 等，1988a，经允许引用。

使用非房室方法计算平均滞留时间（MRT）、全身消除率（Cl_B）、分布容积［$V_{d(area)}$］和整体利用度等药代动力学参数的优点是可以适用于任何给药途径，而且不需要作房室模型选择。所做的唯一假设就是药物的吸收和处置服从一级线性药动学。单剂量静脉注射给药后，稳态下的分布容积可按下列公式计算：

$$V_{d(ss)}=Cl_B\times MRT_{IV}$$

（六）药物处置的变化

某些特殊的生理状态（新生儿期、妊娠期），长时间的禁食（48h 或以上），疾病（发热、脱水、慢性肝病、肾功能障碍）及基于药动学的药物相互作用都可能引起药物处置的变化。评估药物处置的变化应该包括在健康和感染动物的血药浓度-时间曲线及药代动力学参数的比较，如全身消除率、稳态下的分布容积、用面积法计得的分布容积、药物的半衰期。

药物在体内的时间过程取决于药物分布容积和全身消除率，而半衰期则反映了这两个参数之间的关系：

$$t_{1/2}=\frac{0.693\times V_{d(area)}}{Cl_B}$$

由此得出结论：两个参数 V_d 和 Cl_B 中的任何一个或两个的改变都可引起半衰期的变化，因此半衰期是一个衍生参数。由于半衰期是一个从属变量，它不能作为解释药物处置变化过程中潜在变化的唯一药动学参数。

在疾病或特殊生理状态下分布容积发生变化的原因可能是：膜渗透性发生改变（发热），细胞外液体积发生改变（脱水和新生儿期），或药物结合血浆蛋白减少（低蛋白血症、尿毒症、竞争药物位移）。大肠杆菌内毒素引起的犬发烧以及原胆烷醇酮刺激引起的人发烧对血清中庆大霉素浓度的影响试验表明，在发热阶段血清中庆大霉素的浓度降低，而肾清除率（庆大霉素完全由肾小球过滤）和半衰期并没有明显的改变（Pennington 等，1975）。虽然不足以证明可以延长药物的半衰期，但是低血清浓度或许是由于增加了这个氨基糖苷类药物在血管以外的分布。发热时青霉素 G 的分布比正常时更广泛（图 4.9）。尽管传染性疾病通常都有发热现象存在，但是药物处置会随着疾病的病理生理学产生变化。当药物的分布容积和全身消除率发生相应的改变时，半衰期依然未改变（Abdullah 和 Baggot，1984，1986）。如与健康猪相比，对因肺炎导致发烧的猪给予甲氧苄啶与磺胺二甲氧嘧啶或复方磺胺甲噁唑时，甲氧苄啶的分布容积和全身消除率相应地明显增加，而半衰期却保持不变。两个磺胺类药物的处置动力学在疾病状态下都发生了改变（Mengelers 等，1995）。在感染大肠杆菌的猪试验中，恩诺沙星的全身消除率明显降低而分布容积依然保持不

变。这导致了恩诺沙星的半衰期大约增加了 2.5 倍（Zeng 和 Fung，1997）。

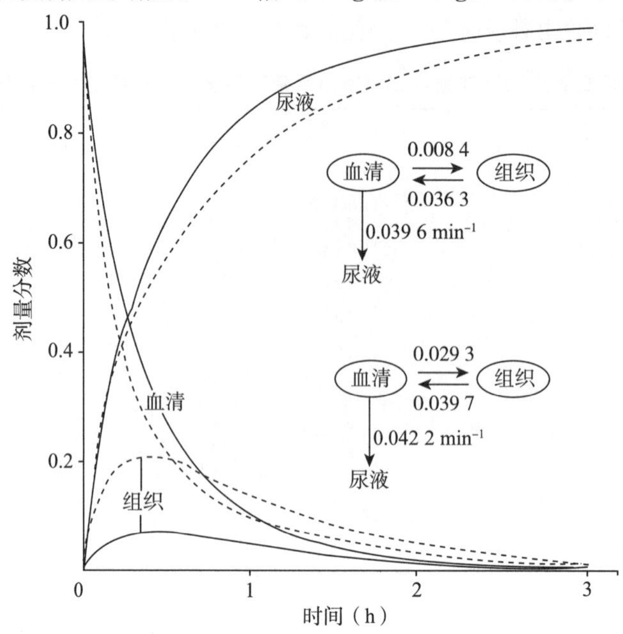

图 4.9　计算机模拟形成的曲线表示在二室开放模型的中央和外周室青霉素 G 的浓度（作为静脉注射的剂量分数）与尿中排出积累量作为时间的函数。该曲线基于一级速率常数，与用来描述正常（实线）和发热（虚线）的犬体内药物处置动力学模型相关（经允许引自 Baggot，1980）

当肾小球滤过功能降低（肾功能障碍）或者肝微粒体代谢活性发生改变时，全身消除率或许会发生改变。消除器官血流量的改变或许也会影响抗菌药物的清除。例如，氟烷麻醉显著降低了庆大霉素的消除率，导致在静脉注射药物 8h 后，血药浓度仍保持较高水平。

氯霉素、甲硝唑和红霉素能抑制肝微粒体酶，而利福平和各种脂溶性药物（如苯巴比妥）以及其他外源性药物则增加肝微粒体酶的活性。长时间禁食（48h 以上）伴随肝胆红素血症，可能会降低肝微粒体酶代谢活性，因此会降低氧化反应和葡糖醛酸结合的速度。虽然慢性肝病或肝功能改变能改变经肝脏广泛代谢的药物处置，但是那些可定量检测影响消除过程的指标性测试在临床上是无法应用的。

我们对不同疾病状态（包括胃肠道疾病）对药物吸收造成的影响了解有限。心排血量的减少（心力衰竭的一个特征）和肠道血液流动的变异可能影响药物吸收速率但不影响吸收量（全身利用度）。对静脉注射和口服给药的联合研究（即绝对生物利用度的测定），需要区分是吸收的变化还是处置过程的变化。

第三节　给药方案

影响给药方案的因素在第五章中进行讨论。一个给药方案就是以恒定的间隔给予一系列维持剂量。与临床药效有关的附加特性是药物剂型，它决定了不同的给药途径、药物选择以及治疗疗程。治疗的剂量比率和持续用药时间需要和感染相匹配。由于药物敏感性可以在体外试验测定，而描述药物生物利用度和处置的药代动力学参数也知道，因此可以计算抗菌药物的剂量比率。用来计算抗菌药物常用剂量的最低有效血浆/血清浓度是根据对药物具有敏感性的大多数病原菌的 MIC 值来确定的。感染程度的变化和不同感染部位达到的药物浓度的变化随动物用剂量范围变化而变化。除青霉素之外，可以安全地给予动物的最大剂量一般不超过达到血浆最低有效抑菌浓度剂量的 5 倍。通常可以根据抗菌药物的半衰期来估计给药剂量，使安全有效血浆浓度保证可维持在 8h 或 12h 给药间隔内。

虽然抗菌药物没有一个确定的临床有效血浆浓度范围，但是保持给药间隔内所需的平均稳态血药浓度的剂量比值也是一种很好的治疗方法，特别是针对那些抑菌性药物。这些药物主要包括四环素类、大环内酯类和林可胺类，单独使用的磺胺类药物、氯霉素及其衍生物。药物的剂量比（τ）可定义为全身可用剂量（F×剂量）与给药间隔的比值：

$$剂量比（\tau）=（F\times 剂量）/给药间隔=C_{p(avg)}\times Cl_B$$

其中 $C_{p(avg)}$ 是固（选）定给药间隔多次给药后稳态下的平均血浆药物浓度，Cl_B 是药物的全身消除率。这种关系只适用于具有线性药代动力学特性的药物，即药物吸收和消除为一级动力学过程。期望的稳态平均血浆药物浓度为 MIC_{90} 的倍数，这种倍数体现了与给药间隔相关的抑制曲线下面积（AUIC）。这种方法可以应用于对氟喹诺酮类药物的剂量计算，这类药物对革兰氏阴性需氧菌呈现浓度依赖型效果，用 MIC_{90} 的 3～5 倍内的数值进行估算。因为只有游离（未与血浆蛋白结合）的药物分子才具有微生物活性，血浆药物浓度（测定为总药物）可以通过计算未结合药物的比例（f_u）来矫正与蛋白结合的那部分药物，并表示为血浆中游离药物浓度。这种精确的计算非常具有临床价值，但是不经常应用。

假定药物消除率与系统利用度存在一定关系，即稳态下的平均血浆浓度可以通过固定剂量比值来计算：

$$C_{p(avg)} = (F \times 剂量) / (Cl_B \times \tau)$$

可以看出，与药物半衰期有关的给药间隔（τ）越长，在稳定状态下血药浓度的波动程度就越大。所以通过选择与药物半衰期相似的给药间隔，血药浓度的波动会最小；而在静脉输注时就没有波动。

当药物给药方式是静脉输注时，药物的消除率决定了输注速率（R_0），这时就需要确定一个稳态下的浓度：

$$R_0 = C_{SS} \times Cl_B$$

所以，通过连续输注达到的稳态血浆浓度或以恒定给药间隔多次给药达到稳态的平均血浆浓度都取决于药物的清除率。达到稳态所需的时间仅仅由药物的半衰期来决定。输注药物溶液达相当于 4 倍半衰期时，血药浓度将达到最终稳态浓度的 90％。一些三代头孢菌素类药物（如头孢噻肟和头孢他啶）和氨苄西林是少数可以在治疗动物时进行持续静脉输注的抗菌药物。通过持续输注或多次给药，以及快速给速效剂量都可逐步达到稳态。提供一个稳态血药浓度的加大剂量可以通过以下公式计算：

$$速效剂量 = C_{p(avg)} \times V_{d(area)}$$

另外，速效剂量可以根据给药间隔内清除的药物来计算，同时与给药方案中的持续给药剂量相关。这种计算方式可应用于半衰期为 8～24h 有抑菌作用的抗菌药物（如磺胺类和四环素类药物的常规制剂）。

一、疗程

抗菌药物治疗的成功依赖于：合适的给药间隔期间连续给药，致病菌对感染部位达到的药物浓度呈现敏感性，一定的疗程。虽然所选抗菌药物的微生物和药动学特性都在给药方案中有所考虑，但是治疗持续期则多数是经验性的。抗菌疗法要依据对动物发病症状（发热症、白细胞增生症以及其他急性炎症）的临床诊断和通过从病畜适宜样本分离致病菌并培养鉴定，所以维持适宜的持续时间对抗菌治疗非常重要。在感染早期的确诊及根据对致病菌及其对药物敏感特性的了解采用特定的治疗方法，可以缩短治疗时间和减小后遗症。免疫功能不全的动物通常会需要延长治疗时间。由于选择性地与富磷脂（磷脂酰肌醇）组织结合而优先积聚在动物的内耳和肾皮质内而产生毒性的可能，以及诱发质粒介导的细菌耐药性（除了丁胺卡那霉素）的可能，用氨基糖苷类抗生素进行治疗时不应该超过治疗感染所需的最长时间。

某些感染因诱发病原菌种类不明确，无法确定使用何种抗菌药物，这就需要延长治疗时间（需要 3～5 周而不是 6～10d）。这类感染主要有犬的前列腺炎、骨髓炎和皮肤感染以及马驹的红球菌肺炎感染。

二、抗菌药物制剂的开发

批准剂量范围高低端剂量所得到的血药浓度曲线图，以及常见分离致病菌株的 MIC 值数据，为选择一个合适的给药剂量来治疗一些特殊疾病、受影响的组织系统和致病性病原菌感染提供了一个基础。剂量范围可以通过临床确定的最低剂量和能确保用药动物安全（包括食品动物的食品消费安全）的最高剂量来确定（Martinez 和 Berson，1998）。

药代动力学/药效动力学（PK/PD）的相互关系已在许多抗菌药物上得到很好的研究，这为确定兽药产品标签上的剂量范围提供了基础。这个问题将在第五章详细讨论。

三、渗透入脑脊液

药物从血液进入中枢神经系统后的分布是独特的，因为存在着严格限制药物进入中枢神经系统的功能性屏障如血脑屏障和血脑脊髓屏障。因为大脑毛细血管内皮细胞与大脑脉络膜上皮细胞在相邻细胞之间有紧密连接部，所以药物进入脑组织间液和脊髓液完全依赖于细胞间转运系统，而药物的脂溶性是先决条件。血脑脊髓屏障的药物渗透率受血浆中药物浓度、药物在血浆中减少速率以及药物与血浆蛋白结合程度的影响，对于是弱有机电解质的药物，还受它们在血浆中的离子化程度（由 pK_a决定）和非离子部分的脂溶性的影响。血浆中游离的非离子化药物分子，如果具有脂溶性则可以通过被动运输进入大脑间液和脑脊髓液。

可进入脑脊髓液的抗菌药物包括：头孢呋辛、头孢噻肟、头孢他啶、环丙沙星、甲氧苄啶、磺胺甲噁唑、磺胺嘧啶、甲硝唑、氯霉素和氟康唑（三唑类抗真菌药物）。脑膜发炎和发烧期间，这些抗菌药物的渗透力提高，而青霉素 G 很难进入无炎的脑膜内，脑脊髓中的药物浓度则可以达到治疗敏感性微生物引起的感染。

药物通过回流进静脉窦而离开脑脊髓液，非离子形式（脂溶性）的药物通过被动扩散而进入血液。此外，脉络丛中的运输载体能有效地把离子形式的有机酸从脑脊髓液运到血液中。当脑脊膜发炎时，青霉素从脑脊髓到血浆的载体介导的主动运输过程受损（Spector 和 Lorenzo，1974）。

四、进入乳汁的途径

牛乳腺通过外阴部动脉和附属血管获得丰富的血液供应，其中颅侧通过腹部皮下动脉，尾侧通过会阴动脉进行供应。对一般产奶水平的牛，乳腺中循环血液量容积和生产的牛奶容积比大约为 670∶1。这就使得大量游离状态的脂溶性药物从体循环体系被动运输到牛奶中。抗菌药物运输到牛奶体现了药物的化学特性、游离度、脂溶性以及血浆蛋白结合程度对通过细胞屏障达到药物平衡浓度的影响。利用平衡状态下奶与血浆的浓度比率，进行目标浓度的预测主要依赖于获得结果所应用的实验设计。通过以 4 倍半衰期以上的时间静脉输注药物，或通过给予速效剂量然后给予维持剂量而获得稳态，维持剂量为速效剂量的一半，以等于药物半衰期的给药间隔给予。达到平衡后，定期（30min）收集血浆和牛奶样本，测定血浆和牛奶滤液中的药物浓度。

大多数抗菌药通过被动扩散透过血液-奶屏障，该血液-奶屏障只是一种限制性功能屏障而不是结构屏障。非极性脂溶性化合物和具有足够脂溶性的极性物质都可以通过被动扩散通过类脂屏障。通过屏障的运输速率与化学浓度梯度及药物的脂溶度成正比。总药物（非电离和电离状态总和）的平衡浓度直接由其在血浆和乳液中的电离度、电离分子的电荷，及与血浆蛋白和乳液中大分子物质的结合度决定。试验已经证明，只有脂溶性弱有机酸的非电离部分或血浆中游离（没有与蛋白结合）的碱可以跨过细胞膜进入乳液并扩散到细胞液中。药物在牛奶和血浆中的平衡浓度比（$R_{milk/plasma}$，$R_{m/p}$）是可以预测的（Rasmussen，1966）。

酸性分子，

$$R_{milk/plasma}=[1+10\ (pH_m-pK_a)]\ /\ [1+10\ (pH_p-pK_a)]$$

或碱性分子，

$$R_{milk/plasma}=[1+10\ (pK_a-pH_m)]\ /\ [1+10\ (pK_a-pH_p)]$$

其中，pH_m和 pH_p分别指牛奶和血浆的 pH，pK_a指有机酸碱的酸解离常数的负对数。对正常泌乳的奶牛（乳液 pH6.5～6.8），弱有机酸使得乳液滤液和血浆滤液中抗菌药的浓度比值低于或等于 1；除了氨基糖苷类和大观霉素（两者为极性分子）的有机碱使得平衡浓度比值大于 1（表 4.9）。乳液中浓缩（离子捕获效应）的一些亲脂性碱性药物，比其他抗菌药物在系统治疗乳腺炎时更有效果。随着乳液 pH 增加，这种有利的分布会降低，特别是大环内酯类抗生素（表 4.10）。乳腺炎乳汁的 pH 较高，不影响大环内酯类和氨基糖苷类的抗菌活性，反而在较高的酸性环境下活性会降低。大环内酯类一种不期望的分布特性就是由体循环扩散到瘤胃液体（pH5.5～6.5）中，这个过程也存在离子捕获效应。螺旋霉素由于紧密结合组织，药物残留是其不利于使用的主要缺点。脂溶性看来是控制四环素类药物（两性化合物）进入乳液并达到平衡状态的主要因素。尽管多西环素 85%～95%与血浆蛋白结合，而土霉素只有 20%结合，但在 pH 为 6.5～6.8 的乳液中，多西环素的平衡浓度比值为 1.53，土霉素的比值为 0.75。四环素在接近等电点的酸性 pH（除米诺环素等电点 pH 为 6.0，其他四环素类均为 5.5）环境中，活性最大。这说明四环素类在乳腺炎乳中（pH6.9～7.2）的抗菌活性较低。恩诺沙星及其在肝脏中 N-去乙基化（微粒体酶介导的氧化反应）形成的活性代谢物环丙沙星，在乳液中应能达到对革兰氏阴性需氧菌特别是大肠杆菌具有杀菌效果的浓度（Kaartinen 等，1995）。

乳腺生理学上的主要差异是不同物种的相对产奶体积的差异，以及乳汁成分特别是脂肪（甘油三酯类）和蛋白质（酪蛋白）含量上存在差异。

表 4.9　试验和计算得到的平衡条件下牛奶和血浆中抗菌药浓度比率的比较

药物	脂溶性	pK_a	牛奶 pH	浓度比（牛乳超滤液：血浆超滤液）	
				理论值	实验值
酸性					
青霉素 G	低	2.7	6.8	0.25	0.13～0.26
氯唑西林	低	2.7	6.8	0.25	0.25～0.30
氨苄西林	低	2.7，7.2	6.8		0.24～0.30
头孢噻啶	低	3.4	6.8	0.25	0.24～0.28
头孢来星	低	4.9	6.8	0.25	0.33
磺胺二甲氧嘧啶	中等	6.0	6.6	0.20	0.23
磺胺嘧啶	中等	6.4	6.6	0.23	0.21
磺胺二甲嘧啶	中等	7.4	6.6	0.58	0.59
碱性					
泰乐菌素	高	7.1	6.8	2.00	3.5
林可霉素	高	7.6	6.8	2.83	3.1
螺旋霉素	高	8.2	6.8	3.57	4.6
红霉素	很高	8.8	6.8	3.57	4.6
甲氧苄啶	高	7.3	6.8	2.32	2.9
氨基糖苷类	低	1.8[a]	6.8	3.13	0.5
大观霉素	低	8.8	6.8	3.87	0.6
多黏菌素 B	很低	10.0	6.8	3.97	0.3
两性					
土霉素	中等	—	6.5～6.8	—	0.75
多西环素	中等/高	—	6.5～6.8	—	1.53
利福平[b]	中等/高	7.9	6.8	0.82	0.90～1.28

注：a 氨基糖苷类的 pK_a 不确定。

b 利福平的理论浓度比是基于其作为一种有机酸（pK_a=7.9）。

表 4.10　正常和乳腺炎奶牛肌内给药后药物回收率的比较

肌内注射药物	pK_a	血浆中未电离药物的百分比	牛奶中回收药物的百分比	
			正常	乳腺炎
酸性				
青霉素 G	2.7	0.002	0.001	0.001
氯唑西林	2.7	0.002	0.001	0.001
氨苄西林	27，7.2		0.08	0.10
阿莫西林	27，7.2		0.06	0.15
碱性				
泰乐菌素	7.2	66.67	2.60	1.40
螺旋霉素	8.2	13.68	6.80	2.40
红霉素	8.8	3.85	3.80	2.20
大观霉素[a]	8.8	3.85	0.04	0.08
庆大霉素[a]	7.8	28.47	0.006	0.01

（续）

肌内注射药物	pK_a	血浆中未电离药物的百分比	牛奶中回收药物的百分比	
			正常	乳腺炎
多黏菌素	10.0	0.25	0.001	0.001
两性				
土霉素	—	—	0.07	0.08
多西环素	—	—	0.15	0.15

注：a 极性药物在脂质中溶解度比较低。

五、妊娠动物用药注意事项

妊娠期间，动物生理上存在一些情况如胃液 pH 增加，循环血液（血浆）流量和肾血流量增加，体液房室区发生改变，激素诱导引起的肝脏微粒体酶活性变化，这些都会影响药物的口服生物利用度及药物的处置。怀孕期间用药主要应注意的是药物对胎儿的不利，因为所有对妊娠母体给予的药物都会通过胎盘屏障，尽管进入的速率不同，胎儿尚无法清除这些药物。可能还不清楚在家畜体内胎盘膜上的酶类（如介导各种氧化反应的微粒体药物代谢酶系统和胆碱酯酶）以何种程度使一些药物失活或活性增大，或变成毒性更大的代谢产物。

胎盘内药物通过被动扩散进行的运输方式与上皮细胞膜上的运输方式相似，很多方面也与泌乳动物的乳液系统循环运输很相似。因为胎儿的动脉血 pH（7.27）比母体的 pH（7.37）稍微低一些，亲脂性有机碱在乳液中达到更高浓度的离子捕获效应不适于胎儿体内循环。药物通过胎盘从母体被动分散到胎儿主要依赖药物的脂溶性，母体循环血液与胎儿循环血液之间的游离药物的浓度梯度大，以及母体循环血液中药物以非电离性形式存在。胎盘的血液量限制了药物运输到胎儿循环血液的速率。相反，电离的分子（青霉素和头孢菌素）、亲水性分子（氨基糖苷类）以及低浓度的游离药物（多西环素、大环内酯类、林可胺类）被限制分散到胎儿体内。药物与母体和胎儿循环血液内血浆蛋白结合程度的差异（胎儿体内更低）影响母体和胎儿血液中药物总的浓度。无论药物的理化特性如何，母体给药的持续时间都会影响胎儿体内药物的浓度。一些药物在其他体液（如滑液和腹水）中扩散良好，但在胎儿体内却不能达到治疗浓度。例如，对怀孕母马肌内注射头孢噻呋后，胎盘、胎液和胎儿组织中头孢噻呋及相关代谢物的浓度都低于治疗浓度（Macpherson 等，2012）。相反，青霉素 G 和庆大霉素在怀孕母马体内可有效地进行胎盘转运（Murchie 等，2006）。

由于很多抗菌药物在妊娠动物使用后都可能对胎儿产生毒性（表 4.11），使用时应该谨慎，而其他一些药物（氟喹诺酮类、四环素类、灰黄霉素）应该禁止使用。当妊娠动物选择使用抗菌药物时，一定要考虑某些药物在胎儿体内产生的副作用。

表 4.11　具有潜在毒性的抗菌药物在应用于妊娠动物时的注意事项和禁忌

药物	毒性	推荐用法	
		谨慎使用[a]	禁止使用
抗细菌药			
氨基糖苷类	听神经毒性	+	
氯霉素	新生儿灰色综合征	+	
氟喹诺酮类	未成年动物的关节病	+	+
甲硝唑	对啮齿动物致癌	+	长期
呋喃妥因	新生儿的溶血性贫血	+	
磺胺类	增加新生儿黄疸风险，某些研究中致畸	+	
四环素类	牙齿变色，抑制胎儿骨骼生长，怀孕母畜肝毒性及肾功能受损		+
甲氧苄啶	叶酸拮抗剂，可能会引起先天异常	+	
抗真菌药			
咪唑类、苯三唑	致畸	+	
灰黄霉素	致畸		+

注：a 若有合适的替代品就不要使用。

六、肾排泄

极性药物和药物代谢产物在血管外的分布受到限制，主要局限于细胞外液，因此经肾排泄。这是因为它们通过脂质膜的被动扩散能力有限。虽然脂溶性药物大部分通过肝脏的代谢被清除，也有一部分是通过肾排泄清除。因为食草动物对脂溶性药物的代谢速率比食肉动物更快，在食草动物内只有一小部分剂量是通过肾排泄清除，如甲氧苄啶（表 4.2）。

药物及药物代谢物的肾排泄涉及肾小球过滤，而一部分药物及大部分代谢物肾排泄过程则涉及载体介导的近端肾小管分泌。与血浆蛋白广泛结合的药物，在肾小球的过滤中受到限制，但不影响近端肾小管分泌，这是因为药物蛋白复合体的快速分解。不同物种的肾小球过滤速率（GFR）不同，平均速率以 mL/（min·kg）表示，马为 1.65mL/（min·kg），绵羊为 2.20mL/（min·kg），牛和山羊为 2.25mL/（min·kg），猪为 2.80mL/（min·kg），猫为 2.94mL/（min·kg），犬为 3.96mL/（min·kg）。至少对一些伴侣动物（马、犬和猫），内源性肌酐消除率为临床提供了有用的肾功能指数（GFR）。

氨基糖苷类抗生素几乎完全由肾小球过滤而清除。它们的半衰期反映了家畜肾小球过滤的相对速率，氨基糖苷类抗生素的半衰期越短，肾小球过滤速率越快。例如，庆大霉素半衰期，犬体内是 1.25h，牛体内是 1.8h，马体内是 2.6h。大部分四环素类包括土霉素的主要清除途径是肾排泄。多西环素和米诺环素则例外，因为它们比四环素类药物的脂溶性更强，多西环素以失活的复合物或是螯合物随粪便排出，米诺环素则主要通过代谢被清除。肝肠循环可能是土霉素在肾小球过滤相对较慢的原因。氟康唑与其他三唑类抗真菌药物不同，主要通过肾脏排泄被清除。

大部分 β-内酰胺类抗生素（青霉素类和头孢菌素类）可以由肾小球过滤和近端肾小管分泌而清除。萘夫西林（一种抗葡萄球菌青霉素酶的青霉素）、头孢曲松和头孢哌酮（第 3 代头孢菌素）例外，它们主要通过肝脏的胆汁分泌而清除。头孢噻呋被吸收进入循环后，酯键水解为脱呋喃甲酰头孢噻呋，仍具有与原型药物相似的抗菌活性。

环丙沙星本身是一种药物，它是恩诺沙星的代谢物，主要通过肾排泄（肾小球滤过和近端肾小管分泌）而清除。丙磺舒通过抑制肾小管分泌，降低了青霉素类和环丙沙星的肾清除。青霉素类（阿莫西林和替卡西林）与 β-内酰胺酶抑制剂（克拉维酸）联用时，不改变它们的处置（如分布和消除）。

虽然一个药物可以通过肾小球过滤和近端肾小管分泌进入小管液，但它的肾消除率可能还受远端肾单位重吸收的影响。由于肾小管重吸收是通过被动扩散进行的，它受药物的脂溶性和肾小管远端浓度的影响，也受弱有机酸和碱的电离 pK_a/pH 值的影响。弱有机酸和碱的重吸收受到非电离形式药物脂溶性的限制。尿液的碱化有利于弱有机酸物质（如磺胺甲噁唑 pK_a6.0，磺胺嘧啶 pK_a6.4）在远端小管液的电离，这有利于促进弱有机酸的清除，而因为促进弱有机碱（如甲氧苄啶 pK_a7.3）的重吸收，降低了它们的消除。在尿液 pH 为 6.0 和 8.0 时，磺胺嘧啶以脂溶性非电离存在形式的百分比分别是 71%和 2.4%，而甲氧苄啶则分别是 5%和 83.4%。只有当药物在尿液分泌量超过 20%和在远端小管液中的非电离形式分子具有脂溶性时，尿液 pH 决定的分泌速率才显著受到影响。

七、肾功能损害

肾脏疾病会降低主要由肾脏消除的药物清除速率。肾小球过滤率的降低会减少青霉素类（萘夫西林除外）、头孢菌素类（头孢曲松和头孢哌酮除外）、环丙沙星、氟康唑特别是氨基糖苷类的清除。虽然降低的肾小球过滤率会减少四环素类药物的清除，但多西环素属例外，在血管（组织）外分布的变化也产生一些影响。多西环素不像其他四环素类，它完全通过非肾性机制清除，因此即使肾衰竭时也不会形成累积。多西环素的这种特性使其成为用于肾功能损伤的犬（半衰期 7.0h）和猫（半衰期 4.6h）四环素类药物中的首选药物，使用时也可以不必调节剂量。肾血流量可以影响药物肾排泄的所有过程，但血流量引起的变化对肾小管分泌过程比对肾小球过滤过程影响更大。由于两性霉素 B 的治疗指数窄，以及肾血流中药物剂量的降低会造成肾毒性，两性霉素 B 的剂量需要特别注意，在使用这种药物进行系统真菌治疗时，必须对肾功能进行监测。

氨基糖苷类抗生素在用于肾功能受损时通常需要改变常规剂量，以免药物的积累产生耳毒性或肾毒性，或是两者都产生。所以肾功能下降时，应该调整氨基糖苷类药物的剂量。通过测量动物体内内源性肌酐消除率可得知肾小球过滤速率降低的程度。剂量调整可以是减少剂量并维持常规剂量间隔，或是使用常规剂量加大给药间隔，后一种调整方式更好。无论使用剂量多少，流过血浆的庆大霉素的浓度都不应超过 2μg/mL。因为脱水会加大氨基糖苷类的毒性，所以应该避免氨基糖苷类与利尿剂同时使用，特别是呋塞米，它也具有耳毒性。氨基糖苷类抗生素的肾毒性受剂量和治疗持续时间的影响，不能超过治愈感染的要求。

肾功能受损时，氟康唑的给药间隔应该延长，这种调整依据肌苷酸消除率的降低。根据肾受损的程度，应考虑调整恩诺沙星的剂量，以降低环丙沙星的排泄率。由于机体内大量马波沙星可通过肾排泄而清除，在肾损伤时应该考虑调整剂量。β-内酰胺类抗生素特别是青霉素，即使它们安全剂量范围较广，其剂量也应该减少，因为肾衰竭的动物肌酐消除率降低。萘夫西林、头孢曲松和头孢哌酮通过肝脏胆汁排泄，肾机能不全时不需要调整剂量。

慢性肾衰竭产生尿毒症时，酸性药物和血浆白蛋白的结合减少，某些生物转化速率也降低（如还原和水解反应）。这些改变对抗菌药物活性和剂量的意义仍有待确定。有可能是药物前体的激活被减少（如匹氨西林）。头孢噻呋通过水解转化成脱呋喃甲酰头孢噻呋也可能减少。

剂量方案的调整

肾功能不全时，与抗菌药物给药有关的最主要病理生理后遗症是肾小球过滤率降低，因为这会导致经肾脏排泄药物的清除率降低。由于大部分肾功能仍有保留，肾小球过滤率降低 75%才会出现明显临床病症。给药方案的调整通常只考虑肾小球过滤率的降低，除非采取了治疗药物监测（TDM），其他严重的肾功能障碍变化不予考虑。

肾衰竭时修改药物剂量方案基于以下假设：药物的肾排泄过程直接与临床估计的肾小球过滤率（肌苷酸消除率或 1/血清消除率）有关，完整的肾单位假设是适用的，肾小球过滤-肾小管分泌的相对平衡是存在的。在这些情况下，抗菌药物的肾消除率和肾小球过滤率存在线性关系，与药物在肾脏中过滤、分泌和/或吸收过程无关。此外，还要假定药物的分布容积不变。

当 TDM 可行时，在具体药动学研究中可直接测定药物的清除率和分布容积。因此产生的个性化给药方案解释了存在的肾功能不全。然而，正如其他方法一样，肾衰竭动物的血清浓度-时间过程也不能在健康动物体内准确地重复，因为药物的消除率减少了，但半衰期加长了（Frazier 和 Riviere，1987）。通常，TDM 只能用于毒性抗菌药物，其产生的积累不利于动物的健康。动物和人类医学都花费很大努力研究氨基糖苷类对肾脏的毒性，还需要进一步研究患病动物中氨基糖苷类药物的药代动力学上的变化，其中肌酐消除率（Cl）和体液状态经常变化（Frazier 等，1988），需要临床密切观测以避免药物引发肾毒性。

患病动物的药物初始速效剂量应该和正常动物一样。剂量减少方案试图减少后续维护剂量或是增加给药间隔时间，两种做法都与减少的清除率有关。表 4.12 列出了依据现有数据制备的兽医中常用抗菌药物制剂的剂量调整方案。由于在动物上缺乏这样的研究，动物医学通常需要根据人类医学研究来外推。对于主要通过肝机制清除的药物（如氯霉素）或是具有宽泛安全指数的药物（如青霉素），剂量调整是不需要的。在只有这样的抗菌药物有效的情况下，这种通过肝机制清除的药物会成为首选。一旦依据清除率的修改方案需要制定，建议使用下面两种方案。

延长给药间隔(维持正常的给药剂量)：

给药间隔＝正常给药间隔×（正常 Cl_{Cr}/病理下 Cl_{Cr}）

给药剂量减少（维持正常的给药间隔)：

减少的剂量＝正常剂量×（病理下 Cl_{Cr}/正常 Cl_{Cr}）

严重肾衰竭时，延长给药间隔的方法或许会导致延长亚抑菌药物浓度的时间。这种情况下，应该在一半或 1/3 的计算给药间隔期给药一半或 1/3 的剂量。

如果 Cl_{Cr}不能应用时，一些研究建议可以用 1/SCR（血清肌酐）或 1/BUG（血液尿氮）代替。肾衰竭严重时，这种做法或许不是很准确。

研究者花费了很大精力来定义怎么才能使患病动物个体的给药方案既能发挥作用又能避免毒性伤害，两全其美似乎不太可能。所以我们需要密切观测临床反应确保抗菌疗效和无药物毒性。当存在潜在肾功能障碍时观测氨基糖苷类诱导的肾毒性非常困难，容易被混淆。对于氨基糖苷类，已经证明延长给药间隔比减少剂量产生的毒性小，而其他药物数据则不清楚。连续肾功能检查观测（SCR、BUN），脲酶检测，或进行 TDM 是获取数据唯一的途径。

表 4.12　对肾功能衰竭患者使用抗生素时的剂量调整

药物种类	举例	消除途径	剂量调整
氨基糖苷类	阿米卡星、庆大霉素、妥布霉素	肾脏	禁忌；若使用需延长用药间隔[a]
头孢菌素类	头孢唑林、头孢氨苄	肾脏	延长用药间隔
	头孢克洛	肝脏	不变
	头孢噻吩	肾脏、肝脏	严重肾功能衰竭者用药间隔延长两倍
林可胺类、大环内酯类	克林霉素	肝脏	不变
	红霉素、泰乐菌素	肝脏、肾脏	不变
	林可霉素	肝脏、肾脏	严重肾功能衰竭者用药间隔延长 3 倍
氟喹诺酮类	环丙沙星、恩诺沙星	肾脏	剂量减少
青霉素类	氯唑西林、苯唑西林	肝脏	不变
	氨苄西林、阿莫西林、羧苄西林、青霉素 G、替卡西林、克拉维酸、亚胺培南-西司他丁	肾脏、肝脏	严重肾功能衰竭者剂量减半或用药间隔延长 2 倍
酰胺醇	氯霉素	肝脏	不变，但是肾功能衰竭者避免使用
多黏菌素类	多黏菌素 B		禁忌
磺胺类	磺胺异噁唑	肾脏、肝脏	严重肾功能衰竭者用药间隔延长 2～3 倍
	复方新诺明	肾脏、肝脏	不变，但是严重肾功能衰竭者不能使用
四环素类	四环素	肾脏、肝脏	除多西环素，其他均禁止使用
其他	多西环素	胃肠黏膜	不变
	两性霉素	肝脏	严重肾功能衰竭者剂量减半
	甲硝唑	肝脏、肾脏	未知

注：a 因药物处理过程的差异，一些特别的治疗药物需要监督使用。

最后，必须强调的是食品动物存在肾功能衰竭时，GFR 的降低将导致药物消除半衰期的延长，可能迫使休药期也得延长。除了通过使用不经过肾排泄的药物或是通过半衰期较短的药物来保证延长的休药期时间足够，兽医上还未建立解决这种问题的指导原则。此外，氨基糖苷类因其能够延长组织内药物半衰期的特性而禁用。现场尿液监测可以用来减少药物残留。

八、尿液药物浓度

药物在尿液中的浓度取决于使用剂量、剂型和给药途径，药物的吸收程度（系统利用率），尿液排泄的未变化部分（原型药物和/或活性代谢物）占系统可利用药物的比率，以及与体内水化状态有关的动物尿量等。尿液的 pH（犬和猫的 pH 通常为 5.5～7.5，马的 pH 为 7.2～8.4）或许能够影响抗菌药物的活性。氟喹诺酮类，除了二氟沙星，在碱性环境中对肠杆菌科和其他革兰氏阴性需氧菌具有更强的活性。

尿路感染的成功治疗取决于在多数给药间隔期维持尿液中抗菌药物的高浓度（至少 4 倍 MIC），且抗菌药对致病性微生物至少具有中度敏感。

九、通过肝脏清除

大部分脂溶性药物由肝脏代谢清除，主要有肝微粒体氧化和葡萄糖苷酸形成过程清除，还有一部分没有变化（以原型药物）通过胆汁排泄清除。主要通过肝脏代谢清除的抗菌药物有一些氟喹诺酮类（恩诺沙星、二氟沙星、马波沙星），甲氧苄啶，磺胺类药物，米诺环素，氯霉素及其衍生物，克林霉素，甲硝唑，利福平，以及除了氟康唑的唑类抗真菌药物。大环内酯类、林可胺类、萘夫西林、头孢哌酮和头孢曲松由胆汁排泄清除，而马波沙星既通过胆汁排泄也通过尿液清除。虽然四环素类（除了米诺环素和多西环素）

通过胆汁排泄，在肠道内重吸收后回到肝脏（肝肠循环）重新回到系统循环。

肝血流量以及肝脏通过代谢或是胆汁排泄消除脂溶性药物的能力是决定肝脏消除能力的主要因素。大量与血浆蛋白结合可限制药物进入肝细胞代谢酶的途径。肝微粒体氧化反应或结合物形成（特别是葡萄糖苷酸）的差异可解释脂溶性药物肝脏消除的种属差异。药物清除对半衰期影响的差异程度受药物分布容积的影响，因为半衰期是一个混合药代动力学参数。

中度或重度肝损伤降低肝脏消除安替比林（微粒体氧化活性的标志物）和吲哚菁绿（受肝血流量影响的胆汁分泌物的标志物）的能力。肝功能紊乱程度及其对脂溶性药物消除能力影响程度量化的不确定性使得很难预测所需要的剂量调整。通常，在肝功能受损时，通过肝脏代谢消除的药物应该延长给药间隔，并优先选择使用一些有杀菌作用的药物。同样，当广泛通过肝代谢消除的抗菌药物和抑制微粒体氧化反应的药物（如酮康唑、奥美拉唑、西米替丁）一起使用时，也应该延长给药间隔。一些类比的情况是当灰黄霉素和苯巴比妥在癫痫犬上同时使用时，为了减少痉挛发作应该增加苯巴比妥的剂量水平（mg/kg）。灰黄霉素和苯巴比妥都可以诱导肝微粒体氧化活性。苯巴比妥和利福平增加甲硝唑的氧化代谢速率。

十、新生动物的吸收与分布

新生时期通常被认为是动物出生后的第一个月，随物种不同有所变化。马驹是 1～2 周，犊牛、羊羔和仔猪大约是 8 周，幼犬是 10～12 周。然而，所有物种在生理上最大的适应性改变发生在出生后的第一个 24h 之内。这个时间又与药物的最不寻常药代动力学行为重叠（Baggot 和 Short，1984）。新生期的特点包括胃肠道吸收更好，与血浆蛋白结合较低，体脂与体液的比率较低，在细胞外液以及身体水中分布的药物的分布容积增加，血脑屏障的渗透率增加，以及大多数药物的消除（半衰期）变缓。

如青霉素等抗生素，用于大于 4 个月的马驹和成年马时吸收较差并会导致消化障碍，但却可以口服给予新生马驹和小于 4 个月的马驹，治疗由敏感微生物引起的全身感染。口服阿莫西林三水合物（30mg/kg），以 5%的口服混悬剂，对 5～10 日龄的马驹给药，血清中阿莫西林的浓度高于 1μg /mL 可达 6h 之久（Love 等，1981）。马驹的阿莫西林全身利用度是 30%～50%，相比之下成年马只有 5%～15%（Baggot 等，1988）。氨苄西林的前体药物（匹氨西林）在 11 日龄至 4 月龄的马驹全身利用度（氨苄西林）为 40%～53%（Ensink 等，1994）。对于成年马，以匹氨西林给药的氨苄西林全身利用度范围是 31%～36%。氨基苄基青霉素的半衰期口服后大约是静脉注射的 2 倍。或许是因为口服青霉素吸收变弱的不利影响，导致成年马结肠内共生菌群的严重不平衡，而新生期和马驹则避免了这种口服青霉素的有害作用。因为青霉素在马驹的全身循环有很大的安全范围，所以不需要调整给药间隔。青霉素 V、青霉素 G 的苯氧甲基类似物，在马驹或者成年马的细菌感染中不起作用（因为较低的全身利用度以及引起消化障碍）（Baggot 等，1990）。

头孢羟氨苄的全身利用度（5%口服混悬剂）从 1 月龄马驹的 68%降低到 5 月龄马驹的 14.5%（Duffee 等，1997）。在这个年龄阶段药物的半衰期没有改变。另一种第 1 代口服头孢菌素（头孢拉定）以蔗糖糖浆剂给予 10～14 日龄的马驹，其全身利用度平均范围是 64%，半衰期是 1.1h（Henry 等，1992）。由于瘤胃需要 4～8 周的时间发育成熟，所以在这期间对反刍前犊牛口服给药的生物利用度（吸收的速度和程度）更像单胃动物，而不像成年牛。虽然氯霉素不能用于食品动物，但对反刍前犊牛与新生马驹之间进行比较是非常有益的。以口服溶液给药，氯霉素能够很好地被反刍前犊牛吸收，并且口服剂量（25mg/kg，给药间隔是 12h）能够有效地维持血浆中抗生素的浓度（>5μg/mL）（Huffman 等，1981）；但是对于反刍成年牛，由于抗生素可以在瘤胃被（还原反应）灭活，所以口服氯霉素不能有效地维持有效血浆浓度。给 3～8 周的小马驹单独口服氯霉素（50mg/kg），血浆/血清浓度的平均峰值为 6μg/mL，这低于同一剂量下成年马的峰值（18μg/mL）（Buonpane 等，1988）。氯霉素（单剂量静脉注射）的处置动力学变化与年龄相关，且不同物种间变化模式不同；出生后第一周氯霉素消除率（肝代谢）明显增加，这是一致的发现（表 4.13）。假设氯霉素主要通过与葡萄糖苷酸结合而消除，看起来小马驹（一周内；Adamson 等，1991）的微粒体介导的代谢途径发育比犊牛（8～12 周；Reiche 等，1980）更迅速。这一发现与马驹的新生期比犊牛短是一致的。

表 4.13　氯霉素处置动力学随年龄的相关性变化：犊牛（50mg/kg，静脉注射）**和马驹**（25mg/kg，静脉注射）

年龄	$V_{d(ss)}$（mL/kg）	Cl_B [mL/（min・kg）]	$t_{1/2}$（h）
犊牛（n=5）			
1d	1 130±50	1.1±0.24	11.7±1.7
7d	1 180±70	1.9±0.03	7.5±0.9
10～12 周	1 230±60	3.1±0.63	4.9±0.7
马驹（n=6）			
1d	992±269	2.25±0.67	6.19±2.43
3d	543±173	6.24±2.22	1.48±0.51
7d	310±67	8.86±1.90	0.64±0.14

经过肝微粒体氧化反应发生广泛首过代谢的抗菌药物应该在新生动物上有更高的全身利用度。这适用于甲氧苄啶，新生期羊对这种药物的全身利用度比大羊羔以及成年山羊更高。除了肝微粒体氧化活性较低之外，新生反刍动物的瘤胃微生物菌丛还不发达。

由于处置涉及分布与消除的同时影响，那么当解释新生期或者是疾病状态所发生的变化时，就有必要将这两个过程的成分一起考虑进去。恩诺沙星经过 N-脱烷基化作用，一种肝微粒体氧化反应，被转换成环丙沙星。恩诺沙星和环丙沙星都具有效的抗菌活性。恩诺沙星对 1 日龄和 1 周龄的犊牛给药（2.5mg/kg 静脉注射）后处置动力学比较，发现 1 日龄犊牛的药物稳态分布容积较小，药物的系统消除率也较低，而药物的半衰期在两者之间没有明显的不同（表 4.14）。在犊牛出生后第一周发生的恩诺沙星处置动力学的变化，可以归因于恩诺沙星与血浆蛋白结合的差异，以及体脂-体液之间的比率差异，因为氟喹诺酮类药物为脂溶性药物。新生犊牛能将恩诺沙星代谢为环丙沙星，但活性代谢物形成速率较慢，血清浓度峰值（C_{max}）也比 1 周龄的牛低，血浆浓度达峰时间 t_{max} 大约是 1 周龄牛的 5 倍（图 4.10）(Kaartinen 等，1997)。因为已经有试验证明细胞色素 P-450 的含量在犊牛出生后的第 1 周增加 2 倍（Shoaf 等，1987），所以由此可以确定恩诺沙星转换为环丙沙星的速率是与年龄相关的。在恩诺沙星单次静脉注射给药（2.5mg/kg）后，1 日龄犊牛在 30h，1 周龄犊牛在 24h，恩诺沙星和环丙沙星在血浆/血清中的浓度都高于 0.1μg /mL。从犊牛身上分离的大多数大肠杆菌菌株的最小抑制浓度（MIC_{90}）为 0.25μg/mL。

表 4.14　在初生和 1 周龄芬兰艾尔郡犊牛体内恩诺沙星的处置动力学和环丙沙星的形成

药代动力学参数	犊牛年龄		统计学意义
	1d	1 周	
恩诺沙星			
$V_{d(ss)}$（L/kg）	1.81±0.10（1.54～2.01）	2.28±0.14（1.88～2.52）	P=0.035
Cl_B [L/（h・kg）]	0.19 ±0.03（0.14～0.28）	0.39±0.06（0.31～0.56）	P=0.021
$t_{1/2}$（h）	6.61±1.12（4.28～9.36）	4.84±0.68（3.13～6.43）	不显著
环丙沙星			
t_{max}（h）	15.0±3.0（12～24）	2.8±0.8（1～4）	P=0.007
C_{max}（mg/L）	0.087±0.017（0.07～0.14）	0.142±0.005（0.13～0.15）	P=0.023

注：恩诺沙星单剂量静脉注射给药（2.5mg/kg），每个年龄组有 4 头。结果表示为均值±SEM（范围）。

尽管新生动物某些药物代谢途径缺陷的程度上存在物种差异，肝脏滑面内质网及相关的药物代谢酶系统（调节氧化反应和葡萄糖苷酸结合）发育的相对缺乏似乎是所有哺乳动物的新生期的特征。因为大多数代谢途径的活性低，经过广泛的肝代谢的药物半衰期在新生动物上被延长，特别是在出生后第一个 24h。各种代谢途径的成熟可能与产后酶诱导的激素影响有关。在大多数物种（反刍动物、猪、犬、大概也包括猫），肝微粒体相关的代谢途径在出生后 3～4 周迅速发育，并且在 8～12 周龄后活性接近成年动物（Niels-

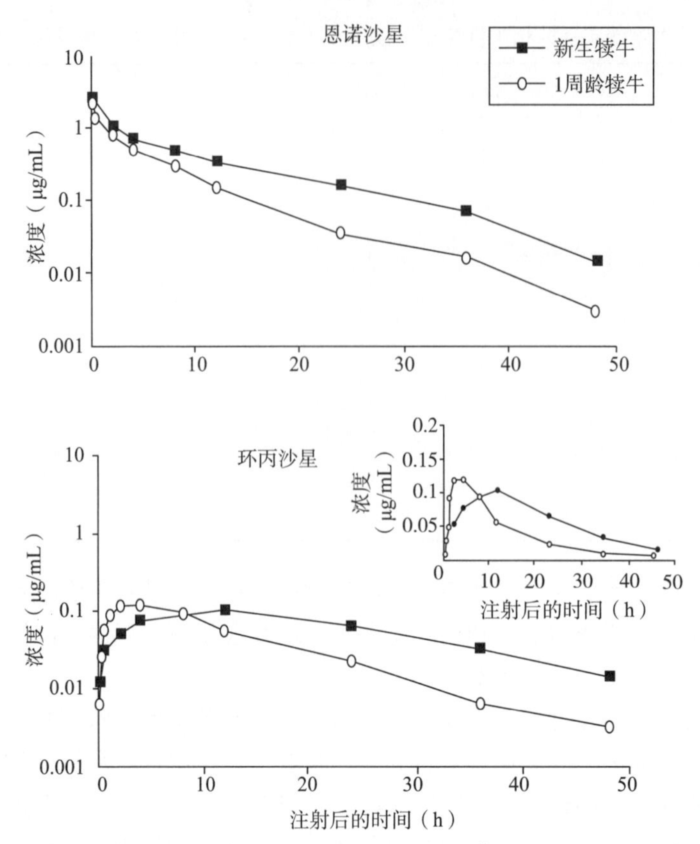

图 4.10　恩诺沙星和其代谢物环丙沙星在新生犊牛和 1 周龄犊牛体内的平均浓度-时间曲线（每组 4 头）

恩诺沙星静脉注射给药剂量为 2.5mg/kg。药物浓度分析采用高效液相色谱法。下方面板显示的是环丙沙星平均药物浓度和在非对数尺度平均值的标准误。

en 和 Rasmussen，1976；Reiche，1983）。但是小马驹是个例外，至少在葡萄糖苷酸合成速率方面，在出生后第 1 周发育非常快（Adamson 等，1991）。动物出生的前 3d，给药间隔应该要长一点，随着新生动物的成熟，给药间隔可相应地逐渐缩短，随物种不同而定。

头孢噻呋是一种第 3 代头孢菌素类药物，转化为去呋喃甲酰基头孢噻呋的过程由一种酯酶所催化，该酶的活性在肾中最高，其次是肝脏（Olson 等，1998）。去呋喃甲酰基头孢噻呋的抗菌活性与原药相似，活性代谢物可以迅速可逆地与血浆和组织中的蛋白质结合，并与谷胱甘肽和半胱氨酸形成结合物。高效液相色谱（HPLC）测定方法测定血浆中头孢噻呋和去呋喃甲酰基头孢噻呋结合物的合并浓度，以单一衍生物去呋喃甲酰基头孢噻呋乙酰胺计算，表示为每毫升中头孢噻呋游离酸等价物的含量（μg）（Jaglan 等，1990）。关于年龄对头孢噻呋动力学分布影响的研究中，对荷斯坦公犊牛静脉注射头孢噻呋 2.2mg/kg 后，在出生后头 3 个月期间，稳态下的分布容积降低，而系统消除率有所增加（Brown 等，1996）。头孢噻呋和去呋喃甲酰基头孢噻呋结合物分布容积的渐进性降低可能由于年龄相关的细胞外液容量减少。7 日龄和 1 月龄犊牛的消除率比成年牛低可能是由于清除头孢噻呋和去呋喃甲酰基头孢噻呋代谢物机制的成熟。因为在 1 月龄牛和成年牛的分布容积减少成比例地低于清除率的增长，所以半衰期的降低或多或少地与清除率增强一致（表 4.15）。头孢噻呋及其代谢物（作为一种衍生物测量）的血浆浓度在 7 日龄和 1 月龄的犊牛上，维持 72h 采血点的浓度高于分析方法限（LOQ，0.15μg /mL），但 6 月龄和 9 月龄的马驹在药物使用 48h 内下降到 LOQ。对小于 1 周龄的新生马驹和 4～5 周龄马驹静脉注射头孢噻呋钠后，去呋喃甲酰基头孢噻呋的半衰期、清除率和稳态分布容积 $V_{d(ss)}$ 均没有显著的不同（Meyer 等，2009）。

所有哺乳动物在出生时肾排泄机制（肾小球滤过和活性载体介导的肾小管分泌）都不够发达。在新生期，肾排泄机制的成熟速度与物种相关。基于对菊糖清除率的研究显示，肾小球滤过率（GFR）达到成年的时间：犊牛需要 2d，羊羔、小孩和仔猪需要 2～4d，幼犬可能需要至少 14d。基于对氨基马尿酸的消除率研究显示，近端肾小管分泌机制发育成熟所需时间：反刍动物和猪在出生后 2 周即可，但犬可能需要长达 6 周。这些由抗菌药物的药代动力学研究提供的间接证据，认为马驹的肾功能发育迅速，其速度类似于反刍动物。最近发表的一项对足月矮种马驹产后前 10d 肾脏功能成熟度的研究显示（应用单次注射技术）：

肾小球滤过率和有效肾血浆流量在产后全期都保持相对稳定（Holdstock 等，1998）。这意味着新生马驹，像犊牛一样有相对成熟的肾功能，可与大多数其他物种的新生动物相比。新生动物的水化状态会影响肾功能（GFR）。即使肾功能在新生动物不成熟，特别是刚出生的动物，但是动物都有足够的能力来满足生理需求。然而，当对新生动物使用脂溶性药物时，与肝微粒体相关的代谢反应（氧化和葡萄糖苷酸结合）低和相对肾排泄机制低效的综合效应明显降低了原型药物及其极性代谢物的消除率。所有物种新生动物尿的 pH 是酸性的，这将有利于弱有机酸和脂溶性药物通过被动扩散被肾小管再吸收，从而延长药物半衰期（如大多数磺胺类药物）。

表 4.15　不同年龄的荷斯坦公犊牛静脉注射头孢噻呋钠后头孢噻呋及其代谢物血浆浓度药代动力学参数值比较

年龄	$V_{d(ss)}$（mL/kg）	Cl_B［mL/（h·kg）］	$t_{1/2}$（h）
1 周龄	345±62	17.8±3.2	16.1±1.5
1 月龄	335±92	16.7±3.1	17.2±3.1
3 月龄	284±49	30.3±4.6	8.2±2.8
6 月龄	258±72	39.8±14.9	5.95±1.2

注：血浆中头孢噻呋钠及其代谢物以去呋喃甲酰基头孢噻呋酰胺形式计，由高效液相色谱法定量。头孢噻呋钠剂量为每千克体重 2.2 游离酸当量头孢噻呋。

描述庆大霉素（4mg/kg，静脉注射）处置的药代动力学参数在不同年龄的马驹（12～24h，5 日龄、10 日龄、15 日龄、30 日龄）和母马得到测定（Cummings 等，1990）。氨基糖苷类的表观分布容积没有随着马驹的年龄增长而发生显著改变，但大约是母马的 2 倍。在另一项研究中，对不同年龄段（1～3 日龄，2 周龄、4 周龄、8 周龄、12 周龄）马驹使用 12mg/kg 的庆大霉素，发现 1～3 周龄马驹庆大霉素的分布容积明显比 8 周龄或 12 周龄马驹的高（Burton 等，2012）。由于庆大霉素分布实质上局限于细胞外液（ECF），那么可以得出结论：年幼马驹的 ECF 体积比成年马大。庆大霉素仅由肾小球滤过消除。刚出生的马驹庆大霉素系统消除率类似于成年马，所以这表明刚出生的马驹肾小球过滤功能已经很发达。由于分布容积较大和系统消除率不变，庆大霉素在刚出生的马驹体内半衰期是成年马的 2 倍，而对于 5～15 日龄的马驹，庆大霉素的半衰期约是成年马的 1.5 倍。庆大霉素在犊牛（Clarke 等，1985）体内的分布变化也与年龄相关，这点犊牛与马驹相似（表 4.16）。

表 4.16　庆大霉素在马驹和犊牛体内随年龄的分布变化

年龄（d）	$V_{d(ss)}$（mL/kg）	Cl_B［mL/（h·kg）］	$t_{1/2}$（min）
马驹			
1	307±30	1.75±0.47	127±23
5	350±66	2.98±1.48	90±32
10	344±95	2.60±0.96	101±33
15	325±48	2.40±0.87	106±33
成年马	156±22	1.69±0.65	65±55
犊牛			
1	376±41	1.92±0.43	149±38
5	385±44	2.44±0.34	119±20
10	323±20	2.02±0.27	118±13
15	311±29	2.10±0.32	111±8.5
成年牛	129±17	1.29±0.26	76±11

庆大霉素的处置在刚出生的仔猪（出生 4～12h 内给药）和 42 日龄的仔猪也表现显著的不同（Giroux 等，1995）。在小猪中药物随年龄变化的模式与马驹和犊牛相同。随着小动物逐渐长大，庆大霉素的表观分布容积变大，系统消除率增加，半衰期缩短。庆大霉素的平均半衰期：刚出生仔猪为 5.2h，4 周龄为 3.8h，6 周龄为 3.5h，10 周龄为 2.7h。在对出生 2～12d 后的病危足月马驹给予阿米卡星的药代动力学研

究中，氨基糖苷类抗生素的系统消除率较低，与无尿毒症动物相比，有尿毒症时半衰期相对延长（Adland-Davenport 等，1990）。肾排泄机制在反刍动物、猪和马出生后的前 2 周内逐渐成熟，而犬需要 4～6 周才逐渐成熟。

第 3 代头孢菌素类药物头孢曲松在体液中广泛分布，可以穿过血脑屏障，主要通过胆汁而不是肾排泄消除，其在 2～12 日龄的马驹体内的半衰期（Ringger 等，1998）是在成熟马体内的 2 倍（Ringger 等，1996）。在刚出生的马驹体内药物半衰期更长，可能是因为马驹的细胞外液体积更大。以葡庚糖酸红霉素形式对不同年龄段（1～12 周龄）的谢德兰杂交马驹静脉注射后，红霉素的平均半衰期为 1h，和母马体内半衰期一样。可能是胆汁和肾排泄机制在各种动物刚出生时成熟度是一样的，而肝结合物形成控制着结合物在胆汁和尿液的排泄速率。

参考文献

Abdullah AS，Baggot JD. 1984. Influence of *Escherichia coli* endotoxin-induced fever on pharmacokinetics of imidocarb in dogs and goats. Am J Vet Res 45：2645.

Abdullah AS，Baggot JD. 1986. Influence of induced disease states on the disposition kinetics of imidocarb in goats. J Vet Pharm Ther 9：192.

Adamson PJW，et al. 1991. Influence of age on the disposition kinetics of chloramphenicol in equine neonates. Am J Vet Res 52：426.

Adland-Davenport P，et al. 1990. Pharmacokinetics of amikacin in critically ill neonatal foals treated for presumed or confirmed sepsis. Equine Vet J 22：18.

Aktas M，et al. 1995. Disposition of creatinine kinase activity in dog plasma following intravenous and intramuscular injection of skeletal muscle homogenates. J Vet Pharm Ther 18：1.

Baggot JD. 1977. Principles of Drug Disposition in Domestic Animals：The Basis of Veterinary Clinical Pharmacology. Philadelphia：WB Saunders.

Baggot JD. 1980. Distribution of antimicrobial agents in normal and diseased animals. J Am Vet Med Assoc 176：1085.

Baggot JD，Short CR. 1984. Drug disposition in neonatal animals，with particular reference to the foal. Equine Vet J 16：364.

Baggot JD，et al. 1988. Bioavailability and disposition kinetics of amoxicillin in neonatal foals. Equine Vet J 20：125.

Baggot JD，et al. 1990. Oral dosage of penicillin V in adult horses and foals. Equine Vet J 22：290.

Banting A de L，Baggot JD. 1996. Comparison of the pharmacokinetics and local tolerance of three injectable oxytetracycline formulations in pigs. J Vet Pharm Ther 19：50.

Banting A de L，Tranquart F. 1991. Echography as a tool in clinical pharmacology. Acta Vet Scand Suppl 87：215.

Benet LZ，Galeazzi RL. 1979. Noncompartmental determination of the steady-state volume of distribution. J Pharm Sci 68：1071.

Berghaus LJ，et al. 2012. Plasma pharmacokinetics，pulmonary distribution，and in vitro activity of gamithromycin in foals. Vet Pharmacol Ther 35：59.

Bevill RF，et al. 1977. Disposition of sulfonamides in foodproducing animals. IV：Pharmacokinetics of sulfamethazine in cattle following administration of an intravenous dose and three oral dosage forms. J Pharm Sci 66：619.

Brown SA，et al. 1986. Dose-dependent pharmacokinetics of gentamicin in sheep. Am J Vet Res 47：789.

Brown SA，et al. 1996. Effects of age on the pharmacokinetics of single dose ceftiofur sodium administered intramuscularly or intravenously to cattle. J Vet Pharm Ther 19：32.

Browne TR，et al. 1990. New pharmacokinetic methods. 111：Two simple tests for "deep pool effect." J Clin Pharm 30：680.

Buonpane NA，et al. 1988. Serum concentrations and pharmacokinetics of chloramphenicol in foals after a single oral dose. Equine Vet J 20：59.

Burton AJ，et al. 2012. Effect of age on the pharmacokinetics of a single daily dose of gentamicin sulfate in healthy foals. Equine Vet J doi：10. 1111/j. 2042-3306. 2012. 00683. x.

Calder WA. 1984. Size，Function and Life History. Cambridge，MA：Harvard University Press. Clarke CR，et al. 1985. Pharmacokinetics of gentamicin in the calf：developmental changes. Am J Vet Res 46：2461.

Cox SR，et al. 2010. Rapid and prolonged distribution of tulathromycin into lung homogenate and pulmonary epithelial lining fluid of Holstein calves following a single subcutaneous administration of 2. 5 mg/kg body weight. Intern J Appl Res Vet Med 8：129.

Credille BC, et al. 2012. Plasma and pulmonary disposition of ceftiofur and its metabolites after intramuscular administration of ceftiofur crystalline free acid in weanling foals. J Vet Pharmacol Ther 35: 259.

Cummings LE, et al. 1990. Pharmacokinetics of gentamicin in newborn to 30-day-old foals. Am J Vet Res 51: 1988.

Dowling PM, Russell AM. 2000. Pharmacokinetics of a longacting oxytetracycline - polyethylene glycol formulation in horses. J Vet Pharm Ther 23: 107.

Duffee NE, et al. 1997. The pharmacokinetics of cefadroxil over a range of oral doses and animal ages in the foal. J Vet Pharm Ther 20: 427.

Ensink JM, et al. 1994. Oral bioavailability of pivampicillin in foals at different ages. Vet Quart 16: S113.

Firth EC, et al. 1986. Effect of the injection site on the pharmacokinetics of procaine penicillin G in horses. Am J Vet Res 47: 2380.

Forbes AB, et al. 2009. Determination of the duration of antibacterial efficacy following administration of gamithromycin using a bovine *Mannheimia haemolytica* challenge model. Antimicrob Agents Chemother 55: 831.

Frazier DL, Riviere JE. 1987. Gentamicin dosing strategies for dogs with subclinical renal dysfunction. Antimicrob Agents Chemother 31: 1929.

Frazier DL, et al. 1988. Gentamicin pharmacokinetics and nephrotoxicity in naturally acquired and experimentally induced disease in dogs. J Am Vet Med Assoc 192: 57.

Giguère S, et al. 2011. Disposition of gamithromycin in plasma, pulmonary epithelial lining fluid, bronchoalveolar cells, and lung tissue in cattle. Am J Vet Res 72: 326.

Gilman JM, et al. 1987. Plasma concentration of gentamicin after intramuscular or subcutaneous administration to horses. J Vet Pharm Ther 10: 101.

Giroux D, et al. 1995. Gentamicin pharmacokinetics in newborn and 42-day-old male piglets. J Vet Pharm Ther 18: 407.

Grondel JL, et al. 1989. Comparative pharmacokinetics of oxytetracycline in rainbow trout (*Salmo gairdneri*) and African catfish (*Clarias gariepinus*). J Vet Pharm Ther 12: 157.

Henry MM, et al. 1992. Pharmacokinetics of cephradine in neonatal foals after single oral dosing. Equine Vet J 24: 242.

Holdstock NB, et al. 1998. Glomerular filtration rate, effective renal plasma flow, blood pressure and pulse rate in the equine neonate during the first 10 days post partum. Equine Vet J 30: 335.

Huffman EM, et al. 1981. Serum chloramphenicol concentrations in preruminant calves: a comparison of two formulations dosed orally. J Vet Pharm Ther 4: 225.

Jaglan PS, et al. 1990. Liquid chromatographic determination of desfuroylceftiofur metabolite of ceftiofur as residue in cattle plasma. J Assoc Offic Analyt Chemists 73: 26.

Kaartinen L, et al. 1995. Pharmacokinetics of enrofloxacin after single intravenous, intramuscular and subcutaneous injections in lactating cows. J Vet Pharm Ther 18: 357.

Kaartinen L, et al. 1997. Pharmacokinetics of enrofloxacin in newborn and one-week-old calves. J Vet Pharm Ther 20: 479.

Kinoshita T, et al. 1995. Impact of age-related alteration of plasma α1-acid glycoprotein concentration on erythromycin pharmacokinetics in pigs. Am J Vet Res 56: 362.

Korsrud GO, et al. 1993. Depletion of intramuscularly and subcutaneously injected procaine penicillin G from tissues and plasma of yearling beef steers. Canadian J Vet Res 57: 223.

Love DN, et al. 1981. Serum levels of amoxicillin following its oral administration to Thoroughbred foals. Equine Vet J 13: 53.

Macpherson ML, et al. 2012. Disposition of desfuroylceftiofur acetamide in serum, placental tissue, fetal fluids, and fetal tissues after administration of ceftiofur crystalline free acid (CCFA) to pony mares with placentitis. J Vet Pharmacol Ther doi: 10.1111/j.1365-2885.2012.01392.x.

Marshall AB, Palmer GH. 1980. Injection sites and drug bioavailability. In: Van Miert ASJPAM, et al. (eds). Trends in Veterinary Pharmacology and Toxicology. Amsterdam: Elsevier, p. 54.

Martinez MN, Berson MR. 1998. Bioavailability/bioequivalence assessments. In: Hardee GE, Baggot JD (eds). Development and Formulation of Veterinary Dosage Forms, 2nd ed. New York: Marcel Dekker, p. 429.

Menge M, et al. 2012. Pharmacokinetics of tildipirosin in bovine plasma, lung tissue, and bronchial fluid (from live, nonanesthetized cattle). J Vet Pharmacol Ther 35: 550.

Mengelers MJB, et al. 1995. Pharmacokinetics of sulfadimethoxine and sulfamethoxazole in combination with trimethoprim after intravenous administration to healthy and pneumonic pigs. J Vet Pharm Ther 18: 243.

Meyer S, et al. 2009. Pharmacokinetics of intravenous ceftiofur sodium and concentration in body fluids of foals. J Vet Pharmacol

Ther 32：309.

Murchie TA，et al. 2006. Continuous monitoring of penicillin G and gentamicin in allantoic fluid of pregnant pony mares by in vivo microdialysis. Equine Vet J 38：520.

Nielsen P. 1997. The influence of feed on the oral bioavailability of antibiotics/chemotherapeutics in pigs. J Vet Pharm Ther 20 Suppl 1：30.

Nielsen P，Rasmussen F. 1976. Influence of age on half-life of trimethoprim and sulphadoxine in goats. Acta Pharm Toxicol 38：113.

Nouws JFM，Vree TB. 1983. Effect of injection site on the bioavailability of an oxytetracycline formulation in ruminant calves. Vet Quart 5：165.

Nouws JFM，et al. 1982. Comparative plasma ampicillin levels and bioavailability of five parenteral ampicillin formulations in ruminant calves. Vet Quart 4：62.

Nouws JFM，et al. 1993. Pharmacokinetics of sulphadiazine and trimethoprim in carp（*Cyprinus carpio* L.）acclimated at two different temperatures. J Vet Pharm Ther 16：110.

Olson SC，et al. 1998. *In vitro* metabolism of ceftiofur in bovine tissues. J Vet Pharm Ther 21：112.

Pennington JE，et al. 1975. Gentamicin sulfate pharmacokinetics：lower levels of gentamicin in blood during fever. J Infect Dis 132：270.

Peters J，et al. 2011. Oral absorption of clarithromycin is nearly abolished by chronic comedication of rifampicin in foals. Drug Metab Dispos 39：1643.

Peters J，et al. 2012. Clarithromycin is absorbed by an intestinal uptake mechanism which is sensitive to major inhibition by rifampicin—results of a short-time drug interaction study in foals. Drug Metab Dispos 40：522.

Rasmussen F. 1966. Studies on the Mammary Excretion and Absorption of Drugs. Copenhagen：Carl Fr. Mortensen.

Reiche R. 1983. Drug disposition in the newborn. In：Ruckebusch Y，et al.（eds）. Veterinary Pharmacology and Toxicology. Lancaster，UK：MTP Press，p. 49.

Reiche R，et al. 1980. Pharmacokinetics of chloramphenicol in calves during the first weeks of life. J Vet Pharm Ther 3：95.

Ringger NC，et al. 1996. Pharmacokinetics of ceftriaxone in healthy horses. Equine Vet J 28：476.

Ringger NC，et al. 1998. Pharmacokinetics of ceftriaxone in neonatal foals. Equine Vet J 30：163.

Rutgers LJE，et al. 1980. Effect of the injection site on the bioavailability of amoxycillin trihydrate in dairy cows. J Vet Pharm Ther 3：125.

Shoaf SE，et al. 1987. The development of hepatic drugmetabolizing enzyme activity in the neonatal calf and its effect on drug disposition. Drug Metab Dispos 15：676.

Smith CM，et al. 1988. Effects of halothane anesthesia on the clearance of gentamicin sulfate in horses. Am J Vet Res 49：19.

Spector R，Lorenzo AV. 1974. Inhibition of penicillin transport from the cerebrospinal fluid after intracisternal inoculation of bacteria. J Clin Invest 54：316.

Stegemann MR，et al. 2006. Pharmacokinetics and pharmacodynamics of cefovecin in dogs. J Vet Pharmacol Ther 29：501.

Toutain P-L，et al. 1995. A non-invasive and quantitative method for the study of tissue injury caused by intramuscular injection of drugs in horses. J Vet Pharm Ther 18：226.

Venner M，et al. 2010. Concentration of the macrolide antibiotic tulathromycin in broncho-alveolar cells is influenced by comedication of rifampicin in foals. Naunyn Schmiedebergs Arch Pharmacol 381：161.

Wilson RC，et al. 1989. Bioavailability of gentamicin in dogs after intramuscular or subcutaneous injections. Am J Vet Res 50：1748.

Xia W，et al. 1983. Comparison of pharmacokinetic parameters for two oxytetracycline preparations in pigs. J Vet Pharm Ther 6：113.

Zeng Z，Fung K. 1997. Effects of experimentally induced *Escherichia coli* infection on the pharmacokinetics of enrofloxacin in pigs. J Vet Pharm Ther 20 Suppl 1：39.

第五章 抗菌药物的药效动力学

Marilyn N. Martinez、Pierre-Louis Toutain 和 John Turnidge

对于任何感染性疾病，抗菌治疗的疗效均取决于以下几个方面：病原体对抗菌治疗的反应能力；能引起目标微生物反应的药物暴露特性；在感染部位达到所需活性药物浓度的能力。这种全身药物暴露与相应的临床和微生物学效应关系称为药代动力学/药效动力学（PK/PD）。反过来，这种 PK/PD 关系阐明了达到理想的临床和微生物学治疗效果所需要的给药剂量、给药频率和给药持续时间等治疗方案。

PK 方面主要描述了宿主对药物的处置过程（吸收、分布、代谢和消除）。关于 PK 的基本原理已在第四章中陈述，所以除了对一些潜在的病患群体拓展一下概念外，其他的知识在此就不重复了。PD 方面主要描述了在感染部位随着时间的变化药物对微生物的作用效果。所以，药物的 PK 和 PD 相互作用反映了感染部位药物浓度变化与其生物学活性的关系，同时还反映了血清及血浆中的药物浓度变化及其对致病菌的效果（Drusano，1998；Levison，2004）。

本章的主要目的就是列举影响这一整体效果的各个因素。此外，我们还要多维度地讨论这些关系如何影响兽医领域遇到的抗菌药物的使用。

第一节 从临床角度解释 MIC 值

当评估药物、给药剂量、给药方案的选择等问题时，一个根本的问题是病原菌对抗菌药物的反应能力。在这方面，测定药物最低抑菌浓度（MIC 值）的试验就显得非常重要了。尽管在这些试验中体外生长环境与体内生长环境在很多方面都不同，但是这些试验的优势就是它们可以做到标准化。这样，测试一系列特定临床实验室的菌株得到的 MIC 值，与在其他的临床实验室用相同标准测出的 MIC 值不会存在差异。

MIC 值的测定主要是将不同浓度的抗菌药物放于适宜的细菌培养基内，在培养基中接种上细菌，根据细菌的增长速率进行培养（一般是 18～24h），然后确定完全抑制或者接近抑制细菌生长的药物浓度（主要是根据培养液的浊度判定）。MIC 值就是所有测试浓度中能抑制细菌生长的最低浓度。

在 MIC 值测定中与体内有显著差异的影响因素：

1. 在培养期间抗菌药物浓度是不变的（假定药物是稳定的），而在体内药物浓度随给药间隔发生变化。

2. 细菌培养基在许多（pH、渗透压、氧化还原电位、离子和蛋白质浓度等）生理特征方面可能与感染部位的液态环境不同。

3. 测定过程中不会受到宿主体内的吞噬细胞、抗体、补体或其他免疫活性分子等因素的影响。

4. 测定的终点指标是抑制细菌生长，而对于很多抗菌药物来说治疗的目标是杀灭细菌。

5. 试验不能提供关于药物持久作用方面的信息，但是对于大多数抗菌药物这方面的信息都有记录（Levison，1995）。

6. 传统体外的药敏试验并不能描述药物对致病菌毒力因子的作用（Clatworthy 等，2007；Barczak 和 Hung，2009；Cegelski 等，2008；Alksne 和 Projan，2000）。致病菌的毒力因子主要作用是锚定和侵入宿主细胞，负责调控细菌的群体效应（即在细菌菌落内通过基因表达调控分泌自诱导剂），产生损坏宿主细胞免疫功能的毒素及其他因子。

由于上述原因，MIC 值常被指责作为评价药物在体内活性的指标时效果较差，而且 MIC 值与临床治疗的关系也受到质疑（Müller 等 2004；Firsov 等，1998，1999）。不过，MIC 值仍然是研究者常用来比较药物暴露量的一个指标。从这个角度看，那些对 MIC 值及其用作比较体内药物浓度的质疑都是错误的。所以，MIC 值是一个测定药物活性的标准指标，它的真实价值主要由药物的药代动力学性质共同决定（Craig，2002）。在此情况下，数值是否切实并不重要，重要的是测得此值的方法。所以，要想有效的测定

MIC 值，必须采用可靠稳定的方法，而且在任何场所都可以重复出相同结果，那么就要出台一个国际化的标准方法。这种标准化的重要性直到最近才被人们所认识（国际化标准组织，2006）。

最后，为了解抗菌药物在感染部位是如何随着时间的变化而发挥作用的，我们需要确定影响抗菌药体内活性的因素。在这方面，我们就需要全方面的测试药物的性能，包括其杀菌活性，具体的测试内容有：药物的最低杀菌浓度（MBC；NCCLS，1999），绘制浓度-效应曲线，浓度低于 MIC 值时杀菌/抑菌效果，抗生素后效应（PAE），低于 MIC 值的抗生素后效应，以及抗生素使用后白细胞增强效果。此外，不同的致病菌可能会有相同的 MIC 值，但是要想达到理想的临床疗效仍然需要不同水平的药物暴露（Andes 和 Craig，2002）。

体内细菌生长时间（O’ Reilley 等，1996）也会影响药物的暴露-反应关系（Erlendsdottir 等，2001）。如：

1. 头孢曲松（一种与兽用药物头孢噻呋密切相关的抗生素）能快速杀灭生长速度比较快的细菌，也能缓慢地降低细菌的生长速度（通过限制营养物质来实现）体现其抑菌作用。这种 β-内酰胺杀菌活性的缺失是药物特异性的，一些化合物包括阿莫西林和青霉素，在细菌的快速增殖期仍然保持杀菌活性（Cozens 等，1986）。抗菌药物对于缓慢生长或者不生长的细菌杀菌作用的选择性缺失是因为细胞外膜的组成成分发生了变化，影响了特定药物的渗透力。

2. 在细菌因为营养物质供应限制生长速度变缓时，喹诺酮类药物对大肠杆菌的杀菌活性受到的影响最小；而对金黄色葡萄球菌的杀菌活性缺失则相对较明显。但是，当铜绿假单胞菌的生长速度减慢时，一些氟喹诺酮类药物（包括环丙沙星、氟罗沙星、诺氟沙星、氧氟沙星）的杀菌活性却显著增大（甚至增大到176%）（Dalhoff 等，1995）。这些变化可以看作是假单胞菌细胞外膜对营养物质限制的培养环境的一个适应功能。这个改变增加限制营养供应的同时也可以增加药物的渗透率，使细菌对药物的杀灭活性变得更敏感。

3. 生物膜包括生长缓慢或者静止期的细菌，只有那些处于生物膜不生长区域的细菌才能在抗生素用药中存活下来；但是除缓慢的生长速率外，还有其他的因素可使生物膜对抗菌药物保持抗性（Stewart，2002）。例如，铜绿假单胞菌的生物膜耐药性的出现与基因 *ndvB* 有一定的关系，这一基因参与细胞质中葡聚糖的生成。细胞质中的葡聚糖可以隔离药物分子，阻止药物与其作用靶点的结合。同时，人们认为 *ndvB* 基因的表达还可以促进其他与生物膜抗药性相关的基因的表达（Mah，2003；Beaudoin 等，2012）。

由于 MIC 值在 PD 指标中是一个综合影响因素，所以了解 MIC 值的测定就显得非常重要。测定 MIC 值通常需要一定的时间间隔，而且最常推荐的方法是 2 倍倍比稀释的比例，当然也有用到其他稀释比例，如算数比例（Legett 和 Craig，1989）。其中 2 倍倍比稀释是一个以 2 为底的对数比例。最常用的 2 倍倍比稀释浓度都是 2 的整数幂，例如…2^{-2}，2^{-1}，2^{0}，2^{1}，2^{2}…=…0.25，0.5，1，2，4…在 MIC 值测定试验中最开始选择这一对数比例是很偶然的，当用这一稀释比例的方法测试很多不同种类细菌的 MIC 值时，野生型菌株（即缺乏获得性耐药机制）的 MIC 值呈现对数正态分布（Turnidge 等，2006）。

像其他任何试验一样，MIC 值测定试验中也存在内在的变异。在所有试图建立 MIC 值试验的质量控制范围的研究里都会检测到这种变异的存在（Brown 和 Traczewski，2009）。测定的差异一般规定为“±2 倍的稀释度”（CLSI，M23 - A3），但是这显得非常简单，因为在质量控制范围内初步得到的所有数据都表现这个特性。正如在 EUCAST 网站上发现的一样（http：//mic. eucast. org/Eucast2/），MIC 值是针对一种抗菌药物和一种细菌而言的，所以 MIC 值之间的差异是不同菌种的生物学差异和试验方差的综合作用。这种综合性的差异在构建抗菌给药方案的 Monte Carlo 模型时会被用于绘制不同 MIC 值的达标图，此图可用来确定 PD 临界点，并被用来建立药敏试验的临床折点（Turnidge 和 Paterson，2007）。

第二节 对药物效应的理解

理解 PK/PD 的相互关系，首先要确定药物对病原菌发挥作用的机制（表 5.1）。一般来讲，这些作用机制决定了药物的药效动力学特征，包括表现杀菌活性还是抑制活性，药物的杀菌率，当局部药物浓度低于 MIC 值时药物的抑菌能力，药物对生长静止期细菌的抑菌能力。

表 5.1　不同种类抗菌药物的作用

1. 抑制细胞壁合成的药物： a. 青霉素 b. 头孢菌素类 c. 碳青霉烯类 d. 单环β-内酰胺类 e. 万古霉素
2. 影响 30S 和 50S 核糖体亚基功能的药物，导致蛋白质合成的可逆性抵制，通常被认为是主要发挥抑菌作用的药物： a. 氯霉素、氟苯尼考 b. 四环素类 c. 大环内酯类 d. 酮内酯类 e. 杂环酰胺 f. 林可胺类
3. 与核糖体的 30S 亚基结合的药物，能抑制细菌蛋白质的合成或导致异常蛋白并最终导致细胞死亡： a. 氨基糖苷类 b. 氨基环醇类
4. 影响核酸代谢的药物： a. 利福霉素（抵制 RNA 聚合酶活性） b. 喹诺酮类（抵制拓扑异构酶）
5. 作为抗代谢药物（如甲氧苄啶和磺胺类药物阻断叶酸代谢）
6. 膜去极化药物（脂肽，如达托霉素）

另一决定治疗成功或者失败的重要因素是药物与宿主免疫系统之间的相互作用。在一个免疫力比较强（如一般预防和治疗性预防给药的情形）的宿主体内，只需要较低的药物总暴露量就可实现成功的治疗，而当宿主免疫系统受到损伤的时候则相反。所以，宿主免疫系统除了对病原菌的负荷有影响外，还决定了实现目标临床效果所需的给药方案。

尽管抗菌药物通常被划分为杀菌药物或者抑菌药物，有些药物可以同时表现两种作用。除了以前提及的对细菌生长速率的影响之外，还有：

1. 当药物浓度与病原菌的 MIC 值相等时，氟喹诺酮类药物表现更多的是抑菌作用而不是杀菌作用。

2. 当药物浓度达到临床用药浓度的时候，氯霉素对大多数革兰氏阴性菌具有抑制作用，对流感嗜血杆菌和肺炎链球菌具有杀灭作用（Feder，1986）。

3. 利奈唑胺可以与细菌 50S 核糖体 23S 亚基上的位点结合，从而阻止形成 70S 起始复合物。利奈唑胺对肠球菌和葡萄球菌表现抑制作用，但是对大多数（不是全部）链球菌表现杀菌作用。

4. 药物的杀菌活性会随着细胞内 pH、氧含量及酶活性的变化而变化（Butts，1994），所以必须要针对每一个药物-微生物组合单独准确地确定作用的速度和特性。

有时人们会问“什么时候用抑菌药物更好，什么时候用杀菌药物更好呢?”这一问题的答案取决于宿主的免疫应答反应，宿主的生物负荷以及疾病发展的病理过程等。例如，当用杀菌药物治疗人类食源性大肠杆菌 O157∶H7 的感染时，药物诱导的溶菌作用可能会增加细菌志贺毒素二次释放的风险；相比之下，如果使用大环内酯类或新一代碳青霉烯类抑菌药物治疗，就不会增加产毒素型大肠杆菌释放毒素的风险（VTEC；Keir 等，2012）。事实上，治疗过程中用到的抗菌药物的性质与产毒素型大肠杆菌之间的关系引起了人们的强烈争论（Safdar 等，2002），认为是抗菌药物的使用增加了发展为溶血性尿毒综合征的风险，特别是在小孩中这种可能更大。

依据 PK/PD 理论，抗菌药物的杀菌和抑菌作用之间的区别一般与宿主的免疫力的相关性不是很大，除非宿主的微生物负荷水平比较高会导致粒细胞饱和（Drusano 等，2010，2011）或增加选择耐药菌株的风险。当引起宿主病理现象的最主要原因是细菌自身合成的毒素时，能抑制蛋白质合成的抗菌药比仅仅杀菌的抗菌药物可能会具有更好的效果（Bottcher，2004）。这种情况下，当动物（畜禽）患菌血症的风险增大时，与许多杀菌药物如β-内酰胺类和喹诺酮类等相比，抑菌药物导致内毒素释放的可能性比较小（Prins 等，1994）；虽然临床上这方面的相关证据较少，很多人对此存在争议（Hurley，1992）。

第三节　对药物暴露-效应关系的理解

药物暴露和抗菌效应之间的关系是药物作用机制的一种功能体现。药物的 PK/PD 特征可以分为如下：①给药间隔中血药浓度大于 MIC 值的时间比例（$T>MIC$）；②血浆药物峰浓度（C_{max}）与 MIC 值的比值；③血药浓度-时间曲线下面积（AUC）与 MIC 值的比值。虽然 PK/PD 关系的固有特性研究常用的是在啮齿动物实验感染模型进行的传统剂量分级试验（如 Craig，1998）；在某种程度上所有的这些关系都包含时间和药物暴露量两个因素。

正如 Toutain 所讨论的（2002），药物浓度-效应的关系常用 E_{max} 的 S 曲线模型来描述（也称为 Hill 方程）：

$$E(t) = E_0 + \frac{E_{max} \times C^h(t)}{EC_{50}^h + C^h(t)}$$

其中：

E（t）是特定药物浓度（C）下药物在 t 时间时呈现的效应。

E_{max}是药物的最大效应。

EC_{50}药物达到最大效应的一半时对应的血浆药物浓度。

h 就是所谓的 Hill 系数，它描述的是药物浓度和效应 S 型曲线的斜率。

E_0是在没用药时（如宿主免疫效应达到）的空白效应。

当 $h=1$，而且药物浓度用它的对数代表时，E_{max}就变成了一个线性函数。

从药效动力学角度看，抗菌药物的杀菌性能常被分为两种模式，即浓度依赖型或者非浓度依赖型抗生素（或时间依赖型）；这种分类方法主要依据于特定药物浓度下的时间-杀菌曲线。浓度依赖型抗菌药（如氨基糖苷类和氟喹诺酮类）可以在一个比较大的浓度范围内快速而彻底地杀灭细菌；而非浓度依赖型抗菌药（如β-内酰胺类）的杀菌率只在一个较窄的浓度范围内不断增加。一般情况下浓度依赖型抗菌药物的 PD 参数是 AUC/MIC 或 C_{max}/MIC；而非浓度依赖型抗菌药的参数是 T>MIC。但是所有的抗菌药物都在不同程度上服从 E_{max}模型。因此如 Mattie（2000）所指出的，将药物的作用方式分为两类只是为了方便应用。对 PD 参数 C_{max}/MIC 进一步的分析表明：如果浓度依赖型抗菌药物的峰值比较高但半衰期超短（也就是药时曲线下面积比较小），那么，这个 C_{max}/MIC 值比较大的药物不能充分抑制耐药菌株的选择，所以药物维持血药浓度峰值的时间应该与细菌被杀灭所需时间一致。

导致抗菌药物之间真正不同的是曲线的定义域，它是描述药物浓度-效应关系曲线的一个函数。对于浓度和效应关系比较大的抗菌药，它们达到最大杀菌效果所需的药物浓度差异比较小。有些药物，如β-内酰胺类也表现比较小的抗生素后效应，而且只需要较小的浓度变化就可以表现最大或次大的杀菌能力。所以，增加药物效应的唯一方法就是延长药物最大效应的维持时间（即更高的给药剂量将延长药物浓度大于 MIC 值的持续时间，或者频繁的给药次数可以保证 24h 内足够的药物浓度）。相反地，曲线定义域越窄，杀菌率与抗菌药物的浓度关系就越大。这种 E_{max}关系被称为“浓度依赖性”杀菌，因为药物的杀菌能力随着药物浓度的增大而增大，当浓度达到峰值时杀菌效果也达到最大。

对于表现时间依赖型杀菌作用的抗菌药，达到菌落形成单位（CFU）以对数计的细菌数减少目标所需的药物暴露持续时间与抗生素后效应的大小成函数关系（Nicolau，2001）。抗生素后效应本身在体内和体外的测量值会不一样。Mouton 等在 2005 年定义体外 PAE 为细菌短时间暴露抗菌药后，在除去药物的情况下，细菌生长仍然受到抑制的时间（单位为 h）。虽然上述观点已被证明有用，但是 Owens 和 Ambrose 在 2007 年曾提出质疑：体外试验中突然停止给药的情形并不能反映体内环境中药物浓度随着时间而变化的真实情况，所以，他们定义了一个体内的 PAE 作为区分：当药物在血浆或者感染部位的浓度低于 MIC 值时，与对照组相比接受治疗的动物体内的细菌数量增加 10 倍所需要的时间（单位为 h）。相应地，体内 PAE 包括浓度低于 MIC 值时药物所有的效应（也称 MIC 值下效应）。此外，在免疫功能比较强大的动物与白细胞减少的动物获得的抗生素后效应常常明显地不同（Fantin 等，1991）。这就启示我们，在描述 PK/PD 关系的时候，宿主的防御系统非常重要。

正如其他很多变量一样，测定抗生素后效应（PAE）时要考虑到药物的种类、病原菌、测定条件、感染部位等因素。对于那些都有自己 PAE 的细菌-药物组合，大多数微生物体内 PAE 都比体外 PAE 时间长，β溶血性链球菌特别例外。所以增加 MIC 值的暴露时间会延长病原菌再生长的时间，有时甚至会长达几个小时。

对于很多化合物，革兰氏阳性菌体内外的 PAE 比革兰氏阴性菌大很多。由于β-内酰胺类的体内体外抗生素后效应在革兰氏阴性菌和链球菌中很微小，而且在革兰氏阴性菌中 T>MIC 的参数比在革兰氏阳性菌（除链球菌之外）大很多。这种体内外抗生素后效应持续时间的不同也就解释了：为什么氟喹诺酮类药物对革兰氏阳性菌的体内 AUC/MIC 值要比革兰氏阴性菌低很多。最具有代表性的是青霉素类和头孢菌素类体外对葡萄球菌有中度抗生素后效应，但对链球菌或革兰氏阴性杆菌却没有抗生素后效应。相比之下，碳青霉烯类对所有敏感菌种均有中度抗生素后效应（Craig 等，1990）。

在体外试验中已经证实：对于碳青霉烯类和多种氟喹诺酮类药物，抗生素后效应持续时间的长短与药物暴露持续时间成函数关系，PAE 随药物暴露变化而变化（Munckhof 等，1997；Carbone 等，2001）。事实上，即使对时间依赖型杀菌药物来说，抗生素后效应（PAE）与药时曲线下面积（AUC）具有相关性（Munckhof 等，1997），这也就解释了为什么对于一些具有较长抗生素后效应的时间依赖型药物（如某些大环内酯类药物）来说，AUC/MIC 值是一个药效动力学（PD）参数。当感染是由生长速度相对缓慢的细菌引起时，AUC/MIC 值也是 PK/PD 的重要参数。

另一个经常提到的概念就是突变选择窗（MSW）。Gerber 和 Craig（1982），Blaser 等（1987），及 Dudley 等（1987）在早期的体外研究中首先发现了药物暴露量的变化对选择耐药菌株的影响。例如，Blaser 等（1987）研究表明，在对铜绿假单胞菌、大肠杆菌、克雷伯肺炎杆菌和金黄色葡萄球菌第一次使用氟喹诺酮类（依诺沙星）和氨基糖苷类药物（奈替米星）并取得确实的杀菌效果后，只有当 C_{max}/MIC 超过一个阈值的时候才能阻止细菌的再生长和耐药菌株的选择。对于铜绿假单胞菌这个临界值，依诺沙星的 C_{max}/MIC 值至少是 8。然而，提出上述观点的人对在具有正常免疫系统的动物上这个选择窗对治疗的影响程度有多大提出质疑。

Drlica 和 Zhao 在 2007 年根据以下三个独立的浓度定义了 MSW：

（1）野生型细菌的 MIC 值。

（2）高于野生菌株的 MIC 值的浓度，这时由于耐药性突变的第一步后最不敏感菌株亚群的存活而呈现一个杀菌平台期。

（3）最不敏感菌株也被杀灭的浓度，这个药物浓度被称为防突变浓度（MPC）。

体外 MPC 指将 10^{10} 个细菌接种到琼脂中，能阻止细菌生长的药物浓度；也就是说在营养丰富的培养液中有因自发突变而存活的菌株。相比而言，经典测定 MIC 值时都是接种 10^5 个细菌，因为微生物的突变率是 $1/10^9$，所以在 10^5 个细菌中存在突变菌株的可能性非常小。

除非 PK/PD 的目标因子位于选择耐药性菌株的可能区域，预估的给药方案可能会带来一个在一定范围内波动的随药物浓度-时间变化的细菌生长风险，促进耐药菌株的选择和扩增。随着耐药菌株的增殖和传播到新的宿主体内，接着会出现大量的耐药菌；新一轮的抗菌药物压力就会使耐药菌群富集，抗菌药物的疗效也随着时间不断的失去（Epstein 等，2004）。然而，非常重要的是 MSW 的简单化定义需要避免：定义为 MSW 的区域不包括均匀的突变选择，涵盖的是渐变的突变，其中这个窗的上边缘值可能发生突变的风险最小。

现在已经证明，并不需要药物的浓度一直在那个重要的突变选择窗区域内，而是在突变选择窗内发生大部分的药物暴露。Firsov 等在 2008 年证实，即使不同给药方案的给药时间在 MSW 区域内完全相同，正是波动区所处的位置决定了是否有耐药菌株的增殖。换句话说，重要的是药物浓度超过预防耐药菌扩增所需的浓度。这些研究者认为，由于这个原因，重要的是 AUC/MIC 值，而不是药物浓度大于 MSW 的时间（TMSW）。2007 年 Tam 等人也发现了相似的结论。此外，MIC 值与 MPC 之间几乎没有相关性（Drlica 等，2006），而且 MIC/MPC 值对于药物和病原菌都是具有特异性的（Weitzstein，2005）。

最后，临床经验表明只有一些细菌（如铜绿假单胞菌）在治疗过程中会有比较大的耐药选择风险。所以突变选择窗概念的治疗学相关意义还有待明确地确定。

Mouton 等在 2005 年曾经尝试标准化解释 PK/PD 理论相关参数，下面列出了一些参数的定义。

(1) 药时曲线下面积 (AUC)：这是针对未结合药物而言的；如果应用了多次给药方案，应该在给药 24h 后达到稳态时进行测定。从这个方面来讲，必须注意，对于呈线性 PK 特性的药物，单次给药间隔处于稳态时的 AUC 值 ($AUC_{0-\tau}$) 等于单次给药后外推到时间无限大时的药时曲线下面积的值 (AUC_{0-inf})。

(2) AUC/MIC：因为这个比值是在潜伏期的某一时间段内测量的（通常是 18～24h），所以有时候这一比值是以时间为衡量呈现出来，但是实际上这一比值是没有单位的。请注意，有时候兽医上用单次缓释注射作为整个治疗，那么用来计算这一比值的 AUC 值有其特定的时间段，如 AUC_{0-24} 或 $AUC_{0-\infty}$。

(3) C_{max}/MIC：是血药浓度峰值与对特定病原菌的 MIC 值的比值。

(4) T＞MIC：是稳态药代动力学条件下，24h 内游离药物浓度大于 MIC 值的累计时间占比。需再次注意的是当单次缓释注射作为兽医上的整个治疗时，T＞MIC 的定义要扩大 24h 之外。

(5) 体外抗生素后效应：微生物短暂暴露于抗菌药物后，在药物除去的情况下仍能抑制细菌生长的时间（单位为 h）。

(6) 体内抗生素后效应：是药物在血清或感染部位的浓度降低至小于 MIC 值时，细菌数量在接受治疗的动物体内增加 10 倍（1log10 单位）所需的时间与在对照组动物体内所需的时间之差（单位为 h）。体内抗生素后效应包括低于 MIC 值浓度情况下所有的药物效应。

(7) 亚抑菌浓度 (Sub-MIC) 效应：当抗菌药物浓度低于 MIC 值时，对微生物的任何效应。

8. 亚抑菌浓度下后效应：在连续暴露大于 MIC 的药物浓度后，当药物浓度低于 MIC 值时对细菌生长的影响。

一、PK/PD 目标值

PK/PD 目标值影响剂量的选择和敏感性折点值的估计。治疗任何感染所需要的杀菌水平是一个主观的问题，其中主要包括病畜的反应，抗菌药物耐药性的潜在风险，治疗成本和安全性的考虑（包括动物和人类食品的安全性）。当然这些问题只是主观的判断，不能用数学方法计算出来。

能影响到 PK/PD 目标值的因素主要列举如下：

(1) 治疗指标：PK/PD 目标值会因为人们预期的治疗目标，即达到抑菌，1log10 单位杀菌，2log10 单位杀菌等的不同而不同 (Andes 和 Craig，1998，2002)。当宿主免疫系统功能强的时候，抗菌药物的作用是“协助”机体自身对抗感染的能力；因此，可能需要大幅度降低药物暴露以取得免疫功能低下时的相同效果。Andes 和 Craig 在 2002 年研究发现：在治疗白细胞减少症小鼠的腿部金黄色葡萄球菌感染时，要想得到抑菌、1log10 单位杀菌、2log10 单位杀菌等不同的治疗效果所需的 AUC/MIC 值分别是 69.7、129 和 235；类似的结果是无白细胞减少症小鼠感染时所需 AUC/MIC 值分别是 32.2、62.2 和 165。

(2) 除了宿主的免疫应答外，其他可能影响 PK/PD 目标值的因素还有：

①微生物的毒力。

②病原菌的生长速度。

③病原菌的负荷。

④出现耐药菌株的可能性。

(3) 感染部位：即使在相同药物浓度下，感染部位也会影响药物的反应 (Erlendsdottier 等，2001；O' Reilly 等，1996)。一个可能的原因就是感染部位与微生物繁殖时间的关系。

虽然 PK/PD 目标值都以 MIC 值作为分母，但是我们不能因此就认为两种有相同 MIC 值的不同细菌会有相同的 MBC 值，或者认为它们实现相同杀菌能力所需的 AUC/MIC，C_{max}/MIC 和 T＞MIC 值就相等 (Andes 和 Craig，2002)。不过，人们可以对不同种类不同种群微生物的 PK/PD 目标值做出总结，例如，在啮齿类实验动物和人类临床研究都表明，氟喹诺酮类药物对革兰氏阴性杆菌的游离药物的 AUC/MIC 值是 70～80h，而对肺炎链球菌的是 30h (Ambrose 等，2007)。

最后，抗菌药物的 PK/PD 是药物暴露与效应的关系，反应的是测量这些值时药物所处的环境。而且，对 PK/PD 目标值的评估应该基于确定的期望治疗效果上。在这方面，临床上对伴侣动物和食品动物使用抗菌药物的治疗终点可能会不同。对于食品动物，治疗多是针对整群动物（如群体）的健康，治疗目的包括预防、治疗性预防或治愈策略等；相反地，对于伴侣动物而言，治疗只针对动物个体即可。此外，在伴侣动物医学上有很多因素会导致群体 PK 发生变化，例如，动物的年龄差异范围比较大，动物可能伴随其他疾病及相应的伴随用药，这些对于供人类消费的动物都不存在疑问。

最适宜的临床 PK/PD 会在预期的临床研究中得到。但是，这个目标不易达成，常需要从成百上千病人身上采集信息（Ambrose 等，2004；Preston 等，1998）。因为这个，几乎没有从动物群体中得到相关的数据库。

为了填补上述空缺，常用其他资源的信息来代替，如细菌数量随着药物变化而下降，可以在有限条件下为描述药物和病原菌的相互作用提供依据。研究这些关系的其他潜在方法包括体外试验或者涉及一系列给药剂量的动物模型试验。但是我们也要充分考虑这些试验方法的固有局限性：①包括使用白细胞减少症啮齿类动物或者用于评估感染部位药物暴露和效应关系的很多动物模型都与预期的作用部位不同。研究发现，在评价达托霉素对肺炎链球菌的治疗效果时，抗菌药物的活性与感染部位之间的相互作用非常重要（Silverman 等，2005）。②体外杀菌曲线在杀菌动力学上提供了一些偏离数据，因为被测细菌的药物暴露量是恒定不变的，这与典型的体内药物暴露的波动是有区别的。为了减少这些误差的来源，人们已经研发出了体外动力学模型（Blaser 等，1985）。③也有半体内模型的应用，就是植入组织笼收集分泌液（角叉菜胶诱导产生的炎症液体）和渗出液，然后体外测定在这些液体中抗菌药物的活性（Brentnall 等，2012）。在体外动力学模型或者半体内效果研究中，影响暴露和效应关系的体内因素都被忽略了。

对于浓度依赖的杀菌药物，当病原菌的 MIC 值较高或者细菌增殖速度比较快时，C_{max}/MIC 值就非常重要（Craig 和 Dalhoff，1998）。快速增殖的细菌发生突变的可能性也大，会导致菌群中不太敏感的细菌产生。同样地，在细菌载荷大（接种量效应）的时候，根据概率法则，细菌发生突变的风险就会增大（Craig 和 Dalhoff，1998；Drusano 等，1993）。

对于氟喹诺酮类药物，为了确保杀灭敏感菌而且杀灭或者抑制 MIC 值较高的微生物，目标 C_{max}/MIC 值是 10～12。但是我们也发现了这一规则的例外，例如，在炭疽杆菌，中空纤维研究表明与 C_{max}/MIC 相比，AUC/MIC 更能有效预测效果（Deziel 等，2005）。这一结论与 MacGowan 等的研究有关：他们发现在体外条件下杀灭培养液中 99%的细菌的时间取决于药物的 C_{max}/MIC 值，但是使细菌数量持续减少的能力却与 AUC/MIC 值有关，所以这就表明在药物暴露与效应的关系中时间也是一个需要考虑的因素。如果给药间隔超过 24h，那么药物的效果也可能依赖于 T>MIC 这个指标（MacGowan 和 Bowker，2002）。

二、细菌接种量的效应

有大量的研究是用于检测接种量对抗菌药物杀菌活性的影响，而且已经表明接种量会影响 MIC 值和杀灭 3 个 log10 单位细菌所需的药物量。一些情况下，这些研究是人为的，反映了体外实验条件及有限的容量对细菌浓度和细菌自身产生的水解酶浓度之间关系的影响（Craig 等，2005）。另一方面，体内接种物的量也被证实可以影响到杀菌指标 AUC/MIC 比值，这可能是因为微生物种群负荷超过了突变频率。

以下是关于接种物效应的几个例子。

1. 图 5.1 列出了用左氧氟沙星治疗小鼠铜绿假单胞菌感染时微生物学结局的比较；数据清楚地表明了依赖接种物的杀菌效果。铜绿假单胞菌耐药菌株的突变频率通常是（0.1～2）$\times 10^{-6}$；所以在一个比较大的感染接种量时，微生物的种群负荷大大超过了变异频率。用药后，敏感菌株被杀灭，而耐药菌株得以存活下来。这就使得耐药菌株被选择出来，而且在药物压力下耐药菌株不断扩大，随后就出现了一个微生物耐药亚群。所以，只有给予足够的药物来抑制或者杀灭耐药菌，才能从整体上减小微生物负荷（Jumbe，2003）。

2. 在体外试验和小鼠的体内试验证明，暴露马波沙星后，当接种菌量大的时候，对耐药菌株的选择力也会增大（Ferran 等，2007，2009）。同样地，当多杀性巴氏杆菌感染小鼠时，与较少量的感染相比，为了保证肺部感染细菌量较多的小鼠存活下来，就需要一个较高的马波沙星给药量（Ferran 等，2011）。

3. 虽然当细菌接种量从 10^5CFU/mL 升高到 10^8CFU/mL 时，对 MIC 值的大小并没有重要的影响；但是，当治疗以大于 10^8CFU/mL 的金黄色葡萄球菌和铜绿假单胞菌感染的小鼠时，一些碳青霉烯类和喹诺

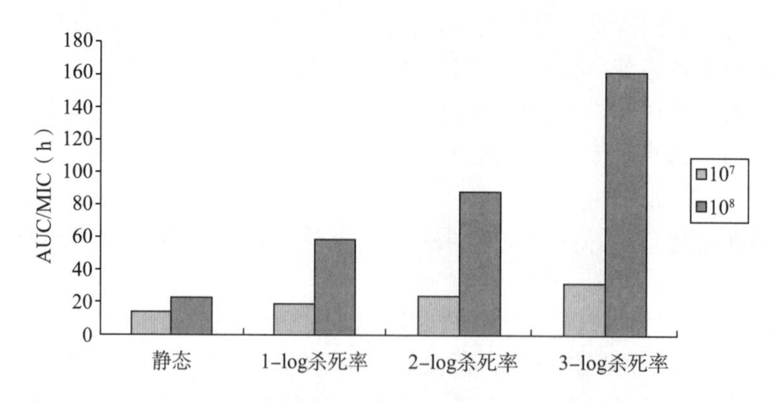

图 5.1　铜绿假单胞菌的剂量反应。健康小鼠的每只腿上注射 10^7 或 10^8 单位细菌。左氧氟沙星的 MIC 值和 MBC 值分别是 0.8μg/mL 和 1.6μg/mL。横轴代表的是药物暴露剂量（mg/kg）。这个模型可以计算出达到静态，1log10、2log10 和 3log10 单位灭菌数量分别需要的给药量（CFU/g），其中静态就是接种后菌落数又回到原来水平（引自 Jumbe 等，2003）

酮类的给药量（用半数有效量 ED_{50} 来表示）需要大大增加（Mizunag 等，2005）。

4. 体内外的研究发现万古霉素会受到接种量效应的影响（Craig 和 Andres，2006），所以这也就从某些方面解释了对较大细菌负荷病人的初期治疗效果并不好的原因，从而外科手术的护理很难（Kim 等，2003）。

5. 将细菌负荷在临床效果中的作用与以往在猪的多西环素方面做的工作结合起来表明：虽然 PK/PD 理论指出为了确保临床上对猪的呼吸系统疾病治疗成功，多西环素的每日给药量要大于 20mg/kg；但实际上饲料中 11mg/（kg・d）的剂量就可以控制住多杀性巴氏杆菌引起的猪肺炎（Toutain，2005；Bousquet 等，1998）。Toutain 认为，上述不同至少在某些方面是与接种量效应有关的，这也证明了治疗性预防（就是在发病前给药）策略的重要性。

6. 有报道显示：抗生素介导的很多抗菌药物的杀菌速度和程度对细菌密度的依赖性已经降低，这样的药物主要有达托霉素、利奈唑胺、庆大霉素、苯唑西林、万古霉素和环丙沙星（Udekwu 等，2009）。

细菌数量之间的关系在有脓液（PUS）的情况下可能更有特别意义，这与平均值为 2×10^8 CFU/mL（取自人软组织和腹腔内感染患者的样品）有关。事实上，有些患者脓液中的细菌数量高达 10^9 CFU/mL（König 等，1998）。

三、综合考虑

PK/PD 目标值举例（抗菌剂易到达的感染位点）见表 5.2。这些关系以血浆或者血清中游离（未结合）的有效药物及其代谢物的浓度来表达，作为感染部位药物暴露的替代。

在处理兽医临床上某些特殊情况时，需要考虑这些指标暴露的一些潜在不足之处。例如，牛奶中得到的 MIC 值可能会与肉汤或琼脂培养基中得到的数值有明显的差异。这一点在治疗奶牛乳腺炎过程中很重要。虽然大肠杆菌和金黄色葡萄球菌对青霉素 G 在牛奶中和在 MH 培养基中的 MIC 一样，但是对四环素的 MIC 在牛奶中的比在 MH 培养基中的高出 4～32 倍（Kuang 等，2009）。对土霉素而言，MIC 在血清、分泌液和渗出液中的数值比 MH 培养基中的可高出 20～30 倍。由于土霉素的血浆蛋白结合能力只有 50%，因此需要进一步的探究做出解释（Brentnall 等，2012）。

最后，采用 24h 用药间隔内 AUC/MIC 或者 T ＞ MIC 有时并不能满足某些食品动物的药物替代使用方案（Toutain 等，2007）。因此，在处理兽药的用药方案和处方时，我们需要考虑很多方面，而不局限于传统的每日用药方案，特别是一些人医临床的。

（一）实现目标药物暴露

对于任何抗菌药物，主要目标是针对入侵的病原体。因此，其有效性将取决于药物在感染部位达到足够的量以及维持足够量的时间的能力。细菌感染的部位很少是败血症。相反，细菌感染几乎总是发生在组织中，需要药物扩散出循环系统到达全身。一旦到达感染部位，药物就会与细菌发生相互作用，达到杀灭或抑制病原菌的效应。

表 5.2　不同类别抗菌药物的 PK/PD 目标值举例

基本类别	作用靶点	作用形式	药物类别	亚类（与类相关）	药物举例	暴露-效应关系	PAE	PK/PD 参数	PK/PD 目标值		
									G^- 菌	链球菌	葡萄球菌
蛋白质合成抑制剂	30S 核糖体	抑制剂	氨基糖苷类	链霉菌衍生物	阿米卡星、新霉素	体外时杀菌依赖药物浓度比较大（最大在＞4 倍 MIC，或更大），通常被称为浓度依赖型	中度到大	AUC_{24}/MIC 或 C_{max}/MIC	C_{max}/MIC≥8		
				小单胞菌衍生物	庆大霉素						
	tRNA	结合	四环素类 甘氨酰环素类		多四环素、金霉素、土霉素、替加环素	体外时杀菌依赖药物浓度比较小（最大在 1～4 倍 MIC），通常被称为时间依赖型	大	AUC_{24}/MIC	讨论参考 Agwuh 和 MacGowan，2006		
	50S	启动抑制剂	噁唑烷酮类		利奈唑胺	体外时杀菌依赖药物浓度比较小（最大在 1～4 倍 MIC），通常被称为时间依赖型	微弱到中度	T＞MIC	85（Ambrose 等，2007）		
		抑制肽转移酶	酰胺醇类		氯霉素、氟苯尼考	时间依赖型		T＞MIC*	50%（Burgess 等，2007）		
			截短侧耳素类		泰妙菌素、沃尼妙林			AUC_{24}/MIC*	Novac，2011	4	12
	转肽作用/核糖体易位	抑制剂	大环内酯类	红霉素类	红霉素	体外时杀菌依赖药物浓度比较小（最大在 1～4 倍 MIC 之间），通常被称为时间依赖型	微弱	T＞MIC	约 50%（Burgess 等，2007）		
				氮杂内酯类	阿奇霉素		中度	AUC_{24}/MIC	5		
				酮内酯类	泰利霉素				3.75		
			林可胺类		克林霉素				16～30		
			链阳菌素类		维吉尼亚霉素						
细胞壁合成抑制剂			β-内酰胺类	青霉素类		体外时杀菌依赖药物浓度比较小（最大在 1～4 倍 MIC），通常被称为时间依赖型	微弱到中度	T＞MIC	30	50	30

注：引自 Craig WA，2000.《抗菌药物的药效动力学：基本概念和应用》，见 Nightingale CH 等，《治疗和实践中的抗菌药物药效学》。

只有未结合的（游离的）药物能够通过多孔毛细管进入细胞外液。为此，PK/PD目标值应基于游离的血浆或血清药物浓度来建立（Liu等，2002；Liu等，2005；Mueller等，2004；Drusano，2004）。临床和实验室标准协会（CLSI）召开研讨会期间，William Craig博士（2011）提供了一个很好的氟喹诺酮类和头孢菌素类的综述，证明了以游离药物浓度表示时，PK/PD指标在各类药物中各种化合物之间是相同的，尽管药物的总浓度差异明显。

也有一些感染部位及药物类型，在感染部位的浓度明显不同于那些在血液中的浓度。大环内酯类、酮内酯类、一些氟喹诺酮类和噁唑烷酮类在肺上皮黏液（ELF）中的浓度往往要高于血浆中的浓度（Rodvold等，2011；Honeybourne等，1994；Shryock等，1998）。因此，酮内酯类药物如泰利霉素在免疫功能正常的患者中只需要血浆中AUC/MIC值达到3.375，90%的呼吸道病原菌便得以清除（Drusano和Preston，2002）。相反，氨基糖苷类和糖肽类在ELF中的浓度往往低于血浆中的浓度（Rodvold等，2011）。例如，氨基糖苷类的妥布霉素在ELF的浓度低于血浆中的浓度（Carcas等，1999）。

肺组织匀浆的浓度不应该被用来估计感染部位的暴露浓度。这些浓度在很大程度上反映了药物可能结合/固定在胞内和胞外的某些组件上，因此误判了游离药物在感染部位的浓度。当然，测量在ELF的药物浓度经常被用来估计在肺中的药物暴露浓度，即ELF的药物浓度的准确性最近受到了质疑。虽然非常高的局部浓度通常归结为药物进入白细胞（Maglio等，2003；Scorneaux和Shryock，1999），Kiem和Schentag（2008）认为，如果使用支气管肺泡灌洗（BAL），阿奇霉素、克拉霉素、酮内酯类、氟喹诺酮类、伊曲康唑、替加环素以及利福平等的显著浓缩可能被夸大了。这些调查表明BAL可能导致周围细胞（包括肺泡巨噬细胞）溶解后的药物释放导致污染样品。如果他们的结论是正确的，那么在ELF的药物浓度（通过BAL得到的）的测量同样会受到由肺组织匀浆偏差带来的影响。此外，Kiem和Schentag建议在BAL问题得到纠正之前，肺微透析可提供一个更好的细菌学疗效，它更利于使用血药浓度简单地持续表达PK/PD参数，因为这些参数值与患者的细菌学疗效有更好的相关性。同样，Muller等（2004）得出这样的结论：通常来讲，急性炎症对组织渗透影响很小，那些认为抗生素在目标部位增加是因为巨噬细胞对药物的摄取并在感染部位出现优先释放引起的报道是没有事实依据的。

一些组织在毛细血管水平有渗透局限性和/或具有外排泵。在这些情况下，作用部位（如血脑屏障）的药物蓄积受阻，只有脂溶性药物可以跨越这些障碍（如氟喹诺酮类药）。血液灌流也是一个限制因素（血块、脓肿、或脓毒症），会影响组织灌注因而不利于药物分布。

当细菌位于细胞内时（兼性或专一性细胞内病原体），胞内的药物浓度（如中性粒细胞）可在不同细胞器（如细胞质、溶酶体和吞噬体）中有很大差别。如大环内酯类，聚集在pH（4～5）较低的吞噬溶酶体内，导致高的细胞总浓度。然而，由于大环内酯类抗生素的抗菌活性具有pH依赖性（酸性pH下活性很低或没有），这些高浓度反映了电离的药物（聚集）会明显降低抗菌效果（Toutain等，2002）。

偶尔，在健康组织的穿透性不能反映出病变组织的渗透性。因为同身体的其余部分相比，感染部位的体积非常小，感染部位的药物浓度变化很难与血药浓度分辨。这种药物分布在健康与感染组织差异的原因非常多。例如，通过增加血液流向组织的流速，如急性炎症过程中发生的血液循环的增加，我们可以预期血液和发炎部位药物间的交换增加（Ryan，1993）。采用微透析技术测量未结合的环丙沙星在皮下脂肪组织的浓度以及激光多普勒技术检测微循环血流量，表明下肢升温能使微循环血量高于基准血流量3～4倍，并且相应的温热大腿与非温热大腿环丙沙星的C_{max}比值是2.1±0.90（Joukhadar等，2005）。

然而，炎性组织的反应可能比仅根据纯粹的热反应做出的预测有所不同。炎症期间血管扩张并不同于局部血流量的增加。事实上，急性炎症与血流量减少有关，报道的肺部炎症也如此（Henson等，1991）。复发性呼吸道梗阻（RAO）的马肺脏分泌炎症介质，会导致血管痉挛和局部循环不畅。这样的循环变化可能会阻碍药物到达局部位点。对于乳腺炎，情况可能更为复杂，最初的阶段（0～12h）血流量是增加的，而接下来的12h会随之下降（Potapow等，2010）。

对于泌尿道感染（UTIs），通常认为尿中浓度具有生物学相关性。在这方面，活性药物在膀胱中的高浓度含量已证实能有效对抗尿道中的细菌，并且关乎单纯性尿道感染的抗菌治疗。然而，这些腔内药物浓度对膀胱壁细菌的生长几乎是无效的（Frimodt-Møller，2002）。在后面那种情况下，药物需要通过血液到达感染组织（Frimodt-Møller等，1981）。此外，至少在人类患者中，慢性膀胱感染可归因于尿路致病性大肠杆菌（UPEC）的胞内侵袭。有证据表明，UPEC 侵入膀胱上皮细胞，并在此复制产生大量细菌包涵体。这可能会触发宿主脱落这些感染细胞，以及促进细胞因子的产生。细胞脱落完成之前，UPEC 从感染的细胞逸出，与暴露的移行上皮接触形成新的联系。这种细菌在胞内的阶段对慢性尿路感染抗菌治疗而言是一个重大的挑战（Schilling 和 Hultgren，2002），强调了在确定有针对性抗菌治疗时确定病原体位置的重要性。

最后，正如下一部分介绍的，与感染和炎症相关的 pH 的变化会显著影响药物在作用部位的浓度和活性。

（二）pH 的重要性

电离作用可以促进药物在水性环境中的溶解，其中溶解是药物吸收过程的第一步反应。这个电离作用至少从某些方面解释了大环内酯类药物在细胞（特别是中性粒细胞和巨噬细胞等）内大量累积的现象（Carbon，1998）。但是进入体循环或者进入细胞及细胞器内的是非电离的药物（Martinez 和 Amidon，2002）。这种电离和非电离药物之间的差异是非常重要的，虽然电离作用可以通过离子捕获使得药物浓度升高，但是电离后的药物不能很容易的渗透入细菌内。所以，这种 pH 效应可以影响可电离药物如弱酸类（β-内酰胺）、弱碱类（如大环内酯类药物）和两性类药物（如喹诺酮类药物）（Siebert 等，2004）的浓度-效应关系。

例如，让 MH 肉汤培养基的 pH 从 8 降到 5.8，会导致环丙沙星和司帕沙星对大肠杆菌的 MIC 值增大 8～31 倍（Tsutsumi 等，1999）。同样地，表 5.3 列出了大环内酯类药物泰拉霉素的 MIC 值随 pH 改变发生的变化。对于这种弱碱性的药物，随着 pH 降低，以电离形式存在的药物比例就会显著增大，从而导致药物效力下降（微生物风险评估）。这种对 pH 的灵敏度在体外试验条件下也是一个问题，因为用二氧化碳进行的培养会降低生长培养基的 pH。

表 5.3　pH 对泰拉霉素活性的影响

微生物*	不同 pH 下的平均 MIC 值（μg/mL）					
	6.5	7.0	7.2	7.4	7.6	8.0
大肠杆菌 ATCC25922	>128	18.4	4.59	2.0	2.0	2.0
粪肠球菌 ATCC29212	>128	36.8	12.1	3.48	2.0	2.30
金黄色葡萄球菌 ATCC29213	>128	24.3	8.0	3.03	1.74	2.0

注：* 质量控制菌株来自美国菌种保藏中心（ATCC）。实验方法与 NCCLS 推荐的标准方法一致，仅培养基的 pH 按上表所示设置。

感染部位 pH 的改变可能会影响体外环境下对 PK/PD 预测的准确性。例如，奶牛乳腺炎一般会导致牛奶 pH 升高（牛奶的正常 pH 是 6.6～6.8，可升高到 7），而且几乎没有报道显示乳腺炎会使牛奶的 pH 降低。上述 pH 的变化会使电离药物与非电离药物的比值发生变化，因此，健康乳区的药物浓度并不能反映发炎和感染的乳区内的活性药物浓度。

pH 改变可引起尿路感染。在简单的尿路感染中就有电离作用。马的尿液 pH 在 5～9 内呈现双峰分布（Stanley 等，1995）；因为饮食的变化，母猪的尿液 pH 为 4.7～7.7（DeRouchey 等，2003；图 5.2）。所以，药物进入母猪尿液后，所处环境的 pH 与血液中的明显不同，如果不考虑电离作用，药物就不能表现预期的药物暴露-反应关系。

（三）耐受性与耐药性

不同于急性感染，慢性感染多与生物膜的形成及缓慢的细胞分裂速度有关（Owens 等，1997）。其中形成生物膜的倾向被认为是凝固酶阴性葡萄球菌感染的主要毒力因子之一（Otto，2004）。作用于这些毒力因子的药物效果可能远远超出了基于浮游菌静态效果的猜测。目前，只有当 PK/PD 模型建立在对临床结果的回顾性分析时，上述效果才可以与我们预期的血药浓度合并到一起（Sánchez-Navarro 等，2001；Drusano 等，2004）。

在上述情况下，体外测定的 MIC 值不能单独预测药物是否发挥作用。传统的体外敏感性数据反映了治疗药物对细菌生长活跃时期并为自由浮动（浮游）细胞的影响；这些试验并不能描述药物在细菌不同生长

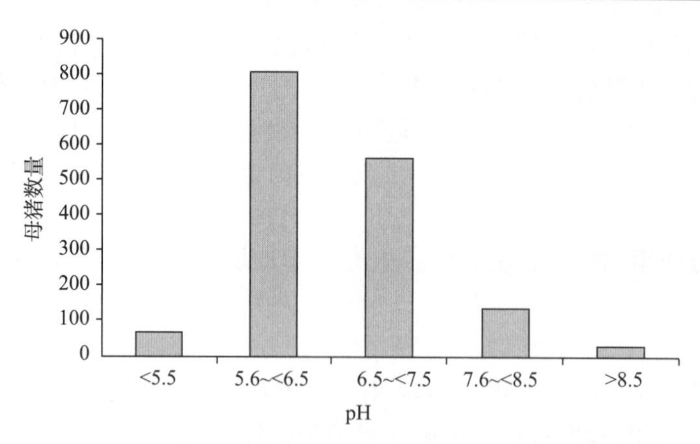

图 5.2 母猪尿液 pH 的频率（该数据引自 Madee，1984）

阶段的活性的不同（Cerca 等，2005）。随着生物膜的形成，细菌固着下来，形成一个有组织的细菌菌群，并能够在不利的环境中生存下来。当细菌形成生物膜后就进入一个不生长阶段，这一时期很多药物就失去了活性。这也就很明显的证明了很多药物的杀菌机制是依赖体内化合物的合成，如 β-内酰胺类药物（Tanaka 等，1999）。例如，细菌对 β-内酰胺敏感性降低与青霉素结合蛋白的表达减少及药物诱导的转肽酶抑制降低有关（Gilbert 和 Brown，1998）。上述发现引出了一个术语“药物中立”（Jayaraman，2008）。但是与生物膜相关的细菌并不具有传统意义上的耐药性，当它们重新变回浮游状态时，又会恢复对抗菌药物的敏感性。此外，即使是不生长的生物膜细胞也会对喹诺酮类药物或者其他能与细胞膜结合及破坏细胞膜的药物保持敏感性（Tanaka 等，1999；Jayaraman，2008；Smith 等，2009）。

虽然克隆的细菌菌群以前被认为其基因型和表型是完全相同的，但是新技术使这一观点面临挑战。现在已经确定，由于基因表达过程中的“噪声”在克隆群内可能存在有异质性的表型。这种“噪声”可以在基因表达过程中随机变异或对外界环境干扰的应答过程中出现（Jayaraman，2008）。最终上述变化会导致药物对抗感染的能力部分或全部丢失，这就是所谓的药物耐受。

生物膜的问题是非常具有挑战性的（Costerton 等，1999）。几乎所有的细菌都可以产生生物膜，将近65%的人类感染都与生物膜有关（Potera，1999）；在兽医学上生物膜也会导致相同的临床后果（参见 Clutterbuck 等人在 2007 年关于生物膜及其对兽医学影响的讨论）；这样的实例主要包括马远端四肢的伤口感染，奶牛慢性乳腺炎、马输尿管滞留导致的感染，犬的脓皮病和牙周炎。最近研究表明，犬离开加护病房时可能会携带大量能形成生物膜的多重耐药的肠球菌，而且具有将基因水平转移至人类身上的危险（Ghosh 等，2011）。

除了在本章开始所提到的关于铜绿假单胞菌的生物膜问题，下面我们还列出了一些在生物膜存在的情况下，导致抗菌治疗失败的因素；而且人们还研究出了用来描述这些因素间相互关系的数学模型（Keren 等，2004a，b；Cera 等，2005；Cogan 等，2005）。这些因素主要包括：

1. 生物膜的成分可以与抗菌药物相互作用并中和药物，从而形成了渗透屏障。

2. 一些研究表明生物膜可以使一些细胞在面对抗菌药物的挑战时仍不受其影响。这些细胞都保持静止状态，不会受抗菌药的杀菌效应影响，甚至那些能杀灭缓慢生长细菌的药物也不可以。

3. 有人提出细菌群体感应是细菌上调其耐药机制的一种机制。最近有研究表明，干扰细菌群体感应的通信系统可以增加细菌对抗菌药的敏感性。

4. 一些研究者认为生物膜具有种属特异性现象；对奶牛乳腺炎的多项研究也证实了这一假设。

重要的是现在已经证实：在真核生物细胞之间，在原核生物细胞不同的种群间，及微生物和其宿主间都有化学通信信号（Hughes 和 Sperandio，2008）。生物膜的这些生理特征，每一个都会发挥它们对抗菌药物活性特有的影响（König 等，2001）。

目前一些人和他们发表的论文都在提倡用脉冲给药法来实现抗生素（如头孢菌素类）对有生物膜形成的感染的治疗；如治疗犬的皮肤炎，他们会推荐在犬的整个生命中每周进行 3d 的系统治疗。考虑目前我们对生物膜的了解，这种脉冲给药只是周期性的控制住了浮游病原菌的释放，从而使症状缓解，但是并没有根除掉生物膜。对奶牛的流行病学研究表明对老龄母牛的慢性金黄色葡萄球菌感染治疗失败就是因为生物膜的存在（Clutterbuck 等，2007）。

第四节　PK/PD 理论和剂量预测：综合考虑

在考虑抗菌药物的给药剂量和暴露效应之间的关系时，最重要的是要认识到，对一些概括和大量交互变量的错误认识可能会影响这些关系。图 5.3 列出了上述相互作用的变量。

药物和给药方案可以看成是一个与交互变量的函数，最终决定为了实现预期的临床治疗效果需要的给药方案，包括剂量、给药频率和持续时间。在这一点上，所有的治疗首先要做的就是诊断疾病和确定治疗目标。例如，治疗的目的只是为了预防疾病，正如农场中预防性地使用药物是为了使疾病暴发的风险降到最低，那么治疗的目的就是使畜群的微生物负荷保持在一个足够低的水平，那么畜群中健康动物的宿主免疫系统就可以成功的限制疾病的暴发。另一方面，如果是活动的危及生命的感染，就迫切需要抗菌药物来消除这些感染。对于后者，我们还需要同时考虑疾病的基本病理。对宿主免疫状态和免疫应答的理解，可以帮助我们决定是快速杀菌、慢速杀菌还是抑菌；但是如疾病发展过程中有其他致病机制（如因宿主自身免疫应答诱导的组织损伤）或细菌产生毒素致病，这些都需要特别的治疗。

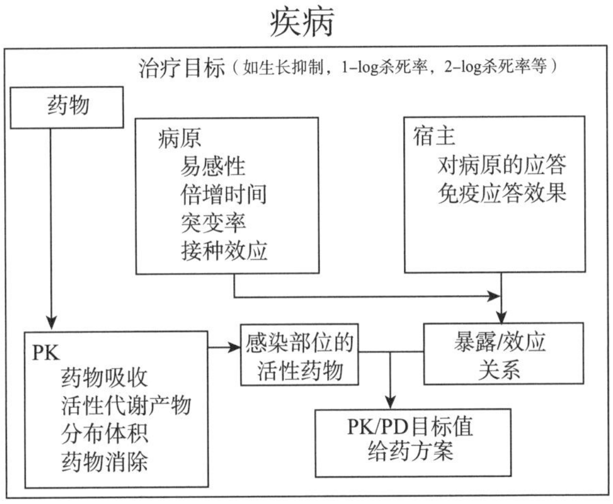

疾病

治疗目标（如生长抑制，1-log杀死率，2-log杀死率等）

药物

病原
易感性
倍增时间
突变率
接种效应

宿主
对病原的应答
免疫应答效果

PK
药物吸收
活性代谢产物
分布体积
药物消除

感染部位的活性药物

暴露/效应关系

PK/PD目标值
给药方案

图 5.3　抗菌药物剂量-反应关系影响因素示意

一、群体用药

我们应用 AUC_{0-24} 和 T＞MIC 等 PK 指标的平均值时，并没有考虑到在群体用药时可能会影响药物反应范围的一些不确定因素。正如 Ambrose 和 Quintiliani（2000）所说的，重要的是记住群体药代动力学和微生物学数据有其自己的特性，所以应用这种治疗方法时对上述特征的解析是非常重要的。出于这个原因，Monte Carlo 方法提供了一个很好的机制，用于测定 MIC 值范围内出现的结果的概率（Drusano 等，2001；Drusano，2003）。

虽然在实验室条件下获得的个体数据可以为药物的 PK 提供重要的信息，但是这些数据却不能充分反应田间试验中药物的动力学特征。由于肝和肾功能受损导致药物的清除发生改变，会引起药物浓度比预期的要高；如果这种药物是安全的，那么产生的临床效果会更好。另一方面，在感染部位活性药物的浓度也可能会受到影响。特别是败血症或感染部位发生肿胀时这种情况更有可能发生，因为药物从体循环输送到感染部位的量会减少。造成健康和患病动物组织内药物浓度不同的因素还包括感染组织内药物扩散率的改变，以及由药物的 pK_a 和感染部位 pH 之间的关系导致未电离药物浓度的改变。

我们也都知道：随着动物品种、年龄、性别和个体的改变，PK 会发生很大的改变。通过群体方法，Preston 等（1998）研究表明，与年轻患者相比，为了实现对老年人的治疗效果，左氧氟沙星的 AUC 值要大大的提高；这一发现与病人的生理状态密切相关。所以，当评估种群中潜在受药者治疗成功的可能性时，要充分考虑到群体 PK 的变化性，宿主的反应和微生物的敏感性等因素。同时，对药物的代谢与动物是否阉割过也有关系（Skálová 等，2003）。

当我们考虑群体中90%的个体实现PK/PD目标所需的药物剂量时，如果只考虑来源于健康个体的PK数据，而不包括群体中患病个体的数据时，剂量的估计值就会有偏颇。类似的例子Peyrou等在2004年就发表过，他们指出患病马（可由多种病原菌导致）和健康马相比其药物消除的平均水平要低，但是变异系数却比较高；患病马和健康马的药物消除平均值分别是0.209L/（h·kg）和0.284L/（h·kg），变异系数分别是52%和15%。所以，虽然患病马的平均AUC值趋于比健康马的大，且变异性也比健康马的大，但是健康马达到PK/PD目标值的相应能力并不能反映感染马的目标实现率（TAR）。Rubino等（2009）研究表明奥利万星（一种糖肽类药物）在复杂的皮肤感染或菌血症患者体内的消除率（第2和第3项研究中）比健康受试者体内的消除率（第1项研究中）高很多。同样地，健康人体内的AUC和C_{max}平均值［分别为252（μg·h）/mL和35.7μg/mL］要比病人体内相应值高［分别为146（μg·h）/mL和28.5μg/mL］。图5.4列出了通过静脉注射奥利万星所测得的标准偏差在±1之间的各项平均值。

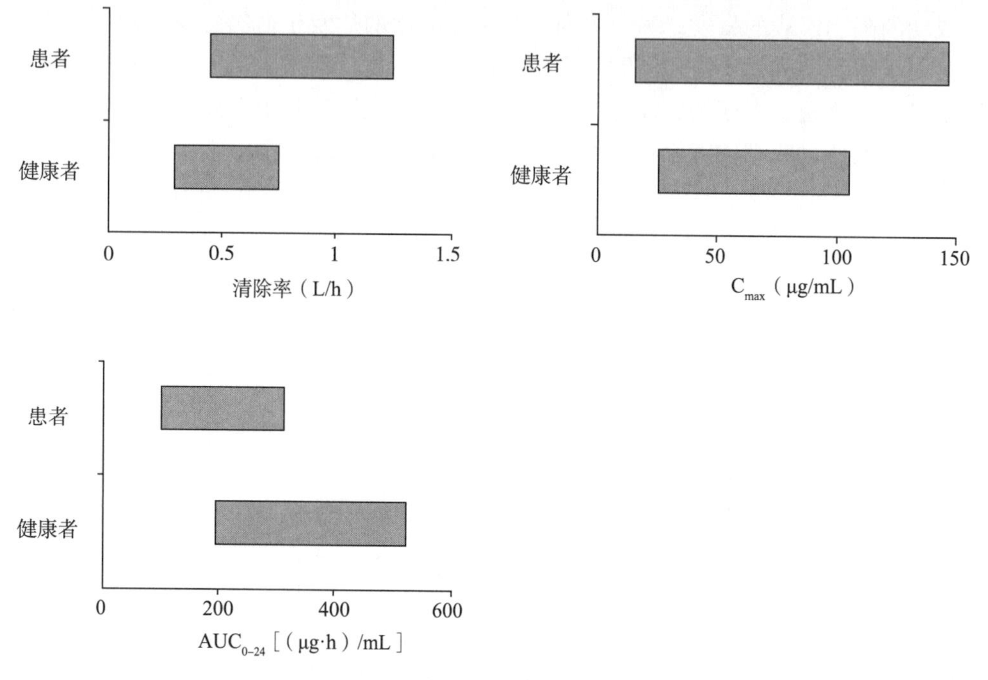

图5.4 奥利万星在健康者和感染者体内清除率、AUC_{0-24}和C_{max}值。感染者表现为复杂的革兰氏阳性病原菌的皮肤感染。浮动条形图反映了平均值±1倍标准差的值（数据引自Rubino等，2009）

在兽医上，PK的信息多是从健康动物上得来；但这样的研究设计不能准确地反映药物暴露在疾病时发生的变化。此外，这些关于PK的研究通常只在单一物种的动物上展开，而且是在严格控制的条件下。所以，上述对平均值和方差的估算可能会限制种群的推断值，低估了针对患病群体的药物暴露量。在这方面，我们注意到在兽医学中抗生素经常被广泛用于畜群疾病的预防和治疗性预防（控制疾病），这两种情况下的PK数据与来源于健康动物的数据相关。而且在上述两种情况中，PK数据的变异性更可能受给药形式及个体竞争等畜牧业因素影响，而不受动物健康状态的影响。

Monte Carlo模拟程序常用于生成群体预测值；通过试验常可以得到参数均值，方差大小和年龄、性别、品种、肌酐消除率等变量的信息，可以用试验中得到的这些值生成符合各自概率的PK参数分布。从上述随机产生的数据，模拟程序可以产生成千上万的PK/PD数据，可以用来评估任何指定MIC值下实现PK/PD目标值的概率。这个程序的结果不是对实现特定MIC值的概率的加权，而是测定实现指定MIC值下的PK/PD目标值的可能性。图5.5给出了一个用MIC值来估测批准剂量下加替沙星和左氧氟沙星实现AUC/MIC值为30的可能性（Ambrose和Grasela，2000），其中数值30是以人类可以生存为基础确定的。

下面列出了一些可以产生这种预测结果的方法（Dudley和Ambrose，2000）：

（1）根据对特定参数（如AUC）的群体平均值和方差估计模拟PK关键量值。对于微生物的敏感性，就是测定患病群体中预计达到PK/PD目标值（如AUC/MIC=30）的可能性。测定不同剂量下实现PK/PD目标值的可能性时，用一个固定的MIC值，如用MIC_{90}（图5.4）。当PK/PD目标值是T>MIC或

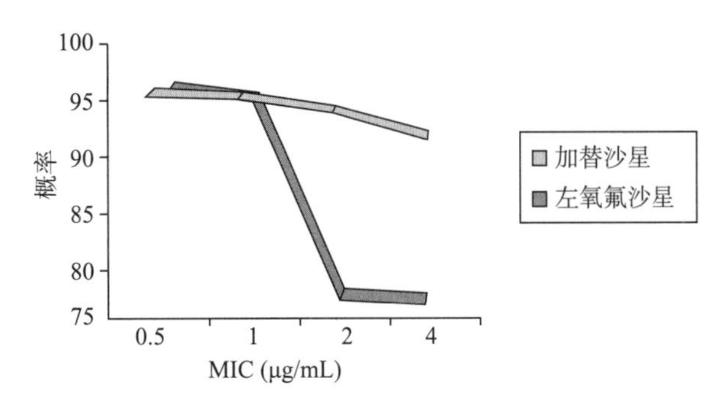

图 5.5　随着 MIC 值的变化，AUC/MIC 值为 30 的概率
（引自 Ambrose 和 Grasela，2000）

C_{max}/MIC时，我们要用一个更强大的数学方法，利用向量均值和不同药代动力学参数（如分布容积、清除率和百分吸收率等）的方差/协方差矩阵等来模拟 PK 分布图。在这种情况下研究者用来自模拟分布图的群体 PK 参数值，来估计固定 MIC 值基础上目标实现的可能性。这种方法可以用来估计给药剂量，例如，为了获得所需的目标实现率，需要改变药物剂量。另外，像本章后面所讨论的那样，通过改变 MIC 值并重复给予特定剂量这一方法，可以用来评估敏感性折点。

（2）如图 5.6 所示，因为药物 PK 的群体分布，关于药物剂量增加一倍时目标实现率必会增加一倍的猜想是错误的。当接近平台期的时候，药物剂量增加一倍会获得最少的额外的治疗效果，但是对所治疗的动物、人类的食品安全和治疗成本却有很大的害处。另一方面，当给药剂量位于图中的线性关系部分时，增加给药剂量或给药频率都可以得到很大的治疗益处。

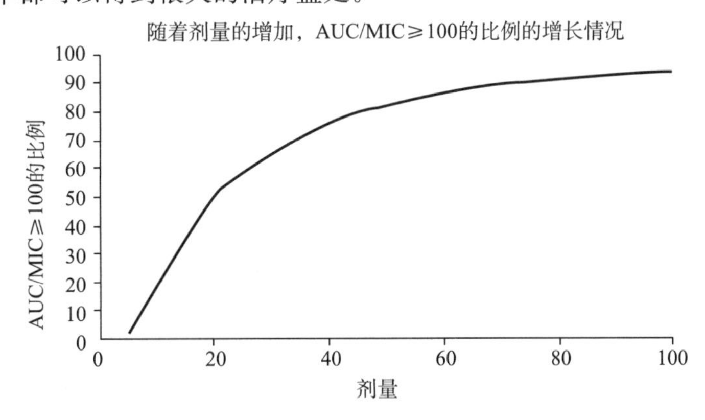

图 5.6　给药剂量的增加对模拟群体中实现 PK/PD 参数 AUC/MIC＝100 的个体所占比例的影响

（3）这种分析在进行剂量优化尝试时是非常有益处的。对 PK/PD 参数分布的模拟是在对 PK 参数分布（用上面所说的两种方法的任何一种均可）和 MIC 群体分布两个因素的模拟上展开的。在使用这种方法的时候，每个个体的 MIC 值是根据流行病学上 MIC 数据的概率分布随机分配的。而由 MIC 值获得的群体 PK/PD 分布是对相关病原菌群体 MIC 值分布的加权。在这种情况下，实现给定 MIC 值的 PK/PD 目标的可能性是将相关 MIC 值的微生物菌群所占比例相乘。当加权概率在全部 MIC 值范围内相加时，会得到该剂量的总体加权值（加权 TAR）。当选择一个可能受最高加权 TAR（给药方案和/或药物）干扰的治疗过程时，这个方法就显得非常重要（Tam 等，2006）。表 5.4 列出了一个确定加权目标实现的例子，这个例子与 Drusano 等人在 2001a 中发表的很相似。

表 5.4　对加权目标实现率的估测

MIC 值（μg/mL）	AUC/MIC＝100 的比例	细菌的 W/MIC	产物的比例
0.125	0.99	0	0
0.25	0.94	0.3	0.282
0.5	0.57	0.35	0.1995

（续）

MIC 值（μg/mL）	AUC/MIC=100 的比例	细菌的 W/MIC	产物的比例
1	0.09	0.2	0.018
2	0.03	0.1	0.003
4	0	0.05	0
			加权
			TAR=0.5025

二、临床敏感性折点

以确切的临床折点为基础的药敏试验，有非常大的治疗学应用价值。但是它的优势和局限性还需要确定。

解读标准可以帮助人医或者兽医从业者避免选择可能会导致治疗失败的药物。换句话说，诊断实验室常用临床折点为理论依据来阻止临床医生应用一些药，因为对一些特定的疾病这些抗菌药可能是无效的。

下面有三个我们比较关注的值—敏感（S）、中度敏感（I）和耐药（R）。

1. 敏感（S）　如果没有特别说明，用针对这类感染及感染的物种所推荐的药物，使用正常的给药方案就可能成功地治疗由分离菌株引起的感染。

2. 中度敏感（I）　由分离菌株引起的感染，药物聚焦在感染部位或者使用经批准的较高剂量时可能得到成功的治疗。它还表明这是一个“缓冲区”，可以阻止小的不受控制的技术因素引起主要的解释差异。

3. 耐药（R）　分离菌株不能被使用正常给药方案通常能够达到的药物浓度所抑制，并且或者菌株可能出现某种特定的耐药机制（如产生 β-内酰胺酶），以及在治疗研究中不能得到可靠的临床效果。

抗菌敏感性试验被用来确定从感染的病患体内分离到的细菌，是否可能被特定的感染部位的抗菌药物浓度（根据药物产品说明书中的给药方案达到）杀灭或抑制（CDER/CDRH Draft Guidance：Updating Labeling for Susceptibility Test Information in Systemic Antibacterial Drug Products and Antimicrobial Susceptibility Testing Devices，June，2008）。但是上述分类中的“敏感”类别并不能保证用特定的药物会治疗成功。事实上，当疾病变得很严重的时候，即使是针对敏感菌株，疗效也会下降。

临床耐药性与病原菌的耐药性、药代动力学和批准的给药方案有关，而流行病学临界点只是病原菌敏感性的结果，这二者的区别是我们理解和解释临床折点的基本原理（Bywater 等，2007；Simjee 等，2008；Turnidge 和 Paterson，2007）。在人类医学，有报道显示临床折点“敏感”这一类别，要求 90%～95%的病人在治疗的时候会有一个良好的反应。根据感染的类型不同，虽然有些感染细菌被鉴定为“耐药”，但是在接受治疗时 2/3 的病人还会反应；显而易见的是“敏感”测试结果可以成功地预测正面治疗结果的可能性（Rex 等，2002）。

当确定敏感性折点时需要考虑的三个因素：

（1）CO_{WT}是从不同地理位置的诊断实验室中收集到的野生型微生物的 MIC 临界值的集合。

（2）CO_{CL}是来自田间临床试验的临床 MIC 临界值的集合。

（3）CO_{PD}是 PK/PD 理论中的 MIC 临界值，是以药物在感染部位可达到的浓度与药物抗菌活性的动力学之间的关系为基础的。

鉴于这一章的主题，我们将以 PK/PD 在折点估计中的应用来结尾。

三、CO_{PD}的获得

这一部分内容主要展示了 CLSI 兽医抗菌药物敏感性试验分委会（VAST）M37－A3 文件中所描述的获得临床折点和 CO_{PD}值的方法。

第一步是要认识到为实现期望的治疗效果（如抑菌、1－log 杀死率、2－log 杀死率）所必需的药物暴露-反应关系。这就揭示了药物是如何发挥作用的（如时间依赖型效应还是浓度依赖型效应）。PAE（抗生素后效应）的大小和宿主因素与 PK/PD 值大小之间的关系都是为实现预期的治疗效果所必需的。通常为了获得选择的剂量，我们常使用 MIC_{90}，MIC_{90} 就是对于特定种类的微生物，实验中是这个 MIC 值的细菌占种群的 90%。另一方面对于 CO_{PD}，MIC_{90} 就是 90%的病患实现 PK/PD 目标时对应的 MIC 值；换句话说，我们需要寻找 90%的病患实现 PK/PD 目标的 MIC_{90}。所以，估计这一值的基础是指定的剂量和给药方案，还有本章前面所讨论的那些影响因素。

最近新建立了一个检测阿莫西林在猪群中 CO_{PD} 的方法。在对 191 只猪的阿莫西林药代动力学综合分析的基础上，建立了一个阿莫西林处置的群体模型，随后将这一模型用 Monte Carlo 模拟方法，对口服和肌内注射给药方案进行探索。特别有意思的是，对 CO_{PD} 的问题，是从单次肌内注射 30mg/kg 的结果确定的。如表 5.5 所示，根据上述模拟模型，在单次肌内注射给药的 24h 给药间隔内，为了保证 90%的目标实现率及参数 T>MIC 为 50%，药物的 MIC 值不能超过 0.125μg/mL（Rey 等，2010）。有趣的是我们发现，最近 CLSI VAST 将阿莫西林在猪的临床折点设定为 0.5μg/mL。

表 5.5　MCS 模拟以 30mg/kg 剂量给猪单次肌内注射阿莫西林后达到不同的 MIC 值以上的猪的百分比

百分比（%）	MIC 值（μg/mL）						
	0.062 5	0.125	0.25	0.5	1	2	4
0	100	100	100	100	100	100	100
10	100	100	100	100	99.6	88.9	34.45
20	100	99.95	99.45	96.05	79.95	34.2	0.3
30	99.85	98.85	91.5	73.4	49.05	5.85	0
40	99.45	95.3	78.9	57.25	33.8	0.25	0
50	98.75	90.4	68.8	49.9	16.45	0	0
60	97.95	86.8	63	45.15	4.55	0	0
70	97.5	84.3	59.9	36.1	0.9	0	0
80	96.45	81.25	56.5	25.6	0.2	0	0
90	95.25	79.3	51.95	16.7	0	0	0
100	94.25	77.1	45.9	9.2	0	0	0

第五节　总　　结

在抗菌治疗中传统的 PK/PD 指标的作用是什么？这一问题的答案是非常明确的：PK/PD 为估测用药剂量提供了起点，同时还可以促进对临床折点的估计。如果药物浓度不理想，抗菌药物的应用可能会增加感染向慢性疾病转变的风险，同时也增加了促进耐药菌株选择的风险。在这方面，动物模型和体外研究，为浮游病原菌的药物暴露-反应关系的研究提供了有价值的见解。我们始终要记住的是抗菌药物可能会带来短期的治疗成功，但是也可能会导致长期的治疗失败；奶牛乳腺炎和泌尿道感染是出现这一现象的两个典型例子。特别地，对于那些浓度-反应关系已经确定的药物，PK/PD 理论可以帮助我们避免选择能导致短期或长期治疗失败的给药剂量。

有许多预计抗菌药物是高度有效的，但是在应用时却不能达到预期的临床效果的例子。造成这种现象的原因可能是细菌的生长阶段的变化，细菌毒素的释放或药物在体内的失活。同时还有很多例子显示，一些预期无效的剂量，在临床中却能治愈患者；造成这种现象的原因可能是药物可以影响毒素的产生，宿主免疫应答能力增强或药物具有抗炎性能。这些研究都表明一个事实，那就是抗菌药物对病原菌的作用并不是简单的抑制或者杀灭。这些可能是药物复杂的化合物成分导致一系列的反应，这些反应可能会导致治疗成功也可能出现不良反应。试图将这样一个复杂的问题总结成一个简单的二维参数如 AUC/MIC，C_{max}/MIC 或 T>MIC 等，有一个固定的假设，那就是与治疗相关的指标只是杀死或抑制浮游微生物。显然这是一个错误的假设。最佳的是用浓度-效应控制的临床试验来确定预测剂量的合理性。得到上述数据后，通过 PK/PD 参数值对剂量进行优化的适用性就可以得到确定。

对于一个治疗方案，我们不仅要考虑它的短期效果，还要考虑它长期效果的维持。在这方面，我们不应该忽略非理想的抗菌药物使用可能存在的长期影响。我们必须扪心自问，是否愿意选择一个可以产生正面的短期急性治疗效果的剂量，却忽略它可能带来长期问题（主要包括治疗个体诱导慢性感染和帮助选择耐药菌株）的风险。在这方面我们不能忽略对 PK/MIC 这些二维参数的估测可以有效地避免上述潜在问题。

科学界要努力理解每一种新药物分子的作用机制，只有充分理解了这些，我们才能够确认影响治疗效果的那些因素，如药物的 PK/PD 关系和宿主体内的各种因素。最后，因为多种复杂反应会影响药物的效果，只有经过多年的实践经验，我们才能更加确定：药物是安全的，有效的，并且给针对的患病群体服用后产生长期治疗失败的风险是最小的。

参 考 文 献

Agwuh KN，MacGowan A. 2006. Pharmacokinetics and pharmacodynamics of the tetracyclines including glycylcyclines. J Antimicrob Chemother 58：256.

Alksne LE，Projan SJ. 2000. Bacterial virulence as a target for antimicrobial chemotherapy. Curr Opin Biotechnol 11：625.

Ambrose PG，Grasela DM. 2000. The use of Monte Carlo simulation to examine pharmacodynamic variance of drugs：fluoroquinolone pharmacodynamics against Streptococcus pneumoniae. Diagn Microbiol Infect Dis 38：151.

Ambrose PG，Quintiliani R. 2000. Limitations of single point pharmacodynamic analysis. Ped Infect Dis J 19：769.

Ambrose PG，et al. 2004. Use of pharmacokinetic-pharmacodynamic and Monte Carlo simulation as decision support for the reevaluation of NCCLS cephem susceptibility breakpoints for enterobacteriaceae. ICAAC，Abstract #138.

Ambrose PG，et al. 2007. Pharmacokinetics-pharmacodynamics of antimicrobial therapy：it's not just for mice anymore. Clin Infect Dis 44：79.

Andes K，Craig WA. 1998. In vivo activities of amoxicillin and amoxicillin-clavulanate against Streptococcus pneumoniae：application to breakpoint determinations. Antimicrob Agents Chemother 42：2375.

Andes K，Craig WA. 2002. Pharmacodynamics of the new fluoroquinolone gatifloxacin in murine thigh and lung infection models. Antimicrob Agents Chemother 46：1665.

Barczak AK，Hung DT. 2009. Productive steps toward an antimicrobial targeting virulence. Curr Opin Microbiol 12：490.

Beaudoin T，et al. 2012. The biofilm-specific antibiotic resistance gene ndvB is important for expression of ethanol oxidation genes in Pseudomonas aeruginosa biofilms. J Bacteriol 194：3128.

Blaser J，et al. 1985. Two compartment kinetic model with multiple artificial capillary units. J Antimicrob Chemother 15 Suppl A：131.

Blaser J，et al. 1987. Comparative study with enoxacin and netilmicin in a pharmacodynamic model to determine importance of ratio of antibiotic peak concentration to MIC for bactericidal activity and emergence of resistance. Antimicrob Agents Chemother 31：1054.

Bottcher T，et al. 2004. Clindamycin is neuroprotective in experimental Streptococcus pneumoniae meningitis compared with ceftriaxone. J Neurochem 91：1450.

Bousquet E，et al. 1998. Efficacy of doxycycline in feed for the control of pneumonia caused by Pasteurella multocida and Mycoplasma hyopneumoniae in fattening pigs. Vet Rec 143：269.

Brentnall C，et al. 2012. Pharmacodynamics of oxytetracycline administered alone and in combination with carprofen in calves. Vet Rec 171：273.

Brown SD，Traczewski MM. 2009. In vitro antimicrobial activity of a new cephalosporin，ceftaroline，and determination of quality control ranges for MIC testing. Antimicrob Agents Chemother 53：1271.

Burgess DS，et al. 2007. The contribution of pharmacokineticpharmacodynamic modelling with Monte Carlo simulation to the development of susceptibility breakpoints for Neisseria meningitidis. Clin Microbiol Infect 13：33.

Butts JD. 1994. Intracellular concentrations of antibacterial agents and related clinical implications. Clin Pharmacokinet 27：63.

Carbon C. 1998. Pharmacodynamics of macrolides，azalides，and streptogramins：effect on extracellular pathogens. Clin Infect Dis 27：28.

Carbone M，et al. 2001. Activity and postantibiotic effect of marbofloxacin，enrofloxacin，difloxacin and ciprofloxacin against feline Bordetella bronchiseptica isolates. Vet Microbiol 81：79.

Carcas AJ，et al. 1999. Tobramycin penetration into epithelial lining fluid of patients with pneumonia. Clin Pharmacol Ther 65：245.

Cegelski L，et al. 2008. The biology and future prospects of antivirulence therapies. Nat Rev Microbiol 6：17.

Cerca N，et al. 2005. Comparative assessment of antibiotic susceptibility of coagulase-negative staphylococci in biofilms versus planktonic culture as assessed by bacterial enumeration or rapid XTT colorimetry. J Antimicrob Chemother 56：331.

Clatworthy AE，et al. 2007. Targeting virulence：a new paradigm for antimicrobial therapy. Nat Chem Biol 3：541.

CLSI. 2008. Development of in vitro Susceptibility Testing Criteria and Quality Control Parameters；Approved Guideline—Third Edition. CLSI Document M23-A3. Wayne，PA：Clinical and Laboratory Standards Institute.

Clutterbuck AL，et al. 2007. Biofilms and their relevance to veterinary medicine. Vet Microbiol 121：1.

Cogan NG，et al. 2005. Modeling physiological resistance in bacterial biofilms. Bull Math Biol 67：831.

Costerton JW，et al. 1999. Bacterial biofilms：a common cause of persistent infections. Science 284：1318.

Cozens RM，et al. 1986. Evaluation of the bactericidal activity of beta-lactam antibiotics on slowly growing bacteria cultured in the chemostat. Antimicrob Agents Chemother 29：797.

Craig WA. 1993. Post-antibiotic effects in experimental infection models：relationship to in vitro phenomena and to treatment of infections in man. J Antimicrob Chemother 31 Suppl D：149.

Craig WA. 1998. Pharmacokinetic/pharmacodynamic parameters：rationale for antibacterial dosing of mice and men. Clin Infect Dis 26：1.

Craig WA. 2002. Pharmacodynamics of antimicrobials：general concepts and applications. In：Nightingale CH，Murakawa T，Ambrose PG. Antimicrobial Pharmacodynamics in Therapy and Practice. New York：Marcel Dekker.

Craig WA. 2011. Pharmacodynamic data from mice and men：use and calibration of animal models for BP analysis. http：//www. clsi. org/Content/Navigation Menu/ Committees/Microbiology/AST/January2011PKPDWorkshop/PK _ PDSlides4 _ UseCalibrationAnimals. pdf.

Craig WA，Andes DR. 2006. In vivo pharmacodynamics of vancomycin against VISA，heteroresistant VISA (hVISA) and VSSA in the neutropenic murine thigh-infection model. Abstr 644. 46th Interscience Conference on Antimicrobial Agents and Chemotherapy，San Francisco.

Craig WA，Dalhoff A. 1998. Pharmacodynamics of fluoroquinolones in experimental animals. In：Kuhlman J，Dalhoff A，Zeiler HJ（eds）. Handbook of Experimental Pharmacology，vol. 127. Quinolone Antibacterials. Berlin：Springer Verlag，pp. 207-232.

Craig WA，Ebert SC. 1990. Killing and regrowth of bacteria in vitro：a review. Scand J Infect Dis Suppl 74：63.

Dalhoff A，et al. 1995. Effect of quinolones against slowly growing bacteria. Chemotherapy 41：92.

DeRouchey JM，et al. 2003. Effects of dietary electrolyte balance on the chemistry of blood and urine in lactating sows and sow litter performance. J Anim Sci 81：3067.

Deziel MR，et al. 2005. Effective antimicrobial regimens for use in humans for therapy of Bacillus anthracis infections and postexposure prophylaxis. Antimicrob Agents Chemother 49：5099.

Drlica K，et al. 2006. Low correlation between MIC and mutant prevention concentration. Antimicrob Agents Chemother 50：403.

Drlica K，Zhao X. 2007. Mutant selection window hypothesis updated. Clin Infect Dis 44：681.

Drusano GL. 1998. Role of pharmacokinetics in the outcome of infections. Antimicrob Agents Chemother 32：289.

Drusano GL. 2003. The use of Monte-Carlo simulations in antibacterials：sense and non-sense. 12th ISAP co- sponsored symposium，11 May，Glasgow，UK. http：//www. isap. org/2003/ISAP-ECCMID-Glasgow/intro. htm.

Drusano GL. 2004. Antimicrobial pharmacodynamics：critical interactions of " bug and drug. " Nat Rev Microbiol 4：289.

Drusano GL，Preston SL. 2002. Utility of an 800 mg dose of telithromycin for community-acquired pneumonia caused by extracellular pathogens：an assessment by pharmacodynamic modeling and Monte Carlo simulation (poster 1364). repsented at the 12th European Congress of Clinical Microbiology and Infectious Diseases，24-27 April，Milan，Italy.

Drusano GL，et al. 1993. Pharmacodynamics of a fluoroquinolone antimicrobial agent in a neutropenic rat model of Pseudomonas sepsis. Antimicrob Agents Chemother 37：483.

Drusano GL，et al. 2001a. How is weighting accomplished? Antimicrob Agents Chemotherap 45：13.

Drusano GL，et al. 2001b. Use of preclinical data for selection of a phase II/III dose for evernimicin and identification of a preclinical MIC breakpoint. Antimicrob Agents Chemother 45：13.

Drusano GL，et al. 2004. Relationship between fluoroquinolone area under the curve：minimum inhibitory concentration ratio and the probability of eradication of the infecting pathogen，in patients with nosocomial pneumonia. J Infect Dis 189：1590.

Drusano GL，et al. 2010. Impact of burden on granulocyte clearance of bacteria in a mouse thigh infection model. Antimicrob

Agents Chemother 54：4368.

Drusano GL，et al. 2011. Saturability of granulocyte kill of Pseudomonas aeruginosa in a murine model of pneumonia. Antimicrob Agents Chemother 55：2693.

Dudley MN，et al. 1987. Pharmacokinetics and pharmacodynamics of intravenous ciprofloxacin. Studies in vivo and in an in vitro dynamic model. Am J Med 82：363.

Dudley MN，Ambrose PG. 2000. Pharmacodynamics in the study of drug resistance and establishing in vitro susceptibility breakpoints：ready for prime time. Curr Opin Microbiol 3：515.

Epstein BJ，et al. 2004. The changing face of antibiotic prescribing：the mutation selection window. Ann Pharmacother 38：1675.

Erlendsdottir H，et al. 2001. Penicillin pharmacodynamics in four experimental pneumococcal infection models. Antimicrob Agents Chemother 45：1078.

Fantin B，et al. 1991. Factors affecting duration of in-vivo postantibiotic effect for aminoglycosides against gramnegative bacilli. J Antimicrob Chemother 27：829.

Feder HM Jr. 1986. Chloramphenicol：what we have learned in the last decade. South Med J 79：1129.

Ferran AA，et al. 2007. Influence of inoculum size on the selection of resistant mutants of *Escherichia coli* in relation to mutant prevention concentrations of marbofloxacin. Antimicrob Agents Chemother 51：4163.

Ferran AA，et al. 2011. Impact of early versus later fluoroquinolone treatment on the clinical，microbiological and resistance outcomes in a mouse-lung model of *Pasteurella* multocida infection. Vet Microbiol 148：292.

Firsov AA，et al. 1998. A new approach to in vitro comparisons of antibiotics in dynamic models：equivalent area under the curve/MIC breakpoints and equiefficient doses of trovafloxacin and ciprofloxacin against bacteria of similar susceptibilities. Antimicrob Agents Chemother 42：2841.

Firsov AA，et al. 1999. Prediction of the effects of inoculum size on the antimicrobial action of trovafloxacin and ciprofloxacin against *Staphylococcus aureus* and *Escherichia coli* in an in vitro dynamic model. Antimicrob Agents Chemother 43：498.

Firsov AA，et al. 2008. Enrichment of fluoroquinolone-resistant *Staphylococcus aureus*：oscillating ciprofloxacin concentrations simulated at the upper and lower portions of the mutant selection window. Antimicrob. Agents Chemother 52：1924.

Frimodt-Møller N. 2002. Correlation between pharmacokinetic/pharmacodynamic parameters and efficacy for antibiotics in the treatment of urinary tract infection. Int J Antimicrob Agents 19：546.

Frimodt-Møller N，et al. 1981. Effect of urine concentration versus tissue concentration of ampicillin and mecillinam on bacterial adherence in the rat bladder. Invest Urol 18：322.

Gerber AU，Craig WA. 1982. Aminoglycoside-selected subpopulations of *Pseudomonas aeruginosa*：characterization and virulence in normal and leukopenic mice. J Lab Clin Med 100：671.

Ghosh A，et al. 2011. Dogs leaving the ICU carry a very large multi-drug resistant enterococcal population with capacity for biofilm formation and horizontal gene transfer. PLoS One 6：e22451.

Gilbert P，Brown MR. 1998. Biofilms and beta-lactam activity. J Antimicrob Chemother 41：571.

Gips M，Soback S. 1999. Norfloxacin pharmacokinetics in lactating cows with sub-clinical and clinical mastitis. J Vet Pharmacol Ther 22：202.

Giuliano C，et al. 2010. Use of vancomycin pharmacokineticpharmacodynamic properties in the treatment of MRSA infections. Expert Rev Anti Infect Ther 8：95.

Hellewell PG，et al. 1991. Control of local blood flow in pulmonary inflammation：role for neutrophils，PAF，and thromboxane. J Appl Physiol 70：1184. http：//www2. medicine. wisc. edu/home/files/domfiles/infectiousdisease/AndesSinusitis. pdf. Accessed 09-11-2012.

Hughes DT，Sperandio V. 2008. Inter-kingdom signalling：communication between bacteria and their hosts. Nat Rev Microbiol 6：111.

Hurley JC. 1992. Antibiotic-induced release of endotoxin：a reappraisal. Clin Infect Dis 15：840.

International Organization for Standards. 2006. Susceptibility testing of infectious agents and evaluation of performance of antimicrobial susceptibility testing devices. 1. Reference method for testing the in vitro activity of antimicrobial agents against rapidly growing aerobic bacteria involved in infectious diseases. ISO 20776-1. International Organization for Standards，Geneva，Switzerland. http：//www. iso. org/iso/iso _ catalogue/catalogue _ tc/catalogue _ detail. htm? csnumber _ 41630.

Jayaraman R. 2008. Bacterial persistence：some new insights into an old phenomenon. J Biosci 33：795.

Joukhadar C，et al. 2005. Increase of microcirculatory blood flow enhances penetration of ciprofloxacin into soft tissue. Antimicrob Agents Chemother 49：4149.

Jumbe N，et al. 2003. Application of a mathematical model to prevent in vivo amplification of antibiotic-resistant bacterial populations during therapy. J Clin Invest 112：275.

Kamberi M，et al. 1999. Influences of urinary pH on ciprofloxacin pharmacokinetics in humans and antimicrobial activity in vitro versus those of sparfloxacin. Antimicrob Agents Chemother 43：525.

Keir LS. et al. 2012. Shigatoxin-associated hemolytic uremic syndrome：current molecular mechanisms and future therapies. Drug Des Devel Ther 6：195.

Keren I，et al. 2004a. Persister cells and tolerance to antimicrobials. FEMS Microbiol Lett 230：13.

Keren I，et al. 2004b. Specialized persister cells and the mechanism of multidrug tolerance in *Escherichia coli*. J. Bacteriol 186：8172-8180.

Kesteman AS，et al. 2009. Influence of inoculum size and marbofloxacin plasma exposure on the amplification of resistant subpopulations of Klebsiella pneumoniae in a rat lung infection model. Antimicrob Agents Chemother 53：4740.

Kiem S，Schentag JJ. 2008. Interpretation of antibiotic concentration ratios measured in epithelial lining fluid. Antimicrob Agents Chemother 52：24.

Kim S-H，et al. 2003. Outcome of *Staphylococcus aureus* bacteraemia in patients with eradicable foci versus noneradicable foci. Clin Infect Dis 37：794.

König C，et al. 1998. Bacterial concentrations in pus and infected peritoneal fluid--implications for bactericidal activity of antibiotics. J Antimicrob Chemother 42：227.

Kuang Y，et al. 2009. Effect of milk on antibacterial activity of tetracycline against *Escherichia coli* and *Staphylococcus aureus* isolated from bovine mastitis. Appl Microbiol Biotechnol 84：135.

Leggett JE，Craig WA. 1989. Enhancing effect of serum ultrafiltrate on the activity of cephalosporins against gram- negative bacilli. Antimicrob Agents Chemother 33：35.

Levison ME. 1995. Pharmacodynamics of antimicrobial agents. Bactericidal and postantibiotic effects. Infect Dis Clin North Am 9：483.

Levison ME. 2004. Pharmacodynamics of antimicrobial drugs. Infect Dis Clin N Am 18：451.

Liu P，et al. 2002. Interstitial tissue concentrations of cefpodoxime. J Antimicrob Chemother 50 Suppl：19.

Liu P，et al. 2005. Tissue penetration of cefpodoxime into the skeletal musle and lung in rats. Eur J Pharm Sci 25：439.

MacGowan A，Bowker K. 2002. Developments in PK/PD：optimizing efficacy and prevention of resistance. A critical review of PK/PD in in vitro models. Int J Antimicrob Agents 19：291.

MacGowan AP，et al. 2001. Pharmacodynamics of gemifloxacin against *Streptococcus pneumoniae* in an in vitro pharmacokinetic model of infection. Antimicrob Agents Chemother 45：2916.

Madec FU. 1984. Urinary disorders in intensive pig herds. Pig News Information 5：89.

Maglio D，et al. 2003. Impact of pharmacodynamics on dosing on macrolides，azalides and ketolides. Infect Dis Clin North Am 17：562.

Mah TF，et al. 2003. A genetic basis for *Pseudomonas aeruginosa* biofilm antibiotic resistance. Nature 426：306.

Martinez MN，Amidon GL. 2002. Mechanistic approach to understanding the factors.

Mattie H. 2000. Antibiotic efficacy in vivo predicted by in vitro activity. Int J Antimicrobial Agent 14：91.

Mizunaga S，et al. 2005. Influence of inoculum size of *Staphylococcus aureus* and *Pseudomonas aeruginosa* on in vitro activities and in vivo efficacy of fluoroquinolones and carbapenems. J Antimicrob Chemother 56：91.

Mouton JW，et al. 2005. Standardization of pharmacokinetic/ pharmacodynamic (PK/PD) terminology for anti-infective drugs：an update. J Antimicrob Chemother 55：601.

Müller M，et al. 2004. Minireview：issues in pharmaco kinetics and pharmacodynamics of anti-infective agents：distribution in tissue. Antimicrob Agents Chemother 48：1441.

Munckhof WJ，et al. 1997. The postantibiotic effect of imipenem：relationship with drug concentration，duration of exposure，and MIC. Antimicrob Agents Chemother 411735.

NCCLS. 1999. Methods for Determining Bactericidal Activity of Antimicrobial Agents；Approved Guideline. NCCLS document M26-A [ISBN 1-56238-384-1] . Wayne，PA：NCCLS.

Nicasio AM，et al. 2012. Evaluation of once-daily vancomycin against methicillin-resistant *Staphylococcus aureus* in a hollow-fiber infection model. Antimicrob Agents Chemother 56：682.

Nicolau DP. 2001. Predicting antibacterial response from pharmacodynamic and pharmacokinetic profiles. Infection 29 Suppl

2：11.

Novak R. 2011. Are pleuromutilin antibiotics finally fit for human use? Ann NY Acad Sci 1241：71.

O'Reilly T，et al. 1996. In：Lorian V（ed）. Antibiotics in Laboratory Medicine. Philadelphia：Williams & Wilkins，pp. 604-765.

Otto M. 2004. Virulence factors of the coagulase-negative staphylococci. Front Biosci 9：841.

Owens RC Jr，Ambrose PG. 2007. Antimicrobial stewardship and the role of pharmacokinetics-pharmacodynamics in the modern antibiotic era. Diagn Microbiol Infect Dis 57（3 Suppl）：77S.

Owens WE，et al. 1997. Comparison of success of antibiotic therapy during lactation and results of antimicrobial susceptibility tests for bovine mastitis. J Dairy Sci 80：313.

Peyrou M，et al. 2004. Population pharmacokinetics of marbofloxacin in horses：preliminary analysis. J Vet Pharmacol Ther 27：283.

Potapow A，et al. 2010. Investigation of mammary blood flow changes by transrectal colour Doppler sonography in an Escherichia coli mastitis model. J Dairy Res 77：205.

Potera C. 1999. Forging a link between biofilms and disease. Science 283：1837，1839.

Preston SL，et al. 1998. Pharmacodynamics of levofloxacin：a new paradigm for early clinical trials. J Am Med Assoc 279：125. Prins JM，et al. 1994. Clinical relevance of antibiotic-induced endotoxin release. Antimicrob Agents Chemother 38：1211.

Rasmussen B，et al. 1991. Molecular basis of tetracycline action：identification of analogs whose primary target is not the bacterial ribosome. Antimicrob Agents Chemother 35：2306.

Rex JR，Pfaller MA. 2002. Has antifungal susceptibility testing come of age? Clin Infec Dis 35：982.

Rodvold KA，et al. 2011. Penetration of anti-infective agents into pulmonary epithelial lining fluid：focus on antibacterial agents. Clin Pharmacokinet 50：637.

Rubino CM，et al. 2009. Oritavancin population pharmacokinetics in healthy subjects and patients with complicated skin and skin structure infections or bacteremia. Antimicrob Agents 53：4422.

Ryan DM. 1993. Pharmacokinetics of antibiotics in natural and experimental superficial compartments in animals and humans. J Antimicrob Chemother 31 Suppl D：1.

Safdar N，et al. 2002. Risk of hemolytic uremic syndrome after antibiotic treatment of *Escherichia coli* O157：H7 enteritis：a meta-analysis. J Am Med Assoc 288：996.

Sánchez-Navarro A，et al. 2001. A retrospective analysis of pharmacokinetic-pharmacodynamic parameters as indicators of the clinical efficacy of ceftizoxime. Clin Pharmacokinet 40：125.

Schilling JD，Hultgren SJ. 2002. Recent advances into the pathogenesis of recurrent urinary tract infections：the bladder as a reservoir for uropathogenic *Escherichia coli*. Int J Antimicrob Agents 19：457.

Scorneaux B，Shryock TR. 1999. Intracellular accumulation，subcellular distribution and efflux of tilmicosin in bovine mammary，blood，and lung cells. J Dairy Sci 82：1202.

Shryock TR，et al. 1998. The effects of macrolides on the expression of bacterial virulence mechanisms. J Antimicrob Chemother 41：505.

Siebert GA，et al. 2004. Ion-trapping，microsomal binding，and unbound drug distribution in the hepatic retention of basic drugs. J Pharmacol Exp Ther 308：228.

Silverman JA，et al. 2005. Inhibition of daptomycin by pulmonary surfactant：in vitro modeling and clinical impact. J Infect Dis 191：2149.

Skálová L，et al. 2003. Reduction of flobufen in pig hepatocytes：effect of pig breed（domestic，wild）and castration. Chirality 15：213.

Slocumb RF，et al. 1985. Importance of neutrophils in the pathogenesis of acute pneumonia pasteurellosis in calves. Am J Vet Res 46：2253.

Smith K，et al. 2009. Comparison of biofilm-associated cell survival following in vitro exposure of methicillin-resistant Staphylococcus aureus biofilms to the antibiotics clindamycin，daptomycin，linezolid，tigecycline and vancomycin. Int J Antimicrob Agents. 33：374.

Stanley SD，et al. 1995. Frequency distribution of post-race urine pH from standardbreds compared with thoroughbreds：research and regulatory significance. Equine Vet J 27：471.

Stewart PS. 2002. Mechanisms of antibiotic resistance in bacterial biofilms. Int J Med Microbiol 292：107.

Tam VH，et al. 2006. An integrated pharmacoeconomic approach to antimicrobial formulary decision-making. Am J Health Syst

Pharm 63：735.

Tam VH，et al. 2007. The relationship between quinolone exposures and resistance amplification is characterized by an inverted U：a new paradigm for optimizing pharmacodynamics to counterselect resistance. Antimicrob Agents Chemother 51：744.

Tanaka G，et al. 1999. Effect of the growth rate of *Pseudomonas aeruginosa* biofilms on the susceptibility to antimicrobial agents：beta-lactams and fluoroquinolones. Chemotherapy 45：28.

Toutain PL. 2002. Pharmacokinetic/pharmacodynamic integration in drug development and dosage-regimen optimization for veterinary medicine. AAPS Pharm Sci 4（4）：38.

Toutain PL. 2005. The role of PK/PD in veterinary drug development. In：Proceedings，American Academy of Veterinary Pharmacology and Therapeutics（http：//www. ivis. org/aavpt）.

Toutain PL，et al. 2007. AUC/MIC：a PK/PD index for antibiotics with a time dimension or simply a dimensionless scoring factor? J Antimicrob Chemother 60：1185.

Tulathromycin Solution for Parenteral Injection for Treatment Of Bovine And Swine Respiratory Diseases. 2005. Microbiological Effects on Bacteria of Human Health Concern：A Qualitative Risk Estimation. www. fda. gov/cvm/Documents/Tulathromycin. pdf. Accessed 1-16-2005.

Turnidge J，et al. 2006. Statistical characterisation of bacterial wild-type MIC value distributions and the determination of epidemiological cut-off values. Clin Microbiol Infect 12：418.

Turnidge J，Paterson DL. 2007. Setting and revising antibacterial susceptibility breakpoints. Clin Microbiol Rev 20：391.

Udekwu KI，et al. 2009. Functional relationship between bacterial cell density and the efficacy of antibiotics. J Antimicrob Chemother 63：745.

Weitzstein HG. 2005. Comparative mutant prevention concentrations of pradofloxacin and other veterinary fluoroquinolones indicate differing potentials in preventing selection of resistance. Antimicrob Agents Chemother 49：4166.

第六章　抗菌药物的选择与应用原则

Steeve Giguère

抗菌药物治疗的目的是帮助宿主增强抗感染机制和消除微生物侵袭。一旦药物在感染部位达到了治疗浓度并且能够维持足够长的时间，便可达到该目的。如此不仅可以减少或者消除病原菌的复制能力，也可以减少宿主体内或者病原体本身毒性物质的产生。最终结果是减少对周围组织功能的破坏，并促进宿主机体恢复健康，从而消除感染。

抗菌药物治疗涉及一种可计算的风险，就是在药物对宿主产生毒性之前，微生物已经对宿主产生了风险。所有的药物治疗要求都是合理用药。随着可选择的高效抗菌药物的增多，可根据不同种类药物在不同种类动物中的药动学分析结果确定抗菌药物的剂量，以及根据临床治疗数据和药效学指标选择适当的抗菌药物，使合理的抗菌药物治疗在当前比以往更加适用。

影响抗菌药物选择的因素见图 6.1。

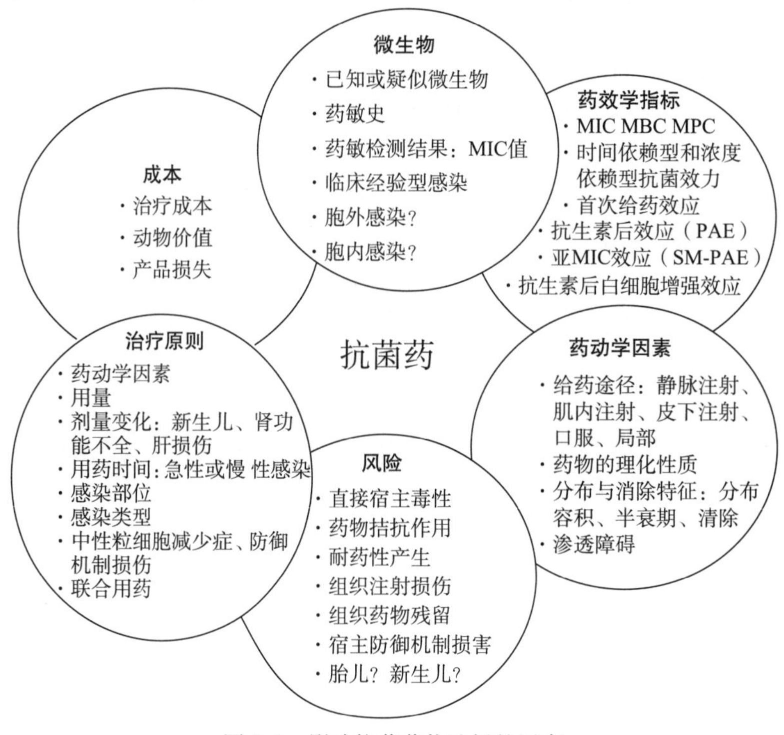

图 6.1　影响抗菌药物选择的因素

第一节　抗菌药物治疗的相关风险

抗菌药物存在多种损害反应，包括：①对宿主的直接毒性；②和其他药物的不良相互作用；③干扰正常宿主微生物菌群的保护作用或者影响草食动物消化道微生物菌群的代谢机能；④选择或者促进细菌耐药性的发展；⑤注射部位的组织坏死；⑥供人类消费的动物产品含有药物残留；⑦损害宿主自身免疫机能和防御机制；⑧损害胎儿或者新生儿组织。

一、对宿主的直接毒性

对宿主的直接毒性是限制用药量的最重要因素。不同抗菌药物的选择毒力不同。有些药物，如β-内酰胺类药物通常认为是安全的；而其他药物，如氨基糖苷类药物则有潜在毒性。抗菌药物会损伤许多器官或组织的功能，特别是对于肾脏（如氨基糖苷类、两性霉素 B），神经系统（如氨基糖苷类、多黏菌素），肝脏（如四环素类、氯霉素），心脏（如氨基糖苷类、莫能菌素、替米考星和四环素类），免疫系统（如青霉素 G），造血系统（如磺胺类、氯霉素），视网膜（如氟喹诺酮类）以及关节软骨组织（如氟喹诺酮类）。安全范围小的抗菌药物可通过使用最小有效剂量和最短治疗周期降低毒性，也可以用具有相同效果且毒性小的药物代替或者联合应用对病原体具有协同作用而不增加对宿主毒性的抗菌药物。

二、抗菌药物间的相互作用

不良的药物相互作用可发生在多个方面，无论是体外还是体内，这点必须提前了解。这些相互作用可影响肠道的吸收，增强或者减弱肝脏代谢，干扰肾脏的排泄功能，或者引发受体或血浆蛋白的竞争。实例见表 6.1。

表 6.1　抗生素与其他药物在体内的相互作用产生的不良反应实例

抗菌药物	相互作用的药物	不良反应
氨基糖苷类	头孢噻啶、头孢噻吩、多黏菌素类、呋塞米	肾毒性
	多黏菌素类、箭毒类药物、麻醉剂	神经肌肉阻滞
两性霉素 B	氨基糖苷类	肾毒性
唑类（氟康唑除外）	胃酸抑制剂	降低吸收
氯霉素	双香豆素、巴比妥类	麻醉时间延长、抗凝
灰黄霉素	双香豆素、巴比妥类	降低抗凝作用
林可霉素	高岭土果胶	降低林可霉素的吸收
莫能菌素	泰妙菌素	神经毒性
多黏菌素类	氨基糖苷类	神经毒性、神经肌肉阻滞
利福平	大环内酯类、许多其他药物	血浆浓度降低
磺胺类	口服抗凝剂	延长抗凝作用
四环素类	巴比妥类	麻醉作用增强
	口服铁、钙、镁	降低四环素吸收

肠道的吸收作用会受到食物的非特异性影响，或者受 pH、脂肪或离子螯合效应的影响（如二价或三价阳离子）。食物对一些抗生素口服吸收效果的影响见表 6.2。抗生素也可以影响肝微粒体酶。相关实例见具体药物部分。在肾脏，根据药物的 pK_a 值，尿液 pH 可影响弱酸和弱碱的排泄和吸收。许多酸性药物，如青霉素和磺胺类药物，由近端小管分泌，并且可和与其分泌途径相似的其他药物发生相互作用。例如，丙磺舒多年来一直用于阻断氨苄西林的小管分泌。当同时应用丙磺舒和氨苄西林时，血清中氨苄西林的浓度增加了 2 倍。

表 6.2　口服给药与饲喂的关系

禁食时更好[a]	饲喂时更好	与饲喂无关
阿奇霉素	头孢羟氨苄[b]	头孢氨苄[b]
头孢拉定	棕榈酸氯霉素[d]	氯霉素胶囊，片剂[b,d]
多数红霉素制剂[b]	多西环素[e]	棕榈酸氯霉素 b
氟喹诺酮类[c]	灰黄霉素	克拉霉素[b]
异烟肼	伊曲康唑	乙胺丁醇
林可霉素	酮康唑	氟康唑
多数青霉素类[b]	甲硝唑[e]	海法西林

（续）

禁食时更好[a]	饲喂时更好	与饲喂无关
利福平	呋喃妥因[e]	螺旋霉素[f]
多数磺胺类		
多数四环素类		

注：a 与食物一起给药时，药物的吸收会减少或者延迟；禁食是指给药前 1～2h 或者给药后 1～2h 不进食。

b 犬的数据。

c 犬摄食时，恩诺沙星的利用度会减小，进食对氟喹诺酮类的影响一般较弱，但需禁食牛奶或者酸奶类。

d 猫的数据。

e 在不明显影响药物吸收的情况下，食物可以减小肠道受到的刺激。

f 人的数据。空腹时猪的数据结果更好。

数据除特别标注外均来源于人。

三、药物禁忌

在体外，抗菌药物常与其他药物发生理化性质的不相容性。例如，四环素类药物同任何含有钙、镁的溶液均不相容。尽管头孢菌素和氨基糖苷类药物经常联合用药，但在悬浮液中许多头孢菌素类药物和氨基糖苷类药物并不相容。因此，将抗菌药物在同一容器中混合并不可取。有时药物的相互作用虽不明显，如沉淀，但并不意味着没有发生化学反应。

四、抗生素与免疫系统

抗菌药物可增强或者抑制宿主的防御机能。这些效应可能与细胞因子产生的改变或其他炎性介质的产生有关。被抗菌药物破坏的微生物更易于被吞噬细胞杀死。一些抗生素进入细胞并在其中浓缩，特别在吞噬细胞内，虽然不能保证确有效果，但对于治疗胞内细菌感染十分重要。例如，吞噬细胞改变了病原微生物的代谢和结构，从而可使其对抗菌药物更敏感，并且在没有杀菌作用的药物浓度下都可能使微生物对白细胞的作用更敏感，这就是使用抗生素后白细胞增强效应。

第二节　选用抗生素的决定因素

恰当的抗菌药物化学治疗要求参与的临床医生首先要对感染过程中可能相关的病原体进行合理的判断，并且要选择适当的抗菌药物以保证在感染部位达到治疗浓度。虽然临床经验有助于临床医生揣测可能的病原体，但是最好采集样品并进行细菌培养和敏感性试验以确定最适合的药物和使用剂量。用于细菌培养的样品应来自实际感染部位，最好在应用抗菌药物之前采样。对采集的适合样品进行革兰氏染色虽然有助于对病原体进行初判，但是很多时候还要进行病原分离鉴定以确定其对抗菌药物的敏感情况。

有些情况下，抗菌治疗也可在病原菌确定之前开始。药物的选择要依据特定部位和临床设施上的病原菌鉴定结果，药效学分析以及某个特定医院或者地理区域中已知病原菌的耐药情况。经验性抗菌疗法适用于以下情况：

1. 致命性感染　当疑似细菌感染动物导致致命性疾病出现时，在等待病原菌培养和药敏试验结果的同时应进行经验性治疗。除非某病在临床上表现出某种微生物特有的致病特征，通常采用一种或多种抗菌药物治疗以达到广谱抗菌目的。之后再根据病原体培养的具体药敏结果进行治疗。

2. 未入院就医的轻度感染患者　在很多情况下，对于非致命性感染的个体动物通常不进行病原体培养。然而，如果感染复发或者初步治疗失败，则要采样进行体外培养以更好地指导进一步的治疗。当有许多动物感染同种疾病时，最好至少从一部分感染动物采样，并进行分离培养和药敏试验。

抗生素的选择取决于以下几点：

（1）特定感染部位病原微生物的可能的鉴定。

（2）疑似病原的药敏情况。

（3）影响感染部位药物浓度的因素。

（4）药物毒性情况以及可增强其毒性的因素。

（5）治疗成本。

（6）包括休药期在内的相关用药规定。

一、细菌的药敏情况

一些病原菌特别是β-溶血性链球菌和化脓隐秘杆菌，对一些抗生素（如苄青霉素）的敏感性是可以预见的。但对于容易获得耐药基因的多数革兰氏阴性菌而言，情况并非如此。每位兽医都应该将样品送实验室检测，并具有判断病原菌对抗菌药物敏感性的能力。正确采集和运输样品后，实验室应该有能力在收到样品后48h内提供关于病原菌鉴定及药敏的信息。准确的病原鉴定和恰当的药敏试验同样重要。不当的药敏试验会导致将耐药菌误认为敏感菌，反之亦然。

试验结果可能会被一些因素误导，包括：

（1）病原分离失败。可能是由于样品采集和运输不当所致，如感染的厌氧菌由于有氧运输而导致死亡。

（2）正常菌群重要性的误解。可能是由于实验室人员缺乏经验、样品的采集和运输不当，或者提交报告的临床医生对试验结果的解释错误。

（3）不当的药敏试验。实验室忽略了药敏试验过程中应控制微生物数量的重要性，这种情况也是很常见的，从而导致出现错误结果。体外抗菌药物药敏试验在第二章中有详细的讨论。

二、抗菌药物的选择

理想的抗菌药物是病原菌对其敏感，在感染部位可达有效浓度，对宿主无毒性，对动物产生的应激作用最小，并且价格低廉。为了帮助临床兽医选用药物，实验室应提供尽可能多的信息。基于上述原则，实验室可以提供的最基本的信息是药敏试验定性分析结果（敏感、中度敏感、耐药，即SIR）。由于定量分析结果（MIC）能提供更准确的病原菌对药物的敏感程度，因此比传统的SIR数据更有效。在获悉这些信息的基础上，临床兽医可以更准确地确定符合上述原则的用药剂量。在决定使用何种药物时，临床兽医还应牢记只有在符合下列情况时才使用抗菌药物，包括：

（1）严重的致命性感染。

（2）宿主防御能力严重损伤。

（3）关键组织的感染，如中枢神经系统、心血管系统以及骨组织，宿主的防御机能在这些部位难以充分发挥作用。

（4）动物具有免疫缺陷或者免疫抑制。

对于不太严重的自然感染，抑菌剂可能与杀菌剂一样有效，甚至比杀菌剂效果还好。

由于窄谱抗菌药物很少影响正常的微生物菌群，恰当使用窄谱抗菌药物往往比广谱抗菌药物更有效。在这方面，药代动力学影响也是相关因素。例如，通过胆汁排泄的药物比通过肾脏排泄的药物更能干扰肠道的微生物菌群。对于严重感染的重症患者，当细菌学检验结果不可用时，可考虑联合用药。对于某些动物，选用适当的剂型是影响抗菌药物最终选用的另一个因素。

第三节 抗菌药物治疗原则

在某种程度上，可根据微生物的药敏特性、感染部位和所选抗菌药物的药代动力学与药效动力学特点确定药物剂量。但也应该意识到，体外药敏试验数据来源于实验室，是在标准条件下得到的，并非感染部位病原菌的药敏试验数据。同时还应该认识到，这些药代动力学数据是从不同的健康动物以及不同免疫状态的宿主得到的数据的平均值，同样，其生理状态和心理状态也会影响治疗效果。

与用药方案有关的因素还包括由MIC得出的该菌的药敏特性、以活性形式存在于感染部位的抗菌药物浓度（药物的药效学特点），以及抗菌药物的药效学特征。药效学机制在第五章中做了详细阐述。简而言之，抗菌药物可分为浓度依赖型杀菌剂、时间依赖型杀菌剂和二者联合依赖型杀菌剂，以及相同类型的抑菌剂。浓度依赖型和时间依赖型的实例见图 6.2。对于氨基糖苷类药物，如妥布霉素随着药物浓度高出病原菌的 MIC，铜绿假单胞菌的活菌数量急剧减少。因此，对于浓度依赖型抗菌药物而言，最佳用量是高剂量用药辅以较长的给药间隔。另一方面，对于 β-内酰胺类药物，如替卡西林，随着用药浓度由 0.25 倍 MIC 上升至 1 倍 MIC，再上升至 4 倍 MIC，活菌数量逐渐减少，但是当用药浓度继续上升至 14 倍 MIC 和 64 倍 MIC 时，活菌数量的下降幅度减小。这类抗菌药物的最佳用量和频繁用药有关。抑菌剂是典型的时间依赖型药物（图 6.2）。

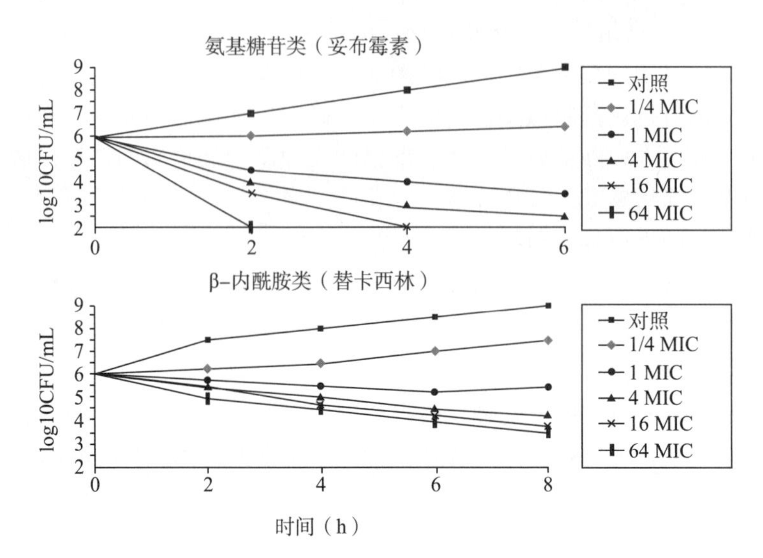

图 6.2　浓度依赖型杀菌药物实例（经允许引自 Craig 和 Ebert，1990）

以氨基糖苷类药物（妥布霉素）为例。该药的效果与 β-内酰胺类药物相比，后者的杀菌作用取决于药物浓度在 MIC 以上的时间（时间依赖型杀菌），而与药物浓度无关。

尽管上面列出了影响药物最佳用量的诸多因素，但最重要的限制性因素是药物对宿主的毒性。药物对宿主的毒性决定了大多情况下不要超过推荐剂量的上限。然而，有时药物的抗菌效果有限，这可能决定了其用量上限。例如，上述青霉素 G 以及其他 β-内酰胺类药物的杀菌率有一个最佳浓度，而氨基糖苷类和氟喹诺酮类药物的杀菌率与浓度成正比。青霉素 G 对于非过敏体质患者实际无毒性，但其用量受到抗菌活性的限制；氨基糖苷类药物的用量虽不受抗菌效果的限制，但其对宿主却具有毒性。

我们应该遵循推荐的用药间隔。除了青霉素类、氟喹诺酮类和氨基糖苷类药物外，静脉注射给药维持血浆治疗浓度的间隔一般不应超过其消除半衰期的 2 倍。半衰期是基于静脉注射建立的，但是，通过其他给药途径给予合适的药物剂型对于延长用药间隔是一个很有效的办法，因为通过这些途径给药延缓了药物的吸收。例如，虽然青霉素 G 在所有动物体内的消除半衰期都不超过 1h，但是单剂量肌内注射普鲁卡因青霉素 G 可使药物的有效水平维持 12～24h，这是因为延缓了药物从给药部位的吸收。若不遵循所建议的合适用药剂量，由于感染部位中药物的有效浓度不足以抑制病原微生物，因此会产生危害。

对于新生儿以及肝肾功能损伤的动物，用药剂量应作适当调整（见第四章）。

一、治疗持续时间

虽然普遍认为一种药物必须在感染部位保证足够的浓度和治疗时间，但是影响治疗时间的变量并不确定。不同类型的感染对抗菌药物的反应各不相同，许多临床治疗经验对于评估治疗效果十分重要。对于急性感染，治疗效果在 2～3d 就已十分明显。如果无应答，应该考虑重新诊断和制定治疗方案。急性感染经临床和微生物学确诊后，治疗时间至少为 2d。严重急性感染的治疗时间至少应持续 7～10d。对于慢性感染，特别是胞内感染，治疗时间应持续更长甚至需要几个月。一些单纯性感染，如女性膀胱炎，使用单剂量抗生素可成功治疗。市售的一些抗菌药物也可单剂量治疗牛的急性呼吸道疾病。但是，在推广该方法之前，治疗方法的效果必须已经在动物中得到很好地建立。这些方法可能是由不正当的市场竞争而催生的，并且只考虑成本和效益，而并未以最佳治疗效果为目的。

二、辅助治疗

抗菌药物治疗中，辅助治疗在促进治愈方面十分必要。辅助治疗包括清除坏死组织、清除脓性渗出物、清除异物、纠正酸碱平衡和体液平衡、查明和消除致病诱因以及适当时提供休息和护理。在处理异物性感染时，若不及时清除异物而治愈感染几乎是不可能的。

三、其他注意事项

抗菌药物治疗中的其他注意事项包括药物的成本和给药的便利性。食品动物应用抗菌药物时，必须了解组织或者牛奶中存在药物残留的可能性，因此要注意药物的休药期。例如，牛使用氨基糖苷类药物后，药物主要残留在肾脏和肝脏，可达几个月之久。对于用于食品动物的药物，必须要准确理解和遵守其标签说明。另一重要问题是，使用抗生素后存在耐药菌选择的风险。

（一）标签外用药

许多国家批准抗菌药物仅在特殊目的时才可应用特定的剂量，如药品标签所示。由于获得药物批准的成本高，很多药品未获得批准或者只批准了很窄的特定用途下的用量，至少应用于食品动物时，养殖者考虑更多的是潜在的药物残留和经济效益，而非最佳的临床效果。在美国，CVM 规定了一个酌情裁量的“标签外用药”政策（特殊情况除外，见第二十六章）。这意味着当兽医未按照药品说明书而采用其他方式用药时，只要在食品动物组织内未出现非法的药物残留，将不会被起诉。这些特殊方式包括稳固医患关系下的正确诊断、确定无其他替代药物或者药物剂量不合适、治疗的动物已定，并且保证延长用药间隔不会导致药物在组织中的残留。室内样品中药物残留分析可行性的增加使得标签外用药更加广泛。对于非食品动物，兽医通常可以使用任何合法的抗菌药物治疗疾病，直至法庭或者兽医评审机构科学地评判该用药方法不当时，其使用才会受到限制。

（二）糖皮质激素的使用

糖皮质激素和抗菌药物联合应用治疗细菌感染备受争议，也缺乏相关研究。目前尚无可参考的指南文件。糖皮质激素对宿主的特异性和非特异性防御系统均有多方面影响，如抑制炎症、损害吞噬作用、延迟愈合、减少发热以及破坏免疫反应。通常认为使用糖皮质激素治疗感染时会产生不良反应，应当避免使用。但是，实际的试验数据和临床数据却支持其联合使用，一些情况下允许其短期联合应用：

（1）感染并发致命性自身免疫病或者免疫介导性疾病。

（2）在广泛的急性局部感染中可防止中性粒细胞释放溶酶体酶破坏组织。

（3）在脑膜炎早期治疗中控制由β-内酰胺类抗生素诱导的炎症介质释放而引起的炎症以及控制脑水肿。

糖皮质激素用于治疗严重败血症和感染性休克已有几十年的历史，主要基于其在应激反应、血流动力学以及抗炎中发挥的作用。但是短时间大剂量应用糖皮质激素对于败血性休克的患者不但没有治疗作用甚至还会产生危害。近期一项随机对照试验表明，长时间低剂量使用氢化可的松（200～300mg，连续用 5～7d 甚至更长）效果良好（Dellinger 等，2008）。目前，用这种方式治疗家畜败血症的效果尚不清楚。

（三）组织中高药物浓度的快速实现

在急性细菌感染中，特别是应用抑菌剂时，建立初始（负载）剂量十分必要，通常通过高剂量静脉注射快速达到治疗浓度。

（四）抗菌药物的局部给药

抗菌药物局部用药适于治疗多种感染，包括：子宫内膜炎；皮肤、外耳和伤口感染；角膜感染；乳腺炎；骨髓炎、化脓性关节炎和腱鞘炎；以及偶尔对气管炎、支气管炎的气雾给药。与全身给药相比，局部给药能维持更高更持久的药物浓度。由于局部给药的频率少于全身给药，这种方法更具有显著的位点和药物依赖性。全身性抗菌药物的选用原则必须注意药物的载体，并确保不会引起组织炎性反应。对于子宫内膜炎，同全身给药相比，局部给药可能无法渗透至某些重要部位，如输卵管和子宫颈。在牛和马，通常将 1g 抗生素溶于 100～250mL 的无菌生理盐水中，子宫内给药，每天给药 1 次，连续给药 3～5d，具体情况视病情的严重程度和病程长短决定。急性严重的子宫内膜炎需要全身给予抗生素，并辅以局部给药。

抗生素，特别是氨基糖苷类药物的气管内给药，会造成气管支气管树中药物持续维持在高浓度，但分布范围十分有限。因此，除非对于全身治疗效果不明显的气管或者支气管感染，否则一般不建议气管内给予抗生素。抗菌药物气雾给药能使药物在气管内很好的扩散，这对于其他途径给药无效的严重支气管感染非常有帮助。在一些机械性换气的动物肺炎模型中，同静脉给药相比，气雾给药即使在换气不良及闭合的区域也可以获得更高的药物浓度（Michalopoulos 等，2011）。然而，单独的吸入给药对于严重的脑实质受损或实质闭合患者可能效果不明显。这种情况下，气雾给药更适合作为口服给药或者全身给药的辅助手段。

局部给予抗菌药物是关节灌洗术、全身抗菌治疗以及必要时肌肉骨骼组织感染的手术治疗的一种重要辅助手段。关节内注射抗菌药物常见于治疗化脓性关节炎。对于患有远端肢体骨髓炎的动物，当涉及多个关节或者选用的药物对关节刺激很大时，可选择局部静脉或者骨髓腔输注给药。抗菌药物浸制的聚甲基丙烯酸甲酯在治疗骨髓炎时有效浓度可维持数周。庆大霉素浸制的胶原海绵已成功地用于动物化脓性关节炎的局部治疗。

（五）预防耐药菌株的选择

细菌耐药性的发展是使用抗菌药物的一个常见附属作用。但是，合理的剂量方案可以降低耐药性的产生。目前根据 MIC 值评估抗菌药物的抗菌活性，通过与折点的比较，将细菌分为敏感、中度敏感和耐药。药物浓度高于 MIC 时，理论上敏感菌会受到抑制，而很少一部分带有耐药机制的突变体则不会受到抑制。但是，这些突变体会在更高的药物浓度水平受到抑制（如耐药菌的 MIC）。防突变浓度（MPC）是指抗菌药物防止细菌选择第一步耐药突变的最低浓度。MIC 和 MPC 之间的浓度范围称为突变选择窗（MSW）。MSW 代表耐药突变菌株出现的危险区。治疗中，减少药物浓度在 MSW 停留的时间可以降低耐药菌株产生的可能性。在未来，将 MPC 与药效动力学及其概念整合到一起，可促进用药剂量方案的发展，这不仅可以最大限度地达到治疗效果，还能最大限度地降低耐药性的发展（图 6.3）。

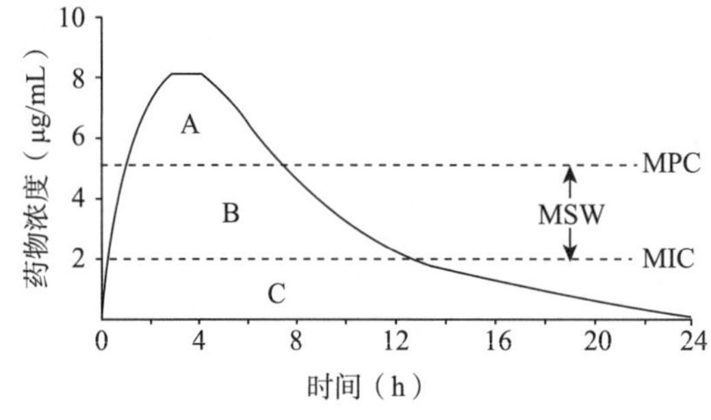

图 6.3 防突变浓度（MPC）和突变选择窗（MSW）

这条曲线表示的抗菌剂浓度随时间的变化规律。MIC 和 MPC 是由虚线表示的水平线。MIC 和 MPC 之间的浓度范围是突变选择窗。A. 药物浓度高于 MPC；敏感菌株和第一步耐药突变株都受到抑制，没有出现选择性扩增的耐药亚群。B. 易感菌群受到抑制作用，但第一步耐药菌群没有受到抑制；有耐药亚群选择性扩增。C. 易感菌株和第一步耐药突变体都未受到抑制；没有出现选择性扩增的耐药亚群。

（六）抗菌药物的联合用药

从开始使用抗生素，人们便知道有时单独应用一种药物无效时，联合用药会出现协同效应（Pillai 等，2005）。另一方面，早期研究发现联合使用青霉素和金霉素治疗某些细菌性脑膜炎时，药物发生拮抗作用，可出现致死性后果。药物拮抗作用对于免疫抑制或者严重感染疾病的患者非常重要，如脑膜炎、心内膜炎及慢性骨髓炎。药物协同作用和拮抗作用的机制详见第一章。抗菌药物的联合用药适用于以下四点：

1. 抗菌药物的协同作用 大量文献研究了抗菌药物的协同作用对治疗人类和实验动物各种细菌感染的作用。然而，令人惊讶的是体外试验中，一小部分抗菌药物协同作用的实例已超出了预期的临床效果。除了文献中提到的固定组合如甲氧苄啶/磺胺类的优点外，其他抗菌药物的联合应用如青霉素（或氨苄西林或万古霉素）与氨基糖苷类（或链霉素或庆大霉素）在治疗人肠球菌感染性心内膜炎中已经证明其治疗效果优于单个药物。在防御机制受损的患者中，抗菌药物的协同用药已初步证明具有潜在优势。

2. 多重感染 在治疗已知的或者可疑的多重感染时（如腹膜炎、吸入性肺炎、女性生殖道感染），常使用两种或者两种以上药物进行治疗。一个经典的实例是治疗小鼠肠穿孔性腹膜炎时，需同时清除大肠杆菌（可用氨基糖苷类药物）和厌氧菌（可用克林霉素）引起的双重感染。高效广谱抗菌药物的应用增加使得人医领域联合用药的情况减少。但是，由于价格高，使这些新的广谱抗菌药物在大动物使用特别受限制。因此，兽医领域通常采取联合用药来治疗多重感染。

3. 减少耐药菌株的出现 同时使用两种或两种以上的药物治疗细菌感染，可通过不同的机制减少细菌耐药性的产生。这在人的结核病治疗中得到了很好的证明，在治疗人的结核病时，同时采用多种药物治疗可明显降低耐药性产生的风险。这一理论是经常同其他药物组合相比较，但主要相关的是利福平，该药单独应用时会导致多种细菌产生耐药性。

4. 降低与剂量相关的毒性 许多抗菌药物因具有剂量相关毒性，使其应用受到限制。有理论表明联合用药可使有毒药物的用量减少，而又能保证其治疗效果。一个相关的临床实例是治疗隐球菌性脑膜炎时，联合使用氟胞嘧啶和两性霉素 B，使得两性霉素 B 的用量减少，从而限制了其毒性作用。

表 6.3 列出了一些兽医临床有效的联合用药的药物组合。联合用药必须保证其良好的治疗效果已经确立。

抗菌药物联合应用也有缺点。例如，一种抑菌剂可以中和应有的杀菌效果。有的药物组合可能具有相加或协同毒性。可能由于破坏了正常菌群而诱发超级感染，并且可能产生不良的药代动力学相互作用。联合用药治疗时，应该以某种方式最大限度地发挥其协同效应。例如，在联合使用氨基糖苷类和β-内酰胺类药物时，氨基糖苷类药物应每天给药 1 次，这取决于其浓度依赖型杀菌作用，而β-内酰胺类药物应当在保持血浆浓度高于 MIC 的同时注意用药间隔。

表 6.3 兽医临床抗菌药物有效联合用药实例

疾病类型	联合用药	效果评价
牛金黄色葡萄球 菌乳房炎	青霉素和链霉素 氨苄西林和克拉维酸；青霉素和新生霉素	协同 也批准用于牛链球菌引起的乳房炎
驹红球菌肺炎	大环内酯类* 和利福平	协同，避免耐药性产生
犬布鲁氏菌病	米诺环素和链霉素	协同
肠溢出后腹膜炎	庆大霉素和克林霉素；头孢呋辛和甲硝唑	广谱抗菌活性
大肠杆菌性脑膜炎	甲氧苄啶和磺胺甲噁唑	协同，良好的脑脊液渗透
隐球菌性脑膜炎	两性霉素 B 和氟康唑	协同，降低毒性
严重的未确诊感染	β-内酰胺类和庆大霉素；头孢西丁和克林霉素	广谱，经常协同组合

注：* 包括阿奇霉素、克拉霉素或红霉素。

四、抗菌药物治疗失败

治疗失败的原因很多。抗生素选择不当可能是由于误诊，药物未扩散至感染部位，药物在感染部位的失活（如氨基糖苷类药物在化脓部位），未查明病因包括实验室检测结果不准确、病原菌的耐药性、细菌的胞内寄生、病原体的代谢状态以及抽样错误。这些因素与剂量不足或药物的生物利用度低相比，更易导致治疗失败，尽管后两者也很重要。

当治疗失败时，必须重新诊断并再次采样送实验室进行分析。患者因素，如存在异物，产生肿瘤和宿主防御系统的损伤也都是考虑的重点。确保畜主按照剂量说明书给自己的动物用药也很重要。

五、休药

大多数国家规定，抗菌药物不能存在于供人类食用的食品中，动物用药后在规定时间内不能屠宰，经抗生素治疗后的牛奶不能出售。不同药物及标签外用药后的休药期规定见第二十五章。FARAD 是一个协助兽医在超出标签推荐剂量范围使用抗菌药物后，估算药物残留消除时间的机构。更多关于 FARAD 的信息见第二十五章。

六、靶向给药

抗菌药物在体内的疗效可能因无法将足够数量的药物运达感染部位而减弱。研究人员一直致力于寻找靶向给药至正确位点的方法。一种方法是将药物包入脂质体——一种微观的封闭脂质囊泡。静脉注射后，脂质体被肝脏或脾脏的巨噬细胞摄取。试验表明，脂质体包埋与传统的药物运输方式相比，药物对兼性细胞内病原的抗菌活性更强，如低毒的两性霉素 B。脂质体包埋药物用于人医领域已经很多年了，但在兽药领域的使用仍在调研之中。

参考文献

Bryskier A. 2005. Penicillins. In：Bryskier A（ed）. Antimicrobial Agents：Antibacterials and Antifungals. Washington，DC：ASM Press，pp. 113-162.

Cantón R，et al. 2011. Emergence and spread of antibiotic resistance following exposure to antibiotics. FEMS Microbiol Rev 35：977.

Dellinger RP，et al. 2008. Surviving Sepsis Campaign：international guidelines for management of severe sepsis and septic shock：2008. Crit Care Med 36：296.

Michalopoulos A，et al. 2011. Aerosol delivery of antimicrobial agents during mechanical ventilation：current practice and perspectives. Curr Drug Deliv 8：208.

Pillai SK，et al. 2005. Antimicrobial combinations. In：Lorian V（ed）. Antibiotics in Laboratory Medicine，5th ed. Philadelphia：Lippincott Williams and Wilkins.

第七章　动物用抗菌药物的管理

J. Scott Weese、Stephen W. Page 和 John F. Prescott

抗菌药物在人和动物的健康及福利方面发挥至关重要的作用；其出现和广泛使用是现代医学史上最具变革性的里程碑之一。没有抗菌药物有效的预防和治疗效果，就不会有医疗水平与外科手术的快速进步，那么传染疾病将会对人类健康和经济发展造成更大的损失。现代医学多以抗菌药物为基础；但是目前迅速发展的细菌耐药性问题，需要多个领域共同采取有力措施积极应对（世界卫生组织，2012）。

由于人们认识到微生物不会轻易为这些新的抗菌药物所折服，“抗生素时代”的乐观状态将很快消失。Alexander Fleming 先生不仅发现了青霉素，也可以说是抗菌药物监管之父，1945 年，在他发表的诺贝尔奖获奖演讲中，警示了人们滥用抗生素的危险性，并指出耐药病原菌的选择与传播会导致感染无法治愈（Fleming，1945）。很显然，现在由耐药菌株引起的各种流行性传染病对人类和动物的健康造成了重大威胁，这一现象也证实了 Fleming 当年的担忧。

虽然在抗生素时代早期就产生了抗菌药物耐药性和谨慎使用抗菌药物的概念，但是对抗菌药物耐药性的担忧在新药不断出现的过程中被人们淡化。在 20 世纪 50～70 年代，新型抗菌药物的研发速度大于耐药菌的发展，但是如今这二者的关系却颠倒了，目前耐药性的出现和传播已成为一个世界性难题。由于发病率、病死率和治疗成本不断提高，耐药性问题已经成为医学上的重大威胁（Roberts 等，2009）。实现对抗菌药物的良好监管是当今兽医和人类医学上面临的重大挑战之一。

由于抗生素耐药性流行趋势上升，治疗失败的案例也越来越多，即使对药物的审查日趋严格，但仍存在促进耐药性发展和传播的因素，这不足为奇。在人类医学上，抗菌药物的错误使用和过度使用现象也是常见的，其中高达 50%的抗菌药物使用是不恰当的（Gonzales 等，2001；Lemmen 等，2001；Paskovaty 等，2005）。多重耐药菌株的出现与传播不仅在医学领域受到关注，如耐甲氧西林金黄色葡萄球菌（MRSA）和产新德里金属蛋白酶-1（NDM-1）的肠杆菌科细菌等的出现也引起了政府和公众的关注。

尽管兽医学的相关资料较少，但是可以明显看出抗菌药物在食品动物和伴侣动物中的过度使用和不恰当使用也是一个非常重要的难题（世界卫生组织，2000；Weese，2006；Wayne 等，2011；Knights 等，2012）。另外，随着对抗菌药物在动物中使用及人兽共患病原菌耐药性产生的认识不断增强，人们逐渐认识到兽用抗菌药物的使用是一个公共卫生问题。

虽然任何抗菌药物的使用都有可能促进抗菌药物耐药性的发展，但是抗菌药物也是兽医学的重要需求部分：它可以预防和治疗疾病，提高动物福利，甚至可能会增加食品的安全性。从这个立场看，兽医在应用抗菌药物时需要具有职业道德和责任，而且也有确保抗菌药物正确使用的责任，同时还要保证不得通过使用抗菌药物来替代良好的饲养管理或其他控制感染的措施。所以重点在于如何正确而又谨慎的使用抗生素，并权衡抗菌药物耐药性和疗效之间的关系。

第一节　抗菌药物的“谨慎使用”

“谨慎使用”也是“明智使用”（Prescott，2008），广义的定义就是最佳的药物选择、给药剂量和抗菌治疗疗程，同时还能减少药物的不恰当使用和过度使用，在减缓抗菌药物耐药性出现的同时还能获得最好的临床效果（Shlaes 等，1997；美国医疗流行病学协会，2012）。虽然这是一个好的概念，这个定义为人医临床医生提供了最低程度的指导，但是在兽医方面可以借鉴的临床案例特别少，尤其是关于治疗疗程的信息更少。如果没有明确的目标和最佳的实践方案，有效的监控和缓解措施很难实行。因此，虽然我们经常使用上述广义定义，但是关于“谨慎使用”的细化规定尚不能被广泛接受。将“谨慎使用”的概念纳入更广泛的“抗菌药物管理”的概念中，可能更易接受和有效。

第二节 抗菌药物管理

“抗菌药物管理”这一术语广泛用于医学界，是指为保持抗菌药物疗效和减少耐药性出现而需要采取的多种措施。影响抗菌药物疗效（见第二章、第四章和第六章）、耐药性及其流行病学特征（见第三章）的因素非常复杂，这种复杂性意味着对抗菌药物的有效管理需要多种方法。在大医院往往涉及多学科的团队，包括临床医生、临床微生物学家、药剂师、流行病学专家和控制感染的相关人员。术语中的“监管”与其在“环境监管”的应用中具有共同的宗教责任感。在“抗菌药物监管”中，“监管”取的是“stewardship”最原始（中世纪英国）的意思，即对某一情况的高度管理，其中重要的是，管理者对托付其照顾的贵重资源应保持个人责任感。在人类医院规范中，监管的关键策略是抗菌药物使用的限制以及对特定抗菌药物使用的预授权管理，从这个意义上讲监管已经不是其最初“委婉的要求”这一含义了。已经推荐在人类医疗服务中强制实行抗菌药物监管程序（ACHQHC，2011；美国医疗流行病学协会等，2012），但是在兽医领域实行这一程序却很困难。

在人类医学，成功的抗菌药物管理程序，如多种感染控制程序那样，更倾向于对不同组成部分的多模式干预；这可能包括对教育指导、处方限制、抗菌药物使用审批等在内的类似措施的结合（Toth 等，2010；Avdic 等，2012；美国医疗流行病学协会等，2012；Teo 等，2012）。抗菌药物耐药性复杂的根源无疑将会从对疾病预防的多种目的性干预，对抗菌药物使用的管理提高中受益，所有的这些措施都将包括在抗菌药物的管理中。

兽医领域也有必要引入抗菌药物管理程序中的多种管理措施（Edwards 和 Gould，2012）。良好管理规范（GSP）需要不断改进，动态解决耐药性问题，维持抗菌药物治疗的乐观前景。无数小的措施可以不断累积取得较大的成效，从而可以从不同方面解决这个问题；从其自身来看，这些小措施似乎很小也无关紧要，但是累积起来却有很大效果。一个好的监管措施需要将当前的耐药性问题与新药的最终研发及新的控制感染措施结合在一起。每一个与抗生素使用有关的人员，无论是政府管理部门、兽医师或动物主人等都要参与到抗菌药物管理中。“一线”兽医工作者需要将这一概念拓展到实际工作中，使其更加符合实践标准。在上述过程中，兽医工作者需要寻找方法来评估对抗菌药物使用新规范的实施效果，推动继续教育，而且还要保证这些条例能根据需要进行修改和调整。

第三节 关于促进抗菌药物管理的思考

抗菌药物的管理是多方面的，其中还包括使耐药性发展和传播最小化的同时确保抗菌药物的效果。虽然抗菌药物的管理应该包括相关的每一个人，但是使用抗菌药物的人尤为重要，所以只有牢固树立抗菌药物管理意识才能确保抗菌药物长期可持续发展。兽医工作者处于药物管理的前线，也是本章讨论的重点，但是药物管理不断发展的概念涉及许多其他因素（图 7.1 和表 7.1）。

表 7.1 抗菌药物的管理：降低耐药性选择和维持抗菌药物疗效的专业管理

负责任	处方兽医要承担使用抗菌药物的责任，并且要充分认识到这种使用可能会产生的不良后果。处方兽医要知道这种使用所带来的利益，以及推荐的风险管理措施，以减少发生任何即时或长期不利影响的可能性
减少	任何可能情况下都应实施减少抗菌药物使用的措施，包括加强感染控制，生物安全、免疫接种、动物个体的靶向治疗或减少治疗持续时间
优化	每次使用抗菌药物都应设计给药方案，利用所有关于病畜、病原菌、流行病学、抗菌药物（特别是动物特异性药代动力学和药效动力学特性）的信息，确保选用的抗菌药物产生耐药性的可能被最小化。负责任地使用就是正确选用药物、正确的给药时间、正确的给药剂量和正确的给药持续时间
替代	任何时候有证据支持替代物安全有效，处方兽医经过评价权衡利弊后认为，替代物比抗菌药物有优势，就应该使用替代物
评估	抗菌药物管理的举措必须定期予以评估，并持续改进，以保证抗菌药物的使用规范适应并反映目前的最佳选择

一、抗菌药物使用指南：人医

美国医疗流行病学协会（SHEA）发布了一份人类医院中预防抗菌药物耐药性的综合性指南文件

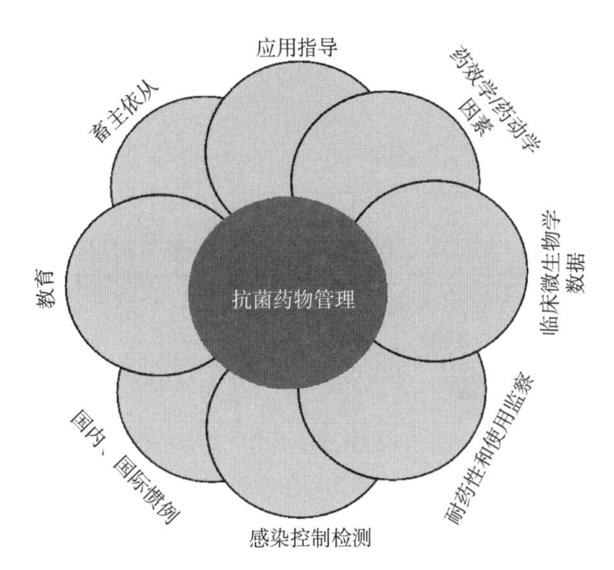

图 7.1　抗菌药物管理这一概念越来越多地被人们用于医学上，它主要描述了保持抗菌药物的疗效和尽量减少耐药性出现的多种方法。良好管理规范（GSP）需要不断改进，不断寻求解决耐药性的方法，从而维持抗菌治疗的乐观前景

（Shlaes 等，1997），按照这个指南，建立了医院抗菌药物管理程序（SHEA 等，2012）。特定抗菌药物使用指南的建立和实施，通过清晰明确的规定、指导治疗方案的定向临床信息、使用抗菌药物的最佳时间以及最佳的剂量方案等，提高了对患者的治疗水平和药物管理水平。人类医学中抗菌药物临床使用指南的范围快速多样地扩大，为一些疾病提供了很多明确的治疗建议（美国卫生系统药师协会，1999；Bisno 等，2002；Nicolle 等，2005；Antibiotic Expert Group，2010；Liu 等，2011）。指南通常是由诸如美国传染病学会等类似组织的支持下组织相关专家组制定的，接受同行评议后公布（Hillier 等，2011；Institute of Medicine，2011；Kuehn，2011；Lee 和 Vielemeyer，2011）。很多实例证明国际或地区性用药指南具有正面的积极影响，措施主要为减少用药总量或者使用更合理的药物及给药方案（Angoulvant 等，2012；DocoLecompte 等，2012；Slekovec 等，2012）。相反，如果医院很少按照抗菌药物处方控制抗菌药物使用，耐药性出现的频率就非常大（Conly，2002）。威斯康星州在全州范围内实施药物管理，从而促进抗菌药物的合理使用，使得初级保健医生开具的药方中抗菌药物的使用量减少了 20%（Belongia 等，2005）。然而，我们要更加重视地方干预，正如医学界专家所说，对抗菌药物的谨慎使用既能保证抗菌药物的效果又能促进经济发展，而且还可以成功的改变个人开具处方的行为。

我们很难对该指南执行的整体效果进行评价，部分原因是因为要考虑到很多不同的结果，例如，人们对这一指南的执行力度、临床结果、总的或特定抗菌药物使用的减少，抗菌药物耐药性的降低等。随着时间的推移，评价指南对临床行为的影响要求确保不是简单地具有短暂的初步效果，然后又快速地回复到之前的状态。只有管理指南中的目标全部或者大部分实现（具体的目标在每个指南中都应该明确），并且会一直延续下去时，我们才能够确定该指南在实际应用中是有效的。然而，对抗菌药物耐药性改变的客观评估十分困难，除了目标病原体（如肠杆菌科细菌），其他病原菌耐药性的发展更难评估，但这个因素必须考虑。如果管理指南降低了目标病原菌的耐药性，但发病率升高，或其他病原菌的总体耐药性升高（Burke 称其为“挤气球”效应，1999），这样的监管指南由于缺乏依从性，被认为并不成功。由于发病风险和耐药性变化等因素，监管指南必须保持灵活可变，而且需要经常更新，并与当地的实际情况相符合。

药物管理指南的发展改进是一个时间紧迫而且劳神费力的过程。经验表明比起制定管理指南所付出的努力，在指南宣传贯彻、培训教育医疗保健服务者和监督指南的实行力度等方面的努力反而是最小的，但是上述所有方面对指南的成功实施都是至关重要的。抗菌药物管理指南的实施还面临很多挑战，例如，缺乏沟通，对于指南中建议的治疗方法有不同的意见，对于否决个人决定的不满，以及指南没有考虑到不同地区的文化差异（Diamond 和 Kaul，2008；Chu 等，2011；Hoomans 等，2011；Borg 等，2012）。一项对人类医院围手术期指南遵守情况的研究表明，对于指南中许多方面的遵守情况良好，但是总体遵守率只有 28%（Van Kasteren 等，2003）。出现不遵守指南情况的原因包括：指南文件的无效分发，对指南缺乏认识，组织或后期保障条件的限制（Van Kasteren 等，2003）。

二、抗菌药物使用指南：兽医

近年来，大多数国家兽医组织已经制定了抗菌药物谨慎使用的通用指南，其中大多数对谨慎使用抗菌药物的原则给出了说明（表 7.2）。

表 7.2 抗菌药物合理使用的一般原则

- 只有存在细菌感染或感染发生风险的合理情况下才可使用抗菌药物。
- 抗菌治疗应尽可能以细菌培养和药敏试验结果为基础。
- 治疗中尽可能使用窄谱抗菌药物。
- 抗菌药物使用时间应尽量短。
- 选择合适的治疗方法时应充分考虑抗菌药物、病原菌、感染部位和病畜等因素。
- 用于治疗人类难以治愈或严重感染的重要抗菌药物应少量且谨慎使用。
- 当标签说明书可供选择时，应避免标签外用药。
- 应教育畜主予以配合，尤其是关于完成整个治疗过程。
- 禁止用抗菌药物治疗代替有效的感染控制、医护和外科手术手段及动物饲养管理等措施。
- 应重点强调通过减少感染的风险和发生来减少抗菌药物的使用。
- 只有当有指征时才可用围手术期预防疗法，并且遵照指南标准。
- 抗菌药物只能用于已建立有效的兽医-畜主-患畜关系时才可使用。

由上述讨论可知，尽管这些内容在理论观点上很重要，但是在临床指导效果方面仍然可能受到限制。在兽医上受到的限制更大，因为很少有可用的临床试验、符合标准的治疗规范及范围较广的给药方案，缺乏或尚无已发表的客观依据。依据作者的经验和本节引用的大量 1993 年以来的文献综述，都有关于抗菌药物的使用指南。其他的标准文章已经包含了作者推荐的首选、第二选择和作为最后一道防线的抗菌药物（Guardabassi 等，2008）。近年来，采用与人类用药指南类似的方法，已经建立了准确、有依据的抗菌药物临床使用指南。这些指南通常是由专家对已发表的高质量文献进行审查和评估后，给出的关于诊断和特定条件下给药的建议（Nielsen，2010；Noli 和 Morris，2011；Weese 等，2011；Mueller 等，2012；Roberson，2012；Tealeand Moulin，2012）。许多兽医专业机构也建立了很多指南（Morley 等，2005），范围从一般谨慎用药指南到特定疾病的用药指南（Littman 等，2006；Sykes 等，2011）。国家兽医机构也通过综合考虑国内不同地区农业和兽医的实际差异、抗菌药物的可用性和疾病流行趋势协调并修改用药指南。尽管可用的指南显著增加，却很少有对这些指南在实践应用及推广进程中的影响力进行评估。更好地理解兽医用药指南的影响力及推进其使用的方法仍需进一步研究。

三、抗菌药物使用分类

建议兽医师及兽医实践过程中对使用的抗菌药物进行分类（Morley 等，2005）。使用分类可确定特定的药物使用是否恰当。有多种药物分类名称，如一级、二级和三级或者一线、二线和三线（表 7.3）。对药物进行分类的关键原则是：二三线药物通常是广谱药，对人类医学尤其重要；只有当一线药物不合适，或者改变治疗疗法（如单独的局部疗法）不可行时，且在二三线药物对治疗结果有潜在的积极影响时才能使用。依据诊断样品的培养及药敏试验来选择不同种类的药物，尤其是二三线药物是非常重要的。

表 7.3 小动物医院抗菌药物分类举例

种类	定义	举例
一级，一线	在细菌培养及药敏试验或相关替代试验之前，可用于已知或可疑细菌感染的初期治疗。这些药物常用于人类医学上，但一些比较严重的感染不常用，而且也不用考虑细菌的耐药性问题	青霉素，第 1、2 代头孢菌素类药物，四环素类药物，甲氧苄啶-磺胺类药物
二级，二线	经过细菌培养和药敏试验，加上患畜本身和感染因素等多方面研究显示没有合适的一线药物可用。这类药物可以用于治疗比较严重的感染或对使用过程中需要关注对耐药性的影响	喹诺酮类药物，第 3 代及 3 代以后的头孢菌素类药物

（续）

种类	定义	举例
三级，三线	用于做过细菌培养和药敏试验，而且严重威胁生命的感染类型。在没有一二线药可选择时	碳青霉烯类药物
限制药，自愿禁止药	经过细菌培养和药敏试验显示没有其他治疗方法，而且疾病严重威胁到生命安全。对治疗没有其他要求，用药过程中可以自愿停药	万古霉素

虽然分类概念比较简单，但由于对每类药物中具体各种药物的认识缺乏一致性，所以在实际应用时比较困难。以对人类医学的重要性为依据，对动物使用的抗菌药物进行分类这个问题一直存在争议。表 7.4 列出了评估对人类和动物重要性的分类标准。世界卫生组织将抗菌药物分为三类：至关重要、非常重要和重要（世界卫生组织，2005；表 7.5）。可以明显看到，许多至关重要的抗菌药物常用于食品动物和伴侣动物。

表 7.4　世界卫生组织和世界动物卫生组织发表的抗菌药物分类标准

标准	兽用重要抗菌药（OIE，2007）	人用重要抗菌药（WHO，2009）
1	有效性：大多数受访者承认了这一药物的重要性	用于人类严重的疾病感染中唯一的疗法或少数几种替代法中的一种
2	治疗动物的严重感染，有效替代其他的抗菌药：这类药物很重要，很少有替代药物	这类抗菌药用于下列两类疾病的治疗：（1）不是通过人类传播的病原菌引起的疾病；（2）耐药基因不是来源于人类的病原菌引起的疾病
1 和 2	极其重要的兽用抗菌药	极其重要的抗菌药
1 或 2	非常重要的兽用抗菌药	非常重要的抗菌药
非 1，非 2	重要的兽用抗菌药	重要的抗菌药

表 7.5　世界卫生组织对人类医学上抗菌药物的分类

极其重要	非常重要	重要
氨基糖苷类（不包括卡那霉素和新霉素）	氨基环醇类	杆菌肽
安沙霉素类	卡那霉素/新霉素	磷霉素
碳青霉烯类	酰胺醇类	林可霉素
第 3、4 代头孢菌素类	第 1、2 代头孢菌素	呋喃嘧啶
糖肽类	头霉素	硝基咪唑
脂肽类	梭链孢酸	
甘氨酰环类	莫匹罗星	
大环内酯类和酮内酯类	抗葡萄球菌青霉素	
噁唑烷酮类	截短侧耳素	
青霉素（天然青霉素、氨苄西林、抗铜绿假单胞菌青霉素）	多黏菌素	
喹诺酮类	磺胺类及其与二氢叶酸还原酶抑制剂复方	
链阳菌素类	单环内酰胺类	
四环素类		

具体药物的使用类别可能因实际应用情况和动物种类的不同而不同，但总体原则一致。重要的要牢记：一级（一线）药物（表 7.3）不一定比二三线药物效果差，而感染的严重性并非指示必须使用二线或三线药物。事实上，一线药物对大多数细菌感染有效，二三线药物应少用。在一个三级关爱小动物附属医院，尽管很多病例都是重症转诊病例，且多数在之前已经接受过各种抗菌药物治疗，而且动物免疫功能不全，针对这些病例的抗菌类处方药中一线抗菌药的比例超过 90%。由于可能存在对二三线抗菌药物的过度使用和不符合需求的使用，当病情显示需要二三线抗菌药物时，还需要临床微生物学家、内科医生、微生物学家和感染控制人员等相关专家进行会诊，并且应该适当考虑将三线药物的选用作为强制性组成部分。

四、自愿的抗菌药物限制政策

限制抗菌药物的使用是一项存在争议的措施，但是对可用抗菌药物的正式或非正式限制使用在人类医学上是公认的。限制使用可能涉及对某些药物的彻底禁止，但更为常见的某种特定抗菌药物在使用之前需获得官方授权。1996 年的一项调查显示：81%的受访人类附属医院都有限制特定抗菌药物使用的规定（Lesar 和 Briceland，1996）。尽管抗菌药物限制使用在人类医学上已经显示了有益的结果（Kaki 等，2011；Slain 等，2011），但在兽医方面实行自愿限制政策依然存在争议，没有得到实施，仍需进一步调查。一些临床医生可能认为，抗菌药物会在其使用未经临床试验确认的疗法时受到过度限制；然而其他人可能认为对几种或几类药物的限制是适当的，特别是限制那些在人类医学中具有至关重要作用的抗菌药物的滥用及其在兽医上的使用。

一些兽医教学机构自愿限制特定抗菌药物（如万古霉素等）的使用。这种彻底禁止可能会受到特定情况的限制（如威胁生命的感染，只用局部疗法不合理，只要治疗就有幸存的可能，细菌培养和药敏试验证明万古霉素是唯一的疗法，经指定的传染病或感染控制人员批准等这些情况）。所有的动物医院都应该考虑是否实行明确的特定抗菌药物限制政策。即使在目标药物从未使用的情况下，积极建立一个限制政策也十分重要，这样才能与各方面专家协商提前做出决策，而不是在医生希望用药时却没有依据可循。教育及参与者之间的公开对话对促进自愿限制政策的发展和成功实施至关重要。必须要对人类医学有至关重要作用的三线药物可能对公共健康造成的负面影响进行评估，而且还要说明是否要采取适当的风险减缓措施。这种风险评估应该成为规章制定过程中的一个标准部分。

五、促进抗菌药物管理中的处方集

药物处方集有两种主要形式。一种是列出机构或地区可用的抗菌药物；另一种是包括抗菌药物、给药剂量、给药途径和给药间隔在内的一般情况下的治疗建议。在人医方面，处方集被广泛用于控制抗菌药物的成本，但其也对抗菌药物的使用趋势产生了重大影响。在一些地区，大部分（66%～91%）的人类医院有自己的处方集（Lawton 等，2000；Woodford 等，2004）。处方内容的变化会对一些特定抗菌药物的使用产生深远影响。地方规定的处方集可能包括机构抗菌药物耐药性的发展趋势，而且要定期监测耐药性以确保处方集的规定依然有效。

处方集在兽医领域并不普遍。随着抗菌药物限制政策的发展，处方集可能会遇到对一些事物的认知阻力，其中包括对“自由”用药负面影响的认知和对兽药“艺术”的认知。有人倡导对常见抗生素的使用给出规范化的建议（Morley 等，2005），我们对此理解并不只是针对医学实践，更要针对临床判断，并要确保用药科学。

六、促进抗菌药物监管中的停药指令

过度使用抗菌药物的一个潜在原因是未能在适当的时候停止治疗。在一些情况下，仅仅因为没有对停止治疗进行规定，导致抗菌药物的实际治疗时间长于计划时间。停药指令是在治疗一定时间后自动停止使用抗菌药物的命令，这一方法在人医控制抗菌药物的实际使用中已经获得成功（Diamond 和 Hales，1997；Singer 等，1998）。当然我们允许较长时间的用药治疗，但必须提出申请，从而避免无意识的延长治疗时间。类似的概念还有，在任何抗菌药物处方方案重建之前要确保对动物重新评估，而不是根据药物使用者或生产商的判断对大量的抗菌药物重新分配使用。

七、抗菌药物使用的监测

对抗菌药物实际使用的监测可以为抗菌药物使用提供基础数据，这些数据随着处方模式和干预措施的影响而有所变化。这些数据也可用于教育方案，从而提高处方水平。通过电子病历系统能够获得质量较高的抗菌药物使用数据，但对数据的复原和解释可能会很困难。由于患病动物的体型大小差异大，除非研究涉及体型相同的动物，否则抗菌药物总量则是指示性较差的参数。降低这些偏差的方法包括使用总处方（可能会受用药时间的影响）、规定的日给药剂量和生物量。不论采用何种方法，对抗菌药物的监测可很好地评价其在同一场所内随时间变化的趋势，假设数据的偏差在一段时间内也是一致的，任何已确定的改变都将反映真实的改变。

小动物医院已经开展了关于临床使用抗菌药物规范的回顾性研究（Weese，2006；Escher 等，2011；Wayne 等，2011）。其中一项研究报告对提升教育有积极作用，减少了抗菌药物的整体使用或某些目标抗菌药物的使用（氟喹诺酮类药物和碳青霉烯类药物；Weese，2006）。另一项研究报告显示，在确定使用抗菌药物治疗的病例中，有 38%病例没有感染证据（Wayne 等，2011）；不过，该研究并未显示对临床医生及方案修改的影响。虽然一些研究结果尚未公布，但是已经开展的学术性使用监管并未尝试改变地方行为，这也就影响了监测计划的效果。由于病历系统的发展，收集抗菌药物使用数据非常方便，所以对日常抗菌药物使用的监测也应该成为兽医疫病控制监管的一部分。

抗菌药物在人和动物的相对使用在人类医疗、兽医医疗和公共卫生等领域存在争论。在一些国家，尤其是在那些仅凭处方或者通过药房才能获得动物用抗菌药物的国家，可以获得关于抗菌药物使用的准确数据（如 DANMAP，2011）。在其他国家，抗菌药物销售和使用的数据来源丰富，例如，制药公司和饲料厂自愿提供相关数据，兽医药品进口数据及养殖者的用药记录，这些数据的准确性可能较差，且无法核实。值得注意的是，准确地确定在许多地区生产和使用的数据，以及估计同一地区分别用于人类和动物的抗菌药物的数据（存在固有偏差）都非常困难。国际标准要求建立有效的国家动物用抗菌药物监测系统（世界卫生组织，2012）。

虽然关于抗菌药物使用的数据有限，但这些信息非常有价值（Apley 等，2012；Merle 等，2012），特别是对评价每年抗菌药物使用情况的变化、不同国家之间的基线水平、确定使用干预的影响，以及比较抗菌药物使用与在恰当的耐药性监测中的耐药性数据等也都很有价值。

八、实验室诊断检测

重要的是要采取合理的诊断措施，达到抗菌药物不必要时就不使用，如果有指征使用时，要使用适宜的抗菌药物。但是畜主不愿支付检测费用是限制实验室诊断的一个重要因素。虽然期望每位畜主都同意实验室诊断并不合理，但是实验室诊断的提出方式也会影响其依从性。常见药敏试验和结果的解释方法见第二章。

快速诊断检测特别是核酸扩增试验等可以提供更快的诊断和对耐药基因的检测，这些技术的广泛使用可能对抗菌药物的使用方式产生一定的影响。但是，如果新检测方法的灵敏度更高，而检测阈值低或比现有方法的特异性差，可能会导致新方法诊断和过度诊断/误诊之间存在细微的差别，后者可能导致不必要的使用抗菌药物。所以最重要的是，在引入新的实验室诊断方法前必须进行验证。

在实际工作中监测重要病原体耐药性的发展趋势很有用，它可以在药敏试验结果之前或在某些情况下无法进行试验时为抗菌药物的正确使用提供一个指导。然而正如第三章所述，实验室诊断数据可能也会产生误导，因为检测结果只显示了从实验室得到的临床标本的耐药性。虽然可以采取抗菌药物的预防性治疗，但是群体感染可能向着更严重的方向发展，并不能反映预防性治疗对病原菌的作用；因此实验结果并不一定显示该群耐药性的流行趋势。所以，虽然实验室数据可以提供有利的信息，但是也必须承认这些数据存在固有偏差。

诊断实验室的细菌培养和药敏试验结果也可以影响抗菌药物的使用。兽医师应只利用有资质的实验室，采用认证的标准方法进行检测。大量兽医诊断检测未校准的属性，意味着诊断实验室不需要按照美国 CLSI 或欧盟 EUCAST 指南进行药物敏感性试验和报告结果。这些指南为检测和质量控制提供了依据，例如，对特定的细菌应进行哪些抗菌药物的耐药性检测，如何报告结果，不管检测结果如何，哪些微生物应被认为对特定的药物具有耐药性（如肠球菌对头孢菌素类药物的耐药性）。报告多种药物，尤其是二三线药物的药敏结果可能导致这些药物不必要使用的增加。另一个重要的缺陷是没有考虑对体内正常微生物菌群中的细菌进行药敏试验，并且没有考虑临床取样点与临床疾病发展过程的相关性。对共生菌群的药敏结果无疑会导致抗菌药物的不恰当使用。

良好诊断规范可以作为一个重要的管道，对分离菌进行流行病学研究以精确查明动物病原菌的耐药克隆株的传播途径。

九、促进抗菌药物管理中的教育

(一) 兽医师

我们一直在倡导对医学院学生和内科医生进行关于抗菌药物耐药性和谨慎使用抗菌药物的继续教育（美国医疗流行病学协会等，2012）；同样对于兽医，从学生到经验丰富的兽医工作者，也需要教育以确保抗菌药物的合理使用。更好的教育有助于优化抗菌药物的治疗方案，在不需要抗菌药物治疗时，面对来自畜主或生产商的压力时，促进其间更好的沟通。如常规围手术期抗菌药物预防治疗的“洁净手术”已经过时（Knights 等，2011）。

关于抗菌药物管理的教育需要达成这样一个认同，即抗菌药物管理非常重要。尽管一些优秀的研究团队仍然反对兽用抗菌药物使用的管理。虽然美国兽医协会已经声明：“几乎没有证据显示，限制或者禁止抗生素在食品动物的使用可以促进人类健康或者降低抗菌药物耐药性对人类的风险（http：// www. avma. org/public _ health/antimicrobial _ use. asp)”；我们希望这一声明不会让兽医认为不应该对抗菌药物的使用进行监管。很明显，需要更加广泛地认同兽医在抗菌药物耐药性中的作用，推动对 GSP 的发展。幸运的是，很多国家或国际性兽医机构已经超前提出了前瞻性方法用于支持抗菌药物使用的管理。

虽然非专业人士对抗菌药物耐药性及抗菌药物滥用的认识度普遍提高，但是兽医工作者在这方面的知识缺乏仍然可能导致抗菌药物的不合理使用。加强对兽医-畜主的教育以及人们积极性的提高都会降低抗菌药物的总体用量及不合理使用。

(二) 养殖者

在许多国家，养殖者在抗菌药物使用决策上扮演着直接且重要的角色，他们有时会在没有兽医参与的情况下自行购买并使用抗菌药物。虽然，从动物健康和动物福利角度，或从国际管理工作的角度出发（世界卫生组织，2012），上述行为都是不合理的，但是这种情况在一些地区仍然存在，对养殖者的教育也许是减少抗菌药物使用和提高抗菌药物用药水平的关键环节。所有用于控制动物疾病的抗菌药物都需要处方（世界卫生组织，2012），其使用需要兽医的监督。养殖者在抗菌药物使用及耐药性方面的知识是不同的，且有局限性（Eltayb 等，2012）。因此，在对养殖者进行抗菌药物适应证的教育中，兽医的参与至关重要，而且合适的给药方案有助于提高抗菌药物的用药水平。抗菌药物的管理需要兽医的监督。

即使是在抗菌药物的使用由知识丰富的兽医监管的地方，对养殖者的教育也有重要的意义，可以确保推荐的给药方案得到有效实施，而且有助于养殖者理解制定预防和治疗方案时参考兽医制定的管理工作中的注意事项。事实上，在 GSP 中养殖者应该对抗菌药物的使用提出质疑并且积极采取措施控制感染，积极采取生物安全和其他措施也可以减少传染性疾病发生的可能性。

(三) 伴侣动物主人

众所周知，人医临床中有时在没有其他有效治疗方法的情况下，常用抗菌药物进行治疗（Murphy 等，2012）。虽然在兽医临床没有相关调查，但可能存在相同情况。由于迫于畜主的压力而要求用药可能导致抗菌药物的不合理使用，因此对畜主的教育也很重要。人医尝试了各种方法来解决这个问题，包括使用“非处方板”，一种说明不需要使用抗菌药物进行治疗的处方。尽管不能满足所有人的需求，但依然传递了临床医生考虑了抗菌药物并决定不需用抗菌药物的观念。这种新方法在兽医临床上也有很大的作用。

在抗菌药物管理中伴侣动物主人的另一个重要作用就是正确用药。按照说明，给药失败或不能完成整个给药方案都会对临床结果和耐药性产生影响。与畜主良好的沟通可以克服不恰当用药的压力，还可以向其强调完成整个治疗过程的重要性。此外，兽医在开具处方时还要充分考虑畜主的能力和动物的行为，尽可能降低由于用药困难（给药途径和频率）而带来顺从性差的可能性，这些因素都可能导致治疗提前结束。对于有些畜主，按时给药可能是个挑战（Adams 等，2005），在确定给药方案时这也是一个需要考虑的因素。

十、抗菌药物的获得和管理的影响

兽医在动物疾病、动物饲养、抗菌药物使用以及现代药物使用管理方法等方面接受过专业训练，所以在大多数国家，兽医直接负责对动物用抗菌药物的监督和指导，这是一个公认比较合理的做法（世界卫生组织，2012）。然而，如前文所述：在许多国家，一些抗菌药物仍然可以在没有兽医的直接参与下，无需处方便可由未经培训的人员购买使用；因此建议所有抗菌药物仅可通过已建立的兽医-患畜-畜主关系，通过兽医获得（Morley 等，2005）。这不仅能够降低耐药性，还可能促进对抗菌药物使用总量的精确监管，加强对动物的关爱，减少食品动物体内抗菌药物残留问题及促进其他治疗及预防方法的对话交流。

此外，另一个关于抗菌药物获得的担忧是在许多国家仍然允许兽医为养殖者配制大量的抗菌药物。尽管有兽医-畜主-患畜关系的支撑，但允许没有经验的人员指导动物治疗，可能导致抗菌药物的轻率使用，鉴于这些原因，上述做法可能是不合理的。

十一、促进药物监管的内部与外部制度

目前很多国家的兽医在开具处方和配药时几乎享有完全的自由，带来最重要的药物监管问题，包括没有兽药最高残留限量或耐受量和合适的休药期等。但是相反地，其他国家兽医在开具抗菌药物处方时受到严格限制（见第二十六章）。随着对抗菌药物的使用、滥用（真实的或感知的）及耐药性认识的提高，现在很多国家限制了兽医使用一些在人医上很重要的抗菌药物。但是这些措施也引起了人们的担忧，因为这可能会过度限制某些抗菌药物的使用，特别是在动物中使用的很多治疗用抗菌药物被列为世界卫生组织定义的“至关重要”和“非常重要”的药物。

减少上述对抗菌药物过度使用的一个方法是正确的用药示范及自我控制。监管机构内部的自我监管主要包括：修改用药指南，加强教育和监督工作，强调有依据的使用抗菌药物；上述措施证明我们对抗菌药物使用和耐药性问题给予了极大的关注，同时有助于降低非兽医组织对这一问题的关注。为了降低对外部控制的感受性需求，有必要向监督机构证明：兽医人员对抗菌药物的使用采取了前瞻性的管理方法。人们对于兽医临床中抗菌药物不合理使用的关注方式很多时候并不恰当，有时即使是口头的关注也可以刺激兽医人员尽快找到一个比较有效的监管措施，但是人们开始多是以防备的方式提出，然后就转而批评兽医工作者。虽然在人医上抗菌药物的滥用比较猖獗，而且抗菌药物在人类的应用对耐药性的发生起了主要作用。但是兽医工作者必须认识、接受和针对这一领域的弱点进行监管，否则可能会增加对动物用抗菌药物更加严格的限制。

十二、解决抗菌药物处方中的潜在利益冲突

在很多地区，人们认为兽医人员从抗菌药物处方中获得了很大的经济利益，而且这个问题一直饱受争议。不同于大多数人类医生，在很多地区兽医不仅可以开具处方，还可以出售抗菌药物，从而获得一定的经济利益。食品动物医学尤为特别，其中抗菌药物的销售收入占化学药品销售收入的很大比例。虽然这并不意味着在开具处方药时更关注经济利益而不是谨慎用药，但是这一利益矛盾需要根除（Grave 和 Wegener，2006）。

十三、对抗菌药物监管措施的评价进行监控的重要性

监管机构在新型抗菌药物的风险评估、兽用抗菌药物的批准、批准后耐药性监测的工作中发挥重要的作用（见第二十六章）。上述工作的侧重点是不断变化的，而且这些机构也面临很大的来自其他利益集团的压力。监控计划对于确定新型抗菌药物对目标菌和指示菌耐药性的影响非常重要。指示菌并不是目标治疗菌，但是这两种菌的耐药性却存在很大的相关性。有些情况下，由于指示菌可能是一些重要的人兽共患病原菌，所以其耐药性更为重要（见第三章）。在出现耐药性且发展趋势令人担忧的情况下，监管机构可能撤销抗菌药物的使用，但是这种情况多是针对人类病原菌。有一个非常罕见的关于药物上市后监管的实例，由于家禽中出现了耐喹诺酮类药物的空肠弯曲菌，美国食品和药物管理局（FDA）兽药中心撤销了允许恩诺沙星在家禽中的使用。

对来源于食品动物、食物和人的人兽共患病原菌进行联合监管是很有效的，这可以弄清楚兽医使用抗菌药物在人类致病菌耐药模式中扮演的角色（Dutil 等 2010；世界卫生组织，2012），但是上述综合监管计划在全球范围内数量有限。一些国家已经着手制定计划，积极减少抗菌药物在动物中的使用，并对结果进行监控。其中最全面的是丹麦综合抗菌药物耐药性监测和研究计划（DANMAP），该计划报告了抗菌药物

在人和动物的使用数据，同时还公布了从动物、人及食品中发现的耐药性微生物（DANMAP，2011）。其他计划，如 CIPARS 和 NARMS，在第三章中都有介绍。

大部分监测方案的缺点是将重点放在食品动物上，对伴侣动物的关注很少或根本没有注意。宠物越来越频繁地使用极为重要的药物（如氟喹诺酮类药物，第 3 代头孢菌素类药物）；偶然使用治疗人多重耐药菌感染的药物（碳青霉烯类），人类与伴侣动物的密切接触，揭示了包括马在内的伴侣动物在抗菌药物耐药性产生中的潜在重要性。

十四、新型抗菌药物的引入

兽药是一个不断发展的医疗领域，兽医通常努力站在医学的前沿。因此，兽医有试用新药的倾向，即在人医上使用的新药很少在动物中使用，作为一种感觉来提高"医学的质量"。当选择传统的药物更为合理时，使用新型抗菌药物并不是医学实践中的进步，反而是表明药物的不恰当使用。事实上，需要使用新型抗菌药物可能意味着感染控制及预防医学的失败，这并不是正常的兽医学发展过程。然而随着抗菌药物耐药性的发展，选择压力增大，如果有在动物上研发成功并允许使用的，许多情况下需要使用新型抗菌药物。GSP 的重要作用是在绝对需要新型抗菌药物之前尽量避免出现上述变化，并且尽可能地确保使用这些药物对人和动物病原菌产生耐药性的可能性最低。

一个难题是究竟在什么阶段开始使用新型抗菌药物。针对这个过程尚未制定相关的客观指南。当一线抗菌药物经验治疗对某种病原不适用时，就应当考虑使用新型抗菌药物。在没有证据支持时，这是很难做到的，大多根据长期积累的敏感性结果的地区差异、其他可能影响临床结果的因素（药物毒性、不良反应和药物相互作用）以及临床实验室检测结果的偏差进行判断。

随着认识的提高和抗菌药物标签外用药的监督，有关教育和监管行动指向了抗菌药物标签外用药。但是，对加强抗菌药物使用监管带来意想不到的后果的问题也必须予以考虑。由于新药审批多是针对广谱抗菌药物，如氟喹诺酮类、最新的头孢菌素类药物，所以新药按标签用药与窄谱老药标签外用药之间的矛盾会不断增加，其中旧的药物并没有"标签"。所以，在选择抗菌药物时，必须考虑标签说明书，特别是对于食品动物，在各方面更需要谨慎。

十五、非抗菌药物治疗方案的选择

控制耐药性的最好办法就是不经常使用抗菌药物。抗菌药物只是治疗方案中的一个方面，治疗方案包含的范围很广，包括从确定导致疾病的根本原因到使用非抗菌药物治疗的全过程。虽然在使用抗菌药物的过程中常常被忽视，但是解决导致疾病发生的潜在风险因素是预防和治疗感染的关键。如果不能妥善解决，这些潜在因素足以阻碍未来的治疗，而且还可能会引起感染复发（如由于农场管理措施不佳，常常不能解决犬的浅表性脓皮病的潜在危害），最终导致临床治疗率下降，进一步提高抗菌药物的整体用量。上述潜在因素并不能总是轻易识别或成功地控制，但要尽可能做出努力并控制这些因素。在任何情况下都要调查这些因素，当遇到复发或药物效应较差的感染时要强制相关人员调查和确定这些因素。

在治疗感染时传统的抗菌药物并不是唯一或最好的选择。尽管科学依据不断变化，但是仍有很多替代疗法代替抗菌药物的治疗。益生菌就经常使用，特别是用于治疗和预防胃肠道疾病，但益生菌有效性（或安全性）的证据有限，特别是用于伴侣动物。商品化兽用益生菌的质量控制似乎也落后（Weese，2003；Weese 和 Martin，2011），而且市场营销力度似乎优于临床试验研究。

免疫调节剂和免疫刺激剂是另一种治疗方法，特别是用于预防疾病，但仍缺乏临床研究，而且在食品动物和伴侣动物中的作用尚不清楚。噬菌体疗法因其潜在的安全性和有效性而成为具有吸引力的、非抗菌药物的治疗方法，但在获得充分的证据之前，无法确定这是否将是一个可行的治疗选择。要想确定替代疗法是否可以用于治疗或预防疾病，以及能否减少抗菌药物的使用及降低耐药性，还需要严格管理，以及开展更多的研究和试验。

疫苗接种在抗菌药物使用监管工作中的作用不容忽视，它可以降低动物传染病的发病率，减少对抗菌药物的需求和使用。疫苗接种不仅适用于细菌性疾病，也有助于降低病毒病引起的继发性细菌疾病的发病率，还可以在原发性病毒疾病过程中减少抗菌药物的不恰当使用。

抗菌药物给药的代替途径也必须考虑：局部给药、区域或外用治疗、以及埋植抗菌药物浸渍制剂都可能是有疗效的治疗选择，而且还可以通过减少药物对消化道、呼吸道、皮肤等身体其他部位共生菌的暴露量降低产生耐药性的风险，同时还能提高治疗的应答。

十六、促进抗菌药物监管中的感染控制

控制感染在GSP中的作用至关重要。有证据表明，耐甲氧西林葡萄球菌和产超广谱β-内酰胺酶的肠杆菌科细菌在伴侣动物中传播的很大一部分原因是医院获得性感染（Wieler等，2011）。降低感染发病率可明显降低对抗菌治疗的需求（国家健康与医学研究委员会，2010）。在农场和动物医院，良好的感染控制规范可以减少对预防及治疗性预防的需求。决不能以使用抗菌药物来替代良好动物饲养和感染控制，兽医必须积极预防和控制动物个体、群体、农场和医院等不同水平的感染。感染控制的主要原则应该简单易懂，切合实际。一些基本概念如个人卫生、清洗和消毒、识别潜在的感染性疾病和使用适当的物理方法和措施阻止感染，这些构成了任何感染控制的核心（Anderson等，2008）。决不能忽视简单的手部卫生在减少抗菌药物使用方面的作用，及防止包括耐药性细菌在内的病原菌在环境中传播而引起潜在感染等过程中的重要作用。已证明手部卫生是最有效地控制感染的措施，适当的手部卫生可有效地影响感染率（Boyce等，2002；Hirschmann等，2001），但是手部卫生在动物医院中遵守却比较差（Shaw，2012）。依赖消毒剂控制耐药细菌的传播时，应该认识到一些消毒剂本身可以选择耐药基因并促进它的扩散（见第三章；Ciusa等，2012）。

第四节　总　　结

细菌耐药性（见第三章）将继续对人医和兽医临床产生显著影响，并且带来新的挑战。GSP和抗菌药物的合理使用对降低耐药性的发生，减少新的耐药表型和基因型的出现，及减少能在细菌群体中捕获和传播耐药基因的万能遗传因子（见第三章）都至关重要。抗菌药物监管虽然不是万能的，但对限制人类和动物产生抗菌药物耐药性是必需的，并且允许个人及家庭与伴侣动物亲密接触，还能保证食品生产系统的安全、高效及低成本。GSP在限制兽用抗菌药物对人类医学影响的同时，还能保证兽医对抗菌药物的使用；同时，GSP还可以将抗菌治疗对患病个体和公共健康的利益最大化。

参考文献

ACSQHC. 2011. National Safety and Quality Health Service Standards. Sydney，Australian Commission on Safety and Quality in Health Care. http：//www. safetyandquality. gov. au/wp-content/uploads/2011/01/NSQHS-StandardsSept2011. pdf.

Adams VJ，et al. 2005. Evaluation of client compliance with short-term administration of antimicrobials to dogs. J Am Vet Med Assoc 226：567.

American Society of Health-System Pharmacists. 1999. ASHP therapeutic guidelines on antimicrobial prophylaxis in surgery. Am J Health-Syst Pharm 56：1839.

Anderson MEC，et al. 2008. Infection prevention and control best practices for small animal veterinary clinics. Canadian Committee on Antibiotic Resistance. http：//www. ovc. uoguelph. ca/cphaz/resources/documents/Guidelines FINAL Infection Prevention Dec2008. pdf.

Angoulvant F，et al. 2012. Impact of implementing French antibiotic guidelines for acute respiratory-tract infections in a paediatric emergency department，2005-2009. Eur J Clin Microbiol Infect Dis 31：1295.

Antibiotic Expert Group. 2010. Therapeutic Guidelines：Antibiotic，14th ed. North Melbourne，Victoria：Therapeutic Guidelines Limited.

Apley MD，et al. 2012. Use estimates of in-feed antimicrobials in swine production in the United States. Foodborne Path Dis 9：272.

Avdic E，et al. 2012. Impact of an antimicrobial stewardship intervention on shortening the duration of therapy for community-acquired pneumonia. Clin Infect Dis 54：1581.

Belongia EA，et al. 2005. Impact of statewide program to promote appropriate antimicrobial drug use. Emerg Infect Dis 11：912.

Bisno AL，et al. 2002. Practice guidelines for the diagnosis and management of group A streptococcal pharyngitis. Clin Infect Dis

35：113.

Biswas B，et al. 2002. Bacteriophage therapy rescues mice bacteremic from a clinical isolate of vancomycin-resistant *Enterococcus faecium*. Infect Immun 70：204.

Borg MA，et al. 2012. Understanding the epidemiology of MRSA in Europe：do we need to think outside the box? J Hosp Infect 81：251.

Boyce J，et al. 2002. Guideline for hand hygiene in health-care settings：recommendations of the Healthcare Infection Control Practices Advisory Committee and the HICPAC/SHEA/APIC/IDSA Hand Hygiene Task Force. Infect Control Hosp Epidemiol 23：S3.

Burke JP. 1998. Antibiotic resistance—squeezing the balloon? J Am Med Assoc 280：1270.

Chu CH，et al. 2011. Physicians are not adherent to clinical practice guidelines for acute otitis media. Int J Pediatr Otorhinolaryngol 75：955.

Ciusa ML，et al. 2012. A novel resistance mechanism to triclosan that suggests horizontal gene transfer and demonstrates a potential selective pressure for reduced biocide susceptibility in clinical strains of *Staphylococcus aureus*. Int J Antimcirob Ag 40：210.

Conly J. 2002. Antimicrobial resistance in Canada. Can Med Assoc J 167：885.

DANMAP. 2011. Use of antimicrobial agents and occurrence of antimicrobial resistance in bacteria from food animals，food and humans in Denmark. ISSN 1600-2032. National Food Institute，Statens Serum Institut.

Diamond GA，Kaul S. 2008. The disconnect between practice guidelines and clinical practice—stressed out. J Am Med Assoc 300：1817.

Diamond SA，Hales BJ. 1997. Strategies for controlling antibiotic use in a tertiary-care paediatric hospital. Paediatr Child Health 2：181.

Doco-Lecompte T，et al. 2012. Relevance of fluoroquinolone use in hospitals in the Lorraine region of France before and after corrective measures：an investigation by the Antibiolor Network. Scand J Infect Dis 44：86.

Dutil L，et al. 2010. Ceftiofur resistance in *Salmonella enterica* serovar Heidelberg from chicken meat and humans，Canada. Emerg Infect Dis 16：48.

Edwards B，Gould IM. 2012. Antimicrobial stewardship：lessons from human healthcare. Rev Sci Tech Off Int Epi 31：135.

Eltayb A，et al. 2012. Antibiotic use and resistance in animal farming：a quantitative and qualitative study on knowledge and practices among farmers in Khartoum，Sudan. Zoon Pub Hlth 59：330.

Escher M，et al. 2011. Use of antimicrobials in companion animal practice：a retrospective study in a veterinary teaching hospital in Italy. J Antimicrob Chemother 66：920.

Fleming A. 1945. Penicillin. Nobel Lecture，11 December 1945. Nobel Foundation.

Gonzales R，et al. 2001. Excessive antibiotic use for acute respiratory infections in the United States. Clin Infect Dis 33：757.

Grave K，Wegener HC. 2006. Comment on：veterinarians' profit on drug dispensing. Prev Vet Med 77：306.

Guardabassi L，et al.（eds）. 2008. Guide to Antimicrobial Use in Animals. Oxford：Blackwell.

Heuer OE，et al. 2005. Antimicrobial drug consumption in companion animals. Emerg Infect Dis 11：344.

Hillier S，et al. 2011. FORM：an Australian method for formulating and grading recommendations in evidencebased clinical guidelines. BMC Med Res Method 11：23.

Hirschmann H，et al. 2001. The influence of hand hygiene protocols prior to insertion of peripheral venous catheters on the frequency of complications. J Hosp Infect 49：199.

Hoomans T，et al. 2011. Implementing guidelines into clinical practice：what is the value? J Eval Clin Pract 17：606.

Institute of Medicine. 2011. Clinical Practice Guidelines We Can Trust. Washington，DC：National Academies Press.

Kaki R，et al. 2011. Impact of antimicrobial stewardship in critical care：a systematic review. J Antimicrob Chemother 66：1223.

Knights CB，et al. 2012. Current British veterinary attitudes to the use of perioperative antimicrobials in small animal surgery. Vet Rec 170：646.

Kuehn BM. 2011. IOM sets out "gold standard" practices for creating guidelines，systematic reviews. J Am Med Assoc 305：1846.

Lawton RM，et al. 2000. Practices to improve antimicrobial use at 47 U. S. hospitals：the status of the 1997 SHEA/IDSA position paper recommendations. Infect Control Hosp Epidemiol 21：256.

Lee DH，Vielemeyer O. 2011. Analysis of overall level of evidence behind Infectious Diseases Society of America practice guidelines. Arch Intern Med 171：18.

Lemmen SW, et al. 2001. Influence of an infectious disease consulting service on quality and costs of antibiotic prescriptions in a university hospital. Scand J Infect Dis 33: 219.

Lesar TS, Briceland LL. 1996. Survey of antibiotic control policies in university-affiliated teaching institutions. Ann Pharmacother 30: 31.

Littman MP, et al. 2006. ACVIM small animal consensus statement on Lyme disease in dogs: diagnosis, treatment, and prevention. J Vet Intern Med 20: 422.

Liu C, et al. 2011. Clinical practice guidelines by the Infectious Diseases Society of America for the treatment of methicillin-resistant *Staphylococcus aureus* infections in adults and children. Clin Infect Dis 52: e18.

Merle R, et al. 2012. Monitoring of antibiotic consumption in livestock: a German feasibility study. Prev Vet Med 104: 34.

Morley P, et al. 2005. Antimicrobial drug use in veterinary medicine. J Vet Intern Med 19: 617.

Mueller RS, et al. 2012. A review of topical therapy for skin infections with bacteria and yeast. Vet Derm 23: 330.

Murphy M, et al. 2012. Antibiotic prescribing in primary care, adherence to guidelines and unnecessary prescribing—an Irish perspective. BMC Fam Pract 13: 43.

National Health and Medical Research Council. 2010. Australian Guidelines for the Prevention and Control of Infection in Healthcare. National Health and Medical Research Council.

Nicolle LE, et al. 2005. Infectious Diseases Society of America guidelines for the diagnosis and treatment of asymptomatic bacteriuria in adults. Clin Infect Dis 40: 643.

Nielsen AC. 2011. One health evidence based prudent use guidelines for antimicrobial treatment of pigs in Denmark. In: Korsgaard H, Agersø Y, Hammerum AM, SkjøtRasmussen L (eds). Use of antimicrobial agents and occurrence of antimicrobial resistance in bacteria from food animals, food and humans in Denmark. Copenhagen: DANMAP, pp. 26-27.

Noli C, Morris D. 2011. Guidelines on the use of systemic aminoglycosides in veterinary dermatology. Vet Derm 22: 379.

Paskovaty A, et al. 2005, A multidisciplinary approach to antimicrobial stewardship: evolution into the 21st century. Int J Antimicrob Agents 25: 1.

Pinzon-Sanchez C, et al. 2011. Decision tree analysis of treatment strategies for mild and moderate cases of clinical mastitis occurring in early lactation. J Dairy Sci 94: 1873.

Prescott JF. 2008. Antimicrobial use in food and companion animals. Animal Health Res Rev 9: 127.

Roberson JR. 2012. Treatment of clinical mastitis. Vet Clin North Am: Food Animal Practice 28: 271.

Roberts RR, et al. 2009. Hospital and societal costs of antimicrobial-resistant infections in a Chicago teaching hospital: implications for antibiotic stewardship. Clin Infect Dis 49: 1175.

Shaw S. 2012. Evaluation of an educational campaign to increase hand hygiene at a small animal veterinary teaching hospital. J Am Vet Med Assoc 240: 61.

Shlaes DM, et al. 1997. Society for Healthcare Epidemiology of America and Infectious Diseases Society of America Joint Committee on the Prevention of Antimicrobial Resistance: Guidelines for the prevention of antimicrobial resistance in hospitals. Clin Infect Dis 25: 584.

Singer MV, et al. 1998. Vancomycin control measures at a tertiary-care hospital: impact of interventions on volume and patterns of use. Infect Control Hosp Epidemiol 19: 248.

Slain D, et al. 2011. Impact of a multimodal antimicrobial stewardship program on *Pseudomonas aeruginosa* susceptibility and antimicrobial use in the intensive care unit setting. Crit Care Res Pract 2011: 416426.

Slekovec C, et al. 2012. Impact of a region wide antimicrobial stewardship guideline on urinary tract infection prescription patterns. Int J Clin Pharm 34: 325.

Society for Healthcare Epidemiology of America, Infectious Diseases Society of America, Pediatric Infectious Diseases Society. 2012. Policy statement on antimicrobial stewardship by the Society for Healthcare Epidemiology of America (SHEA), the Infectious Diseases Society of America (IDSA), and the Pediatric Infectious Diseases Society (PIDS). Infect Control Hosp Epidemiol 33: 322.

Sykes JE, et al. 2011. ACVIM small animal consensus statement on leptospirosis: diagnosis, epidemiology, treatment, and prevention. J Vet Intern Med 25: 1.

Teale CJ, Moulin G. 2012. Prudent use guidelines: a review of existing veterinary guidelines. Rev Sci Tech Off Int Epiz 31: 343.

Teo J, et al. 2012. The effect of a whole-system approach in an antimicrobial stewardship programme at the Singapore General Hospital. Eur J Clin Microbiol Infect Dis 31: 947.

Toth NR, et al. 2010. Implementation of a care bundle for antimicrobial stewardship. Am J Health Syst Pharm 67: 746.

Van Kasteren ME，et al. 2003. Adherence to local hospital guidelines for surgical antimicrobial prophylaxis：a multicentre audit in Dutch hospitals. J Antimicrob Chemother 51：1389.

Wayne A，et al. 2011. Therapeutic antibiotic use patterns in dogs：observations from a veterinary teaching hospital. J Small Anim Pract 52：310.

Weese J. 2003. Evaluation of deficiencies in labeling of commercial probiotics. Can Vet J 44：982.

Weese J. 2006. Investigation of antimicrobial use and the impact of antimicrobial use guidelines in a small animal veterinary teaching hospital：1995-2004. J Am Vet Med Assoc 228：553.

Weese JS，Martin H. 2011. Assessment of commercial probiotic bacterial contents and label accuracy. Can Vet J 52：46.

Weese JS，et al. 2011. Antimicrobial use guidelines for treatment of urinary tract disease in dogs and cats：Antimicrobial Guidelines Working Group of the International Society for Companion Animal Infectious Diseases. Vet Med Int 2011：263768 [ePub].

Wieler LH，et al. 2011. Methicillin-resistant staphylococci (MRS) and extended-spectrum betalactamases (ESBL) -producing *Enterobacteriaceae* in companion animals：nosocomial infections as one reason for the rising prevalence of these potential zoonotic pathogens in clinical samples. Int J Antimicrob Ag 301：635.

Woodford EM，et al. 2004. Documentation of antibiotic prescribing controls in UK NHS hospitals. J Antimicrob Chemother 53：650.

World Health Organization. 2000. WHO Global Principles for the Containment of Antimicrobial Resistance in Animals Intended for Food. Geneva，World Health Organization. http：//whqlibdoc. who. int/hq/2000/WHO _ CDS _ CSR _ APH _ 2000. 4. pdf.

World Health Organization. 2009. Critically Important Antimicrobials for Human Medicine，3rd ed. WHO Advisory Group on Integrated Surveillance of Antimicrobial Resistance (AGISAR). http：//www. who. int/foodsafety/foodborne _ disease/CIA _ 2nd _ rev _ 2009. pdf.

World Health Organization. 2012. The Evolving Threat of Antimicrobial Resistance. Options for Action. World Health Organization. http：//whqlibdoc. who. int/publications/2012/9789241503181 _ eng. pdf.

World Organisation for Animal Health (OIE). 2007. OIE List of Antimicrobials of Veterinary Importance. OIE. http：//web. oie. int/downld/Antimicrobials/OIE _ list _ antimicrobials. pdf.

第二篇
抗菌药物各论

第八章 β-内酰胺类抗生素：青霉烷青霉素类

John F. Prescot

第一节 概 述

1928年，Alexander Fleming观察到青霉菌污染导致平板上培养的葡萄球菌细胞溶解，这一发现促使了抗生素的发展。1940年，Chain、Florey及其助手首次从点青霉菌（*Penicillium notatum*）培养物中获得足量的青霉素。10年后，青霉素G广泛应用于临床。临床应用过程中发现青霉素G有一定的局限性，即在胃酸中相对不稳定，易被β-内酰胺酶（青霉素酶类）破坏而失活，且对临床重要的革兰氏阴性菌的抗菌活性较差。随后发现其对革兰氏阴性菌无效的原因有：①药物不能穿透革兰氏阴性菌的细胞壁；②缺乏有效的结合位点（青霉素结合蛋白）；③酶灭活。进一步研究发现青霉素结构中的活性部位为6-氨基青霉烷酸。该部位由一个噻唑烷环（A）附着一个携带亚胺基（R—NH—）的β-内酰胺环（B）组成，是发挥抗菌活性的基本结构（图8.1）。该活性位点的发现促使了半合成青霉素类药物的开发和发展，从而克服了青霉素G的某些缺陷。

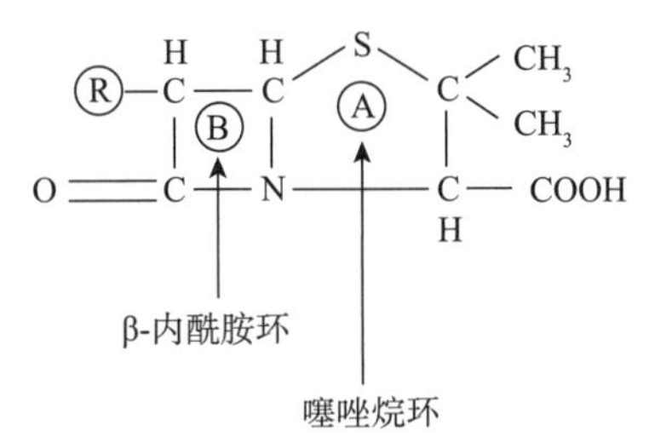

图8.1 青霉素结构式

与青霉素类药物相同，头孢菌素类药物也含有β-内酰胺环结构（图8.2），这类药物的发展导致一系列具有穿透不同革兰氏阴性菌和耐受多种β-内酰胺酶的药物的出现。其他天然的缺乏青霉素类和头孢菌素类经典β-内酰胺双环结构的药物将在后面加以叙述，其中多种药物具有很强的抗菌活性，并可高效耐受β-内酰胺酶，如碳青霉烯类、氧头孢类、青霉烯类和单环β-内酰胺类药物，均有很强的抗菌活性，而其他药物，如氧青霉烷类药物克拉维酸，虽然自身没有抗菌活性，但可高效抑制β-内酰胺酶。此类药物（抑制剂）与早期的β-内酰胺类药物联合使用，以增加其抗菌活性范围。β-内酰胺类抗生素因其选择性、多样性及低毒性的特点得以广泛应用。

一、化学特性

青霉素类、头孢菌素类、碳青霉烯类、单环类和青霉烯类药物统称为β-内酰胺类抗生素。细菌产生的β-内酰胺酶通过酶促反应导致β-内酰胺环断裂而使药物丧失抗菌活性。β-内酰胺类药物的活性基团可能与青霉素过敏反应密切相关，而头孢菌素类药物与其结构相似，因此头孢菌素类药物应谨慎用于对青霉素过敏的动物。可通过替换β-内酰胺环来达到特定目的，如①增强对临床重要细菌所产β-内酰胺酶的抵抗力；②增强对特定病原菌的抗菌活性；③获得良好的药代动力学特性。因此，出现了许多用于特定用途的半合成β-内酰胺类药物。

二、作用机理

β-内酰胺类抗生素通过阻断肽聚糖合成的最后阶段来抑制细胞壁的合成。它们抑制转肽酶和其他肽聚糖酶，即青霉素结合蛋白（PBPs、转肽酶、羧肽酶）的活性，而青霉素结合蛋白可以催化糖肽聚合物交联形成细胞壁。此类药物仅对繁殖期细菌的细胞壁有裂解作用，从而发挥杀菌效果，即对正在大量合成细胞

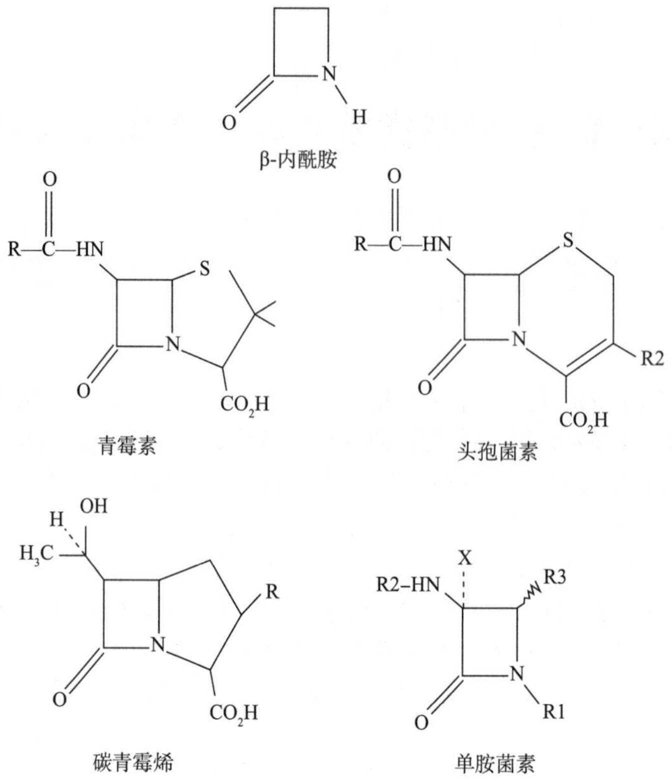

β-内酰胺

青霉素　　头孢菌素

碳青霉烯　　单胺菌素

图 8.2　天然 β-内酰胺类抗生素的核心结构

壁的细菌作用强。

不同β-内酰胺类药物的抗菌活性差异与药物对青霉素结合蛋白的亲和力有关。革兰氏阳性菌和革兰氏阴性菌对此类药物的敏感性差异取决于受体（PBPs）、肽聚糖的相对含量（革兰氏阳性菌相对更高）、药物穿透革兰氏阴性菌细胞外膜的能力以及细菌对自身产生的各种β-内酰胺酶的耐受能力。以上区别见图 8.3 和图 8.4。

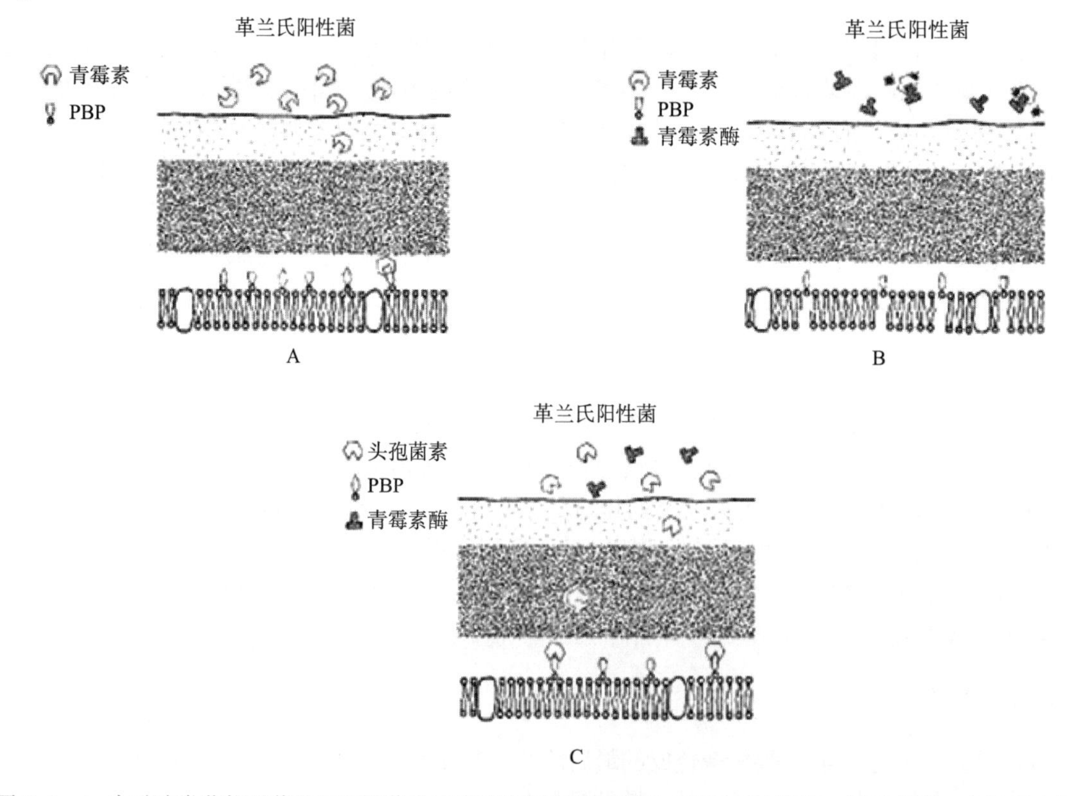

图 8.3　β-内酰胺类药物对革兰氏阳性菌的抗菌活性及耐药性概述（经 R. D. Walker 同意引用，未公开出版）

A. 敏感菌株　B. 产外源性 β-内酰胺酶的菌株，如金黄色葡萄球菌　C. 产青霉素酶，但对头孢菌素类药物敏感的菌株

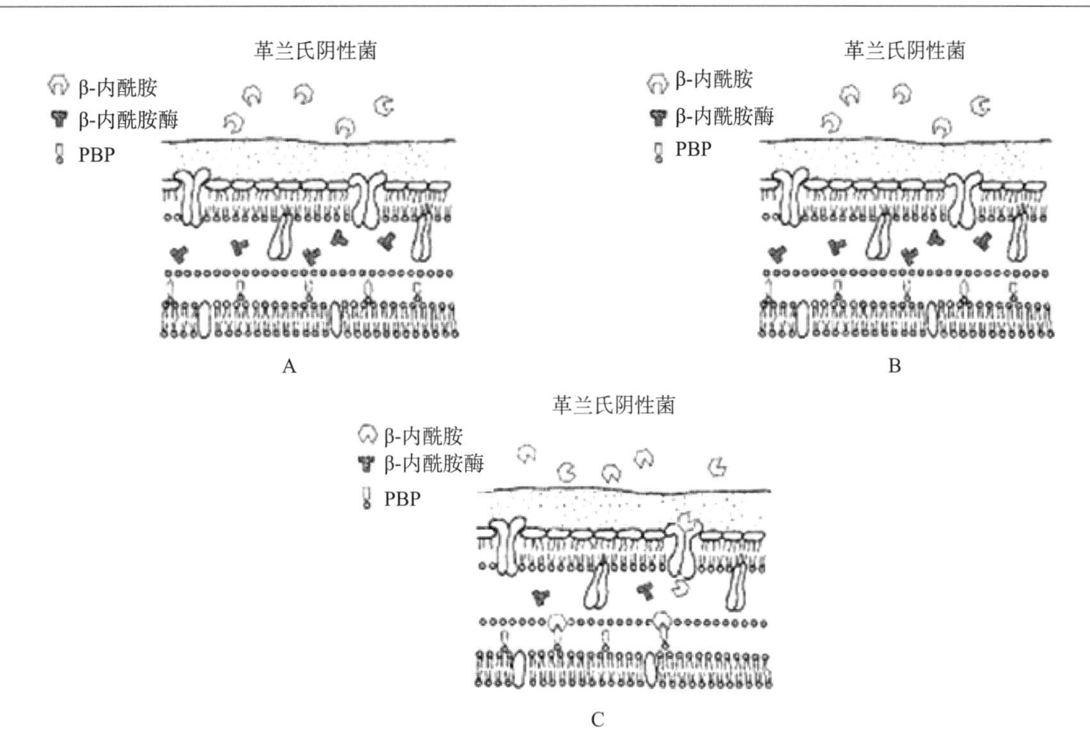

图 8.4　β-内酰胺类药物对革兰氏阴性菌的抗菌活性及耐药性概述（经 R. D. Walker 同意引用，未公开出版）
A. 阻止 β-内酰胺类药物渗透进入菌体的天然耐药菌株　B. 药物可渗透进入细胞，但被细胞周质 β-内酰胺酶水解的菌株　C. 敏感的革兰氏阴性菌

β-内酰胺类抗生素相对于氨基糖苷类或氟喹诺酮类药物，杀菌速率较低，发挥杀菌作用滞后。所有的β-内酰胺类抗生素对革兰氏阳性菌都表现出体外抗菌后效应，但对链球菌（体内）除外。对革兰氏阴性菌则不表现抗菌后效应（碳青霉烯类药物对假单胞菌例外）。β-内酰胺类抗生素属时间依赖型，而不是浓度依赖型药物（见第五章），要求在整个给药间隔内血药浓度超过该病原菌的最小抑菌浓度，所以此类药物最好采用频繁给药或静脉滴注方式。

三、对 β-内酰胺类抗生素的耐药性

革兰氏阳性菌（尤其是金黄色葡萄球菌）对青霉素 G 耐药主要通过产生 β-内酰胺酶，破坏多数青霉素类抗生素的 β-内酰胺环。金黄色葡萄球菌可分泌 β-内酰胺酶到细胞外，一种是由质粒介导的诱导型胞外酶（图 8.3）；许多革兰氏阴性菌细胞壁渗透性差、缺乏青霉素结合蛋白及可产生多种 β-内酰胺酶，因此对青霉素 G 天然耐药（图 8.4）；绝大多数革兰氏阴性菌本身能低水平表达由染色体介导的各种 β-内酰胺酶，分泌到细胞周质间隙中，有时可引起耐药。这些酶水解敏感的头孢菌素类药物比水解青霉素 G 更快，但水解氨苄西林、羧苄西林和耐 β-内酰胺酶青霉素的能力差。

由质粒介导的 β-内酰胺酶产生广泛存在于革兰氏阴性共生及条件性致病菌，能持续表达，并分泌到周质间隙中，导致高水平耐药。这些酶大多数为青霉素酶而非头孢菌素酶（图 8.4）；最广泛流行的是根据水解活性被命名为 TEM 型的 β-内酰胺酶，能够快速水解青霉素 G 和氨苄西林，而对甲氧西林、氯唑西林和羧苄西林的作用弱。OXA 型 β-内酰胺酶的流行不广泛，但可以水解对青霉素酶稳定的青霉素类抗生素（如苯唑西林、氯唑西林及相关药物），有关 β-内酰胺酶的内容详见第十章。β-内酰胺酶可能是由青霉素结合蛋白进化而来，作为土壤微生物暴露于天然 β-内酰胺类抗生素中的保护机制。目前，由于可转移耐药性的广泛传播，病原菌产生的 β-内酰胺酶广泛流行，且日趋严重。

广谱 β-内酰胺酶抑制剂（如克拉维酸、舒巴坦、他唑巴坦）的发现是一重大进展，这些药物本身的抗菌活性很弱，但因其与耐药菌产生的 β-内酰胺酶发生不可逆性结合，因此当与青霉素 G、氨苄西林（或阿莫西林）和替卡西林联用时表现出很强的联合抗菌活性。其他 β-内酰胺酶抑制剂，如头孢噻肟和碳青霉烯类药物，本身就具有很强的抗菌活性（见第十章）。

参考文献

Bush K，Macielag MJ. 2010. New β-lactam antibiotics and β-lactam inhibitors. Expert Opin Ther Patents 20：1277.

第二节　青霉烷青霉素类

一、概述

附着在6-氨基青霉烷酸氨基上的酸性自由基（R）决定青霉素类药物的抗菌活性，及其对细菌β-内酰胺酶水解灭活作用的敏感性，青霉素类药物的抗菌活性和耐酶能力决定其临床疗效，其临床疗效也由感染部位的药物浓度所决定。酸性自由基的特性对青霉素消除速率的影响较小，但影响其与血浆白蛋白的结合程度，很小程度上影响其膜穿透能力。图8.5显示了6-氨基青霉烷酸和某些青霉素酸性自由基的化学结构。

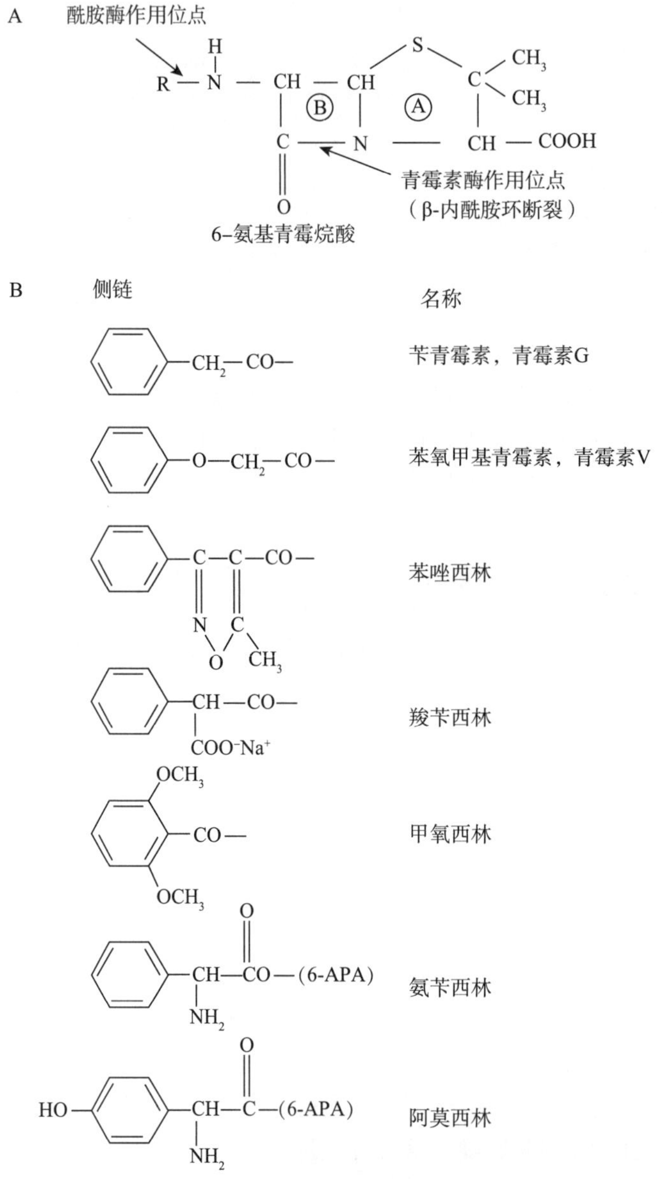

A　酰胺酶作用位点

青霉素酶作用位点
（β-内酰胺环断裂）

6-氨基青霉烷酸

B　侧链　名称

苄青霉素，青霉素G

苯氧甲基青霉素，青霉素V

苯唑西林

羧苄西林

甲氧西林

氨苄西林

阿莫西林

图8.5　部分青霉素类抗生素的结构式

A. 青霉素G的基本结构　B. 侧链取代产生新型青霉素类药物的结构式

青霉烷青霉素类根据抗菌活性分为6类，主要与其投入临床应用的时间有关（表8.1）：①苄基青霉素及其长效注射剂；②类似苄基青霉素的口服青霉素；③耐葡萄球菌青霉素酶的异噁唑青霉素类；④超广谱或广谱青霉素类；⑤抗铜绿假单胞菌青霉素类；⑥耐β-内酰胺酶青霉素类。

表8.1　6类青霉烷青霉素类的分类（6-氨基青霉烷酸衍生物）

类别	重要的衍生物	抗菌优势
1. 苄基青霉素类	普鲁卡因（长效型）	革兰氏阳性菌
2. 口服吸收的苄基青霉素类	苯氧甲基青霉素	革兰氏阳性菌
3. 抗葡萄球菌的异噁唑青霉素类	氯唑西林、双氯西林、苯唑西林、甲氧西林、萘呋西林	对产青霉素酶的金黄色葡萄球菌（不包括耐甲氧西林的菌株）和伪中间型葡萄球菌有效
4. 超广谱（广谱）青霉素类	氨基苄青霉素类（氨苄西林、海他西林、匹氨西林、阿莫西林）；氨基青霉素类（美西林）	比苄基青霉素类广谱，但对β-内酰胺酶敏感
5. 抗铜绿假单胞菌青霉素类	脲基青霉素类（阿洛西林、美洛西林、哌拉西林）；羧基青霉素类（羧苄西林、替卡西林）	铜绿假单胞菌活性降低，革兰氏阳性菌活性降低
6. 耐β-内酰胺酶青霉素类	替莫西林	耐β-内酰胺酶（不包括耐甲氧西林的菌株）

20世纪40年代以来，随着青霉素在临床的应用增加，开发了多种活性类似苄基青霉素的衍生物，这些衍生物能够口服给药，耐受金黄色葡萄球菌产生的β-内酰胺酶（青霉素酶）。随后，出现广谱的口服青霉素类药物，对革兰氏阴性菌具有更强的抗菌活性，对铜绿假单胞菌有抗菌作用的青霉素类药物也研制出来。尽管在开发耐β-内酰胺酶的青霉烷青霉素类药物上做出了相当的努力，但除替莫西林外，超广谱的青霉素类抗生素都对产β-内酰胺酶的革兰氏阴性菌十分敏感。基于上述原因，青霉素类药物对革兰氏阴性菌治疗效果有限，更倾向于使用头孢菌素类抗生素或者与β-内酰胺酶抑制剂联用。

二、作用机制

β-内酰胺类药物的作用靶点为位于细胞质膜外侧并参与细胞壁合成及重构的青霉素结合蛋白（PBPs）。细菌对于青霉素的敏感性取决于青霉素与PBP的结合能力、穿透细胞壁的能力和抵抗β-内酰胺酶的能力（图8.3、图8.4）。在细菌中通常存在4～7种PBP，即青霉素结合位点。对革兰氏阴性菌的杀菌作用是由于细胞壁渗透性造成细胞溶解，但此杀菌作用因革兰氏阴性菌细胞壁肽聚糖层缺失而被削弱。相对于革兰氏阴性菌，革兰氏阳性菌细胞壁中含有大量的肽聚糖，β-内酰胺类药物不仅可以通过阻止肽聚糖的最终交联发挥作用，而且能够释放脂磷壁酸，通过产生的自溶素（内源性肽链内切酶、青霉素结合蛋白羧肽酶）降解肽聚糖引起自杀反应。

有些革兰氏阳性球菌，将其暴露在高于最佳杀菌浓度的β-内酰胺类药物时，会出现杀菌率降低（有可能降低相当多）的现象（"Eagle"效应或似是而非的效应）。这种现象可能是因为青霉素结合了其他PBP而非主要的PBP靶点，从而干扰细菌的生长，由于β-内酰胺类抗生素仅对细胞壁合成旺盛的繁殖期细菌有效，细菌不生长导致不能被β-内酰胺类抗生素杀死。Eagle效应的提出非常重要，因为β-内酰胺类抗生素的安全性较好，所以存在过量使用的趋势。

三、抗菌活性

苄基青霉素和口服苄基青霉素类药物（苯氧甲基青霉素）对大多数革兰氏阳性菌有良好的抗菌活性，尤其对β-溶血性链球菌、非耐药葡萄球菌、放线菌属、隐秘杆菌属、芽孢杆菌属、梭菌属、棒状杆菌属、丹毒丝菌属和猪丹毒杆菌的抗菌活性好。敏感的革兰氏阴性菌包括某些拟杆菌属、梭杆菌属细菌以及各种革兰氏阴性需氧菌，如嗜血杆菌属和某些巴氏杆菌属细菌（表8.2）。肠杆菌科、脆弱拟杆菌、大部分弯曲杆菌属、诺卡氏菌属、假单胞菌属对苄基青霉素类药物耐药。抗葡萄球菌且耐青霉素酶的异噁唑青霉素类（氯唑西林、双氯西林、甲氧西林、萘夫西林、苯唑西林）与苄基青霉素类活性相似但略低，不同的是它们对产青霉素酶的金黄色葡萄球菌也有活性（表8.2）。超广谱青霉素类（氨苄基青霉素类如氨苄西林及其酯、阿莫西林）保持了苄基青霉素类对革兰氏阳性菌的活性，同时提高了对革兰氏阴性菌的活性，包括大肠杆菌、变形杆菌属和沙门氏菌属，但此类药物对铜绿假单胞菌无效，且能被β-内酰胺酶灭活。美西林是超广谱青霉素类药物的另一成员，与氨苄基青霉素的不同之处在于其对革兰氏阳性菌的抗菌活性较低，但对革兰氏阴性菌的活性较好（包括大多数的肠杆菌科细菌），尽管该药依旧能被许多β-内酰胺酶灭活。抗铜绿假单胞菌的青霉素类——羧基青霉素类和脲基青霉素类（羧苄西林、阿洛西林、美洛西林、哌拉西林）对革兰氏阳性菌和革兰氏阴性菌均有良好活性（表 8.2）。

表 8.2 青霉素类抗生素对人类病原菌的抗菌活性（μg/mL，通常为 MIC 值）

病原菌	窄谱青霉素类		耐酶青霉素类		广谱青霉素类	
	青霉素 G	青霉素 V	甲氧西林	氯唑西林	氨苄西林	羧苄西林
金黄色葡萄球菌						
β-内酰胺酶阴性	0.02	0.05	1.25	0.1	0.05	1.25
β-内酰胺酶阳性	R*	R	2.5	0.25	R	25
无乳链球菌	0.005	0.01	0.2	0.06	0.02	0.2
乙型溶血性链球菌	0.005	0.01	0.2	0.04	0.02	0.2
粪链球菌	3	6	R	R	1.5	50
产气荚膜梭菌	0.05	0.1	1	0.5	0.05	0.5
大肠杆菌	50	125	R	R	5	5
变形杆菌	5	50	250	R	1.25	2.5
吲哚阳性变形杆菌	R	R	R	R	R	5
肺炎克雷伯菌	250	R	R	R	R	250
肠杆菌属	R	R	R	R	R	12.5
铜绿假单胞菌	R	R	R	R	R	50

注：* 表示耐药。

经同意引用，Garrod LP 等，1981。Antibiotic and Chemotherapy，5th ed. New York：Churchill。

四、对青霉烷青霉素类的耐药性

细菌对大多数青霉烷青霉素类的耐药是由于产生β-内酰胺酶，PBP 的修饰伴随药物亲和性下降或细菌渗透性降低，有时通过固有或获得机制引起对青霉烷青霉素类固有耐药或获得性耐药。革兰氏阴性菌中还存在外排泵机制和膜孔蛋白的修饰，阻止青霉素进入细菌，产生耐药。β-内酰胺酶的作用将在第十章讨论。外源性产β-内酰胺酶引起的青霉素耐药（噬菌体或质粒介导）目前广泛存在于金黄色葡萄球菌中（尤其是临床分离株）。在革兰氏阴性菌中，编码β-内酰胺酶的质粒已广泛传播，并成为广泛获得性耐药的原因。此外，人们也逐渐意识到 PBP 的修饰已成为青霉烷青霉素类越来越重要的另外一种耐药机制。

人医临床最重要的青霉烷青霉素类的耐药型是耐甲氧西林（苯唑西林）金黄色葡萄球菌（MRSA），它在一些国家的人群中广泛存在，尤其在日本和美国。近几年动物中大量出现 MRSA，尤其是犬、马、猪，且似乎反映了 MRSA 在人群感染的发生率（Price 等，2012）。尽管自 2000 年 MRSA 在动物中出现，以及人类出现了与家畜相关的 MRSA（LA-MRSA）感染，其原因尚不清楚，但说明了随着抗生素耐药发展过程，通过抗生素使用（可能包括锌化合物）的选择作用，细菌的特定克隆类型产生了对家畜的宿主适应性（Cavaco 等，2011），此外，动物源 MRSA 菌株通常与医院有关，并能严重污染动物医院的环境，已有从动物源 MRSA 引发人类亚临床感染甚至临床感染的报道。MRSA 被认为能对所有β-内酰胺类抗菌药耐药，并被认为通常也对其他抗菌药耐药，但并不总是如此。从犬猫分离到的耐甲氧西林伪中间型葡萄球菌（MRSP）也逐渐增加，与 MRSA 一样，MRSP 也被认为对所有β-内酰胺类药物耐药（Perreten 等，2010），且通常为多重耐药。

甲氧西林耐药更常见于凝固酶阴性葡萄球菌，但并非引起住院动物获得院内感染的重要病原菌。

五、药代动力学特性

青霉素类药物是有机酸，以游离酸的钠盐或钾盐形式存在。在干燥结晶体中，青霉素类药物能稳定存在，但溶解后迅速失活。除异噁唑青霉素类（氯唑西林、双氯西林、苯唑西林）和青霉素 V 外，胃酸的水解作用限制了大部分口服青霉素制剂的全身生物利用度。在所有家畜中，青霉素类药物（pK_a为 2.7）主要在血浆中电离，表观分布容积相对较小（0.2～0.3 L/kg），半衰期较短（0.5～1.2 h）。吸收后，药物广泛分布于机体的细胞外液中，但由于电离且脂溶性差，难以通过生物膜，如牛奶中的药物浓度是血药浓度的 1/5。炎症能够促进青霉素类药物通过生物膜血脑或血脑脊液屏障，导致正常情况下青霉素难以进入的这些部位能达到抑菌浓度。

青霉素类药物几乎全部由肾脏消除，导致尿液中药物含量很高。但萘夫西林例外，该药主要通过胆汁排泄。肾脏的排泄机制包括肾小球过滤和肾小管分泌，后者受到其他有机酸的竞争性抑制，如丙磺舒。肾功能损伤会延迟青霉素类药物的排泄，但这类药物的安全范围广，不需要调整用量。

六、药物相互作用

青霉素类药物与氨基糖苷类药物联用通常对许多两类药物单用时敏感的细菌产生协同作用，因为青霉素类药物能增强氨基糖苷类药物进入细菌的能力。这种协同作用甚至可能对产青霉素酶的金黄色葡萄球菌有效。青霉素类药物与能和 β-内酰胺酶结合的药物如氯唑西林、克拉维酸、舒巴坦、他唑巴坦及一些头孢菌素类药物对细菌（MRSA 除外）有协同作用。氨基苄青霉素类和脲基青霉素类药物越来越多地与 β-内酰胺酶抑制剂联合使用。

七、毒性和不良反应

青霉素类药物和 β-内酰胺类抗生素通常无毒性作用，即使用药剂量严重超出推荐的用量。主要的不良反应包括急性过敏反应和衰竭；更为普遍的是轻微的过敏反应（荨麻疹、发热、急性血管神经性水肿）。所有青霉素类药物具有交叉过敏和交叉反应性，但使用头孢菌素类药物治疗的患者中仅有 5%～8%出现交叉反应。口服给药比肠道外给药更少发生过敏反应。青霉素类药物禁用于对其过敏的动物。罕见的不良反应包括溶血性贫血和血小板减少。

八、剂量选择

β-内酰胺类药物浓度在 MIC 以上时，产生杀灭和溶解细菌的作用。抗菌后效应仅见于体内葡萄球菌，因此需保证大部分给药间隔内的药物浓度高于 MIC 值（“时间依赖型抗生素”）。由于前述的 Eagle 效应，过高的药物浓度可能适得其反，有时药物浓度高于 MIC 值时，杀菌效果显著降低。

九、临床应用

青霉素类药物（表 8.1）是治疗动物感染的重要抗菌药，高效且低毒，革兰氏阳性菌如 β-溶血性链球菌对青霉素类药物高度敏感，苄基青霉素类是治疗这类细菌感染的常用药物。抗葡萄球菌青霉素类药物广泛用于预防和治疗牛葡萄球菌感染。近几十年来，超广谱青霉素类，尤其是氨基苄青霉素类对革兰氏阴性菌的抗菌效果大幅降低，但通过与 β-内酰胺酶抑制剂联用，抗菌活性得到恢复（见第十章）。抗假单胞菌青霉素类药物的活性依然重要，但被抗假单胞菌的头孢菌素类药物所取代。

第三节　第一类苄基青霉素和长效胃肠外给药剂型

苄青霉素 G 钠盐以苄基、普鲁卡因苄基的形式存在，目前三苄基乙二胺（苄星青霉素）盐型比较罕见。由于苄青霉素排泄快，需要经常给药，因此开发了长效延迟吸收（普鲁卡因、苄星青霉素）的剂型，其中普鲁卡因青霉素应用最广，因为其给药间隔通常为 24h。普鲁卡因和苄星青霉素的长效原理是延缓注射部位的药物吸收，因此，虽然消除半衰期相同，但吸收半衰期延长，因而减少给药频率。延迟吸收也意味着较低的峰浓度。

一、抗菌活性

青霉素 G 的活性起初是以活性单位定义的，结晶的青霉素 G 钠盐含有大约 1 600U/mg（1U=0.6 μg；

1 百万 U 的青霉素＝600 mg 或者 0.6 g）。大部分半合成青霉素类药物是以重量（mg/kg）而非单位计算。

1. 敏感（MIC≤ 0.12 μg/mL） 许多需氧革兰氏阳性菌均表现出较高的敏感性，包括所有的 β-溶血性链球菌（如无乳链球菌、犬链球菌、兽疫链球菌、停乳链球菌）、猪链球菌、乳房链球菌、炭疽杆菌、放线菌属、隐秘杆菌属、大部分棒状杆菌（包括伪结核棒状杆菌、肾棒状杆菌）、红斑丹毒丝菌和大多数单核细胞增多性李斯特菌（表 8.2）。敏感的厌氧菌包括梭状芽孢杆菌属、大部分梭状菌属和一些拟杆菌属。敏感的革兰氏阴性需氧菌有睡眠嗜组织菌。

2. 敏感性可变 金黄色葡萄球菌和其他葡萄球菌表现为不同的敏感性，尽管未出现耐药性，但葡萄球菌对青霉素类药物高度敏感。

3. 中度敏感（MIC 为 0.25～2 μg/mL，有时因获得性耐药而可能发生变化） 放线杆菌属、包柔氏螺旋体、布鲁氏菌属、嗜血杆菌属、钩端螺旋体属、莫拉克斯氏菌属、巴氏杆菌属、变形杆菌属、生殖道泰勒杆菌和小蛇菌属等表现为中度敏感。

4. 耐药（MIC≥ 4 μg/mL） 肠杆菌科（某些变形杆菌属除外）、脆弱拟杆菌、波氏杆菌属、大部分弯曲杆菌属和诺卡氏菌属表现为耐药。

二、耐药性

尽管青霉素类药物在兽医临床已广泛使用多年，多数革兰氏阳性菌仍对这类药物保持敏感性。金黄色葡萄球菌则例外，其产生的 β-内酰胺酶主要针对青霉素 G、氨苄西林和羧苄西林有活性，但对耐酶青霉素（甲氧西林、苯唑西林）和头孢菌素类药物的水解能力较差。耐甲氧西林金黄色葡萄球菌（MRSA）越来越多地出现在动物中，特别是因其对所有 β-内酰胺类药物耐药以及多重耐药而变得日益严重。敏感的革兰氏阴性菌如嗜血杆菌和巴氏杆菌，出现对青霉素类药物的耐药是因为产生 R 质粒介导的 β-内酰胺酶。

三、药代动力学特性

在之前青霉烷青霉素类的一般药代动力学特性下已作讨论。胃酸水解作用限制了口服苄青霉素的全身生物利用度。

四、药物相互作用

青霉素 G 能与氨基糖苷类药物协同对抗多种革兰氏阳性菌，对高水平氨基糖苷类药物耐药的革兰氏阳性菌除外。此协同作用甚至对产青霉素酶的金黄色葡萄球菌也有效。青霉素与可以结合 β-内酰胺酶的药物联合呈现协同作用（见第九章）。青霉素 G 与链霉素已联合应用于动物，但仅有少量临床数据支持其联用的价值。特别是因为链霉素在组织中的残留问题，因此一些国家不允许青霉素 G 与链霉素联用。此外，两者比例不同的联用制剂在药代动力学特性方面差异显著。

五、毒性和不良反应

苄青霉素原药及其衍生物是相对安全的药物，其毒性作用在“概述”中已进行了讨论。在动物中发生的许多急性毒性反应通常是由制剂中与青霉素结合的钾或普鲁卡因引起的毒性作用。为避免心搏骤停，静脉注射青霉素 G 钾盐时要注意输液速度，青霉素 G 钠盐给药更安全，普鲁卡因青霉素 G 禁止静脉注射给药。大剂量肌内注射时，普鲁卡因盐可能引起神经兴奋（运动失调、共济失调、应激）和死亡，尤其是马。为避免普鲁卡因检测结果阳性，比赛前 2 周赛马不能注射普鲁卡因青霉素。普鲁卡因青霉素应保存在冰箱中，且超过有效期则不能使用，应避免在同一注射部位重复给药，尤其是马。有报道在马出现伴随黄疸的免疫介导的溶血性贫血的严重不良反应。

六、用法与用量

推荐剂量见表 8.3。

因青霉素类药物比其他类抗生素的毒性更小，动物对其给药剂量耐受性好，在某种程度上可根据感染菌的敏感性适当调整。青霉素的治疗效果与组织药物浓度高于病原菌 MIC 值的时间相关。因青霉素的半衰期短，吸收快的制剂应缩短给药间隔（每 6h 给药 1 次）。口服剂型因全身生物利用度低，作为补偿，必须加大剂量。

青霉素 G 有钾盐或钠盐的形式，可用新鲜配制的溶液注射给药。普鲁卡因青霉素 G 是为延长肌内注射部位的吸收时间而开发的特殊剂型，单剂量 25 000IU/kg，在各种家畜体内可至少维持 12h（通常可达 24h）的有效血清浓度，以对抗敏感细菌。对中度敏感的细菌，1 次/d 的高剂量普鲁卡因青霉素可能有效，如治疗牛溶血性曼氏杆菌感染需要以 45 000IU/kg 的剂量，每天给药 1 次，由于 Eagle 效应可能降低药效，如此高剂量的治疗效果仍需更多临床数据支持。口服青霉素 G 钾盐已用于治疗由大肠杆菌或变形杆菌引起的犬尿路感染，因为在尿液中药物能达到高浓度。

苄星青霉素是一种长效、缓释的青霉素 G 剂型，每 72h 给药 1 次。因其血药浓度太低，只推荐用于极度敏感的细菌，最好不用。

表 8.3 青霉烷青霉素类用于动物的常规用量

药物	给药途径	剂量（IU 或 mg/kg）	给药间隔（h）	备注
青霉素 G，水溶性钠盐	肌内注射、静脉注射	15～20 000IU	6～8	
普鲁卡因青霉素 G	肌内注射	25 000IU	24	严重感染每 12h 给药 1 次
苄星青霉素	肌内注射	40 000IU	72	仅用于高度敏感细菌，最好不用
青霉素 V	口服	10	6～8	吸收不稳定；阿莫西林优先
氯唑西林、双氯西林、甲氧西林、苯唑西林	口服	15～25	6～8	仅用于单胃动物
氨苄西林钠	肌内注射、静脉注射	10～20	6～8	
氨苄西林（海他西林）	口服	10～20	8	仅用于单胃动物
阿莫西林	口服	10～20	8～12	仅用于单胃动物
阿莫西林	肌内注射（皮下注射）	10	12	
阿莫西林，长效	肌内注射	15	48	仅用于非常敏感的细菌
三水阿莫西林	肌内注射	10～20	12	
匹氨西林	口服	25	12	仅用于单胃动物
卡茚西林钠	口服	33	6～8	仅用于尿路感染
羧苄西林	肌内注射、静脉注射	33	6～8	
替卡西林	静脉注射（肌内注射、皮下注射）	25～40	8	常与克拉维酸联用
哌拉西林	静脉注射（肌内注射）	50	8	可能与他唑巴坦联用

注：这些用法和用量并不适用于所有动物；具体动物可查阅相关章节。

七、临床应用

青霉素 G 的常见临床应用见表 8.4。

表 8.4 青霉素 G 在动物临床感染中的应用

动物种类	主要应用	次要应用
牛、绵羊、山羊	炭疽杆菌、梭菌和棒状杆菌感染，化脓隐秘杆菌病、链球菌引起的乳房炎、出血性败血症、李斯特菌病	放线菌病、厌氧菌感染，对传染性角膜结膜炎可能有效，钩端螺旋体病
猪	链球菌和梭菌感染、猪丹毒、化脓隐秘杆菌病、猪放线杆菌病	格雷舍氏病、出血性败血症、厌氧菌感染
马	链球菌和梭菌感染	放线杆菌病、厌氧菌感染
犬、猫	链球菌和梭菌感染	猫咬伤性脓肿、厌氧菌感染、钩端螺旋体病

青霉素G是治疗由革兰氏阳性菌（如链球菌、棒状杆菌、丹毒丝菌、梭状芽孢杆菌或李斯特菌）、部分革兰氏阴性菌（如睡眠嗜血菌和巴氏杆菌）以及许多厌氧菌引起感染的首选药物。另外，也是治疗莱姆病（即包柔氏螺旋体感染）的首选药物。青霉素的优点是对敏感菌的杀菌活性强，且安全范围广，可根据病原菌的敏感性通过选择不同的剂型调整给药剂量。缺点是仅对快速生长期的细菌有效，需注射给药，抗菌谱窄，金黄色葡萄球菌和革兰氏阴性菌对其普遍具有耐药性，且难以穿透生物膜，急性炎症时除外。

1. 牛、绵羊、山羊 青霉素G是食品动物最常用的抗生素，最初批准使用的剂量很低，不合适。胃肠道外给予青霉素G可用于治疗由敏感菌引起的疾病，包括炭疽、梭菌感染、睡眠嗜血菌感染、棒状杆菌感染、曼氏杆菌和巴氏杆菌引起的肺出血性败血症以及无芽孢厌氧菌如坏死梭菌、不解糖卟啉单胞菌等引起的感染。青霉素G对繁殖缓慢的细菌的抑菌活性较低，且较难穿过细胞生物膜，导致其治疗化脓隐秘杆菌病、放线菌病、慢性金黄色葡萄球菌性乳房炎等疾病的效果不佳。多数情况下，只要青霉素治疗有效，那么，普鲁卡因青霉素G以20～25 000IU/kg剂量，每天给药1次就足够了。

每天以44 000IU/kg的剂量给予普鲁卡因青霉素，持续给药7～14d，可有效治疗李斯特菌病，但更推荐使用氨苄西林。青霉素G可有效治疗钩端螺旋体病，同样，氨苄西林可能效果更好。结膜下注射普鲁卡因青霉素G（每1～2mL含300 000～600 000IU）已广泛用于治疗由莫拉氏菌引起的牛角结膜炎，治疗浓度能维持36h。但一项受控的研究没有证实这种治疗的价值（Allen等，1996）。

每天肌内或皮下注射45 000IU/kg的普鲁卡因青霉素可成功治疗肺出血性败血症。但溶血性曼氏杆菌的耐药性在不断增加，而提高剂量又未经许可。由链球菌或敏感金黄色葡萄球菌引起的严重急性乳房炎可肌内注射20～25 000IU/kg的普鲁卡因青霉素进行治疗，根据病情严重程度，每12h或24h注射1次，可以作为对感染乳区频繁挤压治疗的有效辅助疗法。青霉素一般采用乳房给药，常与链霉素联用，治疗泌乳期链球菌感染很有效，但对金黄色葡萄球菌的效果一般。普鲁卡因青霉素G与新霉素混合乳房内给药治疗敏感革兰氏阳性球菌感染与单独使用普鲁卡因青霉素G相比，未见优势。青霉素G与链霉素联用已成功用于治疗严重的嗜皮菌病，但这种联用在很多国家已经不再使用。

2. 猪 青霉素是预防和治疗猪丹毒、链球菌、梭菌和棒状杆菌感染的注射用药物。感染急性猪丹毒和链球菌病时，使用普鲁卡因青霉素更好，而苄星青霉素有时用于预防。在猪链球菌脑膜炎早期，每天注射普鲁卡因青霉素可能将其治愈。对感染波莫纳钩端螺旋体的猪采用青霉素-链霉素联合用药（25mg/kg）1d、3d或5d，可消除肾脏的带菌状态（Allt和Bolin，1996）。

3. 马 青霉素G用于治疗β-溶血性链球菌感染，包括由兽疫链球菌引起的新生马驹多发性关节炎和脑膜炎，成年马创伤性感染、下呼吸道感染、尿路感染和子宫感染，这些疾病均采用青霉素G注射给药或局部输注。如需要，青霉素G也可用于治疗马腺疫，也是治疗破伤风的优选药物。颈部肌肉或肱二头肌肌内注射普鲁卡因青霉素G的血药浓度高于臀部肌内注射或皮下注射的血药浓度（Firth等，1986）。青霉素在马吸收差，口服容易引起消化机能紊乱，因此禁止口服给药。

4. 犬和猫 青霉素G是治疗链球菌和梭菌感染、放线菌病和由敏感的革兰氏阴性杆菌如多杀性巴氏杆菌引起的感染的选用药物。由于青霉素G对厌氧菌的活性较强，尤其适用于治疗牙周病、牙脓肿、创伤性感染或子宫蓄脓。但阿莫西林（或较小程度上用氨苄西林）更常用于治疗上述疾病。犬猫口服青霉素G后，药物吸收不稳定，因此需要肠道外给药，而阿莫西林口服后吸收良好，组织药物浓度升高，药物在肠道的残留量减少，从而肠道菌群紊乱现象减少。青霉素G和阿莫西林无论以何种途径给药，尿液中都能达到很高的药物浓度，因此它们均可用于治疗由金黄色葡萄球菌（甚至是产青霉素酶金黄色葡萄球菌）、链球菌、大肠杆菌或变形杆菌引起的犬尿路感染。

5. 家禽 口服青霉素用于预防和治疗坏死性肠炎、溃疡性肠炎和肠道螺旋体病，与链霉素联用可治疗火鸡丹毒。

参考文献

Allen LJ，et al. 1995. Effect of penicillin or penicillin and dexamethasome in cattle with infectious bovine keratoconjunctivitis. J Am Vet Med Assoc 206：1200.

Allt DP，Bolin CA. 1996. Preliminary evaluation of antimicrobial agents for treatment of *Leptospira interrogans* serovar *pomona* infection in hamsters and swine. Am J Vet Res 57：59.

Bemis DA, et al. 2009. Evaluation of susceptibility test breakpoints used to predict mec-mediated resistance in *Staphylococcus pseudintermedius* from dogs. J Vet Diag Invest 21：53.

Cavaco LM, et al. 2010. Zinc resistance of *Staphylocooccus aureus* of animal origin is strongly associated with methicillin resistance. Vet Microbiol 150：344.

Divers TJ. 1996. Penicillin therapy in bovine practice. Comp Cont Ed Pract Vet 18：703.

Duijkeren E, et al. 2010. Methicillin-resistant *Staphylococcus aureus* in horses and horse personnel：an investigation of several outbreaks. Vet Microbiol 141：96.

Firth EC, et al. 1986. Effect of the injection site on the pharmacokinetics of procaine penicillin in horses. Am J Vet Res 47：2380.

Lloyd DH, et al. 2008. Dealing with MRSA in companion animal practice. Eur J Comp Anim Pract 17：85.

Perreten V, et al. 2010. Clonal spread of methicillin-resistant *Staphylococcus pseudintermedius* in Europe and North America; an international multicentre study. J Antimuicorb Chemother 65：1145.

Price LB, et al. 2012. *Staphylococcus aureus* CC398：host adaptation and emergence of methicillin resistance in livestock. mBio 3：1.

Taponen S, et al. 2003. Efficacy of intramammary treatment with procaine penicillin G vs procaine penicillin G plus neomycin in bovine clinical mastitis caused by penicillin-susceptible, Gram-positive bacteria-a double blind field study. J Vet Pharm Ther 26：193.

Weese JS. 2010. Methicillin-resistant *Staphylocococcus aureus* in animals. ILAR J 51：233.

第四节　第二类口服吸收的青霉素类药物

苯氧甲基青霉素（青霉素 V）因能抵抗胃酸的水解作用，可口服。该药与苄青霉素的抗菌谱相似，也可用于单胃动物。口服青霉素 V 可有效预防和治疗猪链球菌性脑膜炎。

第五节　第三类抗葡萄球菌的异噁唑青霉素类药物

抗葡萄球菌的青霉素类药物可耐受金黄色葡萄球菌产生的青霉素酶，主要用于治疗或预防牛葡萄球菌性乳腺炎。异噁唑青霉素类药物（氯唑西林、苯唑西林）在酸性环境中较稳定，可对单胃动物口服给药，如治疗犬的葡萄球菌性皮肤病。金黄色葡萄球菌产生的青霉素酶可用头孢硝噻试纸进行检测。

尽管对其他青霉素敏感菌的活性比青霉素 G 弱，但此类所有药物都耐受金黄色葡萄球菌产生的青霉素酶。不同药物的体内活性相似。

如前所述，MRSA 在动物中持续增加，尤其在动物医院内或者已经出院的马和犬，以及养殖场家畜，尤其是猪和肉牛（Price 等，2012）。尽管在某些国家肉牛中 MRSA 的分离率越来越高，但牛源 MRSA 仍不常见。有数据显示，牛源分离株对甲氧西林表现出广泛的耐药性，有可能是因为检测条件不合理或者是药物失活，因为甲氧西林在储存过程中容易变质。如前所述，从犬猫分离到的耐甲氧西林伪中间型葡萄球菌（MRSP）日益增长，与 MRSA 一样，被认定为对所有 β-内酰胺类抗生素耐药。自 2000 年首次在动物中检测到 MRSA 以来，MRSA 成为严重危害兽医或者兽医从业人员（尤其是那些从事马病治疗的兽医工作者）健康的职业危害物（Jordan 等，2011）。

MRSA（异质耐药）可能被忽视。尚未找到一种理想的 MRSA 单一检测方法，目前最好用的方法是苯唑西林纸片法，将金黄色葡萄球菌在 30℃或 35℃培养 18～24h。目前，许多实验室采用 PCR 检测鉴定 *mecA* 基因。金黄色葡萄球菌的异质耐药株通常表现为多重耐药（其他的 β-内酰胺类、氨基糖苷类、大环内酯类和四环素类药物），但对利福平、氟喹诺酮类药物和甲氧苄啶-磺胺异噁唑敏感。如果伪中间葡萄球菌对苯唑西林的 MIC≥0.5μg/mL 时，认为属耐药即 MRSP，而对 MRSA，对苯唑西林的耐药折点是≥4μg/mL（Bemis 等，2009）。

抗葡萄球菌的异噁唑青霉素类药物对链球菌引起的奶牛乳房炎具有良好的治疗效果，治愈率与青霉素-链霉素联合用药接近。尽管金黄色葡萄球菌性乳房炎的临床治愈率较高，细菌学的治愈率却不尽如人意。

为防止犬在手术过程中感染葡萄球菌可静脉注射萘夫西林，但在手术 2～4d 后，可能会引起急性肾衰竭，这可能与该药能够直接导致肾损伤有关（Pascoe 等，1996）。犬体内双氯西林药物代谢动力学研究显示，肌内注射给药（给药剂量 25 mg/kg，每 8 h 给药 1 次）比口服给药更可使血药浓度高于产青霉素酶金黄色葡萄球菌的 MIC 值。

参考文献

Bemis DA，et al. 2009. Evaluation of susceptibility testbreakpoints used to predict *mec*-mediated resistance in *Staphylococcus pseudintermedius* from dogs. J Vet Diag Invest 21：53.

Dmitrova DJ. 1996. Pharmacokinetics of dicloxacillin sodiumfollowing intravenous and intramuscular administrationto domestic cats. J Vet Pharm Ther 19：405.

Dimitrova DJ，et al. 1998. Dicloxacillin pharmacokinetics indogs after intravenous，intramuscular and oral administration. J Vet Pharm Ther 21：414.

Jordan D，et al. 2011. Carriage of methicillin-resistant *Staphylococcus aureus* by veterinarians in Australia. Aust Vet J 89：152.

Papich MG. 2012. Selection of antibiotics for methicillin-resistant *Staphylococcus pseudintermedius*：time to revisitsome old drugs? Vet Dermatol [ePub ahead of publication] .

Pascoe PJ，et al. 1996. Case-control study of the associationbetween intraoperative administration of nafcillin and acute postoperative development of azotemia. J Am Vet Med Assoc 208：1043.

Price LB，et al. 2012. *Staphylococcus aureus* CC398：host adaptation and emergence of methicillin resistance in livestock. mBio 3：1.

第六节　第四类超广谱青霉素类药物：氨基苄青霉素类（氨苄西林与阿莫西林）

氨苄西林、阿莫西林及相关的酯类，如巴氨西林、海他西林、匹氨西林、酞氨西林的抗菌活性相似，但阿莫西林和匹氨西林由于更容易被肠道吸收，所以能达到较高的组织浓度。广谱氨基苄青霉素类药物对革兰氏阳性菌和厌氧菌的抗菌活性比青霉素 G 稍低，对产青霉素酶葡萄球菌的敏感性与之相当。这些药物不仅广谱而且对革兰氏阴性菌，如大肠杆菌、变形杆菌和沙门氏菌的抗菌活性更高。然而，获得性耐药已经大大降低了这些药物的效力。不过，令人兴奋的是此类药物与 β-内酰胺酶抑制剂联用能大大提高其药效（见第十章），这两类药物应当联合使用。

一、抗菌活性

1. 敏感（MIC≤1μg/mL）　与苄基青霉素类药物的抗菌谱一样，包括高度敏感的包柔氏螺旋体属和钩端螺旋体属；放线杆菌属、嗜血杆菌属、莫拉菌属、巴氏杆菌属（表 8.2 和表 8.5）。

2. 中度敏感（MIC 为 2～4μg/mL）　与苄基青霉素类药物的抗菌谱一样，还包括弯曲杆菌属、肠球菌。因获得性耐药，大肠杆菌、变形杆菌和沙门氏菌对此类药物表现不同程度的中度敏感性。获得性耐药在肠杆菌科细菌非常普遍。

3. 耐药（MIC>4μg/mL）　脆弱拟杆菌、支气管败血波氏杆菌、柠檬酸杆菌属、肠杆菌属、克雷伯菌属、其他变形杆菌属、铜绿假单胞菌、沙雷氏菌属、小肠结肠炎耶尔森菌。

表 8.5　超广谱和抗铜绿假单胞菌青霉素类对各种医学上重要的条件致病菌的体外抗菌活性（μg/mL）

微生物	氨苄西林		美西林		替卡西林		阿洛西林		哌拉西林	
	MIC_{50}	MIC_{90}	MIC_{50}	MIC_{90}	MIC_{50}	MIC_{90}	MIC_{50}	MIC_{90}	MIC_{50}	MIC_{90}
无乳链球菌	0.06	0.12	2	8	2	4	0.25	1	0.25	1
大肠杆菌	4	128	1	4	16	128	8	128	8	128
肺炎克雷伯菌	128	128	2	128	128	128	32	128	8	128
差异柠檬酸杆菌	4	128	0.5	4	16	128	4	8	4	4

（续）

微生物	氨苄西林		美西林		替卡西林		阿洛西林		哌拉西林	
	MIC_{50}	MIC_{90}	MIC_{50}	MIC_{90}	MIC_{50}	MIC_{90}	MIC_{50}	MIC_{90}	MIC_{50}	MIC_{90}
阴沟肠杆菌	128	128	2	32	8	128	4	32	4	32
变形杆菌	1	4	4	16	0.5	16	0.5	16	0.5	16
铜绿假单胞菌	128	128	128	128	16	128	4	128	4	128
拟杆菌属[a]	1	32	2	16	4	32	2	8	2	4

注：a 除脆弱拟杆菌外的其他拟杆菌。

经 Prince AS，Neu HC. 同意重制，对其 1983 年发表的“New penicillins and their use in pediatric practice”（Pediatr Clin North Am 32：3）中的相关内容进行了复制和修改。

二、耐药性

质粒或整合子介导的获得性耐药在各种革兰氏阴性菌中普遍存在并常是多重耐药，如产肠毒素的大肠杆菌和鼠伤寒沙门氏菌。许多引起奶牛乳房炎的大肠杆菌耐药。氨基苄青霉素类药物对金黄色葡萄球菌产生的β-内酰胺酶敏感（表 8.2 和表 8.5）。

三、药代动力学特性

青霉素类药物的基本药代动力学特性已在“概述”部分进行了讨论。氨苄西林和阿莫西林在酸性环境中相对稳定。在犬体内，阿莫西林的全身生物利用度（60%～70%）约是氨苄西林（20%～40%）的 2 倍，因此同样剂量下，阿莫西林的血药峰浓度通常也是氨苄西林的 2 倍或以上。与氨苄西林不同，混饲给药不影响阿莫西林的吸收。海他西林和匹氨西林是为提高生物利用度而开发的氨苄西林的酯类化合物，但在犬中能否提高生物利用度还是可疑的。口服给药时，匹氨西林在马体内的生物利用度明显高于阿莫西林。氨苄西林可以钠盐形式通过现配溶液肠道外给药，而三水合物因不易溶解而难以被肠道吸收，但能制成混悬液，通过肌内注射或皮下注射给药。这些三水合物制剂产生的血药峰浓度较低，但能延长给药间隔至 12h。阿莫西林三水合物长效制剂能在 48h 内维持有效的血药浓度。但低血浆峰浓度可能会使进入感染部位的药物减少。

四、药物相互作用

氨基苄青霉素类药物与氨基糖苷类药物联合一般对抗革兰氏阳性菌及革兰氏阴性菌（前提是革兰氏阴性菌不对两类药物耐药）呈协同作用。广谱β-内酰胺酶抑制剂克拉维酸和舒巴坦与氨基苄青霉素类药物联用，对产β-内酰胺酶的细菌产生良好的协同作用（见第十章）。

五、毒性与不良反应

毒性作用与“概述”中的内容相似。广谱青霉素类药物的一个不良反应是可能干扰肠道正常菌群。阿莫西林在犬、猫的肠道吸收良好，因此这种不良反应比较轻微。氨苄西林禁用于小型啮齿类动物（豚鼠、仓鼠、沙鼠）或兔，否则可能会引起梭菌性结肠炎（艰难梭菌、兔螺状梭菌）。匹氨西林也使马出现粪便松散或腹泻症状，但程度不如甲氧苄啶-磺胺嘧啶（Ensink 等，1996）。据报道，犊牛口服氨苄西林几天后出现中度腹泻，推测是因药物直接作用于肠道黏膜，导致吸收不良而引起腹泻。

六、用法与用量

推荐剂量见表 8.3。

可溶性钠盐能够经肠道外及口服给药，但较难溶的三水合物制剂只能通过肌内注射给药。其钠盐水溶液配制几小时后即不稳定。因其半衰期短，吸收快的制剂应每 6h 给药 1 次，以使高于 1μg/mL 的血药浓度能够维持足够长的时间。阿莫西林最好口服给药，因其比氨苄西林吸收更好，且不受饲喂的影响。与氨苄西林相比，口服阿莫西林的另一优点是能对小动物每日 2 次给药。阿莫西林有长效制剂，但在推荐的 48h

给药间隔内，药物能否一直维持在有效血药浓度值得怀疑。长效阿莫西林的新型控释剂目前正在犬上进行研究（Horwitz 等，2010）。

七、临床应用

氨基苄青霉素类药物能够杀菌，是一类相对无毒的药物，比青霉素 G 抗菌谱更广且体内分布更广泛。尽管有上述优点，但治疗由革兰氏阴性菌引起的感染时仍需相对较高的剂量。获得性耐药基因的传播限制了其使用。

阿莫西林是治疗由敏感微生物引起的尿路感染和肠道感染最好的青霉素类药物，并在治疗厌氧菌感染时与青霉素 G 的抗菌活性相似。虽然在药代动力学方面阿莫西林比氨苄西林更有优势，但是阿莫西林与氨苄西林一样，在组织中很难达到抑制敏感革兰氏阴性菌的理想浓度。

主要临床应用与表 8.4 所示的类似。阿莫西林可以治疗钩端螺旋体病，氨苄西林更适于治疗李斯特菌病。

口服氨苄西林通常用于治疗牛、绵羊和山羊的大肠杆菌和沙门氏菌感染，但获得性耐药严重影响其药效。氨苄西林对牛的呼吸系统疾病有效，但与青霉素 G 相比并没有显著优势。长效阿莫西林按 15 mg/kg 剂量每 48h 肌内注射，连用 2 次，可有效消除大部分试验牛肾哈德焦钩端螺旋体带菌状态（Smith 等，1997）。

氨苄西林或阿莫西林对马的适应证比较少，因为相对于苄基青霉素类并无优势，更重要的原因是革兰氏阴性菌的获得性耐药问题。口服阿莫西林（或匹氨西林更好）适用于治疗由敏感微生物引起的马驹感染，但不推荐用于成年马。

氨苄西林或阿莫西林可用于治疗由需氧菌和厌氧菌引起的混合感染，如猫咬伤性感染。还可用于治疗犬的尿路感染，因尿液中的药物浓度对 90%以上的金黄色葡萄球菌、链球菌和奇异变形杆菌以及近 90%的大肠杆菌和 65%的克雷伯菌有效。不过，一个试验的治疗效果不能明确地显示好于青霉素 G。阿莫西林-克拉维酸联用推荐用于治疗这类感染，阿莫西林在伴侣动物中的使用剂量仅是阿莫西林-克拉维酸联合用药的 1/3（Mateus 等，2011）。临床试验表明，猫每日 1 次口服 50mg 阿莫西林片剂与每日 2 次的治疗效果相同。猫的田间试验结果显示，同样以 50mg 剂量，每日给药 2 次，阿莫西林比海他西林明显更具优势（Keefe，1978）。阿莫西林、甲硝唑和奥美拉唑三者联用能成功治愈细菌学上猫的螺杆菌性胃炎，但用 PCR 方法仍能检测到细菌（Perkins 等，1996）。阿莫西林、甲硝唑和次枸橼酸铋三者联合用于根除犬的螺杆菌胃炎，但遗憾的是 PCR 不能区分活的和死的微生物。阿莫西林能临床治愈大部分犬的包柔氏螺旋体感染，但不能根除微生物（Straubinger 等，1997）。

在家禽，偶见口服氨苄西林以预防或治疗大肠杆菌或金黄色葡萄球菌性败血病或沙门氏菌病。

参 考 文 献

Agerso H, et al. 1998. Water medication of a swine herd with amoxycillin. J Vet Pharm Ther 21: 199.

Ensink JM, et al. 1996. Side effects of oral antimicrobial agents in the horse: a comparison of pivampicillin and trimethoprim/sulphadiazine. Vet Rec 138: 253.

Errecalde JO, et al. 2001. Pharmacokinetics of amoxycillin in normal horses and horses with experimental arthritis. J Vet Pharm Ther 24: 1.

Horwitz E, et al. 2010. Novel gastroretentive controlled release drug delivery system for amoxicillin therapy in veterinary medicine. J Vet Pharm Ther 34: 487.

Mateus A, et al. 2011. Antimicrobial usage in dogs and cats in first opinion veterinary practices in the UK. J Small Anim Pract 52: 515.

Perkins SE, et al. 1996. Use of PCR and culture to detect *Helicobacter pylori* in naturally infected cats following triple antimicrobial therapy. Antimicrob Agents Chemother 40: 1486.

Smith CR, et al. 1997. Amoxycillin as an alternative to dihydrostreptomycin sulphate for treating cattle infected with *Leptospira borgpetersenii* serovar *hardjo*. Aust Vet J 75: 818.

Straubinger RK, et al. 1997. Persistence of *Borrelia burgdorferi* in experimentally infected dogs after antibiotic treatment. J Clin Microbiol 35: 111.

第七节　第四类超广谱青霉素类药物：酰胺基青霉素类（美西林）

美西林（酰胺基青霉素类）对肠杆菌科细菌的抗菌谱比氨苄西林更广，对枸橼酸杆菌属、肠杆菌属、大肠杆菌、肺炎克雷伯菌、变形杆菌属和耶尔森氏菌属均显示高度的抗菌活性。与氨基苄青霉素类药物不同，美西林对革兰氏阳性菌的活性很弱，对铜绿假单胞菌无活性（表8.5）。该药仅与PBP2有高度亲和力，PBP2与革兰氏阴性杆菌细管形状有关。美西林与许多β-内酰胺酶抑制药物有协同作用，该药能被许多β-内酰胺酶灭活，但很多耐氨苄西林的肠杆菌科细菌对其敏感。该药对一些产酶菌有效，是因为它能迅速渗透进入细胞，并对一些水解酶的亲和力较低。美西林口服吸收较差，部分因为这个原因，美西林还未批准用于兽医临床。美西林可能会以人的剂量（5～10 mg/kg，肌内注射，每日3次）用于兽医临床，以治疗由敏感肠杆菌科细菌引起的感染。

第八节　第五类抗假单胞菌青霉素类药物

一、羧基青霉素类：羧苄西林和替卡西林

羧苄西林是第一个对铜绿假单胞菌和变形杆菌有良好抗菌活性的青霉素类药物（表8.2），但目前基本上已被活性更好的替卡西林、阿洛西林和哌拉西林所取代。羧苄西林通过静脉注射给药，其两个酯类化合物（卡印西林、卡非西林）可以口服给药，以治疗由变形杆菌或铜绿假单胞菌引起的尿路感染。替卡西林的抗菌谱与羧苄西林相似，对大部分大肠杆菌和变形杆菌有效，且对铜绿假单胞菌的活性高于羧苄西林（表8.5）。大部分克雷伯菌、枸橼酸杆菌和沙雷氏菌对其耐药，所有的肠杆菌科细菌对其耐药。替卡西林一般作为治疗铜绿假单胞菌感染的备用药物，但比阿洛西林或哌拉西林的活性低。替卡西林通过静脉注射给药。

由于羧苄西林和替卡西林的价格较高，需要的剂量较大，因此通常静脉注射给药，并较少应用于临床，两者不太可能在兽医临床上通过肠道外给药用于治疗由铜绿假单胞菌或其他细菌引起的感染。这些药物可能用于治疗铜绿假单胞菌局部感染，即由对其他药物耐药的铜绿假单胞菌引起的犬外耳道炎、牛乳房炎、溃疡性角膜炎、母马子宫炎以及尿路感染。替卡西林在美国被批准用于治疗由β-溶血性链球菌引起的母马子宫感染（每250～500mL 6g，发情期子宫灌注，每天1次，连用3d）。对于这种感染的治疗，替卡西林与苄基青霉素相比没有优势，应当作为治疗由铜绿假单胞菌或其他敏感革兰氏阴性菌引起的感染的备用药物。犬肠道外给药（肌内注射）的推荐剂量为25～40mg/kg，每6～8h给药1次，静脉注射则应每4～6h给药1次。替卡西林（15～25mg/kg，静脉注射，每8h给药1次）结合局部用药已成功用于治疗对其他药物耐药的铜绿假单胞菌引起的犬外耳道炎（Nuttall，1998）。由于铜绿假单胞菌很可能产生耐药性，这些药物最好与广谱氨基糖苷类或β-内酰胺酶抑制剂联合使用。

二、脲基青霉素类：阿洛西林、美洛西林、哌拉西林

抗假单胞菌的青霉素类药物具有广谱抗菌活性，是因其与PBPs而非与其他氨基青霉素类结合的相互作用，对革兰氏阴性菌的穿透性较强以及耐受一些特定细菌产生的染色体介导的β-内酰胺酶。脲基青霉素类药物与细胞壁合成酶PBP3结合，与羧基或者氨基苄青霉素类药物相比，这类药物对革兰氏阴性菌的抗菌活性比较强，尤其是对克雷伯菌属和铜绿假单胞菌（表8.2和表8.5），且对脆弱拟杆菌的抗菌活性也较强。

尽管对常见β-内酰胺酶敏感的细菌也经常出现耐药性，但美洛西林比阿洛西林对肠杆菌科细菌的抗菌活性更强（表8.5）。大部分肠杆菌属和沙雷氏菌属对美洛西林耐药。哌拉西林不仅对肠杆菌属和沙雷氏菌属有抗菌活性，且对其他细菌的活性比美洛西林和阿洛西林都强。该药能抑制95%以上的铜绿假单胞菌和许多肠杆菌科细菌，且对许多厌氧菌包括脆弱拟杆菌有抗菌活性。哌拉西林是抗菌活性最强的广谱青霉素，但也对常见的β-内酰胺酶和金黄色葡萄球菌产生的青霉素酶敏感。脲基青霉素类药物可以与β-内酰胺酶抑制剂联合使用（如哌拉西林-他唑巴坦，见第十章）或者与氨基糖苷类药物联合使用。脲基青霉素类与羧

基青霉素类存在不完全的交叉耐药现象。

脲基青霉素类以静脉注射给药，阿洛西林可肌内注射给药（有疼痛感）。高成本限制了这类药物的应用，临床应用可能仅限于对铜绿假单胞菌感染的治疗，与氨基糖苷类药物或β-内酰胺酶抑制剂联合，用于治疗免疫系统低下宿主严重的革兰氏阴性菌感染。

参考文献

Nuttall TJ. 1998. Use of ticarcillin in the management of canine otitis externa complicated by *Pseudomonas aeruginosa*. J Small Anim Pract 39：165.

第九节　第六类耐β-内酰胺酶的青霉素类药物

替莫西林是替卡西林增加了一个6α-甲氧基团，以增强对β-内酰胺酶的耐受。替莫西林对肠杆菌科细菌的高抗菌活性是因其与PBP3结合，但也因此导致假单胞菌、脆弱拟杆菌和革兰氏阳性菌对其耐药。替莫西林浓度≤8 μg/mL时能抑制90%以上的肠杆菌科细菌，且能耐受质粒介导的超广谱β-内酰胺酶和AmpC酶，而这两类β-内酰胺酶能灭活第3代头孢菌素类药物。替莫西林在人体内具有较长的半衰期（4.5h），因此可每日给药1次。替莫西林具有良好的应用前景，但其与抗假单胞菌青霉素类药物一样比较昂贵，且需要静脉注射给药，限制了其在临床的应用。尚未见该药在兽医临床使用的报道。

参考文献

Livermore DM，Tulkens PM. 2009. Temocillin revived. J Antimicorb Chemother 63：243.

第九章　β-内酰胺类抗生素：头孢菌素类

John F. Prescott

第一节　概　　述

在头孢菌素类药物中，β-内酰胺环连在一个六元双氢噻嗪环上，使头孢菌素的母核比青霉素母核更耐受β-内酰胺酶（图 9.1）。与氨基青霉烷酸相比，7-氨基头孢烷酸的分子结构能提供更多的位点用于合成、半合成药物的侧链替换。替换头孢菌素母核上的 7 位侧链（R1）能改变药物对β-内酰胺酶的稳定性和抗菌活性，而改变母核的 3 位侧链（R2）则能够改变药物代谢稳定性和药代动力学特性。真正的头孢菌素类药物都含有顶头孢霉菌产的 7-氨基头孢烷酸，而头霉素类药物（头孢替坦和头孢西丁）主要产自链球菌属或者是硫原子被氧原子替代后产生的合成衍生物（拉氧头孢）。

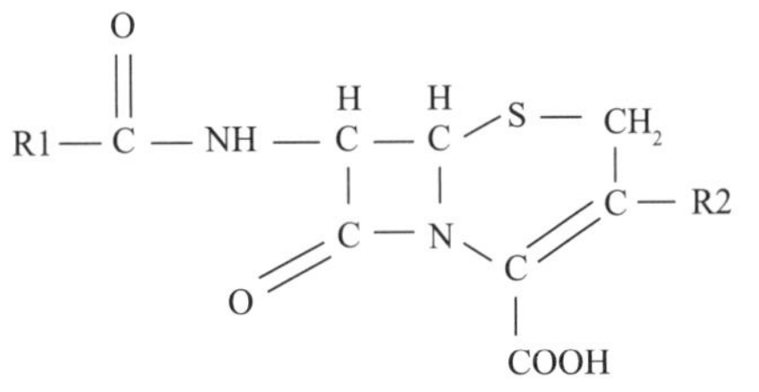

```
            O
            ||
            ||          H     H
R1 — C — NH — C — C ⟋S — CH2
                |     |           |
                |     |           C — R2
                C — N ⟍      ⟋
              ⟋          C
            O            |
                        COOH
```

图 9.1　头孢菌素母核结构式

头孢菌素类药物具有对β-内酰胺酶稳定性强、与靶蛋白（PBPs）亲和力高、细菌细胞膜渗透性好的优点。尽管头孢菌素类药物有着广谱的抗菌活性，但同一药物对不同细菌以及不同药物分子对同一细菌的抗菌活性都稍有差异。它们的药代动力学特性相似，具有典型的β-内酰胺类药物特征，通常都是注射给药，半衰期短（1～2h），且通过肾脏随尿液排泄。头孢菌素类药物是杀菌剂，相对无毒，可用于对青霉素过敏的个体。

一、分类

头孢菌素类药物具有广谱抗菌活性，但是不同药物之间的抗菌活性差异很大。其中一种分类方法是根据自 1975 年以来药物研发时间的先后顺序来分类，并随意命名为“代”（表 9.1 和表 9.2）。如表所示，每一代都保留了前一代的特点并增加了其他优点，而不是牺牲其一成就其二。同代头孢菌素类药物间的差异不大，但却非常重要。第 1 代头孢菌素类药物最早用来治疗由产青霉素酶的耐药葡萄球菌引起的感染，同时这类药物对革兰氏阴性菌的抗菌活性与广谱氨基苄青霉素类药物相似。随后，通过改变 7-氨基头孢烷酸母核侧链和新型头霉素类药物的发现，使耐受革兰氏阴性菌包括脆弱类杆菌和铜绿假单胞菌所产β-内酰胺酶的能力增强。然而，对β-内酰胺酶耐受性提高的代价是对革兰氏阳性菌的活性下降，且药代动力学特性发生改变。鉴于这种以“代”分类方法的不足，目前已基于药物的抗菌活性，包括对β-内酰胺酶的稳定性和药理学特性，建立了一种扩展性的分类方法（表 9.1），以下我们将遵循这种分类方法进行介绍。

表 9.1　基于给药方式和抗菌活性将头孢菌素类药物分类为组（和“代”）

类别	特点	药物
一（第 1 代）	肠道外给药；耐受葡萄球菌产生的β-内酰胺酶；对肠杆菌产生的β-内酰胺酶敏感；中等抗菌活性	头孢乙腈、头孢噻啶、头孢噻吩、头孢匹林、头孢唑啉
二（第 1 代）	口服给药；耐受葡萄球菌产生的β-内酰胺酶；对部分肠杆菌产生的β-内酰胺酶中度耐受；中等抗菌活性	头孢羟氨苄、头孢拉定、头孢氨苄

（续）

类别	特点	药物
三（第 2 代）	肠道外给药；耐受许多 β-内酰胺酶；中等抗菌活性	头孢克洛、头孢替坦、头孢西丁、头孢呋辛、头孢羟唑
四（第 3 代）	肠道外给药；耐受许多 β-内酰胺酶；高抗菌活性	头孢噻肟、头孢噻呋、头孢曲松、拉氧头孢
五（第 3 代）	口服给药；耐受许多 β-内酰胺酶；高抗菌活性	头孢他美、头孢克肟、头孢泊肟
六（第 3 代）	肠道外给药；耐受许多 β-内酰胺酶；对铜绿假单胞菌具有抗菌活性	头孢哌酮、头孢维星、头孢磺啶、头孢他啶
七（第 4 代）在某些分类中包括第六类	肠道外给药；耐受葡萄球菌、肠杆菌、铜绿假单胞菌产生的 β-内酰胺酶；高抗菌活性	头孢吡肟、头孢喹肟、头孢匹罗

注：根据惯例，1975 年之前发现的头孢菌素类药物以“ph”开头，1975 年之后以“f”开头。

表 9.2　头孢菌素类药物对部分条件致病菌的相对抗菌活性[a]

药物	代	金黄色葡萄球菌[b]	大肠杆菌、克雷伯菌、变形杆菌	肠杆菌属	铜绿假单胞菌	拟杆菌属	其他厌氧菌
头孢噻吩	1	+++	++	−	−	−	+
头孢呋辛	2	++	+++	−	−	−	+
头孢西丁	2	+	+++	+	−	++	++
头孢噻肟	3	++	+++	+	−	+	++
头孢他啶	3	+	+++	++	+++	−	−
头孢曲松	3	+	+++	+	−	−	+
头孢吡肟	4	++	+++	+++	+++	−	+

注：a+++为高活性；++为中度活性；+为抗菌活性有限；−为无临床抗菌活性；不同的分离株敏感性有差异。

b 对甲氧西林敏感的金黄色葡萄球菌。表格来自 Marshall 和 Blair，1999；进行了调整，因肠杆菌科细菌的耐药性从那时起开始大量出现，此表格数据仅作为数据综述。

“代”有如下广泛的特点。第 1 代主要对革兰氏阳性菌具有抗菌活性，采用肠道外给药方式（静脉注射、肌内注射、皮下注射）或者某些情况下口服给药方式；第 2 代对革兰氏阳性菌和革兰氏阴性菌都具有抗菌活性，可通过各种方式给药；第 3 代对革兰氏阳性菌活性较前两代减弱，但对革兰氏阴性菌的抗菌活性较前两代强，主要通过肠道外给药和极少情况下的口服给药；第 4 代增强了对革兰氏阳性菌和阴性菌的抗菌活性，可以通过各种方式给药。

二、抗菌活性

头孢菌素类药物的作用机制与 β-内酰胺类抗生素相同（见第八章）。药敏试验时，头孢噻吩分类为第一类和第二类，也就是第 1 代。第三至七类包含第 2～4 代的头孢菌素类药物，没有代表性药物。在肠杆菌科细菌的药敏试验中，头孢噻肟的药敏结果通常能够代表头孢他啶、头孢唑肟和头孢曲松的结果（反之亦然），头孢羟唑的药敏结果可以代表头孢尼西和头孢呋辛的结果（反之亦然）。在铜绿假单胞菌的药敏试验中，头孢哌酮的药敏结果可以代表头孢曲松钠和拉氧头孢的结果（反之亦然）。

头孢菌素类药物对 β-溶血性链球菌和产 β-内酰胺酶的细菌有较好的抗菌活性，但是对耐甲氧西林的葡萄球菌无效，大部分肠球菌对头孢菌素类药物也表现耐药。肠杆菌科细菌中，如果没有获得性耐药，大肠杆菌和沙门氏菌对头孢菌素类药物都较敏感，变形杆菌和克雷伯菌属也敏感。第 4 代头孢菌素类药物，第七类，对肠杆菌科细菌和对前几代头孢菌素类药物耐药的革兰氏阴性菌（因获得外源性 β-内酰胺酶而耐药）都有较好的抗菌活性。嗜血杆菌、巴氏杆菌等常见革兰氏阴性需氧菌，包括产 β-内酰胺酶株，对头孢菌素类药物大多敏感。只有抗假单胞菌的第 3 代（第六类）和第 4 代（第七类）头孢菌素类药物对铜绿假单胞菌有抗菌活性，分枝杆菌都耐药。对无芽孢厌氧菌的抗菌活性不确定，且与氨基苄青霉素药物相似。头孢西丁对产 β-内酰胺酶的厌氧菌耐药，包括脆弱拟杆菌。

（一）头孢菌素类药物耐药性

头孢菌素类药物的耐药机制分三种，即 PBP 蛋白的改变，细胞膜渗透性降低和药物外排增加，以及由

β-内酰胺酶的灭活。其中最重要的机制是产生β-内酰胺酶，到目前为止，已发现了超过1 000种不同的β-内酰胺酶。β-内酰胺酶尤为重要的原因有两点，一是由于超广谱头孢菌素类药物的广泛使用，在药物选择压力下产生了大量不同的β-内酰胺酶；二是编码这些β-内酰胺酶的基因通常是可移动的。已有很多优秀的综述对该主题进行了论述（Bush和Macielag，2010；Bush和Fisher，2011）。

（二）青霉素结合蛋白（PBP）发生改变

PBPs靶蛋白的改变可能发生在转化了外源性*PBP*基因片段的易于转化细菌中，获得的外源*PBP*基因与细菌固有的*PBP*基因发生同源重组，产生新的嵌入式*PBP*，从而导致与β-内酰胺类药物的亲和力下降。在重要的人类致病菌中此耐药机制已多有报道，但在动物病原菌中少见。其他重要的PBP改变方式包括耐甲氧西林的金黄色葡萄球菌和屎肠球菌通过获取超强“旁路”*PBP*基因，产生与药物亲和力很低的PBP蛋白，然而这种方式在动物病原菌中未见报道。

（三）外膜通透性降低和药物外排增加

革兰氏阳性菌通过减少膜孔蛋白的表达量，减少β-内酰胺类药物进入细菌，某些情况下细胞外周质的β-内酰胺酶也可能会降低外膜通透性，导致对头孢菌素类药物耐药。通过外排机制介导的药物摄入减少，会导致广谱交叉耐药。

（四）β-内酰胺酶的灭活

在抗菌药物的选择下，加之质粒和转座子在革兰氏阴性菌中的广泛传播，β-内酰胺酶的发展极为迅速。这些酶（A类、C类、D类）大部分都是丝氨酸酯酶，但有些酶（B类）是依赖金属离子锌的金属酶。β-内酰胺酶及其分类方式将在第十章中详细叙述。在β-内酰胺酶中两类最重要的酶是超广谱β-内酰胺酶（ESBLs）和AmpC头孢菌素酶（包含CMY-2酶）。

可移动元件能够携带β-内酰胺酶基因从染色体上转移到质粒中（或者是从质粒上又转移到染色体中，或者在不同的质粒之间转移）以及包括整合子在内的基因重组过程，意味着早期认为的β-内酰胺酶位于染色体上或者质粒上都是错误的。然而，β-内酰胺酶介导的耐药范围和程度与酶的活性和数量有关，这可能取决于质粒的拷贝数或染色体介导酶的可诱导程度。

1. 第1代头孢菌素类药物的β-内酰胺酶 20世纪60年代早期，随着氨基青霉素类药物（如氨苄西林）的发展，极大地增强了对革兰氏阴性菌的抗菌活性，尤其是对大肠杆菌的抗菌活性，但随之而来的是质粒介导的β-内酰胺酶的发展和扩散，尤其是TEM-1（如今已是大肠杆菌的特征）、SHV-1和OXA-1的蔓延。当时开发出的第1代头孢菌素类药物可谓非常重要，其不仅耐受葡萄球菌产生的β-内酰胺酶（氨苄西林除外），且对革兰氏阴性需氧菌比氨基青霉素类药物具有更广谱的抗菌活性。但是，第1代头孢菌素类药物与氨苄西林一样，都对质粒介导的β-内酰胺酶敏感，且不能抵抗诱导型AmpC酶（属于功能组1）的水解。

2. 第2代头孢菌素类药物的β-内酰胺酶 20世纪60年代后期，在寻找能耐受新型耐药β-内酰胺酶的β-内酰胺类药物过程中，发现能耐受β-内酰胺酶的头孢菌素类药物比氨基和羧基青霉素类药物更容易研发。第2代头孢菌素类药物对TEM-1酶更稳定，且能对抗某些产诱导型AmpC酶的肠道菌如大肠杆菌。值得注意的是，头孢西丁作为第1代头霉素类药物，对拟杆菌属（包括脆弱拟杆菌）染色体编码的β-内酰胺酶具有很好的稳定性。然而，这些药物依然对铜绿假单胞菌等重要的革兰氏阴性需氧病原菌无效。

3. 第3代头孢菌素类药物的β-内酰胺酶 第3代头孢菌素类药物是20世纪70年代和80年代在寻找耐受β-内酰胺酶的药物过程中开发出来的，此类药物对肠杆菌科细菌的抗菌活性增强，包括那些携带质粒介导的*TEM-1*、*TEM-2*和*SHV-1*基因的细菌，某些药物还对铜绿假单胞菌具有活性。与前两代药物不同，第3代头孢菌素能耐受克雷伯菌属细菌产生的染色体介导的β-内酰胺酶，且对产诱导型AmpC酶（功能组1）的肠杆菌科细菌也具有抗菌作用，可能与这些药物对AmpC酶的诱导作用弱有关。这些药物对肠杆菌科细菌抗菌活性的增强是以降低了对葡萄球菌的抗菌活性为代价的。

不幸的是，很快出现耐药的革兰氏阴性菌，耐药基因通过质粒和转座子快速广泛传播，尤其在肠杆菌科细菌（肠杆菌属、大肠杆菌、肺炎克雷伯菌、摩氏摩根菌、变形杆菌属和沙门氏菌）中。耐药性已经转移到了伯克氏菌属和铜绿假单胞菌中。目前已出现1 000种以上的β-内酰胺酶。条件致病菌中，全球流行最广泛和快速传播的β-内酰胺酶主要是质粒编码的功能1组头孢菌素酶，1e、2be、2ber和2de组的超广谱β-内酰胺酶（ESBL），2df、2de、2f组的丝氨酸碳青霉烯酶，以及3组的金属β-内酰胺酶，其中ESBLs传播最快。

（1）*AmpC*酶高产株。能够产生AmpC型β-内酰胺酶的细菌主要是条件致病菌，在动物中少见，主要是肠杆菌属和弗氏枸橼酸杆菌。自相矛盾的是，尽管第3代头孢菌素类药物是这些酶的弱诱导剂，但此类药物仍对这些产酶菌有杀灭效果。然而，当编码肽聚糖回收酶AmpD的基因发生突变后，AmpC酶高产株将会大量产生AmpC酶，导致药物失效。这种“脱阻遏突变体”能对所有头孢菌素类药物产生耐药（对克拉维酸和其他β-内酰胺酶抑制剂也耐药），在治疗肠杆菌属和弗氏枸橼酸杆菌引起的除尿道以外的其他部位感染时可能出现这种高产株，医院中如出现这种高产株，是非常棘手的。更为严重的是，高产AmpC酶基因（*FOX*、*MIR*、*MOX*、*CMY*型β-内酰胺家族或类型）可被高拷贝数质粒编码并转移到其他革兰氏阴性菌中，尤其是大肠杆菌和克雷伯菌属，在这些细菌中，新获得的1组头孢菌素酶（AmpC酶）可能与细菌固有的非1组β-内酰胺酶有叠加作用（Bush和Fisher，2011）。

近年来，携带*CMY-2*基因编码的质粒在食品动物和伴侣动物中的扩散呈上升趋势。据报道，美国一家动物医院中23只发生院内感染的犬检测到携带*CMY-2*基因的多重耐药大肠杆菌，并认为是在医院内获得的（Sanchez等，2002），同时在重症监护室和外科病房环境中分离到相同菌株。这些分离株大多对氟苯尼考耐药，并发现*floR*基因和$bla_{\mathrm{CMY\text{-}2}}$可通过转座子转移，另外还存在位于整合子上的对大观霉素和磺胺类药物耐药的基因（Sanchez等，2002）。从食品动物和人类中分离的大肠杆菌和沙门氏菌常见携带CMY-2 AmpC β-内酰胺酶质粒，并可以在两种细菌之间相互转移（Winokur等，2001），最近这种质粒扩散到纽波特沙门氏菌中（Zhao等，2003）。在美国，从食品动物中分离的沙门氏菌，已确认有20种血清型对头孢噻呋耐药，且在常感染人类的海德堡沙门氏菌、纽波特沙门氏菌和鼠伤寒沙门氏菌等血清型中明显增多（FDA，2012）。在加拿大，鸡中产CMY-2的海德堡沙门氏菌快速增加，并扩散到人类导致感染，这与鸡蛋和1日龄肉鸡标签外使用头孢噻呋有关（Dutil等，2010）。停止这种标签外使用头孢噻呋后，产CMY-2的海德堡沙门氏菌感染同样快速下降。

（2）超广谱β-内酰胺酶（ESBL）。ESBL包含数量最多的各种β-内酰胺酶，包括广谱TEM和SHV型β-内酰胺酶的各个变异体，这些酶都由质粒或者转座子介导。目前，已发现200多种TEM型和165种以上SHV型的ESBL（表10.1）。这些酶通过水解含有氧亚氨基-氨基噻唑环的β-内酰胺类药物（氨曲南、头孢噻肟、头孢他啶、某种程度上的头孢吡肟以及前几代的头孢菌素类药物）产生耐药。相反，α-甲氧基头孢菌素类药物（头孢西丁、头孢替坦和拉氧头孢）和亚胺培南对这些酶耐受。不同ESBL对不同头孢菌素类药物的水解能力不同，如TEM-12和SHV-2型ESBL水解头孢菌素类药物较慢，所以可以用第3代头孢菌素类药物治疗其感染，而编码TEM-12β-内酰胺酶基因的第二位核苷酸发生突变后会导致高水平耐药。其他质粒介导的ESBLs与TEM和SHV家族亲缘关系较远，包括CTX-M型ESBL，能优先水解头孢噻肟（和头孢吡肟），至少包含75种不同的酶，包括SFO-1和BES-1型头孢噻肟酶），以及对头孢他啶水解活性强的PER、VEB、TLA-1和GES/IBC型酶（Bonnet，2004）。产第3代头孢菌素β-内酰胺酶的肠杆菌科细菌感染动物快速增加（Sanchez等，2002；O' Keefe等，2010；Shaheen等，2011）。CTX-M型ESBL尤其在沙门氏菌中快速扩散，很可能与复合型质粒中的*sulI*型整合子有关（Miriagou等，2004）。

在人医，产ESBL细菌引起的感染常发生在重症监护室中的重病患者，但在疗养院、儿科病房和其他医院机构中的暴发流行也有报道。产ESBL细菌的暴发流行给医院带来重要的感染控制问题。通常控制此类感染不仅要求医院采取严格的感染控制程序和监测，还需要限制超广谱β-内酰胺类药物的使用，可以使用其他类药物经验性治疗一些严重感染（见第七章）。

大部分在伴侣动物中发现的产水解第3代头孢菌素的β-内酰胺酶的细菌都来自动物医院（Sun等，2010；So等，2011；Wieler等，2011；Haenni等，2012），说明高风险的顽固耐药而灵活的克隆株很可能是通过这种方式扩散的（Woodford等，2011）。

产ESBL和AmpC酶的耐药大肠杆菌和沙门氏菌在牛或猪等食品动物中的流行病学十分复杂（Daniels等，2009；Agersø等，2012；Mollenkopf等，2012；Valat等，2012），是否与第3代头孢菌素类药物的使用有关也不是非常明确。然而，超广谱头孢菌素酶的出现和扩散反映出人医和兽医中第3代头孢菌素药物使用量的增加以及耐药性的复杂生态学（见第六章）。

（3）金属β-内酰胺酶。金属β-内酰胺酶是最近10年才出现的重要β-内酰胺酶，主要是由非发酵的革兰氏阴性菌（气单胞菌属、铜绿假单胞菌）产生。编码金属β-内酰胺酶（IMP、SPM、VIM型）的基因可通过质粒转移到肠杆菌科细菌中，包括肠杆菌和克雷伯菌。除单环β-内酰胺类药物外，IMP型和VIM型酶能够降解其他所有的β-内酰胺类药物（Luzzaro等，2004）。一些金属β-内酰胺酶的基因由编码多重耐药基因的整合子携带（Weldhagen，2004）。

三、药代动力学特性

头孢菌素类药物的基础药代动力学和药物处置过程具有典型的β-内酰胺酶类药物特征（见第八章），消除半衰期仅为1～2h。然而有些药物，如头孢替坦、头孢曲松，半衰期明显延长。第二类（第2代）和第五类（第3代）口服头孢菌素类药物口服给药吸收良好，在体内代谢释放出有活性的前体药物的剂型可促进口服吸收。有些第4代头孢菌素类药物可对单胃动物口服给药。药物大多通过肾脏排泄，但分子质量高且和蛋白结合的药物，如头孢哌酮，大部分通过胆汁排泄。

四、药物相互作用

头孢菌素类与氨基糖苷类药物有协同作用，在人医常联合用于治疗新生儿感染。

五、毒性和不良反应

头孢菌素类药物是最安全的抗菌药之一。与青霉素类药物的安全性类似，但个别药物可能出现特殊不良反应，如某些新型头孢菌素类药物可能引起低凝血酶原血症和血小板畸形，导致异常出血。第2～4代的广谱抗菌活性可能导致患者体内正常菌群中的敏感菌被抑制，而固有耐药菌（包括艰难梭菌）因失去竞争而过度生长（二重感染）。医院重症监护室出现院内感染的多重耐药肠球菌就是这种不良反应的典型例子。胃肠功能紊乱也是其中一种不良反应，尤其是通过胆汁排泄的药物更易引起该反应。5%～8%的对青霉素类药物过敏患者也会对头孢菌素类药物过敏。许多第2代和第3代药物注射的时候很痛，因此常通过静脉注射给药，但现在已有口服给药的第3代头孢菌素类药物（第五类）。

六、剂量选择

对于β-内酰胺类药物，治疗时要确保大多数或整个给药间隔内组织药物浓度和血药浓度高于MIC。近年来，第3代头孢菌素类药物的长效注射剂已用于食品动物和伴侣动物，血药浓度超过MIC能够维持4～14d，时间长短取决于注射剂的配方和病原体种类。这种长效剂型能有效治疗食品动物疾病，并能确保伴侣动物的治疗“依从性”。

七、临床应用

头孢菌素类药物是有着广泛潜在用途的重要抗菌药物之一。

第1代头孢菌素类药物有着与超广谱氨基苄青霉素类药物相似的抗菌谱和临床应用，重要的是还可以耐受葡萄球菌产生的β-内酰胺酶。第1代口服头孢菌素类药物也因此用于治疗由中间葡萄球菌引起的犬皮肤感染和尿路感染，以及金黄色葡萄球菌和链球菌所致的牛乳房炎。

第2代和部分第3代（第三、四类）肠道外给药的头孢菌素类药物用于治疗由对第1代药物耐药的细菌所引起的感染，如头孢噻呋的抗菌特性介于第2代和第3代之间，用于治疗由革兰氏阴性需氧菌引起的动物全身性感染，包括大肠杆菌、巴氏杆菌和沙门氏菌感染，但主要用于治疗较敏感细菌引起的感染，包括呼吸道疾病和厌氧菌感染。头孢维星用于治疗犬猫的较敏感细菌感染。头孢西丁适用于治疗需氧-厌氧菌的混合感染。抗假单胞菌的头孢菌素类药物（第六类）专用于治疗铜绿假单胞菌感染。其他第3代（第五类）和第4代头孢菌素类药物常（但不是绝对）作为治疗人对早期头孢菌素类药物耐药的院内细菌感染的备用药物或替代药物。广谱杀菌活性（≥4倍MIC浓度）可能是新型头孢菌素类药物的缺点，因会引起耐药菌二重感染和胃肠道功能紊乱。第3代头孢菌素类药物在人类医学上的广泛使用是造成医学界耐药性危机的重要因素之一，并且与近年涌现和流行的多种β-内酰胺酶有关。

本书的第四版指出，第2代和第3代头孢菌素类药物不是动物抗菌治疗的首选药物，仅限于经药敏试验证实其他药物无效的情况下才能使用。这只是作者的观点，但这些药物正日益广泛地作为首选抗菌药用于兽医临床。目前，食品动物和伴侣动物肠杆菌科细菌（包括食源性病原菌如沙门氏菌）中ESBL介导的耐药性显著上升，这与第2代和第3代头孢菌素类药物使用增加有关。加拿大和美国的研究表明，头孢噻呋在鸡蛋或1日龄肉鸡中使用，导致产CMY-2型β-内酰胺酶沙门氏菌和大肠杆菌的流行，并使耐药的海德堡沙门氏菌传播到人群，说明这些药物不应该如此使用。

鉴于ESBL的快速增长，美国FDA于2012年禁止头孢菌素类药物在食品动物标签外使用。该禁令规定头孢菌素类药物不得用于疾病预防，不得使用未经批准的剂量、频率、疗程或给药途径，且不得使用人类或伴侣动物用的药物。此禁令不影响头孢匹林标签外使用治疗少数食品动物（如山羊、绵羊）的疾病。在丹麦，产ESBL耐药大肠杆菌在屠宰猪中数量的下降与2010年自愿终止头孢菌素类药物在猪中使用有关（Agersø 等，2012）。

参考文献

Agersø Y，et al. 2012. Prevalence of extended-spectrum cephalosporinase (ESC) -producing *Escherichia coli* in Danish slaughter pigs and retail meat identified by selective enrichment and association with cephalosporin use. J Antimicrob Chemother 67：582.

Bonner R. 2004. Growing group of extended-spectrum β-lactamases：the CTX-M enzymes. Antimicrob Agents Chemother 48：1.

Bush K，Fisher JF. 2011. Epidemiological expansion，structural studies，and clinical challenges of new β-lactamases from Gram-negative bacteria. Annu Rev Microbiol 65：455.

Bush K，Macielag MJ. 2010. New β-lactam antibiotics and β-lactamase inhibitors. Expert Opin Ther Patents 20：1277.

Daniels JB，et al. 2009. Role of ceftiofur in selection and dissemination of bla_{CMY-2}-mediated cephalosporin resistance in *Salmonella* enterica and commensal *Escherichia coli* isolates from cattle. Appl Environ Microbiol 75：3648.

Dutil L，et al. 2010. Ceftiofur resistance in *Salmonella enterica* serovar Heidelberg from chicken meat and humans. Emerg Infect Dis 16：48.

Food and Drug Administration. 2012a. New animal drugs；cephalosporin drugs；extralabel animal drug use；order of prohibition. Federal Register 77：735.

Haenni M，et al. 2011. Veterinary hospital-acquired infections in pets with a ciprofloxacin-resistant CTX-M-15-producing *Klebsiella pneumoniae* ST15 clone. J Antimicrob Chemother 67：770.

Heritage J，et al. 1999. Evolution and spread of SHV extended-spectrum β-lactamases in Gram-negative bacteria. J Antimicrob Chemother 44：309.

Miriabou V，et al. 2004. Expanded-spectrum cephalosporin resistance in non-typhoid *Salmonella*. Int J Antimicrob Ag 23：547.

Mollenkopf DF，et al. 2012. Variable within- and between-herd diversity of CTX-M cephalosporinase-bearing *Escherichia coli* isolates from dairy cattle. Appl Environ Microbiol 78：4552.

O' Keefe A，et al. 2010. First detection of CTX-M and SHV extended-spectrum β-lactamases in *Escherichia coli* urinary tract isolates from dogs and cats in the United States. Antimicrob Ag Chemother 54：3489.

Sanchez S，et al. 2002. Characterization of multidrug- resistant *Escherichia coli* isolates associated with nosocomial infections in dogs. J Clin Microbiol 40：3586.

Shaheen BW，et al. 2011. Molecular characterization of resistance to extended-spectrum cephalosporins in clinical *Escherichia coli* isolates from companion animals in the United States. Antimicorb Ag Chemother 55：5666.

So JH，et al. 2012. Dissemination of multidrug-resistant *Escherichia coli* in Korean veterinary hospitals. Diagn Microbiol Infect Dis 73：195.

Sun Y，et al. 2010. High prevalence of *bla* (*CTX-M*) extended-spectrum *β-lactamase* genes in *Escherichia coli* isolates from pets and emergence of CTX-M-64 in China. Clin Microbiol Infect 16：1475.

Valet C，et al. 2012. Phylogenetic group and virulence potential of extended-spectrum β-lactamase-producing *Escherichia coli* strains in cattle. Appl Environ Microbiol 78：4677.

Weldhagen GF. 2004. Integrons and β-lactamases. Int J Antimicrob Ag 23：556.

Wieler LH，et al. 2011. Methicillin-resistant staphylococci (MRS) and extended-spectrum beta-lactamases (ESBL) -producing *Enterobacteriaceae* in companion animals；nosocomial infections as one reason for the rising prevalence of these potential zoonotic pathogens in clinical samples. Int J Med Microbiol 301：635.

Winokur PL，et al. 2001. Evidence of transfer of CMY-2 AmpC β-lactamase plasmids between *Escherichia coli* and *Salmonella* isolates from food animals and humans. Antimicrob Agents Chemother 45：2716.

Woodford N，et al. 2011. Multiresistant Gram-negative bacteria：the role of high risk clones in the dissemination of antibiotic resistance. FEMS Microbiol Rev 35：736.

Zhao S，et al. 2003. Characterization of *Salmonella enterica* serotype Newport isolated from humans and food animals. J Clin Microbiol 41：5366.

第二节　第一类第1代头孢菌素类药物

第一类第1代注射用头孢菌素类药物与口服第1代头孢菌素类药物相同，都对革兰氏阳性菌（包括产β-内酰胺酶的金黄色葡萄球菌和伪中间葡萄球菌）具有较高抗菌活性，对某些产内源性β-内酰胺酶的革兰氏阴性肠杆菌科和苛养革兰氏阴性菌中度活性，对肠杆菌属、铜绿假单胞菌和沙雷菌属等无活性的特征。对于敏感性试验，头孢噻吩是试验中的经典药物，而由于头孢唑林对革兰氏阴性菌的作用更强，也可能选择用于试验。对特定细菌的药物敏感性见表9.2和表9.3。

表9.3　第1代头孢菌素类药物（头孢噻吩）对动物源细菌的抗菌活性（μg/mL）

微生物	MIC_{50}	MIC_{90}
革兰氏阳性需氧菌		
化脓隐秘杆菌	0.5	4
炭疽杆菌	0.25	0.5
伪结核棒状杆菌	≤1	≤1
猪丹毒杆菌	0.25	0.5
肠球菌属	>32	>32
单核细胞增生性李斯特菌	2	4
星状诺卡氏菌	64	>128
马红球菌	>128	>128
金黄色葡萄球菌	0.5	1
伪中间葡萄球菌	0.5	1
无乳链球菌	≤0.12	0.5
犬链球菌	≤0.12	0.25
乳房链球菌	0.5	2
革兰氏阳性厌氧菌		
放线菌属	0.06	0.12
产气荚膜梭菌	0.5	1
梭菌属	0.5	1
革兰氏阴性需氧菌		
放线杆菌属	≤1	16
禽波氏杆菌	≤1	≤1
支气管败血波氏杆菌	16	64

（续）

微生物	MIC_{50}	MIC_{90}
犬布鲁氏菌	8	16
空肠弯曲杆菌	≤512	≤512
大肠杆菌	8	64
肺炎克雷伯菌	4	≤64
钩端螺旋体	1	8
溶血性曼氏杆菌	1	8
多杀性巴氏杆菌	1	8
铜绿假单胞菌	>64	>64
沙门氏菌属	2	8
革兰氏阴性厌氧菌		
脆弱拟杆菌	>32	>32
拟杆菌属	16	>32
梭杆菌属	0.5	≥1
卟啉单胞菌属	1	16

注：MIC≤8μg/mL 的细菌为敏感，16μg/mL 为中度敏感，≥32μg/mL 为耐药。

获得性耐药在革兰氏阴性菌中很常见，但在革兰氏阳性菌中罕见。第八章中提到的耐甲氧西林金黄葡萄球菌和耐甲氧西林伪中间葡萄球菌对所有头孢菌素类药物耐药。

一、药代动力学特性

肌内注射或者皮下注射吸收快速且生物利用度高。在体内细胞外液中分布广泛，但不易透过生物膜（包括进入乳房）和生理屏障（如脑脊液）。头孢噻吩和头孢匹林被代谢成活性低的脱乙酰衍生物。大部分药物在体内通过尿液迅速消除，丙磺舒可抑制肾小管分泌（而非肾小球滤过），从而减慢头孢菌素类药物的清除。不同药物的肾排泄情况不同。药物半衰期小于 1h。

二、毒性与不良反应

因肌内注射头孢噻吩会引起疼痛，此药极少使用。罕见与剂量无关的过敏反应、发热、皮疹和嗜酸性粒细胞增多症。在极高剂量下可能发生急性肾小管坏死而引起的肾毒性，因此，头孢噻啶不再用于临床。

三、用法与用量

推荐的剂量见表 9.4。由于安全剂量范围较宽，可根据敏感菌的 MIC 结果选择合适的给药剂量。

表 9.4 注射用 1 组头孢菌素类药物的注射剂量（IV、IM、SC）

动物种类	药物	剂量（mg/kg）	给药间隔（h）	备注
犬、猫	头孢拉定	22	6～8	
	头孢噻吩	20～40	6～8	仅 IV（IM 出现疼痛）
	头孢唑啉	15～30	12	IM、IV
马	头孢匹林	20	8	
	头孢唑啉	15～20	8	高度敏感菌，如金黄色葡萄球菌
	头孢氨苄	10	8～12	
牛、羊	头孢唑啉	15～20	12	乳房穿透性差
	头孢匹林	10	8～12	同头孢唑林

四、临床应用

随着耐酶头孢菌素类药物的发展，注射用第1代头孢菌素类药物在临床的应用越来越少，下面重点阐述广泛用于小动物临床的口服头孢菌素类药物的应用。这些药物已广泛用于预防人和犬、猫的手术伤口感染。头孢唑啉在手术时的推荐用法是20mg/kg静脉注射，6h后重复皮下注射（Rosin等，1993）。犬、猫常在使用口服头孢菌素类药物之前，先注射第1代注射用头孢菌素类药物，以快速达到高的组织药物浓度。在马，主要是注射第1代头孢菌素类药物治疗非耐甲氧西林金黄色葡萄球菌感染。由于第1代头孢菌素类药物对革兰氏阴性菌的抗菌活性不确定，在没有药敏试验时，一般不推荐用于治疗革兰氏阴性菌感染（氨基苄青霉素类药物也是如此）。在牛，多种第1代头孢菌素类药物广泛用于治疗和预防革兰氏阳性球菌引起的乳房炎（干乳期奶牛的治疗），以替代吡利霉素、氯唑西林和青霉素-新霉素联用。给药方式为乳房内给药。

参考文献

Gagnon H，et al. 1994. Single-dose pharmacokinetics of cefzolin in bovine synovial fluid after inravenous regional injection. J Vet Pharm Ther 17：31.

Marcellin-Little DJ，et al. 1996. Pharmacokinetic model for cefzolin distribution during total hip arthroplasty in dogs. Am J Vet Res 57：720.

Petersen SW，Rosin E. 1995. Cephalothin and cezolin in vitro antibacterial activity and pharmacokinetics in dogs. Vet Surg 24：347.

Rosin E，et al. 1993. Cefazolin antibacterial activity and concentrations in serum and the surgical wound in dogs. Am J Vet Res 54：1317.

第三节　第二类第1代口服头孢菌素类药物

第二类第1代口服头孢菌素与第一类注射给药头孢菌素类药物相同，对革兰氏阳性菌（包括产β-内酰胺酶金黄色葡萄球菌）具有较高的抗菌活性；对某些非转移性产β-内酰胺酶的革兰氏阴性肠杆菌科细菌和苛养革兰氏阴性菌有中度抗菌活性；对肠杆菌属、铜绿假单胞菌和沙雷氏菌属无抗菌活性（表9.2和表9.4）。

一、抗菌活性

口服头孢菌素类药物的抗菌活性与氨基青霉素类药物相似，并增加了对金黄色葡萄球菌产生的β-内酰胺酶的耐受力。

1. 敏感（≤8μg/mL）　包括金黄色葡萄球菌、链球菌（不包括肠球菌）、放线菌属、芽孢杆菌属、棒状杆菌属、猪丹毒杆菌以及大部分单核细胞增生性李斯特菌在内的革兰氏阳性菌（表9.2）。敏感的厌氧菌包括一些拟杆菌属、大部分梭菌属、大部分梭杆菌属。敏感的需氧菌包括苛养菌，如禽波氏杆菌、嗜血杆菌属和巴氏菌属。

2. 敏感性可变　由获得性耐药引起，在大肠杆菌、克雷伯菌属、变形杆菌属和沙门氏菌属中都有。

3. 中度敏感（MIC为16μg/mL）　放线杆菌属、布鲁氏菌属及一些拟杆菌属。

4. 耐药（MIC≥32μg/mL）　不动杆菌属、脆弱拟杆菌、支气管败血波氏杆菌、弯曲杆菌属、柠檬酸杆菌属、肠杆菌属、诺卡氏菌属、粪肠球菌、铜绿假单胞菌、红球菌、沙雷氏菌属以及耶尔森菌属。

二、耐药性

获得性耐药出现在革兰氏阴性菌中，在肠杆菌科细菌中特别严重。

三、药代动力学特性

口服头孢菌素类药物的药代动力学特性与青霉素V和氨基苄青霉素类药物相似。单胃动物（马除外）

口服给药后，大部分药物（头孢拉定除外）能迅速吸收，不受食物的影响。药物在细胞外液中的分布较广，但对生物膜的渗透性较弱。炎症有助于药物通过生物屏障。半衰期较短，通常小于 1h，但头孢羟氨苄在犬体内的半衰期较长。此类药物能够以原型从尿液排出体外。血浆蛋白结合率较低。在马和反刍动物吸收不良且很不稳定。

四、药物相互作用

口服头孢菌素类药物与氨基糖苷类药物有潜在的协同作用，但该联合用药的适应证比较少见。

五、毒性与不良反应

头孢菌素类药物是最安全的抗微生物药物之一。很少见过敏反应，包括严重的超敏反应。在人体，大部分的过敏反应与青霉素不交叉。少数患者出现嗜酸性粒细胞增多症、皮疹以及药源性发热。少数单胃动物口服头孢菌素类药物出现呕吐与腹泻。

六、用法与用量

推荐剂量见表 9.5。头孢菌素类药物对单胃动物口服给药，一般每日 3 次，头孢羟氨苄可高剂量给药，每日给药 2 次。口服头孢菌素类药物禁用于草食动物。

表 9.5　口服头孢菌素类药物在动物中的推荐剂量

动物种类	药物	剂量（mg/kg）	给药间隔（h）
犬、猫	头孢克洛	4～20	8
	头孢羟氨苄	22	12
	头孢克肟	5	12～24
	头孢泊肟	5～10	24
	头孢氨苄	30	12
	头孢拉定	10～25	6～8
犊牛（反刍前动物）	头孢羟氨苄	25	12
	头孢拉定	7	12
马（仅限马驹）	头孢羟氨苄	20～40	8
	头孢泊肟	10	6～12
	头孢拉定	7	12

七、临床应用

口服头孢菌素与耐酶青霉素类和氨基苄青霉素类药物在单胃动物的临床应用上较为相似，所以在小动物临床中得到广泛应用。头孢菌素类药物可用于治疗由链球菌、葡萄球菌和肠杆菌科以及一些厌氧菌引起的各种非特异性感染。长期使用（30d）用于治疗犬的慢性金黄色葡萄球菌性脓皮病，这是很有效的临床应用。每周连续使用 2d 可预防德国牧羊犬疖病的反复发作（Bell，1995）。虽然氟喹诺酮类药物是更好的选择，但头孢氨苄也是治疗肺炎克雷伯菌引起的尿路感染的选用药物。除了用于治疗由敏感菌引起的皮肤和尿路感染外，还可用于治疗由敏感菌引起的犬猫脓肿和伤口感染。尽管第 1 代口服头孢菌素类药物已广泛用于治疗由金黄色葡萄球菌和伪中间葡萄球菌引起的犬脓皮病，但直到最近金黄色葡萄球菌的耐药性成为一个难题。最近一篇有趣的报告指出，口服头孢氨苄治疗病犬，可能促进 CMY－2 阳性大肠杆菌的粪便散播（Damborg 等，2011）。

参考文献

Bell A. 1995. Prophylaxis of German Shepherd recurrent furunculosis (German Shepherd dog pyoderma) usingcephalexin pulse therapy. Aust Vet Pract 25：30.

Campbell BG，Rosin E. 1998. Effect of food on absorption of cefadroxil and cephalexin in dogs. J Vet Pharm Ther 21：418.

Damborg P，et al. 2011. Selection of CMY-2 producing *Escherichia coli* in the faecal flora of dogs treated with cephalexin. Vet Microbiol 151：404.

Duffee NE，et al. 1997. The pharmacokinetics of cefadroxil over a range of oral doses and animal ages in the foal. J VetPharm Ther 20：427.

Papich MG，et al. 2010. Pharmacokinetic，protein binding，and tissue distribution of orally administered cefopodoxime proxetil and cephalexin in dogs. Am J Vet Res 71：1484.

Thornton JR，Martin PJ. 1997. Pharmacokinetics of cephalexin in cats after oral administration of the antibiotic in tablet and paste preparations. Aust Vet J 75：439.

第四节 第三类第 2 代注射用头孢菌素类药物

第三类第 2 代注射用头孢菌素类药物具有广谱的抗菌活性，主要因其对许多 β-内酰胺酶稳定。这类药物对革兰氏阳性菌具有中度抗菌活性。头霉素类药物（头孢替坦、头孢西丁）是链霉菌属而非头孢菌属的产物，与头孢菌素类药物结构不同的是在其头孢菌素母核第 7 位出现一个甲氧基团。头霉素类药物对 β-内酰胺酶（包括脆弱拟杆菌所产 β-内酰胺酶）非常稳定，但与其他第 2 代头孢菌素类药物相似，对铜绿假单胞菌无活性。

一、抗菌活性

头孢西丁能耐受大部分的 β-内酰胺酶，但对革兰氏阴性菌的穿透性相对较弱。抗菌谱稍广，比头孢唑啉和其他第 1 代头孢菌素类药物对肠杆菌属和沙雷氏菌属等革兰氏阴性菌的抗菌活性稍强，对革兰氏阳性菌的抗菌活性稍弱。头孢西丁对脆弱拟杆菌产生的 β-内酰胺酶稳定，对脆弱拟杆菌及其他拟杆菌属细菌、卟啉单胞菌以及普氏菌属有较好的抗菌活性。铜绿假单胞菌、肠球菌及一些肠杆菌对其耐药（表 9.2）。头孢替坦是 7-甲氧基头孢菌素类药物中对革兰氏阴性菌抗菌活性最强的药物，但铜绿假单胞菌对其耐药。部分枸橼酸杆菌属、肠杆菌属和沙雷氏菌属对其耐药。对厌氧菌的活性与头孢西丁相似，但部分脆弱拟杆菌对其耐药。头孢美唑与头孢西丁抗菌谱相似，但对肠杆菌科细菌的活性较高。

二、耐药性

在一些革兰氏阴性病原菌中，与高产 AmpC β-内酰胺酶相关的可诱导性 β-内酰胺酶的稳定去阻遏作用是一种重要的耐药机制。头孢西丁是一种强大的 β-内酰胺酶诱导剂，对其他 β-内酰胺类药物起拮抗作用。如前所述，近年来编码头霉素酶基因 *CMY-2* 的质粒在动物中广泛传播，值得注意的是不仅出现在伴侣动物的院内大肠杆菌感染中，而且也见于沙门氏菌感染。

某些耐甲氧西林伪中间葡萄球菌可能在实验室被误认对头孢西丁敏感，因为头孢西丁对 *mecA* 基因的诱导能力很弱（Weese 等，2009）。这就是在检测甲氧西林耐药性时选择苯唑西林纸片而不是头孢西丁的原因（Bemis 等，2009）。

三、药代动力学特性

第三类第 2 代注射用头孢菌素类药物的药代动力学特性和毒性与第 1 代注射用头孢菌素类药物类似，但口服给药不吸收。主要通过肾脏排泄，丙磺舒能延迟其排泄。在牛与马体内的半衰期约为 1h，头孢替坦在人体内的半衰期为 3h，因此可以每日给药 2 次。头孢呋辛酯是头孢呋辛的一种酯类化合物，在肠道黏膜和肝脏中水解成活性药物，口服给药的生物利用度良好。

四、毒性和不良反应

第 2 代头孢菌素类药物肌内注射时会引起疼痛，静脉注射给药会引起静脉炎。头孢西丁可引起前凝血酶减少症，继而造成患者有出血倾向。头孢羟唑在人体内可产生不能被肝脏乙醛脱氢酶氧化的乙醇，且会引起与前凝血酶减少症相关的凝血障碍，这种情况可用维生素 K 解救，因此头孢羟唑现已很少用于人医临床。第三类第 2 代注射用头孢菌素类药物在动物中使用较少，因而无法描述其对动物的毒性，但广谱的抗菌活性会导致胃肠道功能紊乱和由耐药微生物（包括酵母菌）造成的二重感染，患者口服头孢呋辛酯时尤其要注意二重感染。

五、用法用量

由于肌内注射时产生疼痛，因此常采用静脉注射。动物的用药量有时是凭经验判断的，见表 9.6。头孢呋辛酯在单胃动物为口服给药。

表 9.6　第三类和第四类注射用头孢菌素类药物在动物中的使用剂量

动物种类	药物	剂量（mg/kg）	给药间隔（h）
犬、猫	头孢噻肟肌内、皮下注射	20～40	8（皮下注射 12）
	头孢哌酮静脉、肌内注射	20～25	6～8
	头孢维星	8	336
	头孢西丁静脉、肌内、皮下注射	15～30	6～8
	头孢噻呋肌内注射	2.2	24
	头孢唑肟静脉、肌内注射	25～40	8～12
	头孢曲松静脉、肌内注射	25	12～24
	头孢呋辛静脉注射	10～15	8～12
牛、绵羊、山羊	头孢噻呋肌内、皮下注射	1.1～2.2	24
牛	头孢噻呋结晶游离酸耳缘静脉注射	6.6	120
马	头孢噻肟静脉注射	20～30	6～8
	头孢西丁静脉、肌内注射	20	8
	头孢噻呋肌内注射	2.2～4.4	12～24
	头孢噻呋静脉注射	5	12（仅马驹）
	头孢噻呋结晶游离酸肌内注射（两个注射位点）	6.6	96
	头孢曲松静脉、肌内注射	25	12（非成年）
猪	头孢噻呋肌内注射	3～5	24
	头孢噻呋结晶游离酸肌内注射	5.0	120

六、临床应用

第 2 代头孢菌素类药物在兽医临床的应用受到药物成本的制约，但是与人医临床相似，头孢西丁因其对厌氧菌特别是脆弱拟杆菌和肠杆菌科细菌的广谱活性而显得极其重要。可用于治疗厌氧菌的严重混合感染（吸入性肺炎、严重咬伤、坏疽、腹膜炎、胸膜炎）和预防结肠手术或破裂肠道感染。头孢呋辛用于治疗奶牛干乳期及泌乳期乳房炎。头孢呋辛酯在人为口服给药，治疗由敏感菌引起的中耳炎和上呼吸道感染。近年来，头孢菌素类药物的广泛应用可能是导致耐青霉素肺炎链球菌（人医临床重要的病原菌之一）广泛出现的主要原因。

参 考 文 献

Albarellos GA, et al. 2010. Pharmacokinetics of cefoxitin after intravenous and in tramuscular administration incats. J Vet Pharm Ther 33: 619.

Bemis DA, et al. 2009. Evaluation of susceptibility test breakpoints used to predict mecA-mediated resistance in *Staphylococcus pseudintermedius* isolated form dogs. J VetDiagn Invest 21: 53.

Perry CM, Brogden RN. 1996. Cefuroxime axetil: a review of its antibacterial activity, pharmacokinetic properties and therapeutic efficacy. Drugs 52: 125.

Petersen SW, Rosin E. 1993. In vitro antibacterial activity of cefoxitin and pharmacokinetics in dogs. Am J Vet Res 54: 1496.

Weese JS，et al. 2009. Infection with methicillin-resistant *Staphylococcus pseudintermedius* masquerading as cefoxitin susceptible in a dog. J Am Vet Med Assoc 235：1964.

Wraight MD. 2003. A comparative efficacy trial between cefuroxime and cloxacillin as intramammary treatments for clinical mastitis in lactating cows on commercial farms. NZ Vet J 51：26.

第五节　第四类第3代注射用头孢菌素类药物

第四类第3代注射用头孢菌素类药物的显著特征是抗菌活性很高，且对β-内酰胺酶的稳定性高。此类药物对大部分肠杆菌科细菌具有非常好的抗菌活性，仅肠杆菌属和沙雷氏菌属除外。链球菌对此类药物高度敏感，葡萄球菌对其中度敏感，而肠球菌对其耐药。拉氧头孢是氧头孢烯类药物，头孢菌素母核C1位的硫原子被氧原子取代，其对肠杆菌科细菌的抗菌活性与本类其他头孢菌素类药物相近，但对脆弱拟杆菌、枸橼酸杆菌属和肠杆菌属有更好的抗菌活性，对金黄色葡萄球菌作用稍弱，对某些铜绿假单胞菌则无效。

1. 敏感（MIC ≤ 2 μg/mL）　对链球菌具有高活性，包括猪链球菌（不包括肠球菌）；对许多其他革兰氏阳性菌（对苄青霉素敏感，表9.2和表9.7）有良好的抗菌活性；苛养的革兰氏阴性菌（放线菌属、嗜血杆菌属、巴氏杆菌属），包括产酶株都高度敏感；梭状芽孢杆菌和梭形杆菌属敏感，但拟杆菌常耐药；革兰氏阴性菌中的大肠杆菌、克雷伯菌、变形杆菌、沙门氏菌敏感。

2. 中度敏感（MIC为4 μg/mL）　金黄色葡萄球菌，某些枸橼酸杆菌、肠杆菌属、某些铜绿假单胞菌和沙雷氏菌。

3. 耐药（MIC ≥ 8 μg/mL）　不动杆菌属、波氏杆菌属、某些肠杆菌属和沙雷氏菌属，某些铜绿假单胞菌、肠球菌、耐甲氧西林金黄色葡萄球菌和伪中间葡萄球菌。

表9.7　部分动物病原菌对头孢噻呋的敏感性（MIC_{90}，μg/mL）

微生物	抑制90%细菌的最低药物浓度
革兰氏阳性需氧菌	
马红球菌	≤1
金黄色葡萄球菌	1
停乳链球菌	≤0.004
马链球菌	≤0.004
猪葡萄球菌	1
猪链球菌	0.12
乳房链球菌	0.03
兽疫链球菌	≤0.12
革兰氏阴性需氧菌	
胸膜肺炎放线杆菌	≤0.06
大肠杆菌	0.5
猪副嗜血杆菌	0.06
睡眠嗜组织菌	≤0.03
溶血性曼氏杆菌	≤0.03
牛莫拉氏菌	0.25
多杀性巴氏杆菌	≤0.004
沙门氏菌属	1
厌氧菌	
脆弱拟杆菌	≥16
拟杆菌属	4
坏死梭杆菌	≤0.06
厌氧消化链球菌属	0.12

一、耐药性

第3代头孢菌素类药物的可转移耐药性是由高产 AmpC 酶和超广谱β-内酰胺酶引起的，部分是由第三类β-内酰胺酶的金属β-内酰胺酶所导致的（表 9.1）。上文已讨论了这些耐药机制，出于公共卫生安全考虑，这些可转移的耐药机制严重威胁到能否在动物（尤其是食品动物）中继续使用这些头孢菌素类药物。近年来，携带编码头孢噻呋和头孢曲松耐药基因 bla_{CMY-2} 的多重耐药质粒出现在纽波特沙门氏菌和鼠伤寒沙门氏菌中，其中一些菌株对氨苄西林、氯霉素、链霉素、磺胺甲噁唑和四环素同时耐药（Doublet 等，2004）。*CMY-2* 基因似乎已转移到不同的质粒载体上，这些质粒已通过接合方式在大肠杆菌和沙门氏菌之间进行传播（Carattoli 等，2002）。

在人医临床中，此类药物的耐药性折点为≥64μg/mL，因使用不同的折点，比较动物源分离株和人源分离株的耐药性时比较混乱。例如，2003 年加拿大抗微生物药物耐药性监测计划报道的数据中（CIPARS，2005），魁北克鸡源沙门氏菌对头孢噻呋的耐药性（折点≥8μg/mL）很高，但人源沙门氏菌对头孢曲松的耐药性较低（折点≥64μg/mL），当以 8μg/mL 的折点同时应用于这两种药物时，其耐药率相同。第十章对β-内酰胺酶的讨论中提到，2010 年 CLSI 已对肠杆菌对头孢曲松的耐药性折点进行了修订，≤1μg/mL 为敏感，≥4μg/mL 为耐药。

二、药代动力学特性

第四类第3代注射用头孢菌素类药物口服不吸收，但肌内或皮下注射后快速吸收，在给药 0.5～1h 后血药浓度达到峰值。虽然缺乏相关数据，但是静脉注射的半衰期约为 1h。头孢噻呋在牛体内的半衰期大约为 2.5h。相比之下，许多头孢菌素类药物在人体内的半衰期为 1～2h，但头孢曲松明显不同，因其具有良好的蛋白质结合能力，半衰期为 8h，有可能可以每天给药 1 次。此类药物在组织细胞外液中分布广泛，但是通过膜或生理屏障的能力较差。脑膜炎显著增强了其渗透性，加之优良的抗菌活性，因此，在治疗由肠杆菌引起的脑膜炎时可选择此类头孢菌素类药物。头孢噻肟在体内代谢转化为低活性的脱乙酰头孢噻肟。主要通过泌尿道排泄，头孢噻肟通过肾小管分泌，其他药物则通过肾小球滤过排出，丙磺舒可延迟肾小管的排泄。此类药物也可通过胆汁消除，尤其是头孢曲松和拉氧头孢，因此这些药物应避免用于大肠发达的动物。头孢曲松具有较长的消除半衰期，使其具有每天给药 2 次的优势。

头孢噻呋盐酸盐比头孢噻呋钠更稳定，尽管这两种药物都能快速代谢为初级代谢产物脱呋喃甲酰头孢噻呋。两者具有相似的药代动力学特性。头孢噻呋结晶游离酸具有延迟吸收的优势，可根据动物种类和给药途径调整给药频率，高敏感性细菌的给药间隔可延长至 96～120h。例如，头孢噻呋结晶游离酸以 6.6mg/kg 剂量皮下注射到牛的耳部，经缓慢的吸收，可维持血浆药物浓度高于常见呼吸道病原菌最小抑菌浓度的时间达 6d。同样，猪肌内注射该剂型后半衰期很长，以 5mg/kg 剂量肌内注射后的血浆药物浓度在大约 5d 内都会高于常见呼吸道病原菌的 MIC。

三、药物相互作用

第四类头孢菌素类药物与氨基糖苷类药物有协同作用，在治疗中性粒细胞减少症患者的热病时常需联合使用。

四、毒性和不良反应

毒性和不良反应与之前讨论的第一至三类头孢菌素类药物相似，但是对肾脏的潜在毒性较低。由于此类药物具有广谱的抗菌活性，可能出现由耐药微生物（包括酵母菌）引起的胃肠道功能紊乱和二重感染，尽管在马体内使用这些药物和结肠炎之间似乎没有特别的关联。在人医，第四类和第六类头孢菌素类药物的使用和艰难梭菌所致的腹泻密切相关。有报道，新生仔猪发生艰难梭菌感染可能和使用头孢噻呋有关。马肌内注射头孢噻呋后，偶见胃肠道功能紊乱，包括严重的结肠炎。6 匹母马静脉注射头孢曲松后，其中 4 匹出现了显著的胃肠道功能紊乱症状（Gardner 和 Aucion，1994），可能是因药物经胆汁排泄引起的，所以此类药物应谨慎用于马。使用头孢噻呋后，奶牛曾发生过皮肤药物反应，表现为毛发脱落和瘙痒。

在人，头孢甲肟通过阻断肝脏乙醛脱氢酶导致乙醇耐受不良，导致前凝血酶减少症性凝血障碍，但可用维生素 K 治疗。拉氧头孢比其他头孢菌素类药物更易引起患者（约 20%）发生低凝血酶原血症或血小板机能紊乱引起的临床重要出血性疾病，因此一般不推荐其用于临床。如使用，可用维生素 K 预防。

五、用法和用量

推荐剂量在某些情况下是经验性的，见表 9.6。在一定程度上，可根据细菌对药物的敏感性调整给药剂量，以使在给药间隔期内药物浓度能维持高于 MIC 的水平。例如，头孢噻呋钠或其盐酸盐用于由高度敏感菌引起的下呼吸道感染时的剂量通常为 1.1～2.2mg/kg（每日给药 1 次），但用于由敏感大肠杆菌引起的感染时，剂量可高达 2.2～4.4mg/kg（每 12h 给药 1 次）。头孢噻呋结晶游离酸不常用于食品动物和马，头孢维星不常用于伴侣动物。然而，由于肠杆菌科细菌对头孢噻呋的敏感性处于头孢噻呋钠或盐酸盐常规给药剂量的敏感边缘，所以应提高给药剂量。头孢曲松具有每天给药 2 次的优势，而其他第四类头孢菌素类药物（头孢噻呋除外）一般为每 8h 给药 1 次。

六、临床应用

基于费用较高、有更廉价替代药可选择，以及可能选择出现耐药菌等原因，第四类第 3 代头孢菌素类药物应作为治疗革兰氏阴性菌，特别是肠杆菌科细菌引起的可能危及生命的严重感染的备用药物。尽管建议此类药物仅用于严重感染，且只用于药物敏感性结果显示无替代药物可以选择的感染，但将此类药物作为治疗动物感染的首选药使用的趋势不断增加，令人担忧。如前所述，出于对耐药性的担忧，2012 年美国 FDA 禁止在食品动物中标签外使用头孢菌素类药物。

此类药物是治疗由大肠杆菌或克雷伯氏菌属细菌引起的脑膜炎的可选药物，治疗抵抗力低下宿主（如中性粒细胞减少的宿主）由多重耐药菌引起的严重感染时，建议与氨基糖苷类药物联合使用。此类药物还可用于治疗由肠杆菌科细菌引起的败血症、严重的骨和关节感染、某些下呼吸道感染和腹腔感染，以及某些低价替代药难以治疗的软组织感染。此外，还越来越多地尝试用于治疗人沙门氏菌病（菌血症、脑膜炎、骨髓炎）引起的全身性并发症。头孢菌素类药物的缺点是部分药物对革兰氏阴性厌氧菌抗菌活性较差，而头孢噻呋对厌氧菌有良好的抗菌活性。人们倾向于选择该药治疗艰难梭菌导致的感染，尽管在很多动物中还未见报道。

1. 牛、绵羊和山羊 因给药剂量低（1.1～2.2mg/kg，每 24h 给药 1 次），且在牛奶中无休药期，头孢噻呋钠和盐酸盐广泛应用于治疗牛的急性不明肺炎，使用该药治疗 3～5d 的效果与舒巴坦-氨苄西林或强效磺胺类药物的治疗效果相似。研究表明，治疗饲养场牛不明发热和呼吸道疾病的复发时，头孢噻呋的治疗效果不如恩诺沙星（Abutarbush 等，2012）。以 3mg/kg 剂量、每 12h 给药 1 次，肌内注射给药方式治疗由大肠杆菌引起的乳房炎效果不佳（Erskine 等，1995），然而，用头孢噻呋治疗严重的大肠杆菌性乳房炎可以降低死亡率和淘汰率（Erskine 等，2002）。通过乳房灌注头孢噻呋盐酸盐治疗中度大肠杆菌性乳房炎，与未用药的对照组相比，治愈率明显上升（Shukken 等，2011）。头孢噻呋钠或盐酸盐可用于治疗急性牛趾间坏死杆菌病，美国已经批准其盐酸盐用于治疗产后子宫炎。总体而言，与头孢噻呋相比，普鲁卡因青霉素治疗产后子宫炎可能是更好的选择，因为其具有相当或更好的抗菌活性以及较窄的抗菌谱，并且使顽固细菌产生耐药性的可能性相对降低。头孢噻呋曾以 5mg/kg 剂量、每 24h 给药 1 次标签外用药实验性地治疗犊牛沙门氏菌感染（Fecteau 等，2003）。尽管四环素和替米考星与头孢噻呋钠同样有效，但头孢噻呋钠的多次治疗已被用于消灭牛肾钩端螺旋体（Alt 等，2001），且可能不易诱导其他细菌产生耐药。

头孢噻呋结晶游离酸以 6.6mg/kg 剂量注射到牛的耳部，可使血浆药物浓度维持高于常见呼吸道病原菌（睡眠嗜组织菌、溶血曼氏杆菌、多杀性巴氏杆菌）MIC 的时间达 5d 以上。头孢噻呋结晶游离酸可用于治疗由这些高敏感细菌引起的呼吸道疾病，也用于治疗趾间坏死菌病。除耳部皮下注射外，其他给药途径都会导致过高的药物残留，所以应避免使用。该剂型的优势是大多数由敏感菌导致感染的动物在用药后 3～5d 内都会好转。

2. 马 头孢噻呋钠和头孢噻呋结晶游离酸适用于治疗马由敏感细菌引起的细菌感染（表 9.7）。头孢噻呋结晶游离酸可专门用于治疗由兽疫链球菌引起的下呼吸道感染（MIC≤0.25mg/kg），优点是 96h 后第 2

次给药可使血药浓度在随后6d内维持高于高敏感细菌的MIC。头孢噻呋以2.2mg/kg剂量，每24h肌内注射1次，用于治疗成年马的呼吸道感染，与氨苄西林效果一致。总之，与头孢噻呋相比，普鲁卡因青霉素在治疗这些感染时是更好的选择，因为其与头孢噻呋具有相同的或更好的抗兽疫链球菌活性和较窄的抗菌谱，但和头孢噻呋结晶游离酸相比的缺点是给药频繁。只能肌内注射不能口服给药是头孢噻呋的缺点。该药在治疗马驹败血症时有潜在的应用价值，可能需要与氨基糖苷类药物联合使用。治疗由敏感菌（包括肠杆菌科细菌）引起的马驹败血症时的静脉注射推荐剂量为5mg/kg，每12h给药1次。头孢噻呋钠已经成功用于治疗由敏感菌引起的胸膜炎和腹膜炎。

头孢噻肟已经成功用于治疗由不动杆菌属、肠杆菌属和铜绿假单胞菌引起的新生儿败血症和脑膜炎。头孢噻肟可能特别适合治疗马驹脑膜炎，因为其可以透过健康的血-脑脊液屏障。用于治疗革兰氏阴性细菌性脑膜炎的推荐剂量为25mg/kg，每12h给药1次（Rinnger等，1998）。由于该药通过肝脏排泄，成年马应慎用。

3. 猪 头孢噻呋钠可用于治疗由敏感菌，如多杀性巴氏杆菌、产β-内酰胺酶放线杆菌属、副猪嗜血杆菌和猪链球菌引起的猪呼吸道感染或全身感染。头孢噻呋结晶游离酸以5mg/kg的剂量给药，可使血药浓度维持高于呼吸道病原菌（胸膜肺炎放线杆菌、副猪嗜血杆菌、多杀性巴氏杆菌、猪丹毒杆菌）的MIC的时间达5d以上，因此可单剂量给药，治疗由这些敏感菌引起的感染。头孢噻呋也用于控制猪霍乱沙门氏菌感染，可肌内注射给药治疗新生仔猪大肠杆菌病。据报道，头孢噻呋常规注射给药可能导致新生仔猪易于感染艰难梭菌，近几年在一些猪场已成为一个重要问题。窄谱抗菌药通常是有效的，在上述临床治疗过程中应优先使用。

4. 犬和猫 头孢维星已作为犬和猫的长效皮下注射剂型引入临床，特点是可使血药浓度维持>0.25mg/mL（伪中间葡萄球菌的MIC_{90}）的时间长达14d，因此可单独用于治疗高敏感细菌（伪中间葡萄球菌、犬链球菌、多杀性巴氏杆菌）引起的感染，包括皮肤感染、咬伤和脓肿。头孢维星通过尿液排泄，所以可治疗由肠道菌引起的尿路感染。治疗犬猫时，可14d给药1次，分别重复2～4次，给药频率应根据细菌敏感性和临床情况进行调整。与需每天2次口服给药的阿莫西林-克拉维酸丸相比，头孢维星的给药频率和给药方式更容易使畜主做到按时给药，这点在猫的治疗过程中更为明显，因此提高了治愈的可能性。有研究表明，在犬、猫治疗过程中14%的治疗失败是由于畜主不配合而导致的（Van Vlaenderen等，2011）。头孢维星与阿莫西林-克拉维酸的抗菌谱和临床疗效相似（Stegemann等，2007）。未见严重的不良反应，一些过敏反应可持续3～5d。

许多伴侣动物临床医生将阿莫西林-克拉维酸作为治疗伴侣动物的“一线”抗菌药（Mateus等，2011；Murphy等，2012）。在治疗肠杆菌科细菌感染时，与阿莫西林-克拉维酸相比，尽管头孢维星的血药浓度较低，依然具有与之相似的抗菌活性。然而，治疗细菌感染时应该选择抗菌谱最窄的抗菌药。例如，大多数猫咬伤导致的感染可用阿莫西林进行治疗，葡萄球菌引起的皮肤感染可使用头孢氨苄治疗，所以应该优先使用这些窄谱抗菌药，而不是使用抗菌谱更广的氨基青霉素或第3代头孢菌素类药物。携带广谱β-内酰胺酶的肠杆菌科细菌在伴侣动物中的快速增多和传播，表明应加强对第3代头孢菌素类药物的管理。

5. 家禽 皮下或蛋内注射头孢噻呋用于预防1日龄雏鸡和火鸡的大肠杆菌感染和脐带炎。如前所述，由于蛋内注射头孢噻呋属标签外用药，在肉鸡中出现了携带CMY-2型β-内酰胺酶的大肠杆菌和沙门氏菌，而沙门氏菌耐药株传播给人而引起了严重感染，在加拿大（Dutil等，2010）已有相关报道，美国（M'ikanatha等，2010）和其他国家也有发现。有证据表明耐药的大肠杆菌也可以传播给人并导致疾病，或者其本身不致病，但是它们可以成为耐药基因库（Johnson等，2009）。在家禽中使用第3代头孢菌素类药物严重威胁人类公共卫生安全，应该禁止用于肉鸡。

参考文献

Abutarbush SM，et al. 2012. Comparison of enrofloxacin and ceftiofur for the treatment of relapse of undifferentiated fever/bovine respiratory disease in feedlot cattle. Can Vet J 53：57.

Alt DP，et al. 2001. Evaluation of antibiotics for treatment of cattle infected with *Leptospira borgpetersenii* serovar hardjo. J Am Vet Med Assoc 219：636.

Carattoli A，et al. 2002. Characterization of plasmids carrying CMY-2 from expanded cephalosporin-resistant *Salmonella* strains isolated in the United States between 1996 and 1998. Antimicrob Agents Chemother 46：1269.

Collard WT，et al. 2011. Pharmacokinetics of ceftiofur crystalline-free sterile suspension in the equine. J Vet Pharm Ther 34：476.

Credille BC，et al. 2012. Plasma and pulmonary disposition of ceftiofur and its metabolites after intramuscular administration of ceftiofur crystalline free acid in weanling foals. J Vet Pharm Ther 35：259.

Doublet B，et al. 2004. Plasmid-mediated florfenicol and ceftriaxone resistance encoded by the *florR* and bla_{CMY2} genes in *Salmonella enterica* serovars Typhimurium and Newport isolated in the United States. FEMS Microbiol Lett 233：301.

Dutil L，et al. 2010. Ceftiofur resistance in *Salmonella enterica* serovar Heidelberg from chicken meat and humans. Emerg Infect Dis 16：48.

Erskine RJ，et al. 1995. Ceftiofur distribution in serum and milk from clinically normal cows and cows with experimental *Escherichia coli*-induced mastitis. Am J Vet Res 56：481.

Erskine RJ，et al. 2002. Efficacy of systemic ceftiofur as a therapy for severe clinical mastitis in dairy cattle. J Dairy Sci 85：2571.

Fecteau ME，et al. 2003. Efficacy of ceftiofur for treatment of experimental salmonellosis in neonatal calves. Am J Vet Res 64：918.

Food and Drug Administration. 2012. New animal drugs；cephalosporin drugs；extralabel animal drug use；order of prohibition. Federal Register 77：735.

Hall TL，et al. 2010. Pharmacokinetics of ceftiofur sodium and ceftiofur crystalline free acid in neonatal foals. J Vet Pharm Ther 34：403.

Johnson JR，et al. 2009. Molecular analysis of *Escherichia coli* from retail meats（2002-2004）from the United States National Antimicrobial Resistance Monitoring System. Clin Infect Dis 49：195.

Mateus A，et al. 2010. Antimicrobial usage in dogs and cats in first opinion veterinary practices in the UK. 2010. J Small Anim Pract 52：515.

Meyer S，et al. 2008. Pharmacokinetics of intravenous cceftiofur sodium and concentration in body fluids of foals. J Vet Pharm Ther 32：309.

M'ikanatha NM，et al. 2010. Multidrug-resistant *Salmonella* isolates from retail chicken meat compared to human clinical isolates. Foodborne Path Dis 7-8：929.

Murphy CP，et al. 2012. Out-patient antimicrobial drug use in dogs and cats for new disease events from community companion animal practices in Ontario. Can Vet J 53：291.

Passmore CA，et al. 2007. Efficacy and safety of cefovecin（Convenia）for the treatment of urinary tract infections in dogs. J Small Anim Pract 48：139.

Ringger NC，et al. 1998. Pharmacokinetics of ceftriaxone in neonatal foals. Equine Vet J 30：163.

Shaheen BW，et al. 2010. Antimicrobial resistance profiles and clonal relatedness of canine and feline *Escherichia coli* pathogens expressing multidrug resistance in the United States. J Vet Intern Med 24：323.

Shukken YH，et al. 2011. Randomized clinical trial to evaluate the efficacy of a 5-day ceftiofur hydrochloride intramammary treatment on nonsevere gram-negative clinical mastitis. J Dairy Sci 94：6203.

Six R，et al. 2008. Efficacy and safety of cefovecin in treating bacterial follicultis，abscesses，or infected wounds in dogs. J Am Vet Med Assoc 233：433.

Stegemann MR，et al. 2007. Clinical efficacy and safety of cefovecin in the treatment of canine pyoderma and wound infection. J Small Anim Pract 48：378.

Yan J-J，et al. 2005. Cephalosporin and ciprofloxacin resistance in *Salmonella*，Taiwan. Emerg Infect Dis 11：947.

第六节　第五类第3代口服头孢菌素类药物

第五类第3代头孢菌素类药物对多种β-内酰胺酶稳定，可口服给药。头孢克肟的分子结构及其抗菌活性与头孢噻肟、头孢唑肟相似。头孢他美匹酯是前体药物，水解为有活性的头孢他美，与头孢克肟以及第四类注射用头孢菌素类药物的抗菌谱相似。头孢泊肟酯也是一种前体药物，在胃肠道吸收、脱酯化后释放出有活性的药物——头孢泊肟。

一、抗菌活性

与第四类第3代注射用头孢菌素类药物的抗菌活性相似。在革兰氏阳性需氧菌中，第3代口服头孢菌素类药物对金黄色葡萄球菌几乎没有抗菌活性（犬金黄色葡萄球菌的MIC_{90}为2μg/mL），对化脓性链球菌有活性，对肠球菌无活性，对许多对其他苄基青霉素类药物敏感的革兰氏阳性菌活性高（表9.2和表9.7）。除部分枸橼酸杆菌属和肠杆菌属外，此类药物对肠杆菌科细菌具有广泛的抗菌活性，对假单孢菌属细菌无活性。苛养的革兰氏阴性菌（放线菌属、嗜血杆菌属、巴氏杆菌属），包括产β-内酰胺酶的菌株，对此类药都高度敏感。在人类病原菌中，此类药物对产β-内酰胺酶的嗜血杆菌属细菌有抗菌活性，但对耐青霉素的肺炎链球菌无效。梭状芽孢杆菌和梭杆菌属细菌对此类药物敏感，但拟杆菌属细菌常耐药。头孢泊肟在犬的推荐折点为：MIC≤2μg/mL为敏感，MIC=4μg/mL为中度敏感，MIC≥8μg/mL为耐药。

二、耐药性

与第四类第3代注射用头孢菌素类药物的耐药性相似。

三、药代动力学特性

第五类头孢菌素类药物具有典型的β-内酰胺类药物的药代动力学特性。头孢泊肟在犬体内具有较长的半衰期，约5.6h。按10mg/kg的剂量给药后，血药浓度高于1μg/ mL可维持24h左右。

四、药物相互作用

第五类头孢菌素与氨基糖苷类药物具有协同作用，常用于治疗中性粒细胞减少症患者的热病。

五、毒性和不良反应

第五类头孢菌素类药物在人的不良反应主要为胃肠道功能紊乱（腹泻、恶心、呕吐），这种不良反应约占用药病人的10%。类似的不良反应可能在动物中出现。与其他广谱抗菌药物一样，此类药物不能用于结肠发达的草食动物。犬口服头孢泊肟无不良反应。

六、用法与用量

推荐用量见表9.5。头孢克肟在人体中具有较长的消除半衰期，可每日给药1次。头孢他美在儿童中的推荐剂量为20mg/kg，每12h给药1次。在美国，头孢泊肟已批准用于犬，剂量为5～10mg/kg，每天给药1次，对于难治性感染每日给药2次。对敏感金黄色葡萄球菌和伪中间葡萄球菌感染使用较高剂量更好。头孢泊肟在马驹的推荐剂量为10mg/ kg，每6～12h给药1次（Carrillo等，2005）。

七、临床应用

头孢他美用于治疗人上呼吸道和尿路感染，头孢克肟用于人时具有与头孢他美相同的用途，并建议口服给药，作为第四类注射用头孢菌素类药物的“后续”用药。美国已经批准头孢泊肟用于由敏感菌引起的犬皮肤感染（伤口和脓肿），与每日给药1次的头孢氨苄相比，具有一定优势（Cherni等，2006）。在治疗动物感染时，第2代和第3代头孢菌素类药物都不应作为首选药，应作为敏感性试验表明无其他替代药物时的备用药物。

参考文献

Carillo NA, et al. 2005. Disposition of orally administered cefpodoxime proxetil in foals and adult horses and minimum inhibitory concentration of the drug against common bacterial pathogens of horses. Am J Vet Res 66：30.

Cherni JA, et al. 2006. Comparison of the efficacy of cepodoxime proxetil and cephalexin in treating bacterial pyoderma in dogs. Int J Appl Res Vet Med 4：85.

Kumar V, et al. 2010. Pharmacokinetics of cefpodoxime in plasma and subcutaneous fluid following oral administration of cefpodoximeproxetil in male Beagle dogs. J Vet Pharm Ther 34：130.

Papich MG，et al. 2010. Pharmacokinetic，protein binding，and tissue distribution of orally administered cefopodoxime proxetil and cephalexin in dogs. Am J Vet Res 71：1484.

第七节　第六类抗假单胞菌注射用头孢菌素类药物

第六类抗假单胞菌注射用头孢菌素类药物的特点是对铜绿假单胞菌具有高抗菌活性，头孢磺啶的抗菌谱则非常窄。头孢他啶和头孢哌酮与第四类头孢菌素类药物的抗菌活性相似，但对铜绿假单胞菌的活性分别高出约 10 倍和 3 倍（表 9.2），罕见耐头孢他啶的铜绿假单胞菌。对于大部分微生物，第六类比第四类头孢菌素类药物的抗菌活性稍低。在治疗假单胞菌感染中，头孢菌素类与氨基糖苷类药物具有协同作用，两者常联合应用治疗中性粒细胞减少症患者的铜绿假单胞菌感染。肠杆菌属、枸橼酸杆菌、沙雷氏菌和其他肠杆菌属已出现产 AmpC 型 β-内酰胺酶和头孢他啶特异性 PER 型超广谱 β-内酰胺酶所致的耐药（表 10.1）。

药代动力学特性与其他注射用头孢菌素类药物相似，但头孢哌酮主要通过肝脏消除，因而可能相对容易导致人类胃肠功能紊乱。因此，该药禁止用于马和其他结肠发达的草食动物。丙磺舒可减少头孢哌酮通过尿液排出，但不能减少头孢他啶的排出。此类药物在动物中的药代动力学研究较少。

毒性和不良反应与其他头孢菌素类药物相同，头孢哌酮禁止用于结肠发达的草食动物。

经验剂量见表 9.8。

表 9.8　第六类抗假单胞菌头孢菌素类药物经验性肌内注射剂量

动物种类	药物	剂量（mg/kg）	给药间隔（h）
犬、猫	头孢哌酮	20	6～8
	头孢他啶	25～50	8～12
牛	头孢哌酮	30	6～8
	头孢他啶	20～40	12～24
马（慎用）	头孢哌酮	30	6～8
	头孢他啶	25～50	8～12

此类药物主要作为治疗中性粒细胞减少症患者的铜绿假单胞菌感染和其他革兰氏阴性菌引起的败血症的备用药物，与氨基糖苷类药物联合使用可以使疗效明显增强。与氨基糖苷类药物相比，头孢菌素类药物具有缓慢的杀菌活性。皮下注射 30mg/kg，每 4h 给药 1 次，或 4.1mg/（kg·h）恒速静脉注射，其血药浓度均高于铜绿假单胞菌的犬临床分离株的 MIC 值（Moore 等，2000）

参 考 文 献

Moore KW，et al. 2000. Pharmacokinetics of ceftazidime in dogs following subcutaneous administration and continuous infection and the association with in vitro susceptibility of *Pseudomonas aeruginosa*. Am J Vet Res 61：1204.

Rains CP，et al. 1995. Ceftazidime. Drugs 49：577.

Wilson CD，et al. 1986. Field trials with cefoperazone in the treatment of bovine clinical mastitis. Vet Rec 118：17.

第八节　第七类第 4 代注射用头孢菌素类药物

尽管有时认为此类药物属于第六类注射用头孢菌素类药物，但第七类第 4 代注射用头孢菌素类药物对肠杆菌科细菌具有高的抗菌活性，对铜绿假单胞菌具有中等抗菌活性，对葡萄球菌的抗菌活性升高。这类药物对许多质粒和染色体介导的 β-内酰胺酶稳定，是第 1 组 β-内酰胺酶的弱诱导剂。

一、抗菌活性

头孢吡肟是一种强效、广谱的头孢菌素类药物，两性离子的性质使其可快速穿透革兰氏阴性菌膜孔蛋白。头孢吡肟和头孢匹罗与 PBP 有较高的亲和力，与其他头孢菌素类药物相比，对β-内酰胺酶更稳定。尤其对第 1 组β-内酰胺酶的稳定性更高，是其弱诱导剂。然而，尚无头孢吡肟对特定动物病原菌的抗菌活性的报道。

1. 非常敏感（MIC≤ 8μg/mL） 对甲氧西林敏感的葡萄球菌属、链球菌属、肠杆菌科细菌（包括枸橼酸杆菌属、肠杆菌属、大肠杆菌、耐第四类头孢菌素类药物的沙雷氏菌属），铜绿假单胞菌（包括耐第六类头孢菌素类药物耐药株），产β-内酰胺酶的嗜血杆菌属、产气荚膜梭菌、消化链球菌属（表 9.9）。

2. 耐药（MIC≥32μg/mL） 肠球菌属、单核细胞增生性李斯特菌、拟杆菌属、艰难梭菌。

表 9.9 头孢吡肟和头孢匹罗的抗菌活性（MIC_{90}，μg/mL）

微生物	头孢吡肟	头孢匹罗
金黄色葡萄球菌	2	0.5
无乳链球菌	0.13	0.06
粪肠球菌	16	4
大肠杆菌	0.12	0.12
奇异变形杆菌	0.06	0.06
铜绿假单胞菌	4	8
不动杆菌属	8	4

二、药代动力学特性

此类注射用头孢菌素类药物的药代动力学特征具有典型的注射用头孢菌素类药物的特性，主要通过尿液排泄。

三、药物相互作用

头孢吡肟与氨曲南联用，可对抗头孢菌素酶去阻遏的铜绿假单胞菌产生协同作用，因为氨曲南可保护头孢吡肟免受细胞外环境中头孢菌素酶的水解（Lister 等，1998）。

四、毒性和不良反应

在人，常见的毒性和不良反应与其他头孢菌素类药物相同，主要导致胃肠道功能紊乱。因此，约有 5%用头孢匹罗治疗的患者和 1%～3%用头孢吡肟治疗的患者均停止治疗。如果此类药物用于动物，可以预见出现胃肠道反应，已在口服或肌内注射头孢吡肟的马中观察到该不良反应（Guglick 等，1998）。

五、用法与用量

这类药物对患者通过静脉或肌内注射每天给药 2 次，剂量可以根据感染的性质和严重程度进行调整。头孢吡肟在马的推荐剂量为 2.2mg/kg，每 8h 给药 1 次（Guglick 等，1998），与儿童根据经验性剂量外推得到的 50mg/kg，每 8h 给药 1 次的推荐剂量相比，这是非常低的剂量。相比之下，头孢吡肟治疗由敏感菌引起的新生马驹感染时的静脉注射估计剂量高达 11mg/kg，每 8h 给药 1 次，而犬的剂量为 40mg/kg，每 6h 给药 1 次（Gardner 和 Papich，2001）。治疗由兽疫链球菌引起的成年马呼吸道疾病时，头孢喹肟的推荐剂量为 1mg/kg，每天给药 1 次，连续给药 5～10d，而治疗马驹大肠杆菌性败血症的剂量为 1mg/kg，每 12h 给药 1 次。在欧洲，治疗由敏感菌引起的牛呼吸系统疾病、腐蹄病或急性大肠杆菌性乳房炎时，头孢喹肟批准的用量为 1mg/kg，每 24h 给药 1 次；治疗犊牛大肠杆菌性败血症的剂量为 2mg/kg ，每 24h 给药 1 次。

六、临床应用

在人医，第 4 代头孢菌素类药物用于治疗医院与社区获得性下呼吸道疾病、细菌性脑膜炎、尿路感染和非复杂性皮肤或皮肤相关感染。在治疗人类感染的临床试验中，与头孢噻肟或头孢他啶相比，第 4 代头孢菌素类药物没有更明显的治疗优势，但此类药物在治疗人类的严重感染时是非常有价值的超广谱头孢菌素类药物。头孢喹肟在欧洲和日本用于治疗牛呼吸系统疾病，并通过乳房给药灌注或肌内注射给药治疗大肠杆菌和其他细菌性乳房炎。通常头孢喹肟在治疗牛和猪感染性疾病的田间试验中，其治疗效果与头孢噻呋相似，并略优于头孢噻呋（Lang 等，2003）。在欧洲，此类药物批准用于治疗由兽疫链球菌引起的马呼吸系统疾病或由大肠杆菌引起的马驹败血症。第 2 代和第 3 代头孢菌素类药物应当作为当药敏试验表明没有替代药物可选择时的备用药物。

参考文献

Barradell LB，Bryson HM. 1994. Cefepime. Drugs 47：471.

Gardner SY，Papich MG. 2001. Comparison of cefepime pharmacokinetics in neonatal foals and adult dogs. J Vet Pharm Ther 24：187.

Goudah A，et al. 2009. Evaluation of single-dose pharmacokinetics of cefepime in healthy bull camels（*Camelus dromedarius*）. J Vet Pharm Ther 32：393.

Guglick MA，et al. 1998. Pharmacokinetics of cefepime and comparison with those of ceftiofur in horses. Am J Vet Res 59：458.

Lang I，et al. 2003. A field study of cefquinome for the treatment of pigs with respiratory disease. Rev Med Vet 153：575.

Lister PD，et al. 1998. Cefepime-aztreonam：a unique double β-lactam combination for *Pseudomonas aeruginosa*. Antimicrob Agents Chemother 42：1610.

第十章　其他β-内酰胺类抗生素

John F. Prescott

通过改变β-内酰胺环上侧链及其相邻噻唑环上的原子对β-内酰胺类抗生素的持续开发，已经产生许多具有显著不同活性的化合物，如青霉烷类青霉素类、头孢菌素类和头霉素类药物。碳青霉烯类和单环β-内酰胺类抗生素已用于人医临床（图 8.1），但尚未批准用于兽医临床。与之相比，一些β-内酰胺酶抑制剂（克拉维酸、舒巴坦）与氨基苄青霉素类联用已成功用于兽医临床，产生的广谱抗菌作用克服了早期超广谱青霉素类药物的获得性耐药的局限。然而，耐药性不断威胁着β-内酰胺类药物的药效，因为β-内酰胺酶耐药基因在革兰氏阴性菌间通过可移动基因元件不断进化、发展和传播，部分随着“高风险”克隆株的扩散，导致其传播到更多的革兰氏阴性肠道菌和其他革兰氏阴性菌群中。

第一节　β-内酰胺酶和β-内酰胺酶抑制剂

一、概述

产生β-内酰胺酶是细菌对β-内酰胺类抗生素具有固有耐药或获得性耐药的一个主要因素。β-内酰胺酶基因由质粒介导在细菌间快速传播，因而在临床上备受关注。β-内酰胺酶介导的耐药性很大程度上削弱了早期一些临床重要药物如阿莫西林的价值。3 种β-内酰胺酶抑制剂克拉维酸、舒巴坦和他唑巴坦（图 10.1）明显增强了青霉素类药物对携带耐药质粒细菌的抗菌活性。虽然β-内酰胺酶抑制剂本身的抗菌活性很弱，但是它们能与β-内酰胺酶（表 10.1）不可逆结合，使β-内酰胺类抗生素复活，继而与 PBP 结合而导致病原菌细胞破裂死亡。克拉维酸或舒巴坦有相似的抑酶谱，临床与它们联用的抗生素包括阿莫西林、氨苄西林和替卡西林。克拉维酸和舒巴坦与能被质粒介导的β-内酰胺酶水解的一些青霉素类和头孢菌素类抗生素（包括苄青霉素类、氨基苄青霉素类和第 3 代头孢菌素类药物）有协同作用。克拉维酸和舒巴坦的引入能显著提高感染动物的抗菌治疗效果。β-内酰胺酶抑制剂可能会破坏草食动物肠道菌群平衡而引起腹泻，因此应慎用于结肠发达的草食动物。

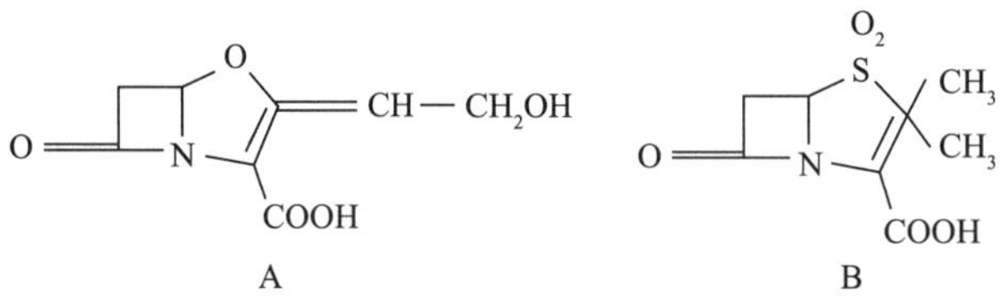

图 10.1　克拉维酸和舒巴坦的结构式

A. 克拉维酸　B. 舒巴坦

表 10.1　主要β-内酰胺酶的功能与分子特征[a]

Bush-Jacoby 分组	分子分类	不同功能组β-内酰胺酶的特性（举例）	克拉维酸抑制作用
1	C	常见于革兰氏阴性菌的染色体酶。介导除对碳青霉烯类药物外所有β-内酰胺类药物的耐药性 质粒编码的β-内酰胺酶包括有 LAT、MIR、ACT、FOX、CMY 等，还包括 FOX-1、CMY-2 和 MIR-1	—
1e	C	增加对头孢他啶的水解（CM-37）	—

（续）

Bush-Jacoby 分组	分子分类	不同功能组β-内酰胺酶的特性（举例）	克拉维酸抑制作用
2a	A	包括金黄色葡萄球菌及肠球菌产生的青霉素酶。对青霉素类药物高度耐药	+
2b	A	主要为革兰氏阴性菌产生的广谱β-内酰胺酶（TEM-1、SHV-1）	+
2be	A	对亚胺基-头孢菌素（头孢噻肟、头孢噻呋和头孢他啶）及单环β-内酰胺类药物耐药的超广谱β-内酰胺酶（CTX-M，包括 CTX-M15、PER、SHV、部分 OXA、TEM、VEB）	+
2ber	A	超广谱头孢菌素酶和单环β-内酰胺类酶（CMTs、TEM-50、TEM-89）	−
2br	A	耐抑制剂的 TEM（IRT）型β-内酰胺酶，一种耐抑制剂的 SHV 衍生酶（TEM-30、SHV-10）	±
2c	A	羧苄西林水解酶（PSE-1）	+
2d	D	氯唑西林水解酶，克拉维酸具有适当的抑制作用（OXA 家族）	±
2de	D	超广谱头孢菌素酶（OXA-11、OXA-15）	±
2df	D	碳青霉烯酶（OXA-23、OXA-48）	±
2e	A	头孢菌素水解酶（CepA）	±
2f	A	能水解碳青霉烯类、头孢菌素类、头霉素类、青霉素类抗生素，克拉维酸具有微弱的抑制作用（KPC-2、IMI-1）	± ±
3a	B	广谱β-内酰胺酶，可水解除单环β-内酰胺类以外的所有β-内酰胺类药物（IMP-1、IND-1、NDM-1、VIM-1）	−
3b	B	优先水解碳青霉烯类药物（CphA、Sfh-1）	−

注：改编自 Bush 和 Fisher，2011。

a TEM、SHV 和 OXAβ-内酰胺酶最新列表见 www.lahey.org/Studies，其他β-内酰胺酶链接相关网页。

二、β-内酰胺酶分类

β-内酰胺酶通过打开β-内酰胺环使β-内酰胺类药物失效（图 8.2）。如第九章所述，在抗生素的选择压力下，β-内酰胺酶快速进化，并通过质粒和转座子在革兰氏阴性菌中传播。已对临床重要病原菌的β-内酰胺酶进行了详细研究，包括各种相关蛋白，其中几百种都已熟知。β-内酰胺酶或由染色体（诱导的或固有的）或由质粒介导传播，从而对β-内酰胺类药物的抗感染治疗效果产生威胁。β-内酰胺酶数量呈指数增加（Bush 和 Fisher，2011）。革兰氏阳性菌的β-内酰胺酶分泌到细胞外，而革兰氏阴性菌的β-内酰胺酶通常在细胞周间质，当细胞破裂时分泌到细胞外（图 8.3 和图 8.4）。大肠杆菌、肺炎克雷伯菌、鲍曼不动杆菌和铜绿假单胞菌的某些“高风险”克隆株能在医院环境中存活、累积并改变抗性，成为其他细菌的耐药基因储存库，对耐药性在全球人医临床中的传播具有重要作用（Woodford 等，2011）。

β-内酰胺酶是基于分子特征（核苷酸和氨基酸序列）和功能特征（底物和抑制行为，表 10.1）进行分类的，这些分类方法并不能反映影响细菌敏感性改变的其他因素。虽然分子分类法能够基本反映酶的特性，但是酶分子特征上的微小改变可能会导致功能上的明显差别（Bush 和 Jacoby，2010），因此认为功能分类法是比较好的。功能分类法是依据被克拉维酸和 EDTA 抑制的特性和底物的水解特性（如苄青霉素、头孢他啶、头孢噻肟和亚胺培南）。最主要的四类β-内酰胺酶为青霉素酶、AmpC 型头孢菌素酶、超广谱β-内酰胺酶（ESBLs）和碳青霉烯酶（表 10.1）。ESBLs 和水解超广谱头孢菌素类抗生素的头孢菌素酶数量最多，而碳青霉烯酶也在迅速地增加（Bush，2010）。

β-内酰胺酶耐药的复杂性正在上升，部分表现为细菌可以获取和保留多个不同的β-内酰胺酶，而且β-内酰胺酶耐药能够加重通过改变膜孔蛋白功能和外排机制介导的耐药。

β-内酰胺酶基因位于染色体或质粒上，并能够通过转座子在两者之间转移。这些耐药基因有些可以在不同族、属、种细菌之间广泛传播。β-内酰胺类抗生素（尤其是那些抗菌谱和抗菌活性增加的药物）的广泛应用，导致β-内酰胺酶以惊人的速率在细菌之间进化。质粒介导的β-内酰胺酶对β-内酰胺酶耐药最重要，如质粒介导的编码氨苄西林耐药的TEM-1型β-内酰胺酶基因已经在大肠杆菌中广泛传播。最近在肠杆菌科中出现质粒介导的ESBL，虽然细菌仍对头孢西丁和亚胺培南敏感，且能被β-内酰胺酶抑制剂克拉维酸和舒巴坦抑制，下面会对其进行讨论。然而，已经出现一些对β-内酰胺酶抑制剂不敏感的TEM突变体（表10.1）。

所有的革兰氏阴性菌都会产生属于功能分类第1组的β-内酰胺酶，其编码基因位于染色体上。第九章提到，有些种属的细菌（如不动杆菌属、柠檬酸杆菌属、肠杆菌属和沙雷氏菌属）可被诱导产生高浓度的高产AmpC酶，以致β-内酰胺酶抑制剂难以发挥作用。然而，部分上述细菌中已出现诱导型β-内酰胺酶的去阻遏突变体，并对原本有效的β-内酰胺类药物产生耐药。更为严重的是，如第九章所述的高产AmpC酶基因可能会变为高拷贝数质粒（CMY-2、FOX、MIR、MOX）编码的质粒，第九章提到的CMY-2型AmpC β-内酰胺酶质粒在大肠杆菌和沙门氏菌中的扩散是目前关注的焦点。

第2组丝氨酸β-内酰胺酶中传播速度最快的是ESBL，包括功能群中的1e、2be、2ber和2de（表10.1；Bush和Fisher，2011）。CTX型ESBL已经取代TEM型ESBL、SHV型ESBL，成为主要的流行型，CTX-M15是全球人医临床上流行最广的ESBLs（Bush，2010；Johnson等，2012）。这种β-内酰胺酶，以及携带该酶的大肠杆菌和肺炎克雷伯菌克隆株已在伴侣动物的感染中发现（O'Keefe等，2010；Wiler等，2011；Haenni等，2012），可能最初是从人类获得，然后在兽医临床中扩增和传播的结果。

ESBL的鉴定存在疑问，并且是当前激烈争论的话题之一。大多数指南都推荐先以对超广谱头孢菌素类药物的敏感性降低为标准进行初步筛选，然后通过二次试验（如头孢菌素类药物和克拉维酸的双纸片法）进行确证，虽然后者在ESBL能明显表现出来时是不必要的。最近，筛选和确证试验已经被推荐的折点所取代。在CLSI的人医指南（CLSI，2010）中，肠杆菌科细菌对头孢他啶和头孢噻肟的折点分别修改为≤1 μg/mL和≤4 μg/mL。之前，不管其MIC值是多少，耐药菌（具有高的折点）都报告为对头孢菌素类药物耐药。之前采用这种判断方法的原因是由于ESBL感染病人的治疗失败（Livermore等，2012）。如何最恰当地报告和解释敏感性数据一直存在争议。敏感性试验明显受到体外条件（如接种量）以及由于高产β-内酰胺酶而导致MIC值可能增高的影响。欧洲敏感性试验咨询专家委员会（EUCAST）也制订了类似但范围不同的折点值。目前的折点值将被建议修改回之前的推荐值。

当前对ESBL定义都不包括反映了β-内酰胺酶快速扩增的丝氨酸碳青霉烯酶（功能群2df、2de、2f，表10.1）。碳青霉烯酶包括肺炎克雷伯菌碳青霉烯酶（KPCs），其可通过转座子传播到肠杆菌科细菌和其他革兰氏阴性菌如不动杆菌属和铜绿假单胞菌中（Bush，2010）。

第3组β-内酰胺酶为金属酶，能够水解包括碳青霉烯类药物在内的大多数β-内酰胺类抗生素，并且不被β-内酰胺酶抑制剂所抑制。在来自人类患者的条件性病原菌中，编码该酶的基因位于质粒上，并且携带该基因的大多数质粒同时也携带编码其他β-内酰胺酶基因和其他抗生素的耐药基因，导致相关感染几乎无法治疗。虽然最初耐药菌的传播是依赖宿主菌的克隆传播，但是也可以通过可接合性质粒并辅以转座子和整合子，将耐药基因传播给少数低毒的克隆株。NDM-1（新德里金属-β-内酰胺酶）是近年来出现的归属于功能分类第3组的新型酶，该酶已经传播到多种肠道细菌中，这是全球范围内高耐药菌在医院环境中广泛传播的例证。

三、β-内酰胺酶抑制剂

使用β-内酰胺酶抑制剂的理念是它们本身几乎无抗菌活性，但是对β-内酰胺酶有较高的亲和力，与β-内酰胺类药物联用能够提高抗菌活性，前提是该β-内酰胺类药物对不产酶菌是有抗菌活性的。即这些抑制剂（克拉维酸、舒巴坦和他唑巴坦）对β-内酰胺酶有高度底物特异性，能与β-内酰胺酶不可逆结合，使酶失活，β-内酰胺类抗生素（阿莫西林和哌拉西林等）不被酶水解，发挥杀菌作用。抑制剂的活性谱见表10.1，克拉维酸和舒巴坦的活性谱相似。

β-内酰胺酶不断增加的复杂性和传播性导致了人医临床上出现了一些严重耐药的革兰氏阴性菌，这些菌包含一系列β-内酰胺酶，部分酶对酶抑制剂也耐受。为克服这些耐药菌，将来应多开发单环β-内酰胺类药物，此类药物通过细菌离子转运系统由铁离子载体介导摄入，作用于细菌的靶位（Bush 和 Fisher，2011）。提示未来有效的β-内酰胺类药物应该包含多个不同的组分。

参 考 文 献

Bush K. 2010. Alarming β-lactamase-mediated resistance in multidrug-resistant *Enterobacteriaceae*. Curr Opin Microbiol 13：558.

Bush K，Fisher JF. 2011. Epidemiological expansion，structural studies and clinical challenges of new β-lactamases from Gram-negative bacteria. Annu Rev Microbiol 65：455.

Bush K，Jacoby GA. 2010. Updated functional classification of β-lactamases. Antimicrob Ag Chemother 54：969.

Bush K，Macielag MJ. 2010. New β-lactam antibiotics and β-lactamase inhibitors. Expert Opin Ther Patents 20：969.

CLSI. 2010. Performance Standards for Antimicrobial Susceptibility Testing. 20th informational supplement. M100-S20-U. Wayne，PA：CLSI.

EUCAST. 2011. http：//www. eucast. org.

Haenni M，et al. 2012. Veterinary hospital-acquired infections in pets with a ciprofloxacin-resistant CTX-M-15-producing Klebsiellapneumonaie ST15 clone. J Antimicrob Chemother 67：770.

Johnson JR，et al. 2012. Molecular epidemiological analysis of *Escherichia coli* sequence type ST131 (O25：H4) and $bla_{CTX\text{-}M\text{-}15}$ among extended-spectrum-β-lactamase-producing *E. coli* from the United States，2000 to 2009. Antimicrob Ag Chemother 56：2364.

Livermore DM，et al. 2012. Are susceptibility test enough，or should laboratories still seek ESBLs and carbapenemases directly? J Antimicrob Chemother 67：1569.

O' Keefe A，et al. 2010. First detection of CTX-M and SHV extended-spectrum β-lactamases in *Escherichia coli* urinary tract isolates from dogs and cats in the United States. Antimicrob Ag Chemother 54：3489.

Tzelepi E，et al. 2000. Isolation of an SHV-12 beta-lactamasep-roducing *Escherichia coli* from a dog with recurrent urinary tract infections. Antimicrob Agents Chemother 44：3483.

Wieler LH，et al. 2011. Methicillin-resistant staphylococci (MRS) and extended-spectrum beta-lactamase (ESBL) -producing *Enterobacteriaceae* in companion animals；nosocomial infections as one reason for the rising prevalence of these potentialzoonotic pathogens in clinical samples. Int J Med Microbiol 301：635.

Woodford N，et al. 2011. Multiresistant Gram-negative bacteria：the role of high-risk clones in the dissemination of antibitoic resistance. FEMS Microbiol Rev 35：736.

四、克拉维酸

克拉维酸属于合成化合物，其双环结构和青霉素相似，但是氧原子替代了硫原子，并且在6位缺少了酰胺侧链。与许多质粒介导的β-内酰胺酶（表10.1）和所有染色体介导的青霉素酶有较好的亲和力，但对染色体介导的头孢菌素酶亲和力较差。染色体介导的头孢菌素酶通常能水解阿莫西林和替卡西林（与克拉维酸联用效果不好）。克拉维酸与阿莫西林和替卡西林联用的比例分别为1∶2和1∶15，这两种复方制剂在单药（阿莫西林和替卡西林）MIC的1～2个稀释度以下时有杀菌作用。

（一）克拉维酸-阿莫西林

1. 抗菌活性　克拉维酸-阿莫西林复方制剂的抗菌谱与第1代或第2代头孢菌素类药物相似。

（1）敏感。对许多细菌有较好的敏感性（MIC≤8/4 μg/mL，金黄色葡萄球菌；MIC≤4/2 μg/mL，伪中间葡萄球菌）：对革兰氏阳性菌，包括产β-内酰胺酶的金黄色葡萄球菌有极好的敏感性；对苛养革兰氏阴性菌（放线杆菌属、波氏杆菌属、嗜血杆菌属和巴氏杆菌属）包括耐阿莫西林的菌株敏感；通常对肠杆菌科细菌（大肠杆菌、克雷伯氏菌、变形杆菌和沙门氏菌）敏感；对包括拟杆菌属在内的大多数厌氧菌敏感（表10.2）。

（2）敏感性不定。部分大肠杆菌和克雷伯氏菌。

（3）耐药（MIC≥32/16 μg/mL）。柠檬酸杆菌属、肠杆菌属、铜绿假单胞菌、沙雷氏菌属和耐甲氧西林的金黄色葡萄球菌及伪中间葡萄球菌。

表 10.2 阿莫西林-克拉维酸对兽医病原菌的抗菌活性（MIC_{90}，μg/mL）

微生物	MIC_{90}	微生物	MIC_{90}
革兰氏阳性球菌			
金黄色葡萄球菌	0.5		
中间葡萄球菌	0.25	停乳链球菌	≤0.13
无乳链球菌	≤0.13	猪链球菌	≤0.13
革兰氏阳性杆菌			
化脓放线杆菌	0.25	单核细胞增生性李斯特菌	0.25
革兰氏阴性需氧菌			
胸膜肺炎放线杆菌	0.5	多杀性巴氏杆菌	0.25
支气管败血波氏杆菌	2	假单胞菌属	≥32
大肠杆菌	8	奇异变形杆菌	0.5
睡眠嗜组织菌	0.06	沙门氏菌	2
牛分枝杆菌	0.06		
溶血性曼氏杆菌	0.13		
厌氧菌			
脆弱拟杆菌	0.5	不解糖卟啉单胞菌	1.0
产气荚膜梭菌	0.5	梭杆菌属	≥32

注：引自 Mr. C. Hoare，Smith Kline Beecham（未出版，经作者同意），增加了内容。

2. 耐药性 克拉维酸能诱导敏感的普氏菌属和肠杆菌属细菌产生β-内酰胺酶。目前，对克拉维酸的耐药性在动物源细菌还不是一个很严重的问题。然而，近几年许多耐药机制在食品动物（尤其是 CMY-2）和伴侣动物（ESBLs）中快速出现（表 10.1），包括质粒编码的功能 1 组 CMY、FOX 和其他一些不能与克拉维酸结合的β-内酰胺酶家族、ESBL s 和碳青霉烯酶（表 10.1）。

3. 药代动力学特性 克拉维酸口服易吸收，药代动力学特性和阿莫西林相似。在细胞外液中分布良好，但在乳汁和脑脊液中分布较少，半衰期为 75min，药物以原型自尿中排出。有趣的是，在犬体内，高于推荐治疗剂量的克拉维酸对阿莫西林的吸收有抑制作用，这种现象的意义尚不明确。

4. 毒性和不良反应 复方制剂有较好的耐受性。报道的主要不良反应为大约 10%的患者口服药物后出现胃肠道反应，如恶心、呕吐和腹泻，这与克拉维酸直接影响胃肠道的蠕动有关，所以建议口服剂量不应过高。犬猫表现为轻微的胃肠道不适。其他的不良反应通常是由青霉素类药物引起的。复方制剂不能用于对青霉素或头孢菌素类药物过敏的动物。草食动物不能口服给药，对马不能注射给药，也不能用于兔、豚鼠、仓鼠或沙鼠。

5. 用法和用量 推荐剂量见表 10.3。按生产商的推荐，食品动物每日 1 次肠道外给药，剂量不足，依据时间依赖型的药效学要求，应每天给药 2 次或更频繁地给药，以达到β-内酰胺药物的抗菌效果。食品动物中剂量对比的临床试验能够证明这一推论。

克拉维酸对湿度高度敏感，所以在储存期间必须确保干燥。

表 10.3 克拉维酸、舒巴坦或他唑巴坦和青霉素类药物复方制剂的推荐剂量

药物	动物	给药途径	剂量（mg/kg）	给药间隔（h）
克拉维酸-阿莫西林	犬、猫	口服	12.5～20	8～12
		皮下注射	10	8
	牛	肌内注射	7	12～24
	反刍前犊牛	口服	5～10	12

（续）

药物	动物	给药途径	剂量（mg/kg）	给药间隔（h）
克拉维酸-替卡西林	绵羊	肌内注射	8.75	12～24
	犬、猫	静脉注射	40～50	6～8
	马	静脉注射	50	6
舒巴坦-氨苄西林	牛	肌内注射	10	24
青霉素-他唑巴坦	犬、猫	静脉注射	4	6

6. 临床应用　对单胃动物，可口服给药的克拉维酸-阿莫西林是一个很有价值的复方制剂，它扩大了阿莫西林对产β-内酰胺酶条件致病菌（包括苛养菌、肠杆菌科细菌和需氧菌）的抗菌谱。该复方制剂对铜绿假单胞菌无效，一些大肠杆菌、变形杆菌和克雷伯氏菌仅对该复方制剂在尿中达到的浓度敏感，因此主要用于经验性治疗犬、猫的尿路感染。对厌氧菌有特殊的抗菌活性。

该复方制剂作为肠道外给药（肌内注射）的制剂在食品动物是一个较好的选择，尤其适于治疗由产β-内酰胺酶放线杆菌、嗜血杆菌和巴氏杆菌引起的牛和猪的下呼吸道感染。对大肠杆菌病和沙门氏菌病的潜在作用还需要进一步的临床试验验证，尽管目前可用的头孢噻呋制剂具有类似的活性和应用。

草食动物不能口服给药，马、兔、豚鼠、仓鼠和沙鼠不能注射给药。

（1）牛、绵羊和山羊。克拉维酸-阿莫西林已应用于牛，用法与头孢噻呋类似（见第九章），包括治疗下呼吸道感染（尤其是由厌氧菌引起的软组织感染）、大肠杆菌和沙门氏菌引起的新生犊牛腹泻。治疗犊牛大肠杆菌性腹泻的口服剂量为12.5mg/kg，每12h给药1次，至少连用3d（Constable，2004）。注射给药结合乳房内给药用于治疗奶牛乳腺炎，比单独乳房内给药的效果更佳（Perner等，2002）。在绵羊，该复方制剂推荐用于治疗巴氏杆菌病。尽管很少有关于该药在反刍动物中药代动力学数据的报道，但生产商推荐的剂量（表10.3）较低，按推荐剂量每天至少注射2次可能更有优势。介导对该复方耐药的CMY-2型β-内酰胺酶质粒，已在多种牛源沙门氏菌血清型（包括纽波特血清型）的多重耐药株中检测到（Zhao等，2001，2003）。

（2）猪。该复方制剂可用于治疗质粒介导的产β-内酰胺酶细菌引起的感染，包括新生仔猪大肠杆菌病，有望具有类似目前使用的头孢噻呋的抗菌活性（见第九章）。

（3）犬和猫。克拉维酸-阿莫西林在犬和猫中应用广泛，具有每天2次口服给药，可由畜主操作的优势，是伴侣动物临床使用非常频繁的抗生素（Mateus等，2011；Murphy等，2012）。还可用于治疗由金黄色葡萄球菌引起的皮肤或软组织感染、由包括厌氧菌在内的混合细菌引起的咬伤感染、上呼吸道和下呼吸道感染，肛周炎、牙龈炎和由条件致病菌（金黄色葡萄球菌、大肠杆菌、变形杆菌、克雷伯氏菌）引起的泌尿道感染。由于组织浓度在给药间隔内可能达不到一些菌株的MIC，因此除了尿路感染，该药物不推荐用于由金黄色葡萄球菌、大肠杆菌、变形杆菌、克雷伯氏菌引起的严重感染。值得关注的是，加倍剂量并不会提高犬脓皮病的治愈率（Lloyd等，1997）。该复方制剂对治疗浅表性脓皮病的效果不如克林霉素（Littlewood等，1999），因此不作为脓皮病的首选药物。第1代头孢菌素类药物已证实葡萄球菌和其他病原体有效且抗菌谱较窄，不易选择出严重的耐药性。对于治疗波氏杆菌感染，优先选用与阿莫西林联用，因为分离株不太可能对该复方产生耐药性（Speakman等，2000）。该复方制剂由于对包括厌氧菌在内的肠道细菌有活性，因此对治疗伴随肠内容物泄漏的腹膜炎具有特殊价值。

鉴于β-内酰胺类药物的膜穿透性较弱，该复方制剂对治疗猫的鹦鹉热衣原体感染的效果意外地强于多西环素（Sturgess等，2001）。然而，与多西环素治疗感染猫不同的是，使用克拉维酸-阿莫西林治疗后可能复发。尽管单独使用阿莫西林也具有同样的效果，但是仍推荐联合用药治疗4周。

ESBL在伴侣动物中的出现（So等，2010；Shaheeen等，2011；Sun等，2012），以及耐甲氧西林金黄色葡萄球菌和伪中间葡萄球菌在伴侣动物中的增加，对β-内酰胺类药物和第3代头孢菌素类药物的治疗构成的威胁正在上升。

参考文献

Constable PD. 2004. Antimicrobial use in the treatment ofcalf diarrhea. J Vet Intern Med 18：8.

Littlewood JD, et al. 1999. Clindamycin hydrochoride and clavulanate-amoxycillin in the treatment of canine superficial pyoderma. Vet Rec 144: 662.

Lloyd DH, et al. 1997. Treatment of canine pyoderma with co-amoxyclav: a comparison of two dose rates. Vet Rec 141: 439.

Mateus A, et al. 2010. Antimicrobial usage in dogs and cats in first opinion veterinary practices in the UK. Vet Rec 52: 515.

Murphy CP, et al. 2012. Outpatient antimicrobial drug use in dogs and cats for new disease events from community companion animal practices in Ontario. Can Vet J 53: 291.

Perner J, et al. 2002. Retrospective study using Synulox in mastitis therapy. Tierärztliche Praxis 30: 286.

Shaheen BW, et al. 2011. Molecular characterization of resistance to extended-spectrum cephalosporins in clinical *Escherichia coli* isolates from companion animals in the United States. Antimicorb Ag Chemother 55: 5666.

So JH, et al. 2012. Dissemination of multidrug-resistant *Escherichia coli* in Korean veterinary hospitals. Diagn Microbiol Infect Dis 73: 195.

Sturgess CP, et al. 2001. Controlled study of the efficacy of clavulanic acid-potentiated amoxycillin in the treatment of *Chlamydia psittaci* in cats. Vet Rec 149: 73.

Sun Y, et al. 2010. High prevalence of *bla* (CTX-M) extended spectrum β-lactamase genes in *Escherichia coli* isolates from pets and emergence of CTX-M-64 in China. Clin Microbiol Infect 16: 1475.

Vree TB, et al. 2003. Variable absorption of clavulanic acid after an oral dose of 25 mg/kg of Clavubactin and Synulox in healthy dogs. J Vet Pharmacol Ther 26: 165.

Winokur PL, et al. 2001. Evidence of transfer of CMY-2AmpC β-lactamase plasmids between *Escherichia coli* and *Salmonella* isolates from food animals and humans. Antimicrob Agents Chemother 45: 2716.

Zhao S, et al. 2003. Characterization of *Salmonella enterica* serotype Newport isolated from humans and food animals. J Clin Microbiol 41: 5366.

（二）克拉维酸-替卡西林

克拉维酸-替卡西林可肠道外给药（通常为静脉注射）应用于人医临床中。与克拉维酸-阿莫西林相比，克拉维酸-替卡西林复方增强了替卡西林对肠杆菌属和铜绿假单胞菌的抗菌活性。该复方对多数对替卡西林耐药的肠杆菌科细菌、金黄色葡萄球菌、厌氧菌（包括脆弱拟杆菌）和许多铜绿假单胞菌具有良好的抗菌活性。然而，临床分离细菌的 MIC_{90}，尤其是肠杆菌、大肠杆菌和克雷伯氏菌的 MIC_{90}，处于敏感范围（MIC≤16μg/mL）高端或在中度敏感范围（MIC 为 32～64μg/mL）（Sparks 等，1988）。该复方制剂对肠杆菌、铜绿假单胞菌和沙雷氏菌没有加强作用，对由这些微生物引起的人类临床感染的治疗效果有时令人失望，很可能是因为克拉维酸对 β-内酰胺酶的诱导作用。该复方制剂在动物中使用的缺陷是需频繁（给药间隔 6～8h）静脉注射给药（表 10.3），尽管在新生马驹的给药间隔为 12h。但在人医临床，该复方制剂与氨基糖苷类药物配合已用于经验性治疗免疫功能低下患者的严重感染。由于克拉维酸-替卡西林需静脉注射给药，因此该药很少用于兽医临床。

参 考 文 献

Garg RC, et al. 1987. Serum levels and pharmacokinetics of ticarcillin and clavulanic acid in dogs following parenteral administration of timentin. J Vet Pharmacol Ther 10: 324.

Sanders C, Cavalieri SJ. 1990. Relevant breakpoints for ticarcillin-clavulanic acid should be set primarily with data from ticarcillin-resistant strains. J Clin Microbiol 28: 830.

Sparks SE, et al. 1988. In vitro susceptibility of bacteria to a ticarcillin-clavulanic acid combination. Am J Vet Res 49: 2038.

Sweeney RW, et al. 1988. Pharmacokinetics of intravenously and intramuscularly administered ticarcillin and clavulanic acid in foals. Am J Vet Res 49: 23.

Wilson WD, et al. 1991. Pharmacokinetics and bioavailability of ticarcillin and clavulanate in foals after intravenous and intramuscular administration. J Vet Pharmacol Ther 14: 78.

五、舒巴坦

舒巴坦（青霉酸砜）是一种 6-氨基青霉烷酸的合成衍生物，该药口服吸收差，但一种舒巴坦-氨苄西林复合酯被开发出来作为前体药物舒他西林，它口服易吸收，并能在肠壁将两种有效成分释放。舒巴坦本身并没有抗菌活性，与克拉维酸一样，能与 β-内酰胺酶的相同基团不可逆结合，但该药与 β-内酰胺酶的亲和力比克拉维酸低好几倍。舒巴坦还可结合枸橼酸杆菌、肠杆菌属、变形杆菌、沙雷氏菌产生的β-内酰胺酶，而克拉维酸却没有此功能。然而，要达到与克拉维酸相同的抑菌水平，在临床应用中就必须提高舒巴坦的浓度（2∶1）。舒巴坦可与氨苄西林联用，部分原因是由于药代动力学相似，也有与头孢哌酮联用。

舒巴坦-氨苄西林

舒巴坦-氨苄西林抗菌谱较广，但比克拉维酸-阿莫西林（表10.1和表10.2）略低。舒巴坦-氨苄西林对β-内酰胺酶的较低亲和力可能会影响其对产β-内酰胺酶细菌的抗菌活性。

舒巴坦-氨苄西林的药代动力学特性与阿莫西林-克拉维酸类似，但舒巴坦口服吸收差。在人医临床用的是舒巴坦-氨苄西林前体药物舒他西林，可以口服吸收。该复方制剂肌内注射吸收良好，在组织细胞外液中分布广泛，并能透过有炎症的脑膜进入脑脊液，能适度地渗透到乳汁中。舒巴坦-氨苄西林主要在尿液中消除，半衰期约1h。在犊牛（Fernández-Varón 等，2005）和绵羊（Escudero 等，1999）的药代动力学研究表明，由于舒巴坦的消除速度比氨苄西林慢，因此应该提高氨苄西林的浓度。

该复方注射给药具有很好的耐受性，其不良反应与其他青霉素类药物相似，但不像口服克拉维酸-阿莫西林后会出现腹泻症状。肌内注射可能会出现疼痛。虽然在马驹中尚未发现不良反应（Hoffman 等，1992），但该复方不应用于结肠发达的草食动物（马、兔、仓鼠、豚鼠）。

临床应用

和阿莫西林-克拉维酸一样，舒巴坦-氨苄西林保留并增加了氨苄西林的抗菌活性，包括对抗产β-内酰胺酶的常见菌，其应用类似于头孢噻呋（见第九章）。因其对巴氏杆菌（包括产β-内酰胺酶菌株）、睡眠嗜组织菌、化脓隐秘杆菌和包括大肠杆菌在内的条件性致病菌具有抗菌活性，舒巴坦-氨苄西林在兽医临床用于治疗牛呼吸道疾病。临床试验和田间试验已经证实，该复方比单独使用氨苄西林具有更高的疗效和优势。在一项治疗牛呼吸道疾病的研究中，舒巴坦-氨苄西林的治疗效果与头孢噻呋相当（Schumann 和 Janzen，1991）。舒巴坦-氨苄西林注射给药治疗新生犊牛不明原因腹泻的疗效优于氨苄西林。每天对牛给药1次，尽管可达到临床治疗效果，但从药代动力学和药效学方面考虑，似乎剂量有所不足，但还是比更频繁的给药具有优势。高剂量的舒巴坦-氨苄西林用于治疗犊牛大肠杆菌性脑膜炎效果理想。该复方制剂还可标签外用于一些疾病，如沙门氏菌病，但除不明原因的牛呼吸道疾病和肠道大肠杆菌病之外，目前尚无该药用于其他疾病的临床试验研究报道。苄青霉素和克拉维酸-阿莫西林在牛上的潜在临床应用尚有很多报道，该复方在很多临床应用的效果明显优于单独使用苄青霉素。推荐剂量见表10.3。

参考文献

Escudero E，et al. 1999. Pharmacokinetics of an ampicillinsulbactam combination after intravenous and intramuscular administration to sheep. Can J Vet Res 63：25.

Fernández-Varón E，et al. 2005. Pharmacokinetics of an ampicillin-sulbactam combination after intravenous and intramuscular administration to neonatal calves. Vet J169：437.

Hoffman AM，et al. 1991. Evaluation of sulbactam plus ampicillin for treatment of experimentally induced *Klebsiella pneumoniae* lung infection in foals. Am J Vet Res 53：1059.

Schumann FJ，Janzen ED. 1991. Comparison of ceftiofur sodium and sulbactam-ampicillin in the treatment of bovine respiratory disease. Wien Tierarzt Wschr 78：185.

六、他唑巴坦

他唑巴坦是一种活性类似克拉维酸和舒巴坦的β-内酰胺酶抑制剂，但活性谱更广。该药除了对克拉维酸抑制的β-内酰胺酶稳定外，还对Bush分类中第1组和第3组的β-内酰胺酶稳定（表10.1）。与克拉维酸不同，该药诱导β-内酰胺酶的能力只是弱到中等。哌拉西林与他唑巴坦以8∶1的比例联用后，大大增强了这个第五类青霉素类药物（抗假单胞菌药）对抗产β-内酰胺酶细菌的活性。

该复方制剂对多数肠杆菌科细菌和其他革兰氏阴性菌具有广谱抗菌活性。该复方的一个重要特征就是其对厌氧菌如脆弱拟杆菌（包括耐头孢西丁的脆弱拟杆菌）具有抗菌活性。对大部分革兰氏阳性菌有抗菌活性。其药代动力学特性与典型的β-内酰胺类药物相同。

在人医临床应用与第3代头孢菌素类药物相似，但该复方制剂对厌氧菌有较好的治疗效果。其抗菌活性谱与亚胺培南可以匹敌，因此，该药用于治疗腹内感染（其中可能为需氧和厌氧菌混合感染）以及其他多种微生物感染，且对这些疾病的治疗效果与克林霉素/庆大霉素联用以及亚胺培南的治疗效果相同。该药还可用于治疗中性粒细胞减少症患者（与氨基糖苷类药物联用）的发热。它在治疗人类获得性下呼吸道感染中的效果被证实要优于替卡西林/克拉维酸联用。但该广谱药在动物的适应证却很少，经验性用量见表 10.3。

第二节　碳青霉烯类

碳青霉烯类药物（图 8.2）是链霉菌属的衍生物，其结构与青霉烷青霉素相似，不同之处在于与 β-内酰胺母核连接的五元环上的硫原子被 CH_2 取代。除曲伐沙星外，碳青霉烯类药物可能是抗菌谱最广的药物，对多种革兰氏阳性和革兰氏阴性菌具有很强的抗菌活性，对多种 β-内酰胺酶都稳定。除 Bush 功能分类的碳青霉烯酶 2df、2e 组和第 3 组 β-内酰胺酶（表 10.1）外，N-二亚胺甲基硫霉素（亚胺培南）对多数 β-内酰胺酶稳定。亚胺培南和西司他丁（一种脱氢肽酶抑制剂）1∶1 组成的复方制剂可以避免亚胺培南在肾脏的水解。其他半合成碳青霉烯类，如美罗培南和比阿培南，活性与亚胺培南相似，但不被肾脏脱氢肽酶降解。

一、抗菌活性

碳青霉烯类抗生素对几乎所有临床重要的需氧或厌氧的革兰氏阳性或革兰氏阴性球菌或杆菌均有抗菌作用，只有个别菌种表现耐药。与第 3 代和第 4 代头孢菌素类药物相比，碳青霉烯类具有更广谱的抗菌活性，对 Bush 分类的第 1 组和大部分第 2 组 β-内酰胺酶稳定，但这种情况正在改变。比阿培南和美罗培南对革兰氏阳性菌的抗菌活性稍弱于亚胺培南，但对革兰氏阴性需氧菌的抗菌活性与亚胺培南相当或稍高于亚胺培南。在人医，碳青霉烯类药物的耐药折点略有下降，新、旧折点见下文。对耐碳青霉烯类药物的肠杆菌科细菌进行检测已经成为一个挑战，因为耐药性水平异质性随着酶和细菌宿主的改变而改变（Gazin 等，2012；Livermore 等，2012）。多通道 RT-PCR 等分子水平的快速检测方法的灵敏性和特异性似乎较好，目前正在三级医院中评价该方法在实施感染控制措施中的价值。

1. 敏感（MIC≤1～4μg/mL）　大部分病原菌，包括大部分革兰氏阳性菌。亚胺培南对革兰氏阳性球菌（包括大多数肠球菌）有很高的抗菌活性，活性类似苄青霉素。对鸟胞内分枝杆菌、诺卡氏菌属、布鲁氏菌属敏感。这类药物对厌氧菌（包括脆弱拟杆菌）具高度抗菌活性，是对革兰氏阴性菌活性最强的 β-内酰胺类药物。对产 β-内酰胺酶的苛养菌、肠杆菌科细菌（包括产 β-内酰胺酶菌株）和大部分铜绿假单胞菌都有抗菌活性；对变形杆菌的抗菌活性稍弱于其他肠道菌。

2. 耐药（MIC≥8～16μg/mL）　耐甲氧西林金黄色葡萄球菌、洋葱伯克霍尔德菌和某些肠杆菌属、气单胞菌属、铜绿假单胞菌、嗜麦芽假单胞菌和屎肠球菌。

二、耐药性

碳青霉烯类药物是人医抗感染的“最后一道防线”，但近年来，在人医上产碳青霉烯酶和金属-β-内酰胺酶的革兰氏阴性肠杆菌（大肠杆菌、肠杆菌属、克雷伯氏菌属、沙门氏菌）和其他细菌（不动杆菌属、铜绿假单胞菌）及其耐药基因（*KPC*、*IMI*、*IMP*、*NDM*、*VIM*）（表 10.1）的流行呈上升趋势，其出现和流行几乎赶上 ESBL，而且更加严重（Bush，2010；Bush 和 Fisher，2011）。这些相同的细菌可能对非 β-内酰胺类药物表现多重耐药性，使对携带菌的治疗失败。膜孔蛋白和 PBP 的变异可能与 β-内酰胺酶结合而导致其耐药性增强。这些耐药基因常出现在位于质粒或转座子上的整合子结构中，因此易于转移，特别是如果质粒混杂的话。在使用亚胺培南的治疗中，常见铜绿假单胞菌产生耐药性的报道，是由于外膜蛋白的改变引起渗透性降低引起的，但这些菌株大多对美罗培南敏感。

三、药代动力学特性

碳青霉烯类药物口服不吸收，可以口服的碳青霉烯类药物尚在研发。静脉注射后，药物广泛分布于细胞外液中，能在人体的大部分组织中达到有效治疗浓度，但不易进入脑脊液，即使患有脑膜炎，药物也很难进入脑脊液。分布容积偏低，具有典型的β-内酰胺类药物特性。亚胺培南几乎完全通过肾脏消除，在肾小管中被脱氢肽酶代谢。加入西司他丁可以防止这种代谢，延长了其消除半衰期，使大量药物以活性形式通过尿液排出体外。美罗培南不被脱氢肽酶代谢。碳青霉烯类药物的半衰期约 1h。

四、毒性和不良反应

此类药物在病人最常见的不良反应为，约 4%的患者出现胃肠道不适（恶心、呕吐、腹泻），约 3%的患者出现过敏反应（皮疹），约 0.5%使用亚胺培南的患者出现癫痫，与高剂量、肾衰或神经异常病变有关。犬快速静脉注射后出现唾液分泌增多，6 只犬皮下注射或者肌内注射亚胺培南后，分别有 1 只和 2 只犬出现疼痛感（吼叫指示疼痛）（Barker 等，2003）。治疗过程中肝药酶可能短暂升高。与亚胺培南相比，美罗培南引起人胃肠道功能紊乱的发生率更低，并且不会引起癫痫发作。

五、药物相互作用

碳青霉烯类与氨基糖苷类药物联用对铜绿假单胞菌有协同作用。使用亚胺培南治疗铜绿假单胞菌感染时，其耐药性迅速出现（约 20%），说明该药应该与氨基糖苷类药物联用治疗铜绿假单胞菌感染，尽管这种药物联用可能不会抑制耐药性的产生。

六、用法和用量

亚胺培南通过静脉注射（超过 20～30min）或每 8h 1 次深部肌内注射给药。碳青霉烯类药物仅偶尔用于犬和猫，主要根据经验选择剂量，剂量范围为 5～10mg/kg，每 8h 给药 1 次。对犬注射给药虽然可能会引起疼痛，但该药一般还是通过皮下注射或肌内注射给药（Barker 等，2003）。

美罗培南主要通过静脉注射给药，经验性用量为 5～10mg/kg，每 8h 给药 1 次。Bidgood 和 Papich（2002）对犬肌内注射美罗培南后未发现疼痛反应，建议剂量为 8～12mg/kg，肌内注射，每 8h 给药 1 次或每 12h 给药 1 次，给药方案取决于细菌对药物的敏感性。然而在马，Orsini 等（2005）推荐更高的静脉注射给药剂量，10～20mg/kg，每 6h 给药 1 次，用于治疗敏感菌感染。

七、临床应用

此类药物主要用于治疗由多重耐药的革兰氏阴性菌引起的医院获得性感染或需氧菌和厌氧菌的混合感染，特别是用于免疫力低下的患者。已成功用于治疗医院患者的各种严重感染，包括腹内感染（效果不如哌拉西林-他唑巴坦，与克林霉素-妥布霉素或头孢噻肟-甲硝唑相似）、重度下呼吸道感染（与第 3 代头孢菌素类药物-阿米卡星的疗效相似或更强）、败血症（疗效相当于头孢他啶-阿米卡星对中性粒细胞减少症发热患者的治疗）、危及生命的软组织感染、骨髓炎。亚胺培南不推荐用于治疗细菌性脑膜炎或铜绿假单胞菌感染；美罗培南治疗人细菌性脑膜炎的疗效与头孢噻肟或头孢曲松相当。

碳青霉烯类药物应作为治疗由对头孢菌素类药物耐药的肠杆菌科细菌引起的感染的备用药物，和经验性治疗中性粒细胞减少患者的发热（见第二十一章）。在兽医临床应尽量减少使用。铜绿假单胞菌容易对亚胺培南产生耐药性，建议亚胺培南与氨基糖苷类药物联合使用。越来越多的小动物重症监护病房将亚胺培南作为未确诊感染重病动物的一线抗菌药物，将会导致动物医院院内感染细菌的耐药性逐步增强（Shimada 等，2012）。使用这类药物的问题是因其广谱的杀菌作用，耐药菌的重复感染导致环境污染这些天然耐药菌的可能性很大。

参 考 文 献

Adler A，Carmel Y. 2011. Dissemination of the *Klebsiella pneumoniae* carbapename in health care settings：tracking the trails of an elusive offender. MBio 2：1.

Balfour JA，et al. 1996. Imipenem/cilastatin. Drugs 51：99.

Barker CW，et al. 2003. Pharmacokinetics of imipenemindogs. Am J Vet Res 64：694.

Bidgood T，Papich MG. 2002. Plasma pharmacokinetics and tissue fluid concentrations of meropenem after intravenous and subcutaneous administration in dogs. Am J Vet Res 63：1622.

Bush K. 2010. Alarming β-lactamase-mediated resistance in multidrug-resistant *Enterobacteriaceae*. Curr Opin Microbiol 13：558.

Bush K，Fisher JF. 2011. Epidemiological expansion，structural studies and clinical challenges of new β-lactamases from Gram-negative bacteria. Annu Rev Microbiol 65：455.

Gazin M，et al. 2012. Current trends in culture-based and molecular detection of extended-spectrum-β-lactamase harboring and carbapenem-resistant *Enterobacteriaceae*. J Clin Microbiol 50：1140.

Jaccard C，et al. 1998. Prospective randomized comparison of imipenem-cilastatin and piperacillin-tazobactam in nosocomial pneumonia or peritonitis. Antimicrob Agents Chemother 42：2966.

Livermore DM，et al. 2012. Are susceptibility test enough，or should laboratories still seek ESBLs and carbapenemases directly? J Antimicrob Chemother 67：1569.

Morris D，et al. 2012. Detection of OXA-48 carbapenemase in the pandemic clone Escherichia coli O25b：H4-ST131 in the course of investigation of an outbreak of OXA-48-producing *Klebsiella pneumoniae*. Antimicr Ag Chemother 56：4030.

Nordmann P，et al. 2011. Global spread of carbenemaseproducing *Enterobacteriaceae*. Emerg Infect Dis 17：1791.

Orsini JA，Perkons S. 1994. New beta-lactam antibiotics in critical care medicine. Comp Cont Ed Pract Vet 16：183.

Orsini JA，et al. 2005. Pharmacokinetics of imipenemcilastain following intravenous administration in health adult horses. J Vet Pharmacol Ther 28：355.

Papp-Wallace KM，et al. 2011. Carbapenems：past，present，and future. Antimicr Ag Chemother 55：4943.

Rasmussen BA，Bush K. 1997. Carbapenem-hydrolyzing β-lactamases. Antimicrob Agents Chemother 41：223.

Shimada E，et al. 2012. Isolation of metallo-β-lactamaseproducing *Acinetobacter lwoffii* from three dogs and a cat. J Japan Vet Med Assoc 65：365.

第三节　单环β-内酰胺类

单环β-内酰胺类药物的β-内酰胺环上没有噻唑烷环（图 8.2）。氨曲南是第一个应用于人医临床的单环β-内酰胺类抗菌药，其他的单环β-内酰胺类抗生素，如可口服给药的替吉莫南，正在人医中进行临床试验。氨曲南是链霉菌属产生的抗生素的合成类似物，主要结合 PBP3，破坏细胞壁的合成，且耐受大部分β-内酰胺酶。下面主要阐述氨曲南。

一、抗菌活性

1. 敏感（MIC≤8μg/mL）　取决于药物与 PBP3 的结合能力，几乎所有革兰氏阴性需氧菌，尤其是苛养菌（嗜血杆菌属、巴氏杆菌属）和肠杆菌对其敏感，铜绿假单胞菌的敏感性不定。

2. 耐药（MIC≥ 32μg/mL）　革兰氏阳性菌和厌氧菌对其耐药，其他假单胞菌属、洋葱伯克霍尔德菌、柠檬酸杆菌属和肠杆菌属常因产 ESBL 而导致耐药。

二、耐药性

氨曲南可以被 ESBL 和碳青霉烯酶水解，但对 Bush 分类中第 1 组的头孢菌素酶稳定。

三、药代动力学特性

氨曲南口服不吸收，给病人肌内注射能快速吸收，并广泛分布于细胞外液中。氨曲南可渗透到脑膜炎患者的脑脊液中，并达到有效治疗肠杆菌科细菌感染的浓度。半衰期约为 1.6h，主要通过肾脏排泄。

四、毒性和不良反应

毒性与苄青霉素类似，对青霉素和头孢菌素类药物过敏的患者未出现明显的交叉过敏反应。此类药物不会引起类似碳青霉烯类和其他广谱β-内酰胺类抗生素导致的胃肠道功能紊乱。对革兰氏阳性菌无抗菌活性，从而导致酵母菌及包括肠球菌和金黄色葡萄球菌在内的革兰氏阳性需氧菌引起的重复感染。

五、药物相互作用

氨曲南与氨基糖苷类药物联用常有协同作用，包括对耐氨基糖苷类药物的革兰氏阴性菌和铜绿假单胞菌。但由于氨曲南在临床上常作为氨基糖苷类药物的替代药，这种协同作用意义不大。氨曲南几乎不能被Bush分类中第1组的头孢菌素酶水解，因而具有与对头孢菌素酶敏感的β-内酰胺类药物联用的优势。

六、用法和用量

氨曲南主要通过静脉注射（超过3～5min）或肌内注射给药。动物的经验用药剂量为30～50mg/kg，每8h给药1次。

七、临床应用

氨曲南因为抗菌谱窄，妨碍了其在人医中对感染的经验性治疗，但有可能用于尿路感染。其应用潜力是在联合治疗中能代替毒性更大的氨基糖苷类药物，如与克林霉素或甲硝唑联用治疗混有厌氧菌的严重感染，或与红霉素联用治疗可能存在革兰氏阳性菌的混合感染。氨曲南本身已成功作为人医中相对无毒的药物单独用于各种由革兰氏阴性菌引起的泌尿道感染、下呼吸道感染和败血症，包括重病、免疫功能低下患者的多重耐药革兰氏阴性需氧菌感染。其在兽医临床中的位置似乎微不足道，但可能涉及治疗新生动物的脑膜炎。

参 考 文 献

Chin N-X，Neu HC. 1988. Tigemonam，an oral monobactam. Antimicrob Agents Chemother 32：84.

Lister PD，et al. 1998. Cefepime-aztreonam：a unique double β-lactam combination for *Pseudomonas aeruginosa*. Antimicrob Agents Chemother 42：1610.

Neu HC（ed）. 1990. Aztreonam’s role in the treatment of gram-negative infection. Am J Med 88 Suppl：3C.

Rubinstein E，Isturiz R. 1991. Aztreonam：the expanding clinical profile. Rev Infect Dis 13：S581.

第四节　曲 巴 坦

曲巴坦有一个与碳青霉烯类药物类似的三环结构。山费培南酯是山费培南的前体药物，在人为口服给药。对许多β-内酰胺酶具有很高的稳定性，并具有和其他碳青霉烯类药物类似的广谱抗菌活性。

第十一章　多肽类抗生素

Patricia M. Dowling

多黏菌素类、糖肽类、杆菌肽以及磷霉素都属于多肽类抗生素，对细菌有不同的抗菌作用。链阳菌素类也是多肽类抗生素，由于他们与林可胺类有相似的抗菌机制，故放在第十二章讨论。糖肽类也是很重要的多肽类抗生素，特别是在人医，因为它们对包括多重耐药的肠球菌和葡萄球菌在内的革兰氏阳性菌都有抗菌活性。多黏菌素类、杆菌肽以及磷霉素自它们在抗生素时代早期被发现以来，在临床上的发展停滞不前。但由于多重耐药细菌感染在全球范围内的增加，这些药物现正在重新评估用于多重耐药菌的临床治疗。这些“最后治疗手段”的药物正越来越多地在兽医和人医使用。

第一节　多黏菌素类

多黏菌素类是多黏芽孢杆菌亚种（*Bacillus polymyxa* subspecies *colistinus*）的抗生素产物，多黏菌素E（黏菌素）和多黏菌素B是2种仅在临床上使用的多黏菌素。首次在20世纪40年代发现，因对铜绿假单胞菌有抗菌活性，引起了人们极大的兴趣。该类药物因具有全身毒性，只限于口服（黏菌素）或局部（多黏菌素B）使用。但最近更多的研究表明，它们的毒性远远低于以前人们所认为的那样，并尝试用于治疗产碳青霉烯酶的革兰氏阴性菌所致感染（Lim等，2010）。在马、犬和猫，还尝试以亚抗菌剂量全身使用于结合和灭活内毒素。

一、化学特性

多黏菌素类的基本结构是环状十肽。黏菌素即多黏菌素E，化学组成和多黏菌素B类似。黏菌素有硫酸盐可供口服或局部使用，其磺基盐（黏菌素甲磺酸钠）毒性较低，可用于注射给药。药物剂量是使用国际单位还是公制单位根据其来源决定，10个单位的多黏菌素B=1μg，10个单位的硫酸黏菌素或甲磺酸多黏菌素=0.5μg。它们具有稳定、高水溶性的特点。

二、作用机理

多黏菌素类是一种阳离子的表面活性剂，能置换Mg^{2+}或Ca^{2+}并破坏细胞膜磷脂结构，通过洗涤剂样作用增加细胞膜的通透性。多黏菌素类通过与带负电的脂质A直接作用，附着在脂多糖（LPS，内毒素）上，破坏革兰氏阴性菌的外膜。这种作用中和了LPS的内毒素功能（Coyne和Fenwick，1993年）。多黏菌素B的杀菌活性是浓度依赖性的，与药时曲线下面积和MIC的比值有关（AUC/MIC）（Guyonnet等，2010；Tam等，2005）。

三、抗菌活性

多黏菌素B和黏菌素具有相似的快速杀菌特性和高效抗多种革兰氏阴性菌，如大肠杆菌、沙门氏菌和铜绿假单胞菌的特性，但对变形杆菌属、沙雷氏菌属和普氏菌属无效（表11.1），敏感菌的MIC≤4 μg/mL。革兰氏阳性菌和厌氧菌对多黏菌素类耐药。由于体内存在生理浓度的钙离子，降低了多黏菌素类抗铜绿假单胞菌的活性。为了扩大抗菌谱，新霉素和杆菌肽联合多黏菌素B制成局部用药制剂（如Polysporin©）。新霉素和多黏菌素B联用，可作为膀胱冲洗液治疗女性大肠杆菌膀胱炎。

表 11.1　多黏菌素 B 和黏菌素对革兰氏阴性需氧菌的活性（MIC_{90}，$\mu g/mL$）

微生物	多黏菌素 B MIC_{90}	黏菌素 MIC_{90}
放线杆菌属	0.5	0.4
胸膜肺炎放线杆菌	—	1
支气管败血波氏杆菌	0.5	0.12
犬布鲁氏菌	100	16～32
空肠弯曲杆菌	32	8
大肠杆菌	1	8～16
睡眠嗜组织菌	2	0.1
肺炎克雷伯菌	1	4～8
多杀性巴氏杆菌	4	～
变形杆菌属	128	>128
铜绿假单胞菌	8	8
沙门氏菌属	128	—
沙雷氏菌属	20	—
马生殖道泰勒菌	2	0.5

四、耐药性

革兰氏阴性菌对黏菌素和多黏菌素 B 产生耐药的机制一样。虽然获得性耐药较罕见，但可出现在铜绿假单胞菌中。兽医临床分离的铜绿假单胞菌对多黏菌素 B 仍敏感（Hariharan 等，2006）。多黏菌素最重要的耐药机制是通过改变 LPS 的结构，导致细菌细胞外膜被修饰，产生耐药（Falagas 等，2010），其他耐药机制包括进一步修饰细胞外膜和形成外排泵/钾离子系统。与氨基糖苷类一样，还会发生首次暴露适应性耐药。

五、药代动力学特性

多黏菌素类药物在胃肠道不吸收。硫酸黏菌素口服给药用于肠道局部抗菌作用，黏菌素甲磺酸钠或多黏菌素 B 可静脉注射或肌内注射给药。黏菌素甲磺酸钠在注射部位引起的疼痛比多黏菌素 B 小，且肾毒性也更低，但多黏菌素 B 有更强的局部抗菌活性。多黏菌素类药物能适度与血浆蛋白结合，但与肌肉组织结合广泛，对生物膜通透性较弱，在细胞透过液和牛奶中只能达到较低浓度。由于可与组织结合，慢性用药会导致药物蓄积。多黏菌素类药物与肌肉组织的强亲和力，导致药物残留持久（Ziv 等，1982）。静脉注射给药时，黏菌素甲磺酸钠在脑脊液（CSF）中的浓度能达到血浆浓度的 25%。多黏菌素类药物以原型通过肾小球滤过，进入尿液，排泄缓慢，在肾功能不全病人体内会导致高浓度药物蓄积。

六、药物相互作用

多黏菌素类药物通过瓦解细胞外膜和细胞质膜，从而与多种抗菌药物能产生协同作用。在体内，黏菌素协同利福平或头孢他啶治疗多重耐药铜绿假单胞菌（Giamarellos-Bourboulis 等，2003）。体外研究显示，黏菌素和碳青霉烯类联合，对黏菌素敏感/碳青霉烯类耐药的革兰阴性菌有协同作用（Yahav 等，2012）。

七、毒性和不良反应

多黏菌素类药物口服或局部用药后耐受性好，但全身性用药能引起肾毒性、神经毒性和神经肌肉接头阻滞作用。黏菌素的毒性比多黏菌素 B 低，但与硫酸黏菌素相比，黏菌素甲磺酸钠的抗菌活性降低了。

约 7%的患者治疗后会发生可逆性的外周神经病变，伴有感觉异常、口周围麻木、视力模糊和乏力的症状；约 2%的患者会发生由神经肌肉阻滞引起的呼吸功能不全，尤其是用高剂量治疗后。多黏菌素类药物的肾毒性高，能够损伤肾小管上皮细胞。发生肾毒性的危险因素包括年龄（老年）、先有的肾功能不全、低蛋白血症和同时使用非甾体抗炎药或万古霉素。肾衰竭呈剂量依赖性，研究表明，总累积量和日用量都会引起肾功能衰竭（Yahav 等，2012）。

犊牛肌内注射 5mg/kg 多黏菌素 B 后 2～4h，表现嗜睡和精神沉郁，有些产生短暂共济失调。5mg/kg 剂量的多黏菌素 B 或黏菌素甲磺酸钠具有高度肾毒性，2.5mg/kg 的剂量毒性最小。3 只绵羊肌内注射 10mg/kg 多黏菌素 B 后，有 1 只在 2h 内死于呼吸衰竭（Ziv，1981）。用于肌内注射的硫酸黏杆菌素新制剂对小鼠、兔和猪的毒性最小（Lin 等，2005）。

局部应用含有多黏菌素 B 的眼科用制剂，猫发生过敏反应（Hume-Smith 等，2011）。多黏菌素 B 的滴耳剂局部用于犬后，出现慢性天疱疮（Rybnicek 和 Hill，2007）。

八、用法与用量

鉴于多黏菌素的毒性较高，注射给药方式常不用于动物。治疗肠道感染，黏菌素推荐剂量为每隔 12h 口服 5 万 IU/kg，或者肌内注射 2.5～5 mg/kg。黏菌素甲磺酸盐肌内注射或静脉注射的常规剂量是每 12h 3mg/kg。推荐用于仔猪的新硫酸黏菌素剂型，剂量为每 12h 肌内注射 2.5 mg/kg（Lin 等，2005）。对于马的内毒素血症，多黏菌素 B 的推荐剂量为每 8～12h，静脉注射 5 000～10 000 IU/kg（Barton 等，2004；Morresey 和 Mackay，2006）。对于有内毒血症的猫，静脉注射 1 000 IU/kg 的多黏菌素 B 应该是安全的（Sharp 等，2010）。治疗犬的内毒素休克，每 12h 12 500 U/kg 的黏菌素安全和有效（Senturk，2005）。

九、临床应用

多黏菌素类药物不易产生耐药性且能与内毒素中和的特性，使得人们再次对它产生兴趣。多黏菌素的肾毒性是限制其用于全身的主要因素，因此建议谨慎选择该药，并密切监测肾功能。在该药可标签外使用的国家，应重点关注组织残留清除缓慢问题。

1. 牛 多黏菌素类在有些国家用于治疗犊牛的大肠杆菌病和沙门氏菌病。

多黏菌素 B 灭活内毒素的作用可能对治疗大肠杆菌性乳腺炎有用。肌内注射 5.0 mg/kg 的多黏菌素 B，4h 牛乳中药物浓度超过 2μg/mL，可有效清除较敏感的大肠杆菌。实验表明，在注射内毒素的 2～4h 内，仅在大肠杆菌乳腺炎的早期有抗内毒素的效果（Ziv，1981）。约 100μg 多黏菌素 B 仅能使 0.2μg 的内毒素失活，而在大肠杆菌性乳腺炎中，内毒素浓度可能达到 10μg/mL，即使乳房内灌注，药量也难以充分中和所有内毒素。在大肠杆菌性乳腺炎的实验模型中，注射内毒素后再乳房灌注多黏菌素 B，阻止了血浆中乳酸脱氢酶的增加，并缓和了血浆中锌离子浓度的降低，但不会改变内毒素诱发的急性乳腺炎的临床病理过程（Ziv 和 Schultze，1983）。在加拿大的一个乳房炎制剂中，除多黏菌素 B 外，还有普鲁卡因青霉素 G、新生霉素、双氢链霉素和氢化可的松（Special Formula 17 900），而在欧洲多黏菌素 B 是作为单药治疗。

2. 猪 黏菌素已广泛用于猪（北美以外国家），口服治疗新生仔猪的大肠杆菌病。根据 PK/PD 指标，建议给药方案为每天 10 万 IU/kg，或者每隔 12h 给药 5 万 IU/kg（Guyonnet 等，2010）。中国的硫酸黏菌素肌内注射剂型有望用于治疗猪的大肠杆菌感染（Lin 等，2005）。

3. 马 多黏菌素类用于局部治疗细菌性角膜炎或由肺炎克雷伯菌或铜绿假单胞菌引起的子宫炎。多黏菌素 B 联合杆菌肽和新霉素，配制成“三重抗生素”眼膏或溶液。

多黏菌素 B 曾被评价其在马中的内毒素结合活性。受 LPS 刺激的马驹，使用多黏菌素 B 降低了发热、呼吸速率以及肿瘤坏死因子（TNF）和白细胞介素-6 的血清活性（Durando 等，1994）。在成年马，多黏菌素 B 改善了临床症状，并降低了血浆 TNF 活性（Barton 等，2004）。相反，多黏菌素 B 无法改善碳水化合物超量相关的内毒素血症（Raisbeck 等，1989）。如果使用，治疗应该尽早，因为清除 LPS 的作用仅仅在开始的 24～48h 有效，之后产生 LPS 耐受性。在马的内毒素血症试验模型中，并没有观察到神经肌肉阻滞和呼吸暂停，并且只在非常高的剂量时才观察到肾毒性。因此，对马抗内毒素给药应该缓慢静脉推注。

4. 犬和猫 多黏菌素局部用药治疗细菌性角膜炎、外耳炎和其他由敏感革兰氏阴性菌引起的皮肤感染。在犬的内毒素试验模型中，使用黏菌素改善了毛细血管再充盈时间和水合作用，并显著地降低了血清肿瘤坏死因子的浓度（Senturk，2005）。

5. 家禽 黏菌素在中国被广泛用于治疗鸡、火鸡和鸭的革兰氏阴性菌感染（Zeng 等，2010）。

参考文献

Barton MH, et al. 2004. Polymyxin B protects horses against induced endotoxaemia in vivo. Equine Vet J 36: 397.

Coyne CP, et al. 1993. Inhibition of lipopolysaccharide-induced macrophage tumor necrosis factor-alpha synthesis by polymyxin B sulfate. Am J Vet Res 54: 305.

Durando MM, et al. 1994. Effects of polymyxin B and Salmonella typhimurium antiserum on horses given endotoxin intravenously. Am J Vet Res 55: 921.

Falagas ME, et al. 2010. Resistance to polymyxins: Mechanisms, frequency and treatment options. Drug Resist Updat 13: 132.

Giamarellos-Bourboulis EJ, et al. 2003. In vitro interaction of colistin and rifampin on multidrug-resistant Pseudomonas aeruginosa. J Chemother 15: 235.

Guyonnet J, et al. 2010. Determination of a dosage regimen of colistin by pharmacokinetic/pharmacodynamic integration and modeling for treatment of G. I. T. disease in pigs. Res Vet Sci 88: 307.

Hariharan H, et al. 2006. Update on antimicrobial susceptibilities of bacterial isolates from canine and feline otitis externa. Can Vet J 47: 253.

Hume-Smith KM, et al. 2011. Anaphylactic events observed within 4 h of ocular application of an antibiotic-containing ophthalmic preparation: 61 cats (1993-2010). J Feline MedSurg 13: 744.

Lim LM, et al. 2010. Resurgence of colistin: a review of resistance, toxicity, pharmacodynamics, and dosing. Pharmacotherapy 30: 1279.

Lin B, et al. 2005. Toxicity, bioavailability and pharmacokinetics of a newly formulated colistin sulfate solution. J Vet Pharmacol Ther 28: 349.

Morresey PR, et al. 2006. Endotoxin-neutralizing activity of polymyxin B in blood after IV administration in horses. Am J Vet Res 67: 642.

Raisbeck MF, et al. 1989. Effects of polymyxin B on selected features of equine carbohydrate overload. Vet Hum Toxico 131: 422.

Rybnicek J, et al. 2007. Suspected polymyxin B-induced pemphigus vulgaris in a dog. Vet Dermatol 18: 165.

Senturk S. 2005. Evaluation of the anti-endotoxic effects of polymyxin-E (colistin) in dogs with naturally occurred endotoxic shock. J Vet Pharmacol Ther 28: 57.

Sharp CR, et al. 2010. Evaluation of the anti-endotoxin effects of polymyxin B in a feline model of endotoxemia. J Feline Med Surg 12: 278.

Tam VH, et al. 2005. Pharmacodynamics of polymyxin B against Pseudomonas aeruginosa. Antimicrob Agents Chemother 49: 3624.

Yahav D, et al. 2012. Colistin: new lessons on an old antibiotic. Clin Microbiol Infect 18: 18.

Zeng Z, et al. 2010. Study of colistin depletion in duck tissues after intramuscular and oral administration. J Vet Pharmacol Ther 33: 408.

Ziv G. 1981. Clinical pharmacology of polymyxins. J Am VetMed Assoc 179: 711.

Ziv G, et al. 1982. The pharmacokinetics and tissue levels of polymyxin B, colistin and gentamicin in calves. J Vet Pharmacol Ther 5: 45.

Ziv G, et al. 1983. Influence of intramammary infusion of polymyxin B on the clinicopathologic course of endotoxin-induced mastitis. Am J Vet Res 44: 1446.

第二节　糖肽类

万古霉素、替考拉宁和阿伏霉素属于糖肽类抗生素，具有抗革兰氏阳性菌的活性，尤其是抗革兰氏阳性球菌。目前，万古霉素和替考拉宁在绝大部分国家是作为人医临床处方药使用，而阿伏霉素在一些国家仅用于兽医临床。由于这些药物具有优良的广谱抗革兰氏阳性菌活性，万古霉素和替考拉宁常被视为抵抗葡萄球菌和肠球菌严重感染的“最后防线”。在肠球菌第一次出现高水平耐药前，糖肽类药物已在临床上使用了将近 30 年。可怕的是，最近已有耐万古霉素金黄色葡萄球菌的报道，尽管只是低水平和中等水平的耐药。在欧洲，阿伏霉素曾经作为抗菌促生长剂被广泛用于鸡和猪的养殖中。目前，欧洲已撤销使用阿伏霉素，因为它与万古霉素耐药肠球菌（VRE）在畜禽中出现有关，而畜禽会成为人的感染源。美国 1996 年发布的兽药使用澄清法案禁止在动物上标签外使用糖肽类药物。有些国家对万古霉素和替考拉宁的使用还没有明确的禁令，但这些药物的高费用有效地限制了它们的使用。

一、万古霉素

（一）化学结构

万古霉素是一种高分子质量糖肽，为东方链霉菌的发酵产物。通用名万古霉素，来自术语 vanquish（征服）。可供使用的有稳定、易溶性盐酸盐。

（二）作用机理

包括万古霉素和替考拉宁在内的糖肽类药物是刚性的大分子化合物，可抑制细菌细胞壁肽聚糖的合成。它们的三维结构中含有一裂口，只有结构非常特异的多肽（D-丙氨酰基-D-丙氨酸）才可以嵌入。这个结构只在革兰氏阳性菌细胞壁中发现，因此糖肽类药物具有选择性毒性。肽聚糖与细胞壁 D-丙氨酰基-D-丙氨酸通过氢键结合形成稳定的复合体，在细胞壁亚单位被转运出细胞质膜后，糖肽类药物抑制了细胞壁亚单位的肽聚糖链骨架形成（由肽聚糖聚合酶催化）。随后，维持细胞壁刚性所需的转肽反应也受到抑制。

（三）抗菌活性

万古霉素对绝大多数革兰氏阳性需氧球菌和杆菌具有杀菌活性，但对大多数革兰氏阴性菌无效。病原菌 MIC≤2～4 μg/mL 为敏感，8～16 μg/mL 为中度敏感，≥ 32μg/mL 为耐药（表 11.2）。

预测万古霉素疗效最好的药效动力学参数是药时曲线下面积与 MIC 的比值（AUC/MIC）≥400（Craig，2003）。由于万古霉素药代动力学的局限性，MIC 大于 1μg/mL 的病原菌难以达到预期的 AUC/MIC 比值。

表 11.2 万古霉素对某些细菌的抗菌活性（MIC_{90}，μg/mL）

微生物	MIC_{90}	微生物	MIC_{90}
放线菌属	8	单核细胞增生性李斯特菌	1
化脓隐秘杆菌	1	诺卡氏菌属	256
艰难梭状芽孢杆菌	1	马红球菌	0.25
产气荚膜梭菌	1	金黄色葡萄球菌	2
败血梭状芽孢杆菌	2	乙型溶血性链球菌	2
肠球菌属	4		

（四）耐药性

该类药物的耐药性较为罕见，但在肠球菌中时有发生，尤其是在屎肠球菌，已有广泛报道。*VanA* 耐药基因编码对所有糖肽类药物的耐药，且与质粒介导的转座元件 *Tn1546* 有关。*VanA* 基因使 N-乙酰胞壁酸五肽侧链的 D-丙氨酰基-D-丙氨酸部分变成 D-丙氨酰基-D-乳酸盐，阻止糖肽类药物与之结合，从而避免了细胞壁合成的抑制。*VanB* 耐药只介导对万古霉素耐药，对替考拉宁没有影响，该基因起源于染色体，通常不可转移，但是与 *VanA* 作用方式具有相似性。发现于鸡肠球菌的 *VanC* 耐药属不可转移的低水平耐药。糖肽类药物之间可能发生交叉耐药，但不与其他药物发生。正在研发半合成的糖肽类药物，以克服 *VanA* 和 *VanB* 耐药问题。

耐万古霉素的肠球菌（VRE）在世界范围的广泛出现是一个严重的人类健康问题。对糖肽类敏感性下降的耐甲氧西林金黄色葡萄球菌（MRSA）分离株越来越多地从临床病人和动物中分离到。有些人源菌株已表现出明显的万古霉素耐药性。有证据显示人体内的万古霉素耐药基因可在同一个感染部位从 VRE 转移到 MRSA，充分说明了这两个致病菌共存的潜在危险（Witte，2004）。食品和伴侣动物是这些高耐药致病菌的来源，已引起越来越多的关注（Freitas 等，2011；Ghosh 等，2011；Ghosh 等，2012；Romos 等，2012）。万古霉素耐药基因和大环内酯类耐药基因位于相同的质粒上，这被认为是在那些动物饲料中禁止使用阿伏霉素但继续使用泰乐菌素的国家持续存在 VRE 的原因（Aarestrup 等，2001）。预计共生肠球菌一旦获得万古霉素耐药基因，即使停止使用糖肽类，也将会持续携带耐药基因几十年（Johnsen 等，2011）。

（五）药代动力学特性

万古霉素口服给药不易吸收，所以仅限于局部治疗的给药方式，如治疗梭状芽孢杆菌引起的结肠炎。虽然万古霉素在脑膜发炎时可进入脑脊液（CSF），但组织穿透力较差。半衰期在人体内为 6h，犬为 2h，马接近 3h（Orsini 等，1992；Zaghlol 和 Brown，1988）。大部分药物通过肾小球滤过作用从肾脏排出，仅小部分通过胆汁排出。万古霉素盐酸盐能引起明显的组织损伤，因此需通过静脉滴注给药（持续 1h 以上）。肾功能损伤的病人需调整剂量。随时监测血药浓度，以调节给药间隔，使血药浓度接近敏感微生物的 MIC。

（六）药物相互作用

万古霉素和氨基糖苷类药物联合治疗革兰氏阳性球菌感染时有协同作用。在体内，与利福平联用治疗金黄色葡萄球菌感染时似乎也有协同作用。与其他许多药物在体外联用时会出现拮抗作用，需谨慎使用。

（七）毒性和副作用

万古霉素注射时对组织有较强的刺激性，必须以稀释液的形式缓慢静脉注射给药。在人体内，快速静脉注射会产生组织胺样反应（红颈症候群）。对人体有耳毒性，特别是大剂量治疗时或肾功能不全的病人，万古霉素有潜在的肾毒性，大剂量使用及同时使用具有肾毒性药物能够使肾毒性加剧。已有关于实验动物的毒副反应描述，但未见伴侣动物相关毒副反应的报道。

（八）用法和用量

万古霉素剂量推荐很大程度上是根据经验。治疗肠道感染，推荐剂量为每 12h 口服 5～10mg/kg。Zaghlol 和 Brown（1988）建议犬的肠道外给药剂量是每 6h 15mg/kg，Orsini 等（1992）建议马的给药剂量为 4.3～7.5mg/kg 静脉滴注 1h，每 8h 1 次。猫每 12h 给药 19.4mg/kg，连续给药 10d（Pressel 等，2005）。万古霉素已批准用于马静脉注射或髓内局部灌注给药（Rubio-Martinez 等，2005）。万古霉素可配成抗菌浸渍聚甲基丙烯酸甲酯（AIPMM）或巴黎玻璃粉石膏、葡聚糖聚合物基质或骨接合剂，用于局部治疗骨骼肌肉系统感染（Atilla 等，2010；Joosten 等，2005；Liu 等，2002；Thomas 等，2011）。

（九）临床应用

在动物中，很少有使用万古霉素的适应证，特别是该药是人医临床的“最后防线”。在人医上，主要在无其他治疗药物选择时，用于治疗由多重耐药革兰氏阳性菌引起的感染。万古霉素能用于治疗对青霉素和头孢菌素过敏的病人。因其较好的抗菌活性和窄的杀菌谱，万古霉素也可口服用于治疗病人的梭状芽孢杆菌结肠炎。梭状芽孢杆菌可引起马和伴侣动物的中毒性肠炎，但已报道的分离株对甲硝唑是敏感的。

万古霉素在兽医临床中的应用报道较少。在兽医临床，使用万古霉素治疗高耐药病原菌之前，要先考虑对相关接触者和其他动物造成的健康风险。对于这样的案例，要强制采取有效的感染控制措施。虽然万古霉素疗法消除了猫胆管肝炎的临床症状，但未必会产生微生物学治愈（Jackson 等，1994；Pressel 等，2005）。曾有医师治疗犬的全身感染时，错误地给予口服万古霉素（Weese，2008）。万古霉素单独静脉注射或与氨基糖苷类药物联合，用于治疗马的耐甲氧西林葡萄球菌和肠球菌感染（Orsini 等，2005）。万古霉素抗菌浸渍聚甲基丙烯酸甲酯玻璃粉结合每 8h 静脉注射 6mg/kg 的全身性万古霉素治疗，用于马术后耐甲氧西林表皮葡萄球菌感染（Trostle 等，2001）。

参考文献

Aarestrup FM，et al. 2001. Effect of abolishment of the use of antimicrobial agents for growth promotion on occurrence of antimicrobial resistance in fecal enterococci from food animals in Denmark. Antimicrob Agents Chemother 45：2054.

Atilla A，et al. 2010. In vitro elution of amikacin and vancomycin from impregnated plaster of Paris beads. Vet Surg 39：715.

Craig WA. 2003. Basic pharmacodynamics of antibacterials with clinical applications to the use of beta-lactams，glycopeptides，and linezolid. Infect Dis Clin North Am 17：479.

Freitas AR，et al. 2011. Human and swine hosts share vancomycin-resistant *Enterococcus faecium* CC17 and CC5 and *Enterococcus faecalis* CC2 clonal clusters harboring Tn1546 on indistinguishable plasmids. J Clin Microbiol49：925.

Ghosh A，et al. 2011. Dogs leaving the ICU carry a very large multi-drug resistant enterococcal population with capacity for biofilm formation and horizontal gene transfer. PLoS One 6：e22451.

Ghosh A，et al. 2012. Resident cats in small animal veterinary hospitals carry multi-drug resistant enterococci and are likely involved in cross-contamination of the hospital environment. Front Microbiol 3：62.

Jackson MW，et al. 1994. Administration of vancomycin for treatment of ascending bacterial cholangiohepatitis in a cat. J Am Vet Med Assoc 204：602.

Johnsen PJ，et al. 2011. Retrospective evidence for a biological cost of vancomycin resistance determinants in the absence of glycopeptide selective pressures. J Antimicrob Chemother 66：608.

Joosten U，et al. 2005. Effectiveness of hydroxyapatitevancomycin bone cement in the treatment of *Staphylococcus aureus* induced chronic osteomyelitis. Biomaterials 26：5251.

Liu SJ，et al. 2002. In vivo release of vancomycin from biodegradable beads. J Biomed Mater Res 63：807.

Orsini JA，et al. 1992. Vancomycin kinetics in plasma and synovial fluid following intravenous administration in horses. J Vet Pharmacol Ther 15：351.

Orsini JA，et al. 2005. Vancomycin for the treatment of methicillin-resistant staphylococcal and enterococcal infections in 15 horses. Can J Vet Res 69：278.

Pressel MA，et al. 2005. Vancomycin for multi-drug resistant *Enterococcus faecium* cholangiohepatitis in a cat. J Feline Med Surg 7：317.

Ramos S，et al. 2012. Genetic characterisation of antibiotic resistance and virulence factors in vanA-containing enterococci from cattle，sheep and pigs subsequent to the discontinuation of the use of avoparcin. Vet J 193：301.

Rubio-Martinez L，et al. 2005. Medullary plasma pharmacokinetics of vancomycin after intravenous and intraosseous perfusion of the proximal phalanx in horses. Vet Surg 34：618.

Rubio-Martinez LM，et al. 2005. Evaluation of safety and pharmacokinetics of vancomycin after intravenousregional limb perfusion in horses. Am J Vet Res 66：2107.

Thomas LA，et al. 2011. In vitro elution and antibacterial activity of clindamycin，amikacin，and vancomycin fromR-gel polymer. Vet Surg 40：774.

Trostle SS，et al. 2001. Treatment of methicillin-resistant *Staphylococcus epidermidis* infection following repair of an ulnar fracture and humeroradial joint luxation in a horse. J Am Vet Med Assoc 218：554.

Weese JS. 2008. Issues regarding the use of vancomycin in companion animals. J Am Vet Med Assoc 233：565.

Witte W. 2004. Glycopeptide resistant Staphylococcus. J Vet Med B Infect Dis Vet Public Health 51：370.

Zaghlol HA，et al. 1988. Single- and multiple-dose pharmacokinetics of intravenously administered vancomycin in dogs. Am J Vet Res 49：1637.

二、替考拉宁

替考拉宁具有与万古霉素相似的分子结构，也是放线菌的发酵产物，是五种密切相关抗生素的复合物。替考拉宁的抗菌活性与万古霉素相似或略有增加，也只对革兰氏阳性菌有效。替考拉宁对金黄色葡萄球菌（包括甲氧西林耐药菌株）有优异的抗菌活性，对链球菌（它比万古霉素活性更强）、单核细胞增生性李斯特菌、艰难梭菌、产气荚膜梭菌和其他革兰氏阳性菌也有抗菌作用。粪肠球菌对该药的敏感性比其他球菌低。诺卡氏菌属对替考拉宁耐药。MIC $\leqslant 4\mu g/mL$ 为敏感菌。与万古霉素相比，其体外抗菌活性更易受到试验条件的影响。与万古霉素一样，其 24h AUC/MIC 与疗效相关（Craig，2003）。

此外，与万古霉素一样，替考拉宁耐药性罕见，且这类药物有抗耐药的特性。然而，万古霉素耐药基因 *VanA*（对替考拉宁有交叉耐药）引起的耐药已出现在肠球菌中，并能在凝固酶阴性葡萄球菌中进化，这是细菌治疗过程中随 MIC 值递增的突变体选择的结果，或是质粒介导机制的结果。

在人体内，替考拉宁口服不吸收，肌内注射吸收良好，并广泛分布于组织细胞外液中。静脉注射后，人体内的消除半衰期显著延长，达 45～70h。因其分子质量高且脂溶性差，替考拉宁穿透脑脊髓液的能力差。替考拉宁几乎完全由肾排泄。药代动力学报道仅见于绵羊（Naccari 等，2009），绵羊静脉注射 6mg/kg 替考拉宁后，发现分布容积低，血浆消除半衰期为 5h。肌内注射给药，生物利用度为 100%，发生跳跃式动力学，表现为血浆消除半衰期增加到 9h。

替考拉宁和氨基糖苷类药物联用对治疗某些革兰氏阳性球菌包括青霉素耐药肠球菌感染有协同作用，与利福平联用呈无关或相加作用，与亚胺培南联用对治疗革兰氏阳性球菌感染可能有协同作用。

人体对替考拉宁有较好的耐受性。按频率排序，不良反应包括：注射部位过敏性皮肤反应（皮疹、瘙痒和荨麻疹）、注射部位疼痛（肌内注射）或静脉炎（静脉注射），很少有肾毒性和耳毒性（通常发生在同时接受氨基糖苷类药物治疗的病人身上）。与万古霉素不同，替考拉宁可以快速静脉注射给药。没有家畜毒副反应的相关报道。

在人医临床上，当需要杀菌药，或病原菌对一线药物产生抗性，或需要与氨基糖苷类药物联用以达到广谱抗菌效果或增强抗菌活性时，替考拉宁被用于治疗革兰氏阳性菌引起的严重感染。可用于治疗由多重耐药肠球菌引起的败血症、心内膜炎、骨关节感染和膀胱炎。在兽医临床中的使用被限制。对 19 只绵羊单剂量肌内注射替考拉宁，可临床和微生物学性治愈金黄色葡萄球菌、凝固酶阴性葡萄球菌和无乳链球菌引起的乳腺炎，且无不良反应。替考拉宁（40mg/d，肌内注射）有效地治疗利福平无效的解脲棒状杆菌引起的犬结痂性膀胱炎（Gomez 等，1995）。

参 考 文 献

Craig WA. 2003. Basic pharmacodynamics of antibacterials with clinical applications to the use of beta-lactams，glycopeptides，and linezolid. Infect Dis Clin North Am 17：479.

Gomez A，et al. 1995. An encrusted cystitis caused by *Corynebacterium urealyticum* in a dog. Aust Vet J 72：72.

Naccari C，et al. 2009. Pharmacokinetics and efficacy of teicoplanin against intramammary infections in sheep. Vet Rec 165：19.

三、阿伏霉素

阿伏霉素在欧洲被广泛用作家禽和猪的抗菌促生长剂，由于意识到阿伏霉素会在动物中选择出万古霉素耐药肠球菌并大量污染动物的肉类产品后，欧洲取消了其在动物的使用（Casewell 等，2013）。在北美，阿伏霉素不用于畜牧业。1995 年发布阿伏霉素禁令后，家禽中 VRE 的分离率立即下降，但直到泰乐菌素禁用于饲料后，VRE 才在猪中有所下降（Aarestrup 等，2001）。然而，VRE 在医学临床中不断引起严重的问题，不仅在欧洲，也在北美，而北美从未将阿伏霉素用于动物。最近的研究推断，与动物相关的 VRE 可能反映了欧洲早前在动物生产中使用了阿伏霉素，而与人相关的 VRE 可能是糖肽类药物在医院使用的结果（Kuhn 等，2005）。

参 考 文 献

Aarestrup FM，et al. 2001. Effect of abolishment of the use of antimicrobial agents for growth promotion on occurrence of antimicrobial resistance in fecal enterococci from food animals in Denmark. Antimicrob Agents Chemother 45：2054.

Casewell M，et al. 2003. The European ban on growthpromoting antibiotics and emerging consequences for human and animal health. J Antimicrob Chemother 52：159.

Kuhn I，et al. 2005. Occurrence and relatedness of vancomycin-resistant enterococci in animals，humans，and the environment in different European regions. Appl Environ Microbiol 71：5383.

第三节　杆菌肽

杆菌肽是枯草芽孢杆菌的多肽产物，首次发现于 1943 年，这个枯草芽孢杆菌从一个名叫玛格丽特（Margaret Tracey）的 7 岁美国女孩伤口中分离到并命名。杆菌肽通过直接与焦磷酸载体络合，抑制细菌再生所需要的脱磷酸反应，从而抑制细菌细胞壁肽聚糖的形成。杆菌肽对革兰氏阳性菌有杀菌作用，对革兰氏阴性菌无抗菌活性。细菌对杆菌肽的耐药性发展缓慢。按照美国药典标准，一个单位的杆菌肽等于 26μg。

杆菌肽经肠道外给药具有很强的肾毒性，因此常口服发挥局部抗感染作用或外用于皮肤和黏膜表面的表层感染，特别是存在革兰氏阳性菌感染时。杆菌肽在胃肠道不吸收，畜禽口服杆菌肽时不会引起药物残留。β-内酰胺类药物是较强的接触性过敏原，不可局部给药，杆菌肽可替代 β-内酰胺类药物外用于革兰氏阳性菌感染治疗。然而，人体曾发生过杆菌肽引起的过敏反应和致死性全身性过敏反应（Jacob 和 James，2004）。杆菌肽常与新霉素和多黏菌素 B 联用，具有广谱抗菌活性，可治疗轻微的皮肤伤口感染和细菌性角膜炎。杆菌肽常作为马的一线治疗药物使用，对马细菌性角膜炎的研究发现，仅有 64%的兽疫链球菌分离株对杆菌肽敏感，表明之前的杆菌肽、新霉素和多黏菌素 B 三者联用治疗促进了细菌耐药性的产生（Keller 和 Hendrix，2005）。

在北美洲，杆菌肽以杆菌肽锌和亚甲基水杨酸杆菌肽的形式添加到家禽和猪饲料中，可促进生长以及预防和治疗肠炎（Butaye 等，2003）。自 2006 年起，欧盟已禁止杆菌肽及其他抗菌促生长剂的使用（Castanon，2007）。研究发现，饲料中添加 55～110mg/kg 剂量的杆菌肽，可预防产气荚膜梭菌引起的鸡坏死性肠炎。尽管体外检测胞内劳森菌对杆菌肽耐药，但在饲料中加入杆菌肽能够预防猪增生性腺瘤病（Kyriakis 等，1996）。杆菌肽锌用于治疗受四环素污染的甜饲料引起的马群结肠炎（Keir 等，1999）。

参 考 文 献

Butaye P，et al. 2003. Antimicrobial growth promoters used in animal feed：effects of less well known antibiotics on grampositive bacteria. Clin Microbiol Rev 16：175.

Castanon JI. 2007. History of the use of antibiotic as growth promoters in European poultry feeds. Poult Sci 86：2466.

Jacob SE，et al. 2004. From road rash to top allergen in a flash：bacitracin. Dermatol Surg 30：521.

Keir AA，et al. 1999. Outbreak of acute colitis on a horse farm associated with tetracycline-contaminated sweet feed. Can Vet J 40：718.

Keller RL，et al. 2005. Bacterial isolates and antimicrobial susceptibilities in equine bacterial ulcerative keratitis（1993-2004）. Equine Vet J 37：207.

Kyriakis SC，et al. 1996. Clinical evaluation of in-feed zinc bacitracin for the control of porcine intestinal adenomatosis in growing/fattening pigs. Vet Rec 138：489.

第四节　磷 霉 素

磷霉素（L-顺-1，2-环氧丙基磷酸）是一种磷酸烯醇丙酮酸盐类似物，它能不可逆地抑制催化肽聚糖生物合成第一步的丙酮酸转移酶。磷霉素是由各种链霉菌属细菌产生的，单剂量口服磷霉素氨丁三醇可用于治疗人的尿路感染。除北美外的一些国家，人医上已有磷霉素钙口服制剂和静脉注射用的磷霉素二钠制剂。磷霉素抗菌谱广，对大多数的革兰氏阳性菌和革兰氏阴性菌都有抗菌活性，可高效抑制革兰氏阳性菌如金黄色葡萄球菌和肠球菌和革兰氏阴性菌如铜绿假单胞菌和肺炎克雷伯菌（Michalopoulos 等，2011）。磷霉素独特的作用机制使其能与其他抗菌药如β-内酰胺类、氨基糖苷类和氟喹诺酮类等联用，产生协同作用。口服磷霉素钙盐主要用于治疗尿路感染，特别是大肠埃希氏菌和肠球菌引起的感染（Falagas 等，2010）。磷霉素被认为是时间依赖型抗菌药。在碱性或含有葡萄糖、氯化钠或磷酸盐的培养基中，磷霉素的抗菌活性减弱。磷霉素耐药性较罕见，由染色体或质粒介导，与其他抗菌药没有交叉耐药性。

磷霉素具有较低的分布容积（0.2L/kg）和蛋白结合率，皮下注射和静脉注射给药的生物利用度变化较大（38%～85%）。犬口服磷霉素，生物利用度仅 30%。磷霉素在体内消除速度快，马的血浆半衰期为 1.23h，犬 1.3h，牛 2.2h，肉鸡 2h，猪 1.5h（Gutierrez 等，2010；Gutierrez 等，2008；Soraci 等，2011；Sumano 等，2007；Zozaya 等，2008）。

大鼠试验表明，磷霉素对由氨基糖苷类药物引起的肾毒性具有保护作用，该作用是通过抑制氨基糖苷类诱发的肥大细胞释放组织胺（Michalopoulos 等，2011）。对猫，磷霉素给药 3d 后会引发急性肾功能不全，但对犬没有不良反应（Fukata 等，2008；Gutierrez 等，2008）。

在兽医临床中，用磷霉素治疗多重耐药革兰氏阴性菌感染越来越受到关注。随着大肠杆菌对第 3 代头孢菌素类和氟喹诺酮类药物耐药性的不断增加，能治疗犬猫大肠杆菌感染的药物有限。有研究表明，对 275 株临床株（来源于犬和猫，主要是尿道分离株）和试验株进行测试，272（98.9%）株菌呈现敏感（MIC≤2μg/mL），2 株呈现中度敏感，仅有一株对磷霉素耐药（MIC≥256μg/mL；Hubka 和 Boothe，2011）。表现多重耐药的临床分离株中，97.2%的菌株对磷霉素敏感，所有产广谱β-内酰胺酶的菌株对磷霉素敏感。目前，犬、猫的磷霉素口服制剂很有吸引力，但在应用于临床前还需要更进一步的研究，特别要搞清楚对猫的肾毒性。口服磷霉素也能有效控制肉鸡试验性大肠埃希氏菌感染（Fernandez 等，1998），但由于磷霉素对人医临床多重耐药菌株有很好的应用价值，它不大可能被批准用于食品动物。

参考文献

Falagas ME，et al. 2010b. Fosfomycin for the treatment of multidrug-resistant，including extended-spectrum betalactamase producing，Enterobacteriaceae infections：a systematic review. Lancet Infect Dis 10：43.

Fernandez A，et al. 1998. Efficacy of phosphomycin in the control of *Escherichia coli* infection of broiler chickens. Res Vet Sci 65：201.

Fukata T，et al. 2008. Acute renal insufficiency in cats after fosfomycin administration. Vet Rec 163：337.

Gutierrez L，et al. 2010. Pharmacokinetics of disodium fosfomycin in broilers and dose strategies to comply with its pharmacodynamics versus *Escherichia coli*. Poult Sci 89：2106.

Gutierrez OL，et al. 2008. Pharmacokinetics of disodiumfosfomycin in mongrel dogs. Res Vet Sci 85：156.

Hubka P，et al. 2011. In vitro susceptibility of canine and feline *Escherichia coli* to fosfomycin. Vet Microbiol 149：277.

Michalopoulos AS，et al. 2011. The revival of fosfomycin. Int J Infect Dis 15：e732.

Soraci AL，et al. 2011. Disodium-fosfomycin pharmacokinetics and bioavailability in post weaning piglets. Res Vet Sci 90：498.

Sumano LH，et al. 2007. Intravenous and intramuscular pharmacokinetics of a single-daily dose of disodium-fosfomycin in cattle，administered for 3 days. J Vet Pharmacol Ther 30：49.

Zozaya DH，et al. 2008. Pharmacokinetics of a single bolus intravenous，intramuscular and subcutaneous dose of disodium fosfomycin in horses. J Vet Pharmacol Ther 31：321.

第十二章　林可胺类、截短侧耳素类及链阳菌素类

Steeve Giguère

林可胺类、截短侧耳素类及链阳菌素类抗生素除了结构的区别外，具有很多共同特性。三者都属于高脂溶性的碱性化合物，体内分布广泛，并且具有穿透细胞屏障的能力。此外，和大环内酯类抗生素相同，在核糖体 50S 亚基处有其共同的结合位点。

第一节　林可胺类

一、化学特性

林可霉素母体化合物在 1963 年从链霉菌（*Streptomyces* spp.）发酵液中分离得到。对林可霉素分子的多种结构修饰研究一直在进行，期望能产生一种改良的抗生素。其中，仅发现克林霉素相对于林可霉素表现出独特的优势。吡利霉素是一种克林霉素的类似物，被批准作为乳房注入剂治疗奶牛乳腺炎。林可霉素与克林霉素的化学结构如图 12.1 所示。

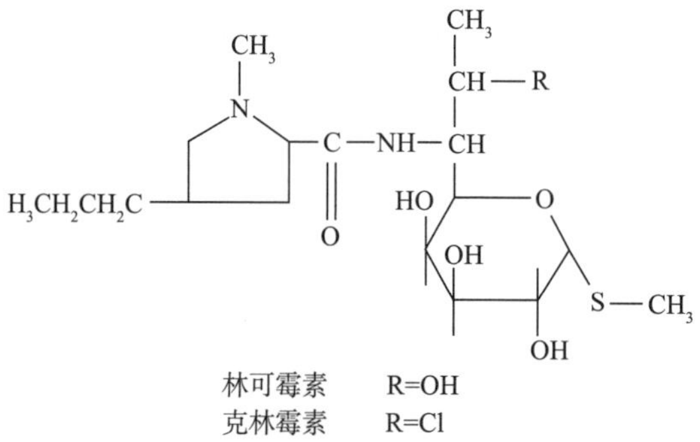

林可霉素　　R=OH
克林霉素　　R=Cl

图 12.1　林可霉素和克林霉素的化学结构式

二、作用机理

林可胺类抗生素通过作用于核糖体 50S 亚基和抑制肽基转移酶的活性抑制蛋白质的合成。该核糖体的结合位点与大环内酯类、链阳菌素类和氯霉素类抗生素的结合位点相同或者有着紧密的联系。林可胺类能够杀菌或者抑菌，取决于药物浓度、细菌种类以及细菌接种量。由于与林可胺类结合的核糖体的不渗透性和甲基化，许多革兰氏阴性菌对其耐药。

三、抗菌活性

林可胺类药物是抗菌谱适中的抗菌药。克林霉素的抗菌活性比林可霉素强几倍，特别是对于厌氧菌和金黄色葡萄球菌。林可胺类对革兰氏阳性菌、厌氧菌和某些支原体有活性（表 12.1），但对于大多数革兰氏阴性菌无活性。

1. 敏感（MIC≤2.0μg/mL）

（1）革兰氏阳性需氧菌：芽孢杆菌、棒状杆菌、猪丹毒杆菌、葡萄球菌、链球菌，但不包括肠球菌。

（2）革兰氏阴性菌：空肠弯曲杆菌。

（3）厌氧菌：许多厌氧菌包括放线菌属、拟杆菌属（包含脆弱类杆菌）、产气荚膜梭菌（不是所有的梭状芽孢杆菌属），梭菌属和厌氧球菌对克林霉素特别敏感。克林霉素对厌氧菌的作用与氯霉素和甲硝唑相似。克林霉素对一些原生动物，如弓形虫和疟原虫具有活性，并且对肺孢子虫也有一些活性。CLSI 确定引起犬皮肤与组织感染的葡萄球菌对克林霉素的敏感性折点浓度≤0.5μg/mL。CLSI 确定引起牛乳房炎的金

黄色葡萄球菌和链球菌对吡利霉素的敏感性折点浓度≤2μg/mL。

2. 耐药（MIC≥4μg/mL） 所有的需氧革兰氏阴性菌、诺卡氏菌属以及分枝杆菌属耐药。林可胺类药物对粪肠球菌和屎肠球菌也不敏感。

表 12.1 林可胺类和截短侧耳素类抗生素对特定细菌和支原体的体外活性（MIC_{90}，μg/mL）

微生物	克林霉素/林可霉素[a]	吡利霉素	泰妙菌素	沃尼妙林
革兰氏阳性需氧菌				
化脓隐秘杆菌	<0.06*	—	0.03	—
猪丹毒杆菌	1	—	4	—
马红球菌	4	—	64	—
金黄色葡萄球菌	0.25	1	0.03	—
马链球菌	16	8	0.5	—
无乳链球菌	4	0.5	—	—
停乳链球菌	16	1	—	—
乳房链球菌	>32	8	—	—
粪肠球菌	16	2	>32	—
革兰氏阴性需氧菌				
胸膜肺炎放线杆菌	>32[a]	—	8	—
睡眠嗜组织菌	—	—	2	—
溶血性曼氏杆菌	—	—	4	—
多杀性巴氏杆菌	>25	—	32	—
大肠杆菌	>32	>32	32	—
克雷伯氏菌属	>32	>32	>128	—
肠杆菌属	>32	>32	>32	—
厌氧菌				—
节瘤偶蹄形菌	0.25	—	—	—
脆弱拟杆菌	0.5	0.06	—	—
坏死梭杆菌	0.5	0.5	0.016	—
猪痢疾密螺旋体	4	—	0.25	0.06
肠道螺旋体	8	—	0.5	0.5
产气荚膜梭菌	4	0.5	—	—
支原体				
牛支原体	>256	—	0.25	—
猪鼻支原体	2[a]	—	0.25	—
猪肺炎支原体	0.12[a]	—	0.25	<0.005
猪关节液支原体	—	—	0.06	<0.005
丝状支原体	—	—	0.5	—
脲原体	—	—	0.06	—
钩端螺旋体属	0.2	—	4	—
胞内劳森氏菌	32[a]	—	4	2

注：a 表示林可霉素的 MIC 值，其他数值为克林霉素的 MIC 值。

* 有些报道指出对克林霉素耐药。

四、耐药性

细菌耐药性不仅单独针对林可胺类药物，更多的是对大环内酯类、林可胺类、链阳菌素 B 之间的交叉耐药性（MLSB 耐药性）。在某些情况下，交叉耐药性也包括酮内酯类抗生素（归类于 MSLK 耐药性表型）和噁唑烷酮类抗生素（MSLKO）。交叉耐药性不是一直存在的，其发生取决于交叉耐药性的作用机制。

耐林可胺类药物的菌株一般为 MSLB 耐药表型，这种情况可因为基因自发的点突变导致其编码的核糖体肽基转移酶成环而发生，但是对于大多数菌株而言，耐药性是 50S 核糖体亚基的 23S 核糖体 RNA 中腺嘌呤残基甲基化的结果，它阻止药物结合于该目标位点。rRNA 甲基化酶是由一系列在结构上和耐红霉素甲基化酶基因（erm）相似的基因编码的。这种 *erm* 基因是通过可移动元件获得，并且位于细菌染色体或者质粒上。

这种交叉耐药性有两种类型：①固有耐药性（$MLSB_c$），细菌表现出对所有 MLSB 抗生素很强的耐药性；②分裂的诱导交叉耐药性（$MLSB_i$），耐大环内酯类抗生素的细菌起初对克林霉素完全敏感，但当其与大环内酯类接触后很快产生对林可胺类的耐药性。在用林可胺类或大环内酯类抗生素治疗的过程中，固有耐药性突变株快速从诱导菌株中选择出来。固有耐药性在以泰乐菌素和维吉尼亚霉素作为促生长剂的食品动物中分离出来的细菌更普遍。耐 $MLSB_C$ 分离菌在体外敏感性试验中很容易识别，这是因为其对大环内酯类和克林霉素都耐药。但是 $MLSB_i$ 耐药性用标准的体外敏感性试验方法则无法检测到。在标准的试验条件下，这些分离菌表现出对大环内酯类抗生素耐药，但对克林霉素敏感。所以，对大环内酯类抗生素耐药、但对克林霉素敏感的分离株应该用另外的方法如 D-区试验进行检测。基于 D-区试验表现对克林霉素诱导性耐药的分离株应作为克林霉素耐药（Lewis 和 Jorgensen，2005）。

对林可胺类药物耐药的其他机制包括酶钝化和药物从细胞壁膜间隙的主动外排作用。酶钝化是通过 *lnu* 编码的核苷酸转移酶（A～F）来实现的。

五、药代动力学特性

林可胺类抗生素是碱性化合物，其 pK_a 值为 7.6。此类药物有很高的脂溶性，因而表观分布容积很大。在非草食性动物的肠道吸收充分，主要通过肝脏代谢来消除，然而有大约 20%的以活性形式通过尿液消除。克林霉素在肝脏中水解产生至少 7 种代谢物，除一种之外，其他代谢物均无抗菌活性。因为跨细胞膜的转运，组织药物浓度始终高于血药浓度好几倍。由于林可胺类抗生素的碱性特征，在乳房和前列腺等组织中也会出现离子捕获，这些组织的 pH 低于血液中 pH。林可胺类抗生素与血浆蛋白的广泛结合，及其相对快速的消除，使得脑脊液中的药物浓度超出血药浓度的 20%。虽然克林霉素在骨骼中的浓度相对较低，是血药浓度的 10%～30%，但也达到了其治疗浓度。

六、药物相互作用

体外试验显示，与大观霉素联用可以稍微增强其对支原体的活性。在人医，克林霉素一般与氨基糖苷类或氟喹诺酮类抗生素联用治疗或预防需氧菌和厌氧菌混合感染，特别是与那些从肠道溢出进入腹膜引起的感染。体外试验表明，联合用药对于很多的细菌一般具有相加作用或协同作用。克林霉素与甲硝唑联用对脆弱拟杆菌具有协同作用，但与甲氧苄啶-磺胺甲噁唑联用对于一般的革兰氏阴性和阳性需氧菌时仅有相加作用。在体外，此类药物与大环内酯类抗生素或氯霉素具有拮抗作用。

七、毒性和不良反应

林可胺类药物的主要毒性作用是导致人、马、兔和其他草食动物出现严重和致命的腹泻。

使用林可胺类药物的患者中发生轻度腹泻的达 10%，但其中一些患者（给药患者的 0～2.5%）可能变得更加严重，并且会导致伪膜性肠炎，出现重度休克、脱水甚至死亡。这种疾病是由耐林可胺类药物的艰难梭菌破坏结肠的竞争性厌氧微生物菌群而在结肠快速生长引起的。使用万古霉素或甲硝唑进行治疗比较成功。在人，较轻的毒性反应包括神经肌肉传导阻滞和麻醉后瘫痪、快速静脉注射给药后出现心肌功能减退、轻度肝损伤、药疹和荨麻疹。

在牛，饲料中添加低至 7.5g/t（mg/kg）剂量的林可霉素即可导致牛食欲不振、腹泻、酮病以及奶产量减少。饲料不慎污染含有 8～10mg/kg 的林可霉素和 40mg/kg 的甲硝唑会导致奶牛严重腹泻和意识丧失。在马，林可胺类药物由非肠道给药或口服给药会导致严重的致死性小肠结肠炎。一次不慎在马的饲料中混入林可霉素，0.5mg/kg 的剂量导致暴发致死性腹泻，其中一匹马死亡。已报道在猪出现肛门肿胀、狂躁、皮肤充血等症状，但是这些症状具有自制性，一般只维持 5～8d。

林可胺类药物对兔、豚鼠和仓鼠有剧毒。饲料中意外添加 8mg/kg 的低浓度林可霉素可导致兔出现严重的致死性的回结肠炎。兔子的这种毒性反应是大肠内艰难梭菌和螺状梭菌过度繁殖而引起的。

林可霉素对犬和猫来说相对安全。口服林可霉素后偶见食欲不振、呕吐和腹泻。给猫服用克林霉素胶囊不喂饲料或供饮水，导致了食管炎和食管溃疡，有时会发展成食道狭窄（Beatty 等，2007）。有报道，林可霉素肌内注射后出现过敏性休克。由于会导致外周神经阻断和心脏机能衰退，林可胺类药物不应在麻醉期间给药和快速静脉注射给药。克林霉素通过肌内注射给药是很疼的。

八、用法与用量

常用的给药剂量见表 12.2。

表 12.2　林可胺类和截短侧耳素类抗生素在动物中的常用给药方案

动物种类	药物	剂量（mg/kg）	给药途径[b]	给药间隔（h）
犬/猫	克林霉素	5～11	PO，IV，IM，SC	12～24
	林可霉素	10～20	PO，IV，IM	12～24
反刍动物[a]	林可霉素	5～10	IM	12～24
	泰妙菌素	20	IM	24
猪	林可霉素	10	IM	24
	泰妙菌素	10～15	IM	24
		8～23	PO，feed	24
	沃尼妙林	1.5～4	PO，feed	24

注：a 这些药物尚未批准用于反刍动物，即使有适应证，也很少使用。

b PO 表示口服；IV 表示静脉注射；IM 表示肌内注射；SC 表示皮下注射；feed 表示混饲给药。

单胃动物口服给药后，林可霉素一般吸收较好，克林霉素几乎完全吸收。食物可显著性降低两种药物的吸收，尤其是林可霉素。药物在肌内注射位点可完全吸收。克林霉素棕榈酸酯可做成糖浆口服给药，吸收前在肠道水解。克林霉素盐酸盐可制成胶囊口服给药，磷酸盐可制成注射液通过肌内注射、皮下注射和静脉注射给药。在局部耐受性和血药浓度方面，皮下注射给药优于肌内注射给药。林可霉素磷酸盐可口服、肌内注射、静脉注射给药，对于肝功能不全的患者，用量应该减少。

九、临床应用

林可胺类药物用于治疗耐青霉素的金黄色葡萄球菌感染（皮炎、骨髓炎）和对青霉素敏感的革兰氏阳性菌的感染，也用于治疗厌氧菌感染。一般来说，克林霉素优于林可霉素。克林霉素对厌氧菌具有很高的活性，相当于头孢噻吩、氯霉素和甲硝唑的作用。克林霉素可与氨基糖苷类或氟喹诺酮类联用治疗混合厌氧菌的感染。由于能抑制超级抗原的合成，克林霉素可能在治疗链球菌中毒性休克综合征方面优于青霉素和氨苄西林（Sriskadan 等，1997）。林可胺类抗生素能很好地渗透入前列腺和眼部。虽然与乙胺嘧啶联用能增强其疗效，但是克林霉素在体内治疗弓形虫病的疗效尚存在疑问。克林霉素联合伯氨喹治疗耶氏肺孢子虫感染可能有效。林可霉素广泛地用于预防和治疗猪的腹泻，有时用于治疗支原体感染。

1. 牛、绵羊、山羊　目前，林可胺类药物中尚无剂型可以用于反刍动物的全身给药。林可胺类药物的主要适应证是作为乳房注入剂治疗奶牛乳房炎。吡利霉素也已批准用于奶牛乳房炎。吡利霉素乳房内给药已证明对由葡萄球菌属和链球菌属引起的乳房炎有效，如金黄色葡萄球菌、停乳链球菌和乳房链球菌（Gillespie 等，2002；Olivier 等，2004）。吡利霉素对小奶牛进行产前治疗减少了由凝固酶阴性葡萄球菌引起的早期泌乳期乳腺炎的蔓延（Middleton 等，2005）。

由于有批准的其他替代品，反刍动物使用其他林可胺类的适应证几乎没有。结膜下注射克林霉素可有效治疗天然传染性牛角膜结膜炎（Senturk 等，2007）。单独肌内注射复方制剂（5mg/kg 林可霉素＋10mg/kg 大观霉素）对绵羊急性或慢性腐蹄病的治愈率超过 90%，并且以同一剂量每天注射给药 1 次连用

3d的疗效最好（Venning等，1990）。林可霉素（8g/L）喷雾剂每天给药1次，连续给药5d，可用于控制牛乳头状瘤牛趾皮炎（PPD）。这种联合用药也可用于预防公羊精液的脲原体污染（Marcus等，1994）。有报道，林可霉素肠道外给药成功治疗了因化脓隐秘杆菌导致的关节炎和踏板骨髓炎（Plenderleith 1988）。母羊口服225mg/d剂量的林可霉素可导致严重的小肠结肠炎，并导致3 000只用药动物中2 000只死亡（Bulgin，1998）。

2. 猪 林可霉素广泛用于控制猪痢疾和支原体感染。在饲料中添加药物可以达到给药目的，同时还能控制丹毒杆菌和链球菌感染。林可霉素混饲（治疗剂量为100mg/kg、预防剂量为40mg/kg）或混饮（33mg/L）可用于控制猪痢疾，也可以采用11mg/kg剂量肌内注射给药3～7d。该药的缺点是不能杀灭猪痢疾密螺旋体，因此停药后会导致重复感染。然而，整群给药可以很明显地根除封闭猪群的痢疾，甚至对由某些明显耐药菌导致的感染也有效。林可霉素可有效地降低由猪滑液囊支原体和猪鼻液支原体带来的损失。截短侧耳素类药物在控制猪痢疾和支原体感染方面比林可霉素更为有效。田间试验和人工感染研究表明，饮用水中添加林可霉素治疗增生性肠炎有效（Bradford等，2004；Alexopoulos等，2006）。林可霉素可以通过混饲、混饮或肌内注射给药。

3. 马 试验表明，使用林可霉素和克林霉素会引起马的小肠结肠炎。虽然有少数报道表明，肌内注射给药用于治疗骨髓炎非常成功，且没有出现明显的不良反应。即便如此，这类药物也不推荐用于马。

4. 犬和猫 林可胺类药物用于治疗脓肿、骨髓炎、牙周炎以及由革兰氏阳性球菌或厌氧细菌引起的软组织或外伤感染。在试验性葡萄球菌诱导引起的犬骨髓炎中，克林霉素按11mg/kg剂量，每12h给药1次，连续用药28d，可有效地治疗感染。按5.5mg/kg剂量，每12h给药1次，治疗效果稍差。每日低剂量口服克林霉素可以成功地预防复发性葡萄球菌皮肤感染。田间试验表明，每日口服11mg/kg的克林霉素（平均持续45d）治疗犬重度脓皮病的疗效可达94%～100%（Harvey等，1993；Scott等，1998）。口服林可霉素（22mg/kg，给药间隔12h）治疗由葡萄球菌引起的犬皮肤病具有相同的效果（Harvey等，1993）。

在犬厌氧菌感染的试验研究中，克林霉素以5.5mg/kg或者11mg/kg剂量每2日肌内注射1次，具有很高的疗效，并且比林可霉素以22mg/kg剂量每2日肌内注射1次的疗效更好。结合牙科手术或者清洗牙齿，克林霉素可有效地用于治疗犬的牙齿感染（Johnson等，1992）。传奇的是，在兽医院中克林霉素在牙周手术中的常规使用与沙门氏菌的一些问题有关。克林霉素对由革兰氏阳性菌引起的前列腺感染有效。克林霉素以11mg/kg剂量每日口服给药1次似乎合适，但是对于重度感染（如骨髓炎）需要以相同的剂量每日给药2次。

尽管克林霉素已经成功用于治疗犬和猫的弓形虫病，但在治疗猫的脉络视网膜炎和前葡萄膜炎的病例中都不成功。对于通过试验感染弓形虫病的猫，使用克林霉素并不能阻止其眼部病变，并且导致肝炎和间质性肺炎的发病率和死亡率均上升（Davidson等，1996）。相比之下，即使存在严重的免疫抑制，克林霉素也可完全阻止猫试验性感染的弓形虫的排菌（Malmasi等，2009）。对弓形虫脑炎患者采用克林霉素联合乙胺嘧啶长期治疗的效果比乙胺嘧啶-磺胺嘧啶联合用药的效果差（Katlama等，1996）。虽然不一定能够根除病原，但是克林霉素可以成功缓解犬由新孢子虫感染引起的临床症状（Dubey等，1995；Dubey等，2007）。克林霉素也成功治愈了犬试验性巴贝斯虫的感染（Wulansari等，2003）。在根除犬自然感染的巴贝斯虫时，克林霉素与三氮脒和咪唑苯脲联合比与阿托喹酮和阿奇霉素联合更有效（Lin等，2012）。

5. 家禽 林可霉素和大观霉素联合给小鸡口服，可控制支原体气囊炎以及由鸡毒支原体和大肠杆菌引起的慢性呼吸道综合征（CRD）。林可霉素也可用于控制由产气荚膜梭菌等敏感菌引起的坏死性肠炎。

参考文献

Alexopoulos C，et al. 2006. First experience on the effect of in-feed lincomycin for the control of proliferative enteropathy in growing pigs. J Vet Med A Physiol Pathol Clin Med 53：157.

Beatty JA，et al. 2007. Suspected clindamycin-associated oesophageal injury in cats：five cases. J Feline Med Surg 8：412.

Boothe DM，et al. 1996. Plasma disposition of clindamycin microbiological activity in cats after single oral doses of clindamycin hydrochloride as either capsules or aqueous solution. J Vet Pharm Ther 19：491.

Bradford JR，et al. 2004. Evaluation of lincomycin in drinking water for treatment of induced porcine proliferative enteropathy using a Swine challenge model. Vet Ther 5：239.

Brown SA，et al. 1990. Tissue concentrations of clindamycin after multiple oral doses in normal cats. J Vet Pharm Ther 13：270.

Bulgin MS. 1988. Losses related to the ingestion of lincomycinmedicated feed in a range sheep flock. J Am Vet Med Assoc 192：1083.

Davidson MG，et al. 1996. Paradoxical effect of clindamycin in experimental acute toxoplasmosis in cats. Antimicrob Agents Chemother 40：1352.

Dubey JP，et al. 1995. Canine cutaneous neosporosis：clinical improvement with clindamycin. Vet Dermatol 6：37.

Dubey JP，et al. 2007. Neosporosis in Beagle dogs：clinical signs，diagnosis，treatment，isolation and genetic characterization of *Neospora caninum*. Vet Parasitol 149：158.

Gillespie BE，et al. 2002. Efficacy of extended pirlimycin hydrochloride therapy for treatment of environmental Streptococcus spp and Staphylococcus aureus intramammary infections in lactating dairy cows. Vet Ther 3：373.

Harvey RG，et al. 1993. A comparison of lincomycin hydrochloride and clindamycin hydrochloride in the treatment of superficial pyoderma in dogs. Vet Rec 132：351.

Johnson LA，et al. 1992. Klinische wirksamkeit von clindamycin（Cleorobe）bei infektionen des zahn-，mund- under kieferbereiches des hundes. Prakt Tier 73：94.

Katlama C，et al. 1996. Pyrimethamine-clindamycin vs. pyrimethamine-sulfadiazine as acute and long-term therapy for toxoplasmic encephalitis in patients with AIDS. Clin Infect Dis 22：268.

Lewis JS，Jorgensen JH. 2005. Inducible clindamycin resistance in staphylococci：should clinicians and microbiologists be concerned. Clin Infect Dis 40：280.

Lin EC，et al. 2012. The therapeutic efficacy of two antibabesial strategies against *Babesia gibsoni*. Vet Parasitol 186：159.

Malmasi A，et al. 2009. Prevention of shedding and re-shedding of *Toxoplasma gondii* oocysts in experimentally infected cats treated with oral Clindamycin：a preliminary study. Zoonoses Public Health 56：102.

Marcus S，et al. 1994. Lincomycin and spectinomycin in the treatment of breeding rams with semen contaminated with ureaplasmas. Res Vet Sci 57：393.

Middleton JR，et al. 2005. Effect of prepartum intramammary treatment with pirlimycin hydrochloride on prevalence of early first-lactation mastitis in dairy heifers. J Am Vet Med Assoc 227：1969.

Oliver SP，et al. 2004. Influence of prepartum pirlimycin hydrochloride or penicillin-novobiocin therapy on mastitis in heifers during early lactation. J Dairy Sci 87：1727.

Scott DW，et al. 1998. Efficacy of clindamycin hydrochloride capsules for the treatment of deep pyoderma due to *Staphylococcus intermedius* infection in dogs. Can Vet J 39：753.

Senturk S，et al. 2007. Evaluation of the clinical efficacy of subconjunctival injection of clindamycin in the treatment of naturally occurring infectious bovine keratoconjunctivitis. Vet Ophthalmol 10（3）：186.

Sriskandan S，et al. 1997. Comparative effects of clindamycin and ampicillin on superantigenic activity of *Streptococcus pyogenes*. J Antimicrob Chemother 40：275.

Venning CM，et al. 1990. Treatment of virulent foot rot with lincomycin and spectinomycin. Aust Vet J 67：258.

Wulansari R，et al. 2003. Clindamycin in the treatment of *Babesia gibsoni* infections in dogs. J Am Anim Hosp Assoc 39：558.

第二节　截短侧耳素类

泰妙菌素和沃尼妙林是天然二萜类抗生素截短侧耳素的半合成衍生物。截短侧耳素类抗生素对治疗厌氧菌和支原体感染疗效显著，且几乎是动物专用的抗生素，临床上主要用于猪。

一、作用机制

截短侧耳素衍生物类抗生素均与细菌核糖体上的50S亚基结合，从而抑制蛋白质的合成。泰妙菌素和沃尼妙林对肽基转移酶具有强烈的抑制作用。它们可以与大环内酯类的红霉素同时结合到作用位点，但是与大环内酯类的碳霉素竞争结合到核糖体上（Poulsen等，2001）。

二、抗菌活性

泰妙菌素和沃尼妙林对厌氧菌和支原体有显著的抗菌活性（表12.1）。对一些革兰氏阳性需氧菌，包括葡萄球菌、化脓隐秘杆菌以及一些链球菌具有活性。尽管亚抑菌浓度可以降低产毒大肠杆菌的黏附能力

(Larsen，1988)，泰妙菌素仅对少数革兰氏阴性需氧菌和不活跃的肠杆菌科细菌具有活性（表 12.1)。对厌氧菌和支原体的作用优于大环内酯类抗生素。泰妙菌素对于猪呼吸道病原体的 MIC≤8μg/mL 时，认为敏感，而 MIC≥32μg/mL 时，则认为耐药。体外试验中，沃尼妙林对细菌的抗菌活性大约是泰妙菌素的 2 倍，而对猪支原体的活性是泰妙菌素的 30 多倍。

三、耐药性

与大环内酯类药物一样，细菌在药物存在下，体外传代容易出现染色体突变，对截短侧耳素类耐药。细菌耐药性发生的概率比泰乐菌素显著的低。泰乐菌素存在单向交叉耐药情况：即耐泰乐菌素的支原体分离株对泰妙菌素的耐药性仅略有增加，但耐泰妙菌素的支原体分离株对泰乐菌素则完全耐药。有些细菌的分离变异株对其他大环内酯类和林可胺类抗生素交叉耐药，可能包括对大观霉素、氯霉素的耐药性适度增加。已经在短螺旋体属的分离株中发现与泰妙菌素敏感性降低有关的肽基转移酶中心的突变（Pringle 等，2004)。已有报道，随着时间的推移，泰妙菌素和沃尼妙林对猪痢疾密螺旋体的 MIC 显著升高（Lobova 等，2004；Hidalgo 等，2011)。

四、药代动力学特性

泰妙菌素延胡索酸盐用作口服制剂，但泰妙菌素碱用于肠道外给药。沃尼妙林盐酸盐预混剂可用作混饲给药。目前截短侧耳素类药物的药代动力学特性研究很少。反刍前犊牛口服泰妙菌素后很快吸收，而且经肠道外给药的半衰期为 25min。泰妙菌素是一种亲脂类弱有机碱，pK_a值为 7.6。该药容易穿透细胞，奶中药物浓度是血药浓度的很多倍。其他组织中的药物浓度也是血药浓度的几倍。犬肌内注射的半衰期为 4.7h，皮下注射给药时血药浓度更高而且维持时间更长。单胃动物口服泰妙菌素后，药物几乎完全吸收，但是反刍动物口服该药后可能被瘤胃菌丛灭活。泰妙菌素用于猪时，混饲给药不如直接口服给药，因为食物可以显著降低药物的吸收速度、程度以及血药浓度。泰妙菌素在猪和肉鸡的生物利用度约为 90%。与泰妙菌素情况相似，沃尼妙林在结肠内容物和组织中的浓度超过血药浓度。推荐给药剂量范围见表 12.2。

五、药物相互作用

除了类似于林可胺类和大环内酯类药物的相互作用外，此类药物的相互作用并没有更广泛的研究。泰妙菌素和沃尼妙林已证明与莫能菌素、盐霉素、拉沙洛西和那拉霉素等离子载体类抗生素具有相互作用，动物使用截短侧耳素类药物的前后 5d 内，不能使用上述药物。否则会导致动物严重的生长缓慢、运动失调、麻痹瘫痪甚至死亡（Miller，1986)。

六、毒性和不良反应

治疗浓度的泰妙菌素不能和莫能菌素、甲基盐霉素和盐霉素等离子载体类药物对动物（猪、家禽）混饲给药，因为泰妙菌素可有效抑制肝细胞色素 P 450酶的诱导，从而影响离子载体类药物的代谢，因而这样的联合用药可导致剂量依赖的致命反应。

如果制剂中泰妙菌素碱不是溶于芝麻油中，肌内注射给药可能会产生刺激性。犊牛静脉注射给药可导致严重的神经毒性和死亡。犊牛口服泰妙菌素适口性差且具有刺激性。

有报道，猪口服泰妙菌素后会引起伴随皮肤红斑和强烈瘙痒的急性皮炎（Laperle，1990)，这与猪场卫生差和过度拥挤有关。研究表明尿液中泰妙菌素的代谢物对皮肤有直接刺激作用。

在欧盟已经证明猪使用沃尼妙林后会导致食欲不振、发热、运动失调以及有时卧地不起等不良反应。大多数不良反应发生在丹麦和瑞典。在这些国家，猪用药后出现上述不良反应的发生率为 0.03%～1.8%。在一些农场，多达 1/3 的猪用药后出现不良反应，且死亡率达 1%。流行病学研究表明这些不良反应的敏感性与瑞典和丹麦长白猪品种有关。

由于截短侧耳素类药物存在潜在破坏结肠菌群以及导致小肠结肠炎的风险，因此该药不用于马。

七、临床应用

泰妙菌素和沃尼妙林被广泛用于治疗猪支原体肺炎、猪痢疾和增生性回肠炎。泰妙菌素很少用于治疗钩端螺旋体病，在一定程度上很少用于治疗细菌性肺炎。对多种感染的治疗效果，泰妙菌素都优于大环内酯类药物。

1. 牛、绵羊和山羊　截短侧耳素类药物未批准用于反刍动物。很少有泰妙菌素和沃尼妙林用于牛的报道。在小肉牛的育肥期，通过牛奶添加 400mg/kg 泰妙菌素，可以有效预防肉牛支原体纤维素性多发性关节炎和滑膜炎（Keller 等，1980）。泰妙菌素对羊感染的立克次体角膜结膜炎有一定的效果（Konig，1983）。Ball 和 McCaughey（1986）发现单次皮下注射泰妙菌素水性注射液可以清除 22 只绵羊中 18 只羊的生殖道脲原体。

无论是在试验性诱导感染还是在自然感染条件下，口服沃尼妙林均能有效地控制犊牛支原体感染。一项研究显示，沃尼妙林可快速减少牛的临床症状分值以及从肺部清除牛支原体，且比恩诺沙星更有效（Stipkovits 等，2005）。沃尼妙林通过局部喷雾给药治疗牛指状皮炎的疗效和林可霉素相似（Laven 和 Hunt，2001）。

2. 猪　泰妙菌素在美国批准作为生长促进剂，以及用于治疗密螺旋体性猪痢疾和泰妙菌素敏感的胸膜肺炎放线杆菌引起的感染。泰妙菌素对猪丹毒、钩端螺旋体、链球菌有很好的抗菌活性，对胸膜肺炎放线杆菌具有中度活性。泰妙菌素被作为猪生产中的防疫策略性药物，用来预防和治疗常见感染。体外对猪肺炎支原体的抗菌活性需要在体内加以证实。

泰妙菌素可以高效地预防和治疗猪痢疾。按 60mg/kg 剂量混饮，给药 3～5d，可明显消除试验性感染，感染复发主要发生在低浓度给药。泰妙菌素按 30mg/kg 混饲给药可用于预防痢疾。混饮（45mg/kg 给药 5d，60mg/kg 给药 3d）可有效治疗猪痢疾，且临床效果优于泰乐菌素。单剂量肌内注射 10～15mg/kg 泰妙菌素已成功用于治疗痢疾的临床病例（Burch 等，1983）。规模化饲养中，泰妙菌素可以通过不同方法来根除猪痢疾。例如每日按 10mg/kg 剂量肌内注射，连续给药 5d，同时结合改变管理和鼠类控制（Blaha 等，1987）；或对生长猪连续口服给药 10d 之后，再用卡巴氧治疗 42d（Moore，1990）。

泰妙菌素能有效治疗地方性肺炎和其他支原体感染。一项研究显示，对断奶仔猪以 200mg/kg 剂量混饲连续给药 10d 能显著降低肺部病变（Martineau 等，1980）。按 3mg/kg 剂量饮水给药，感染地方性肺炎猪的平均日增重和饲料利用率明显提高（Pickles，1980）。另一项研究表明，泰妙菌素与泰拉霉素、氟苯尼考一样，对自然暴发的呼吸道疾病猪在降低体温和缓解临床症状方面具有很好疗效。从这些猪分离到最为常见的病原是胸膜肺炎放线杆菌、多杀性巴氏杆菌、猪肺炎支原体（Najiani 等，2005）。在治疗猪实验性感染支原体和细菌性肺炎上，泰妙菌素优于泰乐菌素（Hannan 等，1982）。泰妙菌素一直被成功地用于根除猪群的胸膜肺炎放线杆菌感染（Larsen 等，1990），也用于减轻猪由慢性胸膜肺炎放线杆菌感染引起的病变（Anderson 和 Williams，1990）。

按 200mg/kg 剂量混饲，连续给药 10d，可以治愈实验性感染波莫纳钩端螺旋体后引起的慢性肾衰竭。将泰妙菌素添加到饮水中，可以显著减少试验性诱发猪链球菌 2 型感染产生的反应（Chengappa 等，1990）。泰妙菌素可有效地预防和治疗增生性肠炎。

在欧盟，沃尼妙林已经被批准用于治疗和预防猪的地方性肺炎（猪肺炎支原体引起）、猪痢疾（猪痢疾密螺旋体引起）、结肠螺旋体病（肠道螺旋体引起）以及增生性肠炎（胞内劳森氏菌引起）。已证明沃尼妙林可有效地治疗或预防试验性诱导和临床型的猪肺炎支原体、猪痢疾密螺旋体、肠道螺旋体和胞内劳森氏菌等的感染（Burch，2004b）。沃尼妙林可明显降低地方性肺炎临床病例的肺部损伤，但不能完全消除体内感染的猪支原体。

3. 家禽　将沃尼妙林和泰妙菌素添加到饮水中可有效地控制鸡毒支原体感染（Jordan，1998）。已证明泰妙菌素对治疗肠道螺旋体感染有效（Stephens 和 Hampson，2002）。

参考文献

Aitken AA，et al. 1999. Comparative in vitro activity of valnemulin against porcine bacterial pathogens. Vet Rec 144：128.

Anderson MD，Williams JA. 1990. Effects of tiamulin base ad ministered intramuscularly to pigs for treatment of pneumonia associated with *Actinobacillus*（*Haemophilus*）*pleuropneumoniae*. Int Pig Vet Soc 15.

Ball HJ，McCaughey WJ. 1986. Use of tiamulin in the elimi-nation of ureaplasmas from sheep. Br Vet J 142：257.

Blaha T，et al. 1987. Swine dysentery control in the German Democratic Republic and the suitability of injections of tiamulin for the programme. Vet Rec 121：416.

Burch DGS. 2004a. The comparative efficacy of antimicrobials for the prevention and treatment of enzootic pneumo-nia and some of their pharmacokinetic/pharmacodynamic relationship. Pig J 53：8.

Burch DGS. 2004b. Valnemulin for the prevention and treatment of colitis and ileitis. Pig J 53：221.

Burch DGS，Goodwin RFW. 1984. Use of tiamulin in a herd of pigs seriously affected with *Mycoplasma hyosynoviae* arthritis. Vet Rec 115：594.

Burch DGS，et al. 1983. Tiamulin injection for the treatment of swine dysentery. Vet Rec 113：236.

Chengappa MM，et al. 1990. Efficacy of tiamulin against experimentally induced *Streptococcus suis* type-2 infection in swine. J Am Vet Med Assoc 197：1467.

Hannan PCT，et al. 1982. Tylosin tartrate and tiamulin effects on experimental piglet pneumonia induced with pneumonic pig lung homogenates containing mycoplasma，bacteria，and viruses. Res Vet Sci 33：76.

Hidalgo A，et al. 2011. Trends towards lower antimicrobial susceptibility and characterization of acquired resistance among clinical isolates of Brachyspira hyodysenteriae in Spain. Antimicrob Agents Chemother 55：3330.

Jordan FT，et al. 1998. In vitro and in vivo comparisons of valnemulin，tiamulin，tylosin，enrofloxacin，and lincomycin/spectinomycin against *Mycoplasma gallisepticum*. Avian Dis 42：738.

Keller H，et al. 1980. Uber Spontan-and Experimenteltalle von Polyarthritis und-synovitis bei Kalbern，verursacht durch Mycoplasmen：(1) Klinische As pekte. Schweiz Arch Tierheilkd 122：15.

Konig CDW. 1983. “Pink eye” or “zere oogjes” or keratoconjunctivitis infectiosa ovis (k10) . Clinical efficacy of a number of antimicrobial therapies. Vet Quart 5：122.

Laber G. 1988. Investigation of pharmacokinetic parameters of tiamulin after intramuscular and subcutaneous administration in dogs. J Vet Pharm Ther 11：45.

Laperle A. 1990. Dermatite aigue chez des porcs traités à la tiamuline. Med Vet Quebec：20. Larsen H，et al. 1990. Eradication of *Actinobacillus pleuro-pneumoniae* from a breeding herd. Int Pig Vet Soc 18.

Larsen JL. 1988. Effect of subinhibitory concentrations of tiamulin on the haemagglutinating properties of fimbriated *Escherichia coli*. Res Vet Sci 45：134.

Laven RA，Hunt H. 2001. Comparison of valnemulin and l incomycin in the treatment of digital dermatitis by individually applied topical spray. Vet Rec 149：302.

Lobova D，et al. 2004. Decreased susceptibility to tiamulin and valnemulin among Czech isolates of Brachyspora h yodysenteriae. J Med Microbiol 53：287.

Martineau GP，et al. 1980. Bronchopneumonie enzootique du porc：Ameliorati on de l’ index pulmonaire apres traitement par la tiamuline. Ann Med Vet 124：281.

McOrist S，et al. 1996. Treatment and prevention of porcine proliferative enteropathy with oral tiamulin. Vet Rec 139：615.

Miller DJS，et al. 1986. Tiamulin/salinomycin interactions in pigs. Vet Rec 118：73. Moore C. 1990. Eradicating disease in the grower-finisher section. Compend Contin Educ Pract Vet 13：329.

Murdoch RS. 1975. Treatment of atrophic rhinitis. Vet Rec 97：251.

Najiani IA，et al. 2005. Evaluation of the therapeutic activity of tulathromycin against swine respiratory disease on farms in Europe. Vet Ther 6：203.

Pickles RW. 1980. Field trials in the UK to evaluate tiamulin as a treatment for enzootic pneumonia. Proc Int Pig Vet Soc 306.

Pickles RW. 1982. Tiamulin water medication in the treatment of swine dysentery under field conditions. Vet Rec 110：403.

Poulsen SM，et al. 2001. The pleuromutilin drugs tiamulin and valnemulin bind to the RNA at the peptidyl transferase centre of the ribosome. Mol Microbiol 41：1091.

Prinble M，et al. 2004. Mutations in ribosomal protein L3 and 23S ribosomal RNA at the peptidyl transferase centre are associated with reduced susceptibility to tiamulin in Brachyspira spp. isolates. Mol Microbiol 2004 54：1295.

Riond JL，et al. 1993. Influence of tiamulin concentration in feed on its bioavailability in piglets. Vet Res 24：494.

Stephens SP，Hampson DJ. 2002. Evaluation of tiamulin and lincomycin for the treatment of broiler breeders experimentally infected with the intestinal spirochaete *Brachyspira pilosicoli*. Avian Pathol 31：299.

Stipkovits L，et al. 2005. The efficacy of valnemulin (Econor) in the control of disease caused by experimental infection of calves with *Mycoplasma bovis*. Res Vet Sci 78：207.

Tasker JB，et al. 1981. Eradication of swine dysentery from closed pig herds. Vet Rec 108：382.

第三节　链阳菌素类

链阳菌素类是一组天然的（维吉尼亚霉素、普那霉素）或半合成的（奎奴普汀/达福普汀）环状肽类物质。天然链阳菌素类是链霉菌属的次生代谢产物。链阳菌素类在抗生素中是独一无二的，每种药物至少由两个结构无关的分子组成：A 组链阳菌素（不饱和环内酯）和 B 组链阳菌素（环状六缩肽内酯）。维吉尼亚霉素开发主要作为动物促生长剂，但普那霉素和奎奴普汀/达福普汀已用于人医临床，前者为口服给药，后者则为肠道外给药。只有维吉尼亚霉素用于兽医临床。目前正在研究一些体外活性更强的新型链阳菌素类药物。

一、作用机制

链阳菌素类药物通过高度不可逆转的与核糖体 50S 亚基结合来抑制细菌蛋白质合成。链阳菌素 A 和 B 分别与细菌核糖体 50S 亚基的不同位点结合。链阳菌素 A 可能通过改变核糖体构型使链阳菌素 B 与核糖体的亲和力增强。链阳菌素 A 阻止肽键形成从而阻断多肽链延长，而链阳菌素 B 可能干扰核糖体 50S 亚基肽链不完整的释放。虽然链阳菌素 B 与大环内酯类和林可胺类抗生素的结构彼此不相关，但在核糖体上的结合位点重叠。单独的链阳菌素 A 和 B 都是抑菌剂，而其联合使用时具有杀菌能力。其协同作用倾向于减少细菌对单个药物耐药性的出现。

二、耐药性

由于链阳菌素 A 和 B 的化学结构无关而且有不同的结合位点，两者的耐药机制不同。耐药性可能是由染色体或质粒介导。第一种也是最常见的耐药机制是链阳菌素 B 获得编码红霉素耐药甲基化酶基因（*erm*）的 rRNA 甲基化酶。这些酶添加 1 个或 2 个甲基在 23S rRNA 单个腺嘌呤上。从而使宿主细菌对大环内酯类、林可胺类和链阳菌素 B 类抗生素产生耐药（MLSB）。第二种且不太常见的耐药机制是特定的裂解酶使链阳菌素的环状六缩肽内酯解环线性化。

对链阳菌素 A 的耐药性由两种机制调节。第一种是 ABC 转运蛋白主动外排机制。这些蛋白将药物泵出细胞或细胞膜，使细胞内的药物浓度降低，恢复核糖体作用。第二种机制是乙酰转移酶将药物灭活。

三、维吉尼亚霉素

维吉尼亚霉素是维吉尼亚链霉菌（*Streptomyces virginiae*）的发酵产物，由维吉尼亚霉素 S（组分 B）和维吉尼亚霉素 M（组分 A）两种成分组成。维吉尼亚霉素主要对革兰氏阳性需氧菌和厌氧菌（如产气荚膜梭菌）有效。除猪痢疾密螺旋体外，嗜组织菌、胞内劳森菌、钩端螺旋体属等大多数革兰氏阴性菌无效，支原体通常敏感。

维吉尼亚霉素在动物上的药代动力学研究比较少。口服给药不吸收，因而口服给药安全。目前在一些国家仍将维吉尼亚霉素用作促生长剂，剂量 5～20mg/kg（见第二十二章）。由于临床分离出耐药的肠球菌，1999 年欧盟禁止维吉尼亚霉素作为食品动物的促生长剂。只允许以 110 mg/kg 剂量混饲给药控制猪痢疾，但使用效果有时较差。该药不根除感染，且疗程需要维持几周。维吉尼亚霉素以高浓度添加混饲，可控制马盲肠发酵和防止蹄叶炎。日粮中添加维吉尼亚霉素还可以减轻马厩中马的一些行为问题和摄食量。

维吉尼亚霉素耐药性出现和流行的报道较少。从火鸡和猪分离的产气荚膜梭菌均未发现耐药。最近的一项研究发现，使用维吉尼亚霉素防治牧场蹄叶炎的马和未使用药物的马，可能分离出耐链阳菌素粪肠球菌的差异不显著。然而，两组之间高频次发现耐药情况是惊人的。使用维吉尼亚霉素作为饲料添加剂会导致粪便中粪肠球菌选择性耐药，并且与链阳菌素类抗生素奎奴普汀/达福普汀具有交叉耐药性。然而，奎奴普汀/达福普汀在人医上用于治疗耐万古霉素的肠球菌和其他感染。

参 考 文 献

Eliopoulos GM，et al. 2005. In vitro activity of an oral streptogramin antimicrobial，XRP2868，against gram-positive bacteria. Antimicrob Agents Chemother 7：3034.

Johnson KG, et al. 1998. Behavioural changes in stabled horses given nontherapeutic levels of virginiamycin. Equine Vet J 30：139.

Menzies-Gow NJ, et al. 2011. Antibiotic resistance in faecal bacteria isolated from horses receiving virginiamycin for the prevention of pasture-associated laminitis. Vet Microbiol 152：424.

Roberts MC. 2004. Resistance to macrolide, lincosamide, streptogramin, ketolide, and oxazolidinone antibiotics. Mol Biotechnol 28：47.

Ronne H, Jensen JEC. 1992. Virginiamycin susceptibility of *Serpulina hyodysenteriae* in vitro and in vivo. Vet Rec 131：239.

Thal LA, Zervos MJ. 1999. Occurrence and epidemiology of resistance to virginiamycin and streptogramins. J Antimicrob Chemother 43：171.

Welton LA, et al. 1998. Antimicrobial resistance in enterococci isolated from turkey flocks fed virginiamycin. Antimicrob Agents Chemother 42：705.

四、普那霉素和奎奴普汀/达福普汀

普那霉素是从始旋链霉菌（*Streptomyces pristinaespiralis*）分离得到的。普那霉素有 2 个组分：30%～40%的普那霉素 IA（组分 B）和 60%～70%的普那霉素 IIA（组分 A）。1968 年以来，普那霉素在欧洲作为人医口服抗生素。该药对革兰氏阳性菌有效，特别对葡萄球菌、链球菌，以及少数革兰氏阴性菌如嗜血杆菌、奈瑟氏菌、军团菌属等有效，对支原体也有较强活性。

奎奴普汀/达福普汀是普那霉素 IA（奎奴普汀）和 IIA（达福普汀）半合成的水溶性衍生物组成的混合物。因其水溶性可用作静脉注射给药，是第一个临床应用的注射用链阳菌素类药物。两种成分在大多数组织中分布广泛。在人体内，两种成分的蛋白结合率均较高，在肝脏形成结合物通过胆汁排泄快速从血浆消除。注射位点发生静脉炎是最常见的不良反应。此外，治疗期间多达 5%的患者出现关节痛和肌肉痛，停止治疗后症状消失。

奎奴普汀/达福普汀对许多革兰氏阳性菌具有杀菌作用，对一些苛养革兰氏阴性需氧菌和革兰氏阴性厌氧菌具有选择活性。对大环内酯类和林可胺类药物均耐药的革兰氏阳性菌，通常对链阳菌素 A 组分比 B 组分更容易产生耐药性。这种特性以及对革兰氏阳性菌具有高度敏感作用，使得这种联合用药在人医上用作敏感的多重耐药菌的治疗，例如，对包括耐甲氧西林金黄色葡萄球菌（MRSA）和耐青霉素或耐红霉素的化脓性链球菌的治疗。这种联合用药的一个重要特性是对耐万古霉素的粪肠球菌有效。由于维吉尼亚霉素广泛用作动物促生长剂，人们担心该药继续在食品动物上使用，会影响奎奴普汀/达福普汀这种联合用药对耐万古霉素的粪肠球菌感染的治疗效果。奎奴普汀/达福普汀体外对肺炎链球菌、奈瑟菌属、支原体、军团菌、嗜血杆菌和衣原体均有很强的活性。厌氧菌中产气荚膜梭菌和艰难梭菌最敏感。这种联合用药对包括梭杆菌和消化链球菌等在内的其他许多厌氧菌也有效。

参 考 文 献

Brown J, Freeman BB. 2004. Combining quinupristin/dalfopristin with other agents for resistant infections. Ann Pharmacother 38：677.

Finch RG. 1996. Antibacterial activity of quinupristin/dalfopristin. Drugs Suppl 1：31.

Lentino JR, et al. 2008. New antimicrobial agents as therapy for resistant gram-positive cocci. Eur J Clin Microbiol Infect Dis 27：3.

Pechere J-C. 1996. Streptogramins. A unique class of antibiotics. Drugs 51 Suppl 1：13.

Van den Bogaard AE, et al. 1997. High prevalence of colonization with vancomycin- and pristinamycin-resistant enterococci in healthy humans and pigs in The Netherlands: is the addition of antibiotics to animal feeds to blame? J Antimicrob Chemother 40：454.

第十三章 大环内酯类、氮杂内酯类及酮内酯类

Steeve Giguère

第一节 大环内酯类概述

大环内酯类抗生素是一类均具有12～16元内酯环基本结构的抗生素，此类抗生素结构上少有或没有双键，由无氮原子与两个或更多的糖基连接。大环内酯类抗生素对一些重要的人类病原菌，包括弯曲杆菌、衣原体、军团杆菌及分枝杆菌等均表现出很好的抗菌活性，这带来了为增强抗菌活性、改善药代动力学特性及减少不良反应的此类半合成药物的开发。

大环内酯类药物可根据构成内酯环的原子数进行分类，包括12元环、13元环、14元环、15元环和16元环等（图13.1）。其中12元环的抗生素在临床上已经不再使用。泰拉霉素是一个半合成的大环内酯类药物，已批准用于猪和牛，为一种由15元内酯环（90%）和13元内酯环（10%）2种同分异构体组成的混合物。泰拉霉素这种特殊的结构特征使其成为大环内酯类药物中一种新的类型——三酰胺类。14元环的成员由天然化合物（红霉素和竹桃霉素）和一些半合成衍生物（克拉霉素、罗红霉素和地红霉素）组成。15元环药物又称为氮杂内酯类，原因是其内酯环上均含有一个氮原子，代表药物有阿奇霉素、加米霉素和泰拉霉素的一个异构体。16元环化合物同样包括天然化合物（螺旋霉素、交沙霉素和麦迪霉素）和半合成衍生物（替米考星和泰地罗新）。

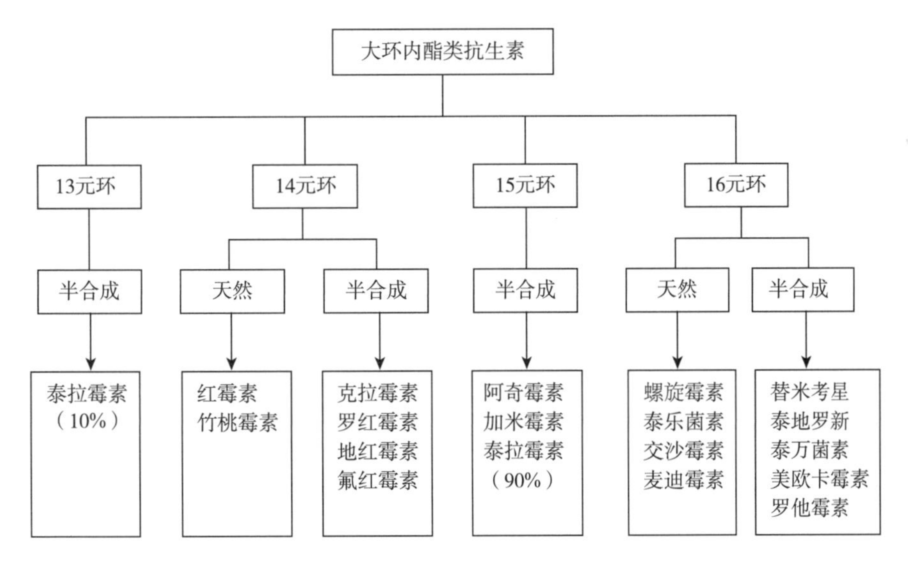

图13.1 根据内酯环的大小对大环内酯类抗生素的分类

大环内酯类药物具有组织分布广的药代动力学特点，一些新的药物同时还表现出更长的半衰期。药效方面，大环内酯类药物对许多重要的动物源性病原菌也表现出非常优异的抗菌活性。另外，大环内酯类药物在吞噬细胞内的蓄积作用也为大家所熟知，然而胞内浓度与杀菌的精确药效关系仍待进一步研究。

一、作用机理

大环内酯类抗生素能与敏感菌的核糖体50S亚基可逆性地结合，通过抑制转肽作用和位移过程，而引起不完整肽链的过早脱离，从而抑制蛋白质的合成。其在核糖体50S亚基的23S rRNA上的结合位点与林可胺类、链阳菌素类、酮内酯类和噁唑烷酮类抗生素相同，但不同于氯霉素。大环内酯类抗生素一般表现为抑菌作用，高浓度时对一些低接种量的敏感菌亦有杀菌作用。

二、耐药性

三种不同的机制能够解释大环内酯类抗生素耐药机制的产生：①rRNA 的甲基化；②主动外排；③酶的钝化作用。rRNA 的甲基化和主动外排机制存在于大多数的耐药株中。大部分大环内酯类的耐药基因含有可动遗传因子，能够在不同菌株、不同种属甚至细菌生态系统中传播。

rRNA 的甲基化由耐红霉素甲基化酶的基因（*erm*）编码决定，这种机制也导致病原菌对大环内酯类、林可胺类和链阳菌素 B 类药物产生交叉耐药性（简称 MSLB 耐药）。至今，已发现 35 种不同的 rRNA 甲基化酶。这些酶的基因广泛分布在各种革兰氏阳性菌和革兰氏阴性菌中，其中一些基因甚至可以定位于质粒或者转座子中。*erm* 基因的表达可分为组成型和诱导型。当甲基化酶为固有产生时，就发生组成型耐药，当甲基化酶是在微生物暴露 14 元或 15 元环大环内酯类抗生素后诱导产生时，则发生诱导型耐药。值得一提的是 16 元环类药物不会诱导产生该酶。

大环内酯类抗生素的外排由 ATP 结合盒蛋白家族或由主要促进转运蛋白超级家族介导发生。这些蛋白能够将抗生素转运出细胞或细胞膜，从而恢复细菌核糖体的功能。目前，已发现 20 种不同的外排基因。其中一些基因能够使细菌对 14 元或 15 元环大环内酯类抗生素产生耐药性，但是却不能降低对 16 元环大环内酯类、酮内酯类、林可胺类和链阳菌素 B 类的敏感性。其他一些外排基因则表现出多样的耐药机制，包括对全部的大环内酯类、林可胺类及链阳菌素类产生耐药性。已发现这些外排基因存在于各种革兰氏阳性菌和革兰氏阴性菌中。

第三种也较少见的耐药机制是酶的钝化作用。已发现 2 种酯酶以及 6 种磷酸化酶参与大环内酯类抗生素的耐药机制。对这种耐药机制的临床意义仍未明确。

1%～4%的耐大环内酯类药物的革兰氏阳性菌并不携带上述获得性大环内酯类耐药基因。这些分离菌在其 rRNA 和（或）核糖体蛋白基因上都有典型的突变，而认为这些突变引起了对大环内酯类抗生素的耐药性。

三、药物相互作用

目前，只有少量关于大环内酯类抗生素与其他抗生素相互作用的研究。在体外试验中，发现红霉素与其他大环内酯类、林可胺类及氯霉素的联合使用有拮抗作用。红霉素可以单独或联合氨基糖苷类药物使用，用于预防或治疗肠道溢出引起的腹膜炎，但药效不如克林霉素或甲硝唑与氨基糖苷类药物的联合应用。此外，因微生物的不同，大环内酯类在与氟喹诺酮类或氨基糖苷类联合使用时可出现协同、拮抗或者不同的作用。大环内酯类联合利福平使用在对抗马红球菌时，具有协同作用。

红霉素和许多其他大环内酯类抗生素均可引起细胞色素 P450 酶系的失活。因此，一些主要依靠 CYP3A 酶进行代谢的药物，如茶碱、咪达唑仑、卡马西平、奥美拉唑和雷尼替丁等在与红霉素同时使用时，药物浓度会显著升高。与红霉素及其他经典的大环内酯类药物（螺旋霉素除外）相比，克拉霉素和罗红霉素对 P450 酶系统的亲和力要低得多。阿奇霉素、地红霉素及螺旋霉素并不会影响肝 P450 酶系统，也不会影响在红霉素和其他大环内酯类研究中观察到的药物相互作用。

四、大环内酯类的抗炎作用和促肠动力活性

大环内酯类抗生素具有一定的免疫调节作用，而这种调节对例如囊胞性纤维症、特发性支气管扩张和慢性阻塞性肺病等疾病的患者大有益处（Friedlander 和 Albert，2010）。并且这种作用很可能是与此类药物的抗菌活性无关。红霉素、阿奇霉素、克拉霉素和罗红霉素能够抑制中性粒细胞向气管的趋化和渗透作用，从而减少黏液的分泌。而关于大环内酯类药物抗炎特性的作用机制认为是多方面的，目前仍待进一步研究（Altenburg 等，2011）。另外，大环内酯类药物能够通过抑制转录因子核因子 κB 或激活蛋白-1 的作用，抑制许多促炎细胞因子的产生，包括白介素 IL-1、IL-6、IL-8 和肿瘤坏死因子 α。大环内酯类药物也能够抑制白三烯 B4 的形成，白三烯 B4 可吸引中性粒细胞，并抑制存在于气管内的中性粒细胞释放过氧化物阴离子。另外，大环内酯类药物能够阻止中性粒细胞迁移所需黏附分子的形成。最近的研究还表明，大环内酯类药物在获得性免疫上也有一定效果。这些抗炎和免疫调节作用在服用红霉素的小马驹（Lakritz 等，1997）及给予替米考星或泰拉霉素的牛和猪上均有体现（Fischer 等，2011；Lakritz 等，2002；Nerland 等，2005）。

14 元或 16 元环的大环内酯类抗生素还可作为胃动素受体激动剂，起到促进胃肠道运动的作用。这种作用在一些动物上已得到证实，如服用红霉素的马（Lester 等，1998）和犬（Cowles 等，2000），服用红霉素、泰乐菌素和替米考星的牛（Nouri 和 Constable，2007）。

参考文献

Altenburg J，et al. 2011. Immunomodulatory effects of macrolide antibiotics—part1：biological mechanisms. Respiration 81：67.

Cowles VE，et al. 2000. Effect of novel motilide ABT-229 versus erythromycin and cisapride on gastric emptying in dogs. J Pharmacol Exp Ther 293：1106.

Fischer CD，et al. 2011. Anti-inflammatory benefits of antibiotic-induced neutrophilapoptosis：Tulathromycin induces caspase-3-dependent neutrophil programmed cell death and inhibits NF-kappaB signaling and CXCL8 transcription. Antimicrob Agents Chemother 55：338.

Friedlander AL，Albert RK. 2010. Chronic macrolide therapy in inflammatory airways diseases. Chest 138：1202.

Lakritz J，et al. 1997. Effect of treatment with erythromycin on bronchoalveolar lavage fluid cell populations in foals. Am J Vet Res 58：56.

Lakritz J，et al. 2002. Tilmicosin reduces lipopolysaccharide-stimulated bovine alveolar macrophage prostaglandin E（2）production via a mechanism involving phospholipases. Vet Ther 3：7.

Lester GD，et al. 1998. Effect of erythromycin lactobionate on myoelectric activity of ileum，cecum，and rightventralcolon，and cecal emptying of radiolabeled markers in clinically normal ponies. Am J Vet Res 59：328.

Nerland EM，et al. 2005. Effects of oral administration of tilmicosin on pulmonary inflammation in piglets experimentally infected with *Actinobacillus pleuropneumoniae*. Am J Vet Res 66：100.

Nouri M，Constable PD. 2007. Effect of parenteraladministration of erythromycin，tilmicosin，and tylosin on abomasal emptying rate in suckling calves. Am J Vet Res 68：1392.

第二节　批准兽医使用的大环内酯类抗生素

一、红霉素

红霉素类药物是由糖多孢红霉菌（*Saccharopolyspora erythraea*）（旧称红链丝菌 *Streptomyces erythraeus*）生成的一种含有六种成分（编号 A～F）的混合物。其中只有红霉素 A 被开发应用于临床。红霉素由一个大环内酯核心结构与酮类及氨基糖苷类基团连接组成（图 13.2）。红霉素碱的 pK_a 为 8.8，难溶于水，在胃酸中不稳定。

（一）抗微生物活性

1. 敏感（MIC≤0.5μg/mL）　敏感的需氧革兰氏阳性菌包括芽孢杆菌属、棒状杆菌属、猪丹毒杆菌、李斯特菌属、马红球菌、葡萄球菌和链球菌等；敏感的需氧革兰氏阴性菌包括放线菌属、布鲁氏菌属、弯曲杆菌属和钩端螺旋体等；敏感的厌氧菌包括放线杆菌属、拟杆菌属（脆弱拟杆菌除外）、梭状芽孢杆菌及其他一些梭杆菌和厌氧球菌。此外，红霉素还对某些衣原体/嗜衣体属和支原体属具有很好的活性（表 13.1）。

表 13.1　兽用大环内酯类抗生素对特定细菌和支原体的体外抑菌活性（MIC_{90}，μg/mL）

病原体	红霉素	泰乐菌素	螺旋霉素	替米考星	加米霉素	泰拉霉素	泰地罗新
革兰氏阳性需氧菌							
化脓隐秘杆菌	2	2	4	0.05*		8	
猪丹毒杆菌	0.13	<0.13	0.25	<0.13			
马红球菌	≤0.25	64	128	32	1	>64	
金黄色葡萄球菌	0.25	2	8	1			

（续）

病原体	红霉素	泰乐菌素	螺旋霉素	替米考星	加米霉素	泰拉霉素	泰地罗新
无乳链球菌	≤1	1		4			
乳房链球菌	≤0.5	1	0.5*				
马链球菌兽疫亚种	≤0.25				0.125		
革兰氏阴性需氧菌							
胸膜肺炎放线杆菌	8	32	32	2		32	8
睡眠嗜组织菌	2	8	128	8	0.5	4	4
溶血性曼氏杆菌	16	128		4	1	2	1
多杀性巴氏杆菌	16	128		16	1	1	1
支气管败血波氏杆菌				16		8	4
副猪嗜血杆菌	2*			8*		2	1
牛莫拉氏菌	1	16		4		0.5	
牛莫拉氏菌属		16		≤4		4	
厌氧菌							
节瘤偶蹄形菌	0.25	1	1				
脆弱拟杆菌	32	0.25*	>64				
坏死梭杆菌	8	4	64	4		64	
螺旋体	>128	>128	>128	>64			
产气荚膜梭菌	4	2		4			
支原体							
牛支原体	0.5	0.5	4	>128	4	1	
猪鼻支原体	128	1	0.5	4		>32	
猪肺炎支原体	4	1	1	0.5		>32	
羊肺炎支原体	0.06	0.06	0.5	0.06			
丝状支原体							
脲原体属		0.13	0.5				
钩端螺旋体属	0.06	0.06					
胞内劳森氏菌	0.5	64		2			

注：*有报道称耐药。

2. 中度敏感（MIC 为 1～4μg/mL）　中度敏感的细菌包括肠球菌、化脓隐秘杆菌、波氏杆菌属的一些细菌，嗜血杆菌属、军团杆菌、立克次氏体属和巴氏杆菌。

3. 耐药（MIC≥8μg/mL）　耐药的细菌包括全部肠杆菌科、假单胞菌属、诺卡氏菌属、分枝杆菌属（堪萨斯分枝杆菌除外）和一些支原体。

（二）药代动力学特性

红霉素碱在胃酸中极易分解，因此，口服的红霉素需要肠溶包衣。当然，这也导致药物的吸收存在个体差异。可口服给药的红霉素形态包括游离碱、硬脂酸盐或磷酸盐以及依托酸酯或乙基琥珀酸酯。红霉素硬脂酸盐在肠道水解成有活性的游离碱，而红霉素依托酸酯或乙基琥珀酸酯则直接被吸收，进入机体内水解成有活性的游离碱。食物对红霉素口服吸收的影响非常明显。与所有大环内酯类抗生素一样，红霉素在体内分布很广，组织中浓度很高，但是渗透入脑脊液的药物很少。此外，前列腺中的药物浓度也大约只有血药浓度的一半。红霉素在体内代谢后，主要由胆汁排泄，虽然有一些经小肠重吸收，但是绝大部分药物仍随粪便排出，而随尿液排出的量仅占总给药量的3%～5%。

红霉素可注射给药的有游离碱、葡庚糖酸盐及乳糖醛酸盐。但是对注射部位的组织有一定的刺激作用。

（三）毒性和不良反应

严重不良反应的发生率相对较低，并且与动物种属有关。所有大环内酯类药物的一个共性就是其刺激性较大，会导致肌内注射时出现剧烈疼痛，静脉注射后会引起血栓性静脉炎和静脉周炎，乳房灌注后引起炎症反应。大多数动物在接受红霉素治疗时都会出现与剂量相关的胃肠道紊乱（恶心、呕吐、腹泻、肠

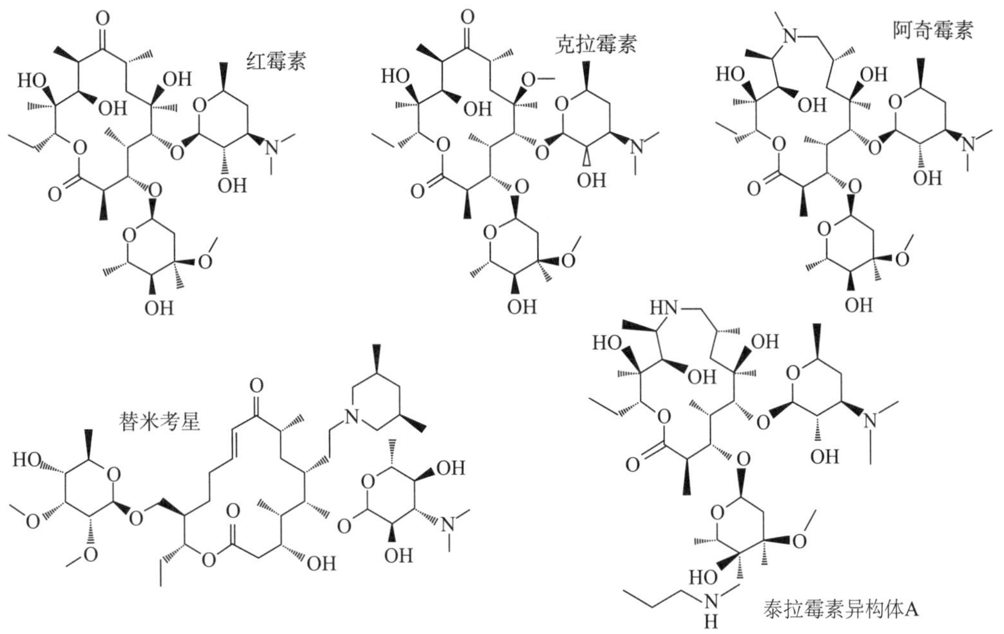

图 13.2　大环内酯类结构式（由 Jérôme del Castillo 提供）

痛），可能是或打破肠道正常微生物菌群的平衡或结合胃动素受体引起平滑肌的刺激作用的结果。这些不良反应对动物并不致命，成年马除外，这是因为大环内酯类药物经胆汁大量排泄，能引起成年马的剧烈腹泻。有报道称在使用红霉素治疗成年马的艰难梭菌感染时出现死亡的现象（Gustafsson 等，1997）。有趣的是，在使用红霉素和利福平治疗马驹的马红球菌感染时，母马却出现了艰难梭菌感染的剧烈腹泻。这可能是母马从马驹的粪便中摄入了少量的红霉素，亦或是母马从马驹获得了红霉素耐药的艰难梭菌感染，或者是两种情况的结合（Båverud 等，1998）。也有兔死于由该不良反应引起的盲肠结肠炎的报道。红霉素经口给药会引起反刍犊牛的剧烈腹泻，加之药物吸收较差，因此不推荐牛口服红霉素。红霉素在犬和猫的应用较为安全。红霉素依托酸酯能引起自限性淤胆型肝炎和黄疸，并伴有腹痛，特别是在长期重复使用或是有肝病史的患者中，这种不良反应更加明显。

红霉素在马驹的其他不良反应还包括高热和呼吸困难，在高温环境饲养的马驹中，这种不良反应尤为显著（Traub-Dargatz 等，1996）。

（四）用法和用量

红霉素的用量见表 13.2。静脉注射时，红霉素必须稀释后缓慢地输注，以防发生不良反应。

表 13.2　部分大环内酯类抗生素在不同动物的用量

动物种类	药物	剂量（mg/kg）	给药途径	给药间隔（h）
犬、猫	红霉素	10～20	PO	8～12
	克拉霉素	5～10	PO	12
	阿奇霉素	5（猫）、10（犬）	PO	24
	泰乐菌素	10～20	PO	12
		5～10	IM	12
反刍动物	红霉素	1.1～2.2	IM	24
	泰乐菌素	4～10	IM	24
	替米考星[a]	10	SC	单剂量
	泰拉霉素	2.5	SC	单剂量
	加米霉素	6	SC	单剂量
	泰地罗新	4	SC	单剂量

（续）

动物种类	药物	剂量（mg/kg）	给药途径	给药间隔（h）
马[b]	红霉素	25	PO	6～8
	红霉素	5	IV*	6
	克拉霉素	7.5	PO	12
	阿奇霉素	10	PO，IV*	24～48
猪	红霉素	2～20	IM	12～24
	泰乐菌素	9	IM	12～24
	替米考星	200～400g/t 混饲		
	泰拉霉素	2.5	IM	单剂量
	泰地罗新	4	IM	单剂量
	泰万菌素	50～100g/t 混饲		
	泰万菌素	50mg/kg	饮水	

注：*缓慢静脉输液；a 仅限于牛和羊；b 主要指用在马驹。

（五）临床应用

红霉素可用于预防或治疗由空肠弯曲杆菌引起的腹泻或流产。在治疗由敏感的革兰氏阳性需氧菌引起的感染时，红霉素还可以替代青霉素用于对青霉素过敏的动物，可以替代氨苄西林或阿莫西林治疗钩端螺旋体病，另外还可替代四环素类药物治疗立克次氏体感染，但是替代克林霉素或甲硝唑治疗由厌氧菌引起的感染较差。通常只有抑菌作用是红霉素和其他大环内酯类药物的缺点。

1. 牛、绵羊和山羊 红霉素用于治疗呼吸道疾病有限，因为引起呼吸道疾病的常见菌如睡眠嗜组织菌、化脓隐秘杆菌和厌氧菌对红霉素中度敏感，而一些支原体和大部分溶血性曼氏杆菌分离株对其具有耐药性。因为红霉素注射给药时产生极大的痛感，所以在有其他抗菌药物可用的情况下，应尽量避免使用红霉素。而治疗泌乳期和干奶期奶牛乳房炎时，乳房灌注可能是红霉素最好的给药方式，因为红霉素在牛奶中的休药期短，只有 36h。以 10mg/kg 单剂量肌内注射红霉素，对绵羊的恶性腐蹄病有很好的治疗效果（Ware 等，1994）。

2. 猪 红霉素除了治疗猪的钩端螺旋体病外，很少用于治疗猪的其他感染（Alt 和 Bolin，1996）。

3. 马 红霉素可以替代青霉素 G 或者复方磺胺甲氧苄啶制剂用于治疗葡萄球菌和链球菌感染。然而，红霉素导致腹泻的潜在风险限制了其在成年马的应用。红霉素还可以用于治疗马驹的马红球菌肺炎，但是需要与利福平联合使用，一方面可以起到协同作用，另一方面还可以降低出现耐药突变的风险。另外，马肌内注射红霉素会出现严重的局部刺激。有报道称，口服联合使用红霉素和利福平，能够成功治疗实验室诱导的新立克次氏体感染，表明这种联合用药可以替代四环素类药物治疗此种感染（Palmer 和 Benson，1992）。此外，红霉素单独使用或联合利福平使用还可以治疗马驹的胞内劳森氏菌感染（Lavoie 等，2000）。

4. 犬和猫 治疗革兰氏阳性球菌和厌氧菌引起的感染时，红霉素可能只能作为第二选择。但是可以用于治疗空肠弯曲杆菌肠炎（Monfort 等，1990）。

5. 家禽 红霉素通常经饮水给药用于葡萄球菌或链球菌感染、坏死性皮炎、传染性鼻炎和鸡败血支原体感染的预防和治疗。

参考文献

Alt DP，Bolin CA. 1996. Preliminary evauation of antimicrobial agents for treatment of *Leptospira interrogans serovar pomona* infection in hamsters and swine. Am J Vet Res 57：59.

Båverud V，et al. 1998. *Clostridium difficile* associated with acute colitis in mares when their foals are treated with erythromycin and rifampicin for *Rhodococcus equi* pneumonia. Equine Vet J 30：482.

Gustafsson A，et al. 1997. The association of erythromycin ethylsuccinate with acute colitis in horses in Sweden. Equine Vet J 29：314.

Lavoie JP, et al. 2000. Equine proliferative enteropathy: a cause of weight loss, colic, diarrhoea and hypoproteinaemia in foals on three breeding farms in Canada. Equine Vet J 32: 418.
McOrist S, et al. 1995. Antimicrobial susceptibility of ileal symbiont intracellularis isolated from pigs with proliferative enteropathy. J Clin Microbiol 33: 1314.
Monfort JD, et al. 1990. Efficacies of erythromycin and chloramphenicol in extinguishing fecal shedding of *Campylobacter jejuni* in dogs. J Am Vet Med Assoc 196: 1069.
Palmer JE, Benson CE. 1992. Effect of treatment with erythromycin and rifampin during the acute stages of experimentally induced equine ehrlichial colitis in ponies. Am J Vet Res 53: 2071.
Traub-Dargatz J, et al. 1996. Hyperthermia in foals treated with erythromycin alone or in combination with rifapin for respiratory disease during hot environmental conditions. Am Assoc Equine Pract 42: 243.
Ware JKW, et al. 1994. Efficacy of erythromycin compared with penicillin/streptomycin for the treatment of virulent footrot in sheep. Aust Vet J 71: 89.

二、泰乐菌素

泰乐菌素是从弗氏链霉菌（*Streptomyces fradiae*）的培养液中分离得到的一种大环内酯类抗生素。其化学结构和作用机制与其他大环内酯类抗生素相似。

（一）抗微生物活性

泰乐菌素与红霉素有相似的抗菌谱。除猪痢疾密螺旋体外，对细菌的抗菌活性较低，但是对大部分支原体属具有很好活性（表 13.1）。

（二）药代动力学特性

泰乐菌素的药代动力学特性与大环内酯类药物的特点大体一致。泰乐菌素是一种弱碱（pK_a 7.1），极易溶于水。在犬和牛的消除半衰期大约为 1h，表观分布容积分别为 1.7 L/kg 和 1.1L/kg。而在绵羊、山羊和猪的半衰期要长得多，大约为 4h。

（三）毒性和不良反应

泰乐菌素是一种相对安全的药物。其毒性作用与红霉素基本一致。肌内或皮下注射时，对局部组织有刺激性。有报道，猪注射药物后出现水肿、瘙痒、直肠黏膜水肿和轻度肛门凸出。这些不良反应可能由药物载体造成。有报道称，泰乐菌素会引起马严重腹泻，甚至可以致死。有报道，因疏忽给奶牛饲喂了污染有 7～20mg/kg 泰乐菌素的饲料后导致瘤胃迟缓、食欲不振、粪便恶臭和产奶量下降。许多奶牛非常敏感，其中一些久卧不起（Crossman 和 Poyser，1981）。牛静脉注射泰乐菌素会出现休克、呼吸困难和抑郁。此外，泰乐菌素和螺旋霉素还能诱发临床兽医师的接触性皮炎。

（四）用法与用量

泰乐菌素在猪可以通过肌内注射、乳房灌注或者混饲给药。另外，酒石酸泰乐菌素在肠道易于吸收，而磷酸泰乐菌素的吸收较差。

（五）临床应用

泰乐菌素对大部分细菌的抗菌活性不如红霉素，但是对支原体具有更高的活性。在猪，泰乐菌素还用作促生长剂，但是在预防和治疗猪痢疾及支原体感染时已被活性更高的泰妙菌素所取代。除了对抗支原体感染外，泰乐菌素和红霉素一样，在大部分临床情况下不作为首选药物。

1. 牛、绵羊和山羊　泰乐菌素主要用于由牛支原体引起的肺炎以及犊牛的中内耳炎。其他一些适应证还包括腐蹄病、子宫炎、急性传染性结膜炎、革兰氏阳性球菌引起的乳腺炎。在精料中添加低浓度的泰乐菌素可以促进饲养场牛的增重，提高饲料报酬率，还能预防肝脓肿。由于新型大环内酯类抗生素的出现，除上述应用外，泰乐菌素在其他方面使用较少。

泰乐菌素（7.5～15mg/kg 肌内注射，一日 2 次）能够成功控制和消除试验性感染的牛丝状支原体肺炎。对于犊牛的支原体肺炎和关节炎，泰乐菌素也有效。但是有研究表明，以 10mg/kg 的剂量一日 2 次肌内注射泰乐菌素后，仅能拖延实验诱发的牛支原体关节炎的发病，但是没有预防作用（Stahlheim，1976）。泰乐菌素还可用于治疗山羊的支原体肺炎，如丝状支原体等感染。建议以 25～35mg/kg 的高剂量静脉注射，给药间隔 8～12h。

2. 猪 泰乐菌素在一些国家用作促生长剂，以提高猪的增重。在仔猪不同阶段注射泰乐菌素可以有效降低猪萎缩性鼻炎的发病率，尽管巴氏杆菌对其有很高的 MIC，但试验表明泰乐菌素对多杀性巴氏杆菌（或者其产物 Pmt 毒素）有很好的抑制作用。新生仔猪注射泰乐菌素可以减轻猪支原体肺炎的发病损害（Kunesh，1981）。在治疗试验性支原体及细菌混合感染的肺炎时，泰乐菌素疗效不如泰妙菌素（Hannan 等，1982）。泰乐菌素以 8.8mg/kg 剂量一日 2 次肌内注射，或泰乐菌素磺胺类复方制剂各以 100mg/kg 混饲，对人工诱导的多杀性巴氏杆菌和化脓隐秘杆菌性肺炎有很好的疗效（Matsuoka 等，1983）。

泰乐菌素对猪痢疾的防控正面临着日益严重的耐药性的考验。泰乐菌素在体内的药效作用随 MIC 范围为 4～32μg/mL 或＞32μg/mL。泰乐菌素的衍生物对耐药微生物有着更高的活性（Jacks 等，1986）。泰乐菌素（100mg/kg）还能够有效地防治猪的增生性肠炎（McOrist 等，1997）。而其他有潜力的应用包括注射给药治疗猪丹毒和涉及化脓隐秘杆菌和厌氧菌的感染。另外，泰乐菌素（44mg/kg，肌内注射，一日 1 次，连用 5d）还能有效地治疗人工诱导的猪钩端螺旋体病（Alt 和 Bolin，1996）。

3. 马 马注射泰乐菌素能够致命。目前，泰乐菌素在马没有口服剂型，原因是口服很可能导致马的小肠结肠炎。

4. 犬和猫 在犬，泰乐菌素能够治愈一些致病菌如葡萄球菌、链球菌、厌氧菌和支原体等引起的脓肿、创伤感染、扁桃体炎、支气管炎和肺炎。然而有报道称，给犬注射此药会引起注射部位的疼痛和肿胀，口服后还会出现呕吐的现象。有一种泰乐菌素与磺胺类的复方药物已批准用于治疗犬的上呼吸道感染。而对于猫的上呼吸道混合感染，泰乐菌素也往往有很好的疗效，这可能是因为其对嗜衣原体和支原体的效果。另有报道，犬口服泰乐菌素对中间葡萄球菌脓皮病的治疗效果也非常好（Scott 等，1994；Harvey，1996），研究表明以 10mg/kg 的剂量间隔 12h 给药和以 20mg/kg 剂量间隔 12h 给药后的疗效几乎没有差别（Scott 等，1996）。另外，犬口服泰乐菌素还能够有效地缓解腹泻，但在排除了特殊因素影响的情况下，仍会出现慢性肠炎症状（Westermark 等，2005）。在最近一次的前瞻性随机双盲临床试验中，泰乐菌素以 25mg/kg 剂量给药，给药间隔为 24h，结果 20 只犬中有 17 只（85%）的粪便恢复正常黏稠度，而安慰剂组的 7 只犬中只有 2 只的粪便黏稠度得到改善（Kilpinen 等，2011）。

5. 家禽 肌内注射泰乐菌素能够控制禽支原体感染，饮水给药能够控制禽螺旋体病。但是由于部分鸡毒支原体分离株存在耐药性，可能导致泰乐菌素对其药效有所下降（Migaki 等，1993）。有研究表明，用于控制肉鸡的鸡毒支原体感染时，泰乐菌素的治疗效果与达氟沙星相比相差无几（Jordan 等，1993）。然而在治疗蛋鸡的滑液囊支原体感染时，使用泰乐菌素连续饮水给药 5d，蛋壳很容易出现畸形（Catania 等，2010）。

参考文献

Aarestrup FM, et al. 1998. Surveillance of antimicrobial resistance in bacteria isolated from food animals to antimicrobial growth promoters and related therapeutic agents in Denmark. APMIS 106：606.

Alt DP, Bolin CA. 1996. Preliminary evaluation of antimicrobial agents for treatment of *Leptospira interrogans* serovar *pomona* infection in hamsters and swine. Am J Vet Res 57：59.

Catania S, et al. 2010. Treatment of eggshell abnormalities and reduced egg production caused by *Mycoplasma synoviae* infection. Avian Dis 54：961.

Crossman PJ, Poyser MR. 1981. Effect of inadvertently feeding tylosin and tylosin and dimetridazole to dairy cows. Vet Rec 108：285.

Hannan PCT, et al. 1982. Tylosin tartrate and tiamulin effects on experimental piglet pneumonia induced with pneumonic pig lung homogenate containing mycoplasma, bacteria, and viruses. Res Vet Sci 33：76.

Harvey RG. 1996. Tylosin in the treatment of canine superficial pyoderma. Vet Rec 139：185.

Jacks TM, et al. 1986. 3-acetyl-4N-isovaleryl tylosin for prevention of swine dysentery. Am J Vet Res 47：2325.

Johnston WS. 1975. Eradication of Str. *agalactiae* from infected herds using erythromycin. Vet Rec 96：430.

Jordan FTW, et al. 1993. A comparison of the efficacy of danofloxacin and tylosin in the control of *Mycoplasma gallisepticum* infection in broiler chickens. J Vet Pharm Ther 16：79.

Kilpinen S, et al. 2011. Effect of tylosin on dogs with suspected tylosin-responsive diarrhea: a placebo-controlled, randomized, double-blinded, prospective clinical trial. Acta Vet Scand 53：26.

Kunesh JP. 1981. A comparison of two antibiotics in treating *Mycoplasma* pneumonia in swine. Vet Med Small Anim Clin 76：871.

Matsuoka T, et al. 1983. Therapeutic effect of injectable tylosin against induced pneumonia in pigs. Vet Med Small Anim Clin 78：951.

McOrist S, et al. 1997. Oral administration of tylosin phosphate for treatment and prevention of proliferative enteropathy in pigs. Am J Vet Res 58：136.

Migaki TT, et al. 1993. Efficacy of danofloxacin and tylosin in the control of mycoplsmosis in chicks infected with tylosin-susceptible or tylosin-resistant field isolates of *Mycoplasma gallisepticum*. Avian Dis 37：508.

Scott DW, et al. 1994. Efficacy of tylosin tablets for the treatment of pyoderma due to *Staphylococcus intermedius* infection in dogs. Can Vet J 35：617.

Scott DW, et al. 1996. Further studies on the efficacy of tylosin tablets for the treatment of pyoderma due to *Staphylococcus intermedius* infection in dogs. Can Vet J 37：617.

Stahlheim OHV. 1976. Failure of antibiotic therapy in calves with mycoplasmal arthritis and pneumonia. J Am Vet Med Assoc 189：1096.

Westermark E, et al. 2005. Tylosin-responsive chronic diarrhea in dogs. J Vet Intern Med. 19：177.

三、螺旋霉素

螺旋霉素对细菌的抗菌活性比红霉素低好几倍。与其他大环内酯类药物具有相似的抗菌谱，但是其对支原体的作用不如泰乐菌素和泰妙菌素。在耐药性、药物间相互作用以及毒性方面，螺旋霉素与其他大环内酯类药物基本一致。

尽管体外抗菌活性较低，但是螺旋霉素极易在组织中聚集，且部分与组织结合。从而导致螺旋霉素在各种器官中的浓度可达血药浓度的25～60倍，也使得在血药浓度已经微乎其微的情况下，药物在体内仍有残存。因此，才会出现螺旋霉素体外抗菌活性低于红霉素，在体内反而更高的奇异现象。与其他大环内酯类药物一样，螺旋霉素也能直接作用于吞噬细胞，所以对入侵细胞内的微生物有特殊的作用。在人医上，螺旋霉素可用于治疗弓形体病（Hotop等，2012）。Schilferli等发现，螺旋霉素以50mg/kg的剂量对犊牛注射给药，一日2次，连用5d，最终肺中的药物浓度能达到约100μg/g。但是，并非所有这些药物都是有活性的，例如在乳腺组织中大约75%的药物没有活性。另外，组织中的高浓度药物也导致螺旋霉素的残留期更长，这种现象在食品动物中普遍存在，而在治疗奶牛乳房炎时药物残留的问题显得尤为突出。在法国，螺旋霉素被广泛地用于治疗农场动物的感染。其临床应用与泰乐菌素大体相同。

螺旋霉素在欧盟禁用之前，广泛用作肉鸡的促生长剂。同时，螺旋霉素的饲喂也导致鸡的耐药菌在欧洲广泛传播（Aarestrup等，1998）。

1. 牛、绵羊和山羊　螺旋霉素在牛、绵羊和山羊的应用与泰乐菌素类似。以25mg/kg剂量肌内注射螺旋霉素，给药3次，给药间隔为48h，能够成功治疗牛传染性胸膜肺炎（Provost，1974）。在一项治疗牛呼吸系统疾病的临床试验中，螺旋霉素比氟苯尼考的疗效低得多（Madelenat等，1997）。在另外一项研究中，螺旋霉素以单剂量20mg/kg肌内注射后，在患乳房炎奶牛的牛奶中，药物浓度维持在2.5μg/mL之上可达48h之久。最后一次挤奶后，以此剂量肌内注射螺旋霉素后，牛奶中的有效药物浓度持续6～8d（Ziv，1974）。在泌乳奶牛中，单次乳房灌注600mg/kg螺旋霉素，有效血药浓度可维持36～48h，但是持久的药物残留限制了该药的使用。螺旋霉素连续注射给药3～5d治疗由耐青霉素金黄色葡萄球菌引起的乳房炎，疗效无法令人满意（Pyorala和Pyorala，1998）。在母羊妊娠的后1/3阶段，螺旋霉素经口以100mg/kg单剂量给药，能有效地预防人工感染的弓形虫流产。而在反刍动物中，口服螺旋霉素的生物利用度比较有限。螺旋霉素以20～30mg/kg剂量肌内注射，能够成功治疗绵羊传染性立克次体角膜结膜炎；在一些严重的病例中，螺旋霉素在第一次注射后需要重复给药5～10d（Konig，1983）。另一个有趣且比较有潜力的应用是单次注射螺旋霉素注射剂，能够治疗绵羊和牛的子宫内膜炎，这得益于螺旋霉素非常长的半衰期（Cester等，1990）。

2. 猪和家禽　在猪和家禽中，螺旋霉素的应用与泰乐菌素基本相同。

参 考 文 献

Aarestrup FM, et al. 1998. Surveillance of antimicrobial resistance in bacteria isolated from food animals to antimicrobial growth promoters and related therapeutic agents in enmark. APMIS 106：606.

Cester CC，et al. 1990. Spiramycin concentrations in plasma and genital-tract secretions after intravenous injection in the ewe. J Vet Pharm Ther 13：7.

Hotop A，et al. 2012. Efficacy of rapid treatment initiation following primary *Toxoplasma gondii* infection during pregnancy. Clin Infect Dis 54：1545.

Konig CDW. 1983. "Pink eye" or "zere oogjes" or keratoconjunctivitis infectiosa ovis (KIO). Clinical efficacy of a number of antimicrobial therapies. Vet Q 5：122.

Madelenat A，et al. 1997. Efficacite comparee du florfenicol et de la spiramycine longue action，associe a la flunixine meglumine，dans le traitement des maladies respiratoires du veau de boucherie. Rec Med Vet 173：113.

Provost A. 1974. Essai de traitement de la spiramycin chez les brebis et les vaches laitieres. Can Med Vet 43：140.

Pyorala SH，Pyorala EO. 1998. Efficacy of parenteral administration of three antimicrobial agents in treatment of clinical mastitis in lactating cows：487 cases (1989 - 1995). J Am Vet Med Assoc 212：407.

Renard L，et al. 1996. Pharmacokinteic-pharmacodynamic model for spiramycin in staphylococcal mastitis. J Vet Pharm Ther 19：95.

Schilferli D，et al. 1981. Distribution tissulaire de la penicillin，de l' oxytetracycline et del a spiramycine chez le veau au cours d' une antibiotique courante. Schweiz Arch Tierheilkd 123：507.

Ziv G. 1974. Profil pharmacocinetique de la spiramycine chez les brebis et les vaches laitieres. Cah Med Vet 43：371.

四、替米考星

替米考星，20-脱氧-20-（3，5-二甲基-1-哌啶基）脱碳霉糖泰乐菌素，是一种半合成的泰乐菌素的衍生物。

（一）抗微生物活性

替米考星的抗菌活性和抗支原体活性介于红霉素和泰乐菌素之间（表 13.1）。作为典型的大环内酯类药物，替米考星能够抑制梭状芽胞杆菌属、葡萄球菌属和链球菌属等革兰氏阳性菌，能够抑制放线杆菌属、弯曲杆菌属、嗜组织菌属和巴氏杆菌属等革兰氏阴性菌。而所有的肠杆菌均耐药，支原体的敏感性差异性相当大。从呼吸系统疾病患牛中分离的溶血性曼氏杆菌以 MIC≤8μg/mL 认为敏感，MIC=16μg/mL 认为中度敏感，MIC≥32μg/mL 认为耐药。在溶血性曼氏杆菌（745 中有 6 株，0.8%）和多杀性巴氏杆菌分离株（231 中有 16 株，6.9%）中，对替米考星耐药性非常低（McClary 等，2011）。另外，从呼吸系统疾病患猪分离到的多杀性巴氏杆菌和胸膜肺炎放线杆菌以 MIC≤16μg/mL 认为敏感，MIC≥32μg/mL 认为耐药。

（二）药代动力学特性

替米考星的药代动力学特性与其他大环内酯类药物大体相似，特点是血药浓度较低，但是表观分布容积很大（>10L/kg），同时会在组织（包括肺）中蓄积且残留严重，甚至可能达到血药浓度的 20 倍。牛皮下注射替米考星，生物利用度可达 100%，半衰期为 21～35h（Lombardi 等，2011）。奶牛以 10mg/kg 单剂量皮下注射替米考星后，牛奶中高于 0.8μg/mL 的浓度可维持 8～9d（Ziv 等，1995）。猪口服替米考星能够迅速吸收，但是消除缓慢（消除半衰期为 25h）（Shen 等，2005）。相反地，马口服替米考星后并不吸收。马肌内注射或皮下注射替米考星后，药物会在吞噬细胞和肺组织中蓄积（Womble 等，2006；Clark 等，2008）。

（三）毒性和不良反应

替米考星对心血管系统具有潜在毒性，并且在一定程度上存在种属差异。猪以 10～20mg/kg 的剂量肌内注射会致死。应特别注意避免意外给人注射，因为同样可以致命。在山羊，皮下注射的毒性剂量大约只有 30mg/kg，而静脉注射为≥2.5mg/kg。在马，皮下或肌内注射替米考星会引起注射部位的剧烈反应，有些还会引起腹泻（Womble 等，2006；Clark 等，2008）。替米考星的毒性作用是由药物对心脏的作用决定的，其机理可能是钙离子的快速降低（Main 等，1996）。

（四）用法与用量

用法见表 13.2。

（五）临床应用

1. 牛、绵羊和山羊　将替米考星研制成长效制剂用于治疗牛的呼吸系统疾病。10mg/kg 单次皮下注射，肺中高于溶血性曼氏杆菌 MIC 值的药物浓度可维持 72h。试验和临床数据显示，单次皮下注射替米考星对饲养场新到牛有预防疾病的作用，也能够治疗牛肺炎（Ose 和 Tonkinson，1988；Schumann 等，1991；Young，1995；Musser 等，1996；Rowan 等，2004）。20mg/kg 的剂量比 10mg/kg 剂量的药效略有提高（Gorham 等，1990）。有些动物，有必要在 3d 后重复注射给药（Laven 和 Andrews，1991；Scott，1994）。替米考星未批准用于泌乳牛，因为在很长一段时间内（2～3 周），牛奶中仍能检测出残留药物。在干乳期，牛乳房灌注替米考星对于治疗金黄色葡萄球菌感染时非常有效（Dingwell 等，2003）。然而，由于持久的药物残留，替米考星不应通过乳房灌注途径用于泌乳期奶牛。在意外将替米考星经乳房灌注给泌乳期奶牛时，其所有乳房产出的牛奶都应当废弃，且至少到 82d（Smith 等，2009）。

替米考星被批准单次皮下注射用于治疗绵羊溶血性曼氏杆菌引起的呼吸系统疾病。但是在山羊使用替米考星可能会致死。

2. 猪　在试验和临床研究中，替米考星通过混饲给药（200～400mg/kg）能够有效控制猪的放线杆菌属或多杀性巴氏杆菌性肺炎（Paradis，2004）。替米考星还能有效地控制猪萎缩性鼻炎。磷酸替米考星以 400mg/kg 混饲能够显著降低扁桃体表面的胸膜肺炎放线杆菌，但是不能清除扁桃体深层组织的致病菌，也不能防止带菌动物的细菌排放（Fittipaldi 等，2005）。目前，尚无替米考星治疗支原体肺炎的相关信息。替米考星体外对胞内劳森菌有很好的抑制效果，故有可能可以控制猪增生性肠炎。值得注意的是，替米考星对猪只能通过口服给药，因为肌内注射会引起呕吐、呼吸急促、抽搐，有时还会导致死亡。

3. 兔　替米考星以 25mg/kg 剂量皮下注射能够有效治疗兔的巴氏杆菌病；但是以此剂量需要 3d 后重复给药 1 次，以进一步增加临床治愈的可能（McKay 等，1996）。

4. 家禽　替米考星以 50mg/L 饮水给药，连续 3d 或 5d，能有效治疗试验诱导的鸡毒支原体感染（Charleston 等，1998）。以 300～500g/t 的剂量混饲能预防感染；有趣的是，使用药丸黏结剂膨润土会以一种浓度依赖型方式抑制替米考星的药效（Shryock 等，1994）。

5. 马　由于对注射位点产生严重刺激反应以及存在引发结肠炎的风险，替米考星几乎未见用于治疗马的感染。

6. 其他动物　由于替米考星毒性较大，除了上述动物外，禁止用于其他动物。

参考文献

Charleston B, et al. 1998. Assessment of the efficacy of tilmicosin as a treatment for *Mycoplasma gallisepticum* infections in chickens. Avian Pathol 27：190.

Clark C, et al. 2008. Pharmacokinetics of tilmicosin in equine tissues and plasma. J Vet Pharmacol Therap 31：66.

Dingwell RT, et al. 2003. Efficacy of intramammary tilmicosin and risk factors for cure of Staphylococcus aureus infection in the dry period. J Dairy Sci 86：159.

Fittipaldi N, et al. 2005. Assessment of the efficacy of tilmicosin phosphate to eliminate *Actinobacillus pleuropneumoniae* from carrier pigs. Can J Vet Res 69：146.

Gorham PE, et al. 1990. Tilmicosin as a single injection treatment for respiratory disease of feedlot cattle. Can Vet J 31：826.

Laven R, Andrews AH. 1991. Long-acting antibiotic formulations in the treatment of calf pneumonia：A comparative study of tilmicosin and oxytetracycline. Vet Rec 129：109.

Lombardi KR, et al. 2011. Pharmacokinetics of tilmicosin in beef cattle following intravenous and subcutaneous administration. J Vet Pharmacol Therap 34：583.

Main BW, et al. 1996. Cardiovascular effects of the macrolide antibiotic, tilmicosin, administered alone or in combination with propanolol or dobutamine, in conscious unrestrained dogs. J Vet Pharm Ther 19：225.

McClary DG, et al. 2011. Relationship of in vitro minimum inhibitory concentrations of tilmicosin against *Mannheimia haemolytica* and *Pasteurella multocida* and in vivo tilmicosin treatment outcome among calves with signs of bovine respiratory disease. Am J Vet Res 239：129.

McKay SG, et al. 1996. Use of tilmicosin for treatment of pasteurellosis in rabbits. Am J Vet Res 57：1180.

Musser J, et al. 1996. Comparison of tilmicosin with longacting oxytetracycline for treatment of repsiratory disease in calves. J

Am Vet Med Assoc 208：102.

Ose EE, Tonkinson LV. 1988. Single-dose treatment of neonatal calf pneumonia with the new macrolide antibiotic tilmicosin. Vet Rec 123：367.

Paradis MA. 2004. Efficacy of tilmicosin in the control of experimentally induced Actinobacillus pleuropneumoniae infection in swine. Can J Vet Res 68：7.

Rowan TG, et al. 2004. Efficacy of danofloxacin in the treatment of respiratory disease in European cattle. Vet Rec 154：585.

Schumann FJ, et al. 1991. Prophylactic medication of feedlot calves with tilmicosin. Vet Rec 128：278.

Scorneaux B, Shryock TR. 1998. Intracellular accumulation, subcellular distribution and efflux of tilmicosin in swine phagocytes. J Vet Pharm Ther 21：257.

Scott PR. 1994. Field study of undifferentiated respiratory disease in housed beef calves. Vet Rec 134：325.

Shen J, et al. 2005. Pharmacokinetics of tilmicosin after oral administration in swine. Am J Vet Res 66：1071.

Shryock TR, et al. 1994. Effect of bentonite incorporated in a feed ration with tilmicosin in the prevention of induced *Mycoplasma gallisepticum* airsacculitis in broiler chickens. Avian Dis 38：501.

Smith GW, et al. 2009. Elimination kinetics of tilmicosin following intramammary administration in lactating dairy cattle. J Am Vet Assoc 234：245.

Womble A, et al. 2006. Pulmonary disposition of tilmicosin in foals and in vitro activity against *Rhodococcus equi* and other common equine bacterial pathogens. J Vet Pharm Ther 29：561.

Young C. 1995. Antimicrobial metaphylaxis for undifferentiated bovine respiratory disease. Comp Cont Ed Pract Vet 17：133.

Ziv G, et al. 1995. Tilmicosin antibacterial activity and pharmacokinetics in cows. J Vet Pharm Ther 18：340.

五、泰拉霉素

泰拉霉素是一种半合成大环内酯类抗生素，是由具有 13 元环（10%）和 15 元环（90%）的大环内酯类物质组成的同分异构体的混合物。这种特殊的结构特征使其成为大环内酯类药物中的一种新类型——三酰胺类。

（一）抗微生物活性

泰拉霉素的抗菌活性与替米考星相似。该药体外对许多革兰氏阴性菌具有活性，如溶血性曼氏杆菌、多杀性巴氏杆菌、睡眠嗜组织菌、牛莫拉氏菌、坏死梭杆菌、胸膜肺炎放线杆菌、副猪嗜血杆菌（MIC_{90}为 2μg/mL）和支气管败血波代氏菌（MIC_{90}为 8μg/mL）。尽管耐药性问题普遍存在，但泰拉霉素对大部分支原体的体外抑制活性都很强。而对革兰氏阳性菌的抗菌活性还未开展广泛的研究。基于少量分离株的研究表明，泰拉霉素对化脓隐秘杆菌（MIC_{90}为 1μg/mL）有很好的抗菌活性，但是对马红球菌（MIC_{90}>64μg/mL；表 13.1）的抗菌活性较差。而对于从呼吸系统疾病患牛分离到的溶血性曼氏杆菌、多杀性巴氏杆菌和睡眠嗜组织菌，如 MIC≤16μg/mL 认为敏感，MIC≥64μg/mL 认为耐药。

（二）药代动力学特性

泰拉霉素在牛、猪、山羊和马的药代动力学特性都是在注射部位迅速吸收，并广泛地分布于各组织，但是由于肺中持续的高浓度，故在各种动物体内的消除都很缓慢。皮下注射（牛）和肌内注射（猪）泰拉霉素的生物利用度都约为 90%，消除半衰期约为 90h。在牛静脉注射泰拉霉素的表观分布容积为 12L/kg。肺中的峰浓度约为 4μg/g，而且肺组织中的药物浓度与同一时间点的血药浓度相比，高出 25～280 倍。牛肺组织中的药物消除半衰期约为 11d（Nowakoski 等，2004；Benchaoui 等，2004；Cox 等，2010）。另有研究表明，泰拉霉素会在牛和马的支气管肺泡细胞中蓄积，而且药物从这些细胞中的消除非常缓慢（Scheuch 等，2007；Cox 等，2010）。猪口服泰拉霉素的生物利用度约为 50%（Wang 等，2011）。

（三）毒性和不良反应

泰拉霉素在猪和牛上使用非常安全。在药物的临床开发期间，没有出现严重的不良反应事件。在 10 倍推荐剂量下，最显著的不良反应也只是注射部位的疼痛、肿胀和变色。基于有限的数据，泰拉霉素在山羊（Clothier 等，2010）和马驹（Venner 等，2007）的使用较为安全。而尚未开展在其他动物的安全性评估。

（四）用法和用量

用法见表 13.2。

（五）临床应用

1. 牛　泰拉霉素被批准用于治疗或控制由溶血性曼氏杆菌、多杀性巴氏杆菌、睡眠嗜组织菌和牛支原体引起的牛呼吸系统疾病。其他获批的适应证还包括由牛莫拉氏菌引起的传染性牛角膜结膜炎和由坏死梭杆菌及利氏卟啉单胞菌引起的牛腐蹄病（趾间坏死）。多项研究表明，在防治牛不明确的呼吸系统疾病时，泰拉霉素比氟苯尼考或替米考星的效果更好（Nutsch 等，2005a；Rooney 等，2005；Skogerboe 等，2005）。泰拉霉素对人工感染牛支原体的犊牛同样具有很好的治疗效果（Godinho 等，2005）。有趣的是，不管感染菌株的 MIC 值是多少（1μg/mL 或＞64μg/mL），泰拉霉素均有效。泰拉霉素还能够清除人工感染牛的尿液和肾脏中的哈德焦血清型博氏钩端螺旋体，尽管该病并不是已获批的适应证（Cortese 等，2007）。

2. 猪　泰拉霉素能够治疗由胸膜肺炎放线杆菌、多杀性巴氏杆菌、支气管败血波氏杆菌、副猪嗜血杆菌或者猪肺炎支原体引起的猪的呼吸系统疾病。该药已经批准用于控制猪群中确诊为胸膜肺炎放线杆菌、多杀性巴氏杆菌或猪支原体感染的病例。在治疗猪不明原因的呼吸系统疾病时，泰拉霉素至少与头孢噻呋、氟苯尼考或者泰妙菌素的治疗效果相当（McKelvie 等，2005；Nutsch 等，2005b）。另有报道，在治疗人工感染肺炎支原体的猪时，单剂量的泰拉霉素与 3d 剂量的恩诺沙星的疗效相当（Nanjiani 等，2005）。

3. 绵羊和山羊　尽管没有批准用于小型反刍动物，但是在治疗其呼吸系统疾病时，泰拉霉素确实是一个合理的替代药物。在一项非受控的研究中，对患有干酪样淋巴结炎的绵羊和山羊进行封闭清洗，结合病灶内或皮下注射泰拉霉素，大多数病例的脓肿好转（Washburn 等，2009）。然而，目前还未见泰拉霉素对伪结核棒状杆菌的体外抗菌活性的研究。

4. 马　在一个马红球菌感染发病率较高的农场，泰拉霉素曾用于与阿奇霉素-利福平联合用药进行了临床比较，用药对象是经超声筛查确诊为亚临床性肺炎的马驹。虽然存活率在统计学上差异并不显著，但是泰拉霉素首次给药 1 周后，肺部脓肿明显更大，疗程明显更长，这也说明泰拉霉素不如阿奇霉素-利福平联合的标准疗法效果好（Venner 等，2007）。这些结果也由体外抑菌实验得到了印证，泰拉霉素对马红球菌的抑菌活性非常低，其 MIC_{90} 大于 64μg/mL（Carlson 等，2010）。

参考文献

Benchaoui HA, et al. 2004. Pharmacokinetics and lung tissue concentrations of tulathromycin in swine. J Vet Pharmacol Ther 27：203.

Carlson K, et al. 2010. Antimicrobial activity of tulathromycin and 14 other antimicrobials against virulent *Rhodococcus equi in vitro*. Vet Ther 11：E1.

Cortese VS, et al. 2007. Evaluation of two antimicrobial therapies in the treatment of Leptospira borgpetersenii serovar hardjo infection in experimentally infected cattle. Vet Ther 8：201.

Cox SR, et al. 2010. Rapid and prolonged distribution of tulathromycin into lung homogenate and pulmonary epithelial lining fluid of Holstein calves following a single subcutaneous administration of 2. 5 mg/kg body weight. Intern J Appl Res Vet Med 8：129.

Godinho KS, et al. 2005. Efficacy of tulathromycin in the treatment of bovine respiratory disease associated with induced *Mycoplasma bovis* infections in young dairy calves. Vet Ther 6：96.

McKelvie J, et al. 2005. Evaluation of tulathromycin for the treatment of pneumonia following experimental infection of swine with *Mycoplasma hyopneumoniae*. Vet Ther 6：197.

Nanjiani IA, et al. 2005. Evaluation of the therapeutic activity of tulathromycin against swine respiratory disease on farms in Europe. Vet Ther 6：203.

Nowakoski MA, et al. 2004. Pharmacokinetics and lung tissue concentrations of tulathromycin, a new triamilide antibiotic, in cattle. Vet Ther 5：60.

Nutsch RG, et al. 2005a. Comparative efficacy of tulathromycin, tilmicosin, and florfenicol in the treatment of bovine respiratory disease in stocker cattle. Vet Ther 6：167.

Nutsch RG, et al. 2005b. Efficacy of tulathromycin injectable solution for the treatment of naturally occurring Swine respiratory disease. Vet Ther 6：214.

Rooney KA, et al. 2005. Efficacy of tulathromycin compared with tilmicosin and florfenicol for the control of respiratory disease in cattle at high risk of developing bovine respiratory disease. Vet Ther 6：154.

Scheuch E，et al. 2007. Quantitative determination of the macrolide antibiotic tulathromycin in plasma and bronchoalveolar cells of foals using tandem mass spectrometry. J Chromatogr B Analyt Technol Biomed Life Sci 850：464.

Skogerboe TL，et al. 2005. Comparative efficacy of tulathromycin versus florfenicol and tilmicosin against undifferentiated bovine respiratory disease in feedlot cattle. Vet Ther 6：180.

Venner M，et al. 2007. Evaluation of tulathromycin in the treatment of pulmonary abscesses in foals. Vet J 174：418.

Wang X，et al. 2011. Pharmacokinetics of tulathromycin and its metabolite in swine administered with an intravenous bolus injection and a single gavage. J Vet Pharmacol Ther doi：10.1111/j.1365-2885.2011.01322.x.

Washburn KE，et al. 2009. Comparison of three treatment regimens for sheep and goats with caseous lymphadenitis. J Am Vet Med Assoc 234：1162.

六、加米霉素

加米霉素是一种用于防治牛呼吸道疾病（BRD）的氮杂内酯类半合成抗生素。加米霉素在结构上不同于其他大部分兽用大环内酯类药物，含有一个15元半合成内酯环，在环的第7α位上有一个特定的烷基化氮原子。

（一）抗菌活性

加米霉素的抗菌活性类似于其他氮杂内酯类药物，如阿奇霉素。在体外试验中，加米霉素对溶血性曼氏杆菌、多杀性巴氏杆菌、睡眠嗜组织菌、牛支原体、马链球菌兽疫亚种和马红球菌敏感（表13.1）。加米霉素对其他病原菌的抗菌活性尚未研究。

（二）药代动力学特性

加米霉素在牛的药代动力学特点表现为从注射部位迅速吸收，广泛分布到各个组织，消除缓慢。在肺上皮组织液、支气管肺泡液和肺组织中药物浓度高且持久（Giguère等，2011）。皮下给药后生物利用度几乎为100%（Huang等，2010）。静脉注射后的表观分布容积为25L/kg（Huang等，2010）。以6mg/kg的剂量皮下给药后，肺组织峰浓度约为28μg/g，肺组织中药物浓度是相应时间的血药浓度的16～650倍。肺组织中的药物消除半衰期为6～7d（Huang等，2010；Giguère等，2011）。

（三）毒性和不良反应

加米霉素用于牛是安全的，在临床用药期间无明显不良反应。在个别动物中可能出现短暂的不适和注射部位的轻微肿胀。尚未在其他动物开展安全性评价。

（四）用法与用量

用法与用量见表13.2。

（五）临床应用

1. 牛 加米霉素被批准用于防治由溶血性曼氏杆菌、多杀性巴氏杆菌、牛支原体、睡眠嗜组织菌引起的牛呼吸道疾病（BRD），但不用于泌乳期奶牛。已有多项研究记录了加米霉素对防治牛呼吸道疾病的疗效。

2. 绵羊和山羊 虽然加米霉素并未批准用于小反刍动物，但确实是治疗绵羊和山羊呼吸道疾病的一个合理选择。母羊以6mg/kg的剂量皮下注射加米霉素，对由产黑素拟杆菌引起的类腐蹄病有明显的疗效（Sargison等，2011）。

3. 马 马驹以6mg/kg的剂量肌内注射加米霉素，其肺上皮组织液和吞噬细胞内的药物浓度分别维持在对马链球菌兽疫亚种和马红球菌的MIC_{90}以上均将近7d（Berghaus等，2012）。然而在临床疗效和安全性评价尚未完成之前，不推荐加米霉素用于马驹的治疗。

参考文献

Baggott D，et al. 2011. Demonstration of the metaphylactic use of gamithromycin against bacterial pathogens associated with bovine respiratory disease in a multicentre farm trial. Vet Rec 168：241.

Berghaus LJ，et al. 2012. Plasma pharmacokinetics，pulmonary distribution，and in vitro activity of gamithromycin in foals. Vet Pharmacol Ther 35：59.

Giguère S, et al. 2011. Disposition of gamithromycin in plasma, pulmonary epithelial lining fluid, bronchoalveolar cells, and lung tissue in cattle. Am J Vet Res 72：326.

Huang RA, et al. 2010. Pharmacokinetics of gamithromycin in cattle with comparison of plasma and lung tissue concentrations and plasma antibacterial activity. J Vet Pharmacol Ther 33：227.

Lechtenberg K, et al. 2011. Field efficacy study of gamithromycin for the treatment of bovine respiratory disease associated with *Mycoplasma bovis* in beef and non-lactating dairy cattle. Intern J Appl Res Vet Med 9：225.

Sargison ND, Scott PR. 2011. Metaphylactic gamithromycin treatment for the management of lameness in ewes putatively caused by *Bacteroides melaninogenicus*. Vet Rec 169：556.

七、泰地罗新

泰地罗新是一个源自天然化合物泰乐菌素的半合成 16 元大环内酯类抗生素。其结构特点为内酯环的 C20 和 C23 被两个哌啶取代，以及 C5 上有一个基本的碳霉糖分子。因为三个氮原子可产生质子化作用，泰地罗新属于氮杂三元分子。

（一）抗菌活性

在体外，泰地罗新对溶血性曼氏杆菌、多杀性巴氏杆菌、胸膜肺炎放线杆菌、支气管败血波氏杆菌、睡眠嗜组织菌和副猪嗜血杆菌敏感（表 13.1）。泰地罗新对其他兽医上重要病原菌的抗菌活性尚未研究。

（二）药代动力学特性

泰地罗新在牛和猪体内从注射部位迅速吸收，广泛分布到全身各个组织，缓慢消除，在支气管液和肺组织浓度高且持久（Rose 等，2012；Menge 等，2012）。牛皮下注射给药后的生物利用度约为 80%（Menge 等，2012）。牛静脉注射给药后的表观分布容积为 49L/kg（Menge 等，2012）。以 4mg/kg 的剂量给药后，在牛和猪的肺组织峰浓度分别约为 15μg/g 和 4μg/g（Menge 等，2012；Rose 等，2012）。

（三）毒性和不良反应

泰地罗新用于牛安全，在临床研发期间未发现明显的不良反应。在猪和牛的注射部位普遍会出现轻度至中度的肿胀和疼痛。在临床试验期间 1 048 头猪中仅 2 头出现了震颤症状。尚未开展对其他动物的安全性评价。

（四）用法与用量

用法与用量见表 13.2。

（五）临床应用

1. 牛　泰地罗新已批准用于治疗和控制由溶血性曼氏杆菌、多杀性巴氏杆菌和睡眠嗜组织菌引起的牛呼吸道疾病（BRD）。

2. 猪　在一些国家，泰地罗新已批准用于治疗由胸膜肺炎放线杆菌、多杀性巴氏杆菌、支气管败血波氏杆菌和副猪嗜血杆菌引起的猪呼吸系统疾病（SRD）。

参 考 文 献

Menge M, et al. 2012. Pharmacokinetics of tildipirosin in bovine plasma, lung tissue, and bronchial fluid (from live, nonanesthetized cattle) . J Vet Pharmacol Ther 35：550.

Rose M, et al. 2012. Pharmacokinetics of tildipirosin in porcine plasma, lung tissue, and bronchial fluid and effects of test conditions on in vitro activity against reference strains and field isolates of *Actinobacillus pleuropneumoniae*. J Vet Pharmacol Ther doi：10. 1111/j. 1365-2885. 2012. 01397. x.

八、泰万菌素

泰万菌素（乙酰异戊酰泰乐菌素）是一个新型 16 元大环内酯类抗生素，最近在一些国家被批准用于猪和家禽。

（一）抗菌活性

在体外，泰万菌素对滑液囊支原体（Cerdá 等，2002）、猪肺炎支原体和鸡毒支原体高度敏感。对猪痢疾密螺旋体和肠道短螺旋体也敏感（Pringle 等，2012）。体外对一定数量的独立菌株敏感性试验数据显示，泰万菌素对一些专性厌氧细菌也敏感，如双歧杆菌属、梭菌属、真杆菌属、消化链球菌属和拟杆菌属。但是泰万菌素对肠道革兰氏阴性菌不敏感。泰万菌素对其他兽医上重要病原菌的抗菌活性尚未研究。

（二）药代动力学特性

在猪和鸡，酒石酸泰万菌素口服给药后吸收迅速，并且迅速代谢成和母体化合物具有同等生物活性的3-氧-乙酰泰乐菌素。

按照推荐剂量对猪给药后，其血浆浓度低于定量限。

鸡单剂量口服给药后1h，血药达到峰浓度。泰万菌素迅速分布到主要器官。猪给药后药物最高浓度出现在胆汁、脾脏、肺、肾脏和肝脏。给药后12h仍可在肺组织中检测到药物。泰万菌素的部分疗效可能源于其代谢产物而不是泰万菌素本身。

（三）毒性和不良反应

在临床试验和靶动物安全性评价中未发现明显的不良反应。

（四）用法与用量

用法与用量见表13.2。

（五）临床应用

1. 家禽　在一些国家，酒石酸泰万菌素被批准用于预防和治疗支原体病（鸡毒支原体、滑液囊支原体和其他支原体属）和由产气荚膜梭菌引起的疾病（鸡、火鸡）。该药也可用于防治野鸡的支原体病。

2. 猪　在美国，酒石酸泰万菌素被批准用于控制由胞内劳森氏菌引起的猪增生性肠炎。在其他很多国家，该药还批准用于防治猪增生性肠炎（Guedes等，2009）、由敏感菌猪肺炎支原体引起的猪地方性肺炎和由猪痢疾密螺旋体引起的猪痢疾。

参考文献

Cerdá RO，et al. 2002. In vitro antibiotic susceptibility of field isolates of *Mycoplasma synoviae* in Argentina. Avian Dis 46：215.

Guedes RMC. 2009. Use of tylvalosin-medicated feed to control porcine proliferative enteropathy. Vet Rec 165：342.

Pringle M，et al. 2012. Antimicrobial susceptibility of porcine Brachyspira hyodysenteriae and Brachyspira pilosicoli isolated in Sweden between 1990 and 2010. Acta Vet Scand 21 54：54.

九、其他典型大环内酯类

不常见的大环内酯类抗生素（竹桃霉素、交沙霉素、吉他霉素、罗沙米星）抗菌活性类似于红霉素、螺旋霉素和泰乐菌素。尽管吉他霉素在日本批准使用，但这些药物用于兽医临床的报道比较少。该类药物似乎没有比常用的经典大环内酯类抗生素更优越。

第三节　新一代大环内酯类

大环内酯类抗生素对传统的和新兴的人类病原菌包括弯曲杆菌属、螺杆菌属、军团菌属以及由艾滋病继发的细胞内病原体如巴尔通氏体属和分枝杆菌属的抗菌活性，激发了人们对大环内酯类药物越来越感兴趣。拥有更好的药代动力学特点和在一定程度上更广抗菌谱的新型红霉素衍生物包括罗红霉素、地红霉素、克拉霉素和阿奇霉素。

罗红霉素是一个对酸稳定的红霉素衍生物，其抗菌活性类似于红霉素，且与红霉素具有完全交叉耐药性。罗红霉素的药理作用不同于红霉素，其口服生物利用度更高，半衰期更长，因此可以每天给药1次或2d给药1次，是红霉素每天1次口服给药的替代药物，耐药性也良好。地红霉素的体外抗菌活性类似于红霉素，但具有可以每天1次给药的优势。地红霉素在美国已不再使用。

克拉霉素是红霉素的6-氧-甲基衍生物，其抗菌活性以重量计约为红霉素的2倍，半衰期亦为红霉素的2倍，并且对禽结核分枝杆菌的抗菌活性比红霉素更好。阿奇霉素是一个对酸稳定的15元环氮杂内酯类抗生素，对革兰氏阴性菌的抗菌活性比红霉素更强，半衰期也更长。这些和其他新型大环内酯类抗生素申报作兽用，可能就是利用其半衰期长的优点，使单次给药就可治疗由弯曲杆菌和支原体等病原体以及胞内细菌引起的感染。

（一）抗菌活性

通常，细菌 MIC≤2μg/mL 认为敏感，而 MIC≥8μg/mL 认为耐药。所有这些批准用于人的大环内酯类抗生素对革兰氏阳性菌拥有相似的抗菌谱，克拉霉素对马红球菌抗菌活性最强（表 13.3）。在体外，虽然阿奇霉素对革兰氏阴性菌拥有最广的抗菌谱（对肠道沙门氏菌中度敏感），但是其他大环内酯类抗生素对人重要的上呼吸道革兰氏阴性菌也有抗菌活性（如百日咳杆菌、流感嗜血杆菌、卡他莫拉菌）。其他重要的抗菌作用包括对如巴尔通氏体属、包柔氏螺旋体、弯曲杆菌属、衣原体属（沙眼衣原体）、军团杆菌属、钩端螺旋体属、支原体、螺旋体科以及脲原体都有很好的抗菌活性。对分枝杆菌，如禽结核分枝杆菌通常为中度敏感。对厌氧菌的抗菌活性变化比较大（表 13.3）。

表 13.3　红霉素和新型大环内酯类抗生素对特定病原菌的体外抑菌活性（MIC_{90}，μg/mL）

病原体	红霉素	罗红霉素	克拉霉素	阿奇霉素
革兰氏阳性需氧菌				
化脓隐秘杆菌	≤0.016	≤0.03	≤0.016	≤0.016
猪丹毒杆菌	0.03	0.13	0.06	0.03
单核细胞增生性李斯特菌	0.25	0.5	0.13	1
马红球菌	0.5*	0.25*	0.06*	1*
金黄色葡萄球菌	0.25	0.25	0.25	0.25
无乳链球菌	0.13	0.13	0.06	0.13
马链球菌兽疫亚种	≤0.25		≤0.06	≤0.12
革兰氏阴性需氧菌				
大肠杆菌	>4		>4	>8
克雷伯菌属	>4		>4	>8
肠沙门氏菌	>4		>4	4
多杀性巴氏杆菌	4	4	2	1
巴氏杆菌属（马）	1		1	0.25
布鲁氏菌属	16	16	8	2
其他革兰氏阴性菌				
汉氏巴尔通体	0.13	0.13	0.13	0.016
弯曲杆菌	2	2	2	0.5
幽门螺旋杆菌	0.5	0.125	1	0.25
厌氧菌				
脆弱拟杆菌	>8		16	4
产气荚膜梭菌	4		4	4
坏死梭杆菌	16	16	8	1
消化链球菌属	>32	>32	>32	>32

注：* 有报道称耐药。

（二）药代动力学特性

与红霉素相比，新型大环内酯类抗生素（由红霉素衍生而来）拥有对酸稳定、胃肠道不良反应更小、口服生物利用度更高、血药半衰期更长、肺组织中药物浓度更高的药代动力学特点，因此每天给药 1 次或 2 次是合适的。阿奇霉素口服生物利用度，犬约为 97%、猫和马驹约为 50%。克拉霉素的口服生物利用度，犬为 60%～80%相对较低。在犬体内的生物利用度不受饲养方式的影响（Vilmanyi 等，1996）。阿奇霉素（除了克拉霉素）可以进行静脉注射。阿奇霉素在马驹和猫体内的血药半衰期分别为 20h 和 35h。克拉霉素在马驹体内的半衰期为 4.8h，比阿奇霉素短，但是长于红霉素（1h）。这些新型药物拥有长半衰期，特别是阿奇霉素，显然是由于药物被组织吸收然后缓慢释放，而不是延迟代谢。排泄的主要途径是胆囊和肠道，而克拉霉素更多的是经肾脏排泄。在犬和猫，大约50%的阿奇霉素以原形从胆汁排出。在猫，阿奇霉素在组织的半衰期，从脂肪为13h变化到心肌为72h（Hunter等，1995）。以5.4mg/kg的剂量单次口服给药阿奇霉素后，72h肺和脾脏中的药物浓度高于1μg/mL，组织中的药物浓度是血清药物浓度的10～100倍。其广泛的组织分布似乎是由于药物在巨噬细胞和中性粒细胞内的浓度导致。阿奇霉素在马驹中性粒细胞的半衰期为49h（Davis等，2002），在支气管肺泡细胞和肺上皮组织液中的药物浓度分别为相应时间的血清药物浓度的15～170倍和1～16倍（Jacks等，2001）。在马驹，克拉霉素在肺上皮组织液和肺泡巨噬细胞中的药物浓度高于红霉素和阿奇霉素。然而，克拉霉素在这些部位的半衰期却短于阿奇霉素（Suarez-Mier等，2007）。

（三）毒性和不良反应

在人体内，新型大环内酯类抗生素较红霉素耐受良好，很少引起胃肠道功能紊乱。在犬猫体内，有限的试验数据也显示同样的情况。在马驹体内，与早期的大环内酯类抗生素一样，偶尔可引发小肠结肠炎，成年马匹比马驹似乎发病率更高。克拉霉素可能具有胎儿毒性，因此不能用于怀孕的母畜。

（四）用法与用量

在犬猫及马驹的推荐剂量见表13.2。

（五）临床应用

在兽医临床上，新型大环内酯类抗生素应用经验较少，但是这些药物相比红霉素，对单胃动物有更好的口服生物利用度、不良反应更少，给药次数更少。特别对胞内病原菌的抗菌效应也是一个可考虑的优势。潜在的应用同红霉素。例如，对于对青霉素过敏的动物，这些药物可以替代青霉素治疗由敏感革兰氏阳性需氧菌引起的疾病；也可以替代氨苄西林和阿莫西林治疗钩端螺旋体病；也可以替代四环素类药物治疗立克次氏体和柯克斯氏体感染。新型大环内酯类抗生素可能在治疗胞内菌感染上有优势，包括巴尔通氏体属、鹦鹉热氏衣原体及非典型分枝杆菌感染。克拉霉素和其他抗生素联用在治疗非典型分枝杆菌感染上也有疗效。体外试验中克拉霉素对人医上重要的支原体高度敏感，对动物支原体感染的有效性仍需进一步研究。

1. 犬和猫 阿奇霉素和阿托喹酮联用对治疗持续感染巴贝斯虫的犬很有效（Birkenheuer等，2004）。对实验性落基山斑点热犬给予阿奇霉素，多数临床症状得到改善，但是在减少眼睛血管损伤和清除立克次氏体上的效果不如强力霉素和曲伐沙星（Breitschwerdt等，1999）。在犬，阿奇霉素可以阻止急性关节炎的发作并且减少细菌荷载，但是不能清除伯氏疏螺旋体（Straubinger，2000）。以10～15mg/kg的剂量连续给药3d，然后再每周给药2次治疗猫衣原体感染，与多西环素相比，可产生类似的快速缓解临床症状的效果。然而，与多西环素相反的是，阿奇霉素不能清除感染（Owen等，2003）。在以安慰剂做对照的随机临床试验中，阿奇霉素以10mg/kg的剂量一日1次口服安全，并且对治疗犬的乳头瘤病有效（Yağci等，2008）。克拉霉素与阿莫西林和质子泵抑制剂联用，已经成功治疗由螺杆菌引起的犬胃溃疡（Anacleto等，2011）。

2. 马 阿奇霉素或克拉霉素在马的适应证主要为治疗马驹的马红球菌感染。克拉霉素-利福平的联用比红霉素-利福平或者阿奇霉素-利福平更加有效，特别是对严重感染的马驹（Giguère等，2004）。而使用克拉霉素治疗的马驹，腹泻的发生率与使用红霉素相似。大多数病例中，腹泻比较温和，且有一定自限性。然而腹泻的马驹需要更细心的监护，因为一些病例可能会发展为沉郁和严重腹泻，导致脱水和电解质缺失。另外，克拉霉素和阿奇霉素与红霉素一样，只有在没有其他替代药物时，才能用于成年马，因为存在造成严重小肠结肠炎的潜在风险。还有研究发现，与利福平同时给药能明显降低马驹对克拉霉素的吸收，这可能是由于利福平对某些未知的肠道吸收转运体有抑制作用（Peters等，2011；Peters等，2012）。

参考文献

Anacleto TP, et al. 2011. Studies of distribution and recurrence of Helicobacter spp. gastric mucosa of dogs after triple therapy. Acta Cir Bras 26：82.

Birkenheuer AJ. 2004. Efficacy of combined atovaquone and azithromycin for therapy of chronic *Babesia gibsoni* (Asian genotype) infections in dogs. J Vet Intern Med 18：494.

Breitschwerdt EB, et al. 1999. Efficacy of doxycycline, azithromycin, or trovafloxacin for treatment of experimental Rocky Mountain spotted fever in dogs. Antimicrob Agents Chemother 43：813.

Davis JL，et al. 2002. Pharmacokinetics of azithromycin in foals after i. v. and oral dose and disposition into phagocytes. J Vet Pharmacol Ther 25：99.

Giguère S，et al. 2004. Retrospective comparison of azithromycin，clarithromycin，and erythromycin for the treatment of foals with *Rhodococcus equi* pneumonia. J Vet Intern Med 18：568.

Hunter RP，et al. 1995. Pharmacokinetics，oral bioavailability and tissue distribution of azithromycin in cats. J Vet Pharm Ther 18：38.

Jacks S，et al. 2001. Pharmacokinetics of azithromycin and concentration in body fluids and bronchoalveolar cells in foals. Am J Vet Res 62：1870.

Lavy E，et al. 1995. Minimal inhibitory concentrations for canine isolates and oral absorption of roxithromycin in fed and fasted dogs. J Vet Pharm Ther 18：382.

Owen WM，et al. 2003. Efficacy of azithromycin for the treatment of feline chlamydophilosis. J Feline Med Surg 5：305.

Peters J，et al. 2011. Oral absorption of clarithromycin is nearly abolished by chronic comedication of rifampicin in foals. Drug Metab Dispos 39：1643.

Peters J，et al. 2012. Clarithromycin is absorbed by an intestinal uptake mechanism which is sensitive to major inhibition by rifampicin—results of a short-time drug interaction study in foals. Drug Metab Dispos 40：522.

Straubinger RK. 2000. PCR-based quantification of *Borrelia burgdorferi* organisms in canine tissues over a 500-day postinfection period. J Clin Microbiol 38：2191.

Suarez-Mier G，et al. 2007. Pulmonary disposition of erythromycin，azithromycin，and clarithromycin in foals. J Vet Pharmacol Ther 30：109.

Vilmanyi E，et al. 1996. Clarithromycin pharmacokinetics after oral administration with or without fasting in crossbred beagles. J Small Anim Pract 37：535.

Yağci BB，et al. 2008. Azithromycin therapy of papillomatosis in dogs：a prospective，randomized，double-blinded，placebo-controlled clinical trial. Vet Dermatol 19：194.

第四节　酮内酯类

酮内酯类抗生素是一类新型半合成 14 元环的大环内酯类药物，其结构特点是在由红霉素内酯 A 环的 3 位引入酮基，替换了原来的 α－L－红霉支糖。其中两个被广泛研究的酮内酯类药物是泰利霉素和喹红霉素，且两者均研发成口服药物。此类药物的抗菌谱与新一代大环内酯类药物相似。然而，酮内酯类药物能克服当前标准大环内酯类药物所面临的一些（并非全部）耐药机制，包括革兰氏阳性球菌的耐药。一般而言，诱导型 MLSB 耐药的金黄色葡萄球菌和化脓链球菌对酮内酯类药物都敏感，而 MLSB 组成型表达的菌株则相反。与之相反的，组成型耐药的肺炎链球菌对酮内酯类高度敏感。酮内酯类药物还对因含有大环内酯类外排（*mef*）基因而耐药的革兰氏阳性菌有很好的活性。酮内酯类药物的药代动力学特点是半衰期长，同时在组织中广泛分布，并能进入呼吸系统的组织和体液中，因此可以每日给药 1 次。酮内酯类药物在人的不良反应与其他大环内酯类药物类似，通常出现胃肠道症状，其中腹泻、恶心和腹痛等最为频繁。尽管罕见，却有报道称，有人在使用泰利霉素治疗时出现暴发性肝炎和肝坏死。酮内酯类药物在人医的主要适应证是用于治疗由耐红霉素的革兰氏阳性菌引起的社区获得性肺炎。针对呼吸系统感染的临床试验表明，酮内酯类药物在细菌学和临床治愈率方面均与对照药相似，甚至对耐大环内酯类菌株引起的感染也有很好的疗效。

马　目前，马红球菌对大环内酯类耐药的问题日益严重，也引发了对泰利霉素在马驹的药代动力学研究，以及对大环内酯类药物敏感和耐药的马红球菌的体外抑菌试验的研究。泰利霉素的药代动力学特征与克拉霉素及阿奇霉素相似，也能在肺上皮黏液层和支气管肺泡细胞中蓄积。对耐大环内酯类药物的马红球菌，泰利霉素与传统大环内酯类药物相比，抗菌活性明显增强（Javsicas 等，2010）。但是，泰利霉素对耐大环内酯类药物的马红球菌的 MIC_{90}（8μg/mL）显著高于敏感株（0.25μg/mL），表明在马红球菌中至少存在一种对酮内酯类药物也起作用的耐药机制。

参 考 文 献

Blasi F，et al. 2010. Telithromycin. In：Crowe SM，et al.（eds）. Kucers' the Use of Antibiotics，6th ed. London：Hodder-Arnold，p. 825.

File TM. 2005. Telithromycin new product overview. J Allergy Clin Immunol 115 (2)：S1.

Javsicas LH，et al. 2010. Disposition of oral telithromycin in foals and in vitro activity of the drug against macrolidesusceptible and macrolide-resistant *Rhodococcus equi* isolates. J Vet Pharmacol Ther 33：383.

Zhanel GG，et al. 2003. Ketolides：an emerging treatment for macrolide-resistant respiratory infections，focusing on S. pneumoniae. Expert Opin Emerg Drugs 8：297.

第十四章 氨基糖苷类和氨基环醇类

Patricia M. Dowling

第一节 概 述

氨基糖苷类和氨基环醇类药物为杀菌药，主要用于治疗由革兰氏阴性需氧菌和葡萄球菌引起的严重感染。阿米卡星、妥布霉素对铜绿假单胞菌有较好的抗菌活性。然而，随着氟喹诺酮类药物的开发，氨基糖苷类和氨基环醇类药物的使用大幅减少，因为氟喹诺酮类药物更安全，分布更好。氨基糖苷类药物的肾蓄积效应导致药物残留时间长，所以严禁此类药物标签外用于食品动物。然而，尽管氨基糖苷类药物高度阳离子化，呈极性，跨膜分布受限制，但在治疗严重的革兰氏阴性败血症时仍然是很重要的药物。大多数给药方案中采用每日单次给药，因为这种给药方式能降低药物毒性，将药物疗效最大化。

一、化学特性

氨基糖苷类抗生素（链霉素、双氢链霉素、卡那霉素、庆大霉素、妥布霉素、阿米卡星、新霉素）是由许多氨基酸组成的大分子，这使其在生理 pH 范围内成为高度电离的碱性聚合阳离子。这种极性也很容易说明这类药物具有共同的药代动力学特征。化学结构上都有一个已糖核，氨基糖通过糖苷链与之相连。这也是这些分子被称为氨基环醇类或者氨基糖苷氨基环醇类的原因。基于氨基环醇分子的类型和取代型式，可以将氨基糖苷类药物分为 4 类：包含氨基环醇链霉胍的衍生物（如链霉素和双氢链霉素）；包含氨基环醇链霉胺的衍生物（如大观霉素）；包含 4，5 -双取代去氧链霉胺的衍生物（如新霉素）；以及包含 4，6 -双取代去氧链霉胺的衍生物（如庆大霉素、卡那霉素、阿米卡星、妥布霉素）。

二、作用机理

氨基糖苷类药物必须渗透进细菌中才能发挥作用。在干扰细胞壁合成的药物（如 β -内酰胺类药物）存在下，其渗透作用增强。敏感的革兰氏阴性需氧菌主动将氨基糖苷类药物泵入胞内。这是由细菌膜脂多糖的带电负离子和抗生素阳离子之间的一种氧依赖型交互作用引起的。这种相互作用置换二价阳离子（Ca^{2+}、Mg^{2+}）而影响膜的通透性。一旦进入细菌胞内，氨基糖苷类药物与核糖体 30S 亚基结合，造成基因代码误读，打断正常的细菌蛋白质合成。从而造成细胞膜通透性的变化，导致更多抗生素的吸收，进一步破坏细胞，最终使细胞死亡。

因为同一类的不同药物与不同蛋白质的相互作用，所以误读的程度和类型各不相同。链霉素仅作用于一个位点，而其他药物作用于几个位点。氨基糖苷类药物的其他作用包括干扰细胞的电子转移系统，诱导 RNA 崩溃，抑制蛋白翻译，影响 DNA 的代谢，破坏细胞膜等。因此，这类药物通过误读蛋白形成非正常细胞膜通道来杀灭细菌。

氨基糖苷类药物属于剂量（浓度）依赖型杀菌药。例如，浓度为 0.5～5.0μg/mL 时，庆大霉素对革兰氏阳性菌和一些革兰氏阴性菌呈杀菌作用。为 10～15μg/mL 时，庆大霉素对更多的耐药菌如铜绿假单胞菌、肺炎克雷伯菌、奇异变形杆菌有效。其临床意义为初始的高剂量加大了离子键合，增强了快速抗生素内在化的初始浓度依赖性，产生更即时的杀菌活性。人医临床研究表明，氨基糖苷类药物在合适的初始治疗剂量下，对降低革兰氏阴性菌败血症引起的死亡率有重要作用。对于浓度依赖型抗菌药物来说，高于 MIC 的血药浓度（C_{max}与 MIC 比值，也称为抑制系数或 IQ）以及在给药间隔期间高于 MIC 的药时曲线下面积（抑菌浓度曲线下面积，AUIC＝AUC/MIC）是决定临床药效的主要因素。对于氨基糖苷类药物，建议为达到最佳疗效 C_{max} ∶MIC 为 10（McKellar 等，2004）。

氨基糖苷类药物有显著的抗菌后效应（PAE），虽然这段时期抗菌浓度低于细菌 MIC，但是氨基糖苷类药物破坏的细菌对宿主防御更敏感（Gilbert，1991）。PAE 的持续时间通常会随着药物初始浓度的增加而增加。

三、抗菌活性

氨基糖苷类药物主要对革兰氏阴性需氧菌有抗菌作用。因为细菌摄入物质需要氧气，所以在厌氧条件下氨基糖苷类药物对兼性厌氧菌或需氧菌无效。而对一些革兰氏阳性菌有效，如葡萄球菌属。新出现的耐甲氧西林金黄色葡萄球菌（MRSA）和伪中间型葡萄球菌（MRSP）对庆大霉素和/或阿米卡星仍然敏感。该类药物对肠球菌有效，当与β-内酰胺类抗生素联用时对链球菌引起的感染治疗效果更好。沙门氏菌和布鲁氏菌是细胞内寄生菌，而且很容易产生耐药性。一些分枝杆菌、螺旋菌和支原体也对氨基糖苷类药物敏感。在效价、抗菌谱和对质粒介导的耐药酶的稳定性方面，阿米卡星＞妥布霉素≥庆大霉素＞新霉素＝卡那霉素＞链霉素。阿米卡星是基于卡那霉素研制出的，在氨基糖苷类药物中抗菌谱最广。该药对革兰氏阴性菌有效，尤其是对其他氨基糖苷类药物不敏感的革兰氏阴性菌，因为该药能耐受细菌产生的钝化酶。该药虽然被公认为肾毒性最小，但对链球菌的作用却不如庆大霉素。此类药物中链霉素和双氢链霉素对分枝杆菌和钩端螺旋体效果最好，但对其他微生物效果最差。氨基糖苷类药物与其对应作用的细菌和支原体见表 14.1。

表 14.1　特定氨基糖苷类药物对病原菌的抗菌活性（MIC_{90}，μg/mL）

细菌	链霉素	新霉素	卡那霉素	庆大霉素
革兰氏阳性球菌				
金黄色葡萄球菌	32	0.5	4	1
无乳链球菌	128		128	64
乳房链球菌	64	32	32	
革兰氏阳性杆菌				
化脓隐秘杆菌	>128	128	64	8
炭疽杆菌	<8		0.5～4	≤4
伪结核棒状杆菌				
牛肾盂炎棒状杆菌	64		2	≤0.25
猪丹毒杆菌			>64	≤64
单核细胞增生性李斯特菌	32	4	16	16
结核分枝杆菌	0.5			
星形诺卡菌	16	4	128	16
马红球菌	4	≤0.25	2	≤0.25
革兰氏阴性杆菌				
放线杆菌属	≤1		4	1
支气管败血性波氏杆菌	256		8～16	2
犬布鲁氏菌	0.25		0.5	0.12
空肠弯曲杆菌			4	0.5
大肠杆菌	>64	>64	>64	2
睡眠嗜组织菌	8	16～32	8	8
幽门螺杆菌			2	
肺炎克雷伯菌	256	256	8	4
钩端螺旋体属	0.5		4	
牛莫拉氏菌	16	0.12	0.12	0.5
溶血性曼氏杆菌	>128	32	32	8
多杀性巴氏杆菌				

（续）

细菌	链霉素	新霉素	卡那霉素	庆大霉素
牛	＞128	32	32	8
猪	16～32		8～16	8
变形杆菌属	＞16	16	4	2
铜绿假单胞菌	＞16	64	128	8
沙门氏菌属	＞128	4	＞32	8
泰勒菌属	＞128	2	1	0.5

注：由于耐药性一些报道中值会更高。这个表是为了说明不同氨基糖苷类药物之间敏感性差异的部分原因。

氨基糖苷类药物对革兰氏阴性需氧菌的杀菌作用受 pH 影响明显，在碱性环境中杀菌效果最强。这也许可以解释在继发于组织损伤或细菌破坏引起的局部酸度增强情况下，氨基糖苷类药物未能杀灭常见的敏感菌。另一个影响因素可能是存在化脓性碎片，这些化脓性碎片离子与氨基糖苷类药物结合，使其不能发挥杀菌作用。使用氨基糖苷类药物治疗化脓性感染时（如脓疮），外科手术清创和/或引流可提高疗效。

四、氨基糖苷类抗生素的耐药性

临床上大多数重要的对氨基糖苷类药物的耐药性是由质粒介导的酶引起的，主要包括磷酸转移酶、乙酰转移酶、腺嘌呤核苷酸转移酶。已经鉴定出至少 11 种酶能灭活氨基糖苷类药物。这些酶能修改氨基糖苷类药物中暴露的羟基和氨基，从而阻止药物与细菌核糖体的结合。这些酶存在于细菌的细胞壁膜间隙，所以药物不会在细胞外失活。质粒介导的对氨基糖苷类药物的耐药性在细菌间是可以转移的。一种类型的质粒可对多种氨基糖苷类药物或其他无关的抗菌药产生交叉抗药性。一株单独的分离菌可能会由于特定质粒携带的组合耐药基因而产生多重耐药。例如，一株大肠杆菌同时对氨苄西林、安普霉素、氯霉素、庆大霉素、卡那霉素、磺胺类药物、链霉素、四环素、甲氧苄啶产生多重耐药（Pohl 等，1993），由于动物病原菌耐药性可能向人类致病菌转移，所以如大肠杆菌和沙门氏菌等微生物的耐药性是国际研究的焦点。因为可选择的治疗方案较少，氨基糖苷类药物越来越多地用于治疗耐甲氧西林金黄色葡萄球菌和伪中间型葡萄球菌在宠物引起的感染（Papich，2012）。

在氨基糖苷类药物的治疗过程中可能出现渗透率下降，MIC 增加 2～4 倍的菌株。这样的菌株对此类药物中所有其他药物都表现交叉耐药性。染色体突变导致耐药相对不重要，但链霉素和双氢链霉素除外，甚至在治疗期间，可单步突变为高水平耐药。对于其他药物来说，由于存在多个核糖体 30S 结合位点，所以染色体耐药形成相对缓慢。氨基糖苷类药物的耐药性在限制其药效方面显得越来越突出。

氨基糖苷类药物在亚抑菌浓度和抑菌浓度都能导致初次与药物离子结合存活的细菌产生耐药性。首次发现的适应性耐药是由于进入细菌中的氨基糖苷类药物减少。接触某种氨基糖苷类药物一次剂量后足以导致改变代谢机制的细菌产生耐药变异，从而减少对氨基糖苷类药物的摄取。体外试验、动物和临床研究都证明，首次给药后 1～2h 内即产生耐药性。适应性耐药的持续时间与氨基糖苷类药物的消除半衰期直接相关。在正常的氨基糖苷类药代动力学情况下，单次给药后耐药时间最长可达 16h，随后细菌耐药在 24h 内会部分恢复，在 40h 内完全恢复正常。这种现象的临床意义是氨基糖苷类药物频繁给药或持续给药的治疗效果不如每日 1 次高剂量给药。

五、药代动力学特性

氨基糖苷类药物从正常的胃肠道很少吸收，但肌内注射和皮下注射吸收良好。注射给药后，在关节、外周淋巴、胸膜、腹膜和心包液中能达到有效浓度。当用于新生胎儿或患肠炎的动物时，口服吸收作用可能明显增强，从而导致食品动物组织中药物浓度高于残留限量。当给奶牛子宫灌注或乳房灌注给药时，庆大霉素能吸收良好，并导致组织中药物残留时间延长。氨基糖苷类药物与血浆蛋白结合程度低（低于 25%）。由于是大分子，且在生理 pH 范围内高度电离，其脂溶性差，因此进入细胞和穿透细胞屏障的能力受限。此类药物在细胞透过液，尤其是脑脊液和眼部液体中不易达到治疗浓度。在牛奶和血浆中的药物平衡浓度比大约为 0.5。在家畜中，此类药物的表观分布容积相对较小（＜ 0.35 L/kg），血浆消除半衰期短

(1～2h)。此类药物虽然表观容积较小，但可选择性地与组织、包括肾皮质结合，所以在动物肾脏中残留的时间最长。庆大霉素可进入健康马的关节液，局部炎症可能会增加关节内的药物浓度，重复给药后药物浓度也可能会增加。局部灌注技术和浸透氨基糖苷类药物的聚甲基丙烯酸甲酯珠都是很好促进局部释放药物的方法，可避免全身治疗带来的不利影响。

药物消除完全靠肾脏排泄（肾小球过滤），原型药物通过尿液迅速排出。肾功能受损时排泄速率降低，必须调整给药间隔时间以防止药物蓄积中毒，同种动物之间个体药代动力学参数的明显差异使此类药物的毒性问题越来越严重（Brown 和 Riviere，1991）。

六、药物相互作用

氨基糖苷类药物与β-内酰胺类药物联用通常有相加作用，有时有协同作用。对高水平质粒介导和染色体介导的耐药菌通常不会出现协同作用。由于β-内酰胺类药物能破坏细胞壁，如果与β-内酰胺类药物联用，氨基糖苷类药物对链球菌、肠球菌、假单胞菌和其他革兰氏阴性菌起协同作用（Winstanley 和 Hastings，1989）。新型β-内酰胺类药物与新型氨基糖苷类药物联用在由细菌感染导致中性白细胞减少的严重疾病中疗效最佳。氨基糖苷类药物与包括β-内酰胺类药物在内的许多药物存在配伍禁忌，所以不能混合在同一注射器内使用。如果通过静脉注射按次序给药，应注意更换药物时冲洗干净。

七、毒性和不良反应

所有氨基糖苷类药物都可导致不同程度的耳毒性和肾毒性（表 14.2）。肾毒性（急性肾小管坏死）是氨基糖苷类药物在治疗过程中最常见的不良反应。新霉素的肾毒性最强，而链霉素和双氢链霉素肾毒性最弱。由于阿米卡星比庆大霉素肾毒性弱，所以通常对危重病畜使用阿米卡星。肾小管上皮细胞对氨基糖苷类药物的摄取和蓄积证实了此类药物的饱和动力学特性。氨基糖苷类药物通过肾小球过滤后进入肾小管。在管腔液中，氨基糖苷类药物阳离子与近端小管细胞的磷脂质阴离子结合。氨基糖苷类药物通过载体介导的胞饮作用进入细胞并转移到细胞质液泡中，与溶酶体融合。药物以原型形式分散于溶酶体中。随着胞饮作用，药物继续在溶酶体中蓄积。积累的氨基糖苷类药物干扰了溶酶体的正常作用，最终使溶酶体膨胀和破裂。溶酶体酶、磷脂质和氨基糖苷类药物释放到近端小管细胞的细胞质中，破坏其他细胞器从而引起细胞死亡（Brown 等，1991；图 14.1）。

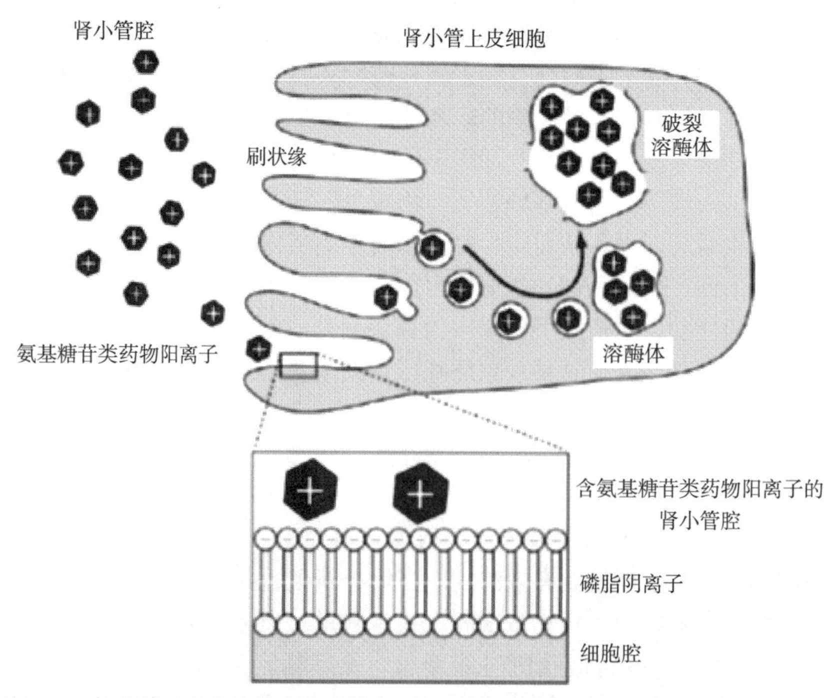

图 14.1 氨基糖苷类药物阳离子在肾小管上皮细胞的刷状缘与磷脂阴离子相互作用，然后通过胞饮作用在溶酶体蓄积直至溶酶体破裂，进而破坏细胞

氨基糖苷类药物毒性的风险因素包括：治疗时间长（大于 7～10d），每天多次给药，酸中毒和电解质紊乱（低血钾症、低血钠症），血容量不足（休克、内毒素血症），同时用肾毒性药物治疗，年龄因素（幼畜、老年动物），肾功能障碍，事先有肾脏疾病，波谷浓度被提高（Mattie 等，1989）。

表 14.2　不同氨基糖苷类药物在常用剂量下的相对毒性风险

药物	前庭毒性	耳蜗毒性	肾毒性
链霉素	+++	++	(+)
双氢链霉素	++	+++	(+)
新霉素	+	+++	+++
卡那霉素	+	++	++
阿米卡星	(+)	+	++
庆大霉素	++	+	++
妥布霉素	(+)	(+)	(+)

注：经许可重制，引自 Pilloud (1983)。

补充钙可降低肾毒性的风险。由于蛋白质和钙离子可竞争性与肾小管上皮细胞结合，因此通过饲喂病畜高蛋白或高钙饲料也可降低肾毒性的风险，例如给大型动物饲喂紫花苜蓿，给小动物饲喂蛋白含量高于 25%的饲料（Behrend 等，1994；Schumacher 等，1991）。高蛋白质膳食也增加了肾小球滤过率和肾血流量，从而减少氨基糖苷类药物的蓄积。

因为肾毒性作用与氨基糖苷类药物在肾近端小管细胞的蓄积有关，逻辑上认为峰浓度与毒性无关，给药间隔时间长可导致作用于肾刷状缘膜的药物总量减少。在人和动物中使用氨基糖苷类药物，通常采取高剂量每日 1 次的给药方式；这利用了这些药物浓度依赖型杀菌和抗菌后效应（PAE）时间长的性质，也避免了首次接触产生适应性耐药性和肾毒性。

通过检测血清中氨基糖苷类药物的浓度来降低毒性，同时确保药物的治疗浓度（Bucki 等，2004）。考虑到药物在动物体内的分布相，给药后 0.5～1h 内采集达峰浓度的血样，在再次给药前采集波谷浓度的血样。峰浓度和谷浓度可以用来估计患病个体的药物消除半衰期。治疗过程中消除半衰期延长是一个非常敏感的指标，标志着肾小管的早期损伤。如果采用每日 1 次的给药方案，再次给药前采集的血样浓度也许会低于推荐的谷浓度，甚至会低于检测方法的检测限。对于这样的病畜，给药后 8h 采集的血样将会为消除半衰期提供更精确的估算。再次给药前血药浓度应该达到 0.5～2 μg/mL（庆大霉素、妥布霉素）或应小于 6 μg/mL（阿米卡星）。

如果不能检测治疗药物浓度，可通过检测尿中 γ-谷氨酰胺转肽酶（GGT）的增加和 GGT/Cr（肌酐）比值的增加来反映肾毒性作用（Van der Harst 等，2005）。肾中毒剂量下 UGGT/UCr 的比值在 3d 内也许会增加到原来的 2～3 倍。如果这些检测方法都不可用，蛋白尿是检测肾毒性的最佳指标，而且很容易采用实践装置来确定。血清尿素氮和肌酐的浓度升高可确认肾毒性，但在明显的肾损害出现 7d 后还不能确定。据报道，在马体内有肾毒性时消除半衰期会达到 24～25h，进一步延长了药物接触的毒性作用时间。虽然腹膜透析可能不会明显促进蓄积的氨基糖苷类药物的消除，但可降低肌酐和血清尿素硝酸盐。动物恢复的能力主要依靠药物暴露的方式和有待弥补剩余健康肾组织的数量。

氨基糖苷类药物的耳毒性作用机制与肾毒性一致。不同的药物可造成前庭损伤（链霉素、庆大霉素）或耳蜗损伤（阿米卡星、卡那霉素、新霉素）。妥布霉素似乎同时影响前庭（平衡）和耳蜗（听力）功能。这种药物特异性毒性主要是由于每个药物的分布特征和在每个感觉器官中达到的浓度决定的。髓袢利尿剂呋噻米和依他尼酸及其他的利尿剂可增强氨基糖苷类药物的耳毒性作用。

所有快速静脉注射给药的氨基糖苷类药物通过影响钙的代谢而引起心动过缓、心输出量减少和血压降低。这些影响几乎无意义（Hague 等，1997）。神经肌肉阻滞作用罕见，这与烟碱性胆碱能受体上的乙酰胆碱受阻有关。当麻醉剂与氨基糖苷类药物同步给药时，经常出现神经肌肉阻滞的现象。受影响的病畜应该及时治疗，静脉注射剂量 10～20 mg/kg 的氯化钙或者静脉注射剂量 30～60 mg/kg 的葡萄糖酸钙或静脉注射剂量 100～200 μg/kg 的新斯的明来缓解由肌肉抑制导致的呼吸困难。静脉注射剂量 0.5 mg/kg 的腾喜龙也可缓解神经肌肉阻滞作用。

八、剂量注意事项

氨基糖苷类药物产生快速、浓度依赖性的杀灭革兰氏阴性需氧菌的作用，并有一个长时间的 PAE（McKellar 等，2004）。因此，最大血药浓度（C_{max}）与 MIC 的比值决定疗效。C_{max} ∶ MIC=(8～12) ∶1 时杀菌活性最强。通常氨基糖苷类药物给药间隔为 8～12h。如果氨基糖苷类药物每天多次给药或者保持药物浓度不变，随着持续滴注，产生了首次适应性耐药，增加了肾毒性和耳毒性的风险。为使适应性耐药逆转，给药间隔为 24h 或更长也许会增加药效。一些临床医生认为当肠道损伤持续暴露细菌时和在氨基糖苷类药物亚治疗浓度的持续周期内可每日给药 1 次，但在临床上还未见相关记录。在人类患者和病畜的研究中，支持氨基糖苷类药物采取高剂量每日 1 次的给药方式（Albarellos 等，2004；Godber 等，1995；Magdesian 等，1998；Martin Jimenez 等，1998；Nestaas 等，2005）。然而，最佳剂量和理想的治疗药物监测策略还是未知。由于氨基糖苷类药物唯一的肾排泄途径及其潜在的毒性，所有的治疗方案都应考虑患者的肾功能。新生儿细胞外液含水百分率明显高于成年人，因此氨基糖苷类药物在其体内的表观分布容积更大，给药时需要更高的剂量。

九、临床应用

氨基糖苷类药物的毒性严重限制它们在治疗严重感染时的应用。毒性较强的氨基糖苷类药物（新霉素）主要限制为局部用药或口服治疗由肠杆菌引起的感染。毒性弱的氨基糖苷类药物主要用于注射治疗由革兰氏阴性需氧菌引起的重症脓毒症，也越来越多地用于治疗由耐甲氧西林葡萄球菌引起的感染。其中，通常首先选择庆大霉素，其次是阿米卡星，目的是防止耐庆大霉素的细菌引起败血症。但是更贵的氨基糖苷类药物甚至可以用于肌肉骨骼感染的局部治疗。浸渍药物的聚甲基丙烯酸甲酯抗菌微珠，胶原蛋白海绵和局部灌注（静脉或骨髓腔）技术以最小代价和最低全身毒性风险确保局部药物达到高浓度。

由于氨基糖苷类药物在肾组织中残留时间延长，因此禁止标签外用于食品动物。一份反对氨基糖苷类药物标签外用药的决议已经被美国牛病兽医师协会、兽医顾问学院、国家畜牧业牛肉协会和美国兽医协会等组织采纳。

参考文献

Albarellos G，et al. 2004. Multiple once-daily dose pharmacokinetics and renal safety of gentamicin in dogs. J Vet Pharmacol Ther 27：21.

Barclay ML，Begg EJ. 2001. Aminoglycoside adaptive resistance：importance for effective dosage regimens. Drugs 61：713.

Behrend EN，et al. 1994. Effects of dietary protein conditioning on gentamicin pharmacokinetics in dogs. J Vet Pharmacol Ther 17：259.

Brown SA，Riviere JE. 1991. Comparative pharmacokinetics of aminoglycoside antibiotics. J Vet Pharmacol Ther 14：1.

Bucki EP，et al. 2004. Pharmacokinetics of once-daily amikacin in healthy foals and therapeutic drug monitoring in hospitalized equine neonates. J Vet Intern Med 18：728.

Gilbert DN. 1991. Once-daily aminoglycoside therapy. Antimicrob Agents Chemother 35：399.

Godber LM，et al. 1995. Pharmacokinetics，nephrotoxicosis，and in vitro antibacterial activity associated with single versus multiple (three times) daily gentamicin treatments in horses. Am J Vet Res 56：613.

Hague BA，et al. 1997. Effects of high-dose gentamicin sulfate on neuromuscular blockade in halothane-anesthetized horses. Am J Vet Res 58：1324.

Magdesian KG，et al. 1998. Pharmacokinetics of a high dose of gentamicin administered intravenously or intramuscularly to horses. J Am Vet Med Assoc 213：1007.

Martin Jimenez T，et al. 1998. Population pharmacokinetics of gentamicin in horses. Am J Vet Res 59：1589.

Mattie H，et al. 1989. Determinants of efficacy and toxicity of aminoglycosides. J Antimicrob Chemother 24：281.

McKellar QA，et al. 2004. Pharmacokinetic/pharmacodynamic relationships of antimicrobial drugs used in veterinary medicine. J Vet Pharmacol Ther 27：503.

Nestaas E，et al. 2005. Aminoglycoside extended interval dosing in neonates is safe and effective：a meta-analysis. Arch Dis Child Fetal Neonatal Ed 90：F294.

Papich MG. 2012. Selection of antibiotics for meticillinresistant *Staphylococcus pseudintermedius*：time to revisit some old drugs? Vet Dermatol 23：352.

Pohl P，et al. 1993. Replicon typing characterization of plasmids encoding resistance to gentamicin and apramycin in *Escherichia coli* and *Salmonella* typhimurium isolated from human and animal sources in Belgium. Epidemiol Infect 111：229.

Schumacher J，et al. 1991. Effect of diet on gentamicin-induced nephrotoxicosis in horses. Am J Vet Res 52：1274.

Van der Harst MR，et al. 2005. Gentamicin nephrotoxicity—a comparison of in vitro findings with in vivo experiments in equines. Vet Res Commun 29：247.

Winstanley TG，Hastings JG. 1989. Penicillin-aminoglycoside synergy and post-antibiotic effect for enterococci. J Antimicrob Chemother 23：189.

第二节　链霉素和双氢链霉素

链霉素和双氢链霉素是链霉胍家族的成员。双氢链霉素与链霉素性质类似，但更可能导致耳聋。链霉素是最早建议临床使用的氨基糖苷类药物。

一、抗菌活性

链霉素和双氢链霉素对分枝杆菌、一些支原体、一些革兰氏阴性杆菌（包括布鲁氏菌）和一些金黄色葡萄球菌具有活性。除分枝杆菌外，链霉素是氨基糖苷类药物中活性最低的。敏感细菌包括钩端螺旋体、土拉热杆菌、鼠疫杆菌和大多数胎儿弯曲杆菌性病亚种（表 14. 1）。细菌 MIC≤4 μg/mL 的认为是敏感菌。

二、耐药性

对链霉素和双氢链霉素获得性耐药的病原菌在兽医临床中普遍存在，除了一些特殊的用途，这些药物几乎不再使用。甚至在农业上用链霉素也选择多重耐药的鼻和肠道细菌，包括产生超广谱β-内酰胺酶的大肠杆菌（Scherer 等，2012）。大多数临床重大的耐药是由特定的质粒酶引起的。这些酶只灭活链霉素。质粒介导的耐药性通常与磺胺类药物、氨苄西林、四环素等药物的耐药基因有关。染色体变异耐药体外非常普遍，在经过几天治疗后体内更多，即使这些突变体的活性有时比母菌还弱。

三、药物相互作用

链霉素和双氢链霉素通常与其他药物联用，以防止出现染色体耐药或者为产生协同效应。其通常与作用于细胞壁的药物具有协同作用，如青霉素，而且这种组合配方制剂曾经可用。这种协同作用针对革兰氏阳性菌如链球菌（因为一般药物不易进入这些细菌）以及针对具有低水平耐药的细菌。在有高水平质粒和染色体耐药的细菌以及革兰氏阴性菌中通常不会出现协同作用。

四、毒性和不良反应

除了耐药性，毒性作用也限制了链霉素和双氢链霉素的应用。两者均可造成前庭损伤，随着每日给药和累计药量的增加及血药浓度升高，这种损伤作用会增强，对于肾病患者，这种损伤作用更强。一般来说，链霉素按照推荐剂量使用 1 周不会产生毒性反应。链霉素可引起前庭永久性损伤，由共济失调发展为动作失调，眼球震颤，正向反射丧失，直至死亡。此不良反应与剂量相关。猫在每日肌内注射 5～10 倍推荐剂量后 10d 内即会产生这种毒性作用。猫对链霉素尤其敏感，常规剂量就可产生恶心、呕吐、流涎和共济失调。

高剂量使用链霉素时会造成神经肌肉阻滞。虽然这种效果在正常剂量下不明显，但当使用青霉素-链霉素预防全身麻醉后造成的外科感染时，由于全身麻醉药和肌肉松弛药能增强神经肌肉阻滞效应，当犬、猫高剂量使用青霉素-链霉素时会出现死亡。

五、用法与用量

链霉素在美国仅以口服硫酸盐溶液用于鸡、猪、牛的饮水给药。在美国和加拿大，双氢链霉素仅与普鲁卡因青霉素 G 联用，用于乳房内给药。在欧洲，链霉素可单独作为注射剂，也可和双氢链霉素联用。链霉素与双氢链霉素的剂量见表 14.3。

表 14.3　氨基糖苷类和氨基环醇类药物在动物的常用剂量

药物	给药途径	剂量（mg/kg）	给药间隔（h）/持续时间（d）	注释
阿米卡星	IU	2g	24 × 3	母马的子宫炎
	IV，IM，SC	10	24 ×（5～7）	成年马的革兰氏阴性菌感染
	IV，IM，SC	20～25	24 ×（5～7）	新生马驹的革兰氏阴性菌感染
安普霉素	PO	12.5	24 × 7	猪的大肠杆菌病
	IM	20	（12～24）× 5	犊牛沙门氏菌病
双氢链霉素	IM	12.5～15	24 ×（3～5）	牛、猪、犬的钩端螺旋体病
庆大霉素	IU	2.0～2.5g	24×（3～5）	母马的子宫炎
	IV，IM，SC	4～6	24×（5～7）	成年马、犬、猫的革兰氏阴性菌感染
	IV，IM，SC	10～14	24×（5～7）	新生马驹的革兰氏阴性菌感染
卡那霉素	PO	10	8 × 5	犬的肠道感染
新霉素	PO	4.5～12	24×（3～14）	肠道感染，由于耐药疗效有限
	PO	20～40	24×（3～5）	猪大肠杆菌病，鸡慢性呼吸道疾病
大观霉素	SC	11～22	1 次	火鸡禽霍乱
	SC	10	24×（3～5）	牛呼吸系统疾病
大观霉素和林可霉素	SC	20	（12～24）×（3～21）	犬、猫的细菌感染
链霉素	PO	10	24×（3～5）	鸡、猪、牛的肠道感染，由于耐药疗效有限

六、临床应用

双氢链霉素或链霉素用于治疗牛、猪、犬的钩端螺旋体病。链霉素很少单独用于治疗动物感染，因为其广泛的耐药性，尤其对革兰氏阴性菌，链霉素和青霉素的联用产品不再有效。新型氨基糖苷类药物抗菌范围更广，毒性更小。

1. 牛、绵羊、山羊　双氢链霉素-青霉素 G 可完全治愈牛的钩端螺旋体病（Alt 等，2001）。土霉素、替米考星、头孢噻呋对钩端螺旋体病也有效，因此可能会成为双氢链霉素的替代品，因为在美国和加拿大双氢链霉素的注射剂不再用于食品动物。一项实验室试验和田间试验研究表明，对感染哈德焦钩端螺旋体的牛，链霉素不论是单次给药，还是连续 5d 给药，都至少在治疗 70d 后才能有效停止细菌排菌（Gerritsen 等，1994；Gerritsen 等，1993）。但是在美国和加拿大不再使用链霉素注射剂。

2. 猪　当给药剂量高于推荐剂量时，双氢链霉素-青霉素 G 可有效治疗猪的急性和持续性钩端螺旋体病（Alt 和 Bolin，1996）。该方案在种畜或进口/出口动物的治疗中显得非常重要。

3. 犬和猫　除了与其他药物联用治疗布鲁氏菌病外，链霉素似乎很少用于治疗犬的感染（Ledbetter 等，2009）。链霉素不能用于猫。

4. 禽　链霉素有时可口服用于治疗鸡的非特异性肠炎，也可与青霉素联用注射给药治疗火鸡丹毒。

参 考 文 献

Alt DP，Bolin CA. 1996. Preliminary evaluation of antimicrobial agents for treatment of *Leptospira interrogans* serovar *pomona* infection in hamsters and swine. Am J Vet Res 57：59.

Alt DP，et al. 2001. Evaluation of antibiotics for treatment of cattle infected with *Leptospira borgpetersenii* serovar hardjo. J Am Vet Med Assoc 219：636.

Gerritsen MJ，et al. 1993. Effect of streptomycin treatment on the shedding of and the serologic responses to *Leptospira interrogans* serovar *hardjo* subtype *hardjobovis* in experimentally infected cows. Vet Microbiol 38：129.

Gerritsen MJ，et al. 1994. Effective treatment with dihydrostreptomycin of naturally infected cows shedding *Leptospira interro-*

gans serovar *hardjo* subtype *hardjobovis*. Am J Vet Res 55：339.
Ledbetter EC，et al. 2009. *Brucella canis* endophthalmitis in 3 dogs：clinical features，diagnosis，and treatment. Vet Ophthalmol 12：183.
Scherer A，et al. 2012. Enhanced antibiotic multi-resistance in nasal and faecal bacteria after agricultural use of streptomycin. Environ Microbiol 15：297.

第三节　双氢链霉胍氨基糖苷类药物

新霉素是新霉素B和C的同分异构混合物。新霉素的主要成分是新霉素B。巴龙霉素（氨苷菌素）与新霉素紧密相关。

一、抗菌活性

新霉素与卡那霉素有类似且同等的抗菌活性，是链霉素的几倍。其抗菌活性弱于庆大霉素、妥布霉素和阿米卡星。该药对金黄色葡萄球菌的抗菌活性很好，但对其他革兰氏阳性菌的抗菌活性普遍偏低（表14.1）。尽管新霉素的敏感菌的流行性略低于卡那霉素，远低于庆大霉素，但许多条件致病菌还是对新霉素很敏感。认为MIC≤8 μg/mL的细菌是敏感菌。

二、耐药性

质粒介导的耐药性是通过多种酶的作用而产生的。这种耐药性常常表现为多重耐药，在肠共生菌和病原菌比较常见，在其他条件致病菌比较少见。

三、药物相互作用

新霉素与β-内酰胺类药物和杆菌肽在体外对革兰氏阳性菌有协同作用。通常在局部给药、眼用（也称为弗霉素）和乳房内给药制剂中应用。在治疗犬外耳炎致病菌方面，EDTA-Tris（三羟甲基氨基甲烷）与新霉素起协同作用（Sparks等，1994）。

四、毒性和不良反应

新霉素在氨基糖苷类药物中毒性最强，容易引起肾毒性和耳聋，因此不能注射给药。口服或局部给药一般不会产生毒性反应。但是已经出现了人口服新霉素后耳聋和肾小管坏死的严重不良反应。

猫每日高剂量（100 mg/kg）肌内注射新霉素出现肾毒性反应，而且在几天内耳聋。犬同猫一样对新霉素敏感。当用巴龙霉素治疗传染性肠炎时，猫出现了急性肾衰竭、耳聋和白内障等毒性反应（Gookin等，1999）。犬在皮下注射500mg新霉素后5d内听觉完全丧失（Fowler，1968）。牛注射新霉素可引起肾毒性和耳聋，而机体脱水可能会增强此毒性反应。猪注射给药后会造成神经肌肉阻滞导致短暂的后肢麻痹和呼吸骤停。马肌内注射10mg/kg的新霉素后4d，可引起肾小管损伤（酶尿和管型）。

五、用法与用量

新霉素用于治疗局部感染时，常与杆菌肽和多黏菌素B（三重抗生素）联用起广谱增效作用。新霉素B也可作为局部眼科制剂。对于肠炎病畜，新霉素口服制剂通常归为非处方药。由于肠杆菌科细菌的广泛耐药，这些剂型大部分无效。在一些国家，新霉素注射剂用于食品动物和马。由于其毒性，不应使用这种给药方式。新霉素也作为复方制剂中的一种成分用于治疗奶牛乳房炎。

六、临床应用

新霉素用于治疗肠道局部感染、伤口感染、耳部感染、皮肤感染及乳腺炎。该药抗菌谱相对较广，杀菌效果使其在一些国家颇受欢迎，作为庆大霉素廉价的替代药物，可以通过注射给药用于农场动物。然而，现在可以用更安全、低毒、作用效果更好的替代药物。弗霉素已开发用于一些兽医眼药制剂中。

1. 牛、绵羊和山羊　尽管新霉素的耐药问题越来越影响其药效，但仍可口服用于治疗反刍动物的肠道感染（Constable，2004；Constable，2009）。Shull 和 Frederick（1978）给新生犊牛奶粉中添加新霉素后，犊牛腹泻率上升，这可能是由于新霉素对肠道正常菌群有抑制作用或者是对肠黏膜有刺激作用，从而增加 *E. coli* O157：H7 的排菌（Alali 等，2004）。新霉素口服给药后吸收（大约 3%），可能会在牛的肾脏中残留，尤其是患有肠炎的肉牛（Pedersoli 等，1994；Wilson 等，1991）。常规将新霉素丸剂子宫内给药用于产后母牛，配种次数与不给药的相比明显增加。新霉素通常添加入乳房制剂中治疗乳房炎。但是在临床治疗由对青霉素敏感的革兰氏阳性菌引起的牛乳房炎时，青霉素 G 和新霉素联用的疗效并没有增强，也没有单独使用青霉素 G 时的疗效高（Taponen 等，2003）。

巴龙霉素注射制剂在一些国家批准用于治疗牛的呼吸道疾病。巴龙霉素用于治疗由隐孢子虫引起的急性隐孢子虫病（Fayer 和 Ellis，1993；Grinberg 等，2002），但药效低于阿奇霉素。

2. 猪 尽管细菌对新霉素的耐药性越来越限制其使用，但口服新霉素可治疗猪的大肠杆菌肠炎。

3. 马 新霉素可用于治疗由敏感菌引起的局部感染，但是其毒性很强，不能注射给药（Edwards 等，1989）。在患有肝性脑病的马净化肠道细菌时，建议口服给药。

4. 犬和猫 在治疗犬和猫的局部感染时，如外耳炎、细菌性角膜炎和肛门囊感染，新霉素常与其他药物配伍使用。巴龙霉素已用于治疗猫的隐孢子虫病（Barr 等，1994）和犬的利什曼病。

5. 禽 新霉素有时口服给药用于治疗鸡和火鸡的沙门氏菌感染。

参考文献

Alali WQ，et al. 2004. Effect of antibiotics in milk replacer on fecal shedding of *Escherichia coli* O157：H7 in calves. J Anim Sci 82：2148.

Barr SC，et al. 1994. Use of paromomycin for treatment of cryptosporidiosis in a cat. J Am Vet Med Assoc 205：1742.

Constable PD. 2004. Antimicrobial use in the treatment of calf diarrhea. J Vet Intern Med 18：8.

Constable PD. 2009. Treatment of calf diarrhea：antimicrobial and ancillary treatments. Vet Clin North Am Food Anim Pract 25：101.

Edwards DJ，et al. 1989. The nephrotoxic potential of neomycin in the horse. Equine Vet J 21：206.

Fayer R，Ellis W. 1993. Paromomycin is effective as prophylaxis for cryptosporidiosis in dairy calves. J Parasitol 79：771.

Fowler NG. 1968. The ototoxicity of neomycin in the dog. Vet Rec 82：267.

Fuquay JW，et al. 1975. Routine postpartum treatment of dairy cattle with intrauterine neomycin sulfate boluses. J Anim Sci 58：1367.

Gookin JL，et al. 1999. Acute renal failure in four cats treated with paromomycin. J Am Vet Med Assoc 215：1821.

Grinberg A，et al. 2002. Controlling the onset of natural cryptosporidiosis in calves with paromomycin sulphate. Vet Rec 151：606.

Oliva G，et al. 1998. Comparative efficacy of meglumine antimoniate and aminosidine sulphate，alone or in combination，in canine leishmaniasis. Ann Trop Med Parasitol 92：165.

Oliva G，et al. 2004. [Canine leishmaniasis：evolution of the chemotherapeutic protocols]. Parassitologia 46：231.

Persoli WM，et al. 1994. Disposition and bioavailability of neomycin in Holstein calves. J Vet Pharm Ther 17：5.

Shull JJ，Frederick HM. 1978. Adverse effect of oral antibacterial prophylaxis and therapy on incidence of neonatal calf diarrhea. Vet Med Small Anim Clin 73：924.

Sparks TA，et al. 1994. Antimicrobial effect of combinations of EDTA-Tris and amikacin or neomycin on the microorganisms associated with otitis externa in dogs. Vet Res Commun 18：241.

Taponen S，et al. 2003. Efficacy of intramammary treatment with procaine penicillin G vs. procaine penicillin G plus neomycin in bovine clinical mastitis caused by penicillinsusceptible，gram-positive bacteria—a double blind field study. J Vet Pharmacol Ther 26：193.

Wilson DJ，et al. 1991. Detection of antibiotic and sulfonamide residues in bob veal calf tissues：967 cases (1987－1988). J Am Vet Med Assoc 199：759.

第四节 卡那霉素族

卡那霉素族包括卡那霉素和半合成的衍生物如阿米卡星，内布霉素类如妥布霉素和安普霉素，以及庆大霉素、奈替米星、西索米星。

一、卡那霉素

(一) 抗菌活性

卡那霉素（图 14.2）与新霉素抗菌活性相似。可有效杀灭多种分枝杆菌和支原体，但对铜绿假单胞菌和厌氧菌无效。

一般认为 MIC≤16 μg/mL 的细菌为敏感菌，MIC=32 μg/mL 的细菌为中度敏感菌，MIC≥64 μg/mL 的细菌为耐药菌。

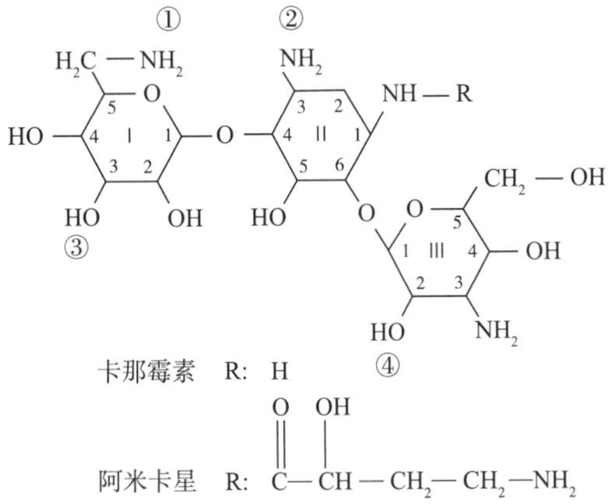

卡那霉素　R: H

阿米卡星　R: $C(=O)—CH(OH)—CH_2—CH_2—NH_2$

图 14.2　卡那霉素的化学结构

(二) 耐药性

在多种酶的作用下，可产生质粒介导的耐药性。染色体介导的耐药性发展缓慢但并不重要。与新霉素存在完全交叉耐药性，与链霉素存在单向交叉耐药性。大肠杆菌和革兰氏阴性菌经常出现获得性耐药。

(三) 毒性和不良反应

与新霉素相比，卡那霉素化疗指数更高，而且在同一水平下毒性更小。虽然过高的剂量对犬和猫有毒性，但是每日按照 100 mg/kg 的剂量皮下注射给药超过 30d，未产生不良反应，犬按照相同剂量给药 9 个月也无不良反应（Yeary，1975）。

(四) 临床应用

注射给药时，卡那霉素已经被活性更强的氨基糖苷类药物所替代。局部治疗时，卡那霉素与新霉素相比并没有明显的优势。卡那霉素在美国仅批准作为口服制剂，与止泻剂联用治疗犬的细菌性肠炎，但在欧洲仍然可使用卡那霉素的一些注射制剂。

参考文献

Yeary RA. 1975. Systemic toxic effects of chemotherapeutic agents in domestic animals. Vet Clin North Am 5：511.

二、阿米卡星

阿米卡星是卡那霉素的衍生物，抗菌活性比卡那霉素更强，但与庆大霉素、妥布霉素相似。阿米卡星能有效耐受灭活其他氨基糖苷类药物的大多数酶，这一特性在治疗铜绿假单胞菌感染时尤为重要。

(一) 抗菌活性

肠杆菌科包括耐庆大霉素的肠杆菌属、大肠杆菌属、克雷伯氏菌属、变形杆菌属和沙雷氏菌属，属于敏感菌（MIC≤16 μg/mL）。在革兰氏阳性菌中，诺卡氏菌属和葡萄球菌属于敏感菌（表 14.4）。动物源对甲氧西林敏感的葡萄球菌、MRSA 和 MRSP 是典型的敏感菌（Rubin 等，2011）。与庆大霉素相比，阿米卡星对铜绿假单胞菌作用更强，但对链球菌作用较弱。耐药菌（MIC≥64 μg/mL）包括厌氧菌、许多链球菌和肠球菌及一些假单胞菌属。

表 14.4 妥布霉素、阿米卡星和安普霉素对特定细菌的抗菌活性（MIC_{90}，μg/mL）

细菌	妥布霉素	阿米卡星	安普霉素
革兰氏阳性需氧菌			
诺卡菌属	＞32	2	
马红球菌	1	≤0.25	
金黄色葡萄球菌	8	4	1
化脓链球菌	64	256	32
革兰氏阴性需氧菌			
放线杆菌属	2	8	16
支气管败血波氏杆菌	2	8	16
空肠弯曲杆菌	2	2	
大肠杆菌	0.5	2	8
肺炎克雷伯氏菌	8	4	4
多杀性巴氏杆菌	2	8	16
变形杆菌属	1	4	8
铜绿假单胞菌	8	16	16
沙门氏菌属	2	4	8

（二）耐药性

与庆大霉素和其他新型氨基糖苷类药物相比，阿米卡星很少出现耐药性。但是已经发现了革兰氏阴性菌的医院获得性质粒介导的耐药（Orsini 等，1989）。在宠物中大肠杆菌的耐药比在食品动物中更常见（Davis 等，2011；Lei 等，2010）。

（三）药代动力学特性

阿米卡星的药代动力学性质是氨基糖苷类药物的代表。据报道，在成年动物中的表观分布容积为 0.15～0.3 L/kg，血浆消除半衰期为 1～2 h（Pinto 等，2011）。药物与蛋白结合率低，尤其在败血症患者或缺氧的新生儿，消除半衰期延长（Green 和 Conlon，1993；Green 等，1992；Wichtel 等，1992）。肌内注射或皮下注射的生物利用度很高（90%～100%）。阿米卡星在马体内可分布到腹膜液和关节液。

（四）药物相互作用

阿米卡星与β-内酰胺药物（阿洛西林或替卡西林）联用对铜绿假单胞菌有协同作用。在治疗由伪中间型葡萄球菌、奇异变形杆菌、铜绿假单胞菌和大肠杆菌引起的犬耳炎时，阿米卡星与附加阿米卡星的 EDTA-Tris 联用起协同作用（Sparks 等，1994）。阿米卡星与红霉素联用在体外对马红球菌时起拮抗作用（Giguère 等，2012）。

（五）毒性和不良反应

阿米卡星的肾毒性和耳毒性稍弱于卡那霉素。对于肾功能正常的动物，按推荐剂量给药 2～3 周几乎不会产生毒性作用。建议在治疗期间监测肾功能。有人担心由于新生小马驹肾小球清除率较低，也许需要减少给药剂量以防产生肾毒性，但因为小马驹的肾清除率高于成年马，Adland-Davenport 等（1990）认为这种担心毫无事实依据。如果病畜肾脏损伤，应最好按照监测到的治疗药物浓度调整给药剂量。

（六）用法和用量

药物的推荐用量见表 14.3。阿米卡星被批准用于马子宫给药、犬肌内注射或皮下注射给药。通常在其他动物中也采取注射给药——肌内注射给药、皮下注射给药、关节内注射给药、局部静脉给药和骨髓内注射给药。

（七）临床应用

阿米卡星属于广谱杀菌药，经常用于动物的严重感染，如由耐庆大霉素的细菌和多重耐药的葡萄球菌感染引起的革兰氏阴性菌败血症。在人医，该药经常与抗假单胞菌的青霉素联用，治疗中性白细胞减少症患者的铜绿假单胞菌感染。

1. 马　在美国和加拿大，阿米卡星被批准用于治疗马的细菌性子宫内膜炎，由于阿米卡星对兽疫链球菌活性较差，应保留作为由铜绿假单胞菌和肺炎链球菌引起的感染的治疗。药代动力学研究建议每日 1 次子宫灌注 2g 药物，不建议肌内注射给药。

阿米卡星可用于治疗新生马驹的败血症和肺炎。Magdesian 及其同事（2004）发现，按照 21mg/kg 的剂量对小马驹每日给药 1 次并没有产生肾毒性，这表明每日给药 1 次可能比每日分多次给药更有效，原因前面已经讨论过。由于疗效与 C_{max} ：MIC 值有关，小马驹按照 25mg/kg 的初始给药剂量达到的峰浓度>40μg/mL（Bucki 等，2004）。

阿米卡星也用于治疗由葡萄球菌属和革兰氏阴性菌引起的骨骼肌系统感染。由于全身治疗的损失，常采取关节内注射的给药方式，局部静脉注射或远端肢体骨髓灌注给药。这样的局部给药方式使关节和腱鞘中药物达到高浓度，从而避免引起全身毒性（Butt 等，2001；Kelmer 等，2012；Parra-Sanchez 等，2006；Taintor 等，2006）。当类固醇激素和软骨保护性药物（如透明质酸）进行关节内注射给药时，考虑到败血症产生的破坏性后果，经常在治疗中添加少量的阿米卡星（Dabareiner 等，2003）。

2. 犬和猫　在美国，阿米卡星被批准用于犬注射给药，也批准用于猫。阿米卡星的适应证包括由其他耐药肠杆菌科或铜绿假单胞菌引起的严重的革兰氏阴性菌感染（肾盂肾炎、皮肤和软组织感染），对这些感染没有有效或合适的替代药物。阿米卡星越来越多用于治疗耐甲氧西林金黄色葡萄球菌和伪中间型葡萄球菌引起的感染（Frank 和 Loeffler，2012；Papich，2012）。

参考文献

Adland-Davenport P，et al. 1990. Pharmacokinetics of amikacin in critically ill neonatal foals treated for presumed or confirmed sepsis. Equine Vet J 22：18.

Bucki EP，et al. 2004. Pharmacokinetics of once-daily amikacin in healthy foals and therapeutic drug monitoring in hospitalized equine neonates. J Vet Intern Med 18：728.

Butt TD，et al. 2001. Comparison of 2 techniques for regional antibiotic delivery to the equine forelimb：intraosseous perfusion vs. intravenous perfusion. Can Vet J 42：617.

Dabareiner RM，et al. 2003. Injection of corticosteroids，hyaluronate，and amikacin into the navicular bursa in horses with signs of navicular area pain unresponsive to other treatments：25 cases（1999-2002）. J Am Vet Med Assoc 223：1469.

Davis JA，et al. 2011. Anatomical distribution and genetic relatedness of antimicrobial-resistant *Escherichia coli* from healthy companion animals. J Appl Microbiol 110：597.

Frank LA，Loeffler A. 2012. Meticillin-resistant *Staphylococcus pseudintermedius*：clinical challenge and treatment options. Vet Dermatol 23：283.

Giguère S，et al. 2012. In vitro synergy，pharmacodynamics，and postantibiotic effect of 11 antimicrobial agents against *Rhodococcus equi*. Vet Microbiol 160：207.

Green SL，Conlon PD. 1993. Clinical pharmacokinetics of amikacin in hypoxic premature foals. Equine Vet J 25：276.

Green SL，et al. 1992. Effects of hypoxia and azotaemia on the pharmacokinetics of amikacin in neonatal foals. Equine Vet J 24：475.

Kelmer G，et al. 2013. Evaluation of regional limb perfusion with amikacin using the saphenous，cephalic，and palmar digital veins in standing horses. J Vet Pharmacol Ther 36：236.

Lei T，et al. 2010. Antimicrobial resistance in *Escherichia coli* isolates from food animals，animal food products and companion animals in China. Vet Microbiol 146：85.

Magdesian KG，et al. 2004. Pharmacokinetics and nephrotoxicity of high dose amikacin administered at extended intervals to neonatal foals. Am J Vet Res 65：473.

Orsini JA，et al. 1989. Resistance to gentamicin and amikacin of gram-negative organisms isolated from horses. Am J Vet Res 50：923.

Orsini JA，et al. 1996. Tissue and serum concentrations of amikacin after intramuscular and intrauterine administration to mares in estrus. Can Vet J 37：157.

Papich MG. 2012. Selection of antibiotics for meticillinresistant *Staphylococcus pseudintermedius*：time to revisit some old drugs? Vet Dermatol 23：352.

三、安普霉素

安普霉素，如妥布霉素一样，是阴暗链霉菌（*Streptomyces tenebrans*）的发酵产物中分离的一种暗霉素类药物。该药未在人医临床中使用，但已在兽医临床中口服用于治疗由革兰氏阴性菌引起的农场动物的肠炎。

安普霉素对金黄色葡萄球菌、许多革兰氏阴性菌和一些支原体有效（表 14.4）。确定其抗菌谱需要更多的研究。认为 MIC≤16 μg/mL 的细菌为敏感菌。

安普霉素独特的化学结构可抵御质粒介导的大部分降解酶。革兰氏阴性菌几乎没有耐药性，所以从许多动物中分离的致病大肠杆菌和沙门氏菌都是敏感菌。肠杆菌科中碳青霉烯酶的出现驱使人们筛选寻找治疗的替代物，由于安普霉素能避开 rRNA 甲基化酶作用而受到关注（Livermore 等，2011）。已经检测到相关家畜中耐甲氧西林金黄色葡萄球菌含有耐安普霉素的耐药基因 *apmA*（Kadlec 等，2012）。这些基因大部分位于多重耐药质粒中，以增强其共选性和持久性。

安普霉素作为注射剂在一些国家被批准用于治疗牛的大肠杆菌病。安普霉素能高效预防和治疗猪的大肠杆菌病（Andreotis 等，1980）。将药物溶于水使猪足够饮水获得的每日剂量为 12.5mg/kg，可连续给药 7d。目前已有相关对自然获得性大肠杆菌感染肉鸡进行治疗的报道（Cracknell 等，1986）。肠炎能显著增强鸡对安普霉素的口服吸收，这也许会造成组织中药物的残留（Thomson 等，1992）。一般来说氨基糖苷类药物都存在组织中药物残留的问题。

参 考 文 献

Andreotis JS, et al. 1980. An evaluation of apramycin as an in-feed medication for the treatment of postweaning colibacillosis in pigs. Vet Res Comm 4: 131.

Cracknell VC, et al. 1986. An evaluation of apramycin soluble powder for the treatment of naturally acquired *Escherichia coli* infections in broilers. J Vet Pharmacol Ther 9: 273.

Kadlec K, et al. 2012. Novel and uncommon antimicrobial resistance genes in livestock-associated methicillin-resistant *Staphylococcus aureus*. Clin Microbiol Infect 18: 745.

Livermore DM, et al. 2011. Activity of aminoglycosides, including ACHN-490, against carbapenem-resistant Enterobacteriaceae isolates. J Antimicrob Chemother 66: 48.

Thomson TD, et al. 1992. Effects of intestinal pathology due to coccidial infection on the oral absorption of apramycin in 4-week-old broiler chickens. Acta Vet Scand Suppl 87: 275.

四、庆大霉素

庆大霉素是绛红小单孢菌（*Micromonospora purpurea*）发酵产物的一种，因为不是链霉菌发酵的产物，所以拼写为"*gentamicin*"，而不是"*gentamycin*"。

（一）抗菌活性

庆大霉素是抗菌活性最好的氨基糖苷类药物之一（表 14.1）。该药可有效作用于大多数革兰氏阴性需氧菌，包括铜绿假单胞菌及一些革兰氏阳性菌和支原体。与阿米卡星相比，庆大霉素对链球菌作用更强。庆大霉素对分枝杆菌、诺卡氏菌几乎没有抗菌活性。对厌氧菌或在无氧条件下的需氧菌也无抗菌活性。和所有的氨基糖苷类药物一样，该药也是浓度依赖型杀菌药，不能进入吞噬细胞。虽然有时在动物医院存在耐药性的问题，但是动物致病菌仍对该药存在广泛的敏感性（Peyrou 等，2003；Sanchez 等，2002）。

在人医院已经暴发了由多种耐庆大霉素细菌引起的院内感染。

敏感菌［MIC≤2μg/mL（犬和马）或≤4 μg/mL（其他动物）］：大多数肠杆菌科包括肠道杆菌、大肠杆菌、克雷伯氏菌属、变形杆菌属、沙雷氏菌属、耶尔森菌属、布鲁氏菌属、弯曲菌属、嗜血杆菌属和巴氏杆菌属敏感。大多数铜绿假单胞菌也属于敏感。在革兰氏阳性菌中，金黄色葡萄球菌是典型的敏感菌，而链球菌和其他许多革兰氏阳性需氧菌的敏感性是变化的。左氏原壁菌通常是敏感菌。马红球菌在体外属于敏感菌，但由于庆大霉素渗透能力弱和在脓肿中活性差，所以临床功效差。

耐药菌（MIC≥8～16μg/mL）：包括许多革兰氏阳性需氧菌及一些假单胞菌属和厌氧菌。耐庆大霉素的铜绿假单胞菌通常对阿米卡星和妥布霉素敏感。

（二）药代动力学特性

据报道，和阿米卡星类似，庆大霉素在成年动物中的表观分布容积为0.15～0.3 L/kg，血浆消除半衰期为1～2 h。蛋白结合率低。该药在新生儿体内表观分布容积较大，说明其给药剂量应高于成年动物，但是需要延长给药间隔（Burton等，2012）。庆大霉素可透过胎盘并能在小母马尿囊液中达到治疗浓度。

（三）药物相互作用

庆大霉素与β-内酰胺类药物联用通常对许多革兰氏阴性杆菌具有协同作用，包括铜绿假单胞菌。庆大霉素与β-内酰胺类药物联用对革兰氏阳性菌具有协同作用，如单核细胞增生性李斯特菌。庆大霉素与甲氧苄啶-磺胺类药物联合对大肠杆菌和肺炎链球菌有协同作用。庆大霉素与氯霉素、四环素和红霉素之间存在拮抗作用。庆大霉素和利福平联合对马红球菌有拮抗作用（Giguère等，2012）。

注射用β-内酰胺类药物与庆大霉素存在配伍禁忌，禁止在同一注射器内配伍给药。两种药通过同一静脉输液管给药时，必须采取措施保证前一种药已冲洗干净。

氟烷麻醉可明显影响马体内庆大霉素的药代动力学性质。全身消除率和表观分布容积减少，而半衰期延长（Hague等，1997；Smith等，1988）。在马，保泰松与庆大霉素同步给药会使庆大霉素的消除半衰期降低23%，表观分布容积降低26%。而保泰松的药代动力学特性不受影响（Whittem等，1996）。

（四）毒性和不良反应

庆大霉素也会产生与其他氨基糖类药物相同的肌肉阻滞毒性反应，使用麻醉药时该反应更为严重。该药会引起轻微的心血管抑郁，所以不能快速静脉注射给药。庆大霉素可能有耳毒性，但主要是肾毒性，不能长时间给药。由于庆大霉素在肾小管上皮细胞中蓄积产生肾毒性，这与其波谷浓度较高有关。由于庆大霉素潜在的毒性，所以该药最好用于严重感染。有条件的话，可监测被治疗动物的血药浓度。否则，应注意监测肾功能。

在大多数临床治疗方案中，亚临床肾功能损害通常是可逆的，这在临床中并无意义。导致庆大霉素肾毒性的风险因素包括未成熟动物和老龄动物，酸中毒、同步联用利尿剂如呋塞米、日给药剂量和总给药剂量、发热、脱水、有氨基糖苷类药物治疗史，同步联用两性霉素B和非甾体抗炎药以及犬子宫积脓。发热可降低全身消除率和表观分布容积，从而增加庆大霉素的血药浓度。

目前，推荐庆大霉素以高剂量、每日给药1次可使抗菌疗效最大化、肾毒性最小化。监测峰谷浓度和血药浓度的变化以观察消除半衰期的变化，这是监测肾毒性反应最积极的手段，但在临床操作中很难实现。其次，也可检测尿GGT的增加，以及尿中GGT和肌酐比值的增加。血清尿素氮和肌酐的含量升高可确认肾毒性，但只能在明显的肾损害出现7d后才可以确认。据报道，该药对马有肾毒性，消除半衰期为24～45h，这进一步增加了药物的毒性作用时间（Sweeney等，1988）。腹膜透析也许不能明显清除蓄积的氨基糖，但可降低肌酐和血清尿素氮。在人类患者中，可以采用基于年龄和肾功能的列线图来计算庆大霉素的给药剂量，但不能用于兽医临床。最近马的群体药代动力学研究表明，庆大霉素的分布存在公认的个体差异并且占有相当大的比例，这可以认为是由于体重和血清肌酐的不同而造成的（Martin Jimenez等，1998）。该数据可用来估计每日1次的给药剂量。犬以推荐剂量给药后产生的肾损伤通常是轻微可逆的（Albarellos等，2004）。

因为蛋白和钙离子能与氨基糖苷类药物阳离子竞争性结合肾小管上皮细胞，肾毒性能通过给治疗动物饲喂高蛋白或高钙饲料而降低，如给大型动物饲喂紫花苜蓿，给小型动物饲喂蛋白含量高于25%的饲料（Behrend等，1994；Schumacher等，1991）。高蛋白饲料增加了肾小球滤过率和肾血流量，从而减少氨基糖苷类的蓄积。饲料的弱化作用也许与蛋白在近端小管竞争性抑制或钙的肾毒性弱化作用有关。

猫特别容易对庆大霉素产生中毒反应，最初是丧失前庭功能，继而引起肾毒性。治疗剂量对猫在正常的治疗时间内（5d）通常是安全的（Hardy等，1985；Short等，1986；Waitz等，1971）。建议对患重病的猫进行肾功能和治疗药物浓度监测，最好不使用庆大霉素。有研究证明治疗脓肿时大量输液与猫的肾毒性作用有关（Mealey和Boothe，1994）。

在马的抗菌治疗过程中，抗生素相关性腹泻（AAD）是最常见的不良反应。在无胃肠道症状用抗生素治疗的5 251匹马中，32匹诊断可能患有AAD的马，庆大霉素与青霉素联合使用治疗时更易引起AAD

（$n=7$）（Barr 等，2012）。

（五）用法与用量

庆大霉素主要使用在动物的用法与用量见表 14.3。庆大霉素批准用于马子宫给药（在一些国家也批准用于牛），仔猪肌内注射或口服给药，幼禽和雏鸡皮下注射给药，犬肌内注射或皮下注射给药。常采用静脉注射、皮下注射、肌内注射和关节内注射、静脉或骨髓腔灌注等给药方式。该药也标签外用于许多其他动物。

（六）临床应用

庆大霉素的临床应用见表 14.5。庆大霉素对需氧菌、特别是革兰氏阴性需氧菌有杀菌作用，由于其杀菌活性，特别用于杀灭肠杆菌和铜绿假单胞菌。该药可用于治疗革兰氏阴性需氧菌引起的重症脓毒症，但氟喹诺酮类药物有类似的抗菌活性，并且组织分布更好，也更安全。

表 14.5　庆大霉素在临床动物感染中的应用

动物种类	主要应用	注意事项
马	马驹革兰氏阴性菌败血症、胸膜肺炎、疝气手术的外科预防、母马子宫炎、感染性角膜炎	肾毒性限制使用
犬、猫	革兰氏阴性菌败血症、传染性角膜炎、外耳炎	肾毒性和耳毒性限制使用
牛、绵羊、山羊	在一些国家批准用于牛子宫炎、革兰氏阴性菌败血症	由于长时间肾残留限制使用
猪	新生仔猪大肠杆菌病	
禽	幼禽和雏鸡革兰氏阴性菌败血症	批准用于 1 日龄禽类但也可用于蛋

1. 牛、绵羊、山羊　由于价格和长时间的组织中药物残留问题，庆大霉素在这几种动物的使用有限。在美国和加拿大，庆大霉素未批准用于反刍动物。由于肾蓄积作用，治疗后许多年仍能检测出组织中残留的药物（Chiesa 等，2006；Dowling，2006）。该药一直标签外用于治疗奶牛乳房炎。一项患有大肠杆菌乳房炎的奶牛田间试验表明，全身给药没有任何效果（Jones 和 Ward，1990）。乳房灌注的效果受到质疑。试验中，乳房内给予庆大霉素对治疗牛大肠杆菌乳腺炎并没有改善作用（Erskine 等，1992）。

2. 猪　庆大霉素可用于治疗 1～3 日龄的仔猪大肠杆菌病，可肌内注射或口服给药 5 mg。如果多次给药或对大龄仔猪给药，应显著延长休药期。

3. 马　因庆大霉素的抗菌谱相对较广和对马流行致病菌均敏感，以及与大多数农场动物相比，由于治疗马具有的情感价值，该药广泛应用于马。庆大霉素被广泛用于治疗马的肺炎和胸膜肺炎（Mair，1991；Raidal，1995；Sweeney 等，1991）。庆大霉素经常与β-内酰胺类抗生素联用呈协同杀菌作用。在治疗马的胸膜肺炎时，经常和甲硝唑联用以扩展耐β-内酰胺类药物厌氧菌（如脆弱拟杆菌）的抗菌谱。

在进行马的疝气手术时，庆大霉素常与β-内酰胺类抗生素联合给药（Traub-Dargatz 等，2002）。内毒素血症增加了庆大霉素在马体内的消除半衰期（Sweeney 等，1992；Van der Harst 等，2005a，b），但是静脉注射给药（Jones 等，1998）或腹腔灌洗（Easter 等，1997）不影响庆大霉素的药代动力学特性。饲喂高蛋白或高钙干草（如苜蓿）可以降低产生肾毒性的风险。

在小马驹中，庆大霉素经常用于治疗革兰氏阴性菌引起的败血症，但是由于其不能透过血脑屏障而不能治疗脑膜炎。如果没有监测肾毒性和波谷血清药物浓度，该药使用不能超过 5～7d（Raisis 等，1998）。

庆大霉素被批准子宫内给药，治疗由兽疫链球菌、肺炎克雷伯菌、铜绿假单胞菌引起的马传染性子宫炎。授精时或授精前不能经常使用庆大霉素，以避免促进产生耐药性和破坏阴道正常的微生物群落。庆大霉素按 4.4 mg/kg 的剂量一日 2 次肌内注射或静脉注射给药，可治疗由克雷伯氏菌和假单胞菌引起的种马生殖道感染（Hamm，1978）。

庆大霉素是治疗细菌性溃疡性角膜炎的首选药物，因为兽疫链球菌、铜绿假单胞菌是最常见的分离病原菌。然而随着这些病原菌对庆大霉素耐药性的增强，应进行药敏试验，无效的治疗可能会导致严重的后果（Keller 和 Hendrix，2005；Sauer 等，2003）。

庆大霉素关节内注射给药治疗马的化脓性关节炎，由于这种给药方式达到的药物浓度比注射给药高达 100 倍，因此在 24h 内能超过敏感菌的 MIC（Lescun 等，2006；Meijer 等，2000）。骨髓腔灌注或静脉局部灌注也使局部药物达到高浓度，用于治疗毒性关节炎或骨髓炎（Mattson 等，2004；Werner 等，2003）。高剂量给药可能会引起骨坏死中毒反应（Parker 等，2010）。浸渍庆大霉素的聚甲基丙烯酸甲酯微珠也成功用于治疗脓毒性关节炎（Booth 等，2001；Farnsworth 等，2001；Haerdi-Landerer 等，2010）。浸渍庆大霉素的胶原蛋白海绵植入跗腕部关节，产生的药物浓度高于已报道的引起脓毒性关节炎常见病原体最低抑菌浓度的 20 倍（Ivester 等，2006）。

4. 犬和猫　由于犬和猫常见细菌病原体对庆大霉素的广泛敏感性，所以庆大霉素常用于小动物的临床治疗。在治疗呼吸道、皮肤和软组织、眼（表皮感染）和胃肠道感染方面有较好的疗效。犬的术后感染主要是由对庆大霉素敏感的细菌引起的（Gallagher 和 Mertens，2012）。浸渍庆大霉素的聚甲基丙烯酸甲酯微珠和局部静脉灌注庆大霉素可用于肌肉骨骼疾病的局部治疗（Vnuk 等，2012）。局部植入浸渍庆大霉素的胶原蛋白海绵也是安全有效的（Delfosse 等，2011；Renwick 等，2010）。由于庆大霉素对伪中间葡萄球菌和铜绿假单胞菌有抗菌活性，所以该药特别用于犬外耳炎的局部治疗（Zamankhan Malayeri 等，2010）。在使用庆大霉素过程中，除非清除了潜在因素，否则铜绿假单胞菌会缓慢产生耐药性（Hariharan 等，2006）。对经临床诊断为鼓膜完整或者破损的犬使用庆大霉素治疗，均未引起耳蜗或前庭损伤（Strain 等，1995）。

5. 禽　庆大霉素对 1～3 日龄火鸡和 1 日龄雏鸡皮下注射给药，可预防和治疗大肠杆菌、铜绿假单胞菌、亚利桑那副大肠杆菌以及沙门氏菌引起的感染。也可注入孵化场的蛋中预防孵化前感染。

6. 骆驼科动物　庆大霉素用于治疗由革兰氏阴性菌引起的骆驼科动物感染。骆驼科动物对庆大霉素引起的肾毒性似乎非常敏感（Hutchison 等，1993）。健康成年美洲驼的药代动力学研究证明，庆大霉素的药峰浓度高、消除时间长，这说明庆大霉素应低剂量给药，并且给药间隔要长。

参 考 文 献

Albarellos G，et al. 2004. Multiple once-daily dose pharmacokinetics and renal safety of gentamicin in dogs. J Vet Pharmacol Ther 27：21.

Barr BS，et al. 2012. Antimicrobial-associated diarrhoea in three equine referral practices. Equine Vet J 45：154.

Behrend EN，et al. 1994. Effects of dietary protein conditioning on gentamicin pharmacokinetics in dogs. J Vet Pharmacol Ther 17：259.

Booth TM，et al. 2001. Treatment of sepsis in the small tarsal joints of 11 horses with gentamicin-impregnated polymethyl methacrylate beads. Vet Rec 148：376.

Brashier MK，et al. 1998. Effect of intravenous calcium administration on gentamicin-induced nephrotoxicosis in ponies. Am J Vet Res 59：1055.

Brown SA，Garry FB. 1988. Comparison of serum and renal gentamicin concentrations with fractional urinary excretion tests as indicators of nephrotoxicity. J Vet Pharmacol Ther 11：330.

Burton AJ，et al. 2013. Effect of age on the pharmacokinetics of a single daily dose of gentamicin sulfate in healthy foals. Equine Vet J 45：507.

Chiesa OA，et al. 2006. Use of tissue-fluid correlations to estimate gentamicin residues in kidney tissue of Holstein steers. J Vet Pharmacol Ther 29：99.

Delfosse V，et al. 2011. Clinical investigation of local implantation of gentamicin-impregnated collagen sponges in dogs. Can Vet J 52：627.

Dowling P. 2006. Clinical pharmacology update. Insulin and Gentamicin. Can Vet J 47：711.

Dowling PM，et al. 1996. Pharmacokinetics of gentamicin in llamas. J Vet Pharmacol Ther 19：161.

Easter JL，et al. 1997. Effects of postoperative peritoneal lavage on pharmacokinetics of gentamicin in horses after celiotomy. Am J Vet Res 58：1166.

Erskine RJ，et al. 1991. Theory，use，and realities of efficacy and food safety of antimicrobial treatment of acute coliform mastitis. J Am Vet Med Assoc 198：980.

Erskine RJ，et al. 1992. Intramammary gentamicin as a therapy for experimental *Escherichia coli* mastitis. Am J Vet Res 53：375.

Farnsworth KD，et al. 2001. The effect of implanting gentamicin-impregnated polymethylmethacrylate beads in the tarsocrural joint of the horse. Vet Surg 30：126.

Gallagher AD, et al. 2012. Implant removal rate from infection after tibial plateau leveling osteotomy in dogs. Vet Surg 41: 705.

Giguère S, et al. 2012. In vitro synergy, pharmacodynamics, and postantibiotic effect of 11 antimicrobial agents against *Rhodococcus equi*. Vet Microbiol 160: 207.

Haerdi-Landerer MC, et al. 2010. Slow release antibiotics for treatment of septic arthritis in large animals. Vet J 184: 14.

Hague BA, et al. 1997. Effects of high-dose gentamicin sulfate on neuromuscular blockade in halothane-anesthetized horses. Am J Vet Res 58: 1324.

Hamm DH. 1978. Gentamicin therapy of genital tract infections in stallions. J Equine Med Surg 2: 243.

Hardy ML, et al. 1985. The nephrotoxic potential of gentamicin in the cat: Enzymuria and alterations in urine concentrating capability. J Vet Pharm Ther 8: 382.

Hariharan H, et al. 2006. Update on antimicrobial susceptibilities of bacterial isolates from canine and feline otitis externa. Can Vet J 47: 253.

Houdeshell JW, Hennessey PW. 1972. Gentamicin in the treatment of equine metritis. Vet Med Small Anim Clin 67: 1348.

Hutchison JM, et al. 1993. Acute renal failure in the llama (Lama glama). Cornell Vet 83: 39.

Ivester KM, et al. 2006. Gentamicin concentrations in synovial fluid obtained from the tarsocrural joints of horses after implantation of gentamicin-impregnated collagen sponges. Am J Vet Res 67: 1519.

Jones GF, Ward GE. 1990. Evaluation of systemic administration of gentamicin for treatment of coliform mastitis in cows. J Am Vet Med Assoc 197: 731.

Jones SL, et al. 1998. Pharmacokinetics of gentamicin in healthy adult horses during intravenous fluid administration. J Vet Pharmacol Ther 21: 247.

Keller RL, et al. 2005. Bacterial isolates and antimicrobial susceptibilities in equine bacterial ulcerative keratitis (1993-2004). Equine Vet J 37: 207.

Lescun TB, et al. 2006. Gentamicin concentrations in synovial fluid and joint tissues during intravenous administration or continuous intra-articular infusion of the tarsocrural joint of clinically normal horses. Am J Vet Res 67: 409.

Mair T. 1991. Treatment and complications of pleuropneumonia. Equine Vet J 23: 5.

Martin Jimenez T, et al. 1998. Population pharmacokinetics of gentamicin in horses. Am J Vet Res 59: 1589.

Mattson S, et al. 2004. Intraosseous gentamicin perfusion of the distal metacarpus in standing horses. Vet Surg 33: 180.

Mealey KL, Boothe DM. 1994. Nephrotoxicosis associated with topical administration of gentamicin in a cat. J Am Vet Med Assoc 204: 1919.

Meijer MC, et al. 2000. Clinical experiences of treating septic arthritis in the equine by repeated joint lavage: a series of 39 cases. J Vet Med A Physiol Pathol Clin Med 47: 351.

Murchie TA, et al. 2006. Continuous monitoring of penicillin G and gentamicin in allantoic fluid of pregnant pony mares by in vivo microdialysis. Equine Vet J 38: 520.

Parker RA, et al. 2010. Osteomyelitis and osteonecrosis after intraosseous perfusion with gentamicin. Vet Surg 39: 644.

Peyrou M, et al. 2003. [Evolution of bacterial resistance to certain antibacterial agents in horses in a veterinary hospital]. Can Vet J 44: 978.

Raidal SL. 1995. Equine pleuropneumonia. Br Vet J 151: 233.

Raisis AL, et al. 1998. Serum gentamicin concentrations in compromised neonatal foals. Equine Vet J 30: 324.

Renwick AI, et al. 2010. Treatment of lumbosacral discospondylitis by surgical stabilisation and application of a gentamicin-impregnated collagen sponge. Vet Comp Orthop Traumatol 23: 266.

Sanchez S, et al. 2002. Characterization of multidrug-resistant *Escherichia coli* isolates associated with nosocomial infections in dogs. J Clin Microbiol 40: 3586.

Sauer P, et al. 2003. Changes in antibiotic resistance in equine bacterial ulcerative keratitis (1991-2000): 65 horses. Vet Ophthalmol 6: 309.

Schumacher J, et al. 1991. Effect of diet on gentamicininduced nephrotoxicosis in horses. Am J Vet Res 52: 1274.

Short CR, et al. 1986. The nephrotoxic potential of gentamicin in the cat: a pharmacokinetic and histopathologic investigation. J Vet Pharmacol Ther 9: 325.

Smith CM, et al. 1988. Effects of halothane anesthesia on the clearance of gentamicin sulfate in horses. Am J Vet Res 49: 19.

Strain GM, et al. 1995. Ototoxicity assessment of a gentamicin sulfate otic preparation in dogs. Am J Vet Res 56: 532.

Sweeney CR, et al. 1991. Aerobic and anaerobic bacterial isolates from horses with pneumonia or pleuropneumonia and antimicrobial susceptibility patterns of the aerobes. J Am Vet Med Assoc 198: 839.

Sweeney RW, et al. 1988. Kinetics of gentamicin elimination in two horses with acute renal failure. Equine Vet J 20: 182.

Sweeney RW, et al. 1992. Disposition of gentamicin administered intravenously to horses with sepsis. J Am Vet Med Assoc 200: 503.

Traub-Dargatz JL, et al. 2002. Survey of complications and antimicrobial use in equine patients at veterinary teaching hospitals that underwent surgery because of colic. J Am Vet Med Assoc 220: 1359.

Van der Harst MR, et al. 2005a. Gentamicin nephrotoxicity— a comparison of in vitro findings with in vivo experiments in equines. Vet Res Commun 29: 247.

Van der Harst MR, et al. 2005b. Influence of fluid therapy on gentamicin pharmacokinetics in colic horses. Vet Res Commun 29: 141.

Vnuk D, et al. 2012. Regional intravenous gentamicin administration for treatment of postoperative tarso-metatarsal infection in a dog—a case report. Berl Munch Tierarztl Wochenschr 125: 172.

Waitz JA, et al. 1971. Aspects of the chronic toxicity of gentamicin sulfate in cats. J Infect Dis 124 Suppl: S125.

Werner LA, et al. 2003. Bone gentamicin concentration after intra-articular injection or regional intravenous perfusion in the horse. Vet Surg 32: 559.

Whittem T, et al. 1996. Pharmacokinetic interactions between repeated dose phenylbutazone and gentamicin in the horse. J Vet Pharmacol Ther 19: 454.

Zamankhan Malayeri H, et al. 2010. Identification and antimicrobial susceptibility patterns of bacteria causing otitis externa in dogs. Vet Res Commun 34: 435.

五、大观霉素

大观霉素（图 14.3）是链霉菌（*Streptomyces spectabilis*）的一种产物。它属于氨基环醇类抗生素，却没有氨基糖苷类抗生素的许多毒性作用，但是由于耐药性的产生使其应用受到限制。体外对该药的耐药性与某些临床病例的疗效存在显著差异，这种现象目前还无法解释。例如，Goren 等（1988）观测到口服给予大观霉素和林可霉素-大观霉素治疗试验诱导的鸡大肠杆菌感染，尽管没有在这些鸡的血清中检测到抗菌活性，但药物疗效很高。科学家认为该药的代谢产物和降解产物可能进入呼吸道，并附着于细菌产生干扰作用，以解释上述存在的矛盾。人注射给药 48h 内应在尿中能检测到所有药物。

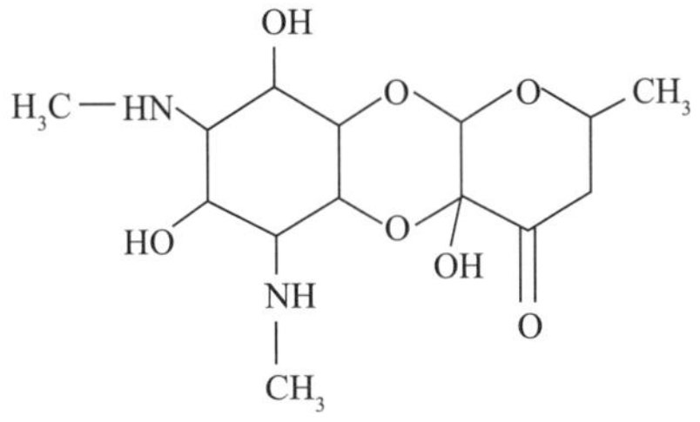

图 14.3 大观霉素的化学结构

（一）抗菌活性

大观霉素通常具有抑菌作用，抗菌谱相对较广，在浓度高于 4 倍 MIC 时具有杀菌作用。抗菌活性不是基于重量水平计算（表 14.6）。如果细菌的 MIC≤ 20 μg/mL，通常认为是敏感菌。由于存在自然耐药菌，需氧型革兰氏阴性杆菌的敏感性是变化的。支原体敏感，而铜绿假单胞菌则耐药。

表 14.6 大观霉素对特定细菌和支原体的抗菌活性

细 菌	MIC_{90}（μg/mL）
革兰氏阳性需氧菌	
马红球菌	8
金黄色葡萄球菌	64
化脓链球菌	64
革兰氏阴性需氧菌	
胸膜肺炎放线杆菌	32
禽波氏杆菌	>128

（续）

细　　菌	MIC_{90}（μg/mL）
支气管败血波氏杆菌	>256
犬布鲁氏菌	1
大肠杆菌	>400
睡眠嗜组织菌	25
肺炎克雷伯氏菌	32
鼻气管炎鸟疫杆菌	≤64
多杀性巴氏杆菌	32
变形杆菌属	>128
铜绿假单胞菌	>256
沙门氏菌属	≤64
马生殖道泰勒菌	4
支原体	
牛支原体	4
牛生殖道支原体	4
猪肺炎支原体	1
猪鼻支原体	1
猪滑液囊支原体	4

（二）耐药性

肠道细菌对大观霉素的天然耐药性是普遍存在的。体内和体外染色体一步突变容易发展为高级耐药，在某种程度上类似于对链霉素的耐药机制。染色体耐药菌株与氨基糖苷类药物不存在交叉耐药。质粒介导的耐药是罕见的。Vaillancourt 等（1988）报道了胸膜肺炎放线杆菌体外敏感性试验中，在超过 5 年时间内的细菌敏感性显著下降（从 91%下降到 24%），这与该药广泛用于猪胸膜肺炎的治疗有关。然而，研究人员指出，体外耐药与明显的临床疗效存在矛盾。包括引起牛呼吸道疾病的革兰氏阴性菌的敏感性是变化的（Welsh 等，2004）。牛支原体分离株对大观霉素耐药（Francoz 等，2005）。

（三）药物相互作用

与林可霉素联合用药可能会略微增强大观霉素对支原体和胞内劳森氏菌的抗菌活性。

（四）毒性和不良反应

大观霉素在动物体内几乎不产生毒性，不会引起耳毒性和肾毒性，但可能会和氨基糖苷类药物一样引起神经肌肉阻滞。由于该药没有长期使用，已报道的毒性反应很少。对牛注射给予林可霉素-大观霉素口服制剂后会导致伴有肺水肿的严重损害。滥用大观霉素也产生了类似的问题，归因于内毒素污染（Genetsky 等，1994）。

（五）药代动力学特性

药代动力学特性与氨基糖苷类药物类似。

（六）用法和用量

用法和用量见表 14.3。

（七）临床应用

由于耐药性的快速产生和不可预知的药物敏感性，大观霉素在人医上已经基本放弃。该药在动物上用于治疗支原体感染、肠杆菌引起的疾病（大肠杆菌病、腹泻、败血症），以及由革兰氏阴性菌引起的呼吸道疾病。细菌耐药性的产生限制了其长期使用。有时，该药和林可霉素联用增加抗菌谱，对抗革兰氏阳性菌和厌氧菌。

在美国和加拿大，大观霉素批准以皮下注射给药（每日 1 次，3～5d）方式治疗由曼氏杆菌和多杀性巴氏杆菌引起的牛呼吸道疾病，但已不再用。在第 1 天按照 22 mg/kg 的给药剂量皮下注射之后，连续 4d，每天 2 次口服 0.5g 大观霉素，已成功用于治疗牛的沙门氏菌感染（Cook，1973）。大观霉素与林可霉素联用可有效治疗公羊的脲原体感染（Marcus 等，1994）。

大观霉素口服溶液可治疗猪的大肠杆菌病。也采用肌内注射方式治疗呼吸道疾病，包括胸膜肺炎放线杆菌引起的疾病。但耐药性已经限制了对胸膜肺炎的治疗使用。尽管未被批准，连续 3d 以 10 mg/kg 的剂量肌内注射给药，已经成功治疗猪的严重增生性肠道腺瘤病。在氨基糖苷类药物中，大观霉素对胞内劳森氏菌的 MIC（32 μg/mL）是最低的，表明微生物几乎不敏感，至少在体外不敏感（McOrist 等，1995）。大观霉素和林可霉素联用口服给药可有效治疗猪痢疾和猪增生性肠下垂（McOrist 等，2000）。

在犬，大观霉素肌内注射给药治疗由革兰氏阴性菌引起的多种感染，但是没有疗效的报道。该药可与林可霉素联用，以大观霉素有效成分 20mg/kg 的剂量每日 1 次或 2 次肌内注射给药，用于治疗犬和猫的链球菌、葡萄球菌、支原体和巴氏杆菌感染。与林可霉素联合用药也可治疗犬的扁桃体炎、结膜炎、喉炎、肺炎。

在禽中，大观霉素注射给药用于治疗沙门氏菌病、巴氏杆菌病（禽霍乱）、大肠杆菌和滑液支原体感染。大观霉素可以通过饮水给药控制患有慢性呼吸道疾病和传染性滑膜炎鸡的死亡率。大观霉素对支原体的杀菌活性很有影响，但令人惊讶的是，由于该药肠道吸收性差，口服给药后不会对全身性感染产生影响。

参考文献

Cook B. 1973. Successful treatment of an outbreak of *Salmonella dublin* infection in calves using spectinomycin. Vet Rec 93：80.

Francoz D，et al. 2005. Determination of *Mycoplasma bovis* susceptibilities against six antimicrobial agents using the E test method. Vet Microbiol 105：57.

Genetsky R，et al. 1994. Intravenous spectinomycin-associated deaths in feedlot cattle. J Vet Diagn Invest 6：266.

Goren E，et al. 1988. Therapeutic efficacy of medicating drinking water with spectinomycin and lincomycin-spectinomycin in experimental *Escherichia coli* infection in poultry. Vet Quart 10：191.

Marcus S，et al. 1994. Lincomycin and spectinomycin in the treatment of breeding rams contaminated with ureaplasmas. Res Vet Sci 57：393.

McOrist S，et al. 1995. Antimicrobial susceptibility of ileal symbiont intracellularis isolated from pigs with proliferative enteropathy. J Clin Microbiol 33：1314.

McOrist S，et al. 2000. Therapeutic efficacy of water-soluble lincomycin-spectinomycin powder against porcine proliferation enteropathy in a European field study. Vet Rec 146（3）：61.

Vaillancourt J-P，et al. 1988. Changes in the susceptibility of *Actinobacillus pleuropneumoniae* to antimicrobial agents in Quebec（1981-1986）. J Am Vet Med Assoc 193：470.

Welsh RD，et al. 2004. Isolation and antimicrobial susceptibilities of bacterial pathogens from bovine pneumonia：1994-2002. J Vet Diagn Invest 16：426.

六、妥布霉素

妥布霉素是自然形成的脱氧卡那霉素（图 14.4）。其抗菌活性和药代动力学特性与庆大霉素类似。妥布霉素的化学结构与卡那霉素相关，对假单胞菌属的抗菌活性为庆大霉素的 4 倍，但犬体内的细菌产生了耐药性（Lin 等，2012）。妥布霉素对耐庆大霉素肠杆菌的抗菌效果较差。在治疗严重的铜绿假单胞菌感染

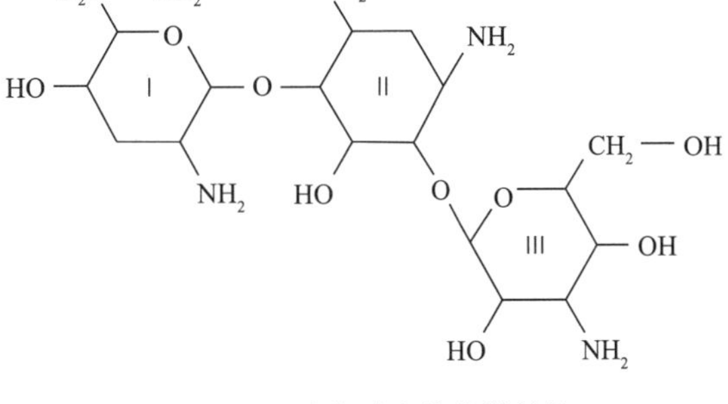

图 14.4　妥布霉素的化学结构

时，妥布霉素应与抗假单胞菌的青霉素联合用药。尽管妥布霉素和庆大霉素的耳毒性相似，但妥布霉素的肾毒性比较小。在一项猫体内妥布霉素药代动力学研究中，Jernigan 等（1988）发现血清尿素氮和血清肌酐持续保持高水平，表明在单次给药（5 mg/kg）后 3 周可能产生肾损伤。作者认为高剂量给药可能会抢占和饱和药物在肾脏中的结合位点，药物在这些位点中只能缓慢释放。低剂量（3mg/kg）时，少见猫的血清尿素氮浓度升高。除了明显的肾毒性，在药代动力学方面也存在着剂量依赖的明显差异，表明妥布霉素推荐用于猫之前，其多剂量给药研究中毒性和药代动力学需要进一步研究。马静脉注射妥布霉素后，其药代动力学特征与氨基糖苷类药物相似（Hubenov 等，2007）。目前，由于全身治疗的费用较高，妥布霉素在兽医临床主要局限于眼用制剂，治疗由铜绿假单胞菌引起的细菌性角膜炎。在治疗马角膜感染时出现了对妥布霉素耐药的情况（Sauer 等，2003）。妥布霉素浸渍的聚甲基丙烯酸甲酯微珠也用于治疗马的脓毒性关节炎或骨髓炎（Holcombe 等，1997）。妥布霉素浸渍的硫酸钙微珠在治疗由葡萄球菌引起的犬骨髓炎时是安全有效的（Ham 等，2008）。

参考文献

Ham K，et al. 2008. Clinical application of tobramycinimpregnated calcium sulfate beads in six dogs（2002-2004）. J Am Anim Hosp Assoc 44：320.

Holcombe SJ，et al. 1997. Use of antibiotic-impregnated polymethyl methacrylate in horses with open or infected fractures or joints：19 cases（1987-1995）. J Am Vet Med Assoc 211：889.

Hubenov H，et al. 2007. Pharmacokinetic studies on tobramycin in horses. J Vet Pharmacol Ther 30：353.

Jernigan AD，et al. 1988. Pharmacokinetics of tobramycin in cats. Am J Vet Res 49：608.

Lin D，et al. 2012. Characterization of antimicrobial resistance of *Pseudomonas aeruginosa* isolated from canine infections. J Appl Microbiol 113：16.

Sauer P，et al. 2003. Changes in antibiotic resistance in equine bacterial ulcerative keratitis（1991-2000）：65 horses. Vet Ophthalmol 6：309.

第十五章 四环素类

Jérôme R. E. del Castillo

四环素类是兽医使用率最高的一类抗生素，是用于食品动物，包括水产养殖动物、珍稀动物和蜜蜂等的一线药物，但在伴侣动物、马和人使用率较低。它们是第一个被发现的广谱抗生素类，作用于革兰氏阳性菌、革兰氏阴性菌、支原体、某些分枝杆菌、大多数致病 α 变形菌，以及一些原虫和丝虫。金霉素和土霉素的分子结构在批准后不久即得到揭示。这一成就孕育了具有更好药代动力学和药效动力学特性的第 2 代半合成同类物（如多西环素）。但是，1970—2000 年间，细菌对四环素耐药性的扩散，以及新型的更广谱抗生素的诞生，限制了其医学使用。在过去的 20 年里，它们的非抗生素特性的发现，以及医院内多重耐药病原菌的出现，促使开发避开四环素大部分耐药机制的新一代四环素类药物，或者是无抗感染特性的抗炎药物。

一、化学特性

四环素类药物是以 2-萘甲酰胺为骨架的取代化合物（图 15.1）。所有第 1 代同系物都是由具有芳香聚酮合酶的链霉菌产生。直到最近，通过化学修饰第 1 代的分子（如半合成）获得了新型四环素类药物，但是，高收率对映选择性合成路线现在可以产生几种第 2 代和第 3 代分子（如甘氨环素类）。在结构上，β-酮-烯醇基侧链接的羧酰胺基（碳 1～3），α-二甲胺（碳 4），四环素的下半部分（碳 10～12a）的含氧基团，都是保持抗菌活性所必需的。碳 11、11a、12 的 β-酮-烯醇基是多价阳离子（如 Ca^{2+}）的螯合位点，碳 5～9 是化学兼性取代位点，可改变分子的脂溶性（图 15.1）。后两个特性显著影响其药代动力学和药效动力学特性。

四环素类药物是两性药物，可在所有 pH 下离子化。在溶液中形成两性离子、阳离子、阴离子的混合物，混合物中各离子的比例取决于介质的 pH。pH 为 4～7 时，两性离子占多数，其空净电荷有利于通过细胞膜。由于四环素类药物略溶于水，因此将其制成酸性或碱性盐，可用于口服或胃肠外给药。除金霉素外，这类药物分子在生理 pH 下相当稳定，在碱性介质中降解，降解速率随 pH 的升高而增加。

二、作用机理

四环素类药物是多效应药物，作为经典的蛋白合成抑制剂，通过与 16S RNA（rRNA）和 30S 细菌核糖体的 S7 蛋白结合，变构抑制氨酰基转移 RNA（AA-tRNA）与其核糖体上结合位点（A 位点）的结合，终止多肽合成过程。总体而言，四环素类药物对敏感细菌具有抑菌作用，并呈时间依赖性杀菌活性，这至少在替加环素和多西环素中得到证实。通过抑制拥有基因组或原核生物样核糖体组件的共生体或细胞器内的蛋白合成，发挥抗寄生虫活性。例如，可以改变恶性疟原虫、也有可能是球虫和巴贝斯虫的质体样细胞器，使其后代继承了有缺陷的细胞器而缩短寿命。对于丝虫，可以杀灭共生体的派毕梯斯沃尔巴克氏体，这是线虫生长和发育必不可少的，而且在逃避宿主免疫机制中发挥关键作用（McHaffie 等，2012）。

四环素类药物具有额外的抗炎活性，这在控制传染性疾病中很有价值。通过与酶蛋白的结构性 Zn^{2+} 和/或 Ca^{2+} 作用，灭活基质金属蛋白酶，并清除活性氧族。最后，四环素类药物已显示能减少致病性朊病毒对动物的感染，而且目前在进行治疗克雅氏病（Creutzfeldt-Jakob disease）的临床试验。

三、抗菌活性

四环素类药物是经典的广谱抗生素，对各种革兰氏阳性和革兰氏阴性菌均有活性，包括支原体科、柯克氏体属和衣原体目、α 变形菌如无形体属、埃立克体属、新立克次氏体属、立克次氏体属和沃尔巴克氏属等。其抗菌谱还包括多种原生动物寄生虫，如溶组织内阿米巴原虫、兰伯贾第虫、巨利什曼原虫、恶性疟原虫、毛滴虫和刚地弓形虫。

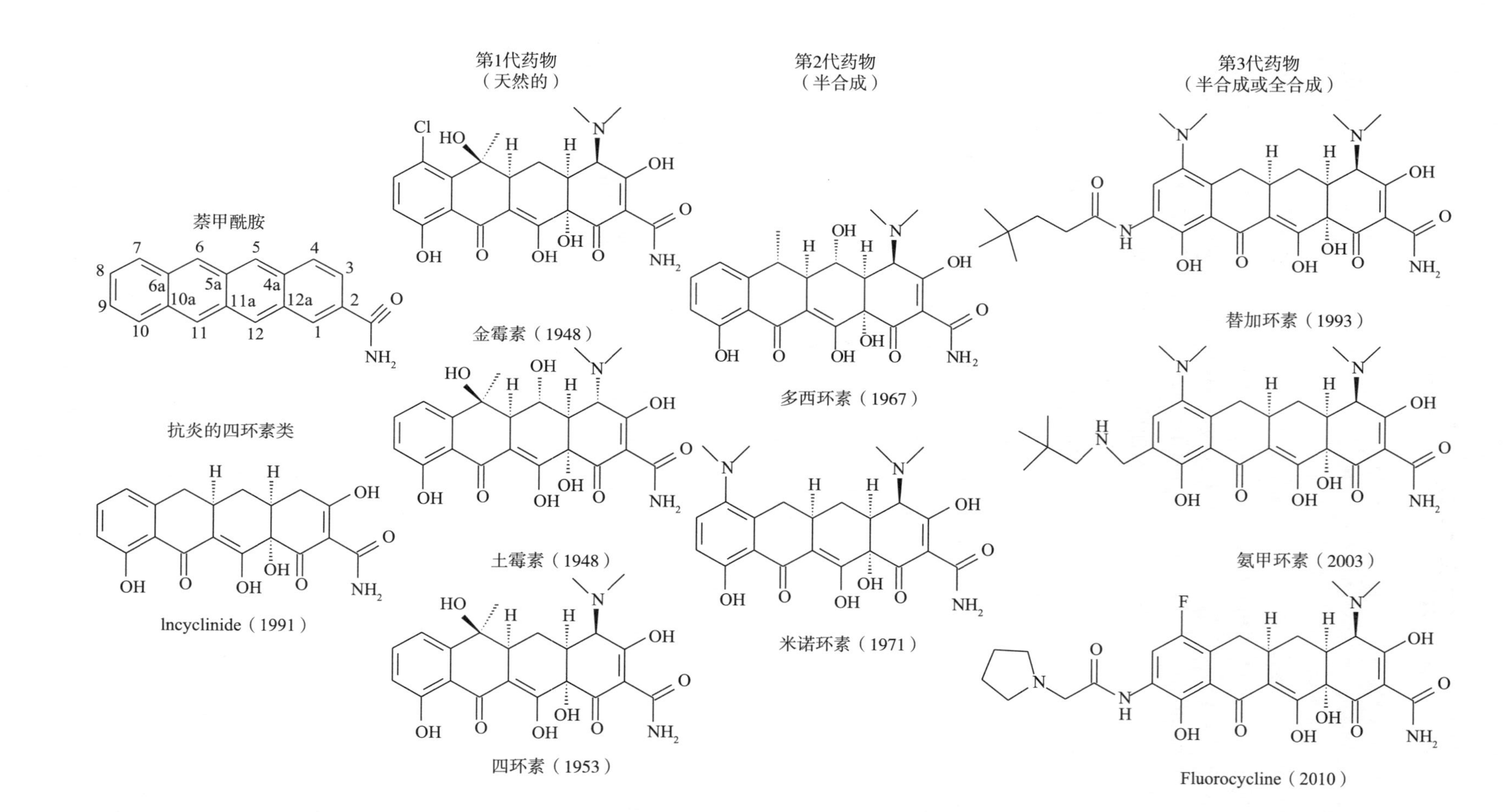

图15.1　四环素类药物骨架（显示碳数目的萘甲酰胺），一个抗炎衍生物，以及最重要的第1、2、3代四环素类抗生素的结构

因为四环素在培养基中比其他同系物更稳定，所以是药物敏感性试验的代表性药物。不过，四环素类药物的抗菌效力与脂溶性呈正相关。半合成衍生物活性更强，其次是氯化四环素类，土霉素和四环素列最后。值得注意的是，金霉素在培养基中分解，从而导致对其抗菌效力的测定出现偏差，特别是针对生长缓慢的病原体（如支原体）。表 15.1 列出了一些病原体 MIC 的累积估计值。因为它们不是四环素而是其他药物的保守效力估测，而且，累计估测 MIC 通常与指数测量误差相关，必须对其相关的 MIC 分布作出适当解释，需要谨慎考虑。

表 15.1　四环素的体外抗菌活性（MIC_{90}，μg/mL）（包括支原体）

细菌	MIC_{90}	细菌	MIC_{90}
革兰氏阳性需氧菌			
化脓隐秘杆菌	16	金黄色葡萄球菌	>64
炭疽杆菌	4	无乳链球菌	0.25
伪结核棒状杆菌	≤0.25	停乳链球菌	>32
肾棒状杆菌	4	猪链球菌	64
猪丹毒杆菌	0.25	乳房链球菌	0.5
单核细胞增生性李斯特菌	1	马链球菌（兽疫亚种和马亚种）	>16
马红球菌	8		
革兰氏阴性需氧菌			
放线杆菌属	≤0.25	肺炎克雷伯菌	≥16
胸膜肺炎放线杆菌	≥16	牛莫拉氏菌	1
禽波氏杆菌	≥16	溶血性曼氏杆菌	≥16
支气管败血波氏杆菌（猪）	≥16	巴氏杆菌属（马）	≤2
犬布鲁氏菌	0.25	多杀性巴氏杆菌（猪）	1
胎儿弯曲杆菌	2	变形杆菌属	≥16
空肠弯曲杆菌	≥64	假单胞菌属	≥16
大肠杆菌	≥64	沙门氏菌属	≥16
副猪嗜血杆菌	0.5	马生殖道泰勒菌	0.5
睡眠嗜组织菌	2		
厌氧菌			
放线菌属	1	梭菌属	8
脆弱拟杆菌	2	产气荚膜梭菌	32
拟杆菌属	25	艰难梭菌	16
坏死梭杆菌	4	节瘤拟杆菌	0.12
支原体			
牛鼻支原体	0.5*	猪鼻支原体	2
牛支原体	4*	猪滑液支原体	32
犬支原体	16	绵羊肺炎支原体	0.5
猪肺炎支原体	0.03	脲原体属	0.06
无乳支原体	0.5		
螺旋体			
伯氏疏螺旋体	1		
钩端螺旋体属	4		

注：*有些报告显示为耐药性。

良好或中等活性（MIC≤4μg/mL）：四环素类对下列细菌具有中等至良好的活性，革兰氏阳性需氧菌包括：芽孢杆菌、棒状杆菌属、猪丹毒杆菌、李斯特菌及一些链球菌；革兰氏阴性细菌包括：放线菌属、波氏杆菌属、包柔氏螺旋体属、布鲁氏菌属、胎儿弯曲杆菌、土拉弗朗西斯菌、嗜血杆菌属、胞内劳森菌、钩端螺旋体属、曼氏杆菌属、巴氏杆菌属，包括多杀性巴氏杆菌和耶尔森菌属（表 15.1）；还有：红孢子虫属、衣原体及嗜衣原体属、伯氏柯克次体、埃立克体属、支原体属、立克次氏体和新立克次氏体以及一些厌氧菌包括放线菌属和梭杆菌属。

可变化的敏感性：由于获得性耐药，在革兰氏阳性菌中，许多肠球菌、葡萄球菌和链球菌的分离株可能是耐药菌株。在革兰氏阴性菌中，许多肠杆菌包括肠杆菌属、大肠杆菌、克雷伯菌属、变形杆菌属和沙门氏菌等可能耐药。厌氧菌如拟杆菌属和梭菌属具有可变的敏感性。有些溶血性曼氏杆菌分离株也可能耐药。

耐药（MIC≥16μg/mL）：绝大部分分枝杆菌、部分肠杆菌（奇异变形杆菌、沙雷氏菌属）、铜绿假单胞菌，以及一些支原体耐药。

四、耐药性

四环素类药物必须先与 Mg^{2+} 络合，经膜孔蛋白穿过革兰氏阴性菌外细胞壁，到达核糖体。细胞质周围的酸度使得药物-阳离子络合物解离，并为载体介导的药物分子穿过胞浆膜的通路提供运动离子。

细菌对四环素类药物的耐药机制不同：①能量依赖的外排系统，其中大部分是逆向转运蛋白将细胞外的 H^+ 交换胞浆内的药物- Mg^{2+} 络合物；②核糖体保护蛋白将四环素类药物从其核糖体 AA - tRNA 对接点附近的结合位点解离；③核黄素依赖酶对碳- 11a 位的水解作用，破坏四环素类药物与阳离子螯合和核糖体结合有关的 β -酮-烯醇结构；④四环素类药物主要结合位点的核糖体 16S RNA 突变；⑤应激诱导膜孔蛋白对药物通过革兰氏阴性菌外壁的下降调节。目前最常见的是前两个机制。至今已报道了大约 50 个耐药基因，其中一些是嵌合基因。

四环素类药物的获得性耐药在肠道细菌和分枝杆菌中十分普遍，但它们仍然是对抗兽医重要病原菌的有用药物。幸运的是，耐药性在专性细胞内病原体，如红孢子虫、衣原体和埃立克体等中极为罕见。不过，最近从猪衣原体分离株中发现了四环素耐药性的横向传播。四环素耐药菌可能携带不止一种耐药基因，它们通常在不同的可移动元件上（见第三章）。

五、药代动力学特性

四环素类药物的吸收、分布和消除都取决于其分子大小、脂质/缓冲液分配行为、血浆蛋白结合、生物介质的酸度、暴露于多价阳离子（Ca^{2+}、Mg^{2+}、Zn^{2+}、Cu^{2+}、Fe^{2+}、Fe^{3+}、Al^{3+}），以及细菌细胞膜中 P -糖蛋白（P - gp）的表达水平等因素。

四环素类药物以固体口服剂型或长效注射制剂给药，药物必须经过释放过程才能吸收。在胃液中的溶出是固体口服四环素制剂吸收的关键步骤。注射制剂的一些辅料将四环素类药物保持在注射部位，以不同的机制延缓其吸收，如组织刺激。四环素盐的种类影响其溶解度和释放，因而影响其吸收程度（如生物利用度）。在犬和猫，该参数在口服制剂之间是不同的。饮水和饲料酸化剂促进猪加药饲料中四环素类药物的释放和吸收。

四环素类药物口服给药后的生物利用度取决于脂质/缓冲液分配，因与多价阳离子的络合，随着 pH 升高而产生沉淀，食物颗粒（特别是奶制品）等，会降低其生物利用度。例如，在非空腹犊牛，土霉素和金霉素的平均口服生物利用度分别为 5%和 37%，在猪不禁饲给药条件下，分别为 5%和 28%。当饲喂牛奶或牛奶替代物时，生物利用度进一步降低，但在空腹犊牛或猪则更高。经饲料给予多西环素的口服生物利用度约为 22%。因此，在食品动物中通过饲料给药达到的稳态血药浓度可能不能覆盖全部敏感致病菌的 MIC 范围，但金霉素和多西环素比四环素低 2～3 个 2 倍稀释度（即更有效）。口服多西环素在马的用途有限，是由于药物到达全身的量很低，很可能是生物利用度极低。在马，每 12 h 按 10 mg/kg 给予多西环素，连续数天，平均血清峰浓度为 0.46 μg/mL，而在犬，给药剂量为 5 mg/kg 时的峰浓度为 3.5 μg/mL。

四环素类药物在充分灌注的器官中分布很高：肾＞肝≥肺＞血液＝滑液＞肌肉。因为四环素类药物是 P - gp 的底物，所以很难通过血脑屏障，通过率取决于其脂溶性。四环素类药物的血清白蛋白结合率各不相同：多西环素＞米诺环素＝金霉素＞四环素＞土霉素。现有的有限证据表明，米诺环素比其他四环素类药物更能穿透细胞屏障，因为它在很难进入的体液如眼泪和前列腺液中浓度更高。四环素类药物是数量有限的促骨药物之一。其多价阳离子螯合特性使其在牙齿中和新骨形成部位沉积。这一特性具有毒理学作用，将在下文中进一步讨论。药物通过胎盘到达胎儿，以及在乳中分泌，其浓度接近血清浓度。

四环素类药物主要由肾小球滤过排泄，以及通过 P－gp 由肠道排泄，胆汁分泌的程度取决于其脂溶性（如多西环素在犬，胆汁分泌约为总清除的 5%）。米诺环素也发生氧化还原反应，主要代谢物为 9－羟基-米诺环素和单－N－去甲基化合物。由于肾小球滤过是其排泄机制，肾功能受损会延长药物的消除半衰期。

四环素类药物要经过肝肠循环，由胆汁分泌的药物，很多又从肠道再吸收。此循环有助于半衰期达到 6～10 h，对于主要由肾排泄消除的药物而言，该半衰期是非常长的。

由于在中性至碱性介质中可自然降解，金霉素比其他同系物具有更短的平均滞留时间。C－7 位氯对 C－6位羟基的邻近效应导致产生无抗菌活性的异金霉素。此外，当 pH 在 2～6 时，特别是暴露于磷酸盐、尿素和多价阳离子时，所有四环素类药物都有可能发生 C－4 位的可逆差向异构化。4－差向四环素类化合物对 pH 更稳定，并溶于水，但其抗菌效力比原始分子低很多。

六、药物相互作用

四环素类药物的吸收，可因含 Al^{3+} 的抗酸剂或其他多价阳离子，含铁制剂，以及碱式水杨酸铋等而减少。已证明四环素和泰乐菌素或泰妙菌素联用对呼吸道病原体包括支原体和巴氏杆菌有协同作用，与其他大环内酯类和其他细菌可能也存在协同作用。与多黏菌素类药物联用，通过促进细菌对药物的摄入，也可能产生协同作用。在治疗布鲁氏菌病时，多西环素与利福平或链霉素联用具有协同作用。多西环素与乙胺嘧啶联用的协同作用可有效治疗小鼠的试验性感染弓形体病。

七、毒性和不良反应

从毒理学的角度来看，四环素类药物相对安全。由于具有刺激性，口服给药会引起呕吐，造成注射部位的组织损伤。与其他细菌蛋白合成抑制剂类似，此类药物能导致肠道菌群失衡。其钙结合能力与心脏毒性有关。还能诱导破骨细胞的细胞凋亡，可能导致慢性骨毒性。四环素类药物最严重的不良反应是脱水，由四环素损害原生质膜并与血清白蛋白结合而造成的。这些四环素的降解产物具有肾毒性，可能存在肝脏和心血管毒性，常见于过期或保存不当的药物产品中。

虽然无充分的兽医文献证据，但是四环素类药物与肾小管功能改变存在剂量关联（Riond 和 Riviere，1989）。四环素诱导的肾中毒可因脱水、血红蛋白尿、肌红蛋白尿、毒血症，或其他具有肾毒性药物的存在而恶化（Riond 和 Riviere，1989）。据报道，高剂量治疗腱收缩病时，马驹尤其会发生肾中毒。在犬，以高于推荐剂量静脉注射四环素类药物后发生致命性肾中毒。

动物肾功能衰竭时，过量服用四环素类药物后会发生严重肝损伤，怀孕晚期也存在这种可能性。高剂量（33mg/kg，静脉注射）会导致牛的肝脏脂肪浸润和严重近端肾小管坏死。为避免肾中毒，给牛使用四环素类药物时，只能按推荐剂量使用（Lairmore 等，1984）。据报道，使用长效制剂有瞬间的血红蛋白尿，并有颤抖和持续 4 h 低于正常体温症状（Anderson，1983）。快速静脉注射给药后导致牛虚脱，虽然可能是由丙二醇载体所致，但很可能是药物与钙结合及随后发生心血管功能抑制的后果（Gyrd-Hansen 等，1981）。牛静脉注射各种形式的四环素类药物，应缓慢给药，持续不少于 5 min。

犊牛口服治疗剂量，可能因中度腹泻而导致吸收不良。马最可怕的四环素类药物不良反应是由于小肠微生物菌群发生改变，以及耐药性沙门氏菌或可能包括艰难梭菌在内的不确定病原引起的二重感染。这只见于小部分用药的马。

土霉素具有组织刺激性。已发现不同土霉素制剂在这方面的显著差异（Nouws 等，1990）。产品的刺激性越强，其生物利用度越低，相关的药物在注射部位停留得更多。含有甘油甲醛或二甲基乙酰胺的长效制剂，刺激性尤强。

生长期幼犬或怀孕母犬用药后导致乳齿以及较少程度的恒齿现黄色。在猪和啮齿动物模型中长期使用可诱导蚀骨细胞凋亡，阻碍骨重建的过程，导致骨矿物质密度和构象的增加。

四环素类药物具有抗合成代谢的作用，会导致氮血症，此作用可由皮质类固醇加剧。此类药物也可能引起代谢酸中毒和电解质失衡。

八、用法与用量

推荐剂量见表 15.2。四环素类药物有胶囊和片剂两种剂型，通常用于犬和猫的口服给药。牛奶、抗酸剂和硫酸亚铁干扰药物的吸收。

表 15.2 四环素类药物在几种家畜的常用剂量

动物类别	药物	给药途径	剂量（mg/kg）	给药间隔（h）	备注
犬、猫	金霉素、土霉素	PO	20	8	
	土霉素	IV	10	12	慢速 IV
	多西环素、米诺环素	PO、IV	5～10	12	慢速 IV
马	土霉素	IV	5	12	慢速 IV
	多西环素	PO	10	12	
	米诺环素	PO	4	12	
		IV	2.2	12	
反刍动物	土霉素、四环素	IM、IV	10	12～24	慢速 IV
	长效制剂	IM	20	48	
猪	土霉素、四环素	IM	10～20	12～24	
	长效制剂	IM	20	48	
	多西环素	PO	10	12	

由于土霉素二水合物的水溶性很差，属于“翻转”吸收，因此无法达到盐酸盐类似的血浆和组织浓度。由于肌内注射四环素类药物导致局部组织损伤和疼痛以及吸收不稳定，所以不推荐用于马和伴侣动物。牛的推荐剂量为 10 mg/kg，由于肌内注射的吸收变异性，最好采用静脉注射。以 2-吡咯烷酮为辅料的长效土霉素注射剂，只批准用于牛和猪的肌内注射使用。由于其“翻转”吸收动力学，单剂量 20 mg/kg 肌内注射得到的血清土霉素浓度为 0.5 μg/mL 以上，可维持 48 h，但是较相同剂量的常规药物肌内注射似乎没有优势（Nouws，1986）。牛皮下注射用药后可维持与肌内注射相似的血清浓度，而且似乎有更好的耐受性。为了防止出现不良反应，在确定给药剂量时，区别常规制剂和长效制剂是很重要的。

九、临床应用

四环素类药物的主要适应证是治疗由细菌引起的牛、猪呼吸道疾病综合征，如螺旋体病、布鲁氏菌病、衣原体病、埃立克体病、劳森氏增生性肠病、钩端螺旋体病、李斯特菌病、猪支原体病、立克次氏体病和兔热病。较老的四环素类药物由于价格低、抗菌谱广、用药方便和总体有效，用于控制食品动物感染性疾病已有很多年了。然而，其普遍使用毫无疑问促进了耐药性在肠杆菌科和其他重要病原菌中的广泛传播。

四环素类药物在大多数组织中能够达到有效浓度的能力，以及广谱抗菌活性，使其在治疗混合细菌感染时特别有用。其对专性细胞内病原体如红孢子虫、衣原体、埃立克体、立克次氏体和一些支原体等的抗菌活性，使其成为治疗这些微生物感染的首选药物。虽然推荐用于治疗鼠疫，但是动物试验性感染治疗的结果有时令人失望。新四环素类药物（米诺环素、多西环素）的亲脂性允许其在前列腺等部位达到一定浓度，而老的药物很少能够进入这些部位。与很多其他抗菌药物相比，四环素类药物的缺点之一是其抑菌作用，以至于比杀菌药物需要更长的治疗时间。

四环素类药物常用于治疗布鲁氏菌病，通常与利福平或链霉素联合使用。由于多西环素和米诺环素能较好地穿透细胞，因此比老一代四环素类药物更有效。用多西环素治疗应该持续 6 周，用链霉素治疗需持续 7～14d。四环素类药物（特别是米诺环素和多西环素）还用于由包括柯克斯体和埃立克体等在内的其他细胞内细菌所致感染的治疗。

1. 牛、绵羊和山羊 很多引起牛肺炎的微生物对肺组织中能达到的浓度下四环素类药物敏感。四环素类药物一般用于治疗牛肺炎，也用于预防，特别是在育肥场。然而，由于溶血性曼氏杆菌的耐药性增加以及牛支原体敏感性的变化，限制了其效用。长效注射剂必须以肌内注射给药（或某些注射剂采用皮下注射）20 mg/kg，给药间隔 48 h，给药 2～4 次，可能适于治疗牛、绵羊和山羊的下呼吸道疾病。

如果口服使用四环素类药物预防饲养场牛的肺炎，应该在饲料而非饮水中添加药物。饮水中给药会增加死亡率（Martin 等，1982），这可能是因为很难确保动物摄入同样的药量。尽管在日粮中预防性给药似乎常常能降低肺炎发生率、促进生长和改善饲料转化效率，但是成本效益比并不支持这种方法。此外，这种做法往往促进曼氏杆菌耐药性的发展。在预防育肥动物肺炎时，肠道外给药的生物利用度更高，效果比口服给药更好。一种已显示有用的方法是，当动物进入育肥场时，注射四环素类药物，或一旦场内有动物出现肺炎时，给所有动物注射单剂量的长效四环素。

四环素类药物可治疗梭菌感染和李斯特菌病。治疗神经李斯特菌病的推荐剂量为 10 mg/（kg·d），静脉注射，但是需要临床试验确定，是以相同剂量每天给药 2 次还是使用氨苄西林或青霉素 G，哪一个可能更有效。对于李斯特菌病，优选静脉注射常规制剂（水溶液注射剂）。在人医，米诺环素是公认的氨苄西林的替代药物。

土霉素是急性边缘红孢子虫感染的首选药物。然而，土霉素短期治疗不能够清除病原携带牛的边缘红孢子虫感染（Coetzee 等，2005）。长效四环素类药物对预防牛巴贝斯虫和双芽巴贝斯虫（红尿）有效。四环素类药物可用于治疗和预防由反刍动物埃立克体导致的心水病（Mebus 和 Logan，1988），也用于预防由牛泰勒焦虫导致的东海岸热（Chumo 等，1989）和由嗜吞噬细胞红孢子虫导致的脾传播热（Cranwell，1990）。

治疗牛传染性角膜结膜炎，可推荐给药间隔为 3d，2 次给药的长效制剂（George 等，1988）。长效四环素类药物对牛嗜皮菌病具有中等的治愈率。长效四环素类药物（给药间隔 3～4d，治疗 5 次）与链霉素（每天肌内注射，连续 7d）联合使用已成功治疗 18 只感染流产布鲁氏菌母牛中的 14 只（Nicoletti 等，1985）。每天 1 次外用喷雾给药（25 mg/mL），对控制牛乳头状瘤趾皮炎有效，随着用药天数增多，药效增加（Shearer 和 Elliott，1998）。

四环素类药物在牛奶中的浓度接近血中的浓度，但是由于肌内注射生物利用度差，最好静脉注射给药。对于由革兰氏阳性细菌，也可能是由大肠杆菌导致的严重乳房感染，尽管后者的敏感性并不常见，四环素类药物也是备选注射抗生素。多次乳房内注射四环素类药物，并与泰乐菌素联用，可治愈实验性诱导的母牛加利福尼亚支原体性乳房炎（Ball 和 Campbell，1989）。

对于流产衣原体引起的绵羊地方流行性流产，实验室和田间证据表明，从产羔前 6～8 周开始以 20 mg/kg剂量，用长效制剂治疗 2 次，给药间隔 2 周，将会降低流产的流行性。在疾病暴发初期，该药物可能是最有用的（Greig 和 Linklater，1985）。四环素是预防和治疗 Q 热（贝氏柯克斯体）的首选药物。单剂量注射长效四环素制剂可保护羔羊不发生蜱传立克次体热（Brodie 等，1986）。药效可持续 2～3 周（Brodie 等，1988）。单剂量注射长效四环素，并外用四环素，对由结膜支原体引起的羊传染性角膜结膜炎有效（Hosie，1988；Hosie 和 Greig，1995）。长效土霉素用于预防绵羊溶血性曼氏杆菌肺炎十分有效（Appleyard 和 Gilmour，1990），并已成功地治疗绵羊腐蹄病（Grogono-Thomas 等，1994）和嗜皮菌病（Jordan 和 Venning，1995）。

有报告显示，长效四环素类与链霉素联合应用，成功治疗了 80%或以上的被布鲁氏菌感染的羔羊（Marin 等，1989；Dargatz 等，1990）。每天腹腔内注射 1 000 mg 盐酸土霉素可消除绵羊的羊布鲁氏菌病（Radwan 等，1989）。

2. 猪　四环素类药物通常用于预防和治疗猪萎缩性鼻炎，以及由细菌引起的猪呼吸道综合征（胸膜肺炎放线菌、猪肺炎支原体、多杀性巴氏杆菌）。还对胞内劳森氏菌有效。饲料加药（200～400 g/t）可以控制巴氏杆菌肺炎的田间暴发。饲料添加金霉素（100 g/t）已用于控制腺瘤病，添加更高浓度（800 g/t）用于根除猪肾脏的钩端螺旋体（Stahlheim，1967）。四环素类药物可能对丹毒杆菌和嗜血杆菌感染有效，但是β-内酰胺类药物可以更好地控制这些病原。产肠毒素的大肠杆菌和猪链球菌通常耐药。饲料或饮水中添加四环素类药物，已成功控制链球菌性淋巴腺炎和由猪肺炎支原体引起的感染。

猪口服土霉素后，整个试验的平均生物利用度为 5%，四环素的生物利用度为 18%，金霉素为 18%～28%，多西环素为 22%。攻毒前 48 h 用药，在预防试验性胸膜肺炎放线菌感染时，长效土霉素制剂比常规制剂更有效，但预防效果并不比治疗效果好。多西环素以每千克体重 11 mg 的平均剂量，添加于饲料中，给药间隔 24 h，连续给药 8d，对控制由多杀性巴氏杆菌和猪肺炎支原体引起的猪肺炎有效（Bousquet 等，1998）。

3. 马　早期由于有一些严重小肠结肠炎副反应的零散报告，临床上将土霉素应用于马，但这种应用一直存在争议。尽管土霉素和很多其他抗菌药物一样，会引起小肠结肠炎，但大多数接受治疗的马并未显示不良反应。然而，限制四环素类药物在马使用的主要因素是其针对马常见病原体的抗菌谱范围有限，以及注射剂产品具有刺激性。

土霉素体外对大多数马的非肠道革兰氏阴性菌，如放线杆菌属和巴氏杆菌属，以及近70%的葡萄球菌具有活性。然而，土霉素在临床上能够达到的浓度仅对50%~60%的肠杆菌科细菌和β溶血性链球菌有活性。多西环素对马口服给药一般安全，但是生物利用度很低。土霉素或多西环素是治疗马嗜吞噬细胞红孢子虫、博氏疏螺旋体和新立克次氏体里希氏体属感染的首选药物。这些微生物的 MIC 通常较低（≤0.25μg/mL）。土霉素对治疗马嗜吞噬细胞红孢子虫、新立克次氏体里希氏体属感染也非常有效（Madigan 和 Grible，1987；Palmer 等，1992）。给通过蜱接触试验性感染博氏疏螺旋体的马驹使用土霉素后，可以消除持续感染。相反，在本试验模型中，多西环素或头孢噻呋并未相应地消除持续感染（Chang 等，2005）。土霉素和多西环素已成功用于治疗马驹的劳森氏菌感染（Sampier 等，2006）。

4. 犬和猫 四环素类药物是嗜吞噬细胞红孢子虫、犬埃立克体和立氏立克次体感染的首选药物。犬口服多西环素对预防立克次氏体感染和治疗急性病例有效，但是不会去除带菌状态。在试验性犬布鲁氏菌感染中，几种治疗方法中最有效的是米诺环素（剂量为 22 mg/kg，给药间隔为 12 h，连用 14d）与链霉素联合用药（剂量为 11 mg/kg，给药间隔为 12 h 1 次，连用 7d），但必须在试验中监测效果（Flores-Castro 和 Carmichael，1978）。一个田间试验中四环素和链霉素的有效率为 74%（Nicoletti 和 Chase，1987）。盐酸四环素，按 10 mg/kg，每 8 h 口服 1 次，成功用于治疗犬尿道铜绿假单胞菌感染，这是因为药物在尿中达到高浓度（Ling 等，1980）。其他适应证还包括疏螺旋体莱姆病和钩端螺旋体病。米诺环素在牙龈下局部系统中释放，改善牙周炎患犬在龈下刮治和根面平整后的临床和微生物反应。口服多西环素 3 周后，浅表性脓皮病的患犬大约有一半的症状完全缓解，另有 40%犬的部分症状缓解；但深层性脓皮病患犬只有 14%完全缓解，另有 51%部分缓解（Bettenay 等，1998）。

上呼吸道和结膜感染猫衣原体的患猫，应该使用四环素类药物治疗 14d，以消除病原和去除潜在带菌状态。四环素类药物是治疗猫嗜血支原体病的首选药物。多西环素长期口服治疗不能去除汉氏巴尔通体或克氏巴尔通体感染的带菌状态（Kordick 等，1997）。用四环素类药物治疗猫鼠疫耶尔森菌感染只是暂时有效（Culver，1987）。

5. 家禽 如果长时间给药，四环素类对治疗嗜衣原体病有效。四环素或金霉素可按 1%的浓度饲料添加给药（45d），多西环素按 100 mg/kg 肌内注射，给药间隔 5d，连续给药 6 或 7 次（Gylsdorff，1987），或者口服，每天 2 次，连续 20d。四环素类药物也用于治疗慢性呼吸道病（鸡毒支原体）和传染性滑膜炎（滑液支原体），以及禽霍乱（多杀性巴氏杆菌）。需要在饲料中长期添加土霉素（250 mg/kg）才能控制禽的鸡毒支原体感染。有报告显示，山梨酸四环素口服治疗自然烟曲霉感染时，有令人惊讶的疗效（Roy 等，1991）。

十、与抗菌活性无关的用途

四环素类药物还具有很多非抗生素的作用，相关作用在第 2 代和第 3 代四环素类药物均有文献记载，包括：抗炎特性、免疫抑制、抑制脂肪酶和胶原酶、抗伤害作用、抗骨质疏松，以及促进伤口愈合作用。试验表明，四环素类药物通过减少炎症细胞因子和一氧化氮的产生，保护小鼠免受内毒素诱导的休克。在许多神经退行性疾病、中枢神经系统损伤和病毒性脑炎试验性模型中，由于米诺环素有抗细胞凋亡和清除活性氧的特性，对神经具有保护作用。

已经证明，四环素类药物的基质金属酶抑制作用，对不同疾病状况均有益，如类风湿关节炎、齿龈炎、急性肺损伤、心肌病和癌症等。这可能是在治疗马驹肌腱萎缩中的主要作用机理。在一项研究中，按 44 mg/kg 剂量，静脉注射土霉素，导致掌指关节的角度减少将近 96 h。高剂量的土霉素，对于有肾损伤或血容量过低的马驹，或者是不能充分护理的马驹，将会引起急性肾功能衰竭。

十一、甘氨环素类药物

甘氨环素类药物是一组第一个被批准的第 3 代四环素类药物。它们保留了四环素类药物的作用机理，避免了其耐药性机理（如外排泵和核糖体保护系统），但却是细菌水解酶的底物。

替加环素就是米诺环素在碳-9 位有一个叔丁基甘氨酰氨基基团（Garrison 等，2005）。替加环素只有注射制剂，仅限医院内使用。由于分子质量很大（584 u）、脂质/缓冲液分配系数大（log－P>10），不适合口服给药。

替加环素与核糖体的结合比米诺环素或四环素强5倍，导致降低对核糖体保护耐药机制的敏感性。该药对革兰氏阳性菌、革兰氏阴性菌和厌氧菌，包括葡萄球菌属多重耐药株和肠球菌属有广泛的抗菌活性；但是对假单胞菌属无抗菌活性（Garrison等，2005）。几个关于替加环素药效的实验动物研究结果已发表。在人，最重要的不良反应是恶心和呕吐。目前尚无在家畜中评价替加环素的研究报道。

参考文献

Anderson WI. 1983. Hemoglobinuria in cattle given longacting oxytetracycline. Mod Vet Pract 64：997.

Appleyard WT，Gilmour NJL. 1990. Use of long-acting oxytetracycline against pasteurellosis in lambs. Vet Rec 126：231.

Arnoczky SP，et al. 2004. In vitro effects of oxytetracycline on matrix metalloproteinase-1 mRNA expression and on collagen gel contraction by cultured myofibroblasts obtained from the accessory ligament of foals. Am J Vet Res 65：491.

Ball HJ，Campbell JN. 1989. Antibiotic treatment of experimental *Mycoplasma californicum* mastitis. Vet Rec 125：377.

Bettany JT，et al. 2000. Tetracyclines induce apoptosis in osteoclasts. Bone 27：75.

Bettenay SV，et al. 1998. Doxycycline hydrochoride in treatment of canine pyoderma. Aust Vet Pract 28：14.

Bousquet E，et al. 1998. Efficacy of doxycycline in feed for the control of pneumonia caused by *Pasteurella multocida* and *Mycoplasma hyopneumoniae* in fattening pigs. Vet Rec 143：269.

Brodie TA，et al. 1986. Some aspects of tick-borne diseases of British sheep. Vet Rec 118：415.

Brodie TA，et al. 1988. Prophylactic use of long-acting tetracycline against tick-borne fever（*Cytoecetes phagocytophilia*）in sheep. Vet Rec 122：43.

Chang YF. 2005. Antibiotic treatment of experimentally *Borrelia burgdorferi*-infected ponies. Vet Microbiol 107：285.

Chumo RS，et al. 1989. Long-acting oxytetracycline prophylaxis to protect susceptible cattle introduced into an area of Kenya with endemic East Coast fever. Vet Rec 124：219.

Coetzee JF，et al. 2005. Comparison of three oxytetracyclines regimes for the treatment of persistant *Anaplasma marginale* infections in beef cattle. Vet Parasitol 127：61.

Cranwell MP. 1990. Efficacy of long-acting oxytetracycline for the prevention of tick-borne fever in calves. Vet Rec 126：334.

Culver M. 1987. Treatment of bubonic plague in a cat. J Am Vet Med Assoc 191：1528.

Dargatz DA，et al. 1990. Antimicrobial therapy for rams with *Brucella ovis* infection of the urogenital tract. J Am Vet Med Assoc 196：605.

Del Castillo JRE，Besner JG. 2001. Therapeutic Inequivalence of orally administered chlortetracycline and oxytetracycline in pigs. J Pharm Pharm Sci 4：128.

Del Castillo JRE，et al. 2006. Interindividual variability in plasma concentrations after systemic exposure of swine to dietary doxycycline supplied with and without paracetamol：a population pharmacokinetic approach. J Anim Sci 84：3155.

Dugan J，et al. 2004. Tetracycline resistance in *Chlamydia suis* mediated by genomic islands inserted into the chlamydial inv-like gene. Antimicrob Ag Chemother 48：3989.

Flores-Castro R，Carmichael LE. 1978. Canine brucellosis：current status of methods for diagnosis and treatment. Gaines Vet Symp 27：17.

Garrison MW，et al. 2005. Tigecycline：an investigational glycylcycline antimicrobial with activity against resistant Gram-positive organisms. Clin Ther 27：12.

George L，et al. 1988. Topically applied furazolidone or parenterally administered oxytetracycline for the treatment of infectious bovine keratoconjunctivitis. J Am Vet Med Assoc 192：1415.

Greig A，Linklater KA. 1985. Field studies on the efficacy of a long-acting preparation of oxytetracycline in controlling outbreaks of enzootic abortion of sheep. Vet Rec 117：627.

Grogono-Thomas R，et al. 1994. The use of long-acting oxytetracycline for the treatment of ovine footrot. Brit Vet J 150：561.

Guillot M，et al. 2011. In growing pigs，chlortetracycline induces a reversible green bone discoloration and a persistent increase of bone mineral density dependent of dosing regimen. Res Vet Sci 90：484.

Gylsdorff I. 1987. The treatment of chlamydiosis in psittacine birds. Isr J Vet Med 43：11.

Gyrd-Hansen N，et al. 1981. Cardiovascular effects of intravenous administration of tetracycline in cattle. J Vet Pharmacol Ther 6：15.

Hayashi K，et al. 1998. Clinical and microbiological effects of controlled-release local delivery of minocycline on periodontitis in dogs. Am J Vet Res 59：464.

Hosie BD. 1988. Keratoconjunctivitis in a hill sheep flock. Vet Rec 122：40.

Hosie BD，Greig A. 1995. Role of oxytetracycline dihydrate in the treatment of *Mycoplasma*-associated ovine keratoconjunctivitis in lambs. Brit Vet J 151：83.

Jordan D，Venning CM. 1995. Treatment of ovine dermatophilosis with long-acting oxytetracycline or a lincomycin-spectinomycin combination. Aust Vet J 72：234.

Kordick DL，et al. 1997. Efficacy of enrofloxacin or doxycycline for treatment of *Bartonella henselae* or *Bartonella clarridgeae* infection in cats. Antimicrob Agents Chemother 41：2448.

Lairmore MD，et al. 1984. Oxytetracycline-associated nephrotoxicosis in feedlot cattle. J Am Vet Med Assoc 185：793.

Li J，et al. 2005. Significant intestinal excretion，one source of variability in pharmacokinetics of COL-3，a chemically modified tetracycline. Pharm Res 22：397.

Ling GV，et al. 1980. Urine concentrations of chloramphenicol，tetracycline，and sulfisoxazole after oral administration to healthy adult dogs. Am J Vet Res 41：950.

Madigan JE，Gribble D. 1987. Equine ehrlichiosis in northern California：49 cases（1968-1981）. J Am Vet Med Assoc 190：445.

Marin CM，et al. 1989. Efficacy of long-acting oxytetracycline alone or in combination with streptomycin for treatment of *Brucella ovis* infection of rams. Am J Vet Res 50：560.

Martin SW，et al. 1982. Factors associated with mortality and treatment costs in feedlot calves：the Bruce County beef project，years 1978，1979，1980. Can J Comp Med 46：341.

McHaffie J. 2012. *Dirofilaria immitis* and *Wolbachia pipientis*：a thorough investigation of the symbiosis responsible for canine heartworm disease. Parasitol Res 110：499.

Mebus CA，Logan LL. 1988. Heartwater disease of domestic and wild ruminants. J Am Vet Med Assoc 192：950.

Nicoletti P，Chase A. 1987. The use of antibiotics to control canine brucellosis. Comp Contin Educ Pract Vet 9：1063.

Nicoletti P，et al. 1985. Efficacy of long-acting oxytetracycline alone or in combination with streptomycin in the treatment of bovine brucellosis. J Am Vet Med Assoc 187：493.

Nielsen P，Gyrd-Hansen N. 1996. Bioavailability of oxytetracycline，tetracycline，and chlortetracycline after oral administration to fed and fasted pigs. J Vet Pharm Ther 19：305.

Nouws JFM. 1986. Factors affecting the oxytetracycline disposition kinetics in ruminants—a review. Ir Vet News May：9.

Nouws JFM，et al. 1990. A comparative study on irritation and residue aspects of five oxytetracycline formulations administered intramuscularly to calves，pigs and sheep. Vet Quart 12：129.

Palmer JE，et al. 1992. Effect of treatment with oxytetracycline during the acute stages of experimentally induced equine ehrlichial colitis in ponies. Am J Vet Res 53：2300.

Radwan AI，et al. 1989. Experimental treatment of Brucella melitensis infection in sheep with oxytetracycline alone or combined with streptomycin. Trop Anim Health Prod 21：211.

Richardson-Burns SM，Tyler-KL. 2005. Minocycline delays disease onset and mortality in reovirus encephalitis. Exp Neuro 192：331.

Riond J-L，Riviere JE. 1989. Effects of tetracyclines on the kidney in cattle and dogs. J Am Vet Med Assoc 195：995.

Riond J-L，Riviere JE. 1990. Pharmacokinetics and metabolic inertness of doxycycline in young pigs. Am J Vet Res 51：1271.

Riond J-L，et al. 1990. Comparative pharmacokinetics of doxycycline in cats and dogs. J Vet Pharm Ther 13：415.

Roberts MC. 2003. Tetracycline therapy：an update. Clin Infect Dis 36：462.

Roy S，et al. 1991. Use of tetracycline sorbate for the treatment of *Aspergillus fumigatus* infection in broiler chickens. Brit Vet J 147：549.

Sampier F，et al. 2006. Tetracycline therapy of Lawsonia intracellularis enteropathy in foals. Equine Vet J 38：89.

Schulz BS，et al. 2011. Suspected side effects of doxycycline use in dogs—a retrospective study of 386 cases. Vet Rec 169：229.

Shaw DH，Rubin SI. 1986. Pharmacologic activity of doxycycline. J Am Vet Med Assoc 189：808.

Shearer JK，Elliott JB. 1998. Papillomatous digital dermatitis：treatment and control strategies：part I. Comp Cont Educ Pract Vet 20：S158.

Stahlheim OHV. 1967. Chemotherapy of renal leptospirosis in swine. Am J Vet Res 28：161.

第十六章　氯霉素、甲砜霉素及氟苯尼考

Patricia M. Dowling

氯霉素是一种稳定的、脂溶性、中性化合物。它是二氯乙酸的衍生物，含有一个硝基苯结构。这个对位硝基与人的特异性（非剂量依赖性）再生障碍性贫血有关（图 16.1）。甲砜霉素具有与氯霉素相似的抗菌谱，但与母体化合物不同的是连接苯环的对位硝基被甲磺基取代。氟苯尼考是甲砜霉素的结构类似物，也缺少对位硝基，活性比甲砜霉素更强。甲砜霉素或氟苯尼考都与人或其他物种的非剂量依赖性再生障碍性贫血无关，但都与剂量依赖性骨髓抑制有关。

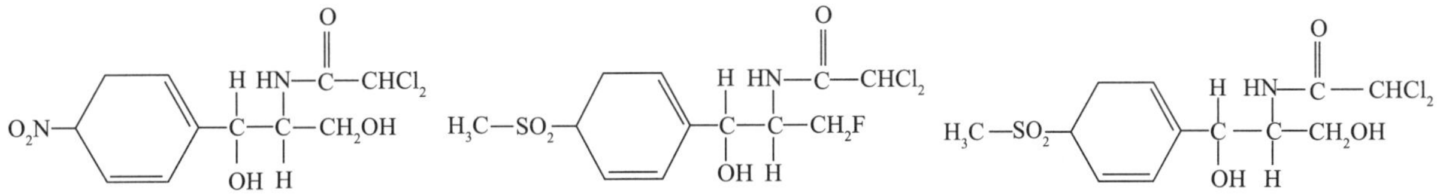

氯霉素　　氟苯尼考　　甲砜霉素

图 16.1　氯霉素、氟苯尼考和甲砜霉素的化学结构

第一节　氯霉素

一、作用机理

氯霉素是一种有效的微生物蛋白合成抑制剂。它不可逆地与细菌核糖体的 50S 亚基上的受体位点结合，抑制转肽酶，阻止氨基酸转移至增长中的肽链，而后抑制蛋白质的形成。氯霉素还以剂量依赖性方式抑制哺乳动物骨髓细胞线粒体蛋白合成。

二、抗菌活性

氯霉素对革兰氏阳性菌和很多革兰氏阴性菌具有广泛的活性（表 16.1），通常是抑制作用。通常的治疗浓度（5～15 μg/mL），可以抑制厌氧菌。氯霉素抑制立克次体和衣原体的生长。虽然支原体在体外通常是敏感的，但是用氯霉素治疗肺支原体感染常常无效。

表 16.1　氯霉素对选定细菌和支原体的活性（MIC_{90}，μg/mL）

微生物	MIC_{90}	微生物	MIC_{90}
革兰氏阳性需氧菌			
化脓隐秘杆菌	1		
炭疽杆菌	2	单核细胞增生性李斯特菌	8
肾棒状杆菌	4	金黄色葡萄球菌	8
肠球菌属	＞32	停乳链球菌	4
猪丹毒杆菌	2	乳房链球菌	2
革兰氏阴性需氧菌			
放线菌属	4	克雷伯菌属	＞32
支气管败血波氏杆菌	8	巴氏杆菌属	＞32
犬布鲁氏菌	4	溶血性曼氏杆菌	2
分枝杆菌属	＞32	多杀性巴氏杆菌	2
大肠杆菌	＞32	变形杆菌	＞32
睡眠嗜组织菌	1	铜绿假单胞菌	＞32

（续）

微生物	MIC_{90}	微生物	MIC_{90}
厌氧菌			
拟杆菌属	8	节瘤偶蹄形菌	0.25
脆弱拟杆菌	8	梭杆菌属	1
艰难梭菌	4	坏死梭杆菌属	2
产气荚膜梭菌	4	猪痢疾密螺旋体	4
支原体			
牛支原体	8	猪肺炎支原体	4
牛鼻支原体	64	绵羊肺炎支原体	16
犬支原体	8		

1. 敏感菌（MIC≤8 μg/mL） 包括革兰氏阳性需氧菌，其中有：放线菌属、化脓隐秘杆菌、炭疽杆菌、棒状杆菌属、丹毒杆菌、单核细胞增生性李斯特菌、多数肠球菌属、葡萄球菌属、链球菌属。耐甲氧西林金黄色葡萄球菌（MRSA）和伪中间葡萄球菌（MRSP）已在伴侣动物中以重要病原体出现。两个主要的克隆 MRSP 系已在欧洲和北美传播。北美分离株对氯霉素敏感，而欧洲分离株对氯霉素耐药（Perreten 等，2010）。从脓皮病犬分离的施氏葡萄球菌是典型的敏感菌（Vanni 等，2009）。典型的革兰氏阴性需氧菌敏感菌有：放线菌属、支气管败血波氏杆菌、犬布鲁氏菌、肠杆菌科（包括很多大肠杆菌）、克雷伯菌属、变形杆菌属、沙门氏菌属、嗜血杆菌属、睡眠嗜组织菌、钩端螺旋体属、牛莫拉菌、溶血性曼氏杆菌、巴氏杆菌属等。厌氧菌（拟杆菌属、梭菌属、普氏菌属、卟啉单胞菌属）是一般敏感菌，包括耐青霉素脆弱拟杆菌。

2. 中度敏感菌（MIC=16 μg/mL） 包括马红球菌。

3. 耐药菌（MIC≥32 μg/mL） 包括分枝杆菌属和诺卡氏菌属。耐药性经常出现在革兰氏阴性肠道菌中，如大肠杆菌。

氯霉素最常见的细菌耐药机制是通过氯霉素乙酰转移酶（CATs）使药物乙酰化而使酶失活。氯霉素的羟基乙酰化阻止药物与 50S 核糖体亚基结合。也有其他耐药机制的报道，例如，外排系统，磷酸转移酶的失活，以及靶点的变异或渗透屏障（Schwarz 等，2004）。*CAT* 基因常见于肠杆菌科和巴氏杆菌科的质粒上，并且大多数质粒携带一个或更多其他耐药基因。细菌外排氯霉素可由专一性转运体或多药物转运体介导。专一性转运体倾向于具有一个底物谱，限于少数结构相关的化合物，而多药物转运体通常有广泛的无关联的物质作为底物。专一性转运体与多药物转运体相比，一般介导更高水平的耐药性。很多编码 *CATs* 基因或专一性转运体的基因位于移动的遗传元件上，如质粒、转座子或基因盒。当介导耐氯霉素的质粒从一个细菌转移到另一个细菌时，它们在新的宿主中并不总是能复制。新质粒和已存在于新宿主中的质粒之间的重组有效地绕开了复制的问题。这样的重组可导致形成新的耐药质粒，携带两个亲本质粒的耐药基因，并很好地适应在新宿主中复制。

三、药代动力学特性

对于单胃动物和反刍前犊牛，氯霉素通常在胃肠道吸收良好。氯霉素在马驹的口服生物利用度为 83%，但母马单剂量给药只有 40%，5 次剂量后降到 20%（Brumbaugh 等，1983；Gronwall 等，1986）。猫对棕榈酸氯霉素的吸收很差。反刍动物口服给药，氯霉素在瘤胃中失活。氯霉素在所有物种的表观分布容积都很大（>1L/kg）。这可能归因于药物的广泛分布，因药物分配与 pH 无关，并且没有选择性组织结合的证据。由于脂溶性和中等偏低的蛋白结合率（30%～46%），氯霉素在大多数组织和体液，包括脑脊液（CSF）和中枢神经系统，都可达到有效浓度。当脑膜正常氯霉素在 CSF 浓度可高达血药浓度的 50%，而存在炎症时则更多。局部眼用制剂可在房水中达到治疗浓度。氯霉素很容易扩散到乳、胸水和腹水中。它容易穿过胎盘，达到母体血药浓度的 75%。这可能具有临床意义，因为胎儿肝脏缺少葡萄糖醛酸转移酶活性。除非炎症存在，否则，氯霉素对血液-前列腺屏障的穿透能力较差。

氯霉素的消除半衰期在不同物种间差异很大。消除主要是通过与葡萄糖醛酸结合，在肝脏代谢。消除半衰期以马最短（1 h，Sisodia 等，1975），猫最长（5～6 h），因为猫缺乏葡萄糖醛酸结合能力（Watson，1991）。有部分剂量是以原形由肾小球滤过在尿中排泄，犬为 10%，猫为 20%。然而，在草食动物中，由肾排泄消除的量可忽略不计。无活性的代谢物是在尿中排泄，较小程度的是在胆汁中排泄。胆汁中排泄的葡萄糖醛酸结合物可由肠道菌群水解，释放原形药物。

对于新生动物，氯霉素的消除半衰期较同种成年动物长很多，这主要是由于葡萄糖醛酸结合机制发育不成熟造成的。马驹的葡萄糖醛酸结合机制发育很快，以至于 1 周龄马驹的半衰期达到了成年马驹的水平。

四、药物相互作用

治疗宿主防御不良的感染时，不能同时使用氯霉素和杀菌抗生素。经证明，治疗人的细菌性脑膜炎和心内膜炎时，同时使用氯霉素和青霉素 G 是拮抗的。氯霉素与大环内酯类抗生素作用于相同的核糖体位点。氯霉素是氟喹诺酮类药物的拮抗剂，因为在氟喹诺酮类药物干扰细菌 DNA 超螺旋后，氯霉素抑制蛋白质合成干扰了细胞裂解所需自溶素的产生。

因为氯霉素抑制微粒体酶活性，多种药物同时给药，肝脏代谢（氧化反应和葡萄糖醛酸结合）会减慢，导致药理效应延长。因此，氯霉素会显著延长巴比妥类药物的作用时间，并且同时使用苯巴比妥治疗犬癫痫病时，已观察到了致死效应（Adams 和 Dixit，1970）。

五、毒性与不良反应

氯霉素对人的主要毒性作用是骨髓抑制，可能是特异性的、非剂量依赖性的再生障碍性贫血，也可能是源于蛋白合成抑制的剂量依赖性贫血。再生障碍性贫血似乎是遗传学决定的个体特质。据估计，致命性再生障碍性贫血的发生率是，每 2.5 万～6 万个使用药物的人中有 1 人。人直接接触药物后（眼科使用，加药喷雾，处理）已发生了几例再生障碍性贫血，所以，兽医或畜主在处理氯霉素产品时应穿戴防护手套和面具（Wallerstein 等，1969）。

新生婴儿因为缺乏葡萄糖醛酸结合导致剂量依赖性贫血，发生“灰婴”综合征。对于动物，氯霉素毒性与治疗剂量和治疗时间有关，并且猫比犬更有可能发生毒性。对于猫来说，当给予常规维持剂量的氯霉素碱或棕榈酸氯霉素，25 mg/kg，每天 2 次，连续给药 21d，可观察到临床毒性症状（Watson，1991）。氯霉素引起外周血液和骨髓的变化归因于具有可逆性、剂量相关性的对红细胞成熟的干扰。按维持剂量用药少于 10d，不太可能引起犬或猫的毒性，除非动物肝微粒体酶活性受到抑制，或者肾功能严重损伤。用于治疗犬 MRSA 和 MRSP 感染，常见胃肠道不良反应（呕吐、腹泻、体重减轻、恶心、厌食和食欲下降），以及嗜睡、发抖、肝酶升高和贫血（Bryan 等，2012）。

六、用法用量

氯霉素的推荐用法与用量见表 16.2。

表 16.2　动物使用氯霉素常用的全身给药剂量*

动物种类	给药形式	给药途径	给药剂量（mg/kg）	给药间隔（h）	注意事项
犬、猫	游离碱、棕榈酸酯	PO	50	12	治疗不要超过 10d
	琥珀酸钠	IV，IM，SC	25～50	8～12	
马	琥珀酸钠	IM	30～50	6	
	游离碱、棕榈酸酯	PO	25～50	6～8	

注：* 必须告知畜主暴露于氯霉素的风险。

氯霉素是一种广谱的、时间依赖性的抑菌剂，与其他抗菌剂相比，氯霉素可以使感染部位快速达到有效浓度。维持稳态血药浓度在 5～10 μg/mL 时治疗效果最佳。

氯霉素可以通过口服给药（游离碱或棕榈酸酯盐）或非胃肠道给药（琥珀酸钠盐）。对眼睛和耳朵等局部因敏感菌感染的治疗可以用局部给药制剂。

由于氯霉素在小动物胃肠道给药吸收完全，因而可以通过氯霉素的游离碱或棕榈酸酯盐口服给药。酯盐在吸收前被水解成游离碱。摄食不影响药物的生物利用度。氯霉素琥珀酸钠盐皮下注射给药可以代替口服给药。虽然两种给药途径可以获得一致的血药浓度，但由于可以免除注射给药的疼痛，故优选口服给药。给药疗程不要超过 10d，尤其是猫。不要给有证据表明患有骨髓抑制或疑似病患者使用氯霉素。

氯霉素在马体内的消除半衰期短（1 h），加上是发挥抑菌作用，使得静脉注射给药不可行。游离碱的口服片剂可以通过口服给药，琥珀酸钠盐制剂可以通过肌内注射给药。药物从注射部位吸收后，没有活性的琥珀酸酯盐快速水解成有活性的药物。

由于人暴露氯霉素后存在特异性再生障碍性贫血的风险，大多数国家禁止氯霉素用于食品动物。氯霉素不能用于新生儿阶段，除非对血药浓度进行监测。由于对胎儿具有潜在的副作用，氯霉素用于怀孕母畜时必须谨慎。

七、临床应用

人因暴露氯霉素后存在特异性再生障碍性贫血的潜在风险，世界上大多数地区禁止氯霉素用于食品动物。氟苯尼考与氯霉素的作用相似，是用于食品动物的适宜类似物。随着氟喹诺酮类药物在伴侣动物上的发展应用，几乎没有特定的适应证需要使用氯霉素，然而，对于马、犬和猫的一些厌氧菌感染、严重的眼部感染、前列腺炎、中/内耳炎、沙门氏菌感染仍需考虑使用氯霉素治疗。由于耐甲氧西林金黄色葡萄球菌（MRSA）和耐甲氧西林伪中间葡萄球菌（MRSP）感染的增加，氯霉素在犬和猫上的使用频率一直在增加，但相对于其他治疗药物来说，如多西环素、克林霉素和阿米卡星，氯霉素会有更多的副作用（主要是胃肠道的副作用）(Bryan 等，2012)。当处方氯霉素用于犬和猫时，要和畜主说明氯霉素对人的毒性作用，并采取适当的措施。另外，对于潜在的人兽共患动物源性金黄色葡萄球菌也要和畜主加以说明（Guardabassi 等，2004）。

参 考 文 献

Adams HR，Dixit BN. 1970. Prolongation of pentobarbital anesthesia by chloramphenicol in dogs and cats. J Am Vet Med Assoc 156：902.

Brumbaugh GW，et al. 1983. Pharmacokinetics of chloramphenicol in the neonatal horse. J Vet Pharmacol Ther 6：219.

Bryan J，et al. 2012. Treatment outcome of dogs with methicillin-resistant and methicillin-susceptible *Staphylococcus pseudintermedius* pyoderma. Vet Dermatol 23：361.

Gronwall R，et al. 1986. Body fluid concentrations and pharmacokinetics of chloramphenicol given to mares intravenously or by repeated gavage. Am J Vet Res 47：2591.

Guardabassi L，et al. 2004. Transmission of multiple antimicrobial-resistant *Staphylococcus intermedius* between dogs affected by deep pyoderma and their owners. Vet Microbiol 98：23.

Perreten V，et al. 2010. Clonal spread of methicillin-resistant *Staphylococcus pseudintermedius* in Europe and North America：an international multicentre study. J Antimicrob Chemother 65：1145.

Schwarz S，et al. 2004. Molecular basis of bacterial resistance to chloramphenicol and florfenicol. FEMS Microbiol Rev 28：519.

Sisodia CS，et al. 1975. A pharmacological study of chloramphenicol in horses. Can J Comp Med 39：216.

Vanni M，et al. 2009. Antimicrobial susceptibility of *Staphylococcus intermedius* and *Staphylococcus schleiferi* isolated from dogs. Res Vet Sci 87：192.

Wallerstein RO，et al. 1969. Statewide study of chloramphenicol therapy and fatal aplastic anemia. JAMA 208：2045.

Watson AD. 1991. Chloramphenicol 2. Clinical pharmacology in dogs and cats. Aust Vet J 68：2.

第二节　甲砜霉素

甲砜霉素是氯霉素的衍生物，对位硝基被甲磺基取代。甲砜霉素的活性一般来说较氯霉素小 1～2 倍，尽管它对嗜血杆菌、脆弱拟杆菌和链球菌具有与氯霉素相同的活性。在拥有 CATs 的细菌中，它与氯霉素完全交叉耐药。它的吸收、分布类似于氯霉素，也同样地在组织中分布良好。反刍前羔羊和犊牛的口服生物利用度为 60%（Mengozzi 等，2002）。甲砜霉素不经肝脏葡萄糖醛酸结合消除，但以原形在尿中排泄。不同于氯霉素，它的消除不受肝脏疾病和其他药物在肝中代谢的影响。甲砜霉素的药代动力学参数遵循异速生长放大，亦即消除半衰期和分布容积的值，从小鼠到大鼠、兔、犬、绵羊、犊牛随机体大小增加而增加（Castells 等，2001）。在泌乳牛的乳中可达治疗浓度（Abdennebi 等，1994）。

对甲砜霉素有兴趣的一个主要原因就是，因为其缺少对位硝基，不会诱导人不可逆的骨髓贫血，尽管它引起剂量依赖性的骨髓抑制比氯霉素更常见。

甲砜霉素广泛用于欧洲和日本，但在北美不使用。除了抑菌特性和活性低于氯霉素，甲砜霉素似乎未充分用于许多敏感菌所致感染的治疗。尽管缺乏药代动力学和临床研究而无详细的剂量信息，但甲砜霉素适用于动物的剂量似乎与氯霉素相似。牛和猪的剂量为，10～30 mg/kg，肌内注射，每 24h 1 次。反刍前羔羊，口服，30 mg/kg，每 12 h 1 次，反刍前犊牛每 24 h 1 次。或者，50～200 mg/kg，用于猪饲料添加，100～500 mg/kg，用于鸡饲料添加。

参考文献

Abdennebi EH，et al. 1994. Thiamphenicol pharmacokinetics in beef and dairy cattle. J Vet Pharmacol Ther 17：365.

Castells G，et al. 2001. Allometric analysis of thiamphenicol disposition among seven mammalian species. J Vet Pharmacol Ther 24：193.

Mengozzi G，et al. 2002. A comparative kinetic study of thiamphenicol in pre-ruminant lambs and calves. Res Vet Sci 73：291.

第三节　氟苯尼考

氟苯尼考是甲砜霉素的氟化衍生物，即 C-3 位的羟基由氟取代。氟苯尼考是一种微生物蛋白合成的有效抑制剂，作用机制与氯霉素相同。如同甲砜霉素，氟苯尼考不会导致人的特异性再生障碍性贫血，但能导致动物的剂量依赖性骨髓抑制。

一、抗菌活性

氟苯尼考在其抗菌谱范围内活性略强于氯霉素（表 16.3）。氟苯尼考对牛呼吸道疾病有关的病原仍具有很高的活性（Portis 等，2012）。在高于抑菌浓度水平上仅 1 倍稀释浓度，便对睡眠嗜组织菌和巴氏杆菌有杀菌作用。对胸膜肺炎放线杆菌、睡眠嗜组织菌、溶血性曼氏杆菌、化脓隐秘杆菌、多杀性巴氏杆菌和猪链球菌的 MIC_{90}≤2 μg/mL。溶血性曼氏杆菌的突变预防浓度≥32 μg/mL（Blondeau 等，2012）。坏死梭杆菌、产黑色素拟杆菌和牛莫拉菌对氟苯尼考高度敏感。肠杆菌科较为不敏感，MIC_{90} 较高，如都柏林沙门氏菌为 32 μg/mL。氟苯尼考对鱼的一些重要病原菌具有活性，包括鲑和鳟的杀鲑气单胞菌、杀鲑弧菌、鳗弧菌和鲁氏耶尔森菌，以及鲶的爱德华菌。

表 16.3　氟苯尼考对特定细菌和支原体的活性（MIC_{90}，μg/mL）

细　菌	MIC_{90}
猪	
胸膜肺炎放线杆菌	0.5
多杀性巴氏杆菌	0.5
支气管败血性波氏杆菌	8
猪链球菌	2
牛	
溶血性曼氏杆菌	2
多杀性巴氏杆菌	0.5
睡眠嗜组织菌	2
化脓隐秘杆菌	1.56
都柏林沙门氏菌	32
牛支原体	4
单核细胞增生性李斯特菌	32.0

（续）

细　菌	MIC_{90}
鱼	
爱德华菌	0.25
杀鲑气单胞菌	1.6
鳗弧菌	0.5
美人鱼发光杆菌	0.6
金黄杆菌属	32.0

由于羟基被氟分子取代，氟苯尼考对表达CAT酶的耐药细菌不太敏感。但是，细菌对氯霉素和氟苯尼考耐药的新机制正在得到证实（Liu等，2012；Tao等，2012）。革兰氏阴性菌对氟苯尼考的耐药性与*floR*基因的质粒转移有关。该基因编码的膜关联外排蛋白，促进氯霉素和氟苯尼考外排（Schwarz等，2004）。在新生犊牛大肠杆菌性腹泻病例中，如果*floR*存在，MIC范围为16～≥256 μg/mL（White等，2000）。2005年，从犊牛中分离的多杀性巴氏杆菌中证实了*floR*基因的存在（Kehrenberg和Schwarz，2005），并且它的存在现已在牛溶血性曼氏杆菌分离株中得到证实（Katsuda等，2012）。氟苯尼考单剂量给药后，育肥牛显示粪菌群转变为多重耐药大肠杆菌，可能是由于选择了含有连接其他耐药基因的*floR*基因的质粒。与氟苯尼考用药有关的抗生素耐药性，在用药后4周下降，但与牛进入育肥栏时相比，粪大肠杆菌的耐药比例更高（Berge等，2005）。

二、药代动力学特性

氟苯尼考在马的口服生物利用度为83%（McKellar和Varma，1996）。2～5周龄犊牛为89%，但当与乳替代品一起给药时，口服生物利用度则会下降（Varma等，1986）。肌内注射后，马的生物利用度为81%，泌乳奶牛为38%，但乳房内注入后为54%（Soback等，1995）。奶牛肌内注射给药后10 h，乳中峰浓度为1.6 μg/mL，至少需要消除5d，乳中药物浓度才不能检测到。皮下给药时，乳中药物浓度消除显著延长，所以，应避免给奶牛采用皮下给药方式。尽管氟苯尼考的分布容积稍微低于氯霉素，但氟苯尼考能很好地分布到很多组织中，包括肺、肌肉、胆汁、肾和尿等。静脉注射给药，脑脊液浓度为血浆浓度的46%，达到睡眠嗜组织菌的有效治疗浓度，而达不到革兰氏阴性肠道菌的治疗浓度（de Craene等，1997）。对肉牛肌内注射给药，氟苯尼考血清浓度保持在1 μg/mL以上达22 h（Lobell等，1994）。氟苯尼考的商用制剂是长效的，以至于出现“翻转”动力学，由于从肌内注射或皮下注射部位缓慢吸收，消除延长。对牛而言，64%的药物是以原形在尿中排泄。氟苯尼考胺是从肝脏消除最慢的代谢物，被用作确定休药期的标志残留物。

尽管未获批准，但氟苯尼考被标签外用药应用在许多动物。绵羊、山羊、北美麋鹿、兔、羊驼和犬的药物代谢动力学已有报道（Alcorn等，2004；Ali等，2003；Atef等，2001；Holmes等，2012；Kim等，2011；Koc等，2009；Lane等，2004；Lane等，2008；Palma等，2011；Shen等，2004）。

三、药物相互作用

没有公开发表的有关氟苯尼考不良药物相互作用的数据。机理上，相互作用应该与氯霉素类似。

四、毒性与不良反应

牛使用氟苯尼考后可发生短暂腹泻或食欲不振，停药后几天内消退。猪使用氟苯尼考后可发生肛周炎和/或直肠外翻，但1周内完全消退。牛和猪用氟苯尼考注射制剂标明最多两次剂量，故临床使用中未见骨髓抑制的报道。已有记载，超量或长期使用氟苯尼考，因红系细胞蛋白合成受抑制，导致潜在致命的骨髓抑制（Holmes等，2012；Tuttle等，2006）。

五、用法与用量

氟苯尼考在很多国家被批准用于肉牛，按20 mg/kg肌内注射、间隔48 h、给药2次，或按40 mg/kg

皮下注射、给药 1 次，治疗高敏菌（MIC≤2 μg/mL）所致的呼吸道疾病、蹄皮炎和角膜结膜炎。每个注射部位不应超过 10 mL。按标签剂量用药不会产生对革兰氏阴性菌肠道病原菌有效的浓度。在有些国家，氟苯尼考被批准以 15 mg/kg 肌内注射、间隔 48 h、给药 2 次，治疗胸膜肺炎放线杆菌和多杀性巴氏杆菌所致的猪呼吸道疾病。因在猪的颈部注射，每部位不超过 5 mL。

在美国，氟苯尼考被批准作为预混剂，用于控制与胸膜肺炎放线杆菌、多杀性巴氏杆菌、猪链球菌和支气管败血波氏杆菌有关的猪呼吸道疾病。在加拿大，批准了氟苯尼考 2.3%溶液剂，口服给药，治疗与胸膜肺炎放线杆菌和多杀性巴氏杆菌有关的猪呼吸道疾病，以及用于治疗和控制对氟苯尼考敏感的大肠杆菌有关的肉鸡气囊炎。同样，加拿大还批准氟苯尼考用于治疗鲑杀鲑气单胞菌敏感株所致的疖病。在美国，批准用于控制与鲶爱德华菌有关的肠败血症的鲶死亡率。在日本，氟苯尼考被用于鲈形目（黄尾鱼、琥珀鱼、真鲷、罗非鱼等）的假结核病和链球菌病的治疗，以及鳗的爱德华氏菌病的治疗。在制粒前将该鱼用制剂与未加药饲料混合，或者用于表面包衣颗粒饲料，饲喂，每天释放 10 mg/kg，连续 10d（Gaikowski 等，2003）。

六、临床应用

目前，氟苯尼考用于预防性治疗，以及用于治疗由高度敏感菌如曼氏杆菌、巴氏杆菌和嗜组织菌所致的牛呼吸道疾病（Hoar 等，1998）。同样的剂量方案可治疗由坏死梭杆菌和产黑色素拟杆菌所致的蹄皮炎，以及由牛莫拉菌所致的牛角膜结膜炎，但青霉素或土霉素更便宜、抗菌谱更窄，应该是用于治疗这些感染的一线药物。当给泌乳奶牛用药时，氟苯尼考易进入乳中，皮下注射给药比肌内注射的残留时间更长。虽然氟苯尼考具有很高的全身生物利用度，乳房内给药治疗由多种病原所致的牛乳房炎，比氯唑西林并没有优势（Wilson 等，1996）。

经注射或饲料添加，氟苯尼考可减少由胸膜肺炎放线杆菌和猪肺炎支原体所致的发病（Ciprian 等，2012；Del Pozo Sacristan 等，2012；Palacios-Arriaga 等，2000）。口服给予氟苯尼考可有效治疗和控制与大肠杆菌敏感菌有关的肉鸡气囊炎。

氟苯尼考可用于治疗敏感菌所致的鱼病，包括鲑鱼疖病、鲑鱼和鳕鱼的弧菌病、日本黄尾鱼的假结核病、斑点叉尾鮰的肠道败血症和鳟鱼的肠道红嘴病等。

不推荐将氟苯尼考用于马。尽管口服生物利用度高、组织分布好，但给马单剂量静脉注射、口服或肌内注射用药，可改变粪便的一致性（McKellar 和 Varma，1996）。在一个长期用药研究中，使用牛用制剂，以 20 mg/kg，间隔 48 h，肌内注射，所有马均保持临床正常，但肠道菌群发生显著改变（Dowling，2001）。

参考文献

Alcorn J，et al. 2004. Pharmacokinetics of florfenicol in North American elk (Cervus elaphus). J Vet Pharmacol Ther 27：289.

Ali BH，et al. 2003. Comparative plasma pharmacokinetics and tolerance of florfenicol following intramuscular and intravenous administration to camels，sheep and goats. Vet Res Commun 27：475.

Atef M，et al. 2001. Disposition kinetics of florfenicol in goats by using two analytical methods. J Vet Med A Physiol Pathol Clin Med 48：129.

Berge AC，et al. 2005. Assessing the effect of a single dose florfenicol treatment in feedlot cattle on the antimicrobial resistance patterns in faecal *Escherichia coli*. Vet Res 36：723.

Blondeau JM，et al. 2012. Comparative minimum inhibitory and mutant prevention drug concentrations of enrofloxacin，ceftiofur，florfenicol，tilmicosin and tulathromycin against bovine clinical isolates of *Mannheimia haemolytica*. Vet Microbiol 160：85.

Ciprian A，et al. 2012. Florfenicol feed supplemented decrease the clinical effects of *Mycoplasma hyopneumoniae* experimental infection in swine in Mexico. Res Vet Sci 92：191.

De Craene BA，et al. 1997. Pharmacokinetics of florfenicol in cerebrospinal fluid and plasma of calves. Antimicrob Agents Chemother 41：1991.

Del Pozo Sacristan R，et al. 2012. Efficacy of florfenicol injection in the treatment of *Mycoplasma hyopneumoniae* induced respiratory disease in pigs. Vet J 194：420.

Dowling PM. 2001. 19th Annual American College of Veterianry Internal Medicine Forum, Denver, CO, p. 198.

Gaikowski MP, et al. 2003. Safety of Aquaflor (florfenicol, 50% type A medicated article), administered in feed to channel catfish, Ictalurus punctatus. Toxicol Pathol 31: 689.

Hoar BR, et al. 1998. A comparison of the clinical field efficacy and safety of florfenicol and tilmicosin for the treatment of undifferentiated bovine respiratory disease of cattle in western Canada. Can Vet J 39: 161.

Holmes K, et al. 2012. Florfenicol pharmacokinetics in healthy adult alpacas after subcutaneous and intramuscular injection. J Vet Pharmacol Ther 35: 382.

Katsuda K, et al. 2012. Plasmid-mediated florfenicol resistance in *Mannheimia haemolytica* isolated from cattle. Vet Microbiol 155: 444.

Kehrenberg C, Schwarz S. 2005. Plasmid-borne florfenicol resistance in *Pasteurella* multocida. J Antimicrob Chemother 55: 773.

Kim EY, et al. 2011. Pharmacokinetics of a florfenicol-tylosin combination after intravenous and intramuscular administration to beagle dogs. J Vet Med Sci 73: 463.

Koc F, et al. 2009. Pharmacokinetics of florfenicol after intravenous and intramuscular administration in New Zealand White rabbits. Res Vet Sci 87: 102.

Lane VM, et al. 2004. Intravenous and subcutaneous pharmacokinetics of florfenicol in sheep. J Vet Pharmacol Ther 27: 191.

Lane VM, et al. 2008. Tissue residues of florfenicol in sheep. J Vet Pharmacol Ther 31: 178.

Liu H, et al. 2012. A novel phenicol exporter gene, fexB, found in enterococci of animal origin. J Antimicrob Chemother 67: 322.

Lobell RD, et al. 1994. Pharmacokinetics of florfenicol following intravenous and intramuscular doses to cattle. J Vet Pharmacol Ther 17: 253.

McKellar QA, Varma KJ. 1996. Pharmacokinetics and tolerance of florfenicol in Equidae. Equine Vet J 28: 209.

Palacios-Arriaga JM, et al. 2000. Efficacy of florphenicol premix in weanling pigs experimentally infected with *Actinobacillus pleuropneumoniae*. Rev Latinoam Microbiol 42: 27.

Palma C, et al. 2011. Pharmacokinetics of florfenicol and florfenicol-amine after intravenous administration in sheep. J Vet Pharmacol Ther 35: 508.

Portis E, et al. 2012. A ten-year (2000-2009) study of antimicrobial susceptibility of bacteria that cause bovine respiratory disease complex—*Mannheimia haemolytica*, *Pasteurella multocida*, and *Histophilus somni*—in the United States and Canada. J Vet Diagn Invest 24: 932.

Schwarz S, et al. 2004b. Molecular basis of bacterial resistance to chloramphenicol and florfenicol. FEMS Microbiol Rev 28: 519.

Shen J, et al. 2004. Bioavailability and pharmacokinetics of florfenicol in healthy sheep. J Vet Pharmacol Ther 27: 163.

Soback S, et al. 1995. Florfenicol pharmacokinetics in lactating cows after intravenous, intramuscular and intramammary administration. J Vet Pharmacol Ther 18: 413.

Tao W, et al. 2012. Inactivation of chloramphenicol and florfenicol by a novel chloramphenicol hydrolase. Appl Environ Microbiol 78: 6295.

Tuttle AD, et al. 2006. Bone marrow hypoplasia secondary to florfenicol toxicity in a Thomson's gazelle (Gazella thomsonii). J Vet Pharmacol Ther 29: 317.

Varma KJ, et al. 1986. Pharmacokinetics of florfenicol in veal calves. J Vet Pharmacol Ther 9: 412.

White DG, et al. 2000. Characterization of chloramphenicol and florfenicol resistance in *Escherichia coli* associated with bovine diarrhea. J Clin Microbiol 38: 4593.

Wilson DJ, et al. 1996. Efficacy of florfenicol for treatment of clinical and subclinical bovine mastitis. Am J Vet Res 57: 526.

第十七章　磺胺类、二氨基嘧啶类及其复方

John F. Prescott

磺胺类因普遍的获得性耐药及活性相对低于现代抗菌药物，其单独作为抗菌药物的价值已大大降低。可是，它在与二氨基嘧啶类如甲氧苄啶联合用药时，耐药性并不常发生，因而其可用性得以提高。

第一节　磺 胺 类

一、化学特性

磺胺类药物是氨苯磺胺的衍生物，氨苯磺胺含有决定抗菌活性的结构。磺胺类药物的差异在于与酰胺基（—SO_2NHR）连接基团（R）的不同，或者偶尔是氨基（—NH_2）上的取代基团不同（图 17.1）。

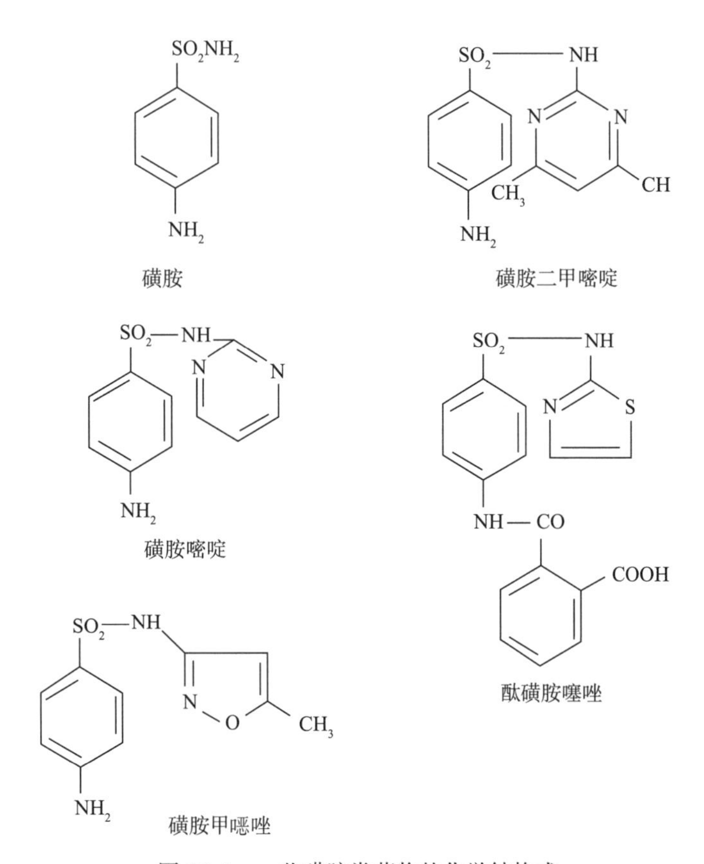

图 17.1　一些磺胺类药物的化学结构式

各种衍生物的理化、药代动力学特性不同，抗菌活性强度也不同。作为一类药物，磺胺类药物极不溶于水，在碱性溶液中的溶解度大于酸性溶液中。在磺胺类混合物中，每个药物呈现自己的溶解性。一个例子就是三重磺胺嘧啶制剂，复合磺胺药的抗菌活性是相加的，但各药物的溶解性是独立的。研发这种混合物，是为了消除磺胺晶体在末端肾小管和输尿管的酸性液体中沉淀。

磺胺类药物的钠盐易溶于水，肠道外给药制剂可用于静脉注射。这些溶液是高碱性的，磺胺醋酰钠明显例外，这个药物接近中性，可用作眼科制剂。

有些磺胺分子是设计为低溶解度（如酞磺胺噻唑）的，所以吸收缓慢，目的是用于治疗肠道感染。

二、作用机理

磺胺类药物通过竞争性阻止对氨基苯甲酸（PABA）结合到叶酸（蝶酰谷氨酸）分子中，干扰细菌细胞中叶酸的生物合成。具体来说，磺胺类药物与 PABA 竞争二氢叶酸合成酶。其选择性细菌抑制作用取决于细菌与哺乳动物细胞的叶酸来源差异。敏感微生物必须合成叶酸，而哺乳动物细胞利用预先合成的叶酸。细菌抑制作用可被过量的 PABA 逆转，所以，如果用磺胺类药物治疗动物时，应移除组织分泌物或坏死组织。

三、抗菌活性

磺胺类药物属广谱抗微生物药，可抑制细菌、弓形体及其他原虫如球虫等，但其抗菌活性明显受限于已发展 70 多年的广泛的耐药性。不同的磺胺类药物，其活性可能会是量的差异，但不一定是质的差异。

磺胺类药物的 MIC 明显受培养基的成分和细菌接种浓度的影响。正因为如此，体外试验有时会错误地报告细菌为耐药。如果用粪肠球菌的胸苷敏感菌株作适当的质量控制，就不会出现这种情况。在琼脂扩散试验中，理想的培养基是含溶解马血的 M-H 琼脂，因为它含有胸苷磷酸化酶，可减少培养基中胸苷的量。因为不同药物不同剂量，测定 MIC 和血清浓度的差异性都有困难，所以全身感染的细菌敏感性评判标准不一致。短效全身用磺胺敏感性的合理界限是，MIC 为 8～32 μg/mL；MIC≥64～128 μg/mL，可以作为耐药性的依据。

兽医实验室通常采用高效应三联磺胺碟来进行磺胺类药物敏感试验，设计用于测定细菌对尿道中高浓度药物（≥100μg/mL）的敏感性，因此将敏感性外推到全身感染不合适。CLSI 标准描述尿道感染细菌敏感性的界限是 MIC≥256 μg/mL。

1. 敏感 杆菌属、布鲁氏菌属、猪丹毒杆菌、单核细胞增生性李斯特菌、诺卡氏菌属、化脓链球菌属、衣原体和嗜衣原体属、球虫、卡氏肺囊虫和隐孢子虫属等。

2. 中度敏感 获得性耐药性会经常变异（表 17.1），包括：革兰氏阳性需氧菌中的葡萄球菌、部分肠球菌，革兰氏阴性需氧菌中的肠杆菌科（包括肠杆菌属、大肠杆菌、克雷伯菌属、变形杆菌属）、放线杆菌属、嗜血杆菌和嗜组织菌属、巴氏杆菌属、假单胞菌属。厌氧菌如拟杆菌属和梭杆菌属，如果培养基的胸苷耗尽，则体外通常是敏感的，然而在体内通常没有这种情况。梭菌属（除了产气荚膜梭菌）和厌氧球菌通常是耐药的。

3. 耐药 分枝杆菌属、支原体属、大多数专性细胞内病原体（如伯氏柯克斯氏体和立克次体属）、铜脓假单胞菌和螺旋体是耐药的。

表 17.1 磺胺类药物、甲氧苄啶和甲氧苄啶-磺胺甲噁唑对选定细菌的活性（μg/mL）

微生物	磺胺类药物[a] MIC_{90}	甲氧苄啶 MIC_{90}	甲氧苄啶-磺胺甲噁唑[b] MIC_{90}
革兰氏阳性需氧菌			
化脓隐秘杆菌	32	8	0.13
伪结核棒状杆菌			≤0.5
肾棒状杆菌	>64		
猪丹毒杆菌	8	0.13	0.06
单核细胞增生性李斯特菌	8	0.06	0.03
星形诺卡氏菌	128	128	8
马红球菌	>128	64	32
金黄色葡萄球菌	32	2	0.25
无乳链球菌	32	0.5	0.06
停乳链球菌	>256	4	0.06
乳房链球菌	>128	4	0.5

（续）

微生物	磺胺类药物[a] MIC_{90}	甲氧苄啶 MIC_{90}	甲氧苄啶-磺胺甲噁唑[b] MIC_{90}
乙型溶血性链球菌	>128	2	2
革兰氏阳性厌氧菌			
产气荚膜梭菌	16	64	
革兰氏阴性需氧菌			
放线杆菌属	64		≤0.06
胸膜肺炎放线杆菌[c]	≥128	2	8
支气管败血波氏杆菌[c]	>256		≤0.06
流产布鲁氏菌	16	4	0.06
犬布鲁氏菌	2		
空肠弯曲杆菌	≥256	≥512	≥512
大肠杆菌[c]	≥128	1	≤0.5
睡眠嗜组织菌	≥128		
肺炎克雷伯菌[c]	≥128	4	≤0.5
牛莫拉菌	>64	>64	<0.15
多杀性巴氏杆菌	>128	4	
变形杆菌属	>256	8	≤0.5
铜绿假单胞菌	>515	512	128
沙门氏菌属[c]	128	4	0.5
马生殖道泰勒菌	>128		
小肠结肠炎耶尔森菌	>128	1	8

注：a 主要是磺胺二甲氧嘧啶。

b 单一数据是指甲氧苄啶浓度，甲氧苄啶与磺胺比例为 1∶19。

c 现已报道这些分离株很多是复方耐药菌株，该表部分是为了说明磺胺类药物和甲氧苄啶之间可产生协同作用。由于耐药性增加，通常需要在适当控制条件下测定敏感性。

四、耐药性

染色体突变，耐药性发展缓慢而渐进，起因于药物穿透受损、低敏感性二氢叶酸酶的产生或者 PABA 产生过量。质粒和整合子介导的耐药性，通常由 *sul*1、*sul*2、*sul*3 基因编码，有时与其他耐药基因连接而产生，包括甲氧苄啶耐药基因（*dfr*）或链霉素（*strA*、*strB*）耐药基因，这种情况更为常见，对于肠道菌，耐药性的产生是药物穿透受损或产生额外的、耐磺胺的、二氢叶酸合成酶等酶的结果（Maynard 等，2003；Sheikh 等，2012）。有大量资料证明，磺胺类耐药性广泛存在于从动物分离的细菌中，特别是养殖动物，反应出多年来这类药物的大量使用。据报道，*sul*3 耐药基因主要限于猪大肠杆菌（Kozak 等，2009；Wu 等，2010）。磺胺类药物之间存在完全交叉耐药性。

五、药代动力学特性

磺胺类药物是一系列的弱有机酸，pK_a 值范围从氨苯磺胺类的 10.4 到磺胺异噁唑的 5.0。在 pH 低于其 pK_a 的生物体液中，主要以非离子化的形式存在。正是这非离子化部分，扩散通过细胞膜，并穿过细胞屏障。

大多数磺胺类药物很快从胃肠道吸收，广泛分布于所有组织和体液，包括滑液和脑脊髓液。与血浆蛋白结合的程度为 15%～90%。此外，个别磺胺类药物的结合率存在种属差异。高度蛋白结合（>80%）会延长半衰期。对于任何一种动物，磺胺类药物间的蛋白结合程度、表观分布容积和半衰期差异很大。这些信息，以及设计期望的稳态血浆磺胺浓度 100 μg/mL，有助于剂量的计算。

磺胺类药物是通过肾排泄和生物转化结合来消除的。这种结合促成个别药物半衰期的种属差异。例如，磺胺二甲氧嘧啶在牛的半衰期为 12.5 h，在山羊为 8.6 h，在马为 11.3 h，在猪为 15.5 h，在犬为 13.2 h，在猫为 10.2 h。这些相对长的半衰期，是由药物与血浆白蛋白的高度结合，以及从酸性远端肾小管液中 pH 依赖性的被动重吸收所致。

磺胺类药物在组织特别是肝中进行不同程度的代谢变化。乙酰化（大多数磺胺类药物的主要代谢途径），葡萄糖醛酸结合，及芳香羟基化可发生在人类和所有家畜，犬除外。犬似乎不能够将芳香胺乙酰化。乙酰化发生在肝网状内皮，而非实质细胞和其他组织如肺。此代谢反应具有临床意义，因为大多数磺胺类药物（除磺胺嘧啶外）的乙酰衍生物比原形化合物水溶性低。由于沉淀析出，乙酰化会增加对肾小管损伤的风险。芳香羟基化（可能是反刍动物主要代谢途径）和葡萄糖醛酸结合是微粒体介导的代谢反应。葡萄糖醛酸结合物水溶性高，排泄快。

肾排泄机制包括，血浆中游离药物（非结合）的肾小球滤过，主动载体介导的肾近曲小管对离子化的原形药和代谢物的排泄，以及非离子化的药物从远曲小管液中被动重吸收。重吸收的程度由磺胺的 pK_a 和远曲小管液的 pH 决定。碱化尿液可增加由肾排泄的剂量比例（尿中原形药）和磺胺类在尿中的溶解度。

六、药物相互作用

磺胺类药物与甲氧苄啶和巴喹普林等二氨基嘧啶类药物具有重要的抗菌协同作用，这些内容在二氨基嘧啶类药物部分论述。

本类药物显示不会对青霉素的杀菌效果起反作用，但是普鲁卡因青霉素中的普鲁卡因是对氨基苯甲酸（PABA）的类似物，它会与磺胺类药物产生拮抗作用。联合乙胺嘧啶是治疗弓形虫病及一些原虫感染的一种选择。

七、毒性与不良反应

磺胺类药物会产生广泛的、通常可逆的副作用，其中一些可能是过敏反应，其他是直接毒性作用的结果。更加普遍的不良反应是尿路障碍（结晶尿、血尿，甚至尿路阻塞），造血异常（血小板减少、贫血、白细胞减少）和皮肤异常反应。常用的磺胺类药物（除了磺胺喹噁啉）按常规剂量治疗少于 2 周时，很少见到明显的不良反应。

少部分人或动物（大约 0.5%）对磺胺类药物治疗会产生特殊的药物反应，这一反应不可预期，且常在第一次用药后的第 10 天到第 3 周罕见地发生。犬的症状表现为发热、关节病、血质不调、鼻出血、肝病、各种类型的皮疹、眼葡萄膜炎和角膜结膜炎（Trepanier，2004）。这些反应有时会被描述成过敏反应（药源性发热、荨麻疹），这是因为它们似乎涉及免疫反应如磺胺类药物代谢物引起的 T 淋巴细胞对蛋白抗原的免疫应答，但解除代谢物的毒性却不能完全减少反应。如果这些个体再次使用磺胺类药物进行治疗，一些特殊的药物反应还会复发。对于犬，大量报道显示杜宾犬会产生严重但可逆的由磺胺嘧啶引发的反应，因此，杜宾犬应该尽量避免使用磺胺类药物。

某些不良反应与特殊的磺胺类药物有关。磺胺嘧啶和柳氮磺胺吡啶作为一种“老年兴奋剂”在犬上已经使用很长一段时间，会导致干燥性角膜结膜炎（KCS），当药物终止使用后，该反应常常不会完全消退。然而，在一项研究中，第一周内用复方磺胺嘧啶和甲氧苄啶治疗 33 只犬中，由于泪液的减少，KCS 的发生率达 15%（Berget 等，1995）。这些反应发生在体重小于 12 kg 的犬中，所以对于体重小的犬，药物的使用剂量必须经过特别仔细的计算。复方新诺明一直用于治疗犬的泪液染色综合征（YounSok 等，2008）。

通过使用水溶性磺胺类药物和碱化尿液，以及保证病畜在治疗期间摄入大量的水，肾小管的损伤会减少。犬长时间使用磺胺乙氧嘧啶会导致白内障。小狗通过口服磺胺喹噁啉来控制球虫病时，会导致凝血酶减少、脑出血甚至死亡；由于该药物与维生素 K 的拮抗作用，出血素质在其他动物中已见报道。

报道的其他罕见不良反应包括：某些情况下，在几天的治疗期内肝坏死导致的死亡和长期治疗导致的甲状腺功能减退（Torres 等，1996）。在妊娠后期给母猪饲喂磺胺二甲嘧啶和奥美普林引发的不同寻常的甲状腺肿大反应，由此导致死胎和体弱仔猪数量的增加，这一状况已由 Blackwell 等（1989）报道。用复方新诺明治疗的幼犬出现甲状腺肿性低功能症已被报道（Seelig 等，2008）。在妊娠期治疗马的原虫性脑脊髓炎（EPM），会使出生的马驹产生先天性缺陷（Toribio 等，1998）。

八、用法和用量

在用磺胺类药物治疗全身性疾病时，先给予一个先导剂量，然后以药物半衰期为给药间隔，以先导剂量的一半作为维持剂量，治疗效果是非常满意的（表 17.2）。当采用口服给药时，由于口服制剂吸收不完全，给药剂量应该增加，即要按照口服制剂的生物利用度进行剂量的折算。

虽然兽医临床使用的磺胺类药物制剂很多种，其中有多种是磺胺二甲嘧啶剂型。这个磺胺类药物广泛用于食品动物，采用口服和/或肠道外给药时，能够达到有效的血药浓度。由于药物呈碱性，多数注射用制剂应该仅通过静脉注射给药。应避免快速静脉注射高剂量的磺胺类药物。用磺胺二甲嘧啶治疗时，以 100 mg/kg的先导剂量静脉注射给药后，每隔 12 h 以 50 mg/kg 的剂量口服给药，可以维持有效血药浓度。至少有一种磺胺二甲嘧啶的口服长效缓释制剂可以用于犊牛，也可用于绵羊和山羊，单次给药可维持有效血药浓度在 36～48 h，是一种比较实用的给药剂型。不同的口服给药剂型给药方案不同（表 17.3）。

磺胺二甲氧嘧啶制剂更广泛地应用于伴侣动物。含磺胺二甲氧嘧啶钠溶液的注射剂（40%），适用于马静脉注射给药。先用 50 mg/kg 的先导剂量静脉注射给药，然后每隔 12 h，以 25 mg/kg 的维持剂量可以获得有效治疗浓度。在犬和猫，磺胺二甲氧嘧啶既可以制成注射液静脉注射给药，也可制成混悬液口服给药。治疗时应该首先用一个先导剂量（55 mg/kg，静脉注射），有效治疗浓度可以通过每 12 h 静脉注射（27.5 mg/kg）或者口服（55 mg/kg）来维持。给药间隔的选择应该基于病原微生物定量敏感性和感染部位。

表 17.2　磺胺类药物在动物体内的常用剂量举例

药物	途径	剂量（mg/kg）	给药间隔（h）	建议
短效：磺胺嘧啶、磺胺二甲嘧啶、三磺嘧啶复合剂（三磺）	静脉注射、口服	50～60	12	首次剂量加倍
磺胺甲噁唑	口服	50	12	首次剂量加倍
中效：磺胺二甲氧嘧啶	口服、静脉注射、肌内注射、皮下注射	27.5	24	首次剂量加倍
（缓释，牛）	口服	137.5	96	
磺胺嘧啶	口服、静脉注射	50	12	首次剂量加倍
磺胺异噁唑	口服	50	8	尿道感染
胃肠道作用：酞磺噻唑	口服	100	12	
特殊用：柳氮磺胺嘧啶	口服	25	12	见正文
磺胺嘧啶银	外用			

表 17.3　磺胺类药物与抗菌增效剂在动物体内联合用药的常用剂量

药物（动物）	途径	剂量（mg/kg）	给药间隔（h）	建议
甲氧苄啶-磺胺类药物	口服、静脉注射、肌内注射	（15～）30	12（～24）	马不肌内注射
奥美普林-磺胺二甲氧嘧啶	口服	27.5	24	首次剂量加倍
巴喹普林-磺胺二甲氧嘧啶				
犬	口服	30	48	
猫	口服	30	24	
牛、猪	肌内注射	10	24	

磺胺异噁唑相比于其他大多数磺胺类药物具有更高的水溶性。随着尿液 pH 的增加，它在尿中的溶解度明显的增加。在犬体内的半衰期为 4.5 h，主要通过肾排泄从体内消除，磺胺异噁唑以原形药物高浓度存在于尿液中。这使磺胺异噁唑成为治疗由敏感致病菌导致的尿道感染的有效药物。常用剂量为每隔 8h 口服 50 mg/kg。

和其他磺胺类药物的钠盐不同，磺胺醋酰钠几乎呈中性。它是仅有的有效用于眼部治疗的磺胺类药物。

当30%磺胺醋酰钠溶液用于结膜时，渗透性良好，在眼液和组织均有较高的浓度。

九、临床应用

广泛发生的耐药性大大限制了磺胺类药物治疗动物细菌性疾病的疗效，导致适应证越来越少。尽管耐药性的发生也限制了磺胺类药物在伴侣动物上的应用，采用甲氧苄啶或其他二氨基嘧啶类药物和磺胺类药物的复方制剂逐渐代替了磺胺类单方制剂的应用。由于游离的嘌呤可以中和磺胺类药物的效果，因此治疗前必须清理脓性物质。磺胺类药物的主要应用包括对弓形虫病的治疗（联合乙胺嘧啶）、衣原体病的治疗、卡氏住白细胞虫的治疗，还可能对诺卡氏菌病有效（连同米诺环素），以及使用磺胺嘧啶来治疗慢性结肠炎。

1. 牛、绵羊和山羊 广泛发生的耐药性限制了磺胺类药物在这些动物中的使用，最好是与甲氧苄啶联合用药。口服长效缓释制剂使有效血药浓度保持3～5d。鉴于对牛的曼氏杆菌属和巴氏杆菌出现耐药性的报告，在一项用来评估预防和治疗饲养场的家畜肺炎的临床试验中证实有一种制剂却表现出意想不到的疗效。磺胺类药物已经成功用于治疗牛的指间坏死菌病和球虫病。在美国，磺胺二甲氧嘧啶是仅有的一种批准用于超过20月龄奶牛的磺胺类药物；禁止对奶牛进行标签外用药。口服缓释磺胺二甲氧嘧啶和口服乙胺嘧啶，每天1次，每次剂量0.5 mg/kg，是预防弓形虫暴发导致绵羊流产的用药选择。磺胺类药物可以联合金霉素用药来促进饲养场小羊羔的生长和预防梭菌属肠毒血症。

2. 猪 磺胺类药物已经用于促进猪的生长，控制E型链球菌的感染和猪的萎缩性鼻炎。磺胺类药物经常与金霉素合用。在美国，已经颁布法令禁止对猪使用，这是因为该药在动物体内的残留超过了法定浓度，并且从小鼠的慢性毒性研究中得知磺胺二甲嘧啶与啮齿类动物的甲状腺肿瘤的产生有关。

3. 马 磺胺类药物用于马，常与二氨基嘧啶类抗菌药联合使用。为了治疗马的原虫性脑脊髓炎，磺胺嘧啶（20 mg/kg，口服，每日1次或2次，持续12周甚至更久）与乙胺嘧啶（1.0 mg/kg口服，每日1次，持续120d甚至更久；Dubey等，2001）联合用药。单独用氨苯砜（3 mg/kg口服，每日1次）已被成功用于治疗马驹的卡氏住白细胞虫肺炎（Clar-Price等，2004）。

4. 犬和猫 用磺胺异噁唑治疗犬的尿道感染已更多地被更有效的抗生素取代，主要因为这些药物的抗菌谱更广，抗菌作用更强。磺胺类药物是治疗诺卡氏菌属感染的一种用药选择，与米诺环素联合用药效果更佳。磺胺嘧啶银因具有广谱抗菌防腐作用，其乳膏已用于多重耐药的铜绿假单胞菌导致的外耳炎的治疗，该制剂在控制人的烧伤创面的细菌感染时也有效，其活性主要归因于银成分。

柳氮磺胺吡啶（邻羟苯基磺胺嘧啶）作为一种用药选择被推荐用于治疗犬的慢性结肠炎。药物被结肠处细菌分解产生磺胺嘧啶和5-对氨基水杨酸钠，这很可能是后者的抗炎效果产生了疗效。同样高浓度的水杨酸盐通过口服不能达到结肠。柳氮磺胺嘧啶治疗狗的剂量是25mg/kg，每日口服3次。对猫用同样的剂量可能诱发水杨酸盐中毒。一些人建议同时用低剂量的皮质类固醇来减少整体治疗的时间，当该药单独使用时需要持续3～4周。双重使用可以降低干燥性角膜结膜炎发生的频率。在多数用柳氮磺胺嘧啶治疗的情况下，4周内可以治愈，超过这个时间如果不能通过组织切片确认结肠炎已治愈，治疗不应该继续。

氯苯砜（二氨基氯苯砜）已经被用来治疗犬的疱疹样皮炎和人的麻风病。

5. 家禽 磺胺类药物已经被用于预防和治疗球虫病、传染性鼻炎、鸡白痢和家禽伤寒。

参考文献

Berger SL, et al. 1995. A quantitative study of the effects of Tribrissen on canine tear production. J Am Anim Hosp Assoc 31: 236.

Blackwell TE, et al. 1989. Goitrogenic effects in offspring of swine fed sulfadimethoxine and ormetoprim in late gestation. J Am Vet Med Assoc 194: 519.

Clark-Price SC, et al. 2004. Use of dapsone in the treatment of *Pneumocystis carinii* pneumonia in a foal. J Am Vet Med Assoc 224: 407.

Dubey JP, et al. 2001. A review of *Sarcocystis neurona* and equine protozoal myeloencephalitis (EPM). Vet Parasitol 95: 89.

Kozak GK, et al. 2009. Distribution of sulfonamide resistance genes in *Escherichia coli* and *Salmonella* isolates from swine and chickens at abbatoirs in Ontario and Quebec, Canada. Appl Environ Microbiol 75: 5999.

Maynard C, et al. 2003. Antimicrobial resistance genes in enterotoxigenic *Escherichia coli* O149: K91 isolates obtained over a 23-year period from pigs. Antimicob Agents Chemother 47: 3214.

Seelig DM, et al. 2008. Goitrous hypothyroism associated with treatment with trimethoprim-sulfamethoxazole in a young dog. J Am Vet Med Assoc 232: 1181.

Sheikh AA, et al. 2012. Antimicrobial resistance and resistance genes in *Escherichia coli* isolated from retail meat purchased in Alberta, Canada. Foodborne Path Dis 9: 625.

Trepanier LA. 2004. Idosyncratic toxicity associated with potentiated sulfonamides in the dog. J Vet Pharm Therap 27: 129.

Toribio RE, et al. 1998. Congenital defects in newborn foals of mares treated for equine protozoal myeloencephalitis during pregnancy. J Am Vet Med Assoc 212: 697.

Torres SMF, et al. 1996. Hypothyroidism in a dog associated with trimethoprim-sulphadiazine therapy. Vet Dermatol 7: 105.

Twedt DC, et al. 1997. Association of hepatic necrosis with trimethoprim-sulfonamide administration in 4 dogs. J Vet Intern Med 11: 20.

Weiss DJ, Klansner JS. 1990. Drug-associated aplastic anemia in dogs: eight cases (1984-1988). J Am Vet Med Assoc 196: 472.

Wilson RC, et al. 1989. Bioavailability and pharmacokinetics of sulfamethazine in the pony. J Vet Pharm Ther 12: 99.

Wu S, et al. 2010. Prevalence and characterization of plasmids carrying sulfonamide resistance genes among *Escherichia coli* from pigs, pig carcasses and human. Acta Vet Scan 52: 47.

YounSok C, et al. 2008. Trimethoprrm-sulfamethoxazole for the treatment of tear staining syndrome in dogs. J Vet Clin 25: 115.

第二节　二氨基嘧啶类抗菌药物

二氨基嘧啶类通过抑制二氢叶酸还原酶来干扰叶酸的形成。一些二氨基嘧啶类对细菌二氢叶酸还原酶有显著特异性（阿地普林、巴喹普林、奥美普林、甲氧苄啶），其他药物对原虫的酶（乙胺嘧啶），以及哺乳动物的酶（氨甲喋呤）有显著特异性。甲氧苄啶是临床上最先使用的二氨基嘧啶类抗菌药物（图 17.2），它是一种化学合成的药物，常与磺胺类药物联合使用。该药呈弱碱性，pK_a 约为 7.6，而且极难溶于水。其他二氨基嘧啶类抗菌药物与甲氧苄啶有相似的抗菌活性，除此之外还有更长的半衰期和更广泛的组织分布等显著的药代动力学优势。

一、作用机制

二氨基嘧啶类药物是通过结合二氢叶酸还原酶干扰二氢叶酸合成四氢叶酸。由于对细菌的亲和力大于对哺乳动物酶的亲和力，从而表现出选择抗菌活性。二氨基嘧啶类药物与磺胺类药物相似，抑制相同的代谢过程，阻止细菌合成嘌呤和合成 DNA。当二氨基嘧啶类与磺胺类药物联用时呈现协同作用和杀菌作用（见二氨基嘧啶类与磺胺类药物联合用药），正因如此，这类药物总是与磺胺类药物联合用于兽医。

有趣的是，目前在英国，甲氧苄啶用于人医一般是单独使用而不是联合使用。放弃甲氧苄啶与磺胺类药物联合使用而选择甲氧苄啶单独使用的原因是：①当每种药物的浓度小于抑菌浓度时才显现抑菌的协同作用，但在尿路感染中，甲氧苄啶的抑菌作用最常用，尿液中连续几天可检测到药物。②二氨基嘧啶类药物比磺胺类药物的组织分布范围更广，能到达磺胺类药物不能很好渗入的组织位点，如细胞。③大部分联合用药的副作用是磺胺类药物造成的。④最初声称联合用药防止耐药性的出现是可疑的，因为磺胺耐药性非常普遍，而且耐磺胺类药质粒也经常引起甲氧苄啶耐药（Hughes，1997）。在英国，允许联合用药仅限于耶氏肺孢子虫感染的治疗。

二、抗菌活性

二氨基嘧啶类抗菌药一般呈抑菌作用，对革兰氏阳性和革兰氏阴性需氧菌都有广谱抑菌活性，但是通常对厌氧菌没有作用。细菌在 MIC$\leqslant$1μg/mL 时通常被视为敏感。但是对支原体、衣原体、嗜衣体属、分枝杆菌属和铜绿假单胞菌几乎没有活性。阿地普林、巴喹普林、奥美普林的活性相似或略低于甲氧苄啶。

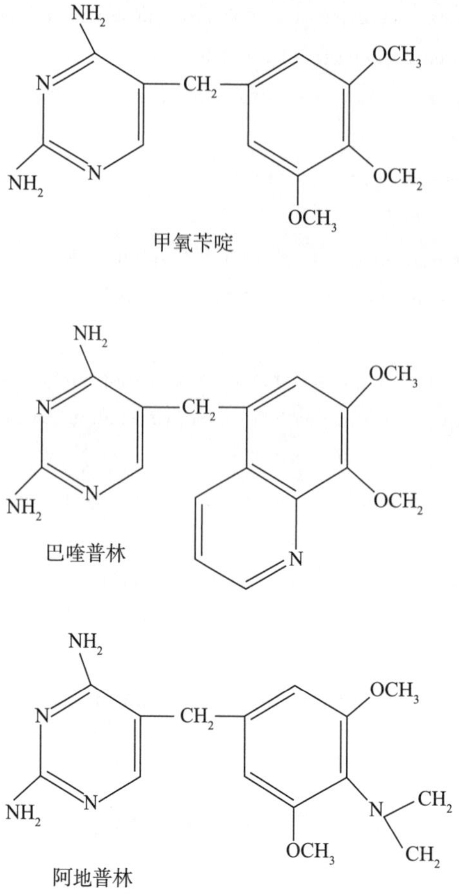

甲氧苄啶

巴喹普林

阿地普林

图 17.2 一些二氨基嘧啶类药物的结构式

三、耐药性

高水平耐甲氧苄啶和其他二氨基嘧啶类通常是转座子或者整合子编码质粒或染色体合成一种耐药二氢叶酸还原酶的结果（Skold，2001)。细菌的渗透压和外排泵的改变可以引起耐药性降低。耐药性报道越来越严重，特别是肠杆菌。有关耐甲氧苄啶的记载有很多，从动物中分离出耐甲氧苄啶的细菌非常普遍，特别是从各种形式暴露甲氧苄啶的养殖动物中分离出的肠道细菌。至少有 30 种系统发育不同的表达二氢叶酸还原酶的 *dfr* 耐药基因得到鉴定。携带质粒或整合子介导耐药性的分离菌株通常显现多重耐药，其中包括对磺胺类药物的耐药性。例如报道了包括多重耐药沙门氏菌如鼠伤寒 DT104 和纽波特沙门氏菌。有报道，甲氧苄啶耐药基因可以从猪源大肠杆菌扩散传染给人（Jansson 等，1992)。

四、药代动力学特性

二氨基嘧啶类包括甲氧苄啶都是脂溶性的有机碱，大约有 60%与血浆蛋白结合。经口服后可以迅速地被肠道吸收。药物分布广泛，以非离子形式穿透细胞的屏障而扩散，在大多数机体组织和体液中达到有效浓度。这种药物可能集中于相对于血浆是酸性的体液，比如前列腺。一般来说，乳和血浆的平衡浓度比为 3∶1。从给药剂量、剂型的全身利用度和给药途径决定了药物的血浆浓度和组织分布水平。肝代谢（通过氧化及结合反应）是药物消除的主要途径。正因为如此，药物的半衰期和尿液排出物中原形的比例，不同种属间差异很大。反刍动物的半衰期短是因为甲氧苄啶快速甲基化而失活。巴喹普林是因为双环取代了甲氧苄啶的苯基环，从而牛的半衰期从 1h（甲氧苄啶）延长到 10h（巴喹普林)，猪半衰期由约 2h 延长至 5h。同样，用二甲氨基取代甲氧苄啶甲基的阿地普林，牛的半衰期增加到 4～7h，马增加到 9～14h，猪增加到 8～9h，或者更长。和甲氧苄啶相比，更广泛的组织分布可能是半衰期延长的一个重要因素。

五、毒副作用

二氨基嘧啶类抗菌药相对无毒。尽管临床显得不重要，但其潜在的主要毒性作用是高剂量使用时引起叶酸缺乏，因此应用于怀孕的动物要引起注意。比较少见的是，有报道称用甲氧苄啶治疗人的无菌性脑膜炎，在异常情况下可能发生高血钾。

六、临床应用

当前，二氨基嘧啶类抗菌药物仅与磺胺类药物联合用于动物，虽然可能需要对联合用药进行重新评估。由于这类药物在前列腺的浓度可能达到血浆的10倍，而这个浓度的药物可以杀菌，因此单独或联合用药都可以治疗由革兰氏阴性细菌引起的前列腺感染。然而，临床结果显示，用甲氧苄啶治疗慢性前列腺炎时，结果可能令人失望，可能是因为疾病发展的特性。甲氧苄啶口服药物已经用于预防人类单核细胞增生性李斯特菌脑膜炎的治疗后复发。二氨基嘧啶类抗菌增效剂，包括甲氧苄啶，与磺胺类药物或氨苯砜联合用药，可作为卡氏肺孢子虫肺炎预防性药物的选择（Hughes，1988）。

参考文献

Brown MP，et al. 1989. Pharmacokinetics and body fluid and endometrial concentrations of ormetoprim-sulfadimethoxine in mares. Can J Vet Res 53：12.

Davies AM，MacKenzie NM. 1994. Pharmacokinetics of baquiloprim and sulphadimidine in pigs after intramuscular injection. Res Vet Sci 57：69.

Hughes WT. 1988. Comparison of dosages，intervals，and drugs in the prevention of *Pneumocystis carinii* pneumonia. Antimicrob Agents Chemother 32：623.

Jansson C，et al. 1992. Spread of a newly found trimethoprim resistance gene，*dhfrIX*，among porcine isolates and human pathogens. Antimicrob Agents Chemother 36：2704.

Skold O. 2001. Resistance to trimethoprim and sulfonamides. Vet Res 32：261.

Van Miert ASJPAM. 1994. The sulfonamide-diaminopyrimidine story. J Vet Pharm Ther 17：309.

第三节 二氨基嘧啶类抗菌药物与磺胺类药物联用

二氨基嘧啶类抗菌增效剂与多种磺胺类药物（磺胺嘧啶、磺胺甲噁唑、磺胺多辛）以固定的比例（1∶5）联合使用，这个比例的药物经口服或注射给药后在人体内产生的血浆药物浓度比例为1∶20。根据药物的MICs值，这个比例时药物在体内发生最大的协同作用，因为二氨基嘧啶类药物的活性是磺胺类药物的20～100倍，因此，联合用药需要在人体内达到1∶20的浓度比。这个比例是因为二氨基嘧啶类抗菌药（脂溶性有机碱）都富集在组织内，而磺胺类药（弱有机酸）仍主要分布在细胞外间液。以这个联合用药比例，在这些MIC值下，联合使用能对多种细菌起到杀菌作用，除这些重要的作用外，对其他微生物也能起到抑制作用。由于不同的二氨基嘧啶类与磺胺类药联合使用，基本达到了相似的抗菌效果，下面的评论主要涉及甲氧苄啶与磺胺类药的联合使用，同时可以外推到其他组合。

兽医用制剂遵循人医药物的用法，二氨基嘧啶类与磺胺类药联合使用的比例也是1∶5。对于甲氧苄啶来说，组合成分（磺胺嘧啶、磺胺多辛或磺胺甲噁唑）的半衰期在不同动物（人除外）体内是不一致的，但巴喹普林（磺胺二甲嘧啶、磺胺地索辛）和奥美普林（磺胺地索辛）的组合半衰期在动物体内是相似的。这个用法旨在保持磺胺类药的抑菌浓度，每次给药后，联合用药能增强协同杀菌作用。

一、作用机制

二氨基嘧啶类与磺胺类联合使用抑制叶酸合成的顺序步骤，因此抑制合成DNA所需嘌呤的合成。通过二氨基嘧啶类干扰四氢叶酸或者二氢叶酸的循环，导致联合使用产生协同作用。

二、抗菌活性

二氨基嘧啶类与磺胺类药物的联合使用，抗菌谱广，对许多革兰氏阳性和革兰氏阴性需氧菌都有杀菌作用，还对原虫感染有效，如弓形虫。由于坏死组织中胸苷和 PABA 影响药物的抗菌效果，药物在体内对厌氧菌的杀菌效果不好。这种拮抗作用不仅限于厌氧细菌，以致联合用药对体内封闭的、不排液的感染不能有好的效果，因为这些部位有大量的组织碎片。卡氏住白细胞虫及一些疟原虫敏感，支原体属和铜绿假单胞菌耐药。

当细菌对联合药物都敏感时，协同作用就会发生。当细菌耐磺胺类药时，超过 40%情况下还能得到协同作用。如果细菌对甲氧苄啶耐药，但对磺胺类药物敏感，或在细菌只对组合中的一种成分耐药，近 40%的情况下还可以发挥协同作用。然而，大部分对联合用药敏感的细菌，仅仅是对其中的二氨基嘧啶类药物敏感。临床效果有时会比根据体外数据预期的效果差，因此需要更好地通过了解 MICs 来预测临床结果。导致这种结果的一个因素是感染组织有大量胸苷和 PABA 存在。然而，更多的重要因素是磺胺类药物广泛的耐药，而导致许多情况下不能发挥协同作用，所以仅仅使用二氨基嘧啶类药物就有效。对于甲氧苄啶来说，在某些动物品种体内半衰期短，增加了不能发生协同作用的机会。

一旦产生协同作用，甲氧苄啶的抗菌活性常常增加 10 倍，磺胺类活性常常增加 100 倍。不同种类的细菌发生协同作用药物浓度比例不同。因为二氨基嘧啶类和磺胺类在体内分布以及甲氧苄啶的消除都存在差异，组织、尿液中药物浓度比例不同于血浆中浓度比例。这种变化是不重要的，因为协同作用可能发生在一个宽泛的浓度比例，同时由于二氨基嘧啶类比磺胺类分布更广泛，所以不是在所有组织内都会发生协同作用。基于二氨基嘧啶类和磺胺类这种药代动力学过程的变化，利用血药浓度来评估发挥药效作用的时间长短是比较难的。这使得人们怀疑制造商的推荐剂量小于最佳剂量，尤其对甲氧苄啶的联合使用。一些最近的药代动力学研究表明建议增加剂量（Ensink 等，2003，2005）。

由于培养基中有 PABA 或胸苷，实验室测试中常出现错误结果（Feary 等，2005）。据报道，在一项研究中，其他实验室测定为耐药的一半菌株，在参考实验室测定结果却是敏感的。使用溶解的马血细胞，其中含胸苷磷酸化酶，可以消除培养基中多余的胸苷。

1. 敏感性（MIC≥0.5～9.5 μg/mL） 下列革兰氏阳性需氧菌呈现敏感：金黄色葡萄球菌、链球菌、隐秘杆菌属、棒状杆属、猪丹毒杆菌、单核细胞增生性李斯特菌；革兰氏阴性需氧菌：不动杆菌属、放线杆菌属、波氏杆菌属、洋葱伯克霍尔德菌、布鲁氏菌属、嗜皮菌属、肠杆菌科（大肠杆菌、克雷伯氏菌属、变形杆菌属、沙门氏菌属、耶尔森氏鼠疫杆菌）、嗜血杆菌、巴氏杆菌属、寡养单胞菌；厌氧菌：放线菌、拟杆菌属、梭菌属，一些梭状芽孢杆菌和衣原体。

2. 中度敏感（MIC ≥ 2～38 μg/mL） 包括一些分枝杆菌属和一些诺卡氏菌属。

3. 耐药（MIC ≥ 4～76 μg/mL） 立克次体、细螺旋体、铜绿假单胞菌、支原体（表 17.2）。

三、耐药性

耐药性机制已经在联合用药的单个成分项下阐述。联合用药的耐药性在逐渐地增加。有报道称，在动物分离到某些沙门氏菌的血清型和致病性大肠杆菌中，发现包括磺胺和甲氧苄啶耐药的多重整合子相关的耐药。

四、药代动力学特性

甲氧苄啶和磺胺甲噁唑在人体内的半衰期相似，并且维持剂量能提供持续的两药治疗浓度。但在动物体内，药物的半衰期不尽相同，然而由于这两种药发生协同作用浓度比相对宽泛，临床上联合用药效果好。二氨基嘧啶类药物主要富集在组织中，而磺胺类药物从血浆分布至组织中速度较慢。半衰期更长的新型二氨基嘧啶类（巴喹普林、奥美普林）更加有优势，可以维持 1∶20 的浓度比，且可减少给药频率。

牛皮下注射给药，甲氧苄啶会类似于缓释剂型一样，其血药浓度小于 MIC。因而，牛不推荐采用皮下给药，或许其他动物也不可以。

五、药物相互作用

在有微生物敏感性资料之前，复方甲氧苄啶磺胺制剂有时与氨苄西林联合用药来提供广谱全覆盖的杀菌类抗生素的应用。然而，一项研究表明，在给药方案中向复方甲氧苄啶磺胺制剂中增加氨苄西林只能稍微增加抗菌谱。没有任何已知的机制表明这样的组合可能产生协同作用。当然，这样一种组合对于需氧菌和厌氧菌导致的多重感染可能有效，因为这些需氧菌对甲氧苄啶和磺胺联合用药敏感，厌氧菌对氨苄西林敏感。

六、毒副作用

联合用药安全范围较广，不良反应主要是归因于磺胺成分。这些不良反应在单个药物中已经阐述。

对于马，肌内注射给药会产生微小的组织损伤和疼痛；有报道称在第一次给药后会产生短暂瘙痒，但后续给药不会。有个例报道称，麻醉后的马静脉注射复方制剂会致死（可能是呼吸衰竭）。一项研究表明给马以 30 mg/kg 的剂量每天口服 2 次复方甲氧苄啶和磺胺嘧啶会导致 7%的腹泻率。另一项研究指出对马使用复方甲氧苄啶-磺胺制剂后，腹泻率与添加其他抗生素（包括青霉素）后的结果没有显著的差异（Wilson 等，1996）。还有一些不常见的不良反应，如步态异常、骚动不安等神经症状和一些古怪的行为也有报道（Stack 等，2011）。

七、用法与剂量

常用剂量见表 17.3。犬和猫可以采用口服剂型（片剂）给予相同剂量。复方甲氧苄啶和磺胺嘧啶糊剂推荐给马以 30 mg/kg 的剂量，每日口服 2 次，而不是每天 1 次。推荐给母马口服奥美普林和磺胺二甲嘧啶糊剂治疗敏感菌感染时，首次负荷剂量为奥美普林 9.2 mg/kg 和磺胺二甲嘧啶 45.8 mg/kg，之后每 24 h 给药量减少一半给予维持剂量。

八、临床应用

二氨基嘧啶和磺胺类药物联合应用有利于其分布到组织，安全，杀菌谱较广，并且可以口服。不利因素是感染部位的组织碎片对其有拮抗作用。

这一联合用药被推荐用于常见的条件致病菌导致的尿道感染。由于其良好的组织穿透作用，它在治疗细菌性前列腺炎上疗效独特。它还适用于对肠道感染（大肠杆菌、沙门氏菌、小肠结肠炎耶尔森菌）的治疗。这种联合用药对于治疗布鲁氏菌病是有价值的，经常联合利福平或者多西环素使用。该联合用药可以用于治疗诺卡氏菌感染，但是高剂量口服（每隔 6 h 给予 3 mg 甲氧苄啶）时必须用于长时间治疗。

该药还适用于治疗卡氏住白细胞虫、衣原体和嗜衣原体属的感染，也适用于李斯特菌病、某些快速增长分枝杆菌的感染（堪萨斯分枝杆菌、海洋分枝杆菌）以及柯克斯体的感染。在人用该药时，用来治疗不动杆菌属、伯克氏菌属和寡养单胞菌属这些耐药菌的感染，也适用于耐甲氧西林金黄色葡萄球菌（MRSA）的感染（Goldberg 和 Bishara，2012）。然而，与动物相关的耐甲氧西林金黄色葡萄球菌已产生多重耐药性，包括新型耐甲氧苄啶的基因（*dfrK*，Kadlec 等，2012）。该药物也用于治疗敏感菌导致的急性上下呼吸道感染和其他部位的感染。

1. 牛、绵羊、山羊　该联合用药被广泛用于奶牛和肉牛，并且成功地用于治疗犊牛的沙门氏菌病，也用于不明痢疾、细菌性肺炎、腐蹄病、大肠杆菌导致的败血症。巴喹普林和磺胺甲噁唑联合用药对治疗犊牛通过实验诱导大肠杆菌导致的腹泻，效果不如达氟沙星，可能是病原菌对该联合用药的敏感性较低。用于大肠杆菌败血症和脑膜炎具有潜力，但受到耐药性逐渐增加的限制。用于脑膜炎时，该药在常用剂量下应每天静脉注射 3 次或 4 次。它用于治疗李斯特菌脑膜炎的潜力很是突出。对睡眠嗜组织菌、多杀性巴氏杆菌、某些溶血性曼氏杆菌和化脓隐秘杆菌敏感，田间试验证实可以用于犊牛呼吸系统疾病。该联合用药可以通过肠道外用药（不是口服）。药代动力学研究表明，虽然制造商推荐的以 17 mg/kg 的剂量每日用药 1 次的剂量过低，但是临床试验显示，当相对于推荐剂量增加用量后，或者改肌内注射为静脉注射给药后，对犊牛不明呼吸道疾病的疗效未见改善。优选使用的最低剂量是 30 mg/kg 每日 1 次或者 15 mg/kg 每日 2 次。试验研究证实感染的组织碎片对联合用药效果有拮抗作用。

由于肌内注射生物利用度低，且乳房组织穿透差，当用于治疗急性乳腺炎时，应该用较高的剂量静脉注射给药。以 48～50mg/kg 的剂量每 12 h 给药 1 次来治疗急性乳房炎是比较合适的。有报道称复方甲氧苄啶-磺胺治疗大肠杆菌乳腺炎效果良好，特别是与非类固醇消炎药合用时效果突出（Shpigel 等，1998）。

对于牛，还用于治疗尿道感染以及需氧菌与厌氧菌的混合感染，如产后子宫炎。联合应用有可能用于治疗反刍动物中的单核细胞增生性李斯特菌乙型脑炎，但未证实。

联合用药还可以预防山羊和绵羊体内弓形虫感染引起的流产，也有可能用于预防绵羊体内衣原体感染引起的流产。试验中发现对于感染弓形虫的小鼠，甲氧苄啶-磺胺的保护不如乙胺嘧啶-磺胺，但是自然感染的临床治疗结果显示，对于发生在人体内的感染联合用药效果显著。

2. 猪 甲氧苄啶和磺胺联合用药已经成功用于控制猪出现的各种状况，包括幼仔断奶后的大肠杆菌病、沙门氏菌病、猪萎缩性鼻炎、猪脂脓性皮炎、链球菌性脑膜炎以及肺炎。猪萎缩性鼻炎可以通过在饲料和水中添加该药来控制，也可以对小猪在不同时间注射给药，如在第 3 天给药，第 3 周和第 6 周再次给药。在产前 3d 和产后 2d 口服 15 mg/kg 的剂量预防给药能够控制乳腺炎子宫炎-无乳综合征。通过连续 3 周饮水给药，结合淘汰血清阳性的动物，联合用药可以根除畜群由放线杆菌导致的胸膜肺炎。对比标记的比利时猪鼻分离菌（Crombe 等，2012），从临床感染的荷兰猪中分离出的耐甲氧西林金黄色葡萄球菌都是对该联合用药敏感的（Wolf 等，2012）；猪 ST398 株看似可能已经获得了多重耐药基因（Argudin 等，2011）。其他二氨基嘧啶和磺胺联合用药的目的与甲氧苄啶和磺胺联合用药相同（表 17.3）。鉴于常见的猪病原体对该联合用药的耐药性已多次报道，在启动治疗前进行敏感性试验是非常必要的，如副猪嗜血杆菌常常有比较高的敏感性。

3. 马 甲氧苄啶和磺胺嘧啶联合用药在马上应用广泛，由于能给马口服用药且副反应小。肌内注射会导致疼痛。因此可口服用于治疗急性呼吸道感染包括马腺疫、急性尿道感染以及创伤和脓肿，也可用于沙门氏菌病。然而，近些年由于马链球菌兽疫亚型的耐药性明显地增加，因此在一些研究报道中，不到 90% 的临床分离株体外测试是敏感的（Peyrou 等，2003），虽然 Feary 等（2005）已经指出耐药性测试可能存在实验室错误。在组织笼感染模型中，尽管体外试验证明分离株是敏感的，而且组织笼内药物浓度很高，但联合用药对于根除组织笼内马链球菌兽疫亚种引起的感染无效（Ensink 等，2003）。基于这些原因，且组织碎片产生部分拮抗作用，相对于普鲁卡因青霉素，它很少用作治疗链球菌感染。对于小马驹，虽然由于耐药性因素影响联合用药，仍常被用于治疗放线杆菌和大肠杆菌引起的感染。还可用于大肠杆菌脑膜炎，每日 3 次或 4 次，高剂量缓慢静脉注射给药，也可以口服给药，但并不是制造商推荐的比较低的剂量，而采用以 30 mg/kg 每日 2 次口服给药，疗效明显增加（Van Duijkeren 等，1994）。磺胺嘧啶和乙胺嘧啶的联合用药可用于治疗原虫导致的脑脊髓炎（见抗原虫药乙胺嘧啶）。还可用于小马驹的住白细胞虫感染。直接子宫灌注给药可导致子宫内膜炎。

4. 犬和猫 甲氧苄啶-磺胺复方制剂或奥美普林-磺胺二甲氧嘧啶复方制剂广泛用于犬和猫的特异性和非特异性感染。联合用药在治疗许多条件致病菌引起的犬的尿道感染、皮肤和耳朵感染（伪中间葡萄球菌、链球菌、肠杆菌科如大肠杆菌和变形杆菌属）时疗效显著。该药物有潜力用于尿道感染的预防。耐甲氧西林伪中间葡萄球菌通常对甲氧苄啶有耐药性，这是普遍的多重耐药性的一部分（Perrreten 等，2010）。

应考虑甲氧苄啶-磺胺嘧啶复方制剂每日给药 2 次。在一次双盲的试验设计中，进行了以 30 mg/kg 的剂量每日给药 1 次和每日给药 2 次的疗效对比试验，尽管由于实验动物的数量较少，结果没有统计学意义，但结果显示每日 2 次以 30 mg/kg 的剂量用于治疗犬的脓皮病是有优势的（Messinger 和 Beale，1993）。另一项研究表明，每日 1 次给药后，血浆与皮肤中的药物浓度可以达到治疗浓度（Pohlenz-Zertuche 等，1992）。

使用甲氧苄啶-磺胺嘧啶复方制剂治疗试验性犬窝咳，5d 后普遍会复发，但证明联合用药用于支气管败血波氏杆菌感染有效。在治疗这种感染时应该持续用药几周。一项研究表明，大量的分离菌对复方制剂有耐药性（Speakman 等，2000），因此，多西环素或阿莫西林克拉维酸复方制剂用于治疗犬窝咳可能是一种更好的选择。该复方药已经成功用于治疗犬的放线菌病，且常与普鲁卡因青霉素联合用药。对于不能确诊诺卡氏菌属和黏质单胞菌感染时，选择复方制剂可以有很好的疗效。该复方制剂用于治疗犬和猫的球虫病时有效。

虽然现在受到氟喹诺酮类药物应用的挑战，但是良好的渗透到前列腺的作用使联合用药可以用来治疗革兰氏阴性菌引起的犬的前列腺感染，其效果等于或优于米诺环素。类似地，良好的渗透（相当于 50% 血药浓度）到眼液和玻璃状体液的作用使该药适用于通过外用治疗由革兰氏阴性菌引起的全眼球炎。该联合用药常常与克林霉素和乙胺嘧啶合用来初步治疗犬肝簇虫感染。该联合用药与克林霉素合用也常用于治疗犬新孢子虫感染。

5. 家禽　甲氧苄啶和磺胺喹噁啉联合用药以及磺胺甲噁唑和奥美普林联合用药常用于预防和治疗大肠杆菌、嗜血杆菌和巴氏杆菌引起的感染，也适用于球虫病和鸭疫里默氏杆菌病。联合用药也成功用于治疗鸡疟原虫引起的疟疾（Williams，2005）。肉鸡中分离的大肠杆菌的耐药性普遍，其程度取决于不同国家使用该药的程度。

参考文献

Argudin MA，et al. 2011. Virulence and resistance determinants of German *Staphylococcus aureus* ST398 from nonhuman sources. Appl Environ Micro 77：3052.

Brown MP，et al. 1989b. Pharmacokinetics and body fluid and endometrial concentrations of ormetoprimsulfadimethoxine in mares. Can J Vet Res 53：12.

Crombé F，et al. 2012. Prevalence and antimicrobial susceptibility of methicillin-resistant *Staphylocococcus aureus* among pigs in Belgium. Microb Drug Resis 18：125.

Ensink JM，et al. 2003. Clinical efficacy of trimethoprim/sulfadiazine and procaine penicillin G in a *Streptococcus equi* subsp. *zooepidemicus* infection model in ponies. J Vet Pharm Therap 26：247.

Ensink JM，et al. 2005. Clinical efficacy of prophylactic administration of trimethoprim/sulfadiazine in a *Streptococcus equi* subsp. *zooepidemicus* infection model in ponies. J Vet Pharm Therap 28：45.

Feary D，et al. 2005. Investigation of falsely reported resistance of *Streptococcus equi* subsp. *zooepidemicus* isolates from horses to trimethprim-sulfamethoxazole. J Vet Diag Invest 17：483.

Goldberg E，Bishara J. 2012. Contemporary unconventional use of co-trimoxazole. Clin Microbiol Infect 18：8.

Greko C，et al. 2002. Efficacy of trimethoprim-sulfadoxine against *Escherichia coli* in a tissue cage model in calves. J Vet Pharm Therap 25：413.

Hughes WT. 1988. Comparison of dosages，intervals，and drugs in the prevention of *Pneumocystis carinii* pneumonia. Antimicrob Agents Chemother 32：623.

Kadlec K，et al. 2012. Novel and uncommon antimicorbial resistance genes in livestock-associated methicillin-resistant *Staphylococcus aureus*. Clin Microbiol Infect 18：745.

Messinger LM，Beale KM. 1993. A blinded comparison of the efficacy of daily and twice daily trimethoprim-sulfadiazine and daily sulfadimethoxine-ormetoprim therapy in the treatment of canine pyoderma. Vet Dermatol 4：13.

Perreten V，et al. 2010. Clonal spread of methicillin-resistant *Staphylococcus pseudintermedius* in Europe and North America：an international multicentric study. J Antimicrob Chemother 65：1145.

Peyrou M，et al. 2003. Évolution de la résistance bactérienne envers certains agents antibactériens chez les chevaux dans un center hospitalier vétérinaire. Can Vet J 44：978.

Pohlenz-Zertuche HO，et al. 1992. Serum and skin concentrations after multiple-dose oral administration of trimethoprim-sulfadiazine in dogs. Am J Vet Res 53：1273.

Reichel MP，et al. 2007. Neosporosis and hammondosis in dogs. J Small Anim Pract 48：308.

Shpigel NY，et al. 1998. Relationship between in vitro sensitivity of coliform pathogens in the udder and the outcome of treatment for clinical mastitis. Vet Rec 142：135.

Speakman AJ，et al. 2000. Antibiotic susceptibility of canine *Bordetella bronchiseptica* isolates. Vet Microbiol 71：193.

Stack A，et al. 2011. Suspect novel adverse drug reactions to trimethoprim-sulfonamide combinations in horses；a case series. Equine Vet J 43：117.

Van Duijkeren E，et al. 1994. A comparative study of the pharamacokinetics of intravenous and oral trimethorpim/sulfadazine formualations in the horse. J Vet Pharm Ther 17：440.

Van Duijkeren E，et al. 1995. Pharmacokinetics and therapeutic potential for repeated oral doses of trimethoprim/sulphachlorpyridazine in horses. Vet Rec 137：483.

White DG，et al. 1998. Comparison of danfloxacin with baquiloprim/sulphadimidine for the treatment of experimentally induced *Escherichia coli* diarrhoea in calves. Vet Rec 143：273.

Williams RB. 2005. The efficacy of a mixture of trimethoprim and sulphaquinoxaline against *Plasmodium gallinaceum* malaria in the domesticated fowl *Gallus gallus*. Vet Parasitol 129：193.

Wilson WD, et al. 1996. Case control and historical cohort study of diarrhea associated with administration of trimethoprim potentiated sulfonamides to horses and ponies. J Vet Intern Med 10：258.

Wolf PJ, et al. 2012. *Staphylococcus aureus* (MSSA) and MRSA (CC398) isolated from post-mortem samples from pigs. Vet Microbiol 158：136.

第四节 抗原生动物药

某些二氨基嘧啶类药如乙胺嘧啶对原虫有较高的活性，可以抑制二氢叶酸还原酶的活性以此来阻止嘌呤的合成。这些药物用于治疗原虫引起的全身性感染如弓形虫病、骨质疏松症和马的原虫性脑脊髓炎。它们对住白细胞虫也有很高的活性。

乙胺嘧啶和磺胺嘧啶是治疗人的弓形虫病最有效的药物，疗效常常优于阿奇霉素以及甲氧苄啶和磺胺甲噁唑复方制剂。成人每日剂量为 75 mg 乙胺嘧啶和 4 g 磺胺嘧啶，分 4 次服用，持续给药 4 周。试验中氨苯砜结合乙胺嘧啶对于弓形虫也具有良好的活性。

采用乙胺嘧啶联合甲氧苄啶-磺胺嘧啶复方制剂或者单独口服磺胺类药物（20 mg/kg，间隔 24 h）成为治疗马的原虫性脑脊髓炎（EPM）的一个标准治疗方案。当前的给药方案是每日口服 1 mg/kg 乙胺嘧啶联合甲氧苄啶和磺胺嘧啶复方制剂或甲氧苄啶和磺胺甲噁唑复方制剂（每日 20 mg/kg ），至少持续 4 个月（Fenger，1997）。甲氧苄啶成分可以是不必要的，但同时要给予抗炎药物。治疗期间少部分的马可能会产生贫血。这些动物可用叶酸治疗（每天 40 mg）。对于刚出生的新生马，必须使用替代药物来治疗 EPM，因为乙胺嘧啶会使动物致畸，可能导致骨髓、红细胞和淋巴发育不全，并伴随着上皮异型增生和发育不全或者是肾病，这些副作用可以因为向接受 EPM 治疗的母马饲料中添加叶酸而加剧（Toribio 等，1998）。采用 FDA 批准的 EPM 治疗方案（磺胺嘧啶/乙胺嘧啶、帕那珠利或者硝唑尼特），大约 60%患有中度到重度 EPM 的马会有所改善，10%～20%完全恢复。

乙胺嘧啶和二甲氧苄啶通常与磺胺喹噁啉联合对球虫病具有协同作用。乙胺嘧啶（每天 1 mg/kg）联合磺胺多辛（每天 20 mg/kg）或者甲氧苄啶和磺胺嘧啶联合用药对犬的犬新孢子虫感染有效（Thate 和 Laanen，1998）。

参考文献

Boy MG, et al. 1990. Protozoal encephalomyelitis in horses：82 cases (1976-1986) . J Am Vet Med Assoc 196：632.

Clarke CR, et al. 1992. Pharmacokinetics, penetration into cerebrospinal fluid, and hematologic effects after multiple oral administrations of pyrimethamine to horses. Am J Vet Res 53：2296.

Fenger CK. 1998. Treatment of equine protozoal myeloencephalitis. Comp Cont Ed Pract Vet 21：1154.

MacKay RJ, et al. 2006. Equine protozoal myoencephalitis; treatment, prognosis, and prevention. Clin Tech Equine Pract 5：9.

Thate FM, Laanen SC. 1998. Successful treatment of neosporosis in an adult dog. Vet Quart 20：S113.

Toribio RE, et al. 1998. Congenital defects in newborn foals of mares treated for equine protozoal myeloencephalitis during pregnancy. J Am Vet Med Assoc 212：697.

第十八章　氟喹诺酮类

Steeve Giguère 和 Patricia M. Dowling

概　　述

氟喹诺酮类药物也被称为喹诺酮类、4-喹诺酮类、吡啶-β-羧酸类和喹诺酮羧酸类，是一大类化学合成抗菌药，并且不断有新药物的出现。第一个喹诺酮类药物——萘啶酸于1962年首次报道，1963年进入临床试验，并于1965年被批准临床使用。然而，由于萘啶酸口服吸收差，抗菌活性一般（对肠杆菌科细菌的MIC为4～16 μg/mL）、蛋白结合率高（92%～97%），病人耐受性差，该药临床使用受到了限制。由于萘啶酸较高的蛋白结合率和有限的抑菌活性，人们曾试图开发一种用于静脉注射用的萘啶酸制剂，但没有成功。在20世纪60年代中期至80年代早期，又有几种其他的喹诺酮类药物被批准用于临床，如噁喹酸、吡哌酸、吡咯酸和氟甲喹。这些药物的抗菌活性虽有增加，但在体内的吸收和分布仍然有限。在20世纪80年代，人们对喹诺酮母核进行了修饰，在母核的6位增加了氟原子，7位以哌嗪环取代，增强了该类药物的抗菌活性，包括对铜绿假单胞菌和葡萄球菌的抗菌活性，同时也增加了药物经口给药的吸收程度和组织分布程度（Ball，2000）。由于修饰后的喹诺酮母核拥有氟原子，所以又称为氟喹诺酮类。第一个被批准用于医学临床的氟喹诺酮类药是诺氟沙星，然后是环丙沙星。第一个被批准用于动物的氟喹诺酮类药是恩诺沙星，1988年恩诺沙星在美国被批准用于伴侣动物。之后，又有7种其他氟喹诺酮类药物被批准用于伴侣动物或食品动物。

现今在市场上销售的兽用氟喹诺酮类药物都有较典型的特征，如口服吸收较好、分布容积大、几乎可以进入机体的所有组织和细胞、消除半衰期较长（可以每天给药1次或2d给药1次）。当药物浓度和最小抑菌浓度（MIC）比例适当时，氟喹诺酮类药物是浓度依赖性的快速杀菌剂，在体内，对某些细菌还可表现出较长的抗菌后效应（PAE）。然而，某些病原菌可能会相当快地产生耐药性是这类药的一个缺点。可以在治疗感染性疾病时，针对不同的病原菌选择适当的给药剂量以减小耐药性产生风险。

根据化学结构和生物活性的不同，氟喹诺酮类药物可以进行不同的分组。按化学结构分类是依据与吡啶-β-羧酸母核相连的环的数量（Bryskier，2005）。第一组为单环衍生物；第二组为双环衍生物，市场上大部分喹诺酮类药物是这种衍生物。根据喹诺酮母核8位取代基的不同，这一组又可以分为两个亚组；第三组为三环衍生物，包括马波沙星；第四组是四环衍生物，此组合成的药物品种较少，并且没有兽药上市。根据生物学特性，喹诺酮类药物可以分为三类或三代。第1代药物仅对肠杆菌科细菌有抗菌活性（如萘啶酸和氟甲喹）；第2代喹诺酮类药物抗菌谱有所增加，批准用于人类的氟喹诺酮类药物大部分属于第2代（包括环丙沙星、诺氟沙星和氧氟沙星），兽医使用的氟喹诺酮类药物除一种外其他均属于第2代；第3代氟喹诺酮类药物显著提高了对链球菌和专性厌氧菌的抗菌活性。第3代氟喹诺酮类药物中，在人医上使用的有曲伐沙星、加替沙星和莫西沙星；普多沙星是唯一用于动物的第3代氟喹诺酮类药物。氟喹诺酮类药也可以按药物的理化特性分类（Bryskier，2005）。通过优化不同的取代基和取代6位上的氟原子不断研制出新的化合物，可以减少副作用、降低生物转化和降低与其他药物的相互作用。然而，耐药菌株的不断出现仍然是此类药物面临的问题。

迄今为止，有8种氟喹诺酮类药物被批准用于动物［达氟沙星、二氟沙星、恩诺沙星、依巴沙星（只在欧洲使用）、马波沙星、奥比沙星、普多沙星和沙拉沙星］。这些药物及其在兽医临床上的使用见表18.1。应FDA兽药中心要求，沙拉沙星已经自愿在美国市场撤销上市。经美国司法审查，在美国已经撤销恩诺沙星在家禽上的使用（Federal Register，2000）。本章从化学结构、微生物、药代动力学、药效动力学和临床等方面对氟喹诺酮类抗菌药进行论述，特别是兽用氟喹诺酮类抗菌药（表18.1）。

表 18.1 兽用氟喹诺酮类药物*

氟喹诺酮类药物	评价
恩诺沙星	犬、猫用制剂有片剂和注射液，牛用制剂为注射液；在美国和加拿大仅批准用于牛的呼吸道疾病*。不同国家批准使用的范围有所不同，有些国家批准用于泌乳期奶牛、猪和家禽；马和外来动物可标签外用药
环丙沙星	仅批准用于人；但小动物可标签外用药
达氟沙星	美国、加拿大仅批准用于牛的呼吸道疾病治疗；欧洲批准用于牛、猪和家禽疾病的治疗
二氟沙星	美国、加拿大仅有用于小动物的口服制剂；欧洲有用于牛和犬的注射剂，家禽的口服溶液；马标签外用药
依巴沙星	欧洲有用于小动物的口服制剂
马波沙星	美国、加拿大仅有用于小动物的口服制剂；欧洲有用于大动物的注射剂；马标签外用药
普多沙星	有用于犬、猫的口服制剂
奥比沙星	仅有用于小动物的口服制剂；马标签外用药

注：* 在美国，在食品动物中氟喹诺酮类药物标签外用药是违法的。

一、化学结构

像磺胺类、硝基呋喃类一样，氟喹诺酮类是化学合成的抗菌药（Grohe，1998）。第一个批准应用于临床的 4 -喹诺酮类化合物是萘啶酸。与氟喹诺酮类相比，萘啶酸缺少几个特性。如 8 位上的碳原子被氮原子取代，再加上 1 位上的氮原子，使其看上去更像一个萘啶酮分子，而不是喹诺酮分子，另外萘啶酸没像其他喹诺酮类被卤代。自从发现萘啶酸抗菌活性以来，已经根据二环 4 -喹诺酮分子设计了 10 000 多种化合物。目前上市用于兽医的喹诺酮类药物，主要是双环的衍生物。马波沙星例外，它是三元环衍生物（图 18.1）。

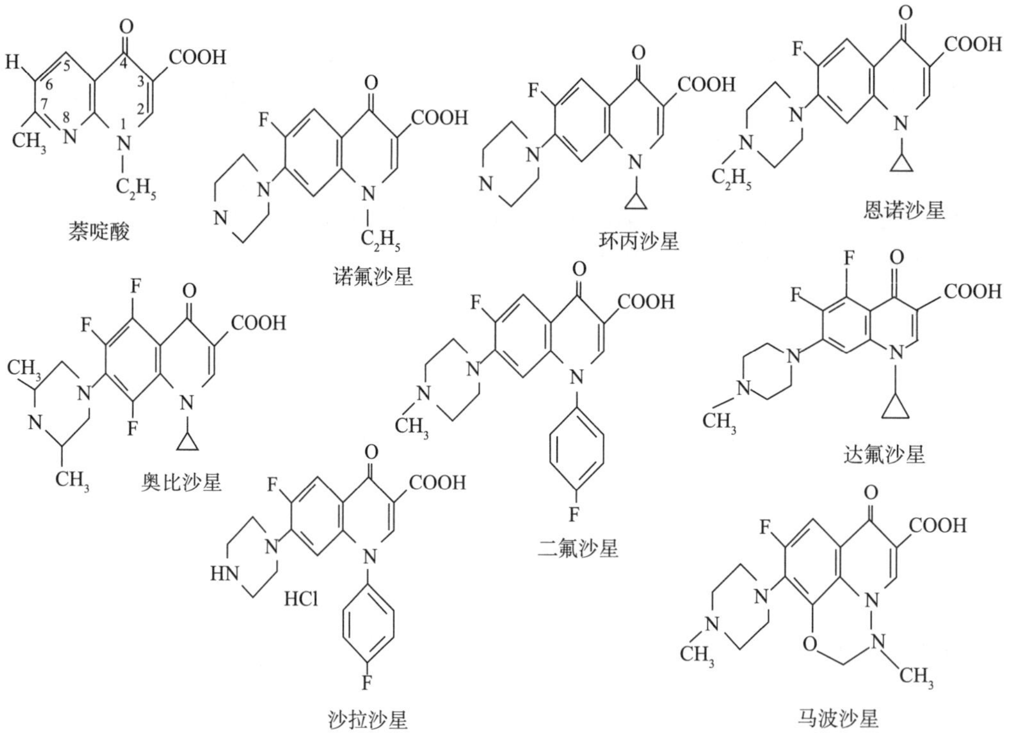

萘啶酸　诺氟沙星　环丙沙星　恩诺沙星　奥比沙星　二氟沙星　达氟沙星　沙拉沙星　马波沙星

图 18.1　兽用氟喹诺酮类药物的化学结构

临床上萘啶酸有几个限制性，如抗菌谱较窄、药代动力学特性较差、有毒性作用和易导致耐药菌的产生。以氟原子取代 4 -喹诺酮环 6 位的氢原子，可以增加药物对革兰氏阴性菌和阳性菌的抗菌活性，因为取代物对细菌细胞膜的穿透性增加（Petersen 和 Schenke，1998）；用哌嗪环取代 7 位上的甲基可以增加对革兰氏阴性菌的抗菌活性，包括具有抗假单胞菌活性。采用这些修饰开发出了第一个广谱氟喹诺酮药物——诺氟沙星，并于 1986 年上市。进一步的研究发现，N - 1 和 C - 7 的不同取代物，对其抗菌活性有显著影响，如环丙沙星与诺氟沙星类似，是 N-1 位的乙基被环丙基取代后的产物，增加了对革兰氏阴性菌和阳性菌的抗菌活性。含有环丙基的还有恩诺沙星、达氟沙星、普多沙星和奥比沙星。研究发现，与恩诺沙星相比，二氟沙星在 N-1 上的取代基是苯环，所以对革兰氏阳性菌有更好的抗菌活性。在分子结构上，二氟沙星有两个氟原子，奥比沙星有三个氟原子，这些额外增加的氟原子对化合物的抗菌活性并没有影响。总的来说，4-喹诺酮环上的 8 个位点的每个位点都可以进行几种不同的化学修饰，有的修饰增加了化合物的吸收利用度，有的增加了抗菌活性，有的增加了毒性。如环丙沙星和恩诺沙星结构类似，恩诺沙星只是在环丙沙星的哌嗪环上增加了一个乙基，这样一来，增加了犬口服给药时的吸收利用度，但减小了抗假单胞菌的活性（Walker 等，1990，1992）。

二、作用机制

细菌的染色体是连续的、环状的、双链的 DNA 分子，长度大约是细菌大小的 1 000 倍。为使如此长的 DNA 分子装进细菌，经负超螺旋装配，拧成了反向右手双螺旋的 DNA 分子。由于这种超螺旋状态太紧密，为了提高染色体的功能，被分成了大约 50 个独立的拓扑结构。拓扑异构酶可以催化形成 DNA 分子的超螺旋结构。拓扑异构酶Ⅰ作用于单股 DNA，拓扑异构酶Ⅱ作用于双股 DNA。拓扑异构酶Ⅱ也称 DNA 旋转酶，由 GyrA 和 GyrB 两个亚单位组成。*gyrA* 基因编码两个 α 亚基，*gyrB* 基因编码两个 β 亚基，有活性的 DNA 旋转酶是 A 和 B 的混合物 A_2B_2。DNA 旋转酶可以与 DNA 结合，大概有 130 个核苷酸分子的片段缠绕在 DNA 旋转酶上。包裹的 DNA 两条链都被断开，GyrA 亚单位以共价键的方式与 DNA 分子的 5'-磷酸盐相结合，另一 DNA 片段穿过这条双链的缝隙，然后再封闭。DNA 旋转酶的 α 亚基在 DNA 的断裂和重组过程中起着很重要的作用，可以使 DNA 分子松解。多种细菌研究表明，4-喹诺酮分子可以与 DNA 旋转酶-DNA 复合物结合，中断 DNA 分子的断裂和重新链接，因而阻断 DNA 分子的负超螺旋的形成。

研究还发现，氟喹诺酮还有第二个细胞内靶点，即 DNA 拓扑异构酶Ⅳ（TopoⅣ；Kato 等，1990，1992）。这是细菌Ⅱ型 DNA 拓扑异构酶，是由两个 ParC 亚单位和两个 ParE 亚单位组成的多亚基蛋白，分别和 GyrA 和 GyrB 具有序列同源性。这种酶介导双螺旋 DNA 的松弛和复制后的姐妹染色单体分离（Zechiedrich 和 Cozzarelli，1995）。然而，与 DNA 旋转酶不同，拓扑异构酶Ⅳ不能使 DNA 超螺旋，而是参与 ATP-依赖性的 DNA 松解，它更像一个强有力的 DNA 解链酶而不是一个 DNA 促螺旋酶（Hoshino 等，1994）。在金黄色葡萄球菌和链球菌中，拓扑异构酶Ⅳ是氟喹诺酮的主要靶位（Ferrero 等，1994；Kaatz 和 Seo，1998）。这说明，在不同的细菌中氟喹诺酮的主要作用靶位不同。

氟喹诺酮对细菌增殖的作用提示该类药物杀菌机理主要有三种（Maxwell 和 Critchlow，1998；Guthrie 等，2004；Martinez 等，2005）：

（1）机理 A：适用于所用喹诺酮类。必须要有 RNA 和蛋白质合成参与，仅对分裂期的细菌有用。机制 A 通过在 DNA 上形成旋转酶-喹诺酮复合物阻断 DNA 的复制。

（2）机理 B：不需要 RNA 和蛋白质合成参与，可以作用于不能增殖的细菌。机制 B（对氯霉素不敏感）可以使旋转酶亚单位转位，进而抑制三元复合物的形成。

（3）机理 C：需要 RNA 和蛋白合成参与，但不需要细胞分裂。机制 C 可能与对 DNA 上的拓扑异构酶Ⅳ复合物的捕获有关。

三、抗菌活性

兽医中常使用的氟喹诺酮类药物的敏感折点见表 18.2。在体外，氟喹诺酮类对需氧阴性杆菌有极好的抗菌活性，如肠道细菌、胸膜肺炎放线杆菌、睡眠嗜组织菌、溶血性曼氏杆菌、巴氏杆菌属包括多杀性巴氏杆菌。对支气管败血波氏杆菌、布鲁氏菌属、衣原体及嗜衣原体属、支原体属和脲原体也有活性。氟喹诺酮类对从猫、犬体内分离出的处于快速生长期的分枝杆菌有很好的抗菌活性（Govendir 等，2011）。一般来讲，普多沙星对革兰氏阴性菌的抗菌活性（如更低的 MICs）优于其他兽用氟喹诺酮药（Liu 等，2012a；Schink 等，2012）。在氟喹诺酮类药物中，对铜绿假单胞菌的抗菌活性因药而异，环丙沙星最高（Van Bambeke 等，2005）。对于大部分第 1 代和第 2 代氟喹诺酮类抗菌药来说，对革兰氏阳性菌的抗菌活性较低，特别是肠球菌，对厌氧菌几乎没有活性。新氟喹诺酮类药物（第 3 代）克服了这个缺点，如曲伐沙星、莫西沙星和加替沙星对专性厌氧菌都有较好的体外抗菌活性（Stein 和 Goldstein，2006）。批准使用于兽医的氟喹诺酮类药物一般都对专性厌氧菌没有活性，但普多沙星对犬、猫的梭菌属、拟杆菌属、梭杆菌属和普氏菌属都有活性（Silley 等，2007）。

表 18.2　兽用氟喹诺酮类药物 MIC 折点

药物	动物	适应证*	MIC 折点（μg/mL）	
			敏感	耐药
恩诺沙星	犬、猫	真皮感染、呼吸道感染、UTI	≤0.5	≥4
	牛	呼吸道感染	≤0.25	≥2
环丙沙星	人	多种感染	≤1	≥4
奥比沙星	犬、猫	真皮感染、UTI	≤1	≥8
马波沙星	犬、猫	真皮感染、UTI	≤1	≥4
二氟沙星	犬	真皮感染、UTI	≤0.5	≥4
达氟沙星	牛	呼吸道感染	≤0.25	≥2
普多沙星	犬、猫	真皮感染、呼吸道感染、牙周炎、UTI	≤1	≥2

注：*不同国家适应证不同。UTI 表示泌尿道感染。

兽用氟喹诺酮类药的体外抗菌活性见表 18.3、表 18.4、表 18.5。因为从动物中分离的细菌对喹诺酮类敏感性会随着时间推移而降低，所以表中列出的数值需要与细菌分离的时间联系在一起考虑。此外，动物源分离菌中对不同的氟喹诺酮药耐药菌的比例，在不同的研究中显著不同。一项研究发现，从犬、猫中分离的细菌中，大约 20%的革兰氏阴性菌和 40%的大肠杆菌对氟喹诺酮类有耐药性（Boothe 等，2006）。

氟喹诺酮类药物表现出一个双相剂量反应曲线（矛盾效应），当药物浓度低于、等于或非常高于 MIC 时表现出较低的抗菌活性（Brown，1996；Martinez 等，2005）。当药物浓度与 MIC 的比值从≤1∶1 不断增加到最佳杀菌浓度时（一般为 10∶1～12∶1，但也随药物及细菌的种类有所不同），杀菌效果通常会很快增加（Maxwell 和 Critchlow，1998；Preston 等，1998）。如图 18.2 所示的那样，当氟喹诺酮药物的浓度为溶血性曼氏杆菌的 MIC 的 25%时，表现轻微的静止效应，然后细菌开始以与对照组相似的生长速度重新生长；当药物浓度增加到 MIC 以上时，活菌的数量开始下降；当药物浓度等于 MIC 时，活菌的数量有轻微的下降，但是 24 h 后，活细菌的数量增加到比刚开始时的细菌混悬液中数量还多。但其 MICs 并没有增加，说明在氟喹诺酮类药物浓度等于 MIC 时对溶血性曼氏杆菌有抑菌效应。当氟喹诺酮类药物浓度增加到 4 倍 MIC 时，药物与细菌作用 4 h 后活菌数量减少 4 $\log_{10}$左右。但是，杀菌效应很快稳定，细菌开始重新复制，其 MIC 仍然没有增加。这种情况与当药物浓度为 8 倍 MIC 时的细菌生长速率形成对照。氟喹诺酮类药物浓度为 8 倍 MIC 时表现出非常快的杀菌效果，活菌数量可以减少 7 $\log_{10}$，并且 24h 后并没有检测到细菌的再生长，说明 8 倍 MIC 的药物浓度可产生 100%的杀菌效果。当药物浓度与 MIC 的比值达到 15∶1～20∶1 时，这种浓度依赖型的杀菌效果会达到稳定，而当比值远远超过 20∶1 时，氟喹诺酮药可能会变成抑菌剂（Schentag 和 Scully，1999）。然而，对于其他类的药物来说，即使浓度达到 200 倍 MIC，也没有发现这种矛盾的现象（Gould 等，1990）。这种药物在高浓度时抗菌活性下降的现象被认为是因为抑制了 RNA 和蛋白质。这意味着，喹诺酮介导的细菌死亡过程需要蛋白质合成过程的参与。就这一点来说，有报道显示，蛋白质合成抑制剂（如氯霉素）和 RNA 合成抑制剂（如利福平）可以减弱氟喹诺酮类药物的杀菌作用，不过，这种现象还未在临床上得到证实（Guthrie 等，2004；Maxwell 和 Critchlow，1998）。

虽然氟喹诺酮类药物的杀菌效果依赖于药物浓度和细菌的 MIC 的比值，然而，MIC 值的大小与细菌浓度无关。当细菌浓度从 10^3 CFU/mL 增加到 10^8 CFU/mL 时，MIC 保持不变。这并不是最小杀菌浓度（MBC）的情况。当细菌浓度从 10^8 CFU/mL 增加到 10^{10} CFU/mL 时，氟喹诺酮类药物从杀菌活性减弱变成抑菌活性（Bryskier，2005）。这种现象可能是由于细菌代谢导致缺氧环境，就如环丙沙星在缺氧条件下变为抑菌剂。

氟喹诺酮类药物抗菌活性的重要特征是它们一般为浓度依赖型杀菌剂，这种特性额外的益处是可以预防细菌产生耐药性。根据病原菌的 MIC 确定氟喹诺酮药物目标剂量，就像下文药效动力学特征要讨论的那样，不仅可以增加临床上治愈率，还可以减少耐药性的产生，而易产生耐药性是氟喹诺酮类这种抗菌药的唯一致命缺点。

表 18.3　不同氟喹诺酮类药物对从动物分离的致病细菌的微生物活性（MIC$_{90}$，μg/mL）

细菌种类	恩诺沙星[a]		奥比沙星[b]		依巴沙星[c]		二氟沙星[d]		环丙沙星[e]		普多沙星[f]	
	MIC$_{90}$ *	菌株数	MIC$_{90}$	菌株数	MIC$_{90}$	菌株数	MIC$_{90}$	菌株数	MIC$_{90}$	菌株数	MIC$_{90}$	菌株数
需氧菌												
支气管败血波氏杆菌	0.5～2.0	273			8	35	2～8	53	1	43	0.25	144
中间葡萄球菌	0.12～0.5	349	0.5～1.0	321	0.25	281	0.125～1.0	186	0.25	25	0.06	1 606
伪中间葡萄球菌	0.25	177	0.5	177	0.12	177	0.5	177	0.25	177	0.12	178
金黄色葡萄球菌	0.12～0.25	202	0.5	15	0.25	86			0.5	50	0.5	269
犬链球菌			1.0～2.0	36	32	34	2	17				
肠球菌属	1～2	59	16～32	35	4	31						
大肠杆菌	0.03～0.125	529	0.5	78	0.5	150	0.125～0.25	81	≤0.015～0.06	95	0.25～2	1 466
肺炎克雷伯菌	0.06～0.12	104	0.25	12	0.5	24	0.5	20	0.06	37	0.25	38
多杀性巴氏杆菌	0.03	48	0.03	48	0.03	48	0.03	48	0.015	48	0.015	57
变形杆菌属	0.12～0.5	147	1.0～2.0	24	0.5	43	1～4	48	0.03～0.06	58	4	185
假单胞菌属	1～8	246	8～16	17	16	45	4	24	0.12	50	2～8	534
厌氧菌												
梭菌属	8	32			4	32	8	32	8	2 3	0.5	32
拟杆菌属	8	28			32	28	8	28	＞32	108	1	28
梭杆菌属	32	22			32	22	16	22	8～16	47	1	22
普氏菌属	8	20			16	20	16	20	8	74	1	20

注：a 数据来自于 Carbone 等，2001；Lautzenhiser 等，2001；Speakman 等，1997；Speakman 等，2000；Walker 1998—1999 未发表的数据；Watts，1997；Schink 等，2012；Silley 等，2007。

b 数据来自于 Ganiere 等，2004；Schink 等，2012。

c 数据来自于 Coulet 等，2002；Schink 等，2012；Silley 等，2007。

d 数据来自于 Carbone 等，2001；van den Hoven 等，2000；Schink 等，2012；Silley 等，2007。

e 数据来自于 Carbone 等，2001；Walker 等，1990；Watts 等，1997；Schink 等，2012。

f 数据来自于 deJong，2004；Schink 等，2012；Silley 等，2007。

* MIC$_{90}$是从大于 15 株的分离菌中得到的，其范围是因为不同研究测得的值不同。

表 18.4　牛病原菌对马波沙星的敏感性[a]

细菌种类	分离年份	菌株数	MIC（μg/mL）		
			≤0.06	0.12～1	≥2
大肠杆菌（肠道）	2000	151	93[b]（62）[c]	35（85）	23（100）
	2001	79	46（58）	19（82）	14（100）
大肠杆菌（乳腺）	2000	102	100（98）	2（100）	
	2001	96	93（97）	2（99）	1（100）
沙门氏菌	2000	57	50（88）	7（100）	
	2001	49	43（88）	6（100）	
溶血性曼氏杆菌	2000	81	52（64）	24（94）	5（100）
	2001	30	12（40）	15（90）	3（100）
多杀性巴氏杆菌	2000	109	94（86）	14（99）	1（100）
	2001	67	56（84）	11（100）	
金黄色葡萄球菌	2000	67	2（3）	65（100）	
	2001	45		45（100）	
链球菌属[d]	2000	102	100（98）	2（100）	
	2001	96	93（97）	2（99）	1（100）

注：a 数据来源于 Meunier 等，2004。

b 细菌数量。

c 累计百分数。

d 链球菌包括无乳链球菌、停乳链球菌、乳房链球菌。

表 18.5 不同犬、猫病原菌对马波沙星的敏感性[a]

细菌种类	分离年份	菌株数	MIC（μg/mL）		
			≤0.06	0.12～1	≥2
大肠杆菌（肠道）	1999	22	18[b]（82）[c]	1（86）	3（100）
	2000	34	27（79）	3（88）	4（100）
	2001	20	17（85）	1（90）	2（100）
铜绿假单胞菌（皮肤）	1999	33		30（91）	3（100）
	2000				
	2001	29[d]		27（93）	2（100）
铜绿假单胞菌（耳炎）	1999	21		18（86）	3（100）
	2000	16		16（100）	
	2001	23		17（74）	6（100）
中间葡萄球菌	1999	33		32（97）	1（100）
	2000	33		33（100）	
	2001	19		19（100）	

注：a 数据来源于 Meunier 等，2004。
b 细菌数量。
c 累计百分数。
d 代表 2000 年和 2001 年分离的菌株。

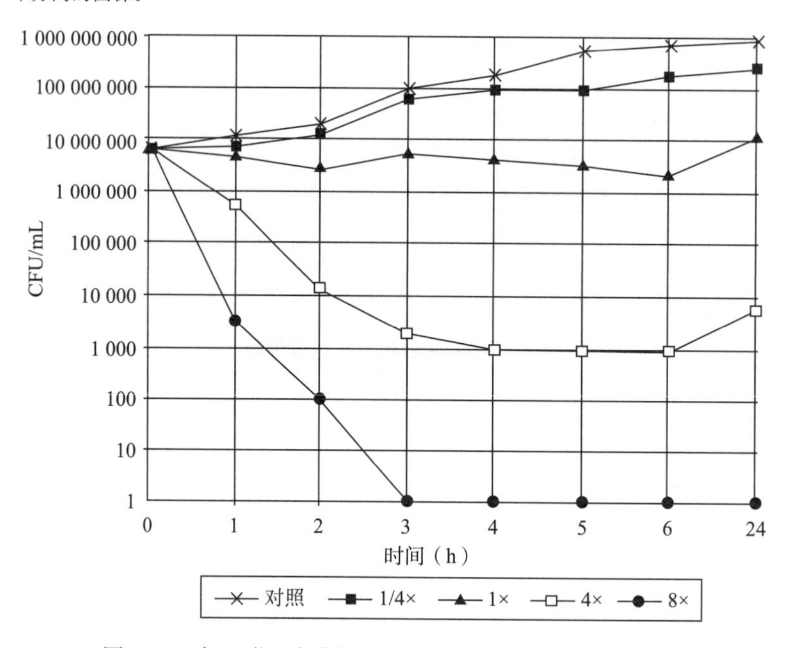

图 18.2 氟喹诺酮类药物对溶血性曼氏杆菌（巴氏杆菌）的浓度依赖性杀菌效应

四、细菌的耐药性

细菌对氟喹诺酮类的耐药机制主要有靶位的改变、通透性的降低、药物的外排和靶位的保护。这些耐药机制可以同时出现在同一个细菌上，因而导致非常高的耐药水平。迄今为止，还没有发现因酶的失活或修饰的氟喹诺酮类耐药机制。因为氟喹诺酮类是化学合成药，没有天然的类似物，所以不太可能出现这种耐药机制。通过通透性降低或外排作用选择出的耐药菌，其 MIC 一般会增大 2～8 倍；而通过改变 DNA 旋转酶结合位点和保护靶位点会导致高水平的耐药性。对一种氟喹诺酮药产生耐药的细菌，常常也会对所有氟喹诺酮类耐药，特别是对旧的药物或在高水平耐药性的情况下更是如此。因细菌靶位突变而产生的氟喹诺酮药耐药细菌，一般对其他氟喹诺酮药敏感性降低或耐药。由于通透性的改变或外排泵的激活而产生的耐药细菌，也可以对其他类抗菌药物产生耐药性，如头孢菌素类、碳青霉烯类和四环素类（Everett 等，1996；Piddock 等，1998；Poole，2000；Van Bambeke 等，2005；Gibson 等，2010；Liu 等，2012b）。

因为氟喹诺酮类是与敏感酶结合而介导细菌 DNA 的损伤，对氟喹诺酮类的耐药突变是隐性的。通过拓扑异构酶介导的氟喹诺酮类耐药性要想水平传播，非耐药菌必须以获得性的耐药基因而取代野生的非耐药基因。对由于拓扑异构酶的突变而产生的氟喹诺酮类耐药性，已进行了广泛的研究。耐药菌的产生主要是 DNA 旋转酶靶位点的突变（拓扑异构酶Ⅱ；Nakamura 等，1989；Yoshida 等，1990），当在拓扑异构酶Ⅳ上再发生一个突变时，会导致更高水平的耐药性（Vila 等，1996）。由于氨基酸的替换而导致的细菌耐药，已经被定位在特定拓扑异构酶的子域，称之为喹诺酮耐药决定域（QRDR），位于 *gyrA*（Yoshida 等，1988；1990）和 *parC*（Khodursky 等，1995）内。大部分耐喹诺酮类的大肠杆菌的突变部位在 QRDR 的 *gyrA* 中 83 位丝氨酸（Ser83）和 87 位天冬氨酸盐，*parC* 的 79 位丝氨酸和 83 位天冬氨酸盐，在其他种类的细菌中，存在类似的部位（Takiff 等，1994；Taylor 和 Chan，1997；Bebear 等，2003）。对金黄色葡萄球菌和链球菌的 DNA 进行序列分析发现，在阳性菌中，其耐药基因位置发生了翻转，拓扑异构酶Ⅳ（被 *grlA* 和 *grlB* 编码）是氟喹诺酮主要的作用目标（Munoz 和 De La Campa，1996；Ng 等，1996）。以上两种突变情况都降低了喹诺酮与酶- DNA 复合物的亲和力（Maxwell 和 Critchlow，1998），使突变细菌可以在能抑制野生菌生长的氟喹诺酮药物浓度的情况下继续进行 DNA 的复制。

革兰氏阴性菌对氟喹诺酮类药的耐药性一般以分步的方式产生。在 QRDR 的 Ser83 产生单次突变，可以对萘啶酸产生耐药，并减少对氟喹诺酮的敏感性（环丙沙星的 MIC 可由野生型的 0.015～0.03 μg/mL 升高到 0.125～1μg/mL）。在 QRDR 部位的 *gyrA* 发生第二次突变可导致明显的耐氟喹诺酮类效果（环丙沙星的 MICs≥4 μg/ mL）。但这并不适用于所有的革兰氏阴性菌。如弯曲杆菌属中没有拓扑异构酶Ⅳ，所以，仅在 *gyrA* 处发生单次突变，就可使其对环丙沙星的 MICs 升高很多（32 μg/mL；Wang 等，1993）。这就可以解释，为什么与大肠杆菌相比，从食品动物中分离出的弯曲杆菌对氟喹诺酮类药物耐药性更流行（Van Boven 等，2003）。

如上所述，细菌产生氟喹诺酮耐药的现象也可能是由于细胞外膜孔蛋白（OmpF）的改变降低细菌细胞壁的通透性而介导，或能量依赖性外排泵的激活而介导。大部分氟喹诺酮类药物是通过被称为孔蛋白的蛋白通道穿过革兰氏阴性菌细胞膜的（Nikaido 和 Vaara，1985），尽管其中一些也可以通过扩散的方式直接通过脂质双分子层。由于喹诺酮进入细菌的量减少而引起的细菌耐药，通常对药物的敏感性只有低水平的改变，这也可以解释不同氟喹诺酮衍生物在抗菌活性上的差别。大肠杆菌和假单胞杆菌对氟喹诺酮产生耐药与外膜孔蛋白的缺乏有关，如由于大肠杆菌外膜孔蛋白基因的突变导致对喹诺酮的 MICs 增加了 2 倍（Alekshun Levy，1999）。

然而，如果不考虑药物外排的影响，就很难用试验去评估外膜孔蛋白的作用。外膜孔蛋白改变引起的通透性的改变常常是细胞对存在大量有毒物质的协同反应的一部分，还包括外排泵的同步上调。如在大肠杆菌中，调控基因位点 *marA* 或 *soxS* 的抑制，同时引起 AcrAb-TolC 外排泵的上调（Okusu 等，1996）和外膜孔蛋白 OmpF 的下调（Cohen 等，1988），导致对氟喹诺酮的敏感性降低。除了氟喹诺酮类，大肠杆菌的这种机制导致对大量的其他抗菌药物的敏感性也会降低。其他种类的细菌存在类似的基因调节位点（Cohen 等，1993）。

在抗菌药物外排系统中，位于细胞膜上的外排蛋白，在药物扩散到 DNA 旋转酶活性部位内的主要靶位之前，把药物排出细胞外。这种外排作用是由质子动势使药物外排，常用能量解偶联剂来研究外排泵在细菌耐药性中的作用。大肠杆菌基因组含有 30 个潜在的外排泵，其中很多可以介导抗菌药物的外排。他们中的一些只针对特定的抗菌药物有效，而另外一些可以作用于大量的结构不同的药物。此外，一种细菌可能拥有针对同种抗菌药的多个外排泵（如 AcrAB 和 CmlA）。固有的和诱导的外排泵是革兰氏阴性菌和阳性菌已知的耐氟喹诺酮类药的耐药机制，其重要性可能大于发生于拓扑异构酶Ⅳ基因上的第二次突变。例如，在发生拓扑异构酶突变的细菌上，如果剔除编码 AcrAB 外排泵的基因，其对环丙沙星的 MICs 降低到接近野生型细菌的 MIC 水平（Oethinger 等，2000）。具有 CmeAB 编码的固有外排泵的弯曲杆菌，其对氟喹诺酮类的 MICs 是野生典型大肠杆菌的 3～4 倍。在空肠弯曲杆菌中插入失活的 *CmeAB* 基因，可使细菌对环丙沙星的 MICs 降低至野生型大肠杆菌对环丙沙星的 MIC 水平（0.003 μg/mL；Luo 等，2003）。这些发现已经引导药物研发人员把细菌的外排系统作为合成抗菌药治疗时的潜在靶位。

人们曾经认为，细菌对氟喹诺酮类的耐药性在选择压力下，仅通过克隆扩增的方式单独传播。但最近在肺炎克雷伯氏菌的临床分离株上，首次发现了通过质粒介导的耐喹诺酮基因（*qnr*）（Martinez 等，1998），后来在大肠杆菌中也有发现（Jacoby 等，2003；Wang 等，2003；Kirchner 等，2011）。*qnr* 基因紧挨着一个基因序列（如 *qacEA*·1，*sulI*），一般与Ⅰ类整合子有关：*qnr* 基因编码含 218 个氨基酸的蛋白质，这种蛋白质属于五肽重复家族（Tran 和 Jacoby，2002）。以浓度依赖性的作用方式，*qnr* 的功能是保护大肠杆菌的 DNA 旋转酶不被环丙沙星抑制，而不是拓扑异构酶Ⅳ（Tran 和 Jacoby，2002）。*qnr* 基因仅能使细菌对喹诺酮的敏感性略有下降，但临床上依然认为含 *qnr* 基因的细菌是敏感菌。*qnr* 基因的出现表明，可以在通常对细菌有害的药物浓度选择出有拓扑异构酶突变的菌株（Martinez-Martinez 等，1998）。

五、药代动力学特性

氟喹诺酮类能从单胃动物和反刍前犊牛胃肠道给药吸收快速完全。与环丙沙星相比，恩诺沙星脂溶性更高，在马和小动物体内口服生物利用度更高。所有的口服用氟喹诺酮类药一般在犬、猫的生物利用度都很高，但恩诺沙星在初生小猫生物利用度较低（Seguin 等，2004）。恩诺沙星的口服生物利用度，成年马大约为 60%，驹为 42%，绵羊相当高，达到 80%；然而在成年牛体内却非常低。氟喹诺酮类药给药后，在犬、猫、牛、马、猪体内的药代动力学参数见表 18.6。摄取食物可以延长药物在血清中的达峰时间，但不影响血清中药物的总浓度，除非食物中含有大量的镁离子和铝离子。血浆中的药物浓度随口服剂量的增加呈线性增长。由于氟喹诺酮类具有亲水性，蛋白结合率较低（<50%），吸收后，药物在组织中分布快且广泛。药物的表观分布容积大于全身水的分布容积（>1L/kg）。通常，组织液、皮肤和骨中的药物浓度是血液的 35%～100%，而支气管分泌液和前列腺中的药物浓度为相应血清药物浓度的 2～3 倍。穿透进入脑脊液中的药物浓度大约为血清的 25%。脑脊液和眼内液体的浓度可以达到对革兰氏阴性菌的治疗浓度。胆汁和排泄器官（肝、肠、尿道）内可达到较高的药物浓度。氟喹诺酮可以在吞噬细胞内聚集。药物以简单扩散的方式聚集到细胞内，细胞内药物浓度可达到血浆浓度的数倍。细胞内药物具有生物活性，根据环丙沙星的体外研究发现，环丙沙星可杀死细胞内病原体，如布鲁氏菌属、支原体属和分枝杆菌属。

表 18.6　氟喹诺酮类药物在犬、猫、猪、牛、马的药代动力学参数比较

喹诺酮类药物	动物种类	给药方式	给药剂量 (mg/kg)	最大血药浓度 (μg/mL)	表观分布容积 (L/kg)	半衰期 (h)	药时曲线下面积 (μg·h/mL)	生物利用度 (%)
环丙沙星	猫	静脉注射	10		3.9	4.5	17	
		口服	10	1.26		3.7	11	33
	犬	静脉注射	10	3.1	2.2			
		口服	10	1.55		4.9		
	矮种马	静脉注射	5		3.45	2.5		6
恩诺沙星	猫	静脉注射	5		2.37	6.7	18.6	
	幼猫	静脉注射	5		1.8	4.2	16.7	
		口服	5	0.5		4.8	5.7	33.7
	犬	静脉注射	5		3.7	2.4		
		口服	5	1.41		4.1	8.74	83
	马	静脉注射	5		2.3	4.4		
		口服	5	5.4		6.1	35.6	63
	马驹	静脉注射	5		2.47	17.1	48.54	
		口服	10	2.12		18.4	58.47	42
	牛	静脉注射	5		4.0	2.6	4.4	
		皮下注射	8	0.81		7.3	7.51	

（续）

喹诺酮类药物	动物种类	给药方式	给药剂量 (mg/kg)	最大血药浓度 (μg/mL)	表观分布容积 (L/kg)	半衰期 (h)	药时曲线下面积 (μg·h/mL)	生物利用度 (%)
恩诺沙星	猪	静脉注射	5		6.11	10.5	11.2	
		口服	10	1.4				83
达氟沙星	牛	皮下注射	8	2.4		3.8	14.76	
二氟沙星	犬	口服	5	1.1	4.7	6.9	9.34	
依巴沙星	猫	口服	15	6.86			37.14	
	犬	静脉注射	15		1.14	5.2	29.13	
		口服	15	6.04		3.4	21.28	69.1
马波沙星	猫	静脉注射	2		1.01	7.9	21.26	
		口服	2	2.34		7.8	24.73	100
	犬	静脉注射	2		1.37	12.4		
		口服	2	1.47		9.1	13.07	94
	牛	肌内注射	2	1.98		6.3	7.65	
奥比沙星	猫	静脉注射	2.5		1.3	4.5	10.6	
		口服	2.5	2.06		5.5	10.82	≈100
	犬	静脉注射	2.5		1.2	5.4	14.3	
		口服	2.5	1.37		7.1	12.72	≈100
普多沙星	猫	口服	3	1.2	4	8	6	70
	犬	口服	3	1.6	2	7	13	≈100

氟喹诺酮类药物主要以原型的方式通过肾小球滤过和肾小管主动分泌进入尿液中，进而排出体外。但二氟沙星例外，80%从粪便中排出。药物原型和代谢物可以活性的形式进入胆汁和尿液，如恩诺沙星的主要代谢物是环丙沙星，不同动物体内代谢成环丙沙星的浓度不同，有些动物产生的环丙沙星浓度可以超过某些病原菌的 MIC（Kung 等，1993）。氟喹诺酮类药物的消除半衰期与药物和动物种类有关，也可能跟剂量有关。由于消除半衰期较长，理想的氟喹诺酮类给药方案是每 24 h 或 48 h 给药 1 次。

六、药效动力学特性

氟喹诺酮类药物虽然药代动力学参数较理想，但存在筛选出耐药细菌的风险，最理想的给药方案应该把药代动力学和药效动力学综合在一起考虑（见第五章）。药效动力学指标描述药物浓度与药物杀菌能力的相互作用关系，而药物浓度取决于给药剂量及药物的药代动力学特性。最能反应药物效应的药效动力学参数是药时曲线下面积与 MIC 的比值 AUC_{0-24}/MIC 和峰浓度与 MIC 的比值 C_{max}/MIC。

环丙沙星在危重病人上的应用研究表明，当 $AUC_{0-24}/MIC>125$ 时，可以产生非常好的临床效果和微生物学效果；当 $AUC_{0-24}/MIC<100$（或者 $C_{max}/MIC<4$）时，可产生次佳的临床效果和微生物学效果（Forrest 等，1993；Van Bambeke，2005）。但是，这个比值也依赖于感染的严重程度。如对于不太严重的感染，当 AUC_{0-24}/MIC 为 25～50 时，就足以产生理想的结果；而对于严重感染或有免疫抑制的病人，$AUC_{0-24}/MIC\geqslant125$ 时，才能产生理想的结果（Ambrose 等，2007）。临床数据表明，对于严重感染，$AUC_{0-24}/MIC\geqslant250$ 比 $AUC_{0-24}/MIC=125$ 可以产生更快的细菌清除效果（Schentag 等，2003）。当 $AUC_{0-24}/MIC\geqslant125$ 时，不仅可以产生最佳的临床效果，而且可以降低耐药菌选择风险（图 18.3 和图 18.4；Thomas 等，1998；Forrest 等，1993）。

准确预测感染家畜治疗效果的 AUC/MIC 值，可能因动物的种属、感染的病菌、感染部位、宿主的免疫状态和所选择的氟喹诺酮药物的种类不同而异。在一项预测 5 种氟喹诺酮药物在犬和猫的药效研究中，以药效动力学和药代动力学参数为基础，结果显示：恩诺沙星、马波沙星和环丙沙星（表 18.7 中高剂量时）的效果指数（$AUC/MIC>125$ 和 $C_{max}/MIC>10$）和阳性结果的相关性比奥比沙星和二氟沙星的更好（Boothe 等，2006）。

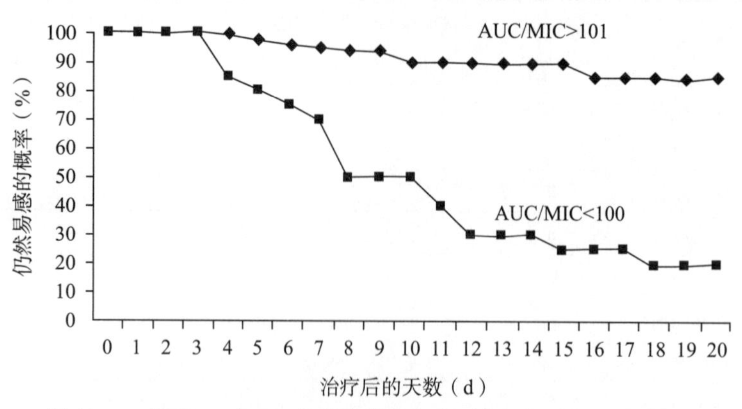

图 18.3　AUC_{0-24}/MIC 和耐药菌出现的可能性的关系（在人体）
（经允许引自 Thomas 等，1998）

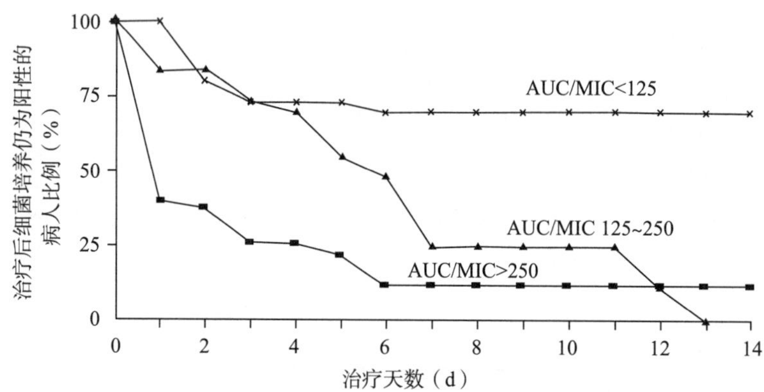

图 18.4　细菌消除时间（治疗天数）与 AUC_{0-24}/MIC 值的关系（在人体），
（经允许引自 Forrest 等，1993）

表 18.7　氟喹诺酮类药物在动物的常用剂量[a,b,c]

药物	动物	给药途径	剂量范围（mg/kg）	给药间隔（h）	评价
恩诺沙星	犬	PO，IV	5.0～20	24	15～20 min 内滴注
	猫	PO，IV	5.0	24	
	牛	SC	2.5～5.0	24，给药 3～5d	
			7.5～12.5	单次给药	
	马	IV	5.0	24	缓慢静脉推注
		PO	7.5	24	
	猪	IM	2.5～7.5	24	
奥比沙星	犬、猫	PO	2.5～7.5	24	
二氟沙星	犬	PO	5～10	24	
环丙沙星	犬	PO	11～23	24	
马波沙星	犬、猫	PO	2.75～5.5	24	
达氟沙星	牛	SC	6.0	48，给药 2 次	
			8	单次给药	
普多沙星	犬	PO	3～5	24	
	猫	PO	5～10	24	

注：a 数据来源于厂商、说明书和已发布的数据。
b 在美国，在食品动物标签外使用氟喹诺酮类药物是违法的。
c 氟喹诺酮类药物可能引起幼龄动物的关节病。

七、药物相互作用

氟喹诺酮类药物与β-内酰胺类、氨基糖苷类和万古霉素联用，对许多病原菌有协同作用，如对金黄色葡萄球菌（环丙沙星和阿洛西林合用；或左氧氟沙星和苯唑西林）合用；对铜绿假单胞菌（环丙沙星和亚胺培南，阿洛西林或阿米卡星合用）；对肠球菌（环丙沙星和氨苄西林或万古霉素合用；Eliopoulos 和 Moellering，1996）。在体外试验发现，环丙沙星和氯霉素、利福平有拮抗作用（Eliopoulos 和 Moellering，1996）。氟喹诺酮类药物和甲硝唑联用，可扩大其抗菌谱，用于多种微生物病原包括专性厌氧菌感染的治疗。如果与含有二价或三价阳离子（如钙、铁、镁、锌和铝）的产品同时口服给药时，会减少氟喹诺酮类药物的吸收程度。对于依赖肝脏代谢而排泄的药物，同时给予氟喹诺酮类药物会减慢这些药物的消除。例如，氟喹诺酮类药物可以降低肝脏的清除率，因此会延长茶碱和咖啡因的消除半衰期（Intorre 等，1995）。在人体，丙磺舒通过抑制肾小管的分泌，使肾小管对环丙沙星的分泌减少 50%（Stein，1998）。

八、毒性和不良反应

氟喹诺酮类药物是相对安全的抗菌药。以治疗剂量给药时，毒性反应比较轻微，一般仅限于胃肠紊乱，如恶心、呕吐和腹泻。长期、大剂量的氟喹诺酮类药物治疗会引起幼龄犬关节软骨的损伤，特别是承重关节（Burkhardt 等，1992）。在马屈肌腱细胞培养中，恩诺沙星能抑制细胞增殖，引起细胞形态学的改变，减少单糖的总含量，在糖基化水平上改变小蛋白多糖的合成（Yoon 等，2004）。这种现象在未成熟腱细胞比成熟腱细胞更加明显。有研究证实，给 2 周龄的幼驹口服 10 mg/kg 的恩诺沙星后，会出现关节病（Vivrette 等，2001）。关节损伤的主要表现特征有滑膜关节积液、跛行、糜烂和关节软骨的龟裂。成年马，每天静脉注射给予 25 mg/kg 的恩诺沙星，连续 3 周，或者每 12 h 口服 15 mg/kg，连续 3 周，均未发现有关节病的出现（Bertone 等，2000）。不同氟喹诺酮类药物，导致关节病的风险不同。尽管氟喹诺酮类药物不推荐用于孕妇或妊娠的动物，此类药物似乎对发育中的胎儿没有影响。

现在已经有报道在猫上使用高剂量的恩诺沙星（每天 20mg/kg）会引起视网膜的退化（Wiebe 和 Hamilton，2002）。停止使用恩诺沙星后，视力可能恢复或不能恢复。尽管这种视网膜退化的具体机制并不清楚，但这种相类似的现象在一定条件下，可以在实验动物上重复出来，如直接在玻璃体内注射高剂量的恩诺沙星，或暴露在紫外线和恩诺沙星中。氟喹诺酮类分子与已知的可直接诱导视网膜退化的药物有相似的结构。试验证据表明，恩诺沙星及其代谢物都能导致视网膜退化。视网膜的退化程度与恩诺沙星的最大浓度及其代谢物随时间在视网膜上的积累有关。在猫常见的风险因素有：①高剂量的恩诺沙星引起高浓度的血浆浓度；②快速静脉注射；③长期治疗；④老龄猫。其他因素可能包括：①使用恩诺沙星治疗时，同时长期暴露于紫外线下；②药物相互作用；③代谢机能的改变或药物消除的减少导致药物的蓄积。由于以上原因，临床上建议，尽可能避免在猫上使用高剂量的氟喹诺酮类药物。然而，这种毒性可能与氟喹诺酮的种类有关，有限的资料表明，当马波沙星和奥比沙星用于猫时并没有发现视力毒性。使用 6～10 倍推荐剂量的普多沙星，用视网膜电图证实视杆细胞和视锥细胞并没有受到药物的损害（Messias 等，2008）。

引起中枢神经系统的紊乱（癫痫、头晕、共济失调、失眠、坐立不安、嗜睡、震颤）的神经毒性是氟喹诺酮类药物在人上的常见不良反应，据报道，在马、犬、猫上使用恩诺沙星也会引起上述不良反应。对马快速静脉注射大剂量的恩诺沙星会出现短暂的神经学体征，包括兴奋和癫痫样反应。出现这种中枢神经不良反应是由于 GABA 受体被拮抗引起，一般与药物的剂量和特定的氟喹诺酮药物有关。恩诺沙星与癫痫患犬癫痫发作的频率和强度有关（Van Cutsem 等，1990）。由于比环丙沙星穿透血脑屏障的能力更强，当恩诺沙星在人上使用时会引起幻觉。

氟喹诺酮类药物可以引起人的光敏反应和跟腱断裂，但在动物上并没有发现。偶尔发生由氟喹诺酮复合物沉淀引起的轻微的肾小管壁间质炎症。会导致阻塞性肾病变的结晶在人类上有所报道，但并不常见。其他肾脏毒性可能包括急性肾功能衰竭，与间质性肾炎有关。然而，在人医中大部分情况下肾脏毒性是由于药物过量使用。

氟喹诺酮类药物在犬的应用普遍与犬链球菌引起的犬中毒性休克综合征和坏死性筋膜炎有关（Miller 等，1996）。氟喹诺酮类单药治疗犬链球菌引起的轻微感染，有些可能导致感染发展成严重的疾病。恩诺沙星可以引起噬菌体诱导的犬链球菌细胞溶解和超级抗原的表达（Ingrey 等，2003）。超抗原是 T 细胞扩增的强力诱导剂，会导致宿主细胞因子的大量释放，并可能引起致死效应。同时使用糖皮质素类药和非甾体类抗炎药，可使中毒性休克综合征加重。

和其他大部分抗菌药一样，在马使用氟喹诺酮类药物，偶尔会导致小肠结肠炎（Yamarik 等，2010；Barr 等，2012）。

九、用法与用量

氟喹诺酮类药物以口服和静脉注射的方式应用于小动物和马，对于反刍动物，一般以肠道外给药方式（主要是皮下注射）。当前常用的氟喹诺酮类药物的给药剂量见表 18.7。

十、临床应用

氟喹诺酮类药物在兽医使用具备很多优势：多种动物可口服给药；对许多需氧的革兰氏阴性菌有很强的抗菌活性；对需氧的革兰氏阳性菌有中度抗菌活性；体内分布广泛；毒性低。缺点是：如果剂量不当，有选择耐药菌株的倾向；对革兰氏阳性需氧菌抗菌活性一般，如化脓性链球菌（犬链球菌）。

它们对动物的尿道感染非常有效，对由革兰氏阴性菌（大肠杆菌属，巴氏杆菌属）引起的严重感染如败血症和肺炎很有效，也可以治疗由革兰氏阴性菌或一些需氧的革兰氏阳性菌引起的皮肤和软组织感染，还可治疗由革兰氏阴性需氧菌引起的腹腔内感染。人用眼科制剂常用来治疗革兰氏阴性菌感染引起的角膜炎。氟喹诺酮类药物是治疗由革兰氏阴性敏感菌引起的慢性前列腺炎最有效的抗菌剂。对于某些动物的支原体感染有治疗效果。由于氟喹诺酮类药物能进入吞噬细胞内，所以可用于治疗由非典型的细胞内细菌引起的疾病，如分枝杆菌、布鲁氏菌属、衣原体属/嗜衣原体属、柯克斯氏体属、埃立克体属和立克次氏体属。

随着氟喹诺酮类药物在治疗许多疾病过程中的推广应用，现在也被应用于伴侣动物。一个理由是，由质粒介导的耐药现象不太可能出现，或者即使出现，也不会转移。然而，自从这类药物在临床上应用以来，已经有通过质粒介导的耐药现象的报道（Martinez-Martinez，1998；Wang，2003），特别是染色体的耐药非常容易演化。尽管氟喹诺酮类药物起初首次应用于临床时非常有效，如果不对给药方案进行优化，除了最简单的感染，氟喹诺酮类药物将很快失去对任何感染的治疗效果。

1. 牛、绵羊和山羊　氟喹诺酮类药物对引起牛、绵羊和山羊的急性呼吸道疾病的病原菌有相当高的活性，如溶血性曼氏杆菌、多杀性巴氏杆菌和睡眠嗜组织菌。对引起这些动物疾病的其他病原菌也有一定的活性，特别是革兰氏阴性菌，如大肠杆菌和沙门氏菌，然而这些病原菌比引起急性呼吸道病的细菌的 MICs 高，所以治疗时需要更高的剂量和更长的休药期。其他适应证还有乳腺炎、子宫炎、结膜炎和支原体感染如肺炎和中耳炎。呼吸道病原菌对于被批准使用的恩诺沙星和达氟沙星有相同的 MICs（Rosenbusch 等，2005）。有一些证据表明，对牛中耳炎有效，但需要更长的疗程（Francoz 等，2004）。在牛试验性感染边虫病治疗中，恩诺沙星比土霉素更有效（Facury-Filho 等，2012）。

尽管氟喹诺酮类药物在治疗上述适应证时有很好的治疗效果，但是在美国，恩诺沙星和达氟沙星仅被批准用于治疗（恩诺沙星和达氟沙星）和控制（恩诺沙星）肉牛的肺炎，兽医师严禁在食品动物上标签外用药。这种标签外用药包括在任何可能进入人类食物链的动物上改变给药剂量、改变给药频次或改变疗程。在加拿大，这两种药都是被批准使用的药物，虽然没从法律上禁止标签外用药，但其产品说明书上都有警示，要求慎用标签外用药。在其他国家，恩诺沙星、达氟沙星、马波沙星用于治疗泌乳期奶牛的呼吸道疾病、大肠杆菌病和乳腺炎，对于药物的批准使用范围并不相同，不同产品的治疗方案也不一样，但是都应该依据本章描述的综合药动/药效方法设计给药方案。注射剂对注射部位的肌肉都有刺激性，所以大部分产品标示以皮下注射方式给药。

2. 猪　氟喹诺酮类药物在治疗猪支原体感染肺炎上有确切的疗效，对于预防和治疗由胸膜肺炎放线杆菌、大肠杆菌和多杀性巴氏杆菌引起的感染有潜在的效果。对于具体的病原菌及感染，应该优化药物的使用。绝对不能拌料给予氟喹诺酮类药物，因为残留物会污染从饲料加工厂到农场的整个环境。由于担心人兽共患的食源性病原菌出现耐药现象，美国禁止在猪上使用氟喹诺酮类药物。在其他国家，有几种氟喹诺酮类药物产品被批准用于猪，用来治疗呼吸道疾病和子宫炎、乳腺炎、无乳综合征。

3. 马　因氟喹诺酮类药物可口服给药，用于治疗马由对氟喹诺酮类药物敏感但对其他药物或首选药物耐药的革兰氏阴性菌引起的多种感染。氟喹诺酮类药物常与青霉素G合用于成年马，以扩大抗菌谱的范围，特别是当庆大霉素由于损害肾功能而禁忌使用时。限制单独使用第2代氟喹诺酮类药物治疗马病的原因是其缺乏对β-溶血性链球菌的活性。

Kaartinen等（1997）发现，以肌内注射的方式给药，对注射部位的肌肉刺激非常大，引起肌肉红肿和疼痛，伴随肌酸激酶活性升高，并一直持续到注射后32 h。可以用牛用制剂缓慢静脉注射（Bertone等，2000）或者制成凝胶剂口服（Epstein等，2004）。氟喹诺酮类药物不推荐用于青年生长期的马，因为药物会引起软骨损伤。

4. 犬和猫　氟喹诺酮类药物为小动物临床兽医师提供了一类真正极好的抗菌药物。这种既有广谱的抗菌活性又具备良好的药代动力学特性，能够一日1次口服给药的抗菌药物此前还从未有过。有了氟喹诺酮类药物使得临床兽医可以将大量患病动物当作门诊病例来治疗并能得到动物主人的同意。在绝大多数国家，只有恩诺沙星有注射剂，肌内注射或皮下注射有刺激性，但可以安全地缓慢静脉注射。在很多国家，恩诺沙星、二氟沙星、依巴沙星、马波沙星、普多沙星、奥比沙星在小动物是口服给药。人用环丙沙星制剂也可使用，但要根据生物利用度矫正剂量（猫33%，犬50%）。

因为氟喹诺酮类药物几乎可以分布到身体的每一个组织，所以，这些药物可以用来治疗由敏感菌引起的前列腺炎和乳腺炎；泌尿道感染；呼吸道感染包括鼻炎和肺炎，包括由支气管波氏杆菌所引起的；深部和表面的脓皮病；中耳炎和外耳炎；敏感菌引起的伤口感染；腹膜炎（当怀疑有厌氧菌感染时，与甲硝唑联用）；敏感的需氧革兰氏阴性菌引起的骨髓炎；支原体感染引起的鼻炎、结膜炎；以及软组织感染。在一项研究中，用普多沙星治疗由犬嗜衣原体和支原体引起的猫上呼吸道感染，临床症状有明显的改善（Hartmann等，2008）。治疗后发现，支原体被完全清除，但嗜衣原体的DNA仍然可以在某些猫体内发现，说明感染并没有完全治愈（Hartmann等，2008）。普多沙星和恩诺沙星在猫溶血支原体试验性感染中有很好的治疗效果（Tasker等，2004；Dowers等，2009）。

氟喹诺酮类药物在治疗剂量下被证明是相对安全的，几乎没有出现副作用的报道。即使真有不良反应的出现，也不会像人医中报道的那么频繁。氟喹诺酮类药物不建议用于小于8月龄的犬或小于18月龄的大型犬。然而，自从1980年被批准用于治疗幼龄犬和猫上威胁生命的感染以来，并没有关于关节损伤副作用的报道。

5. 家禽　在集约化的家禽生产中，面对传染病的暴发，需要快速有效的抗菌药物。最危险的传染病有大肠杆菌引起的败血症和蜂窝织炎（见第三十五章），但还有其他重要的需氧革兰氏阴性菌感染如沙门氏菌、鸡嗜血杆菌（禽杆菌属）、副鸡嗜血杆菌和多杀性巴氏杆菌引起的感染（Bauditz，1987）。沙拉沙星和恩诺沙星两个药物被批准以饮水的方式专用于家禽。研究表明恩诺沙星治疗大肠杆菌病，并没有引起耐药大肠杆菌的显著增长（Van Boven等，2003），有证据表明，这种治疗方式在肉鸡可筛选出对环丙沙星耐药的弯曲杆菌（McDermott等，2002；Luo等，2003；Humphrey等，2005）。在美国，家禽中沙拉沙星和恩诺沙星的使用批准已经被撤销，因为担心禽源氟喹诺酮类耐药的弯曲杆菌会导致人的食源性疾病。在加拿大，曾经有一种用于治疗火鸡沙门氏菌感染的蛋浸泡液上市，但现已被撤销。加拿大从没有批准过沙拉沙星和恩诺沙星的口服制剂用于家禽。然而，在其他国家，许多氟喹诺酮类药物被批准以口服的方式用于家禽，并将继续应用下去。

参考文献

Abadia AR, et al. 1994. Disposition of ciprofloxacin following intravenous administration in dogs. J Vet Pharmacol Ther 17：384.

Abadia AR, et al. 1995. Ciprofloxacin pharmacokinetics in dogs following oral administration. Zentralbl Veterinarmed A 42：505.

Albarellos GA, et al. 2004. Pharmacokinetics of ciprofloxacin after single intravenous and repeat oral administration to cats. J Vet Pharmacol Ther 27：155.

Albarellos GA, et al. 2005. Pharmacokinetics of marbofloxacin after single intravenous and repeat oral administration to cats. Vet

J 170：222.

Alekshun MN，Levy SB. 1999. The *mar* regulon：multiple resistance to antibiotics and other toxic chemicals. Trends in Microbiol 7：410.

Ball P. 2000. Quinolone generations：natural history or natural selection. J Antimicrob Chemother 46 Suppl T1：17.

Barr BS，et al. 2012. Antimicrobial-associated diarrhoea in three equine referral practices. Equine Vet J. doi：10.1111/j.2042-3306.2012.00595.x.

Bauditz R. 1987. Results of clinical studies with Baytril in poultry. Vet Med Rev 2：122.

Bebear CM，et al. 2003. DNA gyrase and topoisomerase Ⅳ mutations in clinical isolates of *Ureaplasma* spp. and *Mycoplasma hominis* resistant to fluoroquinolones. Antimicrob Agents Chemother 47：3323.

Bermingham EC，et al. 2000. Pharmacokinetics of enrofloxacin administered intravenously and orally to foals. Am J Vet Res 61：706.

Bertone AL，et al. 2000. Effect of long-term administration of an injectable enrofloxacin solution on physical and musculoskeletal variables in adult horses. J Am Vet Med Assoc 217：1514.

Boothe DM，et al. 2006. Comparison of pharmacodynamics and pharmacokinetic indices of efficacy for 5 fluoroquinolones toward pathogens of dogs and cats. J Vet Intern Med 20：1297.

Bryskier A. 2005. Fluoroquinolones. In：Bryskier A（ed）. Antimicrobial Agents：Antibacterials and Antifungals. Washington，DC：ASM Press，p. 668.

Brown SA. 1996. Fluoroquinolones in animal health. J Vet Pharm Ther 19：1.

Burkhardt JE，et al. 1992. Ultrastructural changes in articular cartilages of immature beagle dogs dosed with difloxacin，a fluoroquinolone. Vet Pathol 29：230.

Carbone M，et al. 2001. Activity and postantibiotic effect of marbofloxacin，enrofloxacin，difloxacin and ciprofloxacin against feline Bordetella bronchiseptica isolates. Vet Microbiol 81：79.

Cohen SP，et al. 1988. *marA* locus causes decreased expression of OmpF porin in multiple-antibiotic-resistant（Mar）mutants of *Escherichia coli*. J Bacteriol 170：5416.

Cohen SP，et al. 1993. A multidrug resistance regulatory chromosomal locus is widespread among enteric bacteria. J Infect Dis 168：484.

Coulet M，et al. 2002a. In vitro and in vivo pharmacodynamic properties of the fluoroquinolone ibafloxacin. J Vet Pharmacol Ther 25：401.

Coulet M，et al. 2002b. Pharmacokinetics of ibafloxacin following intravenous and oral administration to healthy Beagle dogs. J Vet Pharmacol Ther 25：89.

Coulet M，et al. 2005. Pharmacokinetics of ibafloxacin in healthy cats. J Vet Pharmacol Ther 28：37.

De Jong A，et al. 2004. Antibacterial activity of pradofloxacin against canine and feline pathogens isolated from clinical cases. Abstract 2nd International Conference on Antimicrobial Agents in Veterinary Medicine，Ottawa，Canada.

Dowers KL，et al. 2009. Use of pradofloxacin to treat experimentally induced *Mycoplasma hemofelis* infection in cats. Am J Vet Res 70：105.

Dowling PM，et al. 1995. Pharmacokinetics of ciprofloxacin in ponies. J Vet Pharmacol Ther 18：7.

Eliopoulos GM，Moellering RC，Jr. 1996. Antimicrobial combinations. In：Lorian V（ed）. Antibiotics in Laboratory Medicine，4th ed. Baltimore：Williams & Wilkins.

Epstein K，et al. 2004. Pharmacokinetics，stability，and retrospective analysis of use of an oral gel formulation of the bovine injectable enrofloxacin in horses. Vet Ther 5：155.

Everett MJ，et al. 1996. Contributions of individual mechanisms to fluoroquinolone resistance in 36 *Escherichia coli* strains isolated from humans and animals. Antimicrob Agents Chemother 40：2380.

Ewert K. 1997. Pharmacokinetics and in vitro antimicrobial activity of enrofloxacin. Am Assoc Swine Practitioners，p. 153.

Facury-Filho EJ，et al. 2012. Effectiveness of enrofloxacin for the treatment of experimentally-induced bovine anaplasmosis. Rev Bras Parasitol Vet 21：32.

Federal Register. 2000. 65 Fed Reg 64954（Oct. 31，2000）.

Ferrero L，et al. 1994. Cloning and primary structure of *Staphylococcus aureus* DNA topoisomerase IV：a primary target of fluoroquinolones. Mol Microbiol 13：641.

Forrest A，et al. 1993. Pharmacodynamics of intravenous ciprofloxacin in seriously ill patients. Antimicrob Agents Chemother 37：1073.

Francoz D，et al. 2004. Otitis media in dairy calves：a retrospective study of 15 cases (1987-2002) . Can Vet J 45：661.

Ganiere JP，et al. 2004. In vitro antimicrobial activity of orbifloxacin against *Staphylococcus intermedius* isolates from canine skin and ear infections. Res Vet Sci 77：67.

Ganiere JP，et al. 2005. Antimicrobial drug susceptibility of *Staphylococcus intermedius* clinical isolates from canine pyoderma. J Vet Med B Infect Dis Vet Public Health 52：25.

Gibson JS，et al. 2010. Fluoroquinolone resistance mechanisms in multidrug-resistant *Escherichia coli* isolated from extraintestinal infections in dogs. Vet Microbiol 146：161.

Giguère S，Bélanger M. 1997. Concentration of enrofloxacin in equine tissues after long term oral administration. J Vet Pharm Ther 20：402.

Giguère S，et al. 1996. Pharmacokinetics of enrofloxacin in adult horses and concentration of the drug in serum，body fluids，and endometrial tissues after repeated intragastrically administered doses. Am J Vet Res 57：1025.

Goldstein EJC，et al. 1998. Trovafloxacin compared with levofloxacin，ofloxacin，ciprofloxacin，azithromycin and clarithromycin against unusual aerobic and anaerobic human and animal bite-wound pathogens. J Antimicrob Chemother 41：391.

Gould IL，et al. 1990. Concentration-dependent bacterial killing，adaptive resistance and post-antibiotic effect of ciprofloxacin alone and in combination with gentamicin. Drugs Exper Clin Res 26：621.

Govendir M，et al. 2011. Susceptibility of rapidly growing mycobacteria isolated from cats and dogs，to ciprofloxacin，enrofloxacin and moxifloxacin. Vet Microbiol 147：113.

Grohe K. 1998. The chemistry of the quinolones：methods of synthesizing the quinolone ring system. In：Kuhlman J，et al. (eds) . Quinolone Antibacterials. New York：Springer-Verlag.

Guthrie RM，et al. 2004. Treating resistant respiratory infections in the primary care setting：the role of the new quinolones. University of Cincinnati College of Medicine Continuing Medical Education.

Hartman A，et al. 2008. Pharmacokinetics of pradofloxacin and doxycycline in serum，saliva，and tear fluid of cats after oral administration. J Vet Pharmacol Ther 31：87.

Heinen E. 2002. Comparative serum pharmacokinetics of the fluoroquinolones enrofloxacin，difloxacin，marbofloxacin，and orbifloxacin in dogs after single oral administration. J Vet Pharmacol Ther 25：1.

Hoshino K，et al. 1994. Comparison of inhibition of *Escherichia coli* topoisomerase IV by quinolones with DNA gyrase inhibition. Antimicrob Agents Chemother 38：2623.

Humphrey TJ，et al. 2005. Prevalence and subtypes of ciprofloxacin-resistant Campylobacter spp. in commercial poultry flocks before，during，and after treatment with fluoroquinolones. Antimicrob Agents Chemother 49：690.

Ingrey KT，et al. 2003. A fluoroquinolone induces a novel mitogen-encoding bacteriophage in Streptococcus canis. Infect Immun 71：3028.

Intorre L，et al. 1995. Enrofloxacin-theophylline interaction：influence of enrofloxacin on theophylline steady-state pharmacokinetics in the beagle dog. J Vet Pharmacol Ther 18：352.

Jacoby GA，et al. 2003. Prevalence of plasmid-mediated quinolone resistance. Antimicrob Agents Chemother 47：559.

Kaartinen L，et al. 1997. Pharmacokinetics of enrofloxacin in horses after single intravenous and intramuscular administration. Equine Vet J 29：378.

Kaatz GW，Seo SM. 1998. Topoisomerase mutations in fluoroquinolone-resistant and methicillin-susceptible and resistant clinical isolates of *Staphylococcus aureus*. Antimicrob Agents Chemother 42：197.

Kadlec K，et al. 2004. Antimicrobial susceptibility of *Bordetella bronchiseptica* isolates from porcine respiratory tract infections. Antimicrob Agents Chemother 48：4903.

Kato J，et al. 1990. New topoisomerase essential for chromosome segregation in *E. coli*. Cell 63：393.

Kato J，et al. 1992. Purification and characterization of DNA topoisomerase Ⅳ in *Escherichia coli*. J Biol Chem 267：25676.

Khodursky AB，et al. 1995. Topoisomerase Ⅳ is a target of quinolones in *Escherichia coli*. Proc Natl Acad Sci USA 92：11801.

Kirchner M，et al. 2011. Plasmid-mediated quinolone resistance gene detected in *Escherichia coli* from cattle. Vet Microbiol 148：434.

Kung K，et al. 1993. Pharmacokinetics of enrofloxacin and its metabolite ciprofloxacin after intravenous and oral administration of enrofloxacin in dogs. J Vet Pharmacol Ther 16：462.

Lautzenhiser SJ，et al. 2001. In vitro antibacterial activity of enrofloxacin and ciprofloxacin in combination against *Escherichia coli* and staphylococcal clinical isolates from dogs. Res Vet Sci 70：239.

Liu X，et al. 2012a. Mechanisms accounting for fluoroquinolone multidrug resistance *Escherichia coli* isolated from companion animals. Vet Microbiol 161：159.

Liu X，et al. 2012b. In vitro potency and efficacy favor later generation fluoroquinolones for treatment of canine and feline *Escherichia coli* uropathogens in the United States. World J Microbiol Biotechnol 29：347.

Luo N，et al. 2003. In vivo selection of *Campylobacter* isolates with high levels of fluoroquinolone resistance associated with *gyrA* mutations and the function of the CmeABC efflux pump. Antimicrob Agents Chemother 47：390.

Martinez-Martinez L，et al. 1998. Quinolone resistance from a transferable plasmid. Lancet 351：797.

Martinez M，et al. 2006. Pharmacology of the fluoroquinolones：a perspective for the use in domestic animals. Vet J 172：10.

Maxwell A，Critchlow SE. 1998. Mode of action. In：Kuhlmann J，et al. (eds). Quinolone Antibacterials. New York：Springer-Verlag，p. 119.

McDermott PF，et al. 2002. Ciprofloxacin resistance in Campylobacter jejuni evolves rapidly in chickens treated with fluoroquinolones. J Infect Dis 185：837.

Messias A，et al. 2008. Retinal safety of a new fluoroquinolone，pradofloxacin，in cats：assessment with electroretinography. Doc Ophthalmol 116：177.

Meunier D，et al. 2004a. A seven-year survey of susceptibility to marbofloxacin of pathogenic strains isolated from pets. Int J Antimicrob Agents 24：592.

Meunier D，et al. 2004b. Seven years survey of susceptibility to marbofloxacin of bovine pathogenic strains from eight European countries. Int J Antimicrob Agents 24：268.

Miller CW，et al. 1996. Streptococcal toxic shock in dogs. J Am Vet Med Assoc 209：1421.

Munoz R，De La Campa AG. 1996. ParC subunit of DNA topoisomerase IV of *Streptococcus pneumoniae* is a primary target of fluoroquinolones and cooperates with DNA gyrase A subunit in forming resistance phenotype. Antimicrob Agents Chemother 40：2252.

Nakamura S，et al. 1989. *gyrA* and *gyrB* mutations in quinolone-resistant strains of *Escherichia coli*. Antimicrob Agents Chemother 33：254.

Ng EY，et al. 1996. Quinolone resistance mutations in topoisomerase IV：relationship to the *flqA* locus and genetic evidence that topoisomerase IV is the primary target and DNA gyrase is the secondary target of fluoroquinolones in *Staphylococcus aureus*. Antimicrob Agents Chemother 40：1881.

Nielsen P，Gyrd-Hansen N. 1997. Bioavailability of enrofloxacin after oral administration to fed and fasted pigs. Pharmacol Toxicol 80：246.

Nikaido H，Vaara M. 1985. Molecular basis of bacterial outer membrane permeability. Microbiol Rev 49：1.

Oethinger M，et al. 2000. Ineffectiveness of topoisomerase mutations in mediating clinically significant fluoroquinolone resistance in *Escherichia coli* in the absence of the AcrAB efflux pump. Antimicrob Agents Chemother 44：10.

Okusu H，et al. 1996. AcrAB efflux pump plays a major role in the antibiotic resistance phenotype of *Escherichia coli* multiple-antibiotic-resistance (Mar) mutants. J Bacteriol 178：306.

Piddock LJ，et al. 1998. Role of mutation in the *gyr*A and *parC* genes of nalidixic-acid-resistant salmonella serotypes isolated from animals in the United Kingdom. J Antimicrob Chemother 41：635.

Poole K. 2000. Efflux-mediated resistance to fluoroquinolones in gram-negative bacteria. Antimicrob Agents Chemother 44：2233.

Post LO，et al. 2003. The effect of endotoxin and dexamethasone on enrofloxacin pharmacokinetic parameters in swine. J Pharmacol Exp Ther 304：889.

Preston SL，et al. 1998. Levofloxacin population pharmacokinetics and creation of a demographic model for prediction of individual drug clearance in patients with serious community-acquired infection. Antimicrob Agents Chemother 42：1098.

Rosenbusch RF，et al. 2005. In vitro antimicrobial inhibition profiles of *Mycoplasma bovis* isolates recovered from various regions of the United States from 2002-2003. J Vet Diagn Invest 17：436.

Schentag JJ，Scully BE. 1999. Quinolones. In：Yu VL，et al. (eds). Antimicrobial Therapy and Vaccines. New York：Williams & Wilkins，p. 875.

Schentag JJ，et al. 2003. Fluoroquinolone AUIC breakpoints and the link to bacterial killing rates，part 2：human trials. Ann Pharmocother 37：1478.

Schink AK，et al. 2012. Susceptibility of canine and feline bacterial pathogens to pradofloxacin and comparison with other fluoroquinolones approved for companion animals. Vet Microbiol 162：119.

Schneider M，et al. 1996. Pharmacokinetics of marbofloxacin in dogs after oral and parenteral administration. J Vet Pharmacol

Ther 19：56.

Schneider M，et al. 2004. Pharmacokinetics of marbofloxacin in lactating cows after repeated intramuscular administrations and pharmacodynamics against mastitis isolated strains. J Dairy Sci 87：202.

Seguin MA，et al. 2004. Pharmacokinetics of enrofloxacin in neonatal kittens. Am J Vet Res 65：350.

Silley P，et al. 2007. Comparative activity of pradofloxacin against anaerobic bacteria isolated from dogs and cats. J Antimicrob Chemother 60：999.

Speakman AJ，et al. 1997. Antimicrobial susceptibility of *Bordetella bronchiseptica* isolates from cats and a comparison of the agar dilution and E-test methods. Vet Microbiol 54：63.

Speakman AJ，et al. 2000. Antibiotic susceptibility of canine Bordetella bronchiseptica isolates. Vet Microbiol 71：193.

Stein GE. 1988. The 4-quinolone antibiotics：past，present and future. Pharmacother 8：301.

Stein GE，Goldstein EJ. 2006. Fluoroquinolones and anaerobes. Clin Infect Dis 42：1598.

Takiff HE，et al. 1994. Cloning and nucleotide sequence of *Mycobacterium tuberculosis gyrA* and *gyrB* genes and detection of quinolone resistance mutations. Antimicrob Agents Chemother 38：773.

Tasker S，et al. 2004. Use of a Taqman PCR to determine the response of Mycoplasma haemofelis infection to antibiotic treatment. J Microbiol Methods 56：63.

Taylor DE，Chau AS. 1997. Cloning and nucleotide sequence of the *gyrA* gene from *Campylobacter fetus* subsp. *Fetus* ATCC 27374 and characterization of ciprofloxacin-resistant laboratory and clinical isolates. Antimicrob Agents Chemother 41：665.

TerHune TN，et al. 2005. Comparison of pharmacokinetics of danofloxacin and enrofloxacin in calves challenged with Mannheimia haemolytica. Am J Vet Res 66：342.

Thomas JK，et al. 1998. Pharmacodynamic evaluation of factors associated with the development of bacterial resistance in acutely ill patients during therapy. Antimicrob Agents Chemother 42：521.

Tran JH，Jacoby GA. 2002. Mechanism of plasmid-mediated quinolone resistance. Proc Natl Acad Sci USA 99：5638.

Van Bambeke F，et al. 2005. Quinolones in 2005：an update. Clin Microbiol Infect Dis 11：256.

Van Boven M，et al. 2003. Rapid selection of quinolone resistance in *Campylobacter jejuni* but not in *Escherichia coli* in individually housed broilers. J Antimicrob Chemother 52：719.

Van Cutsem PM，et al. 1990. The fluoroquinolone antimicrobials：structure，antimicrobial activity，pharmacokinetics，clinical use in domestic animals and toxicity. Cornell Vet 80：173.

Van den Hoven R，et al. 2000. In vitro activity of difloxacin against canine bacterial isolates. J Vet Diagn Invest 12：218.

Varma R，et al. 2003. Pharmacokinetics of enrofloxacin and its active metabolite ciprofloxacin in cows following single dose intravenous administration. J Vet Pharmacol Ther 26：303.

Vila J，et al. 1996. Detection of mutations in *parC* in quinolone-resistant clinical isolates of *Escherichia coli*. Antimicrob Agents Chemother 40：491.

Vivrette SL，et al. 2001. Quinolone-induced arthropathy in neonatal foals. 47th Annual American Association of Equine Practitioners Convention，p. 376.

Walker RD，Thornsberry C. 1998. Decrease in antibiotic susceptibility or increase in resistance. J Antimicrob Chemother 41：1.

Walker RD，et al. 1990. Serum and tissue cage fluid concentrations of ciprofloxacin after oral administration of the drug to healthy dogs. Am J Vet Res 51：896.

Walker RD，et al. 1992. Pharmacokinetic evaluation of enrofloxacin administered orally to healthy dogs. Am J Vet Res 53：2315.

Wang M，et al. 1993. Cloning and nucleotide sequence of the *Campylobacter jejuni gyrA* gene and characterization of quinolone resistance mutations. Antimicrob Agents Chemother 37：457.

Wang M，et al. 2003. Plasmid-mediated quinolone resistance in clinical isolates of *Escherichia coli* from Shanghai，China. Antimicrob Agents Chemother 48：2242.

Watts JL，et al. 1997. In vitro activity of premafloxacin，a new extended-spectrum fluoroquinolone，against pathogens of veterinary important. Antimicrob Agents Chemother 41：1190.

Wiebe V，Hamilton P. 2002. Fluoroquinolone-induced retinal degeneration in cats. J Am Vet Med Assoc 221：1568.

Yamarik TA，et al. 2010. Pharmacokinetics and toxicity of ciprofloxacin in adult horses. J Vet Pharmacol Ther 33：587.

Yoon JH，et al. 2004. The effect of enrofloxacin on cell proliferation and proteoglycans in horse tendon cells. Cell Biol Toxicol 20：41.

Yoshida H，et al. 1988. Quinolone-resistant mutations of the *gyrA* gene of *Escherichia coli*. Mol Gen Genetics 211：1.

Yoshida H，et al. 1990. Quinolone resistance-determining region in the DNA gyrase *gyrA* gene of *Escherichia coli*. Antimicrob

Agents Chemother 34：1271.

Yoshimura H，et al. 2002. Comparative in vitro activity of 16 antimicrobial agents against *Actinobacillus pleuropneumoniae*. Vet Res Commun 26：11.

Zechiedrich EL，Cozzarelli NR. 1995. Roles of topoisomerase IV and DNA gyrase in DNA unlinking during replication in *Escherichia coli*. Genes Develop 9：2859.

第十九章 其他类抗菌药物

Patricia M. Dowling

本章讨论兽医上使用的各种小类抗菌药物，详细介绍离子载体类、硝基呋喃类、硝基咪唑类、利福霉素类，简要介绍其他抗菌药物如噁唑烷酮类、卡巴氧、梭链孢酸、异烟肼、莫匹罗星、乌洛托品和新生霉素。

第一节 离子载体类

羧基离子载体聚醚类抗生素是链霉菌属代谢产物，在农业中主要用于增加饲料转化率及抗球虫作用。离子载体类应用广泛普遍，与其他抗菌药物相比，兽医历史上使用离子载体抗生素的动物数量最多。由于担心耐药性的产生及扩散而采取更严格的审查措施，抗生素用于食品动物促生长的用量已经下降。报告中在食品动物中使用的“万吨抗生素”通常包括离子载体类。但是由于对离子载体类抗生素的耐药性复杂且呈高度特异性，离子载体类似乎并没有促进人用重要抗菌药物耐药性的产生，也没有影响粪便中潜在病原菌的排菌（如大肠杆菌 *E. coli* O157：H7），因此不必禁止在动物饲料中使用该类药物（Callaway 等，2003；Lefebvre 等，2006）。这些药物作为金属离子的载体，改变细菌的细胞通透性；药物与细胞膜上的钠离子络合导致细胞内钾离子向细胞外被动转运，代之以氢离子转移到细胞内，通过降低细胞内的 pH 来杀死细胞。通过选择性影响革兰氏阳性菌，离子载体类抗生素会使瘤胃微生物群转换成更多革兰氏阴性菌。这样就增加了丙酸的产生，减少了乙酸和丁酸的生成，这种挥发性脂肪酸的转变与药物能提高饲料转化率有关。在缺少离子载体的情况下，瘤胃的糖代谢生成乙酸和丁酸，并且损失了以二氧化碳和甲烷形式存在的潜在能量。然而，当这些糖被转换成丙酸，能耗减少，动物消耗每单位量饲料产生的能量增加（Bergen 和 Bates，1984）。离子载体类抗生素能降低瘤胃甲烷的产量和蛋白质的降解，减少摄取豆科牧草时瘤胃臌胀的发生率，减少瘤胃酸中毒，并有助于防止色氨酸引起的非典型牛肺气肿。离子载体类抗生素与瘤胃无关的作用还包括降低血清中钾、镁、磷的浓度和提高血清中葡萄糖和挥发性脂肪酸浓度。

一、药代动力学特性

莫能菌素口服后被迅速吸收，反刍动物似乎仅吸收 50%的剂量，而单胃动物似乎完全吸收。在肉鸡中口服生物利用度是 30%（Henri 等，2009）。离子载体类抗生素即使按中毒剂量给药也不会大量积聚在组织中（Donoho，1984）。离子载体类抗生素在肝脏中迅速而广泛地被代谢成多种代谢产物，它们被分泌到胆汁而后从粪便消除。马血液中莫能菌素消除速度没有牛那么快，这或许可以解释为什么马属动物对莫能菌素毒性最敏感。

二、毒性和不良反应

离子载体类抗生素相对毒性从最低到最高是盐霉素＜拉沙洛西≤甲基盐霉素＜莫能菌素＜马杜米星（Oehme 和 Pickrell，1999）。其毒性导致细胞电解质失去平衡，提高细胞外钾离子和细胞内钙离子的含量，从而导致严重的细胞损伤和死亡。引起毒性所需的剂量在物种之间是不同的，马属动物最敏感，火鸡比肉鸡敏感（表 19.1）。通常影响最严重的是骨骼肌和心肌细胞；但是受影响的特定组织及临床症状因动物种属而异。在犬、鸵鸟、绵羊和火鸡中主要影响骨骼肌，在牛中则是心肌，而在马心肌和骨骼肌都受到损害。在家禽中，因年龄不同而敏感性不同，成年动物比幼年动物更敏感。幼年犬比成年犬对甲基盐霉素的毒性作用更敏感，5～8 月龄的牛比 9～16 月龄的牛对马杜米星的毒性作用更敏感。

表 19.1 离子载体类抗生素对动物的毒性

药物	物种	毒 性
拉沙洛西	马	半数致死量为 15mg/kg
	牛	以 10～50mg/kg 饲喂导致抑郁、共济失调、麻痹性痴呆、食欲不振、呼吸困难、心肌病；100～125mg/kg 可致死
	鸡	半数致死量为 71.5 mg/kg
马杜米星	牛	6 mg/kg 饲料导致牛 50%死亡
莫能菌素	牛	20～40 mg/kg 导致牛心毒性
	鸡	半数致死量为 200 mg/kg
	鹿	以 225 mg/kg 饲喂，导致心肌病和死亡
	犬	半数致死量为 20 mg/kg
		每天 15 mg/kg 持续 3 个月，导致共济失调、心肌病、抑郁、腹泻、肌肉无力、麻痹性痴呆、体重减轻
	山羊	半数致死量为 26mg/kg
		每天 50mg/kg，持续 2 周会导致死亡
	马	半数致死量为 2～3 mg/kg
		以 125 mg/kg 饲喂 28d，导致中毒
		以 279 mg/kg 饲喂 1～3d，导致死亡
	猪	半数致死量为 17 mg/kg
	鸵鸟	以每天 3～4 mg/kg 持续 13d，导致中毒和死亡
	绵羊	12 mg/kg
	火鸡	以 90 mg/kg 饲喂不会产生不良反应
		以 180～450 mg/kg 饲喂，导致中毒和死亡
甲基盐霉素	犬	半数致死量为 3～10 mg/kg
		每天 2 mg/kg 导致成年犬轻微中毒，但在未成年犬中会导致更严重中毒
	兔	半数致死量为 10.75 mg/kg
盐霉素	牛	以 90 mg/kg 饲喂 4～7 周，导致中毒和死亡
	火鸡	以 13～18 mg/kg 饲喂，导致中毒和死亡
塞杜霉素	鸡	以 50～75 mg/kg 饲喂可降低采食量和增重率以及羽毛生长不良

离子载体类抗生素中毒发生于以下情况：混料给药剂量的错误；敏感的动物误食含药的饲料；服用离子载体类抗生素鸡群的垫料被反刍动物食用；同时使用了增加毒性的药物；不含药的饲料在饲料厂被意外污染。拉沙洛西以 1～2 倍推荐剂量给药时，热应激和水供应不足会加重鸡中毒反应。牛和羊摄入使用马杜米星鸡群的垫料有明显的离子载体类中毒症状（Bastian Ello 等，1995）；使用其他离子载体类抗生素鸡群的垫料如果被反刍动物食用也可能导致中毒。干扰肝脏代谢的药物能增强离子载体类抗生素中毒反应。在鸡和猪中同时给予泰妙菌素和莫能菌素会导致严重的离子载体类抗生素中毒症状。

三、临床应用

（一）拉沙洛西

拉沙洛西在美国被批准用于牛、兔、鹌鹑、火鸡、商品代肉鸡或炸用肉鸡及绵羊的球虫病控制以及提高牛、绵羊的饲料转化率。在加拿大，拉沙洛西被批准用于提高牛、羔羊饲料转化率和控制球虫病，以及控制火鸡、肉鸡球虫病。在这两个国家都被批准用于牛的促生长和提高饲料转化率。试验条件下给予色氨酸前的第 6 天开始，每只动物每天给予 200mg 的拉沙洛西可以有效预防牛急性肺水肿和肺气肿（再生草热）。建议在牧场情况突然发生改变后，对牛连续 10d 给予拉沙洛西以在这个关键时期保护牛。200mg 的剂量在其他适应证标签剂量范围内。有一些证据表明，标签上的促生长剂量可以有效地防止牛的谷物性瘤胃臌胀（Bartley 等，1983）。

（二）莱特洛霉素

在美国莱特洛霉素被批准用于育肥牛的促生长，类似于莫能菌素。

（三）马杜米星

马杜米星在加拿大作为预混剂被批准用于控制肉鸡和火鸡的球虫病。虽然饲料中添加 6mg/kg 的马杜米星可以预防鸡球虫病，但是降低了生长速率并且没有增加饲料转化率。

（四）莫能菌素

莫能菌素是肉桂链球菌（*Streptomyces cinnamonensis*）的发酵产物。对革兰氏阴性菌，一些弯曲杆菌属和密螺旋体属（蛇形）螺旋体（MIC 为 0.1μg/mL）以及对球虫和弓形虫都具有活性。在瘤胃中抗微生物效果影响挥发性脂肪酸的产生，促进了生长和提高饲料转化率，并且有助于防止胃臌胀和预防奶牛酮血病（Gallardo 等，2005）。莫能菌素在临床上能预防色氨酸引起的急性牛肺水肿（Potchoiba 等，1992），似乎还能减少因牛食用过多谷物而引起的乳酸中毒（Burrin 和 Britton，1986）。莫能菌素可减少流产，控制羊弓形虫病引起的新生幼畜的死亡（Buxton 等，1988）。日粮中添加莫能菌素降低了大肠杆菌（O157：H7）阳性奶牛的排菌持续时间。家禽生产中莫能菌素常被用于控制家禽球虫病（Chapman 等，2010）。

在美国，莫能菌素作为饲料预混剂被用于提高肉牛饲料转化率和控制球虫病，提高泌乳期奶牛产奶量，控制北美鹌鹑、鸡、火鸡和山羊的球虫病。在加拿大，莫能菌素预混剂被批准用于提高肉牛饲料转化率和控制肉鸡、火鸡、牛的球虫病，增加泌乳期奶牛的牛奶中蛋白质含量和减少脂肪含量、降低泌乳期奶牛的机体消耗。在加拿大有莫能菌素控释胶囊剂用于预防牛采食豆科植物而导致臌胀，控制球虫病，减少牛粪便中副结核分枝杆菌的排菌，预防泌乳奶牛的亚临床酮血病。给药后，胶囊上的号码及给药动物的标示号码要逐一记录，牛给药后观察 1h，如果胶囊被反刍出来，鉴别出是哪头牛并用未损坏的胶囊重新给药。牛用莫能菌素胶囊治疗后应观察 4d，看有无胀气、咳嗽、流涎、食欲不振现象，如果有表明胶囊卡在了食管中。反刍出来的胶囊如果被犬咀嚼，就可能会致命，所以必须妥善处理。

（五）甲基盐霉素、尼卡巴嗪、塞杜霉素

在加拿大甲基盐霉素被批准用于控制肉鸡球虫病和提高猪的饲料转化率，但在美国只被批准用于肉鸡。甲基盐霉素/尼卡巴嗪在加拿大和美国被批准用于控制肉鸡球虫病，塞杜霉素在美国被批准用于控制肉鸡球虫病。

（六）盐霉素

盐霉素在美国被批准用于控制肉鸡、公鸡、后备鸡（种鸡和蛋鸡）和鹌鹑的球虫病，然而在加拿大只批准用于控制肉鸡的球虫病。在加拿大盐霉素也被批准用于牛和猪的促生长及提高饲料转化率。盐霉素以肉鸡的标示给药剂量应用于火鸡会中毒，并导致过高的死亡率（Van Assen，2006）。

参 考 文 献

Bartley EE，et al. 1983. Effects of lasalocid or monensin on legume or grain (feedlot) bloat. J Anim Sci 56：1400.

Bastianello SS，et al. 1995. Cardiomyopathy of ruminants induced by the litter of poultry fed on rations containing the ionophore antibiotic，maduramicin. Ⅱ. Macropathology and histopathology. Onderstepoort J Vet Res 62：5.

Bergen WG，Bates DB. 1984. Ionophores：their effect on production efficiency and mode of action. J Anim Sci 58：1465.

Buxton D，et al. 1988. Further studies in the use of monensin in the control of experimental ovine toxoplasmosis. J Comp Pathol 98：225.

Callaway TR，et al. 2003. Ionophores：their use as ruminant growth promotants and impact on food safety. Curr Issues Intest Microbiol 4：43.

Chapman HD，et al. 2010. Forty years of monensin for the control of coccidiosis in poultry. Poult Sci 89：1788.

Donoho AL. 1984. Biochemical studies on the fate of monensin in animals and in the environment. J Anim Sci 58：1528.

Gallardo MR，et al. 2005. Monensin for lactating dairy cowsgrazing mixedalfalfa pasture and supplemented with partial mixed ration. J Dairy Sci 88：644.

Henri J，et al. 2009. Bioavailability，distribution and depletion of monensin in chickens. J Vet Pharmacol Ther 32：451.

Lefebvre B，et al. 2006. Growth performance and shedding of some pathogenic bacteria in feedlot cattle treated with different growth-promoting agents. J Food Prot 69：1256.

Oehme FW，Pickrell JA. 1999. An analysis of the chronic oral toxicity of polyether ionophore antibiotics in animals. Vet Hum Toxicol 41：251.

Potchoiba MJ，et al. 1992. Effect of monensin and supplemen-tal hay on ruminal 3-methylindole formation in adult cows after abrupt change to lush pasture. Am J Vet Res 53：129.

Szucs G，et al. 2004. Biochemical background of toxic interaction between tiamulin and monensin. Chem Biol Interact 147：151.

Van Assen EJ. 2006. A case of salinomycin intoxication in turkeys. Can Vet J 47：256.

Van Baale MJ，et al. 2004. Effect of forage or grain diets with or without monensin on ruminal persistence and fecal *Escherichia coli* O157：H7 in cattle. Appl Environ Microbiol 70：5336.

第二节　硝基呋喃类

硝基呋喃类（呋喃唑酮、呋喃它酮、呋喃妥因和呋喃西林）是一类对革兰氏阳性和革兰氏阴性细菌均有活性的广谱合成抗菌药物，但其毒性限制了它们的使用。尽管对人类和动物的肠道和泌尿道感染的治疗有效，然而硝基呋喃类药物具有致癌性，在美国、加拿大和欧盟禁止用于食品动物中。但是一些硝基呋喃类药物，如呋喃妥因和硝呋齐特还用于人类抗微生物治疗。因为不会与其他抗菌药物发生交叉耐药性，呋喃妥因被越来越多地用于由大肠杆菌（包括产超广谱β-内酰胺酶的菌株（tasbakan 等，2012）和多重耐药肠球菌（Swaminathan 和 alangaden ，2010））引起的急性或复发性泌尿道感染和院内泌尿道感染的首选治疗药。硝呋齐特在欧洲口服用于治疗急性细菌性腹泻（"旅行者腹泻"；Taylor，2005）。呋喃西林，曾经作为口服的一种兽医抗菌药物，会导致动物乳腺和卵巢的肿瘤。呋喃西林刺激雌激素依赖性细胞的增殖，呋喃西林的代谢产物通过 DNA 氧化损伤参与肿瘤的启动过程，呋喃西林本身也促进细胞的增殖，促进和/或推动了致癌作用（Hiraku 等，2004）。

在美国和加拿大唯一批准的兽用产品是用于非食品动物局部伤口治疗的呋喃西林和呋喃唑酮制剂。尽管缺乏药代动力学/药效动力学的研究及存在不良反应的风险，但是人用呋喃妥因口服制剂还是越来越普遍用于治疗犬和猫的耐药菌泌尿道感染（Maaland 和 Guardabassi，2011）。呋喃妥因对耐甲氧西林葡萄球菌也有很好的活性（Rubin 和 Chirino-Trejo，2011）。

由于硝基呋喃类的致癌性，所以其使用受到了高度的监管。硝基呋喃类给药后迅速代谢，产生与组织稳定结合的代谢物，代谢物在肌肉和肝脏中可残存数周至数月。它们的代谢物如 3-氨基-2-噁唑烷酮（AOZ，呋喃唑酮的代谢物）、1-氨基-2-内酰脲（呋喃妥因的代谢物）、氨基脲（呋喃西林的代谢物）为母药在动物组织中的残留标示物。食品动物产品中残留的硝基呋喃类代谢物在贮存和烹调过程中不易降解（Cooper 和 Kennedy，2007）。

参考文献

Cooper KM，et al. 2007. Stability studies of the metabolites of nitrofuran antibiotics during storage and cooking. Food Addit Contam 24：935.

Hiraku Y，et al. 2004. Mechanism of carcinogenesis induced by a veterinary antimicrobial drug nitrofurazone，via oxidative DNA damage and cell proliferation. Cancer Lett 215：141.

Maaland M，et al. 2011. In vitro antimicrobial activity of nitrofurantoin against *Escherichia coli* and *Staphylococcus pseudintermedius* isolated from dogs and cats. Vet Microbiol 151：396.

Rubin JE，et al. 2011. Antimicrobial susceptibility of canine and human *Staphylococcus aureus* collected in Saskatoon，Canada. Zoonoses Public Health 58：454.

Swaminathan S，et al. 2010. Treatment of resistant enterococcal urinary tract infections. Curr Infect Dis Rep 12：455.

Tasbakan MI，et al. 2012. Nitrofurantoin in the treatment of extended-spectrum beta-lactamase-producing *Escherichia coli*-related lower urinary tract infection. Int J Antimicrob Agents 40：554.

Taylor DN. 2005. Poorly absorbed antibiotics for the treatment of traveler's diarrhea. Clin Infect Dis 41 Suppl 8：S564.

第三节　硝基咪唑类

硝基咪唑类包括甲硝咪唑、地美硝唑、洛硝哒唑、替硝唑和异丙硝唑。像硝基呋喃类一样，硝基咪唑类曾广泛应用于兽医临床，但由于潜在的致癌性，目前在美国、加拿大和欧盟已经被禁止用于食品动物。

因对厌氧菌和原虫有优良的活性，地美硝唑仍被用于人医和伴侣动物。洛硝哒唑用于治疗猫的胚胎毛滴虫感染。

一、化学结构

结构上硝基咪唑类是类似于硝基呋喃类的五元母核杂环化合物（图 19.1）。

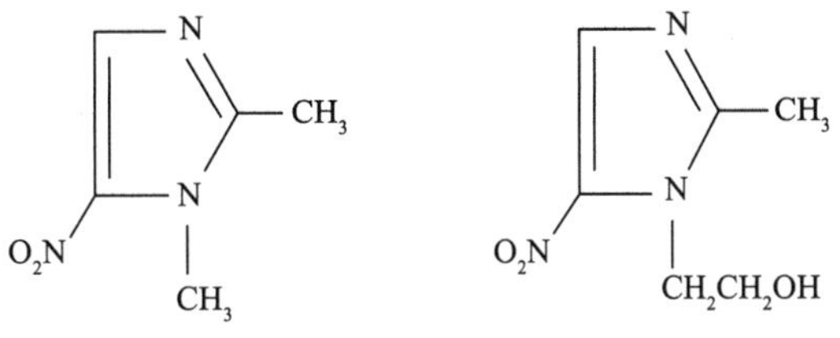

A　　　B

图 19.1　硝基咪唑类药物的结构式
A. 甲硝咪唑　B. 地美硝唑

二、作用机制

进入细胞以后，硝基咪唑类药物的硝基发生还原反应产生一系列不稳定的中间物，包括具有抗菌活性的产物。还原反应发生于厌氧条件下，与硝基呋喃类药物不同，还原反应不受酶的控制。需氧菌内还原反应系统活性低，以至于硝基咪唑类不能发生还原反应。但似乎厌氧菌产生的硝基咪唑类的代谢物在厌氧条件下对需氧菌有抗菌活性。硝基咪唑类引起 DNA 链的广泛断裂并抑制 DNA 修复酶 DNAase 1。

三、抗菌活性

临床使用的硝基咪唑类的抗菌活性相似。它们对大多数革兰氏阴性和许多革兰氏阳性厌氧菌具有杀菌活性（表 19.2）。对猪痢疾密螺旋体及多种原虫（胚胎毛滴虫、贾第鞭毛虫、禽组织滴虫）高度敏感，对弯曲杆菌属中度敏感，人源的幽门螺旋杆菌通常敏感，但动物源螺旋杆菌是否敏感没有得到充分的研究，用硝基咪唑类治疗不能清除犬、猫体内螺旋杆菌感染（Happonen 等，2000）。毛滴虫，如胚胎毛滴虫对硝基咪唑类药物敏感，因为它们利用还原性代谢途径。

表 19.2　地美硝唑对部分厌氧菌的体外活性（MIC_{90}，μg/mL）

微生物	MIC_{90}	微生物	MIC_{90}
革兰氏阳性厌氧菌			
梭菌属	4	放线菌属	>128
产气荚膜梭菌	2	优杆菌属	4
梭状芽胞杆菌	0.5	消化链球菌属	≥64
坏疽梭菌	2	消化球菌属	1
革兰氏阴性厌氧菌			
所有厌氧菌	2	不解糖卟啉单胞菌属	2
脆弱拟杆菌	2	梭杆菌属	0.5
拟杆菌属	2	猪痢疾密螺旋体	0.5

四、耐药性

对地美硝唑敏感的细菌极少会产生耐药性（Lofmark 等，2010）。耐药性产生与细胞内的药物活化减弱有关。硝基咪唑类药物之间具有完全交叉耐药性。已经有报道从马和犬分离出耐地美硝唑的梭状芽胞杆菌和产气荚膜梭菌，所以梭菌性腹泻的患者用药前应进行药敏试验（Gobeli 等，2012；Magdesian 等，2006；Marks 和 Kather，2003）。有报道在患有胸膜肺炎的马中分离出对地美硝唑耐药的脆弱拟杆菌（Dechant，1997）。对于住院治疗期间直肠携带多重耐药大肠杆菌的犬，给予地美硝唑已被确定为一个危险因素（Gibson 等，2011)。从猫中分离出来的胚胎滴虫在需氧条件下培养，显示出对地美硝唑和洛硝哒唑耐药 (Gookin 等，2010)。这些耐药菌株可以通过降低自身用氧路径的活性，利用环境中的氧，从而在硝基咪唑类竞争铁氧化还原蛋白结合电子中占据优势。

五、药代动力学特性

地美硝唑是一种弱碱性、中度亲脂性、低分子质量的化合物，故易于渗透进细胞膜，并几乎全部被机体吸收。地美硝唑口服给药后吸收快速但吸收程度不一，口服生物利用度在马为 75%～85%、犬为 59%～100%、猫为 28%～90% (Neff-Davis 等，1981；Sekis 等，2009；Steinman 等，2000)。患肠梗阻的马，地美硝唑可直肠给药，给药后快速吸收，但是生物利用度仅为 30%。地美硝唑是亲脂性的，广泛分布于组织中，能够穿透进入骨骼、脓疮和中枢神经系统。分布容积在母马为 0.7～1.7L/kg，犬为 0.95L/kg，猫为 0.6L/kg。地美硝唑能够穿过胎盘屏障，并能分布到乳汁中，并且在乳汁中的浓度与血浆中浓度差不多。地美硝唑主要是在肝脏中通过氧化和结合反应进行代谢，代谢产物和原形药在尿和粪便中消除。血浆中药物消除半衰期在马为 3～4h，犬为 8h，猫为 5h。

猫口服洛硝哒唑后吸收迅速并且完全 (LeVine 等，2011)，分布容积为 0.7L/kg，消除半衰期较长，为 10h。因此，洛硝哒唑用于猫会产生神经毒性的原因或许为每日 2 次给药导致药物蓄积。

六、药物相互作用

在体外试验中，地美硝唑与其他抗厌氧菌的药物如克林霉素、红霉素、青霉素 G、阿莫西林-克拉维酸、头孢西丁和利福平联合应用，未见联合用药影响厌氧菌对药物的敏感性。地美硝唑常与 β-内酰胺类、庆大霉素、恩诺沙星联合用药治疗马细菌性胸膜肺炎 (Mair 和 Yeo，1987)。当与西咪替丁同时使用时，地美硝唑的肝脏代谢可能会减少，这会导致地美硝唑消除延迟和血清中药物浓度增高。苯巴比妥可诱导微粒体肝酶，从而增强地美硝唑的代谢和降低其在血清中的浓度。

七、毒性和不良反应

硝基咪唑类在一些实验动物中已被证明是致癌的，并且在一些体外试验中也会致突变。这些药物在美国、加拿大和欧盟禁止用于食品动物，但是地美硝唑仍然直接用于人医，未见与癌症相关的发病率的报道。地美硝唑在人体中的不良反应包括惊厥、共济失调、外周神经病变和血尿。马口服地美硝唑会导致厌食症。地美硝唑在犬和猫的不良反应已有报道，包括呕吐、肝毒性、中性粒细胞减少症和神经症状如癫痫、头部歪斜、摔倒、轻度瘫痪、共济失调、垂直性眼球震颤、颤抖、僵直 (Caylor 和 Cassimatis，2001；Dow 等，1989；Olson 等，2005)。有人报道，犬按 60mg/(kg·d) 的剂量，平均给药 3～14d，会出现地美硝唑的神经毒性，但也有更低剂量产生毒性的报道。地美硝唑的神经毒性机理被认为是脉管炎性神经病变。最初，对于地美硝唑中毒的推荐疗法是停止使用该药并采取支持疗法。对于因地美硝唑中毒出现神经症状的犬，有报道采取支持疗法后的恢复时间是 1～2 周。可以通过给予地西泮显著缩短恢复时间，方法是先按 0.5mg/kg 的剂量静脉推注，之后每隔 8h 口服给药，连续 3d (Evans 等，2003)。其恢复时间是 40h，比未使用地西泮的犬 (11d) 明显要短。虽然这种效应的机理未知，但可能是治疗浓度的地西泮会竞争性地逆转地美硝唑与 GABA (γ-氨基丁酸) 受体上的苯二氮䓬位点结合。

在犬和猫洛硝哒唑会产生神经毒性，特别是在剂量大于 60mg/(kg·d) 的情况下 (Rosadod 等，2007)。临床症状包括精神状态改变、颤抖、无力、共济失调和感觉过敏。在猫中洛硝哒唑迅速吸收和缓慢的消除，会增加高剂量给药和/或频繁给药时产生神经毒性的风险。

八、用法与用量

由于抗菌作用是浓度依赖性的，现在推荐每日 2 次给药取代每日 3 次给药。在美国、加拿大和欧盟现在所有的硝基咪唑类都禁用于食品动物。地美硝唑没有兽用制剂，只有人用制剂。符合美国药典标准的地美硝唑给猫口服给药会引起流涎和食欲不振。在一些国家含有苯甲酸地美硝唑的产品在市场上有销售，在美国和加拿大有用于制剂的地美硝唑 (Groman，2000)。猫对苯甲酸地美硝唑耐受性非常好。治疗犬和猫的贾第虫推荐剂量为25mg/kg，每12h给药1次，连续5～7d。可长期低剂量（10～20mg/kg，每12h给药1次）用于治疗炎症性肠道疾病，有时用高剂量（25～50mg/kg，每12h给药1次）治疗严重的厌氧菌感染（腹膜炎、脑膜炎），但是有增加神经毒性的风险。在马的口服剂量是10～25mg/kg，每12h给药1次，给药后停饲2h可以提高生物利用度。

美国FDA及加拿大兽药理事会均未批准用于兽医的洛硝哒唑，所以猫使用洛硝哒唑必须由复合药剂师将活性药物成分复合后使用，通常是复合成片剂或胶囊，按30mg/kg的剂量口服，每天1次，给药14d。增加给药剂量或增加给药频次会增加神经中毒的风险。

九、临床应用

地美硝唑用于治疗厌氧菌感染，特别是耐青霉素脆弱拟杆菌引起的马胸膜肺炎和肺脓肿以及梭菌性小肠结肠炎（Baverud等，2003；Mair和Yeo，1987）。通常是口服地美硝唑，并同时注射β-内酰胺类和氨基糖苷类或恩诺沙星，以便能同时抗革兰氏阳性菌、革兰氏阴性菌和厌氧菌。尽管直肠给药不如口服吸收好，但当不能口服给药时是一个可行的选择。

在小动物中地美硝唑用于治疗厌氧菌感染，包括细菌性口腔炎，骨髓炎，肝炎，肺炎和肺脓肿，梭菌性肠炎和腹膜炎（Jang等，1997；Sarkiala和Harvey，1993；Weese和Armstrong，2003）。地美硝唑还被用于治疗贾第虫及其他原虫感染（毛滴虫，结肠小袋纤毛虫），地美硝唑治疗猫贾第虫感染有效，但芬苯达唑对犬贾第虫更有效，并且不良反应较少（Barr等，1994；Scorza和Lappin，2004）。地美硝唑有时通过抑制毛细管后微静脉上的内皮白细胞附着来有效治疗炎症性肠道疾病（Craven等，2004），并能用于肛周瘘的术前处理（Tisdall等，1999）。猫口服地美硝唑后能减少小肠需氧菌的数量并改变固有的菌群。菌群改变似乎对营养物质有影响，因为给药期间血清白蛋白和钴胺素浓度增加，终止治疗后又回到给药前的浓度。地美硝唑作为联合治疗的一部分用来治疗犬和猫螺杆菌相关的胃炎。尽管能看到疗效，但这种治疗不能根除疾病（Khoshnegah等，2011；Leib等，2007）。

洛硝哒唑是唯一已知能有效治疗猫胚胎毛滴虫感染的药物（Gookin等，2006；Lim等，2012）。使用其他药物治疗，如芬苯达唑、巴龙霉素、替硝唑、地美硝唑、呋喃唑酮，治疗期间能够改善粪便的稠度，但是不能清除胚胎毛滴虫，且停药后又会腹泻。

参考文献

Barr SC，et al. 1994. Efficacy of fenbendazole against giardiasis in dogs. Am J Vet Res 55：988.

Baverud V，et al. 2003. *Clostridium difficile*：prevalence in horses and environment，and antimicrobial susceptibility. Equine Vet J 35：465.

Caylor KB，Cassimatis MK. 2001. Metronidazole neurotoxicosis in two cats. J Am Anim Hosp Assoc 37：258.

Craven M，et al. 2004. Canine inflammatory bowel disease：retrospective analysis of diagnosis and outcome in 80 cases（1995-2002）. J Small Anim Pract 45：336.

Dow SW，et al. 1989. Central nervous system toxicosis associated with metronidazole treatment of dogs：five cases（1984-1987）. J Am Vet Med Assoc 195：365.

Evans J，et al. 2003. Diazepam as a treatment for metronidazole toxicosis in dogs：a retrospective study of 21 cases. J Vet Intern Med 17：304.

Gibson JS，et al. 2011. Risk factors for dogs becoming rectal carriers of multidrug-resistant *Escherichia coli* during hospitalization. Epidemiol Infect 139：1511.

Gobeli S，et al. 2012. Antimicrobial susceptibility of canine *Clostridium perfringens* strains from Switzerland. Schweiz Arch Tierheilkd 154：247.

Gookin JL，et al. 2006. Efficacy of ronidazole for treatment of feline *Tritrichomonas foetus* infection. J Vet Intern Med 20：536.

Gookin JL，et al. 2010. Documentation of in vivo and in vitro aerobic resistance of feline *Tritrichomonas foetus* isolates to ronidazole. J Vet Intern Med 24：1003.

Happonen I，et al. 2000. Effect of triple therapy on eradication of canine gastric helicobacters and gastric disease. J Small Anim Pract 41：1.

Jang SS，et al. 1997. Organisms isolated from dogs and cats with anaerobic infections and susceptibility to selected antimicrobial agents. J Am Vet Med Assoc 210：1610.

Khoshnegah J，et al. 2011. The efficacy and safety of long-term *Helicobacter* species quadruple therapy in asymptomatic cats with naturally acquired infection. J Feline Med Surg 13：88.

Leib MS，et al. 2007. Triple antimicrobial therapy and acid suppression in dogs with chronic vomiting and gastric *Helicobacter* spp. J Vet Intern Med 21：1185.

LeVine DN，et al. 2011. Ronidazole pharmacokinetics after intravenous and oral immediate-release capsule administration in healthy cats. J Feline Med Surg 13：244.

Lim S，et al. 2012. Efficacy of ronidazole for treatment of cats experimentally infected with a Korean isolate of *Tritrichomonas foetus*. Korean J Parasitol 50：161.

Lofmark S，et al. 2010. Metronidazole is still the drug of choice for treatment of anaerobic infections. Clin Infect Dis 50 Suppl 1：S16.

Magdesian KG，et al. 2006. Molecular characterization of *Clostridium difficile* isolates from horses in an intensive care unit and association of disease severity with strain type. J Am Vet Med Assoc 228：751.

Mair TS，Yeo SP. 1987. Equine pleuropneumonia：the importance of anaerobic bacteria and the potential value of metronidazole in treatment. Vet Rec 121：109.

Marks SL，et al. 2003. Antimicrobial susceptibilities of canine *Clostridium difficile* and *Clostridium perfringens* isolates to commonly utilized antimicrobial drugs. Vet Microbiol 94：39.

Neff-Davis CA，et al. 1981. Metronidazole：a method for its determination in biological fluids and its disposition kinetics in the dog. J Vet Pharmacol Ther 4：121.

Olson EJ，et al. 2005. Putative metronidazole neurotoxicosis in a cat. Vet Pathol 42：665.

Rosado TW，et al. 2007. Neurotoxicosis in 4 cats receiving ronidazole. J Vet Intern Med 21：328.

Sarkiala E，et al. 1993. Systemic antimicrobials in the treatment of periodontitis in dogs. Semin Vet Med Surg（Small Anim）8：197.

Scorza AV，Lappin MR. 2004. Metronidazole for the treatment of feline giardiasis. J Feline Med Surg 6：157.

Sekis I，et al. 2009. Single-dose pharmacokinetics and genotoxicity of metronidazole in cats. J Feline Med Surg 11：60.

Steinman A，et al. 2000. Pharmacokinetics of metronidazole in horses after intravenous，rectal and oral administration. J Vet Pharmacol Ther 23：353.

Tisdall PL，et al. 1999. Management of perianal fistulae in five dogs using azathioprine and metronidazole prior to surgery. Aust Vet J 77：374.

Weese JS，Armstrong J. 2003. Outbreak of *Clostridium difficile*-associated disease in a small animal veterinary teaching hospital. J Vet Intern Med 17：813.

第四节 利福霉素

利福霉素是地中海拟无枝酸菌（*Amycolaptopsis mediterranei*）的抗菌活性产物，利福平（Rifampin）（图 19.2）是由利福霉素经化学修饰得到的最重要的药物。利福平是人医治疗结核病的高效一线口服药物。由于会很快产生耐药性，利福平总是和其他抗菌药物联合应用。因为与其他药物合用会有众多的相互作用，所以必须谨慎。除了抗菌活性，利福平也能够抗病毒和抗真菌。利福布汀和利福喷汀是人用的其他利福霉素半合成衍生物，优点是其诱导肝酶的作用比利福平弱。

一、化学性质

利福平是一种安沙霉素类药物，具有脂肪键的芳香环结构。它可溶于有机溶剂和 pH 为酸性的水。

二、作用机理

利福平抑制细菌 DNA 依赖性的 RNA 聚合酶。在治疗剂量上，不会影响哺乳动物的聚合酶。由于其高脂溶性，利福平能有效地抗细胞内和细胞外的病原体。利福平进入中性粒细胞和巨噬细胞来杀灭细胞内的细菌，而不会干扰吞噬作用。相比于革兰氏阴性菌利福平更容易穿透革兰氏阳性菌外膜（Frank，1990）。

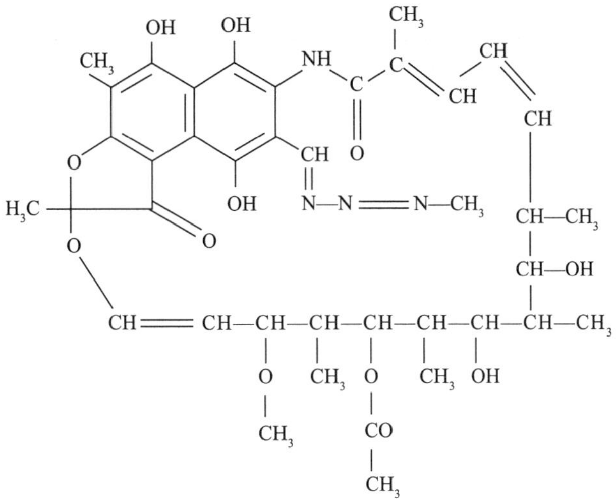

图 19.2　利福平的结构式

三、抗菌活性

利福平是一种广谱抗生素，对许多革兰氏阳性菌和革兰氏阴性菌中的一些需氧菌以及兼性厌氧菌都有活性。利福平呈抑菌活性，表现出时间依赖性抗菌活性，具有较长的抗生素后效应。利福平对金黄色葡萄球菌和伪中间葡萄球菌，甚至对耐甲氧西林菌株都有抗菌活性（Rubin 等，2011；Rubin 和 Chirino Trejo，2011）。因为革兰氏阴性菌是否敏感难以预测，革兰氏阴性菌被认为是应该耐药的，除非药敏试验表明其敏感。因为耐药性的快速发展，利福平通常结合其他抗菌药一起使用。利福平能够进入细菌的细胞内部，这样很难通过体外药敏试验来预测临床结果。利福平对马伪结核棒状杆菌、马红球菌、葡萄球菌属、马链球菌、类马链球菌和兽疫链球菌均有活性。利福平与红霉素、克拉霉素、阿奇霉素对马红球菌都有协同作用（Giguère 等，2012），马革兰氏阴性的非肠道细菌对利福平敏感性各不相同。利福平对猪放线杆菌、马放线杆菌、巴氏杆菌具有中等活性，对从马分离的铜绿假单胞菌、大肠杆菌、阴沟肠杆菌、肺炎克雷伯氏菌、变形杆菌属、沙门氏菌都具有耐药性（Wilson 等，1988）。从猪分离的胸膜肺炎放线杆菌和多杀性巴氏杆菌对利福平敏感，但支气管败血波氏杆菌耐药。利福平对人和动物的鸟结核分枝杆菌副结核亚种敏感（Chiodini，1990），体外试验中厌氧菌包括脆弱拟杆菌和梭菌属敏感（Bach 和 Thadepalli，1980）。利福平对细菌的 MIC≤2μg/mL 为敏感，而 MIC 在 2～4μg/mL 则为中度敏感（表 19.3）。

表 19.3　利福平对所选细菌体外活性（MIC_{90}，μg/mL）

微生物	MIC_{90}	微生物	MIC_{90}
革兰氏阳性需氧菌			
炭疽杆菌	0.03	结核分枝杆菌	<0.03
伪结核棒状杆菌	≤0.25	金黄色葡萄球菌	0.03
肠球菌	≥4	马红球菌	0.06
单核细胞增生性李斯特菌	0.25	诺卡氏菌	> 256
鸟分枝杆菌复合群	4	乙型溶血性链球菌	≤0.5
偶发分枝杆菌	> 64		
革兰氏阴性需氧菌			
胸膜肺炎放线杆菌	0.5	大肠杆菌	16
支气管败血波氏杆菌	≥128	肺炎克雷伯氏菌	32
犬布鲁氏菌	1	巴氏杆菌	1
流产布鲁氏菌	2	变形杆菌	32
空肠弯曲菌	>128	铜绿假单胞菌	64

（续）

微生物	MIC_{90}	微生物	MIC_{90}
革兰氏阳性厌氧菌			
放线菌属	0.06	梭状芽孢杆菌	1
产气荚膜梭菌	0.13	败毒梭菌	≤0.13
艰难梭菌	≤0.25	消化链球菌属	32
革兰氏阴性厌氧菌			
脆弱拟杆菌	1	不解糖卟啉单胞菌	0.25
梭菌属	2		

四、耐药性

利福平是通过抑制细菌 RNA 聚合酶发挥抗菌活性的，即与酶活性中心的保守氨基酸结合而阻断转录的启动。细菌对利福平的耐药性大多数由于这些氨基酸的突变。这些突变常高频率发生，因此，利福平常与其他抗菌药物联合应用。报道的其他耐药机制包括靶部位的复制，RNA 聚合酶结合蛋白的活动，对利福平的化学修饰和细胞通透性改变（Tupin 等，2010）。耐药性可能因 DNA 依赖性 RNA 聚合酶高发生率（10^7或 10^8菌株中的 1 个菌株）的一步突变产生。随着少数耐药菌快速繁殖并很快在数量上超过敏感菌，细菌的敏感性与开始相比快速下降。当利福平与其他抗菌药物联合应用，那么这种效应将减弱。已有报道从马驹分离的马红球菌对利福平耐药（Boyen 等，2011；Kenney 等，1994）。单一使用利福平治疗犬耐甲氧西林伪中间型葡萄球菌感染能迅速导致对利福平耐药（Kadlec 等，2011）。在不同的利福霉素衍生物之间的交叉耐药性时有发生，并且已有报道对与利福平不相关的药物也有交叉耐药性（Xu 等，2005）。

五、药代动力学特性

虽然在马进行了注射给药的药代动力学研究，但利福平通常在动物中口服给药。利福平尽管在马的生物利用度低，但在人、牛、犬和马口服给药后吸收迅速（Frank，1990；Wilson 等，1988）。马口服生物利用度差，随食物给药在成年马和人会延长血清药物达峰时间。

利福平具有高亲脂性，能穿透大多数组织包括乳汁、骨、脓肿和中枢神经系统。利福平能很好地分布到乳中，绵羊乳中与血浆中药物浓度的比值为 0.9∶1.28。利福平能渗透进入吞噬细胞杀灭细胞内的敏感细菌，能穿过胎盘屏障，对啮齿动物有致畸性。利福平及其代谢产物能使粪便、唾液、汗液、泪液和尿液变成橘红色。利福平在马的分布容积为 0.6～0.9L/kg，在人和马中与血浆蛋白高度结合。在马 20mg/kg 的剂量经胃给药后 45min 血清浓度大于 2mg/kg，血清浓度大于 3μg/mL 维持时间至少有 24h。在犬，单次 10mg/kg 口服给药后 24h 血清浓度为 9～10μg/mL。

在多种动物中利福平给药后会诱导肝药酶，在犬中诱导 CYP3A12 酶和肠道 CYP3A 酶（Kyokawa 等，2001）。利福平在动物中的生物转化和消除还不太清楚，在大多数动物中还没有跟踪研究其主要代谢物。在马静脉注射或口服给药后的血清样品中没有检测到脱乙酰利福平，只在尿液中检测到，但主要是原型药。然而，在尿液只回收到给药剂量的 6.82%，包括原形和脱乙酰利福平。目前还不知道未回收到的利福平是否被牢固地结合到组织中了，或者是以脱乙酰利福平（一种极性更大、更容易排出体外的代谢产物）被分泌到胆汁中（Kohn 等，1993）。

马静脉注射利福平后消除半衰期为 6～8h，而口服给药为 12～13h，在幼驹中由于肝脏代谢机能尚未成熟，消除半衰期延长，为 17.5h。在犬中消除半衰期为 8h。作为肝药酶诱导剂，利福平能诱导自身的代谢，多剂量口服给药能明显地降低消除半衰期。短于 5 天的给药治疗一般观察不到肝药酶诱导，一旦出现药酶诱导，酶活性增加可持续到停止治疗后 2 周以上。

六、药物相互作用

利福平能增加一种转运蛋白——P-糖蛋白在肠内的表达，减少那些作为 P-糖蛋白底物的药物的口服生物利用度。在犬，同时诱导肝和肠细胞色素 P450 酶导致泼尼松龙血浆药物浓度降低，清除率增加（Van der Heyden 等，2012）。利福平诱导微粒体酶，可以缩短氯霉素、糖皮质激素类、茶碱、甲氧苄啶、伊曲康唑、酮康唑、华法林和巴比妥类的消除半衰期，降低其血浆药物浓度。

利福平与红霉素、克拉霉素、阿奇霉素体外对马红球菌有协同作用，但是与庆大霉素或阿米卡星呈拮抗作用（Giguère 等，2012）。利福平与万古霉素、利奈唑胺和奎奴普汀-达福普汀联合应用治疗葡萄球菌感染时有协同作用。

七、毒性和不良反应

利福平对马耐受性良好，很少有小动物不良反应的报道。但是据说犬以每天 5～10mg/kg 给药后，很多犬的肝药酶会增加并转成肝炎。由于很快就会产生耐药性，应避免单一使用利福平进行治疗。

八、用法与用量

人用制剂有利福平胶囊剂，或口服用悬浮剂及供静脉注射用的稀溶液剂。大多数马不喜欢利福平的味道，所以必须小心将药置于舌根部位，然后用水把药冲洗进去。马口服给药由于生物利用度差，要调整给药剂量，建议每 12h 给予 10mg/kg。利福平肠道外给药仅通过静脉给药，而不是肌内注射或皮下注射。

九、临床适应证

在美国或加拿大利福平没有批准用于食品动物，因此没有残留限量，也没建立休药期，在全球食品动物避免药物残留数据库（FARAD）数据中心也没有相关数据来建议休药期。因为在小鼠利福平与肝脏肿瘤相关，利福平是否应该用于食品动物的争论显得更为复杂。尽管这种相关性还不清楚，但供人类消费的动物产品中任何致癌物质的残留都违反了美国的“食品、药品和化妆品法案”。美国药典委员会兽医顾问组认为利福平不应该用于食品动物。

利福平主要用于治疗马驹的红球菌感染。最初与红霉素联合用药，但由于红霉素的不良反应，又研究了与新的人用大环内酯类联合用药情况，克拉霉素与利福平联用优于红霉素与利福平或阿奇霉素与利福平联用（Giguère 等，2004）。

因利福平的肝毒性，故慎用于犬。因耐甲氧西林金黄色葡萄球菌和耐甲氧西林伪中间葡萄球菌通常对利福平敏感，故现在越来越频繁地考虑使用利福平。

参考文献

Bach VT，Thadepalli H. 1980. Susceptibility of anaerobic bacteria in vitro to 23 antimicrobial agents. Chemotherapy 26：344.

Boyen F，et al. 2011. Acquired antimicrobial resistance in equine *Rhodococcus equi* isolates. Vet Rec 168：101a.

Chiodini RJ. 1990. Bactericidal activities of various antimi-crobial agents against human and animal isolates of *Mycobacterium paratuberculosis*. Antimicrob Agents Chemother 34：366.

Frank LA. 1990. Clinical pharmacology of rifampin. J AmVet Med Assoc 197：114.

Giguère S，et al. 2004. Retrospective comparison of azithromycin，clarithromycin，and erythromycin for the treatment of foals with *Rhodococcus equi* pneumonia. J Vet Intern Med 18：568.

Giguère S，et al. 2012. In vitro synergy，pharmacodynamics，and postantibiotic effect of 11 antimicrobial agents against *Rhodococcus equi*. Vet Microbiol 160：207.

Kadlec K，et al. 2011. Molecular basis of rifampicin resistance in methicillin-resistant *Staphylococcus pseudintermedius* isolates from dogs. J Antimicrob Chemother 66：1236.

Kenney DG，et al. 1994. Development of reactive arthritis and resistance to erythromycin and rifampin in a foal during treatment for *Rhodococcus equi* pneumonia. Equine Vet J 26：246.

Kohn CW，et al. 1993. Pharmacokinetics of single intravenous and single and multiple dose oral administration of rifampin in mares. J Vet Pharmacol Ther 16：119.

Kyokawa Y，et al. 2001. Induction of intestinal cytochrome P450（CYP3A）by rifampicin in beagle dogs. Chem Biol Interact 134：291.

Rubin JE，Chirino-Trejo M. 2011. Antimicrobial susceptibility of canine and human *Staphylococcus aureus* collected in Saskatoon, Canada. Zoonoses Public Health 58：454.

Rubin JE，et al. 2011. Antimicrobial susceptibility of *Staphylococcus aureus* and *Staphylococcus pseudintermedius* isolated from various animals. Can Vet J 52：153.

Tupin A，et al. 2010. Resistance to rifampicin：at the crossroads between ecological，genomic and medical concerns. Int J Antimicrob Agents 35：519.

Van der Heyden S，et al. 2012. Influence of P-glycoprotein modulation on plasma concentrations and pharmacokinetics of orally administered prednisolone in dogs. Am J Vet Res 73：900.

Wilson WD，et al. 1988. Pharmacokinetics，bioavailability，and in vitro antibacterial activity of rifampin in the horse. Am J Vet Res 49：2041.

Xu M，et al. 2005. Cross-resistance of *Escherichia coli* RNA polymerases conferring rifampin resistance to different antibiotics. J Bacteriol 187：2783.

第五节　噁唑烷酮类

噁唑烷酮类是一类新型的化学合成抗菌药。它们显示出独特的抑制蛋白质合成的作用机制，对许多重要的人类病原菌有活性，如耐甲氧西林金黄色葡萄球菌、耐万古霉素肠球菌、耐青霉素、头孢菌素肺炎链球菌（Diekema 和 Jones，2000)。在 2000 年，利奈唑胺成为首个被批准用于人医的噁唑烷酮类，许多噁唑烷酮类衍生物正在研发中。

一、作用机制

噁唑烷酮类通过结合核糖体 50S 亚基上的 23S 核糖体 RNA（rRNA)，可逆性地阻断蛋白质合成，结合位点在 50S 亚基与 30S 亚基的交界处。利奈唑胺结合位点邻近氯霉素和林可霉素的结合位点，并与这些药物的结合存在竞争性。虽然它们共享结合位点，但是它们的作用机制是不一样的，氯霉素抑制肽键形成而利奈唑胺抑制起始复合物的形成。所以在利奈唑胺和氯霉素或林可霉素之间有极少的交叉耐药性。

二、抗菌活性

在体外利奈唑胺对多种革兰氏阳性菌有活性，对葡萄球菌、肠球菌有抑菌活性，对链球菌常有杀菌活性。对葡萄球菌属 MIC≤4μg/mL，对肠球菌属和链球菌属 MIC≤2μg/mL，均被认为对利奈唑胺敏感。MIC≥8μg/mL 的菌株可认为具有耐药性。利奈唑胺能够有效抑制葡萄球菌，包括耐甲氧西林金黄色葡萄球菌和表皮葡萄球菌，对万古霉素中度敏感的金黄色葡萄球菌对利奈唑胺也敏感。利奈唑胺能有效抑制屎肠球菌和粪肠球菌，包括耐万古霉素的菌株。对单核细胞增生性李斯特菌和马红球菌也有活性。临床上利奈唑胺对需氧革兰氏阴性菌没有活性，但利奈唑胺对大多数厌氧菌如产气荚膜梭菌、艰难梭菌、消化链球菌属有活性，而梭菌属、脆弱拟杆菌分离株有耐药性或中度敏感。

三、耐药性

利奈唑胺对耐其他药物的革兰氏阳性球菌有活性。此外，在体外利奈唑胺诱导细菌产生耐药性很困难，因为自发耐药突变率非常低。利奈唑胺对人体 98%以上的葡萄球菌有活性，耐药菌为 0.05%的金黄色葡萄球菌和 1.4%的凝固酶阴性葡萄球菌。利奈唑胺最普遍的耐药机制是因为 23SrRNA 的突变或是存在可传播的核糖体甲基转移酶。由于葡萄球菌和肠球菌出现对利奈唑胺的耐药性，使得临床上治疗由这些菌引起的感染成为严重的挑战（Gu 等，2012；Herrero 等，2002)。

四、药代动力学

利奈唑胺有口服和注射给药的制剂。利奈唑胺对人和犬口服给药后快速而广泛地吸收，生物利用度高达 95%，在不到 2h 达到最大血药浓度。利奈唑胺在犬的血浆消除半衰期大约是 4h，分布容积是 0.63L/kg。利奈唑胺蛋白质结合率只有 30%，能较好地分布到机体所有组织中，包括脑脊液。利奈唑胺在犬中均等地通过肾脏和肝脏消除。

五、毒性和不良反应

据报道，人的临床不良反应通常与长期使用药物相关，并且大部分反应在停药后可以逆转（Ager 和 Gould，2012）。部分不良反应的产生似乎是由于线粒体的核糖体被抑制（（Barnhil 等，2012）。最常见的不良反应有腹泻、头痛、恶心和呕吐。骨髓抑制、乳酸性酸中毒和肝功能障碍也有报道。在家畜中临床相关剂量下利奈唑胺的安全性还未确定。

六、临床适应证

利奈唑胺在人医用于治疗耐万古霉素肠球菌感染，金黄色葡萄球菌或多重耐药性肺炎链球菌的院内感染和社区感染肺炎，以及耐甲氧西林葡萄球菌引起的皮肤感染。利奈唑胺也可用于治疗来源于宠物犬的耐甲氧西林伪中间型葡萄球菌引起的主人的鼻窦炎（Kempker 等，2009）。家畜临床上使用利奈唑胺还未见公开报道，但犬脓皮病和骨科感染中伪中间葡萄球菌对甲氧西林耐药率增加，可选择的药物有限，会促进利奈唑胺在兽医中使用（Weese 等，2012）。在尝试了所有其他可替代的治疗方案后，才可以决定在兽医中使用利奈唑胺治疗高耐药性病原体感染，还要考虑到对宠物接触者（人）和其他动物的健康风险（Frank 和 Loeffler，2012；Papich，2012）。

参考文献

Ager S，Gould K. 2012. Clinical update on linezolid in the treatment of Grampositive bacterial infections. Infect Drug Resist 5：87.

Barnhill AE，et al. 2012. Adverse effects of antimicrobials via predictable or idiosyncratic inhibition of host mitochondrial components. Antimicrob Agents Chemother 56：4046.

Diekema DI，Jones RN. 2000. Oxazolidinones：areview. Drugs 59：7.

Frank LA，Loeffler A. 2012. Meticillin-resistant *Staphylococcus pseudintermedius*：clinical challenge and treatment options. Vet Dermatol 23：283.

Gu B，et al. 2012. The emerging problem of linezolid-resistant *Staphylococcus*. J Antimicrob Chemother 68：4.

Herrero IA，et al. 2002. Nosocomial spread of linezolid-resistant，vancomycin-resistant *Enterococcus faecium*. N Engl J Med 346：867.

Kempker R，et al. 2009. Beware of the pet dog：a case of *Staphylococcus intermedius* infection. Am J Med Sci 338：425.

Papich MG. 2012. Selection of antibiotics for meticillin-resistant *Staphylococcus pseudintermedius*：time to revisit some old drugs? Vet Dermatol 23：352.

Slatter JG，et al. 2002. Pharmacokinetics，toxicokinetics，distribution，metabolism and excretion of linezolid in mouse，rat and dog. Xenobiotica 32：907.

Weese JS，et al. 2012. Factors associated with methicillin-resistant versus methicillin-susceptible *Staphylococcus pseudintermedius* infection in dogs. J Am Vet Med Assoc 240：1450.

Zhanel GG，et al. 2001. A critical review of oxazolidinones：an alternative or replacement for glycopeptides and streptogramins? Can J Infect Dis 12：379.

第六节　卡巴氧

卡巴氧是一种喹噁啉类 N，N-二氧化物的衍生物，常用于促进猪的生长以及用于控制和预防猪痢疾与细菌性肠炎。在世界许多地区，卡巴氧用于 4 周龄以上的动物，且这些动物屠宰供人食用前休药期为 4 周。在一些国家用于动物促生长的其他喹噁啉类药物包括喹乙醇和喹赛多。卡巴氧抑制细菌 DNA 的合成，并使已经存在的 DNA 变性，该药在厌氧环境下的活性比在有氧环境下更强，其对 DNA 的作用，就像硝基呋喃类药物，都是由不稳定的喹噁啉类 N，N-二氧化物的还原产物引起。

卡巴氧对梭状芽孢杆菌（MIC≤0.25μg/mL）、猪痢疾密螺旋体（MIC<0.005μg/mL）具有高度活性，在厌氧条件下对需氧菌也有高度活性。喹噁啉类药物对部分衣原体/嗜衣原体属和原虫有活性。猪痢疾的田间耐药现象已被发现，但其耐药机制尚未阐明。

卡巴氧以 55mg/kg 在饲料中添加，可促进猪生长和提高饲料转化率。饲料含卡巴氧低至 50mg/kg，能诱导醛固酮分泌减少，时间和浓度依赖性地损害肾上腺皮质球状带。此外，经观察还会导致猪粪便干燥、饮尿、生长迟缓和状况不佳等轻度影响。若饲料含卡巴氧达 300mg/kg，则会导致猪后肢麻痹甚至可能发生死亡（Power 等，1989）。喹乙醇在猪中能引起相似的毒性，但喹赛多毒性较低（Nabuurs 等，1990）。

卡巴氧在美国仍然批准用于猪，但由于考虑到其有致癌性和遗传毒性，在加拿大、澳大利亚和欧盟被禁用。2003 年，加拿大卫生部已要求食品添加剂联合专家委员会（JECFA）复审卡巴氧残留的安全性及评价时所采用的分析方法学。卡巴氧和它的代谢产物（脱氧卡巴氧和酰肼）被发现对啮齿动物有遗传毒性和致癌性。但其最终代谢物喹噁啉-2-羧酸（QCA）未发现对动物有致癌或致基因突变的作用。初步的残留研究表明卡巴氧及有基因毒性的代谢物在肝脏和肌肉中快速消除，浓度降至$<2\mu g/kg$，为当时分析方法的检测限（Macintosh 等，1985）。喹噁啉-2-羧酸是滞留时间最长的代谢产物，并且是用药后 72h 能在猪可食组织中检测到的唯一残留物。休药 28d 后，其在肝脏中的残留浓度$< 30\mu g/kg$，在肌肉中残留为 $5\mu g/kg$，为当时所采用分析方法的定量限。食品添加剂联合专家委员会主要基于有关残留浓度的新资料对卡巴氧进行了复审，新的资料表明实验中休药 15d 后其代谢产物脱氧卡巴氧仍存在于动物的可食用组织中。滥用卡巴氧及猪育肥期日粮中卡巴氧交叉污染的相关报道，以及对脱氧卡巴氧检测能力的提高，上述两方面因素让人们更加关注使用卡巴氧对人类引起的安全隐患。该委员会认为卡巴氧和脱氧卡巴氧都是有遗传毒性的致癌物，并认为不可能确定一个猪饲用卡巴氧的剂量，此剂量下人消费猪可食性组织所存在的风险是可承受的，故该委员会没有设立卡巴氧每日允许摄入量（ADI）。美国食品药品监督管理局（FDA）也认为卡巴氧及其代谢产物均为致癌物质，但仍然允许其使用于猪，休药期为 70d。在欧洲已经撤销喹乙醇的使用，因为有案例说明养猪农户会有光变态反应即“光毒性接触性皮炎”。

参考文献

Nabuurs MJ，et al. 1990. Clinical signs and performance of pigs treated with different doses of carbadox，cyadox and olaquindox. Zentralbl Veterinarmed A 37：68.

Power SB，et al. 1989. Accidental carbadox overdosage in pigs in an Irish weaner-producing herd. Vet Rec 124：367.

Van der Molen EJ. 1988. Pathological effects of carbadox in pigs with special emphasis on the adrenal. J Comp Pathol 98：55.

第七节　梭链孢酸

梭链孢酸是一种亲脂性类固醇抗生素，是一种梭链孢烷（类似头孢菌素 P_1 和烟曲霉酸），是红花梭链孢菌（*Fusidium coccineum*）的产物，可用的有易溶性钠盐。梭链孢酸能通过抑制氨酰基 tRNA 与核糖体 A 位点的结合从而阻止蛋白质的合成。梭链孢酸钠主要对革兰氏阳性菌有活性，起初对金黄色葡萄球菌和伪中间型葡萄球菌有极好的抗菌活性（MIC$\leqslant 0.03\mu g/mL$），但由于获得耐药基因从而导致快速产生耐药性。革兰氏阴性杆菌对梭链孢酸固有耐药。

人口服梭链孢酸用于治疗严重的葡萄球菌感染（Wang 等，2012），但是北美没有批准这样用（Fernandes 和 Pereira，2011）。在犬局部用药用于治疗葡萄球菌的局部感染（Guardabassi 等，2004；Saijonmaa-Koulumies 等，1998；Valentine 等，2012），但是已有报道证实伪中间型葡萄球菌能产生耐药性（Loeffler 等，2008；Pedersen 等，2007）。在一些国家作为眼用软膏用于治疗犬、猫由革兰氏阳性菌引起的角膜炎。

参考文献

Fernandes P，Pereira D. 2011. Efforts to support the development of fusidic acid in the United States. Clin Infect Dis 52 Suppl 7：S542.

Guardabassi L，et al. 2004. Transmission of multiple antimicrobial-resistant *Staphylococcus intermedius* between dogs affected by deep pyoderma and their owners. Vet Microbiol 98：23.

Loeffler A，et al. 2008. In vitro activity of fusidic acid and mupirocin against coagulase-positive staphylococci from pets. J Antimicrob Chemother 62：1301.

Pedersen K，et al. 2007. Occurrence of antimicrobial resistance in bacteria from diagnostic samples from dogs. J Antimicrob Chemother 60：775.

Saijonmaa-Koulumies L，et al. 1998. Elimination of *Staphylococcus intermedius* in healthy dogs by topical treatment with fusidic acid. J Small Anim Pract 39：341.

Valentine BK，et al. 2012. In vitro evaluation of topical biocide and antimicrobial susceptibility of *Staphylococcus pseudintermedius* from dogs. Vet Dermatol 23：493.

Wang JL，et al. 2012. Fusidic acid for the treatment of bone and joint infections caused by meticillin-resistant *Staphylococcus aureus*. Int J Antimicrob Agents 40：103.

第八节　异烟肼

异烟肼是异烟酸的酰肼，其分子质量低，水溶性好。异烟肼是人类最有效的抗结核药，在 0.05～0.2μg/mL 的浓度对结核分枝杆菌呈杀菌活性，牛分枝杆菌同样敏感，但鸟胞内禽分枝杆菌和其他非典型分枝杆菌耐药。许多堪萨斯分枝杆菌，牛放线菌敏感。因细菌容易产生耐药性，故异烟肼常与其他抗菌药物合用。异烟肼的抗菌作用机理仍在研究中，但它似乎能抑制分枝菌酸环丙烷合成酶（Banerjee 和 Bhattacharyya，2012）。

异烟肼能很好地从肠道吸收，组织分布好，包括能分布到脑髓液中。毒性作用发生于遗传性的异烟肼慢速乙酰化者（Kinzig-Schippers 等，2005）。异烟肼已被用于治疗牛放线菌病（Watts 等，1973）和约内氏病（牛副结核病，鸟分枝杆菌副结核亚种引起）(Fecteau 和 Whitlock，2011)。异烟肼与来自结核分枝杆菌细胞壁碎片的疫苗一起使用对山羊分枝杆菌感染有效（Domingo 等，2009）。异烟肼没有被批准用于食品动物，没有相关的药代动力学或残留消除资料。

异烟肼单剂量给药 300mg 会导致犬危及生命的中枢神经系统中毒（Doherty，1982；Haburjak 和 Spangler，2002）。正如甲硝唑中毒一样，地西泮通过改善中枢神经系统的 GABA 能的传递具有解毒作用，并证明能有效保护动物免受惊厥和死亡（Villar 等，1995）。

参考文献

Banerjee D，Bhattacharyya R. 2012. Isoniazid and thioacetazone may exhibit antitubercular activity by binding directly with the active site of mycolic acid cyclopropane synthase：hypothesis based on computational analysis. Bioinformation 8：787.

Doherty T. 1982. Isoniazid poisoning in a dog. Vet Rec 111：460.

Domingo M，et al. 2009. Effectiveness and safety of a treatment regimen based on isoniazid plus vaccination with Mycobacterium tuberculosis cells' fragments：field-study with naturally *Mycobacterium caprae*-infected goats. Scand J Immunol 69：500.

Fecteau ME，Whitlock RH. 2011. Treatment and chemopro-phylaxis for paratuberculosis. Vet Clin North Am Food Anim Pract 27：547.

Haburjak JJ，Spangler WL. 2002. Isoniazid-induced seizures with secondary rhabdomyolysis and associated acute renal failure in a dog. J Small Anim Pract 43：182.

Kinzig-Schippers M，et al. 2005. Should we use N-acetyl-transferase type 2 genotyping to personalize isoniazid doses? Antimicrob Agents Chemother 49：1733.

Villar D，et al. 1995. Treatment of acute isoniazid overdose in dogs. Vet Hum Toxicol 37：473.

Watts TC，et al. 1973. Treatment of bovine actinomycosis with isoniazid. Can Vet J 14：223.

第九节　莫匹罗星

莫匹罗星（假单孢菌酸）是一种分离自荧光假单胞菌（*Pseudomonas fluorescens*）的新型抗生素，通过阻止异亮氨酸进入蛋白链，即作为细菌的异亮氨酰转移 RNA 合成酶（IleS）强大抑制剂阻止蛋白质的合成。莫匹罗星对多种革兰氏阳性菌有活性，但最有价值的是治疗局部葡萄球菌感染。莫匹罗星对从犬、猫分离的耐甲氧西林金黄色葡萄球菌（MRSA）和耐甲氧西林伪中间型金黄色葡萄球菌（MRSP）通常是敏感的（MIC≤2μg/mL；Loeffler 等，2008）。莫匹罗星呈抑菌作用，但是在类似皮肤许多部位的低 pH 环境中呈杀菌作用。莫匹罗星全身给药后快速代谢，所以仅用于局部给药。

莫匹罗星在英国 1985 年用于临床实践中，一直能非常有效地治疗人葡萄球菌皮肤感染和清除鼻腔定值的 MRSA。皮肤用软膏（聚乙二醇）和鼻用霜剂（软石蜡）目前正在全球 90 多个国家注册使用。临床应用后其耐药性很快产生，从人和犬中分离的葡萄球菌中已经发现耐药性（Fulham 等，2011；Rubin 和 Chirino-Trejo，2011）。低水平的耐药性是由于一个染色体编码（IleS）发生突变，是稳定的、不可转移的。莫匹罗星高水平的耐药性（MIC≥512μg/mL）是由 *mupA* 基因表达介导的，该基因编码一个替代性的异亮氨酰 tRNA 合成酶。由于莫匹罗星的新型抗菌机制，所以与其他抗生素不会发生交叉耐药性（Cookson，1998），但是 *mupA* 基因可与其他抗生素耐药基因共同转移，已观察到可与三氯生、四环素和甲氧苄啶耐药基因共同转移。在金黄色葡萄球菌中已经确定了一种新型高水平耐药机制即基因突变 B（mupB，Seah 等，2012）。对于宠物的主人来说，犬是他体内定植的耐莫匹罗星 MRSA 的来源库。有一对夫妇，只有在使用万古霉素软膏将家庭所养犬鼻孔内 MRSA 成功清除后，才解决了他们的 MRSA 感染和鼻腔定植问题（Manian，2003）。虽然敏感，但莫匹罗星不能有效地清除所有携带 MRSA 的马医院职员体内的 MRSA 定植（Sieber 等，2011）。清除 MRSA 失败的原因可能是由于产生的黏液限制了药物的穿透性（Ogura 等，2012）。

莫匹罗星在美国作为兽用产品局部用于治疗犬的脓皮症，然而，在加拿大仅作为一种人用药物。莫匹罗星软膏能很好地渗透进肉芽肿病变部位，如趾间脓肿。考虑到莫匹罗星在人医上治疗葡萄球菌感染的价值及产生耐药性的风险，兽医临床上把莫匹罗星作为皮肤感染的日常用药是不慎重的。

参 考 文 献

Cookson BD. 1998. The emergence of mupirocin resistance：a challenge to infection control and antibiotic prescribing practice. J Antimicrob Chemother 41：11.

Fulham KS，et al. 2011. In vitro susceptibility testing of meticillin-resistant and meticillin-susceptible staphylococci to mupirocin and novobiocin. Vet Dermatol 22：88.

Loeffler A，et al. 2008. In vitro activity of fusidic acid and mupirocin against coagulase-positive staphylococci from pets. J Antimicrob Chemother 62：1301.

Manian FA. 2003. Asymptomatic nasal carriage of mupirocin-resistant，methicillin-resistant *Staphylococcus aureus* (MRSA) in a pet dog associated with MRSA infection in household contacts. Clin Infect Dis 36：e26.

Ogura M，et al. 2012. Comparative analysis of MRSA strains isolated from cases of mupirocin ointment treatment in which eradication was successful and in which eradication failed. J Infect Chemother 19：196.

Rubin JE，Chirino-Trejo M. 2011. Antimicrobial susceptibility of canine and human *Staphylococcus aureus* collected in Saskatoon，Canada. Zoonoses Public Health 58：454.

Seah C，et al. 2012. MupB，a new high-level mupirocin resistance mechanism in *Staphylococcus aureus*. Antimicrob Agents Chemother 56：1916.

Sieber S，et al. 2011. Evolution of multidrug-resistant *Staphylococcus aureus* infections in horses and colonized personnel in an equine clinic between 2005 and 2010. Microb Drug Resist 17：471.

第十节　乌洛托品

乌洛托品（六亚甲基四胺）是一种化学式为 $(CH_2)_6N_4$ 极易溶于水的碱性化学物质，在酸性尿液中能够被分解并释放出甲醛，可用的是扁桃酸盐或者马尿酸盐。口服给药后，乌洛托品能够很好地被吸收并且通过肾小球过滤和肾小管分泌的方式在尿液中以原形排出。如果尿液呈强酸性（pH＜5.5），那么乌洛托品释放的甲醛则充当着非特异性尿道防腐剂。在 pH 更小的酸性尿液中，乌洛托品对尿道病原菌的最小抑菌浓度显著降低，所以在使用乌洛托品的同时给予维生素 C 或氯化铵，以确保尿液呈酸性。

按照 0.25mg/15kg，每 6h 给药 1 次的方案，乌洛托品可被用来长期预防犬、猫反复发生的尿路感染。产尿素酶的细菌如葡萄球菌和变形杆菌对乌洛托品不敏感，它们通过释放尿素中的氨使得尿液呈强碱性。乌洛托品不适用于肝功能不全的患病动物，所产生的少量氨和甲醛可能对肝导致进一步的损害。

第十一节　新生霉素

新生霉素（图 19.3）是链霉菌产生的一种抗生素，用于治疗金黄色葡萄球菌局部感染，包括奶牛乳腺炎，并且可以作为一种口服药物治疗犬的呼吸道感染（与四环素药物合用）。新生霉素是一种香豆素类抗生素，制成难溶于水的二元酸钙盐或更易溶于水的一元钠盐。

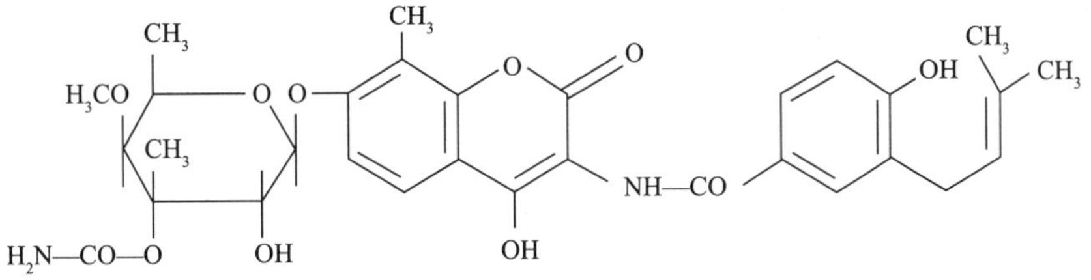

图 19.3　新生霉素的结构式

新生霉素可使 DNA 旋转酶的 β 亚基失活，抑制超螺旋形成，抑制 DNA 依赖性 ATP 酶和 DNA 的连接/断开。新生霉素对金黄色葡萄球菌非常有效，对于链球菌和对营养要求苛刻的革兰氏阴性菌（嗜组织菌、布鲁氏菌）效果稍差，对肠杆菌科和假单胞菌最差（表 19.4）。在牛乳房炎的细菌分离研究中，95%的金黄色葡萄球菌、60%的停乳链球菌、40%的无乳链球菌都对新生霉素敏感。因新生霉素对犬分离的耐甲氧西林及敏感的葡萄球菌的大部分均有活性，人们重新对使用新生霉素治疗葡萄球菌感染产生了兴趣。从动物体分离出来的木糖葡萄球菌和松鼠葡萄球菌对新生霉素有耐药性。许多支原体对新生霉素中度敏感。细菌对药物的 MIC≤4μg/mL 为敏感，MIC=8μg/mL 为中度敏感，MIC≥16μg/mL 为耐药。体外实验中染色体耐药性很容易发生，并且有报道在金黄色葡萄球菌感染治疗期间也能发生。有报道表明新生霉素与青霉素 G 对牛金黄色葡萄球菌和链球菌具有中度协同作用，有人认为新生霉素与四环素协同作用是实验室的人为假象，与四环素和镁螯合有关。

表 19.4　新生霉素对所选细菌体外活性（MIC_{90}，μg/mL）

微生物	MIC_{90}	微生物	MIC_{90}
革兰氏阳性需氧菌			
化脓隐秘杆菌	64	马红球菌	>64
牛棒状杆菌	1	金黄色葡萄球菌	2[a]
粪肠球菌	64	无乳链球菌	16
猪丹毒杆菌	>64	化脓性链球菌	4
单核细胞增生性李斯特菌	2	乳房链球菌	2[a]
革兰氏阳性厌氧菌			
放线杆菌属	16	产气荚膜梭菌	1
革兰氏阴性需氧菌			
布鲁氏菌	2	多杀性巴氏杆菌	16
大肠杆菌	>64	变形杆菌属	64
睡眠嗜组织菌	≤0.13	铜绿假单胞菌	>64
溶血性曼氏杆菌	64	马生殖道泰勒菌	2
支原体			
绵羊肺炎支原体	8		

注：a 由于耐药性，一些记录远高于这些数据。

新生霉素在人体的胃肠道给药吸收良好，消除半衰期为2～4h。其组织渗透能力一般。药物主要通过胆汁排泄，会出现肝肠循环。人在使用过程中常出现皮疹，新生霉素是肝脏代谢的抑制剂，偶尔会发生嗜酸性粒细胞增多、血小板减少、白细胞减少。奶牛乳房灌注新生霉素可能发生皮疹。

兽医临床新生霉素主要用于局部治疗由金黄色葡萄球菌感染引起的奶牛乳腺炎。与普鲁卡因青霉素G合用，用于治疗干乳期奶牛乳腺炎，临床疗效尚可（Owens等，2001）。小母牛在产前乳房内合用青霉素与新生霉素，能显著降低泌乳早期母牛和乳区乳房炎致病菌的感染率（Oliver等，2004）。在美国，新生霉素通过2种联合用药治疗犬的呼吸道感染：一种是与四环素合用；另一种是和四环素、强的松龙合用，这种组合的使用在治疗气管支气管炎有效（"犬窝咳"；Maxey，1980）。由于新生霉素对于葡萄球菌包括耐甲氧西林菌株的活性，在小动物中使用可能会增多。

参考文献

Fulham KS，et al. 2011. In vitro susceptibility testing of meticillin-resistant and meticillin-susceptible staphylococci to mupirocin and novobiocin. Vet Dermatol 22：88.

Maxey BW. 1980. Efficacy of tetracycline/novobiocin combination against canine upper respiratory infections. Vet Med Small Anim Clin 75：89.

Oliver SP，et al. 2004. Influence of prepartum pirlimycin hydrochloride or penicillin-novobiocin therapy on mastitis in heifers during early lactation. J Dairy Sci 87：1727.

Owens WE，et al. 2001. Prevalence of mastitis in dairy heifers and effectiveness of antibiotic therapy. J Dairy Sci 84：814.

第二十章　抗真菌化学治疗

Steeve Giguère

有资料证实在过去的20年间，真菌感染的发生率有所上升。随着对患者管理技术和治疗方法的进步，如骨髓和器官移植；新的和更有效的化学治疗药物的出现；更积极地使用化疗；以及艾滋病感染患者数量的增加；这些都是导致人类各种真菌感染率显著上升的因素。其中的一些因素可能也是导致家畜真菌感染率上升的原因。真菌也正在成为能引起住院患者显著发病和死亡的重要医院内病原菌。对许多住院的患病动物来说，除了免疫抑制外，常见的风险因素还包括营养不良、留置导尿管，及其机体内正常的微生物菌群被强效广谱抗菌药破坏等。

至今，适用于全身使用的抗真菌药仅限于几种药物，其中最有效的是具有高毒性的两性霉素B。由于真菌感染成为了重要的公共卫生问题，于是开发出了抗菌谱更广、作用于不同靶部位或不良反应更少的新型抗真菌药物。尽管人类在不懈努力，但是适用于全身使用的抗真菌药物数量仍很有限（表20.1）。这是由于哺乳动物和真菌病原体的细胞存在许多共同特征，属真菌特有的、重要的而宿主没有的潜在药物作用靶点很少。抗真菌药的主要作用部位包括：①细胞膜（多烯类、唑类）；②细胞壁（棘白菌素类、尼可霉素类）；③核酸和蛋白质的合成（氟胞嘧啶、粪壳菌素类，图20.1）。

表20.1　全身与局部用抗真菌药

分类	药物	剂型	抗菌谱
烯丙胺类	特比萘芬	O，T	广谱[a]
	萘夫替芬	T	广谱
嘧啶合成抑制剂	氟胞嘧啶	O，IV*	酵母菌[b]，一些曲霉菌
唑类（咪唑类）	酮康唑	O，T	皮肤癣菌，酵母菌，双态性真菌[c]
	咪康唑	T	广谱
	恩康唑	T	广谱
	克霉唑	T	广谱
	其他[d]	T	
唑类（三唑类）	氟康唑	O，IV，T	酵母菌，双态性真菌
	伊曲康唑	O，IV	广谱
	伏立康唑	O，IV	广谱
	泊沙康唑	O	广谱
棘白菌素类	卡泊芬净	IV	念珠菌，曲霉菌
	阿尼芬净	IV	念珠菌，曲霉菌
	米卡芬净	IV	念珠菌，曲霉菌
多烯类	两性霉素B	IV，T	广谱
	制霉菌素	T	酵母菌
	那他霉素	T	广谱
其他	灰黄霉素	O	皮肤癣菌
	阿莫罗芬	T	皮肤癣菌，念珠菌
	布替萘芬	T	皮肤癣菌

（续）

分类	药物	剂型	抗菌谱
其他	环吡酮胺	T	皮肤癣菌，酵母菌
	碘炔三氯酚	T	皮肤癣菌，念珠菌
	托萘酯	T	皮肤癣菌
	十一碳烯酸	T	皮肤癣菌

注：O：口服；IV：静脉注射；T：局部用药。

a 广谱：皮肤癣菌、酵母菌[b]、曲霉菌、双态性真菌[c]。

b 酵母菌：念珠菌、新型隐球菌、厚皮马拉色菌。

c 双态性真菌：皮炎芽生菌、荚膜组织胞浆菌、粗球孢子菌和申克孢子丝菌。

d 其他局部用咪唑类药物：联苯苄唑（bifonazole）、布康唑（butoconazole）、奥昔康唑（oxiconazole）、硫康唑（sulconazole）、特康唑（terconazole）、噻康唑（tioconazole）。

* 美国尚无注射给药剂型。

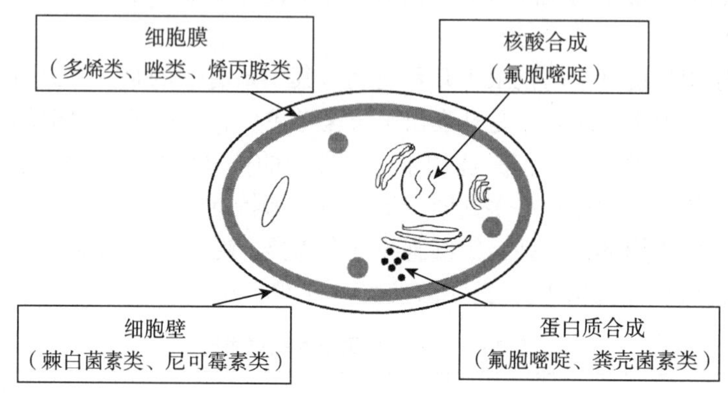

图 20.1　抗真菌药对真菌细胞作用机制

第一节　抗真菌药物药敏试验

体外抗真菌药物的药敏试验与细菌的药敏试验过程不同，这是由于所测定的真菌的生长形态可能为酵母菌或丝状真菌。CLSI 分别描述了这两种形态下的真菌药敏试验测定方法，见 M27 和 M38。M27 方法用于测定能造成机体侵袭性感染的酵母菌，包括念珠菌属和新型隐球菌。M38 方法用于测定一些能造成机体侵袭性感染的常见丝状真菌，如曲霉属真菌、镰刀菌、根霉菌、假阿利什菌和申克孢子丝菌的菌丝。CLSI 文件并没有给出一些双态性真菌酵母菌的标准化药敏试验方法，如芽生菌、球孢子菌和组织胞浆菌。测定真菌对药物敏感性的具体操作方法还需读者参阅这些文件。

由于在兽医临床微生物实验室抗真菌药物的敏感性试验不是常规试验，所以在大多情况下建议将分离到的菌株转到专门进行抗真菌药敏试验的实验室进行测定。这就导致成本显著增加，获得试验结果延迟。为了弥补这一缺陷，临床医生应该熟悉最常遇到的致病真菌的类型，以及这些真菌对其有权使用的抗真菌药物的敏感性如何。这些知识有利于进行适当的经验性治疗。然而应谨记，和细菌一样，真菌的敏感性并不总是可以预测的。关于真菌获得性或固有性耐药性均已有报道。

为了保证临床有效，需进行体外药物敏感性试验以可靠地预测临床治疗结果。许多因素都能影响临床效果，包括药物的药代动力学特性、药物相互作用、宿主的免疫反应、患病动物的护理、感染微生物的毒性等。因为很多因素都可以影响抗真菌药物的治疗效果，MIC 值低并不一定意味着临床治疗成功。同样，有报道指出真菌对某种抗真菌药耐药并不意味着使用这种抗真菌药的治疗效果不理想。然而，最近的许多研究证明，在人医，体外抗真菌药物的敏感性试验结果与其治疗效果相关（Rex 和 Pfaller，2002）。由于缺乏具体的兽医标准，我们可以借鉴人医标准。

第二节　抗真菌药物的耐药性

抗真菌药物的耐药性可以是固有的也可以是获得的。固有耐药性是某种或某株菌的遗传特性。相比之下，一株敏感菌由于长期使用抗真菌药治疗发展成耐药菌，就是所谓的获得耐药性。与获得耐药性相关的确切机制取决于抗真菌药物的作用方式，包括药物吸收减少、通过外排泵将药物排出或者药物与靶位酶的亲和力降低。与细菌细胞不同，完整的真菌细胞不容易接受外源DNA。因此，众多不同真菌类群间可转移的耐药性未见报道，耐药性的传播速度明显低于已知的细菌耐药性的传播速度。预防真菌耐药性的产生和传播取决于最大程度利用特定类型药物的药效特性，局部用药而不是全身用药（从而减少动物真菌群丛与抗真菌药物的接触）和卫生预防措施。另外，抗真菌药联合使用也是一个公认的可避免氟康唑出现耐药的策略。

第三节　抗真菌药的药效学

体外试验和实验室动物模型研究诠释了抗真菌药物的药效动力学特征。人医临床数据的分析结果也表明，在动物模型中确定的药效动力学指标能够预测人医临床的治疗结果（Andes，2004）。抗真菌药的活性可能是浓度依赖型、时间依赖型或是两者兼有。多烯类和棘白菌素类药物的抗真菌后效应较长，且属于浓度依赖型。最佳的药效预测指标是最大血药浓度（C_{max}）与MIC的比值为（3～10）∶1，比值越高药物活性越好。相对而言，氟胞嘧啶的抗真菌后效应时间短，最佳的药效预测指标是最大血药浓度高于特定病原体MIC的维持时间。三唑类药物的药效活性兼具时间和浓度依赖特征，其最好的药效预测指标是24h的药时曲线下面积（AUC）与MIC比值为25∶1。

第四节　全身给药的抗真菌药

一、烯丙胺类：萘夫替芬、特比萘芬

萘夫替芬外用治疗皮肤真菌感染，特比萘芬为口服和外用的人用药。特比萘芬用于治疗由皮肤真菌、马拉色菌和申克氏孢子丝菌引起的感染，有趣的是，其对念珠菌、双态性真菌和丝状真菌也有活性。其用于全身性治疗人持久的或难治疗的皮肤真菌感染时比酮康唑、伊曲康唑或灰黄霉素的效果更好。

1. 作用机制　烯丙胺类为合成药物，抑制合成麦角固醇的关键酶——角鲨烯环氧酶，麦角固醇是敏感真菌细胞膜中的主要甾醇。由于高浓度角鲨烯的蓄积使细胞膜的通透性增加，而导致真菌细胞死亡。

2. 抗菌活性　菌株的MIC≤1μg/mL为敏感菌，2～4μg/mL为中度敏感，MIC≥8μg/mL为耐药。在体外试验中，特比萘芬对皮肤癣菌及很多非皮肤癣菌的MIC值低，包括曲霉菌、皮炎芽生菌、新型隐球菌、荚膜组织胞浆菌、粗球孢子菌、马拉色菌、短帚霉菌、申克氏孢子丝菌和某些念珠菌，特比萘芬的杀真菌活性强于很多其他抗真菌药物。

3. 耐药性　即使长期使用特比萘芬，也未见有关于皮肤真菌出现获得性耐药的报道。

4. 药代动力学特性　特比萘芬是一种亲脂性烯丙胺化合物，口服吸收良好（人>70%），与血浆蛋白结合力强且呈非特异性。即使该药随食物同时服用，其吸收特征也不会改变。犬口服给药后吸收迅速（Sakai等，2012）。马口服特比萘芬的相对生物利用度不到犬的20%（Williams等，2011）。特比萘芬在人尿液和粪便中的排泄比例分别为80%和20%。特比萘芬能穿透角化组织，通过直接扩散穿过真皮层和活性上皮层进入角质层和皮脂层。因为特比萘芬可长时间滞留在皮肤中，因此其血药浓度并不能很好地指示靶器官中的药物浓度。在一项对猫的研究中，以低剂量（每24h给药10～20mg/kg）和高剂量（每24h给药30～40mg/kg）给药后，血浆中药物浓度差别不大，但是高剂量组中毛发中的药物浓度远高于低剂量组（Kotnik等，2001）。连续口服给药14d后，猫毛发中有效药物浓度的维持时间超过5周。

5. 药物相互作用　体内研究表明，特比萘芬是CYP450的抑制剂。特比萘芬与其他由CYP450 2D6同工酶代谢的药物联合使用后要密切监控患畜状况，而且应该减少由2D6代谢的药物的使用剂量。与CYP450酶诱导剂利福平联合使用时，特比萘芬的清除率增加了100%，与CYP450酶抑制剂西咪替丁联合使用时，其清除率减少了33%；与环孢霉素联用时，其清除率不受影响。

理论上来讲，唑类药物和特比萘芬联合使用应表现协同作用，因为它们作用于同一路径的不同位点。一些体外研究已经证实了这一点。在体外，特比萘芬与伊曲康唑、伏立康唑联合使用时显示对曲霉菌、念珠菌、毛霉菌，甚至对耐氟康唑念珠菌株和耐伊曲康唑曲霉菌株具有协同作用（Cuenta-Estrella，2004）。特比萘芬与卡泊芬净或氟康唑联合使用时，在体外对许多腐霉菌也有协同作用（Cavalheiro等，2009）。

有研究评价了特比萘芬和两性霉素 B 或氟胞嘧啶之间的相互作用。体外研究表明，这些药物联合使用对曲霉菌或其他真菌表现无关作用或是拮抗作用。

6. 毒性和不良反应 犬和猫对特比萘芬的耐受性良好，不良反应发生率低。不良反应出现在消化系统和皮肤。在人很少观察到肝药酶异常和血液学参数异常。

7. 用法与用量 给药剂量见表 20.2。

8. 临床应用 由于疗效好，不良反应发生率低，与其他抗真菌药相比，相对短的疗程就能取得临床治疗成功，特比萘芬常用于治疗人皮肤真菌病。特比萘芬也用于治疗一些患者的孢子丝菌病、曲霉病、黄色酵母菌病和利什曼病。也有研究表明，特比萘芬与三唑类药物联合使用时对耐药的念珠菌感染也有很好的疗效。

特比萘芬对犬小孢子菌、石膏样小孢子菌、须毛癣菌的体外活性强于灰黄霉素（Hofbauer 等，2002）。在犬和猫体内，研究表明特比萘芬对试验性或是自然感染的皮肤癣菌都有效。达到真菌学治愈的疗程为 33～63d（Kotnik 等，2002；Moriello，2004）。也有研究表明，特比萘芬对犬马拉色菌皮炎病中减少真菌菌落数量的效果至少与酮康唑是相同的（Rosales 等，2005）。也有相互独立的报道指出，特比萘芬联合伊曲康唑能够成功地治愈犬腐皮病。

表 20.2 部分全身用抗真菌药在家畜的常用剂量

物种	药物	剂量（mg/kg）	给药途径	给药间隔（h）
犬/猫	特比萘芬	30	口服	24
	两性霉素 B（常规型）	0.5（犬）；0.25（猫）	静脉注射*	3 次/周
	两性霉素 B（脂质）	1～3（犬）；1（猫）	静脉注射*	3 次/周
	氟胞嘧啶	50～75	口服	6～8
	酮康唑	10	口 服	12
	伊曲康唑	5	口服[a]	12～24
	伏立康唑	4（限于犬）	口服	12
	氟康唑	5～10	口服	12～24
	灰黄霉素（微粉）	50	口服	24
	灰黄霉素（超微粉）	10	口服	24
马	两性霉素 B（常规型）	0.3～0.9mg/kg	静脉注射*	24～48
	酮康唑	30（溶于 0.2mol/L 盐酸）	鼻胃管给药[b]	12
	氟康唑	5[c]	口服	24
	伊曲康唑	5	口服[a]	12～24
	伏立康唑	4	口服	24

注：* 用 5%的葡萄糖溶液稀释至 1mg/mL，给药间隔超过 1～2h。

a 口服悬浮液的生物利用度优于胶囊。

b 鼻胃插管需要避免盐酸对于口腔和喉咙的刺激。

c 推荐的负荷剂量是 14mg/kg。

二、多烯类：两性霉素 B

多烯类抗真菌药包括两性霉素 B、制霉菌素和那他霉素。两性霉素 B 通常是全身用药，而制霉菌素和那他霉素则是局部用药。两性霉素 B 多年来都是全身抗真菌治疗的中流砥柱。虽然对治疗酵母菌和双态真菌感染全身用药的地位受到唑类抗真菌药的挑战，但两性霉素 B 仍然是丝状真菌感染全身治疗的支柱药物。该药的主要优势是其杀真菌特性，所以其常用作威胁到生命的酵母菌或双态真菌感染的治疗。近年来研发出一种脂质剂型以避免其毒性，尽管昂贵，但正进入兽医临床使用。

1. 化学性质 两性霉素 B 是由结节链霉菌（*Streptomyces nodosus*）产生的七烯化合物（图 20.2）。它是一种两性多烯大环内酯类药物，难溶于水，在 37℃不稳定。其抗真菌效果在 pH 为 6.0～7.5 最好，随着 pH 降低，抗真菌效果也在减弱。两性霉素 B 脱氧胆酸钠与磷酸盐缓冲液混合后更易溶于水，常用作静脉给药。以脂质为成分的制剂（两性霉素 B 脂质体、两性霉素 B 胶体、两性霉素 B 脂质复合物）比两性霉素的传统剂型胶束混悬剂的毒性低。

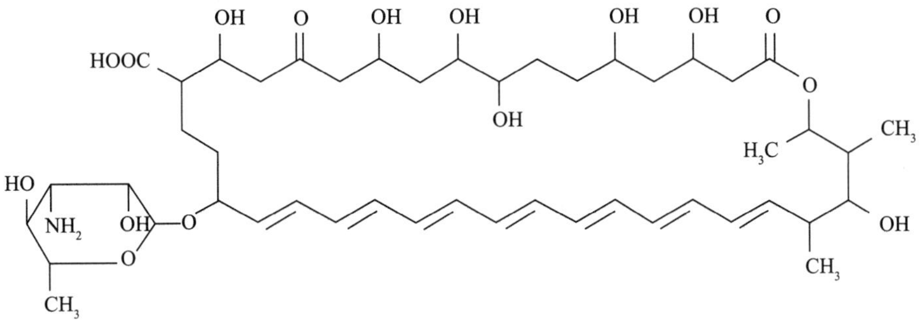

图 20.2　两性霉素 B 分子式

2. 作用机制　两性霉素 B 与真菌细胞膜的主要甾醇麦角固醇结合，导致细胞内容物渗漏。药物与哺乳动物细胞膜上胆固醇的结合能力弱于真菌细胞，但是能与哺乳动物细胞结合是其在临床上作为全身用抗真菌药的主要毒性。除了对细胞膜的作用，两性霉素 B 还可导致真菌细胞的氧化损伤。

3. 抗菌活性　两性霉素 B 是广谱抗真菌药，其优势为对多数致病真菌有杀真菌作用。MIC≤1μg/mL 为敏感。皮炎芽生菌、念珠菌、新型隐球菌、荚膜组织胞浆菌以及孢子丝菌通常都敏感，敏感性随顺序递减（表 20.3）。多数曲霉菌为敏感，但土曲霉菌和兰图鲁斯曲霉菌除外。皮肤癣菌和鲍氏假阿利什菌属对两性霉素 B 存在固有耐药性。一种能引起多种动物皮下和全身感染及牛乳房炎的原膜菌也对其敏感。

表 20.3　部分全身用抗真菌剂对常见致病真菌的体外活性（MIC_{90}，μg/mL）

病原体	抗真菌剂活性						
	两性霉素 B	氟胞嘧啶	酮康唑	氟康唑	伊曲康唑	伏立康唑	卡泊芬净
丝状真菌							
烟曲霉	1	＞64	16	＞64	0.5	0.25	0.06
毛霉菌属	0.25	＞64	＞64	＞64	＞8	8	＞16
根霉菌属	0.25	＞64	＞64	＞64	4	＞8	＞16
酵母菌							
念珠菌	0.5	0.125	0.125	0.25	0.03	0.03	1
光滑念珠菌	1	0.125	32	32	4	1	1
热带念珠菌	1	0.25	0.5	0.5	0.25	0.12	1
新型隐球菌	0.5	8	0.25	2	0.25	0.12	＞16
厚皮马拉色菌	4		＜0.03	8	＜0.03	2	＞256
双态性真菌							
皮炎芽生菌	0.5		0.5	32	0.25	0.25	8
粗球孢子菌	0.25	＞64	0.5	4	0.5	0.25	32
荚膜组织胞浆菌	0.25	＞64	0.25	2	0.25	0.25	4
申克孢子丝菌	4	＞64	4	＞64	4	4	＞16

4. 耐药性　念珠菌、孢子菌和毛霉菌的耐药性已有报道。尽管研究很少，但还是有研究表明敏感真菌，如念珠菌和新型隐球菌，在治疗的过程中有菌株产生耐药性。

5. 药代动力学特性　两性霉素 B 口服吸收很少（＜5%），所以要求静脉内给药。在犬体内，两性霉素 B 传统剂型静脉注射的半衰期为 26h（Kukui 等，2003）。认为药物与血浆蛋白或细胞脂蛋白结合，然后在这些部位缓慢释放。虽然只有 5%的注射剂量从肾脏排泄，但是在停止治疗几周后，人的尿液中仍会有药物排泄。能渗透进入脑脊液的药量很少（5%），但是如果患有脑膜炎时则渗透量增加。喷雾给药后，从肺吸收进入全身的药量很少；因此这种给药途径已成功地应用于治疗肺曲霉菌病。两性霉素的脂质剂型在不同的人差异很大。以脂质体给药后，血浆中两性霉素 B 的浓度比传统剂型要高得多。相比之下，由于药物分布到组织中的速度更快，以脂质复合物或是胶体剂型给药的血浆药物峰浓度就低得多。脂质剂型似乎能被网状内皮系统广泛吸收，这使脂质剂型在治疗上有相当大的优势。脂质复合物剂型能集中并蓄积在肺部组织，脂质体或传统剂型则不行（Matot 和 Pizov，2000）。这种与肺部的亲和力可能对治疗真菌性肺炎有帮助。

6. 药物相互作用 由于全身真菌感染性质严重及两性霉素 B 具有毒性，所以竭力去寻找与两性霉素 B 有协同作用的药物，就可以减少用药剂量并促进临床治愈。

在体外，两性霉素 B 和氟康唑联合使用对念珠菌、隐球菌和曲霉菌显示出相加或协同作用。这两种药的联合使用对人隐球菌性脑膜炎有协同作用，并且能加快治愈过程、减少复发率、更快杀灭脑脊液中的真菌和降低肾毒性。

理论上存在一种顾虑，就是联合使用两性霉素 B 和唑类药物能导致拮抗作用，因为唑类药物抑制麦角固醇的合成，而多烯类药物是与细胞膜上的麦角固醇结合的，这就致使结合到细胞膜上的多烯类药物减少。两性霉素 B 也可以通过破坏细胞膜的结构干扰唑类药物进入细胞。在体外，两性霉素 B 与不同的咪唑类或是三唑类药物联合使用对念珠菌、新型隐球菌和曲霉菌会产生难以解释的复杂的相互作用。念珠菌病的动物感染模型显示联合用药结果不好，大多研究显示无关或有拮抗作用。相反，一项人体临床试验显示，两性霉素 B 与氟康唑联合使用治疗侵袭性念珠菌病比单独使用氟康唑有显著的优势（Rex 等，2003）。侵袭性曲霉菌和新隐球菌的动物感染模型研究的试验结果却模棱两可，一些研究显示协同作用，一些研究显示拮抗作用，大部分研究显示无关作用（Cuenca-Estrella，2004）。两性霉素 B 和酮康唑的联合使用已成功应用于治疗犬的全身性真菌病（Richardson 等，1983）。但是在证明这个组合能产生最佳的效果之前，使用这种联合用药方案可能还为时过早。

7. 毒性和不良反应 使用胶束剂型（传统）两性霉素 B 治疗会伴随出现不可避免的肾毒性。在人，当总剂量低于 4g 时，损伤是可逆的。通过监测血清尿素氮（BUN）或肌酐含量显示肾损伤的程度，如果暂时停止治疗或减少剂量，这种肾损伤是可逆的。总剂量相同的情况下，与每天给药相比，隔天给药能降低肾毒性。其他不良反应包括注射部位的血栓性静脉炎、低血钾导致的心律失常、出汗、恶心、心神不安和抑郁。在犬和猫，当开始治疗的 3 或 4 周内开始出现肾毒性迹象，血清尿素氮的水平为 60～70mg/dL。这时毒性作用是可以逆转的，应该停止用药，直到血清尿素氮水平低于 40mg/dL。在治疗期间，应该每 2 周监测一次血清尿素氮的量。另外，也应该监测血清中钾的浓度，并且通过口服补钾来纠正低血钾症。犬和猫出现低血钾症的情况并不像人类那么普遍。在治疗隐球菌感染时与氟康唑联合使用降低了两性霉素 B 的剂量。

两性霉素 B 的脂质剂型减少了静脉输注相关的毒性（恶心、发热、发冷），并能明显地降低肾毒性。由于可以降低肾毒性，人的用药剂量从传统剂型的每 48h 0.5～1 mg/kg 提高到了脂质剂型每天 3～5mg/kg。在一项对人医文献的荟萃分析中，与传统剂型相比，脂质剂型在降低两性霉素 B 的死亡风险和肾毒性方面都有显著优势（Barrett 等，2003）。

传统剂型的两性霉素 B 在剂量大于 5mg/kg 时可以引起犬心脏异常改变，从而导致死亡。剂量为 2～5mg/kg 时偶尔会引起犬心律失常，但剂量＜1mg/kg 时对心脏没有影响。脂质体剂型的两性霉素 B 以每天 8mg/kg 和 16mg/kg 剂量给药时会导致犬体重减轻、呕吐和肾小管坏死。连续 30d 每天以 4mg/kg 剂量给药，有时会引起呕吐、血清尿素氮和肌酐浓度中度增加，及与肾小管坏死一致的组织病理学变化。相比之下，每天 1mg/kg 的剂量耐受性很好，仅出现尿量增加和尿比重降低（Bekerski 等，1999）。两性霉素 B 以脂质体剂型每天 4mg/kg 剂量给药，引起的肾脏和临床病变与已报道的胶体剂型每天 5mg/kg 剂量和传统剂型每天 0.6mg/kg 的剂量相似。

8. 用法与用量 给药剂量见表 20.2。在兽医临床上，未对两性霉素 B 的最佳剂量、总剂量和疗程达成共识。传统剂型两性霉素 B 的剂量一般在每天 0.25～1.0 mg/kg 范围内。

在除感染真菌外其他方面健康的犬，两性霉素 B 初始静脉给药剂量为每 48h 0.5mg/kg，通过监测血清尿氮素来预测是否出现肾损伤。如果血清尿氮素超过 60mg/dL，就要减少 25%～50%的用药剂量，直至血清尿氮素降到 40mg/dL 以下。缓慢地静脉输注是更佳的给药方式，因为这样可以减少药物导致全身中毒的严重程度（呕吐、腹泻、体重减轻），并且可以降低肾毒性（Legendre 等，1984；Rubin 等，1989）。对于严重衰弱的犬，建议初始静脉给药剂量为0.2mg/kg，每天剂量增加0.1mg/kg直至第4天（0.5 mg/kg），之后就维持该剂量。对于隐球菌感染的猫，两性霉素B与氟康唑联用，缩短了治愈感染所需要的疗程。

有报道称皮下注射两性霉素时，与0.45%的生理盐水和2.5%的葡萄糖混合使用，犬为500mL含0.5～0.8 mg/kg，猫为400mL含相同剂量，每周2～3次，以这种方式静脉注射大量的两性霉素不会产生明显的氮血症（Malik等，1996a）。以此剂量每周皮下注射2次或3次，并持续几个月，累积的药物剂量为每千克体重8～26mg。在上述研究中，与苯三唑联用以治疗隐球菌感染。使用传统剂型的两性霉素B时，疗程随临床反应而不同，或许可达12个星期。对于芽生菌病，药物总的累积剂量为12mg/kg。

关于脂质剂型的临床经验有限，推荐犬给药剂量1～3mg/kg，每周3次，共给药9～12次（累积剂量24～27 mg/kg）。对于猫，推荐剂量更低，1mg/kg，每周3次，给药12次（累积剂量12 mg/kg）（Grooters等，2003）。在兽医临床中因脂质剂型价格昂贵影响其优势的发挥。

9. 临床应用　两性霉素B是临床使用中毒性最大的抗菌药，但因其杀真菌作用，使其成为免疫功能不全的宿主患有全身性真菌感染（念珠菌、芽生菌、球孢子菌属、组织胞浆菌）时的首选药物。对非免疫功能不全的宿主毒性较低，但只有抑菌作用的三唑类药物可能对酵母菌感染具有同样的效力。兽医临床需要开展比较临床试验来支持这种观点。对由双态性真菌引起的非免疫功能不全宿主的全身感染，酮康唑或伊曲康唑可以与两性霉素B联合使用，也可以先用酮康唑或伊曲康唑，然后使用两性霉素B；或顺序相反，先用两性霉素B，然后使用酮康唑或伊曲康唑。在对115只芽生菌感染犬的回顾性研究中，伊曲康唑的治疗效果与两性霉素B和酮康唑联用的治疗效果相同（Arceneaux等，1998）。两性霉素B脂质复合物以每48h 1mg/kg剂量治疗犬的芽生菌病，总累积剂量达到8～12 mg/kg。总累积剂量达到12mg/kg多数犬可以临床治愈芽生菌病；在研究中总剂量为8 mg/kg的2只犬复发芽生菌病。没有犬出现肾损伤迹象（Krawiec等，1996）。

过去，两性霉素B是对全身性曲霉菌病和接合菌病（毛霉菌、根霉菌）唯一有效的抗真菌药物，但是新型三唑类药物伊曲康唑和伏立康唑也可以有效地治疗上述疾病。肺曲霉菌病可采用气雾剂治疗，因为从肺吸收进入全身循环的药量少，可以保证药物在肺部的浓度高且药物产生的毒性小。两性霉素B对动物鼻内或散播性的曲霉菌感染并非总是有效，可能因为致病的真菌对药物缺乏敏感性。可以首选两性霉素B或与伊曲康唑联合使用来治疗原膜菌感染（Stenner等，2007）。在近期的研究中，两性霉素B病灶内给药和伊曲康唑口服治疗26只感染孢子丝菌的猫，其中22只猫的临床症状缓解（Gremião等，2011）。两性霉素B的脂质剂型已经成功用于治疗犬的利什曼病，但是有报道称存在复发的现象（Lamothe，2001；Cortadellas，2003）。

在马属动物中，由于两性霉素B对于某些丝状真菌的抗菌活性较低，且有局部刺激性，并不适合局部治疗真菌性角膜炎。但是还是有一些马属动物采用两性霉素B病灶内给药或全身给药的报道。用于全身给药的剂量和方案范围很广（表20.2）。有报道每天静脉输注剂量为0.5mg/kg的两性霉素B，持续使用1个月，能成功地治愈肺隐球菌感染病。最近有研究证明，局部肢体静脉灌注两性霉素B治疗马四肢远端腐皮病有效（Dória等，2012）。

三、嘧啶合成抑制剂类：氟胞嘧啶

氟胞嘧啶（或5-氟胞嘧啶）是一种氟代嘧啶，一种微溶于水、易溶于乙醇的小分子化合物。它是唯一以代谢拮抗物机理发挥作用的一种抗真菌药。氟胞嘧啶在美国只有口服剂型，在其他国家也有肠道外给药的制剂。

1. 作用机制　在通透酶的介导下进入真菌细胞之后，氟胞嘧啶脱氨基成为5-氟尿嘧啶，吸收进入信使RNA。这种被破坏的信使RNA功能差，使得密码子顺序错乱并且产生错误的蛋白质。5-氟尿嘧啶转化成5-氟脱氧尿苷单磷酸酯后，又抑制在真菌DNA合成和核分裂中起作用的胸苷酸合成酶。

2. 抗真菌活性　氟胞嘧啶具有窄谱抗真菌活性，对于绝大多数新型隐球菌，80%～90%念珠菌和绝大多数球拟酵母菌有活性。大多数从牛乳房炎分离的酵母菌对其具有耐药性。然而小部分曲霉菌对其敏感，皮肤癣菌、其他丝状真菌和双态性真菌具有耐药性。MIC ≤4μg/mL认为敏感，MIC=8～16μg/mL认为中度敏感，MIC≥32μg/mL认为耐药。氟胞嘧啶浓度为5倍MIC时具有杀菌效果。

3. 耐药性 10%～20%的念珠菌、1%～2%的新型隐球菌对氟胞嘧啶耐药。由于容易在体外和体内产生耐药性，所以氟胞嘧啶不应该单独给药，而要与其他抗真菌剂联合使用。

4. 药代动力学特性 在人，氟胞嘧啶口服后在肠道内吸收良好，以 37.5mg/kg 的剂量给药时，在 1～2h 后血浆中药物浓度达到最高浓度 70～80μg/mL。在人体内半衰期为 4h，肾功能损伤时半衰期延长。该药渗入组织包括脑脊液的能力很强。药物大部分通过肾小球的滤过作用经尿液以原型排泄。

5. 药物相互作用 由于两性霉素 B 能增加真菌对氟胞嘧啶的渗透性，故与两性霉素 B 具有协同作用。治疗隐球菌病时，氟胞嘧啶与两性霉素 B 或唑类药物联合使用比两性霉素 B 或唑类药物单独治疗更有效。

6. 毒性和不良反应 氟胞嘧啶一般情况下耐受良好。报道的偶见不良反应包括可逆性的厌食、恶心、呕吐、腹泻、肝酶轻度升高和骨髓抑制导致白细胞减少。已经报道在犬会出现皮疹，特征是先褪色，随后出现溃疡、渗出和结痂（Malik 等，1996b）。停止治疗后皮肤损伤会缓解。

7. 用法与用量 给药剂量见表 20.2。该药以胶囊剂每天按照 150～225mg/kg 的剂量分 3～4 次服用。氟胞嘧啶常与两性霉素 B 或唑类抗真菌药联合使用，防止耐药突变菌的产生。

8. 临床应用 氟胞嘧啶的主要临床应用是治疗猫的隐球菌感染。但是，该用途很大程度上已被三唑类药物取代（Trivedi 等，2011）。该药应与两性霉素 B 或唑类药物联合使用，防止迅速产生耐药性。两性霉素 B 与氟胞嘧啶联合使用时，两性霉素 B 的剂量通常减少一半或更少，或者可以缩短两性霉素 B 的疗程。酮康唑可替代两性霉素 B 与氟胞嘧啶联合使用，并且与两种药物各自单独使用相比，可以显著缩短治疗时间（Shaw，1988）。试验证明使用其他唑类药物也有同样效果。有报道称单独使用氟胞嘧啶能够治愈猫的隐球菌病。然而由于可能产生耐药性，故并不推荐这样使用。

四、唑类：咪唑类和三唑类

唑类药物构成一大类化学合成抗真菌药物，包括很多有效局部治疗皮肤真菌感染和念珠菌表皮局部感染的药物。其中很多药物都适合全身给药。

唑类药物的抗真菌活性在 20 世纪 70 年代首次得到广泛评估。克霉唑和咪康唑两种咪唑类药物是有效的外用抗真菌药，但是两者都不能肠道外给药，因为克霉唑能够快速诱导肝钝化酶；咪康唑静脉注射时，增溶剂的毒性也限制了其使用。另一个咪唑类药物——酮康唑出现于 20 世纪 70 年代末，成为抗真菌治疗中的主要补充，具有广谱抗真菌、可以口服给药和毒性低的优点。对唑类药物进一步开发，通过三唑环代替咪唑环，产生了氟康唑、伊曲康唑、伏立康唑和泊沙康唑（图 20.3）。这些药物口服后可以显著增加半衰期和生物利用度，比许多咪唑类药物的抗真菌活性更强，毒性更低。

1. 作用机制 咪唑类和三唑类药物具有共同的抗真菌作用机制，即抑制依赖细胞色素 P450 的 14α-脱甲基酶，该酶负责将羊毛甾醇脱甲基变成麦角固醇。麦角固醇是真菌细胞膜上的主要固醇，就像胆固醇是哺乳动物细胞的主要固醇一样。这导致各种甲基化甾醇的积累和麦角甾醇的消耗，最后破坏真菌细胞膜的结构和功能。哺乳动物细胞膜上的胆固醇合成同样受到影响，但是，抑制哺乳动物细胞膜上胆固醇合成所需要的剂量远高于抑制真菌所需要的浓度。尽管一些新型三唑类药物对某些霉菌呈现杀菌作用，但大多数唑类药物属于抑真菌药物。

2. 耐药性 伴随着唑类药物的使用，对该类药物耐药的菌株也随之出现。由于所有唑类家族的药物都有相同的作用靶点，使得菌株对于多种唑类药物存在交叉耐药性。据推测有 3 种耐药机制。第一，作用靶位的基因改变（编码 14α-脱甲基酶的 *ERG11* 基因）；第二，通过 *ERG11* 基因的过度表达使得靶位酶过量产生；第三，多药外排泵转运蛋白基因的上调。

3. 药物相互作用 唑类药物与其他药物间的相互作用可能有 3 种类型。首先，因为唑类药物是 CYP3A4 酶系统的重要诱导剂，这样就可能会减缓由 CYP 途径代谢的药物在体内的代谢速率，并且增加血浆中这些药物的浓度。其次，能诱导 CYP 的药物可以加速唑类药物的代谢，因此可以降低唑类药物的血浆药物浓度。最后，当唑类药物与其他药物同时使用时可能产生双向的相互作用，唑类药物可以提高与其一起使用的药物在血清中的浓度，而那些药物可以降低唑类药物的浓度。细胞色素 P450 酶抑制剂，如利福平与唑类药物同时使用时，可以导致唑类药物的血浆浓度显著降低，特别是利福平与伊曲康唑和酮康唑联合使用时。

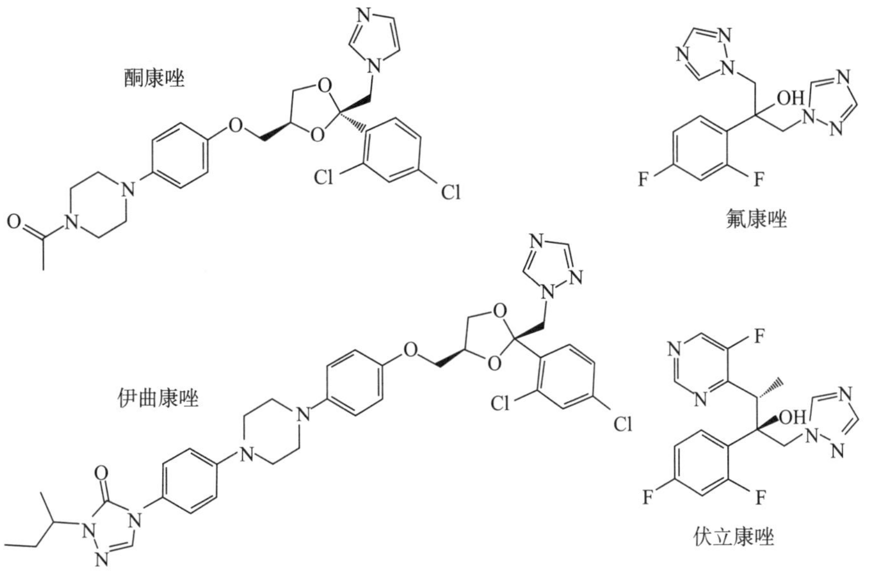

图 20.3　唑类代表化合物结构式（由 Jérôme del Castillo 提供）

（一）咪唑类：酮康唑

1. 化学性质　酮康唑为难溶于水、有很强亲脂性的二价弱碱性化合物，需要在酸性环境下溶解才能从胃中吸收。关于食物对酮康唑吸收的影响的相关报道结论不一致。

2. 抗菌活性　酮康唑通常对很多真菌有抑菌作用，包括皮肤真菌、酵母菌、双态性真菌。MIC≤0.125μg/mL 认为敏感，MIC=0.25～0.5μg/mL 认为中度敏感，MIC≥1μg/mL 认为耐药。大多数白色念珠菌敏感，但是热带念珠菌和光滑假丝念珠菌耐药。马拉色菌敏感。在体外，该药对于荚膜组织胞浆菌、粗球孢子菌和皮炎芽生菌有良好的抗菌活性。但是，曲霉菌、镰刀菌和接合菌属通常具有耐药性。酮康唑对一些革兰氏阳性菌有活性，对利什曼虫、疟原虫和其他原虫也有活性。体外试验时原膜菌对酮康唑耐药，但体内的治疗有效果，明显矛盾。

3. 药代动力学特性　酮康唑口服吸收良好。在犬，以 10mg/kg 的剂量口服后，在 1～2h 内可达到峰浓度 8.9μg/mL。该药需要在酸性环境下才能充分溶解和吸收，而且应该和食物一起服用。酮康唑在肝脏中代谢成无活性的化合物，这些化合物通过胆汁排泄。酮康唑的分布有限，渗透进入脑脊髓液的量极少。然而，该药却可以进入牛奶。少量有活性的药物通过尿液排泄。成年马以 30mg/kg 剂量口服，在血清中检测不到药物。将药物溶入 0.2mol/L 的盐酸中以同样剂量口服，血清峰浓度可达到 3.7μg/mL，但生物利用度仅为 23%（Prades 等，1989）。

4. 药物相互作用　酮康唑和两性霉素 B 联合使用治疗隐球菌感染具有相加作用。但是，试验中两性霉素和酮康唑联合使用治疗曲霉菌感染有拮抗作用。酮康唑与氟胞嘧啶联合使用治疗隐球菌感染可以阻止真菌对氟康唑产生耐药性，同时也缩短了治疗时间。唑类抗真菌药有上述三种相互作用类型。

5. 毒性和不良反应　酮康唑在人体内的不良反应包括恶心、呕吐、头晕、发痒、肝酶水平升高。在使用酮康唑治疗的 632 只犬的回顾性研究中发现，在剂量为 2.6～33.4mg/kg 的范围内，产生不良反应的比例为 14.6%，其中包括 7.1%的呕吐，4.9%的厌食，1.9%的嗜睡，1.1%的腹泻，0.6%的瘙痒，0.3%的红疹（Mayer 等，2008）。在该研究中，酮康唑与环孢霉素或伊维菌素联用时，记录到的不良反应比例显著上升。据报道，其他的不良反应包括共济失调、脱毛、可逆性的毛发变亮（Mayer 等，2008；Moriello，1986）。犬进行长期治疗（平均时间为 13.6 个月，范围为 3.5～37 个月）与发生白内障有关（da Costa 等，1996）。从开始治疗到产生白内障的平均时间为 15 个月。酮康唑在猫体内更易产生毒性作用，可能产生厌食、精神沉郁、体重下降、腹泻和发热。少数病人（在 15 000 个病人中有 1 人）可能会发生严重的肝炎。该不良反应与剂量无关。犬长期每天服用高剂量的酮康唑（大于 80mg/kg）可导致严重的肝炎。已经证明酮康唑与氟胞嘧啶联合应用会导致猫的肝损伤和白细胞减少症，这可能是因为二者有相加或协同的毒性作用。负责胆固醇、皮质醇和睾酮合成的哺乳动物 P450 系统会受到显著抑制。有报道小部分男性患者出现了乳房发育症、性欲下降、无精症。但在犬和猫中没有出现过这种情况。酮康唑在治疗剂量下可以抑制犬的血浆皮质醇和睾酮，但黄体酮的浓度升高（Willard 等，1986a），因此，酮康唑应慎用于雄性种犬。在猫未发现类似现象（Willard 等，1986b）。酮康唑可能具有胚胎毒性和致畸性，妊娠动物禁用。

6. 用法与用量 用量见表 20.2。胃肠道吸收可能不稳定。酮康唑治疗犬猫皮肤癣的口服剂量是从人医临床研究外推得到的，每天 5～10mg/kg，服用 4～6 周。酮康唑治疗犬猫全身真菌感染的推荐剂量为每隔 12h 给予 10mg/kg。

7. 临床应用 酮康唑因其疗效好，比两性霉素 B 安全性高，可以口服给药，以及成本低等优点，是过去兽医临床中使用最广泛的抗真菌药物。现在酮康唑却正在被氟康唑和伊曲康唑取代，因为后二者的活性更强，毒性更低，药动学特点得到改进。目前酮康唑在犬猫的双态性真菌（念珠球菌、隐球菌）感染和全身霉菌病（球孢子菌病、组织胞浆菌病、芽生菌病）治疗中属于二线药物。

Legendre 等（1984）认为，治疗犬的芽生菌病时，两性霉素 B 的效果优于酮康唑（每天给予 10mg/kg），但是先给予两性霉素（总计 4mg/kg），然后每天给予酮康唑（10mg/kg，给药两个月），其治疗效果与单独给予两性霉素（总计 8～9mg/kg）的治疗效果相同，而且肾损伤更小，而单独给予两性霉素治疗时间更长。

酮康唑对结合菌病无效，对曲霉菌感染的效果尚存疑问，因为单独使用酮康唑，每隔 12h 给药 5mg/kg 治疗犬鼻曲霉菌病，仅有 50%的犬治愈（Sharp 和 Sullivan，1989）。酮康唑和氟胞嘧啶联用治疗猫隐球菌病，与单独使用其中任一药物相比，所需的剂量更小，治疗持续时间更短（Shaw，1988）。

每天给予 10mg/kg 酮康唑，连续给药 10～20d，可成功治愈犬猫癣菌病。由于酮康唑的不良反应（尤其在猫）大，灰黄霉素的成本更低，而且体外皮肤癣菌的抗菌活性更高，所以更倾向于用灰黄霉素治疗癣菌病。有病变的动物完全治愈需要 6 周（范围为 4～10 周）（Medleau 和 Chalmers，1992）。口服酮康唑可有效治疗人软组织孢子丝菌病，但是需要使用较高剂量，而且可能复发。尽管使用咪康唑进行局部治疗更常见，也可选择酮康唑全身给药用于治疗马拉色菌感染。最近有研究发现，在治疗犬的马拉色菌皮炎时，口服氟康唑的效果与酮康唑相当（Sickafoose 等，2010）。

（二）三唑类：伊曲康唑

1. 化学性质 与酮康唑相同，伊曲康唑是一种几乎不溶于水、亲脂性高的弱二价碱性化合物，需要酸性环境下溶解后才能从胃部吸收。目前静脉给药制剂和口服制剂都有。

2. 抗菌活性 伊曲康唑是一种对大部分动物真菌病原都有强效的抑制剂，与酮康唑相比，伊曲康唑对真菌细胞色素系统的选择性更大（表 20.3）。抗菌谱包括双态性真菌、隐球菌、孢子丝菌、链格孢菌、大部分曲霉菌、假丝酵母菌和皮肤真菌。虽然认为伊曲康唑是一种抑真菌剂，但是在低浓度下对一些真菌具有杀菌效果。MIC≤0.125μg/mL 为敏感，MIC 在 0.25～0.5μg/mL 为中度敏感，MIC≥1μg/mL 为耐药。

3. 药代动力学特性 作为一种亲脂性药物，伊曲康唑口服吸收良好，而且在组织中分布广泛（脑脊液除外），在组织中的药物浓度是血浆药物浓度的数倍。皮肤中药物浓度高于血浆浓度，且与角蛋白结合率高，这对于治疗皮肤真菌感染意义重大。随食物一起服用或是在酸性环境中可显著增强药物吸收。该药主要在肝内代谢，即使该药已成功地用于隐球菌脑膜炎的治疗，但在尿液和脑脊液中几乎检测不到。猫以 10mg/kg 的剂量每隔 24 小时给药 1 次，持续 2～3 周可达到血清稳态浓度（Boothe 等，1997）。在马和猫，口服悬浮液比胶囊剂吸收更好。该药在马体内的半衰期为 6.5h（Davis 等，2005）。与其他唑类药物一样，与利福平联用可增加伊曲康唑的肝代谢。

4. 毒性和不良反应 该药在人的毒性报告是极少的，仅有一小部分患者出现恶心，及少见的肝酶短暂上升。没有报道证明该药会阻碍肾上腺类固醇或睾酮的合成。每天给予 10mg/kg 的伊曲康唑对猫进行持续 3 个月的治疗，并没有出现不良反应的相关报道，而此剂量下酮康唑可引起猫厌食和体重下降（Medleau 等，1990）。除了犬、猫偶见厌食和呕吐外，其他不良反应的报道极少。可以逐渐减少剂量直至呕吐或厌食等不良反应不再出现。有报道以 20mg/kg 的剂量给予猫，出现了致命的肝脏毒性（Medleau 等，1995）。也有报道犬使用伊曲康唑后出现药物性皮炎而导致皮肤病变（Plotnick 等，1997）。妊娠期动物禁用伊曲康唑。

5. 用法与用量 推荐剂量见表 20.2。伊曲康唑有口服胶囊剂、口服悬浮剂、静脉注射剂等剂型。用于家畜时，口服悬浮液因其更高的利用度而优于胶囊剂。伊曲康唑最好随食物口服给药，推荐用于犬、猫、马和其他单胃动物的剂量为每隔 12～24h 给予 5mg/kg。治疗持续时间应根据临床反应和对真菌的效果进行调整。例如，每隔 24h 给药 5mg/kg，连续给药 60d 与每隔 24h 给药 10mg/kg 相比，治疗犬芽生菌病的效果相同，而且前者不良反应更少（Legendre 等，1996）；但是，约有 20%的犬治疗后出现复发。每隔 12h 给予 5mg/kg 的剂量，持续给药 60d 或者更久用于治疗猫的组织胞浆菌病；8 只猫中有 2 只出现复发，需要进一步的治疗（Hodges 等，1994）。对猫从每隔 12h 给予 5mg/kg 的剂量增加到每 12h 给予 10mg/kg 是安全的（Boothe 等，1997）。以每隔 24h 给药 1.5～3mg/kg 的剂量，通常持续 15d（但有时需要更久）对于控制猫的皮肤真菌病有效（Mancianti 等，1998）。人的给药剂量为每天≤400mg，尽管长期使用高剂量会产生毒性，还是会使用高剂量（600mg/kg）来治疗那些使用低剂量无效的感染（Sharkey 等，1991）。

6. 临床应用　伊曲康唑因其效力高、有药代动力学优势、临床疗效好且安全性高而选择用于曲霉菌病、芽生菌病、球孢子菌病、组织胞浆菌病和孢子丝菌病的全身治疗。该药和酮康唑的应用相似，但其抗菌谱更宽，包括对曲霉属真菌感染和暗色丝孢霉病有效。该药抗孢子丝菌的活性比酮康唑强。在治疗隐球菌病和皮肤真菌感染时，该药和酮康唑同样有效而且毒性更小。在治疗猫的皮肤感染时，该药与灰黄霉素同样有效（Moriello 和 DeBoer，1995）。用这种通常呈抑菌活性的药物治疗严重感染的疗程较长（3 个月以上），并估计会复发。对隐球菌感染的治疗效果可以通过血清学进行监控（Jacobs 等，1997），可能也适用于治疗其他全身性真菌病。在严重的全身真菌病的治疗初期，推荐伊曲康唑和两性霉素 B 联合使用。

尽管伊曲康唑已成功地用于治疗犬的传播性曲霉菌感染（Kelly 等，1995），但是发现口服给药治疗犬的鼻曲霉菌病无效。高剂量可成功治疗人脑曲霉菌病（Verweij 等，1997）。该药也用于宠物鸟曲霉菌病的全身治疗；药动学研究表明，对蓝面亚马逊鹦鹉每隔 24h 给予 10mg/kg 的剂量是适当的（Orosz 等，1996）。

在马，局部使用 1%的酮康唑与 30%的二甲基亚砜混合药膏与使用不含二甲基亚砜的药膏相比，前者在角膜中的药物浓度要高得多（Ball 等，1997a）；每隔 4h 给药 1 次，平均给药 35d，对治疗大部分真菌性角膜炎都有效（Ball 等，1997b）。口服伊曲康唑 3.5～5 个月，可有效治疗马的霉菌性鼻炎（Korenek 等，1994）。每隔 24h 以 5mg/kg 的剂量口服伊曲康唑并配合局部使用恩康唑，可成功治疗喉音袋霉菌病（Dav 和 Legendre，1994）。

（三）三唑类：氟康唑

氟康唑是真菌羊毛甾醇 14α-脱甲基酶特异性抑制剂。这种抑制作用阻止真菌细胞羊毛甾醇转化为细胞膜脂质的麦角固醇膜。对真菌细胞色素 P450 酶具有高度选择性。

1. 化学性质　氟康唑是一种可溶于水的双三唑化合物，与酮康唑和伊曲康唑药动学差异显著。

2. 抗菌活性　在可全身使用的所有抗真菌药中，氟康唑的抗菌谱最窄。该药对大部分假丝酵母菌有抗菌活性。但克鲁斯假丝酵母菌却存在固有耐药性。氟康唑对双态性真菌有很好的抗菌活性，包括新型隐球菌、粗球孢子菌和荚膜组织胞浆菌（表 20.3）。氟康唑对皮炎芽生菌的抗菌活性有限，对曲霉属真菌和镰刀菌属无效。MIC≤8μg/mL 认为敏感，MIC 在 16～32μg/mL 认为中度敏感，MIC≥64μg/mL 认为耐药。

3. 耐药性　克鲁斯假丝酵母菌对氟康唑具有固有耐药性，光滑念珠菌菌群中多达 15%的菌株显示耐药性。在长期的治疗过程中，已有报道白色念珠菌在治疗过程中渐进地发展为获得性耐药菌，尤其在对免疫抑制患者的治疗中。氟康唑在治疗组织胞浆菌病时也可能产生耐药性。

4. 药代动力学特性　与其他唑类药物相比，氟康唑水溶性强，蛋白结合率低，此外，其口服给药不受胃的 pH 影响。氟康唑口服吸收良好。由于其分子质量较低，有良好的水溶性，蛋白结合能力弱，因此能广泛分布到组织中。由于该药能在脑脊液中达到高浓度（为血清药物浓度的 50%～90%），故在治疗脑部酵母菌感染中具有独特优势（如隐球菌感染）。食物不影响氟康唑的吸收。在尿中药物以原型排出。因为该药在人体内的半衰期为 25～30h，单次口服给药即可治疗某些类型的感染。据报道，氟康唑在猫体内的半衰期为 14h（Malik 等，1992）或是 25h（Vaden 等，1997）。氟康唑在马体内的半衰期为 40h（Latimer 等，2001）。氟康唑在猫和马体内的口服生物利用度为 100%。相对酮康唑而言，氟康唑可静脉给药。

5. 毒性和不良反应　氟康唑口服或静脉给药均耐受良好，除了一些患者出现恶心、皮疹、头痛以外，极少出现其他不良反应。据报道，目前尚无证据证明该药能干扰甾体的生物合成，但是有报道显示可能导致肝酶含量轻微升高。氟康唑能干扰某些依赖于肝 P450 酶代谢的药物代谢过程。

6. 用法与用量 氟康唑有口服制剂和静脉注射制剂，但是在兽医临床中几乎只是口服给药。氟康唑在动物的推荐剂量见表 20.2。猫以每 12h 50mg 的剂量给药即可治愈猫的隐球菌病（Malik 等，1992），然而每只动物要求的给药剂量是每 12h 100mg。从药代动力学的角度考虑（Vaden 等 1997），猫建议剂量为 50mg/只，间隔 24h。而使用 11 mg/kg 每 24h 给药，能有效治疗犬隐球菌病。在动物出现厌食时，这个剂量几周后减少到 4.2 mg/kg（Tiches 等，1998）。

7. 临床应用 氟康唑口服治疗人局部或全身性念珠菌病感染时具有良好效果，是此类疾病的首选药物。念珠菌病严重时，氟康唑可与两性霉素 B 联合使用。在治疗艾滋病患者的隐球菌性脑膜炎时，也可选用氟康唑。在治疗急性隐球菌性脑膜炎时，氟康唑与两性霉素 B 同样有效，在艾滋病患者的隐球菌性脑膜炎维持治疗时，氟康唑优于两性霉素 B。建议在初始状况下同步使用氟康唑与两性霉素 B 进行治疗。治疗念珠菌性膀胱炎也可选用氟康唑。动物发生隐球菌性感染、全身性念珠菌性感染、球孢子菌感染时，均可选用氟康唑进行治疗。

在所评估的剂量下，氟康唑对人芽生菌病、组织胞浆菌病及孢子丝菌病的疗效中等。治疗这些感染时，氟康唑不如伊曲康唑效果好。最近的一项回顾性研究表明，144 只感染芽生菌的犬，如果用伊曲康唑治疗，90%的感染犬的症状能够得到有效缓解；相反，如果用氟康唑治疗，治愈率只能达到 75%（Mazepas 等，2011）。尽管使用氟康唑的治疗时间明显延长，但是总的治疗费用却远低于使用伊曲康唑组（Mazepas 等，2011）。氟康唑体外对曲霉菌的抗菌活性很低，因此并不推荐用氟康唑治疗曲霉菌感染。奇怪的是，用氟康唑治疗犬鼻曲霉菌病或青霉菌病时，按每天 2.5～5 mg/kg 的剂量给药，成功治愈了 10 只感染犬中的 6 只（Sharp 等，1991）。

（四）三唑类：伏立康唑

伏立康唑是第 2 代三唑类药物中第一个批准使用的，此外还包括泊沙康唑、雷夫康唑。伏立康唑在结构上与氟康唑相似，而与伊曲康唑不相似。

1. 抗菌活性 伏立康唑在医学上对很多重要真菌具有抗菌活性，包括皮肤癣菌，条件性致病酵母菌（念珠菌、新型隐球菌），条件性致病真菌（曲霉、镰刀菌）和双态性真菌（组织胞浆菌、粗球孢子菌、芽生菌、孢子丝菌）。MIC≤1μg/mL 为敏感。与氟康唑相比，伏立康唑对于克鲁斯假丝酵母菌株及大多数光滑念珠菌株有效。然而，有报道白色念珠菌株和光滑念珠菌株之间存在交叉耐药。伏立康唑在体外对曲霉菌呈现时间依赖性杀菌活性。该杀菌过程略快于伊曲康唑，但是比两性霉素 B 慢，这可以根据其各自的作用机制预想到。

2. 药代动力学特性 伏立康唑有口服制剂和/或静脉给药制剂。伏立康唑大部分在肝内代谢，而不是像氟康唑和两性霉素 B 那样主要由肾脏排泄。然而，静脉给药剂型所包含的磺丁基醚-β-环糊精钠是通过肾脏排泄的，因此易在肾功能衰竭的患者体内蓄积。和伊曲康唑不同，伏立康唑不依赖于胃酸性环境下吸收，犬和马口服给药可以完全吸收（Roffey 等，2003；Davis 等，2006；Colitz 等，2007）。伏立康唑具有良好的组织穿透能力，能广泛分布于体液中（Passler 等，2010）。在豚鼠模型中，脑脊液浓度约是血浆浓度的一半，而大脑组织中药物浓度为血浆药物浓度的 2 倍（Lutsar 等，2003）。

3. 毒性和不良反应 伏立康唑在人一般具有良好的耐受性。最常见的不良反应是出现短暂的视觉障碍，可出现于 20%～40%的患者中。这种反应与剂量相关，没有必要停止治疗。这种不良反应未见于其他的三唑类药物。伏立康唑其他的不良反应和药物间相互作用与其他三唑类药物相似。在最近的一项研究中，3 只猫用伏立康唑治疗后（大约每天 10 mg/kg）出现了共济失调，其中 2 只发展为后肢瘫痪（Quimby 等，2010）。此外，2 只猫还出现视觉障碍，包括瞳孔放大、瞳孔对光的反应降低直至消失，威胁反应降低。2 只猫出现心律失常和低钾血症。

4. 临床应用 伏立康唑用于治疗人的侵袭性曲霉菌病或是由赛多孢子菌属、镰刀菌和侵袭性耐伏立康唑念珠菌属所引起的严重感染。一项研究结果表明，无论感染部位、中性粒细胞数量及潜在的疾病情况如何，伏立康唑治疗人的侵袭性曲霉菌感染的效果比两性霉素 B 更好（Herbrecht 等，2002）。家畜使用伏立康唑的经验有限。有报道用伏立康唑外敷（1%溶液）治疗马和犬的真菌性角膜炎（Grundon 等，2010）。在一项研究中，从马溃疡性角膜炎分离到的真菌菌株对伏立康唑的敏感性明显高于纳他霉素、伊曲康唑、氟康唑和酮康唑（Pearce 等，2009）。有报道称口服伏立康唑可治疗犬不同类型的真菌感染。鉴于上述不良反应，并不推荐伏立康唑用于猫的全身治疗。

（五）三唑类：泊沙康唑

泊沙康唑的结构与伊曲康唑相似，具有强大的广谱抗菌活性。目前只有泊沙康唑口服悬浮液可以使用。与伏立康唑相反，泊沙康唑在体内、体外均对接合菌有效，此类真菌感染的治疗方法有限。泊沙康唑口服生物利用度好，在犬体内的半衰期为 15h（Nomeir 等，2000）。家畜使用泊沙康唑的信息有限，仅有个别猫的病例报告。

五、棘白菌素类：卡泊芬净、米卡芬净和阿尼芬净

棘白菌素类药物是一类新型的脂肽抗菌剂，是（1，3）-β-D-葡萄糖合成酶抑制剂，可抑制许多真菌细胞壁所必需的多聚糖的产生。有三种棘白菌素类药物已被批准用于人的全身给药，分别是卡泊芬净、米卡芬净和阿尼芬净。卡泊芬净被批准用于治疗念珠菌病和侵袭性曲霉菌病，而米卡芬净和阿尼芬净目前只被批准用于治疗念珠菌病。

1. 抗菌活性　此类药物对于念珠菌属的酵母真菌，也包括对唑类和两性霉素 B 耐药的菌株具有抗菌活性。棘白菌素类药物对于曲霉菌属的抗菌活性高。然而，对于新生隐球菌、皮炎芽生菌、粗球孢子菌、镰刀菌等的活性不高或有限。棘白菌素类药物对于耶氏肺孢子菌具有活性。此外，MIC$\leqslant$2μg/mL 为敏感。

2. 获得性耐药　目前，对于棘白菌素类药的获得性耐药菌株很少，但是可以从棘白菌素类药物治疗无效的患者体内分离到念珠菌的耐药菌株，耐药性与葡萄糖合成酶亚基 FKSI 基因突变有关。

3. 药代动力学特性　棘白菌素类药物的口服生物利用度有限，只有静脉给药的制剂。此类药物可广泛分布到组织中，但是在脑脊液中的浓度很低。卡泊芬净和米卡芬净由肝脏代谢，无活性的代谢物经尿液和粪便消除。阿尼芬净不经肝脏代谢，但是在血液中经过非酶促降解成为无活性的肽。

4. 药物相互作用　棘白菌素类药物的相互作用很少，因为其代谢并不依赖于细胞色素 P450 系统。此类药物独特地作用于真菌细胞壁，认为是与作用于细胞质膜（多烯类或唑类）的药物联合使用的理想药物。小鼠体内散播性念珠菌病模型试验中，卡泊芬净和氟康唑联合用药可以改善对白色念珠菌的清除效果。类似地，在侵袭性曲霉菌动物模型中，当棘白菌素类药物与两性霉素 B 或三唑类药物联合使用时，能提高动物的存活率，并能加强对病原体的清除。

5. 毒性和不良反应　卡泊芬净有良好的耐受性。最常见的不良反应是发热、恶心和注射部位静脉炎。也有报道少数患者出现肝酶的暂时性升高。

6. 临床应用　棘白菌素类药物用于治疗对两性霉素 B 和三唑类药物不敏感的侵袭性曲霉菌病、念珠菌病，或者用于不耐受两性霉素 B 和三唑类药物的患者。没有家畜使用这些药物的信息。

六、其他全身使用的抗真菌药物

（一）灰黄霉素

1. 化学性质　灰黄霉素（图 20.4）是一种苯并呋喃环己烯抗生素，是灰黄青霉菌（*Penicillium griseofulvum*）的产物，难溶于水。

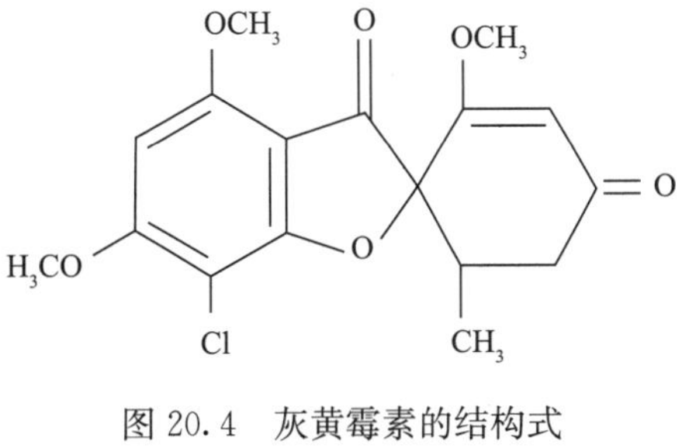

图 20.4　灰黄霉素的结构式

2. 作用机制　灰黄霉素是一种抑菌抗生素，可能通过扰乱纺锤体微管的功能抑制有丝分裂，还可能干扰细胞质的微管。

3. 抗菌活性　事实上，浓度为 0.2～0.5μg/mL 的灰黄霉素能抑制所有的动物源性皮肤癣菌。灰黄霉素对菌丝性真菌、酵母菌、双态性真菌、细菌都无效。偶有报道人类皮肤癣菌对灰黄霉素耐药（MIC$\geqslant$3μg/mL）。

4. 药代动力学特性 灰黄霉素的口服吸收程度很大程度上取决于其颗粒的大小。摄入高脂肪食物后能加强药物的吸收。在人体内的半衰期约为20h，但是在犬体内的半衰期要短得多（少于6h）。绝大部分药物通过粪便排出。灰黄霉素在肝内代谢，因此与肝酶诱导剂的药物（如利福平）一起使用能增加灰黄霉素的代谢。灰黄霉素能选择性地沉积在头发、指甲、皮肤新形成的角蛋白中，并逐渐从这些深层组织转移到表面角质化上皮的感染部位，感染部位角质化细胞成熟并逐渐脱落。活跃生长的真菌会被杀死，而休眠的真菌细胞仅被抑制，故直至所有感染的角化细胞完全脱落才能治愈。基于该原因，必须进行长期治疗。

5. 毒性和不良反应 患者长期治疗有时出现轻度短暂的不良反应，如头痛、头晕、疲劳、光敏性、胃肠道紊乱（恶心、呕吐、腹泻）。

灰黄霉素对猫有致畸性，尤其在妊娠第一周。已报道出现先天性缺陷，包括颅脑畸形、骨骼畸形、脊柱裂、无眼球和肛门闭锁。高剂量使用灰黄霉素在猫会出现贫血、特异质反应等（Kunkle 和 Meyer，1987）。这可能与猫免疫缺陷病毒（FIV）感染有关（Shelton 等，1990）。免疫缺陷病毒感染阳性的猫应该使用其他的药物治疗，如伊曲康唑。所有的猫都可能出现中毒迹象，包括厌食症、呕吐、共济失调、贫血、白细胞减少症、抑郁、黄疸、瘙痒和发热（Helton 等，1986；Wack 等，1992）。这些现象通常是可逆的，但并不一定。由于对所有物种都有致畸作用（Schutte 和 Van den Ingh，1997），灰黄霉素不能用于妊娠动物。犬和猫空腹服用灰黄霉素，可能发生呕吐。

6. 用法与用量 临床或真菌学治愈后，灰黄霉素应该再用药1～2周。如果发生临床反应，每日剂量可从每日50mg/kg下降至25mg/kg。猫的最佳剂量尚未确立，中毒似乎为特异质反应，而与剂量无关（Levy，1991）。

7. 临床应用 灰黄霉素只对皮肤寄生性感染有效，且只是口服给药时对癣菌都有效。近年来，灰黄霉素在很大程度上被有良好治愈效果的伊曲康唑和特比萘芬所代替，但其仍然是治疗犬、猫皮肤癣菌的有效抗菌药。该药只能通过基底细胞的逐渐成熟到达浅表死亡的被真菌感染的上皮细胞。使用灰黄霉素必须长期治疗，犬、猫一般为3～6周。

（二）碘化物类

碘化物类多年来一直用于治疗真菌感染。对它们的作用机制知之甚少，可能来源于宿主免疫反应增强或是通过激发吞噬细胞的卤化过氧化物杀菌系统而发挥抗菌作用。碘化钠过去一直用于治疗孢子丝菌病，但是现在更多选择伊曲康唑。酮康唑和碘化钠联合用药表现为相加效应。碘化物用于猫的剂量为20mg/kg，用于犬为40mg/kg。每天口服1～2次，1～4周即可生效；临床治愈后仍需继续给药几周。如果出现碘中毒症状（如严重鼻炎、虚弱、流涎），需暂时停止治疗。治疗犬鼻曲霉菌病时，碘化钠作为辅助用药。碘化钠静脉给药可以治疗牛癣，以10%的溶液按照1g/15 kg静脉注射给药。由于碘可长时间残留在动物组织内，不推荐在食品动物中使用碘制剂。

（三）氯芬新

氯芬新是苯甲酰苯脲衍生的杀虫剂，用于治疗犬、猫跳蚤的口服制剂。该药干扰几丁质的合成和几丁质在昆虫表皮的沉积。几丁质是真菌细胞壁外层的重要组分，由此提示该药可能同样具有抗真菌活性。在一项对297只皮肤癣菌或浅表皮肤癣菌感染的犬、猫回顾性研究中，与不用氯芬新的对照组相比，使用氯芬新治疗后，肉眼可见病变消退时间显著缩短（Ben-Ziony 和 Arzi，2000）。然而，在猫的犬小孢子菌试验性感染中，口服氯芬新并不能阻止皮肤癣菌病的发生（Moriello 等，2004）。也有报道使用氯芬新治疗母马的真菌性子宫内膜炎和黑猩猩的皮肤真菌感染（Hess 等，2002；Dubuis 和 Lucas，2003）。体外试验证明氯芬新对曲霉菌属、镰刀菌、粗球孢子菌并没有抗菌活性（Hector 等，2005；Scotty 等，2005）。氯芬新作为抗真菌药进一步使用需以药效动力学和药代动力学资料为基础，即应证实其对临床中某些特定的真菌具有抗菌活性，且在感染部位达到足够的药物浓度。

第五节 局部用抗真菌药

抗真菌药很多，一些可局部使用的见表20.1。这些药物制剂包括霜剂、洗剂、喷雾剂、软膏剂、粉剂、溶液和用于治疗灰指甲的涂剂。克霉唑、伊曲康唑、咪康唑、恩康唑和纳他霉素也是兽医临床可选用的外用抗真菌药。许多其他化学物质也具有抗真菌特性，包括酚类防腐剂，如麝香草酚、六氯酚；碘化物；8-羟基喹啉；季铵盐和双季铵防腐剂；水杨酰胺；丙酸、水杨酸、十一烷酸；磺胺嘧啶银；氯苯甘醚。以上药物和其他化合物都可以用于治疗皮肤真菌感染，有时也用于治疗表面黏膜感染。下面讨论一些抗真菌效力强或抗菌谱广的一些局部用抗真菌药物。

一、纳他霉素

纳他霉素是来源于纳塔尔链霉菌（*Streptomyces natalensis*）的杀真菌多烯类抗生素，主要作用于真菌的细胞膜。它对多种丝状真菌、双态性真菌及酵母菌均有活性（表 20.4）。纳他霉素局部用于治疗癣菌病、酵母菌性乳房炎和真菌性角膜炎。在兔子的试验已证明，眼局部用药后，纳他霉素能微浅地渗透进入角膜。然而，纳他霉素不溶于水，很少能够渗透到眼的内部。因此，纳他霉素不能用于治疗眼的深部真菌感染。对从美国东南部发生溃疡性角膜炎的马分离出的真菌体外活性试验结果表明，纳他霉素和咪康唑的抗菌谱最广，其次为伊曲康唑，再次为酮康唑（Brooks 等，1998）。纳他霉素对从美国东北部马真菌性角膜炎分离株的活性比咪康唑强（Ledbetter 等，2007）。最近一项研究表明，伏立康唑对从马真菌性角膜炎分离的曲霉菌比纳他霉素更有效。与此相反，对镰刀菌，纳他霉素比伏立康唑更有效（Pearce 等，2009）。

表 20.4　部分局部用抗真菌药对常见真菌的体外活性（MIC_{90}，μg/mL）

微生物	纳他霉素	克霉唑	制霉菌素
丝状真菌			
链格孢菌	2	—	32
烟曲霉	8	8	≤64
镰刀菌	1	8	≤64
毛霉菌	1	1	8
犬小孢子菌	8	2	4
毛癣菌	8	8	16
酵母菌			
念珠菌属	8	0.5	4
新型隐球菌	8	4	2
厚皮马拉色霉菌	8	2	0.25

纳他霉素可治愈奶牛白色念珠菌病（2.5%的溶液 20mL，或 5%的溶液 10mL，注入感染乳区，一日 1 次，连续 3d）。用纳他霉素悬浮液对肌体喷雾或擦拭治疗牛和马的癣病效果明显。马的梳洗器具必须用纳他霉素悬浮液彻底清洗或浸洗，药液用塑料或镀锌器具盛放。纳他霉素可治愈马丝状真菌性角膜炎，并且是首选药物。推荐剂量为每 1～2h 滴一滴 5%的悬浮液，几天后可减少至每天给药 6～8 次。一些临床医生发现纳他霉素具有局部刺激性。体外试验纳他霉素对马角质细胞的损害高于咪康唑和伊曲康唑（Mathes 等，2010）。在一些病例中，外用纳他霉素治疗马的鼻曲霉菌病也取得了较好的临床效果，但是缺乏对照组研究。

二、制霉菌素

制霉菌素是多烯类抗生素，通过占据麦角固醇的结合位点，改变膜通透性，破坏真菌细胞膜功能，致使胞内离子泄漏。该药对念珠菌、马拉色菌、隐球菌和一些皮肤癣菌有效。除白色念珠菌外，其他念珠菌对制霉菌素有耐药性。制霉菌素浓度达到最小抑菌浓度的 4 倍时具有杀菌作用。据报道，原膜菌对制霉菌素敏感。尽管唑类药物克霉唑的抗菌谱更广、抗菌活性更强，但是临床上常用制霉菌素作为局部用广谱抗真菌药。在治疗牛酵母菌性乳房炎时，推荐剂量为每个乳区按 30 万 U 的剂量，每天给药 1 次，连续给药 3d。制霉菌素用生理盐水稀释为 5 000U/mL，然后给药 50mL。然而，研究表明牛乳房炎的酵母菌分离株中有 1/5 对制霉菌素有耐药性。制霉菌素也用于治疗犬外耳道马拉色菌感染和马念珠菌性子宫炎。

三、唑类抗生素：克霉唑、恩康唑、伊曲康唑、酮康唑、咪康唑

克霉唑在化学结构上属于唑类，作用机制与唑类药物相同。在体外，克霉唑对丝状真菌，包括曲霉属、皮肤癣菌、酵母菌如念珠菌、双态性真菌等有抑制作用。药物浓度大于 10μg/mL 时具有杀菌作用。目前，很少有天然菌株对此药有耐药性。

克霉唑是广谱的局部用抗真菌药。对真菌性角膜炎的患马局部使用后耐受性良好；1%的溶液可用于治疗由曲霉菌引起的角膜炎。在治疗犬鼻曲霉菌病时，全身麻醉状况下，给予 100mL 1%的克霉唑溶液 1h，有治疗效果（Pomrantz 等，2010）。一项研究表明，外科手术或是非外科手术条件下在犬的鼻内植入导管，单次局部使用克霉唑，治愈率达到 65%；再次治疗能提高到 87%（Mathews 等，1998）。由于肝微粒体酶受克霉唑的诱导，所以巴比妥酸盐麻醉时，用克霉唑治疗鼻曲霉菌病会延长恢复时间（Caulkett 等，1997）。

克霉唑也用于治疗人的念珠菌性阴道炎。治疗牛或马的真菌性子宫内膜炎局部使用时，推荐剂量为每隔 1d 给予 400～600mg 的克霉唑，疗程为 12d，灌注时用生理盐水稀释到足够的体积，并缓慢充入子宫。克霉唑可用于治疗奶牛酵母菌性乳房炎。治疗牛真菌性乳房炎时，每个乳区给予 100～200mg 的 1%克霉唑溶液或霜剂，每日 1 次，给药 1～4 次，能取得良好的临床效果。

咪康唑和克霉唑的活性相似，已证明咪康唑局部使用可治疗皮肤癣菌、念珠菌、曲霉菌、马拉色菌感染。该药常外用于治疗马真菌性角膜炎。咪康唑和洗必泰联合使用作为洗发水，治疗由厚皮马拉色菌引起的犬脂溢性皮炎，比与硫化硒联合使用更为有效（Bond 等，1995）。

恩康唑已选作治疗犬鼻曲霉菌病。手术去除坏疽和异物后通过鼻内灌注给药，或不进行手术，使用恩康唑治疗都有效。一项研究表明，进行鼻内窥镜清创术的治疗后，向鼻内注入 1%或 2%的恩康唑，26 只患犬中 24 只治愈（Zonderland 等，2002）。在因微生物的侵袭范围太大不能进行外科清创术的病例中，局部使用恩康唑，联合口服伊曲康唑的效果明显（Claeys 等，2006）。对于鼻曲霉菌病的局部治疗，伊曲康唑可以作为克霉唑和恩康唑的有效替代药物。外用恩康唑也可以治疗小动物的皮肤癣菌病。局部注入恩康唑也可成功治疗少数马的喉音带霉菌病和真菌性鼻炎。恩康唑也用于清洁禽舍环境预防曲霉病的发生。

尽管酮康唑的体外抗菌活性不如克霉唑、伊曲康唑和咪康唑，但是也可作为局部治疗用药。和其他局部使用的唑类药物相同，可用于治疗耳及皮肤的厚皮马拉色菌感染。

参 考 文 献

Andes D. 2004. Clinical utility of antifungal pharmacokinetics and pharmacodynamics. Curr Opin Infect Dis 17：533.

Arceneaux KA，et al. 1998. Blastomycosis in dogs：115 cases（1980-1995）. J Am Vet Med Assoc 213：658.

Ball MA，et al. 1997a. Corneal concentrations and preliminary toxicological evaluation of an itraconazole/dimethyl sulph-oxide ophthalmic ointment. J Vet Pharm Ther 20：100.

Ball MA，et al. 1997b. Evaluation of itraconazole-dimethyl sulfoxide ointment for treatment of keratomycosis in nine horses. J Am Vet Med Assoc 211：199.

Bekerski I，et al. 1999. Safety and toxicokinetics of intravenous liposomal amphotericin B（AmBisome）in beagle dogs. Pharm Res 16：1694.

Bennett JE. 1990. Fluconazole：A novel advance in therapy for systemic fungal infections. Rev Infect Dis 12：S263.

Ben-Ziony Y，Arzi B. 2000. Use of lufenuron for treating fungal infections of dogs and cats：297 cases（1997-1999）. J Am Vet Med Assoc 217：1510.

Boothe DM，et al. 1997. Itraconazole disposition after single oral and intravenous and multiple oral dosing in healthy cats. Am J Vet Res 58：872.

Brooks DE，et al. 1998. Antimicrobial susceptibility patterns of fungi isolated from horses with ulcerative keratomycosis. J Am Vet Med Assoc 59：138.

Cavalheiro AS，et al. 2009. In vitro activity of terbinafine combined with caspofungin and azoles against *Pythium insidiosum*. Antimicrob Agents Chemother 53：2136.

Chen A，Sobel JD. 2005. Emerging azole antifungals. Expert Opin Emerg Drugs 10：21.

Claeys S，et al. 2006. Surgical treatment of canine nasal aspergillosis by rhinotomy combined with enilconazole infusion and oral itraconazole. J Small Anim Pract 47：320.

CLSI. 2008. Reference Method for Broth Dilution Antifungal Susceptibility Testing of Filamentous Fungi；Approved Standard. CLSI document M38-A2.

CLSI. 2002. Reference Method for Broth Dilution Antifungal Susceptibility Testing of Yeast；Approved Standard—Second Edition. CLSI document M27-A2.

Colitz CM，et al. 2007. Pharmacokinetics of voriconazole following intravenous and oral administration and body fluid concentrations of voriconazole following repeated oral administration in horses. Am J Vet Res 68：1115.

Cortadellas O. 2003. Initial and long-term efficacy of a lipid emulsion of amphotericin B desoxycholate in the management of canine leishmaniasis. J Vet Intern Med 17：808.

Cuenta-Estrella M. 2004. Combinations of antifungal agents in therapy-what value are they? J Antimicrob Chemother 54：854.

Da Costa PD，et al. 1996. Cataracts in dogs after long-term ketoconazole therapy. Vet Comp Ophthamol 6：176.

Davis EW，Legendre AM. 1994. Successful treatment of guttural pouch mycosis with itraconazole and topical enilconazole in a horse. J Vet Intern Med 8：304.

Davis JL，et al. 2005. Pharmacokinetics and tissu distribution of itraconazole after oral and intravenous administration to horses. Am J Vet Res 66：1694.

Davis JL，et al. 2006. Pharmacokinetics of voriconazole after oral and intravenous administration to horses. Am J Vet Res 67：1070.

Dória RG，et al. 2012. Treatment of pythiosis in equine limbs using intravenous regional perfusion of amphotericin B. Vet Surg doi：10. 1111/j. 1532-950X. 2012. 01019. x.

Dubuis E，Lucas D. 2003. Control of cutaneous mycosis in five chimpanzees（*Pan troglodytes*）with lufenuron. Vet Rec 152：651.

Foust AL，et al. 2007. Evaluation of persistence of terbinafine in the hair of normal cats after 14 days of daily therapy. Vet Dermatol 18：246.

Gremião I，et al. 2011. Treatment of refractory feline sporotrichosis with a combination of intralesional amphotericin B and oral itraconazole. Aust Vet J 89：346.

Grooters AM，et al. 2003. Update on antifungal therapy. Vet Clin North Am Small Anim Pract 33：749.

Grundon RA，et al. 2010. Keratomycosis in a dog treated with topical 1% voriconazole solution. Vet Ophthalmol 13：331.

Hector RF，et al. 2005. Comparison of susceptibility of fungal isolates to lufenuron and nikkomycin Z alone or in combination with itraconazole. Am J Vet Res 66：1090.

Helton KA，et al. 1986. Griseofulvin toxicity in cats：Literature review and report of seven cases. J Am Anim Hosp Assoc 22：453.

Herbrecht R，et al. 2002. Voriconazole versus amphotericin B for primary therapy of invasive aspergillosis. N Engl J Med 347：408.

Hess MB，et al. 2002. Use of lufenuron as a treatment for fungal endometritis in four mares. J Am Vet Med Assoc 221：266.

Hodges RD，et al. 1994. Itraconazole for the treatment of histoplasmosis in cats. J Vet Intern Med 8：409.

Hofbauer B，et al. 2002. In vitro susceptibility of *Microsporum canis* and other dermatophyte isolates from veterinary infections during therapy with terbinafine or griseofulvin. Med Mycol 40：179.

Jacobs GJ，et al. 1997. Cryptococcal infection in cats：Factors influencing treatment outcome，and results of sequential serum antigen titers in 35 cats. J Vet Intern Med 11：1.

Kelly SE，et al. 1995. Long-term survival of four dogs with disseminated *Aspergillus terreus* infection treated with itraconazole. Aust Vet J 72：311.

Korenek NL，et al. 1994. Treatment of mycotic rhinits with itraconazle in three horses. J Vet Intern Med 8：224.

Kotnik T，et al. 2001. Terbinafine hydrochloride treatment of *Microsporum canis* experimentally-induced ringworm in cats. Vet Microbiol 83：161.

Kotnik T，et al. 2002. Drug efficacy of terbinafine hydrochlo-ride (Lamisil) during oral treatment of cats，experimentally infected with *Microsporum canis*. J Vet Med B Infect Dis Vet Public Health 49：120.

Krawiec DR，et al. 1996. Use of an amphotericin B lipid complex for treatment of blastomycosis in dogs. J Am Vet Med Assoc 209：2073.

Kukui H，et al. 2003. Comparison of LNS-AmB，a novel low-dose formulation of amphotericin B with lipid nano-sphere (LNS)，with commercial lipid-based formulations. Int J Pharm 267：101.

Kunkle GA, Meyer DJ. 1987. Toxicity of high doses of griseofulvin in cats. J Am Vet Med Assoc 191: 322.

Lamothe J. 2001. Activity of amphotericin B in lipid emulsion in the initial treatment of canine leishmaniasis. J Small Anim Pract 42: 170.

Latimer FG, et al. 2001. Pharmacokinetics of fluconazole following intravenous and oral administration and body fluid concentrations of fluconazole following repeated oral dosing in horses. Am J Vet Res 62: 1606.

Ledbetter EC, et al. 2007. In vitro susceptibility patterns of fungi associated with keratomycosis in horses of the northeastern United States: 68 cases (1987-2006). J Am Vet Med Assoc 231: 1086.

Legendre AM, et al. 1984. Treatment of canine blastomycosis with amphotericin B and ketoconazole. J Am Vet Med Assoc 184: 1249.

Legendre AM, et al. 1996. Treatment of blastomycosis with intraconazole in 112 dogs. J Vet Intern Med 10: 365.

Levy JK. 1991. Ataxia in a kitten treated with griseofulvin. J Am Vet Med Assoc 198: 105.

Lutsar I, et al. 2003. Voriconazole concentrations in the cerebrospinal fluid and brain tissue of guinea pigs and immunocompromised patients. Clin Infect Dis 37: 728.

Malik R, et al. 1992. Cryptococcosis in cats: clinical and myco-logical assessment of 29 cats and evaluation of treatment using orally administered fluconoazole. J Med Vet Mycol 30: 133.

Malik R, et al. 1996a. Combination chemotherapy of canine and feline cryptococcosis using subcutaneously administered amphotericin B. Aust Vet J 73: 124.

Malik R, et al. 1996b. Suspected drug eruption in seven dogs during administration of flucytosine. Aust Vet J 74: 285.

Mancianti F, et al. 1998. Efficacy of oral administration of itraconazole to cats with dermatophytosis caused by *Microsporum canis*. J Am Vet Med Assoc 213: 993.

Mathes RL, et al. 2010. Effects of antifungal drugs and delivery vehicles on morphology and proliferation of equine corneal keratocytes in vitro. Am J Vet Res 71: 953.

Matot I, Pizov R. 2000. Pulmonary extraction and accumulation of lipid formulations of amphotericin B. Crit Care Med 28: 2528.

Mayer UK, et al. 2008. Adverse effects of ketoconazole in dogs—a retrospective study. Vet Dermatol 19: 199.

Mazepas AS, et al. 2011. Retrospective comparison of the efficacy of fluconazole or itraconazole for the treatment of systemic blastomycosis in dogs. J Vet Intern Med 25: 440.

Medleau L, Chalmers SA. 1992. Ketoconazole for treatment of dermatophytosis in cats. J Am Vet Med Assoc 200: 77.

Medleau L, et al. 1990. Evaluation of ketoconazole and itraconazole for treatment of disseminated cryptococcosis in cats. Am J Vet Res 51: 1454.

Medleau L, et al. 1995. Itraconazole for the treatment of cryptococcosis in cats. J Vet Intern Med 9: 39.

Moriello KA. 2004. Treatment of dermatophytosis in dogs and cats: review of published studies. Vet Dermatol 15: 99.

Moriello KA, DeBoer DJ. 1995. Efficacy of griseofulvin and itraconazole in the treatment of experimentally induced dermatophytosis in cats. J Am Vet Med Assoc 207: 439.

Moriello KA, et al. 2004. Efficacy of pre-treatment with lufenuron for the prevention of *Microsporum canis* infection in a feline direct topical challenge model. Vet Dermatol 15: 357.

Nomeir AA, et al. 2000. Pharmacokinetics of SCH 56592, a new azole broad-spectrum antifungal agent, in mice, rats, rabbits, dogs, and cynomolgus monkeys. Antimicrob Agents Chemother 44: 727.

Orosz SE, et al. 1996. Pharmacokinetic properties of itraconazole in Blue-fronted Amazon parrots (*Amazona aestiva aestiva*). J Avian Med Surg 10: 168.

Passler NH, et al. 2010. Distribution of voriconazole in seven body fluids of adult horses after repeated oral dosing. J Vet Pharmacol Ther 33: 35.

Pearce JW, et al. 2009. In vitro susceptibility patterns of *Aspergillus* and *Fusarium* species isolated from equine ulcerative keratomycosis cases in the midwestern and southern United States with inclusion of the new antifungal agent voriconazole. Vet Ophthalmol 12: 318.

Plotnick AN, et al. 1997. Primary cutaneous coccidioidomycosis and subsequent drug eruption to itraconazole in a dog. J Am Anim Hosp Assoc 33: 139.

Pomrantz JS, et al. 2010. Repeated rhinoscopic and serologic assessment of the effectiveness of intranasally administered clotrimazole for the treatment of nasal aspergillosis in dogs. J Am Vet Med Assoc 236: 757.

Prades M, et al. 1989. Body fluid and endometrial concentrations of ketoconazole in mares after intravenous injection or repeated gavage. Equine Vet J 21：211.

Quimby JM，et al. 2010. Adverse neurologic events associated with voriconazole use in 3 cats. J Vet Intern Med 24：647.

Rex JF，Pfaller MA. 2002. Has antifungal susceptibility testing come of age? Clin Infect Dis 35：982.

Rex JH，et al. 2003. A randomized and blinded multicenter trial of high-dose fluconazole plus placebo versus fluconazole plus amphotericin B as therapy for candidemia and its consequences in nonneutropenic subjects. Clin Infect Dis 36：1221.

Richardson RC，et al. 1983. Treatment of systemic mycoses in dogs. J Am Vet Med Assoc 183：335.

Roffey SJ，et al. 2003. The disposition of voriconazole in mouse，rat，rabbit，guinea pig，dog，and human. Drug Metab Dispos 31：731.

Rosales MS，et al. 2005. Comparison of the clinical efficacy of oral terbinafine and ketoconazole combined with cephalexin in the treatment of Malassezia dermatitis in dogs-a pilot study. Vet Dermatol 16：171.

Rubin SI，et al. 1989. Nephrotoxicity of amphotericin B in dogs：A comparison of two methods of administration. Can J Vet Res 53：23.

Sakai MR，et al. 2011. Terbinafine pharmacokinetics after single dose oral administration in the dog. Vet Dermatol 22：528.

Schutte JG，van de Ingh TSGM. 1997. Microphthalmia，brachygnathia superior，and palatocheiloschisis in a foal associated with griseofulvin administration to the mare during early pregnancy. Vet Quart 19：58.

Scott FW，et al. 1975. Teratogenesis in cats associated with griseofulvin therapy. Teratology 11：79.

Scotty NC，et al. 2005. In vitro efficacy of lufenuron against filamentous fungi and blood concentrations after PO administration in horses. J Vet Intern Med 19：878.

Sharkey PK，et al. 1991. High-dose intraconazole in the treatment of severe mycoses. Antimicrob Agents Chemother 35：707.

Sharp NJH，et al. 1991. Treatment of canine nasal aspergillosis/ penicilliosis with fluconazole（UK-49，858）. J Small Anim Pract 32：513.

Sharp NJH，Sullivan M. 1989. Use of ketoconazole in the treatment of canine nasal aspergillosis. J Am Vet Med Assoc 194：782.

Shaw SE. 1988. Successful treatment of 11 cases of feline cryptococcosis. Aust Vet Pract 18：135.

Shelton GH，et al. 1990. Severe neutropenia associated with griseofulvin therapy in cats with feline immunodeficiency virus. J Vet Intern Med 4：317.

Sickafoose L，et al. 2010. A noninferiority clinical trial com-paring fluconazole and ketoconazole in combination with cephalexin for the treatment of dogs with *Malassezia* der-matitis. Vet Ther 11：E1.

Stenner VJ，et al. 2007. Protothecosis in 17 Australian dogs and a review of the canine literature. Med Mycol 45：249.

Tiches D，et al. 1998. A case of canine central nervous system cryptococcosis：management with fluconazole. J Am Anim Hosp Assoc 34：145.

Trivedi SR，et al. 2011. Feline cryptococcosis：impact of current research on clinical management. J Feline Med Surg 13：163.

Vaden SL，et al. 1997. Fluconazole in cats：Pharmacokinetics following intravenous and oral administration and penetration into cerebrospinal fluid，aqueous humour and pulmonary epitheliial lining fluid. J Vet Pharm Ther 20：181.

Verweij PE，et al. 1997. High-dose itraconazole for the treatment of cerebral aspergillosis. Clin Infect Dis 23：1196.

Wack RF，et al. 1992. Griseofulvin toxicity in four cheetahs（*Acinonyx jubatus*）. J Zoo Wild Med 23：442.

Willard MD，et al. 1986a. Ketoconazole-induced changes in selected canine hormone concentrations. Am J Vet Res 47：2504.

Willard MD，et al. 1986b. Effect of long-term administration of ketoconazole in cats. Am J Vet Res 47：2510.

Williams MM，et al. 2011. Pharmacokinetics of oral terbinafine in horses and Greyhound dogs. J Vet Pharmacol Ther 34：232.

Zonderland JL，et al. 2002. Intranasal infusion of enilconazole for treatment of sinonasal aspergillosis in dogs. J Am Vet Med Assoc 15：1421.

第三篇

抗菌药物特论

第二十一章　中性粒细胞减少患畜的抗菌药物预防性使用和抗菌药物化学治疗

Steeve Giguère、Anthony C. G. Abrams-Ogg 和 Stephen A. Kruth

细菌性传染病的出现源于宿主暴露于充分数量的致病微生物（如沙门氏菌）中，或微生物能够对宿主特异性和非特异性防御机制进行攻击（如外伤、外科手术、外界环境的显著变化或中性粒细胞减少症）。对宿主物理性屏障或防御机制的攻击，可使宿主易受自身正常菌群或其他易接触到的病原菌感染。患者防御机制受到病原微生物攻击时，临床医生通常会使用抗菌药物来对抗感染，直至患者自身防御机制恢复。同样，动物出现外伤或将接受外科手术时，兽医为避免出现感染而预先使用抗菌药物的疗法称为预防用药。鉴于运输、拥挤或其他感染源等因素，动物群体存在疾病暴发风险时，对动物使用抗菌药物的疗法称为预防性治疗。若患病动物存在中性粒细胞减少症，无论动物存在感染与否，抗菌药物的使用与防御机制正常的动物差别较大。本章将讨论群体动物、动物外科手术前及中性粒细胞减少症动物的抗菌药物预防用药。

第一节　家畜的抗生素预防性或预防性治疗使用

抗菌药物的预防用药或预防性治疗用药在兽医领域，特别是家畜传染病的防治过程中发挥了巨大作用。但也存在着不足之处，其中最显著的便是存在耐药菌选择的风险。为降低耐药菌选择风险，在预防性使用抗菌药物时必须遵守一些原则，包括：

（1）认知使患者处于风险的病原微生物。

（2）认知对假定病原菌敏感的抗菌药物。

（3）在感染发作之前启动治疗，确保在病原微生物达到致病数量前，药物在感染部位达到治疗浓度。对于动物群体，预防性治疗应开始于动物暴露于感染源时或开始出现暴发症状时。

（4）预防用药的持续时间应尽可能短，且与药物疗效相一致，并仅用于其疗效已经明确的情况下。

（5）预防性治疗给药剂量必须与治疗剂量相同。

幼畜（猪、牛）由繁育区转移至育肥区时，机体微生物菌群及生理机能可能会出现紊乱，外加突然暴露于病原微生物环境中，可能会导致各类传染病的爆发，因此通常会在此时进行抗菌药物预防性治疗。但是，鉴于抗菌药物的预防性治疗存在其弊端，应尽可能采用更加合理的预防性管理措施来替代抗菌药物。明确动物的免疫状态、动物受何种因素影响以及动物所处环境中存在的病原微生物可有助于降低感染的出现。例如，Berge 等（2005）调查研究了预防性抗菌用药对 120 头哺乳犊牛健康及身体机能的影响，结果发现，与动物的发病率及死亡率密切相关的最重要因素是牛初乳被动免疫的不当转换。尽管，饲料中添加抗生素可以延缓疾病的发生、降低总体发病率及促进动物生长，但与获得充足被动免疫的犊牛相比，未获得足够被动免疫而使用预防性抗菌药物的犊牛，后期的饲养难度更大，饲养人员劳动强度更高。许多作为生长促进剂使用的抗菌药物也起到预防传染病的作用。第二十四章将详细讨论抗菌药物作为生长促进剂使用及其对疾病预防的作用。

预防性治疗用药在畜群健康受到威胁时，兽医领域广泛应用。例如，奶牛群中以干乳奶牛疗法（见第三十章）形式进行的预先用药。药物的使用是基于对畜群疾病状况的认识及其继续向易感个体传播情况的了解。畜群或个体的预防用药能够降低病原菌的传播。动物群体用药概念是指对整个畜群使用药物，而非个体动物。例如，①以预防性用药浓度给药来避免猪痢疾（见第三十三章）；②“快速”疗法中乳房内注射青霉素 G 以根除牛群中无乳链球菌的感染；③在早期断奶程序中加入药物，可确保猪无特定疾病；④牛群到达养殖场后群体给药可以降低呼吸系统疾病的发病率（见第二十九章）。

对处于呼吸系统疾病高发风险的犊牛，经肠道外给药（预防性治疗）后发病率通常会降低。不过，通过口服给药的效果如何还不确定，因一些试验显示口服抗菌药物存在副作用（Taylor 等，2010）。一项对107 个现场试验的综合分析结果显示，牛在到达饲养场时，群体给予土霉素和替米考星，均可降低发病率。不过对死亡率和疗效的作用却不一致（Van Donkersgoed，1992）。此后，诸多抗菌药物被批准用于控制牛呼吸系统疾病。例如，头孢噻呋结晶游离酸、恩诺沙星、氟苯尼考、加米霉素、泰地罗新、替米考星和泰拉霉素。

有研究表明，泰拉霉素在预防自然暴发的牛呼吸道疾病时，效果优于替米考星（Godinho 等，2005）。这其中诸多相关药物彼此相对疗效还不甚明确，且不同农场间也会存在差异。预防用药及预防性治疗用药的药物选择不仅取决于药物的疗效，还要进行成本/效益的综合分析。例如，研究比较替米考星和土霉素预防效果发现，替米考星在预防不明发热方面疗效显著，但土霉素价格低廉，使用起来更具优势（Schunich 等，2002）。

已证实兽医临床采用预防性抗菌治疗某些动物会出现不良反应。例如，为防止母牛分娩后出现子宫炎，子宫内灌注新霉素的预防性治疗措施会对其繁育能力产生不良影响；受精母马子宫内灌注庆大霉素，会影响其受孕能力。还有研究表明断奶犊牛的死亡率与摄入四环素有一定关联（Martin 等，1982）。表 21.1 为已确认的预防用或预防性治疗用抗菌药物。

表 21.1　一些大动物用预防性或预防性治疗用抗菌药物

物种	疾病/目的	药物	持续时间	备注
牛	育肥牛肺炎	CCFA、恩诺沙星、氟苯尼考、加米霉素、替米考星、泰地罗新、泰拉霉素	单次给药	到达饲育场即给药
	干奶牛治疗	许多药物	单次给药	乳房内灌注
	细螺旋体病	土霉素、替米考星	单次给药	根除尿淋漓
猪	猪丹毒	长效青霉素	单次给药	治疗处于风险的猪
	猪萎缩性鼻炎	土霉素	出生后第一周	
	猪痢疾	泰妙菌素、沃尼妙林、林可霉素	取决于药物种类	
	增生性肠炎	泰乐菌素、林可霉素、泰妙菌素、沃尼妙林	取决于药物种类	
	梭菌性肠炎	盐霉素[a]	延长给药间隔	通过饲料给药
马	腺疫	青霉素	根据暴露时间而定	在处于风险的马发展成淋巴结病之前给药

注：a 自 2006 年 1 月起在美国不再批准使用。

CCFA＝头孢噻呋晶体游离酸。

参 考 文 献

Berge ACB，et al. 2005. A clinical trial evaluating prophylactic and therapeutic antibiotic use on health and performance of preweaned calves. J Dairy Sci 88：2166.

Godinho KS，et al. 2005. Efficacy of tulathromycin in the treatment and prevention of natural outbreaks of bovine respiratory disease in European cattle. Vet Ther 6：122.

Martin SW，et al. 1982. Factors associated with mortality and treatment cost in feedlot calves：the Bruce County beef project，years 1978，1979，1980. Can J Comp Med 46：341.

Schunich OC，et al. 2002. A comparison of prophylactic efficacy of tilmicosin and a new formulation of oxytetracycline in feedlot calves. Can Vet J 43：355.

Taylor JD，et al. 2010. The epidemiology of bovine respiratory disease：what is the evidence for preventive measures? Can Vet J. 51：1351.

Van Donkersgoed J，et al. 1992. Meta-analysis of field trials of antimicrobial mass medication for prophylaxis of bovine respiratory disease in feedlot cattle. Can Vet J 33：786.

第二节　外科手术的抗菌药物预防

抗菌药物的预防用药以减少手术部位感染是外科手术领域的一个里程碑。当然，抗菌药物的使用无法替代手术无菌技术及对外科手术原则的严格执行，例如，手术中创口及出血的最小化、使用各类仪器辅助、缝合材料及植入物体的甄选、最小化坏死组织及坏死组织的清除等。外科手术前，合理使用预防性抗菌药物的意义是毋庸置疑的，但预防性抗菌药物的滥用也可能会导致一系列后果，例如，重复感染概率的上升、微生物耐药性的发展、住院费用的增加以及宿主不良反应等。因此，还需严格遵守手术原则，以确保围手术期最佳抗菌药物使用效果。

兽医中，由于随机临床试验的缺乏，使得手术中预防性抗菌药物的选用多参照人医研究成果。预防性抗菌药物的选用必须保证对宿主自身正常菌群和院内微生态环境影响程度最小。本节概述了兽医上相关外科手术中预防性抗菌药物的认知现状。

一、外科手术部位感染的影响因素

外科手术过程中，手术创口都会在一定程度上受到污染，所幸的是创口的感染属于小概率事件。创口的感染通常于术后 30d 内出现，有埋植物存在时，可能会于 1 年内发生。感染的出现是多种因素相互作用的结果，例如，污染的属性和程度、微生物的致病性，宿主防御机制的完整性和适应能力及外科手术本身相关因素。

目前，兽医学中已有一些研究尝试对影响感染的风险因素进行判定。犬和猫（$n=239$）术后感染流行病学评估显示，完整雄性动物若患有内分泌性疾病，其术后感染的风险更高（Nicholson 等，2002）。此外，犬、猫的手术时长和麻醉时长同样是术后感染的风险因素（Brown 等，1997；Beal 等，2000；Nicholson 等，2002）。流行病学研究显示犬猫（$n=1\ 255$）手术时间为 90min 时，相比于 60min，感染风险提高一倍，且手术时间每额外增加 1h，风险增加一倍（Brown 等，1997）。在马骨科手术中，手术时间超过 90min 时，手术部位感染的概率是短时间手术的 3.6 倍（Mac Donald 等，1994）。马的剖腹手术中，手术部位并发症同样与手术时间有明显关联（Wilson 等，1995；Freeman 等，2012）。在马的剖腹探查手术中，选用的皮肤缝合线与切口并发症显著相关（Torfs 等，2010）。此外，手术部位的准备工作也很重要，例如，犬猫麻醉前手术部位进行剪毛处理，所出现的感染概率是麻醉后剪毛处理的 3 倍（Brown 等，1997）。

除此之外，还有一些因素能够影响人医外科手术时创口的感染，包括年龄、肥胖、皮质激素治疗、慢性炎症、电凝止血、缝合线材料以及严重的并发症等。这其中一些因素可能也适用于兽医学。例如，马患有严重腹部疾病时，接受紧急外科手术后，创口并发症发生率显著高于马处于非紧急腹部外科手术（7%；Wilson 等，1995）。

二、病畜选择

兽医手术中预防性抗菌用药建议多是依据国家研究委员会创伤分类系统中做出的手术污染程度（表 21.2）。这种将人医临床建立的分类系统应用于兽医临床，可能不完全准确，且其准确程度可能随手术类型的不同而存在差异。例如，在马腹部手术中，肠切开术或肠切除术对手术部位感染发生率无影响（Kobluk 等，1989；Phillips 和 Walmsley，1993）。相反，在马骨科手术中，创伤的类别与手术部位感染风险密切相关，在清洁-污染型手术中，术后发生感染的概率是清洁型手术过程的 24 倍（MacDonald 等，1994）。

抗菌药物在预防某些术后感染方面确实有效，也有必要使用，当手术过程中存在某些特定步骤使得感染率超过 5%时，便应该使用抗生素。比较典型的例子如清洁-污染型或污染型病畜手术。相反，多数清洁型手术过程中，感染的风险低，通常不使用预防性抗菌药物。不过，若手术涉及埋植物，或感染的结果呈灾难性，则清洁型手术过程中同样应该使用抗菌药物（如全髋关节置换术；Dunning，2003）。此外，若病畜患有衰弱性疾病，或接受了一定剂量的糖皮质激素，使得免疫功能受到抑制时，手术前也应预防性使用抗菌药物。

以上预防性抗菌药物的使用原则最初借鉴人医研究成果，兽医学中目前已有针对犬、猫、马和牛的研究，结果显示清洁手术过程中没有使用预防性抗菌药物的必要（Holmberg，1985；Vasseur 等，1985；Klein 和 Firth，1988a；MacDonald 等，1994；Brown 等，1997）。不过，清洁-污染型或污染型手术过程中使用预防性抗菌药物还是很有必要的（Haven 等，1992；Brown 等，1997）。根据定义，污染型外科手术需要通过抗菌药物进行治疗而非预防，此时预防性抗菌药物的指导原则便不再适用。不幸的是，小动物或马的围手术期抗菌药物使用指南与预防性抗菌药物使用指南有很大的差别（Weese 等；2009；Knights 等，2012）。

表 21.2 根据细菌污染可能性和手术部位相关感染风险划分的手术创口类型

类型	标准	风险估值（%）
清洁	非紧急型 非创伤性 完全封闭创口 无发炎现象 始终保持无菌操作 未进入呼吸道、消化道、胆囊和泌尿生殖道	<5
清洁-污染	清洁型，但紧急病例 非紧急型，进入呼吸道、胃肠道、胆囊或泌尿生殖道存在最低程度的污染，未接触感染的尿或胆汁 无菌操作中存在少许中断	5～10
污染	无化脓性炎症 胃肠道内容物严重溢出 进入存在胆汁或尿液的胆囊或泌尿生殖道 无菌操作中存在较长时间的中断 穿透性创伤<4h 存在需要移植或缝合的慢性开放创口	10～20
感染	手术过程中出现化脓性炎症（如脓疮） 术前呼吸道、消化道、胆囊或泌尿生殖道已穿孔 穿透性创伤>4h	>20

注：据 Cruise 和 Ford，1980 年改编。

三、抗菌药物的选择

预防用抗菌药物的选用需基于以下几点：最有可能污染手术部位的微生物、药物对微生物的活性、低不良反应发生率、费用、药物在相应动物体内的药代动力学数据以及包括临床和/或微生物学结果在内的药效动力学预期。此外，还应注意的是，外科手术中尽量避免使用新广谱药物，以降低细菌对一线治疗药物耐药性概率（Bratzler 等，2005）。

头孢唑啉对大多数导致外科手术创口感染的病原菌具有抗菌活性，且因其费用适中、不良反应小，成为人及犬、猫手术中常用的预防性抗菌药物（Dunning，2003；Nichols 等，2005）。肠杆菌科细菌是最常出现于马骨科及腹部手术感染的细菌（Moore 等，1992），因此，庆大霉素成为马手术常用预防性抗菌药物，且为扩大对革兰氏阴性菌的抗菌能力，通常会联合使用青霉素或头孢唑啉。青霉素或头孢唑啉作为反刍动物围手术期预防用药已有较长的历史。两种药物各有优缺点，青霉素对化脓隐秘杆菌的抗菌活性高于头孢噻呋，且厌氧菌通常是从反刍动物中分离到的；但青霉素作为预防用药存在的问题是在奶和肉中存留时间较长，且对多数革兰氏阴性菌无活性，如肠杆菌科细菌。相反，头孢噻呋对多数反刍动物中分离到的革兰氏阴性菌具有良好的抗菌活性。且按标签使用时，头孢噻呋钠无休药期，盐酸头孢噻呋在肉中休药期仅为 2d，在奶中无休药期。但是，自 2012 年开始，主要食品动物（牛、猪、鸡和火鸡）在围手术期使用头孢噻呋或任何其他头孢菌素类药物在美国将属于非法行为。

上述抗菌药物尽管代表了各物种常用预防性抗菌药物，但临床医生在药物选择上还应不断评估现有文献并认真确定所分离菌株的体外敏感情况。目前各类大小型动物医院均已有关于院内外科手术部位感染相关病原菌出现耐药性的报道。

四、抗菌药物预防用药的时间及疗程

外科手术过程中预防性使用抗菌药物的目标是保证宿主血清和组织中药物浓度高于所有手术过程中微生物的 MIC。预防性用药开始于手术切口前 30～60min 内，以确保手术发生污染时药物在组织中已达到足够浓度。早在 1961 年便已证实，手术切口前使用预防性抗菌药物，感染有金黄色葡萄球菌的创口与未感染的对照组没有差异（Burke，1961）。相同试验还证实，手术受细菌污染 3h 内，使用抗菌药物可有效降低感染严重程度。此后，人医中多项研究证实，手术之后预防性使用抗菌药物，其对手术部位感染发生率毫无控制作用，与未用药患者情况几乎相同（Stone 等，1976；McDonald 等，1998）。从手术前第一次给药开始，若手术持续时间相当于药物的两个半衰期，手术期间还应重复给药，以确保从手术开始到伤口缝合完毕的整个手术期间，相应部位有足够的药物浓度（Bratzler 等，2005）。犬、马使用头孢唑啉时，药物半衰期约 1h。马静脉注射青霉素钾或青霉素钠和庆大霉素时半衰期约为 3h，肌内注射普鲁卡因青霉素的半衰期约为 12h。

目前，兽医临床中各抗菌药物预防用药的最佳持续时间还不明确。但是，人医临床中绝大多数研究证实，伤口闭合后预防性使用抗菌药物的意义不大（Aber 和 Thore，1991；Meijer 等，1990）。研究还证实，长时间预防性使用抗菌药物与耐药性的出现有一定关联，且引起不良反应概率更大（Harbart 等，2000）。国家外科手术感染预防项目依据现有数据推荐术后 24h 内应停止抗菌药物的预防性使用（Bratzler 等，2005）。兽医临床也应遵循此类用药指导原则，一些兽医相关研究与人医研究结果相一致，在牛瘤胃切开术前，单次给予青霉素，其在预防术后并发症方面，与使用同种抗生素进行 7d 治疗的结果相同（Haven 等，1992）。当然，还需强调的是围手术期的预防原则不适用于污染的外科手术过程。针对后者使用抗菌药物的目的是治疗而非预防，且疗程更长。例如，犊牛患有复杂脐疝时，抗菌药物治疗疗程若为 4d，相比 1d 而言，其外科感染发生率明显下降（Klein 和 Firth，1988b）。

参考文献

Aber C，Thore M. 1991. Single versus triple dose antimicrobial prophylaxis in elective abdominal surgery and the impact on bacterial ecology. J Hosp Infect 18：149.

Beal MW，et al. 2000. The effects of perioperative hypothermia and the duration of anesthesia on postoperative wound infection rate in clean wounds：a retrospective study. Vet Surg 29：123.

Bratzler DW，et al. 2005. Antimicrobial prophylaxis for surgery：an advisory statement from the National Surgical Infection Prevention Project. Am J Surg 189：395.

Brown DC，et al. 1997. Epidemiologic evaluation of postoperative wound infections in dogs and cats. J Am Vet Med Assoc 210：1302.

Burke JF. 1961. The effective period of preventive antibiotic action in experimental incisions and dermal lesions. Surgery 50：161.

Cruise PG，Ford R. 1980. The epidemiology of wound infection. A 10-year prospective study of 62，939 wounds. Surg Clin North Am 60：27.

Dunning D. 2003. Surgical wound infection and the use of antimicrobials. In：Slatter DH（ed）. Textbook of Small Animal Surgery，3rd ed. Philadelphia：Elsevier，p. 113.

Freeman KD，et al. 2012. Post operative infection，pyrexia and perioperative antimicrobial drug use in surgical colic patients. Equine Vet J 44：476.

Harbarth S，et al. 2000. Prolonged antibiotic prophylaxis after cardiovascular surgery and its effect on surgical site infections and antimicrobial resistance. Circulation 101：2916.

Haven ML. 1992. Effects of antibiotic prophylaxis on postoperative complications after rumenotomy in cattle. J Am Vet Med Assoc 200：1332.

Holmberg DL. 1985. Use of prophylactic penicillin in orthopedic surgery：a clinical trial. Vet Surg 14：160.

Klein WR，Firth EC. 1988a. Infection rates in clean surgical procedures with and without prophylactic antibiotics. Vet Rec 123：542.

Klein WR，Firth EC. 1988b. Infection rates in contaminated surgical procedures：A comparison of prophylactic treatment for one day or four days. Vet Rec 123：564.

Knights CB，et al. 2012. Current British veterinary attitudes to the use of perioperative antimicrobials in small animal surgery. Vet Rec 170：646.

Kobluk CN et al. 1989. Factors affecting incisional complication rates associated with colic surgery in horses：78 cases（1983-1985）. J Am Vet Med Assoc 195：639.

MacDonald DG，et al. 1994. An examination of the occurrence of surgical wound infection following equine orthopaedic surgery（1981-1990）. Equine Vet J 26：323.

McDonald M，et al. 1998. Single-versus multiple-dose antimicrobial prophylaxis for major surgery：a systematic review. Aust N Z J Surg 68：388.

Meijer WS et al. 1990. Antibiotic prophylaxis in biliary tract surgery-current practice in The Netherlands. Neth J Surg 42：96.

Moore RM，et al. 1992. Antimicrobial susceptibility of bacterial isolates from 233 horses with musculoskeletal infection during 1979-1989. Equine Vet J 24：450.

Nichols RM，et al. 2005. Antibiotic prophylaxis in surgery-2005 and beyond. Surg Infect 6：349.

Nicholson M，et al. 2002. Epidemiologic evaluation of postoperative wound infection in clean-contaminated wounds：A retrospective study of 239 dogs and cats. Vet Surg 6：577.

Phillips TJ，Walmsley JP. 1993. Retrospective analysis of the results of 151 exploratory laparotomies in horses with gastrointestinal disease. Equine Vet J 25：427.

Stone HH et al. 1976. Antibiotic prophylaxis in gastric，biliary and colonic surgery. Ann Surg 184：443.

Torfs S，et al. 2010. Risk factors for incisional complications after exploratory celiotomy in horses：do skin staples increase the risk? Vet Surg 39：616.

Vasseur PB，et al. 1985. Infection rates in clean surgical procedures：a comparison of ampicillin prophylaxis vs. a placebo. J Am Vet Med Assoc 187：825.

Weese JS，Cruz A. 2009. Retrospective study of perioperative antimicrobial use practices in horses undergoing elective arthroscopic surgery at a veterinary teaching hospital. Can Vet J 50：185.

Wilson DA，et al. 1995. Complications of celiotomy incisions in horses. Vet Surg 24：506.

第三节　犬、猫中性粒细胞减少症相关感染的管理

动物若患有中性粒细胞减少症，其被细菌和真菌感染的风险便会上升，感染时，即便使用合适的抗菌药物也很难根除。通常认为感染多是由致病菌或条件致病菌引起，而这些微生物很少感染防御机制正常的动物。本节所关注的犬、猫中性粒细胞减少症相关感染处理，主要指由粒细胞生成受损而导致中性粒细胞减少，继而引发条件性细菌及真菌感染风险。目前相关研究多是集中于粒细胞和粒细胞-巨噬细胞集落刺激因子的使用对中性粒细胞产生的促进作用，而缺乏针对抗菌药物在处理中性粒细胞减少症患者，特别是犬、猫中的研究。动物患有中性粒细胞减少症时，多种因素均会影响感染的风险及后果，不过多数情况下及时使用合理的抗菌药物进行治疗，预后良好（Vail，2009）。对于持续时间长、较为严重的中性粒细胞减少症病例，病畜的处理策略必须从人类的治疗方法外推。

一、中性粒细胞减少症的病因

中性粒细胞减少症可能为原发或继发性疾病，表现为孤立的血液学异常或全血细胞减少（Brown 和 Rogers，2001；Schnelle 和 Barger，2012）。临床上与中性粒细胞减少症相关的遗传性疾病有灰色牧羊犬的周期性造血疾病、边境牧羊犬中性粒细胞减少症以及钴胺素缺乏症（见于边境牧羊犬和巨型雪纳瑞）。一些比利时特弗伦犬和灰狗可能出现生理性中性粒细胞减少症，其中性粒细胞计数低于正常犬，但无相关病症。犬、猫偶见自发性中性粒细胞减少症，一些情况下是由免疫介导引起的，也有因粒细胞集落刺激因子缺乏而引起（Lanevschi 等，1999）。

中性粒细胞减少症也可能继发于感染性疾病。犬细小病毒-2（CPV-2）和犬埃立克体（以及其他无形体科

潜在病原）是引发犬中性粒细胞减少症的主要原因。此外，中性粒细胞减少症也见于巴贝斯虫和恰氏利什曼原虫感染。猫中性粒细胞减少症的主要原因多是由猫细小病毒（FPV）、猫白血病病毒和猫免疫缺陷病毒引发。犬、猫骨髓入侵术后可继发由荚膜组织胞浆菌引起的中性粒细胞减少症。此外，中性粒细胞减少症也偶见于与全身性真菌和原虫感染相关。严重细菌感染通过消耗储备的骨髓粒细胞，导致具有正常造血功能的动物出现中性粒细胞减少症。中性粒细胞的消耗又会导致粒细胞生长功能受损的动物粒细胞减少症病情加重。

原发性骨髓瘤或转移性骨髓瘤同样可导致中性粒细胞减少症，且两种情况均有可能并发贫血和血小板减少。犬睾丸支持细胞肿瘤会引发副肿瘤性雌激素中毒，从而导致全血细胞减少症状。

治疗肿瘤及免疫性疾病的细胞毒性化疗药物、放疗以及酪氨酸激酶抑制剂均能够引起骨髓功能抑制，所引起的中性粒细胞减少症病情随药物、给药剂量、及动物种类和品种的不同而存在差异（*MDR1* 基因突变的牧羊犬和其他品种罹患药物诱导性中性粒细胞减少症的风险更高）。除此之外，还存在一些已知但无法预测其风险的能够引起中性粒细胞减少症的药物，例如，犬使用雌激素和保泰松，猫使用氯霉素、灰黄霉素、丙基硫氧嘧啶、甲巯咪唑、卡比咪唑和锂。理论上讲，任何与特异性反应有关的药物都能导致中性粒细胞减少。目前已经报道的能引起特异反应的药物包括：犬、猫使用头孢菌素类药物、犬使用磺胺类药物、卡托普利、奎尼丁、苯巴比妥、扑米酮、异丁嗪、芬苯达唑和阿苯达唑。

其他能够引发中性粒细胞减少症的因素有秋番红花中毒（中毒原理为秋水仙碱）、骨髓纤维化（常见并发性贫血）、继发于各种原因引起的骨髓坏死以及犬弥漫性血管内凝血。犬轻度中性粒细胞减少症可能会伴随肾上腺皮质功能减退而出现。

二、中性粒细胞减少症的感染并发症

（一）风险因子

宿主患有中性粒细胞减少症期间，存在诸多因素能够影响其被感染概率及感染的后果，包括中性粒细胞减少症的严重程度和持续时间、生理屏障的破坏、特定防御机制的缺陷、病原、感染部位、肿瘤类型及其生物学阶段，以及宿主的种类、年龄、体能状态等（Crawford 等，2004；Freifeld 等，2011；Sipsas 等，2005；Van der Meer 和 Kullberg，2002）。

感染风险与中性粒细胞减少症的发病程度有关。因此，将中性粒细胞减少症进行分级有助于预测此类风险（兽医肿瘤学合作组，2011 年）。当中性粒细胞计数下降至 2.0×10^9/L 以下时，存在条件性感染风险。（1.5～2.0）$\times10^9$/L 阶段（1 级中性粒细胞减少症），存在边际感染风险。（1.0～1.5）$\times10^9$/L 阶段（2 级中性粒细胞减少症），存在轻微风险；（0.5～1.0）$\times10^9$/L 阶段（3 级中性粒细胞减少症），风险适中。当小于 0.5×10^9/L（4 级中性粒细胞减少症）时，具较高感染风险；当小于 0.2×10^9/L 时，感染风险非常高，此时，骨髓抑制的恶化和临床不良后果之间仍存在关联，但是由于任何从骨髓中释放的中性粒细胞都会立即迁移至组织，因此不能在周边血液中反映出。针对人类白血病的经典研究证实（Bodey 等，1966），中性粒细胞减少症患病程度一定时，相比于稳定情况，中性粒细胞计数越降低，感染风险越高。遗憾的是，没有针对犬、猫的此类研究，不过根据对癌症病畜全身放疗的研究及各类相关临床经验，发现此类数据同样也适用于犬、猫（Couto，1990；Abrams-Ogg 等，1993；兽医肿瘤学合作组，2011）。

感染所引发结果与中性粒细胞减少症的持续时间存在关联。人患病时间较短时（<7d），出现严重的、无法用适当抗菌药物控制的感染的概率较小。不过，当患病持续时间为 7～14d 时，所出现的感染会较难控制。更加难以控制的感染出现于患者患病时间长（>14d），特别是当中性粒细胞计数 $<0.2\times10^9$/L 时。这种困难的出现是鉴于感染的根除需要抗菌药物与宿主防御机制协同一致。

宿主患有中性粒细胞减少症期间，由于天然防御屏障受到破坏，且体液和细胞免疫也受到抑制，感染的风险便会增大。例如，细小病毒感染和对抗癌症的化疗过程中所出现的胃肠道损伤，能够使得肠道菌群出现改变。此外，静脉导管及经皮肤穿刺的活组织检查程序能够增加皮肤微生物所造成的感染风险。鉴于各类原发疾病、抗癌治疗及机体营养不良等因素，免疫抑制可能会伴随着骨髓抑制而出现。中性粒细胞减少症患者如果还并发淋巴细胞减少症和单核细胞减少症，出现感染的风险则更高。目前还未广泛开展针对犬患癌症后化疗对其免疫应答影响的研究。不过研究发现，犬患淋巴瘤和肉骨瘤时，使用阿霉素治疗未导致 T 淋巴细胞或 B 淋巴细胞数显著减少，但是联合使用化疗后导致 B 淋巴细胞数显著且持久降低（Walter

等，2006）。不过，接种疫苗时，对照组和化疗组犬的抗体滴度无显著差异（Walter 等，2006）。

感染的严重程度当然还因病原微生物的类型不同而存在差异，相比于革兰氏阴性菌，革兰氏阳性菌所造成的感染更容易控制。此外，感染部位对感染结果也很重要。例如，菌血症和肺炎的治疗比软组织、胃肠道或泌尿系统感染更加困难。对于人而言，肿瘤类型及其所处阶段是影响治疗的重要因素。例如，针对血液系统恶性肿瘤而言，相比于慢性患者，急性患者感染越发严重；相比于处于缓解期患者，复发期患者感染越发严重；此外，相比于实体肿瘤患者，血液系统恶性肿瘤患者感染也越发严重。在一项犬的病例对照研究中，评估了犬接受化疗后，出现中性粒细胞减少症（$<2.5\times10^9$/L）及高热（>39.2℃或 102.5℉）的风险因素。研究发现，与患实体瘤犬相比，淋巴瘤犬的感染风险更高（Sorenmo 等，2010），而疾病的阶段以及疾病的缓解与复发对风险无影响（Sorenmo 等，2010）。在该研究中，病畜年龄对风险无影响（Sorenmo 等，2010）。

（二）微生物学

动物患有中性粒细胞减少症时，外源性或内源性微生物均可对其引发感染，外源性微生物源自环境。例如，人医院中，院内微生物是中性粒细胞减少症患者感染的重要致病原（Wade，1994；Ellis，2004），动物医院内感染很有可能也是如此（Warren 等，2001）。内源性感染源自宿主机体内自身菌群，其中最重要的是肠道菌群，此外还有口腔、皮肤、上呼吸道和下泌尿道等处菌群。外源性和内源性病原微生物并非两类完全不同的微生物群体，对不同动物而言，同种微生物可能是内源性病原微生物，也可能是外源性微生物。

人患有中性粒细胞减少症后，细胞毒性疗法使得机体易出现各类感染，目前已广泛明确各类感染微生物特性（Sipsas 等，2005）。其中革兰氏阴性菌是感染的常见病原菌，特别是大肠杆菌、克雷伯菌属细菌以及铜绿假单胞菌。革兰氏阳性菌，尤其是葡萄球菌属细菌所引起的感染，目前所占感染病例的比例已高达69%。这类变化也反映在作为预防性用药的氟喹诺酮类药物使用量增加以及长时间中心静脉用药方法使用频率的增加（Picazo，2004）。

犬、猫患有中性粒细胞减少症后，继发于细胞毒性疗法的感染还未被明确描述。犬骨髓抑制疾病的此类数据多数都属于非正式报道，其中数据显示与人类相似，血液（菌血症）和肺是最常见感染部位，也可能会出现局部蜂窝组织炎症，表现为四肢中一处或多处水肿。其他可能的感染部位有口腔、胃肠道、泌尿道、心脏和中枢神经系统。

与人感染的最初情况一致，犬菌血症病原最可能源自肠道菌群，而且也与健康犬体内观察到的细菌移位情况相对应。此类病原菌中最常见的是肠杆菌科细菌，特别是大肠杆菌和克雷伯菌属细菌（Couto，1990）。假单胞菌属细菌则较少，由于最初不存在针对假单胞菌属细菌的特效抗菌药，曾在历史上造成过严重的感染类疾病。尽管大多数肠道细菌属于专性厌氧菌，但通常却并非中性粒细胞减少症患者感染的首要机体条件致病菌。人或犬患中性粒细胞减少症时，可能会出现由艰难梭菌导致的腹泻类疾病（Gorschlüter 等，2001；Weese 和 Armstrong，2003）。除住院、细胞毒性疗法及抗菌治疗之外，目前还不清楚中性粒细胞减少症是否为风险因素；菌血症还是比较罕见的。不过，由革兰氏阳性菌，通常为葡萄球菌属细菌和链球菌属细菌所造成的菌血症相比革兰氏阴性菌较少见，但比厌氧菌所致菌血症要常见。革兰氏阳性菌菌血症病原可源于皮肤、肠道或口腔。此外，尿道感染也可能是菌血症病原来源。

肺炎的出现可能源自上呼吸道菌群或肠道菌群移位的机会感染，致病菌同样与菌血症有关联。犬患中性粒细胞减少症时，同样应该考虑罹患支气管败血波氏杆菌肺炎的风险。至于猫，除支气管败血波氏杆菌肺炎外，还可能会存在罹患多杀性巴氏杆菌肺炎的风险。

细小病毒感染可继发细菌感染，针对此类细菌感染有较好的记录。认为革兰氏阴性菌是引发败血症的主要病原，还可能会出现菌血症和肺炎。98 只受 CPV-2 感染的犬死后，88 只犬的组织中分离到了大肠杆菌（Turk 等，1990）。在死于 FPV 的猫尸体组织中也经常分离到大肠杆菌（Scott，1987）。还有报告显示，100 只受 CPV-2 感染犬插有静脉注射导管后，有 22 只犬导管中定植有一个或多个病原体克隆（Lobetti 等，2002），其中 13 只犬导管中分离出大肠杆菌和其他肠道菌；此外，还各分离出一株葡萄球菌属细菌和链球菌属细菌，以及 18 株环境源细菌。另一项针对 43 只感染 CPV-2 的犬的研究发现，有 11 只犬出现无症状菌尿症，10 只犬感染有大肠杆菌，2 只犬感染有葡萄球菌属细菌（Koutinas 等，1998）。一项试验性 FPV 感染的研究结果显示，30 份血样中的 10 份培养结果为阳性（Hammon 和 Enders，1939），所分离到的菌株包括巴氏杆菌、革兰氏阴性杆菌、链球菌和葡萄球菌，还在一份培养中同时发现芽孢杆菌和葡萄球菌属细菌。目前普遍认为细小病毒感染期间，厌氧菌可促使菌血症发生，不过这一定论还未得到证实。还有文章发现，犬感染 CPV-2，肠道内产气荚膜梭菌出现激增（Turk 等，1992），但其在败血症中所起的作用还尚不清楚。

中性粒细胞减少症患者感染的另一重要原因是曲霉菌、念珠菌和不常见的毛霉菌（接合菌病）所引发的局部和全身感染（Brown，2005；Freifeld 等，2011；Sipsas 等，2005；Van der Meer 和 Kullberg，2002）。真菌所导致感染的风险因素与细菌相同。此外，真菌感染的风险延长了抗菌治疗及同步免疫治疗的持续时间（例如，与环孢霉素）。犬、猫患中性粒细胞减少症时，侵袭性真菌感染并不常见。这可能在一定程度上是源于使用的是较温和的细胞毒性疗法去治疗癌症。不过，即使犬长期患有严重的中性粒细胞减少症，其真菌感染的风险也相对较低（Ehrensaft 等，1979）。不过，有幼犬感染 CPV-2 后患有全身性念珠菌病（Rodriguez 等，1998）。猫感染 FPV 后出现曲霉菌导致的肺炎（Fox 等，1978；Holzworth，1987），为治疗淋巴瘤，犬在接受自体骨髓移植后，同样出现了曲霉菌肺炎（Rosenthal，1988）。还有研究发现，6 只因细胞毒性治疗诱发了严重中性粒细胞减少症的犬，其中 3 只犬在密集的抗生素治疗后出现了肠道念珠菌病（Abrams-Ogg 等，1993）。也有关于 CPV-2 感染并发肠道念珠菌病的报道（Ochiai 等，2000），以及 FPV 感染并发肠道念珠菌病、曲霉病、接合菌病的报道（Fox 等，1978；Holzworth，1987）。

三、病畜的管理

小动物临床中，大多数中性粒细胞减少症的持续时间较短（<7d），并且（或）病情为轻度至中度。长期患有中性粒细胞减少症的动物，中性粒细胞计数通常仅略有下降。这反应在动物出现中性粒细胞减少症时，一些兽医倾向于减少或停止细胞毒性疗法，并且对严重全血细胞减少的、预后差的动物实施安乐死。犬、猫有较复杂的血液学病症时，若兽医选择继续使用更加侵略性的细胞毒性治疗策略，针对严重且病程延长的中性粒细胞减少症的管理频率可能需要增加。动物患有中性粒细胞减少症时，采取隔离的方式，会降低获得性外源感染的风险。若患病动物无需重要的护理，则应在家中。猫应在室内饲养，而犬应该限制在房子和院子内。若患病动物不得不需要接受医院治疗，则应尽量避免与院内群体的接触。处理中性粒细胞减少症病畜之前，应彻底洗手，更换工作服，遇到严重病例时应采取隔离护理程序，如戴手套，穿隔离衣和隔离靴。此外，用于中性粒细胞减少症病畜的温度计不应与其他病畜混用。而且，推荐严重中性粒细胞减少症患者食用“低微生物饮食”，尽管其益处尚不明确（Van Dalen 等，2012）。同样，目前也尚未评估宠物食物中病原菌的作用，但建议犬、猫患有中性粒细胞减少症时食用罐头食品和煮熟的食物。

动物患有中性粒细胞减少症时，对其采用的抗微生物疗法可分为三类：①预防性治疗；②发热阶段的经验治疗；③针对有记录感染的治疗。美国传染病学会最近更新了针对癌症患者存在中性粒细胞减少症时的抗菌药物临床用药指南（Freifeld 等，2011）。对患有其他疾病的中性粒细胞减少症患者，目前尚未制定控制感染的最佳方案。本节中犬、猫推荐治疗方案源于对人类推荐方案的调整，犬、猫临床治疗经验以及对犬、猫进行研究的结果。

（一）预防

预防性治疗针对的是肠道菌群，其主要目的是“消化道的选择性去污”（Van der Waaij，1988；Ellis，2004），以减少常能够引起严重感染的革兰氏阴性需氧菌。鉴于厌氧菌能够有助于抵抗真菌过度生长及外源微生物定植，而被相对保留下来。预防性抗菌治疗的第二个目的是确保药物在血液和组织中能够达到足够浓度，以控制早期细菌感染。

常用预防性治疗药物见表 21.3。最初使用的抗菌药物多为新霉素和多黏菌素 B，但目前人类和犬的预防性治疗药物已经被甲氧苄啶-磺胺类药物和氟喹诺酮类药物所取代（Klastersky，1989；Ellis，2004）。由于阿莫西林和阿莫西林-克拉维酸对肠道厌氧菌有活性，因此不是预防性治疗的理想选择，但是猫通常不能耐受其他药物，并且长期使用氟喹诺酮类药物存在引起视网膜病变的风险，因此阿莫西林和阿莫西林-克拉维酸是针对猫的较为可行的选择。头孢氨苄对大肠杆菌和克雷伯菌具有抗菌活性，同时与阿莫西林相比，对厌氧菌群造成的紊乱更少，目前已被用于犬。阿莫西林和头孢氨苄对敏感的革兰氏阳性菌的抗菌活性也很好，可能对手术伤口有益。

人类患中性粒细胞减少症的预防性治疗已有相关综述（Freifeld 等，2011；Van de Wetering 等，

2005)，不过存在争议。其在降低感染率和死亡率方面，优势不明确。通常，病程较长的严重中性粒细胞减少症患者采用预防性疗法，在降低感染率方面更有帮助（Freifeld 等，2011）。研究发现，癌症病畜接受长春新碱-阿霉素-环磷酰胺化疗后，短期内发生中性粒细胞减少症，中性粒细胞计数中间值为 0.8×10^9/L，采用甲氧苄啶-磺胺类药物进行预防抗菌，能降低因抗菌而引发的发热次数，从感染病原学上大体推测由 40%降低到 20%（Couto，1990）。

近期，针对淋巴瘤或骨肉瘤犬的一项双盲、安慰剂对照的研究中发现，犬首次用阿霉素化疗后的前 14d，给予甲氧苄啶-磺胺（30mg/kg 口服，给药间隔 12h）后，住院率、非血液学毒性和胃肠道毒性均有显著性下降（Chretin 等，2007）。预防性治疗的潜在优点包括降低感染率、缩短感染出现的时间以及降低早期感染发展为全身性败血症的速度。这些好处有助于中性粒细胞减少症病畜的家庭护理，且有助于提高生活质量。潜在的缺点则是宿主菌群发生变化、出现耐药性细菌、药物不良反应以及产生费用等（Williamson 等，2002；Trepanier，2004；van de Wetering 等，2005），尽管有费用，相比于治疗，败血症的预防显得更为经济。

表 21.3　患中性粒细胞减少症犬、猫口服抗菌药物的预防性治疗

抗菌药物	剂量	备注
二氨基嘧啶磺胺类药物		
甲氧苄啶-磺胺甲噁唑（犬）	15mg/kg（联合剂量）给药间隔 12h	相对便宜
	30mg/kg（联合剂量）给药间隔 12～24h	对假单胞菌属细菌无预防作用
甲氧苄啶-磺胺嘧啶（犬）		对干燥性角膜结膜炎，皮肤、血液及其他免疫介导的疾病存在风险（Trepenier，2004；Williamson 等，2002） 伴随严重的骨髓抑制可能延迟骨髓的恢复
氟喹诺酮类药物		相对昂贵
恩诺沙星（犬）	**5～20mg/kg 给药间隔 24h**	较低剂量可进行消化道“选择性去污”：>10mg/kg 剂量能在组织中形成有效对抗假单胞菌属细菌的药物浓度
环丙沙星（犬）	**10～30mg/kg 给药间隔 24h**	见恩诺沙星
奥比沙星（犬）	2.5～7.5mg/kg 给药间隔 24h	相对昂贵 用于中性粒细胞减少症时的评估比恩诺沙星或环丙沙星少
马波沙星（犬、猫）	**2.5～5mg/kg 给药间隔 24h**	见奥比沙星 未见视网膜病，但是不推荐在猫长时间高剂量使用氟喹诺酮类药物治疗
二氟沙星（犬）	5～10mg/kg 给药间隔 24h	见奥比沙星
β-内酰胺类药物		相对昂贵
头孢氨苄（犬）	**30mg/kg 给药间隔 12h**	对假单胞菌无预防作用
阿莫西林（犬、猫）	10～20mg/kg 给药间隔 12h	相对便宜 对假单胞菌无预防作用，氨苄西林比阿莫西林更易引起胃肠道不适
阿莫西林-克拉维酸（犬、猫）	**12.5～25mg/kg 给药间隔 12h**	与阿莫西林相当，但更昂贵 与阿莫西林相比，增加了对葡萄球菌、克雷伯菌、大肠杆菌和拟杆菌的抗菌活性
联合用药		
氟喹诺酮类+β-内酰胺类	见上面	用于病情严重且病程持久的中性粒细胞减少症的患畜

注：剂量调整自 Greene 与 Calpin，2012；Plumb，2011。粗体标出的药物和剂量是作者实践中最常用的方案。

在中性粒细胞减少症发病期间，某些药物作为预防性用药使用时可能出现标签外用情况。根据犬、猫临床状况，调整给药方案至每日 1～2次。剂量范围内每日 1 次低剂量给药有可能会实现消化道选择性去污，不过并非所有药物均建立此种方法。针对全身综合感染时可采用每日 2 次用药，相比于每日 1 次用药，机体组织中更能形成一致的药物浓度来对抗早期细菌感染。

任何时候预期或存在中性粒细胞计数≤$(0.5\sim1.0)\times10^9$/L 时，即使患畜呈无症状状态，也应对其使用预防性抗菌药物。不过，若畜主能够密切关注动物，且动物处于抗癌化疗期或预期中性粒细胞减少症持续时间比较短时，不建议使用常规预防性治疗措施。猫对中性粒细胞减少症的耐受性强于犬，但猫对抗生素诱导的胃肠道疾病更敏感，因此不鼓励对猫进行预防性治疗（Kunkle 等，1995）。预防性治疗的评估阶段，若检测到或预期的中性粒细胞计数＜(0.5～1.0)×10^9/L 时，才可对无症状动物进行预防性治疗。届时应停止化疗，继续预防性使用抗菌药物，直至动物恢复到能接受 4～7d 后进行的下次化疗。如果中性粒细胞数并未恢复至足以进行下次化疗的数量，且计数＞(1.0～2.0)×10^9/L，应停止抗菌药物的预防性治疗。

如果动物此前出现过化疗诱导的败血症，则下次使用化疗药物后应辅以抗微生物预防治疗，不过也仅限于化疗后 5～10d 内，即化疗后最常发生中性粒细胞减少症的时期。

若动物预期会出现严重、长期的中性粒细胞减少症，例如，由雌激素中毒导致的全血细胞减少，也建议使用预防性抗菌药物。犬慢性埃立克体病期间也可能会出现较长病程的中性粒细胞减少症，通常采用四环素类抗生素治疗。不过相比四环素，多西环素更加不易干扰定植阻力，是治疗犬埃立克体病所导致的慢性中性粒细胞减少症的良好选择。

人患中性粒细胞减少症时，抗真菌的预防性治疗通常采用两性霉素 B、制霉菌素和克霉唑进行局部净化。尽管存在此类抗真菌措施，但鉴于抗癌治疗越来越具有攻击性，使得侵袭性真菌感染的发病率有所升高。以至于氟康唑、伊曲康唑以及新型抗真菌药物不得不先后用于预防真菌的全身性感染（Freifeld 等，2011；Glasmacher 等，1996；De Pauw，2004）。通常，兽医临床不推荐进行常规的预防性抗真菌治疗，但动物若进行造血干细胞移植时可以考虑此法。

（二）对发热中性粒细胞减少症病畜的经验治疗

动物患中性粒细胞减少症时，中性粒细胞减少症本身并不产生临床症状，临床症状均源于潜在的疾病和感染。多数败血性中性粒细胞减少症的病畜出现发热症状是源于巨噬细胞，而非中性粒细胞，因巨噬细胞主要负责白介素-1 和其他内源性热源的产生。败血症偶见行动迟缓、食欲减退及心动过速等症状。多见于老年动物及接受了皮质类固醇药物的动物，皮质类固醇药物可能延缓发热反应的发生。败血症动物还可能会出现呕吐、腹泻或感染性休克等症状。粒细胞生成受损时，局部炎症症状可能会变的比较轻微或消失，使得感染的部位很难确定。目前，凝血障碍、低血糖症和/或低血钙症可以作为败血病诊断的支持症状（Holowaychuk 等，2012），此外，还有多个败血症生物标记正处于研究阶段（Ivády 等，2011）。在许多病例中，存在诸多无法记录的疑似感染和无法解释的发热（Freifeld 等，2011）。

动物患有中性粒细胞减少症但不表现症状时，或者动物存在罹患中性粒细胞减少症风险时，应对其体温进行监测。根据感知到的风险，可能会从动物嗜睡或食欲减退时记录温度到每天常规记录的 2～4 次温度不等。腋窝测量温度的方式便于家庭监测和降低直肠创伤，对于体温正常的犬，其腋窝测量温度比直肠测量温度低 0.5～1℃。近期研究表明腋窝温度测量在检测高热时敏感性为 67%（Goic 等，2012），强调了病畜进行直肠温度测量的重要性。发热的定义在一定程度上取决于个体动物的基础体温。一般情况下，犬直肠温度＞39℃，猫直肠温度＞39.2℃时应当注意。此时，或将动物视为败血症病畜，或在几小时内重新测量温度来检查体温上升率。大多数情况下，体温高于 39.5℃时，代表真正发热。

动物患中性粒细胞减少症时，若出现发热、原因不明的精神沉郁或食欲减退，应该检查致病菌来源并直至确认，与此同时应及时启动抗微生物治疗。此外，还应仔细检查导致动物出现炎症的任何症状，并收集合适的样本进行培养。如果无明显感染部位，应考虑进行血液培养。具体为从不同静脉采集两个血液样品进行培养（Reller，1994）。血液培养的费用昂贵，2～7d 后才能获得结果，且结果通常为阴性或者不会改变初始治疗方案。鉴于以上原因，在抗癌化疗期间，若预期的中性粒细胞减少症和发热持续时间较短，通常不进行血液培养。动物感染细小病毒时，常规监测项目中通常也不进行血液培养。仅当不清楚中性粒细胞减少症的病因或动物非常虚弱时，通常建议进行血液培养。人患有败血症时，报道可用大范围实时定量 PCR 检测细菌 16S rRNA 来实现快速诊断，不过兽医临床中还未证实此类检测（Tsalik 等，2010；Avolio 等，2010）。

若要定位感染及确定其严重程度，还需其他额外检测。患病动物入院后，推荐的基本检测项目应包含血清葡萄糖、尿素、电解质水平以及尿比重。此外，还应考虑活化凝血时间和/或凝血时间图。胸透作为最小数据单元，在动物出现咳嗽、呼吸困难或流涕时，也应进行检测。若胸透结果显示动物存在肺炎症状，应对气管（气管或支气管肺泡）灌洗样本进行培养。若胸透结果正常，也不能排除存在肺炎症状。此外，若动物存在呼吸道疾病症状或者病情严重却无局部症状亦或抗菌治疗无效时，应该考虑对气管内容物进行培养分析。

动物出现任何尿道症状时，推荐进行尿液分析和尿液培养（可考虑作为常规检测项目）。尿液收集期间应开展治疗，治疗应充分依据动物的临床状态进行，且治疗时间不能拖延超过1～2h。以下建议同样适用于其他培养物的收集。使用插管收集培养物存在感染风险，应尽量避免。存在血小板减少症时，不能进行膀胱穿刺，则正确收集相应可得样品进行定量培养便可以。动物出现呕吐或腹痛症状时，推荐进行血清生化检查、腹部X光和（或）超声检查。当未明确中性粒细胞减少症病因或动物病情严重或抗菌治疗无效时，需进行上述所有检查。

感染可能会引起发热，不及时治疗可能会迅速致命。有报道中性粒细胞减少症病畜死于败血症，其死前细菌培养结果却为阴性。因此，建议出现最终培养结果前，应同时启动经验性抗微生物疗法，尽管多数动物最终培养结果为阴性。(Freifeld 等，2011；Rolston，2004)。抗菌药物的选用可参考动物的此前细菌培养结果（如犬患复发性尿道感染史）、感染部位和性质、临床症状、体液（如气道灌洗液）的革兰氏染色以及药物对潜在病原作用机理等。若存在氟喹诺酮类药物的预防性治疗历史，发热出现的原因最可能是由革兰氏阴性菌造成。动物患中性粒细胞减少症前，对无任何临床症状动物的粪便、口腔及皮肤处样品进行细菌培养意义不大。

在许多情况下，抗菌药物的选用必须依靠经验。各类抗生素联合用药试验在人体内已有诸多开展（Freifeld 等，2011；Picazo，2004；Sipsas 等，2005），兽医临床相关研究比较有限。抗菌药物的选用应遵循杀菌原则，对骨髓毒性有限，经肠道外给药，且药物应对肠杆菌科细菌、假单胞菌和革兰氏阳性球菌有抗菌活性。药物使用剂量应按相应标准执行，一些代表性抗菌药物剂量标准见表21.4及表述。这些治疗方案对一些厌氧菌也具有抗菌活性（除亚胺培南-西司他丁和美罗培南对厌氧菌具有广谱的抗菌活性）。动物患中性粒细胞减少症时不常见厌氧菌感染，鉴于此，初始治疗时一般不推荐针对厌氧菌进行全面抗菌，以免改变黏膜表面细菌分布。与抗菌药物的单一用药相比，为增加抗菌谱，近来联合用药逐步开始用于治疗（Freifeld 等，2011），在最大限度减少毒性的同时，能够更好地利用相加效应和协同效应抗菌，此外，还能降低抗菌药物耐药性的发展。抗菌药物的联合用药常见于氨基糖苷类药物与β-内酰胺类药物的联合使用。与β-内酰胺类抗生素联合应用可以降低氨基糖苷类药物的肾毒性，此外，还可以用氟喹诺酮类药物代替氨基糖苷类药物。只是在中性粒细胞减少症患者体内，作为广谱抗菌药物的氟喹诺酮类药物对革兰氏阳性菌的抗菌活性有限。氟喹诺酮类药物的抗菌谱与氨基糖苷类药物相似，对肠杆菌科细菌和假单胞菌有良好的抗菌活性，但对厌氧菌的抗菌活性有限。最近，人医临床中对抗假单胞菌时，相应β-内酰胺类药物或碳青霉烯类药物的单一用药已取代联合用药（Freifeld 等，2011；Klastersky，1997；Rolston，2004)。β-内酰胺类药物中头孢西丁不具有针对假单胞菌的抗菌活性，人医临床中尚未将其单独用药，但已应用于动物，特别用于不适合食用氟喹诺酮类药物的猫和未发育成熟的动物。兽医在治疗并发轻至中度中性粒细胞减少症的感染时，不同给药方案可能效果相当。根据作者实践，恩诺沙星和头孢唑啉或氨苄西林的联合用药是针对癌症病犬的常见选择，也可用于中性粒细胞减少症病畜不明原因的败血症初始治疗，但有些兽医也喜欢选择亚胺培南-西司他丁或美罗培南。

表21.4　针对发热的中性粒细胞减少症病犬和病猫的首次肠道外给予抗菌药物的经验性治疗

药物	备注
联合用药	
氨基糖苷类药物＋头孢唑林或头孢噻吩（第1代头孢菌素类药物）	兽医临床中曾经常用于癌症患畜 在人医中曾经经常使用 价格相对便宜 抗菌谱可能不包括假单胞菌 头孢菌素类药物可能增加肾毒性的风险
氨基糖苷类药物＋氨苄西林	兽医临床中常用于细小病毒感染的患畜（使用在减少） 价格相对便宜 抗菌谱可能不包括假单胞菌或葡萄球菌 与氨基糖苷类＋第1代头孢菌素相比，增加了对厌氧菌的抗菌活性 更有可能干扰定植阻力 能够通过使用氨苄西林-舒巴坦抑制β-内酰胺酶的活性 （阿莫西林-克拉维酸的肠道外给药替代品）

（续）

药物	备注
氨基糖苷类药物＋抗假单胞菌青霉素或头孢他啶（第3代头孢菌素）	在人医中曾经常用于癌症患者 比上述联合用药价格更高 对抗假单胞菌和肠杆菌具有协同作用 对革兰氏阳性菌的抗菌活性较低 替卡西林-克拉维酸或哌拉西林-他唑巴坦可抑制β-内酰胺酶的活性
用氟喹诺酮类药物代替上述联合用药中的氨基糖苷类药物	目前常用于犬 比氨基糖苷类药物价格更高 联合用药的效果更可能是相加作用，而非协同作用 避免了氨基糖苷类药物的肾毒性
两种β-内酰胺类药物联合应用[a]	避免了氨基糖苷类药物的肾毒性 潜在拮抗作用 更可能促进耐药性的发展？ 延长中性粒细胞减少症的患病时间？
单个药物	
头孢西丁［第2代头孢菌素（头霉素）］	代替氨基糖苷类药物＋氨苄西林 对假单胞菌无抗菌活性 对厌氧菌有抗菌活性 更有可能干扰黏膜定植
头孢他啶（第3代头孢菌素）	在兽医领域没有进行很好的评价 在人医中曾经常用于癌症患者 价格相对较高 与联合用药相比，对革兰氏阳性菌的抗菌活性较低
头孢噻呋（第3代头孢菌素）	兽药 在其他治疗领域未进行良好评价 已经用于CPV-2感染的治疗（Macintire，1999）
亚胺培南-西司他丁（碳青霉烯类抗生素）	通常用于人医临床的癌症患者，兽医临床很少使用 价格相对较高 抗菌谱广
美罗培南（碳青霉烯类抗生素）	见亚胺培南-西司他丁

注：参照Greene和Calpin，2012；Plumb，2011以及作者实践中经常使用的情况，对剂量进行了调整；推荐剂量范围内的最佳剂量尚不清楚。除非另有说明，给药途径首选静脉注射，所有的静脉注射都要在15～20min以上。

氨基糖苷类药物：阿米卡星15～20 mg/kg，给药间隔24h，静脉注射，肌内注射，皮下注射；庆大霉素5～6 mg/kg，给药间隔24h，静脉注射，肌内注射，皮下注射；奈替米星6 mg/kg，给药间隔24h，静脉注射；妥布霉素6 mg/kg，给药间隔24h，静脉注射，肌内注射，皮下注射。由于氨基糖苷类抗生素具有肾毒性，降低该风险的建议有：①每天给药1次；②避免用于脱水动物；③避免用于已使用呋塞米的动物。氟喹诺酮类药物：环丙沙星5～10 mg/kg，给药间隔12～24h，静脉注射（1h输液；仅用于犬）；恩诺沙星5～10 mg/kg，给药间隔12～24h，静脉注射，肌内注射（仅用于犬）。在作者实践中初始剂量通常为5 mg/kg，给药间隔12h，静脉注射。当怀疑感染或者分离得到的细菌的MIC较高时（如假单胞菌），使用高剂量。这些药物不推荐用于猫。恩诺沙星仅批准用于肌内注射，但是由于药液对组织有刺激，首选静脉注射。对于静脉注射，给药时间应当在20～60min以上；有些人建议1份药液加9份灭菌注射用水。肠道外给药的溶液不能用于皮下注射。对于有癫痫患病风险的动物，必须降低给药频率和/或剂量（见正文）。氨基苄青霉素类：氨苄西林20～40 mg/kg，给药间隔6～8h，静脉注射，肌内注射，皮下注射；氨苄西林-舒巴坦50 mg/kg，给药间隔6～8h，静脉注射，肌内注射。抗假单胞菌青霉素：哌拉西林25～50 mg/kg，给药间隔6～8h，静脉注射，肌内注射；哌拉西林-他唑巴坦25～50 mg/kg，给药间隔6～8h，静脉注射，肌内注射；替卡西林40～75 mg/kg，给药间隔6～8h，静脉注射，肌内注射；替卡西林-克拉维酸30～50 mg/kg，给药间隔6～8h，静脉注射，肌内注射。头孢菌素类：头孢唑啉20～30 mg/kg，给药间隔6～8h，静脉注射，肌内注射，皮下注射；头孢噻吩25～40 mg/kg，给药间隔6～8h，静脉注射，肌内注射，皮下注射；头孢西丁20～30 mg/kg，给药间隔6～8h，静脉注射，肌内注射，皮下注射；头孢他啶25～30 mg/kg，静脉注射，肌内注射，皮下注射，给药间隔8h——这些头孢菌素类药物的典型剂量是30 mg/kg，给药间隔8h，静脉注射；头孢噻呋（仅用于犬）2.2～4.4 mg/kg，给药间隔12h，皮下注射。碳青霉烯类抗生素：亚胺培南-西司他丁2～10 mg/kg，给药间隔6～8h，静脉注射（1h输液）；作者实践中的典型剂量为5 mg/kg，给药间隔8h，静脉注射。美罗培南12 mg/kg，给药间隔8h，静脉注射。

a 例如，第1代头孢菌素＋抗假单胞菌青霉素；第1代头孢菌素＋第3代头孢菌素；第3代头孢菌素＋抗假单胞菌青霉素。

首选静脉给药，以确保药物快速分布，减少组织创伤和病畜不适，还可以降低血小板减少动物的出血。静脉插管相对于液体性治疗是必须的，优于反复静脉穿刺。不过导管放置必须严格遵循无菌操作程序。皮肤的穿口处和绷带包扎位置上应覆盖无菌胶布或膏药（如邦迪 Band-Aid）。药物注射前，应用酒精清洁注射口并晾干。若出现静脉炎症状况，应迅速移除导管并进行细菌培养。

治疗期间，药物毒性同样应考虑在内。动物在使用氨基糖苷类药物时，特别是疗程超过 5d 时，应检测肾毒性相关参数（如尿管型、糖尿、氮质血症）。按照肾毒性递增（费用减少）排序的氨基糖苷类药物分别是奈替米星、阿米卡星、妥布霉素和庆大霉素。由于氟喹诺酮类抗生素可能诱发软骨缺损，应避免用于 6 月龄以下的动物，且 3～5d 的标准剂量疗程中，引发软骨缺陷风险未知，不过，幼犬严重感染细小病毒时推荐使用（Macintire，1999）。在较高剂量，尤其是反复给药时，氟喹诺酮类药物可能引发癫痫和其他神经系统症状。老年动物、患有低白蛋白血症的动物，以及有癫痫发作史的动物的风险会增加。抗生素还可能抑制血小板功能，人使用青霉素类抗生素时此效果表现最为明显，犬在使用抗生素时血小板抑制效果表现不明显（Wilkens 等，1995；Webb 等，2005），而猫则不太可能出现此类影响。

抗菌药物治疗后 72h 内发热症状预期缓解，动物应该表现的更为警觉。动物若精神沉郁加重，且同时伴有体温下降，则可能是感染性休克症状。许多情况下，第一次给药后这种症状得到改善。抗微生物治疗过程中，动物若发热症状缓解后，治疗持续时间是存在争议的。延长治疗时间导致费用增加、需住院治疗、不良反应、存在耐药菌选择和真菌感染的风险。应持续治疗 1～7d，直至中性粒细胞数超过（0.5～1.0）×10^9/L。期间从静脉注射给药转变为口服给药（表 21.4），这有利于尽早出院和降低费用。对于未记录感染部位的癌症病畜，建议在中性粒细胞数恢复至 1.0×10^9/L，并且发热症状得到缓解之后的第 2 天停止静脉注射给药。对已接受预防性抗菌药物的病畜继续口服给药，对已接受 7d 治疗的动物则不必继续治疗。处于细小病毒感染康复期的病畜，不建议继续口服抗菌药物。长期患有中性粒细胞减少症并伴有全血细胞减少的动物，在发热症状缓解后仍要继续静脉注射或口服给药至少 10d，此后可以尝试停止使用抗菌药物。

如果发热症状没有缓解，可能因为：①感染源不是细菌（这点应该重新考虑）；②微生物对抗菌药物不敏感；③药物剂量太低；④宿主的防御机能严重低下以至于感染和相关的发热对任何抗菌药物均无反应。后者见于长期的、严重的中性粒细胞减少症的患者，兽医临床少见，但是已见于造血干细胞的移植过程。初始的培养结果有助于对无反应的发热制定治疗方案。如果已出现了耐药菌，根据药敏试验结果，可改变治疗方案。根据经验选择的药物在经验治疗中却没有效果时，增加药物剂量可能会缓解临床症状。一旦动物临床表现稳定，可以继续给药直至发热缓解，并且中性粒细胞计数达到 1.0×10^9/L。如果需要改变治疗方案，要根据初始治疗时使用的抗生素来决定额外药物的选择。传统经验，如果使用头孢西丁或氨基糖苷类抗生素和第一代头孢菌素类药物的经验治疗无效，则需要使用抗假单胞菌的青霉素进行附加治疗。头孢他啶、亚胺培南-西司他丁和美罗培南也可增强对假单胞菌的抗菌活性。如果怀疑感染了耐药的革兰氏阴性细菌（如出现肠道损伤或呼吸道症状），附加治疗的选择可能包括氨基糖苷类、氟喹诺酮类、头孢西丁、头孢他啶和其他第 3 代头孢菌素类药物，以及亚胺培南-西司他丁或美罗培南。氨曲南可用于人，以扩大对革兰氏阴性菌和假单胞菌的抗菌谱，但是在兽医临床使用该药的经验有限。在中性粒细胞减少症患者中，耐药的革兰氏阳性菌所占比重越来越大，经验性治疗通常选择万古霉素和替考拉宁。兽医临床对这些药物的应用经验有限。如果怀疑感染了耐药的革兰氏阳性菌（如出现静脉炎、皮肤或口腔损伤或呼吸道症状），尽管克林霉素仅表现抑菌作用，但仍可用于动物，给药剂量为 10 mg/kg，给药间隔 12h，静脉注射，皮下注射。尽管亚胺培南-西司他丁和美罗培南对链球菌的抗菌作用可能不完全，但也可以使用。

耐药厌氧菌感染也可导致对药物无反应的发热。额外治疗可能包括甲硝唑［15mg/kg 静脉注射（1h 输液）每 12h 一次］、克林霉素、头孢西丁、氨苄西林-舒巴坦、亚胺培南-西司他丁和美罗培南。后两种药物因其广谱抗菌能力而适用。虽然亚胺培南-西司他丁和美罗培南价格较高，但比氨基糖苷类或氟喹诺酮类药物、第 1 代头孢菌素类药物和甲硝唑联合用药要便宜，在某些情况下可以取代这种联合用药。如果使用了多种抗菌药物，一旦临床症状缓解，可能需要考虑选择性的停止使用一些药物。

上述建议适用于大多数病例，但是受到费用的限制可能并不可行，并且畜主可能没有能力或者不愿意将动物送回医院。在这种情况下，如果动物临床表现稳定，初始使用口服抗菌药物也许可行。此外，对于已经出现过发热症状，并且几天内临床表现都比较稳定的中性粒细胞减少症病畜，初始治疗时口服抗菌药物可能就足够了。在患有发热性中性粒细胞减少症的低风险人群中，口服抗菌药物治疗的趋势上升（可以使用MASSC风险目录来区分发热性中性粒细胞减少症的患者拥有较低还是较高的发生严重并发症的风险；Klatersky等，2000），选择的药物为环丙沙星和阿莫西林-克拉维酸联合用药（Freifeld等，2011；Rolston，2004）。对患有轻度中性粒细胞减少症和轻度发热的动物，推荐使用甲氧苄啶-磺胺类药物、一种氟喹诺酮类药物、阿莫西林或阿莫西林-克拉维酸治疗。对患有中度至重度中性粒细胞减少症或发热的动物，推荐使用氟喹诺酮类药物加头孢氨苄、阿莫西林或阿莫西林-克拉维酸。在表21.4所给出的标准推荐剂量（Greene和Calpin，2012；Plumb，2011）的范围内，给药量可适当增加。使用四环素或多西环素治疗埃立克体病也可以控制继发感染。在所有的病例中，应当密切观察动物的病情是否恶化，以便启动注射给药治疗。当动物出现血容量减少、低血压、呕吐或肠黏膜损坏时，不应口服给药。

对于患有中性粒细胞减少症的高风险人群，如果经过4～7d的治疗仍对多种抗菌药物没有反应，可以启动经验性的抗真菌治疗（Freifeld等，2011）。此类患者通常已经接受了预防性的抗真菌治疗，根据预防采用的药物，加强治疗可以采用两性霉素B、伏立康唑或棘白菌素（卡泊芬净或米卡芬净）。此类情况在兽医临床少见，并且不建议对犬猫进行抗真菌治疗，除非已明确受到了真菌感染。如果中性粒细胞减少症和抗菌治疗已超过10d，应当通过培养或细胞学研究监测粪便中念珠菌的过度生长，特别是在所使用的抗菌剂（如氨苄西林、头孢西丁、甲硝唑、亚胺培南-西司他丁和美罗培南）已经扰乱了黏膜菌群时，应考虑使用制霉菌素、酮康唑、氟康唑或者伊曲康唑进行预防性治疗。

（三）对已证实感染的治疗

严格来说当感染部位和造成感染的病原体都已明确时，可认定感染被证实。条件再宽泛些，明确感染部位也可认为感染被证实（如肺炎胸片的证据）。对已证实细菌感染的治疗应当依据药敏试验结果，选择杀菌性抗生素。肠道外或口服给药途径的选用原则参照此前的讨论。多数情况下，得到细菌培养结果前，经验性抗菌治疗已经开始。已证实的菌血症未进入其他器官时，针对其进行治疗时的疗程也已在此前讨论过。对已证实的肺炎、泌尿系统和软组织感染的治疗，应在中性粒细胞计数恢复至$1.0\times10^9/L$，并且有临床上的分辨和影像学标志之后，持续至少7d。当中性粒细胞计数恢复时，由于炎症反应增加，感染可能会在短时间内变得更加糟糕。然而，如果抗菌药物治疗适当，发热时应该降温。如果发热和临床症状不断发展，实施强化治疗的指南与之前讨论的相似，并通过药敏试验结果辅助选择药物。

对于已证实的真菌感染的治疗，抗真菌药物应当按照标准剂量进行（Greene和Calpin，2012；Plumb，2011）。目前两性霉素B是治疗曲霉菌感染较好的药物。使用新型脂质复合物制剂可以降低肾毒性，但是价格相当昂贵。在一些情况下，伊曲康唑也能够成功治愈局部和全身曲霉菌病。此外，两性霉素B也可用于治疗全身性念珠菌感染，不过，针对此类真菌感染，使用酮康唑或伊曲康唑便足够（Weber等，1985）。肠道念珠菌病的治疗可以使用制霉菌素、酮康唑、伊曲康唑或氟康唑。氟康唑可用于治疗泌尿系统念珠菌病。伏立康唑（除局部眼科治疗）、泊沙康唑和棘白菌素是兽医临床中较新的抗真菌药物，使用经验比较有限。最近报道显示，使用伏立康唑治疗的3只猫（大约每天10 mg/kg）出现了共济失调，其中的2只猫发展为后肢截瘫（Quimby等，2010）。神经系统异常似乎是可逆的。

（四）造血生长因子（G-CSF或GM-CSF）在中性粒细胞减少症患者管理中的作用

人类患者出现发热和患上中性粒细胞减少症的预期风险超过20%的时候，建议预防性使用造血生长因子（Friefeld等，2011），不过在多数兽医医疗方案中使用不太可能（Vail，2009）。已经出现发热和患有中性粒细胞减少症时一般不推荐使用这些药物（Friefeld等，2011）。犬、猫的对照研究比较有限。在一项对正常犬的研究中，重组人（rh）G-CSF（粒细胞集落刺激因子）提高了中性粒细胞计数以及由放射诱导骨髓抑制患犬的存活率（Yu等，2011）。在一项对患有淋巴瘤并接受了大剂量化疗和自体骨髓移植犬的研究中，rhG-CSF同样提高了中性粒细胞计数（Lane等，2012）。使用米托蒽醌或环磷酰胺治疗后，注射重组犬（rc）G-CSF后，中性粒细胞减少症的严重程度有所缓解，并且恢复迅速（Ogilvie等，1992；Yamamoto等，2011）。rhG-CSF已有商品化产品，但尚无适用于癌症动物的rh-或rc-G-CSF的可接受的指南或共识（Vail，2009）。

使用rhG-CSF治疗由细小病毒诱导的幼犬中性粒细胞减少症，其结果不是很明确，其中一项研究显示相比于对照组，使用了rhG-CSF治疗后中性粒细胞计数显著上升（Kraft和Kuffer，1995），而在另外2个研究中，与对照组动物相比，不论住院期间，还是存活动物均未见中性粒细胞计数的上升（Rewerts 等，1998；Mischke 等，2001）。最近还有研究显示犬感染细小病毒时使用 rcG-CSF 后，与对照组相比，中性粒细胞计数显著上升，并缩短了住院时间（Duffy 等，2010）。不过，采用 rcG-CSF 治疗的犬死亡率显著升高（Duffy 等，2010）。针对于猫的研究显示，使用 rhG-CSF 后未见益处（Kraft 和 Kuffer，1995）。鉴于这些原因，未广泛推荐使用 rhG-CSF 或 rcG-CSF 治疗由细小病毒感染引起的中性粒细胞减少症。

有报道或非正式出版物显示，在经雌激素或苯巴比妥诱导中性粒细胞减少症患犬，以及经灰黄霉素和逆转录病毒诱导的中性粒细胞减少症患猫，使用 rhG-CSF 时有益。虽然重组犬、猫的 GM-CSF 已成为商品化的实验室试剂，但在刺激粒细胞生成方面，GM-CSF 的疗效并不如 G-CSF，并且发生不良反应的风险更高，因此不建议使用 GM-CSF。

参考文献

Abrams-Ogg ACG，et al. 1993. Clinical and pathologic findings in dogs following supralethal total body irradiation with and without infusion of autologous long-term marrow culture cells. Can J Vet Res 57：79.

Avolio M，et al. 2010. Molecular identification of bloodstream pathogens in patients presenting to the emergency department with suspected sepsis. Shock 34：27.

Bodey GP，et al. 1966. Quantitative relationship between circulating leukocytes and infections in patients with acute leukemia. Ann Int Med 64：328.

Brown J. 2005. Zygomycosis：an emerging fungal infection. Am J Health Syst Pharm 62：2593.

Brown RM，Rogers KS. 2001. Neutropenia in dogs and cats. Comp Cont Ed Pract Vet 23：534.

Chretin JD，et al. 2007. Prophylactic trimethoprim-sulfadiazine during chemotherapy in dogs with lymphoma and osteosarcoma：a double-blind，placebo-controlled study. J Vet Intern Med 21：141.

Couto CG. 1990. Management of complications of cancer chemotherapy. Vet Clin North Am Small Anim Pract 20：1037.

Crawford J，et al. 2004. Chemotherapy-induced neutropenia：risks，consequences，and new directions for its management. Cancer 100：228.

Dahlinger J，et al. 1997. Prevalence and identity of translocating bacteria in healthy dogs. J Vet Intern Med 11：319.

De Pauw B. 2004. Preventative use of antifungal drugs in patients treated for cancer. J Antimicrob Chemother 53：130.

Duffy A，et al. 2010. Hematologic improvement in dogs with parvovirus infection treated with recombinant canine granulocyte-colony stimulating factor. J Vet Pharmacol Ther 33：352.

Ehrensaft DV，et al. 1979. Disseminated candidiasis in leukopenic dogs. Proc Soc Exp Biol Med 160：6.

Ellis M. 2004. Preventing microbial translocation in haematological malignancy. Br J Haematol 125：282.

Feld R. 1989. The compromised host. Eur J Cancer Clin Oncol 25 Suppl 2：S1.

Fox JG，et al. 1978. Systemic fungal infections in cats. J Am Vet Med Assoc 173：1191.

Freifeld AG，et al. 2011. Clinical practice guideline for the use of antimicrobial agents in neutropenic patients with cancer：2010 update by the Infectious Diseases Society of America. Clin Infect Dis 15：e56.

Glasmacher A，et al. 1996. Antifungal prophylaxis with itraconazole in neutropenic patients：pharmacological，microbiological and clinical aspects. Mycoses 39：249.

Goic J，et al. 2012. A comparison of rectal and axillary temperature in 68 dogspresenting to an emergency service. J Vet Emerg Crit Care (San Antonio) doi：10. 1111/j. 1476-4431. 2012. 00785. x.

Gorschlüter M，et al. 2001. *Clostridium difficile* infection in patients with neutropenia. Clin Infect Dis 33：786.

Greene CE，Calpin JP. 2012. Antimicrobial drug formulary. In：Greene CE (ed). Infectious Diseases of the Dog and Cat，4th ed. St. Louis：Elsevier Saunders.

Hammon WD，Enders JF. 1939. A virus disease of cats，principally characterized by a leucocytosis，enteric lesions and the presence of intranuclear inclusion bodies. J Exp Med 67：327.

Holowaychuk MK，et al. 2012. Hypocalcemia and hypovitaminosis D in dogs with induced endotoxemia. J Vet Intern Med 26：244.

Holzworth J. 1987. Mycotic diseases. In：Holzworth J (ed). Diseases of the Cat：Medicine and Surgery. Philadelphia：Saunders.

Ivády B，et al. 2011. Recent advances in sepsis research：novel biomarkers and therapeutic targets. Curr Med Chem 18：3211.

Jacobs G，et al. 1998. Neutropenia and thrombocytopenia in three dogs treated with anticonvulsants. J Am Vet Med Assoc 212：681.

Klastersky J. 1989. Infections in compromised hosts：considerations on prevention. Eur J Cancer Clin Oncol 25 Suppl 2：S53.

Klastersky J. 1997. Treatment of neutropenic infection：trend towards monotherapy? Support Care Cancer 5：365.

Klatersky J，et al. 2000. The Multinational Association for Supportive Care in Cancer Risk Index：a multinational scoring system for identifying low-risk febrile neutropenic cancer patients. J Clin Onc 18：3038.

Kraft W，Kufter M. 1995. Treatment of severe neutropenias in dogs and cats with Filgrastim. Tierarztl Prax 23：609.

Koutinas AF，et al. 1998. Asymptomatic bacteriuria in puppies with canine parvovirus infection：a cohort study. Vet Microbiol 63：109.

Kunkle GA，et al. 1995. Adverse effects of oral antibacterial therapy in dogs and cats：an epidemiologic study of pet owners' observations. J Am Anim Hosp Assoc 31：46.

Lane AE，et al. 2012. Use of recombinant human granulocyte colony-stimulating factor prior to autologous bone marrow transplantation in dogs with lymphoma. Am J Vet Res 73：894.

Lanevschi A，et al. 1999. Granulocyte colony-stimulating factor deficiency in a Rottweiler with chronic idiopathic neutropenia. J Vet Intern Med 13：72.

Lobetti RG，et al. 2002. Bacterial colonization of intravenous catheters in young dogs suspected to have parvoviral enteritis. J Am Vet Med Assoc 220：1321.

Macintire DK. 1999. Pediatric intensive care. Vet Clin North Am Small Anim Pract 29：971.

Mischke R. 2001. Effect of recombinant human granulocyte colony-stimulating factor (rhG-CSF) on leukocyte count and survival rate of dogs with parvoviral enteritis. Res Vet Sci 70：221.

Neth OW，et al. 2005. Susceptibility to infection in patients with neutropenia：the role of the innate immune system. Br J Haematol 129：713.

Ochiai K，et al. 2000. Intestinal candidiasis in a dog. Vet Rec 146：228.

Ogilvie GK，et al. 1992. Use of recombinant canine granulocyte colony-stimulating factor to decrease myelosuppression associated with the administration of mitoxantrone in the dog. J Vet Intern Med 6：44.

Picazo JJ. 2004. Management of the febrile neutropenic patient：a consensus conference. Clin Infect Dis 39 Suppl 1：S1.

Plumb DC. 2011. Plumb's Veterinary Drug Handbook，7th ed. Stockholm，WI：PharmaVet Inc.

Quimby JM，et al. 2010. Adverse neurologic events associated with voriconazole use in 3 cats. J Vet Intern Med 24：647.

Reller LB. 1994. What the practicing physician should know about blood cultures. In：Koontz F (ed) . Blood Culture Controversies—Revisited. Iowa City，IA：American Society of Microbiology.

Rewerts JM，et al. 1998. Recombinant human granulocyte colony-stimulating factor for treatment of puppies with neutropenia secondary to canine parvovirus infection. J Am Vet Med Assoc 213：991.

Rodriguez F，et al. 1998. Acute disseminated candidiasis in a puppy associated with parvoviral infection. Vet Rec 142：434.

Rolston KV. 2004. Management of infections in the neutropenic patient. Annu Rev Med 55：519.

Rosenthal RC. 1988. Autologous bone marrow transplantation for lymphoma. Proc 6th Annu Vet Med Forum Am Coll Vet Int Med 397.

Scott FW. 1987. Viral diseases. In：Holzworth J (ed) . Diseases of the Cat. Philadelphia：Saunders.

Sipsas NV，et al. 2005. Perspectives for the management of febrile neutropenic patients with cancer in the 21st century. Cancer 103：1103.

Schnelle AM，Barger AM. 2012. Neutropenia in dogs and cats：causes and consequences. Vet Clin North Am Small Anim Pract 42：111.

Sorenmo KU，et al. 2010. Case-control study to evaluate risk factors for the development of sepsis (neutropenia and fever) in dogs receiving chemotherapy. J Am Vet Med Assoc 15：650.

Trepanier LA. 2004. Idiosyncratic toxicity associated with potentiated sulfonamides in the dog. J Vet Pharmacol Ther 27：129.

Tsalik EL，et al. 2010. Multiplex PCR to diagnose bloodstream infections in patients admitted from the emergency department with sepsis. J Clin Microbiol 48：26.

Turk J，et al. 1990. Coliform septicemia and pulmonary disease associated with canine parvoviral enteritis：88 cases (1987-1988) . J Am Vet Med Assoc 196：771.

Turk J，et al. 1992. Enteric *Clostridium perfringens* infection associated with parvoviral enteritis in dogs：74 cases (1987-1990) . J Am Vet Med Assoc 200：991.

Vail DM. 2009. Supporting the veterinary cancer patient on chemotherapy：neutropenia and gastrointestinal toxicity. Topics Comp Anim Med 24：122.

Van Dalen EC, et al. 2012. Low bacterial diet versus control diet to prevent infection in cancer patients treated with chemotherapy causing episodes of neutropenia. Cochrane Database Syst Rev doi: 10. 1002/14651858. CD006247. pub2.

van de Wetering MD, et al. 2005. Efficacy of oral prophylactic antibiotics in neutropenic afebrile oncology patients: a systematic review of randomised controlled trials. Eur J Cancer 41: 1372.

Van Der Meer JWM, Kullberg BJ. 2002. Defects in host defense mechanisms. In: Rubin RH, Young LS (eds). Clinical Approach to Infection in the Compromised Host, 4th ed. New York: Kluwer Academic/Plenum Publishers.

Van Der Waaij D. 1988. Selective decontamination of the digestive tract: general principles. Eur J Cancer Clin Oncol 24 Suppl 1: S1.

Veterinary Co-operative Oncology Group. 2011. Veterinary Co-Operative Oncology Group—common terminology criteria for adverse events (VCOG-CTCAE) following chemotherapy or biological antineoplastic therapy in dogs and cats v1. 1. Vet Comp Oncology DOI: 10. 1111/j. 1476-5829. 2011. 00283. x.

Walter CU, et al. 2006. Effects of chemotherapy on immune responses in dogs with cancer. J Vet Intern Med. 20: 342.

Warren AL, et al. 2001. Multi-drug resistant *Escherichia coli* with extended-spectrum β-lactamase activity and fluoroquinolone resistance isolated from clinical infections in dogs. Aus Vet J 79: 621.

Webb JA, et al. 2005. Effect of antimicrobials on coagulation parameters in healthy dogs. J Vet Intern Med 19: 447.

Weber MJ, et al. 1985. Treatment of systemic candidiasis in neutropenic dogs with ketoconazole. Exp Hematol 13: 791.

Weese JS, Armstrong J. 2003. Outbreak of Clostridium difficile-associated disease in a small animal veterinary teaching hospital. J Vet Intern Med 17: 813.

Weiss DJ. 1995. Leukocyte disorders and their treatment. In: Bonagura JD (ed) . Kirk's Current Veterinary Therapy XII: Small Animal Practice. Philadelphia: Saunders.

Wilkens B, et al. 1995. Effects of cephalothin, cefazolin, and cefmetazole on the hemostatic mechanism in normal dogs: Implications for the surgical patient. Vet Surg 24: 25.

Williamson NL, et al. 2002. Effects of short-term trimethoprim-sulfamethoxazole administration on thyroid function in dogs. J Am Vet Med Assoc 221: 802.

Yamamoto A, et al. 2011. Recombinant canine granulocyte colony-stimulating factor accelerates recovery from cyclophosphamide-induced neutropenia in dogs. Vet Immunol Immunopathol 142: 271.

Yu ZY, et al. 2011. RhG-CSF improves radiation-induced myelosuppression and survival in the canine exposed to fission neutron irradiation. J Radiat Res. 52: 472.

第二十二章　提高动物生产性能用的抗菌药物及其替代品

Thomas R. Shryock 和 Stephen W. Page

自 19 世纪 50 年代起，生产商已经对食品动物使用抗菌药物，这主要是为了提高动物的生理机能（如促进生长）。在没有药用处方的情况下，抗菌药物在食品动物的应用决定通常是基于经济效益、动物营养或者动物机能的因素。鼠伤寒沙门氏菌 DT29 在犊牛中出现后，英国研究者 Anderson 于 1968 年提出，抗菌药物应用于家畜和家禽后带来了食源性耐药细菌的选择性出现和传播。这种对公共卫生不良影响的可能性受到了人们的关注。

因而，兽医、公共卫生部门的官员、监管部门和其他利益相关者纷纷积极地参与到抗菌药物应用的分析风险、实施风险管理措施和寻求可替换抗菌药物产品中。关于抗菌药物应用促进动物生产机能的利与弊已有很多研究，且这些研究已经累积了大半个世纪。在这一章里，我们对此领域进行介绍，重点阐述关键的历史研究结果、事件和探索抗菌药物应用的未来选择。

第一节　历　　史

19 世纪 40 年代，关于营养学和生物化学的研究硕果累累。发现了许多必要营养元素的功能，包括很多维生素。在这 10 年间，科学家发现，在饮食中添加砷化合物、磺胺类药、链霉素或者金霉素后，鸡的生长速率得到提高。然而，直至 1950 年 4 月 9 日美国化学大会上维生素研究先驱者 Stokstad 和 Jukes（1950）发表公告后，抗生素生长促进剂的新时代才正式开始。他们发表了一份观察报告，在家禽和猪的饲料中添加来自金色链霉菌发酵的天然菌丝体基质后，家禽和猪的生长有非常显著的提高。正如他们之前所假设的，动物生长机能的提升直接归因于饲料中低浓度金霉素的存在而不是动物对饲料中维生素 B_{12} 简单的效应。

在偶然发现抗菌药物生长促进作用之际，畜牧业的生产方式正发生革命性的转变，由传统的粗放饲养转向集约化经营。在新的畜牧环境下，关于动物营养的需求和疾病的控制预防仍需去了解。然而，抗菌药物促进生长作用的出现，带来畜牧业发生根本变革和需求增长的时代，可更好地提升食品动物的生产。

虽然抗菌药物生长促进的许多初步研究主要集中于四环素类和青霉素，其他种类的抗菌药物也在不断被发现和研究，而且在许多情况下，它们取代了先驱品种。

表 22.1　具促生长活性抗菌药物的发现时间和其他事件时间表

年代	化合物	发现时间（年）	其他事件
20 世纪 40 年代	青霉素	1940	←1940 年 Chain 和 Florey 分离并鉴定了青霉素
	洛克沙胂	1941	
	杆菌肽	1945	←1946 年 Moore 和同事发现抗生素促生长效应*
	金霉素	1948	←1949—1950 年 Stokstad 和其他人发现*
	土霉素	1950	
	拉沙洛西	1951	
20 世纪 50 年代	吉他霉素	1953	
	维吉尼亚霉素	1955	
	竹桃霉素	1956	←1959 年首次描述了可转移的耐药性
	阿维拉霉素	1961	
	泰乐菌素	1961	
	林可霉素	1963	←1962 年 Netherthorpe 报告*
20 世纪 60 年代	卡巴氧	1964	←1963 年在英国发现鼠伤寒沙门氏菌 PT29
	黄霉素	1965	

（续）

年代	化合物	发现时间（年）	其他事件
20 世纪 60 年代	莫能菌素	1967	
	阿伏霉素	1967	←1969 年 Swann 报告*
	喹乙醇	1970	←1970 年 FDA 特别工作组
	盐霉素	1972	
20 世纪 70 年代	泰妙菌素	1973	
	莱特洛霉素	1974	
	甲基盐霉素	1975	
	依罗霉素	1975	
20 世纪 80 年代			←1980 年 NAS 研究
			←1988 年 IOM 回顾
	阿莱克西霉素	1989	←1988 年出现人类 VRE 感染报道
	LL-E19020	1989	
20 世纪 90 年代			←1997 年 WHO 磋商
			←1998 年 NRC 报告
			←1999 年 GAO 报告
2000			←2000 年 WHO 耐药性控制原则
			←2006 年 EU 最终对抗生素作促生长使用的决定
21 世纪 10 年代			←2012 年美国 FDA CVM 发布了行业指南草案 213♯删除作促生长使用的医学上重要抗生素

注：*1946 年 Moore 和他的同事们首次描述了抗生素的促生长反应；1949 年 Stokstad 和其他人宣布金霉素发酵液（菌丝体）的促生长效应，该发现立即在全球媒体首页报道；1962 年 Lord Netherthorpe 作为委员会主席，主持评估给农场动物使用抗生素是否会对人类健康构成危害。结果表明对人类健康不造成危害并建议在犊牛中推广使用；1969 年 Swann 教授作为委员会主席主持评估可转移的耐药性对人类健康的影响和可能性，发现风险和明显的益处并存，并列出饲用抗生素的选择标准。

表 22.1 提供了仍在一些国家使用的许多抗菌药物发现的时间。值得注意的是，已经至少 40 年没有批准抗菌药物作促生长使用。

在过去几十年对抗菌药物促生长的大量观察中，将未用药的对照组动物放在使用促生长抗菌药物的动物群体附近饲养后，发现未用药的对照组动物体重增加，死亡率降低。原因归功于环境中病原菌总量减少。这一时期内的其他研究包括：长时间使用抗菌药物促生长剂后药效的保留（即使在用药后的几十年），年幼动物的效应更大，给药动物的肠道疾病发生率显著下降，对维生素和蛋白质的需求减少，并且在动物达到生长遗传极限时（非预期的）效应也会降低。表 22.2 中列出了已经记录的各种生理、代谢、营养和疾病控制的影响。

在对猪和家禽使用的抗菌药物促生长剂进行了全面回顾后，Hays（1979）作出的陈述，至今仍然适用，内容包括：动物对抗菌药物的反应程度随着生命周期阶段、生产阶段和动物所在的环境条件的变化而变化。年幼动物的反应大于更为成熟的动物。在关键的生产阶段反应更大，如断奶、育种、产仔，或者是鸡和火鸡的孵化。环境应激如营养不良、拥挤、移动和动物混群、卫生条件差以及高温或低温也会使反应加大。这些应激因素是普遍存在的，在很大程度上无法避免。

表 22.2 与抗生素饲料添加剂相关的对生理、营养和代谢的影响

影响	变化	影响	变化
不良细菌	↓	有益的大肠杆菌	↑
产生 α-毒素	↓	有益的乳酸杆菌	↑
产生氨气	↓	钙吸收	↑
有益菌	↑	产气荚膜梭菌	↓

（续）

影响	变化	影响	变化
肠道菌群对营养物质的竞争	↓	氨基酸供应限制	↑
病原体的衰变	↑	肝脏蛋白合成	↑
能量保留	↑	甲烷排放	↓
脂肪酸的吸收	↑	黏膜细胞的更新	↓
脂肪酸的氧化	↓	氮排泄	↓
粪便脂肪排泄物	↓	氮保留	↑
粪便湿度	↓	肠道菌群对营养物质的合成	↑
饲料摄入	↕	致病大肠杆菌	↓
葡萄糖的吸收	↑	致病链球菌	↓
肠道吸收能力	↑	磷排泄	↓
肠道碱性磷酸酶	↑	血浆营养物质	↑
肠道能量损失	↓	应激	↓
肠道中食物转运时间	↑	有毒的胺产物	↓
肠道脲酶	↓	微量元素吸收	↑
肠壁直径	↓	可转移的耐药性	↕
肠壁长度	↓	维生素的吸收	↑
肠壁重量	↓	维生素的合成	↑

注：改编自 Rosen，1995 和 Page，2003。

第二节　作用机制

在抗菌药物作促生长剂使用的历史中，人们早就意识到，抗菌药物在促进生长、提高饲料效率和促进动物健康方面的作用很大程度上归因于对胃肠道细菌的影响。主要取决于以下发现：①化学结构广泛变化的抗菌药物都是有效的，排除了动物生长所必需的任何生长因子掺入其中的可能性；②抗菌药物不能促进无菌动物的生长；③抗菌药物对于发育中的鸡胚生长一般是无效的；④环境卫生情况会影响抗菌药物的促生长效应；⑤发现口服给药不吸收药物具有促生长效果，如杆菌肽；⑥某些肠道外给予的抗菌药物也有促生长作用，可以解释为药物分泌到小肠中。

人们已经提出了许多假设来解释抗菌药物作促生长剂的作用模式。目前仍然没有统一的原则或者单一的作用方式，在不同环境中占主导地位的可能是不同的作用机制。肠道中细菌代谢的多少和特性取决于动物种类、宿主年龄、饲料和肠道部位。肠道菌群与宿主之间的相互作用为竞争或合作。食肉动物的竞争作用十分典型，其生理机能（如胃的低 pH 和快速的肠道转运）已经进化到限制菌群与营养物质间的相互作用。相反，在食草动物中进化为合作的作用模式，尤其是反刍动物，宿主为细菌发酵提供了最佳环境。抗菌药物作促生长剂的作用模式必须与这种多样性相一致。

对单胃动物（家禽、猪和反刍前犊牛）提出的假设和进行的试验如下：

（1）通过细菌刺激肠道合成维生素。饲料中添加高浓度的维生素可以降低对抗菌药物的应答。据报道，口服金霉素可能通过提高粪便中维生素 B_{12} 的排泄来提高维生素的利用度，另外研究人员还发现链霉素可通过筛选出巨大芽孢杆菌，从而刺激维生素 B_{12} 总量的增加。

（2）通过减少微生物和宿主对营养物质的竞争，减少胃肠道中的细菌总量。

（3）抑制可能为低致病性或产生毒性的有害细菌。许多抗菌药物可以防止产气荚膜梭菌在肉鸡、火鸡和猪的肠道内生长。其他研究已经认为或证明了生长抑制与存在粪肠球菌或屎肠球菌有关。Tsinas 等（1998）发现在猪体内，控制胞内劳森氏菌增殖的能力与促生长作用直接相关。抗菌药物添加剂对于在野生环境下生长的动物影响较小，而对人工饲养的动物影响较大，与生长抑制剂的作用一致。细菌脱氨作用和氨基酸的脱羧作用可以产生有毒的降解产物。例如，赖氨酸脱去羧基生成尸胺，而酪氨酸和色氨酸转化为许多挥发性酚类和芳香族代谢物（包括4-甲基苯酚和3-甲基吲哚或粪臭素），两者均具有臭味和毒性。相关研究证实各种抗菌药物促生长剂均能减少这些代谢物的产生。

（4）抑制细菌的脲酶。研究表明，由细菌脲酶产生的氨会损害肠黏膜，影响营养吸收和阻碍生长。然而，辛羟肟酸，一种合成的脲酶抑制剂，却对雏鸡生长率和饲喂效率没有作用。

（5）提高肠道的能量利用率。肠道会消耗高比例的心输出量，并产生相对应的热量，这两个参数都受营养状况的影响。研究表明给予抗菌药物可提高营养物质的消化率，并增强由肠道微生物介导的能量利用。肠道黏膜是体内代谢最活跃的组织，已经证明添加抗菌药物能减少小肠内细胞的更新并通过孤立的刷状边缘囊泡提高对葡萄糖的摄取率。

（6）抑制细菌牛磺胆酸水解酶的活性。结合态胆酸经胆汁分泌进入小肠，有助于脂肪、血脂和脂溶性化合物（如α-生育酚）的消化、乳化和吸收。细菌，主要是革兰氏阳性菌，能水解结合态胆酸，降低其功能并提高水解产物石胆酸的浓度，该产物具有肝毒性并能导致小肠炎症。Feighner 和 Dashkevicz（1987）发现抗菌药物的促生长作用与牛磺胆酸水解酶的活性之间呈反比关系，从而推测其可能独立的作用方式。近期关于在肉鸡中产气荚膜梭菌高水平表达胆盐水解酶的研究支持了该假设。研究表明添加阿维拉霉素和盐霉素会使水解酶活性降低，未结合的胆酸和产气荚膜梭菌的数量减少，从而提高了回肠对脂肪酸的吸收（Knarreborg 等，2004）。

（7）节约营养。20世纪50年代初的研究发现只有当饲料中添加 Lederle 公司的菌丝体动物蛋白因子（APF），猪才能有效利用蛋白质，研究表明饲料中含有 APF 和18%的蛋白质，猪的生长率相当于饲喂含有19.6%蛋白质饲料的猪。这表明对猪所需蛋白质的可接受量可能需要重新评估，通过在饲料日粮中添加足量的维生素 B_{12} 和 APF 中的其他蛋白因子来进行。之后的许多研究已经证实了节约的效果，并确定了能量、维生素和矿物质也可以节约，对于减少环境中十分重要的温室气体和营养元素（如氮气和磷）的输入和输出具有重要意义。

（8）小肠上皮细胞的形态学变化提高了对营养的吸收。在无菌动物和饲料中添加抗菌药物促生长剂的动物，一个显著特征是粪便减少，表明动物肠壁在缩短和变薄。已经证明这些变化可能提高对营养的吸收。

（9）肠道酶活性的改变。肠道中酶活性明显地受存在的微生物群落的影响，改变该微生态因素，如抗菌药物作促生长剂，可以有利地影响酶活性和对营养的利用度。

（10）减少免疫刺激。微生物感染虽然很少引起临床疾病，但会诱发免疫反应，提高代谢水平，从而导致基础代谢率上升，改变营养的吸收，使膳食营养素不再用于骨骼肌的增长。已经证明饲料中添加抗菌药物改善并减少了免疫系统激活的几个指标。

（11）肠道细胞的抗炎效应。一个病例表明促生长剂的生理学应答是由宿主免疫细胞中低浓度抗菌药物的抗炎效应引起的（Niewold，2007）。尽管在20世纪50年代，人们认为口服抗菌药物对反刍动物有害，当药物剂量降低，以及20世纪70年代出现如离子载体类药物等新型药物后，实现了显著的促生长益处。

（12）特别针对反刍动物的作用模式还包括：瘤胃微生物代谢的改变。发酵性消化对于不能被宿主酶消化的基质有利。然而，发酵会导致能量和蛋白质损失，因此对如蛋白质、氨基酸和糖等易被宿主酶消化的营养物质不利。在反刍动物中，营养物质的最佳生成取决于发酵和宿主消化之间的适当平衡。大多数抗菌药物促生长剂在反刍动物中的主要作用方式是控制瘤胃的微生态系统。通过控制碳水化合物发酵生成丙酸盐，同时减少甲烷的产生和损失，来提高能量效率。此外，如果菌群能避开乳酸的净产出，可以提高淀粉的利用率。通过降低细菌蛋白水解和增加氨的同化作用，以增强氮的代谢。如果抑制了脂解作用，从而降低氢化作用，并使进入小肠的不饱和脂肪酸的流量增加，瘤胃的脂类代谢就能顺利进行。

现代分子生物学技术使人们对肠道微生物生态学复杂性的理解发生了根本性的改变（Backhed 等，2005）。如利用特定的16S rRNA-靶点寡核苷酸杂交探针和变性梯度凝胶电泳研究细菌和古细菌，这些研究成果使研究人员可以进一步鉴别和罗列从牛（Stahl 等，1988；Shanks 等，2011）、羊（Edwards 等，2005）、猪（Collier 等，2003；Lamendella 等，2011）和家禽（Knarreborg 等，2002；La-ongkhum 等，2011）分离到的能够培养和不能够培养的细菌，以及研究抗菌药物暴露的影响。

第三节　监督管理

抗菌药物同许多其他兽药一样，用于提高食品动物的生产性能，多年来一直被严格监管。需要全面证明抗菌药物的制造质量、效果和安全性（包括组织残留，毒理学，靶动物安全性，职业安全和环境安全）。饲料添加剂生产企业应向监管机构提交对以下内容的综合研究报告，包括抗菌药物的环境毒理学研究，土壤中药物半衰期和相关代谢物的研究，以及对与土壤有关的微型和大型生物、鱼类、野生动物和植物影响的研究。美国FDA兽药中心（CVM）发布了相关的指南文件（CVM；U. S. FDA CVM，2012a）。其他国家也有类似的规定，国际兽药注册协调组织中的日本、美国和欧盟采用相同的指南（VICH，2012）。2012年，美国FDA/CVM公布的最终工业指南第209号规定："FDA认为，为了提高产量（如促生长和提高饲料转化率）在食品动物中使用在临床上很重要的抗菌药物是不明智的（U. S. FDA CVM，2012b）。"配套文件工业指南草案等213号（U. S. FDA CVM，2012c）指出："对于已告知FDA，并自愿撤回在兽医临床上属于十分重要的新抗菌药物和新复方产品，但已批准作为促生长剂使用抗菌药物，FDA将与这些受到影响的药物申报企业进行合作。"因此，有序过渡到仅作治疗用［例如，根据兽用饲料指令（VFD）开具可在饲料中添加的抗菌药物的"处方"，并在兽医监管下合理使用，包括疾病的预防、控制以及对适应证的治疗］意味着促生长使用的停止。

对含药饲料的监管

在美国，根据休药期、药物浓度和混合状态，将含药饲料产品（饲料添加剂纲要，2012）划分为Ⅰ类或Ⅱ类，A、B或C型（不论何种使用目的）。A型预混料中的药物浓度最高，只能在FDA的批准下生产，并符合现行良好生产质量管理规范（cGMP）的要求。B型预混料中的药物浓度低于A类，可以进一步混合。C型预混料是添加至饲料的最终产品，不能进一步混合。只有获得FDA许可的饲料厂可以将Ⅱ类A型预混料制成B型或C型饲料，要求生产设施取得登记，有完整的cGMP管理体系，以及强制通过2年的检查作为取得饲料厂许可证的条件。所有混合饲料的标签必须标明相关信息，包括成分、使用方法、注意事项或警告、停止饲喂的信息（避免不安全的残留）以及其他相关信息。最终的含药饲料在饲料厂生产，使其符合发挥效能的严格的效价标准范围，然后袋装或散装运送到使用的农场。

为了达到促生长效果，饲料中大多数抗菌药物的浓度在5～125ppm*（或mg/kg，以饲料计）之间，比根据个体动物每日饲料摄入量计算的剂量（mg/kg，以体重计）小得多。例如，对于含有10ppm抗菌药物的饲料添加剂产品，每千克饲料含有10mg药物。如果摄入该饲料的动物体重为100 kg，则每千克体重消耗每千克饲料所摄入的药物为0.1 mg。为了确保药物混合恰当，防止出现交叉污染和其他与质量有关的问题，对所有药物成分均建立了分析方法。

在美国批准作为促生长剂使用的抗菌药物饲料添加剂见表22.3。欧盟之前批准使用的产品见表22.4。1996年，阿伏霉素从欧盟已批准产品的名单中暂时撤出，一直等待与其使用相关的对糖肽类药物耐药肠球菌的选择有关潜在医学影响的重新评估。在此之后，1998年底，欧洲农业理事会和委员会对那些在人医中也使用的药物用于动物"预防性原则"使用发起投票，其中包括杆菌肽、螺旋霉素、泰乐菌素和维吉尼亚霉素，从而取消它们提高生产率的声明，于1999年7月生效，这些产品禁止作为促生长剂使用。其余的抗生素，包括阿维拉霉素、黄霉素、莫能菌素和盐霉素，尽管在人医中并不使用，但在产品声明中删除了促生长作用，并于2006年1月生效。需要特别注意的是，根据欧盟指令，抗菌性离子载体类药物（当用作抗球虫药物）不受影响。其他国家仍使用一些相同的产品作促生长使用。一些国家，如日本，也具有独特的促生长产品，如二环霉素、那西肽和恩拉霉素。

表22.3　美国批准用于牛、猪和家禽促生长的抗菌药物饲料添加剂

药物	抗生素分类	牛	猪	家禽
砷化合物	砷剂		+	+
杆菌肽	多肽类		+	+

* 注：ppm为非许用计量单位，以饲料计时，1ppm=1mg/kg。

（续）

药物	抗生素分类	牛	猪	家禽
黄霉素	糖磷脂		+	+
卡巴氧	喹噁啉		+	
四环素	四环素类	+	+	+
金霉素、磺胺二甲嘧啶、青霉素	联合用药		+（<34 kg）	
拉沙洛西	离子载体类	+		
林可霉素	林可胺类		+（>34 kg）	+
莫能菌素	离子载体类	+		
青霉素	β-内酰胺类		+	+
泰乐菌素	大环内酯类	+	+	+
维吉尼亚霉素	链阳菌素	+	+	+

注：来自饲料添加剂纲要，2012 年。

表 22.4 欧盟以前批准在牛、猪和家禽中作促生长作用的抗菌药物饲料添加剂

药物	抗生素分类	牛	猪	家禽
阿伏霉素[1]	糖肽类	+	+	+
杆菌肽[2]	多肽类	+（犊牛）	+	+
黄霉素[3]	糖磷脂	+	+	+
莫能菌素[3]	离子载体类	+		
盐霉素[3]	离子载体类		+	
螺旋霉素[2]	大环内酯类	+（犊牛）	+	+
泰乐菌素[2]	大环内酯类		+	
维吉尼亚霉素[2]	链阳菌素	+（犊牛）	+	+
阿维拉霉素[3]	低聚糖类		+	+
卡巴氧[4]	喹噁啉		+（<4 月龄）	
喹乙醇[4]	喹噁啉		+（<4 月龄 ）	

注：1 暂停使用，在 1998 年撤出市场。

2 欧盟理事会法规（EC）2821/98 授权撤销，于 1999 年 7 月生效。

3 授权撤销，在 2006 年 1 月生效。

4 欧盟委员会法规（EC）2788/98 授权撤销，于 1999 年 1 月生效。

来自 Lawrence，1998；Corpet，1996；Anon，1997.

第四节 使用规程和取得的效益

在过去的 60 年间，食品动物生产系统发生了许多变化，最明显的是将小农场合并为巨大的、由公司经营的农场，绝大多数的牲畜和家禽能够在室内或者室外成群饲养，如肉牛饲养场企业。动物遗传学、牛群/羊群管理、药物使用规程、饲料、生物安全和控制感染等方面的改进，使得肉和其他动物源性食品产量增加、质量安全、成本得到有效控制，以满足消费者对动物蛋白日益增长的需求。这段时期内，通过使用抗菌药物改善动物性能方面改变了很多，所以目前已经针对产品的选择、给药动物的年龄、给药时间，并利用专业咨询开发了各种各样的给药方案（MacDonald 和 McBride，2009）。

目前公众普遍存在一个误解，认为针对适应证使用抗菌药物的唯一优点是生产者可以获得较好的经济回报，但却忽略了对人类健康和环境的风险。然而，在现代食品动物生产过程中，为了提高动物生产性能使用抗菌药物确实带来了许多显著的益处。值得注意的是，并非所有下列益处均获得了监管部门的批准，允许标注在抗菌药物的标签上，并且也没有对在食品动物生产中用到的所有抗菌药物进行讨论。

表 22.5 总结了为提高动物生产性能而使用抗菌药物的六个优点和其他益处。第一，提高了营养利用率，使动物每消耗一磅饲料，产生额外的肉量增加，从而使总体消耗的饲料减少。从逻辑上讲，饲料摄取量减少意味着生产饲料所需的耕地、水和能量减少。第二，饲料摄取量减少导致粪便排出量减少，过量的

氮、磷等营养物质的排出减少，减轻了环境负担。第三，在反刍动物的瘤胃、小肠和后肠中保持稳定的发酵过程，不仅可以降低代谢紊乱如酮病发生的可能性，而且可以减少重要的温室气体——甲烷的排放。第四，通过减少或转移肠道内某些细菌的种群，动物免疫系统应答的需求减少，有利于动物健康和动物福利。第五，群体给药后，可以抑制可能以较低数量存在的潜在病原体，可以预防重要的肠道疾病，有利于羊群和牛群的整体健康和福利。第六，最近的信息表明，减少根据屠宰动物的大小而变化的处理方法，可以简化胴体的处理过程，提高肉制品的质量。

表 22.5　使用抗菌药物取得的效益总结

效益	阿维拉霉素	杆菌肽	黄霉素	沙拉洛西	莫能菌素	甲基盐霉素	盐霉素	吉他霉素	竹桃霉素	泰乐菌素	维吉尼亚霉素
环境效益											
减少甲烷排放（主要是反刍动物）			+	+	+	+	+			+	+
减少氮排放（所有的种类）	+	+	+	+	+	+	+			+	+
减少磷的输出（所有种类）				+	+	+	+				+
生产性能提高											
提高增重率	+	+	+	+	+	+	+	+	+	+	+
降低单位体重增加的饲喂要求	+	+	+	+	+	+	+	+	+	+	+
提高屠宰率	+		+								
提高母猪生育力							+				+
提高仔猪的存活率和成长率							+				+
提高奶牛产奶量				+	+						+
提高羊毛的产量			+								+
疾病的控制											
家禽的坏死性肠炎	+	+		+	+	+	+	+			+
猪的梭菌属肠炎							+				+
猪的增生性肠下垂	+	+			+		+			+	+
猪的痢疾							+				
牛的急性肺炎				+	+	+	+				
犊牛和羊的球虫病				+	+	+	+				
母羊的弓形体病					+						
预防代谢和发酵失调											
减少乳酸酸中毒				+	+	+	+				+
减少蹄叶炎				+	+	+	+				+
减少酮症					+						
减少瘤胃膨胀				+	+						
其他效益											
节约蛋白质	+	+	+	+	+	+	+			+	+
节约能量	+	+	+	+	+	+	+			+	+
改进矿物质吸收				+	+						+
改善热耐受	+			+	+	+	+				+
减轻公猪膻味		+									+
降低抗生素耐药性及传递		+	+								
提高免疫状态		+								+	
排泄物干燥并减少鸡的烂爪问题	+										+
减少牛粪中苍蝇				+	+						

一、促生长使用的经济学影响

表 22.6 总结了在美国给猪饲喂抗菌药物后生产性能改善的百分比。日增重是指每天增加的单位体重，饲料转化率是指单位饲料消耗所带来的体重增加量。在两个时期以及两类猪群的比较中，反应的百分比是恒定的。仔猪的生长效应（以百分比增幅来衡量）高于生长育肥猪；观察结果与实际应用结果一致（Zimmerman，1986；McBride 等，2008）。

表 22.6 具体年份给猪饲喂抗菌药物后生理机能改善百分比

年份	生长周期[a]	提高（%）	
		日增重	饲料/增重
1950—1977	仔猪	16.1	6.9
	生长-育肥猪	4.0	2.1
1978—1985	仔猪	15.0	6.5
	生长-育肥猪	3.6	2.4

注：a 仔猪阶段体重为 8～26 kg，生长育肥猪阶段体重为 27～92 kg。

来自 Zimmerman，1986 年。

在美国，已经从不同角度阐明在畜牧生产中使用抗菌药物的经济效益，也包括停药后的影响（Zimmerman，1986；U. S. General Accounting Office，2004；McBride 等，2008）。尽管个体动物（根据使用抗菌药物后应获得的累积效益计算）带来的经济回报很小，但对于每年生产数百万头的牛、羊和猪以及数十亿只家禽的整个行业，所产生的累积效益在经济学上是显著的，并随着饲料成本的投入而有所变化。对于个体养殖户而言，由于使用生长促进剂而获得的利润率能够使他们很容易产生盈亏差异。

一项美国审计总局的报告（2004）总结了几项研究，评估了在主要食品动物中停止使用抗菌药物促生长剂带来的经济影响。研究预测，若在无促生长剂的情况下维持畜牧业生产，需提高动物总量才可生产等量的畜产品，并会消耗更多的环境资源。总之，各种报告都提到，畜产品零售价格最低程度上涨都会使养殖户亏损。

二、环境效益

畜牧生产中使用抗菌药物带来的环境效益，来源于生产效率的进一步提高：通过减少存栏时间，从而降低了对饲料和饮水的消耗，进而减少通过尿液和粪便排泄的氮和磷（Lawrence，1998；Page，2003）。饲料转化率的提高意味着对用于作物生产的土地（和相关的除草剂，肥料，农业设备等）的需求变得更少，同时也降低了饲料运输的成本等等。牛的饲养过程中使用如莫能菌素等离子载体类药物，带来的主要益处是减少了重要的温室气体——甲烷的产生和排放（Tedeschi 等，2003）。在欧洲的四个国家，由于在牛的饲养中使用了莫能菌素，每年能减少 1.4 亿～1.9 亿 m^3 甲烷的排放（CEA，1991）。

三、预防代谢和发酵失调

在牛的养殖中使用离子载体类药物，能够明显降低酮病和腹胀的发生，而维吉尼亚霉素可以降低绵羊和牛发生乳酸酸中毒的风险（Page，2003）。

四、疾病防控

使用抗菌药物改进生产性能的目的，其实并不是为了预防疾病，而是为了消除与细菌相关，或在某些情况下与原生动物病原体相关的亚临床疾病。原因是食品动物可能暴露少量偶尔会在肠道内繁殖的病原体，尽管抗菌药物的浓度较低，但仍有足够的活性来抑制少量的敏感菌，防止其增殖成可以导致临床疾病的“群体”。例如，可以防治家禽的坏死性肠炎，猪回肠炎和梭菌性肠炎，以及牛的肝脓肿和球虫病（Tsinas，1998；Page，2003）。

五、其他益处

对于具体抗菌药物来说，有多种改善机体的特殊方式，包括增强耐热性，增加矿物质吸收和增强免疫功能（Page，2003）。

第五节　抗生素耐药性相关公共卫生问题

以提高动物生产性能为目的的抗菌药物的使用所带来的关键公共卫生问题包括对抗菌药物耐药性的选择和对食源性病原菌耐药性或耐药决定因子的产生，导致人类出现难以治疗的食源性疾病。这些内容在第三章中已经讨论过。

表 22.1 中给出的是美国针对动物饲料中抗菌药物使用相关的年度简评和主要公共卫生行动（美国国会 OTA，1995；食品技术研究所，2006）。英国 Netherthorpe 委员会出具的两份独立报告（1962，1966），具体又称为《农场动物饲喂抗菌药物后可能后果的检测》，评估了使用抗菌药物作为促生长剂所带来的潜在公共卫生影响，所得出的结论从当前视角来看或许令人惊讶，但是“没有终止饲料添加剂使用许可的理由”，且确实推荐“饲料添加剂的使用可以扩展到犊牛”（Swann，1969）。不过，鉴于 1963 年英国犊牛出现鼠伤寒沙门氏菌噬菌体 29 型的耐药性的传播（Anderson，1968），Netherthorpe 委员会建议成立一个专门针对“探究耐药性传播对畜牧业及人类和动物健康影响”的新的委员会。

藉此目的，1968 年 Swann 委员会成立，并提出了一系列关于治疗用和饲料添加用抗菌药物的重要建议，其中包括“饲料中非处方抗菌药物应该仅局限于人医和兽医中不用或较少使用的治疗用药物，不会通过耐药微生物的发展，对批准使用的治疗用抗菌药物效果产生影响”（Swann，1969）。

基于 1969 年 Swann 委员会的建议，欧盟授权的多数促生长剂是非治疗性抗菌药物，如离子载体类药物或人工合成的化合物，四环素类药物和青霉素类未被批准作为促生长剂使用。在此期间，负责公共卫生相关的官员主要关注点是革兰氏阴性菌，尤其是沙门氏菌、弯曲杆菌和大肠杆菌。那些主要针对革兰氏阳性菌的抗菌药物促生长剂，若革兰氏阳性菌群减少，可能会导致革兰氏阴性菌的竞争优势增加（即竞争排斥屏障中断）。

20 世纪 70 年代间，鉴于英国的行动，美国 FDA 对动物饲料中使用抗菌药物也做出了一些评估。联邦法规中一项新的规定（21 CFR 558.15）要求药品生产商需要针对所有的饲料添加剂产品进行沙门氏菌排菌试验和大肠杆菌耐药性选择的研究。1977 年，CVM 发布了针对青霉素和四环素亚治疗剂量使用的听证会公告（NOOH）。1978 年，美国国家科学院（NAS）经国会要求使国家研究理事会（NRC）承担对亚治疗剂量使用抗菌药物的效果评价。

在 1980 年美国国家科学院的报告中，尽管认识到在治疗四环素耐药沙门氏菌病例时存在潜在治疗失败状况，委员会称，现有数据既不能证明也无法否定家畜亚治疗剂量使用抗菌药物对人类健康所产生的影响（NAS，1980）。1981 年，美国众议院拨款委员会资助了 FDA 的一项研究，并于 1984 年在西雅图国王县公共卫生部门的配合下完成。研究得出的结论是，“源自人类病例和零售家禽的病源微生物分离菌株有着相似的抗微生物敏感性模式，两者中四环素耐药株分离率分别为 29.7%和 32.8%，且此类耐药由质粒介导。”这一年间，自然资源保护委员向卫生部请愿，要求暂停构成被称为“危险迫在眉睫”的亚治疗剂量使用。这一决定也受到众议院委员会级别的听证会以及 FDA 局长的认同，此外 FDA 于 1984 年还对此进行了综述。结果在 1985 年，卫生部长拒绝了请求，且 FDA 于 1987 年要求 NAS 启动针对青霉素和四环素类在动物饲料中亚剂量使用所导致的影响人类健康的定量风险评估。这项任务由医学科学院（IOM）完成，得出结论是，虽然认为食品动物中亚治疗剂量使用抗菌药物可能存在对人类健康的不良影响，但是没有确切的证据（IOM，1989）。

1988 年，Uttley 等人第一次描述了人类感染万古霉素耐药肠球菌（VRE），因而使人们对革兰氏阳性菌作为人类病原体的重要性的认识开始增加。肠球菌是共生性细菌，在人类和大多数动物物种的大肠菌群中通常作为一个小的组成部分，发挥了至关重要的、通常是有益无害的作用。然而，在特殊情况下，尤其是在危重疾病或免疫功能低下的患者中，肠球菌（尤其是屎肠球菌和粪肠球菌）可以在肠道中通过穿越肠壁进行转移，引发血液、泌尿道和其他感染，也可以在心脏瓣膜和植入物中定植。在国家医疗保健安全网报道的医疗保健相关的感染（HAIs）中，2006年1月至2007年10月，肠球菌感染排在美国常发感染的第三位（Hidron等，2008）。在20世纪90年代初，当人们意识到广泛使用的许多药物具有抗肠球菌的活性，耐药菌可以从肉制品中复原的菌株被选择出来，并在人类的抗菌药物治疗中找到了对应的例子的时候，公共卫生的关注点集中到了抗菌药物生长促进剂。

1997年在柏林召开的一个世界卫生组织（WHO）的咨询会议取得了以下成果：①在畜禽生产中使用抗菌药物是一个优先考虑的医疗问题上取得了国际共识；②向WHO建议下一个步骤是，朝着建立指导原则以控制和遏制在食品动物中发生与用药相关的抗菌药物耐药性。最终的报告建议，“作为促进动物生长的抗菌药物如果也被用来治疗人类疾病或者可以和治疗人类疾病的抗菌药物产生交叉耐药性，都应该终止其在动物中的应用。”

这一建议随后在全球遏制食品动物抗菌药物耐药性的会议上被WHO修改（WHO，2000）。针对抗菌药物用作生长促进剂专门给出了两条建议，第18条建议描述道：“使用的抗菌药物生长促进剂，如果属于在人类和动物中共同使用（或报批）的抗菌药物类别，应该被终止或迅速淘汰，因为缺少相关的风险评估。终止或逐步淘汰最好由动物食品的生产者自愿按照程序完成，但是如果有需要，可以立法。”第19条建议描述道：“应当继续对所有的抗菌药物生长促进剂进行基础风险评估。风险的特征描述可以包括该药物在人类医学的当前和未来的潜在重要性的考虑，耐药性的选择，人类暴露来自食品动物中耐药细菌的潜在风险，以及其他适当的科学因素。”

在20世纪90年代末期，由于WHO的建议（1997），许多国家和地区管理当局指定了专家小组，对抗菌药物耐药性及食品动物抗菌药物的使用进行了评估[例如，抗生素耐药性联合专家技术咨询委员会（JETACAR），1999；英国农业、渔业和食品部，1998；欧洲委员会SSC，1999]。

欧洲委员会之消费政策和消费者健康保护局的科学指导委员会（SSC）对抗菌药物耐药性（1999）的建议指出：

关于使用抗菌药物作为生长促进剂方面，应当尽快淘汰并最终废除仍在人类医学和兽医中使用或可能使用（在治疗细菌感染时会形成交叉耐药的风险）的药物种类。人们还应努力，将那些具有影响肠道细菌感染的未知风险因素的抗菌药物生长促进剂，替代为非抗菌药物。重要的是，在逐步淘汰的过程中，在动物饲养方式转变的同时要保持动物的健康与福利，这些行动是同时进行的。因此，淘汰的过程必须经过计划和协调，因为突然的举动可能会对动物健康产生影响。同时，需要向制造商和农民重申，出于预防疾病的目的给食品动物连续喂食抗菌药物生长促进剂违反了欧盟的法规并且属于滥用，应该采取更加有效的强制措施。

JETACAR的建议建立了与Swann等（1969）的建议相似的用于批准生长促进剂的标准。该标准包括：在当地农业生产条件下可证明的有效性，在人类和动物中极少用该抗菌药物进行全身性的治疗，和该抗菌药物的使用在人类不用于关键的治疗，以及通过耐药菌株的产生影响其他指定的治疗用抗菌药物效力的可能性低。澳大利亚兽医监管机构被指控为使用风险分析方法对抗菌药物作生长促进剂进行分析，包括进行成本效益分析。JETACAR报告建议的优先审查包括糖肽类、链阳菌素类和大环内酯类。阿伏霉素退出了全球市场，其风险评估没有完成；对维吉尼亚霉素进行了审查，建议其可以继续使用但需要修改标签说明；对大环内酯类的审查直至2012年依然没有定论。

2002年在丹麦Foulum举办了WHO咨询会，评估了丹麦在动物生产中取消使用生长促进剂的经验（WHO，2003）。丹麦人宣布了禁止产品使用的成功经验，尽管断奶仔猪的死亡率升高，人类病原体中耐药性的流行没有明显减少。欧洲进行了一个关于取消抗菌药物作为生长促进剂的效果的独立审查，认为食品动物疾病的增加导致了使用抗菌药物治疗的增加（Casewell等，2003）。Phillips等（2004）发表了一篇批评性质的综述，总结了在食品动物中使用抗菌药物对人类健康的风险方面已经发表的文献，他们认为“没有证据表明来自动物的耐药肠球菌对人类健康有风险。”

在美国，美国兽医协会（AVMA，2009）对牲畜饲料中抗菌药物使用的立场是要求开展透明的、基于科学的风险分析，以便确定适当的行动。

兽医使用抗菌药物造成的耐药性选择和对人类健康造成影响的风险评估，其理论和应用是一种崭新的传统的风险评估方法的扩展，Cox（2005）进行了全面的论述。风险评估是或应当是一个科学的、基于证据的过程，能清晰地描述所有的数据来源、假设以及不确定性。理想的风险评估将由每一个假设的敏感性分析所支持，允许对其重要性进行评估。当新的假设产生时，应当明确认定进一步研究的关键领域。风险评估输出的是针对人类健康危害的可能性描述，以在一个范围内的可信数值来体现。

已经公布了几个关于抗菌药物的风险评估报告。一个是针对链阳菌素维吉尼亚霉素（Cox 和 Popken，2004；Kelly 等，2004）。美国 FDA/CVM（2004）发布了一个在线风险评估草案，检查了由于从食品中或源自牲畜中使用维吉尼亚霉素，导致摄取了链阳菌素耐药的屎肠球菌（SREF），使得人类使用奎奴普汀-达福普汀（QD）损害治疗效果的可能性，并得出了预计的风险很低的结论。QD 是链阳菌素族中，唯一可用于人类肠道外给药的药物，用于治疗万古霉素耐药屎肠球菌的感染。重要的是，2012 年在人类中还没有批准使用链阳菌素来治疗屎肠球菌的感染。Pfaller（2006）对黄霉素的使用进行了综述，结论是没有确切的人类健康问题。对青霉素类、四环素类和大环内酯类的风险评估已经确认，对人类危害的可能性非常小（Cox，2009，2010；Mathers，2011）。

尽管有循证决策和风险评估的建议，一些团体的关注仍然持续存在，2005 年在美国，一份公民请愿书递到自然资源保护委员会，请求 FDA/CVM 针对在 20 世纪 70 年代发布的青霉素和四环素类的听证会公告采取行动。2011 年，FDA/CVM 拒绝了这个公民请愿，但是 2012 年，该拒绝被纽约南部地区的美国地方法院推翻，这使得 FDA 要继续进行听证会的程序（U. S. District Court，2012）。

第六节　明智使用

美国 FDA/CVM 的 209 号工业指南宣布，为了提高生产性能在饲料中使用抗菌药物的做法是“不明智的用法”，并在如前所述的 213 号工业指南的草案中要求药品生产商在产品的每份说明中自愿撤出适应证声明。动物保健品协会（AHI）根据其在美国接受调查的成员公司估计，食品动物用的抗菌药物中只有 13% 的产品是用于治疗之外的其他目的（AHI，2012）。

第七节　提高生产性能的替代品

当前可用替代品种类繁多，相关详尽、深入的总结超出本章节讨论范围（Barug 等，2006）。这里简要总结了一些饲料用或全身给药用产品。除此之外，畜牧业、遗传学和营养学的进步也对动物生产及健康产生了积极而深远的影响。

干燥酒糟中谷物（DDGS）作为动物饲料补充成分已在许多地区成为普遍做法（明尼苏达州大学，2012）。玉米和其他基质所生产的乙醇常被细菌污染，抗菌药物的使用能使发酵过程中此类细菌的不良影响最小化。其中一些抗菌药物与食品动物中为了提高生产性能使用的药物相同。FDA 已经对 DDGs 中包含的微量的抗菌药物残留进行了评估，认为这些残留对公共健康或食品安全没有危害，属于 GRAS 的类别（一般公认是安全的）。

鉴于将抗菌药物作为生长促进剂使用从而导致潜在的对抗菌药物耐药性细菌的选择、残留以及环境影响的考虑，可以选用或研发其他非抗菌药物替代品。按照适用于抗菌药物作生长促进剂的证据基础和质量标准，替代产品满足相同标准的效果、安全性和生产质量是很重要的。只有支持声明的证据质量高、强度大，足以满足审评和监管部门的要求时，便有信心做出正确的产品选择。因为创新的产品可能不符合传统的监管标准，监管机构在审查标准方面进行创新是义不容辞的责任。

尽管目前广泛使用的替代品不一定是安全和有质量保证的，人们在许多研究中已经强调了需要谨慎和采取适当监管的必要性。例如，Alcid 等（1994）从一个益生菌制剂中分离到了一个携带有 *vanB* 基因的能够导致对万古霉素耐药的屎肠球菌分离株。Wagner 和 Cerniglia（2005 年）在研究市售的竞争性产品中厌氧菌的抗菌药物敏感试验时，发现了耐药的大肠杆菌、拟杆菌属细菌和耐万古霉素的乳酸乳球菌。Ward 等（2002）发现许多含有大蒜和紫锥菊的草药产品能造成大肠杆菌和金黄色葡萄球菌对氨苄西林 MIC 的大幅提高。Weese（2002）研究了多种益生菌制剂的成分，认为绝大多数制剂的研究不能准确地代表制剂标签上的声明。

细菌对重金属的耐受性广泛存在于环境当中，相应抗性基因通常位于质粒中。锌和铜两种重金属，广泛用于促进动物的生长。Hasman 和 Aarestrup（2005）研究发现，在丹麦的猪的日粮中铜的使用不能排除其延迟了对糖肽类耐药屎肠球菌消除的可能性。最近，还有人描述了在丹麦的猪中 MRSA 的出现与使用锌之间的关联（Agersø 等，2012）。

益生菌以及一些竞争排斥的产品（直接饲喂微生物，如酿酒酵母、乳酸菌和其他微生物）被添加进饲料中作为活性微生物补充剂。它们的作用模式多种多样，包括在肠道内与病原体竞争结合位点或营养物质、刺激肠道的免疫系统、生产细菌素等，例如，乳酸链球菌素和乳酸杀菌素等。目前已经观察到应用此类产品后生长效果的不同程度提高。

益生元是难以消化的碳水化合物，可以刺激产生“有益的”肠道菌群。低聚糖便是最典型例子，如甘露寡糖。目前也已经观察到此类产品的应用对肠道性能的改善趋势。

酶例如植酸酶，可以使磷从正磷酸盐基团中释放，从而提高磷的生物利用度并减少排泄。其他的酶如木聚糖酶和葡聚糖酶可以分解植物性饲料，实现从复杂的碳水化合物中获取能量。已有相关文献报道了断奶仔猪对这些酶的不同效果。一种新的酶，β-甘露聚糖酶，可以提高饲料的消化率，从而提高生产性能。在针对猪的研究中，中草药添加剂如精油，香料和其他植物没有产生始终如一的疾病预防或性能改进的作用。

有机酸如丙酸、甲酸、富马酸、柠檬酸和乳酸，能作为酸化剂，抑制肠道细菌，并通过减少对养分的竞争和减少亚临床感染或减少产生细菌毒素来提高整体生产性能。这在仔猪中有较好的效果。免疫系统刺激因子如喷雾干燥的血浆，卵黄抗体和共轭亚油酸饲料补充剂，可以在防止病原体方面提供一定程度的保护。

β-肾上腺素能受体激动剂（如莱克多巴胺和齐帕特罗）作为蛋白再分配药物，通过转移营养分配从而增加肌肉蛋白含量和降低脂肪沉积，以此来改变胴体组成。莱克多巴胺是一种非激素类，非抗菌药物类的物质，能增加生长率（9%）和骨骼肌（12%），和降低料肉比（12%）和脂肪组织（14%；Page，2003）。莱克多巴胺和齐帕特罗已经被除了欧洲以外多个国家的监管当局批准。

重组牛和猪生长激素（rbST 和 rpST）已经用于动物生产中的扩大产量。rbST 可以增加牛奶产量，提高饲料效率。rpST 可以促进瘦肌肉的累积。rbST 和 rpST 都要每天注射，直到有持续给药系统产品可用之前。这些产品已经在几个国家获得了批准。

同化生长激素植入剂，如雌激素，作为埋植剂植入牛的耳朵中。重金属如锌、铜或铬能够降低仔猪断奶后腹泻的发生，尽管有人担心这会产生对抗生素耐药性的选择压力并将其排至环境中。

管理规程的改进，如给新生犊牛提供初乳，允许仔猪有一个更长的断奶时间，按照“全进全出”的过程管理猪的生产，都可以改善动物的健康和提高生产性能。生物安全性，空气质量和放养密度的改善是目前常见的方式，这些都可以促进生产。目前，正在使用遗传选择的方法改进鸡和猪的品种，同时开发出了抗病的猪和奶牛。营养改善规程，尤其是精确的饲料配方仍在不断的细化，以获得氨基酸、维生素、矿物质和碳水化合物相对平衡的最佳饲料日粮配方。

参考文献

Agersø YH，et al. 2012. Study of methicillin resistant *Staphylococcus aureus*（MRSA）in Danish pigs at slaughter and in imported retail meat reveals a novel MRSA type in slaughter pigs. Vet Microbiol 157：246.

Alcid DV，et al. 1994. Probiotics as a source of *Enterococcus faecium*. 32nd Infectious Diseases Society of America Annual Meeting，Orlando，FL，Abstr 123.

American Veterinary Medical Association. 2009. Antimicrobials in livestock feeds（HOD revised 1/09）. http://www.avma.org/issues/policy/jtua_feeds.asp.

Animal Health Institute. 2012. Fact or fiction. http：//www.ahi.org/issues-advocacy/animal-antibiotics/fact-or-fiction-common-antibiotic-myths/.

Anderson ES. 1968. Drug resistance in *Salmonella typhimurium* and its implications. Br Med J 3：333.

Backhed F，et al. 2005. Host-bacterial mutualism in the human intestine. Science 307：1915.

Barug D, et al. 2006. Antimicrobial Growth Promoters: Where Do We Go from Here? The Netherlands: Wageningen Academic Publishers.

Casewell M, et al. 2003. The European ban on growth- promoting antimicrobials and emerging consequences for human and animal health. J Antimicrob Chemother 52: 159.

Centre for European Agricultural Studies (CEAS) . 1991. The impact on animal husbandry in the European Community of the use of growth promoters. Vol. 1. Growth promoters in animal feed. Report to the European Commission.

Chain E, et al. 1940. Penicillin as a chemotherapeutic agent. Lancet 236: 226.

Collier CT, et al. 2003. Molecular ecological analysis of porcine ileal microbiota responses to antimicrobial growth promoters. J. Anim Sci 81: 3035.

Corpet DE. 1996. Microbiological hazards for humans of antimicrobial growth promoter use in animal production. Rev Med Vet 147: 851.

Cox LA. 2005. Quantitative health risk analysis methods: modelling the human health impacts of antimicrobials used in food animals. Intl Series Operations Research Management Science 82.

Cox LA, DA Popken. 2004. Quantifying human health risks from virginiamycin used in chickens. Risk Analysis 24: 271.

Cox LA, DA Popken 2010. Assessing potential human health hazards and benefits from subtherapeutic antimicrobials in the United States: tetracyclines as a case study. Risk Analysis 30: 432.

Delsol AA, et al. 2005. Effect of the growth promoter avilamycin on emergence and persistence of antimicrobial resistance in enteric bacteria in the pig. J Appl Microbiol 98: 564.

Dewey CE, et al. 1997. Associations between off-label feed additives and farm size, veterinary consultant use, and animal age. Prev Vet Med 31: 133.

Edwards JE, et al. 2005. Influence of flavomycin on ruminal fermentation and microbial populations in sheep. Microbiology 151: 717.

European Commission SSC. 1999. Opinion of the Scientific Steering Committee (SSC) on antimicrobial resistance. http: //ec. europa. eu/food/fs/sc/ssc/out50 _ en. pdf.

Feighner SD, Dashkevicz MP. 1987. Subtherapeutic levels of antimicrobials in poultry feeds and their effects on weight gain, feed efficiency, and bacterial cholyltaurine hydrolase activity. Appl Environ Microbiol 53: 331.

Hasman H, Aarestrup FM. 2005. Relationship between copper, glycopeptide, and macrolide resistance among *Enterococcus faecium* strains isolated from pigs in Denmark between 1997 and 2003. Antimicrob Agents Chemother 49: 454.

Hays VW. 1979. The Hays Report. Effectiveness of feed additive usage of antibacterial agents in swine and poultry production. Long Beach, CA: Rachelle Laboratories.

Feed Additive Compendium. 2012. Minnetonka, MN: Miller Publishing Co.

Institute of Food Technology. 2006. Antimicrobial resistance: implications for the food system. Comp Rev Food Science Food Safety 5: 71. http: //www. ift. org/knowledge-center/read-ift-publications/science-reports/expert-reports/anti microbial-resistance. aspx.

Institute of Medicine (IOM) . 1989. Human Health Risks with the Subtherapeutic Use of Penicillin or Tetracyclines in Animal Feed. Washington, DC: National Academy Press.

JETACAR. 1999. The use of antimicrobials in food-producing animals: antimicrobial-resistant bacteria in animals and humans. Commonwealth Department of Health and Aged Care and the Commonwealth Department of Agriculture, Fisheries and Forestry, Australia. http: //www. health. gov. au/internet/main/publishing. nsf/Content/2A8435C711929352CA256F180057901E/$ File/jetacar. pdf.

Hidron A. 2008. NHSN annual update: antimicrobial-resistant pathogens associated with healthcare-associated infections: annual summary of data reported to the National Healthcare Safety Network at the Centers for Disease Control and Prevention, 2006-2007. Infect Contr Hosp Epidemiol 29: 996.

Kelly L, et al. 2004. Animal growth promoters: to ban or not to ban? A risk assessment approach. Int J Antimicrob Agents 24: 7.

Knarreborg A, et al. 2002. Effects of dietary fat source and subtherapeutic levels of antimicrobial on the bacterial community in the ileum of broiler chickens at various ages. Appl Environ Microbiol 68: 5918.

Knarreborg A, et al. 2004. Dietary antimicrobial growth promoters enhance the bioavailability of a-tocopheryl acetate in broilers by altering lipid absorption. J Nutr 134: 1487.

Lamendella R, et al. 2011. Comparative fecal metagenomics unveils unique functional capacity of the swine gut. BMC Microbiol

11：103.

Lawrence K. 1998. Growth promoters in swine. Proc 15th Int Pig Vet Soc Cong.

La-ongkhum O. 2011. Effect of the antibiotic avilamycin on the structure of the microbial community in the jejunal intestinal tract of broiler chickens. Poult Sci 90：1532.

NAS. 1980. The Effects on Human Health of Subtherapeutic Use of Antimicrobials in Animal Feeds. Washington，DC：National Academy Press.

MacDonald JM，WD McBride. 2009. The transformation of U. S. livestock agriculture：scale，efficiency，and risks. Economic Research Service，U. S. Dept. of Agriculture. http：//www. ers. usda. gov/Publications/EIB43/EIB43. pdf.

Mathers JJ. 2011. Longer-duration uses of tetracyclines and penicillins in U. S. food-producing animals：Indications and microbiologic effects. Environment International 37：991.

McBride WD. 2008. Subtherapeutic antibiotics and productivity in U. S. hog production. Appl Econ Perspectives Policy 30：270.

Niewold TA. 2007. The nonantimicrobial anti-inflammatory effect of antimicrobial growth promoters，the real mode of action? A hypothesis. Poult Sci 86：605.

Page SW. 2003. The role of enteric antimicrobials in livestock production：a review of published literature. Canberra，Australia：Avcare Limited. http：//www. animalhealthalliance. org. au/files/animalhealth/information/The%20Role%20of%20enteric%20antimicrobials%20in%20livestock%20production. pdf.

Pfaller MA. 2006. Flavophospholipol use in animals：positive implications for antimicrobial resistance based on its microbiologic properties. Diagn Microbiol Infect Dis. 56：115.

Phillips I，et al. 2004. Does the use of antimicrobials in food animals pose a risk to human health? A critical review of published data. J Antimicrob Chemother 53：28.

Rosen GD. 1995. Antibacterials in poultry and pig nutrition. In：Wallace RJ，Chesson A（eds）. Biotechnology in Animal Feeds and Animal Feeding. Weinheim，Germany：VCH Verlagsgesellschaft mbH，p. 143.

Stahl DA，et al. 1988. Use of phylogenetically based hybridization probes for studies of ruminal microbial ecology. Appl Environ Microbiol 54：1079.

Swann M，et al. 1969. The Report of the Joint Committee on the use of antimicrobials in animal husbandry and veterinary medicine. London：HMSO.

Swedish Ministry of Agriculture. 1997. Antimicrobial feed additives. Food and Fisheries SOU 1997：132. http：//www. sweden. gov. se/sb/d/574/a/54899.

Tedeschi LO，et al. 2003. Potential environmental benefits of ionophores in ruminant diets. J Environment Qual 32：1591.

Tsinas AC，et al. 1998. Control of proliferative enteropathy in growing/fattening pigs using growth promoters. Journal of Vet Med 45B：115.

UK Ministry of Agriculture，Fisheries，and Food. 1998. A review of antimicrobial resistance in the food chain. http：//archive. food. gov. uk/maff/pdf/resist. pdf.

University of Minnesota. 2012. Distillers' grains by-products in livestock and poultry feeds. http：//www. ddgs. umn. edu/.

U. S. Congress OTA. 1995. Impacts of Antimicrobial-Resistant Bacteria. OTA-H-629. Washington，DC：GPO.

U. S. District Court. 2012. http：//www. citizen. org/documents/NRDC-v-FDA-SDNY-Order. pdf.

U. S. FDA CVM. 2004. Risk assessment of streptogramin resistance in *Enterococcus faecium* attributable to the use of streptogramins in animals. http：//www. fda. gov/downloads/AnimalVeterinary/NewsEvents/CVMUpdates/UCM054722. pdf.

U. S. FDA CVM. 2012a. Guidance documents. http：//www. fda. gov/cvm/Guidance/published. htm.

U. S. FDA CVM. 2012b. The judicious use of medically important antimicrobial drugs in food-producing animals. http：//www. fda. gov/downloads/AnimalVeterinary/Guidance ComplianceEnforcement/GuidanceforIndustry/UCM216936. pdf.

U. S. FDA CVM. 2012c. New animal drugs and new animal drug combination products administered in or on medicated feed or drinking water of food-producing animals：recommendations for drug sponsors for voluntarily aligning product use conditions with GFI ＃209. http：//www. fda. gov/downloads/AnimalVeterinary/ GuidanceComplianceEnforcement/GuidanceforIndustry/UCM299624. pdf.

U. S. FDA CVM. 2012d. Studies to evaluate the safety of residues of veterinary drugs in human food：general approach to establish a microbiological ADI VICH GL36（R）. http：//www. fda. gov/downloads/AnimalVeterinary/Guidance Compliance Enforcement/GuidanceforIndustry/UCM 124674. pdf.

U. S. General Accounting Office. 2004. Antibiotic resistance：federal agencies need to better focus efforts to address risk to humans from antimicrobial use in animals. GAO-04-490. http：//www. gao. gov/new. items/d04490. pdf.

Uttley AH，et al. 1988. Vancomycin-resistant enterococci. Lancet 1：57.

VICH (International Cooperation on Harmonization of Technical Requirements for Registration of Veterinary Products). 2012. http://www.vichsec.org/.

Wagner RD，CE Cerniglia. 2005. Antimicrobial susceptibility patterns of competitive exclusion bacteria applied to newly hatched chickens. Int J Food Microbiol 109：349.

Ward P，et al. 2002. Inhibition，resistance development，and increased antimicrobial and antimicrobial resistance caused by nutraceuticals. J Food Protect 65：528.

Weese JS. 2002. Microbiologic evaluation of commercial probiotics. J Am Vet Med Assoc 220：794.

World Health Organization. 1997. The medical impact of antimicrobial use in food animals. WHO/EMC/ZOO/97.4. http://whqlibdoc.who.int/hq/1997/WHO_EMC_ZOO_97.4.pdf.

World Health Organization. 2000. WHO global principles for the containment of antimicrobial resistance in animals intended for food. WHO/CDS/CSR/APH/2000.4. http://whqlibdoc.who.int/hq/2000/WHO_CDS_CSR_APH_2000.4.pdf.

World Health Organization. 2003. Impacts of antimicrobial growth promotion termination in Denmark. WHO/CDS/CPE/ZFK/2003.1. http://whqlibdoc.who.int/hq/2003/WHO_CDS_CPE_ZFK_2003.1.pdf.

World Veterinary Association. 2011. Draft position on responsible use of antimicrobials (WVA/011/DOC/007. REV 6 June 2011). http://www.worldvet.org/docs/Enco_ap9_amr_rev6.pdf.

Zimmerman DR. 1986. Role of subtherapeutic levels of antimicrobials in pig production. J Anim Sci 62 Suppl 3：6.

第二十三章　特定器官系统的抗菌药物治疗

Patricia M. Dowling

第一节　骨髓炎、败血性关节炎和败血性腱鞘炎的抗菌药物治疗

由于涉及骨骼和肌肉感染的致病菌众多，因此必须恰当地选取样本进行细菌培养和药敏试验。由于骨骼、关节或腱鞘感染造成的后果严重，因此一旦有足够的临床感染迹象，必须尽快积极采取抗菌药物治疗措施。在等待细菌培养结果的同时，可以根据临床病症和回顾性研究进行最初的选择性用药。典型致病菌耐药率的增加给临床抗菌治疗用药带来了巨大的挑战。

一、骨髓炎

骨髓炎是骨骼的急性或慢性炎症，伴随其组织会继发感染化脓性细菌。这种感染可能局限在骨骼的一个单独部位，或者可能包括如骨髓、皮质、骨膜、周围软组织和骨端滑液组织在内的几个区域。骨髓炎的病因可分为造血性、外伤性或医源性。造血性感染基本上只发生在受感染的新生动物，典型发病部位为关节、骨骺或骺板。在幼年动物中，骨骺中毛细血管的内皮是不连续的，这使得细菌可以入侵。该区域缺乏白细胞，因此组织巨噬细胞是唯一可以防御细菌侵袭的细胞。在幼年动物中，组织巨噬细胞机能不全似乎是造血性干骺端骨髓炎发病的决定性原因。外伤性感染通常是撕裂或穿刺伤口的继发感染，可能感染骨骼、关节、腱鞘和/或滑液囊，并且经常感染多个组织结构。医源性感染通常是有或无移植外科手术所造成的继发感染。与移植相关的骨髓炎治疗难度最大，因此现在已有针对外科移植手术的广谱预防性抗菌治疗疗法（Johnson，1994）。

骨髓炎发病过程包括微生物和宿主两个因素。骨髓炎相关的细菌具有一系列细胞外和细胞关联的毒力因子。细菌黏附素能够促使细菌对细胞外基质蛋白附着作用，而这些对于细菌定植宿主组织和移植的生物材料至关重要。金黄色葡萄球菌在其表面表达多种黏附素，每一种都可以和宿主一种蛋白组分发生特异性相互作用，如纤维蛋白原、纤维连接蛋白、胶原蛋白、玻璃粘连蛋白、层粘连蛋白、血小板反应蛋白、骨唾液酸糖蛋白、弹性蛋白或血管假性血友病因子。另一种细菌性因素促进细菌逃避宿主的防御（蛋白 A、某些毒素类、荚膜多糖）。第三种细菌因素通过特异性攻击宿主细胞（外毒素类）或降解细胞外基质组分（多种水解酶类）促进细菌侵袭或进行组织渗透。引发骨髓炎的某些病原菌可产生菌膜，菌群之间附着在单个菌膜表面或者相互交叉附着于菌膜上，并植入细胞外聚合物基质之中。菌膜细菌在生长、基因表达和蛋白表达方面都可以发生表型改变。菌膜起到一个扩散屏障的作用，可以减缓抗菌药物的渗透作用。慢性骨髓炎是以感染的骨骼坏死和由于软组织包膜形成不全导致的血管形成不全为特征。全身症状较为平缓，但是骨骼中会存在一个或多个病灶，如受感染的组织或坏死骨片。受感染病灶被硬化的缺血性骨骼包围，并包被一层加厚的骨膜、疤痕肌肉和皮下组织。这些缺血性的包被使得全身性抗菌用药几乎无效。从而病情间歇性恶化可以持续数年，对于一些抗菌药物作用只是短暂有效而已。

致病微生物的确认对于骨髓炎的诊断和治疗十分必要。由于用棉签从溃疡或瘘管处取样培养的结果往往有误导性，对受感染组织进行外科采样或穿刺活组织切片是诊断的最佳手段。有时通过用特殊染色方法，将骨组织切片样品进行组织病理学检查，才能得到准确的诊断结果（Lew 和 Waldvogel，2004）。

在一项对 233 匹出现肌肉与骨骼感染的马及马驹进行的细菌培养和敏感性回顾性研究中发现，91%的细菌属于需氧或兼性需氧，9%的细菌属于厌氧菌（Moore 等，1992）。分离出来的常见细菌包括肠杆菌（29%），非溶血性乙型链球菌（13%）、凝固酶阳性葡萄球菌（12%）、乙型溶血性链球菌（9.4%）和凝固酶阴性葡萄球菌（7.3%）。肠杆菌科是在患有骨髓炎的败血症马驹和牛犊案例中关联性最紧密的常见细菌。在患败血症的马驹中，最常受感染的骨骼是股骨、胫骨和趾骨末端。通过合理治疗，许多受感染的马驹仍

然有完全恢复运动的潜力（Neil 等，2010）。在美国，感染伪结核棒状杆菌的病马逐渐增多。而伪结核病棒状杆菌感染导致骨髓炎或败血性关节炎的案例中，个体存活的可能性低（Nogradi 等，2012）。

从败血症牛犊的病灶分离出了都柏林沙门氏菌（Healy 等，1997）。化脓隐秘杆菌是成年牛骨髓炎最常见的致病菌（Verschooten 等，2000）。牛放线菌可引起反刍动物的下颌骨脓肿性骨髓炎（“放线菌病腭”）（Seifi 等，2003）。传染性蹄皮炎（“腐蹄”）可以进一步发展成骨髓炎，通常和化脓隐秘杆菌及坏死梭菌相关（Silva 等，2004）。犬和猫的骨髓炎通常和矫形外科手术相关（Bergh 和 Peirone，2012；Maley 等，2010），通常由伪中间葡萄球菌引起，不过，越来越多的报告认为金黄色葡萄球菌和耐甲氧西林的金黄色葡萄球菌、伪中间葡萄球菌也可以导致骨髓炎（Schwartz 等，2009；Weese 等，2009）。带有开放性伤口的细菌感染可能包括多种微生物，可能包括链球菌、肠球菌、肠杆菌（大肠杆菌、克雷伯氏菌属、假单胞菌属）和厌氧菌。造血性骨髓炎多见于幼年犬和猫（Bradley，2003），而在成年个体中极少发生（Rabillard 等，2011）。

二、败血性关节炎和腱鞘炎

败血性关节炎是由多种病原菌通过穿刺或从邻近感染组织血源性延伸至关节处导致的关节腔炎症。机能正常关节组织能够防御大量细菌入侵，由于病原菌强毒性和致病性击溃了滑液防御，进而引发感染。伴随着滑膜的感染，多种酶、自由基和其他炎症介质启动了滑液炎症反应。

革兰氏阴性菌（大肠杆菌、沙门氏菌、假单胞菌、克雷伯氏菌等）引起的败血性关节炎在被动转移失败的大型新生动物中最为常见。在超过 50%的感染败血性关节炎的马驹中，不止一个关节受到感染；而在成年马的多个关节感染并不常见。在成年动物中，败血性关节炎和腱鞘炎的病因通常是由伤口或医源性细菌感染引发的。牛的趾节间关节末端的败血性关节炎是由趾间蹄皮炎（“腐蹄”；Starke 等，2007）继发感染。伤口中有多种典型的革兰氏阳性菌和革兰氏阴性菌，其中以金黄色葡萄球菌和伪中间葡萄球菌是医源性感染中常见的细菌。目前耐甲氧西林金黄色葡萄球菌和耐甲氧西林伪中间葡萄球菌在小型动物中的报道越来越多，从而增加了败血性关节炎和腱鞘炎的治疗难度（Bergstrom 等，2012；Owen 等，2004；Weese，2010）。

滑液组织细菌培养比滑膜组织细菌培养更适合用于诊断关节炎。滑膜组织切片方法可以提高阳性检测率，但是只有 75%案例才能获得阳性检测结果（Schneider 等，1992）。

为了防止关节软骨毁坏、腱鞘粘连及退行性关节疾病，尽早治疗败血性关节炎和腱鞘炎显得尤为重要。准确的微生物诊断非常关键，但是在等待培养结果的同时，也可以基于关节或腱鞘抽出物的革兰氏染色的结果指导治疗。关节或腱鞘中的细菌、碎片和炎症产物能引起软骨损伤和粘连，降低关节内压力，从而可能引起缺血性坏死，因此关节或腱鞘的引流对于排出这些物质非常必要（Bubenik，2005）。可以对一些患病动物进行多次重复封闭抽吸（每隔 12h 或 24h，持续 7～10d）。关节抽吸在败血性关节炎早期可能是有效的，但是如果 24～48h 内没有出现临床症状好转，建议进行重复扩张灌洗或关节灌洗。

三、预防性抗菌药物治疗

在兽医对患病动物进行外科治疗中，预防性抗菌药物的使用属于常规性用药，但在抗菌药物的选择、用药间隔、给药时长及适应预防用药的外科案例用药选择等多方面都存在不合理性（Dallap Schaer 等，2012；Knights 等，2012；Murphy 等，2010；O'Connor 等，2011；Weese 和 Cruz，2009；Weese 和 Halling，2006）。预防性抗菌药物在人用药物中已有广泛评估研究，兽医应遵照建议（具体讨论见第二十一章）：①抗菌药物只建议在清理干净但仍被污染或有污垢的手术中使用，在无菌手术操作中（有外科植入的手术除外）中不建议使用；②抗菌药物应在手术前静脉注射，理想注射时间为手术切口前 1h 内使用；③抗菌药物应针对潜在的特定微生物用药；④抗菌药物应限单一剂量，除非外科手术部位有污染或先前存在感染；⑤在外科手术过程中，如果在第一次给药后过了 2 个药物半衰期，可以重复给药 1 次（Bratzler 和 Houck，2005）。有关兽医预防用药的最佳选择的数据很有限。考虑到价格、消除半衰期、安全性以及抗菌药物耐药性等因素，推荐使用老药、相对窄谱的药物。在外科手术中应避免使用新药、广谱药（如第 3 代头孢菌素类药物中的头孢维星和头孢噻呋），以限制细菌对这些抗菌药物产生耐药性。要注意手术过程中的温度和氧气输入控制，以及手术输液复苏，这些可能会降低感染概率。预防性抗菌药物治疗实施后，应密切观察，如果确诊出现术后感染，应采取合理的抗菌药物和外科相关治疗。

在目前发表的唯一一个兽医预防用抗菌药物治疗的控制性试验中，对于接受了选择性整形手术的犬，预防用药降低了术后感染的概率，青霉素 G 钾和头孢唑啉同样有效（Whittem 等，1999）。马外科医生更倾向于联合使用青霉素 G（钾或钠）和庆大霉素，但是给药方案通常和外科预防的推荐标准有所偏差（Weese 和 Cruz，2009）。

四、全身性抗菌药物治疗

在急性骨髓炎中，注射治疗应在培养样品采集后立即开始，高剂量注射至少 3 周，并根据敏感性试验结果，如有必要，更改给药方案。而口服抗菌药物治疗经常是无效的。单独的抗菌药物治疗适用于大部分急性骨髓炎病例，但是慢性骨髓炎需要长时间的侵入性治疗，需要达到杀菌药物的合理有效局部浓度。除了抗菌药物治疗之外，骨髓炎治疗的基础包括清创和死骨切除、开放伤口引流、骨折固定和骨损伤移植（Bergh 和 Peirone，2012；Maley 等，2010；Rahal 等，2003；Schwartz 等，2009；Weese 等，2009）。对骨和软组织的彻底清创，清除坏死碎片、化脓基质和缺血骨骼，是治疗成功的关键所在。伤口清创应结合适当地固定不稳定的骨折部分，并且减少或是移除金属移植物。固定的骨折在面临感染时是可以痊愈的。清创时，应采集受感染的组织进行细菌培养及敏感性试验，从而协助临床医生选择最佳抗菌药物。

理想的抗菌药物治疗应使用杀菌药物注射治疗 2 周，之后再口服药物 4～6 周。大部分抗菌药物穿过正常及受感染的骨骼中的毛细血管膜，在骨骼中的浓度接近血浆浓度。受感染的骨骼及滑膜中血管的血栓和缺血会限制全身性抗菌药物的传递，使药物达不到足够的浓度消除感染。

对于大多数产 β-内酰胺酶葡萄球菌引起的骨骼和关节感染，头孢菌素类药物、克林霉素或氨苄西林-舒巴坦都有效。新的人用大环内酯类抗菌药物（阿奇霉素、克拉霉素）也可能有效。在小动物中，克林霉素和甲硝唑用于厌氧菌感染。氨基糖苷类和氟喹诺酮类药物也是对葡萄球菌有良好效果的典型抗菌药物，另外对革兰氏阴性菌也有极佳的抗菌活性。阿米卡星通常对假单胞菌有良好抗菌活性，但是与庆大霉素相比，对链球菌的活性比较差。由于治疗过程中药物的肾毒性和耳毒性，氨基糖苷类药物经常通过局部给药技术专用于肌肉骨骼感染。氟喹诺酮类药物有极佳的广谱抗微生物活性。以上药物因良好的安全性和注射及口服剂型的可行性，在许多肌肉骨骼感染的兽医治疗中备受青睐，但是耐甲氧西林的金黄色葡萄球菌和伪中间葡萄球菌的耐药性是一个日益严重的问题（Owen 等，2004；Weese，2010）。

五、局部抗菌药物给药

抗菌药物给药系统（DDS）已在人医和兽医临床中开发并应用，在保证局部高浓度药物的同时，也将药物的全身毒性最小化。DDS 可以在感染位点达到高药物浓度，同时维持低水平的全身药物浓度，以避免可能发生的不良反应（Wang 等，2002）。局部抗菌药物的使用可以通过可生物降解的和不可生物降解的埋植剂、匀速灌注或留置导管系统、局部注射及区域性肢体灌注的方法，通过静脉或骨内给药实现。

（一）不可生物降解的抗菌药物浸渍埋植剂

聚甲基丙烯酸甲酯（PMMA）是北美洲市场上一种粉末状的人造聚合物产品。可以将粉末状的抗菌药物加入聚合物中，制成不可生物降解的抗菌药物浸渍埋植剂，用于治疗大型、小型及野生动物骨髓炎和败血性关节炎。在欧洲市场，PMMA 可以结合庆大霉素于预先制成的珠子，但是在北美洲市场，两者是混合制剂。由于液态单体和粉末聚合体结合时会发生放热反应，因此用于制作 PMMA 珠子的抗菌药物必须具有热稳定性。抗菌药物必须具有易洗脱特性，以使能够从珠子上持久适当地释放。抗菌药物从 PMMA 珠子上的洗脱取决于孔径、渗透性、埋植剂的大小和形状、抗菌药物的类型和珠子结合药物量（Weisman 等，2000）。多种抗菌药物和珠子的结合可能不如单种药物和珠子结合的活性高（Phillips 等，2007）。伤口渗出物的量和速度也会影响珠子上抗菌药物的洗脱动力学。一种抗菌药物从 PMMA 上的释放呈双峰释放形式。植入后最初 24h 内，药物快速释放，随后，持续稳定的释放可维持数周到数年（Calhoun 和 Mader，1989）。目前，已经有报道使用 PMMA 珠子可以成功治疗马、牛、犬和稀有动物的骨髓炎案例，其中包括耐甲氧西林葡萄球菌引起的骨髓炎（Butson 等，1996；Haerdi-Landerer 等，2010；Hartley 和 Sanderson，

2003；Hespel 等，2012；Kelly 等，2012；Trostle 等，2001）。由于潜在的滑液刺激和致跛风险，不建议在关节内使用 PMMA。因为 PMMA 珠子使用过程中，其最大缺点是其不可生物降解的特性。尽管大部分组织与珠子没有发生反应，但不排除组织刺激性仍然存在，在这种情况下建议移除埋植剂。

（二）可生物降解的抗菌药物浸渍埋植剂

目前已在 DDS 的使用中开发了多种多样的可生物降解的 DDS，例如，胶原海绵、羟磷灰石黏合剂、熟石膏、聚酸酐、聚乳酸聚乙醇酸和交联高淀粉酶淀粉。相比 PMMA，其主要优点是不需要二次手术移除。

胶原海绵　欧洲市场上已有庆大霉素浸渍的胶原海绵产品，北美洲尚无。其在牛、马和犬的临床使用已有报道（Delfosse 等，2011；Haerdi-Landerer 等，2010；Ivester 等，2006；Owen 等，2004；Renwick 等，2010）。与 PMMA 珠子结合药物释放不同，胶原海绵中的药物在第一周以高速率被洗脱，2 周内完全洗脱。庆大霉素浸渍胶原主要不足之处是价格高，并且可能对外来蛋白发生多种反应，因为其来源是牛胶原。

熟石膏　熟石膏（POP）是一种价格低廉、易于获得的材料，目前已被研究用于一种抗微生物 DDS。熟石膏庆大霉素浸渍的珠子价格低廉，无排斥反应，可生物降解，具有骨传导性，且易于手工制作（使用液态抗菌药物和一个珠子模具）（Atilla 等，2010；Santschi 和 McGarvey，2003）。高浓度抗菌药物从 POP 珠子上洗脱下来的时间相对较短，这使得其可能成为骨折修复等高风险病例抗菌药物预防的理想选择。

（三）匀速灌注或留置导管系统

建议在滑液腔感染如关节或腱鞘感染中使用抗菌药物的匀速给药。目前主要用于马，可使用商品化匀速灌注泵或“组织内”人造给药系统。使用此系统治疗易影响的组织结构包括末端指节间、掌/跗趾趾骨、腕骨间、桡腕、肩胛肱骨、踝和内侧髌股关节、腕管及手指、跗骨和桡侧腕伸肌腱鞘。马对导管井耐受性并无明显的不适感，只是出现轻微软组织肿胀并发症。该方法可以实现针对感染部位频繁高浓度给予合适的抗菌药物。利用该系统可以实现日常的关节灌洗操作。

（四）关节内注射

低剂量的关节内或滑液内抗菌药物注射会导致骨关节滑液的高浓度（Werner 等，2003）。最常用的抗菌药物是庆大霉素、阿米卡星和头孢噻呋，经常与软骨保护剂，如透明质酸联合应用。关节内或滑液内抗菌药物通常在每日彻底灌洗后进行灌注用药。由于关节内或滑液内注射用药不会导致周围软组织中产生相似的高浓度药物，因此应同时使用全身性抗菌药物。

（五）区域性灌注

区域性肢体灌注（RLP）技术主要用于大型动物，利用从全身循环系统分离的静脉系统，通过操作可控止血带，向骨末端给予高浓度的抗菌药物。静脉系统加压会使得抗菌药物扩散到缺血性组织和分泌物中。RLP 技术仅用于手足远端区域，原因在于：近手足中央区域静脉系统的不可分离性。因此这项技术并不适用于前肢桡骨中央以上和后肢胫骨中央以上的区域。区域性肢体灌注可以通过静脉内或骨内途径给药，从而实现对安静站立的马进行给药操作。静脉内 RLP 通过留置导管插入头、隐静脉和掌或足/跖静脉实现（Kelmer 等，2009；Kelmer 等，2012）。当然，任何可见和可进的静脉均可用于抗菌药物的安全给药。另外，抗菌药物溶液可以通过静脉内给药，扩散到管状骨、胫骨或桡骨的髓腔内（Butt 等，2001；Mattson 等，2004）。虽然两种 RLP 技术都有效，但是许多由外伤引起的败血性关节炎和腱鞘炎的马和牛患有肢体的蜂窝织炎，这使得表皮静脉的定位极其困难。表皮静脉定位以后，其结构经常被静脉穿刺损坏，从而使得重复插管不易操作。另外，数字静脉内导管不适用于对大型动物操作。骨内灌注技术不需要找血管、重复静脉穿刺或末梢静脉插管，使得局部灌注相对易于操作。

还有许多未解决的问题，例如，关于选择合适的抗菌药物及其剂量、最佳灌注量、最佳灌注次数以及对出现败血症状的马或牛末端肢体灌注时间间隔的确定。目前，建议在末端肢体中每天灌注 1 次，灌注 4d。

最常使用的药物是庆大霉素、阿米卡星和头孢噻呋（Butt 等，2001；Kelmer 等，2012；Mattson 等，2004；Pille 等，2005；Werner 等，2003；Whithair 等，1992），但是抗菌药物耐药性的出现使得恩诺沙星、万古霉素和亚胺培南的使用频率增加（Fiorello 等，2008；Parra-Sanchez 等，2006；Rubio-Martinez 等，

2005；Rubio-Martinez 等，2006）。区域性灌注的不良反应尚未研究清楚，但是已有报道表明高剂量的氨基糖苷类药物的骨内灌注会导致骨坏死，恩诺沙星静脉内灌注可能会引起血管炎（Parker 等，2010；Parra-Sanchez 等，2006）。

参 考 文 献

Atilla A，et al. 2010. In vitro elution of amikacin and vancomycinfrom impregnated plaster of Paris beads. Vet Surg 39：715.

Bergh MS，Peirone B. 2012. Complications of tibial plateau levellingosteotomy in dogs. Vet Comp Orthop Traumatol 25：349.

Bergstrom A，et al. 2012. Occurrence of methicillin-resistantstaphylococci in surgically treated dogs and the environmentin a Swedish animal hospital. J Small Anim Pract53：404.

Bradley WA. 2003. Metaphyseal osteomyelitis in an immatureAbyssinian cat. Aust Vet J 81：472.

Bratzler DW，Houck PM. 2005. Antimicrobial prophylaxis forsurgery：an advisory statement from the National SurgicalInfection Prevention Project. Am J Surg 189：395.

Bubenik LJ. 2005. Infections of the skeletal system. Vet ClinNorth Am Small Anim Pract 35：1093.

Butson RJ，et al. 1996. Treatment of intrasynovial infectionwith gentamicin-impregnated polymethylmethacrylatebeads. Vet Rec 138：460.

Butt TD，et al. 2001. Comparison of 2 techniques for regionalantibiotic delivery to the equine forelimb：intraosseousperfusion vs. intravenous perfusion. Can Vet J 42：617.

Calhoun JH，Mader JT. 1989. Antibiotic beads in the management of surgical infections. Am J Surg 157：443.

Dallap Schaer BL，et al. 2012. Antimicrobial use in horses undergoing colic surgery. J Vet Intern Med 26：1449.

Delfosse V，et al. 2011. Clinical investigation of local implantation of gentamicin-impregnated collagen sponges indogs. Can Vet J 52：627.

Fiorello CV，et al. 2008. Antibiotic intravenous regional perfusion for successful resolution of distal limb infections：two cases. J Zoo Wildl Med 39：438.

Haerdi-Landerer MC，et al. 2010. Slow release antibiotics for treatment of septic arthritis in large animals. Vet J184：14.

Hartley MP，Sanderson S. 2003. Use of antibiotic impregnated polymethylmethacrylate beads for the treatment of chronic mandibular osteomyelitis in a Bennett's wallaby（Macropus rufogriseus rufogriseus）. Aust Vet J 81：742.

Healy AM，et al. 1997. Cervico-thoracic vertebral osteomyelitis in 14 calves. Vet J 154：227.

Hespel AM，et al. 2012. Surgical repair of a tibial fracture in a two-week-old grey seal（Halichoerus grypus）. Vet CompOrthop Traumatol 26.

Ivester KM，et al. 2006. Gentamicin concentrations in synovial fluid obtained from the tarsocrural joints of horses after implantation of gentamicin-impregnated collagen sponges. Am J Vet Res 67：1519.

Johnson KA. 1994. Osteomyelitis in dogs and cats. J Am Vet Med Assoc 204：1882.

Kelly KR，et al. 2012. Efficacy of antibiotic-impregnated polymethylmethacrylate beads in a rhesus macaque（Macaca mulatta）with osteomyelitis. Comp Med 62：311.

Kelmer G，et al. 2009. Evaluation of indwelling intravenous catheters for the regional perfusion of the limbs of horses. Vet Rec 165：496.

Kelmer G，et al. 2012. Indwelling cephalic or saphenous vein catheter use for regional limb perfusion in 44 horses with synovial injury involving the distal aspect of the limb. Vet Surg 41：938.

Knights CB，et al. 2012. Current British veterinary attitudesto the use of perioperative antimicrobials in small animal surgery. Vet Rec 170：646.

Lew DP，Waldvogel FA. 2004. Osteomyelitis. Lancet 364：369.

Maley JR，et al. 2010. Osteomyelitis-related sequestrum formation in association with the combination tibial plateaulevelling osteotomy and cranial closing wedge osteotomy procedure. Vet Comp Orthop Traumatol 23：141.

Mattson S，et al. 2004. Intraosseous gentamicin perfusion of the distal metacarpus in standing horses. Vet Surg 33：180.

Moore RM，et al. 1992. Antimicrobial susceptibility of bacterial isolates from 233 horses with musculoskeletal infection during 1979-1989. Equine Vet J 24：450.

Murphy CP，et al. 2010. Evaluation of specific infection control practices used by companion animal veterinarians in community veterinary practices in southern Ontario. Zoonoses Public Health 57：429.

Neil KM，et al. 2010. Retrospective study of 108 foals with septic osteomyelitis. Aust Vet J 88：4.

Nogradi N，et al. 2012. Musculoskeletal *Corynebacterium pseudotuberculosis* infection in horses：35 cases（1999-2009）. J Am

Vet Med Assoc 241：771.

O'Connor AM，et al. 2011. What is the evidence? Intraabdominal administration of antimicrobial drugs to prevent peritonitis or wound infection in cattle after abdominal surgery. J Am Vet Med Assoc 239：314.

Owen MR，et al. 2004. Management of MRSA septic arthritis in a dog using a gentamicin-impregnated collagen sponge. J Small Anim Pract 45：609.

Parker RA，et al. 2010. Osteomyelitis and osteonecrosis after intraosseous perfusion with gentamicin. Vet Surg 39：644.

Parra-Sanchez A，et al. 2006. Pharmacokinetics and pharmacodynamics of enrofloxacin and a low dose of amikacin administered via regional intravenous limb perfusion in standing horses. Am J Vet Res 67：1687.

Phillips H，et al. 2007. In vitro elution studies of amikacin and cefazolin from polymethylmethacrylate. Vet Surg 36：272.

Pille F，et al. 2005. Synovial fluid and plasma concentrations of ceftiofur after regional intravenous perfusion in the horse. Vet Surg 34：610.

Rabillard M，et al. 2011. Haematogenous osteomyelitis：clinical presentation and outcome in three dogs. Vet CompOrthop Traumatol 24：146.

Rahal SC，et al. 2003. Osteomyelitis associated with an orthopedic implant. Can Vet J 44：597.

Renwick AI，et al. 2010. Treatment of lumbosacral discospondylitis by surgical stabilisation and application of a gentamicin-impregnated collagen sponge. Vet Comp OrthopTraumatol 23：266.

Rubio-Martinez L，et al. 2005. Medullary plasma pharmacokinetics of vancomycin after intravenous and intraosseous perfusion of the proximal phalanx in horses. Vet Surg 34：618.

Rubio-Martinez LM，et al. 2006. Evaluation of safety and pharmacokinetics of vancomycin after intraosseous regional limb perfusion and comparison of results with those obtained after intravenous regional limb perfusion in horses. Am J Vet Res 67：1701.

Santschi EM，McGarvey L. 2003. In vitro elution of gentamicin from Plaster of Paris beads. Vet Surg 32：128.

Schneider RK，et al. 1992. A retrospective study of 192 horses affected with septic arthritis/tenosynovitis. Equine Vet J 24：436.

Schwartz M，et al. 2009. Two dogs with iatrogenic discospondylitis caused by meticillin-resistant *Staphylococcus aureus*. J Small Anim Pract 50：201.

Seifi HA，et al. 2003. Mandibular pyogranulomatous osteomyelitis in a Sannen goat. J Vet Med A Physiol Pathol Clin Med 50：219.

Silva LA，et al. 2004. Comparative study of three surgical treatments for two forms of the clinical presentation of bovine pododermatitis. Ann N Y Acad Sci 1026：118.

Starke A，et al. 2007. Septic arthritis of the distal interphalangeal joint in cattle：comparison of digital amputation and joint resection by solar approach. Vet Surg 36：350.

Streppa HK，et al. 2001. Applications of local antimicrobial delivery systems in veterinary medicine. J Am Vet Med Assoc 219：40.

Trostle SS，et al. 2001. Treatment of methicillin-resistant *Staphylococcus epidermidis* infection following repair of an ulnar fracture and humeroradial joint luxation in a horse. J Am Vet Med Assoc 218：554.

Verschooten F，et al. 2000. Bone infection in the bovine appendicular skeleton：a clinical，radiographic，and experimental study. Vet Radiol Ultrasound 41：250.

Wang J，et al. 2002. The application of bioimplants in the management of chronic osteomyelitis. Orthopedics 25：1247.

Weese JS. 2010. Methicillin-resistant *Staphylococcus aureus* in animals. ILAR J 51：233.

Weese JS，Cruz A. 2009. Retrospective study of perioperative antimicrobial use practices in horses undergoing elective arthroscopic surgery at a veterinary teaching hospital. Can Vet J 50：185.

Weese JS，et al. 2009. Infection with methicillin-resistant *Staphylococcus pseudintermedius* masquerading as cefoxitin susceptible in a dog. J Am Vet Med Assoc 235：1064.

Weese JS，Halling KB. 2006. Perioperative administration of antimicrobials associated with elective surgery for cranial cruciate ligament rupture in dogs：83 cases (2003-2005) . J Am Vet Med Assoc 229：92.

Weisman DL，et al. 2000. In vitro evaluation of antibiotic elution from polymethylmethacrylate (PMMA) and mechanical assessment of antibiotic-PMMA composites. Vet Surg 29：245.

Werner LA，et al. 2003. Bone gentamicin concentration after intra-articular injection or regional intravenous perfusion in the horse. Vet Surg 32：559.

Whithair KJ, et al. 1992. Regional limb perfusion for antibiotic treatment of experimentally induced septic arthritis. Vet Surg 21: 367.

Whittem TL, et al. 1999. Effect of perioperative prophylactic antimicrobial treatment in dogs undergoing elective orthopedic surgery. J Am Vet Med Assoc 215: 212.

第二节 眼部感染：结膜炎、角膜炎和眼内炎

虽然眼部对微生物来说相对不可渗透，但是如果眼部组织结构发生损伤，则容易发生危害视力的细菌和真菌感染。眼部抗微生物治疗和其他组织的抗微生物治疗有所区别，因为药物可以以高浓度到达作用于眼部。但是，目前批准兽用的眼部局部使用的抗菌药物数量有限，所以从业人员需要合理选择抗菌药物，有时为了成功治疗也有必要标签外用药。从业人员在治疗非感染性眼部疾病时，如葡萄膜炎或过敏性结膜炎，应该避免使用抗菌药物。未经批准的抗菌药物对炎症症状毫无作用，并且能增加细菌对抗菌药物的耐药性风险。如果无法明确应该使用抗菌药物还是抗炎药物，应及时咨询兽医眼科专家。

一、眼部病原菌的培养和敏感性试验

和其他组织感染一样，在眼部感染中，病原菌的确认试验对于选择合适的抗菌药物治疗十分必要。对角膜溃疡碎片进行革兰氏染色，以初步确认病原菌是革兰氏阳性还是革兰氏阴性细菌或真菌。由细胞学得到的及时诊断信息对于指导最初抗菌药物治疗具有重要价值（Massa 等，1999）。在治疗开始以后，细胞学诊断的实施很有必要，但往往获得“无生长”的培养结果。微生物培养和敏感性试验结果有助于指导治疗，但是医生在表述敏感性时应该谨慎，因为“S（敏感）”“I（中度敏感）”和“R（耐药）”分类是基于血浆中可测的抗菌药物浓度。由于外用或结膜下用药可以达到极高的局部药物浓度，因此尽管实验室将病原菌归类为耐药，但是实际应用中，该抗菌药物仍可能有效。

在犬结膜炎和角膜炎的病例中，最常确认的病原菌是伪中间葡萄球菌、链球菌属和铜绿假单胞（Tolar 等，2006）。有报道显示：在一只犬的慢性角膜炎病例中分离到了耐甲氧西林金黄色葡萄球菌（Tajima 等，2013）。导致猫传染性角膜炎的致病菌成员与犬类似，此外还有猫衣原体和猫支原体。在马传染性结膜炎的致病菌中，起初，革兰氏阳性菌和革兰氏阴性菌比例各占一半。但是，针对临床分离细菌结果显示，革兰氏阳性致病菌主要是葡萄球菌或兽疫链球菌，而分离到的革兰氏阴性致病菌主要是假单胞菌。因此，在治疗马结膜炎时，最初选择针对假单胞菌和其他革兰氏阴性菌有效的抗菌药物很重要（Clode，2010；Keller 和 Hendrix，2005；Moore 等，1995；Sauer 等，2003）。在最初的抗微生物治疗之后，分离的革兰氏阴性菌增加，而分离的假单胞菌和兽疫链球菌对抗菌药物的耐药性也有所增强（Sauer 等，2003）。

在反刍动物中，有几种病原菌可能引起原发性传染性结膜炎，也叫“红眼病”。主要病原菌包括牛莫拉菌、山羊和绵羊结膜支原体、羊布兰汉氏球菌以及绵羊的鹦鹉热衣原体。

眼部真菌感染在犬、猫和反刍动物中很少见，但是在马中很常见。据 Moore 等（1995）报道，38%的马传染性结膜炎病例都是真菌感染。最常从马溃疡性角膜炎分离出来的真菌是曲霉菌和镰孢菌（Andrew 等，1998）。

二、外用药物的给药

眼部外用药物向眼部给药的途径有三种：角膜渗透、结膜下流向睫状体的血管吸收以及通过鼻泪管系统排泄和吸收。角膜渗透是治疗眼部感染时最重要的选择。鼻泪管系统排泄和吸收对眼部药物治疗效果甚微，并且该途径给药往往是引起全身不良反应的诱因。商品滴管能使一滴溶液或悬浮液达到 25～50 μL，但是即刻溢出后往往只有 10～25 μL 留在结膜下穹窿部和泪膜。因此每次给药多加一滴并不能增加眼部表面的药物浓度。5 min 后，只有 20%的药物留在眼部表面，其余部分被角膜和结膜吸收或被鼻泪管排泄系统排泄。由于角膜的“上皮-基质-内皮”是“脂质-水-脂质”三明治结构，只有氯霉素和氟喹诺酮类等同时有亲水性和亲脂性的药物才能轻易地穿透完整的角膜。当然，由于创伤或疾病损伤破坏了正常角膜的完整性时，大部分抗菌药物都可以在受感染组织部达到有效的浓度。

眼部外用药物的剂型有软膏、溶液或悬浮液。选择用哪种剂型取决于以下几个实际因素。软膏和眼部

的接触时间比溶液或悬浮液都长，因此当畜主不能遵照一个频繁给药方案时，软膏更为实用。溶液和悬浮液可能对某些畜主来说比软膏更易于操作。由于眼内组织直接接触软膏时，软膏的石油基底成分会引起严重肉芽肿性反应，因此，避免在穿透性创伤或后弹力层突出，以及眼内手术前使用软膏。

外用抗菌药物的给药频率取决于疾病本身和药物剂型。对于不复杂的角膜溃疡和细菌结膜炎进行抗微生物治疗时，抗菌药物溶液使用量每次 1 滴，每日 4 次即可。软膏每次 5 mg 涂于结膜，每日至少 3 次即可。严重眼部感染可能需要更频繁的治疗。虽然，小动物对睑下和鼻泪管冲洗系统耐受性并不理想，但是对重症，外用治疗马的效果不错。如果治疗方案中有一种以上药物需要使用，每种药物给药间隔应为 3～5 min，以防止产生药物稀释或药物配伍禁忌。抗菌药物治疗通常维持 7d 的疗程或是直至眼部感染问题得到解决。

（一）外用抗菌药物

目前几乎没有可用的兽用眼部抗菌药物。倒是有许多抗菌药与皮质激素组合兽用眼部用药，但是大部分眼科医师不建议使用固定比例的抗菌药与皮质激素药的组合配方。皮质激素类药物禁用于传染性结膜炎，并且往往需要用皮质激素类药物治疗炎症进程的疾病通常并不需要抗微生物治疗。许多眼科文献推荐从业人员混合使用眼部用药或从市场上可买到的眼部抗菌药物“加强”使用。混合药物或向眼部使用注射类药物会带来化学配伍禁忌和污染的风险。如果诊断准确，并可以从市场上买到眼部用药实施积极的治疗方案，冒着药物之间配伍禁忌和污染的风险显得没有必要。

治疗角膜溃疡和细菌结膜炎或预防表面感染的首选是“三联抗生素”。三联抗生素软膏或溶液包含新霉素、杆菌肽和多黏菌素 B。这种组合能提供广谱抗微生物活性。这些药物都不是脂溶性，但是在角膜上皮受损时都能穿过基质。新霉素是一种典型的氨基糖苷类抗菌药物，对葡萄球菌和革兰氏阴性菌具有良好的抗菌活性。假单胞菌常对新霉素有耐药性，而多黏菌素 B 对包括假单胞菌属在内的革兰氏阴性菌都有快速抗菌活性。由于多黏菌素 B 具有全身性毒性，该药只用于外用，因此它并不是微生物学敏感性试验报告中的典型药物，但是在一项回顾性研究中，100％铜绿假单胞菌分离菌株对多黏菌素 B 敏感（Hariharan 等，1995）。多黏菌素 B 可以结合并灭活内毒素，减轻炎症和组织破坏。三联抗生素软膏的第三种组分是杆菌肽。和多黏菌素 B 一样，杆菌肽是一种外用产品，并不包括在常规敏感性报告中。杆菌肽对革兰氏阳性菌有抗菌活性，其机制和 β-内酰胺抗生素类似。青霉素类和头孢菌素类由于有接触过敏的风险，不用作商业化眼药配方，因此由杆菌肽替代。在马角膜炎案例中，三联抗生素会导致耐杆菌肽的兽疫链球菌筛选（Keller 和 Hendrix，2005）。在猫中，含有多黏菌素 B 的眼药配方引发过敏反应（Hume-Smith 等，2011）。

庆大霉素可制成眼用溶液和软膏。由于其药代动力学特性，庆大霉素不易穿过脂膜，但在角膜上皮损伤时易于穿过眼部基质。庆大霉素是一种杀菌性氨基糖苷类抗菌药物，对许多革兰氏阴性病原菌有抗菌活性，包括许多假单胞菌。葡萄球菌通常对庆大霉素敏感。在治疗过程中，假单胞菌属和兽疫链球菌有可能对庆大霉素产生耐药性，因此应该密切监护患者的临床反应（Sauer 等，2003）。无反应案例应该重新做微生物培养和敏感性试验。

氯霉素有软膏用于兽医配方。氯霉素同时具有水溶性和脂溶性，外用氯霉素可以穿透完整的角膜，所以治疗上皮完整的角膜脓肿，氯霉素是一个不错的选择。氯霉素是一种广谱抑菌药物，对衣原体和支原体有很强的活性。北美分离的 MRSA 和 MRSP 是对氯霉素敏感的典型菌株（Tajima 等，2013）。但是针对一些革兰氏阴性菌，氯霉素不如氨基糖苷类和氟喹诺酮类药物有效，并且它对假单胞菌属效力很低。氯霉素是治疗小动物角膜溃疡和细菌结膜炎一种很好的首选药物。由于在马传染性角膜炎中假单胞菌感染的发生率很高，因此对马的经验性治疗中，氯霉素并不是一种理想选择用药。

四环素软膏是一种广谱、脂溶性抑菌药物，对引起猫传染性结膜炎和反刍动物传染性角膜结膜炎的病原菌有很好的抗菌活性。

红霉素是一种可用的人用眼药软膏，猫耐受良好。作为大环内酯类，红霉素是脂溶性的，其抗菌谱包括革兰氏阳性菌和支原体、衣原体。葡萄球菌易对红霉素产生耐药性。

在牛中，常使用外用乳腺内抗菌药物制剂来治疗传染性角膜结膜炎（“粉红眼”）。

具有抗菌药物耐药性的病原菌，包括葡萄球菌属和假单胞菌引起的感染会导致治疗无效的角膜溃疡恶化的风险。葡萄球菌产生的细胞毒素会毁坏细胞膜，杀死多形核白细胞。假单胞菌属的胞外蛋白和中性粒细胞释放的酶会导致角膜胶原的溶解。另外，可以使用人用妥布霉素或氟喹诺酮治疗以上病原菌引起的严重角膜感染。妥布霉素是一种氨基糖苷类药物，对大多数庆大霉素耐药假单胞菌和产β-内酰胺酶葡萄球菌有抗菌活性。环丙沙星和氧氟沙星是人用氟喹诺酮类抗菌药物，具有广谱杀菌活性和高脂溶性。它们对产β-内酰胺酶葡萄球菌和耐氨基糖苷药的假单胞菌均有抗菌效果。妥布霉素和氟喹诺酮类治疗链球菌感染并不是很有效。由于它们的抗菌谱，这些抗菌药物都不应用于眼部感染的经验性治疗。而是应该根据微生物培养和敏感性试验结果指导用药。只有在没有可选择性的药物的时候，才能使用万古霉素这种药品（Tajima 等，2013）。

（二）外用抗真菌药物

目前几乎没有可用的眼部抗真菌药物，因此真菌角膜炎经常要组合其他抗真菌配方。这种情况很难操作成功，建议咨询眼科兽医。

咪康唑是一种咪唑衍生物，具有广谱抗真菌活性。由于对曲霉的抑制活性，它经常被作为治疗马霉菌性角膜炎的首选用药（Andrew 等，1998）。在有可用配方的国家，将 1%静脉内注射用溶液（10mg/mL）直接用药于眼部。或者，将 2%兽医皮肤霜以安全方式直接用于眼部。含乙醇的咪康唑洗液或喷雾剂不能用于眼部。

在兽医眼科专家的指导下，其他唑衍生物如氟康唑、克霉唑、伏立康唑和伊曲康唑都可以用作治疗马霉菌性角膜炎的配方。两性霉素 B 可以在对致病菌对其他抗真菌药物产生耐药性的情况下，用于霉菌性角膜炎的外用治疗，但是它很难被合理配制用于眼部。纳他霉素在美国有 5%的眼用悬液，它对酵母和真菌具有广谱抑制活性，可以治疗眼部镰刀菌感染。

（三）抗病毒眼部药物治疗

疱疹性角膜炎只在猫有文献记录，但是在犬和马中也有报道。由于皮质激素可以加速病毒感染的蔓延，因此禁止同时使用。临床上一些猫确实对抗病毒药物有反应（Andrew，2001；Malik 等，2009）。但是，疱疹感染可以在无治疗的情况下缓解，因此很难制定一个临床效果更好的特定抗病毒治疗方案。所有的抗病毒药物都是人用药物。局部抗病毒药物有抑制作用，并且有局部刺激性，所以有必要频繁给药的同时，必须注意畜主的顺从性和患畜的耐受性。三氟尿苷插入并替代病毒 DNA 双链中胸腺嘧啶脱氧核糖核苷，导致 DNA 无法复制或破坏组织。三氟尿苷能渗透完整角膜，溃疡与葡萄膜炎会增加三氟尿苷在眼内的渗透。三氟尿苷每天给药 4～9 次，给药 2d，然后在之后的 2～3 周内减少给药频率。如果三氟尿苷刺激性过大，可以尝试另一种产品。阿糖腺苷软膏干扰病毒 DNA 的合成，但脂溶性差，因此对角膜的渗透能力不足，除非存在溃疡。建议给予少量软膏，每天 5 次，直到角膜上皮再生完整，然后每 12 h 给药，给药 7d。碘苷溶液以三氟尿苷相同的机制方式，代替胸腺嘧啶脱氧核糖核苷，干扰病毒 DNA 复制。碘苷不能渗透角膜，除非上皮屏障破坏。建议每4 h给药 1 滴，直到角膜表皮细胞开始再生。由于碘苷可以抑制角膜 DNA 的形成，因此延长或频繁的给药可能会损伤角膜上皮，阻止溃疡愈合。全身抗病毒药物治疗可能在某些猫病临床中有用（Malik 等，2009）。

三、结膜下抗微生物治疗

绕过结膜上皮屏障，直接眼球结膜下腔注射药物可以避免泪液稀释，并能够迅速在眼部前段达到高浓度药物。注射入结膜下腔的药物直接经睫状体循环，间接从注射位点漏出被角膜和结膜吸收。抗菌药物不应该注射到睑结膜下，因为这个区域的血液循环是从眼部向外的。治疗用抗菌药物浓度通常在结膜下注射后维持 3～6 h，然后在接下来的 24 h 内逐渐降低。结膜下注射是在无法频繁外用给药的情况下建议使用的给药方法。每天重复注射给药可能伴发重度结膜炎症。其他潜在的并发症包括肉芽肿形成和偶发眼内或巩膜充血。最常用于结膜下注射的抗菌药物有青霉素类、头孢菌素类、庆大霉素和咪康唑。

四、全身抗微生物治疗

全身给药是使药物在眼睑、泪腺系统、眼眶和后段眼部达到治疗浓度的必要手段。药物进入眼部的通道通常被血眼屏障所限，在房水达到的药物浓度往往和在脑脊液达到的药物浓度相似，这是由于血眼屏障和血脑屏障相似。然而，炎症会破坏血眼屏障，提高药物渗透。血浆峰浓度会促进抗菌药物渗透进入眼部，因此，静脉给药途径比口服、肌内注射或皮下注射途径更好。最初的抗微生物治疗应基于感染眼睛、眼睑或眼眶穿刺细胞学的评价进行选择用药。获得培养和敏感性试验结果后，应对治疗选择进行再次评估。手术污染引起的细菌性眼炎常常是由革兰氏阳性菌引起的，所以头孢唑啉也适用于外科预防用药。外伤性眼部穿孔可能涉及感染有革兰氏阳性菌和革兰氏阴性菌，所以氟喹诺酮类和β-内酰胺联合药物会是一个合理的选择。细菌性睑缘炎、泪囊炎和眼眶蜂窝组织炎很可能是由皮肤菌群如葡萄球菌引起的感染，因此耐β-内酰胺酶的抗菌药物如头孢氨苄、阿莫西林/克拉维酸是治疗首选。大多数经批准被用于治疗牛呼吸道疾病的全身用抗菌药物（如四环素类、大环内酯类）在泪水的药物浓度足以有效治疗反刍动物中的传染性结膜炎（Alexander，2010；Brown 等，1998）。

参 考 文 献

Alexander D. 2010. Infectious bovine keratoconjunctivitis：a review of cases in clinical practice. Vet Clin North Am Food Anim Pract 26：487.

Andrew SE. 2001. Ocular manifestations of feline herpesvirus. J Feline Med Surg 3：9.

Andrew SE，et al. 1998. Equine ulcerative keratomycosis：visual outcome and ocular survival in 39 cases（1987-1996）. Equine Vet J 30：109.

Brown MH，et al. 1998. Infectious bovine keratoconjunctivitis：a review. J Vet Intern Med 12：259.

Clode AB. 2010. Therapy of equine infectious keratitis：a review. Equine Vet J Suppl：19.

Hariharan H，et al. 1995. Antimicrobial drug susceptibility of clinical isolates of *Pseudomonas aeruginosa*. Can Vet J 36：166.

Hume-Smith KM，et al. 2011. Anaphylactic events observed within 4 h of ocular application of an antibiotic-containing ophthalmic preparation：61 cats（1993-2010）. J Feline Med Surg 13：744.

Keller RL，Hendrix DV. 2005. Bacterial isolates and antimicrobial susceptibilities in equine bacterial ulcerative keratitis（1993-2004）. Equine Vet J 37：207.

Malik R，et al. 2009. Treatment of feline herpesvirus-1 associated disease in cats with famciclovir and related drugs. J Feline Med Surg 11：40.

Massa KL，et al. 1999. Usefulness of aerobic microbial culture and cytologic evaluation of corneal specimens in the diagnosis of infectious ulcerative keratitis in animals. J Am Vet Med Assoc 215：1671.

Moore CP，et al. 1995. Antibacterial susceptibility patterns for microbial isolates associated with infectious keratitis in horses：63 cases（1986-1994）. J Am Vet Med Assoc 207：928.

Sauer P，et al. 2003. Changes in antibiotic resistance in equine bacterial ulcerative keratitis（1991-2000）：65 horses. Vet Ophthalmol 6：309.

Tajima K，et al. 2013. Methicillin-resistant *Staphylococcus aureus* keratitis in a dog. Vet Ophthalmol 16：240.

Tolar EL，et al. 2006. Evaluation of clinical characteristics and bacterial isolates in dogs with bacterial keratitis：97 cases（1993-2003）. J Am Vet Med Assoc 228：80.

第三节　细菌性脑膜炎

在抗菌药物被推出后的 60 年内，细菌性脑膜炎一直是人类和动物发病和死亡的重要原因之一（Fecteau and George，2004；Radaell 和 Platt，2002；Smith 等，2004；Toth 等，2012；Uiterwijk 和 Koehler，2012）。在传染性疾病中，细菌性脑膜炎非常独特，尽管有抗感染细菌治疗措施，但是，其临床治疗结果欠佳。尽管新生儿细菌性败血症的诊断和治疗日益进步，但据报道，动物中细菌性脑膜炎死亡率为 100%（Green 和 Smith，1992）。强效、广谱抗菌药物并没有改善细菌性脑膜炎的治疗结果，因为抗菌药物杀死细菌后，宿主脑对细菌产物的炎症反应仍然存在。宿主的反应损伤了自身组织，并对中枢神经系统（CNS）有显著的损伤。在人类医学中，治疗细菌性脑膜炎是利用“配对药物”来杀死细菌，同时限制 CNS 中免疫应答的不良反应（Van der Flier 等，2003）。治疗动物细菌性脑膜炎的最佳方法包括临床症状的早期检测，涉及的病原菌和抗菌药物敏感性的快速检测，能在脑脊液（CSF）中达到治疗浓度的抗菌药物的选择，以及降低潜在破坏性免疫反应的用药（Deghmane 等，2009）。潜在缺陷如抗体被动传输失败也需要被及时纠正。

一、细菌性脑膜炎的发病机制

脑膜炎是一种复杂的感染，在病理生理学上不同于外周细菌感染。在大型动物中，脑膜炎通常发生在新生儿中，继发于母源抗体被动转移失败引起的败血症和菌血症（Viu 等，2012）。由于脑膜炎是败血症的一种局部表现，并发症通常包括脐静脉炎、全眼球炎、多发性关节炎、肺炎和肠炎。为了引发脑膜炎，细菌病原体必须接连入侵并存活于血管腔内，穿过血脑屏障（BBB），在 CSF 中存活（Webb 和 Muir，2000）。宿主针对持续菌血症的最初防御是通过循环补体，特别是通过不需要特定抗体激活的补体替代途径。补体替代途径的规避会使细菌能够在循环中继续存活。经血行传播后，细菌被运输进入 CNS，并定位在脉络丛。随后，细菌进入脑室系统，通过正常的 CSF 流转移到蛛网膜下腔。在脑膜炎的发病机制中，目前了解得最少的是细菌穿越血脑屏障并进入 CSF 的机制（Tuomanen，1993）。对来自肺炎球菌的生物活性细胞壁碎片的研究表明，单一糖肽就具有允许细菌穿越血脑屏障的功能。对马驹和牛犊脑膜炎的重要致病菌——大肠杆菌来说，菌毛形成似乎是一个重要的毒力因子。一旦细菌进入 CSF，对细菌入侵的防御就会受到限制，就会允许细菌快速和不加抑制地增殖。体液免疫，特别是免疫球蛋白和补体在 CSF 中几乎不存在，而这些炎症防御组分必须从血清中才能得到。调理素活性在正常 CSF 中是检测不到的，但在血脑屏障崩溃时才会增加。在 CSF 中，只有细菌数量达到一个阈值（约 10^5 个细菌）时，才会出现炎症反应。

细菌性脑膜炎引起的脑损伤和神经元死亡涉及多个病症：脑代谢改变、脑水肿、颅内压增高、脑血流量下降、CSF 动力学改变和白细胞介导的神经组织损伤。革兰氏阴性菌脂多糖（LPS）、革兰氏阳性菌肽聚糖和细胞毒素结合内皮细胞的关闸样受体，都激活它们的下游信号流。然后内皮细胞释放介质，包括肿瘤坏死因子-α、一氧化氮和基质金属蛋白酶-2，增加内皮细胞通透性。当被炎症介质激活时，内皮细胞表达多种白细胞黏附分子和趋化因子如白细胞介素-8（IL-8）。这种组合促进中性粒细胞的黏附和跨内皮迁移。内皮细胞组织因子的上调会触发促凝血状态，并刺激血栓形成。内皮细胞激活并释放血管收缩剂如内皮素和血管舒张剂如一氧化氮，会损害脑灌注压的自身调节。在严重的患者中，随着全身性低血压，这些反应进一步降低脑灌注，并加重神经元的死亡。

二、脑膜炎病因

细菌性脑膜炎的流行病学和病因随物种不同而异。在犬和猫中，细菌性脑膜炎通常发生于成年动物的血行传播，或远端感染（肠炎、前列腺炎、子宫炎、肺炎）或发生于非 CNS 感染的直接延伸，如内耳炎（Cook 等，2003；Meric，1988；Radaelli 和 Platt，2002；Spangler 和 Dewey，2000）。目前已从猫和犬脑膜炎的病例中分离出多种细菌，包括大肠杆菌、肺炎克雷伯菌、葡萄球菌属、链球菌属、巴氏杆菌属、放线菌属、诺卡氏菌属和各种厌氧菌，包括消化链球菌、梭杆菌和拟杆菌属。在小动物中，埃立克体和立克次氏体也可以引起脑膜炎。细菌性脑膜炎通常发生在大型动物的新生儿中，属于抗体被动转移失败的后遗症。脑膜炎在败血症马驹中多由革兰氏阴性肠道致病菌（大肠杆菌和沙门氏菌属）和 β-溶血性链球菌感染所致，而在老年马中主要由链球菌属和厌氧菌引起（Toth 等，2012；Viu 等，2012）。在败血症反刍动物新生儿中，肠杆菌科细菌是大多数细菌性脑膜炎的致病因素。伴随关节炎和肺炎，牛支原体可以引起牛犊脑膜炎，（Stipkovits 等，1993）。在成年牛和羊中，脑膜炎是由睡眠嗜组织菌引起，脑炎则由单核细胞增生性李斯特菌引起（Braun 等，2002；Fecteau 和 George，2004）。牛的垂体脓肿多由化脓隐秘杆菌和厌氧菌引起。虽然肠道革兰氏阴性病原菌可以引起败血症仔猪的脑膜炎，但是在猪传染性脑膜炎中最常见感染菌是猪链球菌 2 型（Gottschalk 和 Segura，2000）。

三、细菌性脑膜炎的治疗

CNS 感染具有高发病率和死亡率特点。败血症新生儿治疗失败的原因主要有：初乳中抗体被动转移失败，诊断后疾病已是晚期症状，抗菌药物穿越血脑屏障的能力有限，以及耐药菌出现。抗菌药物对 CSF 的渗透取决于血脑屏障的完整性以及药物本身的物理和化学特性。为了达到治疗浓度，治疗 CNS 感染的抗菌药物应该是脂溶性、低分子质量，蛋白结合率低和能够捕获离子的弱碱性。例如，β-内酰胺抗生素很难穿越正常血脑屏障，在 CSF 中只能达到 0.5%～2.0% 的血浓度峰值。这些弱有机酸会逆浓度梯度被运出

CNS，而脑膜炎症会破坏这一机制。炎症也会增加剥离细胞间的紧密连接和囊泡运输，因此血脑屏障的渗透显著增强（血清浓度峰值高达55%）。

宿主脆弱的CSF防御机制决定了只有当抗菌药物在CFS中可以达到杀菌浓度，才可以被用于脑膜炎的治疗。当然，高杀菌性的抗菌药物不一定能提高临床疗效。革兰氏阳性菌的细胞壁和革兰氏阴性菌释放的内毒素会激活剧烈的炎症反应。人类医学的研究表明，临床疗效的提高不是来自“更好”的杀菌药物，而是来自针对CSF炎症发病机制的靶向治疗。新的β-内酰胺类药物如亚胺培南裂解细菌后，不会产生和传统β-内酰胺抗生素同样高浓度的炎症碎片。可以使用“配对药物”减轻有害的炎症反应。目前能够捕获炎症细胞壁碎片并能使之失活的抗体正在被研究。为了减少炎症过程中白细胞的损伤，一种能够封闭白细胞黏附内皮并防止白细胞在CSF聚集的抗体也正在开发研究中。类固醇和非类固醇抗炎药物（NSAIDs）下调脑脊液白细胞增多、化学异常和压力变化，并减轻脑水肿。这些“配对药物”的精确给药剂量和时间点至关重要。例如，在某些类型的脑膜炎儿童中，糖皮质激素类在早期给药是有效的，但晚些时期给药则无效或甚至有害（Yogev和Guzman-Cottrill，2005）。关于“配对药物”在动物中的最佳使用尚无太多指导意见，但大型动物新生儿的抗体转移失败可以通过血浆输血得到弥补。动物脑膜炎使用糖皮质激素类或NSAIDs治疗的风险和益处还有待继续研究。

抗菌药物的选择应该基于CNS穿透、CSF及其他相关组织的革兰氏染色初步结果，以及随后的细菌培养和敏感性试验结果。抗菌药物应静脉注射给药，以达到最大的血浆浓度峰值，才能提供一个浓度梯度帮助药物进入CNS。使用β-内酰胺类、氨基糖苷类和氟喹诺酮类药物治疗时，杀菌率的增加和CSF中的药物浓度有显著相关性（Yogev和Guzman-Cottrill，2005）。这些抗菌药物当它们在CSF的浓度比体外最小杀菌浓度（MBC）高10～30倍时，杀菌活性最大。万古霉素的CSF浓度比MBC高5～10倍时，杀菌活性最大。相反，增加利福平的CSF浓度并不能增加杀菌率。为了确保抗菌药物合理渗透进入CNS，应在整个治疗过程中保持静脉给药。随着治疗中脑膜炎症的减轻，一些药物的血脑屏障穿透力会降低。一个显著有效的抗微生物治疗疗程应维持7～14d。

青霉素和第一代头孢菌素类可能对细菌性脑膜炎中敏感的革兰氏阳性菌，如链球菌、单核细胞增生性李斯特菌和厌氧菌有效。头孢噻呋由于其高度蛋白结合，在CSF中不能达到治疗浓度。由于肠道细菌经常对氨苄西林或阿莫西林有耐药性，因此不建议使用这些氨基青霉素治疗大型动物新生儿的脑膜炎。第三代头孢菌素类对肠杆菌科细菌的杀菌活性高，是败血症新生动物中治疗脑膜炎的首选。但是，由于治疗费用高，它们在大型动物中的使用仅限于新生动物。相比前代头孢菌素类，第三代头孢菌素类对革兰阴性菌抗菌活性更高，而对革兰氏阳性菌的抗菌活性降低。头孢噻肟、头孢他啶、头孢唑肟和头孢曲松在脑膜炎患者的CNS中始终可以达到有效的抗菌浓度。

磺胺类药物通常和二氨基嘧啶联合给药，利用协同抗菌活性达到降低微生物耐药性。这些“加强”磺胺类药物具有广谱活性，抗菌谱包括链球菌属、大肠杆菌、变形杆菌、巴氏杆菌、嗜组织菌和沙门氏菌属。葡萄球菌、厌氧菌、诺卡氏菌属、棒状杆菌、克雷伯菌和肠杆菌科最初对药物具有敏感性，但之后会产生耐药性。甲氧苄啶-磺胺类组合，由于在败血病马驹和牛犊中使用频繁，而耐药性也频发，因此如果没有敏感性试验结果，不推荐使用该组合。在猪中，甲氧苄啶-磺胺类组合对2型猪链球菌脑膜炎的治疗有效。磺胺类药物在全身均匀分布，依据其蛋白质结合率和pK_a值，有一部分药物可渗透进入CSF。奥美普林与磺胺二甲嘧啶，甲氧苄啶与磺胺嘧啶以及甲氧苄啶与磺胺甲噁唑，都在CSF中分布良好。脑膜炎症不会改变药物在CSF中的分布。慢性给药时，磺胺甲噁唑在CSF中积累，但甲氧苄啶则不会积累。

四环素类药物是脂溶性的，在大多数组织中均匀分布，但在CSF中不易达到对大多数细菌性脑膜炎的致病菌都有效的治疗浓度。多西环素是脂溶性最高的四环素，而且对CSF渗透力最强。高剂量静脉注射土霉素，可能在反刍动物单核细胞增生性李斯特菌所致脑膜炎的早期治疗中会有效果，但是对该药耐药性产生已有文献报道（Vela等，2001）。

氯霉素是一种抑菌、广谱的抗菌药物，对许多革兰氏阳性菌、革兰氏阴性菌和厌氧菌有活性。其抑菌机制可能有助于其疗效，因为它不会引起内毒素或细胞壁碎片的爆炸性释放。由于脂溶性和蛋白结合率低，氯霉素广泛分布于全身，当脑膜正常时，CSF中浓度最高可达血浆浓度的50%，如果脑膜有炎症，CSF浓度会更高。出于人类健康的考虑，在兽医的许多疾病中氯霉素已被氟喹诺酮类取代，含有氯霉素的兽药制剂的使用受到限制。如果静脉给药，氟苯尼考能很好地渗透进入CSF，在CSF中达到血浆浓度的46%；对于睡眠嗜组织菌感染的治疗，CSF中的药物浓度高于MIC的时间超过20 h，但对革兰氏阴性肠道致病菌，CSF浓度无法达到MIC值（De Craene等，1997）。

在脑膜炎中，氟喹诺酮类药物能很好地渗透进入CSF中，CSF浓度达到血浆浓度的20%～50%。它们可能对耐β-内酰胺类革兰氏阴性菌性脑膜炎患者有效。恩诺沙星是高脂溶性的，可在CSF中达到对革兰氏阴性病原菌如大肠杆菌、沙门氏菌属、放线杆菌属和克雷伯氏菌属的治疗浓度。氟喹诺酮类药物对治疗链球菌感染有效，而对厌氧菌感染无效。恩诺沙星有用于小动物的肌内注射剂型以及牛皮下注射用的剂型，不过这些剂型也可缓慢静脉注射。在大型动物脑膜炎的治疗中，恩诺沙星比第三代头孢菌素廉价。环丙沙星有用于人的静脉注射剂型，但在大型动物中使用成本过高。在美国，在食用动物中使用的氟喹诺酮类药物严禁标签外使用。已有文献报道，在新生马驹使用恩诺沙星会引发关节炎，但是由于使用恩诺沙星治疗经济有效，因此它可能仍然是治疗危及生命的败血症和脑膜炎的首选用药。

大环内酯类和林可胺类是对革兰氏阳性菌、革兰氏阴性呼吸道病原菌和厌氧菌有活性的典型药物。他们对肠杆菌科无活性。红霉素、克拉霉素、阿奇霉素和克林霉素在白细胞内聚集，这使得它们对细胞内病原菌非常有效。林可霉素和克林霉素比大环内酯类能更好地穿透进入CNS。红霉素已用于儿童感染耐青霉素肺炎链球菌所致脑膜炎的治疗，但常出现耐药性。红霉素和克林霉素有用于人的静脉注射制剂。在牛呼吸道疾病早期治疗中，使用替米考星或泰拉霉素可以防止睡眠嗜组织菌引起的血栓栓塞性脑膜脑炎，但对CNS中微脓肿和血栓性静脉炎的晚期病例治疗无临床效应。

利福平是一种高脂溶性抗菌药物，对革兰氏阳性菌和厌氧菌，包括链球菌、马红球菌、金黄色葡萄球菌和分枝杆菌属有活性。因为细菌对利福平的耐药性迅速出现，因此常将它和其他抗菌药物联合使用。由于利福平能够广泛地分布于组织和CSF，常被制作成口服制剂，和一种大环内酯类药物组合治疗马驹的马红球菌感染。不过，也有人用静脉注射制剂可用，用药剂量根据生物利用度予以校正，该药似乎对控制有害炎症有效（Spreer等，2009）。

甲硝唑对厌氧菌，包括脆弱拟杆菌（青霉素耐药株）、梭杆菌和梭状芽孢杆菌非常有效。甲硝唑脂溶性很好，且易渗透进入脑和CSF。甲硝唑有用于人的静脉注射制剂，但这些制剂对大型动物治疗可能成本过高。在美国和加拿大，甲硝唑禁止在食用动物中使用。

参考文献

Braun U, et al. 2002. Clinical findings and treatment of listeriosis in 67 sheep and goats. Vet Rec 150: 38.

Cook LB, et al. 2003. Inflammatory polyp in the middle ear with secondary suppurative meningoencephalitis in a cat. Vet Radiol Ultrasound 44: 648.

de Craene BA, et al. 1997. Pharmacokinetics of florfenicol in cerebrospinal fluid and plasma of calves. Antimicrob Agents Chemother 41: 1991.

Deghmane AE, et al. 2009. Emerging drugs for acute bacterial meningitis. Expert Opin Emerg Drugs 14: 381.

Fecteau G, George LW. 2004. Bacterial meningitis and encephalitis in ruminants. Vet Clin North Am Food Anim Pract 20: 363.

Gottschalk M, Segura M. 2000. The pathogenesis of the meningitis caused by *Streptococcus suis*: the unresolved questions. Vet Microbiol 76: 259.

Green SL, Smith LL. 1992. Meningitis in neonatal calves: 32 cases (1983-1990). J Am Vet Med Assoc 201: 125.

Meric SM. 1988. Canine meningitis. A changing emphasis. J Vet Intern Med 2: 26.

Radaelli ST, Platt SR. 2002. Bacterial meningoencephalomyelitis in dogs: a retrospective study of 23 cases (1990-1999). J Vet Intern Med 16: 159.

Smith JJ, et al. 2004. Bacterial meningitis and brain abscesses secondary to infectious disease processes involving the head in horses: seven cases (1980-2001). J Am Vet Med Assoc 224: 739.

Spangler EA, Dewey CW. 2000. Meningoencephalitis secondary to bacterial otitis media/interna in a dog. J Am Anim Hosp Assoc 36: 239.

Spreer A, et al. 2009. Short-term rifampicin pretreatment reduces inflammation and neuronal cell death in a rabbit model of bacterial meningitis. Crit Care Med 37: 2253.

Stipkovits L, et al. 1993. Mycoplasmal arthritis and meningitis in calves. Acta Vet Hung 41: 73.

Toth B, et al. 2012. Meningitis and meningoencephalomyelitis in horses：28 cases（1985-2010）. J Am Vet Med Assoc 240：580.

Tuomanen E. 1993. Breaching the blood-brain barrier. Sci Am 268：80.

Uiterwijk A, Koehler PJ. 2012. A history of acute bacterial meningitis. J Hist Neurosci 21：293.

Van der Flier M, et al. 2003. Reprogramming the host response in bacterial meningitis：how best to improve outcome? Clin Microbiol Rev 16：415.

Vela AI, et al. 2001. Antimicrobial susceptibility of *Listeria monocytogenes* isolated from meningoencephalitis in sheep. Int J Antimicrob Agents 17：215.

Viu J, et al. 2012. Clinical findings in 10 foals with bacterial meningoencephalitis. Equine Vet J Suppl：100.

Webb AA, Muir GD. 2000. The blood-brain barrier and its role in inflammation. J Vet Intern Med 14：399.

Yogev R, Guzman-Cottrill J. 2005. Bacterial meningitis in children：critical review of current concepts. Drugs 65：1097.

第四节　尿路感染

一、简介

细菌性尿路感染（UTIs）是患病动物中的常见疾病。约14%犬在一生中会患一次细菌性尿路感染疾病，许多因其他疾病就医的犬也会有细菌性UTI的并发症（Ling，1984）。关于猫下尿路疾病的研究表明，在表现出尿道疾病相关初始症状的猫中，细菌性UTI的发病率小于5%（Buffington等，1997；Segev等，2011）。UTI发病率在老年猫中要高得多，因为这些动物的抗病能力下降，易继发老年性疾病或伴发病（如糖尿病、肾功能衰竭、甲状腺功能亢进症；Litster等，2011），从而对UTI感染更加易感。反刍动物中细菌性UTIs与雌性动物导尿或分娩有关，并且细菌性UTIs往往是雄性动物尿结石的病因和后果（Otter和Moynan，2000；Rebhun等，1989；Yeruham等，2006）。马的UTIs并不常见，通常和膀胱麻痹、尿结石或尿路损伤相关（Frye，2006）。

抗菌药物是UTI治疗的基础，许多患有复发UTIs的病例往往以经验性地多疗程抗微生物治疗来处理。如果动物患UTI的病理原因未经确定，该尝试办法往往会以失败告终，动物的UTI没有得到解决，还会导致耐药性微生物的选择和传播。

如果尿路感染一直不进行诊断治疗，细菌性UTI的后果可能会很严重。因为许多患UTI的猫和犬并不表现临床症状或检测不到菌尿或脓尿的发生，诊断结果具有偶然性。任何部位的尿路感染细菌都会增加尿道和身体其他部位对感染细菌的易感性。未确诊的UTI导致的一些后果有不孕、尿失禁、椎间盘脊椎炎、肾盂肾炎、肾功能衰竭。在免疫抑制病患，UTI可能会导致败血症的发生。在尿路完整的雄性动物中，UTI经常蔓延到前列腺或其他附属性腺。由于血-前列腺屏障缘故，药物一般很难根除前列腺中的细菌，可能会导致合理治疗后的尿路二次感染，紧接着就会并发全身性菌血症、生殖道其他部位感染，或会形成脓肿的前列腺内局部感。在犬中，产脲酶细菌（伪中间葡萄球菌和奇异变形杆菌）引起的尿感染与尿结石的形成密切相关。解脲棒状杆菌，也是一种快速产生脲酶的细菌，该菌与碱性尿、结石和钙磷酸盐沉淀相关，这些会导致膀胱壁形成覆盖垢（Bailiff等，2005）。

二、发病机理

尿路感染主要取决于宿主防御和细菌毒力因子之间的相互作用。在猫和犬的研究表明，当宿主防御被外插导管、外科手术或其他尿路疾病（突发性膀胱炎、尿路结石、息肉、肿瘤等）改变，细菌性UTI的发病率会很高（Barsanti等，1985；Stiffler等，2006）。宿主防御异常被认为是UTI发病机制和复杂UTI持久发生的最重要因素。

感染最常见的途径是尿路内细菌的繁殖增加。下尿道解剖学的畸形，例如，外阴畸形、尿路造口术以及留置导管、膀胱导管的介入，成为增加细菌感染的风险因素（Smarick等，2004；Stiffler等，2006）。

远端尿路的共生细菌通过消耗必需营养物质，干扰细菌对尿路上皮的黏附或通过分泌细菌素和入侵的致病菌进行竞争。此外，尿路表面具有内在特性，能够防止细菌定植。远端尿路和阴道上皮有表面微绒毛，允许固有常驻细菌的附着。相反，近端尿路和膀胱的表面有微褶。在排尿过程中尿路腔扩张，这些褶皱变平，从而使细菌附着困难。尿路的另一个宿主防御是产生分泌型 IgA，以防止细菌的黏附和定植。尿路的固有特性如尿路蠕动和尿路中间一个功能性的高压区，也能防止细菌定植。

输尿管的解剖学结构和功能还提供了一种抵抗肾脏细菌入侵的防御机制。远端输尿管和膀胱壁以一定角度联通形成了一个单向阀，其作用是防止膀胱输尿管的尿液回流。输尿管的蠕动使尿液形成从肾脏到膀胱的单向流。肾脏的抗感染防御主要依靠局部和全身的免疫应答。肾脏髓质比肾脏皮质更易受到感染，可能是由于皮质血流量更大的缘故。肾小管上皮细胞可以表达先天免疫系统的 Toll 样受体，Toll 样受体能启动先天免疫对细菌感染的免疫应答（Ben Mkaddem 等，2010）。

排尿是下尿路防止细菌定植的一个重要防御机制。频繁排尿能排出尿路中上行的细菌。此外，排尿过程中尿路褶皱的舒张可能把附着的细菌排出。尿液能稀释菌群，彻底地排尿能驱逐可以到达膀胱的细菌。尿液自身的极端 pH 和渗透压也可以抑制细菌的生长，尿液成分中的盐、尿素和有机酸也可以降低细菌的存活。尿乳铁蛋白可以清除细菌所需的铁离子。膀胱中的可溶性相关细胞因子，如 Tamm-Horsfall 蛋白、糖胺聚糖、分泌型 IgA 和尿类黏蛋白可以阻止细菌的黏附。一旦细菌黏附在尿道上皮，宿主则会启动额外的防御机制。尿道上皮的更新效率一般很低。但是在应对细胞内入侵的应答中，膀胱上皮细胞以类似凋亡式的机制进行细胞脱落，再以排尿流的形式清除细菌。细菌细胞内的入侵也会启动尿道上皮和膀胱内腔的中性粒细胞浸润，这就解释了 UTI 特征中脓尿的临床现象。尿路疾病如膀胱收缩乏力、尿路结石和长期的尿潴留所导致的尿残留使得尿路易受感染。尿液稀释、葡萄糖尿症和免疫反应受损都会导致有糖尿病、肾上腺皮质功能亢进症或正在接受糖皮质激素或环孢素治疗动物的尿路感染。（Forrester 等，1999；Hess 等，2000；Ihrke 等，1985；Peterson 等，2012；Torres 等，2005）。患有这些症状紊乱的动物，即使临床症状和尿液分析结果没有迹象显示为 UTI，具备以上临床情况的动物也应该接受尿液培养试验检测。

三、尿路病原菌

在犬、猫、马和牛中，分离的 UTI 致病菌最常见的是大肠杆菌。而在犬和猫临床中，伪中间葡萄球菌、变形杆菌属、链球菌和克雷伯氏菌感染的案例报道较少。肠球菌和铜绿假单胞菌更多是在复发性或复杂性 UTIs 中分离到（Ball 等，2008；Seguin 等，2003）。在马 UTI 中，链球菌和肠球菌的感染次于大肠杆菌，而在牛中，肾棒状杆菌的感染次于大肠杆菌（Clark 等，2008；Yeruham 等，2006；Yeruham 等，2004）。

细菌的毒力因子增强细菌在尿路上皮的定植能力，加重 UTI 的发展。导致肾盂肾炎的大肠杆菌菌株（UPEC）有许多毒力机制，使其能够入侵、存活，并且能够在尿路上皮繁殖。临床的 90% UTI 案例均由该菌感染导致，并且在同一宿主的粪便菌群中也会发现该菌的存在（Katouli，2010）。UPEC 进入宿主尿路上皮后，既能繁殖，也能在宿主细胞周围出现，或潜伏在细胞膜囊泡中。繁殖中的 UPEC 在细胞质内形成细胞内菌群，不必进入尿液就能在宿主细胞间穿梭。因此在感染持续的情况下，有些时间段内的尿液培养结果可能是阴性。UPECs 感染过程中，尿路上皮脱落和中性粒细胞浸入属于宿主的一种优势正常防御机制。而膀胱上皮细胞的脱落使其下方的组织暴露于细菌，从而更容易受尿液中细菌的感染。

受感染宿主细胞脱落进入尿液中也有助于 UPEC 在环境中的传播。中性粒细胞的浸入损坏了尿路上皮的完整性，可能会使 UPEC 能够穿透更深层组织。其他毒力因子包括细菌周围起限制吞噬作用的囊泡，抗体包衣和调理素作用，及生物膜的形成。此外，大肠杆菌会产生如溶血素和促进细菌生长的氧菌素等毒力因子。正是由于这些毒力机制存在，在面对能够有效杀死尿液中细菌的抗生素治疗时，UPEC 仍能持续感染（Blango 和 Mulvey，2010；Mulvey，2002；Mulvey 等，2001；Mulvey 等，2000）。其他尿路致病菌可能具有和 UPEC 类似的策略：建立组织储库和持续性感染。

四、诊断

（一）尿液分析

细菌性 UTI 经常通过尿液检测和微生物学培养进行诊断。如有可能，膀胱穿刺术是采集尿液检测的最佳方法。自由采集或插管样品必须考虑到污染的可能性。UTI 尿液分析参数可变性极高。对尿沉渣检测必须考虑细菌和细胞等项目。棒状细菌在浓度≤10 000/mL 时可能是不可见的，球菌在浓度≤100 000/mL 时可能是不可见的。细菌性 UTI 中，临床相关（每个 HPF>5 细胞）的血尿和脓尿不常见。因此无炎症反应的细菌检出并不总是指示污染。尿试纸条检测白细胞的结果并不可信。患有大肠杆菌感染的犬更可能会出现尿液稀释（尿相对密度<1.025），这可能反映内毒素介导的尿浓缩效应或浓缩尿的抗微生物特性。在得到尿液培养和敏感性试验结果之前，革兰氏染色可确定病原菌是革兰氏阳性还是革兰氏阴性，有助于确定初选抗菌药物的治疗。如果尿液一直呈碱性，则可推测为脲酶产生菌的感染；如果球菌存在，可推测有葡萄球菌，如果杆菌存在，可推测有变形杆菌。如果尿液一直呈酸性，且存在革兰氏阴性杆菌，则可推测有大肠杆菌，或者如果存在革兰氏阳性球菌，则可推测有链球菌或肠球菌。

（二）尿液培养

由于感染和尿路病原菌对抗菌药物耐药性的增加，应对所有疑似 UTIs 的进行尿液培养。细菌鉴定和敏感性试验必须在专业控制实验室，由专业人员操作进行。依照合理的行业标准，如美国临床实验标准化委员会（CLSI）或欧盟抗菌药物敏感性试验委员会制定的规程进行（EUCAST；Weese 等，2011）。

五、治疗

UTI 的分类将有助于确定合适的抗微生物治疗方案。简单的 UTI 是由宿主防御的暂时性中断导致，给予适当的治疗，效果明显且不复发。由于大多数抗菌药物在尿路组织和尿液中均可以达到高浓度，大部分简单细菌性 UTIs 属于一次性感染，给予适当的治疗效果显著。复杂的 UTI 是由于尿路或宿主防御持续潜在异常性所导致。如果最初的感染病原菌未被清除，即使治疗之后也会再次复发。如果患者被成功治疗后尿液培养为阴性后，又感染了新的细菌或菌株，同样也会发生二次感染。另外当患者还在针对最初的感染进行抗菌药物治疗时，又有新的细菌种属或菌株在尿路中定植，则会发生二重感染。重复感染是由于免疫防御机制缺陷宿主的胃肠道菌群感染尿路。患者免疫防御机制缺陷分为内源性（如糖尿病、肾上腺皮质功能亢进）或医源性（如糖皮质激素或化疗给药）。内源性毒力增强的尿路病原菌会引起尿路感染的复发（Thompson 等，2011）。此外，尿路上皮损伤如尿路结石、肿瘤、插管、手术或环磷酰胺治疗引发的膀胱炎或突发性原因会导致复杂性 UTI 的发展。其他复杂性 UTI 的病因包括解剖缺陷（输尿管异位、脐尿管憩室）、正常排尿异常（尿路梗阻、受损神经支配引发的膀胱迟缓）或尿液浓度或组分（糖尿）的改变。

基于对常见分离的病原菌及其对抗菌药物的典型敏感性的认知，简单性 UTI 的治疗可能是经验性的。但是，由于抗菌药物耐药性的日益增加，经验性治疗的结果经常失败，因此不建议使用（Weese 等，2011）。为了有效治疗复杂性 UTI，必须进一步的诊断确认，并且进一步的解决病理病变问题。

抗菌药物的选择必须考虑其药代动力学、药效动力学、潜在不良反应的认知（包括动物和主人）、给药可操作性和成本。在简单性 UTI 的治疗过程中，尿液抗菌药物浓度比血清药物浓度更为重要，而敏感性试验结果往往反映的是血清药物浓度的信息。一般认为，只要抗菌药物以活性形式通过尿液排泄，尿液药物浓度往往会超过血清药物浓度。如果尿液药物浓度比最小抑菌浓度（MIC）高 4 倍（或更多）时，该药物浓度对病原菌所致 UTI 的治疗效果显著（有效率达 90%；Ling，1984）。因此，在犬或猫的初次治疗 UTI 临床案例中，即使是由敏感性试验测试为对阿莫西林耐药的大肠杆菌或伪中间葡萄球菌引起的感染，由于该药具有极高的尿液药物浓度的特性，阿莫西林仍然是治疗的首选用药（Weese 等，2011）。同样的情况，注射用青霉素 G 仍然为治疗马和牛的 UTI 临床有效的一线用药。

在确定合适的给药方案时应考虑药代动力学/药效动力学综合技术。β-内酰胺类抗菌药物在血清、尿液或肾脏组织中药物浓度高于 MIC 的时间（T>MIC）与尿液或尿路组织中菌落数量有显著的相关性。药物浓度高于 MIC 的时间（T>MIC）对治疗 UTI 的重要性可以解释 β-内酰胺类抗生素治疗 UTIs 效果差的原因，可能就是给药频率不够。因此，虽然阿莫西林的标签剂量足够，但是每 12 h 给药 1 次的频率需要减少至每 8 h 给药 1 次。增加每日给药量明显会影响患者的顺应性。蛋白结合率高的 β-内酰胺类，如头孢维星，克服了这一局限性，因为蛋白结合性药物在单次注射后提供了 14d 的治疗用量存储。由于它们的细菌杀伤作用是浓度依赖性的，氟喹诺酮类、氨基糖苷类疗效与 AUC/MIC 值密切相关。在小鼠动物模型中，庆大霉素和氟喹诺酮治疗会比 β-内酰胺抗菌药物有显著降低细菌数的功效，表明快速杀菌在 UTI 治疗中很重要。因此，在 UTI 治疗过程中，必须考虑患者的顺应性。这使得每日单次给药（如氟喹诺酮、头孢泊肟）或长效注射剂（如头孢维星、头孢噻呋）备受青睐，这也是导致氟喹诺酮类和第三代头孢菌素类药物在一线不合理使用的根本所在。临床给犬用药时，应在睡觉前或关起来前给药，最大程度并长时间地维持尿液中药物的高浓度。

(一) 抗微生物治疗的选择

阿莫西林和氨苄西林为杀菌药，相对无毒，抗菌谱比青霉素 G 广。犬和猫口服给药易操作。市场上有大型动物注射用氨苄西林剂型。早先，它们对葡萄球菌、链球菌、肠球菌和变形杆菌具有很强的活性，并可能达到对大肠杆菌有效的尿液高药物浓度，而克雷伯氏菌、假单胞菌、肠杆菌对其有耐药性。氨苄西林的吸收受摄食的影响，因此，用阿莫西林可能更容易治疗成功。青霉素是分布容积很低的弱酸药物，因此在前列腺液中达不到治疗药物浓度。

阿莫西林/克拉维酸常被用于小动物口服用药。由于"自杀"克拉维酸的存在，它对革兰氏阴性菌的抗菌谱增强。克拉维酸不可逆地结合 β-内酰胺酶，使阿莫西林能够更好地和病原菌相互作用。这种组合通常对产 β-内酰胺酶的葡萄球菌、大肠杆菌具有很强的抗菌活性，但是克雷伯氏菌、假单胞菌和肠杆菌对其仍具有耐药性。然而，克拉维酸经过肝脏代谢和排泄，因此尿液中药物的抗菌活性多由高浓度的阿莫西林发挥。目前尚不清楚，阿莫西林/克拉维酸是否比阿莫西林能更有效地治疗非复杂性 UTIs。

头孢氨苄是人类和兽用第 1 代头孢菌素类药物。在美国，头孢羟氨苄有可用于犬和猫的兽药制剂。和青霉素类一样，它们都是酸性杀菌药，分布面积低，相对无毒性。头孢菌素治疗的犬和猫可能会发生呕吐和胃肠道失调。相比青霉素，头孢菌素对 β-内酰胺酶的作用显得更稳定，因此对葡萄球菌和革兰氏阴性菌活性更强。头孢菌素对葡萄球菌、链球菌、大肠杆菌、变形杆菌具有很强的活性，而克雷伯菌、假单胞菌、肠球菌和肠杆菌属对其有耐药性。使用头孢菌素类（及氟喹诺酮类）药物的患者更容易受到肠球菌感染，包括耐万古霉素肠球菌（Hayakawa 等，2013）。

头孢维星是批准用于治疗犬大肠杆菌和变形杆菌所致 UTI 的第 3 代头孢菌素。皮下注射给药时，治疗浓度可维持 14d，这对易怒的动物个体用药是最佳的用药选择。头孢泊肟是一种口服第 3 代头孢菌素，在美国批准用于治疗犬的皮肤感染（创伤及脓肿），但治疗犬 UTI 属于标签外用药。头孢泊肟在犬中具有相对长的半衰期，因此每日给药 1 次即可。

头孢噻呋是一种第 3 代注射用头孢菌素，被批准用于治疗犬大肠杆菌和变形杆菌引起的 UTI。它被批准用于治疗马、牛、绵羊、山羊和猪的呼吸道感染。注射后，头孢噻呋快速代谢成脱呋喃甲酰头孢噻呋。脱呋喃甲酰头孢噻呋对大肠杆菌的活性等效于头孢噻呋，但是对葡萄球菌的活性只有头孢噻呋活性的一半，对变形杆菌的活性有所变化。如果微生物检测机构用头孢噻呋进行敏感性试验，可能会得到对治疗效果过高的误判。假单胞菌、肠球菌和肠杆菌对头孢噻呋和脱呋喃甲酰头孢噻呋有耐药性。头孢噻呋的用药时间和其剂量相关的血小板减少症和贫血症有一定的关联性，当然按推荐的给药方案使用不会发生以上副作用。

恩诺沙星、依巴沙星、奥比沙星、二氟沙星、马波沙星和普多沙星是批准用于治疗犬 UTIs 的氟喹诺酮类药物，其中一些批准用于猫 UTIs 治疗，实际上以上药物全部用于猫临床使用。大型动物注射制剂可用于治疗呼吸道感染，但是在美国，在食品动物中严禁标签外用药。环丙沙星是人用药，该药在大型犬的临床使用颇为廉价，但是兽类物种之间的药代动力学的差异会使得该药无效。氟喹诺酮类是两性杀菌药，同时具有酸性和碱性特征，但是在生理 pH（pH 6.0～8.0）条件下脂溶性高，因此组织分布广。环丙沙星是所有氟喹诺酮类药物中对假单胞菌活性最强的药物。所有氟喹诺酮药物通常对葡萄球菌和革兰氏阴性菌活性很强，但是可能对链球菌和肠球菌活性有所不同。这些药物治疗革兰氏阴性菌的优势在于药物自身的高活性和高脂溶性。由于其出色的渗透前列腺能力和在脓肿中的活性，治疗革兰氏阴性菌时，氟喹诺酮类药物应该作为保留用药，尤其是针对引起 UTIs 的铜绿假单胞菌和细胞内潜伏定植的 UPECs，以及尿路完整的雄犬 UTIs。每日给药 1 次、高剂量的氟喹诺酮药物短期治疗是有效的，因为该药物的杀菌能力属于浓度依赖型，且有长时间抗生素后效应（PAE）。最新犬和猫用氟喹诺酮药物普多沙星要有两个基因位点突变才会发生耐药性，因此 MIC 值低于其他氟喹诺酮类，其耐药性选择预期也会低（Schink 等，2013）。氟喹诺酮类药物应避免用于长期、低剂量的治疗，因为这会促进细菌耐药性的发展，并且往往是多重耐药。涉及假单胞菌的临床案例应该仔细研究其相应的病理学，并在可能的情况下予以临床纠正。一旦假单胞菌对氟喹诺酮类产生耐药性，病畜及畜主则没有了其他治疗方案可选择。

庆大霉素及其他氨基糖苷类为碱性药物，但它们极性很大（水溶性），因此有较低的分布容积，不能穿透血-前列腺屏障。它们口服不易被吸收，因此必须皮下、肌内或静脉注射给药。氨基糖苷类和氟喹诺酮类有相似的抗菌谱，由于肠道外用药的必须性及其药物肾毒性和耳毒性的风险，因此在 UTIs 治疗中该药应用受限。和氟喹诺酮类一样，氨基糖苷类是浓度依赖性杀菌药，有长时间抗生素后效应（PAE），因此每日给药 1 次的短期治疗是有效的，并可减小药物肾毒性的风险。可以考虑氨基糖苷类在耐氟喹诺酮病原菌引起的住院或门诊 UTI 临床治疗中使用，但是，必须再次强调在临床确诊和纠正病理病变的前提下使用。

呋喃妥因被批准以片剂、胶囊和儿科悬浮液剂型用于人类 UTI 治疗。因为该药物分布容积低，只能在尿液中达到治疗浓度，因此，该药仅用于人类 UTI 治疗。呋喃妥因被认为是一种致癌物质，因此禁用于食用动物，但随着兽用抗菌药物耐药性的增加，该药在小动物临床中的使用率有所增加。呋喃妥因一般用于大肠杆菌、肠球菌、葡萄球菌、克雷伯氏菌和肠杆菌引起的感染（Maaland 和 Guardabassi，2011）。对于常规兽用抗菌药很难治疗的 UTI，该药被越来越多地推荐用于治疗多重耐药菌引起的 UTI。呋喃妥因的药代动力学和不良反应还未在犬和猫中进行研究，并且需要每日多次给药，这对畜主极不便利。

四环素类是两性抑菌药，分布容积高。四环素类属于广谱抗菌药物，但由于质粒介导的耐药性，对葡萄球菌、肠球菌、肠杆菌、大肠杆菌和克雷伯氏菌的敏感性可变，变形杆菌和假单胞菌对其耐药。多西环素是一种脂溶性四环素，对猫的耐受性好，在尿液和前列腺中都能达到治疗浓度，因此它可能对某些 UTI 治疗有效（Wilson 等，2006）。多西环素可能对耐甲氧西林葡萄球菌 UTI 的治疗也有疗效（Rubin 和 Gaunt，2011）。如果该药以胶囊或片剂给药，要严格遵照给药后流体剂量，以保证药物进入胃中。如果胶囊停留在食道中，会发生严重的局部坏死，继发食道狭窄。

氯霉素具有高的分布容积，能够在组织中达到高浓度，包括在雄犬的前列腺组织中。它对大范围的革兰氏阳性菌和许多革兰氏阴性菌具有抗菌活性，通常具有抑菌性功能。氯霉素对肠球菌、葡萄球菌、链球菌、大肠杆菌和克雷伯氏菌具有典型的抗菌活性，变形杆菌和假单胞菌对其有耐药性。北美的耐甲氧西林金黄色葡萄球菌和伪中间葡萄球菌菌株是典型的氯霉素敏感菌株。已知氯霉素在人类中会引起特异性（非剂量依赖性）贫血，在动物中会引起剂量依赖性骨髓抑制，由于抗菌药物的耐药性增加，该药在人和动物用药中的使用都在不断增加（Papich，2012）。

甲氧苄啶/磺胺类（TMP /磺胺）是两个不同机制的联合用药物，它们在细菌叶酸代谢途径的不同步骤中发挥协同作用。甲氧苄啶是一种碱性抑菌药，分布容积高，消除半衰期短，而磺胺类是酸性抑菌药，具有中等分布容积，半衰期长（从 6 h 到超过 24 h）。这些药物以 TMP：磺胺为 1：5 的比例配制；但是最佳杀菌浓度是 TMP：磺胺比例为 1：20。微生物学实验室在敏感性试验中一般使用 1：20 的比例。由于药物组合的药代动力学特性变化范围广，很难确定其在感染部位达到 1：20 比例的治疗方案。尽管该联合用药可以穿透血-前列腺屏障，由于裂解的吞噬细胞释放大量游离的 PABA，使得磺胺药物在化脓性组织中一般无效。TMP /磺胺联合用药能协同杀灭葡萄球菌、链球菌、大肠杆菌和变形杆菌，对克雷伯氏菌的抗菌活性可变，假单胞菌对其具有耐药性。尽管体外肠球菌可能对 TMP/磺胺表现出敏感性，但它通过利用外源性叶酸逃避药物联合的抗叶酸活性，因此该联合用药不应被考虑用于其感染治疗。该联合用药虽然经常被推荐用于阿莫西林治疗犬 UTI 后的二次治疗，但 TMP /磺胺却和许多不良反应密切相关，并且长期低剂量治疗使用可能会导致骨髓抑制和干燥性角结膜炎。

（二）给药方案

目前，有关 UTI 的治疗疗程仍有争议。动物使用抗菌药物治疗的常规疗程一般为 10～14d，而人类患者的抗菌药物治疗方案的规定疗程更短，包括单剂量氟喹诺酮治疗。临床上对犬简单性 UTI 的两种治疗方案：每日 1 次高剂量恩诺沙星，给药 3d；每日 2 次阿莫西林/克拉维酸，给药 2 周，比较结果显示两种治疗方案等效（Westropp 等，2012）。然而，需要进一步的研究确定不同类抗菌药物的最佳剂量方案，而将氟喹诺酮类用于简单性 UTI 的一线治疗极为不妥。复杂性尿路感染的患者可能需要更长疗程的治疗，而且必须确认病理病变的情况。慢性复杂性 UTI 病例，肾盂肾炎和前列腺炎可能需要 4～6 周的抗微生物治疗，但是有选择性耐药性的风险存在。在实施 4～7d 的治疗后应进行尿液培养，以确定效果。如果观察到相同或不同的病原体，那么应选择替代疗法，并在 4～7d 后重复尿液培养。完成抗菌药物治疗 7～10d 后，也应该进行尿液培养，以确定 UTI 是否治愈或复发。

（三）复发性尿路感染

在犬和猫中，如果 UTI 每年只发病 1 次或 2 次，每次发病可当作急性非复杂性 UTI 治疗即可。如果发病频繁，且 UTI 发病诱因无法确定或纠正，可能有必要对患者进行长期低剂量治疗。尿液中的低抗菌药物浓度可能会和某些病原菌的菌毛产物相互干扰，防止病原菌黏附到尿路上皮。在犬中，复发性 UTI 在 80%的时间是由不同菌株或不同种细菌引起的，因此仍建议抗微生物培养和敏感性试验。初始治疗和以前一样，当尿液培养呈阴性时，继续抗微生物治疗，每日 1 次，剂量为每日总剂量的 1/3。抗微生物给药应该是晚上的最后一件事，以确保高浓度抗菌药物在膀胱中尽可能长时间驻留。适用于长期低剂量治疗的抗菌药物包括阿莫西林、氨苄西林、阿莫西林-克拉维酸、多西环素、头孢氨苄、头孢羟氨苄和呋喃妥因。甲氧苄啶/磺胺联合用药时，应提供叶酸增补剂（15 mg/kg 间隔 12 h）以防止骨髓抑制，但长期使用有导致干燥性角结膜炎的风险存在。虽然在畜主便利性方面第三代头孢菌素备受青睐，但是第 3 代头孢菌素如头孢泊肟和头孢维星不得作长期使用。在长期慢性治疗中，每 4～6 周应重复一次尿液培养。只要培养结果阴性，治疗要继续进行 6 个月。如果出现细菌，感染将被视作急性发病，要使用合适的抗菌药物治疗。6 个月尿液无菌之后，可以停止长期低剂量抗微生物治疗，许多患者不再会复发。在一些病例中，如持续复发 UTI 的病例，慢性治疗可能会持续数年之久。

（四）治疗失败

治疗失败可能归因于畜主顺应性差、抗菌药物选择不适当、剂量或治疗疗程不适当、抗菌药物耐药性、重复感染或潜在发病诱因（如肾结石、肿瘤、脐尿管憩室）。如果一个简单性或复杂性 UTI 治疗失败，应进行深入评估以准确确诊，并在可能的情况下找到失败的原因。当治疗失败，医生应考虑失败的原因是 UTI 复发还是再次感染所致。原本对治疗有效的尿路病原菌内在毒力的增强会引起 UTI 的复发。UPEC 菌株有许多毒力机制，使其能入侵、存活并在尿路上皮中繁殖。膀胱尿路上皮中 UPEC 的退隐给人和动物的治疗带来了巨大的挑战（Thompson 等，2011）。目前，关于如何处理复发和顽固性的 UTIs，人类医学文献中尚无明确的共识。

六、尿路病原菌对抗菌药物的耐药性

尿路病原菌对抗菌药物的获得耐药性备受人医和兽医关注。尿路病原菌的多重耐药性（MDR）不断增加，尤其出现在犬和猫的感染病例中（Dierikx 等，2012；Gibson 等，2008；Hubka 和 Boothe，2011；Ogeer-Gyles 等，2006；Thompson 等，2011）。在从伴侣动物分离出的大肠杆菌中，越来越多地发现超广谱β-内酰胺（ESBL）基因（O'Keefe 等，2010；Pomba 等，2009）。犬中耐氟喹诺酮大肠杆菌已被广泛报道（Aly 等，2012；Craven 等，2010；Gebru 等，2011，2012；Sato 等，2012；Shaheen 等，2011）。对氟喹诺酮类的耐药机制经常涉及外排泵，是其导致了多重耐药性的发生（Aly 等，2012）。其他尿路病原菌对氟喹诺酮的耐药性也在不断增加，这其中包括肠球菌、奇异变形杆菌和伪中间葡萄球菌分离菌株（Cohn 等，2003；Ghosh 等，2011；Jackson 等，2010）。有越来越多的证据表明，动物是引起人类感染耐药菌的一个重要储备库（Platell 等，2012）。从犬 UTIs 分离出的肠球菌与几种不同的耐药表型密切相关，大多数耐药表型为多重耐药表型（对 3 种及 3 种以上的抗菌药物有耐药性）。临床分离到 1 株屎肠球菌菌株对万古霉素和庆大霉素表现出高水平耐药，序列分析表明，耐药性是由人与犬肠球菌之间的基因交换引起的（Simjee 等，2002）。

对有耐药性存在的动物病患使用“最后手段”，即人用抗菌药物是有争议的。万古霉素、亚胺培南-西司他定、美罗培南、磷霉素、奎奴普汀-达福普汀和替加环素不应该用于动物 UTI 的常规治疗。在任何可行的情况下，都应优先考虑非抗菌药物来控制感染。制定疫苗免疫、红莓汁/提取物、益生菌和黏附/定植抑制剂，以及无症状细菌尿的建立，都可能对保持抗菌药物的疗效有用（Thompson 等，2012）。

参 考 文 献

Aly SA，et al. 2012. Molecular mechanisms of antimicrobial resistance in fecal *Escherichia coli* of healthy dogs after enro floxacin or amoxicillin administration. Can J Microbiol 58：1288.

Bailiff NL，et al. 2005. Corynebacterium urealyticum urinary tract infection in dogs and cats：7 cases（1996-2003）. J Am Vet Med Assoc 226：1676.

Ball KR，et al. 2008. Antimicrobial resistance and prevalence of canine uropathogens at the Western College of Veterinary Medicine Veterinary Teaching Hospital，2002-2007. Can Vet J 49：985.

Barsanti JA, et al. 1985. Urinary tract infection due to indwelling bladder catheters in dogs and cats. J Am Vet Med Assoc 187: 384.

Ben Mkaddem S, et al. 2010. Contribution of renal tubule epithelial cells in the innate immune response during renal bacterial infections and ischemia-reperfusion injury. Chang Gung Med J 33: 225.

Blango MG, Mulvey MA. 2010. Persistence of uropathogenic *Escherichia coli* in the face of multiple antibiotics. Antimicrob Agents Chemother 54: 1855.

Buffington CA, et al. 1997. Clinical evaluation of cats with nonobstructive urinary tract diseases. J Am Vet Med Assoc 210: 46.

Clark C, et al. 2008. Bacterial isolates from equine infections in western Canada (1998-2003). Can Vet J 49: 153.

Cohn LA, et al. 2003. Trends in fluoroquinolone resistance of bacteria isolated from canine urinary tracts. J Vet Diagn Invest 15: 338.

Craven M, et al. 2010. Antimicrobial resistance impacts clini- cal outcome of granulomatous colitis in boxer dogs. J Vet Intern Med 24: 819.

Dierikx CM, et al. 2012. Occurrence and characteristics of extended-spectrum-beta-lactamase and AmpC-producing clinical isolates derived from companion animals and horses. J Antimicrob Chemother 67: 1368.

Forrester SD, et al. 1999. Retrospective evaluation of urinary tract infection in 42 dogs with hyperadrenocorticism or diabetes mellitus or both. J Vet Intern Med 13: 557.

Frye MA. 2006. Pathophysiology, diagnosis, and management of urinary tract infection in horses. Vet Clin North Am Equine Pract 22: 497.

Gebru E, et al. 2011. Mutant-prevention concentration and mechanism of resistance in clinical isolates and enrofloxacin/marbofloxacin-selected mutants of *Escherichia coli* of canine origin. J Med Microbiol 60: 1512.

Gebru E, et al. 2012. Mutant prevention concentration and phenotypic and molecular basis of fluoroquinolone resistance in clinical isolates and in vitro-selected mutants of *Escherichia coli* from dogs. Vet Microbiol 154: 384.

Ghosh A, et al. 2011. Dogs leaving the ICU carry a very large multi-drug resistant enterococcal population with capacity for biofilm formation and horizontal gene transfer. PLoS One 6: e22451.

Gibson JS, et al. 2008. Multidrug-resistant *E. coli* and *enterobacter* extraintestinal infection in 37 dogs. J Vet Intern Med 22: 844.

Hayakawa K, et al. 2013. Epidemiology of vancomycin resistant *Enterococcus faecalis*: a case-case-control study. Antimicrob Agents Chemother 57: 49.

Hess RS, et al. 2000. Concurrent disorders in dogs with diabetes mellitus: 221 cases (1993-1998). J Am Vet Med Assoc 217: 1166.

Hubka P, Boothe DM. 2011. In vitro susceptibility of canine and feline *Escherichia coli* to fosfomycin. Vet Microbiol 149: 277.

Ihrke PJ, et al. 1985. Urinary tract infection associated with long-term corticosteroid administration in dogs with chronic skin diseases. J Am Vet Med Assoc 186: 43.

Jackson CR, et al. 2010. Mechanisms of antimicrobial resistance and genetic relatedness among enterococci isolated from dogs and cats in the United States. J Appl Microbiol 108: 2171.

Katouli M. 2010. Population structure of gut *Escherichia coli* and its role in development of extra-intestinal infections. Iran J Microbiol 2: 59.

Ling GV. 1984. Therapeutic strategies involving antimicrobial treatment of the canine urinary tract. J Am Vet Med Assoc 185: 1162.

Litster A, et al. 2011. Feline bacterial urinary tract infections: An update on an evolving clinical problem. Vet J 187: 18.

Maaland M, Guardabassi L. 2011. In vitro antimicrobial activity of nitrofurantoin against *Escherichia coli* and *Staphylococcus pseudintermedius* isolated from dogs and cats. Vet Microbiol 151: 396.

Mulvey MA. 2002. Adhesion and entry of uropathogenic *Escherichia coli*. Cell Microbiol 4: 257.

Mulvey MA, et al. 2001. Establishment of a persistent *Escherichia coli* reservoir during the acute phase of a bladder infection. Infect Immun 69: 4572.

Mulvey MA, et al. 2000. Bad bugs and beleaguered bladders: interplay between uropathogenic *Escherichia coli* and innate host defenses. Proc Natl Acad Sci USA 97: 8829.

O'Keefe A, et al. 2010. First detection of CTX-M and SHV extended-spectrum beta-lactamases in *Escherichia coli* urinary tract isolates from dogs and cats in the United States. Antimicrob Agents Chemother 54: 3489.

Ogeer-Gyles J, et al. 2006. Evaluation of catheter-associated urinary tract infections and multi-drug-resistant *Escherichia coli* isolates from the urine of dogs with indwelling urinary catheters. J Am Vet Med Assoc 229：1584.

Otter A，Moynan C. 2000. *Corynebacterium renale* infection in calves. Vet Rec 146：83.

Papich MG. 2012. Selection of antibiotics for meticillin-resistant *Staphylococcus pseudintermedius*：time to revisit some old drugs? Vet Dermatol 23：352.

Peterson AL，et al. 2012. Frequency of urinary tract infection in dogs with inflammatory skin disorders treated with ciclosporin alone or in combination with glucocorticoid therapy：a retrospective study. Vet Dermatol 23：201.

Platell JL，et al. 2012. Prominence of an O75 clonal group (clonal complex 14) among non-ST131 fluoroquinolone-resistant *Escherichia coli* causing extraintestinal infections in humans and dogs in Australia. Antimicrob Agents Chemother 56：3898.

Pomba C，et al. 2009. Detection of the pandemic O25-ST131 human virulent Escherichia coli CTX-M-15-producing clone harboring the qnrB2 and aac (6') -Ib-cr genes in a dog. Antimicrob Agents Chemother 53：327.

Rebhun WC，et al. 1989. Pyelonephritis in cows：15 cases (1982-1986) . J Am Vet Med Assoc 194：953.

Rubin JE，Gaunt MC. 2011. Urinary tract infection caused by methicillin-resistant *Staphylococcus pseudintermedius* in a dog. Can Vet J 52：162.

Sato T，et al. 2012. Contribution of the AcrAB-TolC efflux pump to high-level fluoroquinolone resistance in *Escherichia coli* isolated from dogs and humans. J Vet Med Sci [Epub ahead of print] .

Schink AK，et al. 2013. Susceptibility of canine and feline bacterial pathogens to pradofloxacin and comparison with other fluoroquinolones approved for companion animals. Vet Microbiol 162：119.

Segev G，et al. 2011. Urethral obstruction in cats：predisposing factors，clinical，clinicopathological characteristics and prognosis. J Feline Med Surg 13：101.

Seguin MA，et al. 2003. Persistent urinary tract infections and reinfections in 100 dogs (1989-1999) . J Vet Intern Med 17：622.

Shaheen BW，et al. 2011. Evaluation of the contribution of gyrA mutation and efflux pumps to fluoroquinolone and multidrug resistance in pathogenic *Escherichia coli* isolates from dogs and cats. Am J Vet Res 72：25.

Simjee S，et al. 2002. Characterization of Tn1546 in vancomycin-resistant *Enterococcus faecium* isolated from canine urinary tract infections：evidence of gene exchange between human and animal enterococci. J Clin Microbiol 40：4659.

Smarick SD，et al. 2004. Incidence of catheter-associated urinary tract infection among dogs in a small animal inten sive care unit. J Am Vet Med Assoc 224：1936.

Stiffler KS，et al. 2006. Prevalence and characterization of urinary tract infections in dogs with surgically treated type 1 thoracolumbar intervertebral disc extrusion. Vet Surg 35：330.

Thompson MF，et al. 2011. Canine bacterial urinary tract infections：new developments in old pathogens. Vet J 190：22.

Thompson MF，et al. 2012. A modified three-dose protocol for colonization of the canine urinary tract with the asymptomatic bacteriuria *Escherichia coli* strain 83972. Vet Microbiol 158：446.

Torres SM，et al. 2005. Frequency of urinary tract infection among dogs with pruritic disorders receiving long-term glucocorticoid treatment. J Am Vet Med Assoc 227：239.

Weese JS，et al. 2011. Antimicrobial Use Guidelines for Treatment of Urinary Tract Disease in Dogs and Cats：Antimicrobial Guidelines Working Group of the International Society for Companion Animal Infectious Diseases. Veterinary Medicine International.

Westropp JL，et al. 2012. Evaluation of the efficacy and safety of high dose short duration enrofloxacin treatment regimen for uncomplicated urinary tract infections in dogs. J Vet Intern Med 26：506.

Wilson BJ，et al. 2006. Susceptibility of bacteria from feline and canine urinary tract infections to doxycycline and tet-racycline concentrations attained in urine four hours after oral dosage. Aust Vet J 84：8.

Yeruham I，et al. 2006. A herd level analysis of urinary tract infection in dairy cattle. Vet J 171：172.

Yeruham I，et al. 2004. Four-year survey of urinary tract infections in calves in Israel. Vet Rec 154：204.

第二十四章　特定细菌感染的抗菌药物治疗

Steeve Giguère

本章讨论在治疗特定细菌感染（厌氧菌、非典型分枝杆菌、布鲁氏菌、钩端螺旋体病、支原体和诺卡氏菌）时需注意的事项。

第一节　厌氧菌感染

专性厌氧菌（厌氧菌）是那些无法在有氧分子环境下生长的细菌。它们可以是革兰氏阴性或革兰氏阳性的杆菌或球菌。厌氧菌是许多不同类型感染的重要病原体。在几百种不同种厌氧菌中，只有少数几个导致原发疾病。其中包括梭菌（如艰难梭菌、产气荚膜梭菌）、产肠毒素脆弱拟杆菌和致病性厌氧螺旋体（如短螺菌属）的成员。其他绝大部分引起动物疾病的厌氧菌是条件致病菌。最常见的厌氧菌感染过程是在正常无菌位点被相对致病菌（放线菌、拟杆菌、梭菌、真细菌、消化链球菌、卟啉单胞菌等）的正常菌群大量接种（感染）时，菌群占领了邻近易感染位点的黏膜表面。

一、体外活性

所有厌氧菌的体外敏感性试验都很耗时，并且常常是无必要的。经验性治疗单纯或混合厌氧菌感染时的抗菌药物选择往往建立在地方或国家水平的监测数据基础上。这样的数据很缺乏，因为它涉及大部分兽医物种中分离出的厌氧菌。CLSI 最近建立了用琼脂稀释法测定 MIC 的严格的标准化方法。纸片法不能用于厌氧菌的体外敏感性试验。E-test 是一种进行药敏试验的简便方法，但药物选择有限（花费高）。多种抗菌药物对常见厌氧细菌病原体的抗菌活性总结于表 24.1 中。

甲硝唑、氯霉素、克林霉素及一些第 2 代（头孢西丁）和第 3 代头孢菌素类药物（头孢唑肟）对治疗厌氧菌感染有效（Jang 等，1997a）。青霉素类药物（青霉素 G、阿莫西林、氨苄西林、替卡西林）对大多数厌氧菌有效（脆弱拟杆菌属成员和部分其他革兰氏阴性菌除外），但是当与 β-内酰胺酶抑制剂（克拉维酸、舒巴坦或他唑巴坦）联用时，β-内酰胺类药物对大多数厌氧菌有效。大环内酯类和四环素类对厌氧菌有一定活性，但是它们很少用于厌氧菌感染的一线治疗。

表 24.1　抗菌药物对厌氧细菌的活性

药物	消化链球菌属	梭菌属	脆弱拟杆菌	产气荚膜梭菌	普氏菌属
青霉素	++	++	−	++	+/−
β-内酰胺和 β-内酰胺酶抑制剂联用	++	++	++	++	++
头孢西丁	+	+	+	+	+
氯霉素	+	+	+	+	+
克林霉素	+	+	+/−到+*	+	+
大环内酯类	+/−	−	−	+	+/−
甲硝唑	+/−	+	++	+	++
碳青霉烯类	+	+	++	+	++
新氟喹诺酮类[a]	+	+	+	+	++
四环素类[b]	+/−	+/−	+/−	−	+/−

注：体外活性水平：−，最低；+/−，中等；+，强；++，很强。

*不同研究之间耐药性水平有显著差异。

a 新氟喹诺酮类包括普多沙星、左氧氟沙星、加替沙星、曲伐沙星、莫西沙星和吉米沙星。

b 替加环素除外，其对大多数厌氧菌有活性。

改编自 Nagy，2010；Brooks，2011。

二、耐药性

所有的厌氧菌对氨基糖苷类有天然耐药性，因为这些抗生素需通过一个需氧转运系统进入细菌细胞。同样，厌氧菌对第1代和第2代氟喹诺酮类（如萘啶酸、诺氟沙星、恩诺沙星、环丙沙星等）也有天然耐药性，尽管一些新化合物（如普多沙星、左氧氟沙星、曲伐沙星、莫西沙星、吉米沙星）对许多临床上重要的厌氧菌包括脆弱拟杆菌有很好的体外活性（Stein 和 Goldstein，2006）。但是，它们对除了脆弱拟杆菌之外的拟杆菌属的活性有限，而氟喹诺酮类药物与艰难梭菌导致的人腹泻具有相关性（Stein 和 Goldstein，2006）。

对β-内酰胺抗菌药物的耐药性可由3个主要耐药机制之一介导：酶（β-内酰胺酶）灭活，低亲和力的青霉素结合蛋白，或渗透性降低。β-内酰胺酶灭活是最常见的。在拟杆菌和普氏菌属中最常发现的β-内酰胺酶是功能性2e家族头孢菌素酶。这些酶都受β-内酰胺酶抑制剂（克拉维酸、舒巴坦和他唑巴坦）抑制。虽然青霉素或氨苄西林对大多数脆弱拟杆菌和普氏菌活性不强，但β-内酰胺/β-内酰胺酶抑制剂组合却具有较高抑菌活性。灭活头孢西丁和头孢噻肟的头孢西丁水解蛋白，例如 cepA 和 cfxA 编码的蛋白非常少见，但在脆弱拟杆菌的许多菌种中发现了它们（Nagy，2010）。许多耐药性数据都是人类来源而非兽医来源的，不过这些结果可能可以合理应用于动物。

对四环素类的耐药性是不可预知的，因为存在获得性耐药。除了新开发的药物替加环素外，四环素类在临床限用于厌氧菌感染的治疗。当涉及厌氧菌感染时，甲氧苄啶-磺胺类药物的治疗效果也是不可预见的。这是因为一些厌氧菌（而且没有方法预测是哪些厌氧菌）能从坏死物质中清除胸腺嘧啶，从而避开甲氧苄啶-磺胺对胸腺嘧啶合成的阻碍（Indiveri 和 Hirsh，1992）。因此尽管体外试验（在少胸腺嘧啶的可控条件下进行）预计有效，但仍不推荐使用甲氧苄啶-磺胺组合治疗厌氧菌的感染。

革兰氏阴性厌氧细菌对甲硝唑的耐药性并不常见。甲硝唑耐药性更常见于革兰氏阳性厌氧细菌，包括放线菌属、一些厌氧链球菌。对于耐甲硝唑情况的唯一报道是，在教学医院中由艰难梭菌引起的马腹泻（Jang 等，1997b）。尽管克林霉素很长时间以来被认为是一个治疗厌氧菌感染的金标准，但是在过去的20年里，对克林霉素的耐药性稳定增长，脆弱拟杆菌细菌的耐药率为10%～40%（Nagy，2010）。

三、临床应用

涉及正常无菌部位的感染过程通常是厌氧菌与需氧菌（兼性和专性菌）的混合感染。尽管诸多厌氧菌感染呈混合感染状态，但治疗时无须对所有细菌进行清除。鉴于需氧菌和厌氧菌之间有时会存在独特的协同作用，只消灭混合细菌感染中的一些细菌便能消除此类协同作用，从而实现整个感染的治疗。治疗厌氧菌感染的两种主要方法是术后管理和合适的抗微生物疗法。此外，坏死组织清理及脓肿引流在任何可行的情况下均非常重要。人医中，目前还未形成针对厌氧菌感染的具体治疗药物、剂量及治疗时间的共识（Nagy，2010），因此，针对此类治疗应具有相应临床判断，临床医生选择抗菌药物组合还是单一抗菌药物，将取决于对感染严重程度及其后果的评估。

经验性治疗（通常情况下，获得需氧微生物的敏感性试验结果至少需48 h；厌氧微生物的结果至少需5d）通常基于可能病原微生物及其典型体外敏感性特征而开始。感染的严重程度是决定抗菌药物选用的另一个重要因素（表24.2）。对于轻度感染，最常选用对需氧菌和厌氧菌均具有抗菌效果的单一抗菌药物。对于严重感染，则可能会选用针对需氧微生物的强效药及针对厌氧微生物强效药的组合。例如，一种氨基糖苷类药物或一种氟喹诺酮药物与阿莫西林-克拉维酸、克林霉素或甲硝唑的组合。此类组合用药常见于肠内容物溢出而导致的腹膜炎的治疗，因为此类感染通常是厌氧菌及革兰氏阴性肠道菌的混合感染。此外，马化脓性胸膜炎也通常采用药物组合治疗，主要针对需氧微生物（马链球菌亚种兽疫链球菌和革兰阴性需氧菌）及可能的非孢子厌氧细菌（可能为感染的后果之一）进行结合治疗。例如，经典组合青霉素-庆大霉素治疗需氧菌，甲硝唑治疗厌氧菌。

表 24.2 针对非芽孢厌氧菌感染的兽用抗菌药物选用

感染类型	单一药物	药物组合
相对不严重，如咬伤感染	阿莫西林、氨苄西林、阿奇霉素、氯霉素、克林霉素	阿莫西林-克拉维酸、舒巴坦-氨苄西林

（续）

感染类型	单一药物	药物组合
严重感染，包括腹内感染	头孢西丁、碳青霉烯	哌拉西林-他唑巴坦；替卡西林-克拉维酸；氨基糖苷类加甲硝唑或克林霉素；第3代/第4代头孢菌素加甲硝唑或克林霉素；氟喹诺酮类＋甲硝唑

治疗厌氧菌引起的肠道感染（肠毒性脆弱拟杆菌、猪痢疾密螺旋体、脆弱拟杆菌、艰难梭菌、产气荚膜梭菌）时则有一系列的选择。非食品动物出现艰难梭菌相关的腹泻时，典型疗法是使用甲硝唑。由猪痢疾短螺旋体所致疾病的治疗在第三十三章中讨论。

参考文献

Brook I. 2011. Anaerobic infections in children. Adv Exp Med Biol 697：117.

Stein GE，Goldstein EJ. 2006. Fluoroquinolones and anaerobes. Clin Infect Dis 42：1598.

Indiveri MC，Hirsh DC. 1992. Tissues and exudates contain sufficient thymidine for growth of anaerobic bacteria in the presence of inhibitory levels of trimethoprim-sulfamethoxazole. Vet Microbiol 32：235.

Jang SS，et al. 1997a. Organisms isolated from dogs and cats with anaerobic infections and susceptibility to selected antimicrobial agents. J Am Vet Med Assoc 210：1610.

Jang SS，et al. 1997b. Antimicrobial susceptibilities of equine isolates of *Clostridium difficile* and molecular characterization of metronidazole-resistant strains. Clin Infect Dis 25：Suppl. 2：S266.

Nagy E，2010. Anaerobic infections：update on treatment considerations. Drugs 70：841.

第二节　布鲁氏菌

布鲁氏菌病是由布鲁氏菌属细菌所引发的疾病。布鲁氏菌属包括10个种：流产布鲁氏菌、犬布鲁氏菌、鲸型布鲁氏菌、人布鲁氏菌、马耳他布鲁氏菌、田鼠布鲁氏菌、沙林鼠布鲁氏菌、羊布鲁氏菌、鳍型布鲁氏菌和猪布鲁氏菌（Pappas，2010）。布鲁氏菌病的治疗通常仅限于受感染的伴侣动物，即犬和马，因为食品牲畜感染时由国家根除程序控制。布鲁氏菌病的治疗方案很昂贵，涉及长期抗生素给药，甚至涉及可能未经批准用于食品动物的抗生素。布鲁氏菌是兼性细胞内病原体，在巨噬细胞内生存。这一特性对于用体外敏感性试验结果预测临床疗效时很重要。在治疗时，建议使用两种抗菌药物，因为单一抗菌药物疗法中，动物在停药后疾病会复发（Solera等，1997）。治疗人类患者的试验证据和临床经验显示，所选用药物中至少一种抗生素应具有细胞内分布特性（Solera等，1997）。

在使用四环素、利福平和甲氧苄啶-磺胺类药物进行单一治疗时，尽管药物对布鲁氏菌属有体外活性，但仍常见疾病复发状况（Solera等，1997）。布鲁氏菌属在体外对氟喹诺酮类药物也呈敏感状态，但是临床数据显示，环丙沙星对人类患者无效，可能因为氟喹诺酮类在吞噬溶酶体中酸性pH条件下活性降低（Garcia-Rodriguez等，1991）。不过在一组人类患者治疗中，氟喹诺酮和利福平的组合有85%的治愈率（Agalar等，1999）。文献综述称，仅用氟喹诺酮类治疗会存在不可接受的高复发率，当与利福平或多西环素联用时，与传统治疗方案相比，结果也未出现改善（Falagas和Bliziotis，2006）。相反，在临床试验中，12只感染了犬布鲁氏菌的犬，口服给予恩诺沙星5mg/kg，每12h给药1次，连续30d。尽管恩诺沙星没有根除所有犬中的病原菌，但是犬生育能力保留完好，并且防止了流产复发、对幼犬的疾病传播以及分娩过程中微生物的播散（Wanke等，2006）。

在人类患者的治疗中发现两组药物能够控制布鲁氏菌病：多西环素加一种氨基糖苷类药物（如庆大霉素），或多西环素＋利福平（Solera等，1997）。鉴于口服及便利等原因，多西环素-利福平是在人类布鲁氏菌病患者最常用的治疗方案（Demirtürk等，2008）。不过，Meta分析表明，全身链霉素治疗加口服多西环素或另一种四环素有更高的治愈率，且比口服多西环素-利福平复发率更低（Solera等，1994）。

对于患病儿童，鉴于四环素类的牙齿染色作用，推荐使用利福平加甲氧苄啶-磺胺类或利福平加一种氨基糖苷类作为替代方案（Solera等，1997）。比较有前景的治疗方案（在啮齿动物布鲁氏菌病模型中有效）是新大环内酯阿奇霉素（Atkins等，2010）和含庆大霉素的脂质体制剂（Hernández-Caselles等，1989）。

鉴于布鲁氏菌属人兽共患病原菌，应充分考虑治疗方案的适当性。目前还不存在针对伴侣动物布鲁氏菌病的公开治疗建议，不过依据人医临床数据，采用四环素和利福平组合疗法时，治疗时间应至少持续6周。

参考文献

Atkins HS, et al. 2010. Evaluation of azithromycin, trovafloxacin and grepafloxacin as prophylaxis against experimental murine *Brucella melitensis* infection. Int J Antimicrob Agents 36：66.

Demirtürk N, et al. 2008. Brucellosis：a retrospective evaluation of 99 cases and review of brucellosis treatment. Trop Doct 38：59.

Falagas ME, Bliziotis IA. 2006. Quinolones for treatment of human brucellosis：Critical review of the evidence from microbiological and clinical studies. Antimicrob Agents Chemother 50：22.

Garcia-Rodriguez JA, et al. 1991. Lack of effective bactericidal activity of new quinolones against *Brucella* spp. Antimicrob Agents Chemother 35：756.

Hernández-Caselles T, et al. 1989. Treatment of *Brucella melitensis* infection in mice by use of liposome-encapsulated gentamicin. Am J Vet Res 50：1486.

Pappas G, et al. 2005. New approaches to the antibiotic treatment of brucellosis. Int J Antimicrob Agents 26：101.

Pappas G. 2010. The changing *Brucella* ecology：novel reservoirs, new threats. Int J Antimicrob Agents 36 Suppl 1：S8.

Solera J et al. 1994. Meta-analysis of the efficacy of the combination of rifampicin and doxycycline in the treatment of human brucellosis. Med Clin (Barc) 102：731.

Solera J, et al. 1997. Recognition and optimum treatment of brucellosis. Drugs 53：245.

Wanke MM, et al. 2006. Use of enrofloxacin in the treatment of canine brucellosis in a dog kennel (clinical trial). Theriogenology 66：1573.

第三节　非典型分枝杆菌

为了方便起见，分枝杆菌属的成员分为致结核的结核分枝杆菌和牛分枝杆菌、致麻风病的麻风杆菌和非典型分枝杆菌。非典型分枝杆菌包括所谓的缓慢生长型（生长数周到数月才能在体外形成可见菌落：如鸟分枝杆菌复合体、日内瓦分枝杆菌、戈登分枝杆菌、堪萨斯分枝杆菌、海洋分枝杆菌、猿分枝杆菌、苏尔加分枝杆菌、溃疡分枝杆菌和蟾蜍分枝杆菌）和所谓的快速生长型（数天到数周在体外可形成可见菌落：如龟分枝杆菌、偶发分枝杆菌、草分枝杆菌、耻垢分枝杆菌和母牛分枝杆菌）。在制定治疗策略时，快速生长型和缓慢生长型二者之间的区别有时很重要，因为二者的敏感性存在差异（Brown-Elliott 等，2012）。

鸟分枝杆菌复合体的成员是获得性免疫缺陷综合征人类患者感染的主要非典型分枝杆菌，鸟类如此（在宠物鸟中仅次于日内瓦分枝杆菌）、猪也如此，但在马和绵羊中很少见。犬和猫对鸟分枝杆菌复合体成员引起的疾病有高度抗性（尽管之前在正常猫中有过播散性疾病记载），被感染的多数情况是由其他非典型细菌如龟分枝杆菌、偶发分枝杆菌、麻风杆菌（猫）、草分枝杆菌、耻垢分枝杆菌和蟾蜍分枝杆菌引起的。几乎所有的非典型分枝杆菌都在环境中定居，因此主要的传染源是环境，而不是一个受感染的患者（Heifets，1996）。某些形式的免疫抑制常常是疾病的前提，但并不总是如此。

许多人类患者的试验表明，单一治疗会导致对所使用药物的耐药性的发展（Heifets，1996；Alangaden 和 Lerner，1997）。因此，大部分推荐的非典型分枝杆菌病治疗方案包括至少两种或最好三种抗菌药物联合使用。另外，分枝杆菌是兼性细胞内寄生，能够在吞噬溶酶体中生存。因此在选择抗生素时，药物能渗透进入细胞是很重要的。

一、耐药性

分枝杆菌对所有影响细胞壁的抗生素（青霉素类和头孢菌素类）有天然耐药性，可能是由于分枝杆菌细胞壁的脂质含量高。使用单一抗菌药物时，细菌最开始是敏感的，但很快会发生耐药性。染色体上编码抗生素靶标的基因突变导致了耐药性。

二、敏感性

在兽医中，对治疗非典型分枝杆菌的感染并没有严格的规定。美国胸科协会（ATS）和美国传染病学会发布了治疗人类非典型或非结核分枝杆菌病的指南（Griffith 等，2007）。大多数非典型分枝杆菌细菌对克拉霉素和阿奇霉素敏感，大环内酯类仍然是多种药物组合治疗的基础。对于鸟分枝杆菌复合体和大多数（但非全部）其他种的非典型分枝杆菌引起的感染，推荐每日使用克拉霉素（或阿奇霉素）、利福平和乙胺丁醇治疗。在多种药物组合方案中，作为克拉霉素的配对药物并表现出效果的药物有：氯法齐明；氟喹诺酮类（对鸟分枝杆菌复合体的成员不可预知；龟分枝杆菌有耐药性）；阿米卡星（对快速生长的分枝杆菌的活性最可预见；Khardori 等，1994；Heifets，1996；Yajko 等，1996；Alangaden 和 Lerner，1997；Watt，1997）。

三、临床应用

非典型分枝杆菌存在的第一线索是伴随损伤的慢性病变，包括瘘孔、对多种抗菌药物无反应以及在培养基培养 24～48 h 后也不生长。除了病史线索外，如果受感染部分用罗氏染色（姬姆萨、瑞氏）或革兰氏染色，非典型分枝杆菌细胞都有特征性特点。在前种染色中，细菌细胞会呈现“幽灵”状，而在后种染色中，它们会呈现“斑点”性杆状。出现这种线索提示应采用抗酸染色，并应使用适当的培养基培养合适长度的时间。如果存在抗酸菌，应开始适当的抗生素治疗。如果得到分离株，应送到合适的参考实验室进行敏感性试验。治疗应包括尽可能地手术引流和延长抗菌药物治疗，可能需要长达数月，这通常取决于临床反应及感染性质。

四、副结核病个体动物的治疗

副结核病（也称 Johne 氏病），由鸟分枝杆菌亚种副结核菌（MAP）引起，在反刍动物和骆驼中，由于血液蛋白不足，常见病症是腹泻、体重减轻和水肿。副结核病在群体水平的治疗比在个体动物的治疗能得到更好的控制（Sweeney 等，2012）。偶尔有对珍贵动物或宠物的治疗，目的是减轻临床症状，而不是完全防止微生物排泄。在体外，阿米卡星、链霉素、环丙沙星、利福布丁、利福平和莫能菌素对 MAP 有活性（Brumbaugh 等，2004；Zanetti 等，2006；Krishnan 等，2009）。阿奇霉素和克拉霉素在一些研究但并非所有研究中活性很强（Krishnan 等，2009；Zanetti 等，2006）。莫能菌素显著降低一个受感染小鼠模型的肝肉芽肿数量（Brumbaugh 等，2004），并减少牛粪便中细菌排泄（Hendrick 等，2006）。其他多种临床报告或试验研究已用的药物有利福平、异烟肼、氯法齐明和硝酸镓。

除莫能菌素在有些国家被批准用于牛之外，其他药物均没有被批准用于牛。还没有批准用于治疗副结核病的药物。在加拿大，莫能菌素被批准用于降低处于高风险副结核病的成年牛粪便中细菌排泄，作为副结核病多种控制方法项目的群体控制的一个辅助方法。根据美国兽医学院的共识声明，对有副结核病临床症状的奶牛、绵羊、山羊和骆驼的推荐治疗草案是，利福平（10～20mg/kg 口服，间隔 24h）和异烟肼（10～20mg/kg 口服，间隔 24h；Sweeney 等，2012）。如果其标签注明可合法使用，莫能菌素应该也包括在内（Sweeney 等，2012）。

参考文献

Alangaden GJ，Lerner SA. 1997. The clinical use of fluoroquinolones for the treatment of mycobacterial diseases. Clin Infect Dis 25：1213.

Brown-Elliott BA，et al. 2012. Antimicrobial susceptibility testing，drug resistance mechanisms，and therapy of infections with nontuberculous mycobacteria. Clin Microbiol Rev. 25：545.

Brumbaugh GW，et al. 2004. Susceptibility of *Mycobacterium avium* subsp. *paratuberculosis* tomonensin sodium or tilmicosin phosphate in vitro and resulting infectivity in a murine model. Can J Vet Res 68：175.

Griffith DE，et al. 2007. An official ATS/IDSA statement：diagnosis，treatment，and prevention of nontuberculous mycobacterial diseases. Am J Respir Crit Care Med 175：367.

Heifets L. 1996. Susceptibility testing of *Mycobacterium avium* complex isolates. Antimicrob Agents Chemother 40：1759.

Hendrick SH，et al. 2006. Efficacy of monensin sodium for the reduction of fecal shedding of *Mycobacterium avium* subsp. *paratuberculosis* in infected dairy cattle. Prev Vet Med 75：206.

Jogi R，Tyring SK. 2004. Therapy of nontuberculous mycobacterial infections. Derm Therap 17：491.

Khardori N，et al. 1994. *In vitro* susceptibilities of rapidly growing mycobacteria to newer antimicrobial agents. Antimicrob Agents Chemother 38：134.

Krishnan MY，et al. 2009. Comparison of three methods for susceptibility testing of *Mycobacterium avium* subsp. paratuberculosis to 11 antimicrobial drugs. J Antimicrob Chemother 64：310.

Sweeney et al. 2012. Paratuberculosis (Johne's Disease) in cattle and other susceptible species. J Vet Intern Med doi：10.1111/j.1939-1676.2012.01019.x.

Watt B. 1997. *In vitro* sensitivities and treatment of less common mycobacteria. J Antimicrob Chemother 39：567.

Yajko DM，et al. 1996. *In vitro* activities of rifabutin，azithromycin，ciprofloxacin，clarithromycin，clofazimine，ethambutol，and amikacin in combination of two，three，and four drugs against *Mycobacterium avium*. Antimicrob Agents Chemother 40：743.

Zanetti S，et al. 2006. In vitro activities of antimycobacterial agents against *Mycobacterium avium* subsp. paratuberculosis linked to Crohn's disease and paratuberculosis. Ann Clin Microbiol Antimicrob 5：27.

第四节 支原体

柔膜菌纲由缺乏产生细胞壁能力的一组多种小细菌组成。支原体科家族由两个需要胆固醇的属组成；包括支原体和脲原体。在这个家族中，支原体属包括124种，脲原体属包括7种。大多数动物的病原体是支原体属的成员。此前微生物学分类为无形小体科家族中的专性细胞内病原体最近被认为属于支原体属。有越来越多的血浆中的宿主适应种被发现，在某些情况下只造成临床表现不明显的菌血症。这些感染常常通过载体（虱子、跳蚤）传播。支原体感染与呼吸道、关节炎、乳腺炎、败血症和许多物种的泌尿生殖道相关。

一、体外活性

由于很难进行分离株的体外试验，所以菌株的敏感性是很难确定的，并且通常只有专门的实验室才能进行。目前在兽医中对支原体尚无MIC检测控制标准，而且CLSI尚未确定其折点；因此，MIC数据不能被定义为敏感、中度敏感或耐药。对动物来源的支原体，有必要以比过去更高的频率检测其体外活性。一般来说，大环内酯类（尤其是阿奇霉素、克拉霉素、红霉素、泰乐菌素、泰妙菌素）、氟苯尼考和氟喹诺酮类似乎是活性最强的（Kobayashi等，1996；Thomas等，2003；Francoz等，2005；Assunção等，2007）。氨基糖苷类、氯霉素、林可酰胺类和四环素类对支原体属也是有活性的。酮内酯类（如泰利霉素）对感染人的支原体有很强的活性。泰拉霉素对牛支原体分离株的MICs范围从0.125～>64 μg/mL（Godinho，2008）。但是，在治疗感染了MIC>64 μg/mL的牛支原体的犊牛中，泰拉霉素是有效的，因此泰拉霉素MIC值的临床相关性尚属未知（Godinho，2004）。除了杀菌的氟喹诺酮类外，支原体有效抗生素的抑菌活性可能是支原体感染常常对治疗反应缓慢的另一个因素。

由于不能合成细胞壁，所有支原体对作用于细胞壁的抗菌药物（青霉素类、头孢菌素类、糖肽类等）都有耐药性。另外，支原体对利福平耐药。一些支原体，如牛支原体和猪肺炎支原体，对14元环大环内酯类如红霉素有天然耐药性。从农场动物得到的支原体菌株对四环素类的耐药性越来越严重，支原体对四环素类和其他抗菌药物耐药的遗传基础尚未明确（Rosenbusch等，2005；Aarestrup和Kempf，2006）。在丹麦，过去的20年里，猪肺炎支原体对泰乐菌素的耐药性不断发展，被认为和在此期间这种药物在猪中的广泛使用有关（Aarestrup和Friis，1998）。

二、临床应用

支原体往往难以分离，且生长缓慢。因此，支原体感染的治疗通常是经验性的，而不是基于体外敏感性。组织中感染的消除往往是缓慢的，因为大多数抗生素对支原体只有抑菌作用。尽管在体外活性很强，在动物中建立的支原体感染的治疗方法有时却令人失望，也许是因为有效的治疗可能需要2～3周而不是更短的治疗时间。目前在动物中的许多支原体感染治疗缺乏临床有效性数据，与之形成对比的是，在人类医学中已证实四环素或大环内酯对治疗肺炎支原体有效。因此治疗支原体感染的一般指导原则是选择能穿透细胞壁的抗菌药物（氟苯尼考、氟喹诺酮类、林可胺类、大环内酯类或四环素类），延长给药时间，并进行分离和体外敏感性试验，以防临床效应失败。在食品动物中，抗菌药物和治疗时间的选择必须遵守国家关于抗菌药物使用的具体规定。

参考文献

Aarestrup FM, Friis NF. 1998. Antimicrobial susceptibility testing of *Mycoplasma hyosynoviae* isolated from pigs during 1968 to 1971 and during 1995 and 1996. Vet Microbiol 61: 33.

Aarestrup FM, Kempf I. 2006. Mycoplasma. In: Aarestrup FM (ed). Antimicrobial Resistance in Bacteria of Animal Origin. Washington, DC: ASM Press, pp. 239-248.

Assunção P, et al. 2007. Application of flow cytometry for the determination of minimal inhibitory concentration of several antibacterial agents on *Mycoplasma hyopneumoniae*. J Appl Microbiol 102: 1132.

Francoz D, et al. 2005. Determination of *Mycoplasma bovis* susceptibilities against six antimicrbial agents using the E test method. Vet Microbiol 105: 57.

Godinho KS. 2008. Susceptibility testing of tulathromycin: Interpretative breakpoints and susceptibility of field isolates. Vet Microbiol 129: 426.

Godinho KS, et al. 2005. Efficacy of tulathromycin in the treatment of bovine respiratory disease associated with induced *Mycoplasma bovis* infections in young dairy calves. Vet Ther 6: 96.

Kobayashi H, et al. 1996. Macrolide susceptibility of *Mycoplasma hyorhinis* isolated from piglets. Antimicrob Agents Chemother 40: 1030.

Rosenbusch RF, et al. 2005. In vitro antimicrobial inhibition profiles of *Mycoplasma bovis* isolates recovered from various regions of the United States from 2002 to 2003. J Vet Diagn Invest 17: 436.

Thomas A, et al. 2003. Antibiotic susceptibilities of recent isolates of *Mycoplasma bovis* in Belgium. Vet Rec 153: 428.

第五节　诺卡氏菌

诺卡氏菌病已在多种动物种类中有报道，但牛、马、犬和猫是最常受感染的（Beaman 和 Beaman，1994）。目前诺卡氏菌有 99 个属。新星诺卡氏菌是最常从犬和猫中分离出来的（局部病变，最常和肢体相关）种属，而星形诺卡氏菌最常从牛和马中分离出来（Biberstein 等，1985）。

诺卡氏菌病的临床表现缺乏特异性，可能会被误认为是各种其他细菌感染、真菌感染和恶性肿瘤。当从受感染部位采集的样品中看到中等抗酸的分枝丝时，可以怀疑是诺卡氏菌病。确诊诺卡氏菌病需要对临床标本进行微生物的分离和鉴定。由于诺卡氏菌的菌落可能最多需要 2 周出现，当怀疑是诺卡氏菌病时，告知实验室是很重要的，这样可以采取适当的措施来优化微生物的培养。

因为诺卡氏菌病是一种罕见的疾病，尚未在临床试验中确立最好的治疗药物、给药途径和治疗时间。通常是基于体外敏感性试验结果、动物模型和临床学专家意见来给出建议。对大多数诺卡氏菌有体外活性的药物包括甲氧苄啶-磺胺类、四环素类（多西环素、米诺环素、替加环素）、氨基糖苷类（尤其是阿米卡星）、碳青霉烯类（亚胺培南、美罗培南、多利培南）和利奈唑胺（表 24.3；Lai 等，2009；Conville 等，2012）。氟喹诺酮类（尤其是莫西沙星）和大环内酯类也对一些诺卡氏菌属有活性（Lai 等，2009；Conville 等，2012）。

表 24.3　星形诺卡氏菌和新星诺卡氏菌的敏感性比较

抗菌药物	星形诺卡氏菌（%敏感性）	新星诺卡氏菌（%敏感性）
氨苄西林	27	44
阿莫西林-克拉维酸	67	6
头孢呋辛、头孢噻肟、头孢曲松	94～98	头孢呋辛（100）； 其他第 3 代（83～94）
环丙沙星	38	0
氨苯砜	92	94
多西环素	88	94

（续）

抗菌药物	星形诺卡氏菌（%敏感性）	新星诺卡氏菌（%敏感性）
米诺环素	94	100
阿米卡星	90～95	100
红霉素	60	100
克拉霉素	—	100
甲氧苄啶-磺胺	100	89
亚胺培南	77	100
妥布霉素	—	33

甲氧苄啶-磺胺类复方已成为几十年来治疗人和动物的诺卡氏菌病的选择。在一些物种中，这类抗菌药物的长期治疗有时和不良反应相关（见第十七章）。偶尔有诺卡氏菌属对甲氧苄啶-磺胺类耐药。因此，对有播散性或严重诺卡氏菌病人的初始治疗，推荐使用两个或两个以上的活性药物组合（Ambrosioni 等，2010）。在治疗中，添加到甲氧苄啶-磺胺类中的药物通常有阿米卡星、头孢曲松、莫西沙星或亚胺培南（Ambrosioni 等，2010）。治疗的持续时间是可变的，这取决于患者的病变部位和免疫状态。手术治疗可能是必要的，根据临床表现和身体部位而定。

诺卡氏菌型胎盘炎

诺卡氏菌型胎盘炎，母马胎盘炎的一种常见病因，并不是由诺卡氏菌引起的，而是由拟无枝酸菌属（肯塔基拟无枝酸菌、列克星顿拟无枝酸菌、比热陀利亚拟无枝酸菌），马克洛斯氏菌，或纤维化纤维菌引起（Labeda 等，2003；Bolin 等，2004）。对拟无枝酸菌和马克洛斯氏菌有体外活性的抗菌药物有甲氧苄啶-磺胺类和头孢曲松（对两种菌都有活性）、多西环素和米诺环素（尤其对马克洛斯氏菌有活性）以及阿米卡星（尤其对拟无枝酸菌属有活性；Erol 等，2012）。

参 考 文 献

Ambrosioni J，et al. 2010. Nocardiosis：updated clinical review and experience at a tertiary center. Infection 38：89. Beaman BL，Beaman L. 1994. *Nocardia* species：Host parasite relationships. Clin Microbiol Rev 7：213.

Biberstein EL，et al. 1985. *Nocardia asteroides* infection in horses：a review. J Am Vet Med Assoc 186：273.

Bolan DC，et al. 2004. Equine abortion and premature birth associated with Cellulosimicrobium cellulans infection. J Vet Diagn Invest. 16：333.

Conville PS，et al. 2012. Multisite reproducibility of the broth microdilution method for susceptibility testing of *Nocardia* species. J Clin Microbiol 50：1270.

Erol E，et al. 2012. Antibiotic susceptibility patterns of *Crossiella equi* and *Amycolatopsis* species causing nocardioform placentitis in horses. J Vet Diagn Invest 24：1158.

Labeda DP，etal. 2003. *Amycolatopsis kentuckyensis* spp. nov.，*Amycolatopsis lexingtonensis* spp. nov. and *Amycolatopsis pretoriensis* spp. nov.，isolated from equine placentas. Int J Syst Evol Microbiol 53：1601.

Lai CC，et al. 2009. Comparative in vitro activities of nemonoxacin，doripenem，tigecycline and 16 other anti- microbials against *Nocardia brasiliensis*，*Nocardia asteroides* and unusual *Nocardia* species. J Antimicrob Chemother 64：73.

第六节　钩端螺旋体和钩端螺旋体病

体外敏感性试验显示，钩端螺旋体对很多抗菌药物包括青霉素 G、氨苄西林、阿莫西林、第 3 代（头孢曲松、头孢噻肟）、第 4 代（头孢吡肟）头孢菌素类、亚胺培南、大环内酯类、四环素类、链霉素、泰妙菌素和氟喹诺酮类都敏感（Ressner 等，2008）。它们对头孢噻吩、氯霉素和磺胺类药物相对耐药，目前还没有关于获得性耐药的报道。

实验动物的试验感染已建立了青霉素 G、大环内酯类、链霉素和四环素类治疗钩端螺旋体病的价值。氟喹诺酮类的效力还存在疑问。在一个仓鼠的钩端螺旋体病模型中，氟喹诺酮类（环丙沙星、加替沙星或左氧氟沙星）和多西环素达到相同的存活率，但是需要较高的剂量（氟喹诺酮类≥每天25mg/kg，多西环素≥每天5mg/kg；Griffith等，2007）。虽然头孢噻肟对钩端螺旋体有效，但头孢氨苄、头孢羟氨苄和头孢哌酮几乎没有活性，因此第1代和第2代头孢菌素类不用于治疗钩端螺旋体病。在人类患者的治疗中，已经建立了青霉素G、头孢曲松、头孢噻肟或多西环素治疗钩端螺旋体病的用药方案。在仓鼠的钩端螺旋体病模型中，米诺环素或替加环素明显比多西环素有效（Tully等，2011）。在动物急性钩端螺旋体病中，推荐的治疗药物包括氨苄西林或阿莫西林、青霉素G、链霉素、多西环素或其他四环素类，或红霉素。阿莫西林（或氨苄西林）或多西环素是可备选药物。

钩端螺旋体感染的犬会出现不同程度的病症，严重的程度取决于感染菌株、地理位置以及宿主免疫反应。一般情况下，犬的钩端螺旋体病的诊断应该与肾功能或肝功能衰竭、葡萄膜炎、肺出血、急性发热或流产的诊断有所区分。

根据美国兽医学院的共识声明，犬钩端螺旋体病的推荐治疗方案是多西环素5mg/kg口服或静脉注射，每12 h 1次，给药2周（Sykes JE等，2011）。如果呕吐或其他不良反应阻碍多西环素给药，患钩端螺旋体病的犬应该用氨苄西林，20mg/kg静脉注射，每6 h 1次（Sykes JE等，2011）。青霉素G（25 000～40 000 U/kg静脉注射，每12 h 1次）也可用于钩端螺旋体病治疗。

猪慢性钩端螺旋体病的特点是流产和死胎、复发性虹膜睫状体炎、重复配种，牛也可能发生，以及亚临床脑膜感染，这取决于病原的血清型和受感染的动物种类。经过许多在猪和牛的研究建立了波莫纳感染的给药方案，即单次肌内注射双氢链霉素或链霉素25mg/kg，可以消除肾脏带菌状态。然而，一项研究发现，在牛的哈德杰血清型携带者中，并没有消灭生殖道和肾脏中的病原（Ellis等，1985）。对于牛钩端螺旋体引起的流产，通常建议在接种疫苗前注射链霉素1次。在一些国家，链霉素禁用于或不鼓励用于食品动物，因此，人们很难获得链霉素，一直尝试寻找替代品。发现注射阿莫西林1次或2次（每48 h 1次）15mg/kg能够消除牛肾脏哈德杰血清型带菌状态（Smith等，1997）。对牛试验接种哈德杰血清型病原后，单次注射土霉素（20mg/kg，肌内注射）、替米考星（10mg/kg，皮下注射）或多次注射头孢噻呋钠（2.2mg/kg，肌内注射，每日1次，给药5d）可以消除钩端螺旋体的尿排菌（Alt等，2001）。在另一项对牛试验感染的研究中，单剂量泰拉霉素清除了全部9只动物尿液和肾组织中的钩端螺旋体，而单剂量头孢噻呋晶体游离酸清除了10只动物中8只动物尿液中的钩端螺旋体，和全部10只动物肾组织中的钩端螺旋体（Cortese等，2007）。

用四环素类口服治疗（800g/t，8～11d）会控制猪的钩端螺旋体病，但不能根除肾的病原携带。泰乐菌素（44mg/kg，5d）、红霉素（25mg/kg，5d）、四环素（40mg/kg，3d或5d）一起肌内注射给药（每24h 1次）能有效消除猪肾的波莫纳血清型病原。头孢噻呋和氨苄西林以标准剂量给药3～5d无效（Alt和Bolin，1996）。目前，需要经过很多研究来确定用何种抗微生物药来有效地治疗马周期性眼炎。

参考文献

Alt DP，Bolin CA. 1996. Preliminary evaluation of antimicrobial agents for treatment of *Leptospira interrogans serovar pomona* infection in hamsters and swine. Am J Vet Res 57：59.

Cortese VS，et al. 2007. Evaluation of two antimicrobial therapies in the treatment of *Leptospira borgpetersenii serovar hardjo* infection in experimentally infected cattle. Vet Ther 8：201.

Ellis WA，et al. 1985. Dihydrostreptomycin treatment of bovine carriers of *Leptospira interrogans* serovar *hardjo*. Res Vet Sci 39：292.

Griffith ME，et al.，2007. Efficacy of fluoroquinolones against *Leptospira interrogans* in a hamster model. Antimicrob Agents Chemother 51：2615.

Ressner RA，et al. 2008. Antimicrobial susceptibilities of geographically diverse clinical human isolates of *Leptospira*. Antimicrob Agents Chemother 52：2750.

Smith CR，et al. 1997. Amoxycillin as an alternative to dihydrostreptomycin sulphate for treating cattle infected with *Leptospira borgpetersenii* serovar *hardjo*. Aust Vet J 75：818.

Sykes JE，et al. 2011. 2010 ACVIM small animal consensus statement on leptospirosis：diagnosis，epidemiology，treatment，and prevention. J Vet Intern Med 25：1.

第二十五章　动物源食品中抗菌药物残留

Patricia M. Dowling

人们越来越多地关注抗菌药物对人类肠道菌群的不良影响，包括对正常肠道菌群中耐药菌的筛选及屏障功能的破坏。目前，在被监管机构认定为安全的药物浓度下，并没有证据表明动物源性食品中的抗微生物药物残留会对人类健康造成不良反应（如延长抗菌药物治疗时间、延长住院时间，容易发生感染，造成治疗失败）。

第一节　兽药残留管理法规

畜禽生产中主要依赖药物和其他一些化学物质来保障动物健康。为保护消费者免受不良健康影响，政府相关部门负责对化学物质和药物的使用进行监管，并负责检测食品动物中相关化学物质和药物的残留。美国食品药品监督管理局（FDA）兽药中心（CVM）和加拿大卫生部兽药局（VDD）批准了一些可用于畜禽生产中的兽药，并规定了动物源食品中可接受的药物残留浓度。上述相关药物批准规定可于美国 FDA 网站 www. fda. gov 中的指导文件和加拿大 VDD 的网站 http：//www. hc-sc. gc. ca/dhp-mps/vet/index-eng. php 中查阅到。美国农业部（USDA）食品安全检查署（FSIS）和加拿大食品检查局（CFIA）主要负责检测肉、蛋、禽和蜂蜜中药物和化学物质的残留。奶及乳制品中抗菌药物的残留检测主要是在加工厂水平由州或省开展。美国和加拿大的有关部门使用基于危害分析和关键控制点（HACCP）系统来检测药物残留，这一方法与风险分析原则是一致的。食品中兽药残留法典分委员会是世界卫生组织（WHO）及联合国粮食农业组织（FAO）的一个附属机构。该法典分委员会通过建立国际认可的标准、行业准则、指导方针以及根据专家科学建议达成的一致意见为农产品的世界贸易提供了很大的便利，其主要作用是制定动物源性食品中国际认定的兽药残留浓度。

在美国和加拿大，任何药物被批准用于食品动物之前，都要对药物及其代谢物进行广泛的毒理学评估。这可确保动物源食品中残留的药物不会对消费者造成伤害。为满足人类食品安全的要求，任何用于食品动物生产中的药物都要进行 4 项毒理学试验：①鉴别发现毒理学试验中残留物的代谢试验，这包括靶动物的代谢物检测和实验动物的代谢物检测。②实验动物的毒理学试验，包括遗传学毒性试验，急性毒性试验，亚慢性（90d）毒性试验，以及致畸成分在大鼠中 2 代或 3 代繁殖试验。只有在遗传毒性试验中表明药物或其代谢物有潜在的致癌性时，才要求在两种啮齿类动物中进行终生致癌性研究（FDA 根据被称为阈值评估的决策树研究过程决定是否需要进行终生致癌性研究）。有时也要做其他特定的毒性试验。③靶动物的残留消除试验。④对动物组织、奶、蛋和蜂蜜中残留标示物定性和定量的常规分析方法。

根据毒理学试验结果，监管机构制定一个每日允许摄入量（ADI）。ADI 是指每日允许摄入某种化学物质的量，在此剂量下终生摄入该化学物质不会对消费者的健康造成任何可测量的危害。可根据 ADI 的值来确定可食性动物组织、蜂蜜、奶和蛋中残留标示物的最大浓度，这个浓度也得到了法律的允许或认为可接受。在美国，这一被认可的浓度称为耐受值，然而在加拿大和欧盟它们被称为最高残留限量（MRLs）。MRL 值是这样计算的，当人每日摄入的食物中残留量为最高残留限量时，每日消费的总残留量低于 ADI。ADIs 是基于某种化学物质（母体化合物和所有的代谢物）在食物中的总残留量而言；而 MRLs 是基于单一的、可测量的残留标示物而言，这些残留物可以是母体化合物，也可以是任何一种代谢物。必须充分认识所有残留物毒性的重要意义，对于那些不能确定完全没有毒性的残留物，被假定其与已确定 ADI 的母体化合物或者代谢物有一样的毒性（Brynes，2005）。在确定 MRLs 时，要充分估计不同食物的摄入量，摄食频率低和摄食量少的食物要比那些每天都摄入或主要摄入食物的 MRL 值更大。由于消费因素的差异，即使 ADIs 相同，但不同国家设定的 MRLs 和标签休药期也可能会不同（Fitzpatrick 等，1995；Fitzpatrick

等，1996；表 25.1)。我们可以在国际最高残留限量数据库 www.mrldatabase.com 网站上查询到 MRLs 的国际值。

从 20 世纪 80 年代开始要求兽药生产商就动物摄入的抗菌药物的残留物对人类肠道菌群的潜在影响这一问题进行说明。在抗菌药物的审批过程中，越来越强调对能到达人类结肠的抗菌药物残留进行评估以建立微生物学 ADIs。由于目前不能进行人类相关的体内安全评估模型，所以常用相关的肠道细菌的体外最小抑菌浓度（MICs）来代替。现有的指导原则要求利用两个重要的关注终点来确定微生物学 ADI：①正常肠道菌群屏障效应的降低或者消除；②潜在病原菌的发展或/和潜在病原菌抗菌药物耐药菌株的增加。欧洲药物评价局兽用药品委员会（CVMP）计算并发布了抗菌药物的毒理学 ADIs 和微生物学 ADIs（Cerniglia 和 Kotarski，2005）。在欧洲兽药审批中，通常根据最相关的 ADI（通常是最低的）来确定 ADI 值。美国 FDA/CVM 的工业指南 52 号文件，《食品中抗菌药物残留物的微生物学试验》，建议抗菌药物生产商使用“决策树”方法来解决人类食品中抗菌药物残留的安全性问题，并确定微生物学 ADIs 值。2004 年，加拿大兽药局采纳了兽药注册国际协调组织（VICH）的指导原则，评估人类食品中兽药残留物的安全性研究，建立微生物学 ADI 的通用方法。上述文件并不是法律法规，但在药物生产商申请抗菌药物用于食品动物生产过程中，可以将他们作为一个科学依据。

表 25.1　对多数消费者（90%分位）每日动物产品消费量的估计*

食物	美国（g/d）	加拿大（g/d）
牛肉	155	206
牛肝	20	20
猪肉	95	98
鸡肉	54	84
液体奶	690	677

注：*引自 Fitzpatrick 等，1996。

尽管监管部门担忧兽用抗菌药物残留物对人类健康的影响，但是很难获得这种相关证据。我们设定 ADIs，MRLs（耐受值）和抗菌药物的休药期是非常保守的，以确保消费者的安全，所以食品中的抗菌药物的残留仅仅是人类暴露的所有抗菌药物中微不足道的一部分。因此，兽用抗菌药物的残留物并不能明显导致耐药菌株的出现或者破坏人类肠道的正常菌群。

残留监控程序

美国农业部食品安全检查署（USDA FSIS）制定的美国国家兽药残留监控程序（NRP）是一个跨部门的程序，主要目的是对肉、禽和蛋产品中的化学污染物进行鉴别、分类和测试。这个程序涵盖了已批准和未批准的兽药、农药和环境化合物。NRP 的目的是：①为食品动物产品中一些关注残留物进行鉴定和评估提供一个结构性的过程；②分析关注的化学物质；③收集、分析并报告测试结果；④确定是否对检测到的违法残留量进行后续监管。

当检测到违法残留量时，美国食品安全检查署（FSIS）或加拿大食品安全检验局（CFIA）会没收动物酮体或者掺假产品。如果产品已经进入贸易阶段，就会要求自愿召回。美国食品安全检验署（FSIS）会把上述残留违规行为通报给美国食品药品管理局（FDA），并帮助获得具体的生产商名称，就食品动物产品而言，还要获得销售这些动物或产品的其他组织名单。当检测到残留违规时，联邦部门也会采取适当的行动，主要包括：后续检查，根据监督计划进一步针对性采样，在对人类健康造成不可接受的风险时可没收和召回相关产品。后续行动根据人类健康风险大小而定；监管的重点是避免违规行为再次发生，同时阻止被污染产品进入到公众食品供应链中。作为一种威慑，FSIS 把重复残留违规清单公布在它的网站上，此清单列出过去 12 个月里残留违规超过一次的生产商。这对食品加工商和生产商避免违规残留都是很有用的。

随着公众对化学污染物风险的日益担忧，在美国更多集中在加强对肉、禽、蛋类产品中化学危害物的鉴别、分类和检测。2012 年，FSIS 开始使用多重分析方法对较少的样品分析其中的多种化合物。新的多残留分析方法（MRM）：①涵盖了多种分析物，不仅仅是抗菌药物；②在耐受量的合理浓度水平进行了验证；③如果在同一个样品中含有多种药物，则要利用质谱分析法来依法鉴定单个分析物；④减少未知微生物对药物的抑制作用；⑤减少了检测时间和人员。新的系统使用三级抽样系统，它包括预定抽样（1级），对生产种类和化合物种类的针对性抽样（2级），对群/场种类和化合物种类的针对性抽样（3级）。新的监测方案在1级监测方案中，每一个生产种类（牛肉、胎牛肉、奶牛、公牛、小母牛、上市猪、母猪、青年鸡、青年火鸡）对应的每一类化学化合物要随机抽取800份样品进行测试。随着分析样品数的增多，如果检测到违规的样品数等于或高于取样动物总数的1%，那么FSIS检测到残留违规的概率会增加到99%。

2级监测方案中包括检验员在规定水平的抽样计划。当FSIS检查计划人员（IPP）在动物胴体中检测到疾病或用药证据时，就会扣留这些胴体并对样品进行检测。有些动物可能因为生产种类的历史信息或屠宰前后检查的外观而被怀疑。典型的可疑动物包括踢出来宰杀的奶牛，肉用小犊牛（牛的年龄<3周，体重<68kg），所有携带有明显注射部位的动物，任何有传染病迹象的动物，以及监控计划中监测到的残留违规发生率高的生产种类的动物。2级测试方案也包括对展示动物和胎牛肉在生产种类和化合物种类级别上进行针对性测试。如果其他机构（如FDA和环境保护署）报告动物滥用药物，和/或暴露了环境化合物，那么FSIS将会调整针对性抽样计划，1级测试的抽样数据也会改变。上述情况下仍会执行3级监测抽样方案，将围绕牛群或者羊群进行针对性的测试。

自1978年起，CFIA每年都会开展国家化学残留监控计划（NCRMP）。NCRMP包括监测抽样和定向抽样，后者主要是检测市场上销售的食用动物产品加工处理后的残留量。NCRMP在估计风险的基础上确定优先抽样顺序。对于那些消耗量大的食品，极有可能被污染的食品，以及被主要有毒化合物潜在污染的食品，CFIA会在最大程度上对它们进行抽样检测。如果某一类药物或者化合物连续三年在至少300份样品的测试结果中均显示无阳性残留物，那么可以临时中断对此类物质的检测。同美国一样，如果食品生产商或经销商违反了加拿大残留标准，为了确定原因以及减少或防止类似违规的再次发生，相关部门会对他们进行重点检查。

进口到美国或加拿大的动物和蛋类产品虽然已经通过出口国的国家检测，还是要接受进口国家的复检。FSIS或者CFIA的复检等级取决于出口国的历史表现。美国或加拿大等进口国对肉、禽、蜂蜜、蛋类产品进行抽样复检，是为了确认出口国的国家化学残留检测方案与他们的等效性。

第二节　残留违规的发生和起因

兽药、农药、环境污染物和自然产生的毒物都可能在肉、奶、蛋类和蜂蜜中残留。其中，药物是最常检测到的化学物质，绝大多数的违规残留都是抗菌药物。每年，FSIS和CFIA会对市场上所有各种各样食品生产用动物进行取样分析。检测方案中最先检测的是美国1994年颁布的兽药使用分类法（AMDUCA）和加拿大食品药品法（见第二十六章）中禁止使用（或者标签外使用）的抗菌药物。

当批准的兽药按标签说明给药时，动物产品中药物残留的违规率应该小于1%。残留违规率高于1%时，在某种程度上表明该药物没有按照标签说明方式使用。1960—1972年，在美国屠宰的猪、羔羊、牛和肥牛中抗菌药物残留的违规率分别是30%、21%、18%和7%。1962年以前，美国生产的所有牛奶中大约有13%含有抗菌药物残留（Huber，1971）。从20世纪60年代开始，食品动物产品中残留率已经显著下降，但是仍然存在一些问题。有很多因素造成了上述药物残留问题，但是大部分残留违规是由兽药使用方式与标签说明不一致造成的。在美国，对违规残留的可能原因进行分析后显示不遵守休药期，用药错误，给药剂量比标签剂量高，给药途径错误，以及用药记录维护不当都是可以确定的风险因素（Paige等，1999）。加药饲料是市场猪和家禽中一个常见的引起残留违规的原因。遵守加药饲料的休药期可能比较繁琐，不方便和成本较高，因为在休药期会要求无药饲养，所以就需要在饲养后期的短时间内改变饲养计划和饲养容器。缺乏治疗记录或者不能适当确定接受治疗的动物可能会导致休药期不足。当给药剂量高于标签剂量时，或当药物用于未经批准的物种时，处方兽医有责任提出休药期建议。兽医提出的建议通常是粗略的估计，胴体、奶、蜂蜜或蛋类中的药物残留可能会消除不充分。经抗菌药物治疗的患病动物在屠宰后是违规药物残留的一个普遍原因，尤其是淘汰屠宰的奶牛和肉用小犊牛。2010年，美国NRP对动物源性食品进行检测，主要检测128种化合物，包括78种兽药，45种农药，5种环境污染物。其中检测到的大部分违规都是兽药，尤其是磺胺类药物和抗菌药物。在2010年检测的211 733份样品中，有1 632份是残留违规的：其中固定抽样样品（简称1级）中检出23份，检查员抽样样品（简称2级）中检出1 609份。从检查员抽样中，FSIS实验室报道了1 609份动物样品中有2 043份残留违规（有的动物可能含有多种违规残留）：肉牛（84），胎牛（765），公牛（8），奶牛（700），配方喂养的牛（3），山羊（1），重小牛（5），小母牛（10），市场猪（3），非配方喂养的牛（7），阉公牛（23）。其中新霉素是最主要的残留违规药物（520或25%），其次是青霉素（281或14%）。小肉牛中新霉素的高违规率主要是因为治疗牛肠炎时用含新霉素药的奶替代饲养。正常的牛对新霉素等氨基糖苷类药物的口服生物利用度是非常低的，但是由于炎症以及黏膜屏障作用的损害，会吸收足够量的新霉素至全身各系统，从而导致肾脏的残留违规。2008年，FDA发布了30多封警告信给奶牛场和农场，告知他们售卖的食用动物中含有的批准或未批准的药物残留量超过了FDA规定的耐受水平。很多药物以标签外方式使用，这不符合兽药使用分类法（AMDUCA）规定。监管部门在追踪调查期间对他们的教育干预防止了类似事件的再次发生。

美国批准33个国家有资格向美国输入动物源食品，2010年美国从其中的29个国家进口了30多亿磅（换算为13.6万t）新鲜和加工的肉、禽和蛋产品。进口检测方案主要包括13类兽药和农药中大约121种化学残留物的分析，并没有检测到抗菌药物的违规残留。

加拿大NCRMP在2009—2010年，对国内和进口的奶制品、蛋、蜂蜜、肉和禽类产品，新鲜水果和蔬菜，加工产品和海产品等160 000多份监测样品进行残留检测，其中主要检测兽药、农药、环境污染物、霉菌毒素和重金属等物质的残留。其中对动物源食品（奶、蛋、蜂蜜、肉和禽类）进行的兽药残留检测中，总体达标率（经测试）为98.03%～99.93%。发现大部分的违规残留是没有确定MRL值的药物，所以这些药物只要检出就是违规的。对于批准的兽药，土霉素和青霉素G是牛肉和猪肉中最普遍的违规残留。

牛奶及奶制品中的残留

牛奶污染有抗菌药物被认为对公共卫生有危害，因为可能会引起不良反应或细菌耐药性。已知抗菌药物会干扰奶制品的生产，浓度为1ppb* 的抗菌药物就会延迟奶酪、黄油和酸奶的起始活性。抗菌药物也会降低黄油生产过程中牛奶的酸性和风味，可以减少牛奶的凝结度，从而导致奶酪不成熟。散装罐牛奶中抗菌药物违规残留的发生率随着奶生产量和牛群体细胞数（SCC）的增加而增加。牛群产量越高管理上的问题越多，因为通常需要更多的员工来负责治疗和维护更多的治疗记录。SCC是牛群中乳腺炎患病率的一个指标，为了使SCC降低到一个可接受的水平，通常是用抗菌药物进行治疗这种感染（Ruegg和Tabone，2000；Saville等，2000）。

在美国，国家牛奶药物残留数据库是一个自愿的行业报告计划；强制性报告是国家监管部门根据州际牛奶运输国家会议要求的。巴氏杀菌奶条例要求所有散装罐中的奶在加工以前都要抽样进行兽药残留的分析。此外，每6个月每个工厂的巴氏杀菌液体奶和奶产品至少抽取4份样品进行检测，每个生产商每6个月必须至少检测4次。2011年，对3 787 251份奶样品进行兽药残留分析，其中有1 079份药物残留呈阳性。检测报告显示主要针对8组不同的同类药物或者具体药物进行了3 796 684次检测；残留检测中共用到了26种检测方法。阳性样品中，671份来自奶罐，395份来自生产商样品，巴氏消毒液体奶和奶制品中未检出阳性样品。检测到上述违规残留后，有28 174 000磅（换算为12 780t）牛奶被废弃。大部分的残留违规是由于β-内酰胺类抗生素、四环素类和磺胺类药物的存在。常用检测方法有Charm SL测试，Delvotest P 5 Pack，IDEXX SNAP测试和Charm II Tablet Competitive测试。在加拿大，奶和奶制品的监管以省为单位进行，具体省份的残留统计数据无法获得。在2002/2003年的联邦计划中，CFIA对3 577份奶和奶酪制品进行了检测，未检测到抗菌药物或磺胺类药物的违规残留。

检测牛奶中的药物残留可以采用很多种方法，例如，微生物生长抑制法，微生物受体测定，受体结合测定，免疫学测定，酶催化测定和色谱分析法等（Mitchell等，1998）。由于奶和奶制品中抗菌药物残留问题和处罚，大量快速筛查抗菌药物的测试已经发展形成，并用来检测散装奶或灌装奶中的药物残留。尽管检测商品的商标中包括牛旁现场测试，但是目前并没有可以测试个体牛的方法。对于泌乳奶牛休药期（WDT）的确定，是以治疗后牛奶中的药物残留在95%的时间内，99%的动物下降到MRL所需要的时间

*　注：ppb为非许用计量单位，1ppb=1μg/L。

为基础确定的。奶的 WDT 并不是指在该时间点不能再检测到药物残留。在加拿大和美国同种产品的标签奶 WTD 值也可能会不同。在加拿大，散装奶没有关于药物残留稀释的假设，所以来自于个体的牛奶必须在法定 MRL 下建立 WTD。FDA 假设仅仅 1/3 的散装奶可能来自治疗牛，所以标签 WDT 在美国是这样确定的，来自任何治疗牛的奶，它的休药期都少于法定 MRL 的 3 倍。目前，因为奶筛查方法中没有符合要求的分析特征来建立官方的 WDT 值，所以使用化学定量测试方法来建立 WDT 值。市场上可获得的筛查测试对被检测的抗菌药物有很好的灵敏度及阴性预测值，但是它们对阳性预测值效果不好。因此，对单头牛进行测试为阴性的保险性非常好，也就意味着散装奶中不会检测到违规残留；但对单头牛进行测试为阳性，未必会检测出散装奶中药物浓度在法定 MRL 以上（Gibbons-Burgener 等，2001）。由于低于 MRL 值必须是 90/95 水平，所以当药物浓度低于法定的 MRL 以下时，筛查测试也可能会产生一个阳性结果。这些“假违规”的阳性测试结果，在样品牛奶中实际药物浓度等于或高于测试方法可检测到的浓度时呈阳性结果，但是样品中药物浓度低于法定的 MRL。所有的测试方法都有一个特征性响应曲线，随着奶中药物浓度的增加，阳性测试的百分比也相应的增加直至达到一个平台，即所有的样品测试都呈阳性。即使两种不同的测试方法在 MRL 处有相同的 90/95 结果，但在低于 MRL 值药物浓度时，其响应是不同的。如果奶生产商和加工商之间的合同声明奶中应该“没有药物”，那么加工商可以免于进行任何关于确认残留的检测，即使方法的 90/95 灵敏度水平远远低于人类的安全消费水平（法定的 MRL），同时奶牛用药物的标签 WDT 也是没有实际意义的。对于一些像头孢噻呋和头孢匹林（子宫内用药）类的药物，它们的标签上对于奶都是零休药期，但是对这些药物进行筛查测试时，其灵敏度远低于用来建立零休药期的 MRL。此外，结合半定量光学检测器的快速测试方法对于任何单一药物浓度都能给出一个真实的读数范围；例如，当筛查一个实际包含 6ppb 浓度残留的样品时，重复测试能够给出的浓度读数范围是 4～12ppb。对于兽医和奶厂商而言，拒绝亚违规但“安全”的奶是个经济问题，他们可能不理解为何根据标签说明和标签休药期使用一种批准的药物时，仍然会出现残留违规。监管机构和加工商清楚，尽管奶中的药物残留对人类是安全的（浓度低于 MRL），但还是有一小部分奶的测试结果呈现阳性，这些奶就要被倒掉。对奶样品中的特定药物进行定性和定量分析要求更多的特定化学分析方法，如高效液相色谱法（HPLC）和/或质谱法。如果快速筛查测试呈现阳性结果就扣留阳性奶罐，直到获得定量结果再处置，考虑到期间的时间和费用，这种方法是不可行的。所以为了公众的利益以及快速有效的把奶产品传递给消费者，监管机构承认快速筛查方法的不精确性。

当使用多残留检测方法对β-内酰胺、四环素或磺胺类药物进行筛选检测时，亚违规阳性问题变得更加复杂。多残留检测方法可以检测到一种或多种药物浓度低于它们各自的 MRL，但是对于检测所有药物并不理想（尤其是氯唑西林）。当对奶中存在一种已知或疑似的药物进行检测，最好是使用该药物的特定测试方法。对来自治疗史未知的奶牛的奶样进行残留检测时，最好使用多药物残留筛查测试。然而，多药物残留测试呈现阳性结果的奶样中并不能确定具体含有哪种药物。

尽管牛旁现场测试仅能对散装罐中的牛奶进行测试，Sischo 等（1997）报道指出使用抗菌药物残留筛查测试来评估个体牛牛奶中的残留，可以降低残留违规的风险。所以，专家建议对产前接受过乳房内治疗的母牛牛奶进行残留筛查测试，这可用来降低散装罐中牛奶被污染的风险（Andrew 等，2009）。此外，乳制品质量保证计划中的牛奶及牛肉药物残留预防协议建议：根据抗菌药物的外标签使用方法，对个体牛进行牛奶中抗微生物药物的残留测试。对接受治疗并有合适休药期的牛奶进行测试，让奶厂商对弃奶期做出明智决定可以降低混合奶被污染的风险。

在表 25.2 中，将美国、加拿大和欧盟三种常用的牛旁现场测试进行了比较，主要是比较这三种方法检测样品中某种抗菌药物浓度在 MRL 值的灵敏度。一些测试，其灵敏度远低于法定的 MRL（如头孢噻呋和头孢匹林），这样可能会导致“亚违规阳性”结果以及没必要的弃奶；对于另一些测试，其灵敏度又高于法定 MRL 值，这就导致测试结果的假阴性（如氯唑西林、红霉素）。所以，对筛查测试进行解释时需要特别谨慎。在乳房炎奶和初乳中天然抑制剂的浓度很高，这会导致微生物生长抑制试验的假阳性结果。将奶 82℃加热 5min 会导致上述天然抑制剂失活，这就能证明微生物生长抑制试验中的假阳性结果（Kang 等，2005）。高浓度的乳蛋白和乳脂也会对抗菌药物残留测试性能带来不利影响，但是具体的影响程度取决于筛查测试的分析方法（Andrew，2000）。选取刚分娩的母牛初乳进行筛查测试，奶中高浓度的免疫球蛋白和乳蛋白也能导致测试的假阳性结果（Andrew，2001）。

表 25.2　商业化筛查农场奶中抗菌药物检测方法的比较

药物	测试	灵敏度（ppb）	US MRL（ppb）	CDN MRL（ppb）	EU MRL（ppb）
阿莫西林	抑制微生物生长	6 6 7.3	10	NE	4
氨苄西林	抑制微生物生长	5 5.8 5.8	10	10	4
头孢噻呋	抑制微生物生长	300 50～70 5.4	50	100	100
头孢匹林	抑制微生物生长	10 7 11.7	20	20	10
金霉素	抑制微生物生长	300 300 30	300	100	100
氯唑西林	抑制微生物生长	30 20 50	10	NE	30
双氯西林	抑制微生物生长	25 100 50	NE	NE	30
红霉素	抑制微生物生长	150 250	50	50	40
庆大霉素	抑制微生物生长	300 30 400	30	100	100
林可霉素	抑制微生物生长	200 400	150	NE	150
新霉素		150	150	150	500
新生霉素		600	100	100	100
土霉素	抑制微生物生长	300 300 30	300	100	100
青霉素	抑制微生物生长	4 2.7 3.0	5	10*	4
吡利霉素	抑制微生物生长	200 50	400	400	100
多黏菌素 B	抑制微生物生长	30	0	4	NE
磺胺类药物	抑制微生物生长	20～200 100	10	10	100

（续）

药物	测试	灵敏度（ppb）	US MRL（ppb）	CDN MRL（ppb）	EU MRL（ppb）
四环素	抑制微生物生长	100 300 20	300	100	100
替米考星	抑制微生物生长	100	0	NE	40
泰乐菌素	抑制微生物生长	100 100	50	NE	40

注：* MRL 值以 IU/mL 计；NE：无确定的法定最高残留限量。

第三节　食品中的药物残留对人类健康的其他影响

动物用抗菌药物的残留引起人们对过敏反应和致癌性等安全问题的关注。肉类的普通烹饪程序，甚至是“全熟”的烹饪，也不能使残留的药物失活。对灌装食品进行更剧烈的加热或者延长温湿加热的烹饪时间能使更多的热敏感化合物失活，如青霉素和四环素，但是在大部分情况下我们并不了解降解产物的性质（Moats，1999）。过敏反应可以体现在很多方面，从危及生命到较小的皮疹反应。兽药残留不会引起个人体质致敏化，因为暴露量太低和持续时间短；然而，食品中兽药的违规残留可能会导致敏感人群发生过敏反应。人类通过摄取药物残留引起急性过敏反应的报告很罕见。只有少数报道证明了人类摄入残留污染的食品后引起过敏反应，其中绝大多数是青霉素过敏反应。关于这些过敏反应，Burgat-Sacaze 等（1986）强调：①残留是导致上述食物过敏的部分因素：主要的过敏原是食品中的天然成分或者人工添加剂。②临床观察报告中皮疹是最常见的，但过敏性休克尚未见报道。③在大多数情况下，没有足够的诊断证据证明过敏反应与残留有关联。人们通常是观察到摄入食物后病人产生了过敏反应，然后检测到病人对摄入的食物不过敏却对某种药物过敏，由此怀疑食品中可能残留这种药物，甚至都没有对食品进行残留检测，就怀疑是食品中药物残留导致病人产生过敏反应。因此上述“间接证据”通常是唯一的判断准则，涉及的残留导致过敏反应也是传闻。几乎所有关于食源性残留引起的急性过敏反应报告中都涉及青霉素这种药物，其中青霉素残留最主要的来源通常是奶和奶制品，这些奶残留极有可能来源于治疗乳腺炎时乳房内输注的青霉素（Siegel，1959）。尽管大量农场的奶样品中被检测到含有少量青霉素，但是奶中药物残留引起过敏反应的公开报道却几乎没有（Boonk 和 Van Ketel，1982；Borrie 和 Barrett，1961；Erskine，1958；Vickers，1964；Vickers 等，1958；Wicher 等，1969；Zimmerman，1959）。所有情况下，都要对受害者有无青霉素过敏史或者与青霉素过敏无关的皮肤疾病进行报告。症状程度从轻微皮疹到剥脱性皮炎。在一项对 252 名慢性复发性荨麻疹患者的调查中，70 名（27.8%）患者通过皮试证实对青霉素药物过敏。当对这些青霉素过敏患者中的 52 名患者限制食用奶或奶产品时，其中 30 名患者症状有所缓解；而一组 40 名患有慢性荨麻疹但皮试呈阴性的患者中有 2 名对无乳饮食反应良好。不仅仅是青霉素，很多药物，包括其他 β-内酰胺类、链霉素（以及其他的氨基糖苷类药物）、磺胺类药物，及更小程度上的新生霉素和四环素，都是已知的可引起敏感人群过敏反应的药物；然而仅有一项关于怀疑肉中的链霉素残留引起过敏反应的报告（Tinkelman 和 Bock，1984）。

动物源性食品中抗菌药物残留对人类造成的其他潜在的不良反应还包括致癌性和骨髓抑制。尽管没有证据表明消费含有药物残留的动物源性食品会影响人类健康，但是很多国家因为担忧而禁止许多种抗菌药物作为兽药使用。特质再生（非剂量依赖性）障碍性贫血可能会因为人暴露氯霉素而发生。由于硝基咪唑类（如甲硝唑），硝基呋喃类（如呋喃西林）和卡巴氧等药物有潜在的致癌性，所以在很多管辖区域它们都被禁止用于动物；但讽刺的是，所有这些禁用的抗菌药物至今仍用于人类疾病的临床治疗。

第四节　预防残留：食品动物避免残留数据库

食品动物避免残留数据库（FARAD）建立于 1982 年，是北卡罗莱纳州立大学、加州大学、佛罗里达大学和美国农业部食品安全检查署（USDA FSIS）的一个合作项目，它是旨在通过教育和传达信息来降低动物产品中药物残留违规发生率的一种方式。FARAD的成立宗旨是所有来源的有关避免残留信息都应该是第一时间获得的科学来源。开发FARAD不仅仅包含相关已批准动物药品的信息，而且还包括了标签外用药和环境毒素的信息。对于这个“一站式购物”信息服务工作，FARAD的信息都被整理成一个可搜索的计算机数据库，由兽医药理学家和毒理学家对残留和药动学数据进行分析和解释。FARAD数据库包含1 200多种药物和化学物质，以及从11 000多份引文中获取的2万多份药代动力学记录。FARAD系统关注发表的组织半衰期、清除率、药物的分布体积等药代动力学信息，这些兽药、农药及环境污染物最有可能在牲畜屠宰时动物组织中持续存在。利用这些药代动力学数据，可以通过建立数学模型来计算残留消除时间。在过去25年里，美国FARAD中心一直在向兽医提供准确及时的信息来保护美国的食品供应安全。2002年，加拿大全球FARAD在萨斯喀彻温省大学的西部兽医学院建立，第二个中心在圭尔夫大学的安大略兽医学院建立。在加拿大食品动物商品组织和兽医药公司的支持下，加拿大FARAD给加拿大兽医提供类似的数据服务。

在美国或加拿大，对食品动物采用标签外用药方式给药，或动物暴露于杀虫剂、除草剂和其他有毒化学物质时，兽医可以从FARAD获取这些化学物质的休药期建议（美国www.farad.org，加拿大www.cgfarad.usask.ca）。当与FARAD中心联系时，兽医应当提供药物的商品名和通用名称、剂量、治疗动物的类型和数量以及需要进一步治疗的疾病状况等信息。

第五节　结　　语

食品安全是畜牧业面临的一个最重要的问题；消费者对药物和化学物质残留的担忧会继续削减对动物源食品的需求。全球范围而言，对食品安全的过分担忧已经导致国际贸易的中断。当对食品安全计划运行方式的矫正发展比较迅速时，关于残留预防领域的正规培训在一定时间内会受到限制。多残留测试的发展允许在食品供应之前对大量动物产品进行广泛的监测。质量保证程序要求牲畜生产商、加工商和批发商确保他们的动物及动物产品卫生及无药物残留。HACCP规范已在联邦政府检查的屠宰场实施。兽医行业和畜牧业对“从农场到餐桌”计划实施的失败，将最终会削弱公众对食品供应安全的信心。显然，在消费者对食品供应安全和卫生对国家监管机构有更大要求的时候，执业兽医和畜牧产业对维护食品安全方面的领导力就显得非常关键。

参考文献

Andrew SM. 2000. Effect of fat and protein content of milk from individual cows on the specificity rates of antibiotic residue screening tests. J Dairy Sci 83：2992.

Andrew SM. 2001. Effect of composition of colostrum and transition milk from Holstein heifers on specificity rates of antibiotic residue tests. J Dairy Sci 84：100.

Andrew SM，et al. 2009. Factors associated with the risk of antibiotic residues and intramammary pathogen presence in milk from heifers administered prepartum intramammary antibiotic therapy. Vet Microbiol 134：150.

Boisseau J. 1993. Basis for the evaluation of the microbiological risks due to veterinary drug residues in food. Vet Microbiol 35：187.

Boonk WJ，Van Ketel WG. 1982. The role of penicillin in the pathogenesis of chronic urticaria. Brit J Dermatol 106：183.

Borrie P，Barrett J. 1961. Dermatitis caused by penicillin in bulked milk supplies. Brit Med J 2：1267.

Burgat-Sacaze V，et al. 1986. Toxicological significance of bound residues. In：Rico A（ed）. Drug Residues in Animals. Orlando，FL：Academic Press.

Brynes SD. 2005. Demystifying 21 CFR Part 556—tolerances for residues of new animal drugs in food. Regul Toxicol Pharmacol 42：324.

Cerniglia CE，Kotarski S. 2005. Approaches in the safety evaluations of veterinary antimicrobial agents in food to determine the effects on the human intestinal microflora. J Vet Pharmacol Ther 28：3.

Erskine D. 1958. Dermatitis caused by penicillin in milk. Lancet 1：431.

Fitzpatrick SC，et al. 1995. Dietary intake estimates as a means to the harmonization of maximum residue levels for veterinary drugs. I. Concept. J Vet Pharmacol Ther 18：325.

Fitzpatrick SC，et al. 1996. Dietary intake estimates as a means to the harmonization of maximum residue levels for veterinary drugs. II. Proposed application to the free trade agreement between the United States and Canada. Reg Tox Pharm 24：177.

Huber WG. 1971. The impact of veterinary drugs and their residues. Adv Vet Sci Comp Med 15：101.

Gibbons-Burgener SN，et al. 2001. Reliability of three bulktank antimicrobial residue detection assays used to test individual milk samples from cows with mild clinical mastitis. Am J Vet Res 62：1716.

Kang JH，et al. 2005. False-positive outcome and drug residue in milk samples over withdrawal times. J Dairy Sci 88：908.

Mitchell JM，et al. 1998. Antimicrobial drug residues in milk and meat：causes，concerns，prevalence，regulations，tests，and test performance. J Food Prot 61：742.

Moats WA. 1999. The effect of processing on veterinary residues in foods. Adv Exp Med Biol 459：233.

Paige JC，et al. 1999. Federal surveillance of veterinary drugs and chemical residues（with recent data 1992-1996）. Vet Clin North Am 15：45.

Ruegg PL，Tabone TJ. 2000. The relationship between antibiotic residue violations and somatic cell counts in Wisconsin dairy herds. J Dairy Sci 83：2805.

Saville WJ，et al. 2000. Association between measures of milk quality and risk of violative antimicrobial residues in grade-A raw milk. J Am Vet Med Assoc 217：541.

Siegel B. 1959. Hidden contacts with penicillin. Bull WHO 21：703.

Sischo WM，et al. 1997. Implementing a quality assurance program using a risk assessment tool on dairy operations. J Dairy Sci 80：777.

Tinkleman DG，Bock SA. 1984. Anaphylaxis presumed to be caused by beef containing streptomycin. Ann Allergy 53：243.

Vickers HR. 1964. Dermatological hazards of the presence of penicillin in milk. Proc R Soc Med 57：1091.

Vickers HR，et al. 1958. Dermatitis caused by penicillin in milk. Lancet 1：351.

Wicher K，et al. 1969. Allergic reaction of penicillin present in milk. J Am Med Assoc 208：143.

Zimmerman MC. 1959. Chronic penicillin urticaria from dairy products proved by penicillinase cures. Arch Dermatol 79：1.

第二十六章　抗菌药物用于动物的法规

Karolina Törneke 和 Christopher Boland

第一节　概　　述

抗菌药物用于动物尤其是食品动物的批准和许可是一个复杂的过程，目的是努力确保动物产品的安全有效。这还涉及到抗微生物药物使用不良后果风险的管理。为促进抗菌药物的安全及负责任的使用（包括抗菌药物耐药性的控制），监管机构可能会给出具体的指南或使用限制。诸多国家还设有药物警戒。一些司法辖区还监测抗菌药物的销售、使用及抗菌药物耐药性的发展趋势。

世界动物卫生组织陆生动物卫生法典提出了改善动物健康、福利和世界范围内兽医公共卫生的标准，并指出了监管机构和相应制药工业的职责。

制药工业必须提交相关数据来获得药物销售许可权。而且，只有当其安全、质量和功效等指标均符合要求时才会授予其销售权。应进行抗菌药物在食品动物使用时对动物和人类的潜在风险和收益评估。评估的重点应具体到每一种抗菌药物产品，且研究结果不能直接推广到相似活性属性的同一类抗菌药物。对使用的指南应包括所有剂量范围以及不同疗程建议。

兽用抗菌药物产品审批应考虑的风险包括：

- 抗菌药物产品质量失控带来的危害。
- 对直接暴露人的危害（人职业安全）。
- 对无意中暴露的生物体的危害（环境安全）。
- 因产品及其使用方式导致的对治疗动物的危害（靶动物安全）。
- 因产品未能实现其预期疗效而对治疗动物产生的危害（功效）。
- 因暴露产品或消费动物源食品中产品的残留而对人造成的危害（人类食品安全）。
- 通过食品污染或直接与携带耐药菌的动物接触，暴露对兽药产品的抗微生物成分或其代谢物耐药的微生物而对人造成的危害。

对于大部分兽药产品，暴露于产品而产生的危害主要表现在产品（母体药物或者代谢物）自身残留的潜在毒性。对于用于食品动物的抗菌药物产品而言，风险评估还应包括因对微生物产生的影响而对人带来的危害评估。

多数国家抗菌药物在获得市场许可之前需经如下文所述的全面、深入的测试。很多动物用产品销售范围遍布全球，因此很多国家均有相类似的数据批准要求，各国也正努力实现其兽药监管要求的国际一体化。兽药产品注册技术要求协调国际组织（VICH，www. vichsec. org）由来自欧盟、日本和美国的政府部门及行业参与者组成，也有来自加拿大、澳大利亚和新西兰等观察员国及感兴趣组织的参与。VICH 的工作组已经协调和制订了针对新兽药及免疫制品注册的研究程序、指标参数和标准，以及药物上市后监测和报告的标准。标准目前包括有关微生物影响、抗菌药物耐药性的潜在发展、出现和传播的指南。一般的标准适用于销往国内及全球多个市场的产品，个别国家进一步细化了产品进入市场前的评估指标，以便给出更详尽的首选抗菌药物评估（例如，由澳大利亚农药和兽药管理局颁布的 vet MORAG 第 3 卷，第 10 部分；或者美国食品药物管理局发布的 152 号工业指南）。随着抗菌药物耐药性问题得到明确，其他司法管辖地区还在完善风险评估指南。

批准兽医抗菌药物的评估指南强调诸多适宜的风险评估，主要包括：

- 由于抗菌药物产品的使用，暴露的动物皮肤/黏膜或者肠道中耐药细菌数量的潜在增长。
- 人类会暴露于耐药细菌的可能性。
- 人类暴露于耐药细菌而对人类健康带来不良后果的可能性。

以下是普通兽药产品及特别的兽用抗菌药物产品在上市前评估中最常涉及的方面。

一、质量证明

确保产品质量（即与批准的产品和生产标准相符合）是兽药产品风险评估的基本起始点，因为任何危害及潜在风险假设均需建立在统一、一致的产品基础上。适宜的产品质量确保了批与批之间的一致性，也确保产品在批准的保质期末能满足建立的产品标准。鉴于此，所有的兽药产品都必须具有良好的质量和纯度，生产必须符合良好生产规范（GMP）的规定。监管机构设置的市场准入条件确保了产品的安全性和功效，给出产品的标准和批准的用途。公司能够持续生产满足产品批准标准的产品的能力也是监测和监督的一个基础。

产品质量是首要前提，基于此，旨在协调兽药产品注册技术的 VICH 程序才能实现产品注册的国际协调。当然，除此之外还存在很多区域性质量指南。更多信息，请参考 VICH 指南 GL1-5、GL8、GL10-11 和 GL17-18。

二、安全性证明

药物制造商必须出具药物按照标签使用时产品足够安全的证明。安全证明要涉及环境安全、使用者安全、消费者安全以及靶动物安全，这其中的安全不仅指暴露于产品本身所产生的有关风险，还包括暴露于食品中的产品残留而存在的风险以及因使用产品产生耐药微生物后，暴露于耐药微生物而出现的风险。所有兽用抗微生物产品的活性物质，均需提供一系列基于体外研究或实验动物、靶动物田间试验、风险模型的药理学、毒理学、微生物学和流行病学数据。

（一）使用者安全性

兽药产品首先对人应该是安全的，包括对动物给药的人员及与药物接触的人员。与暴露于药物本身有关的最常见风险是过敏反应和毒性反应。此外，一些注射产品可能会导致严重的组织刺激及全身性不良反应（如替米考星），因此也应注意此类不常见的自我注射。兽药产品对使用者的安全评估通常包括药物毒性特性、给药途径、包装及兽医或动物管理人员的药物使用说明等方面。

使用抗菌药物进行治疗使得肠道和皮肤/黏膜中的共生菌群的耐药性增加，因此与治疗动物的直接接触后使得人类暴露于抗菌药物耐药性细菌的风险也增加。这是针对抗菌药物在食品动物及伴侣动物使用时产生的一个令人担忧的问题。耐甲氧西林金黄色葡萄球菌（MRSA）作为人兽共患病原菌已被公认为一个严重的公共卫生风险（Catry 等，2010）。尽管目前少数几个地区有针对于此的风险指南，但是抗菌药物耐药性在动物和人类之间通过直接接触或暴露粪便、分泌物和渗出液而传播的风险可能会增加对非食品动物药物审批的监管要求。目前，新西兰对伴侣动物用抗微生物药物的上市许可申请，要求公司提交具体的风险评估报告。

（二）环境安全性

兽用产品的环境安全性评估涉及水（地表水和饮用水）、植物、动物以及可能暴露在水中或土壤中的微生物等方面。

需要进行环境归宿和效应的研究时，通常采用暴露阈值方法来确定。当需要环境评估时，药物申请商应对相关地区典型的无脊椎动物、植物和微生物进行实验室毒性研究。

VICH 已出台一份指南用于评估兽药产品对环境中非目标物种的潜在影响，指南广泛涵盖了水生生物、陆生生物等。其中，环境影响评价分为两个阶段。阶段Ⅰ指南描述了是否需要进行环境影响评估的判定标准（VICH GL6），规定若药物化合物的环境分布有限（如抗菌药物产品用于治疗伴侣动物），则无需进行环境相关研究。若药物暴露限量超出阶段Ⅰ标准，则需开展阶段Ⅱ评估，根据阶段Ⅱ指南中评价方法（VICH GL38）获取活性物质的环境归宿、代谢以及毒性等相关数据。VICH 阶段Ⅱ指南涵盖水产养殖部分、集约化养殖的陆生动物及牧场动物。VICH 指南目前还不包括因耐药微生物向环境中传播而带来的动物或公共卫生风险评估内容。不过，目前，这一领域日益受到关注。例如，药物生产厂若未严格遵循残留排放标准，其生产废水中的耐药菌便很可能源于水中高浓度的药物活性成分（Li 等，2011）。

（三）靶动物耐受性

司法监管区会为兽用产品在靶动物使用存在的潜在安全问题提供指导。所给出的指导也通常基于 VICH 指南。记录给药水平（指剂量与时间）超过批准给药水平时，靶动物毒理学症状和二级药理学效应，便能找出产生药物毒性目标。除临床症状外，通常还要记录临床病理和剖检结果。获得的结果用来建立安全性范围及为产品提供足够信息。

（四）与兽药残留危害相关的人类食品安全

为确定抗菌药物残留而导致的食品安全问题，需要药物申请商进行一系列标准的动物毒理学和微生物学试验。食品动物使用的抗菌药物所需开展的一系列的动物试验包括重复剂量毒性试验、生殖毒性试验、发育毒性试验、基因毒性试验以及对人类肠道菌群影响的试验。相关信息，建议读者参考 VICH 指南文本 GL22-23、GL31-33 和 GL36-37。

以上试验结果为确保人类食品安全将提供充分的数据。毒理学研究本着确定引起毒性作用的最小剂量和不引起不良反应的最大剂量（无作用剂量，NOEL）而设计，然后基于此计算出每日允许摄入量（毒理学 ADI）。兽药产品中所有物质均应以相同方式建立毒理学 ADI，针对具有抗微生物特性的药物，则需特别考虑对人类肠道菌群的影响（也称为微生物学 ADI）。抗菌药物残留可能会破坏人类肠道菌群平衡，增加耐药细菌的数量。VICH GL36 指出了如何决定是否需要建立微生物学 ADI，推荐了确定健康关注终点的 NOELs 试验系统及方法，也推荐了推导获得微生物学 ADI 的程序。正常状况下，肠道菌群能够限制外源微生物（潜在致病）的定植。为确保此种定植屏蔽不被摄入食品中的药物残留所打破，应提供数据来证明肠道中药物潜在活性浓度远低于正常人类肠道菌群 MIC。在建立微生物学 ADI 时，第二个要考虑的终点是人类肠道中耐药菌数量的可能增加，或者是因为先前数量比较少的耐药菌株出现了突变或者是选择性耐药。药理学、毒理学和微生物学 ADI 最小值是确定最高残留量（MRLs）的基础。

（五）与动物源抗菌药物耐药性传播风险相关的人类食品安全

一个要解决的与抗菌药物耐药性有关的问题是抗菌药物在食品动物使用所产生的耐药微生物能够引起人类疾病（图 26.1）。这可能直接原因是耐药人兽共患病病原菌的出现，或者间接因为动物肠道共生菌的

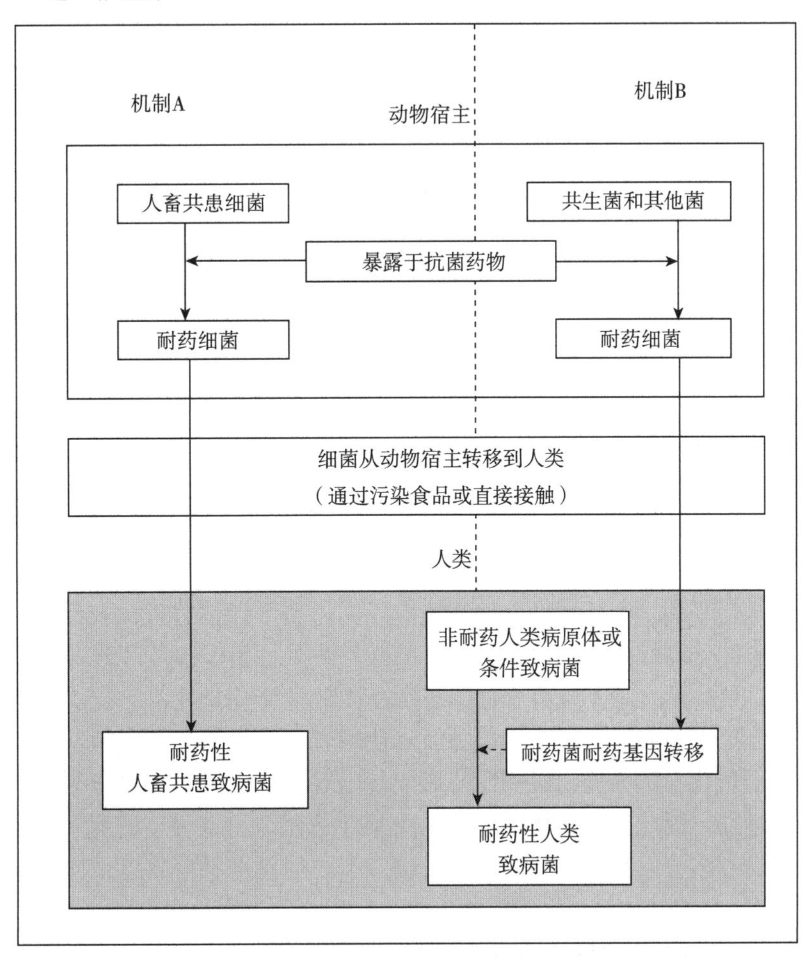

图 26.1　人兽共患病原菌的耐药性形成（机制 A）和动物源共生菌的耐药性形成（机制 B）

机制 A 中动物使用抗菌药物治疗后，存在于动物体内人兽共患病原体产生耐药性。人类暴露于人兽共患耐药病原体中，导致此类病原体在人体内定植进而可能引发抗菌药物治疗时响应不佳的疾病。机制 B 更为复杂，动物经抗菌药物治疗后，一些共生菌（如肠球菌和非致病性大肠杆菌）产生耐药性。共生菌可能转移到人类并在肠道中定植，或者能够停留足够长时间以将耐药基因转移到人类体内其他细菌（潜在病原体）。

基因转移到人肠道病原菌。这就要求药物申请人进行风险评估来解决使用该产品后耐药菌向人类的转移导致耐药性发展以及人类无反应疾病发展的可能性，并全面评估抗菌药物耐药性风险。尽管申请人可能会提出降低或减轻风险的方案，但监管机构有责任选择和实施风险管理措施，并开展风险交流，建立风险监管体系。

申请人应提交因兽用抗菌药物的使用而造成的抗菌药物耐药性传播而进行的风险评估记录。VICH 文本 GL27 提供了收集药物信息、药物作用机制、抗菌谱等信息的指导，这些信息具体包括针对目标病原菌、食源性及共生菌的 MIC，耐药性的产生机制及其他一些相关信息。不过，VICH GL27 未曾提到具体如何来开展此类评估，鉴于此，一些辖区监管机构发布了较为详细的执行指南（如美国 FDA 152 号工业指南和 APVMA part 10，vet MORAG，新西兰抗菌耐药性注册信息指南）来补充 VICH 指南。尽管其他国家/地区可能不存在此类具体执行指南，不过具体问题具体分析时，可遵循以上类似方法。

三、药效证明

药物的疗效研究包括临床前研究（微生物数据和药代动力学数据）和临床研究（试验性试验和田间试验）。所开展研究的数量及类型要求能够证明药物在推荐剂量下、不同辖区不同给药剂量下以及不同给药方式的药效。要求药物申请人提供充足数量的高质量试验数据来证明药物的疗效。研究设计及开展的质控因素包括严谨性、统计功效及覆盖范围。多数辖区均具有相关研究/试验指南，有些甚至需要在良好临床试验管理规范（GCP）和/或良好非临床试验管理规范（GLP）认证下进行试验和分析。临床前研究包括药代动力学和微生物数据，通常用来确定一个能够确保抗菌药物产品功效的给药方案。关于抗菌药物的重要信息包括药物作用机制、抗菌药物抗菌谱以及针对此类药物天然耐药的微生物种属。针对目标病原微生物的杀菌曲线可用于确定抗菌药物呈时间依赖性或者浓度依赖性杀菌活性。

药代动力学信息中比较重要的内容包括适当给药途径下药物的生物利用度、血浆/血清以及最好是感染部位的抗菌药物活性浓度、分布体积及消除和排泄相关参数。除此之外，药代动力学数据可用于通用产品与新产品之间生物等效性的建立。

抗菌药物产品的明确疗效基于临床试验中的疗效证据。VICH 目前已建立了一个良好临床研究管理规范（VICH GL9），提供了针对靶动物设计与开展临床试验的相关信息。管理规范的目标是确保所提交给监管机构进行产品注册所需信息的准确性、整体性和正确性。指南对临床研究者、研究监查员以及药物申请人等提出了详细的要求，包括研究设计、动物选择、饲养管理及研究处理等指导信息。重点是形成一个全面的研究方案来确保良好试验设计的形成及实施。

应当注意的是疗效证明并不意味着产品的使用不需要谨慎。许多辖区发布了治疗指南，并将产品列为“一线”或“二线”产品（见第七章）。

四、利益/风险平衡

负责兽药产品审批的监管机构需要对申请注册时所提交的应用数据进行全面评估，以便对兽药产品使用所产生的利益及风险进行平衡。因不同部分的侧重点不同，整个评估过程比较复杂。针对靶动物的疗效和安全性需相互平衡，意味着高疗效、挽救生命的产品其不耐受性情况接受程度高。暴露于药物残留而产生的公共卫生风险非常重要，消费者不能容忍暴露于食品内的危害化学物品。此类风险可以通过能够适当的降低暴露的休药期的制定来控制。因暴露于药物而对使用者和环境所产生的风险也可以得以降低，尽管风险的减缓可能不会完全量化。抗菌药物耐药性的形成、出现和传播风险是最难平衡的，因所有抗菌药物的使用均可造成耐药性增加，因此抗菌药物审批的先决条件是允许一定程度的耐药性风险。除此之外，危险（耐药菌群）从属于受到多方面因素影响的生物系统，不同剂量水平暴露以及微生物在不同环境中利用机会的能力。考虑因素有：

- 使用抗菌药物产品使得耐药菌群增加的可能性。
- 人类将暴露于耐药菌的可能性。
- 人类暴露于耐药细菌将对身体带来不良后果的可能性。

尽管风险减缓策略可在产品层面上应用，还必须有很多其他方面内容以覆盖药物/级别层面（见第二节“抗菌药物耐药性管理”）。

五、风险减缓策略

监管机构必须通过评估风险管理档案中相关文件信息来决定是否授予产品营销权。若其中有些风险需降低到可接受范围或者其中一些风险的评估还存在重大的不确定性，此时监管机构将会采取风险降低措施。不过，不同地区可能会采用不同的风险降低措施（或组合措施），但常见措施通常有：

- 设置生产和销售条件。
- 指定产品销售方及产品使用授权方来控制产品供应链。
- 规定产品标签中务必标明相应指示、警示或建议。
- 要求提交产品使用方法和产品用途报告。
- 限制产品使用条件。
- 强制遵从规范法令。

六、药物警戒

为了记录产品持续的安全性和功效，很多辖区有药物警戒系统来发现和评估不良事件，包括药物不良反应、对动物无药效以及动物胴体和食品中残留（见第七章）。对抗菌药物而言，缺乏药效的病例报告非常重要，因为此类情况可能最早反应抗菌耐药性的出现。此外，药物警戒还可能涉及耐药性微生物的流行以及药物的潜在环境影响。

七、标签外用药

药物监管机构，例如美国食品药物管理局（FDA）和加拿大兽药管理局（VDD），会对兽药标签进行审批，并设定动物源食品中可接受的药物残留浓度。然而，临床中有很多疾病状况要求兽医标签外用药。涉及的标签外用情况有：①给未批准动物物种使用；②未经批准的给药途径；③未经批准的药物剂量和给药频率；④未列在标签上的疾病；⑤人药兽用。“Off-label”是国外及美国内科医生常用术语，作为标签外用药的同义词，Off-label 有时也用于兽药，不过法律或各类条例中无此相关定义。

八、美国的标签外用药

美国 1994 年发布的动物治疗用药分类法（AMDUCA）中规定了兽医的标签外用药权（ELDU)。法案规定，标签外用药仅限于动物健康受到威胁或治疗失败可能导致动物病痛或死亡时。根据法案规定，兽医必须在有效兽医-畜主-病畜关系（VCPR）前提下进行药物的选择、处方及配药。有效 VCPR 的建立基于兽医对动物健康及药物治疗必要性的负责任诊断以及动物主人对兽医治疗指示的同意。这要求兽医的动物相关知识至少足以开展初步诊断的能力；若出现治疗失败或不良反应，兽医要有应对后续状况的方案。有效 VCPR 还需建立在兽医对动物的亲自检查或亲自及时走访动物饲养场所从而熟悉动物群体的健康状况。没有兽医处方时，动物生产者以标签外方式用药是不合法的。美国动物治疗用药分类法要求批准作特殊用途的动物药品的使用需严格谨慎。FDA 不认为成本是药物标签外用药的原因。根据 AMDUCA 法案，禁止对食品动物进行任何以提高体重、饲养效率或者其他生产目的（包括繁殖管理）的标签外用药。鉴于饲料生产厂相关法规的问题，动物饲料采用 ELDU 也是不允许的。在少数物种存在以任何方式难以医治，并且仅当动物被养殖或被限制以及动物生命健康遭受危险的时候，FDA 可行使监管自由裁量权。

药物使用分类法案规定仅 FDA 批准的人药或批准使用的兽药可以标签外用药。根据法案，食品动物的联合用药仅当无审批药物可用时才可使用，且联合用药必须是已经审批的人药或兽药。即使一种批准的兽药能用于联用，也不允许其与批准的人药进行联用。兽药的联用必须由注册药剂师根据兽医师或其他国家法律允许的兽医师出具的兽医处方来配合组成。复方产品必须安全有效，联用操作必须符合特定病畜的具体需要。目前，有诸多出版物报道了复方兽药产品的稳定性和质量等问题。FDA 也已经明确表示，除非有书面批准使用之外，不允许在食品动物使用任何未批准的活性药物成分原料组合而成。条例存在的唯一特例就是解毒剂在食品动物使用，因为还没有批准的产品。FDA 将行使自由裁量权允许钼酸铵、四硫钼酸铵、亚甲蓝、毛果芸香碱、苦味毒、亚硝酸钠、硫代硫酸钠、丹宁酸的复合配方作解毒剂使用。

AMDUCA 法案要求对签发和处置的标签外用药物保留特定的记录和特殊的标签，治疗记录应至少保留至治疗后 2 年，且允许 FDA 访问兽医记录以便评估公共卫生风险。

记录要求：

- 动物的识别，作为个体或者群体。
- 接受治疗的动物种类。
- 接受治疗的动物数量。
- 治疗的医疗条件。
- 药物的商品名和活性成分的通用名称。
- 处方或使用的剂量。
- 治疗持续时间。
- 如果有，关于肉、蛋、奶及其他动物产品的具体休药期、扣留期及废弃期。

标签要求：

- 开处方兽医的姓名和地址。
- 药物名称。
- 任何具体使用说明，包括动物的类别/物种，动物或群体的识别标签，如牛群、羊群、栏、批或其他组别等。
- 给药频率、给药途径和治疗持续时间。
- 对执业兽医师限制使用的警示语（注意：联邦法律限制此种药物由执业兽医师或根据执业兽医师的命令使用）。
- 治疗后动物产品肉、奶、蛋等具体的休药期、扣留期及废弃期。

FDA 兽药中心监管 ELDU 并执行 AMDUCA 法规。在违反 AMDUCA 时，FDA 可能会通过信件警告、没收产品、轻罪罚款、禁令或者刑事诉讼等手段行驶监管。在一些情况下，FDA 会禁止新兽药、人药甚至是某一类别兽药的标签外用药，例如，若 FDA 确定某种药物尚未建立或无法建立可接受的残留检测分析方法，或者此种或此类药物的标签外用会对公共健康构成威胁。此类禁令可能是药物标签外用的一个通用禁令，也可能具体到某一类药物或者某一种动物、适应证、剂型、给药途径或此类因素的组合。目前，以下药物禁止在食品动物中标签外用药：

- 氯霉素。
- 克伦特罗。
- 己烯雌酚（DES）。
- 地美硝唑。
- 异丙硝唑。
- 其他硝基咪唑类。
- 呋喃唑酮。
- 呋喃西林。
- 磺胺类药物：用于泌乳牛（批准使用的磺胺地索辛、磺溴嘧啶和磺胺乙氧嗪除外）。
- 氟喹诺酮类。
- 糖肽类。
- 龙胆紫。
- 保泰松：用于 20 月龄以上奶牛。
- 头孢菌素类（牛用头孢匹林除外）。

最近，为保持头孢菌素治疗人类疾病的有效性，FDA 颁布了头孢菌素禁令，以降低头孢菌素对特定细菌病原体的耐药性风险。禁令尤为关注以下几方面：违反规定剂量、用药频率、持续时间及给药途径给药；用于牛、猪、鸡或火鸡等未批准动物（如人用和宠物用制剂）；以及疾病预防用途。禁令并未限制头孢匹林的使用，因为 FDA 并不认为用于奶牛乳房炎或子宫炎治疗的头孢匹林会影响抗菌药物耐药性。

抗病毒药物，金刚烷和神经氨酸酶抑制剂，被批准用于预防人类的甲型流感，但是这些药物不管是否符合标签外用药的标准，禁止标签外用于鸡、火鸡和鸭。疫苗被认为是“兽医生物制品”，由美国农业部兽医生物制品中心（USDA CVB）监管。兽医允许酌情使用疫苗。例如，某一少数物种动物需用疫苗，但疫苗未标示此类物种可用，则兽医可根据需要选用某一适用的特定疫苗。兽医应该查阅相应国家规定以确保某一物种用疫苗用于另一种动物是否符合规定。兽医使用的杀虫剂由环境保护署（EPA）管理。尽管杀虫剂的使用无需遵守标签外用相关规定，但也必须按标签说明使用。

加拿大兽药 ELDU 没有跟美国一样编成法典。虽然加拿大联邦辖区具有药物销售的审批权，但兽药实际由省级辖区管理，且各省间兽药的立法与法规还存在差异。在加拿大，ELDU 的使用权不仅局限于兽医，包括中级专业卫生人员（如药剂师、动物卫生技术人员）和非专业人士（如动物主人、畜牧生产者）均可以合法使用。根据加拿大卫生部规定，ELDU 在兽医领域是公认的有效手段，不过食品动物采用 ELDU 是不允许的，除非存在有效的兽医—畜主—病畜关系，且在兽医监督条件下实施。此外，一些对人类健康极为重要的抗微生物药物也不推荐 ELDU，此类药物的使用必须符合食品药品法案及相关规定，主要涉及禁用物质、含药饲料和违规残留物等。

在欧盟，兽用产品指令（VMR）2001/82/EC 涵盖了所有欧盟成员国集生产控制、授权、上市、销售以及授权后监管相关内容。VMR 通常禁止 ELDU，但一些情况下为避免动物出现难以接受的痛苦，兽医师可使用处方药物联用和简单药物联用。VMR 设定了药物联用的相关规定，规定因药物所使用对象为食品动物与否而存在不同。药物的联用要符合各方面要求，需要满足保留记录、标签及存贮等要求。

第二节　抗菌药物耐药性管理

除了具体的兽用产品上市许可框架内适用的风险管理措施外，许多当局就如何降低因抗菌药物使用而出现的耐药性风险提供了一些通用指南。2007 年在罗马召开的联合会议（FAO/WHO/OIE 关于至关重要的抗菌药物联合专家会议）上，WHO 和 OIE 及 FAO 达成一致，联合出台了一个对人类健康至关重要的抗菌药物清单，所涉及的抗菌药物在兽医临床广泛应用，相应耐药病原微生物也很可能为人兽共患病原菌（例如，有证据显示动物使用此类抗菌药物后，动物源细菌或耐药基因可能沿食物链传递给人类）。这次会议还认定氟喹诺酮类药物、第 3 和第 4 代头孢菌素以及大环内酯类药物为三大类最需关注的药物，建议各国管理当局优先针对此三类药物进行风险分析。

另一个能为抗菌药物耐药性提供风险分析指导法律文件的组织是食典委（www. codexalimentarius. org），它由 WHO 和 FAO 共同建立，制定了一些食品标准、指导原则以及相关文本如技术规范等，已经发布了减少和控制抗菌药物耐药性技术规范（CAC/RCP 61—2005）以及食品源抗菌药物耐药性风险分析指导原则（CAC/GL 77，2011）。这些文件从全球食品贸易视角强调了抗菌药物耐药性传播风险。法典相关指南文件中列有食品源抗菌药物耐药性风险管理选项表（CAC/GL 77，2011）。以上文件涵盖了从促进负责任使用抗菌药物的信息战和治疗指导原则到禁止特定药物或用途等全方位活动。此类不同地区的风险降低措施有：

一、抗菌药物处方相关限制

在不同的司法辖区有不同的措施来控制抗菌剂的获得方式。例如，亚治疗剂量抗生素作为生长促进剂使用的方式已在全球范围内引起广泛讨论（见第二十二章）。一些国家已经禁止抗生素的此类使用方式，还有很多国家也很快采取禁令，因为食典委以及 OIE 均建议停止此类用法。很多国家将抗菌药物仅作为处方用药。涉及处方情况的相关限制，要求兽医的直接监督，且禁止标签外用药，例如，最近 FDA 对头孢菌素类药物标签外用药的限制。抗菌药物处方和分销分开执行的可能性已经进行讨论过，例如，瑞典和丹麦等国家限制兽医销售抗菌药物，避免兽医因利益刺激原因增加药物处方。

二、市场准入权的撤回和拒绝

若风险分析显示抗菌药物耐药性会出现不可接受的风险，药物的市场准入权将会被撤回。美国 FDA 曾撤回家禽用的恩诺沙星和沙拉沙星的批准，因为有证据表明氟喹诺酮类药物在家禽中使用会引起氟喹诺酮类耐药弯曲杆菌的发展，而氟喹诺酮类耐药弯曲杆菌可能会转移到人类，导致人类感染耐药菌。2001

年，新西兰调整了抗菌药物市场准入审批程序，拒绝批准一些比较重要抗菌药物的兽用，因有证据显示可能形成动物源耐药菌并向人类转移。相应药物的重要性参见 WHO/OIE 列表。澳大利亚在 2006 年做出了覆盖所有食品动物物种的类似决定。

三、制定抗菌药物减用目标

欧洲一些国家已经制定了降低动物使用抗菌药物总量的目标。丹麦当局提出了一个更为复杂的模型来确保抗菌药物的负责任使用，通过采用一些特别的规定来降低猪用抗菌药物消耗量。在养猪生产中，农场需要与政府签订合约（政府 2010 年 12 月 1 日颁布的 1319 号命令），若违反合约，政府会出示“黄牌”警告，并给予经济制裁。

四、非法定风险降低措施

监管机构经常会通过教育和宣传等手段来实施义务性风险降低措施，相应行业或医疗团体，如兽医等以自愿合作的方式参与。教育及宣传的最基本内容是各类负责任使用的建议（见第七章）。

第三节　监测和监督

为了追踪当前抗菌药物使用水平及耐药性状况，很多地区已经启动监控程序。不过，鉴于监控方法差异，国家和地区间的数据通常没有直接的可比性。实现数据间的比较，可能需要方法学的协调。在耐药性监测方面，OIE 已经开始方法学的国际间协调，根据这些方法，很多国家已经建立了对人兽共患病原菌和共生菌的监测程序。不过，目前还很缺乏相应动物病原体的官方监测程序，相信将来可能会更加全面。此外，销售监控也比较缺乏，目前很难将抗菌药物的销售吨数转换成能够用于不同国家、产品形式及不同抗菌药间比较的计量单位。能够克服此类困难的一种方式是欧洲药品局下属的欧洲兽用抗菌药物使用监控（ESVAC）系统，它能够覆盖整个欧洲地区进行监控。2010 年，首次出版了包括 9 个国家在内的相应历史数据报告。类似的报告新西兰也有。结合抗菌药物销售情况和抗菌药物耐药率的监测，能够有效评估不同风险减缓措施的效果。例如，限制此前高水平使用的抗菌药物可能会降低相应的耐药率。在加拿大，存在一项禁止肉鸡生产中使用头孢菌素的自愿禁令，研究发现其与人类沙门氏菌血清型海德堡的耐药性有很好的相关性（Dutil 等，2010）。

第四节　结　　语

兽用抗菌药物对药物生产商和监管部门均提出了特殊挑战。抗菌药物耐药性不仅危及动物疾病的疗效，还影响着人类健康。耐药人兽共患病原菌、共生菌以及耐药因子等在人与动物之间的直接传播或者经食物的间接转移，目前已成为一个日益令人担忧的问题。世界各国监管机构均已出台了药物产品批准入市要求及入市后管控监测等相关标准。除在产品水平的管控措施外，已在开展人类医学中比较重要的抗菌药物风险分析，风险降低措施已经把确保兽医抗菌药物以负责任的方式使用作为宗旨。做出这些努力的目的是保证有适当兽药产品来满足动物健康和福利要求的同时，降低相应产品对人类健康的影响。

参 考 文 献

Catry B，et al. 2010. Reflection paper on MRSA in foodproducing and companion animals：epidemiology and control options for human and animal health. Epidemiol Infect 138：626.

Li D，et al. 2011. Bacterial community characteristics under long-term antibiotic selection pressures. Water Res 45：6063.

Dutil L，et al. 2010. Ceftiofur resistance in *Salmonella enterica* serovar Heidelberg from chicken meat and humans，Canada. Emerg Infect Dis 16：48.

Scientific Advisory Group on Antimicrobials of the Committee for Medicinal Products for Veterinary Use. 2009. Reflection paper on the use of third and fourth generation cephalosporins in food producing animals in the European Union：development of resistance and impact on human and animal health. J Vet Pharmacol Ther 32：515.

第四篇

抗菌药物在特定动物的应用

第二十七章 抗菌药物在马属动物的应用

Steeve Giguère 和 Tiago Afonso

合理的药物治疗方案是指：经过对潜在效益和风险的评估，针对病畜的治疗方案选择合适的药物进行给药。这一决策过程的第一步就是判断疾病是否由感染源引起，以及如果是的话，不借助抗生素疗法动物是否难以有效消除感染。在选择合适抗菌药物的过程中，兽医须考虑以下几点：①鉴别可能的感染微生物；②病原菌的体外抗菌药物敏感性模型，或感染相同病原的马属动物的临床反应；③该感染性疾病病程的特性及感染部位；④所选抗菌药物在马属动物体内的药代动力学特性，如生物利用度、组织分布以及消除速率；⑤所选抗菌药物的药效动力学特性；⑥在马属动物的安全性；⑦治疗成本。

第一节 马属动物常见病原菌及其典型敏感性模型

在治疗刚开始时因为很难确定感染的病原微生物种类及其体外药物敏感性，所以最初的治疗通常是经验性的，一般根据可能存在的病原菌及其历史敏感性的了解（表 27.1 和表 27.2）进行治疗。有些情况下，仅通过病马的临床表现及病史就能判断出可能的致病菌，如下颌及咽喉淋巴结脓肿很有可能是由马链球菌及其亚种引起，而成年马属动物的胸膜肺炎则可能由某种致病菌或者由多种病原菌混合感染造成，因此需抽取其气管支气管液体和胸腔积液进行细菌培养以确定病原菌。类似地，蜂窝织炎、乳腺炎、肌肉骨骼感染、腹膜炎以及尿道感染都可能由各种细菌引起。对采集的病料进行革兰氏染色是一种简单、快速、经济的分析方法，它可以辨别体液中异常出现的微生物并显示其形态特征。然而，革兰氏染色呈阴性并不足以证实不存在微生物。尽管革兰氏染色不太能显示出微生物具体的种属特征，但是在等待细菌培养和抗菌药物敏感性试验结果之前还是可以为治疗方案提供有用的信息。例如，成串的革兰氏阳性球菌通常提示了链球菌属的存在，而从马的化脓性损伤中分离出的链球菌很可能为 C 族链球菌，通常对青霉素敏感。另一方面，若同时存在革兰氏阳性菌和革兰氏阴性菌则提示混合感染，在细菌培养结果确定具体的病原菌及其体外药物敏感性模型之前，至少需要应用广谱抗菌药物。对抗菌药物及给药途径的初步选择取决于疾病的严重程度及感染部位。针对革兰氏阴性菌的庆大霉素和针对革兰氏阳性菌以及厌氧菌的青霉素的联合用药通常用于成年马属动物严重细菌感染的初期广谱治疗。对于成年马属动物，恩诺沙星可以替代庆大霉素，氨苄西林或头孢喹啉可以替代青霉素。在胸膜肺炎和腹膜炎等病例中通常可以分离出脆弱拟杆菌，推荐加入甲硝唑治疗此类感染。

涉及新生幼驹的许多感染性疾病，如肺炎、腹膜炎、脑膜炎、骨髓炎、脓毒性关节炎以及脐静脉炎都是细菌感染的后遗症。从新生幼驹血液中分离出的各种微生物中，革兰氏阴性菌占到了 70%～95%，大肠杆菌是目前为止最常见的细菌。革兰氏阳性球菌则大约占 25%。针对新生幼驹的治疗方案中必须包括对肠道革兰氏阴性菌具有高水平抗菌活性的抗菌药物，并适宜覆盖对革兰氏阳性菌的活性。由于新生幼驹的免疫系统尚处于初始阶段，且对细菌病原体的防御能力往往不健全，所以杀菌剂是首选。在培养结果出来之前，初步治疗方案通常为联合应用氨基糖苷类药物（阿米卡星或庆大霉素）和青霉素、氨苄西林或者头孢噻呋。这一联合用药方案可以对抗从血液分离的 90%的细菌。尽管阿米卡星的价格更贵，但因为其在肠杆菌科更低的耐药率，相比庆大霉素仍是首选药物。同样，氨苄西林优于青霉素是因为它对肠球菌的抗菌活性更高。在有些不能使用氨基糖苷类药物的情况下，如肾衰竭，这时可以使用具有相似抗菌谱的第 3 代或第 4 代头孢菌素替代，如头孢噻肟或头孢吡肟。另外，头孢噻呋可能对新生幼驹血液中分离出的约 80%的细菌有抗菌作用。如果血液或其他培养物的培养结果呈阳性，则可根据敏感性试验结果调整相应的抗生素疗法。如果动物的血液培养结果为阳性，则建议至少两周的抗生素治疗；如果感染情况已确定在某个器官，如肺部、关节或骨组织，则应长期进行抗生素治疗。

一般认为，细菌是污染物或者正常微生物系统的一部分，无需进行药物敏感性检测。但是，一旦确定了致病菌，选择抗菌药物就变得简单了，因为一些常见的马属动物病原菌具备可预见的体外药物敏感性。例如，从马属动物分离出的大多数β-溶血性链球菌对青霉素 G 敏感，正如大多数的厌氧菌（脆弱类拟杆菌除外）。从马属动物分离出的巴氏杆菌属也具有可预见的药物敏感性（表 27.1）。相反，肠杆菌、肠球菌、假单胞菌以及葡萄球菌则具有不可预见的敏感性（表 27.1），对于这些细菌进行体外敏感性试验则尤为重要。

表 27.1　马属动物部分分离菌的体外抗菌药物敏感性[a]

微生物（*n*[c]）	抗菌药物[b]												
	氨苄西林	阿米卡星	头孢噻呋	氯霉素	恩诺沙星	红霉素	庆大霉素	卡那霉素	苯唑西林	青霉素	四环素	甲氧苄啶-磺胺	利福平
革兰氏阳性菌													
金黄色葡萄球菌（211）	41	96	57[d]	95	89	76	89	87	74	44	83	81	95
其他葡萄球菌（149）	32	95	62[d]	95	93	86	75	68	86	32	85	76	95
肠球菌（179）	86	1	5	74	24	35	10	3	—	75	64	9	30
马链球菌（132）	99	0	100	90	60	96	78	0	—	100	96	82	99
兽疫链球菌（758）	99	1	100	88	50	94	55	1	—	99	16	63	98
停乳链球菌马亚种（104）	96	9	99	86	75	78	68	7	—	93	47	84	90
革兰氏阴性菌													
不动杆菌属（94）	59	84	45	67	88	47	84	75	—	—	78	60	—
马放线杆菌（140）	62	50	99	71	96	19	80	54	—	46	80	60	—
放线杆菌属（42）	79	71	100	86	95	15	91	59	—	54	88	71	—
支气管败血波氏杆菌（14）	7	100	0	100	93	31	100	92	—	—	100	71	—
柠檬酸杆菌属（30）	3	95	87	75	97	0	70	71	—	—	73	50	—
肠杆菌属（132）	25	83	64	78	85	2	65	63	—	—	74	54	—
大肠杆菌（362）	52	95	92	88	94	1	85	83	—	—	71	53	—
克雷伯菌属（130）	2	91	82	74	88	1	71	70	—	—	76	60	—
巴氏杆菌属（28）	78	100	89	94	89	36	100	84	—	47	93	75	—
变形杆菌属（24）	25	100	92	20	70	0	75	80	—	—	17	38	—
假单胞属（232）	4	88	17	9	54	4	71	31	—	—	41	22	—
沙门氏菌属（185）	20	—	74	67	58	1	24	25	—	—	83	25	—

注：a 数据由 Guelph 大学（2005—2012）动物健康实验室（AHL）的 Durda Slavic 和 Beverly McEwen 博士提供。

b 敏感性菌株百分率。

c 菌株的大概数量（部分菌株未进行所有抗菌药物的敏感性试验）。

d 在体内，头孢噻呋迅速代谢为去呋喃甲酰基头孢噻呋。对大多数病原菌而言去呋喃甲酰基头孢噻呋和头孢噻呋一样有效，但是大多数凝固酶阳性的葡萄球菌属对其耐药。因此，虽然体外试验结果呈敏感性，但对于治疗葡萄球菌引起的感染头孢噻呋并不是理想选择。

一为未检测或检测结果未标明。

表 27.2　针对马属动物感染的抗菌药物的选择

部位	诊断	常规致病菌	注解	推荐药物	备选药物
上呼吸道	腺疫	马链球菌	马腺疫的治疗要根据病程进行。虽然致病菌对青霉素敏感，但当脓肿形成后再肠道外给予抗生素则可能延长病程。当马匹出现严重的全身症状或者内部脓肿时需给予抗生素	青霉素 G[a]	头孢噻呋
	喉袋积脓症	马链球菌、兽疫链球菌，偶见革兰氏阴性菌	用生理盐水局部冲洗是首选治疗方案。降低马匹头部以便排出脓肿内积液降低吸气风险。除非感染扩散，一般不需要全身性或外用抗菌药物	青霉素 G[a]	头孢噻呋

（续）

部位	诊断	常规致病菌	注解	推荐药物	备选药物
上呼吸道	喉袋霉菌病	翘孢霉属、烟曲霉，及其他条件致病性真菌	对感染腔体进行外科封闭是首选治疗方案。但即使封闭成功，药物疗法也许见效较慢不能防止出血情况的多次发作	局部应用恩康唑；一般不需全身性应用抗真菌药物	局部应用纳他霉素
	霉菌性鼻炎	曲霉菌属及其他条件致病性真菌	外科移除霉菌性噬斑及周围的坏死性组织，同时局部应用抗霉菌疗法	局部应用恩康唑	局部应用纳他霉素或两性霉素 B
	原发性鼻窦炎	兽疫链球菌	可以采用生理盐水（±防腐剂或者抗菌药物）每日灌洗鼻窦，同时结合抗菌药物全身性治疗。无效病例需要鼻窦切开	青霉素 G[a]	头孢噻呋，甲氧苄啶-磺胺[b]
	继发性鼻窦炎	条件致病性需氧菌[c]及厌氧菌[d]混合感染	一般需要对原发性病因进行治疗，即清除病牙	青霉素 G[a]	头孢噻呋、甲氧苄啶-磺胺[b]和甲硝唑、氯霉素
肺	成年动物细菌性肺炎或肺脓肿	兽疫链球菌、条件致病性需氧菌[c]、肺炎链球菌	兽疫链球菌是最常见的致病菌	若确定是链球菌感染，可选择头孢噻呋、青霉素 G[a]	广谱抗生素[e]、甲氧苄啶-磺胺[b]
		支原体属		土霉素	恩诺沙星[f]、氯霉素
	马驹细菌性肺炎或肺脓肿	兽疫链球菌	常引起幼驹的肺炎或支气管炎	青霉素 G	头孢噻呋，顽固性脓肿可用大环内酯类±利福平
		条件性致病需氧菌		头孢噻呋	广谱抗生素[e]
		马红球菌	需持续治疗至少 3～4 周	利福平和大环内酯类药物（红霉素、阿奇霉素或克拉霉素）	多西环素[h]和利福平、甲氧苄啶-磺胺和利福平
		耶氏肺孢子虫	可见于免疫机能低下的幼驹，也可见于马红球菌并发感染	甲氧苄啶-磺胺	
	马属动物新生幼驹细菌性肺炎	条件致病性需氧菌[c]	新生幼驹肺炎经常是其全身性感染的一部分，这种全身性感染会影响多种组织器官	广谱抗生素[e]（阿米卡星要优于庆大霉素）	第 3 代头孢菌素类药物，替卡西林-克拉维酸
	胸膜肺炎	条件致病性需氧菌[c]及厌氧菌[d]	全身性应用抗菌药物是治疗细菌性肺炎的最主要疗法，同时进行胸腔引流并仔细护理也是重要的治疗措施	广谱抗生素[e]±甲硝唑	头孢噻呋±甲硝唑；青霉素 G[a]和恩诺沙星[f]±甲硝唑；甲氧苄啶-磺胺[b]和甲硝唑
		猫支原体		土霉素	恩诺沙星[f]、氯霉素
	霉菌性肺炎	条件致病性霉菌：曲霉菌属、念珠菌属、毛霉菌属	如果霉菌性肺炎是其他原发性疾病（如肝衰竭、小肠结肠炎、腹膜炎等）的继发感染，则治疗困难且预后不良。如果霉菌性肺炎是抗生素过度治疗所致（即新生幼驹），则预后谨慎	两性霉素 B	伊曲康唑、伏立康唑

（续）

部位	诊断	常规致病菌	注解	推荐药物	备选药物
	肺结核	分枝杆菌	常不进行治疗。与公共卫生相关。需报告的疾病	见第二十四章	
胃肠道	口腔、胃念珠菌病	念珠菌	常见于免疫抑制动物或者长期施用抗生素疗法的动物。停止抗生素疗法即可	氟康唑	伏立康唑、伊曲康唑、两性霉素 B
	急性小肠结肠炎、沙门氏菌病	鼠伤寒沙门氏菌、其他血清型	动物出现败血症症状或引起败血症风险（幼驹、免疫力抑制动物、老年动物）可全身性应用抗菌药物。抗生素治疗可能不会对病程有所改变	广谱抗生素[e]、恩诺沙星[f]	第 3 代头孢菌素类药物、敏感性可变
	急性小肠结肠炎、梭菌病	艰难梭菌、产气荚膜梭菌 A 型、产气荚膜梭菌 C 型	治疗方案的第一步就是在可能的情况下立即停止抗菌药物的使用	甲硝唑	口服杆菌肽（22 mg/kg，口服，第 1 天两次，之后每日 1 次）、口服万古霉素[g]
	马波托马克热（马埃立克体结肠炎）	新立克次氏体里希氏体属		土霉素	口服多西环素[h]、利福平和红霉素
	增生性肠炎	胞内劳森氏菌	幼驹的增生性回肠炎及腹泻	大环内酯类±利福平	土霉素、氯霉素
	腹脓肿	马链球菌、马兽疫链球菌、伪结核棒状杆菌	常常是腺疫的并发症。经常需要长期治疗	青霉素 G[a]±利福平	大环内酯类±利福平、氯霉素、甲氧苄啶-磺胺[b]
		马红球菌（幼驹）	腹脓肿及溃疡性小肠结肠炎。也许同时存在腹膜炎。肺炎、腹泻、脓毒性骨骺炎，或者关节炎也可能同时发生	利福平和大环内酯类药物（红霉素、克拉霉素或阿奇霉素）	多西环素[h]±利福平、甲氧苄啶-磺胺、利福平
	腹膜炎	条件致病性需氧菌[c]及厌氧菌[d]混合感染 马放线杆菌	强烈推荐要尽量获取腹膜积液进行细菌培养及敏感性试验。进行腹膜内灌洗对某些病例可能有所帮助	广谱抗生素[e]及甲硝唑	第 3 代或第 4 代头孢菌素类药物和甲硝唑、青霉素 G[a]+恩诺沙星[f]+甲硝唑
	泰泽氏病	毛状梭菌	治疗常常不能成功	红霉素±利福平、青霉素 G 和氨基糖苷类药物	土霉素
	肝脓肿	β-溶血性链球菌、伪结核棒状杆菌、条件致病性需氧菌[c]及厌氧菌[d]	超声波检查也许有助于诊断。可能与其他腹脓肿同时发生。需要长期治疗	青霉素 G[a]和恩诺沙星[f]±甲硝唑	广谱抗生素[e]±甲硝唑
	胆管肝炎	革兰氏阴性肠道微生物	识别致病菌也许较为困难。需要长期治疗。当有数个阻碍性结石存在时会预后不良。对于阻碍性结石，可实施胆总管石切除术	甲氧苄啶-磺胺	头孢噻呋、恩诺沙星[f]
软组织	念珠菌病	念珠菌	可能发生多系统同时感染。虽然并不常见，但在过度应用广谱抗生素疗法的免疫低下的幼驹中出现过真菌血症	氟康唑	伏立康唑、伊曲康唑、两性霉素 B

（续）

部位	诊断	常规致病菌	注解	推荐药物	备选药物
软组织	细菌性败血症	大肠杆菌、条件致病性需氧菌[c]（多为革兰氏阴性菌）	新生动物常感染。推荐肠道外给予抗菌药物进行治疗（至少在发病初期采取此措施）。治疗需维持至少2周	广谱抗生素[e]（阿米卡星要优于庆大霉素）	第3代或第4代头孢菌素类药物、替卡西林-克拉维酸
	脐静脉炎	条件致病性需氧菌[c]	当感染的外表症状还不甚明显时超声波检查法可有助于确诊。某些病例可使用外科切除术	广谱抗生素[e]（阿米卡星要优于庆大霉素）	第3代或第4代头孢菌素类药物、替卡西林-克拉维酸
	马肩甲瘘	流产布鲁氏菌、牛放线菌	布鲁氏菌病是公共卫生关注疾病。利用灭活布鲁氏菌疫苗也许可有效治疗此病	土霉素和链霉素或者庆大霉素	口服多西环素[h]或甲氧苄啶-磺胺和庆大霉素或利福平
		条件致病性需氧菌[c]及厌氧菌[d]		广谱抗生素[e]	头孢噻呋、甲氧苄啶-磺胺
	外伤及污染性创伤	条件致病性需氧菌[c]及厌氧菌[d]	与全身应用抗菌药物相比，探查、伤口冲洗、清创及局部疗法要更为重要	甲氧苄啶-磺胺（浅表创伤）；广谱抗生素[e]（深度污染性创伤）	头孢噻呋
	溃疡性淋巴管炎	伪结核棒状杆菌	对伪结核棒状杆菌性皮下脓肿实施引流要优于抗生素疗法。对于溃疡性淋巴管炎、内部脓肿或表现出全身性疾病症状的马属动物需实施全身性抗生素疗法	青霉素G[a]	甲氧苄啶-磺胺、红霉素±利福平、氯霉素
	皮下脓肿	β-溶血性链球菌	脓肿引流要优于抗生素疗法。对于皮下脓肿或表现出全身性疾病症状的马属动物需实施全身性抗生素疗法	青霉素G[a]	头孢噻呋、氯霉素
	烧伤	铜绿假单胞菌、金黄色葡萄球菌、其他条件致病性需氧菌[c]	对于烧伤的治疗包括彻底清洁伤口、外科清创、每日水疗以及局部应用抗菌药物。全身应用抗生素对于预防局部烧伤感染无效，同时还可能使耐药性细菌得以滋生。只有当动物表现出全身性感染症状时才可使用全身性抗生素疗法	局部应用：磺胺嘧啶银霜剂；全身用：广谱抗生素[e]	替卡西林-克拉维酸、第3代头孢菌素类药物
	梭菌性肌坏死	产气荚膜梭菌、腐败梭菌、气肿疽梭菌等其他梭菌	外科清创术包括筋膜切开术及支持性护理是非常必要的。预后不良	青霉素G(IV)＋甲硝唑	四环素、氯霉素
骨骼及关节	骨髓炎、新生幼驹败血性关节炎	条件致病性需氧菌如沙门氏菌、马红球菌	在幼驹中骨髓炎和败血性关节炎是败血症的继发疾病。对于骨髓炎病例需给予抗生素和外科清创。对于败血性关节炎需给予抗生素和关节灌洗。关节内抗生素药物及局部静脉注射或骨内灌注抗菌药物或可有所帮助		广谱抗生素[e]第3代或第4代头孢菌素类药物（阿米卡星要优于庆大霉素），见马红球菌部分
	成年动物骨髓炎	条件致病性需氧菌[c]	通常是外伤和污染性创伤的继发疾病。需给予抗生素和外科清创	广谱抗生素[e]	第3代或第4代头孢菌素类药物、甲氧苄啶-磺胺
	成年动物败血性关节炎或腱鞘炎	葡萄球菌、条件致病性需氧菌[c]	成年动物的败血性关节炎常常与关节内损伤或创伤并发。高度推荐关节/腱鞘的引流和灌洗。关节内抗生素及局部静脉注射或骨内灌注抗菌药物或有所帮助。高度推荐体外敏感性试验	第1代头孢菌素和阿米卡星或庆大霉素	广谱抗生素[e]、甲氧苄啶-磺胺

（续）

部位	诊断	常规致病菌	注解	推荐药物	备选药物
骨骼及关节	莱姆病	伯氏疏螺旋体	确诊困难。血清中抗体的存在并不能表明该疾病的发生		土霉素；口服多西环素[h]；头孢曲松、头孢噻呋
皮肤	嗜皮菌病（链丝菌病、雨斑病）	刚果嗜皮菌	除严重或全身性病例，该病通常不需进行全身性治疗。应给受感染动物梳毛并每日用聚维酮碘洗液或双氯苯双胍己烷溶液冲洗。若做全身治疗，短程（3～5d）应用抗生素常常有效	普鲁卡因青霉素G	氨苄西林
	毛囊炎/疖病	葡萄球菌属、链球菌属、伪结核棒状杆菌	同嗜皮菌病。如需给予抗生素，需根据细菌培养/敏感性试验结果而定	广谱抗生素[e]	甲氧苄啶-磺胺
	葡萄球菌性蜂窝织炎	葡萄球菌、中间葡萄球菌	需要积极的全身性抗生素疗法	第1代头孢菌素和庆大霉素或阿米卡星（阿米卡星优先）	广谱抗生素[e]、甲氧苄啶-磺胺、氯霉素
	皮肤癣菌病	马癣菌、白癣菌、石膏样小孢子菌、马小孢子菌等	病情有可能自然回退，但治疗可缩短恢复周期、降低疾病的蔓延范围。局部疗法即可满足需要。需对所有接触动物进行全身处理	局部应用5%石硫合剂或0.5%次氯酸钠溶液或聚维酮碘，每日应用，连用3～5d，一周后再用，直到感染消退	局部应用纳他霉素、恩康唑或咪康唑
	孢子丝菌病	申克孢子丝菌	治疗常能起效。损伤消退后需持续用药数周，否则容易复发。全身应用碘剂可能致使妊娠母畜流产	伊曲康唑和碘化钠配成40mg/kg的20%溶液连续2～5d静脉注射，之后口服碘化钾2mg/kg，每日1次直至损伤消退	两性霉素B、氟康唑
	腐皮病（藻菌病、沼泽癌、弗罗里达马水蛭病、bursattii、港湾海岸真菌病）	萎凋腐霉（*Pythium insidiosum*）	迅速而彻底地将所有感染组织进行外科移除是有效治疗的必要措施。利用可溶性腐霉抗原[i]进行早期免疫治疗可凑效，若能与外科移除相结合则更能有效治疗该病	病灶内给予两性霉素B，两性霉素B（肢体远端）全身应用碘剂（参考孢子丝菌病）	外用或病灶内给予咪康唑、全身应用氟康唑
肾脏	膀胱炎	条件致病性需氧菌[c]、念珠菌	膀胱炎往往是尿石症、膀胱瘤或膀胱麻痹的继发疾病。治疗7～10d，还需进行尿液的再培养	甲氧苄啶-磺胺；氟康唑用于念珠菌感染	头孢噻呋；广谱抗生素[e]
	肾盂肾炎	条件致病性需氧菌[c]	该病的发病诱因同膀胱炎，常常是慢性且带有隐蔽性，可能比较难治疗，面对肾脏疾病需谨慎使用氨基糖苷类药物。治疗周期最短为2～3周，此治疗时间常常是变化的且有可能要更长	甲氧苄啶-磺胺；第3代头孢菌素药物	青霉素G和恩诺沙星[f]

（续）

部位	诊断	常规致病菌	注解	推荐药物	备选药物
心血管	细菌性心内膜炎	链球菌属、条件致病性需氧菌[c]	预后不良或预后严重。需要长期治疗（数个月）。需根据血液培养结果选择相应的抗生素药物	广谱抗生素[e]±利福平	第3代或第4代头孢菌素药物、青霉素G和恩诺沙星[f]
	细菌性心包炎	链球菌属、条件致病性需氧菌[c]及厌氧菌[d]混合感染	预后谨慎。推荐进行心包液的细菌培养。同时推荐对围心囊进行引流和灌洗	广谱抗生素[e]	第3代或第4代头孢菌素药物、青霉素G和恩诺沙星[f]
	血栓性静脉炎	条件致病性需氧菌及厌氧菌混合感染	推荐进行血液培养	广谱抗生素[e]±甲硝唑	头孢噻呋、甲氧苄啶-磺胺[b]
神经	细菌性脑膜炎或脊柱脓肿	条件致病性需氧菌[c]	常常与新生儿败血症同时发生。预后不良	第3代或第4代头孢菌素[j]±氨基糖苷类药物（阿米卡星优先）	广谱抗生素青霉素G和恩诺沙星、甲氧苄啶-磺胺[e]
	霉菌性脑膜炎/脑炎	新型隐球菌	预后严重	氟康唑	两性霉素B
		曲霉菌属	预后严重	两性霉素B	伊曲康唑、伏立康唑
	脑脓肿	马链球菌、链球菌属	预后严重	青霉素G[a]±利福平	第3代头孢菌素[j]
	破伤风	破伤风梭菌	抗生素用于消除感染，但是破伤风抗毒素可以中和游离毒素	青霉素G[a]	氨苄西林
	肉毒中毒	肉毒梭菌	抗毒素可以中和游离毒素。如果使用抗生素，抗生素可能会污染，或可防止诸如吸入性肺炎等并发症的发生。	青霉素G[a]	氨苄西林
	中耳炎/内耳炎	放线杆菌属、葡萄球菌属、链球菌属、条件致病性需氧菌[c]	引起前庭蜗神经和/或者面部神经的机能障碍，同时引起动物头部摇摆	甲氧苄啶-磺胺	氯霉素、第3代头孢菌素
	马原虫性脑脊髓炎	神经肉孢子虫	治疗可能会阻止疾病进程，但偶尔也会出现临床症状的反复。需要长期治疗	泊那珠利、地克珠利	磺胺嘧啶（24mg/kg口服一日1次）和乙胺嘧啶（1 mg/kg口服一日1次）
眼科	细菌性角膜炎、轻度角膜溃疡	革兰氏阴性或阳性条件致病性细菌	局部治疗	局部应用杆菌肽-新霉素-多黏菌素B复方药物	局部应用庆大霉素、氧氟沙星
	细菌性角膜炎、重度溶化性角膜炎	铜绿假单胞菌	局部（也可根据需要结膜下用药）治疗（见第二十二章）	局部应用妥布霉素、氧氟沙星	局部应用环丙沙星

（续）

部位	诊断	常规致病菌	注解	推荐药物	备选药物
眼科	霉菌性角膜炎	曲霉菌属、链格孢属、毛霉菌属、镰刀霉菌属、假丝酵母菌属	局部治疗	纳他霉素、伏立康唑	咪康唑、伊曲康唑-二甲基亚砜软膏
	异物渗透	革兰氏阴性或革兰氏阳性菌、真菌	局部应用广谱抗生素，如果眼前房有渗透以及/或者眼窝周围组织遭到感染可全身应用抗菌药物	局部应用庆大霉素、全身应用广谱抗生素[e]	局部应用妥布霉素、全身应用甲氧苄啶-磺胺、青霉素G和恩诺沙星[f]
	全身性疾病症状	细菌：马放线菌、钩端螺旋体、马红球菌	眼科症状也许是免疫反应导致的结果。应把全身性疾病作为治疗的主要目的	见具体感染	
		真菌：隐球菌属、组织胞浆菌属、曲霉菌属	常与视神经炎、脉络膜视网膜炎、前葡萄膜炎、睑炎、脓性结膜炎相关	见具体感染	
生殖道	胎盘滞留	兽疫链球菌、大肠菌群	细菌感染通常与胎盘长时间滞留（>6～8h）有关。如果早期靠催产素治疗无效，推荐使用全身性抗菌药	广谱抗生素[e]	甲氧苄啶-磺胺第3代头孢菌素[j]
	子宫内膜炎、子宫炎和子宫积脓	兽疫链球菌、大肠杆菌、铜绿假单胞菌	对于大多数病例都要预防阴道积气。尿腔及腹膜撕裂同样容易导致感染。子宫内应用防腐剂可能导致化学刺激作用。子宫灌洗及激素疗法（如催产素、PGF_2）可作为辅助治疗措施。当子宫内膜活组织检查显示有深度子宫内膜感染或者有脓毒性子宫炎出现全身性临床症状时可使用全身性抗生素疗法。治疗需根据体外敏感性试验结果进行	根据细菌培养及敏感性试验结果选择药物	
	霉菌性子宫内膜炎	假丝酵母、曲霉菌属	通常情况下全身性使用抗真菌药并不合理	子宫内应用：克霉唑（乳膏或悬浊液，500 mg/d，连用7d）	子宫内应用：制霉菌素（500 000 U）、两性霉素B（50～100 mg）
	胎盘炎	具高度可变性。兽疫链球菌、大肠杆菌、克雷伯菌属是最常见致病菌	由于所涉及的病原菌不可预测，所以高度推荐进行分泌物的细菌培养和敏感性试验。感染部位也许很难达到有效的药物浓度，生产期之前感染不太可能消退	甲氧苄啶-磺胺	广谱抗生素[e]
	马传染性子宫炎	马生殖道泰勒氏菌	母马一经感染可能成为病菌携带者。种马会成为无临床症状的携带者。此病需报告	母马：子宫内应用青霉素钾，用4%的洗必泰溶液冲洗阴门及阴蒂窝，之后再用洗必泰或呋喃西林软膏包裹住阴蒂窝 种马：青霉素G钾盐2 000 IU/mL作为精液添加物。每日应用洗必泰溶液清洗阴茎并用呋喃西林软膏包裹	

（续）

部位	诊断	常规致病菌	注解	推荐药物	备选药物
生殖道	乳腺炎	兽疫链球菌、葡萄球菌、其他条件致病性需氧菌[c]、支原体	推荐全身性抗微生物疗法。也可应用母牛乳房内灌注剂进行治疗	甲氧苄啶-磺胺[b]、土霉素用于治疗支原体感染	广谱抗生素[e]
	阴茎头包皮炎	兽疫链球菌、假单胞菌属、克雷伯氏菌属	细菌性阴茎头包皮炎并不是一个常见的临床问题。在精液稀释液中添加抗菌药物的疗法被用于受感染的精液或接受其精液的母马。此疗法需在自然交配前立即进行。推荐使用温和的肥皂溶液清洗阴茎及包皮。不应按常规方法使用消毒剂或典型的抗生素药物，因为此举措可能导致细菌的重新移植，并且可能驱走共生菌使致病菌定植	每毫升精液稀释液中添加青霉素G钾盐1 000 IU及阿米卡星1 000 g	每毫升精液稀释液中添加替卡西林1 000 g
	精囊炎	铜绿假单胞菌、肺炎克雷伯菌、链球菌属、葡萄球菌属	根据体外敏感性试验结果进行全身性抗生素治疗。也可用弹性内窥镜将抗生素置于贮精囊中。如果感染不能被根除，则必须在繁殖过程中使用适当的精液添加物（见阴茎头包皮炎的推荐疗法）	广谱抗生素[e]	替卡西林-克拉维酸、青霉素G[a]和环丙沙星[f]或恩诺沙星[f]
	睾丸炎、附睾炎	兽疫链球菌、肺炎克雷伯菌	推荐进行体外敏感性试验	广谱抗生素[e]	第3代头孢菌素、甲氧苄啶-磺胺[b]
全身性疾病	伯拉第斯拉瓦、波莫纳及其他血清型钩端螺旋体病	肾脏钩端螺旋体	眼色素层炎、肾炎、流产、发热、肝功能障碍	土霉素	氨苄西林、多西环素、青霉素
	马埃里克体病	嗜吞噬细胞无形体	发热、四肢水肿、瘀斑、共济失调、贫血、白细胞减少、血小板减少	土霉素	口服多西环素[h]
	全身性真菌病	荚膜组织胞浆菌、皮炎芽生菌		伊曲康唑	氟康唑
		粗球孢子菌		氟康唑	伊曲康唑

注：a 青霉素G（钾盐、钠盐或普鲁卡因）。

b 甲氧苄啶-磺胺虽然其对链球菌的体外敏感性试验结果为敏感，但其在体内可能并不能有效杀灭链球菌。

c 包括放线杆菌属、肠杆菌属、大肠杆菌、克雷伯菌属、巴氏杆菌属、铜绿假单胞菌、变形杆菌属、金黄色葡萄球菌、兽疫链球菌。

d 包括拟杆菌属、梭菌属、消化链球菌属及其他。

e β-内酰胺类（青霉素G、氨苄西林或第1代头孢菌素）和氨基糖苷类药物（庆大霉素或阿米卡星）联合用药。

f 为避免引起关节病不应用于正在生长期的幼驹。

g 万古霉素应仅用于已证明对常规抗菌药物耐药的顽固性梭菌感染的严重病例。

h 仅用于口服给药。静脉注射多西环素会引起严重的心血管反应，包括部分马属动物的晕倒或死亡。

i 泛美兽医实验室（www. pavlab. com），德克萨斯州。

j 与其他大部分第3代头孢菌素类药物不同，头孢噻呋不能跨越正常的血脑屏障。

第二节　最低抑菌浓度与折点——两者的不同之处

细菌的体外敏感性是采用纸片扩散法、浓度梯度或稀释法（见第二章）确定的。纸片扩散法可以定性测定细菌敏感性数据，而肉汤稀释法及浓度梯度试验（E-test）可以定量地给出最低抑菌浓度（MIC），单

位为 μg/mL。以上所有试验都是在抑制细菌生长的基础上进行评估的，而非以杀灭病原菌为终点。药物敏感性是将微生物的 MIC（如果用纸片扩散法测定则用抑菌圈）与临床实验室标准协会（CLSI）公布的临床折点相比较而得出的。

简单来说，一个抗菌药物的临床折点是能将小于或大于它的具体的细菌菌株界定为敏感、中介或耐药的浓度。临床折点要考虑抗菌药物的 MIC，但是需要基于额外的解释标准。具体来说，临床折点由以下几点来决定：①抗菌药物对具有一定代表性数量的特定病原菌体外 MIC 范围；②抗菌药物在靶动物（如药物在感染部位的分布情况）的药代动力学参数；③适用时在靶动物的临床试验结果，即药效的最终标准。临床折点只与特定细菌、特定药物及特定受感染的组织器官有关。例如，头孢噻呋在马属动物的折点只与呼吸道的兽疫链球菌有关，而由变异的兽疫链球菌引起的其他组织器官的感染则不一定具有相同的临床折点。

对于临床兽医来说，根据体外敏感性试验结果通常将病原菌划分为敏感、中度敏感或耐药。CLSI 对三类敏感性的定义如下：

1. 敏感 由特定菌群引起的感染可以使用所推荐的抗菌药物及给药方案有效地治疗。CLSI 通常要求其在特定 MIC 的临床反应率应至少达到 80%，微生物方被归为敏感。

2. 中度敏感 由菌群引起的感染在身体部位的药物达到生理学高浓度或使用高剂量药物时方能够被治愈。中度敏感也作为一个“缓冲区域”，用来防止因微小的技术因素可能造成结果上较大的差异。

3. 耐药 感染菌群在正常用药方案下可达到的药物浓度也不能阻止其生长；在治疗研究中的临床疗效并不可靠。

MIC 值的解释

当使用特定菌种-物种折点时，病原菌的 MIC 值在抗菌药物敏感性折点以下时其治愈率较高，若 MIC 值高于耐药性折点，其治愈率就较低。但是，并没有证据表明 MIC 值低于折点的程度越大药效能相应增加。相反，需要注意的是，MIC 值本身相对较高并不能说明细菌就具有耐药性。一些耐药性折点设置为＞32μg/mL 或者更高（例如，引起牛呼吸道疾病的多杀性巴氏杆菌对泰拉菌素的耐药性折点为 64μg/mL）。

对于马属动物兽医而言，解释体外敏感性试验结果的一个重要局限性在于马属动物特异性感染中只有很少一部分药物（氨苄西林、头孢噻呋、庆大霉素）制定了折点。对于其他抗菌药物，其折点都是借鉴人或其他家畜的数据。对于这些药物，毫无疑问地，其指示敏感性的结果优于指示耐药性的结果。但是，目前并没有药物临床有效性的相关数据，并且也不能保证对于一个特定的病原菌或马属动物感染部位的折点就是有效的。例如，根据人的药代动力学和临床有效性数据，CLSI 给出的多西环素的折点为≤4μg/mL。对一匹成年马属动物，按照 10 mg/kg 的推荐剂量口服多西环素，其血浆、滑液和腹水中的药物峰浓度大约为0.5μg/mL（Bryant 等，2000）。从马属动物滑液中分离出的一个病原菌的 MIC 值为 4 μg/mL，按规定将报告为敏感，尽管在马属动物体内远无法达到该浓度。根据马属动物的药代动力学数据，将多西环素的折点设置为≤0.25μg/mL 作为其敏感性判定标准则更为合适（Bryant 等，2000；Davis 等，2006）。因此，缺乏马属动物及特定疾病相关解释标准是造成体外敏感性试验结果和临床用药反应差异的一个可能原因。

第三节 治疗失败的原因

就本身而言，一种特定病原菌体外药敏试验表现敏感并不能保证药物的临床效果。其他因素，例如，动物年龄、免疫状况以及是否存在混合感染，都能导致临床反应的个体差异。

当没有对疾病发展过程进行细菌性方面的病因分析，或受感染部位的细菌群落发生变化，或病原菌对所用的抗菌药物产生耐药性时，都可能会导致治疗失败。尽管病原菌可能对多种抗菌药物敏感，但这些药物并非都能在受感染部位达到治疗所需的浓度。药物渗透到血管外部位的速度和范围取决于药物在血浆中的浓度、分子所带电荷和大小、脂溶性以及与血浆蛋白结合的程度（见第四章）。同时，特定的细胞转运、细胞屏障（如血脑屏障）及组织血液流量也会对其产生影响。

当受感染部位的微环境不利于抗菌药发挥抗菌活性时，也可能导致治疗失败。例如，庆大霉素需要靠有氧运输系统穿透细菌细胞膜。因此，一种特定的微生物可能在体外对庆大霉素敏感，但是在厌氧微环境下庆大霉素可能对其无效。类似地，受感染组织的酸性环境可能会降低大环内酯类、氟喹诺酮类以及氨基糖苷类药物的药效。因此，抗菌药物治疗的目标就是要选择一种抗菌药，既能对感染的微生物显示出良好的抗微生物活性，又能在受感染的部位达到治疗所需浓度。

第四节　抗菌药物的药效动力学特性

确定抗菌药物合适的给药剂量及间隔时间，需要了解并综合其药代动力学和药效动力学特性。药物的药代动力学特性描述了该药物在体内的吸收、分布、代谢和排泄等处置过程（见第四章）。而药物的药效动力学特性则描述了药物浓度与抗微生物活性之间的关系（见第五章）。对于β-内酰胺类、氯霉素、糖肽类、大环内酯类、四环素类药物和甲氧苄啶-磺胺复方制剂，决定其药效的最显著因素是其在血浆中维持病原菌MIC值以上浓度的时间长短。当药物浓度在MIC值以上时，增加药物浓度并不能显著增加其杀灭微生物的效率。相反，细菌暴露于高于MIC值浓度药物的时间长短决定了其杀菌的速度。对于这一类药物，最佳的给药方式是频繁给药。另一类抗菌药如氨基糖苷类、氟喹诺酮类和甲硝唑等表现出浓度依赖型杀菌特性。对于此类药物，其杀菌速率随着高于病原菌MIC药物浓度的增加而提高，而在给药间期维持药物浓度在MIC值以上并不是必要的，也不会更加有益。因此，对于氨基糖苷类和氟喹诺酮类药物，最佳给药方式为采用单次高剂量给药和间隔长时间给药。

第五节　给药途径

给药途径和可用的抗菌制剂也在很大程度上影响马属动物中抗菌药物的选择。静脉给药一般局限于住院治疗或者由兽医直接护理的马属动物。当然可以使用静脉留置管，但在大多数情况下不推荐。疗程和用量（总剂量）限制了肌内注射抗菌制剂在马属动物中的应用。大剂量多次注射给药易导致局部肌肉坏死及疼痛。即便是训练良好的马匹也不易接受重复注射给药。缺乏经验的马属动物主人很少能找准臀部的肌内注射部位，因而只能选择在颈部两侧轮流注射。因此，抗生素口服给药在马属动物是最受欢迎的给药方式。

第六节　不良反应

不幸的是，常以口服给药形式应用于其他单胃动物的一些抗菌药物，例如青霉素G、阿莫西林、头孢羟氨苄和环丙沙星，应用于马属动物尤其是成年马属动物时却很难吸收，因此这些药物在马属动物不能口服给药。马属动物的大肠使得该种动物对因使用抗菌药导致结肠内正常菌群被破坏和病原微生物（一般是包括艰难梭菌在内的梭菌属）的过度生长而继发的小肠结肠炎特别易感。据称马的急性有时是致命性的腹泻发作与几乎任何一种口服和注射抗菌药物的使用相关。但是，口服给予生物利用度低且对厌氧菌有良好杀菌活性的抗菌药物最有可能引起腹泻。因此，马属动物口服β-内酰胺类抗菌药物时需谨慎。

部分注射给药后经胆汁排泄的抗菌药物也应谨慎使用。已确定的此类抗生素，如林可霉素和克林霉素，是公认的与小肠结肠炎综合征有关，应避免应用于马属动物。其他抗生素，例如，口服甲氧苄啶-磺胺复方制剂、大环内酯类、氯霉素、甲硝唑、氟喹诺酮类、四环素以及头孢菌素类药物偶尔也会引起马属动物的小肠结肠炎。据了解，在世界范围内，某些抗生素在部分地区会引起马属动物腹泻，但是在其他地区广泛使用并没有证据表明会引起同样的不良反应。这种抗生素导致的腹泻发生率的地域性差异可能与结肠内微生物菌群的差异有关。与成年马属动物相比，幼驹对于抗生素导致的小肠结肠炎的敏感性较低。一项在美国三所中心医院展开的回顾性研究中，5 251匹马使用抗生素来治疗与胃肠道无关的疾病，其中有32匹（0.6%）发生抗菌药物诱导的腹泻（Barr等，2012）。这32个病例中最常使用的抗菌药物为庆大霉素与青霉素联合用药（$n=7$；3%）、恩诺沙星（$n=7$；5%）以及多西环素（$n=4$；1%；Barr等，2012）。

第七节　特定菌群失调的推荐治疗

本节将对马属动物各组织器官的主要感染性疾病进行概述，并推荐一些在细菌培养和敏感性试验结果出来之前用于初期治疗的抗菌药物（表 27.2）。建议给药剂量详见表 27.3。一旦选择了某种抗菌药物，读者需在相关章节进一步查询该药物的潜在毒性和具体的禁忌。本章提到的抗菌药物中只有很少一部分被批准用于马属动物。而那些已批准的药物，也经常推荐使用更大剂量或者用于除批准之外的其他疾病。因此，对于大部分抗生素，并没有在马属动物中进行包括大量马属动物在内的控制安全性研究。需要指明的是，尽管本章只讨论抗微生物疗法，但在某些情况下支持性的、局部或者外科治疗在治疗感染方面和抗生素疗法一样也发挥着重要作用。关于子宫内抗生素治疗的建议详见表 27.4。

表 27.3　马属动物常用抗菌药物的给药剂量[a]

药物配方	剂量（mg/kg）	给药间期（h）	给药途径
β-内酰胺类			
苄基青霉素：			
青霉素 G（Na、K）	25 000 IU/kg	6	静脉注射
青霉素 G（普鲁卡因）	25 000 IU/kg	12	肌内注射
氨基苄青霉素类：			
氨苄西林钠	20	6～8	静脉或肌内注射
氨苄西林三水合物	20	12	肌内注射
	20	8	口服（仅用于幼驹）
阿莫西林三水合物	30	8	口服（仅用于幼驹）
巴氨西林	25	12	口服
匹氨西林	25	12	口服
抗葡萄球菌青霉素：			
苯唑西林	25	8～12	肌内注射
	25	6	静脉注射
抗假单胞菌青霉素：			
替卡西林	50	6	静脉注射
替卡西林-克拉维酸	50	6	静脉注射
第 1 代头孢菌素：			
头孢唑林	20	8	肌内注射
	20	6～8	静脉注射
头孢噻吩	20	8	肌内注射
	20～30	6	静脉注射
头孢匹林	20	8	肌内注射
	20～30	6	静脉注射
头孢氨苄	10	6	静脉注射
	30	8	口服
头孢拉定	25	6	静脉注射
	25	6～8	口服（仅用于幼驹）
头孢羟氨苄	20～40	8	口服（仅用于幼驹）
第 2 代头孢菌素：			
头孢西丁	20	6	静脉或肌内注射
第 3 代头孢菌素：			
头孢哌酮	30	6～8	静脉或肌内注射

（续）

药物配方	剂量（mg/kg）	给药间期（h）	给药途径
头孢噻肟	40	6	静脉注射
头孢噻呋钠	2.2～4.4	24	肌内注射
	5	12	静脉或肌内注射（幼驹）
头孢噻呋晶体游离酸	6.6	4d 重复给药[m]	肌内注射
头孢曲松	25	12	静脉或肌内注射
头孢泊肟	10	8	口服
第 4 代头孢菌素：			
头孢吡肟	11	8	静脉注射（幼驹）
	2.2		静脉注射（成年动物）
头孢喹肟	4.5	12	静脉或肌内注射（幼驹）
	1	24	静脉或肌内注射（成年动物）
碳青霉烯类			
亚胺培南[g]	15	6	静脉注射[c]
氨基糖苷类			
阿米卡星	10	24	静脉或肌内注射（成年动物）
	25	24	静脉或肌内注射（幼驹）
庆大霉素	6.6	24	静脉或肌内注射（成年动物）
	12	36	静脉或肌内注射（小于两周的幼驹）
氟喹诺酮类			
环丙沙星[b]	5.5	24	静脉注射[h]
恩诺沙星[b]	5.5	24	肌内注射
	7.5	24	口服
奥比沙星[b]	7.5	24	口服
马波沙星[b]	2	24	静脉注射
	3.5	24	口服
二氟沙星[b]	7.5	24	口服
莫西沙星[b]	5.8	24	口服
氟罗沙星[b]	5	24	静脉注射或口服
左氧氟沙星[b]	4	24	静脉或肌内注射
四环素类			
土霉素	5	12	静脉注射[c]
多西环素	10	12	口服[d]
米诺环素	4	12	口服
	2.2	12	静脉注射
大环内酯类			
红霉素（磷酸盐、硬脂酸盐、乙基琥珀酸盐、丙酸酯月桂硫酸酯）	25	6～8	口服
红霉素（乳糖酸盐、葡庚糖酸盐）	5	6	静脉注射[c]
阿奇霉素	10	24～48[e]	口服
克拉霉素	7.5	12	口服
其他			
氯霉素（棕榈酸盐或碱）	50	6 或 12[f]	口服
氯霉素（琥珀酸钠盐）	25～50	6 或 12[f]	静脉注射

（续）

药物配方	剂量（mg/kg）	给药间期（h）	给药途径
甲硝唑	25	12	口服
	35	12	直肠给药
替硝唑	15	12	口服
利福平	5	12	口服
磺胺嘧啶	24	12～24	口服
甲氧苄啶-磺胺	30（联合用药）	12	口服或静脉注射
乙胺嘧啶	1	24	口服
万古霉素[g]	4.5～7.5	8	静脉注射[h]
碘化钠（20%溶液）	20～40[j]	24	静脉注射[i]
碘化钾	10～40[j]	24	口服[i]
抗真菌药			
两性霉素 B	0.5～0.9[j]	24	静脉注射[k]
氟康唑	14	负荷剂量	口服
	5	24	口服
伊曲康唑	5	24	口服[n]
伏立康唑	4	24	口服
酮康唑	30（在 0.2mol/L HCl 中）	12	胃内给药[l]

注：a 有马属动物的药代动力学数据，但在大多情况下，在马属动物中并没有进行安全性研究。

b 由于有导致关节病的风险，恩诺沙星不得用于正在生长期的幼驹。其他氟喹诺酮类药物也有导致此风险的可能。

c 稀释并低速静脉输注。

d 仅用于口服。静脉注射多西环素会引起包括瘫痪甚至致死在内的严重的心血管反应。

e 用法为每日给药 1 次，连续用药 5d，停药 48h 后再继续给药。

f 用于 5 日龄以下幼驹，每日 2 次，之后每日给药 4 次。

g 只有当病原菌对其他所有抗菌药物耐药并且感染严重时才选择该药物进行治疗。

h 稀释并缓慢给药。

i 可能引起怀孕母马流产。

j 没有药代动力学数据。根据人用药物浓度，检测临床病例的血液浓度水平或实际观察患病马属动物的阳性临床反应从而推导出用药浓度。

k 用 5%的葡萄糖溶液稀释，滴注时间为 2～4h。

l 为防止 0.2 mol/L HCl 引起的刺激用鼻饲管给药。

m 如果需要长时间治疗则在此后每 7d 给药 1 次。

n 口服溶液的生物利用度要明显优于胶囊制剂。

表 27.4　母马子宫内抗菌药物治疗的建议剂量

药物	抗菌谱	剂量[a]
硫酸阿米卡星	高效抗革兰氏阴性菌（包括了大部分的铜绿假单胞菌）	2 g[b]
头孢噻呋	广谱抗菌（对铜绿假单胞菌无效）	1 g
硫酸庆大霉素	抗革兰氏阴性菌	2 g[b]
青霉素 G（钾盐）	抗革兰氏阳性菌	5×10^6 IU
替卡西林	广谱抗菌（对克雷伯氏菌无效）	6 g
替卡西林-克拉维酸	广谱抗菌	6 g

注：a 每日给药，连用 4～6d。根据子宫大小决定灌注量（一般为 35～150 mL）。

b 用同等体积的 7.5%的重碳酸钠溶液进行稀释。

参 考 文 献

Barr BS, et al. 2012. Antimicrobial-associated diarrhea in three equine referral practices. Equine Vet J doi: 10.1111/

j. 2042-3306. 2012. 00595. x.

Bryant JE，et al. 2000. Study of intragastric administration of doxycycline：pharmacokinetics including body fluid，endometrial and minimum inhibitory concentrations. Equine Vet J 32：233.

Davis JL，et al. 2006. Pharmacokinetics and tissue distribution of doxycycline after oral administration of single and multiple doses in horses. Am J Vet Res 67：310.

Dowling PM. 2010. Pharmacologic principles. In：Reed SM，et al. （eds）. Equine Internal Medicine，3rd ed. St. Louis：Saunders，p. 148.

Jacks S，et al. 2003. In vitro susceptibilities of *Rhodococcus equi* and other common equine pathogens to azithromycin，clarithromycin，and 20 other antimicrobials. Antimicrob Agents Chemother 47：1742.

Sanchez LC，et al. 2008. Factors associated with survival of neonatal foals with bacteremia and racing performance of surviving Thoroughbreds：423 cases（1982-2007）. J Am Vet Med Assoc 233：1446.

第二十八章　抗菌药物在犬和猫的应用

Jane E. Sykes

从事犬猫治疗的兽医处于多种层次：有病例较少且单独行医的乡村兽医；也有犬猫医院的专业兽医，还有高级转诊中心的兽医。尽管所有兽医目的相同——在其能力范围内为患病动物提供安全、有效和经济的治疗，但是其能够利用的设施及提供的服务差别则较大，并且宠物主人的经济能力也有所不同。使用抗菌药物经常是治疗方案中的一个组成部分，但是应用这些药物不能草率：抗菌药物既不是安慰剂也不是退烧药，也不能代替医院所做的基础诊断、物理检查以及根据临床症状所做的逻辑分析。

近年来，抗菌药物在伴侣动物的应用以及滥用的担忧与日俱增，包括伴侣动物体内出现的耐甲氧西林葡萄球菌和多重耐药革兰氏阴性菌，以及这些耐药菌向人类扩散的潜在威胁。积累的证据表明，一些犬和猫体内的细菌有侵袭人类并且引发疾病的可能。人体内的细菌同样可能传播给犬和猫。制定严格的抗菌药物选择及使用政策，对于避免潜在威胁以及外部力量对抗菌药物使用的限制具有重要意义。此类药物的广泛分布，不当使用不仅会降低药物本来的疗效，还会造成新的感染问题，使治疗越来越困难、成本越来越高。人类及动物医院内医源性感染的不断爆发已经数次证明了这一问题，尤其是在外科和非外科患者（患畜）疾病预防中抗菌药物的过度使用，是产生选择性压力的原因之一。过度使用抗菌药物还会引起其他不可预见的不良反应，如肝中毒、狭窄食管形成或免疫介导反应。在撰写此文的同时，国际宠物传染病协会（ISCAID）发布了对治疗犬猫尿道感染的指导原则（Weese 等，2011），并且正在制定治疗表皮脓皮病、呼吸系统感染和血流感染（BSIs）的指导原则。

第一节　抗菌药物化学治疗

本书第六章叙述了管理抗菌药物选择及使用的原则，该原则适用于包括犬猫在内的所有动物种类。在做出以下决定前进行适宜的临床评估最为重要：①是否需要用抗菌药物治疗；②抗菌药物的选择；③预计的治疗持续时间。这就需要确认感染是否存在、相关身体状况如何以及可能是哪种病原菌引发的感染。除细菌感染以外，有很多因素可导致直肠温度升高。在一些其他的病理（病毒感染、瘤形成、药物反应、免疫调节紊乱以及其他非特异性炎性疾病，如胰腺炎、中暑、病理性肌肉活力增强）和某些生理状况（运动、兴奋、外界环境温度和湿度较高）下，直肠温度也会有所上升。在犬和猫，一些致命性的全身感染反而伴有正常的直肠温度，而患有感染性休克的猫体温反而较低。白细胞增多也不是感染的特有指征，在非特异性炎性过程中也会经常出现，例如，胰腺炎、免疫介导性疾病、肿瘤、外伤、兴奋、应激以及肾上腺皮质激素调控等。在可能的情况下，除非试验结果证明了感染的存在，否则应尽量推迟使用广谱抗菌药物进行治疗。但当犬出现严重的败血病或感染性休克症状时，例如，发热并伴有持续的毛细血管充血、心动过速、呼吸急促以及黏膜呈棕红色；或者猫出现发热或体温降低、心动过缓以及/或者呼吸急促时属于例外情况。在这种情况下，应先收集初始血液培养物，再立即注射广谱抗菌药物。

如果可以在感染部位采集样品，那么确认感染存在的最为迅速且经济的方法就是用细针在感染部位吸取样品，采用革兰氏染色液和/或罗曼诺夫斯基法（姬姆萨法、Diff-Quik 法）涂片，然后再检查涂片。这一方法可以确认细菌是否存在、杆菌还是球菌、以及革兰氏阳性菌还是革兰氏阴性菌。如果不能进行革兰氏染色，则感染犬猫的大部分球菌为革兰氏阳性菌，杆菌则通常为革兰氏阴性菌（有少数例外）。之后，就可以根据以下几点制定初步的治疗方案：①将以上的试验结果与已知抗菌药物的抗菌谱综合考虑；②抗菌药物在感染部位的渗透能力；③该地区药物耐药性的流行情况，这一情况需以近几年实际工作中该药物在其他动物品种的细菌培养结果和敏感性试验结果为基础（如葡萄球菌对甲氧西林耐药性是普遍情况还是偶发情况）。如果不宜在感染部位取样，则可以根据感染部位、经常引起该部位感染的病原菌以及在这些器官的药物敏感性等知识做出初步用药选择。可以根据个人经验，也可以根据类似于表 28.1 和表 28.2 中的公开信息选择药物。对于大多数常规感染以及不太严重的感染，不需要额外的调查，在这种“最佳猜测”基础上进行的治疗都能达到满意的疗效。为了降低对非靶微生物菌落的影响，应尽量选择窄谱抗菌药物。成本、给药途径以及潜在的不良反应是需要考虑的其他因素。不良反应可能影响药物的交替选择，尽管此类情况较少，但仍存在这样的实例：猫科动物应用恩诺沙星可能引起急性失明，杜宾犬应用甲氧苄啶-磺胺复方药物极易引起过敏反应。同时，对于肾功能、肝功能衰竭、妊娠期以及新生幼畜，也要根据实际情况调整药物选择方案（表 28.3；见第四章）。

如果怀疑是细菌感染，另一个重要的早期决定就是在治疗开始前是否要进行细菌培养和敏感性试验（见第二章）。这通常为确定病原菌存在和抗菌药物敏感性提供了最佳指导。只要能够正确地操作和解释，细菌培养和敏感性试验绝不会错，但是①对于一些宠物主人，其价格可能不能接受；②对于一些通常不能保持无菌的解剖部位（如鼻腔），需根据通常情况下在此部位出现的共生菌群对试验结果进行分析，而在某些情况下，对这些结果的解释十分困难。对于经济并不富裕的宠物主人，需要注意的是，使用不合适的抗菌药物既浪费宠物主人的时间和金钱，又可能引起一系列的其他疾病。对于严重感染、周期性感染或非应答性感染，或者对可能的病原菌敏感性情况不了解或无法预测的情况下，细菌培养和敏感性试验是必不可少的。在这些情况下，可以借助最低抑菌浓度（MICs）来选择最合适的抗菌药物。对于下尿道感染，由于很多抗菌药物会在尿液中集中，其浓度会高于血清药物浓度的数倍，所以应用血清 MIC 值可能会过高估计耐药性。然而，当肾实质部位有尚未发现的感染或膀胱壁有顽固性感染时，如果根据尿液 MICs 来选择药物，可能会导致治疗不当。不是每种情况下都需要做敏感性试验，例如，专性厌氧性病原菌以及链球菌属均有相对可预测的敏感性模型，所以通常情况下对于这些微生物并不需要进行敏感性试验。此外，厌氧菌也难以分离，所以如果怀疑是厌氧菌引起的感染（如存在异物、口腔或消化道感染，或者出现脓肿、恶臭、产气现象），虽然没有细菌培养和敏感性试验结果，也可针对厌氧菌进行治疗。如果感染情况严重或有致命危险，应尽早开始治疗，在获得敏感性试验结果后再调整用药（尽量选择窄谱抗菌药物），也可以在获得敏感性试验结果前，推迟抗菌药物给药 1～2d，这种延误通常不会造成危害。

表 28.1　犬在不同感染情况下抗菌药物的选择[a]

部位	诊断	常见致病菌	注解	推荐药物
皮肤及皮下组织	表皮脓皮病	葡萄球菌属（特别是伪中间葡萄球菌）	要试图确定根本性病因（常常是过敏性皮炎，但也可能是内分泌疾病）。也许需要长期治疗。在耐甲氧西林伪中间葡萄球菌分布广泛的地区，或者疾病呈顽固性或周期性时，需进行脓性分泌物的培养	考虑采用局部疗法（如用杀菌洗液）代替全身性抗菌药物治疗。克林霉素或第1代头孢菌素类药物（如头孢氨苄、头孢羟氨苄）。其他备选药物包括阿莫西林-克拉维酸、甲氧苄啶、奥美普林增效磺胺类、林可霉素或红霉素。如需应用其他药物需参考细菌培养及敏感性试验结果
	深部脓皮病	葡萄球菌属、大肠杆菌、变形杆菌、假单胞菌	要试图确定根本性病因。也许需要长期治疗。强烈推荐取皮肤破损处的样品进行细菌培养	见表皮脓皮病，但是根据细菌培养和敏感性试验结果，可能需要对革兰氏阴性菌具有活性的药物
	浅表性脓皮病	葡萄球菌属、链球菌属	经常是皮肤褶皱处或自体损伤处的继发病。进行局部清理并局部给予抗菌药物即可	
	马拉色皮炎	马拉色菌	识别并清除根本性病因。推荐用洗液进行局部治疗	伊曲康唑或氟康唑。也可选择酮康唑，但此药很有可能引起不良反应
	皮肤癣菌病	小孢子菌、毛癣菌	需要进行局部治疗以及环境消毒。局部损伤可不进行全身治疗	伊曲康唑或氟康唑。备选药物包括灰黄霉素或特比萘芬
	咬伤、外伤和污染性创伤	葡萄球菌、链球菌、肠球菌、巴氏杆菌、大肠杆菌、假单胞菌、厌氧菌	需进行伤口冲洗和清创。对污染性创伤预防性使用抗菌药物效果可疑	克拉维酸-阿莫西林或氨苄西林-舒巴坦。对于由耐药性革兰氏阳性菌和革兰氏阴性菌引起的严重感染，可以考虑氨基糖苷类药物和氨苄西林-舒巴坦联合使用

（续）

部位	诊断	常见致病菌	注解	推荐药物
皮肤及皮下组织	肛门囊炎症/脓溃	大肠杆菌、肠球菌、变形杆菌、厌氧菌	通常进行局部治疗。如果感染严重，可以全身性抗菌药物治疗	克拉维酸-阿莫西林
耳	外耳道炎	葡萄球菌，其次为链球菌、假单胞菌、大肠杆菌或变形杆菌、马拉色菌	识别并处理根本性病因（过敏性皮炎、异物、耳螨）。清理耳部。考虑局部给予肾上腺皮质激素或镇痛药	需根据耳细胞学，可能情况下根据鼓膜完整性选择药物。可考虑局部给予恩诺沙星溶液；如果存在杆菌，可局部给予含氨基糖苷类药物、多黏菌素 B 或替卡西林-克拉维酸的混合药物。如果存在马拉色菌，可给予含克霉唑、咪康唑或泊沙康唑的软膏
	中耳炎及内耳炎	见外耳道炎	通常伴有外耳道炎。识别并处理根本性病因。治疗方法同外耳道炎，但是必要时需额外进行全身性治疗。避免使用耳毒性药物	需根据耳细胞学和细菌培养和敏感性试验结果进行治疗。如果存在球菌，推荐使用头孢氨苄，但如果存在杆菌，则考虑应用氟喹诺酮类药物。如果存在马拉色菌，则需全身使用抗真菌药物
眼	表皮性眼部感染	葡萄球菌、链球菌、大肠杆菌、变形杆菌	识别并正确处理根本性病因（眼睑形态损伤、双行睫、过敏、干燥性角膜结膜炎）	局部应用新霉素-多黏菌素-杆菌肽
上呼吸道	细菌性鼻炎	通常为常驻菌，会有机会性细菌侵入。在密集的饲养环境中可能存在支气管败血波氏杆菌、马链球菌亚种兽疫链球菌、或支原体（尤其是犬支原体）	除非是由传染性病原菌引起的感染（如群居环境），仅用抗菌药治疗鲜有疗效。其他情况下需要识别根本性病因（肿瘤、曲霉菌病、异物、鼻螨）并对症处理	如果怀疑是由传染性病原菌引起的感染，则可使用多西环素进行治疗，该药对波氏杆菌、链球菌以及支原体均有活性。也可应用阿莫西林-克拉维酸钾，但对支原体无效
	真菌性鼻炎	通常为曲霉属真菌	排除鼻内肿瘤。可能存在继发性细菌感染	采用清创术并局部应用克霉唑或恩康唑。如果存在筛板状病灶可考虑全身应用伊曲康唑或伏立康唑
	犬传染性呼吸道疾病综合征	病毒、支气管败血波氏杆菌、马链球亚种南兽疫链球菌、支原体（尤其是犬支原体）	多数病例不经治疗可在 7～10d 内自愈。如果黏液性或脓性鼻液分泌严重或出现全身性疾病则需进行治疗。需考虑犬瘟热肺炎的可能性	多西环素。可用克拉维酸-阿莫西林替代治疗，但对支原体无效；如果病情较难治愈并且细菌培养结果确认病原菌为支气管败血波氏杆菌，则可用庆大霉素喷雾
	细菌性肺炎	由多种兼性细菌（尤其是革兰氏阴性菌）引起的单独或混合感染，如果伴有吸入性肺炎则还存在厌氧菌	对气管灌洗液或支气管肺泡灌洗液进行需氧培养和敏感性试验。如果怀疑是吸入性肺炎要考虑进行厌氧培养	在等待细菌培养和敏感性试验结果期间，可先联合使用克林霉素和恩诺沙星。如果怀疑由厌氧菌引起的感染，配合使用β-内酰胺/β-内酰胺酶抑制剂（如氨苄西林-舒巴坦和恩诺沙星）更为有效
	耶氏肺孢子虫肺炎		遗传性或获得性免疫缺陷的继发疾病	甲氧苄啶-磺胺联合用药
	脓胸	多种病原菌，且常为混合感染，通常包括厌氧菌、放线菌、革兰氏阴性菌、革兰氏阳性菌及诺卡氏菌	需进行胸膜液的细菌培养和敏感性试验。需插入胸腔导管排脓；也许需要外科手术	在等待细菌培养和敏感性试验结果期间，可先使用氨苄西林-舒巴坦和恩诺沙星。如果根据以往病史或细胞学检测怀疑为诺卡氏菌引起的感染，则应使用甲氧苄啶-磺胺甲噁唑进行治疗

（续）

部位	诊断	常见致病菌	注解	推荐药物
消化道及腹部	牙周炎、牙龈炎	常在厌氧菌及兼性细菌	清洗牙齿、清洁牙垢，也许需配合其他牙科治疗	克林霉素或阿莫西林-克拉维酸钾
	颊或裂齿脓肿	口腔常在菌落	拔牙，实施牙槽骨刮除术，排脓	克林霉素或阿莫西林-克拉维酸钾
	胃螺杆菌病	螺杆菌属、胃螺杆菌样细菌	感染和疾病间的关系尚未明确	阿莫西林、克拉霉素和水杨酸铋，或阿莫西林、甲硝唑和水杨酸铋
	细菌性肠炎	沙门氏菌属	可见于健康犬和患病犬。只有腹泻症状而无全身性疾病时不需治疗	如果出现全身性感染（如发热、精神萎靡、全血细胞计数改变、血液培养呈阳性）可注射氟喹诺酮类药物
		弯曲杆菌属	常见于健康犬	如果仅出现腹泻症状而未发现其他病因，可考虑用大环内酯类药物治疗
		产气荚膜梭菌、艰难梭菌	常见于健康犬。经 ELISA 检测，证明有毒素产生且伴随腹泻时可诊断为梭菌性腹泻。尽管存在毒素，但其意义尚不清楚	甲硝唑
	贾第虫病	贾第虫	感染常呈亚临床型。一些群体/种类可能具有疫源性	芬苯达唑。备选药物为甲硝唑、替硝唑、洛硝达唑
	球虫病	等胞属球虫	临床发病的常为年幼动物，或是与肠道其他病原菌的混合感染	磺胺类药物＋/－甲氧苄啶。备选药物为泊那珠利或妥曲珠利（欧洲）
	细小病毒性小肠炎	胃肠道继发兼性和厌氧细菌	注射抗菌药物可以有效对抗机会性细菌的侵入	氨苄西林-舒巴坦、头孢唑林（病情轻微时）；氨苄西林-舒巴坦和氟喹诺酮类药物（病情严重时）
	胆囊炎、胆管肝炎	大肠杆菌、沙门氏菌、厌氧肠球菌	明确病因（如胆汁逆流）。可考虑超声波检查。收集胆汁进行需氧和厌氧培养和敏感性试验	联合使用β-内酰胺/β-内酰胺酶抑制剂和氨基糖苷类药物或氟喹诺酮类药物；根据细菌培养结果选择相应的窄谱抗菌药
	细菌性腹膜炎	厌氧菌及兼性肠杆菌混合感染	也许需要外科探查及灌洗。需进行细菌培养和敏感性试验	用药同胆囊炎/胆管肝炎
泌尿及泌尿生殖器	下尿道感染/细菌性膀胱炎	大肠杆菌、葡萄球菌、变形杆菌、链球菌、肠球菌、肠杆菌、克雷伯菌、假单胞菌	尽可能明确并根除病因（结石、瘤、小便失禁、肾上腺皮质功能亢进）	甲氧苄啶-磺胺甲噁唑或阿莫西林。在β-内酰胺酶类药物使用广泛的地区可使用阿莫西林-克拉维酸钾
	肾盂肾炎	见下尿道感染	需进行细菌培养和敏感性试验。治疗时间较长	在细菌培养结果出来之前可使用阿莫西林和氟喹诺酮类药物
	前列腺炎	见下尿道感染	需进行细菌培养和敏感性试验。治疗时间较长前列腺化脓时可能需要外科手术或阉割	甲氧苄啶-磺胺或氟喹诺酮类药物。备选药物为氯霉素
	睾丸炎/附睾炎	大肠杆菌、布鲁氏菌	可能并发尿道感染和前列腺炎。可能需要阉割	甲氧苄啶-磺胺或氟喹诺酮类药物。如果是布鲁氏菌引起的感染，可应用多西环素和氨基糖苷类药物（链霉素或庆大霉素），也可考虑加用氟喹诺酮类药物和利福平
	阴道炎/阴茎头包皮炎	常在菌、疱疹病毒、支原体、布鲁氏菌	明确发病诱因。通常进行局部清洁即可。幼犬的阴道炎待性成熟后可自愈	

（续）

部位	诊断	常见致病菌	注解	推荐药物
泌尿及泌尿生殖器	子宫炎、子宫积脓	大肠杆菌、链球菌、葡萄球菌、其他革兰氏阴性菌，有时为厌氧菌	建议进行卵巢子宫切除术。手术时取子宫内容物进行细菌培养。对于开放性子宫积脓，前列腺素和抗生素或许有效	氨苄西林-舒巴坦和氟喹诺酮类药物或氨基糖苷类药物中的一种
	乳腺炎	大肠杆菌、葡萄球菌、链球菌	需进行细胞学、细菌培养和敏感性试验	如果可以断奶，可使用氯霉素（不受乳汁 pH 影响）。若不能，则在细菌培养和敏感性试验结果出来之前先给予阿莫西林-克拉维酸钾
肌肉及骨骼	骨髓炎、脓毒性关节炎	葡萄球菌，也见链球菌、肠球菌、大肠杆菌、变形杆菌、假单胞菌、克雷伯菌、厌氧菌	强烈建议进行细菌培养和敏感性试验。需要清创、排脓以及长时间的抗菌药物治疗。局部给予抗菌药物（使用浸渍珠）或许有所帮助	在细菌培养和敏感性试验结果出来之前先不予治疗。如果必须治疗，可考虑给予林可霉素或克林霉素和氨基糖苷类药物（如果感染是由革兰氏阴性菌或耐甲氧西林的葡萄球菌引起的）。在耐甲氧西林葡萄球菌分布广泛的地区可使用氯霉素，但是有些病原菌对氯霉素也可能耐药
	椎盘脊髓炎	葡萄球菌、链球菌、布鲁氏菌、大肠杆菌、曲霉菌	推荐进行血液培养、敏感性试验、曲霉菌抗原以及布鲁氏菌抗体的血清学测定。从椎间盘间的液体或尿液培养物中也许可发现病原微生物	克拉维酸-阿莫西林或头孢氨苄，如果用药一周后仍无疗效且诊断学试验结果呈阴性，则考虑加用氟喹诺酮类药物
神经系统	细菌性脑膜炎	葡萄球菌、巴氏杆菌、放线菌、诺卡氏菌，有时为厌氧菌	推荐进行 CSF 培养和敏感性试验	推荐联合使用氨苄西林和甲硝唑（具有更高的渗透性）。备选药物为甲氧苄啶-磺胺甲噁唑或氯霉素
	破伤风	破伤风杆菌	精心护理，给予抗毒素，伤口清创	甲硝唑或青霉素
	肉毒杆菌中毒	肉毒杆菌	精心护理	不指定药物
	肝性脑病	正常的肠内菌群	口服抗菌药物以抑制胃肠道内细菌产生的氨；增加乳果糖、限制蛋白饲料	氨苄西林或新霉素
其他细菌性疾病	放线菌病	放线菌属	常与其他细菌共同引起皮下组织、胸部、腹部及腹膜后腔的感染。需排脓、清创，治疗时间较长。识别并移除植入性异物	青霉素 G 或氨苄西林
	菌血症、细菌性心内膜炎	多种革兰氏阳性和革兰氏阴性兼性细菌、巴尔通氏体，偶见厌氧菌	需进行血液培养和敏感性试验。注射给药 7～10d（尽可能长）后改为口服给药 4～6 周	在细菌培养和敏感性试验结果出来以前给予青霉素和氨基糖苷类药物
	巴尔通氏体病	文氏巴尔通氏体、汉赛巴尔通氏体	需进行巴尔通氏体血清学鉴定及培养（低敏感性）。出现心内膜炎症状前可能无法明确病因意义	用青霉素和氨基糖苷类药物治疗心内膜炎。若预后不良常需要进行心脏瓣膜置换
	布鲁氏菌病	犬布鲁氏菌	潜在的人兽共患病	多西环素加双氢链霉素或庆大霉素；可考虑配合使用利福平
	细螺旋体病	肾脏钩端螺旋体的多个血清型	潜在的人兽共患病。输液疗法必不可少，可能需要透析	青霉素、氨苄西林或多西环素；一旦带毒状态终止、呕吐停止，推荐口服多西环素

（续）

部位	诊断	常见致病菌	注解	推荐药物
其他细菌性疾病	莱姆螺旋体病	伯氏疏螺旋体	考虑使用非类固醇类消炎药用于镇痛	多西环素。备选药物为阿莫西林
	诺卡氏菌病	诺卡氏菌	肺部、全身或皮肤性损伤	甲氧苄啶-磺胺
	新生动物败血病	链球菌、大肠杆菌、葡萄球菌		氨苄西林-舒巴坦、第1代头孢菌素类药物。如果怀疑为革兰氏阴性菌引起的感染可谨慎使用氨基糖苷类药物
	迅速增长型分枝杆菌病	偶然分枝杆菌、包皮垢分枝杆菌	常见皮肤及皮下感染，其次为全身性感染	高剂量的多西环素或氟喹诺酮类药物；也可考虑使用氨基糖苷类药物
	缓慢增长条件致病性分枝杆菌病	禽分枝杆菌	多见于免疫系统受损的犬，表现为全身性感染	建议将大环内酯类药物（如克拉霉素）与利福平、乙胺丁醇、多西环素和/或氟喹诺酮类药物三类药物联合使用
	结核分枝杆菌病	结核分枝杆菌、牛分枝杆菌	需要长时间的复方药物治疗；潜在的人兽共患病	联合使用异烟肼、利福平和克拉霉素，也可加入乙醇丁胺。异烟肼可能引起癫痫
其他原生动物性疾病	巴贝斯虫病	犬巴贝斯虫		二丙酸咪唑苯脲或联合应用阿托伐醌和阿奇霉素
		吉布森巴贝斯虫		阿托伐醌和阿奇霉素
		Conradae 巴贝斯虫		阿托伐醌和阿奇霉素
	隐孢子虫病	隐孢子虫属	感染常表现为亚临床型和自限性。潜在的人兽共患病	没有统一的成功治疗方案；应用巴龙霉素或阿奇霉素可能有效
	肝簇虫病	美洲肝簇虫、犬肝簇虫	治疗只能缓解症状，但不能消除感染。使用非类固醇类消炎药用于消炎和镇痛	美洲肝簇虫：急性——克林霉素、磺胺类药物、甲氧苄啶、乙胺嘧啶；慢性——癸氧喹酯。犬肝簇虫：二丙酸咪唑苯脲
	利什曼病	利什曼原虫	很难彻底治愈	锑酸甲葡胺和别嘌呤醇。备选药物为两性霉素B或米替福新
	新孢子虫病	犬新孢子虫		克林霉素。备选药物为磺胺类药物加乙胺嘧啶
	弓形虫病	刚地弓形虫		克林霉素。备选药物为磺胺类药物加乙胺嘧啶或阿奇霉素
	美洲锥虫病	枯氏锥虫	对公共卫生有潜在风险	硝呋噻氧或苄硝唑
立克次氏体、埃立克体及亲血性支原体感染	落基山斑疹热	立克次氏体		多西环素
	埃立克体病、边虫病	犬埃立克体、伊氏埃立克体、嗜吞噬细胞无形体、片状无形体	犬埃立克体感染的治疗时间较长（6～8周）。呈慢性犬埃立克体感染的犬可能对治疗无效	多西环素
	附红细胞体病	犬血支原体、*haematoparvum* 支原体	通常只会引起脾脏切除或免疫系统受损的犬发病	多西环素或氟喹诺酮类药物
全身性真菌病	弥散性曲霉病	土曲霉、弯头曲霉	怀疑德国牧羊犬和罗德西亚锥脊背犬具有遗传性免疫缺陷。在可能情况下应避免使用免疫抑制剂	伊曲康唑或伊曲康唑和两性霉素B；也可使用伏立康唑或泊沙康唑，但也许成本更高。对顽固性病例可添加特比萘芬。禁用氟康唑

（续）

部位	诊断	常见致病菌	注解	推荐药物
全身性真菌病	芽生菌病	皮炎芽生菌		伊曲康唑或氟康唑，也可加入两性霉素 B
	球孢子虫病	球孢子虫		伊曲康唑或氟康唑，也可加入两性霉素 B。伏立康唑也许疗效好且对中枢神经系统具有渗透作用，但价格较高
	隐球菌病	新型隐球菌或格特隐球菌	可能由于存在潜在的免疫缺陷，因此被新型隐球菌感染的犬常发展为严重的弥散性疾病	氟康唑，也可加入两性霉素 B；氟康唑无效时伊曲康唑或许有效
	组织胞浆菌病	荚膜组织胞浆菌		伊曲康唑，也可加入两性霉素 B
	孢子丝菌病	申克孢子丝菌		伊曲康唑，也可加入两性霉素 B；还可使用饱和碘化钾溶液

注：a 此表中的推荐药物是在查阅文献、与同行讨论以及征求临床专家意见的基础上反映出的作者个人观点，旨在试验数据不充分时能为药物选择给予一定的指导。而在可能的情况下，应根据试验数据（对渗出物或吸取的体液进行革兰氏染色或细菌培养和敏感性试验）选择药物。获得细菌培养和药物敏感性试验结果后，药物选择可能发生变化。其他信息可参考 Greene 在 2012 年发表的相关著作（Greene C. Infectious Diseases of the Dog and Cat，4th ed. St. Louis：Elsevier Saunders）。

表 28.2　猫在不同感染情况下抗菌药物的选择[a]

部位	诊断	常见致病菌	注解	推荐药物
皮肤及皮下组织	细菌性脓皮病	葡萄球菌属、链球菌属	要试图找出根本性病因（通常为过敏性皮炎，但也可能是内分泌疾病）。也许需要长期治疗。在耐甲氧西林伪中间葡萄球菌分布广泛的地区，或者疾病呈顽固性或周期性时，需对皮肤损伤处的细菌进行培养	克林霉素或第 1 代头孢菌素类药物（如头孢氨苄、头孢羟氨苄）。其他备选药物包括阿莫西林-克拉维酸钾。如需应用其他药物需参考细菌培养及敏感性试验结果
	猫抓脓肿	巴氏杆菌、厌氧菌	排脓是最重要的治疗措施	克拉维酸-阿莫西林
	浅表性脓皮病	葡萄球菌、链球菌	通常为皮肤褶皱处或自体损伤处的继发病。局部清理并给予局部抗菌药物即可	
	马拉色皮炎	厚皮马拉色菌	识别并清除根本性病因。推荐用洗液进行局部治疗	伊曲康唑或氟康唑。也可选择酮康唑，但此药很有可能引起不良反应
	皮肤癣菌病	小孢子菌、毛癣菌	需要局部治疗和环境消毒。局部损伤可不进行全身性治疗	伊曲康唑或氟康唑。备选药物包括灰黄霉素或特比萘芬
	猫麻风病	麻风分枝杆菌、其他	可能情况下首选手术切除	氯法齐明和克拉霉素
	迅速增长型机会性分枝杆菌病	偶然分枝杆菌、包皮垢分枝杆菌、龟分枝杆菌、脓肿分枝杆菌	在可能情况下推荐进行细菌培养和敏感性试验。早期进行外科切除可能造成伤口开裂	高剂量多西环素或氟喹诺酮类药物；也可考虑使用氨基糖苷类药物
	结核分枝杆菌病	田鼠分枝杆菌、牛分枝杆菌	主要发生于英国	克拉霉素、利福平和氟喹诺酮类药物
耳	外耳道炎	葡萄球菌属，其次为链球菌、马拉色菌	识别并清除根本性病因（过敏性皮炎、异物、息肉、反转录病毒感染、耳螨）。清理耳部	需根据耳细胞学、可能情况下根据鼓膜完整性选择药物。可考虑局部给予恩诺沙星溶液；如果存在杆菌，可局部给予含氨基糖苷类药物、多黏菌素 B 或替卡西林-克拉维酸的制剂。如果存在马拉色菌，可给予含克霉唑、咪康唑或泊沙康唑的软膏

（续）

部位	诊断	常见致病菌	注解	推荐药物
耳	中耳炎及内耳炎	见外耳道炎	通常还伴有外耳道炎。识别并清除根本性病因。治疗方法同外耳道炎，有必要时需额外进行全身性治疗。避免使用耳毒性药物	需根据耳细胞学、细菌培养和敏感性试验结果进行治疗。如果存在球菌，推荐使用头孢氨苄，但如果存在杆菌，则考虑应用氟喹诺酮类药物。如果存在马拉色菌，则需全身使用抗真菌药物
眼	结膜炎	猫疱疹病毒-1或萼状病毒、猫衣原体、支原体、支气管败血波氏杆菌（小猫）	若同时存在角膜炎，则可能存在猫疱疹病毒-1	多西环素。如果出现严重的疱疹感染，则需使用泛昔洛韦或局部给予西多福韦
上呼吸道	猫上呼吸道疾病/鼻炎	通常为常在菌（葡萄球菌、链球菌、巴氏杆菌、机会性侵入的支原体）。耐药性铜绿假单胞菌性鼻炎也偶有发生。密集的饲养环境中和小动物身上存在的主要病原菌可能为支气管败血波氏杆菌、犬链球菌或马链球菌亚种兽疫链球菌、或支原体（尤其是猫支原体）	识别根本性病因（病毒感染、鼻内肿瘤、异物、鼻瘘管）	如果怀疑是由传染性病原菌引起的感染，可使用多西环素，因为该药对波氏杆菌、链球菌以及支原体均有活性。也可应用阿莫西林-克拉维酸钾，但该药对支原体无效，对于患有原发性慢性鼻窦炎的猫可能需要长期使用抗菌药物进行治疗。可能情况下需进行细菌培养和敏感性试验
	霉菌性鼻炎	通常为隐球菌属，偶尔为曲霉菌	排除鼻内肿瘤。可能存在继发性细菌感染	对于隐球菌感染，采用氟康唑、伊曲康唑或酮康唑；对于顽固性疾病可考虑加入氟胞嘧啶或两性霉素B。伊曲康唑或泊沙康唑可用于治疗曲霉菌病，但可能不能彻底治愈
	细菌性肺炎	由多种兼性细菌（尤其是革兰氏阴性菌）引起的单独或混合感染，如果伴有吸入性肺炎则还包括厌氧菌。若为幼龄动物感染则可能还存在支气管败血波氏杆菌	对气管灌洗液进行需氧培养和敏感性试验。识别根本性病因，如猫炎症性气管疾病	在等待细菌培养和敏感性试验结果期间，可先联合使用克林霉素和氟喹诺酮类药物。如果怀疑感染由厌氧菌引起，配合使用β-内酰胺/β-内酰胺酶抑制剂（如氨苄西林-舒巴坦和氟喹诺酮类药物）更为有效。若怀疑是败血波氏杆菌引起的感染，则可使用多西环素
	脓胸	多种病原菌，且经常为混合感染，常包括厌氧菌、放线菌、巴氏杆菌，有时为支原体	需进行胸膜液的细菌培养和敏感性试验。需插入胸导管排脓；也许需要外科手术	氨苄西林-舒巴坦或青霉素G和甲硝唑（部分厌氧菌可能产生β-内酰胺酶）
消化道及腹部	牙周炎、牙龈炎	常在厌氧菌及兼性细菌	清洗牙齿、清洁牙垢，也许需配合其他牙科治疗	克林霉素或阿莫西林-克拉维酸钾
	淋巴浆细胞性（尾部）龈口炎	口腔常在菌落	顽固性病例可能需要彻底拔牙；也可考虑应用免疫调节剂如脱氢皮质醇或重组型猫Ω干扰素；应用洗必泰冲洗口腔	克林霉素
	胃螺杆菌病	螺杆菌属、胃螺杆菌样细菌	感染和疾病间的关系尚未明确	阿莫西林、克拉霉素和水杨酸铋或阿莫西林、甲硝唑和水杨酸铋

（续）

部位	诊断	常见致病菌	注解	推荐药物
消化道及腹部	细菌性肠炎	沙门氏菌属	免疫系统受损的或幼猫的常见病。只有表现为全身性疾病时才需进行治疗	如果出现全身性感染（如发热、精神萎靡、全血细胞计数改变、血液培养呈阳性）可注射氟喹诺酮类药物
		弯曲杆菌属	和腹泻之间的关系尚未明确	如果仅出现腹泻症状而未发现其他病因，可考虑使用大环内酯类药物
		产气荚膜梭菌、艰难梭菌	和腹泻之间的关系尚未明确。经ELISA测定，证明存在毒素且伴随腹泻时可诊断为梭菌性腹泻。尽管测到毒素存在，但其意义尚不清楚	甲硝唑
	贾第虫病	贾第虫	感染常呈亚临床型。一些群体/物种可能是人兽共患	芬苯达唑。备选药物为甲硝唑、替硝唑、洛硝达唑
	球虫病	等胞属球虫	临床发病的常为年幼动物，或是与肠道内其他病原菌的混合感染	磺胺类药物+/-甲氧苄啶。备选药物为泊那珠利或妥曲珠利（欧洲）
	细小病毒性小肠炎	胃肠道继发兼性和厌氧性细菌	注射抗菌药物可以有效对抗机会性细菌的侵入	氨苄西林-舒巴坦、头孢唑林（病情轻微时）；氨苄西林-舒巴坦和氟喹诺酮类药物（病情严重时）
	胆囊炎、胆管肝炎	大肠杆菌、沙门氏菌、肠球菌、厌氧菌	明确病因（如胆汁逆流）。可考虑超声波检查。收集胆汁进行需氧和厌氧培养和敏感性试验	联合使用β-内酰胺/β-内酰胺酶抑制剂和氨基糖苷类药物或氟喹诺酮类药物；根据细菌培养结果选择相应的窄谱抗菌药
	细菌性腹膜炎	厌氧菌及兼性肠杆菌混合感染	也许需要外科探查及灌洗。需进行细菌培养和敏感性试验	用药同胆囊炎/胆管肝炎
泌尿及泌尿生殖器	下尿道感染/细菌性膀胱炎	大肠杆菌、葡萄球菌、变形杆菌、链球菌、肠球菌、肠杆菌、克雷伯菌、假单胞菌	除非由肾脏衰竭、甲状腺机能亢进或糖尿病等根本性病因引起，否则该病较少见于猫	甲氧苄啶-磺胺甲噁唑或阿莫西林。β-内酰胺酶药物使用广泛的地区可使用阿莫西林-克拉维酸钾
	肾盂肾炎	见下尿道感染	需进行细菌培养和敏感性试验。治疗时间较长	在细菌培养结果出来之前可使用阿莫西林和氟喹诺酮类药物
	子宫炎、子宫积脓	大肠杆菌、链球菌、葡萄球菌、其他革兰氏阴性菌，有时为厌氧菌	建议进行卵巢子宫切除术。手术时取子宫内容物进行细菌培养	氨苄西林-舒巴坦和氟喹诺酮类药物或氨基糖苷类药物中的一种
肌肉及骨骼	骨髓炎、脓毒性关节炎	葡萄球菌，也见链球菌、肠球菌、厌氧菌；支原体可能引起关节炎	强烈建议进行细菌培养和敏感性试验。需要清创、排脓以及长时间的抗菌药物治疗	在需氧、厌氧和支原体培养及敏感性试验结果出来之前先不予治疗。如果必须治疗，可考虑给予林可霉素或林可霉素和氟喹诺酮类药物（如果怀疑感染是由革兰氏阴性菌或支原体引起的）
神经系统	细菌性脑膜炎	葡萄球菌、链球菌、巴氏杆菌，偶见支原体	推荐进行CSF培养和敏感性试验	氨苄西林或青霉素G；备选药物为甲氧苄啶-磺胺甲噁唑。若怀疑为支原体感染可使用多西环素或氟喹诺酮类药物
	破伤风	破伤风杆菌	精心护理，给予抗毒素，伤口清创	甲硝唑或青霉素

（续）

部位	诊断	常见致病菌	注解	推荐药物
神经系统	肝性脑病	正常的肠内菌群	口服抗菌药物以抑制胃肠道内细菌产生的氨；增加乳果糖、限制蛋白饲料	氨苄西林或新霉素
其他细菌性疾病	巴尔通氏体病	汉赛巴尔通氏体、克氏巴尔通氏体	需进行巴尔通氏体血清学鉴定及培养。由于亚临床型菌血症分布广泛，所以发病原因的意义尚不明确	多西环素或阿奇霉素
	鼠疫	鼠疫耶尔森菌	对人类健康有风险。需处理跳蚤，切开并治疗腹股沟淋巴结炎	氨基糖苷类药物；其次的最佳备选方案为多西环素或氟喹诺酮类药物
	野兔病	土拉弗朗西斯菌	潜在的人兽共患病，通过啃咬传播	氨基糖苷类药物
	诺卡氏菌病	诺卡氏菌	肺部、全身或皮肤损伤	甲氧苄啶-磺胺
其他原生动物性疾病	胞簇虫症	猫胞簇虫	高致死性疾病，但治疗可能有效	阿托伐醌和阿奇霉素
	弓形虫病	刚地弓形虫		克林霉素。备选药物为磺胺类药物加乙胺嘧啶或阿奇霉素
	隐孢子虫病	隐孢子虫属	感染常表现为亚临床型和自限型。潜在的人兽共患病	没有统一的成功治疗方案；应用巴龙霉素、硝唑尼特或阿奇霉素可能有效
	利什曼病	利什曼原虫	很难彻底治愈	锑酸甲葡胺和别嘌呤醇。备选药物为两性霉素B或米替福新
立克次氏体、埃立克体及亲血性支原体感染	埃立克体病、无形体病	埃立克体、嗜吞噬细胞无形体	猫发病鲜有报道	多西环素
	附红细胞体病	猫血支原体、“血巴尔通体”“苏黎世血巴尔通体”	猫血支原体，常与贫血症伴发	多西环素或氟喹诺酮类药物。抗菌药物也许很难治疗“血巴尔通体”引起的感染；氟喹诺酮类药物也许更为有效
全身性真菌病	鼻内或鼻窦曲霉病	曲霉菌（尤其是烟曲霉）、新萨托菌属	鼻内疾病预后良好	伊曲康唑或伊曲康唑和两性霉素B；泊沙康唑，对于猫禁用伏立康唑
	组织胞浆菌病	荚膜组织胞浆菌		伊曲康唑，也可加入两性霉素B
	孢子丝菌病	申克孢子丝菌		伊曲康唑，也可加入两性霉素B；还可使用饱和碘化钾溶液

注：a此表中的推荐药物是在查阅文献、与同行讨论以及征求临床专家意见的基础上反应出的作者个人观点，旨在试验数据不充分时，能为选择药物给予一定的指导。而在可能的情况下，应根据试验数据（渗出物或吸取体液的革兰氏染色或细菌培养和敏感性试验）选择药物。在细菌培养和药物敏感性试验结果出来之后药物选择发生变化。其他信息可参考Greene在2012年发表的相关著作（Greene C. Infectious Diseases of the Dog and Cat，4th ed. St. Louis：Elsevier Saunders）。

表28.3　对肾功能衰竭、肝功能衰竭或对妊娠、新生动物可能造成潜在危害的抗菌药物

肾功能衰竭[a]	肝功能衰竭[b]	妊娠动物[a]	新生动物[a]
氨基糖苷类药物	氯霉素	氨基糖苷类药物	氨基糖苷类药物
两性霉素B	克林霉素	两性霉素B	氯霉素
氯霉素（猫）	灰黄霉素（猫）	阿奇霉素	氟喹诺酮类药物
克拉霉素	酮康唑	氯霉素	甲硝唑
氟胞嘧啶	林可霉素	氟康唑	呋喃妥因
氟喹诺酮类药物	大环内酯类药物	氟胞嘧啶	磺胺类药物

（续）

肾功能衰竭[a]	肝功能衰竭[b]	妊娠动物[a]	新生动物[a]
林可霉素	甲硝唑	氟喹诺酮类药物	利福平
呋喃妥因	利福平	灰黄霉素	四环素类药物
磺胺类药物	磺胺类药物	伊曲康唑	甲氧苄啶
磺胺-甲氧苄啶（猫）	磺胺-甲氧苄啶（犬）	酮康唑	
四环素类药物（除多西环素）	四环素类药物	甲硝唑	
		呋喃妥因	
		磺胺类药物	
		四环素类药物	
		甲氧苄啶	

注：a 见第四章。

b 对肝功能衰竭影响抗菌药物治疗的报道少见。表中一些药物具有潜在肝毒性，另外一些药物在患肝脏疾病的动物体内可能蓄积至毒性水平。总体而言这些警示是相对的，而不是绝对的禁忌。

第二节　抗菌药物的分类及对耐药菌感染的治疗

兽用抗菌药物分为一线药物、二线药物和三线药物（Weese 等，2006）。一线药物指在缺少或是等待细菌培养和敏感性试验结果期间可以依照以往实践经验使用的药物，包括阿莫西林、头孢氨苄、多西环素以及甲氧苄啶-磺胺类药物。二线药物指在缺少合适的一线药物时，可以在细菌培养和敏感性试验结果的基础上使用的药物，包括替卡西林、哌拉西林、阿米卡星和第三代头孢菌素类药物。氟喹诺酮类药物也属于二线药物，在人医临床治疗中，由于过度应用氟喹诺酮类药物已经导致抗菌药物耐药性出现及治疗失败（Bakken，2004）。如果犬猫发生了严重的革兰氏阴性菌感染急需治疗，且尚未获得细菌培养和敏感性试验结果，在这种情况下氟喹诺酮类药物可以作为一线药物使用。三线药物，包括万古霉素、利奈唑胺以及碳青霉烯类药物如亚胺培南、美罗培南等，只能在符合以下标准的情况下使用（Weese 等，2006）：

1. 出现临床异常表现，进行了细菌培养，并备有证明文件。
2. 感染严重，若不及时治疗可能危及生命。
3. 文件证明病原菌对所有合适的一线和二线药物均耐药。
4. 感染必须有治愈可能。如果消除感染的概率很小（如不能消除根本性病因）则不主张使用极为重要的抗菌药物。
5. 临床兽医如果不熟悉该类药物的用法，可以咨询其他从事感染病的兽医或临床微生物学家，讨论抗菌药物敏感性试验结果以及药物的使用方法。有些情况下会得到其他可行的选择（如局部治疗）。

第三节　药物剂型

以前抗菌药物剂型问题不适用于犬和猫的问题，随着更多的制造商生产兽医专用药品，并且有多种剂型可供选择而得到缓解。但仍需要更多的口服制剂，以便适用于给予不易给药的病畜，此外还需要在满足药代动力学特性前提下给药间隔较长（24h 或更长）的药物剂型。经皮吸收的抗菌药物剂型或许更有吸引力，但是并不推荐在缺乏足够药代动力学数据支持的情况下使用此类药物，因为使用不适宜的药物产品可能导致抗菌药物耐药性的增加。阿奇霉素在细胞内的药物浓度很高，并且在组织内保留时间较长，其在犬体内的半衰期为 30h，在猫为 35h；该药经胆汁排泄，所以对治疗尿道感染无效。对于人，给药 5d 后组织内药物浓度即可保持在治疗水平至少 10d。但阿奇霉素是一种抑菌剂，虽然其对革兰氏阴性菌有较广的抗菌谱，但是其对革兰氏阳性菌的活性却不如红霉素（Sivapalasingham 等，2010；Piscitelli 等，1992）。头孢泊肟拥有比其他口服头孢菌素类药物更长的半衰期，并且每天只需给药 1 次，所以当宠物主人的顺应性存在问题时，特别适合治疗那些易受感染的犬、猫。头孢维星在犬、猫体内的半衰期特别长，其给药间歇达 14d 仍可有效治疗某些感染。但是该药物的亚治疗浓度保持这么长时间，是否带来耐药菌的产生，这个问题引起人们的关注。

因为成本的原因，经常对大的患病动物使用非专利药物制剂。兽医上对非专利药物的担忧远不如人用药品，并且目前几乎没有证据证明这一问题的存在。但是，不同药物在生物利用度上可能存在差别，而这一因素又会影响药效及药物安全性，因此，当我们更换药物品牌或剂型时应持警惕态度。

第四节 给药途径

有时，所选择的药物决定了给药途径。例如，如果选择氨基糖苷类药物、万古霉素或两性霉素 B 来治疗全身感染，由于这类药物在胃肠道内吸收很少，必须注射给药。更多的情况下，可以选择多种不同的给药途径，而最终会根据病情、可能的疗程以及宠物主人的能力选择一种最合适的给药途径。

一、肠道外给药

对于严重的全身感染，启用能够肠道外给药的治疗显得尤为重要，因为能将较高的药物浓度迅速地输送到全身各部位。而对于狂躁、失去知觉或者呕吐的患病动物，和伴有口服痛苦或某些仅对抗菌药物敏感的感染，则必须注射给药。

面对致命性感染时，希望给药后血浆药物浓度能迅速达到最高水平，这就需要静脉注射给药。脱水或低血压病例因外周灌注状况较差，会阻止药物在不同部位间的吸收，因此首选采用静脉注射给药。对于患心内膜炎或椎间盘脊髓炎等需要住院治疗的病例，可以长期静脉注射给药，或者对有条件的宠物主人进行适当培训后，可以在家使用血管导管进行静脉注射给药，同时需对导管细心维护。

在环境要求较低时，肌内注射或皮下注射往往是比较安全且效果较为满意的给药途径。对于多数抗菌药物剂型，这两种给药途径可以达到相似的生物利用度，不过皮下注射操作更简单，一般情况下痛苦更小。用于犬、猫肌内注射给药的很多制剂也可以通过皮下注射给药，但是对于不熟悉的制剂，还是应该先在少数动物身上进行试验，以确定药物是否会引起注射部位的反应。

对于肌内注射方式，腰部肌肉组织也许比大腿肌肉组织更合适。最理想的注射部位位于髂骨与最后一根肋骨之间、背部棘突与肌肉外缘的中间。在此部位注射不太可能是肌间注射，通常耐受性好，还可避免对主要神经造成损伤。

二、口服给药

口服给药适用于大多数感染，总体说来是家庭治疗的最佳方式。如果正在治疗的疾病（或其他疾病）有可能是人兽共患病，且可能通过咬伤或抓伤传染，就应该考虑口服给药。应当指导宠物主人，给药时要尽量佩戴一次性手套，给药后彻底洗手。个别犬和很多猫都不太容易接受固体药物剂型，有些宠物主人发现采用液体剂型相对容易。对于多西环素，在减少食管刺激性及溃疡产生方面，非固体剂型可能优于片剂；或者，在给予片剂后必须再用注射器给予一定量的水。对于住院治疗的病例，还可使用鼻食管、食管或胃导管给药。对于狂躁型动物或口腔疼痛的病例，如果需要抗菌药物长期治疗，为了方便给药，可以考虑长期置入食管导管或胃导管。

可以将液体、粉末或压碎的药片混入食物中或装入投药袋里给药。一些患畜会拒绝掺入药物的食物，但是如果先饲喂一口不含药物的食物，再饲喂一口含有药片或胶囊的食物，也许可以成功。但是，对于口服或肠道给药的所有剂型，需要考虑食物对药物生物利用度的潜在影响。

食物对口服药物全身性利用度的影响

药物-食物间相互作用对药物吸收的影响在人医中十分常见，但这一问题在兽医常被忽略。虽然个别情况下药物吸收得以增强或保持不变，但最常见的结果是药物吸收降低或延迟。食物与药物之间的作用机制非常复杂，包括食物引起的药物在肠道生理机能下的变化以及食物成分与药物间直接的相互作用。食物的组成、摄入液体的量以及具体的药物制剂都会对结果产生影响。鉴于以上的复杂因素，不可能给出一种适于所有情况的确切的建议。并且，由于缺乏对犬猫在禁食和非禁食两种情况下治疗效果的比较研究，也很难评估药物-食物间相互作用的重要性。但是，对于大部分青霉素类药物以及除多西环素外的四环素类药物，由于食物会在很大程度上影响这些药物的吸收，应该避免在给药前的 1～2h 或给药后的 1～2h 进食。还有一个办法就是加大食物中的药量，但是难以预测究竟要增加多大幅度。一些抗菌药物可不考虑饲喂的影响，另一些药物则最好与食物一起给药以增加其吸收或减少药物对胃的刺激作用。目前的建议可参考表 28.4。

表 28.4　与进食相关建议口服给药的抗菌药物

适合禁食时给药[a]	适合随食物给药	与进食无关
阿奇霉素	头孢羟氨苄[b]	头孢氨苄[b]
大多数红霉素类药物制剂[b]	氯霉素棕榈酸盐[d]	氯霉素 胶囊、片剂[b,d]
大多数氟喹诺酮类药物[c]	多西环素[e]	氯霉素棕榈酸盐[b]
异烟肼	灰黄霉素	克拉霉素[b]
林可霉素	伊曲康唑（胶囊）	克林霉素
大多数青霉素类药物[b]	酮康唑	乙胺丁醇
利福平	甲硝唑[e]	氟康唑
大多数磺胺类药物	呋喃妥因[e]	
大多数四环素类药物		
伊曲康唑（混悬液）		

注：除标示的药物外，其他数据均来源于人医研究。

a 食物会导致这些药物的吸收减少或延迟。禁食指给药 1～2h 前或 1～2h 后不得饲喂食物。

b 犬的数据。

c 食物会导致恩诺沙星在犬的生物利用度降低。食物对氟喹诺酮类药物的总体影响轻微，但是药物吸收可能稍有延迟。应避免给予乳制品（以及含有多价阳离子的食物）。

d 猫的数据。

e 在不会明显阻碍药物吸收的前提下，食物会减少药物对肠道的刺激性。

第五节　给药频率与治疗持续时间

表 28.5 给出了犬、猫用抗菌药物的传统给药方案。这些仅能作为指导原则看待。根据不同情况，例如，病原菌的敏感性、药物到达感染部位的能力以及患畜的免疫防御机能，可进行适当调整，以达到最佳的给药方案。对于相对耐药的病原菌或药物在受损组织渗透力较弱的情况，也许需要加大给药剂量（浓度依赖型药物）或增加给药频率（时间依赖型药物）。如果药物（或其活性代谢产物）在排泄过程中可在尿液中高度浓缩，使用剂量范围的下端治疗下尿道感染可能会达到令人满意的效果。

对于大多数需氧菌和厌氧菌感染，通常在治疗后的 24～48h 内就可以看出是否达到了预期治疗效果。对于由缓慢生长的微生物引起的感染，如分枝杆菌或真菌，则可能需要更长的治疗时间（如 1 周）才能评估疗效。如果治疗后没有出现预期的疗效，则需对诊断和治疗方案重新评估，如果感染并非之前所确认的情况，那么致病原因是否与感染有关。如果仍认为感染是最有可能的致病原因，那就应该考虑进行细菌培养和敏感性试验。接下来应该换一种药物进行治疗，如果怀疑先前的药物剂量不足或者组织渗透能力差，也可以加大药量。应考虑是否还有一些潜在疾病导致感染的发生，如肿瘤或存在异物，也可能导致治疗失败。

目前缺少针对各不同感染类型的抗菌药物最佳治疗持续时间的研究。对于许多不复杂的感染，治疗时间通常为 7～10d。但一项研究显示，治疗并不复杂的犬尿道感染时，用高剂量的恩诺沙星治疗 3d 不次于用克拉维酸-阿莫西林治疗 10d 所达到的效果（Westropp 等，2012）。还需要进一步的试验评估其他抗菌药物的短期治疗效果，如阿莫西林和甲氧苄啶-磺胺类药物。建议先进行最短为期 3d 的治疗，待感染症状减轻后再持续治疗 2d。对于肺炎和肾盂肾炎之类的严重感染，一般最少治疗 4 周，但也许更短的治疗时间也可以满足要求。慢性感染（如慢性脓皮病）的治疗反应可能更慢，由于存在组织损伤、血液供应受损，局部或全身免疫功能受损等情况，经常需要延长给药时间（4～6 周）。对于全身性真菌病，经常需要最少几个月（有时几年）的治疗时间。

表 28.5　犬和猫全身应用抗菌药物的传统给药方案（具体药物的活性和不良反应的详细信息可参考本书中具体章节）

药物	给药途径	剂量（除特别标示外均为 mg/kg）	给药间歇（h）	备注
青霉素类				
氟氯西林	口服	15	8	耐青霉素酶的青霉素。避免进食时给药
青霉素 G，钠盐或钾盐	静脉注射、肌内注射、皮下注射	20 000～40 000 IU/kg	4～6	可使血钠或血钾浓度升高
氨苄西林钠	静脉注射、肌内注射、皮下注射	10～20	6～8	静脉注射时间至少 3min
氨苄西林-舒巴坦	静脉注射、肌内注射	10～20	8	静脉注射时间至少 3min
阿莫西林	口服	10～20	8～12	
阿莫西林-克拉维酸钾	口服	12.5～25	12	对革兰氏阴性菌感染推荐增加给药频率或增加给药剂量
替卡西林二钠、替卡西林-克拉维酸钾	静脉注射	33～50	4～6	
哌拉西林钠/哌拉西林-他唑巴坦	静脉注射	40	6	
头孢菌素类				
头孢氨苄	口服	20～30	6～12	治疗脓皮病剂量需为 30 mg/kg，给药间隔 12h 治疗革兰氏阴性菌感染需增加给药频率（给药间隔 6～8h）
头孢羟氨苄	口服	22	12	
头孢唑林钠	静脉注射、肌内注射	20～35	8	若需要，可在外科手术期间按 22 mg/kg 间隔 2h 给药
头孢泊肟酯	口服	5～10（犬）	24	在所有第 3 代头孢菌素中，该药对葡萄球菌的活性最强，对革兰氏阴性菌和厌氧菌感染的活性较弱
头孢克洛	口服	15～20	8	用于其他耐药性细菌感染
头孢克肟	口服	10	12	用于由耐药性细菌引起的尿道感染。用法为 5 mg/kg 间隔 12～24h
头孢替坦二钠	静脉注射、皮下注射	30	8	用于全身性和耐药性细菌感染。注射部位可能出现痛感
头孢西丁钠	静脉注射、肌内注射	30	6～8	用于全身性和耐药性细菌感染。注射部位可能出现痛感
头孢噻呋钠	皮下注射	2.2～4.4（犬）	24	用于其他耐药性细菌引起的尿道感染
头孢噻肟钠	静脉注射、肌内注射	20～50	6～8	用于全身性和耐药性细菌感染
头孢他啶	静脉注射	30	6	用于全身性和耐药性细菌感染。具有较强的抗假单胞菌活性

（续）

药物	给药途径	剂量（除特别标示外均为mg/kg）	给药间歇（h）	备注
头孢吡肟	静脉注射、肌内注射	40（犬）	6	用于全身性和耐药性细菌感染。对于肾衰竭病畜需减少药量
头孢维星	皮下注射	8	14d	批准用于治疗皮肤和软组织感染，一些国家未批准用于治疗尿道感染。对于其他组织部位感染的疗效尚未证实
碳青霉烯类				
亚胺培南-西拉司丁	静脉注射、肌内注射、皮下注射	5	6～8	每 250～500 mg 药物粉末需溶于不少于 100 mL 溶液中，并且静脉给药时间应控制在 30～60min
美罗培南	静脉注射	8.5 24	12 12	皮下注射可能引起注射部位脱毛。对于铜绿假单胞菌或 MIC 值接近折点的细菌引起的感染，用法可以为：12 mg/kg 间隔 8h 皮下注射或 24 mg/kg 间隔 8h 静脉注射
糖肽类				
万古霉素	静脉注射	15	8	将药物粉末溶于 0.9% NaCl 或 5% 葡萄糖中，给药时间控制在 30～60min。建议监测治疗药物浓度
氟喹诺酮类				
恩诺沙星	口服、静脉注射、肌内注射 肌内注射、口服	5～20（犬） 5（猫）	24	避免对猫应用恩诺沙星。肾衰竭病畜需降低药量或延长给药间歇。用液体稀释（如 1∶10）且静脉输注时间需在 30min 以上
盐酸环丙沙星	口服 静脉注射	20～30 10	24	口服吸收可能有限
马波沙星	口服	2.75～5.5	24	
奥比沙星	口服	2.5～7.5	24	与片剂相比，奥比沙星悬浊液的血浆药物浓度更低且浓度不稳定。应用 7.5 mg/kg 的剂量
盐酸二氟沙星	口服	5～10	24	尿液药物浓度尚不足以治疗尿道感染
莫西沙星	口服	10	24	莫西沙星对革兰氏阳性菌和厌氧菌的活性更强
普多沙星	口服	3～5（犬） 5～10（猫）	24	普多沙星对革兰氏阳性菌和厌氧菌的活性更强 部分国家可能未批准
硝基咪唑类				
甲硝唑	口服	15（犬） 10～15（猫）	12 24	对肝功能缺陷的病畜需将药量降低 50%。有盐酸甲硝唑静脉注射液可用
苯甲酸甲硝唑	口服	25（猫）	12	有更适合于猫口味的配方，一些药店出售该产品
替硝唑	口服	15	12（犬） 24（猫）	抗原虫药
洛硝达唑	口服	30	24	用于治疗胚胎三毛滴虫感染

（续）

药物	给药途径	剂量（除特别标示外均为 mg/kg）	给药间歇（h）	备注
利福菌素类				
利福平	口服	5	12	主要与其他药物配合使用。避免用于肝功能障碍的动物。不要同时进食多脂食物。可能发生药物间相互作用。对于治疗周期长的动物需监测肝脏酶类变化。用药后尿液和眼泪可能呈橘红色
甲氧苄啶-磺胺类				
磺胺二甲氧嘧啶	口服	第一天 55，之后每天 27.5	24	单独或与二氢叶酸还原酶抑制剂联合治疗等孢子球虫病
甲氧苄啶-磺胺甲噁唑、甲氧苄啶-磺胺嘧啶	口服、静脉注射	30	12	所列剂量按复方制剂计算，即 5 mg/kg 甲氧苄啶与 25 mg/kg 磺胺类药物。避免用于肝功能衰竭的病畜。肾功能不全的动物要降低药量。要测定希默氏泪液分泌的基础值，并对长期治疗的病例监测这一指标和全血细胞计数。每 5 mL 注射液配制需溶于 75～125 mL5％葡萄糖中，静脉注射时间需在 1h 以上
奥美普林-磺胺二甲氧嘧啶	口服	第一天 55，之后每天 27.5（犬）	24	所列剂量按复方制剂计算。避免用于肝功能衰竭的患畜。肾功能不全的动物要降低药量。要测定希默氏泪液分泌的基础值，并对长期治疗的病例监测这一指标和全血细胞计数
氨基糖苷类				
硫酸庆大霉素	静脉注射、肌内注射、皮下注射	9～14（犬） 5～8（猫）	24	治疗期间要保证患畜充足饮水并且电解质平衡。避免用于肾损伤动物。对猫和蛋白尿患畜要监测尿素氮和肌酐，并进行尿液分析
阿米卡星	静脉注射、肌内注射、皮下注射	15～30（犬） 10～14（猫）	24	见庆大霉素
硫酸妥布霉素	静脉注射、肌内注射、皮下注射	3～6	24	见庆大霉素。当其他氨基糖苷类药物无效时再用此药
硫酸卡那霉素	静脉注射、肌内注射、皮下注射	20	24	见庆大霉素。较庆大霉素和阿米卡星活性更弱
链霉素	口服	20	6	
双氢链霉素	肌内注射、皮下注射	20～30	24	
新霉素	口服	10～20	6～12	全身应用不吸收；用于治疗肝性脑病。对患有肾脏疾病的动物需谨慎用药，并且避免用药时间长于 14d
氯霉素及相关药物				
氯霉素	口服、静脉注射、肌内注射	40～50（犬） 12.5～20（猫）	6～8 12	避免猫长期应用此药物。长期用药需监测血细胞计数。要警告畜主，人类长期接触氯霉素可能导致骨髓疾病。可能发生药物间相互作用。对肝功能衰竭的动物要避免应用此药

（续）

药物	给药途径	剂量（除特别标示外均为mg/kg）	给药间歇（h）	备注
大环内酯类和林可胺类				
红霉素	口服	10～20	8	不能用于兔或啮齿类动物，因其会引起致命性腹泻
泰乐菌素	口服 肌内注射	7～15 8～11	12～24 12	见红霉素。治疗犬肠炎时随食物给药，用法为 20 mg/kg 间隔 8h，若出现反应，给药间歇延长至 24h。对于 20 kg 的犬，1/8 茶匙的磷酸泰乐菌素相当于 20 mg/kg
克拉霉素	口服	7.5	12	
阿奇霉素	口服	5～10	24	根据血清 MIC 值可能无法预测组织浓度
盐酸林可霉素	口服	15～25	12	见红霉素。治疗脓皮病的建议用法为 10 mg/kg 口服 给药间歇 12h
盐酸克林霉素、磷酸克林霉素	口服 静脉注射、肌内注射	11～33（犬） 11（猫） 10	12 24 12	见红霉素。静脉注射时，需将药物用 0.9%的生理盐水按 1∶10 稀释，并且控制给药时间在 30～60min。对猫来说该药物口服悬浊液的适口性可能较差。治疗弓形虫病的用法为：25 mg/kg 间隔 12h，口服
噁唑烷酮类				
利奈唑胺	口服、静脉注射	10（犬）	8	应根据细菌培养和敏感性试验结果，仅用于那些对其他合理药物耐药，而只对利奈唑胺敏感的革兰氏阳性菌引起的感染
四环素类				
四环素	口服 静脉注射、肌内注射	15～20 4.4～10	8	勿与含阳离子，如钙、锌、镁、铁、铝的食物混饲
土霉素	口服 静脉注射	20 7.5～10	12	
多西环素	口服、静脉注射	5 10	12 24	静脉注射时，用 100～1 000 mL 的 LRS 或 5%葡萄糖注射液稀释，给药时间应在 1～2h 以上
米诺环素	口服	5～12.5	12	
抗分枝杆菌药物				
氯苯吩嗪	口服	4～8（犬） 25 mg/猫	24	部分国家可能未获批准
乙胺丁醇	口服	15（犬）	24	
异烟肼	口服	5～10（犬每日最多 300 mg）	24	可能引起神经毒性
其他抗原虫药物				
别嘌呤醇	口服	10	12	与葡甲胺或米替福新联合治疗利什曼病

（续）

药物	给药途径	剂量（除特别标示外均为 mg/kg）	给药间歇（h）	备注
氨丙啉	口服	20%的药物粉末 1.25g	24	
阿托伐醌	口服	13.3（犬） 15（猫）	8	与阿奇霉素联合治疗巴贝斯虫病和胞裂虫病。采食时给药。可能发生药物间相互作用
苄硝唑	口服	5～10	12	用于治疗 Chagas 病
癸氧喹酯	口服	10～20	12	用于治疗美洲肝簇虫病和肉孢子虫病。将药物粉末（6% 癸氧喹酯；每克含原料药 60mg）混进食物饲喂。这一用量相当于 0.5～1 匙/10 kg 体重，给药间隔 12h
三氮脒	深部肌内注射	3～5	1 次	用于治疗巴贝斯虫病和锥虫病。窄谱抗菌药
芬苯哒唑	口服	50	24	
咪唑苯脲二丙酸盐	深部肌内注射	6.6（犬） 5（猫）	1 次，14d 后重复给药 1 次	用于治疗大巴贝斯虫引起的感染。肝功能和肾功能不全的患畜慎用。避免与其他胆碱酯酶抑制药合用
硝唑尼特	口服	每只动物 100 mg	12	用于治疗隐孢子虫病。有效性及安全性不详。常引起猫的呕吐反应
巴龙霉素	口服	10	8	用于治疗隐孢子虫病。由于该药可能会全身吸收，需慎用于腹泻动物。避免用于猫
泊那珠利	口服	20～50（犬）	12～24	用于治疗弓形虫病、新孢子虫病和等孢球虫病。最佳剂量、用药持续时间、有效性和不良反应不详
乙胺嘧啶	口服	1	24	主要用于治疗新孢子虫病、弓形虫病和美洲肝簇虫病。与磺胺类药物联合应用。肝功能和肾功能不全的患畜慎用。需监测全血细胞计数。可能需要补充亚叶酸（5.0 mg/d）
锑酸甲葡胺	皮下注射	75～100	24	与别嘌呤醇联合用于治疗利什曼病
米替福新	口服	2	24	与别嘌呤醇联合用于治疗利什曼病
妥曲珠利	口服	5～10（犬） 18（猫）	12～24	用于治疗肝簇虫病和等孢球虫病。治疗等孢球虫病时 1 次剂量或可起效。治疗肝簇虫病的最佳剂量和用药持续时间不详
抗真菌药				
脱氧胆酸两性霉素 B	静脉注射	0.5 mg/kg（犬） 0.25 mg/kg（猫）	每周于周一、周三、周五给药，连续给药 4 周或直至发生氮血症	用大量 5%葡萄糖溶液稀释。测定全血细胞计数、肾功能和尿酸基础值，确保治疗开始前适宜的水化。每次治疗前都要重新检查肾功能

（续）

药物	给药途径	剂量（除特别标示外均为mg/kg）	给药间歇（h）	备注
两性霉素B脂质体复合物（Abelcet）	静脉注射	3 mg/kg（犬） 1 mg/kg（猫）	每周于周一、周三、周五给药，连续给药4周或直至发生氮血症	用5%的葡萄糖注射液稀释至1 mg/mL。按照计算好的剂量静脉注射，时间保持在1～2h以上
酮康唑	口服	10～15（犬） 5～10（猫）	12	禁用于妊娠动物。治疗期间每月对肝脏酶类监测1次。可能发生药物间相互作用。会抑制肾上腺功能。解酸剂会降低药物吸收
氟康唑	口服	5～10 每只猫50 mg	12	禁用于妊娠期动物。治疗期间每月对肝脏酶类监测1次。可能发生药物间相互作用
伊曲康唑	口服	5	12～24	禁用于妊娠动物。治疗期间每月对肝脏酶类监测1次。可能发生药物间相互作用。若使用口服悬浊液需将剂量减少至3 mg/kg。若用药两周后治疗效果不明显可检测血药浓度。复合制剂不稳定
伏立康唑	口服	4（仅用于犬）	12	禁用于猫。患有肝脏疾病的动物慎用。可参考氟康唑用法。可考虑进行治疗药物浓度监测
泊沙康唑	口服	5～10（犬） 5（猫）	12～24 24	若将每日剂量分为2～4次小剂量给药，可能会增加药物的吸收。可考虑进行治疗药物浓度监测。参考氟康唑用法。解酸剂会降低药物吸收
氟胞嘧啶	口服	25～50	6～8	监测全血细胞计数。肾功能损伤的动物慎用。避免用于犬。人类医学上推荐进行血药浓度监测
灰黄霉素（微粒）	口服	25	12	与脂类食物一起给药有利于药物吸收。对于顽固性感染可将用药剂量提高至50 mg/kg间隔12h。避免用于患有猫免疫缺陷病毒感染的猫。妊娠动物禁用。可能发生药物间相互作用。监测全血细胞计数
灰黄霉素（超微粒）	口服	15	12	避免用于患有猫免疫缺陷病毒感染的猫。妊娠期动物禁用。可能发生药物间相互作用。监测全血细胞计数
特比萘芬	口服	30～40	24	进食时给药

第六节　治疗顺从性

如果宠物主人不执行兽医建议的给药方案，那么再精心制定的治疗方案也没有价值。产生问题的原因可能是主人不理解给药方案或操作指导的重要性。另外，畜主没有经验、患畜的反抗、药物配方（如不合适的尺寸、形状、口味、一致性）不是特别理想，都会影响给药方案的执行，导致病畜愤怒和畜主有挫败感。这些问题最易发生在猫和一些顺应性不太好的小型犬。

对治疗非顺应性的问题尚未在兽医领域进行详细研究，但一些研究显示，在治疗犬的急性细菌感染中，治疗顺应性差是一个普遍问题。调整给药方案以适应畜主习惯可能是个难题。尽管为了避免药物-食物相互作用，可能需要改变动物的进食时间，但将给药时间与宠物主人每天的固定时间（如吃饭时间、睡觉时间）相一致可能有助于给药方案的执行。其他可行的措施包括：与宠物主人确认给药的剂型是其可以很好操作的，不管在口头上和文字上都清楚说明药物的用法。人医研究表明，增加治疗的复杂性也就增加了给药剂量丢失的可能性。因此，如果两个治疗方案在治疗效果上没有差异，应该选择相对简单的方案。同样地，最好避免在配方中使用一些效果不确定的药物，因为使用额外的药物会增加给药的复杂性，从而就降低了治疗顺应性，对于那些更为重要的药物来说得不偿失。

第七节　结　　论

当患犬在其他方面健康状况良好，或者机会性感染的根本性病因可以去除或解决时，如果选择正确的抗菌药物来治疗一个并不复杂的细菌感染，往往能获得较好的治疗效果。相反，如果选择了错误的药物，如果治疗所针对的细菌并非致病菌，或者未能正确识别复杂的致病因素，治疗结果则会令人失望。其他一些具体的以及支持性措施，如护理、液体疗法和外科手术通常也相当重要。如果治疗方案合理而效果很差，疾病复发或不断恶化，应考虑是否存在其他根本性病因，如猫的反转录病毒感染、其他免疫缺陷失调、肿瘤以及异物存在。

第八节　抗菌药物预防

抗菌药物预防的原则及实际应用见第二十一章内容。

一、外科手术中的抗菌药物预防

小动物外科手术中很少需要药物预防，但是表 28.6 中列出了一些可能需要加以预防的情况。所选择的药物应能有效对抗凝固酶阳性的葡萄球菌和大肠杆菌，因为这两种细菌最有可能引起犬、猫的术后感染。头孢唑林对敏感性葡萄球菌和大肠杆菌的杀菌效果良好并且毒性很低。同时，该药物还对许多专性厌氧菌有效，在涉及厌氧菌的直肠或结肠手术时，该药也是很好的选择。在有条件的情况下，与头孢菌素类药物相比，氨苄西林-舒巴坦注射液是更为经济的选择，并且其对厌氧菌的活性更强。如果需要使用这些药物，应在手术期间每隔 2h 给药 1 次，除了在手术前后使用，其他时间不应再继续使用。

表 28.6　可以使用抗菌药预防的外科手术

胃肠道	牙科及其他相关手术；存在感染的胆管手术；切除术：食管、胃扩张-肠扭转的腹部手术、肠梗阻；结肠、直肠及肛门手术
整形手术	广泛的内骨折固定，开放性骨折修复，全髋关节置换
其他手术	会阴疝缝合术，用非吸收性网状补片进行的疝修复术，起搏器植入，感染性肺叶切除术，广泛性的神经外科手术，涉及多组织的长时间的外科手术（＞2h）

不幸的是，一些地区（北美洲和欧洲）出现了耐甲氧西林葡萄球菌（特别是伪中间葡萄球菌），这意味着当无菌外科操作没有达到最佳水平时，用β-内酰胺类药物，如头孢菌素，进行预防性治疗可能会对这些耐药菌产生选择作用。这些药物对耐甲氧西林的细菌以及大部分呈现多重耐药的革兰氏阴性菌均无效。因此，不能将应用抗菌药物替代控制感染措施的实施，这些措施包括对患畜进行适当的术前准备、洗涤和无菌纱布的合理应用、正确的止血操作以及尽量缩短手术时间。

二、对非外科手术患畜的抗菌药物预防

对非外科手术患畜预防性使用抗菌药物是具有争议的，兽医的治疗数据有限，并且也往往没有合理性

保证。如果风险周期很短（几小时或几天），并且是由化学治疗导致的骨髓抑制，或预防对象只对一种药物敏感，此时采用化学性预防可能有效。例如，在对犬使用如阿霉素的化学疗法中，甲氧苄啶-磺胺就成功地起到了预防作用（Chretin 等，2007）。但是，尤其是在宿主的防御系统处于低下状态，长期的化学预防容易对耐药菌产生选择作用。对装有留置泌尿导管的动物使用抗菌药物进行预防性治疗会增加耐药细菌的感染概率，因此强烈反对采用该方法。如果确实需要插入留置泌尿导管，则应全程使用密闭的无菌收集系统，一旦不再需要留置导管时应尽快移除，因为随着导管留置时间的延长，发生上行感染的风险就随之增加。与其使用预防性抗菌药物，不如对表现了感染症状、具有患病风险的动物个体密切监视，一旦发生感染立即给予及时准确的治疗，并尽可能地清除引起宿主防御系统受损的根本性病因。不推荐在移除导尿管时对导管内容物进行常规细菌培养，因为这些内容物已经受到了上行细菌的污染（并不等同于感染）。如果怀疑出现感染（出现脓尿或血尿），且导尿管还处于留置状态，则应移除导尿管，通过膀胱穿刺术或者使用一根新的导管取尿液进行细菌培养，若情况允许，取样后这根导管也应该立即移除。移除导管后，对犬、猫进行抗菌药物的常规治疗也存在争议，但是如果感染发展严重（如患有尿道阻塞的猫发生再度梗阻），可以考虑给予治疗。决不要取用收集袋中的样品进行尿液培养，也不要对导管中存留的尿液进行培养（Weese 等，2011）。

参 考 文 献

Bakken JS. 2004. The fluoroquinolones：how long will their utility last? Scand J Infect Dis 36：85.

Chretin JD，et al. 2007. Prophylactic trimethoprim-sulfadiazine during chemotherapy in dogs with lymphoma and osteosarcoma：a double-blind，placebo-controlled study. J Vet Intern Med 21：141.

Piscitelli SC，et al. 1992. Clarithromycin and azithromycin：new macrolide antibiotics. Clin Pharm 11：137.

Sivapalasingham S，Steigbigel N. 2011. Macrolides，clindamycin and ketolides. In：Mandell，Douglas，and Bennett's Principles and Practice of Infectious Diseases，7th ed. Philadelphia：Churchill Livingstone Elsevier，pp. 427：448.

Weese JS. 2006. Investigation of antimicrobial use and the impact of antimicrobial use guidelines in a small animal veterinary teaching hospital：1995—2004. J Am Vet Med Assoc 228：553.

Weese JS，et al. 2011. Antimicrobial use guidelines for treatment of urinary tract disease in dogs and cats：antimicrobial guidelines working group of the international society for co mpanion animal infectious diseases. Vet Med Int 263：768.

第二十九章　抗菌药物在牛的应用

Michael D. Apley 和 Johann F. Coetzee

自 20 世纪 70 年代以来，牛用抗菌药物的选择发生了惊人的变化。新型药物的新特性、给药途径的改变以及药物制剂技术的进步，都使得药物治疗方法发生了巨大变化。很多较新的抗菌药物因较长的药效时间和良好的药效学特性，给药方案都属于一次性给药。这些新的给药方案在监管和政治压力日益加大、品牌食品生产线日益扩大以及消费者和反动物农业特殊利益群体监督日趋严格的环境下得到使用。本章将结合上下文内容，重点考虑制定牛用抗菌药物的给药方案，包括针对不同疾病合理选择抗菌药物，以及对一些常规治疗所面临挑战的深入探讨。

第一节　抗菌药物在牛的使用概述

当需要对相关人员进行治疗指导，尤其是规模较大的养殖场内缺乏有经验的人员进行鉴别并治疗患病动物时，兽医必须提供书面的治疗指导原则。这些治疗指导原则应包括以下信息：

（1）首次治疗时的病例描述。

（2）首次给药方案：

①药物、剂量、给药途径、给药间隔、给药频次、屠宰休药期。

②特定的给药说明：给药部位、每一位点的给药量、注射针的尺寸、注射技术。

③给药期间的环境管理：厩舍、饮水、饲料。

④安全性预防措施或报警。

⑤治疗成功和治疗失败的病例描述。

（3）首次治疗方案治疗失败后，动物的二次治疗方案。

（4）首次治疗和二次治疗均不理想时的其他治疗方案。

（5）所有治疗均无效时动物的处置。

未经治疗团队所有成员的同意，必须确保治疗方案不发生变化。为了评价生产体系中的治疗和预防程序，必须确保治疗方案实施时的一致性。

第二节　兽医必须在制定给药方案时做出关键性决策

一、每个给药方案中一种或多种抗菌药物

对抗菌药物协同作用的研究在所有医学分支领域里都进行过，但对牛的相关研究证据较少。有些报道经常声称优先采用联合给药的方法，可降低疾病的复发或提高首次治疗的效果。对于联合用药治疗可抑制耐药性产生这一争论，必须考虑细菌群体将会暴露在更广泛的抗菌药物中来进行评价。

二、不同方法的治疗或同一方法的持续治疗

如果动物对首次抗菌药物治疗没有反应，是因为病原体产生了耐药性还是因为动物在短时间内没能对药物做出反应？对于大型养殖场中认为是呼吸道疾病引起的常见发热病例，动物被确定为治疗失败之前，一般对首次治疗有 3～10d 反应时间。较新的抗菌药物具有较长的抗微生物时间，如头孢噻呋晶体游离酸（Excede，辉瑞动物保健公司）和 300mg/mL 的长效土霉素（Tetradure 300，梅里亚公司）的药效维持时间约为 7d，泰拉霉素（Draxxin，辉瑞动物保健公司）和加米霉素（Zactran，梅里亚公司）的药效维持时间约为 2 周，泰地罗新（Zuprevo，默克动物保健公司）的药效维持时间可达 28d。这些长时间的药效维持

时间将会面临着药物浓度什么时候能降至较低水平，以至于无效而需要另外药物治疗时的挑战。

可以合理地得出结论认为，在大多数动物得到成功治疗的同时，个别动物在短时间内没出现反应就需要采用同一方法进行持续治疗，而不必采用替代治疗。在凭借个人经验随机控制呼吸道疾病的实验中，对第一次治疗失败的病例重复第一次的治疗方案进行持续治疗，会出现与之后的持续治疗中改变治疗方案类似的二次治疗反应。这取决于首次治疗中获得的满意治疗效果，以及从所有病例中分离的菌株具有相似的敏感性。

三、质量保证

美国全国养牛者牛肉协会（NCBA）的牛肉质量保证审计员号召美国养牛业需要认真考虑在什么位点给牛注射什么药物。给予抗菌药物应该优先采用皮下注射、静脉注射或口服给药的方式。当前的质量保证指导原则要求需要通过肌内注射方式给药时在颈部注射。对于牛，任何情况下都要尽量避免肌内注射给药。药物注射不应该选择有高经济价值的背部肌肉，尤其是臀部区域，应该将后腿作为最后选择的给药部位。

四、标签外用药

在美国，动物治疗用药分类法（AMDUCA，1996）对标签外用药的管理做出了规定。这些规定应为实际的指导原则，但是总的预期使用顺序可概括如下：

（1）根据标签说明使用抗菌药物。

（2）按照 AMDUCA 规定的要求对食品动物进行标签外用药。

（3）按照 AMDUCA 规定的要求对非食品动物用药或人用药。

（4）复方产品的使用要符合满足 AMDUCA 规定的要求，建议最好采用 FDA 兽药中心（FDA/CVM）关于复方药物的统一顺应性指导原则。

AMDUCA 法规的另外部分要求就是兽医必须对使用过标签外用药的动物确定延长屠宰休药期。在美国，延长屠宰休药期的信息可以从食品动物避免残留数据库（FARAD）中获得。如果没有足够的构建标签外用药的屠宰休药期信息，那么该药就不能用于食品动物。在其他一些国家，这些可用的信息可通过全球 FARAD（gFARAD）获得。

在美国，FDA/CVM 已经禁止氯霉素、氟喹诺酮类、硝基咪唑类、硝基呋喃类和糖肽类药物等抗菌药物在食品动物作为标签外用药来使用，也禁止磺胺类药物在泌乳期奶牛进行标签外用药（FDA/CVM，2005）。2012 年，FDA/CVM 禁止头孢菌素类药物按照非批准的剂量、频次、给药间隔或者给药途径在牛、猪、鸡或火鸡进行标签外用药（21 CFR 第 530 部分，2012）。另外，头孢菌素没有被批准用于这些物种上，也禁止作为标签外药物用于疾病预防。头孢匹林在食品动物上的标签外使用不受这些限制的约束。头孢菌素类药物在这些动物的标签外用药允许用于治疗或控制标签外的疾病适应证，只要针对特定的动物和特定的药品按照批准的标签内给药剂量方案给药。在少数食品动物上，允许头孢菌素类药物的标签外用药，如鸭或兔。为了保护客户和消费者的利益，兽医应该熟悉各自国家的相关法规要求。

第三节　牛选用抗菌药物时进行药物敏感性试验是否有用?

这一问题的答案取决于药物敏感性和耐药性折点是否与药物临床疗效有关。临床实验室标准协会（CLSI），即原来的国家临床实验室标准委员会（NCCLS），已经批准一些兽医专用抗生素用于治疗牛呼吸道疾病（BRD）和乳房炎时的兽医临床折点（CLSI，2008）。这些折点是在审评了药物申请公司提供的药代动力学、药效动力学、野生型菌株 MIC 分布以及临床试验数据后确定的。已确定 BRD 折点的药物包括头孢噻呋钠、头孢噻呋盐酸盐、头孢噻呋晶体游离酸、达氟沙星、恩诺沙星、氟苯尼考、硫酸大观霉素、泰拉霉素和磷酸替米考星。已确定奶牛乳房炎折点的药物包括头孢噻呋盐酸盐、青霉素/新生霉素和吡利霉素乳房给药制剂。在根据标签说明，以及采用 CLSI 批准的方法和解释标准进行了药敏试验后使用抗菌药物时，这些折点才能适用。

对其他抗菌药物，在牛的折点来自人医的解释标准。采取这种方法的药物包括青霉素 G、四环素类、增效磺胺类、氨基糖苷类和红霉素。应该指出，对于任何动物的肠道疾病都没有确定兽医临床折点。对牛的敏感性试验及结果解释以及其他所有动物方面的深层次信息，读者可以参考最近出版的临床和实验室标准协会 M31 版（CLSI，2008）。

由于存在被“敏感”病原体感染的动物没能消除感染，而被“耐药”病原体感染的动物则恢复了健康的事实，因而对敏感性试验结果对于抗菌药物的选择是否有意义产生了争议。重要的是要意识到，抗菌药物敏感性试验并不能保证个别动物的特定临床治疗效果。当然，兽医临床折点，将动物/给药方案/病原体整合到群体中予以考虑，其临床效果或多或少比其他种类的临床解决方案具有优势。兽医必须确定何时将药物敏感性试验用于监测动物群体以及病原。

第四节　谨慎使用指导原则

人们对食品动物合理使用抗菌药物的关注，尤其对那些可能由人兽共患病的病原体形成耐药性的问题，促使兽医专业实践组织制定并发布谨慎使用指导原则。美国兽医协会在其网站上发布了牛谨慎使用抗菌药物的指导原则（AVMA，2003）。这些指南由美国牛医师协会（AABP）制定，由 AVMA 执行委员会批准。虽然这些指导原则不会对抗菌药物的使用给出特别的推荐，但是为兽医制定牛抗菌药物给药方案提供了总体指导原则。

一些抗菌药物在牛的使用有特定限制：或不能用于牛或有特殊要求

氨基糖苷类药物在牛标签外、全身性使用一直是 AVMA、AABP、兽医顾问学会（AVC），以及 NCBA 的决议或政策声明。总的来说，因氨基糖苷类药物的屠宰休药期较长，因此这些声明不鼓励牛标签外使用氨基糖苷类药物。兽医应该特别注意这些声明，尤其是产业组织与兽医组织同时不鼓励牛标签外用药时。

一些抗菌药物通过肌内注射给药，可能导致组织明显受损。这些药物包括大环内酯类（泰乐菌素、红霉素）和四环素类药物。虽然在质量保证部分提到过，可见损伤并不会必然影响肌肉的柔嫩度，持续可见损伤会造成优质肉的经济损失，因为优质肉损伤在零售分割时可能会出现。静脉注射泰乐菌素和红霉素是一种可能性，但这两种药物在商品化产品中与丙二醇载体联用后，其非水溶性特性可能会引起不良反应。另外，反复的静脉注射给药不受欢迎，可以采用给药频次较少的皮下给药方式进行替代，也可获得同样的疗效。

第五节　批准用于牛的抗菌药物

表 29.1 给出了标签规定的抗菌药物的应用和给药方案。虽然针对标签规定的病原体的给药方案可能不适合标签外用药，表中的这些给药方案是启动临床治疗时的首选考虑。表中也列出了批准标签给药方案的地区。提醒读者需要对当地可用抗菌药物的其他应用和/或给药方案进行评价。这也暗示给药方案可能没有关注对患畜的潜在毒性，而且应至少由一家监管机构确定了足够的屠宰休药期。

针对牛的特定抗菌药物治疗应用建议见表 29.2。必要时，选择推荐药物的理由也要做引用性描述。这些建议应视为针对性治疗决策过程的首选方案。文中也对支原体、肠沙门氏菌和大肠杆菌以及隐孢子虫进行了另外的讨论。

表 29.1　针对标签适应证规定的抗菌药物给药方案

药物	批准地区	适用动物	适应证	剂量	给药方案
阿莫西林	美国	牛	牛呼吸道疾病、“运输热”、肺炎（溶血性曼氏杆菌、多杀性巴氏杆菌和睡眠嗜组织菌） 急性腐败性蹄部皮炎、“腐蹄”（梭杆菌属坏死厌氧丝杆菌）	6.6～11mg/kg	给药间隔 24h，肌内注射或皮下注射，最多给药 5d

（续）

药物	批准地区	适用动物	适应证	剂量	给药方案
阿莫西林	欧盟	牛、犊牛	马驹放线杆菌、林氏放线杆菌、牛放线杆菌、炭疽杆菌、支气管败血波氏杆菌、梭状芽孢杆菌属、棒状杆菌属、红斑丹毒丝菌、大肠杆菌、梭状拟杆菌属、嗜血杆菌属、莫拉氏菌属、巴氏杆菌属、变形杆菌属、沙门氏菌属、葡萄球菌属和链球菌属	7mg/kg	给药间隔 24h，肌内注射 5d
阿莫西林/克拉维酸	欧盟	牛、犊牛	葡萄球菌、链球菌、棒状杆菌、梭菌、炭疽杆菌、牛放线菌、大肠杆菌、沙门氏菌属、弯曲杆菌属、克雷伯氏菌属、变形杆菌属、巴氏杆菌属、坏死梭杆菌、拟杆菌、嗜血菌属、莫拉氏菌属、放线杆菌属，呼吸道感染、软组织感染（关节/脐炎、脓肿等）、子宫炎、乳房炎	8.75mg/kg（7mg/kg 阿莫西林和 1.75mg/kg 克拉维酸）	给药间隔 24h，肌内注射 3～5d
氨苄西林三水合物	美国	牛和犊牛[包括非反刍（小肉）牛]	呼吸道感染、细菌性肺炎、“运输热”、犊牛肺炎和牛肺炎（产气杆菌属、克雷伯氏菌属、葡萄球菌属、多杀性巴氏杆菌、大肠杆菌）	4.4～11mg/kg	给药间隔 24h，肌内注射，最多 7d
氨苄西林/舒巴坦	加拿大	牛	细菌性肺炎、巴氏杆菌病、耐氨苄西林细菌引起的单独或混合的“运输热”	3.3mg：6.6mg/kg	给药间隔 24h，肌内注射，3 d 以上
氨丙啉	美国	牛	球虫病（牛艾美耳球虫、邱氏艾美耳球虫）	预防：5mg/kg 治疗：10mg/kg	预防：21d；治疗：5d，加于饲料或饮水中口服
头孢氨苄	欧盟	牛	子宫炎、“腐蹄病”、创伤、脓肿	7mg/kg	给药间隔 24h，仅肌内注射，最多 5d
头孢喹肟	欧盟	牛	牛呼吸道疾病、肺炎（溶血性曼氏杆菌、多杀性巴氏杆菌）；急性牛趾坏死、“腐蹄病”、蹄皮炎（坏死梭杆菌、产黑色素拟杆菌）；犊牛败血症（大肠杆菌）	1mg/kg，牛败血病 2mg/kg	给药间隔 24h，肌内注射，3～5d
头孢噻呋钠	美国	牛	牛呼吸道疾病、“运输热”、肺炎（溶血性曼氏杆菌、多杀性巴氏杆菌和睡眠嗜组织菌） 急性牛趾坏死、“腐蹄病”、蹄皮炎（坏死梭杆菌、产黑色素拟杆菌）	1.1～2.2mg/kg	肌内注射或皮下注射，3～5d
盐酸头孢噻呋	美国	牛	牛呼吸道疾病的治疗和控制（溶血性曼氏杆菌、多杀性巴氏杆菌和睡眠嗜组织菌） 急性牛趾坏死，“腐蹄病”、蹄皮炎（坏死梭杆菌、产黑色素拟杆菌） 由头孢噻呋敏感细菌引起的急性子宫炎（产后 0～14d）	1.1～2.2mg/kg	3d，牛呼吸道疾病和腐蹄病 4～5d，急性子宫炎 5d，肌内注射或皮下注射

（续）

药物	批准地区	适用动物	适应证	剂量	给药方案
头孢噻呋晶体游离酸	美国	牛	牛呼吸道疾病、“运输热”、肺炎（溶血性曼氏杆菌、多杀性巴氏杆菌和睡眠嗜组织菌） 急性牛趾坏死、“腐蹄病”、蹄皮炎（坏死梭杆菌、利氏卟啉单胞菌） 由头孢噻呋敏感细菌引起的急性子宫炎（产后0～14d）	6.6mg/kg	1次，耳部皮下注射；急性子宫炎72h后重复给药
金霉素	美国	犊牛	细菌性肠炎病，“腹泻”（大肠杆菌、沙门氏菌属） 细菌性肺炎（巴氏杆菌、流感嗜血杆菌属、克雷伯氏菌属）	22mg/（kg・d）；预防腹泻：1.1mg/（kg・d）	饮水口服或混奶口服，最多5d
达氟沙星	美国	牛	牛呼吸道疾病（溶血性曼氏杆菌、多杀性巴氏杆菌）	单剂量：8 mg/kg；多剂量：6mg/kg，间隔48h 2次皮下注射	1次皮下注射（8mg/kg剂量）或间隔48h 2次，皮下注射
癸氧喹酯	美国	牛（包括小肉牛）	球虫病的预防（牛艾美耳球虫、邱氏艾美耳球虫）	0.5mg/kg	加于饲料和牛奶中口服给药，至少28d
恩诺沙星	美国	牛	牛呼吸道疾病、“运输热”、肺炎（溶血性曼氏杆菌、多杀性巴氏杆菌、睡眠嗜组织菌和牛支原体）	单剂量：7.5～12.5mg/kg，多剂量：2.5～5mg/kg	多剂量：皮下注射，3～5d
红霉素	美国	牛	运输热、肺炎、“腐蹄病”、应激	1.1～2.2mg/kg	需要时，给药间隔24h，肌内注射
氟苯尼考	美国	牛	牛呼吸道疾病（溶血性曼氏杆菌、多杀性巴氏杆菌、睡眠嗜组织菌）；牛趾间蜂窝织炎、“腐蹄病”、急性牛趾坏死、传染性蹄皮炎（坏死杆菌、产黑素拟杆菌）	20mg/kg	肌内注射，间隔48h给药2次，或40mg/kg皮下注射1次
加米霉素	美国	牛	牛呼吸道疾病的治疗（溶血性曼氏杆菌、多杀性巴氏杆菌、睡眠嗜组织菌和牛支原体）。牛呼吸道疾病的防控（溶血性曼氏杆菌、多杀性巴氏杆菌）	6mg/kg	皮下注射，1次
庆大霉素	美国	牛	牛传染性角膜结膜炎，“红眼病”（牛莫拉氏菌）	0.75mg	眼喷雾，最多3d
马波沙星	欧盟	牛、泌乳期奶牛	肺炎和运输热综合征（巴氏杆菌属、嗜组织菌属）	2mg/kg	给药间隔24h，肌内注射/静脉注射/皮下注射3～5d
莫能菌素	美国	育肥牛、放牧牛、成年肉牛、犊牛（不含小肉牛）	牛艾美耳球虫和邱氏艾美耳球虫引起的球虫病的预防和控制	育肥牛/小肉牛：0.31～0.93 mg/（kg・d），最大剂量为360mg/d 牧场牛/肉牛：相同剂量，但最初5d不超过100mg/d	连续饲喂
新霉素	美国	牛，不用于小肉牛	大肠杆菌病、细菌性肠炎（大肠杆菌）	22mg/（kg・d）	饮水口服，最多14d

（续）

药物	批准地区	适用动物	适应证	剂量	给药方案
新霉素/土霉素	美国	牛	细菌性肠炎、“腹泻”的预防和治疗	根据标签规定剂量变化很大；已报道的疾病预防和治疗剂量	加于饲料或牛奶替代品中口服
土霉素（200mg/mL）	美国	肉牛、犊牛（包括反刍前小肉牛）、大丸剂：不用于犊牛犊	肺炎和运输热综合征（巴氏杆菌属、嗜组织菌属）；牛传染性角膜结膜炎、“红眼病”（牛莫拉氏菌）；“腐蹄病”、蹄皮炎（坏死梭杆菌）；细菌性肠炎，“腹泻”（大肠杆菌） 木舌病（林氏放线杆菌） 钩端螺旋体病（波蒙纳钩端螺旋体） 伤口感染、急性子宫炎（链球菌属、葡萄球菌属）	犊牛和1周岁牛肺炎：20mg/kg；所有症状，6.6～11mg/kg；“腐蹄病”和疾病进展期，11mg/kg	20mg/kg 1次；6.6～11mg/kg，给药间隔24h，最多4d（肌内注射、肌内注射/皮下注射、或皮下注射，根据各产品标签内容）
土霉素（300mg/mL）	美国	牛，“反刍前”小肉牛	牛呼吸道疾病、“运输热”、肺炎（溶血性曼氏杆菌、多杀性巴氏杆菌、睡眠嗜组织菌） 牛传染性角膜结膜炎、“红眼病”（牛支原体） 急性牛趾坏死、“腐蹄病”、蹄皮炎（坏死梭杆菌） 细菌性肠炎、“腹泻”（大肠杆菌） 木舌病（林氏放线杆菌） 钩端螺旋体病（波蒙纳钩端螺旋体） 伤口感染、急性子宫炎（链球菌属、葡萄球菌属）	呼吸道疾病30mg/kg；红眼病19.8～30mg/kg；其他所有疾病11mg/kg	呼吸道疾病和红眼病肌内注射或皮下注射1次给药；最多4d，给药间隔24h，肌内注射，静脉注射或皮下注射
普鲁卡因青霉素G	美国	牛	细菌性肺炎，“运输热”（多杀性巴氏杆菌）	6 600IU/kg	给药间隔24h，皮下注射
普鲁卡因青霉素G＋苄星青霉素复合物（“长效青霉素”）	美国	牛	细菌性肺炎、“运输热”（链球菌、化脓棒状杆菌、金黄色葡萄球菌） 上呼吸道感染、过敏性鼻炎或咽炎（化脓棒状杆菌） 黑腿病（肖氏梭菌）	4 400IU/kg普鲁卡因青霉素和4 400IU/kg苄星青霉素G	给药间隔24h，2次，皮下注射
青霉素/双氢链霉素	欧盟	牛	呼吸道感染、李斯特菌病、败血症、泌尿生殖道感染、肠炎	8mg/kg普鲁卡因青霉素和10mg/kg硫酸双氢链霉素	给药间隔24h，肌内注射，3d
大观霉素	美国	牛	牛呼吸道疾病、肺炎（溶血性巴氏杆菌、多杀性巴氏杆菌、睡眠嗜组织菌）	10～15mg/kg	皮下注射，3～5d
链霉素和/或双氢链霉素	欧盟	牛	木舌病（李氏放线杆菌） 钩端螺旋体病（波莫纳钩端螺旋体）	10mg/kg	给药间隔24h，肌内注射，3d
磺胺氯哒嗪	美国	1月龄以下的犊牛	腹泻、大肠杆菌病（大肠杆菌）	66～99mg/(kg·d)	给药间隔12h，1～5d，根据标签口服或静脉注射

（续）

药物	批准地区	适用动物	适应证	剂量	给药方案
磺胺嘧啶/甲氧苄啶	欧盟	牛	泌尿生殖道感染（化脓棒状杆菌）；呼吸道感染包括鼻炎、肺炎、支气管炎；蹄皮炎	12.5mg：2.4mg/kg	给药1次或间隔24h给药，最多5d，肌内注射或慢速静脉注射
磺胺二甲嘧啶	美国	反刍后备犊牛；磺胺二甲嘧啶钠饮水溶液：牛	细菌性肺炎（巴氏杆菌属）、大肠杆菌病、细菌性腹泻（大肠杆菌）、犊白喉（坏死梭杆菌）；一些标签标示球虫病（牛艾美耳球虫和邱氏艾美耳球虫）；急性子宫炎（链球菌属）	第1天1丸/22.5kg（363mg/kg）或1丸/91kg体重或0.1g/4.5kg体重，然后依据标签0.05g/4.5kg体重；饮水溶液：第1天247.5mg/kg，然后135mg/kg或第1天238mg/kg，然后119mg/kg	依据标签，给药间隔72h，最多给药2次，或者给药间隔24h，最多5d；饮水溶液：4d
磺胺二甲嘧啶/金霉素	美国	牛	呼吸道疾病，“运输热”	CTC和SMZ各350mg/d	加于饲料中口服，连续给药28d
磺胺二甲氧嘧啶（注射剂）	美国	牛	牛呼吸疾病综合征、“运输热”、细菌性肺炎（巴氏杆菌属）；坏死性蹄皮炎、“腐蹄病”、牛白喉病（坏死梭杆菌）	首次剂量55mg/kg，然后27.5mg/kg	给药间隔24h，静脉注射
磺胺喹噁啉	美国	牛	球虫病（牛艾美耳球虫和邱氏艾美耳球虫）的防控和治疗	6mg/kg	饮水口服，3～5d
四环素	美国	牛	细菌性肠炎、“腹泻”（大肠杆菌）；细菌性肺炎（巴氏杆菌属、流感嗜血杆菌、克雷伯氏菌属）“运输热”、出血性败血症	22mg/（kg·d）；可溶性粉：疾病预防：26～53mg/L，治疗用：53～106mg/L	口服或饮水口服，2～5d
泰地罗辛	美国	牛	牛呼吸道疾病治疗和控制（溶血性曼氏杆菌、多杀性巴氏杆菌、睡眠嗜组织菌）	4mg/kg	皮下注射，给药1次
替米考星	美国	牛	牛呼吸道疾病（溶血性曼氏杆菌、多杀性巴氏杆菌、睡眠嗜组织菌）	10mg/kg	皮下注射，给药1次
泰拉霉素	美国	牛	牛呼吸疾病（溶血性曼氏杆菌、多杀性巴氏杆菌、睡眠嗜组织菌、牛支原体）、传染性牛角膜结膜炎（莫拉氏菌）、脚趾叉坏死杆菌病（坏死梭杆菌和李氏卟啉单胞菌）	2.5mg/kg	皮下注射，给药1次
泰乐菌素	美国	牛	牛呼吸综合征、“运输热”、肺炎（多杀性巴氏杆菌、化脓放线菌）坏死性蹄皮炎、“腐蹄病”、白喉病（坏死梭菌）子宫炎（化脓放线菌）	4～10mg/kg	给药间隔24h，肌内注射，最多5d

表 29.2 特定治疗用抗菌药物的使用建议

疾病	加粗字体为欧盟标签内容，普通字体为美国标签内容				备注
	疾病/病原体	标签内规定针对该疾病的药物（治疗和/或预防）	标签外抗菌药物的合理选择	标签外抗菌药物的不合理选择	
呼吸系统疾病	肺炎/溶血性曼氏杆菌、多杀性巴氏杆菌、睡眠嗜组织菌	氨苄西林三水合物、*头孢噻呋（钠、盐酸和结晶型游离酸盐）*、金霉素、*达氟沙星*、*恩诺沙星*、*氟苯尼考*、*加米霉素*、土霉素、普鲁卡因青霉素G、硫酸大观霉素、磺胺二甲氧嘧啶、磺胺二甲嘧啶、*泰地罗新*、*替米考星*、*泰拉霉素*、泰乐菌素、**头孢喹肟、甲氧苄啶/磺胺嘧啶、甲氧苄啶/周效磺胺、普鲁卡因青霉素/双氢链霉素、阿莫西林三水合物、阿莫西林/克拉维酸**		庆大霉素对脱水动物有潜在毒性，在牛肾脏中残留时间较长	标签内规定的治疗牛呼吸系统疾病的药物通常针对一种或者所有的病原体。斜体标出的抗菌药物是美国在疾病早期或者患病严重时首选的药物。不是所有的抗菌药物标签内都规定治疗所有的呼吸系统病原体。标签应包含完整的适应证
呼吸系统疾病	肺炎/牛支原体	恩诺沙星、加米霉素、氟苯尼考、泰拉霉素、**泰乐菌素（以支原体标示）**	土霉素、大观霉素、氟喹诺酮类药物*	因没有细胞壁，任何的β-内酰胺类药物（青霉素类和头孢菌素类）	见文中备注*。在美国，氟喹诺酮类药物仅允许对由标签规定的病原体引起的呼吸系统疾病进行治疗
呼吸系统疾病	白喉病（坏死性喉炎）/坏死梭菌	土霉素	氨苄西林、头孢噻呋、氟苯尼考、青霉素G、磺胺二甲氧嘧啶、泰乐菌素和其他大环内酯类，如泰拉霉素		根据已有MIC值进行标签外用药，MIC值在抗菌药物成功治疗其他病原体的范围内，和/或在因坏死性梭菌导致的腐蹄病的标签范围内（Baba，1989；Berg，1982；Druan，1991；Jousimles-Somer，1996；Lang，1994；Lechtenberg，1998；Mateos，1997；Piriz，1990；Samitz，1996）。所有这些菌株分离自除坏死性喉炎外的其他部位，坏死性喉炎发病部位特性使得用低脂溶性药物治疗面临更多的挑战
传染性肠道疾病	腹泻、因大肠杆菌引起的新生胎儿腹泻	金霉素、新霉素、土霉素、磺胺氯哒嗪、磺胺二甲嘧啶、四环素（所有抗菌药物的MIC值均较高，说明该药无效），**阿莫西林/克拉维酸丸、头孢喹肟（败血症）、达氟沙星、恩诺沙星（败血症、大肠杆菌病）、马波沙星丸、甲氧苄啶/磺胺嘧啶、甲氧苄啶/周效磺胺**	头孢噻呋、潜在的磺胺类药物（仅经敏感性试验之后的所有磺胺类）	（标签外应用显示，对于大多数菌株均有很高的MIC值）红霉素、泰乐菌素、替米考星、林可霉素、青霉素、氨苄西林、氟苯尼考	推荐的标签外抗菌药物基于药敏试验结果以及血浆药代动力学参数，因此解释为与肠道疾病相关的败血症有关。见文中补充讨论部分
传染性肠道疾病	腹泻，因沙门氏菌属引起的新生胎儿腹泻	金霉素、土霉素（这些抗菌药物对菌株具有高MIC值，说明该药无效）。**恩诺沙星、甲氧苄啶/磺胺嘧啶、甲氧苄啶/周效磺胺、普鲁卡因青霉素/双氢链霉素**	头孢噻呋、潜在的磺胺类药物（仅进行敏感性试验之后的所有磺胺类药物）	庆大霉素将会出现较长的休药期，延长了其从急性疾病中康复到动物屠宰时间，因此不能得到满意的动物产品	推荐的标签外抗菌药物是基于药敏试验结果以及血浆药代动力学参数，因此解释为与肠道疾病相关的败血症有关，见文中补充讨论部分

（续）

疾病	加粗字体为欧盟标签内容，普通字体为美国标签内容				备注
	疾病/病原体	标签内规定针对该疾病的药物（治疗和/或预防）	标签外抗菌药物的合理选择	标签外抗菌药物的不合理选择	
传染性肠道疾病	肠毒血症，暴食病/梭状芽孢杆菌产气荚膜梭菌C型、D型		阿莫西林、氨苄西林、青霉素G		抗血清治疗更可能获得成功，肠毒血症引起的败血症涉及多种肠道相关细菌。抗菌药物的选择应反映这种情况（见与上述新生儿腹泻相关的败血症）
传染性肠道疾病	肠出血病/梭状芽孢杆菌产气荚膜梭菌A型		青霉素G、氟苯尼考		肠道出血疾病预后非常谨慎的，在很多情况下必要时还要进行手术（Dennison，2002）。没有公开的证据表明抗菌药物的使用会改变临床结果。虽然没有公开的数据支持氟苯尼考对该病的疗效，但其对厌氧菌的总体活性使其成为理想的选择
传染性肠道疾病	隐孢子虫病/小球隐孢子虫	**乳酸常山酮（预防、减少受影响幼崽的排泄）**	预防：拉沙洛西用于大于1周龄的犊牛（有效剂量对新生胎儿有毒性）	氨丙啉、磺胺类	见隐孢子虫病临床试验数据内容，有影响的犊牛出现严重的酸/碱和水合损害
传染性肠道疾病	贾第虫		阿苯达唑、芬苯达唑和甲硝唑（见文中内容）		美国是禁止硝基咪唑类药物标签外用于食品动物。芬苯达唑的建议处方为5mg/kg，给药间隔12h，3d或5mg/kg，给药间隔24h，5d，口服给药（Rings，1996）。在欧盟，芬苯达唑液体制剂标签标注用于治疗幼犬和幼猫的贾第虫病
传染性肠道疾病	球虫病/牛艾美耳球虫和邱氏艾美耳球虫	预防/控制：莫能菌素、拉沙里菌素、氨丙啉、癸氧喹酯、磺胺喹噁啉；急性病的治疗：磺胺喹噁啉、磺胺二甲嘧啶、氨丙啉	磺胺二甲氧嘧啶、磺胺二甲嘧啶		在诱导犊牛贝氏艾美球虫模型中，氨丙啉和磺胺二甲嘧啶的发现优于常山酮（Sanyal，1985）。在犊牛艾美耳球虫模型中，通过剂量依赖关系发现妥曲珠利有效（Mundt，2003）
泌尿生殖系统疾病	钩端螺旋体病	土霉素、**双氢链霉素**、**泰乐菌素（标签内标注螺旋体）**	青霉素和双氢链霉素、头孢噻呋		头孢噻呋按2.2 mg/kg和5.0mg/kg剂量给药，给药间隔24h，给药5d，可以清除奶牛的哈氏钩端螺旋体。当给药3d时，这些给药方案均无效。200mg/mL长效土霉素（20mg/kg）和青霉素/双氢链霉素（25mg/kg）单剂量给药后有效（Alt，2001）
泌尿生殖系统疾病	子宫炎/子宫内膜炎			采用青霉素、氨基糖苷类和磺胺类药物进行宫内治疗存在问题，因为药物将受到酶裂解，或在厌氧环境下作用减弱或在有脓液时失去活性	Chenault（2004）报道了患有急性产后子宫炎的奶牛分别以肌内注射/皮下注射方式给予2.2mg/kg剂量的盐酸头孢噻呋（CE），给药间隔24h，连续给药5d；CE以1.1mg/kg剂量给药，给药间隔24h，连续给5d；以及对照组的治愈率分别为77%、65%和62%。Königsson（2000）对奶牛肌内注射10mg/kg土霉素SID，给药5d的研究表明，相对于未给药组，给药组在较短的时间内就可以杀灭宫内化脓性隐秘杆菌和坏死梭杆菌（$p<0.05$）

（续）

疾病	加粗字体为欧盟标签内容，普通字体为美国标签内容				备注
	疾病/病原体	标签内规定针对该疾病的药物（治疗和/或预防）	标签外抗菌药物的合理选择	标签外抗菌药物的不合理选择	
泌尿生殖系统疾病	精囊炎/化脓隐秘杆菌、流产布鲁氏菌、大肠杆菌、假单胞菌属、精子放线杆菌、牛放线杆菌、睡眠嗜组织菌（睡眠嗜血杆菌）、沙门氏菌属、衣原体属		临床试验结果显示抗菌药物的治疗无明显差异。饲料中不同剂量的土霉素用作预防使用。替米考星磷酸盐、长效土霉素和氟苯尼考尝试用于治疗		在美国，化脓隐秘杆菌是最常见的病原体。在有布鲁氏菌病的国家，流产布鲁氏菌是最常见病原体。关于精囊炎的发病机理是细菌性病原体引起的还是病毒性病原体引起的还是病毒性病原体引起的仍存有争论（Larson，1997）
泌尿生殖系统疾病	肾炎/肾盂肾炎/肾棒状杆菌、化脓性隐秘杆菌、大肠杆菌	**甲氧苄啶/磺胺嘧啶、甲氧苄啶/周效磺胺**	肾棒状杆菌和化脓性隐秘杆菌-青霉素G、氨苄西林；大肠杆菌-头孢噻呋、氟喹诺酮类（法律允许时）		
泌尿生殖系统疾病	膀胱炎	**阿莫西林、甲氧苄啶/磺胺嘧啶、阿莫西林三水合物**	阿莫西林、氨苄西林、头孢噻呋、土霉素、氟苯尼考、氟喹诺酮类（法律允许时）、青霉素G、甲氧苄啶/磺胺		选择治疗膀胱炎的抗菌药物，但是人们关注的感染是膀胱壁的感染而不是尿液的感染。因此，当尿液浓度有益时，缺少显著水平的尿液浓度时不一定排除是膀胱炎
肌肉/骨骼系统疾病	成年牛关节炎/睡眠嗜组织菌、牛支原体		土霉素、氟苯尼考、氟喹诺酮类（法律允许时）、泰拉霉素、大观霉素、加米霉素、林可霉素（考虑到潜在的瘤胃微生物群发生变化时）	如果怀疑是牛支原体，任何一种β-内酰胺类药物都是不理想的，如果确认是另外的病原体，那么可以考虑选择头孢噻呋和氨苄西林	新生关节炎会出现其他的病原体，但是成年牛关节炎一般要考虑这些病原体，除非分离培养排除这些病原体。因牛支原体引起的关节炎通常伴有腱鞘炎。同时，延长治疗间隔（1～2周）延长康复期也是必须的
肌肉/骨骼系统疾病	新生畜关节炎/大肠杆菌、化脓性隐秘杆菌、葡萄球菌属、链球菌属	**阿莫西林三水合物、阿莫西林/克拉维酸、普鲁卡因青霉素/双氢链霉素、普鲁卡因青霉素G**	增效磺胺、氟喹诺酮（法律允许时）		潜在出现的大肠杆菌以及氨苄西林、氟苯尼考和土霉素敏感性实验结果的变异性都暗示着不是该病的首选药物。和母体药物相比，头孢噻呋的主要代谢物对葡萄球菌有较高的MIC_{90}（Salmon，1996），说明当有部分葡萄球菌感染时，头孢噻呋也不是首选药物
中枢神经系统疾病	李斯特菌/单核细胞增生性李斯特菌	**普鲁卡因青霉素/双氢链霉素、普鲁卡因青霉素G**	青霉素G、土霉素、恩诺沙星（视法律规定）。治疗间隔为1～2周是必须的		推荐的药物有不同的治疗结果，在已报道的病例中使用土霉素和地塞米松治疗后6头公牛中有5头成活下来（Ayars，1999）。绵羊和山羊的病例报道说明氯霉素和土霉素有较弱的药效，和使用青霉素和庆大霉素治疗相比，9头动物中有6头康复（Braun，2002）。有报道恩诺沙星是有效的（Tripathi，2001），但是该药在一些禁止氟喹诺酮类药物在食品动物上标签外使用的国家是禁止使用的（如美国）

（续）

疾病	加粗字体为欧盟标签内容，普通字体为美国标签内容				备注
	疾病/病原体	标签内规定针对该疾病的药物（治疗和/或预防）	标签外抗菌药物的合理选择	标签外抗菌药物的不合理选择	
中枢神经系统疾病	血栓栓塞性脑膜脑炎（TEME）/睡眠嗜组织杆菌（睡眠嗜血杆菌）		土霉素、氟苯尼考		土霉素是该病的标准选择药物，氟苯尼考因对睡眠嗜组织杆菌有较低的 MIC_s 且有较高的脂溶性也可建议使用
中枢神经系统疾病	脑膜炎/新生儿大肠杆菌、多种可能的其他病原体	**普鲁卡因青霉素/双氢链霉素**	头孢噻呋、氟喹诺酮类（法律允许时）、甲氧苄啶/磺胺	因报道有潜在的不同肠杆菌科细菌：青霉素 G、第 1 代头孢菌素类、大环内酯类、四环素类、氟苯尼考	考虑血脑屏障的渗透作用，该屏障在脑膜炎时有可能被破坏掉，水溶性药物的渗透性会增加。多西环素是脂溶性四环素类药物，但是在血清中高的蛋白结合会限制到扩散区域的可用药物数量，因此具有中枢神经系统渗透性
中枢神经系统疾病	中耳炎和内耳炎/包括呼吸道（所有年龄）和肠道病原体（新生儿）在内的潜在病原体。在牛支原体乳房炎发病的牛群中奶牛、犊牛可能患有牛支原体	**甲氧苄啶/磺胺嘧啶（标签标注的耳部感染）、泰乐菌素**	怀疑有呼吸道病原体的牛：大环内酯类、氟苯尼考、氟喹诺酮类（法律允许）。β-内酰胺类在远部耳部组织预期的药物浓度较低	氨基糖苷类在感染部位与蛋白有广泛的结合，在较低 pH 区域有较低的活性	没有足够的试验数据，推荐的标签外用药主要依靠报道的病原体群体的 MIC_s 以及药物的脂溶性。很多推荐的标签外用药在抗菌谱上至少对一种可能的病原体存有漏洞（如恩诺沙星-链球菌属，头孢噻呋-葡萄球菌属和牛支原体，大环内酯类和氟苯尼考-肠杆菌科细菌活性不一，青霉素 G 和氨苄西林-肠杆菌科和牛支原体）
组织/皮肤疾病	牛传染性角膜结膜炎（红眼病）/牛莫拉氏菌	土霉素、外用庆大霉素、泰拉霉素	青霉素 G、氟苯尼考、替米考星、外用苄星青霉素		氟苯尼考按照标签标注的任何一个剂量和给药方案都对牛传染性角膜结膜炎有效（Angebs，2000；Dueger，1999）。外用苄星氯唑西林按照 250mg 或 375mg/眼的剂量给药，对自然发病和诱发病的红眼病模型都有疗效（Daigneault，1990）。替米考星在 5mg/kg 和 10mg/kg 的剂量都有效（Zielinski，1999）。虽然青霉素 G 是标准选择药物，但是有报道表明其通过结膜下给药治愈自然发病的牛角膜结膜炎时没有差异（Allen，1995）
组织/皮肤疾病	传染性蹄皮炎（腐蹄病）/坏死梭杆菌、产黑素拟杆菌和利氏卟啉单胞菌	阿莫西林、头孢噻呋（钠、盐酸、晶体游离酸）、红霉素、氟苯尼考、土霉素、磺胺二甲氧嘧啶、磺胺二甲嘧啶、泰拉霉素、泰乐菌素、**头孢喹肟、替米考星、磺胺嘧啶/甲氧苄啶**	普鲁卡因青霉素 G、氨苄西林三水合物、氟苯尼考		不同的标签适用不同的病原体。泰乐菌素和红霉素通过肌内注射给药会带来严重的组织反应
组织/皮肤疾病	放线杆菌，“木舌病”/李氏放线杆菌	长效土霉素（200 和 300mg/mL）、**阿莫西林三水合物、阿莫西林/克拉维酸、头孢氨苄/双氢链霉素、甲氧苄啶/磺胺嘧啶（标签内有放线杆菌）**	链霉素、碘化钠联合抗菌药物治疗肉芽肿组织		一个病例报告表明，接受Ⅳ型碘化钠和病灶内使用链霉素治疗的牛，其组织损伤恢复比阴性对照或接受青霉素治疗的牛要快（Campbell，1975）。没有可用的临床试验

（续）

疾病	加粗字体为欧盟标签内容，普通字体为美国标签内容				备注
	疾病/病原体	标签内规定针对该疾病的药物（治疗和/或预防）	标签外抗菌药物的合理选择	标签外抗菌药物的不合理选择	
组织/皮肤疾病	放线菌病“粗颌病”/牛放线菌	**阿莫西林三水合物、阿莫西林/克拉维酸、双氢链霉素、甲氧苄啶/磺胺嘧啶（标签内有放线杆菌）**	青霉素G、氨苄西林三水合物、土霉素。对肉芽组织碘化钠配合抗菌药物治疗有效		没有临床试验证明这些抗菌药物的药效。建议延长治疗，如果可能配合手术清创损伤组织
组织/皮肤疾病	黑腿病/气肿疽梭菌；恶性水肿/索氏梭菌、败毒梭菌；破伤风/破伤风梭菌；牛传染性血尿病/溶血梭菌；黑疫病/诺维梭菌	**阿莫西林三水合物、阿莫西林/克拉维酸、头孢氨苄**、普鲁卡因青霉素G（气肿疽梭菌）、普鲁卡因/苄星青霉素G（气肿疽梭菌）、**泰乐菌素**	青霉素G		所有批准的药物标签中都有“梭菌病”，除非有特定注明，没有迹象表明特定的梭菌病。产气荚膜梭菌、败毒梭菌和索氏梭菌的日本分离菌株对土霉素有表型耐药性，并已证实携带有土霉素耐药基因（Sasaki，2001）
组织/皮肤疾病	腹膜炎/大肠杆菌、化脓隐秘杆菌、产气荚膜梭菌、多种革兰氏阳性和阴性需氧菌和厌氧菌；其他种类动物上分离菌株的报道包括所有四大类的病原体		甲氧苄啶/磺胺（可能是对大肠杆菌最一致的药物），氟苯尼考、土霉素（两种药物对大肠杆菌不一致）、头孢噻呋有短的休药期，但不包括葡萄球菌属	青霉素和庆大霉素的抗菌谱是合理的，但是庆大霉素会出现极端的休药期，延长康复动物的屠宰时间	牛没有可用的临床试验。推荐药物主要依靠其广谱性、脂溶性以及有效持续时间。延长治疗间隔（≥1周）是必须的。在很多情况下，预后是非常差的。需说明的是，头孢噻呋的代谢物对葡萄球菌的MIC_{90}大约是其母体药物的8倍
组织/皮肤疾病	脐静脉炎（脐病）	**阿莫西林三水合物、阿莫西林/克拉维酸、普鲁卡因青霉素/双氢链霉素、普鲁卡因青霉素G**			
组织/皮肤疾病	毛癣菌病（癣病）	苯扎氯铵（0.15%外用溶液）、**恩康唑、纳他霉素**	外用碘溶液/磨砂膏、全身灰黄霉素		在标签中没有规定使用的国家，使用灰黄霉素之前应该确认其标签外屠宰休药期信息的规定及可用性。灰黄霉素具有致畸性
组织/皮肤疾病	雨斑病（嗜皮菌病）/刚果嗜皮菌		青霉素G、土霉素		青霉素G和土霉素经常用来治疗嗜皮菌病，一篇报道给出了红霉素、氨苄西林、链霉素、阿莫西林和氯霉素的体外MIC和MBC浓度数据以及非结合血清药物浓度（Hemoso-de Mendoza，1994）。氯霉素试验结果暗示氟苯尼考有潜在活性
心血管/系统疾病	鞭虫病	饲料中添加金霉素控制活性感染	土霉素、咪唑苯脲二丙酸酯		已经明确了用土霉素可以预防或改善临床症状。但是一些文献报道证实了土霉素可以成功清除以及不能成功清除携带的病原体。最近的研究工作证实了按照OIE的给药方案静脉注射22mg/kg的土霉素，间隔24h，连用5d不能成功清除诱导鞭虫病病原携带（Coetzee，2005）。咪唑苯脲已经证实可以清除携带的病原体（Roby，1972）

（续）

疾病	加粗字体为欧盟标签内容，普通字体为美国标签内容				备注
	疾病/病原体	标签内规定针对该疾病的药物（治疗和/或预防）	标签外抗菌药物的合理选择	标签外抗菌药物的不合理选择	
心血管/系统疾病	心内膜炎/脓隐秘杆菌和链球菌属是最常见病原体，大肠杆菌及其他病原体可能也会出现		青霉素G，当血液培养出现革兰氏阴性菌时使用氨苄西林、阿莫西林或头孢噻呋		延长治疗是必须的。同时使用利血平（5mg/kg，口服，每12h）可以改善药效。延长治疗（4～6周）被认为是合适的治疗间隔（Dowling，1994；McGuirk，1991）。没有临床疗效可能是因为抗菌药物不能渗透到增殖的病变部位。氟苯尼考适合于治疗有合适 MIC_s 的病原体（大肠杆菌有变异性）。在法律和经济许可的情况下，如果确认是链球菌属之外的病原体，氟喹诺酮类也是适用的
心血管/系统疾病	炭疽/疽杆菌	**阿莫西林、阿莫西林/克拉维酸、泰乐菌素（标签内有芽孢杆菌）**	青霉素G、土霉素、氟喹诺酮类（法律允许）、多西环素、第1代头孢菌素。氯霉素试验结果提示氟苯尼考也可能是一个选择药物		对从很多国家分离到的25株不同基因型的炭疽杆菌进行 MIC_s 评价性研究，得出其 MIC_{90} 值如下：环丙沙星0.09μg/mL、青霉素0.2μg/mL、多西环素0.34μg/mL、头孢呋辛32μg/mL、头孢氨苄0.25μg/mL、头孢克洛1.65μg/mL、妥布霉素0.97μg/mL（Coker，2002）。除了头孢呋辛和可能的头孢克洛，这些 MIC_{90} 值都在药物正常使用剂量的药效范围之内。针对南非分离菌株的普通药敏纸片扩散法以非法定解释标准建立了四环素、氨苄西林、链霉素、氯霉素和红霉素的结果（Odendaa，1990）

第六节　特殊疾病的讨论

一、牛支原体

牛支原体是不是牛原发性呼吸道疾病的致病原一直存有争议。但是，美国目前将牛支原体列为包括泰拉霉素（Draxxin，辉瑞动物保健公司）、加米霉素（Zactran，梅里亚有限公司）、恩诺沙星（Baytril 100，拜耳医药保健有限公司）和氟苯尼考（NuflorGOLD，默克动物保健公司）等药物标签规定的呼吸道疾病致病原。

牛支原体MIC测定的标准方法和敏感性试验数据的判定方法仍未针对任何适应证建立。测定方法的差异可能导致MIC测定结果的差异，见表29.3。从表中可以明显的看出，每种药物的MIC值范围都很宽，意味着一些菌株可折服于治疗，虽然与疗效有关的最大MIC尚未建立。

没有可用的评价抗菌药物治疗牛支原体引起的关节炎或腱鞘炎的临床试验。兽医选择的抗菌药物至少应该具有一些潜在的疗效。首次治疗时应选用那些标签内容规定适用于牛支原体的抗菌药物，即使药物的给药部位可能是不同的。某些情况下，四环素类药物可能是合适的药物，即使注意到注射和口服四环素类药物的药代动力学具有明显差异。表29.3给出的替米考星 MIC_s 明显高于报道的呼吸道病原体对有效抗菌药物的 MIC_s，这带来对其他方法是否可能成功治疗牛支原体的疑问。

虽然氟喹诺酮类药物在体外对牛支原体具有较高的活性，还有一种氟喹诺酮类药物标签上规定可以用于治疗呼吸道疾病，但是，氟喹诺酮类药物在美国用于食品动物标签外用药是非法的。因此，氟喹诺酮类药物在美国用于治疗关节炎或腱鞘炎是非法的。在没有这一限制的国家，氟喹诺酮类药物标签外用于治疗支原体引起的牛肌肉骨骼疾病会是合理的考虑，即使氟喹诺酮类药物对于这种特定的非呼吸道病原体单次注射给药方式的药效学证据还没有得到证实。

表 29.3 牛支原体药敏试验数据

抗菌药物	Rosenbusch（2005）223 株 美国分离菌株			Ayling（2000）62 株 英国分离菌株			标签脚注中给出的数据		
	MIC_{50}（μg/mL）	MIC_{90}（μg/mL）	范围（μg/mL）	MIC_{50}（μg/mL）	MIC_{90}（μg/mL）	范围（μg/mL）	MIC_{50}（μg/mL）	MIC_{90}（μg/mL）	范围（μg/mL）
恩诺沙星	0.25	0.5	0.03～4	NA	NA	NA	NA	NA	NA
达氟沙星	NA	NA	NA	0.5	0.5	0.25～8	NA	NA	NA
氟苯尼考	1	4	0.06～8	4	16	4～128	1.0[a]	1.0[a]	0.5～1.0[a]
金霉素	4	16	0.25～>32	NA	NA	NA	NA	NA	NA
土霉素	2	16	0.125～>32	32	64	2～>128	NA	NA	NA
大观霉素	2	4	1～>16	4	>128	2～>128	NA	NA	NA
替米考星	64	>128	0.5～>128	>128	>128	16～>128	NA	NA	NA
泰拉霉素	NA	NA	NA	NA	NA	NA	0.125[b]	1[b]	≤0.063～>64[b]

注：a Nuflor 金标（2009），59 株美国分离菌株。

b Draxxin 标签（2009），43 株美国分离菌株。

NA＝数据不可用。

二、大肠杆菌和沙门氏菌属相关的肠道疾病和败血病

以往文献综述表明，关于犊牛细菌性肠道疾病抗菌药物疗效的数据还很缺乏（Constable，2004）。以往文献综述的发表时间和本章内容的撰写时间之间也没有很多变化（2012）。

从业人员受到两个方面的制约。一方面是缺乏上述预期的控制和随机临床试验数据，另一方面是缺乏肠道病原体敏感或耐药分类的法定药敏试验折点。

但是，作者同从业人员经过讨论后，认为由于一部分患有肠道疾病的犊牛可能患有败血病，因此很少有人愿意放弃使用抗菌药物治疗。同时，患有大肠菌型乳房炎和沙门氏菌病的成年牛也可能患有败血病，也需要合适的抗菌药物选择指导。

从经验出发，常见的首选药物包括第三代头孢菌素类、增效氨基青霉素类、氟喹诺酮类（美国禁止使用）、增效磺胺类药物以及氟苯尼考。首选药物的最终确定主要根据现行的药敏试验结果。

肠道疾病的药敏试验不是依据 CLSI 批准的折点，而是依靠其他兽医适应证建立的折点或者直接参考人医而来。目前，CLSI 已制定了“通用”折点，该折点还在不断完善中。但是，这些通用折点并没有针对本章内容中的肠道疾病。

CLSI 折点主要是综合了结合药敏试验的体外药效数据、野生型分离菌株的 MIC 分布以及药代动力学/药效动力学（PK/PD）数据而制定的。将这些折点应用到其他病例，例如，肠道疾病时，是希望 PK/PD 指数以及因耐药基因引起的 MIC 变化至少是相似的。因此，我们可以直接参考这个过程来建立肠道疾病的“耐药试验”方法，其中耐药菌株将被认为是很可能携带耐药基因，使抗菌药物对病原体的生长或变异不能发挥作用。

因此，合理的方法是首先根据相关从业区域的法规规定，排除任何一种潜在的肠道疾病治疗方法。其次是根据诊断实验室对肠道培养物得出的结果，或者特定生产单元内药敏试验结果的趋势，指导经验性治疗。针对潜在抗菌药物的耐药性进行分类，可以说明送到实验室的病原体可能携带某种类型的耐药基因。因此，该抗菌药物就可能在潜在的药物选择列表中会排在后面。

病原体对药物“敏感”与肠道疾病患者治疗成功的可能性之间并没有确定的关系。但是，我们将假设在没有耐药基因存在的情况下，抗菌药物通过合理的给药方案至少会对疾病的临床恢复有所帮助。

这一讨论中显然有很多假设的情况存在，强调了犊牛肠道疾病抗微生物治疗时设置对照临床实验的必要性。

三、隐孢子虫

多种抗菌药物已经在犊牛隐孢子虫疾病模型中评价过。在一个10d攻毒试验模型中，通过牛奶替代品对14日龄的犊牛给药，发现一些抗菌药物是无效的，这些抗菌药物包括氨丙啉、磺胺二甲嘧啶、地美硝唑、甲硝唑、异丙硝唑、奎纳克林和莫能菌素。甲氧苄啶/磺胺嘧啶每天给药一丸也是无效的。拉沙洛西以每天0.8mg/kg的剂量给药也是无效的。拉沙洛西以每天8mg/kg的剂量给药，10头接受治疗的犊牛中6头死亡，4头存活牛中1头成为感染者。在对1～7日龄犊牛进行的隐孢子虫攻毒模型中，证实磺胺二甲氧嘧啶也是无效的（Fayer，1992）。

根据非正式的报道，拉沙洛西一直被用于预防或治疗犊牛隐孢子虫病。这种在新生犊牛的使用出现了毒性反应，从出生开始通过牛奶替代品一日2次给予100mg的药物，或者一日1次口服200mg的药物后，1～3次给药后出现死亡（Benson，1998）。笔者通过试验证明了犊牛出现这种毒性反应的药物剂量是1次以5mg/kg的剂量给药。

另一项研究表明，7日龄以上的犊牛可以耐受15mg/kg剂量的拉沙洛西，以15mg/kg的剂量每天给药3次，最后1次给药3d后出现了虫卵囊脱落停止的现象（Gobel，1987）。这些数据都说明拉沙洛西的有效剂量对新生犊牛具有毒性，但是仍可用于1周龄以上的犊牛。

在进行的一项犊牛隐孢子虫攻毒模型中，评价了癸氧喹酯的使用情况，发现给药组每天给予875或1 750mg（标签剂量的10倍）的癸氧喹酯后，犊牛出现大便异常的天数显著降低，但是虫卵囊脱落或者增重方面没有差异（Redman，1994）。另一项攻毒试验中，发现通过牛奶代替品以2mg/kg剂量给予犊牛癸氧喹酯后，犊牛腹泻的天数、卵囊脱落的天数、腹泻或卵囊脱落的间隔都没有差异（Moore，2003）。

在自然发生的隐孢子虫感染中，通过牛奶替代品以每天60μg/kg的剂量给予乳酸常山酮，给药6d后可以消除掉98%给药动物的所有卵囊脱落现象。必须注意的是，该研究中93%的不给药对照组动物在到达实验室后10d时间内也能清除掉体内的病原体（Villacorta，1991）。在另一个自然发病模型中，通过牛奶代替品每天给予5mg剂量的乳酸常山酮，与不给药对照组相比，会降低犊牛卵囊脱落小于70%，增重、牛奶和开口饲料的摄入量在不同试验组之间没有显著的差异（Jarvie，2005）。在一项攻毒试验中，每天给予60μg/kg和120μg/kg剂量的常山酮可以减少疾病，但是每天给予30μg/kg的剂量是无效的（Naciri，1993）。

其他抗菌药物，例如巴龙霉素、阿奇霉素和克拉霉素，在小鼠模型或人类治疗中都证实是有效的（Fichtenbaum，1993；Rehg，1991；Holmberg，1998）。巴龙霉素可能的预防作用也在犊牛模型中得以证实（Fayer，1993）。但是，这三种药物禁用于食品动物，因此限制了它们应用。

参考文献

21 CFR Part 530. 2012. Docket No. FDA-2008-N-0326. New Animal Drugs；Cephalosporin Drugs；Extralabel Animal Drug Use；Order of Prohibition. Federal Register，vol. 77，no. 4. Friday，January 6，2012. Available at http：//www. gpo. gov/fdsys/pkg/FR-2012-01-06/pdf/2012-35. pdf.

Allen LJ，et al. 1995. Effect of penicillin or penicillin and dexamethasone on cattle with infectious keratoconjunctivitis. J Am Vet Med Assoc 206：1200.

Alt DP，et al. 2001. Evaluation of antibiotics for treatment of cattle infected with *Leptospira borgpetersenii* serovar hardjo. J Am Vet Med Assoc 219：636.

AMDUCA. 1996. Federal Register，November 7，1996，vol. 61，no. 217，p. 57731，21 CFR Part 530，Extralabel Drug Use in Animals；Final Rule，Department Of Health And Human Services，Food and Drug Administration，Docket No. 96 N-0081，RIN 0910-AA47，ACTION：Final rule. From the Federal Register Online via GPO Access (wais. access. gpo. gov).

Angelos JA，et al. 2000. Efficacy of florfenicol for treatment of naturally occurring infectious bovine keratoconjunctivitis. J Am Vet Med Assoc 216：62.

Apley MD. 2003. Susceptibility testing for bovine respiratory and enteric disease. Vet Clin North Am Food Anim Pract 19：3.

AVMA. 2003. Judicious Therapeutic Use of Antimicrobials，accessed October 2005 at http：//www. avma. org/scienact/jtua/default. asp.

Ayars WHJ，et al. 1999. An outbreak of encephalitic listeriosis in Holstein bulls. Bovine Practitioner 33：138.

Ayling RD, et al. 2000. Comparison of in vitro activity of danofloxacin, florfenicol, oxytetracycline, spectinomycin and tilmicosin against recent field isolates of *Mycoplasma bovis*. Vet Rec 146: 745.

Baba E, et al. 1989. Antibiotic susceptibility of *Fusobacterium necrophorum* from bovine hepatic abscesses. British Vet J 145: 195.

Benson JE, et al. 1998. Lasalocid toxicosis in neonatal calves. J Vet Diagn Invest 10: 210.

Berg JN, Scanlan CM. 1982 Studies of *Fusobacterium necrophorum* from bovine hepatic abscesses: biotypes, quantitation, virulence, and antibiotic susceptibility. Am J Vet Res 43: 1580.

Braun U, et al. 2002. Clinical findings and treatment of listeriosis in 67 sheep and goats. Vet Rec 150: 38.

Campbell SG, et al. 1975. An unusual epizootic of actinobacillosis in dairy heifers. J Am Vet Med Assoc 166: 604.

Chenault JR, et al. 2001 Efficacy of ceftiofur hydrochloride administered parenterally for five consecutive days for treatment of acute post-partum metritis in dairy cows. 34th Annual Convention of the AABP, pp. 137-138.

CLSI. 2008. Publication M31-A3: Performance Standards for Antimicrobial Disk and Dilution Susceptibility Tests for Bacteria Isolated form Animals; Approved Standard—Third Edition (ISBN 1-56238-659-X) . Copies of the current edition and supplemental tables may be obtained from CLSI, 940 West Valley Road, Suite 1400, Wayne, PA 19087-1898, phone 610-688-0100, fax 610-699-0700, e-mail at customerservice@clsi. org, or on the web at www. clsi. org.

Coetzee JF, et al. 2005. Comparison of three oxytetracycline regimens for the treatment of persistent *Anaplasma marginale* infections in beef cattle. J Vet Parasit 127: 61.

Coker PR, et al. 2002. Antimicrobial susceptibilities of diverse Bacillus anthracis isolates. Antimicrob Agents Chemother 46: 3843.

Daigneault J, George LW. 1990. Topically applied benzathine cloxacillin for treatment of experimentally induced infectious bovine keratoconjunctivitis. Am J Vet Res 51: 376.

Dennison AC, et al. 2002. Hemorrhagic bowel syndrome in dairy cattle: 22 cases (1997-2000) . J Am Vet Med Assoc 221: 686.

Dowling PM, Tyler, JW. 1994. Diagnosis and treatment of bacterial endocarditis in cattle. J Am Vet Med Assoc 204: 1013.

Dueger EL, et al. 1999. Efficacy of florfenicol in the treatment of experimentally induced infectious bovine keratoconjunctivitis. Am J Vet Res 60: 960.

Duran SP, et al. 1991. Comparative in-vitro susceptibility of *Bacteriodes* and *Fusobacterium* isolated from footrot in sheep to 28 antimicrobial agents. J Vet Pharmacol Therap 14: 185.

Draxxin (tulathromycin) product label. 2005. Pfizer Animal Health. Fayer R. 1992. Activity of sulfadimethoxine against Cryptosporidiosis. J Parasit 78: 534.

Fayer R, William E. 1993 Paromomycin is effective as prophylaxis for cryptosporidiosis in dairy calves. J Parisitol 79: 771.

FDA/CVM. 2005. www. fda. gov/cvm. Search " prohibited extralabel use. " Fichtenbaum CJ, et al. 1993. Use of paromomycin for treament of Cryptosporidiosis in patients with AIDS. Clin Infect Dis 16: 298.

Gobel E. 1987. Diagnose und therapie der akuten kryptosporidiose beim kalb [Diagnosis and treatment of acute cryptosporidiosis in the calf] . Tierarztliche-Umschar 42: 863.

Hermoso-de Mendoza J, et al. 1994. In vitro studies of *Dermatophilus congolensis* antimicrobial susceptibility by determining minimal inhibitory and bacteriocidal concentrations. British Vet J 150: 189.

Hoffman L, Klinefelter T. 2000-2005 Iowa State University Diagnostic Microbiology Laboratory. Personal communi cations.

Holmberg SD, et al. 1998. Possible effectiveness of clarithromycin and rifabutin for cryptosporidiosis chemoprophylaxis in HIV disease. J Am Med Assoc 279: 384.

Jang S, Hirsh DC. 1994. Characterization, distribution, and microbiological associations of *Fusobacterium* spp. in clinical specimens of animal origin. J Clin Microbiol 32: 384.

Jarvie BD, et al. 2005. Effect of halofuginone lactate on the occurrence of *Cryptosporidium parvum* and growth of neonatal dairy calves. J Dairy Sci 88: 1801.

Jousimies-Somer H, et al. 1996. Susceptibilities of bovine summer mastitis bacteria to antimicrobial agents. Antimicrob Agents Chemotherapy 40: 157.

Konigsson K, et al. 2000. Effects of NSAIDs in the treatment of postpartum endometritis in the cow. Reprod Domest Anim 35: 186.

Larson RL. 1997 Diagnosing and controlling seminal vesiculitis in bulls. Vet Med 12: 1073.

Lechtenberg KF, et al. 1998. Antimicrobial susceptibility of *Fusobacterium necrophorum* insolated from bovine hepatic abcesses. Am J Vet Res 59: 44.

Mateos E, et al. 1997. Minimum inhibitory concentrations for selected antimicrobial agents against *Fusobacterium necrophorum* isolated from hepatic abscesses in cattle. J Vet Pharmacol Therap 20: 21.

McGuirk, SM. 1991. Treatment of cardiovascular disease in cattle. Appl Pharmacol Therap 7: 729.

Moon HW, et al. 1982 Attempted chemopophylaxis of cryptosporidiosis in calves. Vet Rec 110: 181.

Moore DA, et al. 2003. Prophylactic use of decoquinate for infections with *Cryptosporidium parvum* in experimentally challenged neonatal calves. J Am Vet Med Assoc 223: 839.

Mundt HC, et al. 2003. Efficacy of toltrazuril against artificial infections with *Eimeria bovis* in calves. Parasitol Res 90 Suppl 3: S166.

Naciri MR, et al. 1993. The effect of halofuginone lactate on experimental Cryptosporidium parvum infections in calves. Vet Parasitol 45: 199.

Odendall MW, et al. 1990. The antibiotic sensitivity patterns of *Bacillus anthracis* isolated from the Kruger National Park. J Vet Res 58: 17.

Piriz Duran S, et al. 1990 Susceptibilities of *Bacteroides* and *Fusobacterium* spp. from foot rot in goats to 10 beta-lactam antibiotics. Antimicrob Agents Chemother 34: 657.

Redman DR, Fox JE. 1994. The effect of varying levels of DECCOX on experimental cryptosporidia infections in Holstein bull calves. Proceedings, 26th Annual American Association of Bovine Practitioners Conference, p. 157.

Rehg JE. 1991. Activity of azithromycin against Cryptosporidia in immunosuppressed rats. J Infect Dis 163: 1293.

Rings DM, Rings MB. 1996. Managing Cryptosporidium and Giardia infections in domestic ruminants. Vet Med 12: 1125.

Roby TO. 1972. Elimination of the carrier state of bovine anaplasmosis with imidocarb. Am J Vet Res 33: 1931.

Rosenbusch RF. 1998. Antibiotic Susceptibility of *Mycoplasma bovis* Strains Recovered from Mycoplasmal Pneumonia and Arthritis in Feedlot Cattle. AS leaflet R1548. 1998 Beef Research Report—Iowa State University.

Rosenbusch RF, et al. 2005. In vitro antimicrobial inhibition profiles of *Mycoplasma bovis* isolates recently recovered from various regions of the United States from 2002 to 2003. J Vet Diag Invest 17: 436.

Salmon SA, et al. 1996. In vitro activity of ceftiofur and its primarymetabolite, desfuroylceftiofur, against organisms of veterinary importance. J Vet Diag Invest 8: 332.

Samitz EM, et al. 1996. In vitro susceptibilities of selected obligate anaerobic bacteria obtained from bovine and equine sources to ceftiofur. J Vet Diag Invest 8: 121.

Sanyal PK, et al. 1985. Chemotherapeutic effects of sulphadimidine, amprolium, halofuginone and chloroquine phosphate in experimental *Eimeria bareillyi* coccidiosis of buffaloes. Vet Parasitol 17: 117.

Sasaki Y, et al. 2001. Tetracycline-resistance genes of *Clostridium perfringens*, *Clostridium septicum* and *Clostridium sordellii* isolated from cattle affected with malignant edema. Vet Micro 83: 61.

Tripathi D, et al. 2001. Serodiagnosis and treatment of listeriosis in repeat breeder cattle. Indian J Anim Sci 71: 3.

Villacorta I, et al. 1991. Efficacy of halofuginone lactate against cryptosporidium parvum in calves. Antimicrob Agents Chemother 35: 283.

Zielinski GC, et al. 1999. Efficacy of different dosage levels and routes of inoculation of tilmicosin in a natural outbreak of infectious bovine keratoconjunctivitis. Proceedings of the 32nd Annual Convention of the American Association of Bovine Practitioners 32: 261.

第三十章　抗菌药物在乳房炎的应用

Sarah Wagne 和 Ron Erskine

第一节　概　　述

抗菌药物在奶牛场最普遍的应用就是治疗奶牛乳房炎（Mitchell 等，1998）。因乳房炎引起的经济损失（牛奶产量降低、牛奶质量下降、药物成本以及牛奶废弃）非常严重，因此很多奶牛养殖者都实施了以防控乳房炎为中心的管理程序。有效防控乳房炎的支出费用几乎占据了奶制品的全部经济效益。对一个经历有奶牛体细胞数高、临床型乳房炎发病率高、亚临床型乳房炎发病率高或者所有这些疾病均有发生的养殖场，通常推荐对这些疾病的病因进行调查，然后制定和实施一套程序来消除病因，预防新发病例的出现。单独的个体给药治疗不可能解决奶牛群体乳房炎问题。

即使是一个管理非常好、乳房炎预防措施非常到位的养殖场，有时也会对临床型乳房炎进行治疗。亚临床型乳房炎可以通过 DHI 测试法或加州乳房炎测试法（CMT）检测个体奶牛的体细胞数（SCCs），结合对牛奶样品进行微生物培养来确定。虽然这里讨论的是临床型乳房炎病例，但是所描述的防治原则通常也适用于亚临床型乳房炎。

第二节　泌乳期乳房炎

一、奶牛因素

在决定如何对乳房炎进行首次治疗或是否需要进行首次治疗前，应该对患病奶牛进行多方面的了解。根据奶牛的状况，可以确定采用标签规定的给药方案或标签外的给药方案进行治疗，或者因为不需要治疗，或者治疗也不可能缓解临床症状，干脆就不进行治疗。已经发现的可降低疗效的风险因素包括奶牛年龄增加、治疗前 SCC 增高、长期感染、多乳区混合感染以及由金黄色葡萄球菌引起的感染（Deluyker 等，2005；Barkema 等，2006；Bradley 和 Green，2009；Pinzon-Sanchez 和 Ruegg，2011）。尤其对于慢性感染，治疗效果可能较差，需要更长的抗菌药物治疗时间（Owens 和 Nickerson，1990；Oliver 等，2004）。

乳房炎治疗前需要了解的问题包括：

（1）属于新发病例还是复发病例？对乳房炎复发病例反复进行治疗是不值得的做法。如果复发病例需要进行治疗，其治疗措施比温和型、急性病例更广泛、更复杂。

（2）疾病的严重程度？如果奶牛乳房炎转变成全身性疾病（败血性/毒性），则需要一个治疗方案，包括全身性抗生素治疗、乳房内治疗、支持性治疗，以及与临床症状仅出现在乳房和牛奶上的病例相比更需要进行密切监测（Erskine 等，2002）。

（3）多少个乳区受到感染？受感染乳区数量的增加会导致相应的花费以及治疗失败的可能性增加。

（4）发病时奶牛处于泌乳期的什么阶段？对于泌乳晚期的奶牛，要获得经济和治疗的优势，可以把它作为干奶期来同期对待治疗。

（5）奶牛是否存在其他健康问题？有研究表明，伴随其他健康问题的出现（如奶牛酮病和低钙血病）会增加乳房炎发病的可能性（Kremer 等，1993）。因此，同时并发其他疾病的奶牛乳房炎病例，其治疗成功的可能性就会降低。

二、病原体因素

对乳房炎感染进行微生物培养有助于确定是否需要开始药物治疗以及如果需要治疗要用什么方法进行

治疗。某些病原体感染可能对抗菌药物治疗有反应，但某些病原体可能不会产生反应。某些感染可能不需要任何治疗就可以恢复。表 30.1 列出了常见的对抗菌药物治疗可能没有反应的乳房炎病原体。其他一些常见病原体简单总结如下。

表 30.1　常见的对抗菌药物治疗没有反应的乳房炎病原体

化脓隐秘杆菌
芽孢杆菌属
分枝杆菌属
牛支原体
诺卡氏菌属
巴氏杆菌属
绿藻属（藻类）
假单胞菌属
沙雷氏菌属
酵母菌（如念珠菌属，抗生素治疗会延迟自愈）

无乳链球菌是引发传染性乳房炎的病原体，几乎对任何一种抗菌药物治疗都有很高的反应。

慢性感染降低了金黄色葡萄球菌感染对抗菌药物治疗的反应。青年奶牛一个乳区的新发感染对药物治疗的反应程度高于一个或多个多乳区慢性感染的较老奶牛（Owens 和 Nickerson，1990）。除金黄色葡萄球菌之外的其他葡萄球菌对抗菌药物治疗有更好的反应（Owens 等，1997）。标签外延长治疗间隔时间，会增加慢性感染或伴有链球菌或葡萄球菌感染的治疗成功可能性（Morin 等，1998；Oliver 等，2004）。

革兰氏阴性肠杆菌科细菌（大肠杆菌、肠杆菌属、克雷伯氏菌属）在临床表现以及对抗菌药物治疗的反应上都存在差异。肠杆菌感染会出现温和的临床症状，或者不出现临床症状，偶尔会自行恢复，但是也可引起严重的、甚至危及生命的疾病或慢性感染。与其他病原体相同，是否进行治疗取决于疾病的严重程度以及感染的慢性程度，温和的、急性的感染在不进行治疗或有限的治疗情况下会自行恢复。最近的一项研究表明，乳房内给予头孢噻呋治疗由大肠杆菌或克雷伯氏杆菌引起的温和的或中度的临床型乳房炎，与不给药对照组相比，治愈率明显提高（Schukken 等，2011）。慢性感染则需要较长的治疗时间，可能还需要标签外治疗，病情严重的奶牛除了采取抗菌药物治疗之外，还要进行支持性治疗。

牛支原体是一种独特的乳房炎病原体。由支原体引起的乳房炎在不治疗情况下偶尔会自行恢复，但是采取抗菌药物治疗也不会影响这种结果（Gonzalez 和 Wilson，2003）。

第三节　抗菌药物的选择

一、乳房内抗菌药物的使用

对奶牛及病原体因素进行权衡并决定对乳房炎进行治疗之后，必须制定一个合适的治疗方案。治疗方案的内容包括所用药物、给药剂量、给药途径、给药频次、给药间隔以及药物在牛肉和牛奶中的休药期。对于温和到中度的乳房炎病例（如出现异常奶，伴有或不伴有乳房肿胀），如果需要给药，通常采取乳房内给药进行治疗。表 30.2 列出了 FDA 批准的允许泌乳期奶牛乳房内给药的抗菌药物制剂。在美国有 8 种抗菌药物可用于乳房内给药，分别为阿莫西林、头孢噻呋、头孢匹林、氯唑西林、红霉素、海他西林、青霉素和吡利霉素。

表 30.2　美国批准的允许泌乳期奶牛乳房内给药的药物

药物名称和类别	药品名称	标签内的给药方案和适应证	标签其他说明
阿莫西林（氨基青霉素类）	Amoxi-Mast（默克动保）	3 次给药，间隔 12h；亚临床金黄色葡萄球菌乳房炎、亚临床无乳链球菌乳房炎	体外大肠杆菌呈敏感；大多数肠杆菌、克雷伯氏菌和假单胞菌属耐药

（续）

药物名称和类别	药品名称	标签内的给药方案和适应证	标签其他说明
头孢噻呋（第3代头孢菌素类）	Spectramast（硕腾）	2～8次给药，间隔24h；临床凝固酶阴性葡萄球菌乳房炎、临床停乳链球菌乳房炎、临床大肠杆菌乳房炎	
头孢匹林（第1代头孢菌素类）	现在称Cefa-lak（富道动保）	2次给药，间隔12h；泌乳期乳房炎	对无乳链球菌和金黄色葡萄球菌敏感菌株有效
氯唑西林［青霉素类（耐青霉素酶）］	Dariclox（默克动保）	3次给药，间隔12h；临床金黄色葡萄球菌乳房炎（不产青霉素酶菌株）、临床无乳链球菌乳房炎	实验室证据显示氯唑西林对由产青霉素酶病原菌引起的疾病有抵抗作用
红霉素（大环内酯类）	Gallimycin-36（农业实验室） Gallimycin®-36（美国DURVET动保）	3次给药，间隔12h 临床金黄色葡萄球菌乳房炎 临床无乳链球菌乳房炎 临床停乳链球菌乳房炎 临床乳房链球菌乳房炎	对急性和慢性病例都有作用
海他西林（氨基青霉素类）	海他西林-K乳房注入剂（富道动保）	3次给药，间隔24h 急性、慢性或亚临床型乳房炎	治疗由无乳链球菌、停乳链球菌、金黄色葡萄球菌和大肠杆菌引起的泌乳期乳房炎均有效
青霉素（青霉素类）	Masti-Clear（汉福德制药）	不超过3次给药，间隔12h；临床无乳链球菌乳房炎 临床停乳链球菌乳房炎 临床乳房链球菌乳房炎	
吡利霉素（林可胺类）	Pirsue Aqueous Gel（硕腾）	2次给药，间隔24h；临床和亚临床乳房炎	已证实仅对葡萄球菌属，如金黄色葡萄球菌和链球菌属停乳链球菌以及乳房链球菌有效

注：虽然尽力确保所提供的信息准确、完整，但是作者并不对任何的错误和遗漏负责。建议读者与药品生产商联系，和/或阅读有关产品说明书中列出的完整信息。

一般不推荐不是特定生产用于乳房内给药的药物或制剂进行乳房内给药。这些药物会刺激乳房组织，促进炎症反应。另外，由于有可能受到传染性病原体的污染，以及其他给药途径得到的牛奶和牛肉中的休药期与乳房内给药可能是不一致的，因此使用复方制剂存在风险。由于两种药物之间的相互作用会降低药物的疗效，因此一般不推荐在一个乳区内同时使用两种不同的抗菌药物，例如，大环内酯类和林可胺类药物在细菌核糖体的结合位点很靠近，以致同时使用大环内酯类和林可胺类药物时两者会产生竞争性结合，这两种药物联合使用的净效果并不是相加。因此，大环内酯类的红霉素以及林可胺类的吡利霉素都有乳房内给药的制剂，但当两者同时使用时，并不能提高治疗效果，和两种药物单独使用相比，反而会降低治疗效果。

在选用乳房内给药治疗乳房炎时，抗菌谱是选择抗菌药物需要考虑的主要因素。大环内酯类的红霉素和林可胺类的吡利霉素是仅有的可用作乳房内给药的制剂，但都不属于β-内酰胺类药物。大环内酯类和林可胺类药物是首选的抗革兰氏阳性菌药物，对肠杆菌性乳房炎病原体没有活性。

开发最早的一种可用于乳房内给药的β-内酰胺类药物是苄星青霉素G。该药对很多链球菌以及不产生青霉素酶的葡萄球菌都有活性，但对肠杆菌科细菌无活性，葡萄球菌常会产生耐药性。

阿莫西林和海他西林都属于氨基青霉素类药物，具有相似的抗菌谱。氨基青霉素类药物对那些对青霉素G敏感的细菌，以及一些肠杆菌科细菌（如大肠杆菌）具有抗菌活性。目前，很多大肠杆菌分离菌株通过β-内酰胺酶对氨基青霉素类药物产生耐药性（见第八章和第十章）。但是，与β-内酰胺酶抑制剂（如克拉维酸等）联合（见第十章）用于乳房内给药的制剂还没有。

氯唑西林属于耐青霉素酶类青霉素药物，对那些对天然青霉素和氨基青霉素耐药的产青霉素酶金黄色葡萄球菌有抗菌活性，但对其他青霉素敏感病原体的活性要低（见第八章）。

头孢匹林是第1代头孢菌素类药物，通常对葡萄球菌和链球菌都具有抗菌活性，有时对肠杆菌科细菌（如大肠杆菌和克雷伯菌属细菌）也有活性，但是，对肠球菌属细菌没有活性。第3代头孢菌素类药物（如头孢噻呋），对革兰氏阳性球菌的活性低于第1代头孢菌素类药物，但对肠杆菌科细菌的活性较强（见第九章）。

即使病原体在抗菌药物的抗菌谱之内，但对于乳房内感染治疗的预后仍是较差的。例如，巴氏杆菌在几种可用于乳房内药物的抗菌谱范围之内，但是由巴氏杆菌引起的乳房炎的治疗预后总是很差（美国国家乳房炎委员会，1999）。

目前，可用于乳房内给药的所有药物都属于时间依赖型细菌生长抑制药（见第五章）。从药效学角度来说，要使药物疗效最大化，在药物剂量允许的情况下，必须使感染部位的药物浓度维持在抑制微生物生长所需的药物浓度（最低抑菌浓度，MIC）之上。对于革兰氏阳性病原体，药物浓度维持在MIC以上的时间至少是一半的给药间隔，对于革兰氏阴性病原体，该时间应是整个给药间隔（见第五章）。

一旦在感染部位达到药物的MIC值，提高药物浓度至高于MIC，对于乳房内给药的药物来说也不可能改善其治疗效果。维持药物浓度高于MIC值25%的一段时间和维持药物浓度高于MIC值100%的同样一段时间，其疗效相同。因此，如果采用标签上规定的剂量方案难以治疗的乳房炎病例，希望需要通过标签外用药治疗，那么在每次治疗时，扩大药物治疗的间隔（前提是药物浓度维持在剂量允许范围的MIC以上）将比不扩大药物治疗间隔而增加药物剂量要有更好的疗效。唯一的特例是，如果药物在体内消除很慢，以至于较大剂量给药时出现药物的蓄积，到时药物浓度维持在MIC以上有再一个给药间隔的时间。现有的乳房炎制剂不可能在乳腺内蓄积到一点，以至于给药两管时就将导致药物治疗浓度扩大一个或多个给药间隔时间。

无论采用何种方法，至关重要的是对于食品动物（如奶牛）来说，任何一个标签外用药都将伴随着出现牛奶和牛肉的休药期延长问题。为了帮助确定标签外用药的扩展休药期，食品动物避免残留数据库可以免费提供帮助。

二、抗菌药物的全身治疗

对于急性温和到中度的乳房炎病例，通常不需要进行抗菌药物的全身治疗。对于严重的乳房炎病例（出现全身性临床症状，如发热或精神不振，以及牛奶异常和乳房肿胀等），全身性给予抗菌药物允许作为治疗的一部分。通过输液和其他方法进行支持性护理对于这些病例也很重要，这部分内容在其他文献已有讨论（Morin，2004）。伴有全身性疾病的乳房炎病例一般是由肠杆菌科细菌如大肠杆菌和克雷伯氏菌属细菌引起的。通过对自然发病的伴有全身性疾病的肠杆菌性乳房炎病例进行的调查发现，42%因大肠菌型乳房炎引发严重疾病的奶牛，同时还患有菌血症（Wenz等，2001）。虽然由乳房炎引起的全身性疾病通常是由革兰氏阴性病原体引起的，但是革兰氏阳性病原体如金黄色葡萄球菌也可引起（Erskine等，2002）。由于对微生物进行培养通常需要24h才能得到初步结果，因此治疗严重乳房炎病例时，必须首先考虑病因可能是由革兰氏阴性菌或革兰氏阳性菌引起的。对于由肠杆菌引起的乳房炎，相关研究证实，到出现临床症状时，乳腺内的细菌数量已经达到峰值（Erskine等，1989）。因此，对于严重急性乳房炎病例，通常使用对革兰氏阴性病原体具有抗菌活性的全身性药物，联合使用对革兰氏阳性病原体具有抗菌活性的乳房内给药制剂，对可能出现的肠杆菌性菌血症进行治疗。

在美国，任何一种抗菌药物全身性用药治疗乳房炎都属于标签外用药，因为目前美国FDA没有批准任何一种抗菌药物用于乳房炎的全身治疗。对食品动物进行标签外用药，需要扩展在肉和奶中的休药期。可用于泌乳期奶牛、对肠杆菌具有活性的药物包括土霉素、磺胺二甲氧嘧啶、氨苄西林和阿莫西林。

虽然四环素类药物对革兰氏阳性菌和革兰氏阴性菌均具有活性，但是一些大肠杆菌类和葡萄球菌类对四环素类药物可能不敏感（见第十五章）。使用磺胺二甲氧嘧啶治疗泌乳期奶牛乳房炎在美国是非法的，因为乳房炎不属于磺胺二甲氧嘧啶标签规定的适应证，泌乳期奶牛标签外使用磺胺类药物也是AMDUCA所禁止的。和四环素类药物一样，目前对磺胺类药物的耐药性传播也很广。氨基青霉素类药物对包括肠杆菌科的细菌都具有抗菌活性，但是其耐药性传播也很广（见第八章和第十章）。

头孢噻呋属于第3代头孢菌素类药物，对包括肠杆菌性乳房炎病原体在内的病原体都具有活性，但是，相对而言，产β-内酰胺酶的细菌对其具有耐药性。当联合乳房内使用抗菌药物、消炎药物以及其他支持治疗药物时，再额外通过肌内注射给予头孢噻呋治疗严重的急性乳房炎，可以降低奶牛的继发死亡或者被淘汰的可能性（Erskine等，2002）。在美国，最近已禁止食品动物标签外使用头孢菌素类药物，但是头孢匹林乳房炎制剂除外（见第九章；FDA，2012）。

由于氟苯尼考和替米考星对引起牛呼吸道疾病的革兰氏阴性病原体具有抗菌活性，因此当他们用于肠杆菌性乳房炎全身治疗时经常会出现问题。这两种药物对于严重乳房炎相关的革兰氏阴性菌白血病也不是很好的选择。虽然革兰氏阴性呼吸道病原体曼氏杆菌和巴氏杆菌对这两种药物可能敏感，但是通常引起乳房炎的革兰氏阴性肠杆菌性病原体要么对这两种药物都耐药，要么抑制细菌生长所需的药物浓度很高，以至于必须给予不可能的高剂量药物才能取得效果。

第四节　抗菌药物敏感性试验与乳房炎

抗菌药物敏感性试验是实验室内定性微生物与抗菌药物之间相互作用的一种方法（见第二章）。药物敏感性试验可以使用系列稀释法或琼脂凝胶扩散法（Kirby-Bzuer法）。对于系列稀释法，每种药物抑制微生物生长的最低浓度为MIC。这与杀死病原体所需的药物浓度，即最低杀菌浓度（MBC）是不同的。使用MIC而不是MBC获得的抗菌药物的抗菌疗效与治疗目标是一致的：辅助奶牛的自身免疫系统而清除感染。

使用折点来对MIC分类，作为界定微生物为敏感或耐药的标志。从药物和微生物之间可能的多种组合来看，敏感性试验的结果通常可分为“中度敏感”“敏感”或“耐药”（见第二章）。实验室敏感性结果显示，抗菌药物治疗后可能获得较好疗效，但实验室耐药性研究发现与治疗成功的预后较差有关，这就是敏感性试验建立的理论基础。

已确认的兽医临床折点对于药物、治疗方案、病原体、受影响的动物种类以及疾病状况来说都是特殊的。已确认的临床折点由兽医微生物学和药理学专家委员会联合CLSI共同制定（见第二章）。兽医诊断实验室提供综合考虑了药物、病原体、动物种类和/或疾病的已确认或未确认临床折点的敏感性试验，当没有确认的临床折点时，可以从不同病原体、动物种类和/或疾病的数据得到并使用折点。解释药敏试验结果时应牢记这种外推方法。目前，有两种可用于泌乳期奶牛通过乳房内给药的制剂（头孢噻呋和吡利霉素）和一种可用于干乳期奶牛通过乳房内给药的制剂（青霉素和新生霉素）已确认了临床折点。

敏感性试验Kirby-Bauer法通常将含有已知浓度的每种待测药物圆纸片，放置到已接种待测病原体的琼脂凝胶平板上。圆纸片的周围区域微生物生长受到抑制，称为抑制区。抑制区域的直径作为判断微生物对待测药物是敏感、中间或耐药的折点（见第二章）。每种药敏试验方法的正确实施都需要试验人员具备一定的技能、接受过培训、对细节的关注以及采取质量控制措施。为了获得准确的结果，建议将需要进行药敏试验的样品送到认可的兽医诊断实验室，如在美国，可送到美国兽医实验室诊断者协会（AAVLD）。

即使正确进行了药敏试验，药敏试验的结果对于决定奶牛乳房炎的治疗帮助也很有限。通过实验室敏感性试验得到的药物敏感性与乳房炎临床病例的结果之间的关系大多是不一致的。许多出版物已经对实验室发现的药物敏感模式进行了描述，但是一些报道表明，药物敏感性试验结果对于乳房炎的临床治疗结果的预测作用很小（Owens 等，1997；Constable 和 Morin，2003；Hoe 和 Ruegg，2005；Apparao 等，2009）。为评价临床乳房炎的治疗效果所进行的临床试验的结果变异很大，使得问题变得更加复杂：治愈成功的定义就是消除临床症状，或者进行一个或多个微生物培养的结果是阴性，或者综合考虑这些结果。评价是否需要进行乳房炎治疗的一个更实用的方法是设计一个乳房炎选择性用药的方案，然后通过对所选药物的治疗效果定期对治疗方案的目标进行评价。

第五节　群体治疗方案

现代管理策略通常包括标准化、规范化的乳房炎预防和治疗方法。标准化乳房炎治疗方法的主要优点是可以提前做出治疗决策，而不是等到牛出现问题再进行决策，并形成一个持续的方法。这使得养殖场从决定乳房炎是否需要治疗，到选择药物和给药方案以及对治疗过的奶牛制定其牛奶和牛肉中合适的休药期的工作更加简单、更节省时间。另外，在治疗规范化标准化、记录非常良好的情况下，评价养殖场实施的乳房炎治疗是否成功也变得很简单了。

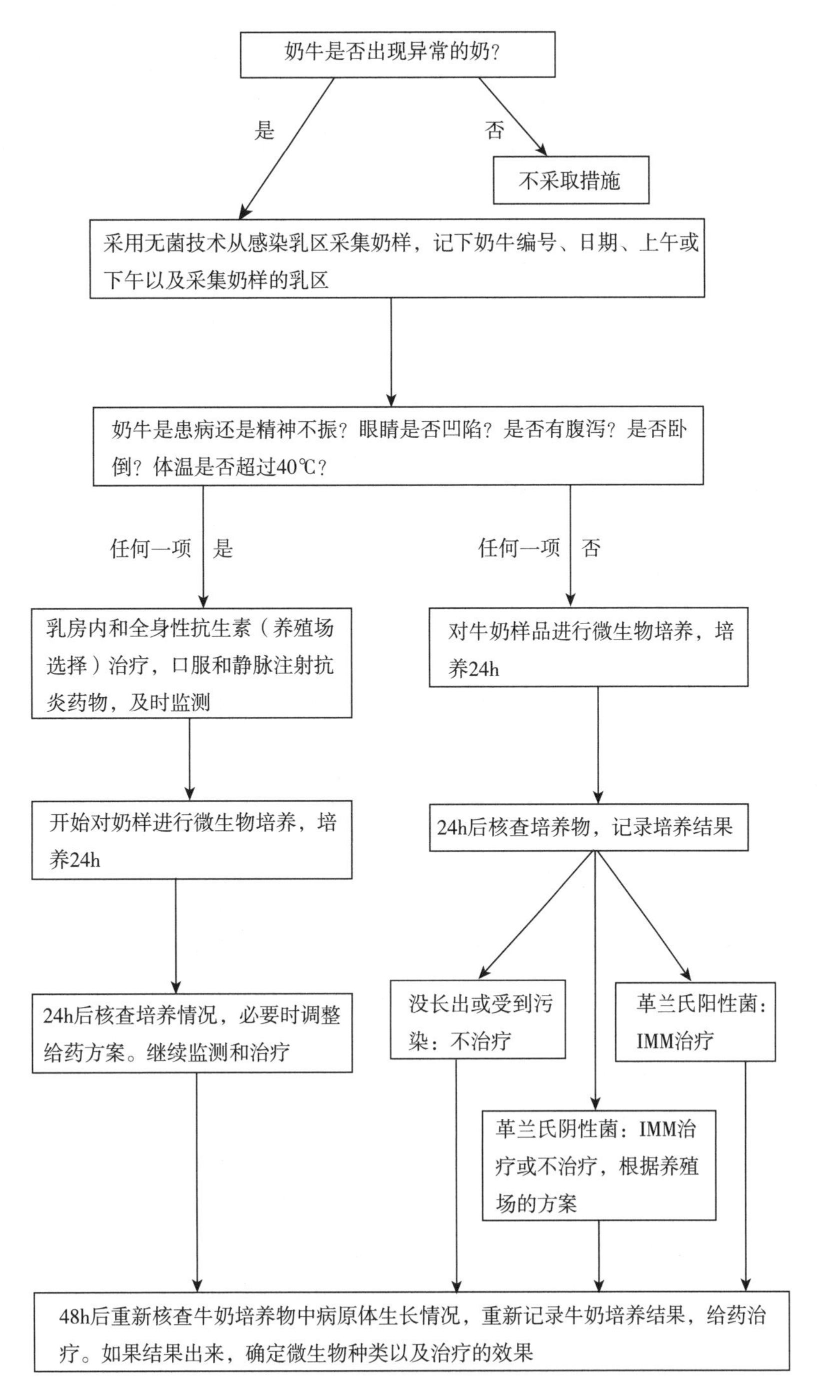

图 30.1　群体乳房炎治疗方案

对临床乳房炎病例进行微生物培养对于制定乳房炎治疗方案是有益的。通过对所有乳房炎新发病例进行微生物培养，可以鉴别引起养殖场临床乳房炎的病原微生物，并制定合适的治疗方案。另外，微生物培养的结果也可用于指导适宜地区疾病的预防。即使一个特定的农场没有对每一个乳房炎病例进行微生物培养，但是定期的微生物培养对于制定治疗策略和治疗方案也是有用的。对慢性乳房炎病例进行微生物培养，对于决定慢性乳房炎病例是否采用抗菌药物治疗也有不可替代的作用。否则，如果治疗药物对引起乳房炎的病原体没有作用，那么对于养殖场来说，最经济的办法就是放弃治疗。

一些养殖场将每例乳房炎的常规培养整合在整个治疗方案中。养殖场可以对每一个乳房炎病例产出的牛奶进行 24h 微生物培养后，使用一个简单的分类系统对所有乳房炎病例进行分类，常用的微生物培养方法叫做“二分”平皿法，其中一半培养基采用适宜革兰氏阴性细菌生长的麦康凯琼脂凝胶，另一半采用适宜革兰氏阳性菌生长的非选择性血液琼脂凝胶或 Factor 培养基。采用这些培养基，可以将每例乳房炎病例划分为细菌不生长、革兰氏阳性菌生长、革兰氏阴性菌生长或者被污染几种情况，根据具体情况设计各自的治疗方案。与这些简单的细菌培养方法相比，支原体的培养需要特殊的培养基以及更严格的培养条件。养殖场在线进行牛奶中微生物培养需要时间、培训和组织实施，但对养殖场的财政补贴可能最重要。在所有临床乳房炎病例中，通常 25%～50%的病例得到细菌不生长的结果，说明对这些病例可能不需要进行抗菌药物治疗（Hess 等，2003）。以前对每例乳房炎病例都治疗过的养殖场，在减少需要治疗奶牛的数量后，即使将每个新发病例的微生物培养费用也计算在内，仍是可以节约开支的。一些养殖场也会选择对从牛奶培养中分离出革兰氏阴性病原体的奶牛不予治疗，根据养殖场主要的病原体情况，这样会将临床乳房炎病例中需治疗的比例降至所有新发病例的一半以下。如果采取这种方法，革兰氏阴性菌乳房炎病例即使经常会自行恢复，但也势必会发展成慢性传染性疾病或严重疾病。另外，正如上面所述，最近开展的一项研究也证实了由大肠杆菌和克雷伯氏菌属引起的临床乳房炎病例通过乳房内抗菌药物治疗后，治愈率明显提高（Schukken 等，2011）。

对牛奶进行微生物培养对于鉴别病原体以及制定乳房炎治疗方案都是一个很实用的方法。最近开展的一项多国研究发现，以微生物培养为基础的治疗方法代替以往凭借经验的治疗方法，可以减少抗菌药物的使用（Lago 等，2011）。无论采取哪种以微生物培养为基础的治疗方案，在对乳房炎病例没有确定解决方案时，都要谨慎保存预处理牛奶样品以提交给诊断实验室用于微生物的鉴别。

一个群体乳房炎治疗方案的实例，见图 30.1。

第六节　干奶期乳房炎的抗菌药物治疗

泌乳循环的干奶期（不泌乳期）对于奶牛来说是很关键的一个时期。这段时间是牛生长的主要阶段。尤其是产犊前最后 2～3 周内，均衡的营养对于预防产后代谢性疾病十分关键。乳房在干奶期会经历显著的生物化学、细胞学和免疫学变化。在泌乳结束后的 1～2d，乳腺实质开始退化，持续 10～14d。在这段时间内，腺体特别容易受到感染而出现新的乳房感染（IMI）。围产期和干奶期早期是奶牛泌乳循环周期中出现新 IMI 风险最大的时期。但是，一旦退化完成就会出现对细菌性病原体更不利的免疫环境。对于泌乳牛，抵御 IMI 最重要的一个防御系统就是乳头管。干奶期出现的角质栓可以加强这一天然屏障。另外，在干奶期，乳腺的巨噬细胞和淋巴细胞数量增加以及补体和免疫球蛋白浓度的升高，有助于更有效协调地吞噬细菌。乳铁蛋白是一种有效的铁螯合蛋白，干奶期奶牛的乳铁蛋白分泌明显增多，有助于抑制革兰氏阴性细菌尤其是大肠杆菌的生长。因此，干奶期是一个理想的时期，能够发挥抗菌治疗和免疫功能之间的协同作用，以消除乳腺内的病原体，也不会出现泌乳期治疗时在休药期内浪费很多牛奶的问题。

泌乳期后期实施乳房内抗菌药物治疗已成为奶牛乳房炎管理上的一个标准方法，已有超过 35 年的历史。大量研究报道对所有由革兰氏阳性球菌引起的 IMI（干奶期前已经存在、产犊后没检出的 IMI）的平均治愈率达到了 75%（Nickerson 等，1999）。但是，传统的奶牛干奶期治疗方法消除慢性 IMI 的效果实际上接近 15%～30%（Sol 等，1990；Erskine 等，1994）。大多数商品化的干奶期乳房炎药品对革兰氏阴性菌的疗效很小或没有疗效，因此对于肠杆菌的治愈率很低。有一项研究结果表明，采用对革兰氏阴性菌有明显活性的药物治疗奶牛，与采用氯唑西林治疗的奶牛相比，可以降低干奶期和泌乳早期肠杆菌性乳房炎的发病率（Bradley 和 Green，2001）。

出于人们对抗菌药物过度使用以及细菌对抗菌药物可能会产生耐药性的普遍关注，对干奶期奶牛进行选择性治疗（仅对患病奶牛进行治疗），还是对所有奶牛进行无差别的治疗（所有奶牛进行治疗）一直有待讨论。需要针对个别群体，监测确定干奶期新 IMI 感染奶牛乳房炎能够治疗成功的效果、现存感染病例的治愈情况以及对临床乳房炎发病率的影响来做出决定，尤其是干奶期早期的奶牛。进行干奶期治疗的另一个重要作用是除了消除现有 IMI 之外，还预防新的 IMI。加拿大的一项研究表明，乳房内灌注替米考星后，乳房炎新发感染率下降 33%以上（Dingwell 等，2002）。与对全部干奶期奶牛进行治疗相比，对干奶期奶牛选择性治疗，会导致在更大群体范围内出现干奶期临床型乳房炎、干奶期 IMI 以及泌乳早期临床型乳房炎（Berry 和 Hillerton，2002）。另外，一篇最近的文献报道，截止目前尚无证据可以支持乳房炎病原体对抗菌药物会产生耐药性的观念（Erskine 等，2004）。该证据表明，对于大多数群体奶牛而言，对全部干奶期奶牛实施乳房内抗菌药物治疗要优于选择性治疗。另外，与单独使用抗菌药物相比，对干奶期奶牛采用乳头密封和抗菌药物治疗相结合的方法，干奶期新发乳房感染率下降 30%，泌乳前 60d 临床乳房炎发病率下降 33%（Godden 等，2003）。

作为乳房内给药治疗干奶期奶牛的一种补充，对于泌乳牛采用抗菌药物全身治疗已经得到研究。干奶期开始时皮下给予烟酸诺氟沙星，相对于不给药治疗以及乳房内给予苄星头孢匹林制剂，可以获得对金黄色葡萄球菌感染更好的治愈率和较低的新发病率（Soback 等，1990）。但是全身给予替米考星，牛奶中的药物浓度较低，对金黄色葡萄球菌乳房炎的治愈率低于乳房内给药（Nickerson 等，1999）。另外，奶牛肌内注射土霉素和乳房内给予头孢匹林，相对于单独给予头孢匹林治疗的奶牛，对于乳区感染金黄色葡萄球菌的病例，并没有得到较好的治愈率（Erskine 等，1994）。这些试验的临床治疗失败，反映出制定治疗方案的重要性，在每个给药间隔要维持感染部位药物的有效浓度，也反映了慢性感染的预后较差。凭借科学完善的药理学方法，必须谨慎地选择实施全身性治疗。

总之，干奶期乳房炎的治疗应关注几个重要方面：①商品化的干奶期治疗药物在预防和消除 IMI 上通常应对革兰氏阳性球菌有效；②由于增强了免疫功能，降低了废弃牛奶的成本，因此相对于泌乳牛，应优先考虑在干奶期对亚临床和慢性 IMI 实施治疗；③大多数商品化治疗乳房炎的药物产品对于革兰氏阴性菌的疗效较低；④慢性 IMI 的治疗包括全身治疗，应优先选用在乳房组织中分布较好的抗菌药物，如四环素类和大环内酯类药物。

参 考 文 献

Apparao MD，et al. 2009. Relationship between in vitro susceptibility test results and treatment outcomes for grampositive mastitis pathogens following treatment with cephapirin sodium. J Dairy Sci 92：2589.

Barkema HW，et al. 2006. Invited review：the role of cow，pathogen，and treatment regimen in the therapeutic success of bovine *Staphylococcus aureus* mastitis. J Dairy Sci 89：1877.

Berry EA，Hillerton JE. 2002. The effect of selective dry cow treatment on new intramammary infections. J Dairy Sci 85：2512.

Bradley AJ，Green MJ. 2001. An investigation of the impact of intramammary antibiotic dry cow therapy on clinical coliform mastitis. J Dairy Sci 84：1632.

Bradley AJ，Green MJ. 2009. Factors affecting cure when treating bovine clinical mastitis with cephalosporin-based intramammary preparations. J Dairy Sci 92：1941.

Constable PD，Morin DE. 2003. Treatment of clinical mastitis：using antimicrobial susceptibility profiles for treatment decisions. Vet Clin North Am Food Anim Pract 19：139.

Deluyker HA，et al. 2005. Factors affecting cure and somatic cell count after pirlimycin treatment of subclinical mastitis in lactating cows. J Dairy Sci 88：604.

Dingwell RT，et al. 2002. The efficacy of intramammary tilmicosin at drying-off，and other risk factors for the prevention of new intramammary infections during the dry period. J Dairy Sci 85：3250.

Erskine RJ，et al. 1989. Induction of *Escherichia coli* mastitis in cows fed selenium-deficient or selenium-supplemented diets. Am J Vet Res 50：2093.

Erskine RJ，et al. 1994. Efficacy of intramuscular oxytetracycline as a dry cow treatment for *Staphylococcus aureus* mastitis. J Dairy Sci 77：3347.

Erskine RJ，et al. 2002. Efficacy of systemic ceftiofur as a therapy for severe clinical mastitis in dairy cattle. J Dairy Sci 85：2571.

Erskine RJ，et al. 2004. Bovine mastitis pathogens and trends in resistance to antibacterial drugs. Proc 43rd Ann Meet Nat Mastitis Coun，Charlotte，NC. FDA. 2012. New animal drugs；Cephalosporin drugs；extralabel animal drug use；order of prohibition. Federal Register 77：735.

Godden S，et al. 2003. Effectiveness of an internal teat seal in the prevention of new intramammary infections during the dry and early-lactation periods in dairy cows when used with a dry cow intramammary antibiotic. J Dairy Sci 86：3899.

Gonzalez RN，Wilson DJ. 2003. Mycoplasmal mastitis in dairy herds. Vet Clin North Am Food Anim Pract 19：199.

Hess JL，et al. 2003. Rethinking clinical mastitis therapy. Proc 42nd Ann Meet Nat Mastitis Coun，Fort Worth，TX.

Hoe FG，Ruegg PL. 2005. Relationship between antimicrobial susceptibility of clinical mastitis pathogens and treatment outcome in cows. J Am Vet Med Assoc 227：1461.

Kremer WDJ，et al. 1993. Severity of experimental *Escherichia coli* mastitis in ketonemic and nonketonemic dairy cows. J Dairy Sci 76：3428.

Lago A，et al. 2011. The selective treatment of clinical mastitis based on on-farm culture results：I. Effects on antibiotic use，milk withholding time，and short-term clinical and bacteriological outcomes. J Dairy Sci 94：4441.

Mitchell JM，et al. 1998. Antimicrobial drug residues in milk and meat：causes，concerns，prevalence，regulations，tests，and test performance. J Food Protect 61：742.

Morin DE. 2004. Beyond antibiotics—what else can we do? Proc 43rd Ann Meet Nat Mastitis Coun，Charlotte，NC.

Morin DE，et al. 1998. Comparison of antibiotic administration in conjunction with supportive measures versus supportive measures alone for treatment of dairy cows with clinical mastitis. J Am Vet Med Assoc 213：676.

National Mastitis Council. 1999. Laboratory Handbook on Bovine Mastitis. Madison，WI：National Mastitis Council Inc.

Nickerson SC，et al. 1999. Comparison of tilmicosin and cephapirin as therapeutics for *Staphyloccoccus aureus* mastitis at dry-off. J Dairy Sci 82：696.

Oliver SP，et al. 2004. Extended ceftiofur therapy for treatment of experimentally-induced *Streptococcus uberis* mastitis in lactating dairy cattle. J Dairy Sci 87：3322.

Owens WE，Nickerson SC. 1990. Treatment of *Staphylococcus aureus* mastitis with penicillin and novobiocin：antibiotic concentrations and bacteriologic status in milk and mammary tissue. J Dairy Sci 73：115.

Owens WE，et al. 1997. Comparison of success of antibiotic therapy during lactation and results of antimicrobial susceptibility tests for bovine mastitis. J Dairy Sci 80：313.

Pinzon-Sanchez C，Ruegg PL. 2011. Risk factors associated with short-term post-treatment outcomes of clinical mastitis. J Dairy Sci 94：3397.

Schukken YH，et al. 2011. Randomized clinical trial to evaluate the efficacy of a 5-day ceftiofur hydrochloride intramammary treatment on non-severe Gram-negative clinical mastitis. J Dairy Sci 94：6203.

Sol J，et al. 1990. Factors affecting the result of dry cow treatment. Proc Int Symp Bovine Mastitis，p. 118.

Wenz JR，et al. 2001. Bacteremia associated with naturally occurring acute coliform mastitis in dairy cows. J Am Vet Med Assoc 219：976.

第三十一章　抗菌药物在绵羊和山羊的应用

Chris R. Clark

在世界范围内，绵羊和山羊虽然是重要的养殖动物，但在北美洲数量相对较少，因此很多兽医对其了解有限。美国和加拿大，批准用于绵羊和山羊的兽药产品很少。有一些批准用于绵羊的抗菌药物，但批准用于山羊的抗菌药物只有一种。此外，监管部门将绵羊和山羊归为不同种类动物，这意味着批准的药物都为专门授权，而且对绵羊和山羊需要分别制定休药期和最高残留限量，这给兽医以及绵羊和山羊的养殖者造成了很大混乱。期刊文章、教科书和互联网为在北美洲未被批准的多种抗菌药物的使用提供了临床试验和给药方案的信息。在许多情况下，抗菌药物的安全性和有效性数据有据可查，实际上在北美洲市场也有相关产品，只是未批准用于绵羊或山羊。

第一节　概　　述

绵羊和山羊并非简单的“小号奶牛”，会罹患与牛不同的疾病，对某些药物的反应也不同，北美洲地区可参考《绵羊和山羊治疗学》（*Sheep and Goat Medicine*）（Pugh 和 Baird，2011）。慎重使用抗菌药物，首先需要在开始治疗之前初步诊断，随后通过微生物培养确认病原体并进行药物敏感性试验。但是，采集绵羊和山羊的样本不总是可行，即使得到了样本，通常也需要至少 2～3d 来处理结果。因此临床常见经验性治疗，这种治疗决定于全面检查和推定诊断、常见的主要病原体、病原体对抗菌药物的预期敏感性，以及抗菌药物在接受治疗动物的药代动力学/药效动力学性质等多种因素。表 31.1 和表 31.2 中包含的信息有助于做出决定。

一旦选定一种抗菌药物，合适的给药方案非常重要。应密切关注标签说明（在可获得的情况下）中的剂量、给药频率、给药途径和给药体积。对标签的任何偏离都属于标签外用药。为保证质量，采取肠道外给药时应最大限度地减少对肌肉组织的损害也非常重要。应该使用洁净的注射器和新针头。每个注射位点的药物体积一般应限制在 5mL 或更少。如果可能，皮下注射、静脉注射或口服给药优于肌内注射。肌内注射应只在颈部进行。皮下注射也应只在颈部进行。小体积（<5mL）药物可以在腋窝或大腿内侧通过皮下注射给药。

表 31.1　绵羊和山羊常见情况的抗菌药物选择

疾病	受影响种类	病原	推荐的治疗	备注
传染性流产				
母羊地方性流产（EAE）	绵羊和山羊	流产嗜性衣原体	四环素 土霉素 泰乐菌素	高危群预防：产羔前饲料添加四环素 6～8 周，给药剂量为每只 200～400mg/d，直到产羔 暴发期：四环素饲料添加剂量为每只 400～500mg/d，直到产羔结束。如果已经存在胎盘损害则疗效不佳 由于弃奶期原因不推荐用于产奶山羊，应考虑接种疫苗或生物安全 暴发期或事先诊断：产羔前 6～8 周，长效土霉素以标签剂量给药，时间间隔 10～14d，直到产羔结束
弯曲杆菌性流产（弧菌）	绵羊	空肠弯曲杆菌 胎儿弯曲杆菌属	青霉素 G-链霉素、四环素 土霉素（常见耐药性） 泰乐菌素 磺胺二甲嘧啶	预防：注射青霉素-链霉素 2～5d；应该从任意菌株中建立抗菌药物敏感性模式。疫苗接种应对疫情暴发也非常成功

（续）

疾病	受影响种类	病原	推荐的治疗	备注
李斯特菌性流产	绵羊和山羊	单核细胞增生性李斯特菌	土霉素	对所有动物注射长效四环素以应对疫情暴发的风险
弓形虫病流产	绵羊和山羊	弓形虫	莫能菌素 癸氧喹酯	从养殖到产羔，以剂量 15mg/（只・d）混饲 妊娠期最后 14 周，以剂量 2mg/（kg・d）混入饲料或预混饲料
沙门氏菌性流产	绵羊和山羊	鼠伤寒沙门氏菌、羊流产沙门氏菌、蒙得维的亚沙门氏菌、都柏林沙门氏菌	肌内注射或皮下注射广谱抗菌药物	经常在确诊时已广泛传染。需要培养和敏感性试验。抗菌药物可能无法消除微生物；考虑扑杀和环境管理
钩端螺旋体流产	绵羊和山羊	哈德焦钩端螺旋体，波蒙纳钩端螺旋体	青霉素 G-链霉素、四环素	对所有妊娠的风险动物进行注射治疗
Q 热病	绵羊和山羊	贝氏考克斯菌	四环素（如果允许可使用氟喹诺酮类）	流产在山羊比绵羊更常见。对所有妊娠动物每隔 10～14d 使用注射用长效土霉素，直到产羔 注意产奶山羊的回奶情况
其他传染性繁殖障碍				
子宫炎	绵羊和山羊	化脓隐秘杆菌、大肠杆菌、混合厌氧菌包括梭菌属	青霉素 G、头孢噻呋、广谱抗菌药物	临床正常后治疗 3～4d。还应考虑用前列腺素和破伤风疫苗进行清宫
羔羊附睾炎	绵羊	睡眠嗜组织菌、羊放线杆菌、伪结核棒状杆菌	土霉素	预防：在公羊集中管理的情况下，经低剂量饲喂给药，或注射长效土霉素（肌内注射或皮下注射） 愈后不佳
地方性皮炎	绵羊和山羊	牛肾盂炎棒状杆菌群	青霉素 G、土霉素	去除高蛋白质饮食，并用抗生素软膏局部治疗。重症病例可以全身性治疗
绵羊布鲁氏菌羊附睾炎	绵羊	羊布鲁氏菌	土霉素和双氢链霉素	20mg/kg 土霉素，每隔 3d1 次，治疗 5 次，同时使用 12.5mg/kg 链霉素，每天 2 次，连用 7d，可减少细菌脱落，提高精液质量，但可能无法治愈。应考虑扑杀
小绵羊和小山羊感染性疾病，全身性				
肠毒血症/髓样肾	绵羊和山羊	C 型和 D 型产气荚膜梭菌	口服维吉尼亚霉素、青霉素 G 或杆菌肽	所有风险动物接种疫苗。饮食去除碳水化合物来源，不经肠道补给 C & D 型抗毒素和平衡电解质溶液（BES）
脐静脉炎	绵羊和山羊	化脓隐秘杆菌、大肠杆菌、混合厌氧菌	青霉素 G、广谱抗菌药物	单纯抗生素治疗往往不能有效。应考虑局部引流和治疗以及可能的手术切除
水口病（小绵羊）	绵羊	可能为大肠杆菌内毒素	口服阿莫西林、安普霉素	通过确保环境清洁和良好的初乳摄入进行预防。早期通过口服抗生素进行预防性治疗
无脱水代谢性酸中毒（小山羊）	山羊	未知	广谱抗菌药物	用等渗碳酸氢钠溶液纠正酸碱亏损，之后用平衡电解质溶液（BES）
蜱传播热（蜱性脓毒血症）	绵羊	嗜吞噬细胞无形体和/或金黄色葡萄球菌	长效土霉素	1～3 周龄时给药，5～7 周时重复，并在以上时期用杀螨剂洗浴
丹毒丝菌性多关节炎	绵羊	猪丹毒杆菌	青霉素 G	至少治疗 3d

（续）

疾病	受影响种类	病原	推荐的治疗	备注
小绵羊和小山羊传染性疾病，消化系统				
大肠杆菌病	绵羊和山羊	产肠毒素大肠杆菌	广谱注射用抗菌药物	恰当的诊断很必要（培养和药物敏感性试验），还需用BES治疗。清洁的环境和充足的初乳很重要。考虑接种疫苗。抗菌药物耐药性很常见
沙门氏菌性痢疾	绵羊和山羊	鼠伤寒沙门氏菌及其他	广谱抗菌药物	由于不可预测的敏感性模式疗效常不佳。如果是宿主特异性种类则可能不能消除携带者
皱胃炎/皱胃出血	绵羊和山羊	梭菌属	口服青霉素类	很少有效。应与抗毒素、非甾体抗炎药以及BES进行对症治疗。使用多价梭菌疫苗
球虫病	绵羊和山羊	艾美耳球虫属	莫能菌素、拉沙洛西、癸氧喹酯、盐霉素、氨丙啉或磺胺类	混合应在饲料厂完成，所有饲料做成颗粒。一些产品可以与盐混合。剂量随饲料管理调整。人工饲养的小绵羊和小山羊可以通过代乳品来给药。从2周龄开始饲喂，直到上市年龄。离子载体对马和犬有毒
小绵羊和小山羊感染情况，呼吸系统				
巴氏杆菌肺炎	绵羊和山羊	溶血性曼氏杆菌，多杀性巴氏杆菌	替米考星、土霉素、头孢噻呋、氟苯尼考	长效土霉素、替米考星或氟苯尼考可以用作预防和暴发期间的治疗。替米考星不能用于山羊（治疗剂量非常接近毒性剂量）。当肉类或奶类休药期是一个问题时（如临近屠宰的市场羔羊、泌乳绵羊），使用头孢噻呋日常治疗感染动物
巴氏杆菌败血症	绵羊	海藻糖巴氏杆菌	同溶血性曼氏杆菌	海藻糖巴氏杆菌表现出更多耐药性，因为该病极其急性，建议为易感动物接种疫苗
坏死性喉炎	绵羊和山羊	坏死梭杆菌	青霉素G、土霉素	
支原体肺炎	绵羊和山羊	绵羊肺炎支原体、精氨酸支原体	土霉素、泰乐菌素	常与巴氏杆菌病（非典型性肺炎）结合出现或单独出现
丝状支原体	山羊	丝状支原体丝状亚种大菌落类型	土霉素、林可霉素或泰乐菌素	对极急性败血症的治疗往往无效。如果山羊幸存，可能其为携带者
体被的感染情况				
红眼病（传染性角膜结膜炎）	绵羊和山羊	鹦鹉热衣原体、结膜支原体、结膜炎立克次氏体、奈瑟菌属	螺旋霉素、土霉素、肌内注射泰妙菌素	第1、第5和第10天重复使用螺旋霉素或土霉素；第1、第3、第6和第9天重复使用泰妙菌素。土霉素眼膏。结膜下注射青霉素（最低有效剂量）
传染性脓疱继发感染（Orf）	绵羊和山羊	金黄色葡萄球菌	替米考星、土霉素、氨苄西林	也可尝试局部使用抗菌药物，因为属人兽共患病，须戴手套
皮肤真菌病（块状毛）	绵羊	刚果嗜皮菌	长效土霉素	如果可能的话降低湿度（通风），并且防止淋雨；在绵羊身上涂抹明矾粉有助于防止再次感染
干酪性淋巴结炎	绵羊和山羊	伪结核棒状杆菌	无有效治疗方法	虽然对青霉素敏感，但由于脓肿壁很厚而无效。建议扑杀已感染动物并避免弄破脓肿，因为它能传播病原
蹄部和肌肉骨骼系统的感染情况				
传染性腐蹄病	绵羊和山羊	节瘤偶蹄形菌 坏死梭杆菌	长效土霉素	用10%～20%硫酸锌和2%W/V十二烷基硫酸钠足浴，蹄部修整可有可无。必须保持足浴20min。重复5～7d。可与全身性抗菌药物和（或）疫苗接种结合使用。扑杀长期无应答者
蹄部烫伤	绵羊和山羊	坏死梭杆菌		如上，用硫酸锌足浴

（续）

疾病	受影响种类	病原（s）	推荐的治疗	备注
草莓样腐蹄病	绵羊和山羊	刚果嗜皮菌	同块状毛	验证该情况不是足螨病
多发性关节炎	绵羊和山羊	兽类衣原体	土霉素	应答差，可能复发
多发性关节炎	山羊	丝状支原体丝状亚种、LC其他支原体属	土霉素、泰乐菌素	应答差，可能复发
乳腺感染情况				
坏疽性乳腺炎	绵羊和山羊	金黄色葡萄球菌、溶血性曼氏杆菌	替米考星、广谱抗菌药物	如果动物幸存腺体将失去，所以也许应该扑杀
传染性无乳症	绵羊和山羊	无乳支原体、丝状支原体丝状亚种（山羊）	四环素类、泰乐菌素	可能无效，所以动物应该被扑杀。携带者也是如此
亚临床和临床乳腺炎	绵羊和山羊	金黄色葡萄球菌、溶血性曼氏杆菌、环境链球菌、凝固酶阴性葡萄球菌属	替米考星、氯唑西林、苄星头孢匹林、土霉素	在奶山羊哺乳期末期或断奶期进行干燥处理以防高风险羊群新的感染。不拆管。替米考星不可用于山羊（治疗剂量非常接近毒性剂量）
口腔感染情况				
牙周病	绵羊	多种	无有效治疗方法	
齿根脓肿	绵羊和山羊	多种	土霉素、氟苯尼考、广谱抗菌药物	4～6周疗程。如果抗菌药物治疗失败，考虑手术干预
放线杆菌病	绵羊	李氏放线杆菌	碘化钠	10%～20%的溶液，剂量70mg/kg，每2周给药2～3次
放射菌病	绵羊	牛放线杆菌	碘化钠、磺胺二甲氧嘧啶、异烟肼	同放线杆菌。治疗数周至数月。预后较差
尿路感染情况				
钩端螺旋体病	绵羊和山羊	肾脏钩端螺旋体	双氢链霉素、土霉素	药物有潜在的肾毒性，功效可疑
膀胱炎	绵羊和山羊	肾棒状杆菌、其他种类	广谱抗菌药物	治疗方案应根据培养及敏感性试验，应给药10～14d
神经系统感染情况				
细菌性脑膜炎	绵羊和山羊	多种	广谱抗菌药物	抗炎药物很重要
李斯特菌病	绵羊和山羊	单核细胞增生性李斯特菌	土霉素、青霉素G	注射长效剂型。22 000～44 000 IU/kg肌内注射，每天2次。广谱抗菌药物包括：氨苄西林-舒巴坦，头孢噻呋，氟喹诺酮类，甲氧苄啶-磺胺二甲嘧啶，或其他增效磺胺药物联用

表31.2　常用绵羊和山羊抗微生物给药方案

药物	途径	种类	给药速率	单位	频次（h）
阿莫西林-克拉维酸	静脉、肌内	绵羊和山羊	20	mg/kg	8
阿莫西林三水合物	肌内	绵羊和山羊	10	mg/kg	8

（续）

药物	途径	种类	给药速率	单位	频次（h）
氨苄西林钠	静脉、肌内	绵羊和山羊	10～20	mg/kg	12
氨丙啉	经饲经水口服	绵羊和山羊	10～60 10	ppm mg/kg	控制：24，连用 5～21d；治疗：高剂量连用 5d
头孢噻呋钠	肌内	绵羊*	1.1～2.2	mg/kg	24，连用 3d
		山羊*	1.1～2.2	mg/kg	24，连用 3d
金霉素	口服	绵羊*	22	ppm	妊娠后期每天服用以防止传染性流产
		山羊	22	ppm	妊娠后期每天服用以防止传染性流产
癸氧喹酯	经饲口服	绵羊和山羊	25～100	ppm	球虫病风险期每天经饲给药
			0.5	mg/kg	在妊娠过程中每天给药以防止弓形虫导致导致流产
达氟沙星	肌内、皮下	绵羊和山羊	1.25	mg/kg	24，连用 3～5d
恩诺沙星	静脉、肌内	绵羊和山羊	5	mg/kg	24
红霉素	肌内	绵羊和山羊	3～5	mg/kg	8～12，直到 5d
氟苯尼考	肌内、皮下	绵羊和山羊	20（肌内），40（皮下）	mg/kg	48（肌内），96（皮下）
加米霉素	皮下	绵羊和山羊	6	mg/kg	
拉沙洛西	经饲口服	绵羊和山羊	30 1	ppm mg/kg	风险期每天经饲给药
盐酸林可霉素	肌内	绵羊和山羊	10～20	mg/kg	12～24
马波沙星	皮下、肌内	绵羊和山羊	2	mg/kg	24
莫能菌素	经饲口服	绵羊和山羊	11～22	ppm	球虫病风险期每天经饲给药
			1	mg/kg	妊娠期每天给药以防止弓形虫流产
硫酸新霉素	经饲经水口服	绵羊和山羊	22	mg/kg	24，直到 14d
土霉素	经饲口服	绵羊*和山羊	22	ppm	
盐酸土霉素	静脉、肌内	绵羊*和山羊	10	mg/kg	12～24
长效土霉素	肌内	绵羊和山羊	20	mg/kg	48～72
青霉素 G 钾或钠	静脉	绵羊和山羊	20 000～40 000	IU/kg	6
普鲁卡因青霉素 G	肌内	绵羊*和山羊	20 000～40 000	IU/kg	12
盐霉素	经饲口服	绵羊和山羊	11～16	ppm	风险期经饲给药
磺胺类	经饲口服	绵羊*和山羊	50（首次剂量 100）	mg/kg	24
替米考星	皮下	绵羊*	10	mg/kg	单次治疗
		山羊			由于毒性不能使用
甲氧苄啶-磺胺	肌内	绵羊和山羊	24～30	mg/kg	24
泰拉霉素	皮下	绵羊和山羊	2.5	mg/kg	单次治疗
泰乐菌素	肌内	绵羊和山羊	20	mg/kg	12

注：*表示该产品在北美的一些地区允许使用。休药期请参照产品标签或美国食品动物避免残留数据库（FARAD）或加拿大食品动物避免残留数据库。

本表所列药物中多数都未在美国以及其他地方批准用于绵羊和山羊，因此使用这些药物构成标签外用药（ELDU）。美国禁止饲料添加剂的标签外用药，氟喹诺酮类药物也禁止标签外用于食品动物。

由于通常由畜主完成后续治疗，应向其推荐适当的药物处理和给药方法，并告诫，重复使用针头将造成疾病传播以及注射部位发生脓肿的可能性。畜主和兽医治疗的良好记录以及对动物的个体标识，是防止肉和奶中出现违规药物残留的关键。有了良好记录，注射部位出现的反应则不会与干酪样淋巴结炎病变相混淆，后者是一种重要的绵羊和山羊传染病。批准用于绵羊的替米考星可导致人和山羊的致命反应。未仔细考虑安全问题之前，不能对此药进行配药。替米考星的生产商为畜主提供教育材料，向其说明需要了解药物的潜在毒性。

应避免通过饲料和饮水口服抗菌药物治疗感染这种给药方式。由于药物摄入量难以控制，尤其是患病动物对饲料和饮水的摄入量可能会减少。对于发生扩散性疾病的大畜群，这种方法尽管有其局限性，但可能是唯一可行的选择，例如，羊群、牛群等暴发球虫病和传染性流产。

一、羔羊肠炎

和大多数物种一样，新生绵羊和山羊容易发生肠道感染。通过严格注意绵羊和山羊产羔区域的卫生，以及确保所有羔羊得到充足优质的初乳，可以在很大程度上控制这些感染。小反刍动物肠炎发生的原因与牛非常类似。抗菌药物用于治疗新生犊牛腹泻的报道很多，主要适用于小反刍动物（Constable，2004）。对于1周龄以下的动物，引起肠炎的最可能原因是产肠毒素大肠杆菌（ETEC），也可能是沙门氏菌属。梭菌病也可能发生，但通常会导致突然死亡，在妊娠晚期接种多价梭菌疫苗可有效预防该病。新生绵羊和山羊1周龄以后，更常见由肠道病毒、隐孢子虫和球虫病引起的肠炎。

因此，抗菌药物在治疗羔羊肠炎方面的作用十分有限。抗菌药物的主要作用是支持性治疗，广谱抗菌药物有助于抑制后段肠道细菌过度生长，并治疗由肠道通过受损肠壁的转移而引起的菌血症。如果非常年幼的动物发生感染，应对其粪便进行培养，并确认是否存在产肠毒素大肠杆菌。由于许多菌株具有多重耐药性，因此抗菌药物敏感性试验至关重要。在沙门氏菌病暴发时，细菌培养和敏感性试验也尤为重要。当暴发球虫病时，临床治疗可选择磺胺类药物。将抗球虫药加入饲料或代乳品中可预防疾病的进一步暴发。在其他情况下使用抗菌药物存在争议，应遵循谨慎使用抗菌药物的指导原则。

二、肺炎

所有年龄段的绵羊和山羊都可能罹患肺炎，但其病原学随年龄不同而不同（Scott，2011）。急性肺炎的症状包括发热、流涕、咳嗽、呼吸困难，在一些病例中，育成羊常见突然死亡，并且许多症状与育成牛的“运输热”相似。常见的病原体包括溶血性曼氏杆菌、海藻糖巴氏杆菌、绵羊肺炎支原体和副流感病毒3型（PI-3)。临床常见多种病原体混合感染。有幸的是，在北美洲有多种抗菌药物被批准用于绵羊肺炎，包括替米考星、氟苯尼考、头孢噻呋和短效土霉素。遗憾的是，长效土霉素制剂在北美洲禁用于绵羊。在美国批准用于山羊的药物仅有头孢噻呋钠，尽管有证据证明多种批准用于绵羊的产品可用于山羊，但替米考星对山羊有毒性，切勿使用。

慢性肺炎常见于成年绵羊和山羊，由病原体包括绵羊进行性肺炎、山羊关节炎和脑炎病毒、干酪性淋巴结炎以及其他形式的慢性脓肿等引起。其典型症状是体重减轻和运动耐受下降。这些情况下，动物对抗微生物治疗无应答，应扑杀感染动物。

三、传染性流产

传染性流产在绵羊和山羊是非常重要的疾病。病原体从阴道分泌物中散布，产后母羊的母性行为及圈养驱使其舔舐新生动物，导致疾病在羊群中迅速传播，可能造成灾难性流产后果。小反刍动物任何情况下的流产，必须明确病因，以便采取适当的控制措施。胎儿和胎盘必须送至诊断实验室进行明确诊断（Menzies，2011)。同样重要的是，需警告畜主，大多数小反刍动物流产属于人兽共患病。

四、地方流行性流产/流产衣原体

流产衣原体一般由在其第一次怀孕末期流产的携菌动物带进羊群。病原体从阴道流出，感染其他动物，致使在下次产羔时可能暴发大规模流产。通过良好的生物安全规范和菌苗接种可使该病得到最佳预防。

发生流产时，应立即隔离感染动物。可以使用土霉素抑制胎盘上病原体的生长，从而控制疾病暴发的规模，直至产下小绵羊或小山羊。对于小规模羊群，可以通过标签外使用长效土霉素达到以上效果，剂量为 20mg/kg，给药间隔 3～5d，肌内注射。对于较大羊群，将四环素类产品以 200ppm 浓度与混饲给药可能是唯一的选择。

五、弧菌流产/胎儿弯曲杆菌胎儿亚种和空肠弯曲杆菌

空肠弯曲杆菌通常通过携菌动物或污染的饲料引入畜群。该病原菌会感染并杀死胎儿，大约 2 周后流产。培养和敏感性试验表明，该菌的抗微生物敏感性是可变的。由于发生流产时，胎儿通常已经死亡一段时间，抗菌药物治疗对于控制未来流产的动物数量不起作用。

弓形虫病

刚地弓形虫可导致任何妊娠阶段的流产。该病通常来自猫科动物，也可以在畜群中流行。可将抗原生动物药物加入饲料进行治疗，如莫能菌素或癸氧喹酯。

导致流产的其他不太常见的原因包括 Q 热病、李斯特菌病和沙门氏菌病。所有流产动物应被隔离。一旦做出诊断，并且证实了抗微生物敏感性，应考虑使用大剂量抗菌药物来控制疫情的暴发。

六、传染性角膜结膜炎（“红眼病”）

在绵羊和山羊，传染性角膜结膜炎常由支原体属和衣原体属病原体引起，而非牛莫拉氏菌。需要使用土霉素眼药膏进行局部治疗；当大量动物感染，也常使用土霉素注射治疗。

七、细菌性足部皮肤炎

绵羊和山羊均易发生足部细菌性疾病。开始治疗之前确定确切的病因非常重要（Winter，2011）。趾间皮炎或烫伤是由于潮湿和肮脏条件相关的坏死梭杆菌引起的皮肤炎症。将畜群移至较干燥的区域，并使用硫酸锌足浴即可治愈。

传染性腐蹄病由节瘤偶蹄形菌引起，严重时可导致明显疼痛和炎症。最理想的治疗方法是消除病因。很难完全消除病因，通常采用的措施包括扑杀慢性感染动物、蹄部修剪、硫酸锌足浴以及将动物转至尚未放牧的牧场 2 周。单次注射长效土霉素可有效治疗感染动物。

绵羊传染性趾间皮炎仅发生于英国。如果确诊及时，使用替米考星全身治疗或使用土霉素或泰乐菌素局部治疗均有效（Winter，2011）。

八、乳房炎

证明抗菌药物适于治疗绵羊和山羊乳房炎的证据不多，但也有文献综述（Mavrogianni 等，2011）。对于肉用羊群，急性疾病一般使用抗菌药物全身治疗，并对断奶后羊只进行扑杀。产奶的羊群发生乳房炎更为常见，由于对产奶影响较大，治疗也更加复杂，且会出现奶中存在抗菌药物残留的问题。

小反刍动物乳房炎常由金黄色葡萄球菌或溶血性曼氏杆菌引起，产奶畜群中由金黄色葡萄球菌引起的乳房炎更常见。了解一个特定农场实际涉及哪种病原体十分重要，因此日常细菌培养测试对于确定可以使用哪些抗菌药物至关重要。乳房内治疗很有效，常用于产奶动物。给药前要确保乳头完全清洁干净，治疗时尤其注意避免损伤乳头括约肌。治疗乳房炎时应对整个乳管内灌注药物。尚无批准在绵羊或山羊乳房内使用的药物产品。全身治疗常用于肉用羊群，以及出现全身症状或疾病已发展成为慢性并导致炎症肿块引起乳房内乳管堵塞的情况。全身给药时，大环内酯类、四环素类药物和甲氧苄啶都能很好地渗透到乳腺中。但是，小反刍动物临床型乳房炎的治疗成功率很低，在许多方面与牛的情况类似。治疗往往开始得太晚，治疗持续时间不够长，抗菌药物使用错误，或疾病的病理学特点使得感染部位的抗菌药物浓度不够。绵羊和山羊容易出现严重的乳房炎感染，可能引起坏疽性乳房炎。其典型症状为乳房发硬、肿胀以及寒凉，并发展为特有的蓝色（“蓝袋”）。治疗通常不成功，如果受感染动物幸存，应该扑杀。如果母羊具有可观的经济价值，需要使用抗菌药物进行全身治疗，并强化支持性护理，并应切除受感染乳房。

第二节　标签外用药和避免残留

由于绵羊和山羊容易出现多种传染性疾病，如果不进行标签外使用抗菌药物，饲养则十分困难，需要通过治疗以维持羊群的生产力以及确保动物福利。养殖者和兽医从业者可能不知道，即使是“宠物”绵羊和山羊，也被监管机构列为食品动物，标签外用药（ELDU）的规定同样适用（Fajt，2011）。至关重要的是，兽医、养殖者和畜主必须均了解标签外用药，并确保遵守适当的法律法规。美国兽药使用分类法和加拿大卫生部的标签外用药政策为标签外用药提供了指导（见第二十六章）。标签外用药应始终建立在一种有效的兽医-畜主-病畜关系之上，包括一个书面处方，兽医需在处方中针对肉或奶设定适当的休药期。在美国和加拿大，处方兽医可以登陆食品动物避免残留数据库（United states：www. farad. org；Cuncda：www. cgfarad. usask. ca）获取有依据的休药期信息。

参 考 文 献

Clothier KA，et al. 2011. Pharmacokinetics of tulathromycin after single and multiple subcutaneous injections in domestic goats（*Capra aegagrus hircus*）. J Vet Pharmacol Therap 34：448.

Constable PD. 2004. Antimicrobial use in the treatment of calf diarrhea. J Vet Intern Med 18：8.

Elsheikh HA，et al. 1997. Comparative pharmacokinetics of ampicillin trihydrate，gentamicin sulphate and oxytetracycline hydrochloride in Nubian goats and desert sheep. J Vet Pharm Therap 20：262.

Fajt VR. 2011. Drug laws and regulations for sheep and goats. Vet Clin North Am Food Anim Pract 27：1.

Fariborz S，et al. 2001. Pharmacokinetics and pharmacodynamics of danofloxacin in serum and tissue fluids of goats following intravenous and intramuscular administration. Am J Vet Res 62：1979.

Jianzhong S，et al. 2004. Bioavailability of florfenicol in healthy sheep. J Vet Pharm Therap 27：163.

Mavrogianni VS，et al. 2011. Principles of mastitis treatment in sheep and goats. Vet Clin North Am Food Anim Pract 27：115.

Menzies PI. 2011. Control of important causes of infectious abortion in sheep and goats. Vet Clin North Am Food Anim Pract 27：81.

Mordric S，et al. 1998. Pharmacokinetics and pharmacodynamics of tilmicosin in sheep and cattle. J Vet Pharm Therap 21：444.

Pugh DG，Baird AN. 2011. Sheep and Goat Medicine，2nd ed. St. Louis：Elsevier Health Sciences.

Sargison ND，et al. 2011. Metaphylactic gamithromycin treatment for the management of lameness in ewes putatively caused by *Bacteroides melaninogenicus*. Vet Rec 169：556.

Scott PR. 2011. Treatment and control of respiratory disease in sheep. Vet Clin North Am Food Anim Pract 27：175.

Washburn KE，et al. 2011. The safety of tulathromycin administration in goats. J Vet Pharmacol Ther 30：267.

Winter AC. 2011. Treatment and control of hoof disorders in sheep and goats. Vet Clin North Am Food Anim Pract 27：187.

第三十二章　抗菌药物在新骆驼类的应用

Christopher K. Cebra 和 Margaret L. Cebra

在过去 30 多年里，新骆驼类动物两种最常见驯养种类美洲驼和羊驼的数量在北美和澳大利亚迅速增加，并且最近在欧洲也迅速增加。这些物种的数量加起来在南美（秘鲁、智利、玻利维亚和阿根廷）大概 700 万，北美 30 万，澳大利亚 8 万，欧洲 3 万。近年来，南美以外的数量增长已经明显放缓，但是美洲驼和羊驼依然是珍爱宠物，其主人期望高品质医疗服务。

历史上，北美的兽医发现新骆驼类在医学上令人挫败，因为驼类隐藏疾病症状，体格检查和实验室评估往往不能给出直接答案，疾病发病机理和进展往往是独特的，参考资料落后于医学进展。患病骆驼一个显著特点是通常具有令人印象深刻的白细胞像变化，特别是中性粒细胞的变化，左移或有或无。这些变化可能是感染疾病的反映，也可能不是，因为应激性中性粒细胞增多很常见，并可能导致核细胞计数高达 50 000 个/μL，以及杆状核细胞计数适度增加，但是在没有其他明确的诊断信息之前，中性粒细胞增多常被用来评估抗生素的经验性使用。除了这种经验性方法，也不断认识到有许多骆驼类特定感染的情况。

抗菌药物治疗的选择也通常出于经验，要求具有广谱抗菌。这导致接下来的无奈：新骆驼类的流行病学数据和药代动力学数据的持续性缺乏。驼类在解剖学和生理学上的独特性使得任何形式的推断都很危险。没有被批准在新骆驼类使用的药物，而且在临床报告中，不同的报告使用药物的剂量差异彼此间多达 25 倍。虽然骆驼在北美通常被认为是宠物，但其数量的上升加上经济问题已导致更多的事实是将其回归在南美的传统角色之一，即作为一种肉源。这需要兽医更加注意个别情况，考虑残留和使用某些药物的合法性，并尽可能与畜主讨论这些问题。

很多种类的抗菌药物已被用于驼类。这些药物的一些合理剂量可通过查阅现有信息（表 32.1）来设计。然而，大多数都没有经过科学地研究，主治兽医必须承担标签外用药和对动物可能产生不良反应的责任。作为一般规则，抗生素似乎在驼类动物比在家养反刍动物具有更长的消除半衰期，这可能延长其治疗效果但也增加毒性风险。这可能是由于驼类动物更低的产尿率导致（Lackey，1995），也可能增加主要通过肾脏（如青霉素、氨基糖苷类）排泄抗生素的半衰期。这种较慢肾排泄反过来可能会受同步输液治疗的影响，以至于在中心医院骆驼的情况可能按家养反刍动物类似治疗，而对现场处理的骆驼给药必须更保守。作为另一个通用规则，分布容积在不同的骆驼个体间变化巨大。一般推荐较高剂量以避免一些骆驼中产生低于治疗剂量的药物浓度。因此，最有用的抗生素是那些有较高安全边界的抗生素。选择用于美洲驼和羊驼的抗菌药物药代动力学数据列于表 32.2。

表 32.1　成年新骆驼类常用抗菌药物剂量[a]

药物制剂	剂量	给药间隔（h）	给药途径
β-内酰胺类[b,c,d]			
苄青霉素类：			
青霉素 G（钠，钾）	22 000～44 000IU/kg	6	静脉
青霉素 G（普鲁卡因）	22 000～44 000 IU/kg	12～24	肌内或皮下
氨基苄青霉素类：			
氨苄西林钠	10～20 mg/kg	8～12	静脉或肌内
氨苄西林三水合物	10～20 mg/kg	12～24	肌内或皮下
第 3 代头孢菌素类：			
头孢噻呋钠	2.2～4.4 mg/kg（新生儿最高 8 mg/kg，12h 1 次）	12～24	静脉、肌内或皮下

（续）

药物制剂	剂量	给药间隔（h）	给药途径
盐酸头孢噻呋	2.2～4.4 mg/kg	12～24	肌内或皮下
头孢噻呋晶体游离酸	6.6 mg/kg	48～120	腋窝皮下
氨基糖苷类[e]			
阿米卡星	18～21 mg/kg	24	静脉、肌内或皮下
庆大霉素	4.4～6.6 mg/kg	24	静脉、肌内或皮下
氟喹诺酮类			
恩诺沙星[f]	5 mg/kg	12～24	静脉、肌内或皮下
	10 mg/kg	24	口服
四环素类[b,c]			
土霉素（100 mg/mL）	10 mg/kg	12～24	静脉
土霉素（200 mg/mL）	20 mg/kg	24～72	肌内或皮下
其他			
氟苯尼考[g]	20 mg/kg	24～48	肌内或皮下
甲硝唑[h]	15～25 mg/kg	8～12	口服或直肠
甲氧苄啶-磺胺甲基异噁唑	18 mg/kg（联用）	12	静脉、肌内或皮下

注：a 虽然这些药物的这些剂量已在北美的中心医院被多次用于患病骆驼，但是大多数药物在骆驼中的药代动力学数据缺乏，安全性研究也是如此。所有药物必须谨慎用于骆驼，必须仔细监测病驼的不良反应或毒性作用。

b 更严重感染的骆驼显示需要提高剂量和（或）缩短给药间隔。

c 胃填充或身体脂肪低的羊驼或美洲驼显示可能需要提高剂量和/或缩短给药间隔。

d 年幼骆驼显示可能需要提高剂量和（或）缩短给药间隔。

e 分布容积在骆驼个体之间的巨大差异以及药物过量肾中毒的风险说明以任何剂量使用该药物都须谨慎，尤其是较高剂量，特别是对排尿量减少的骆驼。

f 由于关节病的风险不能用于成长中的幼年骆驼。

g 对于高度敏感的微生物，给药 48h 可能已足够，如通常出现的齿根脓肿。对于更通常的抗微生物范围，可能需要每日给药。

h 对未成年和成年骆驼口服给药，会影响胃部微生物种群。这些年龄组优选直肠给药。

最新科学文献调查表明，新骆驼类最常用的抗生素为β-内酰胺类。不同制剂的头孢噻呋占主要地位，其次是结晶青霉素（钠或钾）和普鲁卡因青霉素。这些报告可能会曲解中心医院使用的正确性，特别是关于结晶青霉素和反复静脉给药，但实际操作中使用这类抗生素也很常见。氨苄西林、阿莫西林以及其他头孢类抗生素的使用有限。β-内酰胺类抗生素，特别是头孢噻呋产品常被用作单一制剂，很少联合用药，通常与一种氨基糖苷类药物联合使用。对于氨基糖苷类，最常报道的是庆大霉素与阿米卡星联合主要通过区域性灌注用于新生小骆驼。土霉素、氟苯尼考和恩诺沙星占其余报道的大多数。恩诺沙星可在各种情况下使用，通常用来代替革兰氏阴性谱范围内的氨基糖苷类药物。当漫长疗程中优先选择减少注射次数时，或者当重复给药不切实际时，土霉素、氟苯尼考和头孢噻呋晶体游离酸最常用于对抗选定的微生物，例如土霉素用于驼嗜血支原体的治疗。

已经研究过头孢噻呋钠用于美洲驼和羊驼的治疗，并且临床报告中具有最广泛的剂量范围（Christensen 等，1996；Drew 等，2004）。这两个主要的研究提供了相互矛盾的关于头孢噻呋钠在稳态时分布容积和半衰期的信息，但有关清除率和曲线下面积的信息却相似。此外，大型研究报告中不同骆驼个体间稳态下分布容积相差达 100%。因此，大型研究报告药代动力学参数与小反刍动物相似，推荐成年动物每日 2 次以剂量 2.2mg/kg 进行静脉注射或肌内注射给药，以避免骆驼随着更大的分布容积而产生亚治疗浓度。以相同剂量和间隔进行皮下给药已经普遍，并且经验也很成功，但并没有经过科学研究。较高剂量（4～8mg/kg，静脉，肌内或皮下，12h1 次）已被用于大至约 12 周龄的新生小骆驼以及有必要使用更积极抗生素方案的成年骆驼（Buchheit 等，2010；Simpson 等，2011）。以上高剂量无并发症方面报道，但也没有经过科学研究。一定程度上，盐酸头孢噻呋可与头孢噻呋钠通过肌内和皮下给药交替使用，没有报告出现问题（Lewis 等，2009）。在需要长效的情况下，头孢噻呋晶体游离酸也增加了临床使用（Jones 等，2009）。

表 32.2　选择用于美洲驼和羊驼的抗菌药物药代动力学数据

药物	动物种类	剂量（mg/kg）	途径	分布容积（L/kg）	清除率［mL/(min・kg)］	消除半衰期（h）	AUC（μg・h/mL）	峰浓度（μg/mL）	达峰时间（h）
氨苄西林[a]	美洲驼	12	静脉	0.28±0.09	0.88±0.28	3.33 ± 0.50	228 ± 73		
头孢噻呋[a]	美洲驼	2.2	静脉	0.19±0.02	0.98±0.15	2.19 ± 0.14	38.4 ± 5.8		
头孢噻呋[b]	美洲驼	2.2	肌内	0.61±0.19	1.03±0.41	8.00 ± 1.85	40.1 ± 12.9	5.52 ± 1.11	0.77 ± 0.56
头孢噻呋[b]	美洲驼	2.62～2.99	肌内	0.61±0.20	0.97±0.36	8.81 ± 3.04	54.8 ± 20.8	6.33 ± 2.20	0.91 ± 0.55
头孢噻呋[b]	羊驼	1	静脉	0.54±0.15	1.36±0.39	5.60 ± 1.57	13.4 ± 4.4		
头孢噻呋[b]	羊驼	1.27～1.44	静脉	0.55±0.18	1.44±0.37	4.62 ± 1.18	14.6 ± 3.1		
头孢噻呋[b]	羊驼	1	肌内	0.57±0.12	1.12±0.36	4.31 ± 1.35	15.4 ± 5.1	2.09 ± 0.42	0.49 ± 0.16
头孢噻呋[b]	羊驼	1.30～1.51	肌内	0.64±0.14	1.15±0.27	7.42 ± 1.41	20.9 ± 3.9	3.52 ± 0.47	0.5 ± 0.0
头孢噻呋晶体游离酸[c]	羊驼	6.6	皮下	4.06±2.18		64.6 ± 31.4	199 ± 42	2.65 ± 0.85	36
头孢噻呋晶体游离酸[c]	羊驼	6.6	皮下 5d 一次	4.18 ± 1.14		52.4	217 ± 85	1.97 ± 0.44	17 ± 16
恩诺沙星[a]	美洲驼	5	静脉	3.46 ± 0.98	11.67 ± 3.5	3.38 ± 2.13	7.0 ± 2.3		
恩诺沙星[d]	羊驼	5	静脉	0.44 (0.32～1.07)	84.5 (41.5～115.7)	13.0 (6.3～46.6)	58.4 (43.2～120.6)		
恩诺沙星[d]	羊驼	5	皮下			7.83 (3.4～15.6)	41.9 (33.5～89.0)	4.2 (1.5～1.7)	6.0 (4.0～8.0)
恩诺沙星[d]	羊驼	10	口服			15.3 (8.3～25.0)	32.5 (29.3～42.7)	1.4 (0.8～4.0)	4.0 (0.5～8.0)
氟苯尼考[e]	羊驼	40	皮下			99.7 ± 59.9	99.8 ± 23.6	1.95 ± 0.94	2.50 ± 1.07
氟苯尼考金[e]	羊驼	40	皮下			41.6 ± 21.9	125.2 ± 38.2	7.54 ± 3.62	2.81 ± 1.21
氟苯尼考[f]	羊驼	20	肌内	11.1 ± 8.1	6.73 ± 1.55	17.6 ± 11.7	51.8 ± 11.7	4.31 ± 3.03	1.00 ± 0.65
氟苯尼考[f]	羊驼	40	皮下	55.7 ± 25.9	7.04 ± 1.75	99.7 ± 59.9	99.8 ± 23.6	1.95 ± 0.94	2.50 ± 1.07
氟苯尼考[f]	羊驼	40	皮下 2d 一次			90.2 ± 55.5		4.48 ± 1.28	2.50 ± 0.93
庆大霉素[g]	美洲驼	4	静脉	0.12	0.51	3.03	125.7		
庆大霉素[h]	美洲驼	5	静脉	0.25 ± 0.03	1.10 ± 0.14	2.77 ± 0.34	77.3 ± 10.3	38.2 ± 12.3	

（续）

药物	动物种类	剂量 (mg/kg)	途径	分布容积 (L/kg)	清除率 [mL/(min·kg)]	消除半衰期（h）	AUC (μg·h/mL)	峰浓度 (μg/mL)	达峰时间（h）
磺胺甲噁唑+甲氧苄啶[a]	美洲驼	15	静脉	0.46 ± 0.08	1.33 ± 0.47	4.28 ± 0.53	187 ± 47		
磺胺甲噁唑+甲氧苄啶[i]	羊驼	12.5	静脉	0.35 ± 0.09	1.90 ± 0.77	2.20 ± 0.60	124.4 ± 64	158.3 ± 189.3	
磺胺甲噁唑+甲氧苄啶[j]	美洲驼	45	口服			4.0（3.2～7.2）	34.1 ± 12.8	3.9 ± 1.5	2（2～4）
磺胺二甲氧嘧啶[k]	美洲驼	55.6～62.4	静脉	0.44 ± 0.05	0.73 ± 0.22	9.4 ± 2.0	1403 ± 311	237 ± 27	
磺胺二甲氧嘧啶[k]	美洲驼	50.2～72.4	口服			11.7 ± 6.7	765 ± 210	21.7 ± 14.1	17.6 ± 9.2
妥布霉素[a]	美洲驼	1	静脉	0.14 ± 0.05	0.43 ± 0.07	3.68 ± 1.26	39.5 ± 6.6		
甲氧苄啶+磺胺甲噁唑[i]	羊驼	2.5	静脉	2.33 ± 1.15	21.63 ± 9.85	0.74 ± 0.1	364 ± 4.45	10.75 ± 2.12	
甲氧苄啶+磺胺甲噁唑[a]	美洲驼	3	静脉	0.40 ± 0.15	1.4 ± 1.1	3.31 ± 0.56	39.9 ± 16.6		
甲氧苄啶+磺胺甲噁唑[j]	美洲驼	9	口服				无法检测	无法检测	
伏立康唑[l]	羊驼	4	静脉	1.19 ± 0.14	1.82 ± 0.42	8.01± 2.88	33.9 ± 5.2	5.93 ± 1.13	
伏立康唑[l]	羊驼	4	口服	7.11 ± 5.41	9.43 ± 4.57	8.75 ± 4.31	8.76 ± 6.80	1.70 ± 2.71	5.37 ± 3.36

注：a 引自 Christensen 等，1996。
b 引自 Drew 等，2004。
c 引自 Dechant 等，2012。
d 引自 Gandolf 等，2005。
e 引自 Bedenice 等，2012。
f 引自 Holmes 等，2011。
g 引自 Dowling 等，1996。
h 引自 Lackey 等，1996。
i 引自 Chakwenya 等，2002。
j 引自 Snook 等，2002。
k 引自 Junkins 等，2003。
l 引自 Chan 等，2008。

最近一项研究表明，在腋窝区域单次皮下注射 6.6mg/kg 导致成年羊驼血浆中头孢噻呋及其活性代谢物浓度仍高于 0.25μg/mL 达 6d，但也表明较高的浓度很必要，以有效对抗大多数的新近细菌菌株（Decant 等，2012）。从驼类动物分离出的 54%的革兰氏阳性菌株和 27%的革兰氏阴性菌株对浓度≤0.25μg/mL 的头孢噻呋表现敏感，71%的革兰氏阳性菌株和 45%的革兰氏阴性菌株对浓度≤0.5μg/mL 的头孢噻呋表现敏感，88%的革兰氏阳性菌株和 64%的革兰氏阴性菌株对浓度≤1.0μg/mL 的头孢噻呋表现敏感。因此，可能有必要每 2～5d 给药以实现真正的广谱覆盖。

单剂量给予头孢噻呋晶体游离酸的耐受性良好，但重复给药导致半数试验羊驼发生局部非疼痛反应。头孢噻呋通常与蛋白高度结合，从而影响其分布。低蛋白血症在重病骆驼很常见，但其如何影响分布以及其他药代动力学参数尚未经过试验。

尽管青霉素在新骆驼类常用，但是没有药代动力学研究数据可用，并且大部分的剂量是从其他大型动物种类外推而得。结晶青霉素（22 000IU/kg，静脉注射，6h 1 次）或普鲁卡因青霉素（22 000IU/kg，皮下或肌内注射，12h 1 次）是最常用的产品。当怀疑是梭状芽孢杆菌或类似病原体时剂量常须加倍。不良反应的报道很少，最常见的是急性普鲁卡因型反应或者长时间使用后罕见的超敏反应。临床疗效看起来令人满意。氨苄西林经肾脏排泄，其半衰期与青霉素 G 在其他物种中相似。然而，氨苄西林在美洲驼的半衰期比马或绵羊长 2～4 倍，稳态分布容积比绵羊大 50%，与马大致相同（Christensen 等，1996）。较长半衰期可能是产尿率低的结果，这可能延迟肾脏排泄药物的作用，并表明对驼类动物以更低剂量或更不频繁的给药间隔使用青霉素可以达到足够的治疗效果。在使用抗生素治疗过程中，对驼类动物给予流食可能会通过增强排泄而达不到这种疗效。

硫酸庆大霉素或类似化合物妥布霉素在美洲驼和骆驼方面的应用已经得到研究（Christensen 等，1996；Dowling 等，1996；Hadi 等，1994；Lackey 等，1996）。不同的研究再次产生了有关分布容积的矛盾信息，大型研究报告中不同动物之间稳态分布容积的差别最大可达 150%。由于氨基糖苷类抗生素通常具有较差的脂溶性，进入细胞外空间缓慢，这些分布容积的差异可能与骆驼个体的胃部填充和身体脂肪方面的差异有关。该研究确定延长消除半衰期约 3h。

与其他种类动物一样，对驼类动物使用氨基糖苷类药物每日 1 次给药变得比更频繁给药更受欢迎。这样做的理由是为了使谷浓度降至 2.0μg/mL 以下来防止肾毒性，同时又由于药物的抗生素后效应而保持功效。由于驼类对氨基糖苷类药物消除缓慢，这一策略似乎是特别有效。以 2.5mg/kg 对驼类静脉给药，许多驼类每次给药后保持浓度在毒性阈值以上至少 6h（Lackey 等，1996），这将代表每天 3 次给药的剂量为中毒的高风险。以 4.0～5.0mg/kg 给药后保持浓度在毒性阈值以上大约 12h（Dowling 等，1996；Lackey 等，1996），并且提供了抗微生物活性所必需的峰值浓度。

已有文献和轶闻报道，每日 1 次或更频繁对驼类给予氨基糖苷类会出现肾毒性（Hutchison 等，1993）。消除缓慢、尿液产生少以及容积分布极端变化可能使骆驼非常易对相对过量用药敏感，尤其是当它们脱水或喝水不足时。这些问题在使用氨基糖苷类和同时静脉输液的驼类中都没有被报道。因此，对驼类施用氨基糖苷类之前和治疗的过程中确定水合状态特别重要。

头孢噻呋钠和庆大霉素在通过静脉或肌内给药时具有足够相似的药代动力学性质，相同的剂量和给药频率可被用于任一途径。此外，来自其他物种的最近证据表明，许多抗生素通过皮下途径的吸收具有可比性。由于缺乏大肌肉群和易于给药，对以前通过肌内注射的许多抗生素，采用皮下途径给药已经在驼类变得很普遍。除非要求一种非常迅速的作用，或已知某特定抗生素皮下注射易引起不良反应，肌内注射途径被认为是可以接受的。

磺胺抗生素和甲氧苄啶-磺胺联用静脉注射给药已得到研究并在临床病例应用。甲氧苄啶的研究表明一致性较差。在羊驼中，甲氧苄啶具有较大的分布容积和快速的清除率，与大鼠类似，并迅速下降到亚治疗浓度（Chakwenya 等，2002）。甲氧苄啶（3 mg/kg）在美洲驼的作用更类似于马，导致血浆浓度>1 μg/mL 长达 12h；其报道的分布容积比许多其他种类要小（Christensen 等，1996）。因此，甲氧苄啶在羊驼中似乎没有优势，但可能在美洲驼对抗敏感微生物有用。

磺胺甲噁唑在美洲驼和羊驼中的作用更相似（Christensen 等，1996；Chakwenya 等，2002），但在羊驼中有更小的分布容积和更快的清除率。在这些方面驼类与绵羊和牛相当类似，清除率比马或人快得多。

主动分泌到肾小管和排泄药物被碱性尿捕集可能有助于这种快速清除。这也反映了新骆驼类和骆驼之间有显著差异，报道说骆驼具有酸性尿和缓慢的磺胺清除率（Kumar 等，1998）。注射用磺胺甲噁唑可能在治疗敏感菌感染上有一定价值，特别是对美洲驼。

以代谢类比剂量 55～62 mg/kg，磺胺二甲氧嘧啶在美洲驼具有比牛更高的稳态分布容积和较短半衰期，也可能仅达到亚治疗血浓度（Junkins 等，2003；Boxenbaum 等，1977）。有报道单峰骆驼中有相似的分布容积和峰浓度以及更快的清除率（Chatfield 等，2000）。未对更高剂量进行评估，但推荐代谢类比剂量 69 mg/kg 用于骆驼，在新骆驼类可能有必要使用一种更高的可能不安全的剂量以达到期望的浓度。磺胺二甲氧嘧啶蛋白结合对清除率的作用已在其他物种得到研究，并且证明这种作用是长半衰期所必不可少的（Bevill 等，1982）。这种研究并未在驼类动物开展，但必须考虑的是，在患病驼类动物中发现的低蛋白血症可能改变药物排泄。由于这些原因，磺胺二甲氧嘧啶静脉注射给药似乎不适于大多数驼类动物的抗微生物应用。

氟苯尼考的使用已变得越来越普遍，尤其是在治疗齿根脓肿以及要求较长给药间隔的其他情况。最近的临床和实验结果表明，其对局灶性感染中高度易感病原体的价值可能最大，而不是作为一种广谱治疗。这与其药代动力学特性和潜在的不良反应有关。

在新驼类中静脉注射给予氟苯尼考比在绵羊、山羊或骆驼中具有更低的分布容积，比在绵羊或山羊中具有稍长的半衰期；在美洲驼和羊驼中，20mg/kg 的剂量产生的血浆浓度均>1μg/mL 约达 12h（Ali 等，2003；Christensen 等，2001）。当以 20mg/kg 的剂量肌内注射，迅速达到血浆峰浓度，并且在美洲驼和肉牛之间具有可比性，在羊驼中则更高（Holmes 等，2011）。消除也似乎与牛相似或延长，但血浆浓度通常在 14～24h 内低于 1μg/mL。与其他药物一样，个体成年新驼类之间的差异相当大：一项研究中静脉给药后的分布容积范围为 0.25～2.54 L/kg，另一项研究中肌内注射 20 mg/kg 后血浆峰浓度为 4.3±3μg/mL。在胸背部单次皮下给药需要稍长时间（2～3h）达到一个较低的峰值，随后是广泛的消除相（Holmes 等，2011）。不管皮下给药 20 mg/kg 还是 40mg/kg，通常血浆浓度在 18～24h 内都低于 1μg/mL。

皮下注射后的漫长消除半衰期（31～100h）可能反映新驼类皮肤相关的重要因素。超过几毫升的皮下注射通常在美洲驼和羊驼的背胸部给药。与此相比，氟苯尼考在牛的皮下注射应该特别地在颈部给药。驼类的背胸部皮肤会被季节性纤维覆盖，发挥轻微的体温调节作用。与腋窝相比，背胸部的皮肤血管分布不好，可能会减缓注入其中的药物吸收，并产生一个漫长消除半衰期，这实际上是缓慢吸收的一种体现。连续注射可能会增加血流量并最终减小肌内和皮下途径之间的差异（Holmes 等，2011）。氟苯尼考或任何其他药物，在腋窝区域给药可能会导致更快达峰和更短的消除半衰期，但尚未经过试验。

最近研究表明，每天肌内注射氟苯尼考（20mg/kg）可能有效对抗非常敏感至中度敏感的微生物，其中不包括金黄色葡萄球菌、铜绿假单胞菌以及许多革兰氏阴性肠道细菌。尚未报道理想的皮下给药方案。如果可以推断连续给药有更好吸收，低剂量（20mg/kg，皮下，每 24h 一次）可能已足够对抗敏感病原体。更高的剂量（40mg/kg，皮下，每 24h 一次）维持治疗稳态浓度，但与存在的毒性证据相关，包括血液中蛋白质和细胞计数减少，大便异常，以及临床疾病。

已有关于在美洲驼和羊驼静脉和皮下注射给予恩诺沙星，以及静脉和肌内注射给予土霉素的研究。对美洲驼通过静脉注射给予土霉素具有与骆驼相似的分布容积，但半衰期更长（Oukessou，1992）。羊驼具有更大的分布容积，但半衰期与骆驼相似。皮下给药在临床上十分常见，尤其对于治疗驼嗜血支原体或嗜吞噬细胞无形体感染，但尚未进行科学评价，可能与皮下注射氟苯尼考有相同的误区。据说使用丙二醇作载体的制剂比使用聚乙烯吡咯烷酮（聚维酮）的制剂与局部肌肉刺激、震颤和崩解有更多的关系；在新驼类中，与不同溶剂载体引起的反应较少见。

静脉或皮下注射给药后，恩诺沙星达到治疗浓度，但有关半衰期的信息相互矛盾（Christensen 等，2001；Gandolf 等，2004）。有一例关于原驼给予恩诺沙星后视网膜病变的报告（Harrison 等，2006）。

在没有安全性和有效性全面知识的情况下，还有各种其他肠道外给药的抗生素被用于骆驼个体给药。对于绝大部分药物，在谨慎遵从其他原则的情况下，可以从相似物种做出合理推断。举个例子，标明用于牛和绵羊的替米考星，有报道指出对马和山羊具有心脏毒性，但报道指出对新骆驼类也具有毒性作用（Lakritz 等，2012）。

口服抗生素的研究不如注射剂那样广泛。可预期成年驼类与成年反刍动物有类似的吸收问题，几个研究都证实了翻转现象，即明显延长的消除实际上反映了缓慢的吸收。甲氧苄啶、磺胺甲嘧唑和磺胺二甲氧嘧啶等抗生素似乎在反刍动物的剂量时吸收不好，不能被推荐用于全身性疾病（Chakwenya 等，2002；Junkins 等，2003；Snook 等，2002）。甲氧苄啶口服给药后在血液中几乎检测不到，相对于酸化配料饲喂的公牛，在饲料喂养的驼类中磺胺离子捕集则是更大的问题，并且这种情况在食欲不振和相对前胃碱化的任何反刍动物或驼类动物可能会更糟，这个问题可能造成它们吸收不良。

口服使用四环素、阿莫西林-克拉维酸、异烟肼以及氯霉素也已有报道，但尚未开展药代动力学研究。以剂量 10mg/kg 口服给予恩诺沙星后仅有 29.3%的生物利用度，达到治疗浓度（Gandol 等，2004）。口服抗生素可能对反刍前驼类更有用，但这种用法尚未得到研究。

近年来受到关注的一个话题是美洲驼和羊驼之间的剂量差别。药代动力学研究大致遵循品种通用性，较早研究涉及美洲驼，而最近更多研究与羊驼有关，虽然大量以美洲驼为试验对象的研究对不断出现的关于羊驼的研究具有影响。很少有对这两个物种进行比较的研究，而最近已宣布这两个物种是不同的种属。

涉及葡萄糖的研究数据表明，成年羊驼有一个比成年美洲驼约大 37%的细胞外（间质性）流体室（Cebra 等，2006a）。这与一项研究中发现的土霉素分布容积的差异相类似（Christensen 等，2001），而报道的头孢噻呋在羊驼中分布容积比美洲驼大 2.5～3 倍（Drew 等，2004；Christensen 等，1996）。

分布容积差异的物理基础是各种器官对整个身体重量的贡献。美洲驼的全胃脏器占整个体重的比要比羊驼大约高 4%，意味着羊驼一般具有成比例地更软的组织和间质液（Cebra 等，2006b）。极其亲脂性化合物如氟苯尼考分布在胃室，因此美洲驼和羊驼之间具有类似的分布容积，而亲水性化合物却非如此，因此羊驼比美洲驼具有更大的成比例的分配容积。可能有必要进行剂量调整，这在土霉素已被证实。氨基糖苷类抗生素，虽然具有亲水性，但是从血管腔隙向外扩散更慢，受此影响较小，因此不应该对羊驼用更高剂量。

相同论据可用来调整幼年新驼类的剂量。葡萄糖的研究表明，2～4 周龄未断奶的新生小美洲驼具有比成年美洲驼大约 30%的细胞外流体室（Cebra 等，2005）。不幸的是，这种差别在抗菌药物剂量的重要性还未被研究。

与许多其他常见饲养物种相比，可获得的关于细菌分离株的频率和重要性信息要少得多。俄勒冈州立大学以及科学文献可提供的内容见表 32.3。其他人也编辑了从其他机构收集到的类似结果，尚未公开发表（Dechant 等，2012；Anderson，2009）。尚无足够数据得出有意义的体外药物敏感性结论。由于许多这些细菌都是可遇而不可求，它们很可能与从其他种类的分离菌株具有相似的敏感性。这里特别值得注意的是，α-溶血性链球菌常常对青霉素耐药，这可能是一些治疗失败的原因。还需注意的是关于沙门氏菌和马疫链球菌兽疫亚种感染的报道和轶事传闻越来越多（Tillotson 等，1997；Saulez 等，2004；Middleton 等，2006；Hewson 等，2001；Jones 等，2009）。这些最后的微生物是驼类的主要病原体，并可能在某一个特性方面影响到多个健康驼类。驼类也可能陷于沙门氏菌在多物种的暴发。伪结核棒状杆菌是另一种涉及多物种暴发的主要病原体，也被更多地认为是引起驼类外周或内部淋巴结脓肿的原因。随着驼类数量的增加，传染性疾病和跨物种传播的危险性也在增加。这包括传染到人的风险增加，特别是微生物如沙门氏菌、李斯特菌以及大肠杆菌（Featherstone 等，2011）。

表 32.3　俄勒冈州立大学兽医诊断实验室以及在选定的科学出版物中驼类病害的细菌分离株

（非俄勒冈州立大学实例列在括号中）

	伤口或浅表病变[a]	齿根脓肿[b]	雌性生殖道	成年脓毒症[c]	新生儿脓毒症[d]	软组织脓肿[e]	肌炎[f]
革兰氏阳性							
金黄色葡萄球菌属（凝固酶－）	1	(1)	3	1			
金黄色葡萄球菌属（凝固酶＋）	5				1		
非溶血性链球菌				(5)	(1)		
α-溶血性链球菌	(2)	1		3 (5)	1		
β-溶血性链球菌	3		1	5 (7)	3	2 (1)	2

（续）

	伤口或浅表病变[a]	齿根脓肿[b]	雌性生殖道	成年脓毒症[c]	新生儿脓毒症[d]	软组织脓肿[e]	肌炎[f]
肠球菌属			5	2	1（4）		（1）
马红球菌						（1）	
梭菌属		（2）		6（5）		（1）	1（2）
放线菌属	1（1）	7（57）		1（1）		7（1）	
消化链球菌	1	2（5）		（1）			
化脓隐秘杆菌			2			1	
单核细胞增生性李斯特菌				2（6）	（4）		
芽孢杆菌属			2	（1）			
伪结核棒状杆菌						（89）	

注：a 引自 Stone，1993；Watt，2000。

b 引自 Cebra，1996；Coyne，1995；Niehaus，2007。

c 引自 Anderson，1995；Bedford，1996；Butt，1991；Cebra，1998；Firshman，2008；Fowler，1992；Hamir，2000；Hewson，2001；Hutchison，1992；Jones，2009；McLane，2008；Middleton，2006；Pearson，2000；Quist，1998；Ramos-Vara，1998；Saulez，2004；Seehusen，2008；Sivasankar，1999；Stone，1993；Tillotson，1997；Tyler，1996；Underwood，1992；van Metre，1991。

d 引自 Adams，1992；Anderson，1995；Cebra，2000；D' Alterio，2003；Dolente，2007，Frank，1998；Parreno，2001；Sura，2008。

e 引自 Anderson，2004；Aubry，2000；Braga，2006；D' Alterio，2003；Dwan，2008；Hong，1995；Koenig，2001；St. Jean，1993；Talbot，2007。

f 引自 Burkhardt，1993；Tyler，1996；Uzal，2000。

如上所述，特定的局部症状（如细菌性肺炎、肠炎）是罕见的，所以除了慢性局灶性感染，大多数细菌性疾病已被组合在一起作为败血症的原因。这些动物通常出现一般的全身症状，包括发热、食欲不振、迟钝、虚弱，但也可具有可归因于受感染器官的具体症状。作为一个一般性结论，从伤口和脓毒症骆驼分离得到的革兰氏阴性和革兰氏阳性菌株之间的相对一致的水平，这支持广谱抗生素的最初使用。一种氨基糖苷类与一种β-内酰胺抗生素的联用，或头孢噻呋单用或联用最常见。其他单独药物，如土霉素、恩诺沙星或氟苯尼考在某些情况下可能有用。相关体液（血液、腹水、胸腔积液、脑脊液、尿液、粪便、分泌物等）的采集和培养可能会获得关于特定病原体的信息，并使抗生素的选择得到优化。

雌性生殖道感染常涉及革兰氏阴性肠道细菌，经常用庆大霉素输注治疗，而齿根脓肿和其他组织脓肿则更多地涉及革兰氏阳性菌或厌氧菌，因此常使用长疗程青霉素、头孢噻呋或氟苯尼考（20～60d）来治疗。驼类血液寄生虫，驼嗜血支原体，最常使用长效土霉素制剂治疗。有关使用和具体禁忌更多信息应参阅具体抗生素章节。

各种真菌性疾病在驼类也有报道，但只有一项抗真菌研究得以进行（Chan 等，1998）。全身性真菌病包括曲霉菌病、球孢子菌病、隐球菌病、组织胞浆菌病，以及毛霉菌病。真皮或浅表性霉菌病包括念珠菌病、癣以及虫霉病。

伏立康唑静脉给药（4mg/kg）可维持血浆浓度＞0.1μg/mL 至少 24h（Chan 等，1998）。清除率和分布容积是可与马相当，但比在人类中低。口服给药后 5min 之内吸收，但生物利用度小于 23%。吸收通常缓慢并且无法预测，因此推测需要更高的剂量。其他全身性抗真菌药物的使用基本从反刍动物外推而来。经验性使用的药物，包括氟康唑（14mg/kg，静脉或口服为首次剂量，之后 5mg/kg，每 24h1 次），伊曲康唑（5mg/kg，静脉或口服，每 24h1 次）以及两性霉素 B [0.5mg/kg，用 5%葡萄糖稀释至 0.5～1L，静脉注射给药 1h，每 24h1 次；用氟尼辛葡甲胺预处理（0.25mg/kg，静脉）]。咪康唑、克霉唑已被用于局部真菌性皮炎。与抗菌使用一样，所有在驼类的抗真菌使用均属于标签外用药。

参 考 文 献

Ali BH，et al. 2003. Comparative plasma pharmacokinetics and tolerance of florfenicol following intramuscular and intravenous administration to camels，sheep and goats. Vet Res Commun 27：475.

Anderson DE. 2009. Analysis of antimicrobial cultures from llamas and alpacas: a review of 1821 cultures (2001-2005). Proceedings of the International Camelid Health Conference.

Bedenice D, et al. 2012. Florfenicol pharmacokinetics in healthy adult alpacas evaluating two commercially available drug formulations. J Vet Intern Med. In press.

Boxenbaum HG, et al. 1977. Pharmacokinetics of sulphadimethoxine in cattle. Res Vet Sci 23: 24.

Buchheit TM, et al. 2010. Use of a constant rate infusion of insulin for the treatment of hyperglycemic, hypernatremic, hyperosmolar syndrome in an alpaca cria. J Am Vet Med Assoc 236: 562.

Cebra CK, et al. 2005. Glucose tolerance and insulin sensitivity in crias. Am J Vet Res 66: 1013.

Cebra CK, et al. 2006a. Meta-analysis of glucose tolerance in llamas and alpacas. In: Gerken M, Renieri C (eds). South American Camelids Research, vol. 1. Proceedings of the 4th European Symposium on South American Camelids and DECAMA European Seminar. The Netherlands: Wageningen Academic Publishers, p. 161.

Cebra CK, et al. 2006b. Determination of organ weights in llamas and alpacas. In: Gerken M, Renieri C (eds). South American Camelids Research, vol. 1. Proceedings of the 4th European Symposium on South American Camelids and DECAMA European Seminar. The Netherlands: Wageningen Academic Publishers, p. 233.

Chakwenya J, et al. 2002. Pharmacokinetics and bioavailability of trimethoprim-sulfamethoxazole in alpacas. J Vet Pharmacol Ther 25: 321.

Chan HM, et al. 2008. Pharmacokinetics of voriconazole after single dose intravenous and oral administration to alpacas. J Vet Pharmacol Ther 32: 235.

Chatfield J, et al. 2001. Disposition of sulfadimethoxine in camels (Camelus dromedarius) following single intravenous and oral doses. J Zoo Wildl Med 32: 430.

Christensen JM, et al. 1996. The disposition of five therapeutically important antimicrobial agents in llamas. J Vet Pharmacol Ther 19: 431.

Christensen JM, et al. 2001. Comparative metabolism of oxytetracycline and florfenicol in the llama and alpaca. Unpublished data.

Dechant J, et al. 2012. Pharmacokinetics of ceftiofur crystalline free acid after single and multiple subcutaneous administrations in healthy alpacas (*Vicugna pacos*). J Vet Pharmacol Therap 36: 122.

Dowling PM, et al. 1996. Pharmacokinetics of gentamicin in llamas. J Vet Pharmacol Ther 19: 161.

Drew ML, et al. 2004. Pharmacokinetics of ceftiofur in llamas and alpacas. J Vet Pharmacol Ther 27: 13.

Featherstone CA, et al. 2011. Verocytotoxigenic *Escherichia coli* O157 in camelids. Vet Rec 16: 194.

Gandolf AR, et al. 2005. Pharmacokinetics after intravenous, subcutaneous, and oral administration of enrofloxacin to alpacas. Am J Vet Res 66: 767.

Hadi AA, et al. 1994. Pharmacokinetics of tobramycin in the camel. J Vet Pharmacol Ther 17: 48.

Harrison TM, et al. 2006. Enrofloxacin-induced retinopathy in a guanaco (*Lama guanicoe*). J Zoo Wildl Med 37: 545.

Hewson J, et al. 2001. Peritonitis in a llama caused by *Streptococcus equi* subsp. *zooepidemicus*. Can Vet J 42: 465.

Holmes K, et al. 2011. Florfenicol pharmacokinetics in healthy adult alpacas after subcutaneous and intramuscular injection. J Vet Pharmacol Ther 35: 382.

Hutchison JM, et al. 1993. Acute renal failure in the llama (*Lama glama*). Cornell Vet 83: 39.

Jones M, et al. 2009. Outbreak of *Streptococcus equi* ssp. *zooepidemicus* polyserositis in an alpaca herd. J Vet Intern Med 23: 220.

Junkins K, et al. 2003. Disposition of sulfadimethoxine in male llamas (*Llama glama*) after single intravenous and oral administrations. J Zoo Wildl Med 34: 9.

Kumar R, et al. 1998. Pharmacokinetics, bioavailability and dosage regimen of sulphadiazine (SDZ) in camels (*Camelus dromedarius*). J Vet Pharmacol Ther 21: 393.

Lackey MN, et al. 1995. Urinary indices in llamas fed different diets. Am J Vet Res 56: 859.

Lackey MN, et al. 1996. Single intravenous and multiple dose pharmacokinetics of gentamicin in healthy llamas. Am J Vet Res 57: 1193.

Lewis CA, et al. 2009. Colonic impaction due to dysautonomia in an alpaca. J Vet Intern Med. 23: 1117.

Middleton JR, et al. 2006. Dysautonomia and salmonellosis in an 11-year-old female llama (*Lama glama*). J Vet Intern Med 20: 213.

Oukessou M, et al. 1992. Pharmacokinetics and local tolerance of a long-acting oxytetracycline formulation in camels. Am J Vet

Res 53：1658.
Saulez MN，et al. 2004. Necrotizing hepatitis associated with enteric salmonellosis in an alpaca. Can Vet J 45：321.
Simpson KM，et al. 2011. Acute respiratory distress syndrome in an alpaca cria. Can Vet J 52：784.
Snook CS，et al. 2002. Plasma concentrations of trimethoprim and sulfamethoxazole in llamas after orogastric administration. J Vet Pharmacol Ther 25：383.
Tillotson K，et al. 1997. Outbreak of *Salmonella infantis* infection in a large animal veterinary teaching hospital. J Am Vet Med Assoc 211：1554.

第三十三章 抗菌药物在猪的应用

David G. S. Burch

第一节 概 述

抗菌药物已广泛应用于猪，并且某种情况下，养猪业已经过分依赖这些药物。由于养猪业是从50年前小规模的家庭式作业完全转变为现在的大规模养殖，所以在这种情况下通过使用抗生素来帮助养殖者维持规模生产下的正常也就不足为奇。不要忘记，使用抗生素是需要成本的，养殖者除非能从使用获得利益，否则不会花钱使用抗生素。

养猪业已在管理和饲养体系中采取了多种手段以减少抗菌药物的使用。例如，提高生物安全（使疾病不发生），选育具有优良健康基因的品种和采用三区式养殖方式。后者采用“全进全出”程序，后续加以改进卫生和提高控制感染的水平，并防止猪场中老龄猪再次成为感染源。与养禽业不同，养禽业首先实行了这一饲养模式，同时家禽的饲养周期仅有5～6周，然而猪的饲养周期接近6个月，使之不易照搬家禽饲养模式。从仔猪到出栏，通常仍然是最普遍的家庭农场，尽管使用了疫苗，但并不是所有的疾病都能控制，仍需要使用抗菌药物进行治疗。

目前对动物使用抗菌药物后，细菌耐药性经人兽共患细菌如沙门氏菌、空肠弯曲杆菌，以及近期发现的耐甲氧西林金黄色葡萄球菌（MRSA），或是更间接通过大肠杆菌或肠球菌传播给人的问题有大量的综述，并可以预料在未来5年中会发生许多改变。在美国有很多关于禁止抗生素作促生长目的，仅用于疾病预防和治疗的呼声（见第二十二章）。欧盟在2006年就禁止抗生素用于促生长目的，目前，欧盟议会呼吁深化这一措施，停止所有抗菌药物用于疾病预防。美国已经禁止氟喹诺酮类药物用于家禽（饮水给药），但允许在猪注射给药。但在欧盟，有呼声禁止所有氟喹诺酮类药物和第3、第4代头孢菌素类药物禁用于兽医临床。美国已经严格要求头孢菌素类药物必须按照标签说明书用药，而在欧盟，停止第3代头孢菌素类药物如头孢噻呋用于家禽正在得以实施。从鸡分离到的大肠杆菌中发现了高水平的超广谱β-内酰胺酶（ESBLs）菌株，平均水平为8.5%（范围为0～26.4%）（Anon，2011）。认为出现这种情况与鸡胚胎期和出生第一天注射给药有关，尽管该用法并未批准，但已被广泛使用。相比而言，在欧盟从猪分离到的大肠杆菌中ESBL的水平很低，为2.3%（范围为0～3.8%）（Anon，2011）。鸡肉和猪肉被污染产ESBL的大肠杆菌已有报道，因此受到公众的关注。

面对这些问题，养猪业与其他行业联合，呼吁通过多个团体如英国的负责任使用药物联盟（RUMA），欧盟通过EPRUMA，美国通过其全国猪肉生产者委员会发出倡议，提倡负责任地使用抗菌药物。在兽医上使用抗菌药物来治疗和预防动物疾病，并确保动物健康和福利，这被视为继续使用抗菌药物的唯一理由。同时，也在努力减少不必要的抗生素使用，并在有合适的替代药物可用时，减少人用至关重要的抗生素的使用。在欧盟，所有抗菌药物均为处方药，且必须在兽医指导下或按照处方用药。在美国，抗菌药物的使用相对宽松，很多药物不需要处方即可添加在饲料中给药，但添加浓度应符合饲料行业的相关规定。这种情况在未来将会有所改变。在一些欧盟国家，已停止将抗菌药物添加到饲料中使用，例如，在荷兰，正在努力全面减少抗菌药物的用量，而在德国和丹麦，也严格限制抗菌药物的使用。在欧盟，第3代和第4代头孢菌素类药物以及氟喹诺酮类药物均禁止添加到饲料中使用。

“负责任地使用抗菌药物”号召兽医和养殖者“尽可能少但按需要使用抗菌药物”。有很多指南文件介绍如何合理使用抗菌药物，致力于针对感染选择正确的抗生素，通过恰当的给药途径和正确的剂量给药，这也是本章的目的。

第二节 抗菌药物在猪的给药途径

一般而言，对除仔猪以外的猪注射给药是十分辛苦的，主要对出现临床症状的猪采用此方法，如由胸膜肺炎放线杆菌引起的急性呼吸道感染或由猪痢疾密螺旋体引起的痢疾等肠道感染，出现这些症状的猪通常比较虚弱，无法摄食或饮水，只能注射给药。对于单个动物，注射给药是十分有效的给药方式，但许多抗生素需要一天内重复注射给药。长效制剂的研发可有效地改进这个关于顺从性问题，以完成治疗过程。第三代头孢菌素类药物作为预防仔猪多种伤口感染（断尾和去势），以及治疗由猪链球菌和副猪嗜血杆菌引起的早期感染的用药量大幅增加。由此所导致的 MRSA 克隆菌株的选择性（特别是 CC398）已在欧洲大陆（Anon，2009）及北美洲（Khanna 等，2008）广泛传播。另外，还会导致美国临床病例分离到的猪大肠杆菌对头孢噻呋的耐药率非常高（41.8%）(Frana 等，2012)。

口服给药是猪临床用药最主要的给药途径。仔猪可以通过含有抗生素的口服加药器进行给药。这种给药方式对控制大肠杆菌引起的新生仔猪感染非常有效，适用于含有恩诺沙星、甲氧苄啶/磺胺和阿莫西林等具有消化道活性和全身活性成分的药物。之后，当感染主要发生在消化道时，可广泛使用如氨基糖苷类的新霉素、氨基环醇类的大观霉素和多黏菌素等具有消化道活性的抗生素。妥曲珠利对于预防和治疗由猪等孢子球虫引起的仔猪球虫病具有很好的疗效。

饮水给药得到广泛使用，并在一些国家由于可以使用有效的自动给药装置而变得越来越普遍。在过去它仅限于围栏式水槽或单个栏内水箱。大型上水箱可使整群动物同时得到治疗，但在某些情况下确定需要多大体积是个难题，并且需要一天多次给药的药物，以确保动物的摄入量合适和活性持续有效。对于自动饮水分配器，将抗生素以一定浓度溶解在水中，按照预先设定的目标速率（1%～2%，根据药物的溶解度设定）使其在主水系统中流动，这种方式在大型养殖场已广泛使用。但是采用这种方式的抗生素必须充分溶解。这种方式的优点在于可以控制给药剂量和给药间隔，有望成为替代以治疗为目的的在饲料中加药的给药方式。

通过饲料加药在很多国家仍是抗菌药物给药的主要途径。在治疗疾病方面，这是否是一个有效途径仍存在争议，因为加药饲料从生产、运输、储料系统再到猪的体内需要几天的时间。从给药方便来讲，这确实是最为简单的途径。对于疾病预防和早期治疗（治疗性预防）通过加药饲料这种给药方法十分理想，因为这种给药方式具有计划性，猪在到达时或从一个猪舍转移到另一猪舍时接受药物治疗，特别是在已知猪来自一个感染源时。治疗性预防的目的是尽可能消除和减少传染源，从而不会引起在下一生长阶段发病。无论是猪痢疾密螺旋体或链球菌感染，以治疗剂量给药的目的就是消除传染源。低浓度的细菌（如 10^2）对低浓度的抗生素具有较好的响应，并且也不会引起临床感染中发现的高浓度微生物的突变（$>10^6$，Drlica，2003）。这一发现支持了早期治疗和预防治疗的观念，而不是等到疾病发展到一定程度再进行治疗。通常采用低浓度的抗生素预防感染或由污染的环境造成的再次感染，特别是在猪痢疾的临床治疗中。饲料中药物的添加浓度通常低于治疗浓度，但可有效抑制细菌的繁殖，防止细菌的增殖，因此要使药物有效，必须使消化道内浓度高于细菌的最小抑菌浓度（MIC）。在一些国家，如美国，仍允许抗生素作为促生长使用。这有时是在预防浓度和亚抑菌浓度间存在的灰色地带，这可以提高生长速率和饲料报酬率。许多成功的促生长剂确实具有预防疾病的效果，如维吉尼亚霉素可预防产气荚膜梭菌感染；卡巴氧预防猪痢疾（猪痢疾密螺旋体）；替米考星预防猪增生性肠病“回肠炎”（胞内劳森氏菌）。这就可以解释为什么一些抗菌药物可以相对容易地由促生长目的转换为疾病预防目的。

加药饲料还存在一些药代动力学方面的缺陷，如有时饲料会影响药物的吸收，降低药物的生物利用度（Nielsen，1997）及血浆浓度。特别是在治疗全身性感染或呼吸道感染时，更容易出现这种影响（图 33.1）。

另一方面，无论通过饮水或饲料的口服给药，对治疗肠道感染是非常有效的，特别是由大肠杆菌、沙门氏菌、产气荚膜梭菌、胞内劳森氏菌和密螺旋体引起的感染，因为不论在空肠、回肠或结肠，消化道内的药物都达到了有效浓度，这是他们发挥作用的关键（图 33.2）。在饲喂过程中，对不吸收药物单次口服强饲给药（Burch，2012，Clemens 等，1975），药物经过胃流出，以一种蠕动波的形式向下流动进入小肠，并在大肠中蓄积。随着饲喂次数的增多，这种蠕动波会在数量上增加，而在强度上减弱，例如，让动物自由采食时，整个肠道内抗菌药物的浓度可以更加稳定，从而抑制细菌的生长。

药物剂量与添加浓度也是至关重要的，而前者与猪的每千克体重饲料摄入量有关。多数药物的药代动力学和药效动力学是在生长期猪进行的，其饲料摄入量约为体重的 5%（每 20kg 体重 1kg 饲料）。在干奶

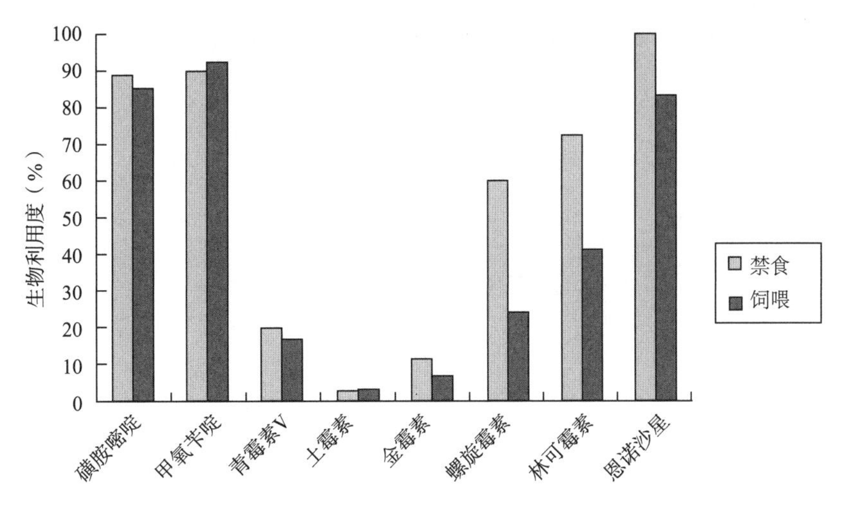

图 33.1　猪饲喂和禁食后给予不同抗菌药物的生物利用度
（Nielsen，1997）

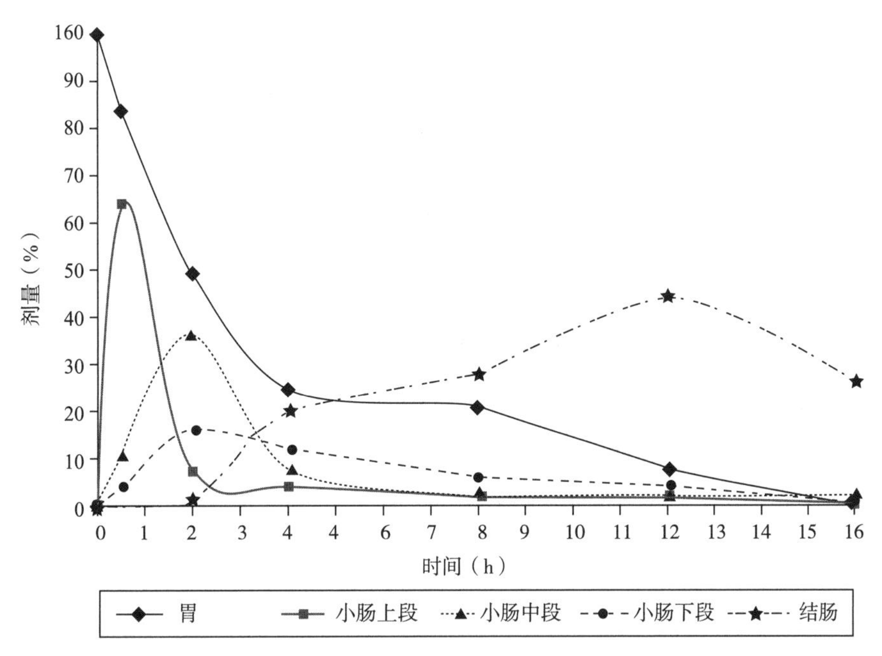

图 33.2　不吸收药物单剂量给药后在猪肠内容物的药代动力学
（Burch，2012；Clemens 等，1975）

期母猪，这一比例可下降至 1%，泌乳期母猪的这一比例为 2%～2.5%。即使对于成猪，去势后限制进食以控制脂肪沉积，这一比例也降至 2.5%。在此基础上，关键是通过调整饲料中的药物含量而达到有效剂量。如果基于或限于饲料中的标准添加量来给药，可能会使得某些情况下用药剂量不够，从而导致临床治疗反应较差。

饮水量通常为体重的 10%。有些作者认为这是错误的，并认为可能多达干饲料摄入量的 15%～20%。环境温度对水摄入量也有重要影响。当计算剂量和饲料或水中添加量时，总体重（kg）与每日给药剂量（mg/kg）相乘，除以每天的进食或饮水量（kg 或 L），最终得到所需的添加浓度（ppm）。

例如：

混饲给药：体重 1 000kg×每日给药剂量 10mg/kg 体重/饲料 50kg ＝200ppm（mg 药物/kg 饲料，或 g 药物/t 饲料）

混饮给药：体重 1 000kg×每日给药剂量 10mg/kg 体重/饮水 100L ＝100ppm（mg 药物/L 水）

如果使用饮水分配器，设定浓度为 1%，则药物的总量 10g 需要溶解到 1L 水中，1d 内给药。

超过 1d 的混饮或混饲给药，获得的药时曲线与注射给药或内服给药相比往往比较平直。由于很多抗生素是抑菌性的，如四环素类药物属时间和浓度依赖性抗菌药物，而不像氟喹诺酮类药物可以呈现很强的浓度依赖性杀菌效果，特别是在注射给药或给予大剂量时，所以这种给药方式在控制全身性或呼吸道细菌感染上还是比较理想的（图 33.3）。

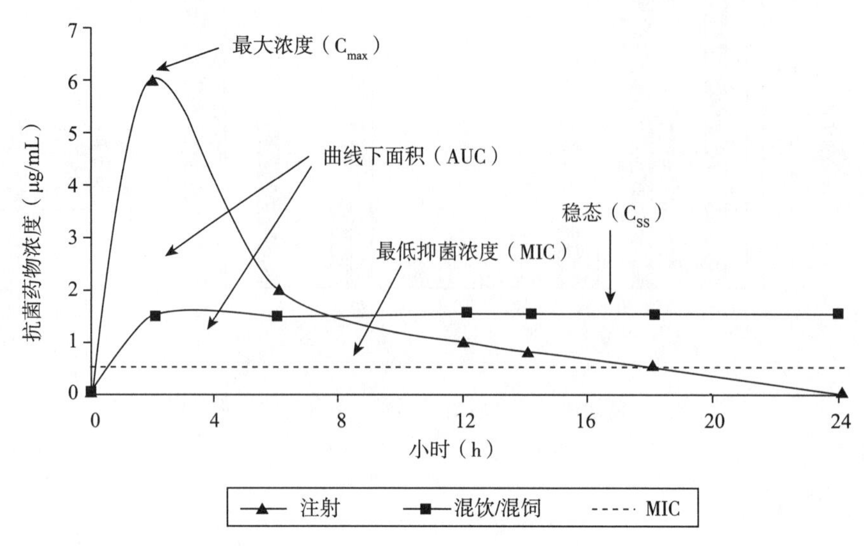

图 33.3　注射给药与混饲或混饮给药的抗菌药物的药代动力学曲线的比较

第三节　猪的普通细菌和支原体感染

猪的普通细菌和支原体感染总结见表 33.1。

表 33.1　猪常见细菌和支原体病原、疾病和发病年龄

细菌	疾病	发病年龄
肠道感染		
大肠杆菌	新生仔猪腹泻	1～3 日龄
	仔猪腹泻	7～14 日龄
	断奶仔猪腹泻	断奶后 5～14d
	乳腺炎-子宫炎-无乳综合征（MMA）	母猪、产后母猪
产气荚膜梭菌	C 型：坏死性肠炎	1～7 日龄
	A 型：腹泻	断奶后 10～21d
肠道沙门氏菌	鼠伤寒沙门氏菌：偶见腹泻、败血症、死亡	生长猪：从断奶开始
	德尔比沙门氏菌：偶见腹泻	生长猪
	猪霍乱沙门氏菌：败血症、腹泻、死亡	育肥猪 12～16 周
胞内劳森氏菌	猪增生性肠病（回肠炎）	生长猪
	局部/坏死性回肠炎	生长猪
	猪出血性肠病	育肥猪和青年猪 16～40 周
猪痢疾密螺旋体	猪痢疾	生长猪和育肥猪 6～26 周所有年龄猪发生原发性衰弱
肠道螺旋体	肠道螺旋体病（结肠炎）	生长猪
呼吸道和全身感染		
多杀性巴氏杆菌（D）	渐进性萎缩性鼻炎	1～8 周
支气管败血波氏杆菌		鼻歪曲持续终生
猪肺炎支原体	猪地方性肺炎	生长猪和育肥猪

（续）

细菌	疾病	发病年龄
多杀性巴氏杆菌	支原体引发的呼吸道疾病（MIRD）	生长猪和育肥猪：继发性侵入病原
胸膜肺炎放线杆菌	胸膜肺炎	生长猪和育肥猪：MDA 可持续 10 周
猪放线杆菌	败血症、心内膜炎、关节炎和肺炎	1～6 周
猪链球菌	脑膜炎、关节炎	2～10 周
副猪嗜血杆菌	Glässer 氏病（关节炎、多发性浆膜炎、心包炎、腹膜炎）	2～10 周
猪滑液支原体	支原体关节炎	16 周以上
猪鼻支原体	多发性浆膜炎、关节炎、轻度肺炎	3～10 周
猪红斑丹毒丝菌	丹毒（皮肤炎、关节炎、心内膜炎）	生长猪、育肥猪和母猪/公猪
其他感染		
猪葡萄球菌	猪渗出性皮炎“多脂猪病”	1～8 周
化脓隐秘杆菌	脓肿，常为脊柱	1～24 周

第四节 抗菌药物在猪的应用

有很多种抗生素可以用在猪上，但不同的国家可用的剂型不同，例如，在欧盟促生长剂是不可用的，在美国甲氧苄啶/磺胺的复方制剂不允许经口给药，但在人是允许使用的。用于猪的抗菌药物类产品见表 33.2。

表 33.2 抗菌药物在猪的使用（给药途径、剂量目标病原）

类/抗菌药物	给药途径和剂量（mg/kg）			用途/适应证
	注射	饮水	饲料添加	
四环素类				猪肺炎支原体
土霉素	10（LA20）	10～30	20	多杀性巴氏杆菌
金霉素		20	10～20	胸膜肺炎放线杆菌
四环素		20～40		副猪嗜血杆菌
多西环素	4～6	5	5	胞内劳森氏菌
				大肠杆菌（R*）
				沙门氏菌属（R*）
二氨基嘧啶类/磺胺				多杀性巴氏杆菌
甲氧苄啶/磺胺嘧啶	15（2.5+ 12.5）	30（5+25）	15（2.5+12.5）	支气管败血波氏杆菌
				胸膜肺炎放线杆菌
				猪链球菌
				猪葡萄球菌
				副猪嗜血杆菌
				胞内劳森氏菌
				大肠杆菌
				沙门氏菌属
青霉素类				猪链球菌
青霉素 G	10（LA20）			多杀性巴氏杆菌
青霉素 V	—	10	10	副猪嗜血杆菌
				胸膜肺炎放线杆菌
				化脓隐秘杆菌
				产气荚膜梭菌
				猪红斑丹毒丝菌

（续）

类/抗菌药物	给药途径和剂量（mg/kg）			用途/适应证
	注射	饮水	饲料添加	
合成青霉素类				猪链球菌
阿莫西林	7（LA15）	20	15～20	多杀性巴氏杆菌
氨苄西林	7.5	—	—	副猪嗜血杆菌
氨苄西林-克拉维酸（β-内酰胺抑制剂）	7.5+1.75	5	—	胸膜肺炎放线杆菌
				化脓隐秘杆菌
				产气荚膜梭菌
				猪红斑丹毒丝菌
				大肠杆菌
				沙门氏菌属
头孢菌素类				猪链球菌
头孢氨苄（第1代）	7	—	—	多杀性巴氏杆菌
头孢噻呋（第3代）	3（LA5）	—	—	副猪嗜血杆菌
头孢喹肟（第4代）	1～2	—	—	胸膜肺炎放线杆菌
				化脓隐秘杆菌
				产气荚膜梭菌
				猪红斑丹毒丝菌
				大肠杆菌
				沙门氏菌属
氟喹诺酮类				猪肺炎支原体
恩诺沙星	2.5	—	—	多杀性巴氏杆菌
达氟沙星	1.25	—	—	胸膜肺炎放线杆菌
马波沙星	2	—	—	副猪嗜血杆菌
		—		大肠杆菌
		—		沙门氏菌属
甲砜霉素类				多杀性巴氏杆菌
甲砜霉素	10～30	—	10	胸膜肺炎放线杆菌
氟苯尼考	15（LA30）	15	15	副猪嗜血杆菌
				猪链球菌
				支气管败血波氏杆菌
氨基糖苷类				注射给药
链霉素	25	—	—	金黄色葡萄球菌
新霉素	—（NA）	11	11	多杀性巴氏杆菌
安普霉素	—	7.5～12.5	4～8	大肠杆菌
庆大霉素	—（NA）			沙门氏菌属
阿米卡星	—（NA）			
氨基环醇类				口服给药
大观霉素	—（NA）	10～50	2.2（+林可霉素）	大肠杆菌
				沙门氏菌属
多黏菌素类				大肠杆菌
黏菌素	—	5万IU	5万IU	沙门氏菌属

（续）

类/抗菌药物	给药途径和剂量（mg/kg）			用途/适应证
	注射	饮水	饲料添加	
大环内酯类				猪肺炎支原体
泰乐菌素	2～10	25	3～6（T）	胞内劳森氏菌
			1.2～2.4（P）	猪痢疾密螺旋体（R*）
泰万菌素	—	2.125～4.25	2.125～4.25	肠道螺旋体（R*）
替米考星	—	15～20+	8～16+	+胸膜肺炎放线杆菌
泰地罗新	4+	—		副猪嗜血杆菌
				多杀性巴氏杆菌
三氨内酯类				
泰拉霉素	2.5+	—	—	猪链球菌（R*）
林可胺类				猪肺炎支原体
林可霉素	10	4.5	5.5～11（T）	猪滑液支原体
			2.2（P）	胞内劳森氏菌
			1.1～2.2（+大观霉素）	猪痢疾密螺旋体
				肠道螺旋体
截短侧耳素类				猪肺炎支原体
沃尼妙林	—	—	3.75～10（T）	猪滑液支原体
			1.0～1.5（P）	胞内劳森氏菌
泰妙菌素	10～15+	8.8～20+	5～11（T）	猪痢疾密螺旋体
			1.5～2（P）	肠道螺旋体
				+胸膜肺炎放线杆菌
抗球虫类				猪等孢子虫
妥曲珠利			20	
其他			饲料添加量	声明
促生长（欧盟无）				
维吉尼亚霉素			5.5～110ppm	GP+猪痢疾（猪痢疾密螺旋体）
亚甲基水杨酸杆菌肽			4.4～220ppm	GP+猪痢疾密螺旋体
杆菌肽锌			11～55ppm	仅GP
黄霉素			2.2～4.4ppm	仅GP
阿维拉霉素			10～40ppm	仅GP
卡巴氧			10～50ppm	GP+猪痢疾；猪霍乱沙门氏菌
盐霉素			15～60ppm	仅GP
金属类				
氧化锌			3 500ppm	大肠杆菌（断奶后腹泻）

注：LA=长效制剂；NA=未批准；R*=耐药性问题；T=治疗；P=预防；GP=促生长；+=加额外的声明。

第五节　猪分离菌的抗菌药物敏感性

本部分介绍了从猪分离的主要病原菌的抗菌药物敏感性。敏感性模式可以有效的证明细菌的“野生型”，以及使用抗菌药物后的突变选择和耐药性。

一、肠道病原体

阿莫西林和阿莫西林-克拉维酸（β-内酰胺酶抑制剂）证明了β-内酰胺酶发挥作用的方式，如克拉维酸这样的抑制剂可以阻断β-内酰胺酶或使其失活（图 33.4）。大肠杆菌对四环素高度耐药，因为此类药物广泛用于猪的肠道和呼吸道感染（表 33.3）。

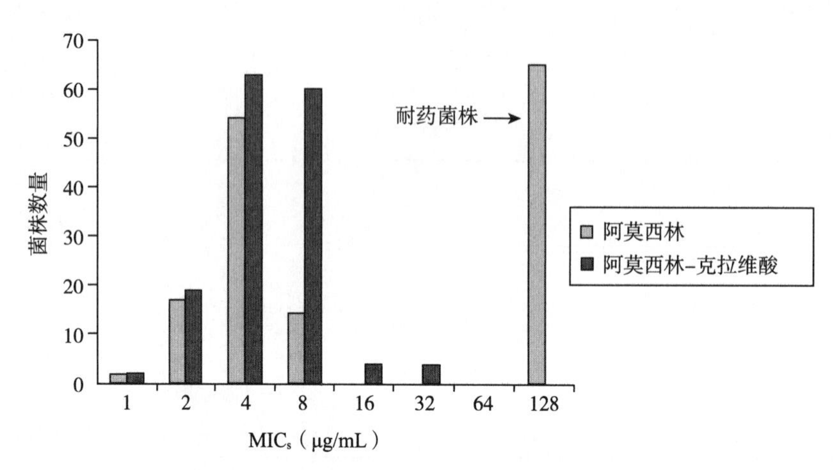

图 33.4　大肠杆菌对阿莫西林和阿莫西林-克拉维酸的敏感性模式

表 33.3　从欧盟分离到的 152 株大肠杆菌对抗菌药物的敏感性

抗菌药物	MIC50（μg/mL）	MIC90（μg/mL）	MIC 范围（μg/mL）	耐药率（%）
阿莫西林	8.0	＞128	1.0～＞128	43
阿莫西林-克拉维酸	4.0	8.0	1.0～32	0（肠道感染）
氯霉素	32	＞128	4.0～＞128	44
新霉素	1.0	32	0.25～＞128	5
安普霉素	4.0	16	1.0～32	0（肠道感染）
庆大霉素	0.5	2.0	0.25～＞128	9
恩诺沙星	0.03	1.0	0.008～16	20（全身感染） 7（肠道感染）
环丙沙星	0.015	0.5	0.008～16	20（全身感染） 7（肠道感染）
黏菌素	0.25	0.25	0.12～8.0	0
甲氧苄啶-磺胺	0.25	＞16	0.015～＞64	45
四环素	＞128	＞128	14～＞128	80

相比而言，美国从小猪分离到的大肠杆菌临床菌株（n=2 144）对新霉素表现相对较高的耐药率为 49.5%，对头孢噻呋的耐药率为 41.8%，对氟苯尼考的耐药率为 39.3%，对庆大霉素的耐药率为 31.1%，但对甲氧苄啶/磺胺复方制剂的耐药率较低，为 25.5%，对恩诺沙星的耐药率为 1.7%（Frana 等，2012）。这一结果让人有些吃惊，但也反映出像甲氧苄啶/磺胺复方制剂等其他一些“一线药物”被限制使用，而在其他国家是允许使用的。

关于大肠杆菌对恩诺沙星的耐药性，存在有初始的“野生型”；第一阶段突变型，由于排泄途径的特点，消化道内的大肠杆菌对药物仍是敏感的；第二阶段突变型，在浓度 16μg/mL 时出现完全耐药峰（图 33.5）。在欧盟，在断奶仔猪及迟至断奶后 28d 的仔猪饲料中添加氧化锌，可有效降低断奶后腹泻的发生，并减少用于控制大肠杆菌的抗生素用量，因此也降低耐药性水平。

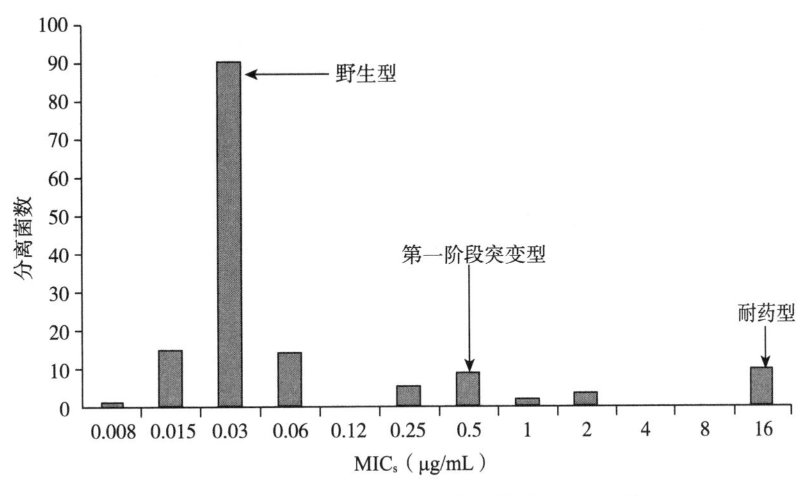

图 33.5　大肠杆菌对恩诺沙星的敏感性模式（Klein 等，2012）

美国印第安纳州分离鉴定了 197 株肠道沙门氏菌血清型并进行了敏感性试验（Huang 等，2009）。针对某一具体的血清型做了分析报道（表 33.4 和表 33.5）。

表 33.4　从美国分离到的 197 株沙门氏菌对抗菌药物的敏感性

抗菌药物	MIC_{50}（μg/mL）	MIC_{90}（μg/mL）	MIC 范围（μg/mL）	耐药率（%）
氨苄西林	>32	>32	0.25～>64	55.8
阿莫西林-克拉维酸	8.0	>32	1.0～>64	21.8
头孢噻吩	4.0	>32	1.0～>64	20.8
头孢噻呋	1	>4	0.06～>8	19.3
恩诺沙星	0.06	0.12	≤0.03～0.25	0
氟苯尼考	4.0	>8.0	0.5～>16	41.1
庆大霉素	0.5	8	0.12～>4.1	6.6
大观霉素	32	>128	16～>128	42.6
四环素	>16	>16	0.5～>32	83.8
甲氧苄啶-磺胺	≤0.5	≤0.5	≤0.5～8.0	8.6

表 33.5　沙门氏菌不同血清型的耐药性

抗菌药物	耐药率（%）			
	全部菌株（n=197）	鼠伤寒沙门氏菌哥本哈根变种（n=39）	德尔比沙门氏菌（n=30）	猪霍乱沙门氏菌 Kunzendorf 变种（n=27）
氨苄西林	55.8	84.6	6.7	81.5
阿莫西林-克拉维酸	21.8	53.9	6.7	0
头孢噻吩	20.8	10.3	6.7	0
头孢噻呋	19.3	7.7	6.7	0
恩诺沙星	0	0	0	0
氟苯尼考	41.1	82.1	20	0
庆大霉素	6.6	10.3	0	0
大观霉素	42.6	92.3	46.7	7.4
四环素	83.8	97.4	89	92.6
甲氧苄啶-磺胺	8.6	7.7	6.7	0

总体来讲，沙门氏菌的敏感类型与大肠杆菌相似，但通常耐药性较低。有趣的是，不同血清型之间耐

药性差异很大，鼠伤寒沙门氏菌的耐药性高于德尔比沙门氏菌和猪霍乱沙门氏菌。

密螺旋体属因其是一种缓慢生长的微生物，产生耐药性的速度似乎慢于大肠杆菌，多数分离到的密螺旋体对泰乐菌素耐药，但对截短侧耳素、泰妙菌素和沃尼妙林仍然敏感。对林可霉素、泰万菌素和多西环素中度耐药（表 33.6）。在美国，卡巴氧和盐霉素对猪痢疾密螺旋体以及许多其他短螺旋体有效（Clothier 等，2011；表 33.7）。

表 33.6 欧盟 70 株猪痢疾密螺旋体对抗菌药物的敏感性（Williamson 等，2010）

抗菌药物	MIC_{50}（μg/mL）	MIC_{90}（μg/mL）	MIC 范围（μg/mL）
泰妙菌素	0.125	2.0	≤0.06～>8.0
沃尼妙林	≤0.03	4.0	≤0.03～>4.0
林可霉素	>32	>32	0.5～>32
泰乐菌素	>128	>128	2.0～>128
泰万菌素	>32	>32	0.5～>32
多西环素	1.0	16	0.5～>16

表 33.7 美国 24 株猪痢疾密螺旋体对抗菌药物的敏感性（Clothier 等，2011）

抗菌药物	MIC_{50}（μg/mL）	MIC_{90}（μg/mL）	MIC 范围（μg/mL）
泰妙菌素	0.125	0.5	0.125～4.0
沃尼妙林	0.125	0.5	0.125～2.0
林可霉素	32	64	1.0～64
盐霉素	0.25	0.5	0.25～0.5
卡巴氧	0.015	0.03	0.008～0.06

抗生素对肠道螺旋体和密螺旋体的敏感性一般要比猪痢疾密螺旋体好，因为对这些菌很少使用抗生素来治疗，因为这些基本表现比较温和。这已经由 Williamson 等（2010）予以证实（表 33.8）。

表 33.8 英国 55 株肠道螺旋体对抗菌药物的敏感性（Williamson 等，2010）

抗菌药物	MIC_{50}（μg/mL）	MIC_{90}（μg/mL）	MIC 范围（μg/mL）
泰妙菌素	0.125	0.5	≤0.06～>8.0
沃尼妙林	≤0.03	0.5	≤0.03～>4.0
林可霉素	0.5	32	≤0.25～>32
泰乐菌素	8.0	>128	2.0～>128
泰万菌素	1.0	>32	≤0.25～>32
多西环素	0.25	4.0	0.5～8.0

引起回肠炎的胞内劳森氏菌是一种难以对付的微生物，需要细胞培养基进行培养。Wattanaphansak 等（2009）报道了最为复杂的细胞内 MIC 的测定，他检测了从欧盟和美国分离到的 10 株胞内劳森氏菌分离株，并重复试验 2 次，结果略有不同（表 33.9）。将 iMIC 值与回肠内抗菌药物的治疗浓度进行比较似乎最有价值（Burch，2005），因此也证明林可霉素和金霉素耐药有相关性，但其他化合物则没有。

表 33.9 10 株胞内劳森氏菌对多种抗菌药物的细胞内 MIC（iMIC）**20 次结果**

（10 株菌，每株菌重复试验 2 次）（Wattanaphansak 等，2009）

抗菌药物	$iMIC_{50}$（μg/mL）	$iMIC_{90}$（μg/mL）	范围（μg/mL）
泰妙菌素	0.125	0.125	0.125～0.5
沃尼妙林	0.125	0.125	0.125
泰乐菌素	2.0	8.0	0.25～32
林可霉素	64	>128	8.0～>128
金霉素	8.0	64	0.125～64
卡巴氧	0.125	0.25	0.125～0.25

梭菌也是越来越关注的问题，特别是在青年猪。一些国家如美国，C型和A型产气荚膜杆菌以及 艰难梭菌均可导致严重的临床问题。有趣的是，除黄霉素以外的多数生长促进剂对产气荚膜杆菌具有很强的活性（表33.10）。

表33.10　梭菌属对抗生素的敏感性

抗菌药物	MIC_{50}（μg/mL）	MIC_{90}（μg/mL）	MIC范围（μg/mL）
产气荚膜梭菌（Dutte和Devriese，1980；比利时分离到的50株细菌）			
杆菌肽	0.06	0.12	0.03～0.12
卡巴氧	0.03	4.0	0.007～16
黄霉素	≤128	≤128	≤128
维吉尼亚霉素	0.25	0.5	0.25～2.0
林可霉素	2.0	256	0.12～≥512
青霉素G	0.12	0.5	0.06～1.0
四环素	16	32	0.06～≥64
泰妙菌素	—	—	0.254.0
产气荚膜梭菌（Devriese等，1993；比利时分离到的95株细菌）			
泰乐菌素	0.012	0.012	0.012～≥64
产气荚膜梭菌（Agnoletti等，2010；意大利分离到的30株，丹麦分离到的38株）			
泰妙菌素（意大利）	4.0	64	0.125～128
泰妙菌素（丹麦）	2.0	4.0	0.25～8.0
沃尼妙林（意大利）	0.125	8.0	0.063～32
沃尼妙林（丹麦）	0.063	0.125	0.016～0.25
艰难梭菌（Post和Songer，2002；美国分离到的80株细菌）			
杆菌肽	>256	>256	—
维吉尼亚霉素	0.25	2.0	—
泰乐菌素	0.25	64	—
替米考星	0.5	>256	—
四环素	8	32	—
泰妙菌素	4	8	—
头孢噻呋	256	>256	—
产气荚膜梭菌（Agnoletti等，2010；意大利和丹麦共分离到15株）			
泰妙菌素	8	16	0.125～16
沃尼妙林	0.5	1.0	0.063～1.0

二、呼吸道和全身性病原体

具有对抗菌药物产生耐药性潜力的主要呼吸道病原之一就是胸膜肺炎放线杆菌，但其耐药性一般低于肠道细菌如大肠杆菌（表33.11和表33.12）。通常认为四环素是治疗胸膜肺炎放线杆菌的一线药物。然而在一些国家如意大利，胸膜肺炎放线杆菌对四环素具有较高的耐药水平（Vanni等，2012），但头孢噻呋、阿莫西林-克拉维酸、氟喹诺酮类药物和氟苯尼考除外。

表33.11　欧盟分离到的129株胸膜肺炎放线杆菌对抗菌药物的敏感性（Klein等，2012）

抗菌药物	MIC_{50}（μg/mL）	MIC_{90}（μg/mL）	MIC范围（μg/mL）	耐药率（%）
阿莫西林	0.5	0.5	0.25～32	5
阿莫西林-克拉维酸	0.25	0.5	0.06～1.0	0
头孢氨苄	2.0	2.0	0.12～4.0	0
头孢噻呋	0.015	0.03	0.008～0.06	0

（续）

抗菌药物	MIC_{50}（μg/mL）	MIC_{90}（μg/mL）	MIC 范围（μg/mL）	耐药率（%）
恩诺沙星	0.03	0.06	0.008～2.0	1
氟苯尼考	0.25	0.5	0.12～0.5	0
甲氧苄啶-磺胺	0.06	0.25	0.008～16	5
四环素	1.0	16	0.25～32	15
替米考星	8.0	16	4.0～16	0
泰妙菌素	8.0	16	0.25～16	0

表 33.12　2009 年从意大利分离到的胸膜肺炎放线杆菌对抗菌药物的耐药性（Vanni 等，2012）

抗菌药物	耐药率（%）	抗菌药物	耐药率（%）
青霉素 G	72.7	恩诺沙星	9.6
阿莫西林	82.6	马波沙星	2
阿莫西林-克拉维酸	8.9	甲氧苄啶-磺胺	32.7
头孢氨苄	21.7	替米考星	51.3
头孢噻呋	7.7	泰拉霉素	66.7
四环素	58.8	泰妙菌素	13.5
多西环素	25	链霉素	100
氟苯尼考	7.7	庆大霉素	63.6

多杀性巴氏杆菌对药物有较好的敏感性，但四环素类除外，再次说来，四环素类也曾被认为是一线治疗药物（表 33.13）。引起链球菌性脑膜炎的猪链球菌仍对青霉素类药物极为敏感，但对四环素类和替米考星的敏感性很差（表 33.14）。

表 33.13　欧盟分离到的 135 株多杀性巴氏杆菌对抗菌药物的敏感性（Klein 等，2012）

抗菌药物	MIC_{50}（μg/mL）	MIC_{90}（μg/mL）	MIC 范围（μg/mL）	耐药率（%）
阿莫西林	0.25	0.25	0.06～128	1
阿莫西林-克拉维酸	0.25	0.25	0.12～0.25	0
头孢氨苄	2.0	4.0	1.0～8.0	0
头孢噻呋	0.004	0.03	0.002～0.5	0
恩诺沙星	0.015	0.03	0.008～0.25	0
氟苯尼考	0.5	0.5	0.25～1.0	0
甲氧苄啶-磺胺	0.06	0.5	0.008～16	3
四环素	0.5	2.0	0.25～32	22
替米考星	8.0	16	1.0～16	0

表 33.14　欧盟分离到的 110 株猪链球菌对抗菌药物的敏感性（Klein 等，2012）

抗菌药物	MIC_{50}（μg/mL）	MIC_{90}（μg/mL）	MIC 范围（μg/mL）	耐药率（%）
阿莫西林	≤0.03	≤0.03	0.03～0.25	0
阿莫西林-克拉维酸	≤0.06	≤0.06	0.06～0.25	0
头孢氨苄	0.12	0.5	0.06～4.0	0
头孢噻呋	0.12	0.5	0.06～2.0	0
恩诺沙星	0.5	0.5	0.12～8.0	1
氟苯尼考	0.5	0.5	0.25～1.0	0
甲氧苄啶-磺胺	0.06	1.0	0.008～16	7
四环素	32	32	0.25～32	82
替米考星	>128	>128	4.0～>128	54

对分别从英国和西班牙分离到的各 30 株副猪嗜血杆菌分离株进行了比较研究（Martin de la Fuente

等，2007），不同国家细菌的敏感类型不同，显示出收集本地农场和国家数据是十分重要的（表33.15）。

表 33.15　副猪嗜血杆菌（30 株来自英国，30 株来自西班牙）**对抗菌药物的敏感性试验结果**
（Martin de la Fuente 等，2007）

抗菌药物	英国			西班牙		
	MIC_{50} (μg/mL)	MIC_{90} (μg/mL)	耐药率 (%)	MIC_{50} (μg/mL)	MIC_{90} (μg/mL)	耐药率 (%)
青霉素	≤0.12	0.5	0	8.0	>8.0	60
氨苄西林	≤0.25	2.0	6.7	16	>16	56.7
头孢噻呋	≤0.5	1.0	0	≤0.5	4.0	6.7
庆大霉素	1.0	8.0	10	8.0	>8.0	26.7
土霉素	0.5	4.0	6.7	4.0	>8.0	40
替米考星	<4	8	0	16	>32	40
恩诺沙星	≤0.12	0.25	0	0.25	>2.0	20
氟苯尼考	≤0.25	1.0	0	0.5	1.0	0
泰妙菌素	≤4.0	16	3.3	16	>32	40
甲氧苄啶-磺胺	≤0.5/9.5	2/38	10	>2/38	>2/38	53.3

引发地方流行性肺炎的猪肺炎支原体也是一种缓慢生长的微生物，一般对抗生素的耐药性较低（表33.16）。在很多情况下，它是许多复杂的继发性细菌性肺炎的前兆，和多杀性巴氏杆菌相关，在猪的呼吸道综合征（PRDC）中也扮演着重要的角色，有时也会有病毒混合感染。已证明对一些抗菌药物产生耐药，林可霉素、泰乐菌素和替米考星（1 株）以及恩诺沙星（5 株）。以前没有发现猪肺炎支原体野外分离株对这些抗生素出现获得性耐药。

表 33.16　从比利时分离到的 21 株猪肺炎支原体野外株对抗菌药物的敏感性
（Maes 等，2007；所得 MIC 值为 14d 培养结果）

抗菌药物	MIC_{50}（μg/mL）	MIC_{90}（μg/mL）	MIC 范围（μg/mL）
恩诺沙星	0.06	0.5	0.03～>1.0
土霉素	0.5	2.0	0.12～>2.0
多西环素	0.5	1.0	0.12～2.0
林可霉素	≤0.06	0.12	≤0.06～>8.0
大观霉素	0.5	1.0	≤0.12～1.0
庆大霉素	0.5	1.0	≤0.12～1.0
氟苯尼考	0.25	0.5	≤0.12～1.0
泰妙菌素	0.03	0.12	≤0.015～0.12
泰乐菌素	0.06	0.12	≤0.015～>1.0
替米考星	0.5	0.5	≤0.25～>16

第六节　结　　论

除部分微生物如大肠杆菌、猪痢疾密螺旋体和胸膜肺炎放线杆菌，偶尔可表现出严重耐药性之外，其他细菌出现耐药性的情况一般不会那么广泛。然而，不同国家的情况差异很大。在多数情况下，可采用现有已批准的抗菌药物对感染进行治疗，只要它们一直允许用于猪。在近期不可能有很多新抗生素诞生。

应该注意不要过度使用抗菌药物，兽医应尽可能用于确实需要，并尽可能减少使用，同时加强饲养管理。适当情况下可以考虑使用疫苗替代物。应将敏感性测试作为常规工作。如果谨慎合理地使用抗生素，就不会出现现有药物无法满足治疗要求的问题了。必须牢记，猪用的大多数抗菌药物已上市超过 30 年，而其中的大部分仍然在临床有效。尽管出现了更为高级的第 3 代和第 4 代头孢菌素类药物，如果谨慎使用且不大规模的预防性使用，这些药物将持续保持其疗效。

总之，抗菌药物对养猪业是极为有用也有帮助的工具，但猪用药物面临的主要挑战之一是克服饲养管理与生产问题，它的存在常易导致首先使用抗生素的需求。

参考文献

Anon. 2009. Scientific report of EFSA—analysis of the baseline survey on the prevalence of methicillin-resistant *Staphylococcus aureus* (MRSA) in holdings with breeding pigs, in the EU, 2008. Part A: MRSA prevalence estimates. EFSA Journal 7: 1376.

Anon. 2011. EFSA Panel on Biological Hazards—scientific opinion on the public health risks of bacterial strains producing extended-spectrum beta-lactamases and/or AmpC beta lactamases in food and food-producing animals. EFSA J 9: 2322.

Burch DGS. 2005. Pharmacokinetic, pharmacodynamic and clinical correlations relating to the therapy of *Lawsonia intracellularis* infections, the cause of porcine proliferative enteropathy ("ileitis") in the pig. Pig J 56: 25.

Burch DGS. 2012. Fellowship thesis—Examination of the pharmacokinetic/pharmacodynamic (PK/PD) relationships of orally administered antimicrobials and their correlation with the therapy of various bacterial and mycoplasmal infections in pigs. Royal College of Veterinary Surgeons, London, p. 63.

Clemens ET, et al. 1975. Sites of organic acid production and pattern of digesta movement in the gastrointestinal tract of swine. J Nutr 105: 759.

Clothier KA, et al. 2011. Species characterization and minimum inhibitory concentration patterns of *Brachyspira* species isolates from swine with clinical disease. J Vet Diagn Invest 23: 1140.

Devriese LA, et al. 1993. In vitro susceptibility of *Clostridium perfringens* isolated from farm animals to growth- enhancing antibiotics. J Appl Bacteriol 75: 55.

Drlica K. 2003. The mutant selection window and antimicrobial resistance. J Antimicrob Chemother 52: 11.

Dutta GN, Devriese LA. 1980. Susceptibility of *Clostridium perfringens* of animal origin to fifteen antimicrobial agents. J Vet Pharmacol Therap 3: 227.

Fabrizio A, et al. 2010. Pleuromutilin susceptibility of *Clostridium perfringens* and *Clostridium difficile* isolates from pigs in Italy and Denmark. Proceedings of the 21st International Pig Veterinary Society Congress, Vancouver, Canada, p. 3.

Frana T, et al. 2012. Antimicrobial susceptibility patterns associated with virulence factors in swine *Escherichia coli* isolates. Proceedings of the 43rd American Association of Swine Practitioners Annual Meeting, Denver, Colorado, p. 57.

Huang TM, et al. 2009. Serovar distribution and antimicrobial susceptibility of swine *Salmonella* isolates from clinically ill pigs in diagnostic submissions from Indiana in the United States. Lett Appl Microbiol 48: 331.

Khanna T, et al. 2008. Methicillin resistant *Staphylococcus aureus* colonization in pigs and farmers. Vet Microbiol 128: 298.

Klein U, et al. 2012. Antimicrobial susceptibility monitoring of respiratory and enteric tract pathogens isolated from diseased swine across Europe between 2004 and 2006. Proceedings of the 4th European Symposium of Porcine Health Management, Bruges, Belgium, p. 197.

Kyriazakis I, Whittemore CT. 2006. Whittemore's Science and Practice of Pig Production, 3rd ed. Oxford: Blackwell, p. 407.

Maes D, et al. 2007. In vitro susceptibilities of *Mycoplasma hyopneumoniae* field isolates. Vlaams Diergeneeskundig Tijdscrift 76: 300.

Martin de la Fuente AJ, et al. 2007. Antimicrobial susceptibility patterns of *Haemophilus parasuis* from pigs in the United Kingdom and Spain. Vet Microbiol 120: 184.

Nielsen P. 1997. The influence of feed on the oral bioavailability of antibiotics/chemotherapeutics in pigs. J Vet Pharmacol Therap 20 Suppl 1: 30 Post KW, Songer JG. 2002. Antimicrobial susceptibility of *Clostridium difficile* isolated from neonatal pigs. Proceedings of the 17th International Pig Veterinary.

Society Congress, Ames, IA, p. 2: 62. Vanni M, et al. 2012. Antimicrobial resistance of *Actinobacillus pleuropneumoniae* isolated from swine. Vet Microbiol 156: 172.

Wattanaphansak S, et al. 2009. In vitro antimicrobial activity against 10 North American and European *Lawsonia intracellularis* isolates. Vet Microbiol 133: 305.

Williamson S, et al. 2010. Preliminary results for *Brachyspira* MIC assessment of isolates from England. Presentation Pig Veterinary Society, Norwich, Norfolk, UK.

第三十四章　抗菌药物在家禽的应用

Charles L. Hofacre、Jenny A. Fricke 和 Tom Inglis

无论是否全面集约化，商业化家禽养殖业是一个非常密集的畜牧业系统。一个禽舍可以容纳 10 万只蛋鸡或肉鸡。在孵化阶段，根据设施类型的不同，一个孵化器可以容纳至少 12 万枚蛋或发育中的胚胎。从根本上说，在养禽业流水线的每个阶段，疾病防控都是兽医的关注焦点。抗菌药物对家禽养殖中疾病的预防和治疗至关重要。在饲养和生物防护措施无法避免病原侵入时，适当的抗菌药物治疗不仅对减轻家禽的病痛是必要的，同时还可以降低养殖从业者的经济损失。当做出诊断并决定使用抗菌药物治疗时，兽医必须选择合适的药物剂型和给药途径。

第一节　养禽中使用的抗菌药物的分类

在禽类应用的抗菌药物可以分为三类：治疗、预防和促生长。治疗用抗菌药物主要用于治疗或治愈临床上可诊断的疾病。由于病禽可能无法进食，治疗用抗菌药物通常通过饮水给药。然而，在某些环境或疾病状况下，可能需要通过饲料给药，或是饲料和饮水同时给药。预防用抗菌药物主要用于预防疾病。预防用抗菌药物主要在禽群出现临床症状之前给药，给药途径根据时机和月龄而定。在禽类生产中，群体健康可以追溯到孵化场。在孵化场里，来自不同种群的蛋混合在一起，每枚禽蛋的疾病和微生物状态可能影响到其他同时孵化的幼禽。当确认微生物污染升高与来自特定饲养场的禽蛋有关时，可以通过蛋内或皮下（一日龄雏鸡）注射抗菌药物，直到污染源确定或消除。预防用抗菌药物的其他给药途径还包括口服、饮水或混饲。最后一类是促生长用抗菌药物，其争议最大。促生长用抗菌药物在过去和现在都只通过混饲给药。由于具有明显的促生长作用，如提高饲料利用率及生长率，很多抗菌药物首先被批准用于家禽。促生长带来的经济效益远大于药物成本。然而，抗菌药物用于家禽促生长可能导致细菌耐药性问题以及对人类健康的危害受到越来越多的关注，因此，许多地区都已经立法强制或自愿地停止了抗菌药物用于家禽促生长。与此同时，很多抗菌药物的促生长作用被认为是通过控制和预防亚临床的肠道疾病而实现的。在有些情况下，这类抗菌药物还可能是已批准的临床治疗用药物。然而，促生长剂量一般低于治疗剂量。在某些国家，如美国和加拿大，产品标签同时注明治疗和促生长作用，这些产品很少用于促生长。例如，青霉素和四环素类药物，尽管已批准用于促生长，但很少使用。

对于这几大类禽用的抗菌药物，治疗、预防和促生长之间的界限总是并不明显。家禽兽医面临的问题是如何根据群体做出治疗决定，个体治疗往往是不可能或不现实的。由于不是所有的家禽都出现临床症状，抗菌药物的使用对一部分家禽属于治疗，而对另一部分则是预防。更为复杂的问题是，促生长用抗菌药物主要作用是杀灭或抑制致病原（如细菌或球虫）的生长。这些产品对预防产气荚膜梭菌过度繁殖引起的坏死性肠炎特别有效。尽管对与使用抗菌药物有关的促生长作用真实作用模式还存在争议，但其毫无疑问是疾病预防的“不良反应”。

第二节　抗菌药物在加拿大、美国和欧洲家禽养殖中的应用

因为涉及细菌耐药性问题，并非所有的抗菌药物在世界各国的家禽养殖中都允许使用。

一、批准使用、禁止标签外用药、禁止使用

抗菌药物在动物或人以及前面提到的任何使用，都可能会选择产生对所用药物耐药的菌株（O’Brien, 2002）。因此，当抗菌药物用于食品动物时，特别是促生长或疾病预防（两者间没有明确的界限）目的，在科

学、政治和消费者层面上一直和仍然存在争议（Casewell 等，2003；Phillips 等，2004；Kelly 等，2004；Cox 和 Popken，2004；Cox，2005；Phillips，2007）。由于食品动物使用抗菌药物后产生耐药性对人类健康威胁的关注，导致加拿大、美国和欧洲对抗菌药物使用管理的不同方式。目前，美国和加拿大都允许抗菌药物用于家禽养殖的促生长和（或）疾病预防，而在欧盟这种使用已被禁止：从 19 世纪 70 年代开始禁止部分抗菌药物作为促生长剂使用，到目前已禁止所有抗菌药物的促生长使用（Dibner 和 Richards，2005；Castanon，2007）。

欧盟禁用抗菌药物以后，相继开展了一系列有关饲料中抗菌药物使用的回顾性研究和风险评估（Cox 和 Popken，2004；Kelly 等，2004；Phillips 等，2004；Cox，2005）。迄今为止，北美洲尚未实施相关禁令。在欧洲，治疗用抗菌药物的使用尚未禁止，但美国已经制定了相关目标。在美国，恩诺沙星和沙拉沙星作为抗菌药物被批准用于治疗家禽大肠杆菌病。2005 年，这些氟喹诺酮类药物被禁用于家禽养殖。禁用的最主要目的是降低人类弯曲杆菌对氟喹诺酮耐药率不断升高的风险。2012 年 1 月，美国又禁止了头孢菌素类药物的标签外使用。此禁令特别针对头孢噻呋的标签外使用，它被通过受精蛋内给药预防治疗已知的和预期的大肠杆菌感染（FDA，2012）。从鸡胴体中分离出的大肠杆菌，具有对人用第 3 代头孢菌素类药物的耐药基因，认为与该头孢菌素类药物的使用有关。虽然已经禁止头孢噻呋的标签外使用，但它仍然被批准用于一日龄雏鸡和小火鸡的皮下注射。

在加拿大，尚未禁用任何一类使用的抗菌药物。同时，也没有像美国那样在法律中明确禁止标签外用药。加拿大兽医具有标签外用药的特权。加拿大卫生部对标签外用药的定义是“将加拿大卫生部批准的药物以一种不按标签或说明书的方式用于或预期用于动物”（Health Canada，2011）。虽然加拿大卫生部不推荐，但是加拿大的兽医仍然可以将恩诺沙星的牛用注射剂用于禽类，将头孢噻呋注射液（批准日龄火鸡皮下注射给药）用于雏鸡，以及受精蛋内或皮下注射给药。

二、禁用抗菌药物的后果

美国禁止恩诺沙星和沙拉沙星用于家禽养殖的后果影响正受到广泛研究。有趣的是，对人类健康有重要影响的细菌对氟喹诺酮类和头孢菌素类药物的耐药率并未发生改变。然而，并没有经同行评议的论文证明这一点。禁用此类药物已经影响到兽医对家禽细菌性疾病的有效治疗。同时，兽医也有理由担心，当暴发了无法治疗的疾病时，禁用抗菌药可能会导致动物福利问题。某些极端情况下，在缺乏被认可的治疗方案时，很难决定是否需要进行早期的整群扑杀。

与禁用促生长或预防用抗菌药物有关的结果或担忧已有更好的记载并得到理解。欧盟禁用促生长用抗菌药物的初期引起了重大的动物和人类健康问题的关注。对于养禽业，在缺少促生长用抗菌药物的情况下，如何应对坏死性肠炎是一个重大挑战（Wierup，2001；Casewell 等，2003；Dibner 和 Richards 2005；Grave 等，2006）。在美国也有相同的观点，在家禽养殖企业为了能为特定市场生产出“无抗”禽肉，自愿地停止向饲料中添加抗菌药物的时候（Smith，2011）。欧盟计划于 2013 年禁用离子载体类药物，球虫病控制将成为禽类养殖中的重要问题（Castanon，2007）。

在欧盟，对人类健康的关注在于抗菌药物越来越多地用于治疗禽类临床疾病，主要包括坏死性肠炎，以及其他传染性肠炎（Casewell 等，2003；Grave 等，2006）。与大部分批准用于饲料添加的促生长用抗菌药物不同，很多临床治疗用抗菌药物与人类用药类似或相同（Casewell 等，2003；Phillips 等，2004；Phillips，2007）。另一个对人类健康的意外后果是忽视了促生长用抗菌药物在调节和促进肠道健康方面的重要性。肠道健康对于禽群非常重要，特别是在禽类宰杀和处理过程中，正常的肠道包括一个细菌库，其中许多细菌对禽类是非致病菌，而对人类是致病菌。肠道炎症和疾病使肠壁变薄，增加了肠道破裂的风险，同时也可能会增加污染最终产品的风险。尽管禽肉不是无菌的，但良好的肠道健康状况对减少消费者食用禽产品的细菌污染至关重要。

在有些国家如美国、加拿大，仍然允许将抗菌药物用于家禽促生长，但在用于治疗食品动物的抗菌药物同时是医学临床至关重要的抗菌药物时，将继续受到严格审查。然而，也应该同时考虑到此类产品对动物和人类健康的益处。有些地区，消费者和零售商的压力已经促使肉鸡饲料中不再添加这些抗菌药物。如果有些企业要继续向某些禁用或消费者要求停用促生长类抗菌药物的地区出口禽产品，也需要停止此类药物（Dibner 和 Richards，2005）。总体来说，未来的总趋势是减少抗菌药物的使用。从根本上说，当兽医面临是否应该进行群体治疗时，可能要比以前考虑更多的影响因素才能做出决定，如对致病原的有效性、药代动力学和药效动力学、休药期、病理学和生理学、经济/成本-效益、动物福利、对食源性致病菌的影响，以及对最终产品上市的可能性的影响等。

第三节　家禽养殖中抗菌药物使用的影响因素

一、饲养和经济成本

在家禽养殖当前的饲养环境下，对患病个体进行隔离和治疗是不可行的。由于单只家禽的经济价值很低，在一个动物舍里进行单独治疗的成本相对过高，这会减少如氨基糖苷类和头孢菌素类药物的肠道外给药的机会。另外一个对注射给药的争议是，单独治疗对禽类的应激反应反而导致疾病的快速恶化。既然病禽可以继续饮水，最常使用的方式是按标签声明饮水给予治疗性抗菌药物。

必须在发病早期采用抗菌药物干预。家禽细菌感染一般发展较快，通常从开始感染到死亡经历时间较短。而且，禽类很容易产生炎症反应，但自身很难消除这些反应。作为猎物动物，家禽往往隐藏临床患病症状。在一个1万～10万只的禽群中，发现个体感染的前期和细微症状非常重要，但也相当困难。治疗所有接触或高暴露风险的群体是控制疾病大规模群体暴发的唯一可行措施。因此，决定对患病群体进行治疗也就意味着兽医不只是给病禽使用抗菌药物，还会对所有已经或即将暴露于致病原的家禽用药。在做出以上“治疗病群”的决定时，兽医必须基于临床诊断决定，是针对整个农场还只是对出现临床症状的家禽进行治疗。疾病的快速扩散可能有必要对整个农场采取预防性治疗。

当通过饮水或混饲给药时，兽医必须考虑到光照程序和饲养规程，因为这会严重影响饲料和水的消耗量。当光照打开时，蛋鸡开始采食，然后饮水。在持续光照条件下，肉鸡和火鸡一般间隔3～4h进食和饮水1次。在限制进食的情况下，后备种鸡大部分饮水发生在饲喂后的几个小时内。

二、生产类型/家禽类型

在养禽业内，无论集约化与否，有自繁自养的连续生产方式还是分场饲养的模式之分。例如，在商业化肉鸡的生产链上，家禽的父母代在孵化场孵化、饲养并产蛋。从该群生产的鸡蛋会返回孵化场孵化为肉鸡，饲养至成鸡后宰杀产肉。在这种连续生产的每个阶段，疾病预防至关重要，否则就会对下游产生严重的不良后果。另外，家禽的类型以及生产链中发生疾病的点也是重要的影响因素。例如，产蛋鸡群的疾病不但严重影响整体健康和鸡群生产力，而且有些细菌性病原（如支原体）还能垂直传播至后代，如果得不到有效治疗，疾病传播范围会扩大（Bradbury，2005）。相反地，根据所用的抗菌药物，蛋鸡群体的治疗还可能影响产蛋量和质量。由于四环素类药物容易与二价金属离子螯合，母鸡产蛋时使用四环素会严重影响对钙的利用，从而影响蛋壳形成。反过来，蛋壳质量较差会增加细菌污染鸡蛋的风险，当把多达12万枚鸡蛋放在同一孵化器孵化时，也会增加全部其他鸡胚细菌性疾病的风险。由于从孵化到宰杀时间较短，肉鸡群的疾病还会面临治疗后药物休药期的挑战。当鸡群达到上市日龄时，应减少应用抗菌药物治疗各种疾病，因为宰杀后可能造成抗菌药物残留超标，或可推迟宰杀，然而这会导致出现其他问题，如继续养殖造成鸡舍空间不足等。另外，推迟宰杀可能导致家禽体重过大。最重要的是家禽要满足宰杀要求，因为超重家禽对处理设备来说也是一个挑战，带来对人道主义屠宰的福利问题关注，也带来对宰杀家禽加工处理的挑战，最终导致胴体完整性的破坏，并增加了处理过程中微生物污染的潜在风险。

三、饲料及饮水消耗

群体治疗是首选方法，饮水和饲料是给予家禽抗菌药物的主要手段（Vermeulen等，2002）。当鸡只发病后，水和饲料的消耗量明显减少。饮水量的下降通常低于采食量。因此，在发病初期，给予抗菌药物的最佳途径通常是通过饮水。持续治疗5～7d后，如果有合适的批准过的饲料级产品，兽医可能会选择将抗菌药物添加到饲料中。这种转变的前提是鸡群状况开始好转且采食量增加。总体来说，饲料级抗菌药物也比水溶性药物价格低廉，当具有较好的临床治疗效果时，也是优先选用的药物。

选用合适的抗菌药物时需要考虑的另外一个因素是环境温度，因为家禽降低体温的手段有限。大多数情况下，通过饮水降低体温，因此，当环境温度升高时，饮水量显著增加。以上情况会影响药物剂量的计算，可能导致饮水给药时的药物过量。当使用磺胺类药物时，这种因素尤为关键，因为治疗剂量与毒性反应剂量非常接近（Goren 等，1984）。幸运的是，在炎热天气下细菌性疾病并不常见。

四、疾病病理学和病因学

世界范围内，大肠杆菌导致的疾病是造成养禽业经济损失的主要原因（Barnes 等，2003）。在大多数情况下，大肠杆菌感染是伴随病毒感染和环境污染而出现的继发感染（Glisson，1998）。因此，在养禽业治疗用抗菌药物主要用于减轻病禽痛苦，控制发病率和死亡率，减轻因疾病而导致家禽生产性能降低的经济损失，直到主要病因得到确认、控制或消除。治疗用抗菌药物也可降低与宰杀病禽相关的公共健康危害。病禽采食更多的垫料（废弃物），导致肠道沙门氏菌和弯曲杆菌感染率升高（Corrier 等，1999）。同时，Russell（2003）发现规模化养殖导致家禽气囊炎的患病率较高，同时大肠杆菌和弯曲杆菌感染率也较高。

对于由大肠杆菌引起的呼吸道感染，可选择的治疗用抗菌药物非常有限（Glisson 和 Hofacre，2004）。四环素类药物、恩诺沙星和磺胺类药物是用于治疗大肠杆菌气囊炎的首选药物。据推测，过去 30 多年来，这种抗菌药物选择的限制导致了商品化禽业养殖环境中对大肠杆菌的选择压力，同时也造成许多诊断实验室观察到大肠杆菌临床分离株对磺胺类药物（93%）和四环素（87%）有较高的耐药性（Zhao 等，2005）。

在决定抗菌药物的使用和剂量时，还必须考虑群体免疫状态。例如，对于由传染性法氏囊病病毒的免疫抑制引起大肠杆菌气囊炎暴发，应使用杀菌型药物进行治疗，如恩诺沙星。然而，对于治疗由传染性支气管炎病毒引起的呼吸道感染导致的继发性大肠杆菌气囊炎，抑菌型药物土霉素可能更有效。

五、药理学

抗菌药物的成功治疗取决于很多相互作用的因素，包括药效动力学（药物与病原体作用），药代动力学（药物吸收、分布、排泄）和宿主免疫系统的组成（见第四章、第五章）。药物对特定微生物的活性一般用最小抑菌浓度（MIC，见第二章）表示。在解读抗菌药物敏感性信息时，兽医必须牢记这个试验只是体外试验，并不代表药物可以到达感染部位，或也不等于药物是可以抑菌或杀菌。同时也必须注意，MIC 通常由实验室的一个分离株得到，如前所述，许多禽类感染是继发性的，因此一个“发病群体”常常有多种致病菌株，因此可能有宽泛的 MIC 值。另外，在全球范围内，兽药的 MIC 折点的标准并不一致，并且常参考人药标准（见第二章）。此外，利用哺乳动物所得的药代动力学数据并不总是适合于禽类，因为禽类的体温更高，代谢速度更快，且消化道更短，导致药物的消除半衰期更短。基于以上原因，兽医应更多根据以往病例使用抗菌药物的疗效进行治疗，而不是根据不确定的科学理论。在养禽业中，衡量疾病治疗是否成功的主要标准是发病率和死亡率的降低，其他重要参数包括恢复到有规律的饮水和采食饲料，正常生长率和产蛋量等。

第四节　抗菌药物在商品化家禽养殖中的实际应用

由于商品化家禽为食品动物，治疗大部分常见细菌性疾病时，可选择的抗菌药物受到限制（表 34.1）。通常根据细菌培养和药敏试验的结果做出治疗决定。口服给药时药物应稳定，且易均匀分散于饲料或饮水中。当从饲料预混使用抗菌药物时，应该考虑预混料的生产、运输以及饲喂系统的传输等程序所需的时间。

饮水给药治疗更为快速。首先，必须考虑所治疗禽舍内 24h 的水消耗量。应该每天新鲜配制含药饮用水。饮水给药通常使用一个大水箱或水调节器。在一个容积 500～2 000L 的水箱中，加入一箱水所对应的总药量。水调节器是一种用于从高浓度的药物储备液配制合适浓度的含药饮水的装置。

很明显，给予家禽抗菌药物时，往往仅根据饮水中活性药物的浓度，而忽视了上文中所提到的生理学、病原学和饲养条件等因素，可能导致给药剂量非常不准确。最准确的方法是根据禽舍中所有家禽的总体重计算给药剂量，然后考虑每个给药间隔中家禽对饮水和饲料的消耗量。以饮水消耗量为基础计算给药剂量，环境温度升高时，可能会导致药物过量而中毒，而环境温度降低时，药物摄入量可能低于细菌的 MIC。另外，雏鸡单位体重的水消耗量大于成年鸡。以相同的药物浓度给药，可导致雏鸡药物过量，而成年鸡剂量不够。此外，产蛋鸡单位体重的水消耗量大于非产蛋鸡和公鸡。已批准的每日剂量见表 34.2。

表 34.1　禽类抗菌药物选择表

疾病/细菌种类	抗菌药物																
	杆菌肽	班贝霉素	头孢噻呋	金霉素	恩诺沙星	红霉素	庆大霉素	林可霉素	新霉素	新生霉素	土霉素	青霉素	大观霉素	链霉素	磺胺	泰乐菌素	维吉尼亚霉素
关节炎/金黄色葡萄球菌				×		×				×	×	×	×	×			
急性呼吸道疾病（CRD）/支原体菌				×	×*						×		×			×	
大肠杆菌病/大肠杆菌				×	×						×		×	×	×		
丹毒/红斑丹毒丝菌												×					
禽霍乱/多杀性巴氏杆菌				×	×*						×	×	×	×	×		
鸡鼻炎/鸡副嗜血杆菌				×		×					×			×	×	×	
坏疽性皮炎/梭状芽孢杆菌				×		×					×	×		×		×	
坏死性肠炎/产气荚膜梭菌	×	×						×	×			×	×	×		×	×
脐炎/铜绿假单胞菌/肠杆菌			×	×			×				×		×	×	×		
沙门氏菌病/沙门氏菌				×			×				×			×	×		

注：* 在美国恩诺沙星标签外用药是禁止的。

资料来源于出版资料和临床试验；有些可能是标签外使用。

表 34.2　抗菌药物治疗选择表

抗菌药物	疾病/细菌类型	已批准用于（禽种类）	加拿大			美国		
			治疗用剂量/给药途径＝混饲 mg/kg 饲料（除已注明单位外）	预防用剂量/给药途径＝混饲 mg/kg 饲料（除已注明单位外）	休药期（d）（除已注明单位外）	治疗用剂量/给药途径＝混饲 mg/kg 饲料（除已注明单位外）	预防用剂量/给药途径＝混饲 mg/kg 饲料（除已注明单位外）	休药期（d）（除已注明单位外）
阿莫西林	大肠杆菌病	肉鸡	8～16mg/kg，口服	—	2	15～20mg/kg，口服	—	?
安普霉素	大肠杆菌病	标签外使用	0.25～0.5g/L，口服	—	18 CgFARAD	0.25～0.5g/L，口服	—	?
杆菌肽锌	坏死性肠炎	肉鸡、产蛋鸡、火鸡	—	55～110	0	100～400g/t	4～50	0
亚甲基水杨酸杆菌肽	坏死性肠炎、溃疡性肠炎	肉鸡、产蛋鸡（仅限饲料）、火鸡（仅限饲料）和其他	—	4.4～55* 27.5～158mg/L	0	—	4～200* 100～400mg/gal	0
头孢噻呋（只用于1日龄禽的皮下注射）	大肠杆菌病、卵黄囊感染	肉鸡、火鸡，在美国禁止标签外使用	—	肉鸡 ELDU，每只禽 0.17mg	21｛21｝	—	每只鸡 0.08～0.2mg 每只禽 0.17～0.5mg	0
金霉素	葡萄球菌、慢性呼吸道病/支原体、大肠杆菌病、禽霍乱、禽鼻炎	肉鸡 蛋鸡（只用于饲料） 火鸡	110～220	55～110* 55～220	7	106～264.5mg/L 100～500g/t	50～200	1
恩诺沙星	葡萄球菌、慢性呼吸道病/支原体、大肠杆菌病、禽霍乱	美国禁止标签外使用	10～25mg/kg（体重计）	—	12～21 CgFARAD	10mg/kg（体重计）	—	禁用
红霉素	葡萄球菌、禽鼻炎、支原体（体重计）	肉鸡 火鸡	57.8～115.6mg/L	220	1	92.5～185g/t 115.6～250mg/L	92.5～185	1
庆大霉素（只用于1日龄禽的皮下注射）	大肠杆菌病 卵黄囊感染 假单胞菌属	肉鸡 火鸡	—	每只鸡 0.2mg 每只禽 1.0mg	35～63	—	每只鸡 0.2～1.0mg 每只禽 0.2mg	35～63
林可霉素	坏死性肠炎	肉鸡	16mg/L	3	0	2g/t 17mg/L	2	0

（续）

抗菌药物	疾病/细菌类型	已批准用于（禽种类）	加拿大			美国		
			治疗用剂量/给药途径=混饲 mg/kg 饲料（除已注明单位外）	预防用剂量/给药途径=混饲 mg/kg 饲料（除已注明单位外）	休药期（d）（除已注明单位外）	治疗用剂量/给药途径=混饲 mg/kg 饲料（除已注明单位外）	预防用剂量/给药途径=混饲 mg/kg 饲料（除已注明单位外）	休药期（d）（除已注明单位外）
林可霉素＋大观霉素	坏死性肠炎 慢性呼吸道病/支原体	肉鸡	833mg/L（总活性）	—	3	50～65mg/lb△ 530～833mg/L	—	0
新霉素	坏死性肠炎	肉鸡 火鸡*	—	9.6～19.1mg/L	7～14	35～226g/t 5～10mg/lb	35～80mg/L*	0
新霉素＋四环素	细菌性肠炎 慢性呼吸道病	肉鸡 火鸡	（140＋200）—（70＋100）mg/L		7～14	100～200g/t 35～40mg/L		0～3
硝苯胂酸	组织滴虫病	肉鸡 火鸡	—	187.5	5	—	170	5
硝呋索尔	组织滴虫病						50	
新生霉素	葡萄球菌 巴氏杆菌病 里氏杆菌病	肉鸡 火鸡* 鸭	—	385*	4* 只在加拿大批准用于火鸡	200～350g/t 4～14mg/lb	—	3～4
制霉菌素	念珠菌病	火鸡	—	—	—	50～100g/t	50	?
土霉素	葡萄球菌 慢性呼吸道病/支原体 大肠杆菌病 禽霍乱 禽鼻炎	产蛋鸡*、肉鸡 火鸡	50～111* mg/L	55～220*	蛋鸡 0～60* h，肉鸡 7 日	100～500g/t 26.5～105.8* mg/L 每只鸡 6.25～200* mg	50～200*	0～5
青霉素	葡萄球菌 坏死性肠炎 丹毒 禽霍乱 禽鼻炎	肉鸡 火鸡	297 000IU IU/L	2.2	1	100g/t 1 500 000IU/gal·	50～100	0～1
青霉素/链霉素	葡萄球菌 坏死性肠炎	—	—	—	—	20 000IU＋25mg/lb	—	—

（续）

抗菌药物	疾病/细菌类型	已批准用于（禽种类）	加拿大			美国		
			治疗用剂量/给药途径＝混饲 mg/kg 饲料（除已注明单位外）	预防用剂量/给药途径＝混饲 mg/kg 饲料（除已注明单位外）	休药期（d）（除已注明单位外）	治疗用剂量/给药途径＝混饲 mg/kg 饲料（除已注明单位外）	预防用剂量/给药途径＝混饲 mg/kg 饲料（除已注明单位外）	休药期（d）（除已注明单位外）
大观霉素	葡萄球菌 慢性呼吸道病/支原体 大肠杆菌病 坏死性肠炎 禽霍乱	肉鸡	—	—	ELDU CgFARAD	264～530mg/L 每只鸡 2.5～10mg	132mg/L	0～5
链霉素	葡萄球菌 大肠杆菌病 坏死性肠炎 禽霍乱 禽鼻炎	肉鸡* 火鸡 蛋鸡	85～93mg/L	—	肉鸡/蛋鸡均 5d，与青霉素/维生素联合使用	66～100* mg/L 10～15* mg/lb	—	4
磺胺氯哒嗪	球虫病	肉鸡	ELDU	ELDU	ELDU	—	0.03%	4
磺胺氯哒嗪/甲氧苄啶	大肠杆菌病 禽霍乱	禽	24mg/kg（总活性，体重计）	24mg/kg（总活性，体重计）	ELDU CgFARAD	24mg/kg（总活性，体重计）	24mg/kg（总活性，体重计）	—
磺胺嘧啶/甲氧苄啶	大肠杆菌病 禽霍乱	肉鸡	750ppm	—	ELDU CgFARAD	15mg/kg（总活性，体重计）	—	—
磺胺二甲氧嘧啶	大肠杆菌病 禽霍乱	肉鸡 火鸡	—	—	ELDU CgFARAD	250～500mg/L	—	5
磺胺二甲氧嘧啶/奥美普林	大肠杆菌病 禽霍乱	肉鸡 火鸡 鸭 鹧鸪*	ELDU	ELDU	ELDU CgFARAD	(227+136.2) ～(454+272) g/t	(56.75+34.05)～(113.5+68.1) g/t	5 10 周*
磺胺二甲嘧啶	大肠杆菌病 禽霍乱 里氏杆菌病 球虫病	肉鸡* 火鸡 鸭	1 000～2 500 mg/L	250mg/L	12	1 000mg/L 110～273mg/kg	128～187* mg/(kg·d) 110～273mg/(kg·d)	10

（续）

抗菌药物	疾病/细菌类型	已批准用于（禽种类）	加拿大			美国		
			治疗用剂量/给药途径=混饲 mg/kg 饲料（除已注明单位外）	预防用剂量/给药途径=混饲 mg/kg 饲料（除已注明单位外）	休药期（d）（除已注明单位外）	治疗用剂量/给药途径=混饲 mg/kg 饲料（除已注明单位外）	预防用剂量/给药途径=混饲 mg/kg 饲料（除已注明单位外）	休药期（d）（除已注明单位外）
磺胺喹噁啉	大肠杆菌病 禽霍乱 球虫病	肉鸡 火鸡	380mg/L	255mg/L	12	397mg/L 10～45mg/(lb·d) 3.5～55* mg/(lb·d)	3.5～60mg/(lb·d) 2.5～100* mg/(lb·d) —	10～14
磺胺喹噁啉/甲氧苄啶	大肠杆菌病 禽霍乱	肉鸡 火鸡	ELDU	ELDU	ELDU CgFARAD	30mg/kg(总活性)	—	—
磺胺噻唑	大肠杆菌病 禽霍乱	—	—	—	—	1 000mg/L	—	—
磺胺二甲嘧啶、磺胺甲基嘧啶、磺胺喹噁啉	大肠杆菌病 禽霍乱 球虫病	肉鸡 火鸡	—	—	ELDU CgFARAD	(160+160+80)—(100 + 100 + 50) mg/L	—	14
四环素	葡萄球菌、关节炎 慢性呼吸道病/支原体 禽霍乱 禽鼻炎	肉鸡 火鸡	45～100mg/L	45～100mg/L	5	200～1 000mg/(gal·d) 每只鸡 20～50mg，经鼻 25mg/（lb·d）	100～200mg/L	4～5
泰乐菌素	慢性呼吸道病/支原体	蛋鸡*	200mg/kg	11～44	0～3	800～1 000g/t	20～50*	0～5
	坏死性肠炎 禽鼻炎	肉鸡 火鸡	500mg/L		未批准用于蛋鸡	530mg/L 每只鸡 15～25 mg，经鼻 50～60 mg/(lb·d)	4～50	
维吉尼亚霉素	坏死性肠炎	肉鸡	—	11～22	0	—	5～20	0

注：* 来源于已报道的数据（包括来自本书以前版本表 35.3）以及临床经验；可能为标签外使用；休药期和剂量必须依据产品标签和政府法规进行确认；恩诺沙星的标签外使用在美国属于非法；禁用=禁止用于肉禽和产蛋禽类。ELDU=标签外使用。CgFARAD=在加拿大全球食品动物残留避免数据库中查询休药期信息。参考文献：CFIA，2012；FDA，2012；北美纲要，2012。

· gal 表示加仑，为非许用计量单位，1gal（美）=3.785L。

△ lb 表示磅，为非许用计量单位，1lb=0.45kg。

在家禽饮水消耗量有限的情况下，应用特定的抗菌药物的脉冲剂量，进行短期强化治疗（Charleston 等，1998）。这种脉冲给药只能用于安全范围较广的抗菌药物。脉冲疗法需要把将在 24h 内要给予的治疗用药全部混合在家禽将要在如 6h 内消耗的饮水中。

第五节　禽用抗菌药物的药理学特征

一、β-内酰胺类（头孢菌素类和青霉素类）

尽管青霉素 G 已经使用多年，但仍然是一种对禽类革兰氏阳性菌有效的抗菌药物，它是治疗由梭菌感染引起的坏死性肠炎的重要药物（Gadbois 等，2008）。可以应用青霉素治疗的一种革兰氏阴性菌是多杀性巴氏杆菌。最近的文献表明，此病原菌仍对青霉素敏感，同时推荐在治疗巴氏杆菌病和鸡瘟时使用此药（Huang 等，2009；Sellyei 等，2009）。青霉素 G 的剂型包括饮水和混饲给药两种，其中饮水是首选给药途径。广谱 β-内酰胺类药物，例如氨苄西林和阿莫西林，理论上对革兰氏阴性菌感染（如大肠杆菌引起的气囊炎）更有效。然而，有关此类药物在禽类临床上应用和有效性的数据有限。从管理肉鸡的休药期方面来讲，阿莫西林和氨苄西林在家禽体内半衰期较短是一个理想特征，然而，这也是影响治疗选择的一个因素（El-Sooud 等，2004；Fernandez-Varon 等，2006）。另一个影响这几个药物应用的潜在因素是阿莫西林在水溶液中稳定性差（Jerzselle 和 Nagy，2009）。虽然目前在美国、加拿大和欧盟都没有禽用产品使用或被批准，但阿莫西林和氨苄西林不断升高的耐药率促使欧洲已经开始研究这些抗菌药物和 β-内酰胺酶抑制剂联合用药在家禽体内的药代动力学特征（Fernandez-Varon 等，2006；Jerzsele 等，2009；Jerzsele 等，2010）。

头孢噻呋属于第 3 代头孢菌素类药物，是唯一的家禽生产用头孢菌素类抗菌药。由于口服吸收差，头孢噻呋只批准皮下注射剂用于 1 日龄雏鸡（美国）和幼禽（美国和加拿大）。通常是将头孢噻呋与马立克氏病疫苗同时给 1 日龄雏鸡使用（Kinney 和 Robles，1994），或皮下注射或在孵化约 18d 时标签外使用方式蛋内注射给药。最近，美国已经禁止头孢噻呋的标签外用于孵化蛋内注射给药（FDA，2012）。应该评估第 3 代头孢菌素的使用需求以及此类抗菌药物选择耐药的风险，包括携带 bla_{CMY2} 基因的沙门氏菌多重耐药危害，因为该分离株也对头孢曲松具有耐药性，而头孢曲松在人医临床主要用于治疗沙门氏菌病（见第八章）。

二、多肽类

杆菌肽是唯一批准的禽用多肽类抗菌药物。由于禽类口服基本不吸收，因此杆菌肽的疗效只是局部起作用。杆菌肽对由革兰氏阳性菌引起的肠道感染非常有效，如产气荚膜杆菌引起的坏死性肠炎（Hofacre，1998）。杆菌肽包括饮水和饲料添加剂型，其中，饲料级添加剂主要用于预防坏死性肠炎。

三、氨基糖苷类和氨基环醇类

三种氨基糖苷类抗菌药物用于家禽，包括庆大霉素、链霉素和新霉素。由于氨基糖苷类药物口服给药后的胃肠道吸收很差，禽类的主要给药方式为皮下注射。庆大霉素是应用最广的氨基糖苷类药物，主要以皮下注射或孵化蛋内注射用于 1 日龄肉鸡或火鸡（McCapes，1976；Vernimb，1977）。当静脉、肌内或皮下注射给药时，对肉鸡合适的治疗剂量为每日 5 mg/kg。皮下注射给药的绝对生物利用度最好（100%），口服给药的绝对生物利用度为 0（Abu-Basha 等，2007a）。由于庆大霉素是强碱性化合物，给药剂量过高（大于 0.2mg/只）可以破坏马立克疫苗或与疫苗混合不当（Kinney 和 Robles，1994）。链霉素可以在肠道部分吸收，因此可以用于治疗全身性大肠杆菌感染。新霉素一般用于治疗肠道感染，可通过饲料或饮水给药。有趣的是，尽管肠道吸收很差，但是仍有报道表明，临床应用新霉素对大肠杆菌病有效，可能是由于局部作用的结果（Marrett 等，2000）。

大观霉素和潮霉素是批准的禽用氨基环醇类药物。潮霉素一般作为驱虫药而不是抗菌药物使用，主要通过饲料给药。大观霉素是一种相对安全的禽用抗菌药物，当一次口服剂量为 50～100 mg/kg 时，胃肠道吸收较差，绝对生物利用度分别为11.8%和26.4%（Abu-Basha等，2007b）。与新霉素相同，当饮水给药时，大观霉素对大肠杆菌更为有效（Goren等，1988）。该药有单独使用或与林可霉素联合使用的产品。据报道，两种药物联合皮下注射给药对控制大肠杆菌和金黄色葡萄球菌引起的雏鸡早期死亡非常有效（Hamdy等，1979），另外，在一些孵化场也可作为庆大霉素和头孢噻呋预防治疗的替代用药。然而，耐药性的快速发展和较高的价格限制了大观霉素的使用。

安普霉素是在一些欧洲国家被批准禽用的另一个氨基环醇类药物，同时也允许标签外使用。与同类其他药物的结果相同，口服吸收较差（Afifi NA，Ramadan A，1997）。然而，有报道表明口服安普霉素治疗大肠杆菌感染也有临床效果（减少致死率，提高最终增重和提高饲料转化率），并减少了大肠杆菌在肠道内的定植（Cracknell等，1986；Leitner等，2001）。

四、大环内酯类和林可胺类

禽用大环内酯类药物包括红霉素、泰乐菌素、泰妙菌素和替米考星。虽然这些药物并不是在所有国家都批准使用，但目前有通过饮水和饲料给药的产品。红霉素最常用于治疗禽类金黄色葡萄球菌引起的关节炎。泰乐菌素是治疗产蛋鸡支原体感染最有效的抗菌药物，可以恢复产蛋量，减少经卵巢的细菌传播和缓解临床症状（Bradbury等，1994；Kleven，2008）。大环内酯类药物只具有抑菌活性，由于使用大环内酯类药物治疗不能彻底消除禽群的支原体感染，因此不能将其作为长期治疗措施。泰乐菌素也可有效治疗出现临床和亚临床症状的禽坏死性肠炎。泰妙菌素是一种在美国以外的国家使用的半合成大环内酯类药物，对支原体感染具有非常好的效果。另外，这种抗菌药物已经证明对禽类肠螺旋体病也有效。然而，重要的是，除拉沙洛西之外，泰妙菌素与其他离子载体类抗球虫药如莫能菌素、盐霉素、甲基盐霉素和赛杜霉素等不能同时使用。当泰妙菌素与这些离子载体类药物同时使用时，将导致出现与离子载体药物中毒相同的症状，可能是因为影响了离子载体类药物的代谢和排泄（Islam等，2009）。与同类其他药物相同，替米考星可有效控制支原体感染，同时也用于治疗多杀性巴氏杆菌和鼻气管鸟杆菌感染（Jordan和Horrocks，1996；Kempf等，1997；Jordan等，1999，Abu-Basha等，2007c；Warner等，2009）。

林可霉素是唯一被批准使用的林可胺类抗菌药物。虽然通过饲料或饮水口服给药后可以吸收，但林可霉素主要用于治疗禽类肠道感染如产气荚膜梭菌导致的坏死性肠炎或肠螺旋体病（Lanckriet等，2010；Stephens和Hampson，2002）。如前所述，林可霉素也可与大观霉素联用，能有效控制与支原体感染有关的临床症状和损伤（Hamdy等，1982；Hamdy等，1976）。

五、氟苯尼考

由于能导致人致命性再生障碍性贫血，在世界大多数国家都禁止氯霉素用于食品动物（见第十六章）。然而，氟苯尼考没有与再生障碍性贫血相关的对位硝基，可以用于治疗食品动物（包括禽类）的敏感革兰氏阳/阴性菌感染。许多药代动力学研究表明，氟苯尼考在禽体内的口服生物利用度相对较高，为55.3%～94%（Afifi和El-Sooud，1997；Shen等，2002；Shen等，2003；Switala等，2007）。Shen等（2003）指出，有些研究表明禁食和正常禁食时，药物的生物利用度不同，因此可以推测以上的数据差异可能与口服给药时间的选择有关。氟苯尼考成功治疗的临床反应存在个体差异。在大肠杆菌和鼻气管炎鸟杆菌感染模型中，氟苯尼考以20 mg/kg的剂量治疗5d后，大肠杆菌和鼻气管炎鸟杆菌的增殖减少，同时，火鸡的相关临床症状明显缓解（Marien等，2007）。然而，笔者的经验，氟苯尼考还没有成功用于治疗肉鸡的大肠杆菌感染。导致这个结果可能有多个原因，当水的硬度大于275ppm时，通过饮水加药器给药时，药物不溶于水（North American Compendium，2012）。另外，由于禽类病原体（如大肠杆菌）对氟苯尼考的MIC报道较少，因此，血浆药物浓度可能无法达到适宜的治疗浓度。几个药代动力学研究报道都表明，氟苯尼考以30 mg/kg体重剂量1次给药后，其大于2 μg/mL的血药浓度可以维持11h（Shen等，2003；Switala等，2007）。由于氟苯尼考属于时间依赖性药物，在治疗期间其血药浓度维持在MIC以上非常重要。由于缺乏禽类病原体的MIC数据，基本参考其他动物分离菌的MIC数据，并将这些数据外推，得出氟苯尼考用于禽类同样有效的结论（Anadon等，2008）。这种做法可能不恰当，因为一些报道表明，氟苯尼考对火鸡和肉鸡大肠杆菌的MIC_{90}分别为8 μg/mL和16 μg/mL，或者更高（Salmon和Watts，2000；Dai等，2008）。

有一篇报道表明，同时使用拉沙洛西和氯霉素治疗肉鸡时出现了严重的肌肉退化（Perelman 等，1986），尚无资料表明同时使用拉沙洛西和氟苯尼考是否会出现相同问题。

六、四环素类

四环素类药物由于具有抗菌谱广（支原体、革兰氏阳性和阴性菌）和安全范围广等优点，是养禽业中应用最广的抗菌药物。此类药物也是为数不多的标签注明鸡产蛋期可以使用的药物之一。按照规定的剂量使用，蛋的休药期为 0d。四环素类药物包括混饲和混饮给药的剂型。由于这类药物只微溶于 pH 为 7.0 的水中，与柠檬酸同时使用可以明显提高药物在胃肠道的吸收（Clary 等，1981）。四环素类药物容易与二价阳离子如钙和镁螯合从而吸收减少（见第十五章），因此，对于采食高钙含量饲料的蛋鸡，应该提高四环素的给药剂量。当给药结束后，推荐通过饲料中额外补充钙以增加蛋壳的厚度，从而弥补治疗期间四环素螯合导致的钙流失和肠道排泄。基于同样的原因，四环素不能同时与电解质口服。

养禽业中常用的四环素类药物有金霉素、土霉素和四环素等三种药物。由于不同四环素类药物间存在交叉耐药（见第十五章），临床效果差异主要由药物吸收、代谢、排泄率决定，而不是细菌敏感性。由于大肠杆菌气囊炎属于继发性感染，因此，即使药敏试验表明所分离的大肠杆菌对四环素类耐药，但使用四环素类药物仍可以成功减轻临床症状。可能是由于四环素类药物通过抑制支原体，从而减少大肠杆菌的感染。

七、磺胺类

磺胺类药物是一类广泛用于治疗和预防家禽球虫感染的抗菌药物。目前，有多种可以通过饲料和/或饮水给药的磺胺类药物。磺胺类药物在碱性条件下更易溶解（见第十七章）。因此，当通过酸性水中给药时，如果储水罐中或储备液出现药物沉淀，需要加入家用氨水提高水的 pH。相反地，如果禽类饮水的 pH 为酸性，治疗期间不应该继续按以上步骤操作。

由于磺胺类药物的安全范围较窄，同时存在残留超标问题，此类药物在养禽业上的应用受到限制。此类药物的毒性作用包括骨髓抑制、血小板减少、抑制鸟类的淋巴和免疫功能等（见第十七章）。通常表现为灰白色或黄色骨髓，胸部、大腿和小腿肌肉点状或斑状淤血（Daft 等，1989）。蛋鸡使用磺胺类药物治疗的最常见毒副作用为产蛋量下降和蛋壳质量降低（褐色素损失）。当决定通过饮水给予磺胺类药物时，必须记录环境温度。当气温升高时，禽类会增加水摄入量来降温，这将快速导致磺胺类药物中毒。磺胺类药物与离子载体类药物同时使用也更易导致禽类的毒性作用，但机理尚不清楚。然而，药物联合使用对 P450 细胞色素酶系统的影响已经假设为可能的解释，并进行了相关研究（Ershov 等，2001）。

在美国，一种增效型磺胺（磺胺二甲氧嘧啶/奥美普林）批准作为饲料添加剂。在加拿大，几种相似产品（磺胺嘧啶/甲氧苄啶）批准用于鲑和马，但可以标签外用于禽类。除用于治疗禽类球虫病以外，磺胺药物与增效剂还用于治疗由大肠杆菌和多杀性巴氏杆菌引起的感染。这种联合用药可以使治疗剂量大大低于单一药物的用量，从而降低药物过量导致的毒性。

禽类使用磺胺类药物的另一个主要“不良反应”是存在肌肉或蛋中药物残留超标的风险。禽类具有很强的嗜食粪便（coprophagic）的习性，磺胺类药物从粪便和尿液排泄，通过嗜食粪便再循环导致超出规定的药物休药期（Gupta 和 Sud，1978）。兽医开具磺胺类药物处方时应该考虑额外的休药期（至少 7～10d），保证药物有充足的消除时间。

八、喹诺酮类和氟喹诺酮类

许多喹诺酮类药物，如萘啶酸和噁喹酸，主要用于治疗禽类的革兰氏阴性菌感染。然而，当使用此类药物时，禽类菌群的耐药性发展迅速，并最终导致对氟喹诺酮类药物耐药性的更快发展（Glisson，1997）。因此，兽医并不推荐这些较老的喹诺酮类药物用于商业化禽类养殖。尽管在美国氟喹诺酮类药物已禁用于禽类，但此类药物在一些国家仍被批准使用，同时，在另外一些国家允许标签外使用。

氟喹诺酮类药物是一类最有效的禽用抗菌药物。这类药物对革兰氏阳性菌、革兰氏阴性菌和支原体感染非常有效。研究表明，其中一种氟喹诺酮类药物恩诺沙星有效清除产蛋鸡的鸡毒支原体感染（Stanley 等，2001）。但是，氟喹诺酮类药物对厌氧菌如产气荚膜梭菌无效。

氟喹诺酮类药物在禽类的安全范围较大。此类药物可以很快在胃肠道吸收，并在1～2h后达到血浓度峰值。氟喹诺酮类药物较长的半衰期会产生明显的抗菌后效应，从而使兽医可以采取脉冲治疗方法通过饮水给药（Charleston等，1998），能利用浓度依赖型杀菌的优势，有助于防止细菌耐药性的产生（见第十八章）。氟喹诺酮类药物耐药性的快速发展已经成为一个重要的问题（见第十八章），已导致空肠弯曲杆菌的耐药性增加。以上问题在第三章中有讨论。

肠道内或饮水中（水硬度≥1 300ppm）多价阳离子的存在将不利于氟喹诺酮类药物的吸收（Sumano等，2004）。因此，不推荐此类药物与电解质同时服用。

九、离子载体类

离子载体类药物主要用于预防禽类的球虫感染，但是它们对革兰氏阳性菌也有活性，特别是对产气荚膜梭菌等厌氧菌（Brennan等，2001b；Lanckriet等，2010）。此类药物的离子载体作用是改变原核和真核细胞的渗透性，因此，对禽类的副作用主要是活动力下降或麻痹。以上副作用的主要原因是钾离子从细胞内被动运出以及钙离子转入导致的肌肉功能减弱。离子载体类药物对成年禽类的毒性更严重，特别是火鸡，即使在小鸡的安全治疗剂量使用也会出现成年鸡的中毒现象（Fulton，2008）。

十、新生霉素

新生霉素很少用于商业化禽类养殖，主要用于治疗小母鸡或蛋鸡在产蛋架上的金黄色葡萄球菌感染。新生霉素的水溶性很差，因此只能通过饲料给药。另外，成本高是限制其应用的主要原因。

十一、硝基呋喃类

硝基呋喃类抗菌药物由于具有潜在的致癌性，已经在大多数国家不作为禽类的系统用药。作为广谱抗菌药物，在家禽养殖的前两周，通常将硝基呋喃类药物一次性添加于开口饲料中，减少可能通过禽蛋传播的沙门氏菌感染。在家禽养殖中，此类药物的毒性主要包括充血性心肌炎（腹腔积液）或中枢神经系统症状（Zaman等，1995）。

第六节　禽用抗菌药物的使用责任

家禽养殖为人类提供了肉类和蛋类，因此，良好的专业判断、实验室结果、医学知识和所治疗禽群的信息是禽用抗菌药物负责任使用的基础。至关重要的就是避免药物残留，以保证人类不会意外暴露于抗菌药物残留。当商业化养殖的禽群开始表现出临床症状时，禽只应该接受身体检查（宰杀前和宰杀后）。如可能，应该通过细菌培养对临床诊断进行确认，同时测定分离株对所选抗菌药物的敏感性。在细菌培养和敏感性试验结果出来之前，往往需要经验性治疗来降低疾病在养禽场快速传播的可能性。当获得试验结果后，兽医必须根据临床诊断决定是否继续或改变治疗措施。另外，在首次发现症状时，一个群中的家禽往往处于疾病发展的三个阶段，分别为：临床发病、无外在症状的潜伏期以及敏感的未感染期。因此，整个禽群应该接受治疗，而不是只针对临床发病的禽只。在确保良好饲养规范和动物福利情况下，这种预期疾病会传播而采用全群给药的策略性治疗是必需的。最后，负责任的治疗还应为抗菌药物留出充足的休药期，以便药物从肉或蛋中消除供人类安全消费。有关抗菌药物谨慎使用的其他信息可参见第七章以及美国兽药协会网站（http：//www.avma.org/scienact/jtua/default.asp）。

参 考 文 献

Abu-Basha EA，et al. 2007a. Pharmacokinetics and bioavailability of spectinomycin after i. v.， i. m.， s. c. and oral administration in broiler chickens. J Vet Pharmacol Ther 30：139.

Abu-Basha EA，et al. 2007b. Comparative pharmacokinetics of gentamicin after intravenous，intramuscular，subcutaneous and oral administration in broiler chickens. Vet Res Commun 31：765.

Abu-Basha EA，et al. 2007c. Pharmacokinetics of tilmicosin (provitil powder and pulmotil liquid AC) oral formulations in chickens. Vet Res Commun 31：477.

Afifi NA, El-Sooud KA. 1997. Tissue concentrations and pharmacokinetics of florfenicol in broiler chickens. Brit Poultry Sci 38. 425.

Afifi NA, Ramadan A. 1997. Kinetic disposition, systemic bioavailability and tissue distribution of apramycin in broiler chickens. Res Vet Sci 62: 249.

Anadon A, et al. 2008. Plasma and tissue depletion of florfeincol and florfenicol-amine in chickens. J Agric Food Chem 56: 11049.

Barnes HJ, et al. 2008. Colibacillosis. In: Saif YM (ed) . Diseases of Poultry, 12th ed. Ames, IA: Blackwell, pp. 691-732.

Blom L. 1975. Residues of drugs in eggs after medication of laying hens for eight days. Acta Vet Scand. 16: 396.

Bradbury JM. 2005. Poultry mycoplasmas: sophisticated pathogens in simple guise. Brit Poultry Sci 46: 125.

Bradbury JM, et al. 1994. In vitro evaluation of various antimicrobials against *Mycoplasma gallisepticum* and *Mycoplasma synoviae* by the microbroth method and comparison with a commercially prepared test system. Avian Pathol 23: 105.

Brennan J, et al. 2001a. Efficacy of in-feed tylosin phosphate for the treatment of necrotic enteritis in broiler chickens. Poult Sci 80: 1451.

Brennan J, et al. 2001b. Efficacy of narasin in the prevention of necrotic enteritis in broiler chickens. Avian Dis 45: 210.

Burch DGS, et al. 2006. Treatment of a field case of avian intestinal spirochaetosis caused by *Brachyspica pilosicoli* with tiamulin. Avian Pathol 35: 211.

Casewell M, et al. 2003. The European ban on growthpromoting antibiotivs and emerging consequences for human and animal health. J Antimicrob Chemoth 52: 259.

Castanon JIR. 2007. History of the use of antibiotic as growth promoters in European poultry feeds. Poult Sci 86: 2466.

Charleston B, et al. 1998. Comparison of the efficacies of three fluoroquinolone antimicrobial agents given as continuous or pulsed water medication, against *Escherichia coli* infection in chickens. Antimicrob Ag Chemother 42: 83.

Clary BD, et al. 1981. The potentiation effect of citric acid on aureomycin in turkeys. Poult Sci 60: 1209.

Collier CT, et al. 2003. Effects of tylosin on bacterial myucolysis, *Clostidium perfringens* colonization, and intestinal barrier function in a chick model of necrotic enteritis. Antimicrob Agents Ch 47: 3311.

Corrier DE, et al. 1999. Presence of *Salmonella* in the crop and ceca of broiler chickens before and after preslaughter feed withdrawal. Poult Sci 78: 45.

Cox LA. 2005. Potential human health benefits of antibiotivs used in food animals: a case study of virginiamycin. Environ Int 31: 549.

Cox LA, Popken DA. 2004. Quantifying human health risks from virginiamycin used in chickens. Risk Anal 24: 271.

Cracknell VC, et al. 1986. An evaluation of apramycin soluble powder for the treatment of naturally acquired *Escherchia coli* infections in broilers. J Vet Pharmacol Ther 9: 273.

Daft BM, et al. 1989. Experimental and field sulfaquinoxaline toxicosis in leghorn chickens. Avian Dis 33: 30.

Dai L, et al. 2008. Characterization of antimicrobial resistance among *Escherichia coli* isolates form chickens in China between 2001 and 2006. FEMS Microbiol Lett 286: 178.

Dibner JJ, Richards JD. 2005. Antibiotic growth promoters in agriculture: history and mode of action. Poult Sci 84: 634.

El-Sooud KA, et al. 2004. Comparative pharmacokinetics and bioavailability of amoxicillin in chickens after intravenous, intramuscular and oral administrations. Vet Res Commun 28: 599.

Ershov E, et al. 2001. The effect of hepatic microsomal cytochrome P450 monooxygenases on monensinsulfadimidine interactions in broilers. J Vet Pharmacol Therap 24: 73.

FDA. 2005. FDA announces final decision about veterinary medicine. FDA news release P05-48. http: //www. fda. gov/NewsEvents/Newsroom/PressAnnouncements/2005/ucm108467. htm.

FDA. 2012. New animal drugs; Cephalosporin drugs; Extralabel animal drug use; Order of prohibition. Federal Register. http: //www. gpo. gov/fdsys/pkg/FR-2012-01-06/pdf/2012-35. pdf.

FDA, Department of Health and Human Services. 2012. Cephalosporin order of prohibition goes into effect. http: //www. fda. gov/AnimalVeterinary/NewsEvents/CVMUpdates/ucm299054. htm.

Fernandez-Varon E, et al. 2006. Pharmacokinetics of an ampicillin-sublactam (2 : 1) combination after intravenous and intramuscular administration to chickens. Vet Res Commun 30: 285.

Fulton RM. 2008. Other toxins and poisons. In: Saif YM (ed) . Diseases of Poultry, 12th ed. Ames, IA: Blackwell, pp. 1231-1258.

Gadbois P, et al. 2008. The role of penicillin G potassium in managing *Clostridium perfringens* in broiler chickens. Avian Dis

52：407.

Glisson JR. 1997. Correct use of fluroquinolones in the poultry industry. Turkey World Mar-Apr，pp. 24-26.

Glisson JR. 1998. Bacterial respiratory diseases of poultry. Poult Sci 77：1139.

Glisson JR，et al. 2004. Comparative efficacy of enrofloxacin，oxytetracycline，and sulfadimethoxine for the control of morbidity and mortality caused by *Escherichia coli* in broiler chickens. Avian Dis 48：658.

Goren E，et al. 1984. Some pharmacokinetic aspects of four sulphonamides and trimethoprim，and their therapeutic efficacy in experimental *Escherichia coli* infection in poultry. Vet Quart 6：134.

Grave K，et al. 2006. Usage of veterinary therapeutic antimicrobials in Demark，Norway and Sweden following termination of antimicrobial growth promoter use. Prev Vet Med 75：123.

Gupta RC，Sud SC. 1978. Sulphaquinoxaline in the poultry. Ind J Anim Res 12：91.

Hamdy AH，et al. 1976. Efficacy of linco-spectin water medication on *Mycopasma synoviae* airsacculitis in broilers. Avian Dis 20：118.

Hamdy AH，et al. 1979. Effect of a single injection of lincomycin，spectinomycin，and linco-spectin on early chick mortality caused by *Escherchia coli* and *Staphylococcus aureus*. Avian Dis 23：164.

Hamdy AH，et al. 1982. Efficacy of lincomycin- spectinomycin water medication on *Mycoplasma meleagridis* airsacculitis in commercially reared turkey poults. Avian Dis 26：227.

Health Canada. 2011. Extra-label drug use in animals. http：//www. hc-sc. gc. ca/dhp-mps/vet/label-etiquet/indexeng. php.

Hofacre CL，et al. 1998. Use of Aviguard，virginiamycin or bacitracin MD in experimental *Clostridium perfringens* associated necrotizing enteritis. J Appl Poult Res 7：412.

Huang TM，et al. 2009. Antimicrobial susceptibility and resistance of chicken *Escherchia coli*，*Salmonella* spp.，and *Pasteruella multocida* isolates Avian Dis 53：89.

Islam KMS，et al. 2009. The activity and compatibility of the antibiotic tiamulin with other durgs in poultry medicine—a review. Poult Sci 88：2353.

Jerzselle A，Nagy G. 2009. The stability of amoxicillin trihydrate and potassium clavulanate combination in aqueous solutions. Acta Vet Hung 57：485.

Jordan FT，Horrocks BK. 1996. The minimum inhibitory concentration of tilmicosin and tylosin for *Mycoplasma gallisepticum* and *Mycoplasma synoviae* and a comparison of their efficacy in the control of *Mycoplasma gallispeticum* infection in broiler chicks. Avian Dis 40：326.

Jordan FT，et al. 1999. The comparison of an aqueous preparation of tilmicosin with tylosin in the treatment of *Mycopasma gallisepticum* infection of turkey poults. Avian Dis 43：521.

Kelly L，et al. 2004. Animal growth promoters：to ban or not to ban? A risk assessment approach. Int J Antimicrob Ag 24：7.

Kempf I，et al. 1997. Efficacy of tilmicosin in the control of experimental *Mycoplasma gallisepticum* infection in chickens. Avian Dis 41：802.

Kinney N，Robles A. 1994. The effect of mixing antibiotics with Marek's disease vaccine. Proc 43rd Western Poultry Disease Conf，pp. 96-97.

Kleven SH. 2008. Control of avian mycoplasma infections in commercial poultry. Avian Dis 52：367.

Laber G，Schutze E. 1977. Blood level studies in chickens，turkey poults，and swine with tiamulin，a new antibiotic. J Antibiot 30：1112.

Lanckriet A，et al. 2010. The effect of commonly used anticoccidials and antibiotics in a subclinical necrotic enteritis model. Avian Pathol 39：63.

Leitner G，et al. 2001. The effect of apramycin on colonization of pathogenic *Escherichia coli* in the intestinal tract of chickens. Vet Quart 23：62.

Marrett LE，et al. 2000. Efficacy of neomycin sulfate water medication on the control of mortality associated with colibacillosis in growing turkeys. Poult Sci 79：12.

McCapes RH，et al. 1976. Injecting antibiotics into turkey hatching eggs to eliminate *Mycoplasma meleagridis* infection. Avian Dis 19：506.

Niewold TA. 2007. The nonantibiotic anti-inflammatory effect of antimicrobial growth promoters，the real mode of action? A hypothesis. Poult Sci 86：605.

North American Compendiums. 2012. Nuflor 2.3% concentrate solution. In：Compendium of Veterinary Products，12th ed.（Canadian edition）.

Perelman B, et al. 1986. Clinical and pathological changes caused by the interaction of lasolocid and chloramphenicol in broiler chickens. Avian Pathol 15: 279.

Phillips I. 2007. Withdrawal of growth-promoting antibiotics in Europe and its effects in relation to human health. Int J Antimicrob Ag 30: 101.

Phillips I, et al. 2004. Does the use of antibiotics in food animals pose a risk to human health? A critical review of published data. J Antimicrob Chemoth 53: 28.

Righter HF, et al. 1970. Tissue-residue depletion of sulfaquinaloxaline in poultry. Am J Vet Res 31: 1051.

Righter HF, et al. 1973. Tissue residue depletion of sulfaquinoxaline in turkey poults. J Agr Food Chem 21: 412.

Russell SM. 2003. The effect of airsacculitis on bird weights, uniformity, fecal contamination, processing errors and population of *Campylobacter* spp. and *Escherichia coli*. Poult Sci 82: 1326.

Salmon SA, Watts JL. 2000. Minimum inhibitory concentration determinations for various antimicrobial agents against 1570 bacterial isolates from turkey poults. Avian Dis 44: 85.

Sellyei B, et al. 2009. Antimicrobial susceptibility of *Pasteurella multocida* isolated from swine and poultry. Acta Vet Hung 57: 357.

Shen J, et al. 2002. Pharmacokinetics of florfenicol in healthy and *Escherichia coli*-infected broiler chickens. Res Vet Sci 73: 137.

Shen J, et al. 2003. Bioavailability and pharmacokinetics of florfenicol in broiler chickens. J Vet Pharmacol Ther 26: 337.

Smith JA. 2011. Experiences with drug-free broiler production. Poult Sci 90: 2670.

Stanley WA, et al. 2001. Case report—monitoring *Mycoplasma gallisepticum* and *Mycoplasma synoviae* infection in an experimental line of broiler chickens after treatment with enrofloxacin. Avian Dis 45: 534.

Stephens CP, Hampson DJ. 2002. Evaluation of tiamulin and lincomycin for the treatment of broiler breeders experimentally infected with the intestinal spirochaete *Brachyspira pilosicoli*. Avian Pathol 31: 299.

Sumano LH, et al. 2004. Influence of hard water on the bioavailability of enrofloxacin in broilers. Poult Sci 83: 726.

Switala M, et al. 2007. Pharmacokinetics of florfenicol, thiamphenicol and chloramphenicol in turkeys. J Vet Pharmacol Ther 30: 145.

Vermeulen B. 2002. Drug administration to poultry. Adv Drug Deliver Rev 54: 795.

Vernimb GD, et al. 1977. Effect of gentamicin and early morality and later performance of broiler and leghorn chickens. Avian Dis 20: 706.

Warner K, et al. 2009. Control of *Ornithobacterium rhinotracheale* in poultry. Vet Rec 165: 668.

Wierup M. 2001. The Swedish experience of the 1986 year ban of antimicrobial growth promoters, with special reference to animal health, disease prevention, productivity, and usage of antimicrobials. Microb Drug Resist 7: 183.

Zamon Q, et al. 1995. Experimental furazolidone toxicosis in broiler chicks: effect of dosage, duration and age upon clinical signs and some blood parameters. Acta Vet Hung 43: 359.

Zhao S, et al. 2005. Antimicrobial susceptibility and molecular characterization of avian pathogenic *Escherichia coli* isolates. Vet Microbiol 107: 215.

第三十五章　抗菌药物在观赏鸟的应用

Keven Flammer

观赏鸟包括鹦形目（如长尾鹦鹉、鹦鹉、吸蜜鹦鹉、美冠鹦鹉和金刚鹦鹉）、雀形目（如金丝雀和鸣禽）和鸽形目（鸽和斑鸠）的动物。鹦鹉是美国最为普通的宠物鸟，在兽医临床上常见的品种超过 50 种。在这些鸟类中，细菌性疾病很常见，而使用抗微生物药是治疗禽类疾病的一项重要治疗手段。最佳的治疗方案是根据鸟类独特的行为和生理特征，按照合理的抗微生物治疗原则进行设计。

对于细菌性疾病，选择禽类抗微生物治疗方案的一般方法和其他物种相似。首先，确定感染的部位和原因，并测定潜在有效抗菌药物的最低抑菌浓度（MIC）。然后，根据疾病的严重程度、感染部位和被选择药物的药代动力学和药效动力学特性来选择最适药物，并确定可以由兽医人员或宠物主人完成的给药途径。另外，选择时还要考虑药物的不良反应、毒性和价格。

第一节　确定感染原因和部位

在宠物鸟类中，已经鉴定了许多原发和继发的细菌病原（表 35.1），然而，有些病原比其他的更为常见。在鹦形目鸟类中，革兰氏阴性菌的感染最为常见，特别是由大肠杆菌、克雷伯菌属和铜绿假单胞菌引起的感染。其他革兰氏阴性菌还包括波氏杆菌属、巴氏杆菌属、变形杆菌属、沙门氏菌属、沙雷菌属和耶尔森菌属。革兰氏阳性菌病原有金黄色葡萄球菌和肠球菌属。鹦鹉热衣原体是最重要的胞内病原体；禽分枝杆菌和日内瓦分枝杆菌偶有发现。虽然消化道有梭菌感染，但厌氧菌比较少见。类似病原也在金丝雀和鸽属鸟类中发现；粪肠球菌是金丝雀呼吸道疾病的重要病原；在鸽属鸟类中，沙门氏菌属和解没食子酸链球菌引起的感染更为常见。

真菌感染在观赏鸟中也是一种重要的感染（表 35.1）。酵母菌最常见于肠道感染，常见病原包括白色念珠菌和鸟胃大杆状酵母菌。菌丝真菌是重要的呼吸道感染病原，在眼和皮肤也偶有发现。烟曲霉和黑曲霉是最常见的菌株；毛霉属、青霉属、根霉属和丝孢菌属和其他条件致病霉菌很少感染免疫功能低下的鸟类。

对于观赏鸟，败血症、消化道、呼吸道和肝脏感染是微生物感染最常见的部位。要注意的是简单培养潜在病原并不是采用抗生素药物治疗的指征。通常从表面健康鸟类的泄殖腔和鼻孔中，不易培养出少量革兰氏阴性菌或酵母菌。如果大量的动物出现感染或表现临床症状，那么预示要接受治疗。体检和临床实验室化验结果，以及可疑感染部位的革兰氏染色都有助于确诊疾病是否由微生物感染引起。

表 35.1　观赏鸟感染时抗菌药物的选择

感染部位或类型	诊断	常见微生物	推荐药物	注释
病鸟——严重疾病，病因不明	败血症，多器官感染	需氧菌，特别是大肠杆菌和克雷伯氏菌，鸽的沙门氏菌	恩诺沙星、哌拉西林、头孢噻肟	给药途径为 IV、IM 或 SQ
		铜绿假单胞菌	头孢他啶或哌拉西林±阿米卡星、美罗培南	使用水合物以避免毒性。在鸟类中研究较少
		鹦鹉热衣原体	多西环素	如病重采用静脉注射，如病情稳定采用口服或肌内注射
		曲霉菌	两性霉素 B	静脉注射
病鸟——轻微症状，病因不明		需氧菌，特别为大肠杆菌和克雷伯氏菌	恩诺沙星、甲氧苄啶-磺胺甲噁唑、氨苄西林-克拉维酸	

（续）

感染部位或类型	诊断	常见微生物	推荐药物	注释
病鸟——轻微症状，病因不明		铜绿假单胞菌	头孢他啶或哌拉西林±阿米卡星、美罗培南	使用水合物以避免毒性。在鸟类中研究较少
		鹦鹉热衣原体	多西环素	通过口服、加药饲料或饮水给药
		曲霉菌	伊曲康唑、特比萘芬、伏立康唑	不同物种间剂量和疗效不同 不同物种间剂量和毒性不同
呼吸道	鼻炎/窦炎	需氧菌，特别是大肠杆菌和克雷伯氏菌	恩诺沙星、哌拉西林、头孢噻肟	用生理盐水轻轻冲洗鼻孔/窦，清除杂物。症状消失后，再治疗至少一周。慢性疾病可能需要手术去除感染病灶
		铜绿假单胞菌	头孢他啶或哌拉西林±阿米卡星、美罗培南	使用水合物以避免毒性。在鸟类中研究较少
		白色念珠菌	氟康唑	
		曲霉菌	两性霉素 B	喷雾、洗鼻
			伊曲康唑	监测毒性
		支原体	恩诺沙星、多西环素	对鹦鹉鼻窦炎的作用不确定
		鹦鹉热衣原体	多西环素	
呼吸道	肺炎/气囊炎	曲霉菌；条件致病性真菌	两性霉素 B ＋	喷雾，每日 2～3 次；如病鸟过度虚弱，静脉注射
			伊曲康唑 或	仅口服。监测潜在毒性，特别对非洲灰鹦鹉
			特比萘芬	临床症状消失后治疗至少 1 个月
			伏立康唑	与伊曲康唑联用或替代伊曲康唑 不同物种间剂量和毒性不同
		需氧菌，特别是大肠杆菌和克雷伯氏菌	恩诺沙星、哌拉西林、头孢噻肟	给药途径为 IV、IM 或 SQ
		铜绿假单胞菌	头孢他啶或哌拉西林±阿米卡星、美罗培南	使用水合物以避免毒性。在鸟类中研究较少
		鹦鹉热衣原体	多西环素	
		丝孢菌	伊曲康唑＋特比萘芬	少见报道
胃肠道	口腔、胃、肠道念珠菌病	念珠菌	氟康唑	外用两性霉素 B，可治疗口腔溃疡
			制霉菌素	
	细菌性肠炎	条件致病性需氧菌，特别是大肠杆菌和克雷伯氏菌	恩诺沙星	口服，5～7d
			其他氟喹诺酮类	
			甲氧苄啶-磺胺甲噁唑	
		弯曲杆菌	多西环素	鹦形目中少见。偶尔见于鸣禽
		产芽孢菌（可能为梭菌属）	克林霉素	导致有味粪便的常见原因
			甲硝唑	产气荚膜梭菌病可能引起急性死亡
	鸟胃大杆状酵母菌		两性霉素 B	口服。不能清除所有病鸟的感染

（续）

感染部位或类型	诊断	常见微生物	推荐药物	注释
胃肠道	细菌性肠炎	铜绿假单胞菌	如果症状轻微，口服庆大霉素。如果发病，阿米卡星和哌拉西林联用，或头孢曲松	检查饲养的环境资源（如水源、污染的饲料等）
			如果 MIC＜0.5μg/mL，使用环丙沙星或恩诺沙星	
			美罗培南	
	泄殖腔炎	条件致病性厌氧及需氧菌	恩诺沙星或β-内酰胺类＋克林霉素或甲硝唑；磺胺嘧啶银外用乳膏	最常见于大葵花鹦鹉。相关败血症可能导致严重衰弱
	咽炎	螺旋菌	多西环素	有大葵花鹦鹉相关报道
神经	细菌性脑膜炎/脑炎	条件致病性需氧菌	头孢噻肟	少见。侵入性治疗。使用剂量范围的最高限。预后差
			多西环素	
			恩诺沙星	
	支原体脑炎	支原体	多西环素、恩诺沙星	少见。预后差
眼部	细菌性角膜炎，轻微溃疡	条件致病菌	杆菌肽-新霉素-多黏菌素B联合外用	也可选择庆大霉素外用和四环素外用
	细菌性角膜炎，严重	铜绿假单胞菌	妥布霉素外用、阿米卡星外用	
	真菌性角膜炎	曲霉菌和其他条件致病性真菌	咪康唑外用、纳他霉素	
	全身性疾病症状	鹦鹉热衣原体	四环素外用	也可口服多西环素
皮肤	皮炎	条件致病性需氧菌	恩诺沙星、甲氧苄啶-磺胺甲噁唑、β-内酰胺类；磺胺嘧啶银外用乳膏	也必须治疗根本病因。多为多种病原感染
	葡萄球菌性皮炎	金黄色葡萄球菌	头孢噻吩、苯唑西林、甲氧苄啶-磺胺甲噁唑	耐药性金黄色葡萄球菌在鸟类不常见；MRSA偶有发现
		条件致病性酵母菌	氟康唑、两性霉素B外用乳膏	
		条件致病性菌丝真菌	伊曲康唑、两性霉素B外用乳膏	
生殖道	输卵管炎（输卵管）	条件致病性需氧菌，特别为大肠杆菌和克雷伯氏菌	氟喹诺酮类、β-内酰胺类	检查滞留蛋或破损的蛋。可能要求通过手术来分辨
腹膜炎		混合性条件致病菌，特别是革兰氏阴性菌	恩诺沙星、哌拉西林、头孢噻肟	如果为雌鸟，可能为卵黄性腹膜炎
多器官	分枝杆菌病	禽分枝杆菌	长期多种药物治疗	
		日内瓦分枝杆菌		日内瓦分枝杆菌可能人兽共患。治疗复杂
中耳炎		革兰氏阴性菌：大肠杆菌和克雷伯氏菌	氟喹诺酮类、β-内酰胺类	多见金刚鹦鹉雏鸟的报道。耳朵灌洗，阿米卡星外用
		铜绿假单胞菌	头孢他啶或哌拉西林；如果 MIC＜0.5μg/mL，环丙沙星或恩诺沙星；美罗培南	幼鸟很难进行多次注射给药。如果药物有效，口服给药

第二节　药物给药方案的选择

为了有效地治疗鸟类感染，必须选择合适的抗生素，并在浓度上对病原敏感有效。一些微生物已知是对药物敏感的（如鹦鹉热衣原体必然对多西环素敏感），但是大多数细菌需通过药物敏感性试验确定最有效的药物。通过药物敏感性试验，以最低抑菌浓度（MIC）定量，为指导药物选择提供了最有用的信息。纸片扩散法可用来确定细菌对药物的敏感性，但它主要为了定义细菌对药物敏感、中间和耐药，而与鸟类疾病的治愈没有相关性。这些对药物的敏感性是根据在人体（或少量的动物品种）获得的药物浓度确定，但在鸟类很难根据相同的浓度来确定。关于药物敏感性试验的讨论见第二章。

观赏鸟的疾病症状通常比较隐蔽，多在疾病的后期表现出来。如果高度怀疑为细菌感染，那么在得到细菌培养和药物敏感性试验结果前，应有必要先进行经验性治疗。表 35.1 提供了鸟类疾病以及对应的推荐治疗药物的信息，以便及时启动抗微生物治疗。在观赏鸟，革兰氏阴性菌感染最为常见，特别包括大肠杆菌、克雷伯菌和铜绿假单胞菌感染。近来，在商业来源的鸟类（宠物店、跳蚤市场和育种场），衣原体病最为常见。鸽子常发生沙门氏菌病。因此，如果怀疑为这些微生物感染，那么首先使用对革兰氏阴性菌有良好抗菌谱的广谱抗生素来进行经验性治疗是最好的选择，如果可能是衣原体病，则多西环素是最好的选择。然而，药物敏感性数据较少，有研究根据从鹦鹉分离的革兰氏阴性菌的 MIC_{90} 结果分析，发现细菌对许多用于鹦鹉的第一代抗生素（如氨苄西林、头孢氨苄、氯霉素、青霉素和四环素）耐药（Flammer，1992）。由于对耐药性的考虑，禽类兽医在对严重疾病鸟类启动治疗时，常使用氟喹诺酮类和新一代 β-内酰胺类药物。一旦鸟类病情稳定以及实验室结果出来后，就修改治疗方案。

在选择给药方案时，给药的频率和途径也是需要考虑的重要因素。由于大多数鸟类需要抓捕和保定才能进行给药，因此首选具有较长给药间隔的治疗方案。对于患病鸟类，需要采用非肠道给药途径来给药，以便快速达到有效的药物浓度。一旦鸟类临床稳定，那么可能放手让鸟类主人来完成抗微生物治疗。鸟类很难给药，因此相关操作常会给病鸟及其主人带来应激。如果采用口服给药，那么药量少、适口性好的制剂有助于实施治疗。一些禽类兽医喜欢使用肌内注射，那是因为采用这种给药方式，鸟类被限制而使给药比较方便。此外，不同给药途径的利弊在下面进行讨论。无论何种给药方案，经过几天的治疗后进行顺应性检查和给出用药指导帮助是很有用的。

因为药物处方集推荐的剂量范围比较宽泛，所以治疗时可能会很难选择合适的剂量。其中一部分原因是由于许多鹦形目动物的药代动力学数据比较少。许多给药方案是从其他品种鸟类经验借鉴或外推而来。表 35.2 提供了常用抗菌药物的推荐剂量。然而，尽管剂量是根据药代动力学数据所确定，但这些数据也只是在有限的单种动物的单剂量试验得到的。因此病鸟在接受治疗时应仔细观察，因为表中所列许多药物的广泛使用后安全性和有效性还没有得到研究。

在评估使用剂量时，需考虑药效学的基本原则。选择时间依赖性药物（如 β-内酰胺类、大环内酯类、四环素类和甲氧苄啶-磺胺）必须考虑给药频率足够，以保证在大部分给药间隔期间血药浓度维持在目标 MIC 之上。β-内酰胺类在鸟类快速排出，因此青霉素类和头孢菌素类应每日至少给药 3～4 次，除非药代动力学数据充分表明可以减少给药频率。头孢菌素类药物在其他动物品种（如头孢维星在狗中）能保持较长抗菌活性，但在鸟中维持活性时间短（Thuesen 等，2009）。浓度依赖性药物（如氟喹诺酮类和氨基糖苷类）如果有高的达峰浓度和大的曲线下面积，则可以每日给药 1 次。因为这些数据取决于给药途径，可能需要通过非肠道给药来达到治疗耐药细菌所需的理想浓度。

表 35.2　观赏鸟抗菌药物的常规给药方案[a]

药物	剂量（mg/kg）	间隔（h）	途径	研究[b]/品种	文献[c]	注释
青霉素类						
氨苄西林钠	150	12～24	IM	动力学/鸽	1	仅革兰氏阳性菌
氨苄西林三水物	25	12～25	PO	动力学/鸽	1	仅革兰氏阳性菌
	125～175	12～25	PO	动力学/鸽	1	

（续）

药物	剂量（mg/kg）	间隔（h）	途径	研究[b]/品种	文献[c]	注释
	100	4	IM	动力学/亚马逊鹦鹉	2	
	150～200	8～12	PO	动力学/亚马逊鹦鹉	2	
阿莫西林钠	50	12～24	IM	动力学/鸽	1	仅革兰氏阳性菌
	250	12～24	IM	动力学/鸽	1	
阿莫西林三水物	20	12～24	PO	动力学/鸽	1	仅革兰氏阳性菌
	100	12～24	PO	动力学/鸽	1	
	150～175	4～8	PO	经验/鹦形目		
阿莫西林+克拉维酸	50/10	8～12	IM	动力学/灰斑鸠	3	仅革兰氏阳性菌
	100/25	8～12	PO	动力学/灰斑鸠	3	
	60～120	8～12	IM	动力学/灰斑鸠	3	
	125～250	8	PO	动力学/灰斑鸠	3	
	125	8	PO	动力学/蓝顶亚马逊鹦鹉	4	
哌拉西林	75～100	4～8	IM	动力学/蓝顶亚马逊鹦鹉	5	
	200	6～8	IM	经验/鹦形目		
替卡西林	200	2～4	IM	动力学/蓝顶亚马逊鹦鹉	6	
头孢菌素类						
头孢噻吩	100	6	IM	动力学/鸽	7	
头孢氨苄	35～50	6	PO	动力学/鸽	7	
头孢噻呋	10	4	IM	动力学/澳洲鹦鹉	8	
	10	8	IM	动力学/橙翅亚马逊鹦鹉	8	
头孢噻肟	75～100	4～8	IM	动力学/蓝顶亚马逊鹦鹉	5	
头孢他啶	50～100	4～8	IM			
头孢曲松	75～100	4～8	IM	动力学/蓝顶亚马逊鹦鹉	5	
氨基糖苷类						
阿米卡星	15～40	24	IM，IV	动力学/澳洲鹦鹉、蓝顶亚马逊鹦鹉、非洲灰鹦鹉	9 6 10	首选氨基糖苷类，潜在肾毒性
庆大霉素	2.5～10	24	IM	动力学/澳洲鹦鹉、绯红金刚鹦鹉、粉红胸凤头鹦鹉	9 11	肾毒性
妥布霉素	2.5～10	24	IM	经验		经验——基于庆大霉素的研究，用于铜绿假单胞菌感染治疗
氟喹诺酮类						
恩诺沙星	7.5～15	12～24	IM	动力学/非洲灰鹦鹉	12	肌内注射引起肌肉刺激
	7.5～15	12～24	SC	动力学/非洲灰鹦鹉	13	注射产生含乳酸格林氏液的皮下积液囊。当每24h给药，使用双倍剂量
	15～30	24	PO	动力学/非洲灰鹦鹉	13	高的口服剂量使每日1次给药能保持有效的血药浓度
	200mg/L	24	饮水	血药浓度/鹦鹉	14	在鹦形目鸟中为低的血药浓度
马波沙星	2.5～5	24	PO	动力学/玻璃金刚鹦鹉	15	

（续）

药物	剂量（mg/kg）	间隔（h）	途径	研究[b]/品种	文献[c]	注释
四环素类						
土霉素，长效（LA200，硕腾公司）	50～100	48～72	IM，SC	动力学/戈芬氏凤头鹦鹉	16	鹦鹉热衣原体；会在注射部位造成刺激
多西环素	25	12	PO	动力学/鸽	1	鹦鹉热衣原体；给药时需加砂砾
	7.5	12	PO	动力学/鸽	1	鹦鹉热衣原体；给药时不需加砂砾
	35	24	PO	鹦形目/经验		鹦鹉热衣原体
	300mg/kg 混饲	24	经饲	血药浓度/虎皮鹦鹉	17	鹦鹉热衣原体，饲料：去壳燕麦粒和去壳小米以1∶4比例混合；外用葵花籽油包裹（6mL/kg）
	300～500mg/kg 混饲	24	经饲	血药浓度/澳洲鹦鹉	18	饲料：去壳小米、去壳葵花籽以 60∶40 比例混合；外用葵花籽油包裹（6mL/kg）
	300mg/L	24	经水	血药浓度/澳洲鹦鹉	18	可能对衣原体病有效
	400mg/L	24	经水	血药浓度/澳洲鹦鹉	19	可能对螺旋菌有效
	400～800mg/L	24	经水	血药浓度/橙翅亚马逊鹦鹉、非洲灰鹦鹉、戈芬氏凤头鹦鹉	20	
多西环素注射液（硕腾公司）	75～100	5～7d	IM	动力学/鸽 动力学/鹦形目	1 21	对金刚鹦鹉和澳洲鹦鹉使用更低的剂量
大环内酯类						
泰乐菌素	25	6	IM	动力学/鸽	22	
克林霉素	25～50	8～12	PO	经验		革兰氏阳性菌和厌氧菌
甲氧苄啶和磺胺类						
甲氧苄啶	15～20	8	PO	动力学/鸽	1	
甲氧苄啶-磺胺甲噁唑	10/50	12	PO	动力学/鸽	1	
	10/50	24	PO	动力学/鸽	1	
	20/100	12	PO	经验		可能引起反流，特别是金刚鹦鹉
其他						
甲硝唑	20～50	12	PO	经验		厌氧菌
抗真菌药						
两性霉素 B	1.5	8	IV	经验		曲霉和菌丝真菌
	1.0	8～12	IT	经验		曲霉和菌丝真菌
	1.0mg/mL	8～12	Neb	经验		曲霉和菌丝真菌
	100mg/kg	12	PO	经验		鸟类胃部酵母菌
酮康唑	20～30	12	PO	动力学/亚马逊鹦鹉、澳洲鹦鹉	23	真菌±曲霉
氟康唑	10～20	24	PO	动力学/非洲灰鹦鹉、蓝顶亚马逊鹦鹉、戈芬氏凤头鹦鹉	24	真菌。高剂量可能对非洲灰鹦鹉有毒性作用

（续）

药物	剂量（mg/kg）	间隔（h）	途径	研究[b]/品种	文献[c]	注释
氟康唑	75～100mg/L	24	经水	动力学/澳洲鹦鹉	25	念珠菌
伊曲康唑	5～10	24	PO	动力学/蓝顶亚马逊鹦鹉	26	曲霉和菌丝真菌
	6	12	PO	动力学/鸽	27	曲霉和菌丝真菌
	2.5～5	24	PO	经验/非洲灰鹦鹉		较低剂量对部分非洲灰鹦鹉有毒
伏立康唑	18	12	PO	动力学/非洲灰鹦鹉	28	新药，安全性未知
	18	8	PO	动力学/西斯潘纽拉亚马逊鹦鹉	29	新药，安全性未知
	10	12	PO	动力学/鸽	30，31	可能有肝毒性
制霉菌素	200 000～300 000IU/kg	8～12	PO	经验		真菌；胃肠道不吸收；必须与酵母菌有接触

注：a 资料来源于 Dorrestein，2000。

b 动力学指推荐的剂量根据上面列举动物的药代动力学研究得到。经验指根据轶事报道进行的研究；没有发表的关于鸽或鹦形目鸟的动力学数据。

参考文献：1. Dorrestein，1986；2. Ensley，1981；3. Dorrestein 等，1998；4. Orosz 等，2000；5. Flammer，1990；6. Schroeder 等，2001；7. Bush 等，1981；8. Tell 等，1998；9. Ramsay 等，1993；10. Gronwall 等，1989；11. Flammer 等，1990a；12. Flammer 等，1991；13. Flammer，2005；14. Flammer 等，2002；15. Carpenter 等，2003；16. Flammer 等，1990b；17. Flammer 等，2003；18. Powers 等，2000；19. Evans 等，2008；20. Flammer 等，2001；21. Jakoby 和 Gylstorff，1983；22. Bush 等，1982；23. Kollias 等，1986；24. Flammer，1996；25. Ratzlaff 等，2011；26. Orosz 等，1996；27. Lumeij 等，1995；28. Flammer 等，2008；29. Sanchez-Migallon 等，2010；30. Beernaert 等，2009a；31. Beernaert 等，2009b。

声明：如正文中所述，在鸟类中普遍使用的药物缺乏安全性和有效性数据；不能保证所有这些药物的剂量都是安全或有效的。

由于缺少大量不同品种禽类动物的对照试验研究，兽医应在治疗过程中监控药物的疗效和毒性。在使用窄谱药物或治疗不熟悉品种动物时特别需要注意。关于特定抗菌药物及其潜在的不良反应和禁忌症请参阅本书的相关篇章。

使用广谱抗菌药物能影响肠道菌群。鹦形目鸟类中主要为革兰氏阳性肠道菌，接受治疗后肠道革兰氏阳性菌群的减少可以使鸟类更易继发真菌和条件致病性革兰阴性菌的感染。这种现象在治疗雏鸟或采用长效抗菌药物治疗的成鸟中特别常见，如衣原体病的治疗（Flammer，1994）。最大限度地改善治疗期间的饲养条件能降低继发性感染。此外，使用长效药剂治疗的鸟类应进行微生物培养，确定潜在重复感染的可能。

第三节 解剖和生理学因素

与哺乳动物相比，解剖学和生理学的差异可能导致药物在鸟类中药理学上的改变。例如，鸟类对许多治疗感染的抗菌药物产生肉芽肿形成反应。肉芽肿的形成会抑制药物渗透，所以，为了提高治疗的成功率，需要手术清除，使用亲脂性药物并延长疗程。

在哺乳动物，胃排空和药物溶出常是影响口服药物吸收的限制步骤。观赏鸟有嗉囊，摄入物从嗉囊的通过能延迟口服药物的吸收。例如，禁食后的鸟口服多西环素混悬剂后，发现药物吸收有 20～40min 的延迟（Flammer，未发表，2005）。药物在嗉囊很少被吸收，嗉囊的中性 pH 会使一些溶于酸或碱的药物（如金霉素）沉淀，进一步延缓了药物的吸收（Dorrestein，1986）。

鸟类消化道的蠕动也不同于哺乳动物（Denbo，2000）。鸟类的胃由前胃和砂囊两部分组成。因为砂砾在砂囊中的滞留，口服的药物可能暴露在较高的钙和镁浓度下。这会降低四环素类和氟喹诺酮类药物的吸收。摄入物在鸟前胃、砂囊和小肠既有正向蠕动，也有逆向蠕动，这可能使对酸敏感的药物能被胃酸大量降解。观赏鸟的肠道较短，这也限制了对药物的吸收，特别在有食物存在时，食物将与药物竞争吸收。

鸟类的下呼吸道系统由肺和气囊组成（Powell，2000）。气囊血管少，通过雾化局部给药可能需要增强系统给药。静止状态下，鸟类呼吸只需要一小部分气囊体积，因此雾化给药需要通过轻微刺激鸟类呼吸来提高药物的渗透。

鸟类的肾脏系统与哺乳动物有很大的不同（Goldstein，2000）。禽类肾脏同时包括哺乳动物和爬行动物肾脏特点，因此药物的排出与哺乳动物生理所预期的完全不同。尿酸是禽类氮代谢的终产物，在肝脏中代谢产生。磺胺类药物可通过尿酸相同的代谢途径排出，因此，有尿毒症疾病的鸟要谨慎使用磺胺类药物（Quesenberry，1988）。禽类没有膀胱，肾脏排泄物直接输送到泄殖腔。泄殖腔的内容物能回流进入结肠，提高水的重吸收。因此，禽的水平衡不依赖于肾小球滤过率，经肾脏排泄的药物在结肠会被重吸收。最后要考虑的是，禽类有肾门静脉系统。理论上讲，药物在鸟腿肌内注射后，在进入体循环前，在肾脏有首过效应进行药物排泄。

第四节　给药途径

给药途径的选择主要取决于药物、制剂类型、鸟的状态和宠物主和/或兽医人员的给药能力。严重疾病的鸟应采用肠道外给药方式，使血药浓度快速达到有效浓度。所能达到的血药浓度常依赖于给药途径。作为一个原则，一般遵循以下的模式：IV＞IM≥SC＞ PO ＞经饲或经水给药（Flammer，1994）。

1. 静脉注射（IV）　鸟类很难进行静脉注射，因此这种给药方式通常用于进行一次性的抗菌药物或紧急药物的给药。鸟类可以插入导管，但维持鸟的 IV 导管比其他小动物更难。在鹦形目鸟类中，右颈静脉和左右肱静脉给药最方便。在鸽子中，采用中跖静脉注射。

2. 骨内给药（IO）　液体通过骨内给药可以快速到达全身循环（Aguilar 等，1993）。骨内导管可以被安装在尺骨远端或胫跗骨。这种给药方式最常用于液体给药。但是，它也可以作为 IV 抗菌药物制剂的给药方式。通过 IO 导管和骨输入药液时，应注意避免在 IO 注入位点残留高浓度的药物。

3. 肌内注射（IM）　在鹦鹉和雀形目鸟类中，胸肌是最易进行 IM 给药的；赛鸽有时在腿部肌内注射给药。肌内注射要求使用小的针（25～30 号）和小的注射体积。作者建议注射体积要小于 1 ml/kg。除非有强制的原因，应避免使用刺激性药物（如恩诺沙星和四环素类药物）。

4. 皮下注射（SC）　可以在腹股沟、腋下和翅膀之间的背部区域进行皮下给药。优选无刺激性的药物。注射用四环素类（如土霉素）已被使用，但这能引起蜕皮（Flammer 等，1990b）。恩诺沙星注入后在皮下形成乳酸林格氏溶液袋，可使血药浓度与 IM 注射相当，而不会引起严重的刺激反应（Flammer，2005）。

5. 口服给药（PO）　常用液体溶液和悬浮剂。胶囊剂可用于鸽子，但是鹦鹉和小型雀口服困难。适口性差或给药量大的药物很难给药。只有非刺激性药物可以给药，鸟吸入药物进入气管，或者通过喙进入鼻后孔裂。鹦形目鸟类口服给药非常困难，所以当宠物主选择这种给药方式时，先要保证他有这种给药的能力。另外一个选择是，药物可以通过嗉囊插管给药，然而，这种方法技术难度更高，通常要在兽医院进行操作。

6. 混饲给药　药物能加入到适口的食物赋形剂中，制成混合饲料和治疗用饲料。由于监控食物（因此包括其中的药物）消耗很困难，所以这种给药方式通常在给药方案证明有效、病鸟临床症状稳定的情况下使用。采用这种给药方式获得的血药浓度常比其他给药方式的低，因此混饲给药只用于治疗高度敏感细菌的感染。使用发表的方法中相同饲料是非常重要的，因为食物的摄取很大程度上依赖于饲料所含的能量（Flammer，1994）。在一些品种鸟类中，可以通过经饲给药治疗衣原体病。

7. 饮水给药　通过这种途径给药通常会导致血药浓度低。除非有数据证明饮水给药能保证达到临床治疗的血药浓度，不然应避免使用这种给药途径。例如，恩诺沙星以 200mg/L 浓度饮水给药，血药浓度低，维持在 0.05～0.2μg/mL（Flammer 等，2002）。多西环素对澳洲鹦鹉饮水给药，给药浓度为 300～400 mg/L（Powers 等，2000；Evans 等，2008），对美冠鹦鹉和灰鹦鹉给药浓度 400～800mg/L（Flammer 等，2001），血药浓度超过了 1μg/mL，能有效治疗衣原体病和螺旋菌病。氟康唑以 100mg/L 的浓度经水给药后，血药浓度能达到治疗澳洲鹦鹉念珠菌病的浓度（Ratzlaff 等，2011）。

8. 外用给药　外用药能用于皮肤和眼部。当鸟类整理羽毛，由于将外用乳膏或软膏摄取或涂抹进羽毛时，这些药物要使用最低的剂量。如果可能，应首选水溶性制剂，因为这些药物更容易被洗掉，即使鸟类会将它们涂抹进羽毛。磺胺嘧啶银乳膏是治疗禽类皮肤感染的常用药物，这是因为它具有广谱抗菌活性和易于清理的特点。含皮质激素的外用制剂应避免使用，因为这些药物更易导致鸟类的免疫抑制。

9. 抗菌药物偶尔直接注射到感染部位　局部用的两性霉素 B（约 1 mL/kg）能通过气管内注射以治疗气管的真菌感染。两性霉素 B 和克霉唑已被用于局部治疗鸟类气囊的真菌性病变。抗生素有时能通过局部注射入鼻孔（鼻冲洗）或眶周窦（窦冲洗）来治疗上呼吸道感染。

10. 喷雾给药　喷雾给药能将外用药物送达气囊和肺，常用来治疗呼吸道真菌感染。喷雾器能产生直径小于 3μm 的微粒。在静止状态，鸟类仅使用小部分的呼吸系统，因此在喷雾治疗时，通过刺激或轻微的活动可以提高药物的渗透。在泰乐菌素和土霉素喷雾治疗研究中，发现局部治疗浓度能维持 4～6h，但不能达到治疗血药浓度（Locke 等，1984；Dyer 等，1987）。

参考文献

Aguilar RF，et al. 1993. Osseous venous and central circulatory transit times of technetium-99 m pertechnetate in anesthetized raptors following intraosseus administration. J Zoo Wildlife Med 24：488.

Beernaert LA，et al. 2009a. Designing voriconazole treatment for racing pigeons：balancing between hepatic enzyme auto induction and toxicity. Med Mycol 47：276.

Beernaert LA，et al. 2009b. Designing a treatment protocol with voriconazole to eliminate *Aspergillus fumigatus* from experimentally inoculated pigeons. Vet Microbiol 139：393.

Bush M，et al. 1981. Pharmacokinetics of cephalothin and cephalexin in selected avian species. Am J Vet Res 43：1014.

Bush M，et al. 1982. Pharmacokinetics and tissue concentrations of tylosin in selected avian species. Am J Vet Res 42：1807.

Carpenter JW，et al. 2003. Pharmacokinetics of marbofloxacin in the blue and gold macaw. Proc Ann Conf Am Assoc Zoo Vet，p. 79.

Denbo M. 2000. Gastrointestinal anatomy and physiology. In：Whittow GC（ed）. Sturkie's Avian Physiology，5th ed. San Diego：Academic Press，p. 299.

Dorrestein GM. 1986. Studies on the pharmacokinetics of some antibacterial agents in homing pigeons（*Columba livia*）. Thesis，Utrecht University.

Dorrestein GM，et al. 1987. Comparative study of ampicillin and amoxicillin after intravenous intramuscular and oral administration in homing pigeons（*Columba livia*）. Res Vet Sci 42：343.

Dorrestein GM，et al. 1998. Comparative study of Synulox and Augmentin after intravenous，intramuscular and oral administration in collared doves（*Streptopelia decaocto*）. Proc 11th Symp Avian Dis Munich，p. 42.

Dorrestein GM. 2000. Antimicrobial drug use in companion birds. In：Prescott JF，et al.（eds）. Antimicrobial Therapy in Veterinary Medicine，3rd ed. Ames，IA：Blackwell，p. 617.

Dyer DC，et al. 1987. Antibiotic aerosolization：tissue and plasma oxytetracycline concentrations in parakeets. Avian Dis 31：677.

Ensley PK，et al. 1981. A preliminary study comparing the pharmacokinetics of ampicillin given orally and intramuscularly to psittacines：Amazon parrots（*Amazona* spp.）and blue-naped parrots（*Tanygnathus lucionensis*）. J Zoo Anim Med 12：42.

Evans EE，et al. 2008. Administration of doxycycline in drinking water for treatment of spiral bacterial infection in cockatiels. J Am Vet Med Assoc 232：389.

Filippich LJ，et al. 1993. Drug trials against megabacteria in budgerigars. Aust Vet Pract 23：184.

Flammer K. 1990. An update on psittacine antimicrobial pharmacokinetics. Proc Ann Conf Assoc Avian Vet，p. 218.

Flammer K. 1992. New advances in avian therapeutics. Proc Ann Conf Assoc Avian Vet，p. 14.

Flammer K. 1994. Antimicrobial therapy. In：Ritchie BW，et al.（eds）. Avian Medicine：Principles and Applications. Boca Raton，FL：Wingers，p. 434.

Flammer K. 1996. Fluconazole in psittacine birds. Proc Ann Conf Assoc Avian Vet，p. 203.

Flammer K. 2005. Administration strategies for delivery of enrofloxacin. Proc Ann Conf Assoc Avian Vet，p. 8.

Flammer K，et al. 1990a. Adverse effects of gentamicin in scarlet macaws and galahs. Am J Vet Res 51：404.

Flammer K，et al. 1990b. Potential use of long-acting injectable oxytetracycline for treatment of chlamydiosis in Goffin's cockatoos. Avian Dis 34：1017.

Flammer K，et al. 1991. Intramuscular and oral disposition of enrofloxacin in African grey parrots following single and multiple doses. J Vet Pharm Therap 41：359.

Flammer K，et al. 2001. Plasma concentrations of doxycycline in selected psittacine birds when administered in water for potential treatment of *Chlamydophila psittaci* infection. J Avian Med Surg 15：276.

Flammer K，et al. 2002. Plasma concentrations of enrofloxacin in psittacine birds offered water medicated with 200 mg/L of the injectable formulation of enrofloxacin. J Avian Med Surg 16：286.

Flammer K，et al. 2003. Assessment of plasma concentrations of doxycycline in budgerigars fed medicated seed or water. J Am Vet Med Assoc 223：993.

Flammer K，et al. 2008. Pharmacokinetics of voriconazole after oral administration of single and multiple doses in African grey parrots（*Psittacus erithacus timneh*）. Am J Vet Res 69：114.

Goldstein DL，et al. 2000. Renal and extrarenal regulation of body fluid composition. In：Whittow GC（ed）. Sturkie's Avian Physiology，5th ed. San Diego：Academic Press，p. 265.

Jakoby JR，Gylstorff I. 1983. Comparative research on the medicated treatment of psittacosis. Berl Munich Tier Wschr 96：261.

Kollias GV，et al. 1986. The use of ketoconazole in birds：preliminary pharmacokinetics and clinical applications. Proc Ann Conf Assoc Avian Vet，p. 103.

Locke D，et al. 1984. Tylosin aerosol therapy in quail and pigeons. J Zoo An Med 15：67.

Lumeij JT，et al. 1995. Plasma and tissue concentrations of itraconazole in racing pigeons（*Columba livia domestica*）. J Avian Med Surg 9：32.

Moore RP，et al. 2001. Diagnosis，treatment，and prevention of megabacteriosis in the budgerigar（*Melopsittacus undulates*）. Proc Ann Conf Assoc Avian Vet，p. 161.

Orosz SE，et al. 1996. Pharmacokinetic properties of itraconazole in blue-fronted Amazon parrots（*Amazona aestiva aestiva*）. J Avian Med Surg 10：168.

Orosz SE，et al. 2000. Pharmacokinetics of amoxicillin plus clavulinic acid in blue-fronted Amazon parrots（*Amazona aestiva aestiva*）. J Avian Med Surg 14：107.

Quesenberry KE. 1998. Avian antimicrobial therapeutics. In：Jacobson ER，Kollias GV（eds）. Exotic Animals. New York：Churchill Livingstone，p. 177.

Powell FL. 2000. Respiration. In：Whittow GC（ed）. Sturkie's Avian Physiology，5th ed. San Diego：Academic Press，p. 233.

Powers LV，et al. 2000. Preliminary investigation of doxycycline plasma concentrations in cockatiels（*Nymphicus hollandicus*）after administration by injection or in water or feed. J Avian Med Surg 14：23.

Ramsay EC，et al. 1993. Pharmacokinetic properties of gentamicin and amikacin in the cockatiel. Avian Dis 37：628.

Ratzlaff K，et al. 2011. Plasma concentrations of fluconazole after a single oral dose and administration in drinking water in cockatiels（*Nymphicus hollandicus*）. J Avian Med Surg 25：23.

Sanchez-Migallon G，et al. 2010. Pharmacokinetics of voriconazole after oral administration of single and multiple doses in Hispaniolan Amazon parrots（*Amazona ventralis*）. Am J Vet Res 71：460.

Schroeder EC，et al. 2001. Pharmacokinetics of ticarcillin and amikacin in blue-fronted Amazon parrots（*Amazona aestiva aestiva*）. J Avian Med Surg 11：260.

Schuetz S，et al. 2001. Pharmacokinetic and clinical studies of the carbapenem antibiotic，meropenem，in birds. Proc Ann Conf Assoc Avian Vet，p. 183.

Smith KA，et al. 2010. Compendium of measures to control *Chlamydophila psittaci* infection among humans（Psittacosis）and pet birds（Avian Chlamydiosis）. http：//www. nasphv. org/Documents/Psittacosis. pdf. Accessed May 2012.

Tell L，et al. 1998. Pharmacokinetics of ceftiofur sodium in exotic and domestic avian species. J Vet Pharm Therap 21：85.

Thuesen LR，et al. 2009. Selected pharmacokinetic parameters for cefovecin in hens and green iguanas. J Vet Pharm Therap，32：613.

第三十六章　抗菌药物在兔、啮齿类及貂类的应用

Colette L. Wheler

第一节　概　　述

兽医对小型哺乳动物如兔、啮齿类、貂类使用抗菌药物时会面临一些困难。已经发现一些抗菌药物对兔或部分啮齿类动物具有毒性，因此仔细选择最合适的药物至关重要。在加拿大和美国，很少有批准专门用于这些动物的抗菌药物，因此只能选择标签外用药。一个替代药物制剂来源必须要有可以使用其他国家（经过严格的联邦法规）进口的药物或人用制剂。许多抗菌药物在使用前需重新配制，因此即使冷藏保存，有效期也很短。这类动物的用药量通常很少，因此从经济角度考虑，剩余药物常分成小份冷冻保存以避免浪费。然而，这些冷冻、重新配制制剂的稳定性信息常无法或者很难找到。

药物剂量一般根据其他品种动物和/或临床经验外推得到，这些动物进行的药代动力学研究多数实际都是人类试验的模型。此外，多数药物并不是生产以适于小型和易感动物给药的药物剂型，因此必须开发出独特的治疗方法以确保畜主顺从性。也必须要考虑治疗动物的数量和目的，针对单个宠物病例的治疗，与针对群体动物如作为交易的宠物，用作实验动物，用作毛皮动物以及用作肉类的动物如兔的治疗完全不同。

最后，要注意的是许多需要抗菌药物治疗的情况实际上是由于营养不良或饲养管理差引起的，因此为了获得积极的治疗结果必须处理这些情况。

下面各节将详细讨论诸多复杂情况，并以表格形式总结了已报道的小型哺乳宠物的常见病和抗菌药物剂量。由于刺猬和蜜袋鼯鼠作为宠物在北美地区很受欢迎，而相关信息可能很难找到，因此表格中也包含了刺猬和蜜袋鼯鼠的相关信息。

第二节　抗菌药物的毒性

大多数兽医都知道有些抗菌药物对兔子和部分啮齿类动物具有毒性，尤其是口服给药时。抗菌药物可破坏肠道的正常微生物菌群，这种生态失调将使梭菌和大肠杆菌增殖，继而释放毒素。后肠道发酵动物兔、豚鼠、毛丝鼠和仓鼠对这种状况都十分敏感，窄谱抗生素，如β-内酰胺类、大环内酯类和林可胺类药物对此都有效应。通常在给药后24～48h内出现腹泻，并且大多数情况下是致命的。疾病和突然的饮食改变能使动物肠道菌群失调，甚至认为是安全的抗微生物药物有时也能出现问题。大鼠、小鼠、沙鼠和貂类不易受到这种情况影响。

其他抗菌药物的毒性在小型哺乳动物也见到。高剂量的氨基糖苷类药物可引起骨骼肌的神经肌肉阻滞，导致上行性松弛麻痹，呼吸停止和昏迷。麻醉可能是出现上述情况的诱因。对于其他品种的动物，这些药物对小型哺乳动物也具有潜在的肾毒性和耳毒性。有报道称链霉素对沙鼠具有毒性。

虽然正常情况下，氟喹诺酮类药物（如恩诺沙星）在兔、啮齿类和貂类中使用通常安全，但可能引起幼龄动物关节病。氯霉素对小型哺乳动物通常是安全的，并且许多细菌感染对该药非常敏感。然而，氯霉素在人类偶尔会引起不可逆的再生障碍性贫血，因此为了防止对氯霉素的暴露，在使用该药时必须采取合适的预防措施，如戴手套和洗手。此外，氯霉素禁用于食品动物，如肉兔。

根据微生物培养和敏感性试验结果选择抗菌药物时，必须牢记药物的潜在毒性，因为这些最合适的药物可能会引起特定品种动物的腹泻或其他问题。支持性辅助治疗，如氨基糖苷类药物给药同时进行补液，良好的护理，以及提供足够的营养和舒适、无压力的环境，也有助于治疗成功。

第三节　标签外用药、复方使用和进口药物

在加拿大和美国，标签标明用于兔、啮齿类和貂类的药物很少，而其中极少部分是抗菌药物。有些抗菌药物被批准用于水貂，由于水貂和其他貂类的种属非常接近，因此批准水貂用的药物剂量在其他貂类也有效。在加拿大，标签用于兔和水貂的抗菌药物包括：用于兔和水貂治疗的普鲁卡因青霉素 G（仅肌内注射），用于水貂治疗的金霉素预混剂和用于水貂治疗的新霉素/土霉素水溶性粉。为了有效治疗小型哺乳动物，兽医被迫采用大量的标签外用药。

在加拿大和美国，标签外用药是指联邦政府批准的药物在使用方式上与标签说明书的内容不一致。兽医有责任意识到并遵守其所在辖区的规章制度。1994 年，美国制定了动物治疗用药分类法（AMDUCA）对标签外用药做出了进一步明确解释。该法规明确说明了由兽医进行标签外用药，并概述了标签外用药所必须遵循的具体要求（见第二十六章）。

在美国，药物添加饲料剂的标签外使用最初并不在 AMDUCA 之内。然而，2001 年美国 FDA 兽药中心发布了少数动物用药物添加饲料标签外使用政策指南后，这种管理状况有所改变（www. fda. gov/ICECI/ComplianceManuals/Compliance PolicyGuidanceManual/ucm074659. htm）。

标签外使用人用抗菌制剂来治疗小型哺乳病畜也相当普遍。这些产品都是单剂量瓶装，一旦重新配制，有效期相当短。治疗小型哺乳病畜的时间可能比药物的有效期长，而全部使用的药量可能又相当小。兽医在治疗后，并不丢弃剩余药剂，而常将药物分成小份冷冻保存，以备下次使用。通常并不容易了解这些重新配制的药物冷冻后的稳定性，然而，有些信息可以从 Lawrence Trissel 编著的《注射用药物手册》中查到，该手册有印刷版和电子版，以及从 Donald Plum 的《Plumb 兽药手册》以及产品的包装说明书中获得。

有时为了治疗小型哺乳病畜，兽医要寻求其他替代来源，如采用复方用药或使用来自其他国家的进口药物。复方用药也是一种标签外用药，兽医和药剂师对原药的剂型重新配制，或者由组方药房创制一个药剂以满足特定需要，从而生产出一个全新的药物产品。这包括不根据包装说明书规定，将药物稀释以改变药物浓度，或者将药片碾碎加入溶液中，定制生产药片和溶液以特别增加对靶动物的适口性。

使用从其他国家进口的更适用的药物或制剂是兽医的另一个选择。例如，在一些国家出售的甲硝唑混悬剂用于小型动物时比片剂更加精确。这种机制在加拿大和美国的合法进口药物中都有存在（www. hc-sc. gc. ca/dhp-mps/vet/edr-dmu/ index-eng. php 和 www. fda. gov/AnimalVeterinary/Products/Import Exports/ucm050077. htm）。

第四节　药物剂量

虽然有许多关于用于兔、啮齿动物和雪貂的抗菌药物剂量的报道，但很少有专门对这些动物开展的药代动力学研究或临床试验；开展这些试验的主要目的是为了获取对未来人体试验的信息。因此，这些病畜的抗菌药物剂量通常根据其他物种和/或临床经验外推得到。由于缺乏依据科学确定的给药剂量，而且大多数抗菌药物为标签外用药，这就给治疗小型哺乳动物的兽医的日常工作带来了挑战。所以，应将这些情况告知畜主，并获得对这些动物进行治疗的书面同意。

药物剂量从一个物种外推到另一物种有几种方法。直接根据体重按比例外推，可能导致大动物给药过量和小动物给药不足。该方法只适于安全和治疗范围宽的药物，或适于在分类学、个体和生理学上相当的两种动物。

代谢类比法是动物医学中常用的方法，根据体重、动物能量分组的常数和已知药物在一个物种的药代动力学数据，建立公式就可计算其他物种的药物剂量。

相对生长类比法采用数学方程，分析不同大小的动物在解剖学、生理学、生化学和药代动力学等方面的差异。通过方程，以已知的几种品种动物的药代动力学参数来估算未知品种动物的药代动力学参数，从而预测药物剂量。相对生长类比法常用于制药工业确定人类试验的第一个剂量。有一些文献报道证实采用相对生长类比法以预测一些药物包括氟喹诺酮类药物在小型哺乳动物的药代动力学参数。表 36.1 至表

36.3 列出了常见微生物疾病治疗的药物剂量。表 36.4 至表 36.11 为常见细菌性疾病的临床症状和推荐药物。

表 36.1　兔、豚鼠和毛丝鼠中报道的抗菌药物剂量（注意：大多数药物用法和剂量为标签外用药）

药物	兔*	豚鼠	毛丝鼠
阿米卡星	2～5 mg/kg q 8～12 h；SC，IM	2～5 mg/kg q 8～12 h；SC，IM	2～5 mg/kg q 8～12 h；SC，IM，IV
阿奇霉素	5 mg/kg q 48 h；IM 或 15～30mg/kg q 24 h；PO	15～30 mg/kg q 12～24 h；PO	15～30 mg/kg q 24 h；PO
克菌丹粉	—	—	5 mL/475 mL 沙浴
头孢氨苄	11～22 mg/kg q 8～12 h；SC	50 mg/kg q 24 h；IM	—
氯霉素	30 mg/kg q 8～12 h；PO，SC，IM，IV **	20～50 mg/kg q 6～12 h；PO，SC，IM，IV	30～50 mg/kg q 12 h；PO，SC，IM，IV
金霉素	50 mg/kg q 24 h；PO	—	50 mg/kg q 12 h；PO
环丙沙星	5～20 mg/kg q 12 h；PO	5～20 mg/kg q 12 h；PO	5～20 mg/kg q 12 h；PO
克林霉素	不用	7.5mg/kg q 12h；不用于 PO	7.5mg/kg q 12h；SC；不使用 PO
多西环素	2.5 mg/kg q 12 h；PO	2.5 mg/kg q 12 h；PO	2.5 mg/kg q 12 h；PO
恩诺沙星	5～10 mg/kg q 12 h；PO，SC，IM 或 200 mg/L dw q 24 h	0.05～0.2 mg/mL dw q 24 h 或 5～15 mg/kg q 12 h；PO，SC，IM	5～15 mg/kg q 12 h；PO，SC，IM
芬苯达唑			20～50 mg/kg q 24 h；PO
氟康唑	38 mg/kg q 12 h；PO	16～20 mg/kg q 24 h×14 d；PO	16 mg/kg q 24 h×14 d；PO
庆大霉素	1.5～2.5 mg/kg q 8 h；SC，IM，IV	2～4 mg/kg q 8～12 h；SC，IM	2 mg/kg q 12 h；SC，IM，IV
灰黄霉素（妊娠动物禁用）	25 mg/kg q 24 h×（30～45）d；PO	25～50 mg/kg q 12 h×（14～60）d；PO 或以 1.5%溶于 DMSO 连续 5～7 d；外用	25 mg/kg q 24 h×（30～60）d；PO
伊曲康唑	20～40 mg/kg q 24 h；PO	5～10 mg/kg q 24 h；PO	5 mg/kg q 24 h；PO
酮康唑	10～40 mg/kg q 24 h；PO	10～40 mg/kg q 24 h；PO	10～40 mg/kg q 24 h；PO
石灰硫黄浸液	与水 1∶40 稀释，q 7d 浸泡，连续 4～6 周	与水 1∶40 稀释，q 7d 浸泡，连续 4～6 周	与水 1∶40 稀释，q 7d 浸泡，连续 4～6 周
马波沙星	2 mg/kg q 24 h；IM，IV 或 5mg/kg q 24 h；PO	4 mg/kg q 24 h；PO，SC	4 mg/kg q 24 h；PO，SC
甲硝唑	20 mg/kg q 12 h；PO	25 mg/kg q 12 h；PO	10～20 mg/kg q 12 h；PO；谨慎使用
土霉素	50mg/kg q 12 h；PO 或 1 mg/mL dw	—	50mg/kg q 12 h；PO
苄星青霉素 G	42 000～60 000 IU/kg q 48 h；SC，IM	有毒	避免使用
普鲁卡因青霉素 G	42 000～84 000 IU/kg q 24 h；SC，IM	有毒	避免使用
磺胺二甲氧嘧啶	10～15 mg/kg q 12 h×10d；PO	10～15 mg/kg q 12 h；PO	25～50 mg/kg q 24 h×（10～14）d；PO
磺胺二甲嘧啶	1 mg/mL dw	1 mg/mL dw	1 mg/mL dw
磺胺喹噁啉	1 mg/mL dw	1 mg/mL dw	—

（续）

药物	兔*	豚鼠	毛丝鼠
特比萘芬	100 mg/kg q 12～24 h；PO	10～40 mg/kg q 24 h×（4～6）wk；PO	10～30 mg/kg q 24 h×（4～6）wk；PO
四环素	50 mg/kg q 8～12 h；PO或250～1 000 mg/L dw q 24 h	10～40 mg/kg q 24 h；PO	0.3～2 mg/mL dw q 24 h或10～20 mg/kg q 8～12 h；PO
甲氧苄啶-磺胺	30 mg/kg q 12～24 h；PO，SC，IM	15～30 mg/kg q 12 h；PO，SC	15～30 mg/kg q 12 h；PO，SC
泰乐菌素	10 mg/kg q 12 h；PO，SC	10 mg/kg q 24 h；PO，SC；谨慎使用	10 mg/kg q 24 h；PO，SC

注：*遵守正确的肉兔休药期。

**不在肉兔中使用。

PO：per os口服；SC：皮下注射；IM：肌内注射；IV：静脉注射；dw：饮水；wk：周。

表 36.2　仓鼠、沙鼠、大鼠和小鼠中报道的抗菌药物剂量（注意：大多数药物用法和剂量为标签外用药）

药物	仓鼠	沙鼠	大鼠	小鼠
阿米卡星	2～5mg/kg q 8～12h；SC	2～5mg/kg q 8～12h；SC	10mg/kg q 12h；SC	10mg/kg q 8～12h；SC
氨苄西林	有毒	6～30 mg/kg q 8 h；PO	20～100 mg/kg q 12 h；PO，SC	20～100 mg/kg q 12 h；PO，SC或500 mg/L dw
阿奇霉素			30 mg/kg q 24 h；PO	
头孢氨苄	—	25 mg/kg q 24 h；SC	15 mg/kg q 12 h；SC	60 mg/kg q 12 h；PO
头孢噻啶	10～25 mg/kg q 24 h；SC	30 mg/kg q 12 h；IM	10～25 mg/kg q 24 h；SC	10～25 mg/kg q 24 h；SC
头孢菌素	—	—	—	30 mg/kg q 12 h；SC
棕榈酸氯霉素	50～200 mg/kg q 8 h；PO	50～200 mg/kg q 8 h；PO	50～200 mg/kg q 8 h；PO	0.5 mg/mL dw或50～200 mg/kg q 8 h；PO
琥珀酸氯霉素	20～50 mg/kg q 12 h；SC	20～50 mg/kg q 12 h；SC	30～50 mg/kg q 12 h；SC	30～50 mg/kg q 12 h；SC
金霉素	20 mg/kg q 12 h；PO，SC	—	—	25 mg/kg q 12 h；PO，SC
环丙沙星	7～20 mg/kg q 12 h；PO	7～20 mg/kg q 12 h；PO	7～20 mg/kg q 12 h；PO	7～20 mg/kg q 12 h；PO
多西环素	2.5～5 mg/kg q 12 h；PO；不得用于小动物和妊娠动物	2.5～5 mg/kg q 12 h；PO；不得用于小动物和妊娠动物	5 mg/kg q 12 h；PO	2.5～5 mg/kg q 12 h；PO
恩诺沙星	0.05～0.2 mg/mL dw×14d或5～10 mg/kg q 12 h；PO，SC	0.05～0.2mg/mL dw×14d或5～10 mg/kg q 12 h；PO，SC	0.05～0.2 mg/mL dw×14d或5～10 mg/kg q 12 h；PO，SC	0.05～0.2 mg/mL dw×14d或5～10 mg/kg q 12 h；PO，SC
红霉素	—	—	20 mg/kg q 12 h；PO	20 mg/kg q 12 h；PO
庆大霉素	5 mg/kg q 24 h；SC	2～4 mg/kg q 8 h；SC	5～10 mg/kg divided q 8～12 h；SC	2～4 mg/kg q 8～12 h；SC
灰黄霉素（妊娠动物禁用）	25～50 mg/kg q 12 h×（14～60）d；PO或1.5%溶于DMSO连用5～7 d；外用	25～50 mg/kg q 12 h×（14～60）d；PO或1.5%溶于DMSO连用5～7 d；外用	25～50 mg/kg q 12 h×（14～60）d；PO或1.5%溶于DMSO连用5～7 d；外用	25～50 mg/kg q 12 h×（14～60）d；PO或1.5%溶于DMSO连用5～7 d；外用

（续）

药物	仓鼠	沙鼠	大鼠	小鼠
酮康唑	10～40 mg/kg q 24 h×14d；PO	10～40 mg/kg q 24 h×14d；PO	10～40 mg/kg q 24 h×14d；PO	10～40 mg/kg q 24 h×14d；PO
甲硝唑	7.5 mg/70～90g 动物 q 8 h	7.5 mg/70～90g 动物 q 8 h	10～40 mg/kg q 24 h；PO	2.5 mg/mL dw×5 d 或 20～60 mg/kg q 8～12 h；PO
新霉素	0.5 mg/mL dw 或 100 mg/kg q 24 h；PO	2 g/L dw 或 100 mg/kg q 24 h；PO	2 g/L dw 或 25 mg/kg q 12 h；PO	2 g/L dw
土霉素	0.25～1 mg/mL dw 或 16 mg/kg q 24 h；SC	0.8 mg/mL dw 或 10 mg/kg q 8 h；PO 或 20 mg/kg q 24 h；SC	500 mg/L dw 或 10～20 mg/kg q 8 h；PO	500 mg/L dw 或 10～20 mg/kg q 8 h；PO
磺胺二甲氧嘧啶	10～15 mg/kg q 12 h；PO	10～15 mg/kg q 12 h；PO	10～15 mg/kg q 12 h；PO	10～15 mg/kg q 12 h；PO
磺胺甲基嘧啶	1 mg/mL dw q 24 h	0.8 mg/mL dw q 24 h	1 mg/mL dw	1 mg/mL dw 或 500 mg/L dw
磺胺二甲嘧啶	1 mg/mL dw q 24 h	0.8 mg/mL dw q 24 h	1 mg/mL dw	1 mg/mL dw
磺胺喹噁啉	1 mg/mL dw q 24 h	1 mg/mL dw q 24 h		
四环素	0.4 mg/mL dw q 24 h 或 10～20 mg/kg q 8～12 h；PO	2～5 mg/mL dw q 24 h 或 10～20 mg/kg q 8～12 h；PO	2～5 mg/mL dw 或 10～20 mg/kg q 8 h；PO	2～5 mg/mL dw 或 10～20 mg/kg q 8 h；PO
甲氧苄啶-磺胺	15～30 mg/kg q 12～24 h；PO，SC	30 mg/kg q 12～24 h；PO，SC	15～30 mg/kg q 12 h；PO，SC	30 mg/kg q 12 h；PO，SC
泰乐菌素	2～8 mg/kg q 12 h；SC，PO 或 500 mg/mL dw	0.5 mg/mL dw q 24 h 或 10 mg/kg q 24 h；PO，SC	0.5 mg/mL dw 或 10 mg/kg q 24 h；PO，SC	0.5 mg/mL dw 或 10 mg/kg q 24 h；PO，SC

注：PO：口服；SC：皮下注射；IM：肌内注射；IV：静脉注射；dw：饮水。

表 36.3 貂、刺猬和蜜袋鼯鼠中报道的抗菌药物剂量（注意：大多数药物用法和剂量为标签外用药）

药物	貂	刺猬	蜜袋鼯鼠
阿米卡星	10～15 mg/kg q 12 h；SC，IM	2～5 mg/kg q 8～12 h；SC，IM	10 mg/kg q 12 h；IM
阿莫西林	20～30 mg/kg q 8～12 h；PO	15 mg/kg q 12 h；PO，SC	30 mg/kg 分点 q 12～24 h；PO，SC
阿莫西林-克拉维酸	12.5～25 mg/kg q 8～12 h；PO	12.5 mg/kg q 12 h；PO	12.5 mg/kg 分点 q 12～24 h；PO，SC
氨苄西林	5～30 mg/kg q 8～12 h；SC，IM，IV	—	—
阿奇霉素	5 mg/kg q 24 h；PO	—	—
头孢噻呋	—	20 mg/kg q 12～24 h；SC	—
头孢氨苄	15～30 mg/kg q 8～12 h；PO	25 mg/kg q 12 h；PO	30 mg/kg 分点 q 12～24 h；PO，SC
氯霉素	25～50 mg/kg q 12 h；PO，SC，IM	30～50 mg/kg q 6～12 h；PO，SC，IV	—
金霉素	—	5～20 mg/kg q 12 h；PO	—
环丙沙星	5～15 mg/kg q 12 h；PO	5～20 mg/kg q 12 h；PO	10 mg/kg q 12 h；PO
克拉霉素	12.5～25 mg/kg q 12 h；PO	5.5 mg/kg q 12 h；PO	—

（续）

药物	貂	刺猬	蜜袋鼯鼠
克林霉素	5～10 mg/kg q 12 h；PO	5.5～10 mg/kg q 12 h；PO	—
多西环素	—	2.5～10 mg/kg q 12 h；PO，SC	—
恩诺沙星*	10～20 mg/kg q 12～24 h；PO，SC，IM	5 mg/kg q 12 h；PO，SC	2.5～5 mg/kg q 12～24 h；PO，SC，IM
红霉素	10 mg/kg q 6 h；PO	10 mg/kg q 12 h；PO	20 q 12 h；PO
氟康唑	50 mg/kg q 12 h；PO	—	—
灰黄霉素（妊娠动物禁用）	25 mg/kg q 12～24 h；PO	50 mg/kg q 24 h；PO	20 mg/kg q 24 h；PO
伊曲康唑	15 mg/kg q 24 h；PO	5～10 mg/kg q 12～24 h；PO	5～10 mg/kg q 12 h；PO
酮康唑	10～30 mg/kg q 12～24 h；PO	10 mg/kg q 12～24 h；PO	—
林可霉素	—	—	30 mg/kg 分点 q 12～24 h；PO，IM
甲硝唑	20 mg/kg q 12 h；PO	20 mg/kg q 12 h；PO	25 mg/kg q 24 h；PO
新霉素	10～20 mg/kg q 6 h；PO	—	—
制霉菌素	—	30 000 U/kg q 8～24 h；PO，外用	5 000 U/kg q 8 h×3d；PO
土霉素	—	25～50 mg/kg q 24 h；PO，经饲	—
普鲁卡因青霉素 G	40 000 IU/kg q 24 h；SC	40 000 IU/kg q 24 h；SC，IM	22 000～25 000 IU/kg q 12～24 h；SC，IM
哌拉西林	—	10 mg/kg q 8～12 h；SC	—
磺胺二甲氧嘧啶	—	2～20 mg/kg q 24 h；PO，SC	5～10 mg/kg q 12～24 h；PO，SC
四环素	25 mg/kg q 12 h；PO	—	—
甲氧苄啶-磺胺	15～30 mg/kg q 12 h；PO，SC，IM	30 mg/kg q 12 h；PO，SC	15 mg/kg q 12 h；PO
泰乐菌素	10 mg/kg q 8～12 h；PO，SC	10 mg/kg q 12 h；PO，SC	—

注：*如果采用皮下注射或肌内注射给药，为了防止注射部位组织坏死，需对药物进行稀释处理。
PO：口服；SC：皮下注射；IM：肌内注射；IV：静脉注射；dw：饮水。

表 36.4 小鼠抗菌药物治疗（注意：大多数药物用法和剂量为标签外用药）

部位	临床症状/诊断	常见感染微生物	注释	推荐药物
皮肤	背或会阴部结痂；皮炎；脓肿	金黄色葡萄球菌、变形杆菌属、链球菌属	争斗/咬伤的继发性感染或由于螨虫引起的创伤。修剪趾甲	氨苄西林、氯霉素、四环素
	乳腺炎	金黄色葡萄球菌	除了抗生素之外，刀割和引流	氨苄西林、氯霉素、氟喹诺酮类
	瘙痒、体重减轻、角化过度、脱毛	牛棒状杆菌	感染免疫功能低下小鼠。死亡率低。治疗不能痊愈	氨苄西林、青霉素
	脸、头、颈、尾部脱毛、红斑、结痂	须毛癣菌、石膏样小孢子菌（较少）	少见，人兽共患	灰黄霉素（妊娠动物禁用）
呼吸系统	鼻炎、呼吸困难、中耳炎、上呼吸道疾病、肺炎	肺支原体、金黄色葡萄球菌、链球菌属	常并发仙台病毒或 CAR 杆菌；减少笼舍氨的浓度	泰乐菌素、氟喹诺酮类、四环素类，恩诺沙星与多西环素联用，因其有免疫调节作用

（续）

部位	临床症状/诊断	常见感染微生物	注释	推荐药物
	泪腺炎、喷嚏、呼吸困难、肺炎	嗜肺巴氏杆菌、肺炎克雷伯氏菌、支气管败血波氏杆菌	常并发仙台病毒或CAR杆菌；减少笼舍氨的浓度	氯霉素、氟喹诺酮类、泰乐菌素、氨基糖苷类
	肺炎	CAR杆菌	原发或条件性致病伴随其他呼吸道病原感染	磺胺甲基嘧啶、氨苄西林、甲氧苄啶-磺胺
胃肠道	生长发育迟缓、腹泻、直肠脱垂，死亡；传播性鼠结肠增生	啮齿类柠檬酸杆菌、梭状杆菌	基因型，年龄和饮食影响疾病的病程和严重程度	四环素类、新霉素、甲硝唑
	肝病、死亡、慢性活动性肝炎、直肠脱垂	肝螺杆菌		阿莫西林［1.5～3 mg/（30 g·d）］与甲硝唑［0.69 mg/（30 g·d）］、水杨酸亚铋［0.185 mg/（30 g·d）］联用，口服
	厌食、脱水、腹泻、死亡（泰泽病）	毛状梭菌	同时进行输液治疗至关重要	四环素类
	厌食、体重减轻、嗜睡、行为沉闷	肠炎沙门氏菌、鼠伤寒沙门氏菌	人兽共患；建议扑杀感染动物	不建议治疗
泌尿生殖系统	卵巢炎、输卵管炎、子宫炎、不孕不育、流产	肺支原体、嗜肺巴氏杆菌、产酸克雷伯氏菌		泰乐菌素、氟喹诺酮类、四环素类
	尿道腺阻塞、包皮腺脓肿	嗜肺巴氏杆菌、金黄色葡萄球菌		氯霉素、氟喹诺酮类、氨基糖苷类
CNS	歪头、斜颈	肺支原体、链球菌属		氯霉素、泰乐菌素、氟喹诺酮类
	眼脓肿、结膜炎、全眼球炎	嗜肺巴氏杆菌		四环素类、氨基糖苷类
全身	败血症、死亡；急性感染后存活的小鼠可能有慢性关节炎、肢体畸形、截肢；链杆菌病	念珠状链杆菌	潜在人兽共患	氨苄西林、四环素类
	被毛粗糙、弓背、食欲不振、鼻和眼有分泌物、关节炎	鼠棒状杆菌	抗生素治疗不能治愈	

表36.5　仓鼠抗菌药物治疗（注意：大多数药物用法和剂量为标签外用药）

部位	临床症状/诊断	常见感染微生物	注释	推荐药物
皮肤	颊囊脓肿、咬伤部位脓肿	金黄色葡萄球菌、链球菌属、嗜肺巴氏杆菌、放线菌属	引流和冲洗；脓肿最好完全切除	氯霉素、四环素类、氟喹诺酮类
	淋巴结肿大、淋巴结炎	金黄色葡萄球菌、链球菌属		氯霉素、四环素类、氟喹诺酮类
	乳腺炎	乙型溶血性链球菌	乳腺发热、肿胀。支持性治疗；自我限制的感染	氨苄西林、青霉素
	脱毛、皮肤干燥、黄色片状皮脂溢出	须毛癣菌	人兽共患。有时瘙痒；提高畜舍通风	灰黄霉素（妊娠动物禁用）

（续）

部位	临床症状/诊断	常见感染微生物	注释	推荐药物
呼吸系统	喷嚏、呼吸困难、上呼吸道的疾病、肺炎	嗜肺巴氏杆菌、肺炎链球菌、链球菌属	饲养或营养不良引起继发	氯霉素、四环素类、氟喹诺酮类
		CAR 杆菌	其他呼吸病原可引起条件性致病	磺胺甲基嘧啶、磺胺类
胃肠道	腹泻、会阴变色、嗜睡、食欲不振、直肠脱垂、增生性回肠炎（“湿尾”）	胞内劳森氏菌	尤其易在 3～10 周龄动物发生；很难治愈；同时采用输液，镇静剂，支持性治疗	氯霉素、四环素类、氟喹诺酮类、甲氧苄啶-磺胺。在给药第 1 天，用 2 倍推荐剂量给药
	肠炎	大肠杆菌、艰难梭菌	同步输液治疗，镇静剂，支持性治疗	氟喹诺酮类、甲硝唑、四环素类
	厌食、脱水、腹泻、死亡、泰泽病	毛状梭菌	同步输液治疗，镇静剂，支持性治疗	四环素类
	断奶幼畜卡他性肠炎	鼠贾第虫		甲硝唑
CNS	眯眼、揉眼、角膜溃疡	巴氏杆菌属、链球菌属	局部治疗。易发生突眼	氯霉素、四环素类

表 36.6　沙鼠抗菌药物治疗（注意：大多数药物用法和剂量为标签外用药）

部位	临床症状/诊断	常见感染微生物	注释	推荐药物
皮肤	鼻孔发红、发硬，前爪变色、鼻皮炎（“鼻疮”或“红鼻子”）	金黄色葡萄球菌、葡萄球菌属、链球菌属	由于哈氏腺分泌物刺激引起的继发性感染	氯霉素、甲氧苄啶-磺胺、氟喹诺酮类
	中腹侧标记腺感染，皮炎	金黄色葡萄球菌、链球菌属		氯霉素、甲氧苄啶-磺胺、氟喹诺酮类
	脱毛、角化过度	须毛癣菌、石膏样小孢子菌	人兽共患	灰黄霉素（妊娠动物禁用）
呼吸系统	喷嚏、呼吸困难、消瘦	乙型溶血性链球菌、嗜肺巴氏杆菌	偶发；治疗时吸氧，化痰药，支气管扩张剂可能有帮助	氟喹诺酮类、土霉素、磺胺类
胃肠道	嗜睡、厌食、腹泻死亡、泰泽病	毛状梭菌	高度敏感	四环素类
	腹泻、沙门氏菌病综合征、死亡	肠炎沙门氏菌、鼠伤寒沙门氏菌	人兽共患；建议扑杀染疫动物。如果尝试治疗，输液是必不可少的	氯霉素、氟喹诺酮类
	肠炎、腹泻、脱水	大肠杆菌		氯霉素、氟喹诺酮类

抗菌药物经饲或经水给药通常用于大量的动物治疗，如在研究试验场、养兔场、毛丝鼠养殖场和宠物繁殖场，在那里，进行个体给药非常耗时和不切实际。但群体给药本身存在的问题是病畜采食量差异大，食物或水的适口性变差，药物分布不均匀以及水质可能影响药物的化学成分。

注射抗菌药物通常在小型哺乳动物肩部松弛皮肤进行皮下注射给药。如果整个操作正确的话，快速，应激小。同步的液体治疗也要在该大的部位进行给药，只要两种药物能相容。小啮齿类动物一手保定，一手注射给药。在注射给药时，啮齿动物不管立着或在检查台上部分保定，颈背部都要紧紧抓住。反复的进行这些操作有助于进行重复治疗。对于大的啮齿类动物和兔子，可以用毛巾裹着或由助手保定，以方便注射。貂在给药时，要牢牢抓住颈背部，或者环颈搂住，防止过分扭动。兔子保定时要特别小心，防止抖动和脊柱骨折；毛丝鼠要防止破坏毛皮（“皮毛光滑”）；对于沙鼠，要防止尾巴脱套受伤；貂和仓鼠要尽可能减少咬伤的风险。

表 36.7　大鼠抗菌药物治疗（注意：大多数药物用法和剂量为标签外用药）

部位	临床症状/诊断	常见感染微生物	注释	推荐药物
皮肤	肩膀和背部擦伤/溃疡；溃疡性皮炎	金黄色葡萄球菌	由原发性创伤继发引起。修剪趾甲	氨苄西林、氯霉素
	脓肿、疖病	嗜肺巴氏杆菌、肺炎克雷伯氏菌	条件致病性菌继发引起。引流和冲洗脓肿	氯霉素、氟喹诺酮类、氨基糖苷类
	乳房炎	嗜肺巴氏杆菌、金黄色葡萄球菌	热敷，引流	氯霉素、氟喹诺酮类、氨基糖苷类
	脱毛、瘙痒	小孢子菌属	人兽共患	灰黄霉素（妊娠动物禁用）
呼吸系统	鼻塞、喷嚏、呼吸困难、前庭疾病，抑郁、血泪、上呼吸道疾病和/或肺炎；小鼠呼吸道支原体（MRM）	肺支原体	常见；提高营养和饲养条件；降低笼舍内氨浓度	10mg/kg 恩诺沙星和 5mg/kg 多西环素联用为宜；四环素类、泰乐菌素
		CAR 杆菌	常伴随支原体或病毒感染	磺胺甲基嘧啶、氨苄西林、氯霉素、恩诺沙星
	鼻涕呈血性浆液至脓性黏液、鼻炎、结膜炎、中耳炎	肺炎链球菌	免疫功能低下动物的风险最大	土霉素
	被毛粗糙、弓背、眼鼻有分泌物、呼吸困难、肉芽肿性肺炎；假结核	鼠棒状杆菌	免疫功能低下动物的风险最大；抗生素不能消除感染	氨苄西林、氯霉素、四环素类
	结膜炎、全眼球炎、眼鼻有分泌物、呼吸困难、歪头	嗜肺巴氏杆菌	免疫功能低下动物的风险最大	恩诺沙星
胃肠道	腹泻、脱水、厌食、死亡；泰泽病	毛状梭菌		四环素类
	腹泻、被毛干枯、消瘦、死亡	肠炎沙门氏菌	人兽共患；建议扑杀染疫动物	
泌尿生殖系统	不孕、卵巢炎、输卵管炎、子宫炎、子宫蓄脓	肺支原体		泰乐菌素、氟喹诺酮类、四环素类
	包皮腺脓肿	嗜肺巴氏杆菌、金黄色葡萄球菌		氯霉素、氟喹诺酮类
CNS	歪头、转圈、斜颈、内耳道炎	肺支原体±继发性细菌		氟喹诺酮类、氯霉素、泰乐菌素

表 36.8　豚鼠抗菌药物治疗（注意：大多数药物用法和剂量为标签外用药）

部位	临床症状/诊断	常见感染微生物	注释	推荐药物
皮肤	淋巴结肿大、颈部淋巴结炎	兽疫链球菌；还有念珠链球菌和假结核耶尔森氏菌	可能会造成败血症；最好完全切除受感染的淋巴结	氯霉素、氟喹诺酮类
	脓肿	金黄色葡萄球菌、链球菌属、铜绿假单胞菌、多杀性巴氏杆菌、化脓性棒状杆菌	咬伤继发感染（尤其雄鼠），外伤，牙病	氟喹诺酮类、甲氧苄啶-磺胺、氯霉素、阿奇霉素、甲硝唑
	乳房炎	克雷伯氏菌属、葡萄球菌属、链球菌属、巴氏杆菌属、大肠杆菌、变形杆菌属	热敷；从感染乳房将奶挤出	氯霉素、甲氧苄啶-磺胺
	足肿胀、溃烂；溃疡性蹄部皮炎；骨髓炎	金黄色葡萄球菌、放线菌属	垫料不合适，维生素C缺乏，外伤继发	氯霉素、氟喹诺酮类、甲氧苄啶-磺胺、阿奇霉素、甲硝唑
	圆形脱毛、结痂；瘙痒	须毛癣菌、犬小孢子菌	人兽共患	氟康唑、伊曲康唑、酮康唑、特比萘芬、灰黄霉素（妊娠动物禁用）
呼吸系统	鼻炎、气管炎、中耳炎、眼鼻分泌物、上呼吸道疾病和/或肺炎	支气管败血波氏杆菌、肺炎链球菌、兽疫链球菌	犬和兔常携带支气管败血波氏杆菌；部分可用波氏杆菌疫苗治疗	阿米卡星、氟喹诺酮类、氯霉素
		肺炎链球菌、兽疫链球菌、肺炎克雷伯氏菌		阿米卡星、氟喹诺酮类、氯霉素
胃肠道	厌食、腹泻、肠炎、死亡	艰难梭菌、鼠伤寒沙门氏菌、肠炎沙门氏菌、大肠杆菌、假结核耶尔森氏菌、铜绿假单胞菌、单核细胞增生性李斯特菌	必要的同步输液治疗；铜绿假单胞菌引起的感染最好用阿米卡星治疗	氯霉素、阿米卡星或庆大霉素全身给药
	腹泻、脱水、腹胀、死亡	艰难梭菌、大肠杆菌	自发，或用抗生素治疗之后发生	甲硝唑、氯霉素，控制疼痛
	厌食、腹水、腹泻、死亡；泰泽病	毛状梭菌	刚断奶的，在拥挤或卫生条件差下易感	四环素类
	腹泻；球虫病	豚鼠艾美耳球虫	常见于幼年动物	磺胺类
	体重未增加、减轻、腹泻、死亡；隐孢子虫病	赖氏隐孢子虫	在人类中，更新的大环内酯类药物，如罗红霉素和阿奇霉素，有一定的疗效	磺胺类
泌尿生殖系统	子宫炎、子宫蓄脓、流产、死胎	支气管败血波氏杆菌、链球菌属、化脓性链球菌、葡萄球菌属、大肠杆菌	建议对非繁殖母鼠进行卵巢子宫切除术	氟喹诺酮类、甲氧苄啶-磺胺、氯霉素
	睾丸炎、附睾炎	支气管败血波氏杆菌、链球菌属		氯霉素、阿米卡星或庆大霉素全身给药
	膀胱炎	酿脓葡萄球菌、葡萄球菌、粪大肠菌群	常出现尿结石	甲氧苄啶-磺胺、氟喹诺酮类
眼	眼分泌物；结膜炎	豚鼠嗜衣原体、支气管败血波氏杆菌、肺炎链球菌	局部治疗；常为维生素C缺乏症继发	四环素类、氟喹诺酮类、氯霉素
耳	歪头、中耳炎/内耳炎	肺炎链球菌、兽疫链球菌、支气管败血波氏杆菌、金黄色葡萄球菌		氟喹诺酮类、甲氧苄啶-磺胺、氯霉素、甲硝唑
全身	厌食、软便、呼吸困难、肝炎、淋巴结炎、败血症、死亡	鼠伤寒沙门氏菌、肠炎沙门氏菌	人兽共患；建议扑杀染疫动物	建议不进行治疗

表 36.9　貂抗菌药物治疗（注意：大多数药物用法和剂量为标签外用药）

部位	临床症状/诊断	常见感染微生物	注释	推荐药物
皮肤	皮炎、脓肿	葡萄球菌属、链球菌属、棒状杆菌属、巴氏杆菌属、放线菌属、大肠杆菌	咬伤继发感染；清创和冲洗	氨苄西林、氯霉素、氟喹诺酮类
	颈部脓肿且窦道中有浓的黄绿色脓液、放线菌病	放线菌属	清创和冲洗	克拉维酸-阿莫西林、氯霉素
	皮肤变黑、形成坝状物、脱水；急性坏疽性乳房炎	葡萄球菌属、肠杆菌群	立即手术切除感染腺体；坝状物间接触传染	克拉维酸-阿莫西林、氯霉素
	乳腺发硬、有创伤、不痛或苍白；慢性乳房炎	葡萄球菌属、大肠杆菌	坝状物间传染；3 周龄幼仔中不知不觉出现	治疗一般无效
	脱毛、痂皮、角化过度、毛干破损	须毛癣菌、犬小孢子菌	人兽共患	伊曲康唑、灰黄霉素（妊娠动物禁用）
呼吸系统	呼吸困难、紫绀、上呼吸道疾病和/或肺炎	兽疫链球菌、肺炎链球菌、大肠杆菌、肺炎克雷伯氏菌、铜绿假单胞菌、支气管败血波氏杆菌、单核细胞增生性李斯特菌	继发于流感病毒，呼吸道合胞病毒，犬瘟热病毒	氨苄西林、四环素类、氟喹诺酮类
		肺囊虫		甲氧苄啶-磺胺甲噁唑
		肺炎链球菌、兽疫链球菌、肺炎克雷伯氏菌		阿米卡星、氟喹诺酮类、氯霉素
胃肠道	牙结石、齿龈炎、牙周病	多种病因	改善饮食，牙科治疗	甲硝唑
	食欲不振、呕吐、磨牙、腹泻、黑便、唾液分泌过多、贫血、胃炎、胃/十二指肠溃疡；雪貂螺杆菌胃炎	雪貂螺杆菌	排除异物，淋巴瘤，阿留申病，冠状病毒	10mg/kg 阿莫西林、20mg/kg 甲硝唑和 17mg/kg 水杨酸铋联用，口服，每 12h 1 次，连用 14～21d 或者 25mg/kg 克里霉素和 1mg/kg 奥美拉唑联用，口服，每日 1 次或 4mg/kg 恩诺沙星和 6mg/kg 胶性次枸橼酸铋联用，口服，每 12h 1 次
	腹泻、消瘦、里急后重、直肠脱垂；增生性肠道疾病	胞内劳森氏菌		氯霉素、泰乐菌素
	急性胃扩张、呼吸困难、紫绀、猝死；胃胀	产气荚膜梭菌	当腹胀治疗	甲硝唑
	发烧、出血性腹泻、嗜睡	纽波特沙门氏菌、鼠伤寒沙门氏菌、猪霍乱沙门氏菌	人兽共患；建议扑杀染疫动物	不建议治疗
	体重减轻、腹泻、呕吐、肉芽肿性炎症；分枝杆菌病	分枝杆菌属	潜在人兽共患，考虑扑杀	
	腹泻；球虫病	球虫属		磺胺类
	腹泻；贾第虫病	贾第虫属		甲硝唑
泌尿生殖系统	排尿费力、血尿、膀胱炎	葡萄球菌属、变形杆菌属	常有尿结石	氟喹诺酮类、氨苄西林、磺胺类

表 36.10　毛丝鼠抗菌药物治疗（注意：大多数药物用法和剂量为标签外用药）

部位	临床症状/诊断	常见感染微生物	注释	推荐药物
皮肤	脓肿	金黄色葡萄球菌、链球菌属、假单胞菌属	伤口继发感染；最好手术完全切除	氯霉素、四环素类、氟喹诺酮类
	块状脱毛、鼻、耳和足鳞化	须毛癣菌	人兽共患	灰黄霉素（妊娠动物禁用），伊曲康唑、氟康唑
呼吸系统	厌食、上呼吸道疾病、呼吸困难和/或肺炎	多杀性巴氏杆菌、波氏杆菌属、肺炎链球菌、铜绿假单胞菌	过度拥挤，高湿度，通风不良是诱因。铜绿假单胞菌引起的感染最适合用阿米卡星治疗	氟喹诺酮类、甲氧苄啶-磺胺、氯霉素、阿米卡星
胃肠道	厌食、粪便量减少、腹泻、肠炎、猝死	小肠结肠炎耶尔森氏菌、产气荚膜梭菌、大肠杆菌、变形杆菌属、鼠伤寒沙门氏菌、肠炎沙门氏菌、铜绿假单胞菌、单核细胞增生性李斯特菌、棒状杆菌属	必要时同步输液治疗；单核细胞增生性李斯特菌引起的感染最适合磺胺类药物治疗	氯霉素、甲氧苄啶-磺胺、氟喹诺酮类、甲硝唑（慎用）
	腹泻、脱水、腹胀、死亡	梭菌属、大肠杆菌	自发，或用抗生素治疗之后发生	甲硝唑（慎用）、氯霉素、甲氧苄啶-磺胺
	腹泻±直肠脱垂；贾第虫病	贾第虫属		芬苯达唑、甲硝唑（慎用）
泌尿生殖系统	排尿困难、流产	单核细胞增生性李斯特菌	高度敏感	磺胺类、四环素类
	子宫炎、发热、阴道分泌物增加	大肠杆菌、假单胞菌属、葡萄球菌属、链球菌属		氨基糖苷类、氟喹诺酮类
耳	前庭症状、弯头、厌食、中耳炎/内耳炎	铜绿假单胞菌、单核细胞增生性李斯特菌		氟喹诺酮类、甲氧苄啶-磺胺、氯霉素
CNS	抑郁、共济失调、惊厥、猝死	单核细胞增生性李斯特菌	高度敏感	甲氧苄啶-磺胺、四环素类
全身	败血症、死亡	链球菌属、肠球菌属、多杀巴氏杆菌、肺炎克雷伯氏菌、放线菌属、坏死梭杆菌	人兽共患；建议扑杀染疫动物	氯霉素、氟喹诺酮类

表 36.11　兔抗菌药物治疗（注意：大多数药物用法和剂量为标签外用药）

部位	临床症状/诊断	常见感染微生物	注释	推荐药物
皮肤	脓肿	多杀性巴氏杆菌、金黄色葡萄球菌、假单孢菌属、链球菌属、拟杆菌属	可在身体任何位置发生；最好手术完全切除	氯霉素、四环素类、氟喹诺酮类
	溃疡性蹄皮炎；“跗关节溃疡”	金黄色葡萄球菌、多杀性巴氏杆菌	常因不适合的垫料继发	氯霉素、四环素类、氟喹诺酮类
	皮炎	金黄色葡萄球菌	通常因饲养管理不善继发	氯霉素、四环素类、氟喹诺酮类
	面部、蹄部溃疡/坏死；牙和内部脓肿（施莫尔病）	坏死梭杆菌	与卫生和饲养管理不良有关	头孢菌素类、氯霉素、四环素类、甲硝唑

（续）

部位	临床症状/诊断	常见感染微生物	注释	推荐药物
皮肤	湿下巴、赘肉（“垂涎”）或尿道烫伤（“笼内烫伤”）；渗出性皮炎	铜绿假单胞菌、链球菌属、葡萄球菌属	因皮肤潮湿继发。铜绿假单胞菌可能使皮毛变绿。改变潜在的致病因素（牙病、肥胖、不恰当的饮水）	氟喹诺酮类、阿米卡星、庆大霉素
	乳房炎	金黄色葡萄球菌、巴氏杆菌属、链球菌属	热敷；常将感染乳房中奶挤出	阿米卡星、氟喹诺酮类、氯霉素、四环素类
	眼皮、耳根和口鼻脱毛、脱屑、结痂	毛癣菌属、小孢子菌属	人兽共患	灰黄霉素（妊娠动物禁用）、伊曲康唑、酮康唑、特比萘芬
	鼻和唇部硬化±并发阴部病变	兔密螺旋体		肠道外用青霉素、头孢氨苄、四环素类、氯霉素
呼吸系统	鼻塞、眼鼻有分泌物、结膜炎、上呼吸道疾病和/或肺炎	多杀性巴氏杆菌	很常见；进行治疗很少有效	肠道外用青霉素、氟喹诺酮类、四环素类、阿米卡星、庆大霉素
		支气管败血波氏杆菌、金黄色葡萄球菌、铜绿假单胞菌	常由多杀性巴氏杆菌继发	阿米卡星、氟喹诺酮类、四环素类
胃肠道[a]	腹泻、死亡；极微-肠毒血症	螺状梭菌	自发，或用抗生素治疗之后发生	甲硝唑、氯霉素
	腹泻；球虫病	艾美耳属	肝或肠；提高卫生水平	磺胺类
	腹泻、死亡；大肠杆菌病	大肠杆菌	特别是1～14日龄新生动物和断奶后动物	磺胺类、氟喹诺酮类、阿米卡星
	腹泻、死亡	沙门氏菌属、假单孢菌属	必要时同步输液治疗	氯霉素、氟喹诺酮类
	腹泻、死亡；泰泽病	毛状梭菌		四环素类
泌尿生殖系统	发红、水肿干燥、鳞屑、外生殖器部位微微凸起；性螺旋体病（“兔梅毒”）	兔梅毒密螺旋体		肠道外用青霉素、四环素类、氯霉素
	流产	单核细胞增生性李斯特菌、多杀性巴氏杆菌		甲氧苄啶-磺胺类、氯霉素、四环素类
	膀胱炎	大肠杆菌、假单孢菌属		甲氧苄啶-磺胺类、氟喹诺酮类
	睾丸炎、子宫炎、子宫脓肿	多杀性巴氏杆菌、金黄色葡萄球菌		氯霉素、四环素类、庆大霉素
	烦渴、多尿、排尿困难、厌食、肾功能衰竭	钩端螺旋体属	与野生啮齿动物接触；血清学诊断	肠道外用青霉素
眼	一眼或双眼有清至白色分泌物、结膜炎	多杀性巴氏杆菌、金黄色葡萄球菌	局部治疗；冲洗泪管	氯霉素、四环素类、氨基糖苷类
CNS	歪头、眼球震颤、斜颈；“歪脖子”	多杀性巴氏杆菌	常由于中耳炎	氯霉素、氟喹诺酮类
	共济失调、斜颈、震颤、抽搐	兔脑炎原虫	临床症状和血清学诊断	芬苯达唑、阿苯达唑、四环素类
全身	嗜睡、厌食、发热、败血症	多杀性巴氏杆菌、单核细胞增生性李斯特菌		氟喹诺酮类、氨基糖苷类、四环素类、氯霉素

注：a适宜情况下，提供积极的辅助治疗，包括输液（SC、IV、骨内给药），镇痛药，高纤维饮食（如有必要通过注射器或鼻胃管），西沙必利或甲氧氯普胺片，良好的护理；2g/mL消胆胺水溶液，每24h灌饲，可与细菌毒素结合。

第五节 给 药

兔和啮齿类动物属于被捕食动物，并且通常比食肉动物如貂、犬和猫等更难处理和操作，虚弱时尤其如此。因此，必须在不过分刺激动物的情况下将药物全部给予动物。给药方法也要适于畜主使用，不然在给药时会造成困难和给药不符合要求。对于小型哺乳动物，可以获得的抗菌药物制剂通常装量太大和/或浓度过高，需要通过分装或稀释得到准确的剂量。

兔、啮齿类和貂类的抗菌药物给药途径包括口服（液体、丸剂或胶囊）、皮下（常在肩部松弛皮肤）、腹腔内（一般对非常小的啮齿类）、肌内（非常小的动物应避免使用）、外用；以及不常用的如通过静脉内或骨内导管给药、喷雾、灌胃、胃食管或食管造口管（兔、貂）或埋植。注射给药在临床上比家庭护理中更为常见，然而，畜主都愿意掌握该技巧，特别是有些宠物对口服给药时反应激烈，或如果有口疮病或要对宠物捏夹。

自我给药，即动物最好在没有限制或较小限制的情况下，自愿摄取全部剂量的药物。这是最佳、应激最小的给药方法（对动物和给药者都是如此）。有些患病动物愿意摄取加味的抗菌制剂，如甲氧苄啶/磺胺或棕榈酸氯霉素混悬液。压碎的药片、液体或胶囊内容物可与少量适口的液体、凝胶或食品混合，以鼓励动物摄取药物。小型啮齿类动物，如大鼠和小鼠，喜欢香草味的人用营养补充剂，如 Boost 或 Ensure，可以直接用小注射器或小碟子给药。仓鼠喜欢大米制成的婴儿谷物食品，兔喜欢香蕉，毛丝鼠偏爱葡萄干，貂喜爱麦芽味的猫泻药或宠物营养补充剂如营养膏。互联网上对畜主和兽医的相关建议也很多，包括清凉维普、枫糖浆、VAL 糖浆、南瓜罐头、熟甘薯、椰子乳、覆盆子味明胶等。选择兼顾抗菌药物和病畜的合适的载体时，只要兽医能想到的都可以使用。

由于兔和啮齿类动物的口腔相对长而窄、舌头大且嘴小，手工给予丸剂、胶囊和液体药物非常困难。貂具有大多数食肉动物的大嘴，但一般不愿意嘴被撬开，可能会咬人。貂、兔和一些大型啮齿类动物可以通过使用为猫设计的给丸剂装置给予丸剂和胶囊。豚鼠和毛丝鼠的肉质脸颊内陷，充当门齿后的“单向阀”。可用手指将小药丸推过这些脸颊内陷（通过齿间隙）。口腔中有东西能刺激咀嚼，尤其当药物有一定适口性时有助于吞咽。给予兔和豚鼠液体药物时，可以用小注射器塞入口腔以避免流涎、刺激吞咽反应。操作轻柔，仔细清洗脸和下巴有助于减少动物应激，并防止对皮肤的刺激。

抗微生物药物经饲或经水给药通常用于大数量的动物治疗，如在研究试验场、养兔场、毛丝鼠养殖场和宠物繁殖场，在那里，进行个体给药非常耗时且不切实际。但群体给药本身存在的问题是病畜采食量差异大，食物或水的适口性变差，药物分布不均匀以及水质可能影响药物的化学成分。

注射用抗菌药物通常在小型哺乳动物肩部松弛皮肤进行皮下注射给药。如果整个操作正确的话，快速，应激小。同步的液体治疗也要在该大的部位进行给药，只要两种药物能相容。小啮齿类动物一手保定，一手注射给药。在注射给药时，啮齿动物不管站立或在检查台上部分保定，颈背部都要紧紧抓住。反复进行这些操作有助于重复治疗。对于大的啮齿类动物和兔子，可以用毛巾裹着或由助手保定，以方便注射。貂在给药时，要牢牢抓住颈背部，或者环颈搂住，防止过分扭动。兔子保定时要特别小心，防止抖动和脊柱骨折；毛丝鼠要防止破坏毛皮（“皮毛光滑”）；对于沙鼠，要防止尾巴脱套受伤；貂和仓鼠要尽可能减少咬伤的风险。

腹腔注射给药适用于小型啮齿类，也是实验动物常见的一种给药方式。给药过程操作简单、快速，能最大限度减轻对动物的刺激。紧紧抓住啮齿类动物颈背部，上下颠倒，暴露腹部。在中下部位右侧给药，以避免刺穿盲肠。腹腔肠体积大的动物如豚鼠和兔，不推荐用腹腔注射给药。

小型啮齿类动物一般没有足够的肌肉，不适宜进行肌内注射。软组织损伤和刺激可能会导致自残，药物的吸收不可靠。在大的啮齿类动物如兔和貂中，可在腰、臀或四头肌部位肌肉进行肌内注射，但注意不要刺透骨头或坐骨神经。另一种给药方式一般更容易和安全，因此更为适宜。

外用抗菌药物制剂，尤其是含皮质激素类的制剂，在兔和啮齿类动物中应当尽量少用和慎用。由于这些动物生活习惯讲究挑剔，摄入大量的药物会导致全身不良反应。此外，尽量避免使用油性制剂，特别是毛丝鼠和沙鼠，因为它们为了保持皮毛清洁需要进行沙浴。

眼用制剂的浓度比其他外用药物的低，不仅用于眼部，也可用于身体其他部位。这些制剂也可以注射到兔的鼻泪管，可以冲洗或灌输到鼻孔。

抗菌药物静脉注射给药不常使用，常用于病危动物的早期治疗。在貂和兔中，可在头静脉安置滞留管，用于输液和其他药物的给药。兔子有时耳静脉插管给药，但可能导致耳坏死。小型哺乳动物给药可以直接通过耳静脉、头静脉、侧隐静脉、内侧隐静脉、股骨静脉或尾静脉注射给药，但这需要熟练的技能，通常需对病畜麻醉。对于严重衰弱的病畜，进入静脉可能不可行，可以在胫骨和股骨放置骨内导管给药。

抗菌药物喷雾给药有时用于治疗小型哺乳类宠物的上、下呼吸道疾病。小动物可以使用呼吸面罩，或者可以使用一个小室给药，如麻醉诱导室。患病动物被限制给药期间要全程监控过度的压力、过热或其他问题。

灌饲法主要用于试验研究，可以保证给药的精确。通过窥镜将软塑料饲管插入兔和貂食管。在兔中，可以用 3mL 注射器管身末端切割后进行给药。对于啮齿类动物，采用商用的弯曲、球形末端金属或塑料饲喂针进行口服给药。正确地保定，根据重力和吞咽反射温柔地插入，是将管子成功插入食管的关键，但一旦技术被掌握，以这种方式给药非常迅速，对动物刺激相对较小。

非常虚弱的病畜口服给予抗菌药物，也可以通过放置鼻胃管（兔）或食道造口饲管（兔、大型啮齿类和貂）给药，尤其当需要多次给药，动物对口服给药操作过度刺激或动物也需要营养补充时。兔的鼻胃管放置没有什么技术难度，它的一些操作描述都可在文献中查询。食道造口饲管放置需要全身麻醉；然而，术后动物的舒适度比鼻胃管的动物大，呼吸不受影响，管子很少退出。

抗菌药物注入埋植剂主要是为了治疗兔的面部和牙根脓肿。在生物医学研究中，小哺乳动物模型用来研究析出动力学，对骨形成和人用不同抗菌药物涂层矫形埋植剂植入的其他影响。

第六节　动物的数量和用途

在开具处方使用抗菌药物对兔、啮齿类动物和貂治疗时，必须注意动物的数量及其用途。在治疗单个患病哺乳动物时，与治疗成百上千商用宠物、用于研究的实验动物、皮毛用或肉用兔的饲养动物完全不同。治疗的费用和可行性，药物对动物的影响，处理时可能对动物的有害影响，动物用作人类消费的可能性都是影响选择抗菌药物、制剂和给药途径的因素。

为了生物医学研究对动物群体进行兽医处置必须与动物的科学目的相一致，而不能使处置无用。群体给药与个体给药不同，通常经饲或经水给药。对转基因动物要特别注意，不仅因为这些动物通常非常有价值，不可替代，而且因为这些动物改变了遗传背景，有时并不按照预期方式代谢药物。对于这些特别有价值的动物，在进行更大群体给药之前，应先对较小数量的动物给药，观察其有害的不良反应。在动物医学研究中有一些公司非常专业地将化合物或治疗用药物添加到多种动物的适口性好的饮食、零食或饲料中。

许多抗菌药物禁止用于食品动物。氯霉素就是其中之一，因为其疗效好，相对比较安全，过去常用于兔和啮齿类，但现在发现该药物与人的不可逆转的再生障碍性贫血有关。因此，有时需从战略性和策略性角度来确定患病动物是否最终将作为人类的食物来源。

偶尔对肉兔进行标签外用药，例如标签上作为预防鸡坏死性肠炎的抗菌药物预混剂有时添加到兔饲料，以解决兔的肠炎问题。生产商和兽医都要确保人类消费的肉类中没有药物残留；然而，这些药物标签外使用没有休药期。在这种情况下，可以从食品动物避免残留数据库中获取具体的休药期建议（加拿大：www. cgfarad. usask. ca；美国：www. farad. org）。

第七节　提高治疗成功率

患病小型哺乳动物的治疗通常涉及的不仅仅是选择正确的抗菌药物。许多感染是因为应激、营养不良和/或饲养管理不善导致免疫低下而继发的。对动物全面系统的了解可以发现预先存在的问题，这可能是用户以前不知道的。例如，豚鼠不能合成维生素 C，需要每天补充 10～20mg。在这些动物中，营养物质添加不足是非常普遍的，这会导致亚临床维生素 C 缺乏症，改变免疫功能，继发细菌感染。虽然豚鼠的饲料中含有抗坏血酸，但是稳定性相差很大，维生素C的确切含量取决于饲料生产日期和保存条件。动物主人并不了解大多数种类的饲料需要在加工后90～180d内消费完。其他维生素C来源包括水补充剂、调味片或日常饲喂少量富含维生素C的水果和蔬菜，如甘蓝、香菜、甜菜、猕猴桃、西蓝花、橘子、卷心菜。超量补充水溶性维生素C一般不必担心，因为过量的维生素C能被机体清除。

应激也能改变免疫功能。被捕食动物，如兔和啮齿类动物，特别容易受到应激因素的影响，这种影响可能是长期的。对实验动物的研究发现，运输、分笼和处在不熟悉的笼具都能影响动物的心血管、内分泌、免疫、中枢神经系统和生殖系统。兔子至少需要2d才能适应迁移后的新环境。噪音和气味也能对兔和啮齿类造成应激，儿茶酚胺的释放能加快它们的心率和呼吸频率。被捕食动物对猎食动物的气味特别敏感，所以在诊所中，应尽最大可能减少兔和啮齿类动物与犬、猫、貂及其叫声和气味的接触。

被捕食动物天性会掩藏自己虚弱或疾病的特征。此外，这些动物习性安静，不为人知，并约束在笼子里，在普通动物主人发现问题前已经变得虚弱。因不熟悉的声音和气味的陌生人进行的操作，样品采集和不熟悉的医院环境都能增加动物的应激总压力。啮齿类动物，特别是豚鼠，没有生存的坚强意志，因此需要有良好的护理和支持治疗来维持其身体和心理的健康。因为病鼠体型小，如果没有进食或饮水，很快就会体温低下，变得虚弱。因此病鼠总是需要皮下注射温热的液体，以补充热量（注意不能对于动物过热），迁居到安全、安静的住院环境。提供充足的柔软、舒适的垫料，方便取用的饲料和饮水也是非常重要的。如果动物不能进食，建议采用温和的操作，用注射器灌饲适口性好的食物，要注意的是注入食物要缓慢，以防止误吸入呼吸系统。啮齿类动物的疼痛行为很难被发现，但容易发现厌食、毛皮杂乱、毛发竖立、不动或烦躁不安、嗜睡、一侧腹部挤压地板或桌子、磨牙、弓背、半闭眼睛、离群、不寻常的侵略行为、防护身体的特定区域等行为，必要时应使用镇痛药。保证动物清洁整齐也是非常重要的。在住院期间，要评估动物的状况，特别是体重，一般每天监测2～3次以评估进展情况。

大群动物设施，如养兔场、皮毛养殖场和宠物繁育场，必须要有充分的环境控制，保证有适宜的环境温度，确保有足够的通风。热或冷刺激会危害动物，过度积聚的氨会刺激黏膜，为细菌侵入创造条件。

在治疗小型哺乳类患病动物时，除了处方抗微生物药物进行治疗之外，兽医要演示如何采用正确的给药方法以保证治疗依从性，还要向动物主人提供正确的管理、营养和饲养操作建议等。而且，对脆弱动物的正常解剖学、生理学以及行为有良好了解，这将有助于兽医和动物主人能向动物尽可能地提供最好的照顾。

参考文献

Alt V，et al. 2011. Effects of gentamicin and gentamicin-RGD coatings on bone ingrowth and biocompatibility of cementless joint prostheses：An experimental study in rabbits. Acta Biomater 7：1274.

Animal Medicinal Drug Use Clarification Act（AMDUCA）of 1994. www. fda. gov/RegulatoryInformation/Legislation/Federal-FoodDrugandCosmeticActFDCAct/Significant Amendments to the FDCAct/.

Animal Medicinal Drug Use Clarification Act AMDUCA of 1994/default. htm. Bennett RA. 2004. Advances in the treatment of rabbit abscesses. North American Veterinary Conference，Orlando FL.

Booth R. 2000. General husbandry and medicinal care of sugar gliders. In：Bonagura J. Kirk's Current Veterinary Therapy XIII. Philadelphia：WB Saunders，pp. 1157-1163.

Capdevila S，et al. 2007. Acclimatization of rats after ground transportation to a new animal facility. Lab Anim 41：255.

Comyn G. 2003. Extra-label drug use in veterinary medicine. FDA Veterinarian Newsletter 18（2）. www. fda. gov/Animal Veterinary/NewsEvents/FDAVeterinarian Newsletter/ucm100268. htm.

Compendium of Veterinary Products. http：//bam. naccvp. com/.

Cox SK. 2007. Allometric scaling of marbofloxacin，moxifloxacin，danofloxacin and difloxacin pharmacokinetics：a retrospective analysis. J Vet Pharmacol Therap 30：381.

Cox SK，et al. 2004. Allometric analysis of ciprofloxacin and enrofloxacin pharmacokinetics across species. J Vet Pharmacol Therap 27：139.

Donnelly TM，Brown CJ. 2004. Guinea pig and chinchilla care and husbandry. Vet Clin Exot Anim 7：351.

Extra-Label Drug Use（ELDU）in Animals. www. hc-sc. gc. ca/dhp-mps/vet/label-etiquet/index-eng. php.

Fendt M. 2006. Exposure to urine of canids and felids，but not herbivores，induces defensive behaviour in laboratory rats. J

Chem Ecol 32：2617.

Gebru E，et al. 2011. Allometric scaling of orbifloxacin disposition in nine mammalian species：a retrospective analysis. J Vet Med Sci 73（6）：817.

Graham JE，Schoeb TR. 2011. Mycoplasma pulmonis in rats. J Exotic Pet Med 20：270.

Harkness JE，et al. 2010. Harkness and Wagner's Biology and Medicine of Rabbits and Rodents，5th ed. Ames，IA：Wiley-Blackwell.

Hirakawa Y，et al. 2010. Prevalence and analysis of Pseudomonas aeruginosa in chinchillas. BMC Vet Res 6（52）：1.

Hunter RP，Isaza R. 2008. Concepts and issues with interspecies scaling in zoological pharmacology. J Zoo Wild Med 39：517.

Lipman NS，Perkins SC. 2002. Factors that may influence animal research. In：Fox JG，Anderson LC，et al.（eds）. Laboratory Animal Medicine，2nd ed. San Diego：Academic Press，pp. 1156-1159.

Makidon P. 2005. Esophagostomy tube placement in the anorectic rabbit. Lab Anim 34（8）：33.

Marin P，et al. 2007. Pharmacokinetic-pharmacodynamic integration of orbifloxacin in rabbits after intravenous，subcutaneous and intramuscular administration. J Vet Pharmacol Therap 31：77.

Masini CV，et al. 2005. Non-associative defensive responses of rats to ferret odor. Physiol Behav 87：72.

Mitchell MA，Tully Jr TN. 2009. Manual of Exotic Pet ractice. St Louis，Missouri：Saunders Elsevier.

Morris TH. 1995. Antibiotic therapeutics in laboratory animals. Lab Anim 29：16.

Obernier JA，Baldwin RL. 2006. Establishing an appropriate period of acclimatization following transportation of laboratory animals. Inst Lab Anim Res J 47：364.

Oglesbee BL. 2011. Blackwell's Five Minute Veterinary Consult：Small Mammal，2nd ed. Ames，IA：Wiley-Blackwell.

Papich MG. 2005. Drug compounding for veterinary patients. AAPS J 7：E281.

Pollock C. 2003. Fungal diseases of laboratory rodents. Vet Clin Exot Anim 6：401.

Porter WP，et al. 1985. Absence of therapeutic blood concentrations of tetracycline in rats after administration in drinking water. Lab Anim Sci 35：71.

Powers LV. 2006. Techniques for drug delivery in small mammals. J Exotic Pet Med 15：201.

Quesenberry KE，Carpenter JW. 2012. Ferrets，Rabbits，and Rodents Clinical Medicine and Surgery，3rd ed. St Louis：Saunders Elsevier.

Quesenberry KE，Hillyer EV（eds）. 1994. The Veterinary Clinics of North America Small Animal Practice Exotic Pet Medicine II. Philadelphia：WB Saunders.

Ramirez HE. 2006. Antimicrobial drug use in rodents，rabbits，and ferrets. In：Giguère SS，Prescott JF，et al.（eds）. Antimicrobial Therapy in Veterinary Medicine，4th ed. Ames，IA：Blackwell，pp. 565-580.

Rosenthal KL. 2004. Therapeutic contraindications in exotic pets. Sem Avian Exot Pet Med 13：44.

Rosenthal KL，et al. 2008. Rapid Review of Exotic Animal Medicine and Husbandry. London：Manson Publishing Ltd.

Sedgwick CJ. 1993. Allometric scaling and emergency care：the importance of bodysize. In：Fowler ME（ed）. Zoo and Wild Animal Medicine，3rd ed. Philadelphia：WB Saunders，pp. 235-241.

Smith AJ. 1992. Husbandry and medicine of African hedge-hogs（*Atelerix albiventris*）. J Small Exotic Anim Med 2：21.

Smith AJ. 1999. Husbandry and nutrition of hedgehogs. Vet Clin North Am Exotic Anim Pract 2：1.

Spenser EL. 2004. Compounding extralabel drug use and other pharmaceutical quagmires in avian and exotics practice. Sem Avian Exot Pet Med 13：16.

Staples LG，McGregor IS. 2006. Defensive responses of Wistar and Sprague-Dawley rats to cat odour and TMT. Behav Brain Res 172：351.

Streppa HK，et al. 2001. Applications of local antibiotic delivery systems in veterinary medicine. J Am Vet Med Assn 219：40.

Swallow J，et al. 2005. Guidance on the transport of laboratory animals. Lab Anim 39：1.

Turner PV，et al. 2012. Oral gavage in rats：animal welfare evaluation. J Am Assoc Lab Anim Sci 51：25.

Van Praag E，et al. 2010. Skin Diseases of Rabbits. Switzerland：MediRabbit. com.

Wightman SR，et al. 1980. Dihydrostreptomycin toxicity in the Mongolian gerbil，Meriones unguiculatus. Lab Anim Sci 40：71.

第三十七章　抗菌药物在爬行动物的应用

Ramiro Isaza 和 Elliott R. Jacobson

抗菌药物治疗是爬行动物细菌或霉菌感染后临床管理的重要组成部分。抗菌药物在爬行动物的选择用药原则与饲养动物类似。然而，由于物种多样性、解剖学和生理学特性、感染源多样性以及行为学特性导致选择用药的过程更为复杂，为确保用药安全需要更加关注药物自身特性和给药途径。一旦选择了某种抗菌药物，由于相对缺乏在爬行动物的药代动力学研究，治疗过程会更加复杂。本章将关注爬行动物的抗菌药物选择过程，同时重点介绍与抗菌药物选择相关的独特差异和所面临的挑战。

第一节　爬行动物感染源

在圈养的爬行动物中，细菌和真菌感染是导致发病和死亡的重要因素（Austwick 和 Keymer，1981；Clark 和 Lunger，1981；Cooper，1981；Hoff 等，1984；Jacobson，1999；Jacobson，2007）。文献报道显示，圈养的爬行动物中革兰氏阴性细菌感染十分常见（Pare 等，2006）。虽然文献报道不多，但在野生的爬行动物群体也有革兰氏阴性细菌的感染。例如，美洲短吻鳄的死亡与嗜水气单胞菌感染有关（Shotts 等，1972）。

除革兰氏阴性细菌外，很多其他细菌成为导致爬行动物发病的首要或次要病原（Jacobson，2007）。Stewart（1990）在一系列爬行动物培养物中发现多种厌氧菌。在其他研究中，爬行动物也有如支原体、衣原体和分枝杆菌等细菌性病原感染的报道（Homer 等，1994；Jacobson 和 Telford，1990；Jacobson 等，1989；Jacobson 等，2002；Jacobson，2007；Soldati 等，2004）。显然，随着检测技术的发展及其在爬行动物样品中的应用，将发现越来越多的细菌性病原体。

在圈养的爬行动物中，霉菌感染也很普遍（Pare 等，2006）。外皮和呼吸系统霉菌感染十分常见（Austwick 和 Keymer，1981；Migaki 等，1984）。例如，金孢属无性型维氏奈尼兹皮真菌（CANV）是重要的真菌病原（Pare 等，1997；Pare 等，2003；Bertelsen 等，2005）。

其他病原，包括原生动物、寄生虫和病毒感染爬行动物均有报道并有文献综述（Jacobson，2007）。针对这些病原的抗菌药物的药代动力学研究极为有限（Gaio 等，2007；Allender 等，2012）。由于缺乏药代动力学研究，本章不对这些病原做进一步阐述，而只关注细菌和霉菌。

随着对爬行动物病原研究的增多，发现一些种类的爬行动物会感染特定的细菌和霉菌。表 37.1 至表 37.3 列出了部分疾病清单，为临床兽医选择抗菌药物提供参考。其中包括：例如从圈养的绿蜥蜴的正常口腔和咬伤伤口处均分离到了大蜥蜴奈瑟氏菌（Plowman 等，1987；Barrett 等，1994）；从患有慢性上呼吸道疾病的沙漠龟和穴居沙龟分离到了龟支原体（Jacobson 等，1991；Brown 等，1995；Brown 等，1999）；从津巴布韦患有多发性关节炎的尼罗鳄分离到了鳄支原体（Kirchoff 等，1997；Mohan 等，1995）；从患有关节炎和肺炎的美洲短吻鳄分离到了短吻鳄支原体（Brown 等，2001；Clippinger 等，2000）。

表 37.1　海龟感染后的抗菌药物选择

部位或类型	诊断结果	常见感染原	推荐药物
皮肤、壳和皮下组织	表皮炎/皮炎	弗氏枸橼酸杆菌	阿米卡星
		沙雷氏菌	头孢他啶
		摩根氏变形杆菌	替卡西林
		雷氏普罗威登斯菌	恩诺沙星
		铜绿假单胞菌	

（续）

部位或类型	诊断结果	常见感染原	推荐药物
皮肤、壳和皮下组织	表皮炎/皮炎		青霉素 G
		龟嗜皮菌	氨苄西林
			四环素
		龟分枝杆菌	阿米卡星
			克拉霉素
		毛霉菌	孔雀石绿溶液浸泡
		曲霉菌	氟康唑
	皮下脓肿	龟巴氏杆菌	阿米卡星
		大肠杆菌	恩诺沙星
		普罗威登斯菌	
		类杆菌	甲硝唑
		梭形杆菌	青霉素 G
口腔	口腔炎	嗜水气单胞菌	阿米卡星
		铜绿假单胞菌	头孢他啶
		弧菌	替卡西林
			恩诺沙星
			马波沙星
呼吸道	肺炎	铜绿假单胞菌	阿米卡星
		摩根（氏）菌	头孢他啶
		黏质沙雷氏菌	替卡西林
		醋酸钙不动杆菌	恩诺沙星
			马波沙星
		类杆菌	甲硝唑
		梭杆菌	
		曲霉菌	酮康唑
		白地霉菌	伊曲康唑
		白僵菌	氟康唑
		淡紫青霉菌	
		玫烟色拟青霉菌	
	鼻炎	龟巴氏杆菌	恩诺沙星
		阿卡西支原体	克拉霉素
胃肠道	肠炎	沙门氏菌	恩诺沙星
		嗜水气单胞菌	
		脑膜炎败血性黄杆菌	
	肝脓肿	沙门氏菌	甲硝唑
		类杆菌	
		梭菌	
		梭杆菌	
	败血病	沙门氏菌	阿米卡星
		嗜水气单胞菌	替卡西林
		铜绿假单胞菌	恩诺沙星
			马波沙星

（续）

部位或类型	诊断结果	常见感染原	推荐药物
骨骼	骨髓炎/关节炎	假单胞菌	阿米卡星
		克雷伯氏菌	头孢他啶
		龟分枝杆菌	阿米卡星
			克拉霉素
		诺卡氏菌	阿奇霉素
		各种霉菌	氟康唑
			磺胺类
			多西环素
眼及附属物	结膜炎	阿卡西支原体	恩诺沙星
			克拉霉素
耳	内耳炎	假单胞菌	阿米卡星
		大肠杆菌	头孢他啶
		变形杆菌	替卡西林
		龟巴氏杆菌	恩诺沙星
		类杆菌	甲硝唑
		梭杆菌	

表 37.2　鳄鱼感染后的抗菌药物选择

部位或类型	诊断结果	常见感染原	推荐药物
口腔	口腔炎	嗜水气单胞菌	四环素
			阿米卡星
			头孢他啶
		念珠菌	制霉菌素
皮肤	表皮炎/皮炎	嗜皮菌	普鲁卡因青霉素 G
			四环素
		摩根（氏）菌	阿米卡星
		铜绿假单胞菌	头孢他啶
		沙雷氏菌	
		克雷伯氏菌	
		曲霉菌	酮康唑
		毛癣菌	伊曲康唑
		毛孢子菌	氟康唑
呼吸道	肺炎	嗜水气单胞菌	阿米卡星
		弗氏枸橼酸杆菌	头孢他啶
		摩根（氏）菌	恩诺沙星
		雷氏普罗威登斯菌	
		大肠杆菌	
		沙门氏菌	
		白僵菌	甲酮康唑
		镰刀霉菌	伊曲康唑
		毛霉菌	氟康唑
		拟青霉菌	
		短吻鳄支原体	恩诺沙星

（续）

部位或类型	诊断结果	常见感染原	推荐药物
卵黄感染	脐炎	嗜水气单胞菌	四环素
			阿米卡星
肝脏	肝炎	大肠杆菌	阿米卡星
		沙门氏菌	头孢他啶
		嗜水气单胞菌	恩诺沙星
		嗜水气单胞菌	土霉素
			恩诺沙星
眼	眼色素层炎	嗜水气单胞菌	阿米卡星
			头孢他啶
			四环素
心血管系统	败血症	沙门氏菌	阿米卡星
		嗜水气单胞菌	头孢他啶
			恩诺沙星
浆膜/关节	多发性浆膜炎/关节炎	短吻鳄支原体	恩诺沙星
			土霉素

表 37.3　蛇和蜥蜴感染后的抗菌药物选择

部位或类型	诊断结果	常见感染原	推荐药物
口腔	口腔炎	铜绿假单胞菌	阿米卡星
		嗜水气单胞菌	头孢他啶
			哌拉西林
			恩诺沙星
			马波沙星
皮肤和皮下组织	脓肿	变形杆菌	阿米卡星
		普罗威登斯菌	头孢他啶
		假单胞菌	哌拉西林
		沙门氏菌	阿奇霉素
		沙雷氏菌	恩诺沙星
		梭菌	
		铜绿假单胞菌	
		梭杆菌	甲硝唑
		拟杆菌	
	细菌性皮炎	柠檬酸菌	阿米卡星
		克雷伯氏菌	头孢他啶
		假单胞菌	恩诺沙星
		奈瑟菌	
		地丝菌	酮康唑
	霉菌性皮炎	镰刀菌	伊曲康唑
		金孢子菌	氟康唑

（续）

部位或类型	诊断结果	常见感染原	推荐药物
呼吸道	肺炎	铜绿假单胞菌	阿米卡星
		嗜麦芽假单胞菌	头孢他啶
		普罗威登斯菌	头孢噻呋
		嗜水气单胞菌	哌拉西林
		摩根氏菌	恩诺沙星
			马波沙星
			阿奇霉素
胃肠道	肠炎	铜绿假单胞菌	甲氧苄啶/磺胺嘧啶
		嗜水气单胞菌	环丙沙星
		大肠杆菌	甲硝唑
		沙门氏菌	
	肝炎	铜绿假单胞菌	阿米卡星
		摩根氏菌	头孢他啶
		普罗威登斯菌	头孢哌酮
		嗜水气单胞菌	恩诺沙星
		大肠杆菌	
		沙门氏菌	
		梭菌	甲硝唑
骨骼	骨髓炎	沙门氏菌	阿米卡星
		大肠杆菌	头孢他啶
		铜绿假单胞菌	哌拉西林
			恩诺沙星
			马波沙星
眼	虹膜感染	铜绿假单胞菌	眼用庆大霉素
		普罗威登斯菌	
		变形杆菌	
	眼色素层炎	铜绿假单胞菌	阿米卡星
		沙雷氏菌	头孢他啶
		克雷伯氏菌	哌拉西林
	结膜炎	铜绿假单胞菌	阿米卡星
			恩诺沙星

第二节　爬行动物感染源的鉴定

一旦怀疑爬行动物感染了细菌或霉菌，在选择最为适当的抗菌药物时，最重要的步骤是对主要病原进行准确的鉴定。如果出现了不连续的损伤，应进行活组织切片检查，并进行细胞学和组织学分析。同时结合形态学评估，对损伤部位的样本进行培养。重要的是告知实验室该样本来自爬行动物，可能在分离病原时需要对样本进行特殊处理（Origgi 等，2007）。理论上，应保留一部分活组织切片检查样本做进一步的分子学评估，如 PCR。推荐采用这种侵入性诊断方法以准确解释微生物培养的重要意义。

一些爬行动物病原，如衣原体、支原体和分枝杆菌难以通过常规培养而分离到，也难以通过标准组织病理学方法而发现。有时为检测这些病原，需要采用特殊的组织学染色、免疫组化染色和分子学技术（Bodetti 等，2002；Jacobson 等，2004；Johnson 等，2007）。Soldati（2004）提供了这种侵入性诊断方法的实例，同时使用免疫过氧化物酶染色和 PCR 放大检测方法，对出现肉芽肿损伤的 90 只爬行动物进行回顾性研究时，检测到了分枝杆菌和衣原体。

对于怀疑出现败血症的爬行动物，兽医应进行常规的血液培养。Jacobson（1992a，2007）介绍了从爬行动物皮肤采血的方法。由于从临床健康的爬行动物的血液培养出梭菌等细菌，因此解释这种血液培养结果充满挑战（Hanel 等，1999）。此外，如果兽医不能通过皮肤正确采血，那么分离到的细菌可能来自皮肤污染物。从濒死的爬行动物采集真正未被污染的血液样本则更加困难（Jacobson，1992a）。因此，血液培养结果必须结合其他健康评估试验进行解释，同时还要考虑样本的质量。

与饲养动物一样，理论上可以根据定量平板敏感性试验的结果来选择适当的抗菌药物。一旦分离到了主要病原并得到鉴定，兽医则需要获得来自实验室的抗菌药物平板敏感性试验结果，可能还需要获得爬行动物常用抗菌药物的定量平板敏感性试验结果。

第三节 饲养和免疫学因素

在抗菌药物选择过程中，下一个需要考虑的重要因素是需要了解圈养的爬行动物的饲养情况和免疫学状态。圈养的爬行动物如饲养条件不好，细菌和霉菌感染更严重，且临床症状明显（Cooper，1981）。例如，饲养温度低于爬行动物的最适温度范围可导致免疫功能不全。此外，Vaughn 等（1974）证实一些被革兰氏阴性细菌感染的蜥蜴会自动选择温度较高的环境。这种行为被解释为诱导发热，它有助于蜥蜴抵抗细菌感染。由于爬行动物的体温能够影响免疫系统功能，因此将患病的爬行动物置于最适温度条件中是治疗计划中的重要组成部分。

对爬行动物细菌和霉菌感染的不断了解，使我们认识到当爬行动物暴露于其他病原时，更易被细菌感染。例如，原发病毒感染，如蛇副黏病毒肺炎和龟疱疹病毒口腔炎，均是由严重的继发细菌感染引起的（Jacobson，1992b；Origgi 等，2004）。兽医必须考虑暴露于污染的环境和缺乏适当的隔离措施是导致多种病原感染的重要风险因素。因此，在为爬行动物选择抗菌药物时，正确的饲养方式和对合并感染的正确诊断是兽医需要考虑的重要因素。

第四节 解剖学和生理学因素

兽医需要认识到，爬行动物在解剖学和生理学方面与家养哺乳动物截然不同。爬行动物有很多独特性，可以潜在影响抗菌药物的药代动力学，以及之后对治疗的反应。

甲壳和胸甲形成了海龟独特的外壳。这一解剖学特性由皮骨、骨骼以及覆盖在外部的角质化表皮组成。皮骨高度血管化，是代谢活性组织（Jacobson，2007）。由于海龟外壳具有一定的代谢活性且充满血液，因此，给药时应根据海龟全部体重，而不必按照全部体重减去外壳后的重量计算给药剂量。

所有的具眼蛇和一些蜥蜴的解剖学特性是具有透明的眼睑镜（Millichamp 等，1983）。在胚胎期，上下眼睑融合为一透明的薄膜，永久地覆盖于角膜上，从而留下了潜在的巨大空隙。已有报道表明，这个巨大的空隙受到感染后，由于药物难以透过这层屏障，而无法通过局部应用抗菌药物进行治疗（Millichamp 等，1983）。在治疗爬行动物的空隙感染时，应从眼睑的下半部开始做一个楔形切口，并将合适的抗菌药物通过楔形洞直接用于角膜表面。

多数爬行动物都具有肾门静脉系统，可以在血液进入全身循环之前通过肾脏从身体的尾部分流血液。这种血流方式可能会改变药物的药代动力学特性，而药代动力学特性又是选择头部肌内注射还是皮下注射方式的基础。然而，对这些假设进行的研究很少。Holz（1997a）报道，在红耳龟（*Trachemys scripta elegans*）体内，来自尾部的血液不一定通过肾门静脉系统流入肾脏，而是将尾部血液同时灌注到肝脏和肾脏，从而证明肾门静脉分流只是其中的部分功能。Holz（1997b）的另一项研究发现，通过前肢和后肢给予庆大霉素的红耳龟，其药代动力学参数无显著差异，证明肾门静脉系统对药代动力学参数影响很小。相比之下，相同的研究发现，采用后肢给予羧苄西林的红耳龟，注射给药 12h 后，血药浓度明显低于前肢给药的。尽管羧苄西林存在这种现象，但作者认为这一差异在临床上意义不大，并因此质疑前肢注射给药的必要性

(Holz 等，1997b)。不同种类的爬行动物，由于其肾门静脉系统在发育、解剖学和功能方面的差异很大，而且有些药代动力学数据还是相互矛盾的，因此，许多兽医仍推荐采用注射方式给予具有肾毒性的药物，以及主要通过尾部肾门静脉系统消除的药物。

与哺乳动物的脓汁相比，爬行动物感染细菌和霉菌后会在分散的肉芽肿损伤内产生固体渗出物（Montali，1988；Jacobson，2007）。这些病原存在于易染性肉芽肿坏死的中央部位，在组织细胞肉芽肿部位，或在慢性肉芽肿的荚膜附近出现组织细胞浸润（巨噬细胞）。肉芽肿可限制许多抗菌药物渗透至感染部位。如可能，应在抗菌药物治疗前通过外科手术去除肉芽肿，从而提高治疗效果。

生理学和养殖因素也可影响爬行动物药代动力学，因此影响药物的选择。爬行动物生活的环境温度直接影响抗菌药物的药代动力学。Mader（1985）对穴居蛇进行了研究，在25℃或37℃饲养条件下给予阿米卡星。37℃时，阿米卡星的表观分布容积增大，体清除加快。在另一项对穴居龟的研究中，30℃时阿米卡星的平均滞留时间比20℃时显著缩短，30℃时药物消除为20℃时的2倍（Caligiuri 等，1990）。相反，Johnson（1997）研究发现，25℃或37℃条件下，在蛇给予阿米卡星后，药代动力学参数无显著差异。对这种差异尚无解释，只能说明在不同物种间温度对药物药代动力学特性的影响存在差异，有待进一步研究。

第五节　行为学和安全因素

爬行动物的体积和性情影响抗菌药物的选择和给药途径。一些爬行动物极为胆小和紧张，因此不适于反复抓取进行肌内注射给药。这种情况下，如果动物还能够采食，必须口服给药，最好通过食物给药。大多数爬行动物的体重低于100g，许多蜥蜴的体重成年时也低于30g。因此兽医只能选择那些易于稀释到一个浓度的药物，以便安全精确地注射给药。而另一种极端情况是，有些爬行动物的体积相当大，而且非常危险难以捕捉，则可以选择较小的给药体积远程注射或拌在饲料中口服给药。毒蛇由于其危险性，手工操作给药也十分困难。对于这些危险性较强的物种，每隔几天给药1次的比必须每天给药的药物更受欢迎。

第六节　抗菌药物给药途径

通常，笔者认为只在以下条件下采取口服给药：原发感染在胃肠道内、动物对注射给药不耐受、可供选择的抗菌药物只有口服剂型，或注射给药不安全时。此外，当出现大量爬行动物感染需要同时治疗时也要采用口服给药。在这种情况下，单个动物分别给药是不现实的，而将药物拌料饲喂更有保证。

爬行动物口服给药也存在很多问题。第一，对爬行动物口服给药的药代动力学研究很少。因此，绝大多数抗菌药物的剂量选择无法依据现有文献。第二，药物在不同种类爬行动物胃肠道中的转运时间差异很大。药物在大型食草爬行动物胃肠道中的运输时间最长。例如，药物在大型龟胃肠道中的转运时间约为21d。而在一些即使是食肉的爬行动物，胃肠道转运时间也会延长。食肉爬行动物，如巨蟒，为了适应喂饲而调整摄入食物的频率，使胃肠道黏膜增厚（Secor，2008）。这种胃肠道代谢的巨大变化可能影响抗菌药物的吸收和治疗频次。因此，爬行动物口服给药后要想在血液中获得最佳和持续的治疗浓度十分困难。Martelli（2009）对恩诺沙星在湾鳄体内的药代动力学进行了研究，口服给药后，吸收延迟，只检测到药物的亚治疗浓度。相反，沙漠龟每周两次给予克拉霉素，可检测到目标药物浓度（Wimsatt 等，2008）。显然，口服吸收因爬行动物种类和药物种类的不同而存在差异，需要进一步研究。

爬行动物可以自主采食时，兽医通常采取口服给药的方式，但动物不能采食时，口服给药就比较困难。将大型龟的头从壳中拽出并强迫其张开嘴巴通常是不可能做到的。这种强迫张开嘴巴的过分行为会损伤其覆盖在上腭和齿骨外部角化的坚硬部分。因此，对于大型龟，必须进行麻醉，再将咽造口术插管插入后口服给药。插入咽造口术插管很容易操作，常用于龟和其他海龟（Norton 等，1989）。

一般来说，无毒蛇是最容易口服给药的爬行动物。多数蛇的嘴巴很容易打开，声门明显暴露，从而能轻易避开。对于这些蛇，将润滑的法制导管或鼻胃管插入食道时所受阻力很小。由于多数蛇类的头颅部食道极薄，导管末端应圆润光滑。而非常粗糙的导管可穿透食道黏膜，应避免使用。多数蛇的胃位于头至泄殖腔的上 1/3 或 1/2 处，导管不必插入过长。大多数条件下，导管插入口腔至胃一半的位置即可。

注射给药通常采用肌内注射和皮下注射的方式，偶尔采用腔内方式。静脉注射的问题是，很难将针头插入爬行动物的外周血管（Jacobson 等，1992a）。不同种类的爬行动物都能从其多个血管位点采血，然而，这种位点多数都是隐藏起来的，不适合反复多次静脉注射给药（Olson 等，1975；Samour 等，1984）。

肌内注射和皮下注射可操作性强，并可很好地预测药物吸收情况。由于蛇和蜥蜴背侧肋骨和椎骨处肌肉丰富，很容易进行肌内注射。对于蜥蜴，其前肢肌肉群只能承受较小的注射剂量。海龟的最佳肌内注射位点是胸肌群，位于尾部至前肢根部之间的中间处，正好位于壳的头盖部范围之下。

虽然肌内注射和皮下注射较为容易，但仍应避免对爬行动物肌内注射大剂量刺激性药物，如恩诺沙星。笔者见过多种蛇在单一位点注射超过 1mL 恩诺沙星后出现皮肤坏死性损伤的情况，同时，也见过一些海龟胸肌内注射射恩诺沙星后出现了坏死。在一个病例中，穴居龟前肢肌内注射恩诺沙星后导致前肢永久性坏死而截肢。因此，笔者不推荐对爬行动物注射恩诺沙星。

对于那些危险且难以对付的爬行动物，消除时间长的注射用药物可能会非常有用。Adkesson（2011）报道了头孢噻呋长效制剂在球蟒的血浆药物浓度可维持 5d。另一项研究表明，长效抗生素头孢维星用于犬和猫时，推荐用药间隔是 14d。然而，当美洲绿鬣蜥皮下注射给药后，头孢维星半衰期仅为 3.9h（Thuesen 等，2009）。

腔内注射抗菌药物不常用，相关药代动力学研究也很少。Innis 等（2007）研究了对红耳龟通过腔内注射给予甲硝唑后的药代动力学情况。不恰当的注射和刺激性药物对体腔部位的潜在危害有待进一步研究。

第七节　抗菌药物的选择

理论上，临床兽医应根据已报道的在特定物种或至少根据相似种类动物进行的药代动力学研究结果来为爬行动物选择药物。药代动力学研究为兽医提供了针对目标病原的推荐药物剂量、给药间隔以及所必须达到的血药浓度。表 37.4 列出了抗菌药物在不同爬行动物的药代动力学研究结果。

表 37.4　抗菌药物在爬行动物的传统给药方案

药物	物种	给药途径	剂量（mg/kg）	给药间隔	参考文献
阿米卡星	美洲短吻鳄	IM	2.25	96h	Jacobson，1988
	穴居龟	IM	5	48h	Caligiuri，1990
	蛇	IM	5，2.5	第 1 次剂量 5mg/kg，72h 后剂量为 2.5mg/kg	Mader，1985
	球蟒	IM	3.5	未给出	Johnson，1997
阿奇霉素	球蟒	PO	10	2～7d	Coke，2003
羧苄西林	蛇	IM	400	24h	Lawrence，1984a
	龟	IM	400	48h	Lawrence，1986
头孢他啶	蛇	IM	20	72h	Lawrence，1984b
	红海龟	IM，IV	20	72h	Stamper，1999
头孢噻呋	蛇	IM	15	120h	Adkesson，2011
氯霉素	蛇	SQ	50	12～72h（根据种类不同有所不同）	Clark，1985
克拉霉素	沙漠龟	口服	15	48～72h	Wimsatt，1999
		口服强饲	15	84h	Wimsatt，2008

（续）

药物	物种	给药途径	剂量（mg/kg）	给药间隔	参考文献
恩诺沙星	穴居龟	IM	5	24～48h	Prezant，1994
	星龟	IM	5	12～24h	Raphael，1994
	红海龟	PO	20	未给出	Jacobson，2005
	红耳龟	IM	5	未给出	James，2003
		PO	10	未给出	
	美洲短吻鳄	IV	5	36h	Helmick，2004
	湾鳄	PO，IM，IV	5	未给出	Martelli，2009
	美洲绿鬣蜥	IM	5	24h	Maxwell，2007
	缅甸蟒蛇	IM	10	48h	Young，1997
氟康唑	红海龟	SQ	21，10	第1次的剂量；之后5d的剂量	Mallo，2002
伊曲康唑	肯普氏丽海龟	PO	15	72h	Manire，2003
			5	24h	
	刺蜥属蜥蜴	PO	23.5	每天1次	Gamble，1997
酮康唑	龟	PO	15～30	24h	Page，1991
马波沙星	红海龟	IM，IV	2	24h	Lai，2009
		PO		未给出	Martin，2009
	球蟒		10	48h	Coke，2006
甲硝唑	美洲绿鬣蜥	PO	20	48h	Kolmstetter，1998
	黄锦蛇	PO	20	48h	Kolmstetter，2001
	红锦蛇	PO	50	48h	Bodri，2006
	红耳龟	IC	20	48h	Innis，2007
土霉素	美洲短吻鳄	IV	10	5d	Helmick，2004
	红海龟	IM	41，21	第1次的剂量；之后72h的剂量	Harms，2004
哌拉西林	蛇	IM	100	24h	Hilf，1991
替卡西林	红海龟	IM	50	24h	Manire，2005
			100	48h	

在7 500种爬行动物中，仅对少量圈养的爬行动物和少量药物进行了药代动力学研究。很多文献侧重于报道药代动力学研究，从而给出推荐剂量，而实际上，根据这些研究无法得到有效的推荐剂量。（Stamper等，2003；Thuesen等，2009）。药物在爬行动物的代谢、组织浓度和潜在毒性少有报道（Hunter等，2003）。仅有相当少的研究人员对此感兴趣，也缺乏对这方面研究的支持，因此，很少见到抗菌药物在爬行动物中的药代动力学研究也就不足为奇了。

尽管缺乏相关的药代动力学研究，兽医仍然必须基于最有效的证据选择抗菌药物。一些爬行动物用药教科书、处方和研究文献提供了大量的爬行动物用抗菌药物的清单（Funk和Diethelm，2006）。这些清单通常只是推荐用法，没有经过严格的安全性和有效性评价，但都已经凭经验使用，且有明显的临床效果。例如，与甲氧苄啶的联合用药多次出现在推荐的处方清单中，且用于治疗多种爬行动物，但实际上缺乏相关的药代动力学研究（Funk和Diethelm，2006）。

第八节　药物剂量的异速生长类比法

由于缺乏药代动力学研究，可采用的推荐经验剂量也很少，兽医通常只能根据饲养动物的用药剂量外推到爬行动物。通常采用三种方法确定适当的治疗给药剂量（Hunter 和 Isaza，2008）。

第一种方法是采用在其他物种进行药代动力学研究并建立的药物剂量。根据这种方法，将阿莫西林用于犬的 20mg/kg 剂量用于所有爬行动物，不管爬行动物的体积多大，都采用此剂量。按这种剂量给药的结果是，随着动物体重的增加，给药量呈线性增加。尽管常用这种方法，但可能导致大型动物超剂量给药，而小型动物给药量不够。

第二种方法与第一种方法类似，不同的是，虽然也采取在其他物种已建立的药物剂量，但需另外假设这个剂量与两个物种上药物的代谢率相关。采用这种方法，从一个物种得到的药物剂量需要根据患病动物计算得到的代谢率与已知物种计算得到的代谢率之比来进行调整：

$$\text{患病动物剂量} = \text{设定剂量}_{(\text{物种X})} \times Pmet_{(\text{患病动物})} / Pmet_{(\text{物种X})}$$

这种方法定义为代谢类比法，普遍用于动物园动物，同时也用于爬行动物。不幸的是，由于评估代谢率的公式在不同种爬行动物之间并不一致，因此相对类比法存在争议。对于许多哺乳动物，认为下面的公式是评估基础代谢率的最佳方法：

$$Pmet = 70\ (\text{体重})^{0.75}$$

式中 $Pmet$ 为最低能量消耗（Kleiber，1961）。相反，另一公式为：

$$Pmet = 10\ (\text{体重})^{0.75}$$

该公式建议用于所有爬行动物（Pokras 等，1992；Mayer 等，2006）。然而，当 Jacobson（1996）回顾该研究时，单个的爬行动物用公式并不适用于所有爬行动物，原因是常量 1～5 适用于蛇，6～10 适用于蜥蜴，无可用数值适用于龟和鳄鱼。此外，他还注意到已发表的对龟和鳄鱼的科学研究中并无显著的数据变异性。例如，Bartholomew 和 Tucker（1964）计算了体重为 0.002～4.4kg 蜥蜴的代谢率，并得到了相对类比公式为 $Pmet=6.84$（体重）$^{0.62}$。这一发现与 Bennet 和 Dawson（1976）对体重为 0.01～7kg 的 24 种蜥蜴的研究结果不同，其公式为 $Pmet=7.81$（体重）$^{0.83}$。此外，当观察对蛇进行的研究时，又会得到不同的计算公式（Galvao 等，1965）。在确定 34 种蟒蛇和巨蟒的静止代谢率时，不同物种的质量指数也存在显著差别（Chappell 和 Ellis，1987）。代谢类比法的问题是爬行动物代表着非常复杂的多种脊椎动物，正是由于这个原因，没有一个仅以体重计算代谢率的简单公式能够计算抗菌药物的剂量。不同的体温、季节、繁殖状况、营养状况以及生理学特性都可能最终影响代谢率，因此仅靠一个简单的公式就能得出结论是不可能的。最初认为，代谢类比法可能优于外推方法，但采用一个简单的公式用于所有爬行动物可能也是无效的。

第三种方法，计算药代动力学参数的相对类比法用于不同物种之间药物剂量的外推。这种方法通常为制药企业将实验室哺乳动物的药代动力学参数外推至人（Hunter 和 Isaza，2008）。理论上讲，相对于计算所得的代谢速率，已知的药代动力学参数更适合作为外推的基础。然而，Maxwell 和 Jacobson（2007）比较研究了恩诺沙星在多种绿色鼠鳞蜥的药代动力学，发现药物消除和其他药代动力学参数并无充分的类似改变。因此，将基于药代动力学参数的相对类比法用于爬行动物仍需进一步研究。

第九节　结　　论

本章中的信息和讨论为鉴别诊断提供了初步的建议，还应继续设法获得确诊。这种诊断过程包括对所分离病原的培养和抗微生物敏感性试验。一旦确定了治疗方案，临床兽医需要考虑爬行动物的解剖学特性以及抗菌药物使用的实际影响因素。最后，兽医需要查阅药物在爬行动物中的药代动力学研究结果，并根据有效证据谨慎选择合适的抗菌药物。

参 考 文 献

Adkesson MJ，et al. 2011. Pharmacokinetics of a long-acting ceftiofur formulation (ceftiofur crystalline free acid) in the ball python (*Python regius*) . J Zoo Wildl Med 42：444.

Allender MC，et al. 2012. Pharmacokinetics of a single oral dose of acyclovir and valacyclovir in North American box turtles (*Terrapene* spp.) . J Vet Pharmacol Therap doi：10.1111/j.1365-2885.2012.01418.x. ［Epub ahead of print］.

Austwick PKC，Keymer IF. 1981. Fungi and actinomycetes. In：Cooper JE，Jackson OF，eds. Diseases of the Reptilia， vol. 1. London: Academic Press.

Barrett S, et al. 1994. A new species of Neisseria from iguanid lizards, *Neisseria iguanae* spp. nov. Lett Appl Micro 18: 200.

Bartholomew GA, Tucker VA. 1964. Size, body temperature, thermal conductance, oxygen consumption, and heart rate in Australian varanid lizards. Physiol Zoo 37: 341.

Bennet AF, Dawson WR. 1976. Metabolism. In: Gans C, Dawson WR (eds). Biology of the Reptilia, Physiology A, vol. 5. New York: Academic Press.

Bertelsen MF, et al. 2005. Fatal cutaneous mycosis in tentacled snakes (*Erpeton tentaculatum*) caused by the Chrysosporium anamorph of *Nannizziopsis vriesii*. J Zoo Wildl Med 36: 82.

Bodetti TJ, et al. 2002. Molecular evidence to support the expansion of the host range of Chlamydia pneumoniae to include reptiles as well as humans, horses, koalas and amphibians. Syst Appl Microbiol 25: 146.

Bodri MS, et al. 2006. Pharmacokinetics of metronidazole administered as a single oral bolus to red rat snakes, Elaphe guttata. J Herpetol Med Surg 16: 15.

Brown DR, et al. 2001. *Mycoplasma alligatoris* spp. nov., from American alligators. Int J Syst Evol Microbiol 51: 419.

Brown MB, et al. 1995. *Mycoplasma agassizii* causes upper respiratory tract disease in the desert tortoise. Inf Immun 62: 4580.

Brown MB, et al. 1999. Upper respiratory tract disease in the gopher tortoise is caused by *Mycoplasma agassizii*. J Clin Microbiol 37: 2262.

Caligiuri RL, et al. 1990. The effects of ambient temperature on amikacin pharmacokinetics in gopher tortoises. J Vet Pharmacol Ther 13: 287.

Chappell MA, Ellis TM. 1987. Resting metabolic rates in boid snakes: allometric relationships and temperature effects. J Comp Physiol B 157: 227.

Clark CH, et al. 1985. Plasma concentrations of chloramphenicol in snakes. Am J Vet Res 46: 2654.

Clippinger TL, et al. 2000. Morbidity and mortality associated with a new Mycoplasma species from captive American alligators (*Alligator mississippiensis*). J Zoo Wildl Med 31: 303.

Coke RL, et al. 2003. Pharmacokinetics and tissue concentrations of azithromycin in ball pythons (*Python regius*). Am J Vet Res 64: 225.

Coke RL, et al. 2006. Preliminary single-dose pharmacokinetics of marbofloxacin in ball pythons (*Python regius*). J Zoo Wildl Med 37: 1.

Cooper JE. 1981. Bacteria. In: Cooper JE, Jackson OF (eds). Diseases of the Reptilia, vol. 1. London: Academic Press.

Funk RS, Diethelm G. 2006. Reptile formulary. In: Mader DR (ed). Reptile Medicine and Surgery, 2nd ed. St. Louis: Saunders Elsevier, p. 1119.

Gaio C, et al. 2007. Pharmacokinetics of acyclovir after a single oral administration in marginated tortoises, *Testudo marginata*. J Herpetol Med Surg 17: 8.

Galvao PE, et al. 1965. Heat production of tropical snakes in relation to body weight and body surface. Am J Phys 209: 501.

Gamble KC, et al. 1997. Itraconazole plasma and tissue concentrations in the spiny lizard (*Sceloporus* spp.) following once daily dosing. J Zoo Wildl Med 28: 89.

Hanel R, et al. 1999. Isolation of Clostridium spp. from the blood of captive lizards: real or pseudobacteremia. Bull Assoc Reptil Amphib Vet 9: 4.

Harms CA, et al. 2004. Pharmacokinetics of oxytetracyline in loggerhead sea turtles (*Caretta caretta*) after single intravenous and intramuscularinjections. J Zoo Wildl Med 35: 477.

Helmick KE, et al. 2004a. Kinetic disposition of enrofloxacin following single-dose oral and intravenous administration in the American alligator (*Alligator mississippiensis*). J Zoo Wildl Med 35: 361.

Helmick KE, et al. 2004b. Pharmacokinetic disposition of a long acting oxytetracycline formulation following singledose intravenous and intramuscular administrations in the American alligator (*Alligator mississippiensis*). J Zoo Wildl Med 35: 367.

Hilf M, et al. 1991. Pharmacokinetics of piperacillin in blood pythons (*Python curtus*) and in vitro evaluation of efficacy against aerobic gram-negative bacteria. J Zoo Wildl Med 22: 199.

Holz P, et al. 1997a. The anatomy and perfusion of the renal portal system in the red-eared slider (*Tracheyms scripta elegans*). J Zoo Wildl Med 28: 378.

Holz P, et al. 1997b. The effect of the renal portal system on pharmacokinetic parameters in the red-eared slider (*Trachemys scripta elegans*). J Zoo Wildl Med 28: 386.

Homer BL, et al. 1994. Chlamydiosis in green sea turtles. Vet Pathol 31: 1.

Hunter RP，Isaza R. 2008. Concepts and issues with interspecies scaling in zoological pharmacology. J Zoo Wildl Med 39：517.

Hunter RP，et al. 2003. Azithromycin metabolite identification in plasma，bile，and tissues of the ball python（*Python regius*）. J Vet Pharmacol Ther 26：117.

Innis C，et al. 2007. Pharmacokinetics of metronidazole in the red-eared slider turtle（*Trachemys scripta elegans*）after a single intraceolomic injection. J Vet Pharmacol Ther 30：168.

Jacobson ER. 1988. Serum concentrations and disposition kinetics of gentamicin and amikacin in juvenile American alligators. J Zoo Wildl Med 19：188.

Jacobson ER. 1992b. Laboratory investigations. In：Lawton MPC，Cooper JE（eds）. Manual of Reptiles. Gloucestershire：British Small Animal Veterinary Association.

Jacobson ER. 1996. Metabolic scaling of antibiotics in reptiles：basis and limitations. Zoo Biol 15：329.

Jacobson，ER. 1999. Use of antimicrobial drugs in reptiles. In：Fowler ME，Miller RE（eds）. Zoo and Wild Animal Medicine，Current Therapy 4. Philadelphia：WB Saunders.

Jacobson ER. 2007. Infectious Diseases and Pathology of Reptiles. Boca Raton，FL：CRC Press.

Jacobson ER，Telford SR. 1990. Chlamydia and poxvirus infection of monocytes in a flap-necked chameleon. J Wildl Dis 26：572.

Jacobson ER，et al. 1989. Chlamydial infection in puff adders，*Bitis arietans*. J Zoo Wildl Med 20：364.

Jacobson ER，et al. 1991. Chronic upper respiratory tract disease of free-ranging desert tortoises（*Xerobates agassizii*）. J Wildl Dis 27：296.

Jacobson ER，et al. 1992a. Techniques for sampling and handling blood for hematologic and plasma biochemical Chapter 37. Antimicrobial Drug Use in Reptiles 635 determinations in the desert tortoise（*Xerobates agassizii*）. Copeia 1：237.

Jacobson ER，et al. 2002. Immunohistochemical staining of chlamydial antigen in emerald tree boas（*Corallus caninus*）. J Vet Diag Investig 14：487.

Jacobson ER，et al. 2004. Identification of Chlamydophila pneumoniae in emerald tree boas，*Corallus caninus*. J Vet Diag Investig 16：153.

Jacobson ER，et al. 2005. Plasma concentrations of enrofloxacin after single dose oral administration in loggerhead sea turtles（*Caretta caretta*）. J Zoo Wildl Med. 36：628.

James SB，et al. 2003. Comparison of injectable versus oral enrofloxacin pharmacokinetics in red-eared slider turtles，*Trachemys scripta elegans*. J Herp Med Surg 13：5.

Johnson AJ，et al. 2007. Molecular diagnostics. In：Jacobson ER（ed）. Infectious Diseases and Pathology of Reptiles. Boca Raton，FL：CRC Press.

Johnson JH，et al. 1997. Amikacin pharmacokinetics and the effects of ambient temperature on the dosage regimen in ball pythons（*Python regius*）. J Zoo Wildl Med 28：80.

Kirchoff H，et al. 1997. *Mycoplasma crocodyli* spp. nov.，a new species from crocodiles. Int J Syst Bacteriol 47：742.

Kleiber M. 1961. The Fire of Life：An Introduction to Animal Energetics. New York：Wiley.

Kolmstetter CM，et al. 1998. Pharmacokinetics of metronidazole in the green iguana，*Iguana iguana*. Bull Amer Assoc Reptil Amphib Vet 8：4.

Kolmstetter CM，et al. 2001. Pharmacokinetics of metronidazole in the yellow rat snake（*Elaphe obsoleta quadrivitatta*）. J Herp Med Surg 11：4.

Lai OR，et al. 2009. Pharmacokinetics of marbofloxacin in loggerhead sea turtles（*Caretta caretta*）after single intravenous and intramuscular doses. J Zoo Wildl Med 40：501.

Lawrence K. 1984. Preliminary study on the use of ceftazidime，a broad-spectrum cephalosporin antibiotic，in snakes. Res Vet Sci 36：16.

Lawrence K，et al. 1984. A preliminary study on the use of carbenicillin in snakes. J Vet Pharmacol Ther 7：119.

Lawrence K，et al. 1986. Use of carbenicillin in two species of tortoise（*Testudo graeca* and *T. hermanni*）. Res Vet Sci 40：413.

Mader DR，et al. 1985. Effects of ambient temperature on the half-life and dosage regimen of amikacin in the gopher snake. J Am Vet Med Assoc 187：1134.

Mallo KM，et al. 2002. Pharmacokinetics of fluconazole in loggerheadsea turtles（*Caretta caretta*）after single intravenous and subcutaneous injections，and multiple subcutaneous injections. J Zoo Wildl Med 33：29.

Manire CA，et al. 2003. Steady-state plasma concentrations of itraconazole after oral administration in Kemp's Ridley sea turtles, Lepidochelys kempi. J Zoo Wildl Med 34: 171.

Manire CA, et al. 2005. Pharmacokinetics of ticarcillin in the loggerhead sea turtle (*Caretta caretta*) after single intravenous and intramuscular injections. J Zoo Wildl Med 36: 44.

Martelli P, et al. 2009. Pharmacokinetics behavior of enrofloxacin in estuarine crocodiles (*Crocodylus porosus*) after single intravenous, intramuscular, and oral doses. J Zoo Wildl Med 40: 696.

Martin P, et al. 2009. Pharmacokinetics of marbofloxacin after single oral dose to loggerhead sea turtles (*Caretta caretta*) . Res Vet Sci 87: 284.

Maxwell LK, Jacobson ER. 2007. Allometric basis of enrofloxacin scaling in green iguanas. J Vet Pharmacol Ther 31: 9.

Mayer J, et al. 2006. Allometric scaling. In: Mader DR (ed) . Reptile Medicine and Surgery, 2nd ed. St. Louis: Saunders Elsevier, p. 419.

Migaki G, et al. 1984. Fungal diseases of reptiles. In: Hoff GL, et al. (eds) . Diseases of Amphibians and Reptiles. New York: Plenum Press.

Millichamp N, et al. 1983. Diseases of the eye and ocular adnexae in reptiles. J Am Vet Med Assoc 183: 1205.

Mohan K, et al. 1995. Mycoplasma-associated polyarthritis in farmedcrocodiles (*Crocodylus niloticus*) in Zimbabwe. Onderstepoort. J Vet Res 62: 45.

Montali R. 1988. Comparative pathology of inflammation in the higher vertebrates (reptiles, birds and mammals) . J Comp Pathol 99: 1.

Norton TM, et al. 1989. Medical management of a Galapagos tortoise (*Geochelone elephantopus*) with hypothyroidism. J Zoo Wildl Med 20: 212.

Olson GA, et al. 1975. Techniques for blood collection and intravascular infusions of reptiles. Lab Anim Sci 25: 783.

Origgi FC, Paré JA. 2007. Isolation of pathogens. In: Jacobson ER (ed) . Infectious Diseases and Pathology of Reptiles. Boca Raton, FL: CRC Press, p. 667.

Origgi FC, et al. 2004. Experimental transmission of a herpesvirus in Greek tortoises (*Testudo graeca*) . Vet Pathol 41: 50.

Page CD, et al. 1991. Multiple dose pharmacokinetics of ketoconazole administered to gopher tortoises (*Gopherus polyphemus*) . J Zoo Wildl Med 22: 191.

Paré JA, et al. 1997. Cutaneous mycoses in chameleons caused by the Chrysosporium anamorph of *Nannizziopsis vriesii* (Apinis) Currah. J Zoo Wildl Med 28: 443.

Paré JA, et al. 2003. Cutaneous mycobiota of captive squamate reptiles with notes on the scarcity of Chrysosporium anamorph of *Nannizziopsis vriesii*. J Herp Med Surg 13: 10.

Paré JA, et al. 2006. Microbiology: Fungal and bacterial diseases of reptiles. In: Mader DR (ed) . Reptile Medicine and Surgery, 2nd ed. St. Louis: Saunders Elsevier, p. 217.

Plowman CA, et al. 1987. Septicemia and chronic abscesses in iguanas (*Cyclura cornuta* and *Iguana iguana*) associated with a Neisseriaspecies. J Zoo Anim Med 18: 86.

Pokras MA, et al. 1992. Therapeutics. In Beynon PH, et al. (eds) . Manual of Reptiles. Gloucestershire: British Small Animal Veterinary Association. Prezant RM, et al. 1994. Plasma concentrations and disposition kinetics of enrofloxacin in gopher tortoises (*Gopherus polyphemus*) . J Zoo Wildl Med 25: 82.

Raphael BL, et al. 1994. Pharmacokinetics of enrofloxacin after a single intramuscular injection in Indian star tortoises (*Geochelone elegans*) . J Zoo Wildl Med 25: 88.

636 Section IV. Antimicrobial Drug Use in Selected Animal Species Samour HJ, et al. 1984. Blood sampling techniques in reptiles. Vet Rec 114: 472.

Secor SM. 2008. Digestive physiology of the Burmese python: broad regulation of integrated performance. J Exp Biol 211: 3767.

Shotts EB, et al. 1972. Aeromonas induced death among fish and reptiles in an eutrophic inland lake. J Am Vet Med Assoc 161: 603.

Soldati G, et al. 2004. Detection of mycobacteria and chlamydiae in granulomatous inflammation of reptiles: a retrospective study. Vet Pathol 41: 388.

Stamper MA, et al. 1999. Pharmacokinetics of ceftazidime in loggerhead sea turtles (*Caretta caretta*) after single intravenous and intramuscular injections. J Zoo Wild Med 30: 32.

Stamper MA, et al. 2003. Pharmacokinetics of florfenicol in loggerhead sea turtles (*Caretta caretta*) after single intravenous and intramuscular injections. J Zoo Wildl Med 34: 3.

Stewart JS. 1990. Anaerobic bacterial infections in reptiles. J Zoo Wildl Med 21: 180.

Thuesen LR, et al. 2009. Selected pharmacokinetic parameters for cefovecin in hens and green iguanas. J Vet Pharmacol Ther 32: 613.

Vaughn LK, et al. 1974. Fever in the lizard Dipsosaurus dorsalis. Nature 252: 473.

Wimsatt J, et al. 1999. Clarithromycin pharmacokinetics in the desert tortoise (*Gopherus agassizii*) . J Zoo Wildl Med 30: 36.

Wimsatt J, et al. 2008. Long-term and per rectum disposition of clarithromycin in the desert tortoises (*Gopherus agassizii*. J Am Assoc Lab Anim Sci 47: 41.

Young LA, et al. 1997. Disposition of enrofloxacin and its metabolite ciprofloxacin after IM injection in juvenile Burmese pythons (*Python molurus bivittatus*) . J Zoo Wildl Med 28: 71.

第三十八章　抗菌药物在动物园动物的应用

Ellen Wiedner 和 Robert P. Hunter

尽管在过去的 20 年间，对动物园动物和野生动物用药的认知范围和广度均极大增长，但仍面临极大挑战。对于非饲养动物，在最基本水平上诊断一种动物是否真的患病都十分困难，更不用说确定是否是由可治疗的感染源引起的。野生动物发病隐蔽性很强，有时只有通过对尸体剖检后兽医才意识到动物已经受到感染很长一段时间了。

如果进行了诊断，选择适当的抗菌药物则是下一个挑战。与观赏动物和野生动物相关的药理学研究仍然不足。一方面是因为对野生动物进行药物研究存在困难，同时也会对这些动物带来危害，因为其中很多动物是稀有物种或濒危物种。不幸的是，由于没有这些数据，兽医只能通过饲养动物甚至人类进行的研究外推用于野生动物的药物和剂量，而这种做法会引起一系列新的问题。

最后，在野生动物的治疗方面也存在挑战，多数动物不配合，其中很多动物具有攻击性，即使患病仍难以对付。所有这些问题都将在下文中讨论。

第一节　动物园动物治疗中抗菌药物折点的解释

对于动物使用抗菌药物的问题，全球一致认为对分离到的细菌进行敏感性试验是极为重要的（见第二章）。然而，对于观赏动物，微生物/抗菌药物/宿主间相互作用的研究很少。

体外敏感性试验结果为兽医确定病原为敏感、中度敏感或耐药提供了参考。可以根据 CLSI 已建立的折点确定病原敏感性。折点就是判定所分离的特定细菌对给定的抗菌药物表现敏感、中度敏感或耐药的浓度。临床折点通常考虑最低抑菌浓度（MIC），但也可根据其他标准进行解释，如在特定动物体内能够达到的药物浓度（药代动力学），药物对宿主体内细菌呈现作用的最佳状态（药效学）。同时，如果具有药物在靶动物的临床试验结果，那将是最终的药效标准。

临床折点因动物种类、细菌种类、药物种类以及感染机体系统的不同而存在差异。通过体外敏感性试验数据进行解释最重要的限制在于尚未建立针对动物园动物的折点。对于所有抗菌药物，从动物园动物采集的样品得到的敏感性试验结果根据人或其他饲养动物已建立的折点予以报告。某个敏感性试验结果为敏感，可能在另外一个试验中为耐药。由于没有与临床疗效相关的数据，折点并不能保证对于特定动物、特定病原或感染部位都是有效的。

因为批准用于动物园动物的抗菌药物数量有限，采用标签外用药的方式进行治疗非常普遍。美国国会在动物治疗用药分类法（AMDUCA）中将“标签外用药”定义为“采用与批准标签不一致的方式，将一种药物实际用于或将要用于一种动物”。其中包括但不限于：用于标签中未列出的特定条件下的（疾病或条件）动物种类；采用高于标签中声明的剂量；采用标签中声明以外的给药途径。这种做法在很多国家均合法（见第二十六章）。

第二节　动物种内和种间剂量外推

许多药物用于家畜时，药物吸收、分布、代谢和消除（ADME）均存在种属差异的相关报道很多，而在非饲养动物的 ADME 研究很少（Hunter，2009）。对于动物园动物，由于缺乏批准的药物和/或药代动力学数据，成为兽医治疗时面对的重要问题。动物园兽医通常将已批准的药物（兽用或人用药）外推用于未批准的动物。动物园兽医所治疗的动物种类很广，小至无脊椎动物如蜜蜂，大至大型脊椎动物如大象和鲸。通常根据有限的特定动物的药代动力学和/或疗效信息确定剂量、给药持续时间和给药间隔。考虑到这些动物的经济价值或因其为濒危物种，在选择抗菌药物剂量时采取“试错”的方法是不恰当的。

对于动物园动物的治疗，采用过多种方法进行外推或预测安全和有效剂量（Hunter 和 Isaza，2008）。最简单和有代表性的外推至非饲养动物剂量的方法是采用已建立的其他饲养动物或人的剂量（mg/kg）。然而，这种计算方法将导致给药剂量随动物体重的增加呈线性增加。尽管这种方法很常用，但易导致大型动物超剂量给药，而小型动物给药量不够。第二种方法与第一种方法类似，不同的是，虽然也采用其他物种已批准的药物剂量，但还需假设确定的剂量与动物的生理机能和解剖结构关联，例如，将基础代谢率或身体表面积作为剂量外推的基础。药代动力学参数的类比法是动物种间剂量外推的最终方法。这是药物生产企业在人用药研究中建立最初剂量时通常采用的方法。在治疗动物园动物时对该方法做适当的调整，认为可以提高非饲养动物治疗剂量的评估能力。然而，近期相关数据对该方法的实际应用提出了质疑（Hunter 等，2008；Mahmood 等，2006；Martinez 等，2006）。

用于预测药物在动物园动物/外来动物体内的药代动力学特性的类比法对动物园兽医很有帮助。如果使用恰当，这一工具可以对设计的给药剂量进行评估。酮布洛芬倒转的物种间差异，强调在根据类比法数据设计治疗方案时，必须理解并意识到这种假设。例如，哺乳动物的体重范围从几克到上千千克，爬行动物和鸟类的体重范围变化也很大。对于 6 000 种爬行动物而言，确定一个适用于所有爬行动物的体重与代谢速率之间的公式似乎是不可行的（Funk，2000）。如果缺少药物给药后消除途径与程度的相关信息，从一种动物的剂量外推至另一种动物十分困难，即使可能，也是不准确的。

任何药物的剂量在外推前，兽医应领会类比法不只是进行数学假设，还存在一些局限性。对已有文献进行认真研究，并了解药物消除途径和代谢程度，将非常有助于确定药代动力学参数的类比关系。由于外推直接影响靶动物安全和药物疗效，还需要考虑采取适当方法降低外推的失误及其带来的风险。为了减少可能发生的错误，应包括至少一种大动物的相关数据（体重大于 70kg 的非人动物）（Mahmood 等，2006）。

类比和折点的实例

一个可以说明如何描述上述信息以及可能出现误用的例子就是结核分枝杆菌对抗菌药物敏感性试验以及针对该细菌感染大象（非洲象和巨型象）进行治疗。与大象不同，牛和其他家畜易被牛分枝杆菌感染，一旦确诊即可进行安乐死，在美国大象属于稀有动物，应积极治疗而不能实施安乐死。对患有结核的大象进行强制检疫和治疗的工作由美国农业部监督，厚皮动物的用药指南多数来源于人类已建立的标准（USDA，2008）。对该病原进行敏感性试验的详细过程参见 CLSI M24-A2 文件中相关人分离菌的敏感性试验。体外敏感性试验结果显示，药物对该病原菌的体外敏感性试验与在人的临床疗效具有相关性。解释标准即折点见表 38.1。

表 38.1 用于大象的抗结核药物的折点

药物	折点浓度（μg/mL）	
	7H10 琼脂	7H11 琼脂
异烟肼	0.2	0.2
利福平	1.0	1.0
乙胺丁醇	5.0	7.5
	10	NR
吡嗪酰胺	NR	NR
左氧氟沙星	1.0	ND
莫西沙星	0.5	0.5
氧氟沙星	2.0	2.0
链霉素	2.0	2.0
	10	10

注：NR=未推荐；ND=未测定。在提供了几个数值的地方，第二个数值是在耐药性已经发生并且药物被用作“二线治疗”药物使用（选自 CLSI，2011，M24-A2）。

抗结核药物在大象的药效动力学和药代动力学与人相比具有很大差异。此外，结核分枝杆菌的代谢情况明显影响对抗菌药物的敏感性。必须获得感染位点的最大药物暴露量来优化抗结核药物的给药剂量，从而最大程度地抑制可能存在的结核分枝杆菌，同时尽可能降低耐药性的选择和出现（de Steenwinkel 等，2010）。

有许多发表的关于多种抗结核药物在非洲象和/或亚洲象的群体药代动力学数据，这些数据已被用来建立大象结核病的多药治疗方案，并以美国农业部大象结核病防治指导原则出版，成为继人类发生此类疾病之后的又一模型（Peloquin 等，2006）。关于这些外推而来的各种问题以前已进行了讨论（Hunter 和 Isaza，2008）。利用 CLSI 建立的异烟肼在人类的折点和 Maslow 等（2005）报道的血浆浓度，我们可以确定，以已经评价的给药途径和剂量给药，所有报道的浓度大于 0.2μg/mL 时，疗效可能也高，但很多浓度已超过了 5 倍，这一浓度似乎过高，可能是一些临床上报道的不良反应的原因。Maslow 等（2005）认为曲线下面积（AUC）是主要的与药效动力学相关的参数，这些参数对于缓慢生长的靶病原菌并不奇怪，目前在大象尚无明确的 PK/PD 关系，与人类的已知结果可能存在很大差异。这一观点在评价氟喹诺酮类药物时得到进一步支持。已经表明氟喹诺酮类药物在人的 AUC/MIC 值大于 125 时可根除特定的细菌性疾病，但这一比值不能直接外推到其他动物、适应证或病原菌，也不能外推到其他抗结核药物。已经报道有效 AUC/MIC 比值在不同动物之间是不同的（Aliabadi 等，2003）。在人用药的文献也有不同的看法，有的报道认为比值大于 25 最好，而其他一些文献则认为这一比值最好大于 350（Barger 等，2003）。对于环丙沙星则更为复杂，100%成功治疗病例中的 AUC/MIC 值大于 3.6（Barger 等，2003）。需谨记，体内抗菌药物的作用是病原对抗菌药物动态暴露和宿主免疫系统的结果。利福平（Peloquin 等，2006）和乙胺丁醇（Maslow 等，2005）也存在上述同样问题。

不幸的是，在治疗过程中多数大象出现了大量严重的不良反应。很多病例中，已经严重到必须终止治疗，至少是暂时终止治疗。报道的不良反应包括厌食、精神沉郁、腹泻、肾脏和肝脏损伤、眼睑痉挛和死亡。严重不良反应的高发生率说明当血药浓度达到人类用药的水平时，实际上可能已经对大象带来毒性（Wiedner 和 Schmitt，2007）。

第三节　给药技术

通过对动物园动物和野生动物的训练，可以使动物较容易地接受给药。这种训练在很多动物园中已经成为动物饲养日常管理的一部分。通过训练，很多种动物都能够耐受注射、吞咽片剂和接受其他多种给药方式。这种训练需要耗费很多时间，一方面要进行行为训练，另一方面在动物健康时，要采用安慰剂进行实际训练。

一、口服给药

口服给药可以将药物隐藏在饲料中。通常，需要将患病动物与畜群分开出来单独饲喂。对于一些动物，如大型肉食动物，这是一种常规做法。对于其他物种，从同种群中分开出来容易造成应激反应。典型的做法是将药物隐藏在动物特别喜欢的食物中，对于食肉动物，可将药物隐藏在肉丸中，对于大象，可将药物隐藏在西瓜中。对于非人灵长类动物，更容易接受将药物与甜的物质混合，如果酱或果汁。调配使药物口味更适合儿童口味的复合药剂法，同样也有助于调配吸引需要治疗的灵长类动物口服的混合药剂。

目前，还不清楚将药物隐藏于食物中是否会影响其生物利用度。另一问题是，动物园动物常常变得很善于识别出“治疗用”食物，并会小心地将药物从面团、肉丸等食物中踢出，或者根本不去触碰。因此，饲养员应仔细观察动物是否确实摄入了这些药物。

厚皮动物可以通过采用咬合块来训练接受口服给药。但是即使采用这种装置，大象可以将药物藏在大嘴里达数小时，之后在不被注意的时候再将药物吐出来（Isaza 和 Hunter，2004）。

二、注射给药

对于动物园动物和野生动物，多数可注射的抗菌药物都采用肌内注射的给药方式。即使在麻醉状态下，静脉注射和皮下注射都只适用于单次给药，为持续给予抗菌药物而反复麻醉动物一般是不合适的。在一些情况下，可采用骨内注射或静脉注射导管。爬行动物、鸟类和极度衰弱的动物最好住院治疗。兽医应评估导管的通畅度和洁净度，以及动物将导管移除的可能性，以确定动物是否适合采用导管留置的给药方式。如果上述情况可能出现问题，则导管不适用。对于多种动物，因其解剖学结构和/或生活习性使不适于导管留置或操作极为困难，这包括体型非常小的动物如燕雀，皮肤极厚的动物如河马，以及无法上岸的水生动物。

在一些情况下，为进行肌内注射可以训练动物将某个身体部位（大型食肉动物的侧翼和腿肌，蹄壳动物的颈部，灵长类动物的四肢、后背、或手掌或脚掌）靠在围栏、斜槽或篦条上，然后进行手工注射给药。对于不配合的动物，可置于挤压笼中，理论上动物应接受过进入挤压笼的训练。一些动物物种，可以由有经验的人员进行保定。但是反复保定，对于工作人员比较危险，动物也容易出现应激反应，不推荐用于抗菌药物的长过程治疗。

对于未经训练或不配合的动物，肌内注射给药可采取远距离输送给药技术，也就是飞针装置。虽然飞针技术已超出了本节讨论的范围，任何一个计划对野生动物和动物园动物进行治疗的兽医都应了解飞针装置和技术，以及其风险，包括对动物造成的应激，对骨骼系统的意外损伤或内脏的穿透以及仪器的损坏等，结果导致给动物注入部分或全部药液。长效储库制剂可减少采用飞针技术对动物进行治疗的频率。

三、其他给药途径

已成功训练患气囊炎的大猩猩可耐受日常抗生素的雾化治疗（Gresswell 和 Goodman，2011）。一些抗菌药物直肠给药已成功应用于大象。在麻醉状态下，抗生素浸润珠用于治疗尤金袋鼠的颌骨骨髓炎（Hartley 和 Sanderson，2003）。采用渗透泵可向玉米锦蛇（*Elaphe guttata*）给予阿米卡星（Sykes 等，2006）；尽管存在一些可能使操作复杂化的因素，如泵的移动，但这种技术可以减少对需要给药动物的反复触摸操作，其使用仍需进一步研究。

第四节　群体动物的治疗

对群体动物进行治疗需要特殊考虑。如果通过饲料或饮水给药，需要计算所有动物的总给药剂量，如果为了安全起见以群体中最小动物的体重计算个体剂量，则最大的动物只能达到亚治疗剂量。此外，还需要考虑动物的社会行为。在按等级划分的物种中，如野生的马科动物和一些反刍动物，高级别动物会比低级别动物有更多接触饲料的机会，因此会摄入更多的饲料，这意味着高级别动物比低级别动物摄入更多的药物。对于动物园大型脊椎动物，通过饲料或饮水给药并不常见，也缺少相关技术的报道。

第五节　动物园动物和野生动物使用抗菌药物的实例

在北美洲，采用抗生素预防性治疗散养大角羊（加拿大盘羊，Weiser 等，2009）和驯鹿（Pietsch 等，1999）的肺炎仍然被用来管理这些动物。采用多种方法将动物捕获后，进行全身检查，之后手工注射土霉素或氟苯尼考，再将其释放或转场。这种一次性注射抗生素的目的是降低由于应激引发呼吸系统疾病的可能性；然而，也很难确定这种方式的有效性。

四环素饵剂是野生动物的另一种抗菌药给药方式。摄入后，四环素会与骨骼和牙齿结合。在紫外灯照射下，牙齿显示荧光。药物还可以通过解剖后获得的牙齿和骨骼组织切片来检测。四环素饵剂已用于美洲黑熊（*Ursus americanus*；Peacock 等，2011）、棕熊（*Ursus arctos*；Taylor 和 Lee，1994）和野猪（Reidy 等，2011）的标记-捕获式群体研究，同时也用于检测白尾鹿（*Odocoileus virginianus*）群中饲料添加剂（补充饲料）的使用（Bastoskewitz 等，2003）。

四环素也是口服狂犬病疫苗的成分之一，将其制成饵剂分散放置于有带毒动物的栖息地，如浣熊和臭鼬。在疫苗诱饵投放一段时间后将动物捕获，以确定靶动物摄入疫苗的频率。在麻醉状态下，将动物牙齿拔除，分析其中四环素的沉积情况，从而评估饵剂的作用以及疫苗效果（Fehlner-Gardiner 等，2012）。

一个有趣的抗菌药物研究的领域是，野生动物自身可产生抗微生物的物质。尼罗河河马（两栖河马）

的皮肤能分泌出一种发现有抗微生物活性的红色汗液。在低浓度下（低于皮肤产生的实际浓度），一个样本可抑制铜绿假单胞菌和克雷白氏杆菌的生长（Saikawa 等，2004）。在鸭嘴兽和尤金袋鼠中也发现了抗微生物肽类。在袋鼠体内，这些化合物一部分在母乳中表达，可能对育儿袋中免疫力弱且尚未发育完全的幼年动物具有保护作用。在普通海豹（港海豹），皮脂腺顶浆分泌一些糖类物质，可抑制附着于表皮的细菌和真菌的生长（Meyer 等，2000；Meyer 等，2003）。港海豹和北海狗的皮脂腺还可分泌溶解酵素和 β-防御素（Lynn 和 Bradley，2007）。

第六节　抗菌药物对环境和野生非靶动物的影响

许多研究发现，在野生动物、搁浅的海洋哺乳动物、浣熊、野生和捕获的非人灵长类动物、海鸟、鱼、啮齿类动物和野生蹄壳动物，甚至动物园动物中均发现了耐药细菌。其中多种细菌均对多种药物表现耐药，特别是大肠杆菌。这些微生物成为多种药物耐药基因的储存库，其传播给人和饲养动物的能力正在研究中，结果尚不可知。从动物园动物和野生动物兽医的角度来看，这些研究再次强调了对从患病野生动物获得细菌进行培养和敏感性试验的重要性。

近期，有证据表明野生动物体内有害的抗生素残留，导致受影响动物的病理学反应增加。西班牙进行的研究发现，在鸟类食腐动物兀鹫、灰色秃鹫和埃及秃鹫等以尸体为食的三种濒危动物的雏鸟体内，发现了常见的家畜用抗生素的残留，特别是恩诺沙星、环丙沙星、阿莫西林和土霉素。受影响的雏鸟的肝脏、肾脏和免疫系统均受到了与抗生素残留直接相关的损伤（Blanco 等，2009）。另一项研究表明，源于家畜使用的氟喹诺酮类药物，引起了兀鹫和红鸢卵内胚胎的死亡（Milvus milvus；Lemus 等，2009）。

参考文献

Bastoskewitz ML，et al. 2003. Supplemental feed use by free-ranging white-tailed deer in southern Texas. Wildlife Soc B 31：1218.

Blanco G，et al. 2009. Ingestion of multiple veterinary drugs and associated impact on vulture health：implications of livestock carcass elimination practices. Anim Conservation 12：571.

De Steenwinkle JEM，et al. 2010. Time kill kinetics of antituberculous drugs，and emergence of resistance，in relation to metabolic activity of *Mycobacterium tuberculosis*. J Antimicrob Agents Chemother 65：2582.

Fehlner-Gardiner C，et al. 2012. Comparing Onrab（R）and Raboral V-RG（R）oral rabies vaccine field performance in raccoons and striped skunks，New Brunswick，Canada，and Maine，USA. J Wildlife Dis 48：157.

Funk RS. 2000. A formulary for lizards，snakes，and crocodilians. Vet ClinN Am Exotic Anim Pract 3：333.

Gresswell C，Goodman G. 2011. Case study：training a chimpanzee（*Pan troglodytes*）to use a nebulizer to aid the treatment of air sacculitis. Zoo Biol 30：570.

Hartley MP，Sanderson S. 2003. Use of antibiotic impregnated polymethylmethacrylate beads for the treatment of chronic mandibular osteomyelitis in a Bennett's wallaby（*Macropus rufo-griseus rufogriseus*）. Aust Vet J 81：742.

Hunter RP. 2009. Zoological pharmacology. In：Riviere JD，Papich MG（eds）. Veterinary Pharmacology & Therapeutics，9th ed. Ames，IA：Wiley-Blackwell.

Hunter RP，Isaza R. 2008. Concepts and issues with interspecies scaling in zoological medicine. J Zoo Wildlife Med 39：517.

Hunter RP，et al. 2008. Prediction of xenobiotic clearance in avian species using mammalian or avian data：How accurate is the prediction? J Vet Pharmacol Therap 31：281.

Isaza R，Hunter RP. 2004. Drug delivery to captive Asian elephants—treating goliath. Curr Drug Delivery 1：291.

Lemus JA，et al. 2009. Fatal embryo chondral damage associated with fluoroquinolones in eggs of threatened avian scavengers. Environ Pollut 157：2421.

Lynn DJ，Bradley DG. 2007. Discovery of alpha-defensins in basalmammals. Dev Comp Immunol 31：963.

Mahmood I，et al. 2006. Interspecies allometric scaling. Part I：prediction of clearance in large animals. J Vet Pharmacol Therap 29：415.

Martinez M，et al. 2006. Interspecies allometric scaling：prediction of clearance in large animal species. Part II：mathematical considerations. J Vet Pharmacol Therap 29：425.

Maslow JN，et al. 2005. Population pharmacokinetics of isoniazid in the treatment of Mycobacterium tuberculosis among Asian and African elephants (*Elephas maximus* and *Loxodonta africana*) . J Vet Pharmacol Therap 28：21.

Meyer W，et al. 2000. Aspects of general antimicrobial properties of skin secretions in the common seal (*Phoca vitulina*) . Dis Aquat Organ 41：77.

Meyer W.，et al. 2003. Further aspects of the general antimicrobial properties of pinniped skin secretions. Dis Aquat Organ 53：177.

Peacock E，et al. 2011. Mark-recapture using tetracycline and genetics reveal record-high bear density. J Wildlife Manage 75：1513.

Peloquin CA，et al. 2006. Dose selection and pharmacokinetics of rifampin in elephants for the treatment of tuberculosis. J Vet Pharmacol Therap 29：581.

Pietsch GS，et al. 1999. Antibiotic treatment and post-handling survival of reindeer calves in Alaska. J Wildlife Dis 35：735.

Reidy MM，et al. 2011. A mark-recapture technique for monitoring feral swine populations. Rangeland Ecol Manage 64：316.

Saikawa Y，et al. 2004. Pigment chemistry：the red sweat of the hippopotamus. Nature 429：363.

Sykes JM，et al. 2006. Evaluation of an implanted osmotic pump for delivery of amikacin to corn snakes (*Elaphe guttata guttata*) . J Zoo Wildlife Med 37：373.

Taylor M，Lee J. 1994. Tetracycline as a biomarker for polar bears. Wildlife Soc B 22：83s.

USDA. 2008. Guidelines for the control of tuberculosis in elephants. http：//www. aphis. usda. gov/animal _ welfare/downloads/elephant/elephant _ tb. pdf.

Wang J，et al. 2011. Ancient antimicrobial peptides kill antibiotic-resistant pathogens：Australian mammals provide new options. PLoS ONE 6：1.

Weiser GC，et al. 2009. Variation in *Pasturella* (*Bibersteinia*) and *Mannheimia* spp. following transport and antibiotic treatment in free-ranging and captive Rocky Mountain bighorn sheep (*Ovis canadensis canadensis*) . J Zoo Wildlife Med 40：117.

Wiedner E，Schmitt DL. 2007. Preliminary Report of Side Effects Associated with Drugs Used in the Treatment of Tuberculosis in Elephants. Orlando，FL：International Elephant Foundation，pp. 15-20.

第三十九章　抗菌药物在水产养殖的应用

Renate Reimschuessel、Ron A. Miler 和 Charles M. Gieseker

水产养殖已成为可食用鱼类的主要来源。随着水产养殖集约化，治疗性药物特别是抗菌药物的使用不断增加。因此，全世界的公共卫生部门都广泛关注水产养殖过程中使用抗菌药物后对环境中细菌的影响以及对人类病原菌的潜在影响（Serrano，2005；Weir 等，2012）。然而，鱼类属于脊椎动物，应受到人类的关怀，包括适当时对其使用抗菌药物。理论上，使用抗菌药物治疗前应考虑如下因素，包括鱼类生理学、抗菌药物在鱼体内的药代动力学信息、被批准用于鱼的抗菌药物获得性（美国食品药品管理局，FDA，2005；美国渔业协会，2011），以及体外抗菌药物敏感性试验提供的对治疗成功可能性信息（CLSI，2006a，2006b，2010）。许多情况下，在实验室没有标准试验程序作为参考时，从业者经常必须对所得到的试验结果进行解释，然后还必须开具药方（无论是按照标签说明书用药还是标签外用药），尽管有关所治疗鱼类的详细药代动力学数据很少或者缺乏。

然而，在过去的 10 年中，全世界的研究人员和鱼类健康从业者已在获得水生动物治疗信息并使其可以利用方面取得了相当程度的进步。同时，也已经出版了许多有关鱼类药物配方剂量和治疗方案的教科书（Stoskopf，1993；Noga，1996；Carpenter，2005）。此外，大量关于鱼类药代动力学的文献综述也以数据库（Phish-Pharm）的形式出版，并以网络为基础的杂志形式可在线免费获取（Reimschuessel 等，2005，2011）。然而，这些文献和数据库中的信息偏重于更普通的动物种类和药物。许多外来鱼和观赏鱼，以及“水箱”食用鱼种的信息，则仍然大量缺失。

采用抗菌药物治疗鱼类比治疗陆生动物更为复杂，但基本的用药原则完全是一致的（见第六章）。需要考虑五个主要方面：①选择合适的药物和有效剂量；②避免动物毒性反应；③人类给予抗菌药物或食用鱼类后的安全性；④避免对非靶动物和环境的影响；⑤法律限制。

第一节　选择合适的药物

一、病原

选择有效的药物需要临床医生做出正确的诊断（见第六章）。明确的诊断需要对致病微生物进行分离鉴定，这些致病微生物最好来自 3～5 条鱼（Hawke 和 Thune，1992；OIE，2003；美国渔业协会，2005）。从患病鱼分离到的常见水生细菌病原清单见表 39.1。在水产养殖中，特别是在高密度饲养环境下，建立及时的治疗制度是十分重要的。许多执业者面对大量濒死鱼时都依靠临床症状和以往经验进行诊断。然而，为慎重起见，应在按经验给予抗生素前采集多个样品进行培养。细菌分离鉴定和药敏试验结果将为后期确定用药是否得当，或必要时调整治疗方案奠定基础。由于用药后抗菌药物敏感性会有所改变，因此，兽医对患病鱼的病原菌分离株进行监控是十分重要的，以防止由于按照经验错误用药而导致疾病暴发。

表 39.1　从鱼分离到的常见细菌病原

细菌病原	疾病
豚鼠气单胞菌	活动气单胞菌败血症
嗜水气单胞菌	
温和气单胞菌	
杀鲑气单胞菌	疖病、溃疡病、鲤红皮病
绿色气球菌	高夫败血症
鲶爱德华菌	鲶肠败血症
迟钝爱德华菌	红瘟病、爱德华败血症

（续）

细菌病原	疾病
嗜鳃黄杆菌	细菌性鳃病
柱状黄杆菌	柱形病
嗜冷黄杆菌	冷水症、虹鳟鱼苗疾病
弗朗西斯氏菌属	弗朗西斯菌病
格氏乳球菌	乳球菌病、乳球菌败血症
双鱼乳球菌	
黏放线菌	冬季溃疡病
分枝杆菌属	分枝杆菌病
美人鱼发光杆菌美人鱼亚种	弧菌病
美人鱼发光杆菌杀鱼亚种	发光杆菌病、鱼巴氏菌病、假结核病
鲑立克次氏体	鲑立克次氏体、鲑立克次氏体败血症
志贺邻单胞菌	冬季疾病
假单胞菌属	假单胞菌病
鳗败血假单胞菌	赤斑病
鲑肾杆菌	细菌性肾病
无乳链球菌	B组链球菌病
停乳链球菌	C组链球菌病
海豚链球菌	链球菌病
腓尼基链球菌	温水链球菌病
海洋黄杆菌	盐水柱形病、海洋屈挠杆菌病
鲑漫游球菌	冷水链球菌病
杀鲑弧菌	冷水弧菌病、特拉岛病
弧菌属	弧菌病
鲁氏耶尔森菌	肠型红嘴病

注：经CLSI准许印刷。

由于尚未建立细菌在低温条件下生长的标准试验方法，因此，在2006年以前，评价水生病原菌对抗菌药物的敏感性非常困难。CLSI出版了在不同温度条件下水生细菌的试验指南（2006a，2006b，2010）。这些文件中描述了水生细菌的具体试验方法，并给出了临床折点和流行病学临界值进行判定。重要的是，这些方法可以确保得到可靠结果，且实验室间的结果具有可比性（见第二章）。

二、宿主

选择正确的药物与动物年龄、体重和饲养方式等因素有一定关系。对海水网箱养殖鱼的治疗方式将不同于室内设施或水族馆养殖的鱼。治疗方式必须具有可行性。对于商品化养殖的水生动物，如观赏鱼或选育亲鱼，适当的个体治疗方式可能导致成本过高或难以操作。另外，还必须在治疗相关的压力与治疗预期效益间进行权衡。

给药方案也因宿主而不同。温水养殖的鱼对药物的吸收、代谢和排泄通常高于冷水养殖的鱼。水中的盐分也影响药物的代谢。饲养在盐水中的鱼会饮水，而淡水养殖的鱼不会。因此，海水养殖的鱼消化道内的抗菌药物会结合阳离子，从而导致药物摄入减少。有些抗菌药物确实如此，如四环素类药物，即使在淡水鱼体内，其生物利用度都是很低的（Elema等，1996）。对大西洋鲑口服二氟沙星后，饲养在盐水中的药物吸收程度比饲养在淡水中低10倍（血浆中药物浓度分别为100ng/mL和1 000ng/mL；Elston等，1994）。噁喹酸（口服或注射给药）在虹鳟体内的消除速率，盐水养殖的要快于淡水养殖（Ishida，1992）。因此，获得药物在宿主体内的药代动力学信息十分重要。当然，说来容易做来难。Phish-Pharm数据库将很多文献中的数据进行了收集整理（Reimschuessel等，2005，2011），方便公众快速查阅已公布的数据。然而，即使有这样一个工具，仍有很多动物和很多药物尚无已公布的研究结果。因此兽医常常处于只能根据类似条件下在其他动物的已有数据进行猜测的境地，希望是最佳猜测。药物在鱼体内的半衰期很大程度上受给药剂量、给药途径和温度的影响。因此，在对鱼给药时应充分考虑 Phish-Pharm 数据库中已经收录的相关参数。

三、剂量

表 39.2 列出了已报道的用于鱼的药物剂量。这些剂量来源于大量处方（Stoskopf，1993；Noga，1996；Carpenter，2005）和研究报告。需要明白的是，表 39.2 中列出的剂量并不是对所有鱼类都安全或者有效。表中列出的给药间隔来自最初的引文，但要牢记的是在 7～10d 内血药物浓度始终维持在有效浓度才是治疗成功的关键。某些试验目的所用的剂量也在表中列出。因此，在确定给药持续时间和给药频率时，需要考虑药物在特定动物体内的半衰期。对于极少数一些鱼（无肾小球的鱼），经肾排泄的药物半衰期会延长（Jones 等，1997），因此在治疗这些动物时对此需加以注意。

表 39.2　在鱼类使用的抗菌药物

药物	剂量	给药间隔	给药途径	注意事项
阿米卡星	5mg/kg	q12h	IM	
	5mg/kg	q72h，3 次	IM	
阿莫西林	25mg/kg	q12h	PO	由于革兰氏阳性病原菌极少，应用极少
	40～80mg/kg	q24h，10d	PO	
氨苄西林	10mg/kg	q24h	IM	鲨鱼
	10mg/kg	q12h，7～10d	PO	鲨鱼
	50～80mg/kg	q24h，10d	PO	
安曲南	100mg/kg	q24h，7d	IM/IP	锦鲤爱好者使用
阿奇霉素	30mg/kg	q24h，14d	PO	
头孢他啶	22mg/kg	q72～96h，3～5 次	IM/IP	
头孢喹肟	5～20mg/kg	1 次剂量	IP	根据确定的 PK 给药
氯胺-T	20mg/L	q1h，4d	BATH	
	2.5～20mg/L	冲洗（不同）	BATH	用于控制细菌性鳃病和寄生虫病的消毒
	5～10mg/L	1h	BATH	
环丙沙星	15mg/kg	1 次剂量	IM/IV	用于测定 PK 的剂量[a]
二氟沙星	10mg/kg	1 次剂量	PO	用于测定 PK 的剂量[a]
双氢链霉素	0.125mg	1 次剂量	IM/IV	用于测定 PK 的剂量
	10mg	1 次剂量	PO	用于测定 PK 的剂量
	10mg/kg	q24h	IM	鲨鱼
恩诺沙星	2.5～5.0mg/kg	5h，q24h，5～7d	BATH	[a]
	30～50mg/kg	4～24h	BATH	
	5～50mg/kg	q24h，5～10d	PO	[a]
	2.5～10mg/kg	1 次剂量	IM/IP/IV	用于测定 PK 的剂量
红霉素	10～20mg/kg	1 次剂量	IP	产卵前 BKD
	50～100mg/kg	q24h，10～21d	PO	
	2mg/L	1h	BATH	卵中的 BKD
氟苯尼考	5～20mg/kg	q24h，10d	PO	鲑
	10～15mg/kg	q24h，10d	PO	根据美国 FDA 批准的物种给药
	40～50mg/kg	q12～24h	PO，IM，IP	红鲳
	25～50mg/kg	1 次剂量	IM	

（续）

药物	剂量	给药间隔	给药途径	注意事项
氟甲喹	10～500mg/L	1～72h	BATH	盐水中增加剂量[a]
	5～50mg/kg	q24h，5～10d	PO	[a]
	30mg/kg	1次剂量	IM/IP	IP（IM）剂量水平需在有效剂量水平维持10d[a]
	2～25mg/kg	1次剂量	IV	用于测定PK的剂量
烟曲霉素	30～60mg/kg	1次剂量	PO	用于测定PK的剂量
	3～6mg/kg	1次剂量	IV	用于测定PK的剂量
硝呋吡醇	4～32mg/L	5h	BATH	
庆大霉素	3mg/kg	q72h	IM	对无肾小球的鱼具有较强的肾毒性。水浴给药不能达到有效的血药水平
	6mg/kg	每周1次	IM	鲨鱼
卡那霉素	50～100mg/L	q72h，5h，3次	BATH	对一些物种具有肾毒性。治疗期间需换掉50%的水
	50mg/kg	q24h	PO	对一些物种具有肾毒性
	10～20mg/kg	q24h	PO	鲨鱼
	20mg/kg	q72h，5次	IP	对一些物种具有肾毒性
林可霉素	40mg/kg	q24h	PO	日本
马波沙星	10mg/kg	q24h，1～3d	PO	用于测定PK的剂量
米诺沙星	60mg/kg	q24h，6d	PO	日本
萘啶酸	13mg/L	1～4h	BATH	
	20mg/kg	24h	PO，IM，IV	用于PK试验的其他剂量
新霉素	66mg/L	q3d，3次	BATH	对滤器中硝化细菌有毒性
	20mg/kg	1次剂量	PO	鲨鱼预防肿胀，从肠道吸收差
诺氟沙星	30～50mg/kg	q24h，5d	PO	
噁喹酸	25mg/L	0.25h，q12h，3次	BATH	
	0.15～1.5mg/L	10d	BATH	
	50～200mg/L	1～72h	BATH	
	5～25mg/L	1次剂量	IV	用于测定PK的剂量
	10mg/kg	q24h，10d	PO	淡水鱼类
	25～75mg/kg	q24h，10d	PO	海水鱼类
土霉素	10～50mg/L	1h	BATH	表面感染
	20～50mg/L	5～24h，q24h，5～6d	BATH	两次治疗之间换水50%～75%
	55～83mg/kg	q24h，10d	PO	美国FDA批准用于选定物种的剂量
	25～50mg/kg	q24h，5～7d	IM/IP	肌内注射后产生高水平的血药浓度维持几天
	3mg/kg	q24h	IV	红鲳
吡哌酸	10mg/kg	q24h，5～10d	PO	日本
沙拉沙星	10～30mg/kg	q24h，10d	PO	[a]
磺胺嘧啶-TMP	30～50mg/kg	q24h，7～10d	PO	
	125mg/kg		IP	

（续）

药物	剂量	给药间隔	给药途径	注意事项
磺胺二甲嘧啶-奥美普林	50mg/kg	q24h，5d	PO	美国 FDA 批准用于选定物种的剂量
磺胺甲基嘧啶	220mg/kg	q24h，14d	PO	
	200mg/kg	q24h，10d	PO	
磺胺甲噁唑- TMP	20mg/L	5～12h，q24h，5～7d	BATH	两次治疗之间换水 50%～75%
	30mg/kg	q24h，10～14d	PO	
四环素	80mg/kg	1 次剂量	PO	
甲砜霉素	20mg/L	1h	BATH	
	50mg/kg	q24h，7～10d	PO	日本
	25～40mg/kg	1 次剂量	PO	
维吉尼亚霉素	40mg/kg	q24h，15d	PO	

注：a 美国 FDA 禁止氟喹诺酮类在食品动物标签外使用。

数据来自许多作者。

温度对于确定给药剂量和治疗间隔是非常重要的。了解暴露于不同温度下测得的药物半衰期有助于兽医选择给药间隔，从而提高治疗成功率。Phish-Pharm 数据库列出的半衰期有助于做出这种正确决定（Reimschuessel 等，2005，2011）。报道有很多药物，温度在药代动力学研究中都是一个变量。例如，Bowser 等（1992）研究了在 10℃和 15℃条件下，恩诺沙星在虹鳟体内的半衰期。10℃时半衰期为 30h，而 15℃时半衰期为 56h。然而研究发现，氟甲喹在虹鳟体内的半衰期随温度的升高而下降，3℃时为 569h，7℃时为 300h，而 13℃时为 137h（Sohlberg 等，1990，1994）。Bjorklund 和 Bylune（1991）研究发现，在 16℃时土霉素在虹鳟体内半衰期延长 5h 和 10h。但 Chen 等（2004）对大量鱼种研究发现，不同温度下，半衰期差异不大。Phish-Pharm 数据库中有相当多的药代动力学数据，表 39.3 摘录了该数据库中抗菌药物在不同鱼体内的半衰期范围。

表 39.3　抗生素在鱼的半衰期

药物	物种	$t_{1/2}$（h）	剂量	途径	温度（℃）
阿莫西林	大西洋鲑	120	12.5mg/kg sd*	IM	13
	大西洋鲑、海鲤	14～72	40～80mg/kg sd	IV/PO	16～22
氯霉素	鲤	48～72	40mg/kg sd	IP	9
环丙沙星	鲤、虹鳟、非洲鲶	11～15	15mg/kg sd	IM/IV	12～25
二氟沙星	大西洋鲑	16	10mg/kg sd	PO	11
	鲤	58，114	20mg/kg 3d	PO	10，20
恩诺沙星	大西洋鲑、虹鳟、褐鳟、黑鲈	25～105	5～10mg/kg sd	IM/IV/PO	10～15
	鲤、淡水白鲳、海鲤	16～26	5～10mg/kg sd	IM/IV/PO	25～28
红霉素	大鳞大麻哈鱼	120	0.1g/kg 21d	PO	10
氟苯尼考	鲤、丝足鱼、罗非鱼	4～16	10～50mg/kg sd	IM/PO	22～24
	大西洋鲑	12～30	10mg/kg sd	IV/PO	10～11
	鳕	39～43	10mg/kg sd	IV/PO	8
氟甲喹	鳗	255	9mg/kg sd	IM	23
	大西洋大比目鱼、褐鳟、娇扁隆头鱼、大西洋鲑、鳕、岩梳隆头鱼、黑鲈、海鲤、大比目鱼	21～96	5～25mg/kg sd	IP/IV/PO	5～25

（续）

药物	物种	$t_{1/2}$（h）	剂量	途径	温度（℃）
氟甲喹	鳗	208～314	10mg/kg sd	IV/PO	23
	虹鳟	285～736	5mg/kg sd	IV/PO	13 或 3
呋喃唑酮	斑点叉尾鮰	1～24	1mg/kg sd	IV/PO	24
庆大霉素	斑点叉尾鮰、棕鲨、金鱼	12～54	1～3.5mg/kg sd	IC/IM	20～25
	蟾鱼	602	3.5mg/kg sd	IM	19
米诺沙星	鳗	35	30～60mg/kg sd	IV/PO	27
萘啶酸	虹鳟、阿马戈鲑	21～46	5～40mg/kg sd	IV/PO	14～15
呋喃苯烯酸	黄鰤	2	100mg/kg sd	PO	23
诺氟沙星	大比目鱼、七星鲈、海鲤	97～192	30～50mg/kg 5d	PO	
奥美普林	大西洋鲑、斑点叉尾鮰、虹鳟、杂交条纹鲈	4～25	4～50mg/kg sd	IV/PO	10～28
噁喹酸	大西洋鲑、娇扁隆头鱼、斑点叉尾鮰、鳕、虹鳟、真鲷、黑鲈	15～87	4～20mg/kg sd	IP/IV	8～24
	大西洋鲑、鳕、虹鳟	82～146	25～75mg/kg sd	PO	5～8
	大西洋鲑、金头鲷、虹鳟、海鲤、大比目鱼	13～48	10～40mg/kg 10d	PO	9～19
土霉素	非洲鲶、鲤、虹鳟、淡水白鲳、红大麻哈鱼	63～95	5～60mg/kg sd	IM	15～25
	非洲鲶、大西洋鲑、香鱼、鲤、大鳞大麻哈鱼、鳗、虹鳟、红鲳、黑鲈、海鲤、尖头海鲤	6～167	5～60mg/kg sd	IV	8～25
	北极嘉鱼	266～327	10～20mg/kg sd	IV	6
	大西洋鲑、香鱼、黑鲷、鲤、斑点叉尾鮰、鳗、鲈、虹鳟、黑鲈、海鲤、杂交条纹鲈、鲽、罗非鱼、玻璃梭鲈	43～268	10～100mg/kg 10d	PO	7～27
	北极嘉鱼、红大麻哈鱼、大鳞大麻哈鱼	428～578	10～100mg/kg sd	PO	6～11
吡哌酸	鳗、金鱼	24	5mg/kg sd	PO	26
沙拉沙星	大西洋鲑、鳕、鳗	12～45	10～15mg/kg sd	IV/PO	8～24
链脲霉素	蟾鱼	24	50 uCi	IV	
磺胺氯哒嗪	斑点叉尾鮰	4～5	60mg/kg sd	IC/PO	22
磺胺嘧啶	大西洋鲑、鲤、虹鳟	26～96	25～200mg/kg sd	IV/PO	8～24
磺胺二甲氧嘧啶	大西洋鲑、斑点叉尾鮰、虹鳟、杂交条纹鲈	7～48	25～200mg/kg sd	IV/PO	10～27
磺胺二甲嘧啶	鲤、虹鳟	18～57	100～200mg/kg sd	IV/PO	10～20
磺胺甲氧嗪	虹鳟	72	200mg/kg sd	PO	13
磺胺间甲氧嘧啶	虹鳟、黄鰤	5～33	100～400mg/kg sd	IV/PO	15～22

（续）

药物	物种	$t_{1/2}$（h）	剂量	途径	温度（℃）
氨苯磺胺	虹鳟	36	200mg/kg sd	PO	13
磺胺噻唑	虹鳟	60	200mg/kg sd	PO	13
四环素	斑点叉尾鮰	17，44	4mg/kg，80mg/kg sd	IV/PO	27
甲砜霉素	黑鲈	21	30mg/kg 5d	PO	19
妥布霉素	棕鲨	48	1～2.5 sd	IM	25
甲氧苄啶	大西洋鲑、鲤、虹鳟	21～48	5～20mg/kg sd	IV/PO	10～24
马波沙星	鳕 大西洋鲑	79 16	25mg/kg sd 40mg/kg sd	PO PO	8 10

注：* sd：单次剂量。

四、给药途径

（一）水体给药

水体给药治疗方式因动物种类和饲养条件不同而有差异。将药物加入水中可避免由于抓鱼而引起的应激反应。包括三种主要方法：①水浴（和浸泡），即将药物加入养殖系统中；②冲洗，即使用流动水系统，在短时间内（1～2min）加入全部剂量，之后允许水系统流动，从而将剂量稀释；③定量流动，同样使用流动水系统，采用化学计量计将储备药液不断地泵入体系中。

水体给药治疗方法的缺点在于成本高、浪费多和对环境的潜在污染。由于可以杀灭滤器中的细菌，因此生物过滤器会受连累。在鲶循环系统中，使用治疗浓度的红霉素影响了过滤器的功能，导致氨浓度快速升高。然而，使用氯霉素、硝呋吡醇、土霉素和磺胺甲基嘧啶则不会出现这种情况（Treves-Brown，2000）。

药物从水中被吸收的能力也是重点考虑的因素。相对分子质量小于 100 的亲脂性化合物容易通过鳃进行扩散。氯胺、双氢链霉素、恩诺沙星、红霉素、氟甲喹、呋吡醇、卡那霉素、噁喹酸、土霉素、硝呋吡醇、磺胺二甲氧嘧啶、磺胺二甲嘧啶、磺胺间甲氧嘧啶、氨苯磺胺、磺胺嘧啶、磺胺二甲异嘧啶和甲氧苄啶等抗菌药物可以从水中被吸收。氯霉素和庆大霉素等抗菌药物则吸收很少或根本不吸收（Treves Brown，2000；Reimschuessel 等，2005）。

与水浴给药治疗方法相比，浸泡治疗方法时间更短、更容易控制。这种治疗方式的优点是减少浪费（因此降低成本），对环境污染较小。缺点是由于手工接触动物而产生应激反应。因此，浸泡治疗方法多用于较小的鱼或宠物鱼/观赏鱼。但商业水产养殖者多采用含药的防水布（Vavarigos，2003），近期以来，井式船治疗方式更为有效（Burka 等，2012）。对于宠物鱼的小型外部损伤，推荐采用局部外用疗法治疗，通常需要轻微麻醉（Stoskopf，1993；Noga，1996）。

一些研究尝试过使用高渗的渗透物（开始摩尔渗透压浓度高，>1 200mOsm/L，之后转为含药的低摩尔渗透压浓度）或超声波治疗方式提高药物在鳃中的渗透性。正常条件下，药物吸收和消除受盐度影响，而高渗透性治疗的效果尚未得到充分研究。一些药物（如四环素类）能与二价阳离子结合，其生物利用度可受添加的盐分影响。用超声波处理以提高药物吸收度，在小型水族箱内也许可行，但研究并不充分。高渗透方法和超声波方法都会导致应激反应。这些方法主要用于接种疫苗而不是抗菌药物给药治疗（Treves-Brown，2000；Navot 等，2004）。

（二）口服给药

对于大型商业水产养殖系统，由于对动物产生的应激反应最小，因此口服给药是最为可行的方法。然而，病鱼不一定会采食这些药物。一项研究显示，在一次暴发冬季溃疡病（黏放线菌）期间，检测了接受治疗的大西洋鲑体内的噁喹酸浓度。在健康鱼血浆和组织中都检测到噁喹酸，而在濒死鱼和死亡鱼中，噁喹酸浓度低于检测限（Coyne 等，2004a）。同时，濒死鱼和死亡鱼的胃肠道内也没有食物。这些结果表明，抗菌药物有助于积极采食的健康鱼抵抗感染，而已出现临床症状的鱼通常厌食，因此不会摄入抗菌药物。鱼体大小不同对药物的摄入也有所不同。体型大的鱼可能比体型小的鱼和体型接近但活力不足的鱼摄入更多的含药饲料。药物的适口性，特别是对于磺胺类药物，也是个问题。

药物从胃肠道的吸收也因动物不同而不同。如前所述，海水鱼会饮水，因此药物会在胃肠道中与水中阳离子结合从而影响生物利用度。不同的剂型也可能促进或减少药物吸收。

有多种不同的口服给药方式，如商品化的加药饲料，定制的表面包被饲料，定制饲料（如明胶饲料），加药活性饲料（如长有卤虫或加有抗菌药物），注射食物（如小鱼用的饲料）和管饲（Noga，1996；Treves-Brown，2000）。显然，有些技术仅适用于宠物鱼/水族箱鱼。

（三）注射给药

注射给予抗菌药物会引起鱼的应激反应，同时增加了商业养殖者的工作量。优点是确保所有动物都接受了所需剂量的药物。给药途径通常为肌内注射，但有时也采用腹腔内注射、静脉注射或背鳍窦内注射（靠近背鳍的尾部）。肌内注射通常选取轴上肌部位，横侧线以上靠近尾鳍的位置。因为鱼有一个肾门血管系统，因此氨基糖苷类药物适于头至背鳍部位肌内注射，以避免大量药物直接进入肾脏。

对于宠物鱼和水族箱鱼，注射给药通常为手工完成。用于禽类的自动注射器，可用于商业水产养殖方式。对于许多网箱养殖鱼，免疫接种通常也采用手工注射方式进行，尽管这是一项艰难的工作（Noga，1996；Vavarigos，2003）。

第二节　避免靶动物毒性

尽管鱼的药物代谢受环境盐度和温度影响，但其与哺乳动物药物代谢还是极为相似的。两类动物都具有相似的药物代谢系统：1 相系统，包括血红蛋白单氧化酶（细胞色素 P450），黄素单氧化酶（FMO）系统，以及 2 相结合系统。已在超过 150 种鱼体内发现了 P450 系统（Whyte 等，2000）。但是，有些鱼缺乏 FMO 活性，如斑点叉尾鮰（Schlenk 等，1995）。这种差异可以影响药物代谢，导致因药物化学性质不同而产生的毒性升高或降低。例如，鲶和鳟摄入相同量的除草剂涕灭威母体化合物后，其代谢有所不同（Perkins 和 Schlenk，2000）。由于鲶缺乏 FMO 活性，涕灭威在其体内的代谢毒性比鳟低 10 倍。鳟与哺乳动物的代谢相似，母体化合物可代谢为具毒性的亚砜（Montesissa 等，1995），而大多数毒性反应都是由亚砜造成的（Perkins 等，1999）。在选择抗菌药物时，必须考虑这些代谢差异。然而，一般来讲，鱼类很少会超量摄入加药饲料，加药的饲料会使鱼类适口感不好而拒绝摄入，因此，大多数通过口服给予的抗菌药物不会引起毒性反应。

如果超剂量给药，尤其是通过鳃吸收的药物，水浴给药可产生毒性。此外，海水鱼会饮水，因此还会经口摄入部分药物。药物可影响水体 pH，而 pH 又会影响动物的渗透压调节。当使用高剂量的四环素类药物进行浸渍治疗时，可影响水体 pH，从而导致毒性（Treves-Brown，2000）。药物也会刺激皮肤和鳃。水源性刺激物可影响鳃，使黏液产生增多，从而降低气体交换。

抗菌药物在鱼发生的主要毒性是由氨基糖苷类药物引发的肾毒性。氨基糖苷类药物，如庆大霉素，在无肾小球的鱼（包括蟾鱼、美洲鮟鱇和海马）体内不能经过滤排泄，因此治疗剂量也可引起这些鱼广泛的肾坏死，而对其他鱼能够达到治疗作用（而且没有毒性）（Reimschuessel 等，1996）。庆大霉素在蟾鱼体内的半衰期约为 2 周，而在金鱼体内的半衰期为 2d。因为鱼通过鳃排除含氮废物，只要环境渗透压不剧烈变化，有一定的肾功能就可存活。由于肾脏可以进行肾元再生，这些鱼有时在毒性条件下也可以存活，并对肾脏进行修复。在使用这些抗菌药物前，应充分权衡风险和收益。

使用红霉素和磺胺甲基嘧啶也可引起肾损伤。很多抗菌药物，如红霉素、萘啶酸和磺胺类药物，可引起厌食症，特别是高剂量给药后。萘啶酸、以及程度较轻的噁喹酸均引起巨红细胞性贫血，因其潜在影响 DNA 的合成。四环素类药物用药后还会引起免疫抑制（Rijkers 等，1980）。

第三节　确保人类安全

与人类安全相关的潜在危害应考虑：①药物的给予；②个体在环境污染的暴露；③对有抗菌药物残留和耐药菌的鱼类消费。大部分与抗菌药物有关的危害，可以通过充分的培训、专业仪器设备和人员防护服而得到管控。治疗陆生动物时用于降低对人和环境危害的基本兽医规范基本也适用于对鱼的治疗。

对食品安全的关注主要是食品中的药物（或药物代谢物）残留问题（见第二十六章）。为了防止有害的残留存在，政府管理部门制定了必要的休药期。休药期可以确保食品中的药物残留水平低于政府机构制定的容许量（美国）或最高残留限量（MRL；美国以外的国家或地区）。容许量和MRL的制定基于化合物的潜在毒性和对暴露水平的评估，同时还考虑了对消费者的主要风险。基本原则也再次与治疗陆生食品动物类似。但是，鱼的休药期，可以将水温作为方程式的一部分，有时以“度日”形式表示（将温度与天数相乘，如10℃休药50d为500度日，与20℃休药25d是相同的；Alderman，2000；欧盟药物管理局，2005；FDA，2005）。欧盟法规定义了度日的概念，对于没有规定休药期的化合物，统一推荐休药期为500度日。对于建立休药期和指导兽医临床用药，不同药物在不同鱼体内的药代动力学和净化模式的知识是十分重要的。当评估报告中给出的净化周期和残留水平的数据时，还要考虑所采用的检测方法。近年来，检测方法发生很大变化，变得更为灵敏。因此，在20世纪80年代确定的“低于检测限”的残留，采用改进的检测系统则可能实际上可检出，因此今天可能被认为是不可接受的。对于开具水产用药处方的兽医，要知道本国对消费者保护的法律法规。

负责食品安全的管理部门关注的另一个问题是在养殖过程中使用抗菌药物后，食品鱼体表或体内的人兽共同感染的病原菌对抗菌药物的耐药性问题（Heuer等，2009）。美国FDA兽药中心通过定性抗菌药物耐药性风险评估，评价了与这些药物使用有关的风险水平（FDA，2003）。近期，美国FDA（2012a）印发了一份指导性文件，主要关注食品动物误用医疗用重要抗菌药物后，导致人和动物细菌性病原耐药性的发展。该指南文件规定了两个正确或恰当使用医疗用重要抗菌药物的原则，包括限制医疗用重要抗菌药物用于动物，尽管从保障动物健康角度是必须的，另外还包括兽医监管和咨询（CAC，2005，2011；FDA，2012b）。

第四节　对环境和非靶动物的影响

鱼类使用抗菌药物治疗，尤其是大规模商业养殖体系用药，有多种途径会对环境造成影响。包括：①对非靶动物的毒性；②药物在非靶动物体内的蓄积；③药物在沉积物中的蓄积；④药物在饮用水中的蓄积；⑤生态系统中微生物群落的改变，包括抗菌药物耐药性。兽医和水产养殖者都必须考虑到当地废水排放规定。

对非靶动物的毒性与给药剂量及给药途径有关（Isidori等，2005）。例如，呋喃唑酮通常采用药浴方式给药，对甲壳类动物毒性极大（Macri等，1988）。抗菌药物在鱼类、甲壳类动物等非靶动物和植物的可食部分都会存在生物蓄积（Samuelsendeng，1992a；Delepee等，2003；Migliore等，2003）。也发现很多抗菌药物会在沉积物中蓄积，包括氟甲喹、呋喃唑酮、奥美普林、噁喹酸和土霉素（Bjorklund等，1991；Samuelsen等，1991；Capone等，1996；Lalumera等，2004）。在受纳水体中，已经检测到了包括人用和陆生动物养殖使用在内的抗菌药物和其他化学治疗药物（Hirsch等，1999；Kummerer，2001；Rooklidge，2004）。近期研究显示，当暴露于亚致死浓度的抗菌药物时，多种细菌可发生突变，而突变株对所用抗菌药物敏感，而对其他抗菌药物耐药（Kohanski等，2010）。这些发现为在水体环境中广泛使用抗菌药物提供了重要的参考。水体环境中使用抗菌药物后导致细菌敏感性改变的文章过去已有报道（Samuelsen等，1992b；Angulo，1999；Guardabassi等，2000；Chelossi等，2003）。近期制订的用于评估从水生动物分离的细菌对抗菌药物敏感性的标准方法，应该有助于监控病原菌和一些较不苛氧的环境分离菌株暴露抗菌药物后的敏感性变化（Miller等，2003，2005；CLSI，2006a，2006b）。

第五节　法律法规

处理食品动物的兽医，不论是陆生动物还是水生动物，必须熟悉本国及产品进口国家制订的与抗菌药物使用相关的法律法规（见第二十六章）。这些规定包括：①禁止使用的药物，如氯霉素（本国的和外国的)；②美国的残留容许量，或其他规定水平，如欧盟的MRL；③废水排放规定；④总体处方规定。

相关的法律法规在不同国家间差异很大，有的国家没有规定，而有的国家有严格规定。例如，美国FDA仅批准了4种传统抗菌药物（氟苯尼考、奥美普林-磺胺二甲嘧啶、土霉素和磺胺甲基嘧啶）用于食品鱼的饲养。加拿大批准了3种一线抗菌药物，以及磺胺嘧啶和甲氧苄啶。一些欧盟成员国批准了近10种抗菌药物，包括氟甲喹、噁喹酸、沙拉沙星等喹诺酮类抗菌药物。日本批准了近30种抗菌药物用于水产养殖（Treves-Brown，2000；Schnick，2001；FDA，2005）。许多发展中国家正着手制定水产养殖用抗菌药物的相关规定。

许多国家正在制定未经批准的药物用于少数动物的规定（标签外用药或不按照标签使用）。有些国家，如美国，还对兽医标签外使用已批准的药物做出了特别规定。在美国，FDA制定了"次级优先监管"的化学物质清单，虽然没有法律规定可以使用这些物质，但在特定条件下可能不采取管制行动。这些物质包括氯化钠、碳酸氢钠和尿素。尽管不是传统的抗菌药物，但这些化学物质可能在治疗中与其他药物联合使用。此外，美国少数用药和少数动物健康法案（MUMS）规定，FDA作为监管机构，可以将某些药物加入允许上市、但未批准为新兽药的少数动物用药目录（FDA，2004）。MUMS为兽医对水生动物开具处方提供了灵活性。同时，负责欧盟内抗菌药物管理的欧洲药物管理局也考虑出台类似的政策（EMA，2005）。

除了处方药法规外，许多国家正着手制定抗菌药物管理和谨慎使用的指南，以防止病原菌和环境细菌产生耐药性（见第七章）。在美国，美国兽医协会（2002）和国家水产养殖协会（2003）已经制订了相关指南文件。这些指南文件与陆生动物抗菌药物使用的指南文件类似。旨在保护消费者健康而又同时确保食品贸易公平的食品法典委员会（CAC），近期出版了食源性抗菌药物耐药性风险分析指南（CAC，2011）。

临床兽医应跟踪国内和国际抗菌药物在水生动物使用的法律法规。水产养殖者也应熟悉这些领域，确保临床兽医提供的治疗方案可以得到正确实施。

第六节　水生细菌抗菌药物敏感性试验

水生细菌体外生长最适条件变化很大，因此确定抗菌药物敏感性试验条件比较困难。不同水生细菌的最适温度为15～35℃。一些水生细菌在基础培养基下即可生长，而有些细菌需要低营养培养基或稀释的基础培养基。无论怎样，标准的试验程序是获得实验室内和不同实验室间可重复结果的基础（见第二章）。这些试验程序通过大量实验室间的确证研究得以规范，并被用来建立质量控制范围以监控其性能和重现性（CLSI，2008）。

CLSI出版了两本指南，分别为M42-A和M49-A，其中包括从水生动物分离到的一些细菌的纸片扩散法和肉汤稀释法的标准方法（CLSI，2006a，2006b）。由于相关内容较为复杂且篇幅较长，故不在此详细介绍。专业人员应参考CLSI的最新版本，以及今后出版的内容。

任何敏感性试验的最终目的都是利用所获得的试验结果来预测治疗效果（临床应用），或监测一段时间内敏感性的变化（监测应用），或两种目的兼有。目前，唯一具有解释作用的鱼类病原菌是杀鲑气单胞菌。在CLSI下一版的M49-A稀释法药敏试验指南中，将介绍其最小抑菌浓度（MIC）、抑菌圈直径，临床折点和流行病学临界值等内容。

一、纸片扩散药敏试验

由于Kirby-Bauer纸片扩散法经常用于水生动物疾病诊断，发表了很多采用不同类型基础培养基检测各类水生动物病原菌的文章（Bauer等，1966；Dalsgaard，2001）。Barker、Kehoe（1995）和Dalsgaard（2001）都发现Mueller-Hinton琼脂（MHA）因其稳定的性能作为纸片扩散法的最佳培养基，可用于多种水生病原的检测。2003年，一项按照现有CLSI指南（CLSI，2008）进行的国际合作研究，使适于在MHA培养基上生长良好的非苛氧水生病原菌的纸片扩散试验方法得到标化（表39.4；Miller等，2003）。CLSI兽用抗菌药物敏感性试验分委员会水产养殖工作组将这些水生细菌划分至第1组，该1组的微生物更适于在MHA培养基，22℃或28℃条件下生长（CLSI，2006a）。

表 39.4　水生细菌纸片扩散法药敏试验标准方法

微生物	培养基	孵育条件
第 1 组：非苛氧菌	MHA	22℃（24～48h 和/或 44～48h）或 28℃（24～28h）
肠杆菌科		
杀鲑气单胞菌（非嗜冷菌株）		
嗜水气单胞菌和其他中温单胞菌		
假单胞菌属		
志贺邻单胞菌		
希瓦氏菌属		
弧菌科和相关细菌（非专性嗜盐菌株）		

注：经 CLSI 准许印刷。

纸片扩散法抑菌圈直径的质控范围通过大肠杆菌 ATCC25922 和杀鲑气单胞菌杀鲑亚属 ATCC33658 在 MHA 培养基分别在 22℃和 28℃条件培养得到确定（表 39.5）。质控范围已经确定的药物有氨苄西林、恩诺沙星、红霉素、氟苯尼考、庆大霉素、奥美普林-磺胺二甲嘧啶、噁喹酸、土霉素和甲氧苄啶-磺胺甲噁唑（Miller 等，2003；CLSI，2006a）。

表 39.5　全球水产养殖用抗菌药物和纸片扩散法药敏试验质量控制情况

抗菌药物	推荐的纸片用量	抑菌圈直径质控范围			
		22℃	28℃	35℃	
氨苄西林	10μg	×	×	×	
氯霉素	5μg			×	
克林霉素	2μg			×	
多西环素[a]	30μg			×	
恩诺沙星	5μg	×	×	×	
红霉素	15μg	×	×	×	
氟苯尼考	30μg	×	×	×	
磷霉素[b]	200μg			×	
庆大霉素	10μg	×	×	×	
卡那霉素	30μg			×	
米诺环素[a]	30μg			×	CLSI 已批准的纸片扩散法检测水生细菌所涉及的全球用药物的质控范围
萘啶酸	30μg			×	
呋喃妥因	300μg			×	
奥美普林-磺胺二甲氧嘧啶[c]	1.25μg/23.75μg	×	×		
噁喹酸	2μg	×	×		
土霉素[a]	30μg	×	×		
青霉素	10U			×	
利福平	5μg			×	
磺胺异噁唑	250μg 或 300μg			×	
四环素[a]	30μg			×	
泰妙菌素	30μg			×	
甲氧苄啶-磺胺甲噁唑	1.25μg/23.75μg	×	×	×	

注：a 四环素类药物结构相似，仅土霉素需要日常检测。

b 200μg 磷霉素纸片含 50μg 6-磷酸葡萄糖。

c 传统上用甲氧苄啶-磺胺甲噁唑来预测奥美普林-磺胺二甲氧嘧啶的敏感性，但在（22±2）℃或（28±2）℃条件下尚未确证。

实验室也可以使用含有其他抗菌药物的纸片。如果实验室有与其临床重要性有关的数据，采用上述推荐以外的纸片也是有意义的。但是，以建立的质控范围之外的纸片法得到的质控数据不应报告为符合本指导原则中建立的 CLSI 标准。必须以结果报告之间的差异。

本处引用经 CLSI 许可。

第 2 组至第 5 组中的水生病原可能需要 MHA 以外的培养基（表 39.6）。目前尚无用于控制这些试验的质控参数。在这种条件下，临床兽医必须开展以下工作：①分离物鉴定；②确定分离物属于哪一组；③在推荐的培养基上进行敏感性试验；④在标准化条件下，采用质控微生物与分离物同时进行平行试验；⑤确定试验是否在质控范围内；⑥如果试验结果与质控结果不一致，需要分析原因，必要时需重新进行试验。

临床兽医应参考 CLSI 指南 M42-A（CLSI，2006a），按照推荐的条件来检测苛养的水生动物细菌（第 2 组至第 5 组）。

表 39.6　水生动物病原细菌纸片扩散法药敏试验的改进

微生物	培养基	孵育条件
第 2 组：弧菌科和发光杆菌科（强制嗜盐菌）	MHA+1%NaCl	22℃（24～48h 和/或 44～48h）或 28℃（24～48h 和/或 44～48h）
第 3 组 ：滑行细菌	稀释的 MHA（4g/L）	28℃（44～48h）
柱状黄杆菌		18℃（92～96h）
嗜冷黄杆菌		
嗜鳃黄杆菌		
第 4 组：链球菌		
乳球菌属，杀鲑漫游球菌	MHA+5%绵羊血	22℃（44～48h+CO_2如生长需要）
链球菌属，麦芽香肉杆菌和其他链球菌	MHA+5%绵羊血	28℃（24～28h 和/或 44～48h+CO_2如生长需要）
第 5 组：其他苛养菌		
嗜冷杀鲑气单胞菌株	MHA	15℃（44～48h）
杀鲑弧菌和黏放线菌	MHA+补充剂[a]	15℃（6d）
海洋黄杆菌	稀释的 MHA（1∶7）+无机离子补充剂	25℃（24～28h）
鲑肾杆菌	未知	15℃
分枝杆菌属和血诺卡氏菌	见 CLSI 标准 M24	见 CLSI 标准 M24
猪红斑丹毒丝菌	巧克力 MHA	35℃±2℃

注：a 推荐的补充剂如不能获得，可采用阳离子、马或胎牛血清或 NaCl。
本处引用经 CLSI 准许复制。

二、稀释药敏试验

肉汤稀释和琼脂稀释药敏试验法均被用于水生动物疾病的诊断。稀释药敏试验以 MIC 形式给出结果，由于 MIC 数据与动物血药浓度更相关，因此比抑菌圈直径更具临床相关性（见第二章）。第二章中讨论的肉汤微量稀释药敏试验中采用的自动接种系统，已被广泛应用于水生动物药物研究实验室。

标准化的肉汤稀释药敏试验适用于第 1 组非苛养水生细菌在 22℃和 28℃条件下的培养（Miller 等，2005；CLSI，2006b）。第 1 组细菌都在未稀释的阳离子调节 Mueller-Hinton 肉汤（CAMHB）培养基上进行测定。

最近开发了一种针对滑行细菌（第 3 组）的肉汤稀释药敏试验标准方法。嗜冷黄杆菌和柱状黄杆菌分别在 18℃和 28℃条件下，在稀释的 CAMHB 培养基上培养（4g/L；Gieseker，2011；Gieseker 等，未出版）。这些滑行黄杆菌聚集起来，沉积成为悬浊液后，才能检测到其中的游离细胞。实验室应计算初级细胞的数量，以便在处理黄杆菌前确定靶细胞的浓度。CLSI 指南 M49-A（CLSI，2006b）会根据稀释的 CAMHB 培养基（4g/L）所涉及的不同抗菌药物更新调整质控范围。

第 2 组、第 4 组和第 5 组的水生病原菌可能需要 CAMHB 以外的培养基。目前这些试验尚无恰当的质控参数。临床兽医应参考最新版 CLSI 指南 M49 中推荐的适于其他苛养水生细菌的试验条件。此外，当没有质控范围可用时，应采用与上文讨论的纸片扩散药敏试验相同的处理方法。

琼脂稀释方法也用于确定多种水生病原的 MIC 值。MHA 培养基始终是优先选择的基础培养基，并且很适于分离非苛氧水生病原菌（Ho 等，2000；Tang 等，2002）。检测苛氧水生病原还需要增加其他物质。如含 NaCl（Samuelsen 等，2003；Coyne 等，2004b），海水（Torkildsen 等，2000），马血清（Michel 等，2003）和绵羊血（McGinnis 等，2003）的 MHA 都被用过。根据 Hawke 和 Thune（1992）推荐的稀释型 MHA 也被用来检测黄杆菌（Bruun 等，2000；Schmidt 等，2000）。

琼脂稀释法被认为是哺乳动物稀释药敏试验中“金标方法”或参考标准方法。然而，由于 CLSI 尚未出版低于 35℃条件下琼脂稀释法的质控范围，因此我们建议在相关标准方法发布前，采用肉汤稀释法。

三、水生病原细菌药敏试验结果的解释

临床兽医通常希望根据自己的经验和公布的数据对药敏试验数据进行解释。临床兽医还可能根据其实验室积累的药敏试验数据，以及散点图或直方图中数据出现的频次，对试验数据进行解释（CLSI，2011）。这些种属特异性分布有助于确定一个给定的临床分离物是否落在积累的分布范围之内（见第二章）。

经典来说，建立实验室独立的解释标准要从不同地域众多分离株的药敏数据分布开始（见第二章）。对应用于水生动物的药物，目前仅建立了杀鲑气单胞菌对几种抗微生物药的临床折点（敏感、中度敏感或耐药）和流行病学临界值（野生型临界值）。这些标准将在下一版 M49-A 指南中阐述（CLSI，2006b）。

临床折点是对特定病原菌具有特异性的关键性数值，并可用于预测药物对宿主的疗效（见第二章）。因为与陆生动物不同，鱼饲养在复杂多样化的环境中，不同的养殖环境能显著改变净化率和药物吸收，最终导致所用抗菌药物的药代动力学/药效动力学（PK/PD）差异很大。因此，这使研究者在企图确定水生病原菌的临床折点时很难同时包括 PK/PD 数据（Coyne 等，2004b）。大多数药代动力学数据都是在实验室条件下从健康鱼获得的，将这些数据与临床条件下的数据关联起来是重要的。

整合的药动学和病原敏感性数据可用于给药方案的设计和临床折点的建立。PK/PD 评估有助于临床兽医选择合适的抗菌药物，针对特定疾病的特定动物确定给药方案（Maglio 和 Nicolau，2004）。确定临床折点还有许多工作要做，需要水生动物临床医生和研究人员的共同努力才能完成。

注：文中内容仅代表作者个人观点，与美国 FDA 无关。

参 考 文 献

Alderman DJ. 2000. Antimicrobial drug use in aquaculture. In：Prescott JF，Baggot JD，Walker RD.，eds. Antimicrobial Therapy in Veterinary Medicine，3rd ed. Ames，IA：Blackwell.

American Fisheries Society. 2005. AFS Bluebook (CD-ROM)：Suggested Procedures for the Detection and Identification of Certain Finfish and Shellfish Pathogens. Bethesda，MD：American Fisheries Society.

American Fisheries Society，Fish Culture Section. 2011. Guide to using drugs，biologics and and chemicals use in aquaculture. http：//sites. google. com/site/fishculturesection/resources/ guide-to-using-drugs-biologics-and-other-chemicals-inaquaculture.

American Veterinary Medical Association. 2002. Judicious and prudent antimicrobial drug use principles for food fish veterinarians. http：//www. avma. org/scienact/jtua/fish/jtuafish. asp.

Angulo F. 1999. Use of antimicrobial agents in aquaculture：potential for public health impact. Public Health Service. http：//www. fda. gov/ohrms/dockets/dailys/00/apr00/ 041100/c000019. pdf.

Barker GA，Kehoe E. 1995. Assessment of disc diffusion methods for susceptibility testing of Aeromonas salmonicida. Aquaculture 134：1.

Bauer AW，et al. 1966. Antibiotic susceptibility testing by a standardized single disk method. Am J Clin Pathol 45：493.

Bjorklund HV，Bylund G. 1991. Comparative pharmacokinetics andbioavailability of oxolinic acid and oxytetracycline in rainbow trout（*Oncorhynchus mykiss*）. Xenobiotica 21：1511.

Bowser PR，et al. 1992. Pharmacokinetics of enrofloxacin in fingerling rainbow trout（*Oncorhynchus mykiss*）. J Vet Pharmacol Ther 15：62.

Bruun MS，et al. 2000. Antimicrobial resistance patterns in Danish isolates of *Flavobacterium psychrophilum*. Aquaculture 187：201.

Burka JF，et al. 2012. *Lepeoptheirus salmonis* and *Caligus rogercresseyi*. In：Woo PTK，Buchmann（eds）. Fish Parasites：Pathobiology and Protection. Oxfordshire，UK：CAB International.

Capone DG，et al. 1996. Antibacterial residues in marine sediments and invertebrates following chemotherapy in aquaculture. Aquaculture 145：55.

Carpenter JW. 2005. Exotic Animal Formulary，3rd ed. St. Louis：Elsevier Saunders.

Chelossi E，et al. 2003. Antibiotic resistance of benthic bacteria in fish-farm and control sediments of the Western Mediterranean. Aquaculture 219：83.

Chen CY，et al. 2004. Oxytetracycline residues in four species of fish after 10-day oral dosing in feed. J Aquatic Animal Health 16：208.

CLSI. 2006a. Methods for antimicrobial disk susceptibility testing of bacteria isolated from aquatic animals. Approved Guideline M42-A. Wayne，PA：CLSI.

CLSI. 2006b. Methods for broth dilution susceptibility testing of bacteria solated from aquatic animals. Approved Guideline M49-A. Wayne，PA：CLSI.

CLSI. 2008. Development of in vitrosusceptibility testing criteria and quality control parameters for veterinary antimicrobial agents. Approved Guideline M37-A3. Wayne，PA：CLSI.

CLSI. 2010. Performance standards for antimicrobial susceptibility testing of bacteria isolated from aquatic animals. First Informational Supplement M42/M49-S1. Wayne，PA：CLSI.

CLSI. 2011. Generation，presentation，and application of antimicrobial susceptibility test data for bacteria of animal origin. Report X08-R. Wayne，PA：CLSI.

Codex Alimentarius Commission. 2005. Code of Practice to Minimize and Contain Antimicrobial Resistance. CAC/RCP 61-2005. www. codexalimentarius. net/download/ standards/10213/CXP _ 061e. pdf. Codex Alimentarius Commission. 2011. Guidelines for Risk Analysis of Foodborne Antimicrobial Resistance. CAC/GL 77. 2011. www. codexalimentarius. net/download/ standards/11776/CXG _ 077e. pdf.

Coyne R，et al. 2004a. A comparison of oxolinic acid concentrations in farmed and laboratory held rainbow trout (*Oncorhynchus mykiss*) following oral therapy. Aquaculture 239：1.

Coyne R，et al. 2004b. Attempt to validate breakpoint MIC valuesestimated from pharmacokinetic data obtained during oxolinic acid therapy of winter ulcer disease in Atlantic salmon (*Salmo salar*) . Aquaculture 238：51.

Coyne R，et al. 2004c. On the validity of setting breakpoint minimum inhibition concentrations at one quarter of the plasma concentration achieved following oral administration of oxytetracycline. Aquaculture 239：23.

Dalsgaard I. 2001. Selection of media for antimicrobial susceptibility testing of fish pathogenic bacteria. Aquaculture 196：267.

Delepee R，et al. 2003. The bryophyte *Fontinalis antipyretica* Hedw. bioaccumulates oxytetracycline，flumequine and oxolinic acid in the freshwater environment. Sci Total Environ 322：243.

Douglas I，et al. 2007. The advantages of the use of discs containing single agents in disc diffusion testing of the sus ceptibility of *Aeromonas salmonicida* to potentiated sulfonamides. Aquaculture 272：118.

Elema MO，et al. 1996. Bioavailability of oxytetracycline from medicated feed administered to Atlantic salmon (*Salmo salar* L.) in seawater. Aquaculture 143：7.

Elston RA，et al. 1994. Comparative uptake of orally administered difloxacin in Atlantic salmon in freshwater and seawater. J Aquatic Animal Health 6：341.

European Medicines Agency (EMA) . 2005. http：//www. ema. europa. eu.

FDA. 2003. Guidance for Industry ＃152：Evaluating the safety of antimicrobial new animal drugs with regard to their microbiological effects on bacteria of human health concern. http：//www. fda. gov/downloads/AnimalVeterinary/GuidanceComplianceEnforcement/GuidanceforIndustry/UCM052519. pdf.

FDA. 2004. Center for Veterinary Medicine and U. S. Department of Agriculture CSREES. National Research Support Project 7 (NRSP-7) . International Workshop Minor-Use and Minor Species：A Global Perspective. Rockville，MD：U. S. Food and Drug Administration. http：//www. fda. gov/AnimalVeterinary/DevelopmentApprovalProcess/MinorUseMinorSpecies/ucm125324. htm.

FDA. 2005. Center for Veterinary Medicine. Aquaculture. http：//www. fda. gov/cvm/aqualibtoc. htm.

FDA. 2012a. Guidance for Industry ＃209：The judicious use of medically important antimicrobial drugs in food- producing animals. Published April 11，2012. http：//www. fda. gov/downloads/AnimalVeterinary/Guidance ComplianceEnforcement/GuidanceforIndustry/UCM 216936. pdf.

FDA. 2012b. Guidance for Industry ＃213：New animal drugs and new animal drug combination products administered in or on medicated feed or drinking water of food-producing animals：Recommendations for drugsponsors for voluntarily aligning product use conditions with GFI ＃209. http：//www. fda. gov/downloads/AnimalVeterinary/GuidanceComplianceEnforcement/GuidanceforIndustry/UCM299624. pdf.

Gieseker CM. 2011. Quality control limits for *Escherichia coli* ATCC 25922 and *Aeromonas salmonicida* subsp. *salmonicida* ATCC 33658 for broth microdilution susceptibility testing incubated at 28°C for 44-48 hr and 18°C for 92-96 hr in diluted cation-adjusted Mueller-Hinton broth to 10 antimicrobials. Clinical Laboratory Standards Institute, Veterinary Antimicrobial Susceptibility Testing Subcommittee, January 2011 Meeting. http: //www. clsi. org/Content/Navigation Menu/Committees/Microbiology/StandingSubcommitteeon VeterinaryAntimicrobialSusceptibilityTesting/VAST MeetingPresentations/8 _ AquacultureWorkingGroup Presentation. pdf.

Guardabassi L, et al. 2000. Increase in the prevalence of oxolinic acid resistant *Acinetobacter* spp. observed in a stream receiving the effluent from a freshwater trout farm following the treatment with oxolinic acid medicated feed. Aquaculture 188: 205.

Hastings TS, McKay A. 1987. Resistance of *Aeromonas salmonicida* to oxolinic acid. Aquaculture 61: 165.

Hawke JP, Thune RL. 1992. Systemic isolation and antimicrobial susceptibility of *Cytophaga columnaris* from commercially reared channel catfish. J Aquat Anim Hlth 4: 109.

Heuer OE, et al. 2009. Human health consequences of use of antimicrobial agents in aquaculture. Food Safety 49: 1248.

Hirsch R, et al. 1999. Occurrence of antibiotics in the aquatic environment. Sci Total Environ 225: 109.

Ho SP, et al. 2000. Antibacterial effect of chloramphenicol, thiamphenicol, and florfenicol against aquatic animal bacteria. J Vet Med Sci 62: 479.

Ishida N. 1992. Tissue levels of oxolinic acid after oral and intravascular administration to freshwater and seawater rainbow trout. Aquaculture 102: 9.

Isidori M, et al. 2005. Toxic and genotoxic evaluation of six antibiotics on non-target organisms. Sci Total Environ 346: 87.

Jones J, et al. 1997. Gentamicin concentrations in toadfish and goldfish serum. J Aquatic Animal Health 9: 211.

Jones RN, et al. 2004. Validation of commercial dry-form broth microdilution panels and test reproducibility for susceptibility testing of dalbavancin, a new very long-acting glycopeptide. Int J Antimic Agents 23: 197.

Kohanski MA, et al. 2010. Sub-lethal antibiotic treatment leads to multidrug resistance via radical-induced mutagenesis. Mol Cell 37: 311.

Kümmerer K. 2001. Drugs in the environment: emission of drugs, diagnostic aids and disinfectants into wastewater by hospitals in relation to other sources—a review. Chemosphere 45: 957.

Lalumera GM, et al. 2004. Preliminary investigation on the environmental occurrence and effects of antibiotics used in aquaculture in Italy. Chemosphere. 54: 661.

Macri A, et al. 1988. Acute toxicity of furazolidone on *Artemia salina*, *Daphnia magna*, and *Culex pipiens* molestus larvae. Ecotoxicol Environ Saf 16: 90.

Maglio D, Nicolau DP. 2004. The integration of pharmacokinetics and pathogen susceptibility data in the design of rational dosing regimens. Methods Find Exp Clin Pharmacol 26: 781.

McGinnis A, et al. 2003. In vitroevaluation of the susceptibility of *Edwardsiella ictaluri*, etiological agent of enteric septicemia in channel catfish, *Ictalurus punctatus* (Rafinesque), to florfenicol. J Vet Diagn Invest 15: 576.

Michel C, et al. 2003. Chloramphenicol and florfenicol susceptibility of fish-pathogenic bacteria isolated in France: comparison of minimum inhibitory concentration, using recommended provisory standards for fish bacteria. J Appl Microbiol 95: 1008.

Migliore L, et al. 2003. Phytotoxicity to and uptake of enrofloxacin in crop plants. Chemosphere 52: 1233.

Miller RA, Reimschuessel R. 2006. Epidemiologic cutoff values for antimicrobial agents against *Aeromonas salmonicida* isolates determined by minimal inhibitory concentration and diameter of zone of inhibitiondata. Am J Vet Res 67: 1837.

Miller RA, et al. 2003. Antimicrobial susceptibility testing of aquatic bacteria: Quality control disk diffusion ranges for *Escherichia coli* ATCC 25922 and *Aeromonas salmonicida* subsp. *salmonicida* ATCC 33658 at 22 and 28 degrees C. J Clin Microbiol 41: 4318.

Miller RA, et al. 2005. A standardized method for the determination of minimum inhibitory concentrations of aquatic bacteria using *Escherichia coli* ATCC 25922 and *Aeromonas salmonicida* subsp. *salmonicida* ATCC 33658 as quality control organisms at 22°C, 28°C, and 35°C. Dis Aquat Organ. 64: 211.

Miller RA, et al. 2012. Oxytetracycline pharmacokinetics in rainbow trout during and after an orally administered medicated feed regimen. J Aquat Anim Hlth 24: 121.

Montesissa C, et al. 1995. In vitrocomparison of aldicarb oxidation in various food-producing animal species. Vet Hum Toxicol 37: 333.

National Aquaculture Association. 2003. Judicious antimicrobial use in U. S. aquaculture: principles and practices. http: // www. thenaa. net/downloads/Judicious _ Antimicrobial _ Use. pdf.

Navot N, et al. 2004. Enhancement of antigen uptake and antibody production in goldfish (*Carassius auratus*) following bath immunization and ultrasound treatment. Vaccine 22: 2660.

Noga EJ. 1996. Fish Disease, Diagnosis and Treatment. St. Louis: Mosby-Year Book.

Office International des Epizooties (OIE) . 2003. Manual of Diagnostic Tests for Aquatic Animals. http: //www. oie. int/doc/ged/D6505. pdf.

O'Grady P, Smith P. 1992. Clinical significance of low levels of resistance to oxolinic acid in *Aeromonas salmonicida*. Bull Eur Assoc Fish Pathol 12: 198.

O'Grady P, et al. 1987. Isolation of *Aeromonas salmonicida* strains resistant to the quinolone antibiotics. Bull Eur Assoc Fish Pathol 7: 43.

Perkins EJ Jr, Schlenk D. 2000. In vivo acetylcholinesterase inhibition, metabolism and toxicokinetics of aldicarb in channel catfish: role of biotransformation in acute toxicity. Toxicol Sci 53: 308.

Perkins EJ Jr, et al. 1999. In vitrosulfoxidation of aldicarb by hepatic microsomes of channel catfish, *Ictalurus punctatus*. Toxicol Sci 48: 67.

Pursell L. 1997. Comparison of the kinetics and efficacy of oxytetracycline salts in farmed fish and the validation of a bioassay technique for their detection in salmonids. PhD thesis, National University of Ireland, University College Galway.

Reimschuessel R, et al. 1996. Evaluation of gentamicin-induced nephrotoxiciosis in the toadfish, *Opsanus tau*. J Am Vet Med Assoc 209: 137.

Reimschuessel R, et al. 2005. Fish drug analysis—Phish-Pharm: a searchable database of pharmacokinetics data in fish. Am Assn Pharm SciJ 07: E288. http: //www. aapsj. org/view. asp? art=aapsj070230.

Reimschuessel R, et al. 2011. Phish-Pharm. http: //www. fda. gov/AnimalVeterinary/ScienceResearch/ToolsResources/Phish-Pharm/default. htm.

Rijkers GT, et al. 1980. The immune system of cyprinid fish: the immunosuppressive effect of the antibiotic oxytetracycline in carp (*Cyprinus carpio* L.) . Aquaculture 19: 177.

Rooklidge SJ. 2004. Environmental antimicrobial contamination from terraccumulation and diffuse pollution pathways. Sci Total Environ 325: 1.

Samuelsen OB, et al. 1991. Fate and microbiological effects of furazolidone in a marine aquaculture sediment. Sci Total Environ 108: 275.

Samuelsen OB, et al. 1992a. Residues of oxolinic acid in wild fauna following medication in fish farms. Dis Aquat Organ 12: 111.

Samuelsen OB, et al. 1992b. Long-range changes in oxytetracycline concentration and bacterial resistance towards oxytetracycline in a fish farm after medication. Sci Total Environ 114: 25.

Samuelsen OB, et al. 2003. A single-dose pharmacokinetic study of oxolinic acid and vetoquinol, an oxolinic acid ester, in cod, *Gadus morhua* L. , held in sea water at 8°C and in vitroantibacterial activity of oxolinic acid against *Vibrio anguillarum* strains isolated from diseased cod. J Fish Dis 26: 339.

Schnick RA. 2001. Aquaculture chemicals. In: Kirk-Othmer Encyclopedia of Chemical Technology, 4th ed. , vol. 3. New York: Wiley. Online database: http: //www2. lib. udel. edu/database/kirkothmer. html.

Schlenk D, et al. 1995. Differential expression and activity of flavin-containing monooxygenases in euryhaline and stenohaline flatfishes. Comp Biochem Physiol C 112: 179.

Schmidt AS, et al. 2000. Occurrence of antimicrobial resistance in fish—pathogenic and environmental bacteria associated with four Danish rainbow trout farms. Appl Environ Microbiol 66: 4908.

Serrano PH. 2005. Responsible use of antibiotics in aquaculture. FAO Fisheries Technical Paper 469. Rome.

Smith P, O'Grady P. 2006. Laboratory studies of the clinical significance of disc diffusion data for oxolinic acid against *Aeromonas salmonicida*. Bull Eur Assoc Fish Pathol 26: 229.

Smith P, et al. 2007. Impact of inter-lab variation on the estimation of epidemiological cut-off values for disc diffusion susceptibility test data for *Aeromonas salmonicida*. Aquaculture 272: 168.

Sohlberg S, et al. 1990. Plasma concentrations of flumequine after intra-arterial and oral administration to rainbow trout (*Salmo gairdneri*) exposed to low water temperatures. Aquaculture 84: 355.

Sohlberg S, et al. 1994. Temperature-dependent absorption and elimination of flumequine in rainbow trout (*Oncorhynchus mykiss* Walbaum) in fresh water. Aquaculture 119: 1.

Stoskopf MK. 1993. Chemotherapeutics. In: Stoskopf MK (ed) . Fish Medicine. Philadelphia: WB Saunders.

Tang HJ，et al. 2002. In vitro and in vivo activities of newer fluoroquinolones against *Vibrio vulnificus*. Antimicrob Agents Chemother 46：3580.

Torkildsen L，et al. 2000. Minimum inhibitory concentrations of chloramphenicol，florfenicol，trimethoprim/ sulfadiazine and flumequine in seawater of bacteria associated with scallops（*Pecten maximus*）larvae. Aquaculture 185：1.

Treves-Brown KM. 2000. Applied Fish Pharmacology. Dodrecht，The Netherlands：Kluwer Academic Publishers.

Vavarigos P. 2003. Immersion or injection? Practical considerations of vaccination strategies. http：//www. vetcare. gr/Fish _ Vaccination _ Strategies. htm# injection.

Weir M，et al. 2012. Zoonotic bacteria，antimicrobial use and antimicrobial resistance in ornamental fish：a systematic review of the existing research and survey of aquacultureallied professionals. Epidem Infect 140：192.

Whyte JJ，et al. 2000. Ethoxyresorufin-O-deethylase（EROD）activity infish as a biomarker of chemical exposure. Crit Rev Toxicol 30：347.